21世纪物理规划教材

基础课系列

U0708860

电磁学

Electromagnetism

陈秉乾 编著

北京大学出版社
PEKING UNIVERSITY PRESS

图书在版编目(CIP)数据

电磁学/陈秉乾编著. —北京:北京大学出版社,2014.9
ISBN 978-7-301-24592-7
(21世纪物理规划教材. 基础课系列)

Ⅰ.①电… Ⅱ.①陈… Ⅲ.①电磁学—高等学校—教材 Ⅳ.①O441

中国版本图书馆CIP数据核字(2014)第176467号

书　　名:电磁学
著作责任者:陈秉乾　编著
责 任 编 辑:顾卫宇
标 准 书 号:ISBN 978-7-301-24592-7/O·0992
出 版 发 行:北京大学出版社
地　　址:北京市海淀区成府路205号　100871
网　　址:http://www.pup.cn
新 浪 微 博:@北京大学出版社
电 子 信 箱:zpup@pup.cn
电　　话:邮购部 62752015　发行部 62750672　编辑部 62752021　出版部 62754962
印 刷 者:河北滦县鑫华书刊印刷厂
经 销 者:新华书店
787毫米×960毫米　16开本　27.5印张　640千字
2014年9月第1版　2025年11月第8次印刷
定　　价:75.00元

未经许可,不得以任何方式复制或抄袭本书之部分或全部内容。
版权所有,侵权必究
举报电话:010-62752024　电子信箱:fd@pup.pku.edu.cn

目　录

绪　　论[①②]

伴随着电磁现象的观测、电磁相互作用规律的发现、物质电磁性质的研究、电磁场理论的建立以及电磁技术的广泛应用等等，在物理学中开辟了一个区别于力学、热学、光学的新领域——电磁学.

物质由分子、原子组成，原子由带正电的原子核和带负电的电子组成，电子和核都在不断运动，物质的电磁结构是物质的基本组成形式.带电物体之间、载流物体之间存在着电磁力，在原子、分子的尺度范围内电磁力特别重要(万有引力可略，强相互作用和弱相互作用是短程力，只在原子核内起重要作用)，对原子、分子的结构起着关键作用，在很大程度上决定了物质的物理性质和化学性质.实际上，宏观范围内的各种接触力，如摩擦力、弹性力、黏滞力等都是原子之间电磁作用的结果.电磁过程是自然界的基本过程之一，带电粒子因受电磁作用在各种特定条件下的运动，形成了电工学、电子学、等离子体物理学和磁流体力学等等许多蓬勃发展的分支学科.19世纪，法拉第和麦克斯韦建立的电磁场理论及其实验验证，深刻地揭示了电磁作用的机制和本质，证实了电磁场是区别于实物的又一种客观存在，得出了光是电磁波的重要结论，完成了电、磁、光现象的理论大综合，成为物理学中继牛顿力学之后的又一划时代的伟大贡献.

与此同时，在热机应用导致的第一次全球性技术革命之后，电磁技术的应用迎来了以电气化和无线电通信为标志的全球性技术革命.由于电磁技术具有转化效能高、传递迅速准确、便于控制等优点，使得电磁技术在能源的开发、输送、使用，机电控制和自动化，信息传递以及各种电磁测量等方面都具有重要意义.电力、电子、信息等产业的发展，电磁材料的研制，电磁测量技术的应用等等，对物质生产、技术进步、社会发展乃至人类文明带来了难以估量的广泛深刻影响.

由此可见，作为经典物理的基本组成部分之一，电磁学具有重要的历史地位和现实意义，与近代自然科学、技术科学的许多领域都有着密切的联系，电磁学是一门重要的基础课程.

古代，对电现象的观察始于雷电和摩擦起电，对磁现象的观察始于磁石吸铁和磁针指南.

中国古代[②]，早在商晚期武丁时代(公元前1250—前1192年)的甲骨文中，就有“，，”三字，它们逐步演变成现今的“电，雷，磁”三字，这是我国留存至今的对电、雷、磁的最早

① 参看，赵凯华、陈熙谋，《电磁学》“绪论”部分，高等教育出版社，1986年.

② 参看，陈秉乾：中国古代在电学和磁学方面的成就，《物理教学》，2005年12月.

文字记载.

我国古籍中对雷击伤人毁物有生动的描绘.如“雷者,火也.以人中雷而死,即询其身,中火则须发烧焦,中雷则皮肤灼烧”(东汉王充[公元27—97年]《论衡》).“内侍李舜举家曾为暴雷所震.……及雷止,其舍宛然,墙壁窗纸皆黔.有一木格,其中杂贮诸器,其漆器银钔者,银悉熔流在地,漆器曾不焦灼.有一宝刀,极坚钢,就刀室中熔为汁,而室亦俨然”(北宋沈括[公元1031—1095年]《梦溪笔谈》).“雷火所及,金石销熔,而漆器不坏”(明末方以智).已经注意到导体(银,铜)与绝缘体(漆,木)受雷击后的不同遭遇.为了避雷,早在三国、南北朝的古籍中就有“避雷室”的记载.在我国的一些古塔或殿宇中,尖顶涂以金属膜,经导电材料制成的塔心柱(称为“雷公柱”)直达基底贮藏金属的“龙窟”,构成有效的避雷装置.

关于绝缘体摩擦后能吸引轻小物体的静电现象,早在西汉末年《春秋考异邮》(约公元前20年)中就有“玳瑁吸䄇”的记载(“玳瑁”,玳瑁;“䄇”,芥也,草屑).此后,又有“顿牟掇芥,磁石引针”(王充《论衡》)(“顿牟”,玳瑁);“今人梳头,脱著衣时,有随梳解结有光者,亦有咤声”(西晋张华《博物志·杂说》,公元290年);“琥珀,惟以手心摩热拾芥为真”(南北朝陶弘景[公元452—536年]《名医别录》);“猫……黑者,暗中逆循其毛,即若火星”(唐段成式《酉阳杂俎》,公元863年);等等,记述了静电现象的种种表现.

我国古代对磁石吸铁的认识比静电现象要早得多,散见于古籍之中.如春秋《管子·地数》(公元前600多年)“上有慈石者,其下有铜金”(先秦古籍中称磁石为慈石);战国末期《吕氏春秋·精通》(约公元前239年)“慈石召铁,或引之也”;西汉刘安(公元前179—前122年)《淮南子》“若以慈石之能连铁也,而求其引瓦则难矣”,“磁石能引铁,及其于铜则不行也”,等等.

魏郦道元《水经注》中提到,秦始皇建阿房宫时,用磁石造北阙门,便身怀刀刃者入门被吸,以防刺客.汉司马迁《史记·扁鹊仓公列传》中说,“齐王侍医遂病,自炼五石服之”,五石中包括磁石.东汉《神农本草经》指出“慈石味辛酸寒”,可以入药.宋、明还有利用磁石治小儿误吞针和进行外科手术的记载.这些就是磁石最早的应用.

指南针是我国古代四大发明之一,应用广泛,影响深远.关于指南针的发明与应用以及人工磁化的方法、地磁倾角和地磁偏角的发现等等,详见第四章§4.1.

西方,早在公元前585年,希腊哲学家泰勒斯(Thales)就记载了用木块摩擦过的琥珀能吸引碎草等轻小物体,以及天然磁矿石能吸引铁的现象.

1600年,英国女王御医吉尔伯特(W. Gilbert)出版《磁石论》一书,他发现,不仅琥珀和煤玉经摩擦后能吸引轻小物体,而且金刚石、蓝宝石、硫黄、硬树脂、明矾等经摩擦后也都能吸引轻小物体,但是它们与磁石不同,不具有吸铁和指南北的性质.为了表明与磁性的不同,他把这种性质用琥珀的希腊文表示,这就是西文中“电”(electric)的来源.西文中的“磁”则来源于发现磁矿的小亚细亚的一个地名.吉尔伯特制作了第一只验电器,这是一根中心固定可转动的金属细棒,当摩擦后带电的琥珀靠近时,金属细棒可转向琥珀.吉尔伯特还认识到地球是个大磁体.

第一台摩擦起电机是德国物理学家、著名的马德堡半球实验的表演者盖利克(O. von Gnericke)在 1660 年发明的. 这是一个可以绕垂直中心轴旋转的大硫黄球,用干燥的手掌摩擦转动的球体,就会在球面上产生大量电荷. 1675 年牛顿用玻璃球代替硫黄球,1705 年豪克斯比(F. Hauksbee)用空心玻璃球代替实心玻璃球,并将起电机的垂直轴改成水平轴.

1729 年英国的格雷(S. Gray)发现,插在带电玻璃管端部的软木塞也能吸引羽毛,他意识到木塞不是靠摩擦而是靠传导带电的. 于是,他用金属线、细丝线等进行试验,结果发现有的能将电传到远处,有的则完全不行,从而发现了导体和绝缘体的区别:金属可导电,丝绸不导电. 格雷曾用导体将电传到约 24 米远处. 格雷还做了第一次人体带电实验.

1733 年法国的杜菲(C. F. du Fay)发现绝缘的金属也可摩擦起电,从而得出所有物体都可摩擦起电. 杜菲甚至以自己的身体来做实验,他让助手把自己用绝缘的丝质绳吊起来,使自己身体带电,当助手靠近他时,杜菲突然感到针刺般的放电袭击,并产生噼啪声,暗处还可以看到放电的火花. 杜菲最重要的发现是电有两种. 杜菲改进了吉尔伯特的验电器,用金箔代替金属细棒. 杜菲观察到摩擦过的玻璃棒接触金箔后对金箔的排斥作用,而摩擦过的硬树脂对此金箔却产生明显的吸引. 杜菲意识到不同材料经摩擦后产生的电不同,分别称之为玻璃电(即正电)和松脂电(即负电),并由此总结出静电作用的基本特性:同性相斥,异性相吸. 杜菲把电想象为二元流体,当它们结合时,彼此中和.

1745 年荷兰莱顿大学的穆欣布罗克(P. von Musschenbrook)发明了贮存电的莱顿瓶. 莱顿瓶是在玻璃瓶内、外各贴一层金属箔,形成以玻璃为电介质的电容器,另有一金属棒从瓶栓插入,棒上端附金属球,棒下端附金属链,链与瓶内层的金属箔接触. 莱顿瓶的电容量不大,但可承受的电压很高. 法国的诺莱(J. A. Noılet)用莱顿瓶在巴黎大教堂前做了一个当时最为壮观的演示实验,在路易十五的皇室成员面前,令七百个修道士手拉手排成一条九百英尺①长的队伍,一端的人接触带电莱顿瓶的外部,当另一端的人接触莱顿瓶的另一极时,七百个修道士因电击全部跳了起来,令人信服地演示了电的威力.

1750 年前后,法国的埃皮努斯(F. U. T. Aepinus)在实验中发现了静电感应现象.

1747 年美国物理学家富兰克林(B. Franklin)根据自己的实验提出了单元电流体理论,他认为,在正常条件下电是以一定量存在于所有物体之中的一种流体,可以流动,摩擦使电流体从一物体转移到另一物体,缺少电流体的物体带负电,多余电流体的物体带正电,电流体可以从一物体转移到另一物体,正电、负电可以相互抵消,但不能创造,任何孤立物体的电流体的总量是不变的,这就是通常所说的电荷守恒. 尽管从现代的观点看,电流体并不存在,单元电流体理论并不正确,但富兰克林提出的正、负电概念(用以取代杜菲的玻璃电和松脂电)以及电荷守恒的观点是合理的内核,沿用至今. 富兰克林还观察到导体的尖端更容易放电.

富兰克林的另一个贡献是统一了天电和地电,彻底破除了人们对雷电的迷信. 早在 1749 年,他就注意到雷闪和放电有许多类似之处. 此后某日,正当富兰克林将几只莱顿瓶连

---

① 1 英尺(ft)=0.3048 m.

起来做实验之时，夫人进来观看，不慎触及莱顿瓶，突见飞出一团电火，伴随一声轰鸣，夫人被电击倒地，后经抢救幸运脱险. 这起事故给富兰克林留下了深刻的印象，更加深了他研究的决心. 1752 年富兰克林做了著名的“风筝实验”，他在风筝的骨架上固定一根尖细的铁丝，使它伸出 1 尺有余，风筝的拉线是一根粗糙的麻绳，麻绳与手拉的丝绳（非导体）经一把金属钥匙相连. 在阴云密布、雷电交加的日子，他跑到郊外，把风筝放入云层，他发现，当闪电时，被雨打湿的麻绳上的纤维向四周翘起，用指关节靠近钥匙，火花向手上飞来，他确认这就是电. 进而，富兰克林用钥匙上的电给莱顿瓶充电、使酒精燃烧等等，证实天电与地电相同. 但是，雷电实验十分危险，1753 年圣彼得堡的里曼（G. W. Richmann）在做大气闪电实验时就不幸被雷击而亡，以身殉职. 后来，富兰克林提出了用避雷针保护建筑物的建议，1759 年捷克的狄维施（P. Divisch）创制了第一根避雷针，1760 年富兰克林在费城一座大楼上立起避雷针.

至此，静电的基本现象（摩擦起电，正电与负电的区分，导体与绝缘体的区分，天电与地电的统一，以及静电感应等）已经发现，静电作用的基本特征（同性相斥，异性相吸）已经揭示，静电基本仪器（验电器，摩擦起电机，贮电器——莱顿瓶）已经发明，电荷守恒的观点已经提出，人们期待着以这些初步的成果为基础，进一步揭示电作用的定量规律，逐步建立严密的电科学.

18 世纪后期，在较好实验设备的条件下，开始了对静止电荷相互作用规律的定量研究. 1760 年伯努利猜测电力与万有引力一样，服从平方反比定律. 1755 年富兰克林观察到一个重要现象：将细线悬挂的带电软木小球放在带电金属筒外时，小球明显地受电力作用，细线倾斜，将带电软木小球放入筒内时则几乎不受电力作用，细线竖直下垂. 1760 年普里斯特利（J. Priestley）重复了富兰克林的实验，确定带电金属筒内表面没有电荷、对内部不产生电力，并由此判断电力应与距离平方成反比，但未能予以证明. 1769 年罗宾孙（J. Robbinson）设计了一个杠杆装置，利用活动杆所受重力与电力的平衡，从支架的平衡角度，得出两个同号电荷的作用力与距离平方成反比，即 $f\propto 1/r^{2+\delta}$，实验得出 $\delta=0.06$，这是电力的第一次直接测量. 1773 年卡文迪什（H. Cavendish）将两同心金属球用导线相连充电，然后取走导线打开外球壳，检测内球是否带电，结果为零，根据实验的精度推算出 $\delta<0.02$，但没有发表，不为人知. 1873 年麦克斯韦（J. C. Maxwell）整理卡文迪什的遗稿时才发现有关资料，重新进行了详尽的理论分析和实验工作，得出 $\delta<5\times10^{-5}$，并公之于世（详见 §1.1.5）. 1785 年库仑（C. A. Coulomb）设计了精巧的扭秤实验，直接测量得出两同号静止点电荷之间的排斥力与其间距离的平方成反比，$\delta<0.04$. 关于两异号静止点电荷之间的吸引力，因用扭秤测量时的平衡不稳定，库仑设计了电引力单摆实验，得出电引力也与距离的平方成反比. 库仑的实验得到了举世的公认，库仑定律成为电磁学中第一个基本定律，从此电学的研究开始进入科学行列（详见 §1.1.1）.

库仑定律建立之后，静电学的解析理论也有了重要进展. 1777 年拉格朗日（J. L. Lagrange）用引力势 V 描述引力场，V 的负梯度就是引力. 1789 年拉普拉斯（P. S. M. Laplace）给出引力势方程 $\nabla^2 V=0$，称为拉普拉斯方程. 1813 年泊松（S. D. Poisson）把引力势理论移植到静电学，并给出泊松方程$\nabla^2 V=-4\pi\rho$，其中V是电势，ρ是体电荷密度. 1828年给出了格林(G. Green)定理. 1831年给出了矢量分析的高斯(C. F. Gauss)定理，1839年高斯证明了静电学的高斯定理. 1854年给出了矢量分析的斯托克斯(G. G. Stokes)定理，同年，麦克斯韦予以证明.

18世纪后期电学的另一个重要发展是意大利物理学家伏打(A. G. Volta)发明电池. 此前，电学实验都采用摩擦起电机或莱顿瓶，它们只能提供短暂的电流脉冲. 1780年意大利解剖学家伽伐尼(L. Galvani)偶然观察到，在放电火花附近与金属相接触的蛙腿发生抽动. 进一步的实验发现，当相连接的两种金属的两端跨接在蛙腿两侧时，也会使之抽动. 伽伐尼把这种接触电现象误认为是"动物电"，认为蛙腿的肌肉和神经起到了莱顿瓶外箔和内箔的作用，当两极与金属相连时放电使肌肉收缩. 1792年伏打仔细研究后认为，产生电流的先决条件是两种不同金属插在溶液中并构成回路，蛙腿既是"溶液"又是"检流计". 据此，1799年伏打制造了第一个能产生持续电流的化学电池，这是一系列按同样顺序叠起来的银片和锌片，其间夹了用盐水浸泡过的硬纸板，组成一根柱体，叫做伏打电堆，当导线连接两端时，导线中产生持续的电流. 为了进一步阐明电流来自两种金属的接触而并非来自动物的肌肉和神经，伏打比较了各种金属，按金属间相互的接触电动势把各种金属排列成表，如锌—铅—锡—铁—铜—银—金—石墨等，只要将其中任意两种金属接触，排在前面的金属必带正电，排在后面的必带负电. 此后，在伏打工作的推动下，各种化学电源蓬勃发展起来. 1822年泽贝克(J. J. Seebeck)发现，甚至不用导电溶液，只要把铜线的两端和一根别种金属(如铋)线的两端牢固地连接起来构成回路，并维持两个接头于不同温度，也可获得微弱的电流，这就是温差电效应(详见§3.3.5).

化学电源的发明为科学实验和技术应用提供了有效的手段，一系列重要成果接踵而至. 1800年尼科耳森(W. Nicholson)和卡莱色耳(A. Carlisle)用低压电流分解水. 同年，里脱(J. W. Ritter)成功地从水的电解中分别搜集两种气体：氢和氧，并从硫酸铜溶液中电解出金属铜. 1807年戴维(H. Davy)利用庞大的电池组先后首次电解得到钾、钠、钙、镁等金属. 1871年戴维用2000个电池组成电源，在碳极间产生电弧. 从19世纪50年代起碳极电弧一直是灯塔、剧院等场所使用的强烈电光源，直到70年代才逐渐被爱迪生(T. A. Edison)发明的白炽灯所代替，时至今日电弧在冶炼和焊接中仍有重要应用. 此外，伏打电池还促进了电镀业的发展，它是1839年雅可比(K. Jacobi)和西门子(W. Siemens)发明的.

在漫长的岁月中，电学和磁学始终是两门独立发展、彼此无关的学科. 虽然早在1750年富兰克林已经观察到莱顿瓶放电可使钢针磁化，甚至更早在1640年已有人观察到闪电使罗盘磁针倒转，虽然电作用和磁作用都是非接触、隔真空的相互作用，并且都遵循平方反比律，但是，直到19世纪初科学界仍普遍认为电和磁是两种独立的作用. 然而，奥斯特(A. C. Oersted)与众不同，他深受康德哲学关于各种"自然力"统一观点的影响，相信电与磁之间可能存在着某种联系，经过努力寻找，终于在1820年7月发现了电流的磁效应：长直载流导线使与之平行放置的磁针受力偏转(详见§4.2). 奥斯特实验揭示了电现象与磁现象的联系，宣告了电磁学作为统一学科的诞生，由此，一系列新的实验接踵而至，许多重大的研究成果应运而生，开拓了电磁学研究的新纪元．例如，同年，安培的两平行长直载流导线相互作用的实验，电流方向相同时相互排斥，相反时相互吸引；安培的磁铁对电流作用的实验；阿喇果(D. F. Arago)的钢和铁在电流作用下磁化的实验．例如，安培的载流直螺线管与磁棒等效性的实验，据此，安培摒弃了“磁荷”观点，提出磁现象的本质是电流，物质的磁性来源于其中的“分子电流”，从根本上揭示了电磁现象的内在联系．例如，毕奥(J. B. Biot)和萨伐尔(F. Savart)的长直载流导线以及弯折载流导线对磁极作用的实验，根据实验结果，经过理论分析，得出了任意电流元对磁极作用力的公式，现代理解为任意电流元产生的磁场的公式——毕奥-萨伐尔定律(详见§4.3)．例如，安培认为，涉及电流与磁的种种相互作用均应归结为电流与电流之间的相互作用，为了寻找定量规律，安培精心设计了四个电流相互作用的示零实验，根据实验的“零”结果，经过理论分析，得出了任意两电流元之间相互作用力的公式——安培定律(详见§4.6)．安培的上述观点以及毕萨定律和安培定律的建立为磁学的发展奠定了坚实的基础．

电流磁效应的发现开辟了电磁应用的新领域．1825 年斯图金(W. Sturgen)发明电磁铁，为电磁的广泛应用创造了条件．早在 1821 年安培就建议可用电磁仪器传输信号．1833 年高斯(C. F. Gauss)和韦伯(W. Weber)制造了第一台简陋的单线电报，控制电磁铁的吸引可在远距离产生听得清楚的声响．1837 年惠斯通(C. Wheatstone)和莫尔斯(H. M. Morse)独立地发明了电报机．莫尔斯发明了一套电码，利用他制作的电报机，可在移动的纸带上打上点和划来传递信息，在这时期，越洋海底电报的实验研究也在进行．1855 年威廉·汤姆孙(W. Thomson)解决了水下电缆信号传递速度慢的问题．1866 年按汤姆孙设计的大西洋电缆铺设成功．另一方面的发展是 1854 年法国电报家布瑟耳(C. Bourseul)提出用电来传递语言的设想，但未变成现实；赖斯(P. Reiss)于 1861 年首次实验成功，但未引起重视．1876 年美国的贝尔(A. G. Bell)发明了电话．作为收话机，它仍用于现代，而其发话机则被爱迪生(T. A. Edison)的发明(炭发话机)以及休斯(D. E. Hughes)的发明(传声器)所改进．

1826 年，欧姆(G. S. Ohm)受到傅里叶(J. B. J. Fourier)关于固体中热传导理论的启发，认为电的传导和热的传导很相似，电流好像热流，电源的作用好像热传导中的温差．为了研究电路定律，欧姆开始采用伏打电堆做实验，但性能不稳定，后改用两个接触点温度恒定的温差电偶做电源，确保了电源电动势的恒定．同时，欧姆把电流磁效应和库仑扭秤相结合，设计了一个电流扭秤，解决了测量电流强度的难题．欧姆的实验是，将一根铋棒的两端分别与两根镀铜铁线相连构成回路，两端分别插入盛有冰雪和沸水的容器中，构成温差电偶的两极，回路中产生稳定的电流．当铜线中有电流通过时，与之平行放置的磁针受力偏转，由与磁针悬线相连的扭秤测出的偏转角度就是电流强度．欧姆配置了粗细相同、长度为 x 的不同的 8 根镀铜铁线，依次分别接入电路中，测出相应的电流强度 X，根据实验数据得出 $X=\frac{a}{b+x}$，式中 a,b 是依赖于电路的两个参数，a 由温差决定，相当于电动势，b 由不变的导体决定，相当于电池内阻，这样，欧姆就用实验方法建立了全电路电流强度的公式，即欧姆定律．欧姆定律是电路规律，又是描绘导电性能的介质方程，意义重大．但由于当时所用名词含混不清(如把电动势称为验电力)等原因,欧姆的研究成果并未立即得到确认,直到 1841 年英国皇家学会才授予欧姆科学界最高荣誉的科普里奖章. 1848 年基尔霍夫(G. R. Kirchhoff)从能量角度考虑,澄清了电势差、电动势、电流强度等概念,使得欧姆定律与静电学概念协调起来,在此基础上,基尔霍夫还解决了分支电路的问题.

杰出的英国物理学家法拉第(M. Faraday)从事电磁现象的实验研究,对电磁学的发展作出了极重要的贡献. 1831 年法拉第发现了电磁感应现象(美国物理学家亨利[J. Henry]于 1829 年发现自感现象,但发表较晚些),归纳了产生感应电流的各种条件,提出了感应电动势的概念,指出了"形成电流的力(即感应电动势)正比于切割的磁力线数",并设计了第一台原理性的圆盘发电机(详见 § 6. 1). 此前,1821 年法拉第根据电流的磁效应设计了第一台原理性的电磁旋转装置——电动机. 电磁感应是电磁学史中具有里程碑意义的重大发现,法拉第的开创性工作居功至伟. 1834 年楞次(H. F. E. Lenz)给出了确定感应电流方向的方法——楞次定律. 1845 年诺埃曼(F. E. Neumann)和韦伯(W. E. Weber)先后给出了电磁感应定律的定量表达式. 电磁感应的发现为能源的开发和广泛利用提供了崭新的前景. 1866 年西门子发明了可供实用的自激发电机,19 世纪末实现了电能的远距离输送,电动机在生产和交通运输中得到广泛使用,从而极大地改变了工业生产的面貌.

1832 年法拉第根据静电和电流的各种效应,用实验证明伏打电、摩擦电、磁感应电、温差电、动物电等不同来源的电具有"同一性",实现了电的统一,1834 年法拉第发现电解定律,揭示了电现象与化学现象的联系,指出电荷具有量子性(详见 § 1. 1. 4). 1843 年法拉第的冰桶实验为电荷守恒提供了第一个实验证据(详见 § 1. 1. 4). 1845 年法拉第发现磁致旋光效应:线偏振光经过磁场后,其振动面旋转了一个角度,揭示了光现象与磁现象的联系. 法拉第还通过实验提出了顺磁体和抗磁体的区分,并详细研究了极化和静电感应现象.

法拉第是一位具有深刻物理思想的实验物理学家,物理学中的场观点就是他首先提出并倡导的. 法拉第认为,带电体以及电流或磁体的周围空间存在着某种特殊的状态,他用电力线和磁力线来描绘这种状态. 法拉第认为,力线或场是独立于物体的另一种物质,弥漫在空间,并把相反的电荷和相反的磁极联系起来,电力和磁力并非超越空间的超距作用,而是以电力线和磁力线为媒介物传递的近距作用. 法拉第认为,电磁作用通过力线的传播需要时间,尽管这个时间非常短暂. 为了解释电磁感应现象,法拉第认为,在磁体或电流周围存在着一种电紧张状态,磁体或电流运动、变化导致的电紧张状态的变化,正是产生感应电动势的原因,从而把力线图象由静态扩展到动态,并把电力线和磁力线联系了起来. 法拉第甚至猜测,力线的传播是以波动的形式进行的,类似于水面的波动或空气粒子的声振动. 法拉第认为,力线是认识电磁现象必不可少的组成部分,力线比产生或汇集它们的"源"更具有研究的价值. 法拉第的场论观点是以他广泛、深入的实验研究为根据的,是他毕生最重要的贡献,但是法拉第没有给出定量的表述(详见 § 6. 1. 2). 法拉第的另一个重要观点是坚信各种"自然力"的统一,孜孜不倦地致力于寻找各种不同自然现象之间的联系,上述电磁感应、电解定律、磁光效应,以及各种电的同一性等等就是典型的例证.

麦克斯韦(J. C. Maxwell)继承了法拉第的场观点,进一步揭示了电场与磁场的内在联系并给予定量表述，建立了以麦克斯韦方程为标志的电磁场理论，作出了电磁波的预言，实现了光和电磁的大统一，完成了19世纪物理学最伟大的成就.1855年麦克斯韦发表《论法拉第力线》一文，以力线即电磁场为研究对象，采用类比方法，通过与不可压缩流体恒定流动的类比，从后者移植了源、旋、通量、环流、高斯定理、环路定理等概念和表达方式，使法拉第的场观点得到了适当的数学表述，并澄清了电磁学已有成果之间的关系.接着，麦克斯韦的目光转向电磁感应，把法拉第定性的场论解释和诺埃曼、韦伯的定量表述相结合，明确提出变化磁场产生涡旋电场，既揭示了电场与磁场的联系，又解释了感应电动势产生的原因，并丰富了对电场的认识，寓意深远.1861年麦克斯韦发表《论物理力线》一文，主要内容是：(1) 精心设计了电磁以太的力学模型，为各种电磁现象提供近距作用的解释.(2) 提出了位移电流的概念，表明变化电场能够产生磁场，从而发现了变化磁场产生涡旋电场的逆效应，完整地揭示了电磁场内在联系的两个侧面，同时也为电磁波在真空中的传播提供了物理依据.(3) 发现了电磁波，即变化的电磁场以波动形式在空间传播，形成电磁波.麦克斯韦得出，真空中电磁波的传播速度等于电量的电磁单位与静电单位的比值.1856年韦伯与科尔劳施(R. Kohlrausch)用电学方法测出该比值与菲佐(A. H. L. Fizeau)测出的空气中光速十分接近，麦克斯韦由此断定光波就是电磁波，实现了光与电磁现象的大统一.1865年麦克斯韦发表《电磁场的动力学理论》一文，明确宣布："我所提议的理论可以称为电磁场的理论，因为它必须涉及电或磁物体附近的空间，它也可以称为动力学的理论，因为它假设在该空间存在着运动着的物质，导致可以观察的电磁现象"，"电磁场是包含和围绕着处于电磁状态的物体的那一部分空间"，电磁场是"一种弥漫的物质，密度很小但确有，能运动，能以很大而有限的速度把运动从一部分传输到另一部分"，电磁场能够"接受和储存"能量，等等.由此可见，在建立了涡旋电场、位移电流、电磁波等概念，揭示了电磁场的内在联系和本质特征之后，麦克斯韦直接提出了电磁场动力学理论的宏大课题，而不只是某些局部或细节.为此，麦克斯韦把静电场和恒定磁场的高斯定理和环路定理的适用条件放宽，补充涡旋电场和位移电流，再与描绘实物电磁性能的介质方程结合，建立了电磁场运动变化所遵循的普遍方程组——麦克斯韦电磁场方程组，并再次得出"光是按照电磁定律经过场传播的电磁扰动"，开创了光的电磁理论，等等(详见§8.1.3).

1887年德国物理学家赫兹(H. R. Hertz)根据电容器放电的振荡性质设计了电磁波的发射器和接收器，实现了电磁波的发射和接收，证明了电磁波的存在.进而，赫兹又做了电磁波的直线行进和聚焦、反射、折射、形成驻波并测量电磁波的传播速度、衍射、偏振等一系列实验，证实电磁波与光波具有相同的性质.赫兹的电磁波实验为麦克斯韦电磁场理论提供了决定性的证据，宣告了无线电通信的诞生，迎来了深刻改变科技和社会面貌的信息化时代(详见§8.3.2).此后，1895年俄国的波波夫(A. C. Попов)和意大利的马可尼(G. Marconi)分别实现了无线信号的传输.后来，马可尼将赫兹振子改进为竖直的天线，德国的布劳恩(F. Braun)进一步将发射器分为两个振荡线路，为扩大信号传送范围创造了先决条件.1901年马可尼第一次建立了横跨大西洋的无线电联系.1904年弗莱明(A. Fleming)和1906年福雷斯特(L. Forest)发明的电子管及其在线路中的应用，改善了电磁波的发射和接收，推动了无线电的发展.

纵观电磁学史①,在漫长的历程中,人们观察现象、设计实验、寻找联系、发现规律、关注应用等等,对此,历来并无争议.但是,有两个深层次的基本问题却长期令人困惑不解,争论不休.其一,电磁作用是超距作用还是近距作用,即可以非接触、隔真空施予的电磁作用是否需要媒介物传递,是否需要传递时间,这种存在于真空之中的媒介物究竟是特殊形态的物质,还只是一种描绘手段.其二,什么是"电",即电、电荷是客观存在的实体,是某种既有质量又有电荷的带电粒子,带电粒子的运动形成电流;抑或电荷、电流并非客观实体,而只是传递电磁作用媒介物的某种运动状态或表现形式.围绕着以上两个基本问题,存在着针锋相对、泾渭分明的两派,其间的论争几乎覆盖了全部电磁学史(详见§8.1.1).

以英国物理学家法拉第、麦克斯韦为代表的"场论派"对电磁作用持近距作用的场观点,锲而不舍地致力于电磁场的研究,从法拉第的力线图象到麦克斯韦的电磁场方程以至赫兹的电磁波实验,历经半个多世纪,最终以近距作用场观点的彻底胜利而告终.然而,关于什么是电,法拉第和麦克斯韦却认为或倾向于认为,电荷、电流并非客观实体而只是传递电磁作用的媒介物的某种运动状态或表现形式.1873年麦克斯韦在《电磁通论》中写道:"我们必须不要过于匆忙地假设它(指"电")是或不是一种物质,或假设它是或不是一种能量,或假设它属于任何一已知的物理量范畴.""我指望根据在介于带电体之间的那种空间中出现的情况的研究来对电的本性得到进一步的认识."由于场论派把电磁场当成唯一的主角,怀疑或否认电是客观实体,虽然麦克斯韦的电磁场理论对光在真空中的传播作出了完备的描述,但在解释由具有电结构的实物与电磁场相互作用而引起的种种物理现象时则遇到了困难,例如,不能很好地揭示物质的光学特性,特别是不能解释色散现象,还有,把电磁场理论应用于运动介质情形也未获得成功,这是场论派的明显不足.另外,或许正是由于期待通过电磁场的研究,对电荷、电流本质的认识能够有所突破,场论派始终未能关注基本电磁力公式的建立(详见§8.1.1).

以法、德两国的物理学家为代表的"源派",对电磁作用持超距作用观点,否认电磁场的客观存在,同时认为电荷是客观存在的实体,是一切电磁现象之"源".源派物理学家对电磁学作出了许多重要贡献,例如,建立了库仑定律,安培提出磁现象的本质是电流并建立了安培定律,诺埃曼和韦伯先后给出电磁感应定律的定量表达式,等等.源派物理学家的共同目标和心愿是,试图建立基本的电磁力公式,用以统一解释全部电磁现象.1845年韦伯明确提出带电粒子的概念,认为电就是既有质量又带电荷的带电粒子,电流就是带电粒子的运动.1846年韦伯认为一切电磁作用应归结为相对静止或相对运动的带电粒子之间的相互作用,并给出了基本的电磁力公式——韦伯力公式(见(8.1)式),试图用以统一解释一切电磁作用,但未能如愿.1855年韦伯和科尔劳施用电学方法测出公式中的基本物理常数 $c=1/\sqrt{\varepsilon_0\mu_0}$,与1849年菲佐测出的光在空气中的传播速度十分接近,这被他们认为是一种巧

① 参看,陈秉乾:以太和电——电磁学史概论,《物理教学》,2012年2月.

合，后来却成为麦克斯韦断定光就是电磁波的重要依据（详见§8.1.1，§8.1.2）.

19世纪末，荷兰物理学家洛伦兹（H. A. Lorentz）集场、源两派理论之长，弃其短，经过综合、深化、发展，创立了经典电子论，把经典电磁理论推向顶峰. 洛伦兹认为，电磁场和带电粒子是独立的客观存在，应予区分，在全部电磁现象中，必须同时考虑两者的存在和作用. 洛伦兹认为，以太充斥全空间，绝对静止，不受实物运动的干扰，也不影响实物的机械运动，以太和实物在力学上是独立的，但带电粒子会使以太的电磁状态发生变化，后者又使带电粒子受电磁力. 19世纪下半叶，气体分子运动有了重大发展，洛伦兹把它的成果引入电磁学，认为实物由大量带正、负电荷的带电粒子构成，它们的集体行为决定了物质的电磁性质. 1892年，洛伦兹给出基本的电磁力公式 $\boldsymbol{F}=q\boldsymbol{E}+q\boldsymbol{v}\times\boldsymbol{B}$，认为一切电作用应归结为电场 $\boldsymbol{E}$ 对带电粒子 q 的作用，一切磁作用应归结为磁场 $\boldsymbol{B}$ 对运动带电粒子 $q\boldsymbol{v}$ 的作用，此式已为尔后的大量实验证实. 洛伦兹力公式和麦克斯韦电磁场方程是经典电磁理论的两大支柱，分别揭示了电磁作用的规律和电磁场运动变化的规律，电磁学的全部规律几乎尽在其中. 洛伦兹将麦克斯韦电磁场方程应用到微观领域，并把物质的电磁性质归结为原子中电子的效应. 这样不仅可以解释物质的极化、磁化、导电等现象以及物质对光的反射、折射和色散现象，而且还成功地说明了关于光谱线在磁场中分裂的正常塞曼（P. Zeeman）效应. 此外，洛伦兹还有一系列重要工作，如运动介质中的光速，“本地时间”，对应态原理，长度收缩假设，洛伦兹变换等，为爱因斯坦狭义相对论的建立提供了许多值得思考的基本问题，但是，洛伦兹没有摆脱绝对时空观的束缚.

1897年汤姆孙（J. J. Thomson）的阴极射线实验，测出阴极射线带电粒子的荷质比约为氢离子荷质比的二千倍，从而发现了质量约为氢原子二千分之一的带负电的粒子——电子. 电子是构成各种原子的更深层的第一个基本粒子，电子是既带电又有质量的带电粒子. 1901年考夫曼（W. Kaufmann）的β射线实验发现了电子质量随速度的变化，为尔后爱因斯坦（A. Einstein）建立的狭义相对论提供了重要的实验证据. 如所周知，物体质量随其速度的增加而增加，这是狭义相对论的重要结论，但只在物体速度接近光速 c 时才有明显表现，一般物体质量较大，不易达到接近 c 的高速，此效应不明显，电子因质量微小，容易被加速到接近 c 的高速，其质量随速度增加的相对论效应十分明显. 1909年密立根（R. A. Millikan）的油滴实验，得出电荷是量子化的，并测定了作为基本电荷的电子电量 e. 以上三个著名实验，发现了电子，测定了电子的一些基本性质，为韦伯提出的带电粒子概念提供了确凿的证据，使得关于什么是电的旷日持久的论争终于尘埃落定，构成了电磁学史中一个独特的篇章（详见§4.7.3）.

在法拉第-麦克斯韦-洛伦兹的电磁场理论获得巨大成功的同时，却无法回避它与经典力学中以牛顿绝对时空观为基础的伽利略变换表现出的明显冲突. 如前所述，麦克斯韦曾设想过电磁以太的模型，并赋予它许多具体的电磁性质，尽管洛伦兹设想的以太已不再具有各种具体性质而抽象为绝对空间，但他们的结论都是相对绝对空间而言的，因此，真空中的光速只在以太参照系下严格与方向无关并等于 c，麦克斯韦电磁场方程和洛伦兹力公式也只在以太参考系才严格成立,这就意味着电磁规律不符合相对性原理,出现了根本的矛盾. 1905年爱因斯坦(A. Einstein)建立了狭义相对论,它以相对性原理和光速不变原理为基础,以洛伦兹变换取代伽利略变换,否定了牛顿的绝对时空观. 狭义相对论使麦克斯韦电磁场方程和洛伦兹力公式在所有惯性系中都成立,即具有协变性,并且可以通过洛伦兹变换从电场得到磁场,从而真正实现了电场与磁场、电力与磁力的统一(详见第九章).

第一章 静电场

§1.1 库仑定律

物理定律是在观察和实验基础上发现的实验规律.各种物理定律从各自不同的角度和侧面揭示了事物的本质、规律和内在联系.物理定律是物理理论赖以建立的基础,也是检验各种物理理论是非真伪的标准.因此,物理定律的建立是有关领域获得重要进展的标志.在物理教学中,物理定律的阐述理所当然地占据着重要地位,电磁学当然也不例外.

物理定律具有丰富、深刻的内涵和外延.一般说来,从观察现象、提出问题、猜测结果、设计实验并测量、得出定律的主要关系,到定义新物理量、确定定律内容、给出定量公式,进一步判定定律的成立条件、适用范围、精度,乃至最终阐明定律的物理含义、理论地位,以及定律的近代发展,等等,需要经过漫长曲折的历史过程,涉及广泛的知识和背景材料.应该说,只有通过上述考察才能真正理解和全面把握物理定律,并从中体会物理学家历尽艰辛极富创造性和思想性的工作.

由于各种物理定律所面临的对象和问题颇为不同,就其建立而言,或来自直接测量,或根据某一特殊结果的普遍推广,或基于间接测量及相应的分析,或在假想实验(理想实验)基础上的推断,或通过理论分析甚至猜测,等等,可谓千姿百态各具特色,决非单一模式所能概全.尽管如此,无论物理定律是如何建立的,其正确性都必须通过直接的实验检验或其推论与实验相符(间接验证)才能确保,这是作为实验规律的一切物理定律必须具备的基本要求.物理定律是在实验基础上理性思维的结果.

实验是人类与自然界的"对话",迫使自然界作出回答,才能有所发现.于是,为什么要做实验,做什么,怎么做,怎样具备各种必要的条件,怎样分析实验的结果,等等,都需要精心的考虑和妥善的安排.科学实验是用严格的理性分析来指导观察的方法.

概念是对客观事物本质属性的理性认识.概念是科学家赖以沟通的工作语言和表达方式.概念是自然科学的定律和理论赖以建立的支柱和基石.概念源于具体事物而又高于具体事物,概念是经验的结晶,感知的升华,思维的产物.形成正确、恰当的抽象概念是建立物理定律和理论的决定性步骤,因为物理学的定律和理论正是通过概念和其间的关系表达的;反之,也只有通过物理定律和理论所揭示的概念之间的关系,才能真正理解各种概念的含义、地位和作用.物理概念必须有明确、严格的定义,并且是可以量度的,这是物理学作为精确、成熟学科的重要标志.

任何物理定律都不是孤立的,其中往往隐含着某些更基本的假定或前提,由此可以了解不同物理定律之间的关系及其与物理学其他部门的关系,建立一种层次感.任何物理定律都带有时代的烙印，随着科学的发展，需要不断地完善、重新认识和评价.

库仑定律①是电磁学中第一个基本定律，它揭示了两个静止点电荷相互作用的规律.库仑定律的建立标志着电磁学从初步观察现象向科学实验、发现规律的飞跃，它为电磁学奠定了第一块厚重的基石.尽管库仑定律为众所周知，本节仍将对它作详尽的阐述，其目的既是为了正确理解它的基础地位和重要性，也是借此使读者懂得如何从方方面面考察一个物理定律，学会思考，其中，库仑的直接测量和卡文迪什-麦克斯韦的间接验证，方法截然不同，却各领风骚，耐人寻味.

§1.1.1 库仑的电斥力扭秤实验和电引力单摆实验，电力平方反比律

当年，物体因带电而彼此吸引或排斥是重要的新现象，它表明带电体之间存在着相互作用——电力.与弹性力、摩擦力、压力等接触物体之间的作用力不同，电力、磁力、万有引力都出现在非接触物体之间，可以隔真空彼此作用.但是，三者又有明显的区别，例如，电力、磁力有吸引和排斥，电荷有正负，磁体有南北极，而万有引力总是表现为彼此吸引，并无排斥；例如，磁体南北极并存，不存在孤立的磁极，并具有偏向南、北的指极性，带电体则不具有指极性，且正电和负电可以单独存在；等等.所有这些早期的观察都表明，电力是一种尚待探索的新的作用力，于是，寻找电力遵循的规律成为引人瞩目的研究课题.受牛顿力学的深刻影响，为了撇开带电体形状、大小等次要因素，与质点类似，引入了点电荷的概念，同时，也先不考虑电荷的运动，人们自然地把注意力集中在两个静止点电荷之间的电力作用上.

在实验研究尚未开展之前，富兰克林(Franklin)观察到一个重要的现象：把细线悬挂的带电软木小球放在带电金属圆筒外时，小球明显地受电力作用，细线倾斜；把细线悬挂的带电软木小球放到带电金属筒内时，小球几乎不受电力，细线竖直下垂.富兰克林把这个现象写信告诉了他的好友普里斯特利(Pristley)，希望他重做实验予以证实.1766 年普里斯特利做了实验，观察到带电空腔金属容器对放在空腔内部的电荷确实几乎没有作用力.普里斯特利立刻意识到这一现象与万有引力的结果非常相似，通过类比，他猜测，电力应与万有引力遵循同样的规律，即两个静止点电荷之间的作用力应与其间距离的平方成反比——称为电力平方反比律.因为，均匀物质球壳对物质小球的万有引力是构成球壳的各物质微元(质点)对小球(质点)的作用力之和，当小球在球外时，合力非零，自不待言；但当将小球置于球壳内除球心外的任意位置时，小球所受合力应均为零，这是各物质微元(质点)与物质小球(质点)间的万有引力与距离平方成反比的结果(读者可试做证明).类似的现象往往暗示着类似的特征，非凡的洞察力破解了自然界的奥秘，普里斯特利把电力与万有引力相类比作出的猜测为尔后卡文迪什和库仑寻找电力规律的实验研究指引了方向.

1772 年英国物理学家卡文迪什(Cavendish)在普里斯特利类比猜测的启发下，提出了精确验证电力平方反比律的实验方法和理论分析，并得出了结果.电力平方反比律可表为

① 参看陈秉乾，王稼军：关于库仑定律，《物理教学》，1984 年 8 月.

$F_{电} \propto r^{-2\pm\delta}$，式中 δ 称为偏离电力平方反比律的修正数. 卡文迪什的想法是，对于均匀带电的球形空腔导体，在腔内无带电体时，若 $\delta=0$ 严格成立，则球形空腔导体内的自由电荷所受电力为零，内表面完全不带电，全部电荷均匀分布在外表面上；若 $\delta\neq0$，则空腔导体内表面应带电. 如果经过理论分析，能够得出球形空腔导体内表面电量与导体充电总电量、δ 以及球壳内外半径的定量关系，那么，设法测量内表面的电量，若结果为“零”，即小于测量仪器所能测出的下限(此类实验称为示零实验)，再设法确定测量仪器的灵敏度，即可确定 δ 的上限. 据此，1772 年卡文迪什得出的结果是 $\delta<2\times10^{-2}$，但未发表，不为人知. 百年之后，担任第一任卡文迪什实验室主任的麦克斯韦在整理卡文迪什的遗稿时，才发现相关工作的片断资料. 1873 年麦克斯韦根据卡文迪什的思路，重新进行了细致的实验测量和详尽的理论分析，得出了 $\delta<5\times10^{-5}$ 的结果. 此后，不断有人继续沿用卡文迪什-麦克斯韦的方法，改进技术，使精度大幅度提高，1971 年威廉斯等得出 $\delta<2.7\times10^{-16}$. 电力平方反比律已经成为迄今物理学中最精确的实验定律之一，卡文迪什-麦克斯韦方法的威力由此可见一斑(详见 § 1.1.5).

1785 年法国物理学家库仑(Charles Auguste de Coulomb，1736—1806)做了电斥力扭秤实验和电引力单摆实验，由此确立了电力平方反比律——两静止点电荷之间相互作用力的大小与其间距离的平方成反比，并公之于世.

与卡文迪什的方法不同，库仑是试图通过直接测量来寻找电力规律的第一人. 当时的困难在于，充电有限，容易漏电，使得电力微弱且有所变化，难以测量，也不精确. 库仑原先研究力学，曾发现固体间的滑动摩擦定律 $F=\mu N$，即摩擦力 F 与正压力 N 成正比，比例系数 μ 与接触面性质有关，称为摩擦系数. 库仑还是研究和制作扭秤的专家，1784 年库仑得出，在弹性范围内扭秤金属悬丝所受转矩 M 与扭转角 B 成正比，比例系数与细丝的长度 L、直径 D 以及切变弹性模量 μ 有关，可表为 $M=\frac{\mu D^4}{L}B$.

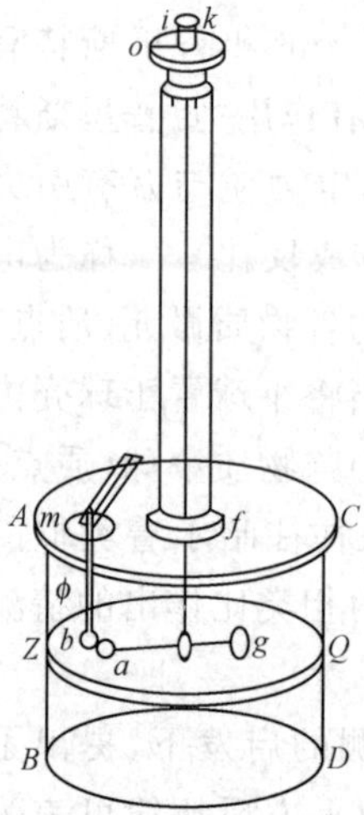

图 1.1　库仑的电斥力扭秤实验

1785 年库仑设计制作了一台精巧的扭秤，它能够测出 10^{-8} N 的微弱作用力. 库仑用它成功地完成了测量两个带同号电荷的木髓小球(点电荷)之间电斥力的实验.

库仑的扭秤如图 1.1 所示. 玻璃圆筒 BD 用平板 AC 盖住，平板中央和一侧开有两个圆孔 f 和 m. 中央孔 f 中插入一竖直玻璃管，管中央轴线处有一根银线，银线下端开有小孔，一根针状细杆 ag 穿过此小孔水平悬挂，细杆 a 端是一个木髓小球，g 端是与 a 端平衡的纸球，水平细杆 ag 连同两球在竖直银线下端与银线固连. 另一竖直小杆 $m\phi b$ 穿过平板 AC 的侧孔 m，杆下端是另一固定的小球 b，b 球与 a 球完全相同，杆上方 m 端用夹子固定，确保 b 球受力时静止不动. 当紧靠着的 a，b 两球带同号电荷互相排斥时，b 球不动，a 球则连同水平细杆 ag 偏转一个角度 α_a，α_a 可通过容器外壁的刻度 ZQ 读出. a 球及细杆 ag 的偏转引起与之固连的银线的扭转，从而使银线上端的测微装置 io 发生偏转，io 的偏转角 α_o 可在银线上端的刻度板上读出. 银线的扭转角 α_t 就

是下端 a 球的偏转角 α_a 与上端 io 的偏转角 α_o 之差，即 $\alpha_t=\alpha_a-\alpha_o$. 平衡时，银线所受电力矩 M_e 与扭力矩 M_t 相等反向，其中，M_e 与 a 球所受电斥力 F_e 成正比，M_t 与银线的扭转角 α_t 成正比，因此 F_e 与 α_t 成正比. 因 ab 两球很小且紧靠着，若 a 球的偏转角 α_a 不大，则 ab 两球的间距 r 近似地与 α_a 成正比. 于是，ab 两带电小球之间的电斥力 F_e 与其间距离 r 的关系，近似地转化为实验上可以测出的 α_t 与 α_a 之间的关系.

库仑的实验是，将一带电小物体从侧孔 m 插入，与 a，b 两球一起接触，使两球带同号电荷，互相排斥，b 球不动，a 球偏转. 平衡时测出 $\alpha_a=36°$，$\alpha_o=0°$，即银线扭转角为 $\alpha_t=\alpha_a-\alpha_o=36°$，这是一组数据. 为了改变两球的间距，用旋钮 k 将银线反向转过 126°，使 $\alpha_o=-126°$，a 球相应偏转并再次达到平衡，测出 $\alpha_a=18°$，即银线扭转角为 $\alpha_t=\alpha_a-\alpha_o=144°$，这是第二组数据. 接着，再用旋钮 k 得到新的平衡值 $\alpha_a=8.5°$，$\alpha_t=576°$，这是第三组数据. 以上结果表明，当 α_a 之比即两球间距 r 之比为 36∶18∶8.5 时，α_t 之比即两球之间电力 F_e 之比为 36∶144∶576，可见当 r 减少为一半和约四分之一时，F_e 增大了 4 倍和 16 倍. 库仑由此得出："两个带同种电荷的小球之间的相互排斥力和它们之间距离的平方成反比."这就是库仑电斥力扭秤实验的结论.

然而，当库仑试图用他的扭秤测量两个带异号电荷小球之间的电引力时，却遇到了平衡不稳定的困难. 为什么对电斥力扭秤的平衡是稳定的，而对电引力扭秤的平衡却变得不稳定了呢？

如图 1.1，当 a，b 两球带同号电荷，相距 r，其间为电斥力时，电斥力矩的方向沿图中银线自下向上，扭力矩反向沿图中银线自上向下. 达到平衡后，若因扰动使 a 球与始终固定的 b 球的间距 r 稍稍增大，即 a 球从平衡位置逆时针转过一个小角度（所谓"顺时针"或"逆时针"是指从图中上方俯视 ZQ 平面时，细杆 ag 的偏转方向），则因电斥力与距离平方成反比，电斥力与电斥力矩均稍稍减小而方向不变；同时，银线的扭转角 α_t 稍稍增大，扭力与扭力矩均稍稍增大而方向不变；于是，电斥力矩和扭力矩之和不再为零，合力矩的方向沿图中银线自上向下，它将使 a 球返回平衡位置，消除扰动. 同样，达到平衡后，若因扰动使 a，b 两球间距 r 稍稍减小，则非零的合力矩方向沿图中银线自下向上，仍将使 a 球返回平衡位置，消除扰动. 因此，对同号电荷之间的电斥力，偏离平衡位置的扰动会自动消除，扭秤的平衡是稳定的，利于测量.

如图 1.1，当 a，b 两球带异号电荷，相距 r，其间为电引力时，电引力矩的方向沿图中银线自上向下，扭力矩反向沿图中银线自下向上.（注意，电引力时，扭秤上端 io 反向偏转，即俯视沿逆时针方向偏转，故扭力矩反向，沿图中银线自下向上.）达到平衡后，若因扰动使 a，b 两球间距 r 稍稍增大，则因电引力与距离平方成反比，电引力与电引力矩均稍稍减小而方向不变；同时，银线的扭转角 α_t 稍稍减小（注意：电引力时，扭秤上端 io 反向偏转，即俯视沿逆时针方向偏转，故当 a，b 两球间距稍稍增大时，银线的扭转角 α_t 稍稍减小），扭力与扭力矩均稍稍减小而方向不变. 但由于电引力与距离 r 的平方成反比，而在与扭力成正比的扭转角 $\alpha_t=\alpha_o-\alpha_a$ 中，α_a 与 r 成正比，故当 r 稍稍增大时，电引力矩减小得多，扭力矩减小得少，于是，电引力矩与扭力矩的合力矩不再为零，合力矩的方向就是扭力矩的方向即沿图中银线自下向上，它将使 a,b 两球的间距 r 继续增加，扰动加剧. 同样，达到平衡后，若因扰动使 a,b 两球间距稍稍减小，则非零的合力矩方向沿图中银线自上向下，使 a,b 两球间距继续减小，扰动加剧. 因此，对异号电荷之间的电引力，偏离平衡位置的扰动会加剧，扭秤的平衡是不稳定的，不利测量. 尽管如此，库仑仍努力作了电引力扭秤实验，证实电引力也与距离平方成反比，但因测量困难，结果并不令人满意.

为了确定电引力与距离的关系，库仑另辟蹊径，设计了异号电荷的电引力单摆实验，其原理、装置、测量都与电斥力扭秤实验全然不同.

库仑的想法简单明了. 在万有引力作用下，单摆的摆动遵循确定的规律，这是万有引力与距离平方成反比的结果. 与此类似，设计一个电引力单摆，使带电摆锤在另一带异号电荷的电引力作用下摆动，测量带电摆锤的摆动，寻找其规律，若电引力单摆与万有引力单摆的摆动规律相同，则电引力也应与距离平方成反比. 显然，这是典型的类比研究.

如所周知，在万有引力作用下，单摆的振动周期为 $T=2\pi\sqrt{\frac{L}{Gm}}r$，式中 G 是万有引力常量，L 是单摆摆线长度，m 是产生万有引力的物体（引力源）的质量，r 是该物体质心（引力源中心）与摆锤的间距，此式就是万有引力单摆所遵循的摆动规律. 对于地球表面的单摆，m,r 分别是地球的质量和半径，均为常量，故 $T\propto\sqrt{L}$，即单摆摆动的周期与摆长的根号成正比，这是大家熟知的结论. 由上式，若摆长 L 与引力源质量 m 给定，而摆锤与引力源中心的距离 r 可变，则应有 $T\propto r$，这是万有引力与距离平方成反比的结果.

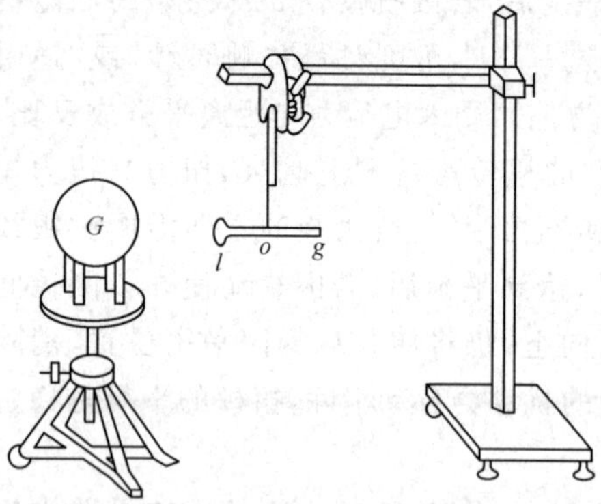

图 1.2　库仑的电引力单摆实验

库仑电引力单摆实验的装置如图 1.2 所示，固定的带电金属球 G（引力源）与带电小球 l（摆锤）带异号电荷，彼此吸引，l 在绝缘细棒 lg 的一端，细棒中点 o 的竖直细线将细棒水平悬挂，使之可在水平面内自由摆动，ol 为摆长 L，小球 l 与金属球 G 中心的距离就是带电摆锤与电引力中心的间距 r. 与万有引力单摆相比，电引力单摆无非是以电引力取代万有引力而已.

利用电引力单摆，库仑作了三次测量，r 之比取为 3∶6∶8，实验测出带电摆锤 l 的振动周期 T 之比为 20∶41∶60. 实验结果与预期的 20∶40∶53.3 比较接近，但有所差别. 库仑认为是实验过程中的漏电使电引力减小，导致振动周期加大，经修正，实验值与预期值基本相符，从而得出异号电荷之间的电引力与其间距离平方成反比的结论.

根据上述电斥力扭秤实验和电引力单摆实验，库仑确立了电力平方反比律，他的实验结果是

$$\delta < 4\times10^{-2},$$

即电力偏离平方反比律的修正数 δ 小于 0.04.

尽管库仑的电斥力扭秤实验精巧细致、可测 10^{-8} N 的微弱作用力，尽管库仑的电引力单摆实验独具匠心、简便易行，但前者的角度测量以及后者的周期和距离测量都很难十分精确，加上不可避免的漏电现象等，都会引起误差. 应该说，在当年的条件下，能够达到这样的精度，实属非易. 即使在现代，技术大有进步，也难以期待实验的精度能在量级上大幅度提高，这或许正是此后无人重复库仑扭秤实验和单摆实验的原因. 有鉴于此，更可见卡文迪什-麦克斯韦方法的威力和优越性(详见§1.1.5).

§1.1.2 库仑定律的表述和物理内涵，电力叠加原理

在库仑的电斥力扭秤实验和电引力单摆实验确立了电力平方反比律之后，人们希望进一步全面地揭示电力的特征，给予定量表述，并阐明其成立条件. 库仑定律和电力叠加原理为这些问题提供了答案.

库仑定律：两个静止点电荷 q_1 与 q_2 之间的相互作用力的大小与 q_1 和 q_2 的乘积成正比，与它们之间的距离 r 的平方成反比，作用力的方向沿着它们的连线，同号电荷相斥，异号电荷相吸. 令 $\boldsymbol{F}_{12}$ 表示 q_1 对 q_2 的库仑力(也称电力)，r 表示 q_1 和 q_2 之间的距离，$\hat{\boldsymbol{r}}_{12}$ 表示由 q_1 指向 q_2 的单位矢量(如图 1.3)，则库仑定律可表为

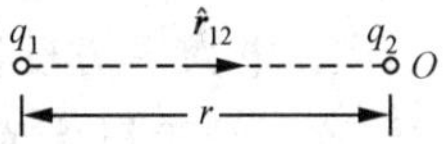

图 1.3

$$\boldsymbol{F}_{12} = k\frac{q_1 q_2}{r^2}\hat{\boldsymbol{r}}_{12}$$

$$= \frac{1}{4\pi\varepsilon_0}\frac{q_1 q_2}{r^2}\hat{\boldsymbol{r}}_{12}, \tag{1.1}$$

这就是库仑定律的语言叙述和定量公式.

无论 q_1，q_2 的正负如何，(1.1)式都适用. 若 q_1，q_2 同号，q_1 与 q_2 的乘积为正，则 $\boldsymbol{F}_{12}$ 沿 $\hat{\boldsymbol{r}}_{12}$ 方向，为排斥力；若 q_1，q_2 异号，q_1 与 q_2 的乘积为负，则 $\boldsymbol{F}_{12}$ 沿 $-\hat{\boldsymbol{r}}_{12}$ 方向，为吸引力. 将下标 1，2 对调，因 $\hat{\boldsymbol{r}}_{21} = -\hat{\boldsymbol{r}}_{12}$，故(1.1)式表明，$q_2$ 对 q_1 的库仑力为 $\boldsymbol{F}_{21} = -\boldsymbol{F}_{12}$，即两静止点电荷之间的库仑力满足牛顿第三定律.

$\boldsymbol{F}_{12}$ 或 $\boldsymbol{F}_{21}$ 的大小都是 $F = k\frac{q_1 q_2}{r^2}$，式中 k 是比例系数，它的数值取决于式中各量的单位. 本书采用国际单位制(SI)，它的电磁学部分也称为 MKSA 单位制，以长度、质量、时间、电流为四个基本量，取米(M)、千克(K)、秒(S)、安培(A)为四个基本单位，其他物理量的单位可由基本单位根据规定的公式和顺序导出(见附录一). 在(1.1)式中，r 的单位是米(m)，F 的单位是牛顿(N)，也简称“牛”，$1\ \mathrm{N} = 1\ \mathrm{kg \cdot m/s^2}$，$q$ 的单位是库仑(C)，也简称“库”，$1\ \mathrm{C} = 1\ \mathrm{A \cdot s}$. 选定各量的单位后，把比例系数写成 $k = \frac{1}{4\pi\varepsilon_0}$，它需经实验测定，其中 ε_0 称为真空介电常量或真空电容率. ε_0 是基本物理常量之一，ε_0 的 1998 年推荐值为

$$\varepsilon_0 = 8.854187817 \times 10^{-12}\ \mathrm{C^2/(N \cdot m^2)}.$$

ε_0 和 $\frac{1}{4\pi\varepsilon_0}$ 的近似值为

$$\varepsilon_0 = 8.85 \times 10^{-12}\ \mathrm{C^2/(N \cdot m^2)},$$

$$\frac{1}{4\pi\varepsilon_0} = 8.99 \times 10^9\ \mathrm{N \cdot m^2/C^2}.$$

在 MKSA 单位制中，长度 L、质量 M、时间 T、电流 I 为基本量，以 L,M,T,I 表示相应量纲，则任何物理量 Q 的量纲具有如下形式

$$[Q] = \mathrm{L}^p \mathrm{M}^q \mathrm{T}^r \mathrm{I}^s.$$

电量 q 和真空介电常量 ε_0 的量纲为

$$[q] = \mathrm{TI},$$

$$[\varepsilon_0] = \frac{[q_1][q_2]}{[F][r^2]} = \mathrm{L^{-3} M^{-1} T^4 I^2}.$$

库仑定律揭示了电力的基本特征，具有丰富的物理内涵.

1. 电力平方反比律. 两静止点电荷之间的作用力与其间距离的平方成反比，即 $F\propto r^{-2}$. 这一结论已为库仑的电斥力扭秤实验、电引力单摆实验(见 § 1.1.1)以及卡文迪什-麦克斯韦的示零实验(见 § 1.1.5)等一再证实，极为精确，不再重复.

2. 电力与两点电荷电量的乘积成正比，即 $f\propto q_1 q_2$，这是电量的定义. 由于电力来自带电物体，与带电状况有关，在电力的表达式中需要引入定量描述两点电荷带电多少的物理量——电量，于是规定作用力大小与两点电荷电量的乘积成正比. 这样，既能表明是电力，又能通过 q_1，q_2 的大小、正负区分电力的大小以及吸引还是排斥.

在物理学中，新的研究领域的开辟，新的基本规律的发现，往往同时伴随着新概念的引入和新物理量的定义. 牛顿定律定义了惯性质量，万有引力定律定义了引力质量，热力学定律定义了内能和熵，诸如此类，概莫能外. 现在，作为电磁学第一条基本规律的库仑定律，必然要引入电磁学中第一个物理量——电量. 顺便指出，电量概念是高斯(Gauss)首先引入的.

3. 电力的径向性和球对称性. 两静止点电荷之间作用力的方向沿连线，或静止点电荷在空间各点的电场强度的方向沿径向(场强的定义见 § 1.2.2)；且两静止点电荷之间的作用力只与距离有关而与连线的空间方位无关.

应该指出，电力的径向性和球对称性虽则与库仑、卡文迪什-麦克斯韦等的相关实验大抵相符，但并非这些实验的直接结果，当年，在分析上述实验和表述库仑定律时，它们都被认为是理所当然的前提和结论. 实际上，电力的径向性和球对称性是空间各向同性以及静止点电荷模型的必然要求. 试想，如果位于 Q 点的静止点电荷在空间任意 P 点的场强方向不沿径向 PQ 而有所偏斜，则绕 PQ 旋转后，P 点场强的方向将有所改变，从而与空间的各向同性矛盾，破坏了空间的对称性，明显不合理. 又，作为理想模型的静止点电荷具有球对称性，因此它对另一点电荷的电力亦即它产生的电场必定具有球对称性. 这一事例表明，物理学的规律是分层次、有联系的，低层次的具体规律要受到高层次的普遍规律(基本法则)的制约，不得违背.

另外，如果点电荷 q_0 同时受到许多点电荷 $q_1,q_2,\cdots$ 的作用，则 q_0 所受合力 $\boldsymbol{F}$ 是各点电荷 $q_1,q_2,\cdots$ 单独存在时对 q_0 作用力 $\boldsymbol{F}_1,\boldsymbol{F}_2,\cdots$ 的矢量和. 如果点电荷 q_0 受到连续分布带电体的作用，则 q_0 所受合力 $\boldsymbol{F}$ 是带电体上各电荷微元 $\mathrm{d}q$ 对 q_0 作用力 $\mathrm{d}\boldsymbol{F}$ 的矢量积分. 即

$$\boldsymbol{F}=\sum_i \boldsymbol{F}_i=\frac{1}{4\pi\varepsilon_0}\sum_i \frac{q_i q_0}{r^2}\hat{\boldsymbol{r}}_i$$

或

$$\boldsymbol{F}=\int \mathrm{d}\boldsymbol{F}=\frac{q_0}{4\pi\varepsilon_0}\int \frac{\hat{\boldsymbol{r}}}{r^2}\mathrm{d}q, \tag{1.2}$$

式中 r_i 是 q_i 与 q_0 的距离，r 是 $\mathrm{d}q$ 与 q_0 的距离，$\hat{\boldsymbol{r}}_i$ 是由 q_i 指向 q_0 的径向单位矢量，$\hat{\boldsymbol{r}}$ 是由 $\mathrm{d}q$ 指向 q_0 的径向单位矢量. (1.2)式称为电力叠加原理，满足(1.2)式的叠加称为线性叠加. 叠加原理是独立于库仑定律的另一实验规律，它表明电力具有可叠加性和独立性，即各 q_i 或 $\mathrm{d}q$ 对 q_0 的作用不因其他电荷的存在而有所影响.

综上，库仑定律和电力叠加原理揭示了电力的基本特征：平方反比律，与电量成正比，径向性和球对称性，线性叠加. 弄清楚这些基本特征各自的含义和由来，对于正确理解基本规律十分重要. 应该指出，此处的电力准确地说是指静电力，即施力的电荷是静止的，一旦施力电荷有所运动，本节的结论便需修正.

如所周知，宇宙万物之间存在着纷繁多样性质各异的种种相互作用，物理学的研究表明，究其本质，它们都是四种基本相互作用(万有引力、电磁力、强相互作用、弱相互作用)的表现. 其中，强相互作用和弱相互作用是短程力，只在原子核的小尺度范围内起重要作用，万有引力和电磁力则是长程力. 在宏观世界，对于不带电、无磁性的物体，万有引力对它们的运动起着支配作用，例如地球与日月星辰的运行、地面上各种物体的运动、潮汐的涨落等等就是如此. 电磁力存在于带电物体以及载流(电流)物体之间，在原子、分子的尺度范围特别重要(例如，一个电子和一个质子之间的电力与万有引力之比为 2.26×10^{39}，万有引力完全可以忽略)，对原子、分子的结构以及物质的物理、化学性质起着关键作用. 另外，如摩擦力、弹性力等许多常见的相互作用，其本质仍是电磁作用. 总之，我们生活的宇宙就是这样一个既复杂又单纯的矛盾统一体.

§1.1.3 库仑定律的成立条件、适用范围和理论地位

库仑定律的成立条件是静止，即在惯性系中两点电荷相对静止，且相对于观察者静止. 静止条件可以适当放宽，即静止点电荷(施力者)对运动点电荷(受力者)的作用力仍遵循(1.1)式. 但反之，运动点电荷(施力者)对静止点电荷(受力者)的作用力却并不遵循(1.1)式，因为此时作用力(或运动点电荷产生的电场)不仅与两者的距离有关，还与运动点电荷的速度有关. 根据电动力学，若点电荷 q_1 以速度 $\boldsymbol{v}$ 运动，则与 q_1 相距 $\boldsymbol{r}_{12}$ 的静止点电荷 q_2 所受 q_1 的作用力为

$$\boldsymbol{F}_{12}=\frac{q_1 q_2}{4\pi\varepsilon_0 r_{12}^2}\cdot\frac{\left(1-\dfrac{v^2}{c^2}\right)\hat{\boldsymbol{r}}_{12}}{\left[\left(1-\dfrac{v^2}{c^2}\right)+\left(\dfrac{\boldsymbol{v}\cdot\boldsymbol{r}_{12}}{cr_{12}}\right)^2\right]^{3/2}},$$

式中 c 是真空中的光速. 若 $v \ll c$，则 $\boldsymbol{F}_{12} \approx \frac{q_1 q_2}{4\pi\varepsilon_0 r_{12}^2}\hat{\boldsymbol{r}}_{12}$，回归到(1.1)式.

关于库仑定律适用的静止条件以及静止条件可以适当放宽的讨论具有深刻的含义.

首先，它表明两静止点电荷之间的相互作用力遵循牛顿第三定律，但静止点电荷与运动点电荷之间的相互作用力却并不遵循牛顿第三定律. 何以如此，怎样理解这一结果呢？众所周知，牛顿第三定律实际上是更普遍的动量守恒定律在特殊条件下的产物. 如果两个物体构成封闭系统，即只此两者，别无其他，且无外界作用，即与外界无动量交换，则此系统动量守恒，其一动量的增或减应等于另一动量的减或增，于是其间的作用力必定大小相等、方向相反、在同一连线上，遵循牛顿第三定律. 接触物体之间的作用力如摩擦力、弹性力等都是如此. 现在，非接触的静止点电荷与运动点电荷之间的库仑力不遵循牛顿第三定律，表明其一动量的增或减并不等于另一动量的减或增，这就强烈地暗示可能存在着"第三者". 的确，后来的研究表明，非接触的两点电荷之间的相互作用，是以电场为媒介物传递的近距作用，电场是特殊形式的物质，具有动量、能量等物理性质. 因此，在讨论两点电荷的相互作用时，封闭系统的成员除两点电荷外，还有第三者——电场. 当两点电荷都静止时，虽然第三者电场依然存在，但其动量不变，于是牛顿第三定律成立. 当两点电荷一静一动时，伴随着电荷的运动，相应电场的动量有所变化，于是牛顿第三定律失效. 电力、磁力、万有引力都出现在非接触物体之间，这些相互作用都是以场为媒介物传递的近距作用. 由此可见，关于库仑定律适用的静止条件以及可以适当放宽的讨论，有助于理解电场的存在，有助于理解动量守恒定律与牛顿第三定律的关系.

其次，运动点电荷对静止点电荷的作用力不仅与其间的距离有关，还与速度有关，反映了一种推迟效应. 电动力学指出，静止点电荷(受力者)在 t 时刻所受的作用力，取决于 $\left(t-\frac{r_{12}}{c}\right)$ 时刻运动点电荷(施力者)的状况. 这表明，当施力者有所运动或变化时，受力者并非"立刻"感受到这种运动或变化，而是有一段时间的推迟，推迟的时间 $\frac{r_{12}}{c}$ 正是以光速从施力者传播到受力者所需的时间. 换言之，电磁作用的媒介物——电磁场是以光速传递的，这种传递需要经历一段时间.

再次，所谓静止或运动都是相对的，即都是相对于某一特定的惯性系而言的. 如果两个点电荷在某一惯性系中静止，则其间只存在电力，且满足库仑定律和牛顿第三定律. 但从相对该惯性系运动的另一惯性系看来，两个点电荷都在运动，其间的相互作用除电力外还有磁力，且电力并不满足库仑定律和牛顿第三定律. 换言之，在某一惯性系中简单的静电现象，在另一惯性系中变成了复杂的电磁现象. 这似乎很离奇，其实适足以说明电磁现象的内在联系和统一性.

最后，库仑定律(1.1)式适用的静止条件，即施力的点电荷必须静止，这是一个很强的限制，它表明库仑定律不符合相对性原理的要求，不具有在各个惯性系中都适用的协变性.

关于库仑定律成立条件的以上四点说明，不仅涉及本课程后面的内容，还与后继课程有关,不必深究.只是借此提醒读者,应该打开思路,广泛联系.沉默不语的自然界往往正是通过一些简明基本的现象来透露自身深层的奥秘,考验人们能否识破.

顺便指出,有些教材在叙述库仑定律时还加了一个真空条件,其实无需.所谓真空条件,无非是指两个点电荷只受到对方的作用,别无其他.当真空条件被破坏时,除了这两个点电荷外,还可能存在其他电荷,如空间的自由电荷、导体中的感应电荷、电介质中的极化电荷等,此时,这两个点电荷之间的作用力仍遵循库仑定律,并不因其他电荷的存在而有所影响,这正是电力叠加原理的结果.所以,真空条件并非必要,应该除去,以免误会.

库仑定律的适用范围是指,两静止点电荷之间的距离 r 在什么尺度范围内,电力平方反比律适用.在库仑的电斥力扭秤实验、电引力单摆实验以及卡文迪什-麦克斯韦等的相关实验中,r 为厘米量级,表明电力平方反比律在此尺度内适用.1912 年卢瑟福(Rutherfold)的 α 粒子散射实验,确立了原子的核式结构,得出原子核的大小不超过 10^{-13} cm,卢瑟福的 α 粒子散射理论是以 α 粒子受原子核的库仑力作用为依据的,因此,它表明小到 10^{-13} cm 的尺度范围电力平方反比律仍适用.在 10^{-14} cm 的尺度范围,可通过超高能电子与质子碰撞后的散射来研究,结果似乎表明电力比预期的要弱(猜测其原因也可能是质子、电子并非点电荷,1980 年 7 月 11 日丁肇中在北京报告他的实验结果时指出:电子、μ 子和 π 介子等的半径小于 10^{-16} cm),所以在比 10^{-13} cm 更小的尺度范围内,电力平方反比律是否有效仍待研究.另外,地球物理的实验表明,在大到 10^9 cm 的尺度范围内,电力平方反比律适用.空间物理和天体物理的观测与研究表明,在更大的尺度范围内,电力平方反比律或许仍适用.总之,迄今为止,在 r 为 10^{-13} cm 到 10^9 cm 的尺度范围内,电力平方反比律是可靠的.

库仑定律具有重要的理论地位.静电学研究带电体的相互作用以及作为电作用媒介物的静电场的性质.库仑定律和电力叠加原理揭示了电力的特征,从原则上解决了静止带电体相互作用的问题;由库仑定律和电力叠加原理证明的静电场高斯定理和环路定理表明,静电场作为一个矢量场是有源无旋的.因此,库仑定律是静电学的基础.不仅如此,库仑定律还是麦克斯韦电磁场理论赖以建立的实验基础之一,如果电力平方反比律有所偏离即 δ 不严格为零,则麦克斯韦方程需要修正.库仑定律的重要性还在于,δ 是否为零与光子静止质量 m_γ 是否为零密切相关.现有的物理理论都是以 $m_\gamma=0$ 为前提的,如果 $m_\gamma\neq 0$,即使极小,仍会引起一系列原则问题,如电动力学的规范不变性被破坏,电荷将不守恒,光子偏振态不再是 2 而是 3,黑体辐射公式要修改,出现真空色散(不同频率的光波在真空中的传播速度不同)等.由于这些原因,二百年来人们始终密切关注电力平方反比律的精度,1971 年威廉斯(Williams)等的最新实验结果是 $\delta<10^{-16}$(详见§1.1.5),与库仑、卡文迪什当年的结果 $\delta<10^{-2}$ 相比,提高了十几个量级,电力平方反比律已经成为当今物理学中最精确的实验定律之一.

§1.1.4 电荷的基本性质,电荷守恒定律

在库仑定律(1.1)式中,定义了电学中第一个物理量——电量(电荷),用以描绘物体带

电的多少.显然,回顾对电的探索,了解电荷的基本特征,丰富对电的认识是必要的.

何谓带电?早年,由物体因摩擦彼此吸引或排斥而称物体带了电,并区分为带正电和带负电.1747年富兰克林规定,玻璃与丝绢摩擦后,玻璃带正电,凡与之相吸的物体带负电,凡与之相斥的物体带正电,沿用至今.换言之,人们用带电来描绘物体的一种属性.1832年法拉第发表"不同来源的电的同一性"一文,通过大量的实验研究,他指出,除雷电外,当时已知的电还有五种:伏打电(电池提供的电)、摩擦生电、电磁感应产生的电、热电(温差电)和动物电,它们都具有静电的效应和电流的效应,前者表现为排斥、吸引,后者表现为发热、磁效应、化学分解、生理现象、电火花等,区别只是强弱不同而已,由此论证各种电具有同一性.法拉第认为,"电,不论其来源如何,在性质上都是完全相同的".这是一种从效果看本质的研究方法.

电可以创造或消灭吗?电荷是否守恒?1747年富兰克林认为,电像流体一样,可以在物体间转移,但不能创造或消灭,电荷是守恒的.1843年法拉第的冰桶实验为电荷守恒提供了第一个实验证据.法拉第把白铁皮制成的冰桶经导线与金箔验电器相连,用丝线把带电的黄铜小球逐渐吊入桶内,验电器的金箔随之张开并达到最大,此后,无论黄铜小球再深入甚至与冰桶接触,也无论桶内是否放置其他东西,验电器金箔的张开程度都不再变化,从而表明,电荷可以转移,但总量守恒.此后,大量实验一再直接或间接地证实电荷守恒.近代实验表明,电荷守恒也为一切微观过程所遵循.例如,高能光子(γ射线)与原子核相碰,会产生一对正负电子;反之,一对正负电子高速相碰,在湮没的同时产生γ辐射.因光子不带电,正负电子的电荷等量异号,故在正负电子对产生和湮没的微观过程中,过程前后电荷仍守恒.

电荷可以取任意值还是具有量子性?1834年法拉第由实验发现电解定律:等量电荷通过不同电解液时,电极上析出物质的质量与该物质的化学当量成正比.化学当量是原子量与原子价之比.电解定律表明,为了析出1 mol单价元素(如1 g氢,35.5 g氯等)需要相等的电量——称为法拉第常数F.1 mol物质中的原子数为阿伏伽德罗常数N_A.因此,电解定律可以解释为,在电解过程中,形成电流的是正、负离子的运动,这些离子的电荷是基本电荷的整数倍,这个倍数就是离子的价数.既然析出1 mol单价元素即析出N_A个单价离子所需总电量为F,那么一个单价离子的电量e就应是F与N之比,即

$$e = \frac{F}{N_A}.$$

由此可见,法拉第电解定律不仅揭示了电现象与化学现象的联系,而且表明电荷的最小单位即基本电荷是e,一切物体所带电量就是e的整数倍,即电荷具有量子性.1891年斯通尼(Stoney)把基本电荷取名为"electron",并根据F和N_A首次估算出e的大小.为了检验电荷的量子性,1909年密立根(Millikan)做了油滴实验,直接测量油滴上的电荷.其原理是:从喷雾器小孔喷出的油滴经X射线或放射线照射使之带电;无电场时,油滴受重力、空气浮力、摩擦阻力,当三者达到平衡时,油滴以v_0匀速下降;有电场时,油滴受电力、重力、空气浮力、摩擦阻力,当四者达到平衡时,油滴以v_1匀速下降;测出v_0和v_1,利用相关公式及已知量,即可得出油滴上的电荷.结果表明,几千个油滴上的电荷总是某一最小量的整数倍,从而

为存在着基本电荷、电荷的量子化提供了确凿的证明，并给出了 e 的精确值. 1998 年 e 的推荐值为

$$e = 1.602\,176\,462(63) \times 10^{-19}\ \mathrm{C}.$$

究竟什么是电呢？早年，曾经猜测电是某种流体或者电是物体的某种运动状况，法拉第和麦克斯韦认为电是传递电磁作用媒介物电磁场的某种运动状态或表现形式，韦伯则提出电是带电粒子，是既带电又有质量的粒子(详见 §8.1.2). 1897 年 J.J. 汤姆孙的阴极射线实验(见第四章 §4.7.3)确定阴极射线是带负电的粒子流，并测出其荷质比约为氢离子荷质比的二千倍，从而发现了质量远小于氢原子的第一个基本粒子——电子(electron)，从此开始了对原子结构的探索. 1911 年卢瑟福根据 α 粒子散射实验中出现少量大角度散射的事实，提出了原子的有核模型，认为原子由带正电的、集中绝大部分质量的原子核以及外围绕核运动的带负电的电子构成. 后来进一步确定原子核包括质子和中子，质子带正电，中子不带电. 1983 年的实验结果表明，电子与质子的电量的绝对值极为相近，其间的差别小于 $10^{-20}|e|$，因而具有相同电子数和质子数的各种原子以及由各种原子构成的各种物体在总体上得以保持严格的电中性. 电子和质子的发现，原子结构的确定，使人们认识到"电"是带电粒子，是实体，所谓基本电荷就是电子、质子的电量，与此同时，电荷守恒定律和电荷的量子性也从根本上得到了解释.

电荷是否随速度变化，即电荷有相对论效应吗？1901 年考夫曼(Kaufmann)的 β 射线(电子流)实验(见第四章 §4.7.3)发现了电子荷质比随速度的变化. 1905 年爱因斯坦用他的质量相对论效应公式 $m=m_0\Big/\sqrt{1-\dfrac{v^2}{c^2}}$ 对实验结果提供了完满的解释，其中包含着电子电量不随速度变化的假设. 那么，电荷(电量)与速度无关，即电荷无相对论效应有什么根据吗？例如，在各种原子中，电子和质子的运动状况有所不同，如果电量与速度有关，将破坏原子总体的电中性. 例如，当物体加热或冷却时，因电子质量远小于原子核质量，电子速度的变化将远大于原子核速度的变化，如果电量与速度有关，将破坏物体的电中性. 例如，太阳系是靠太阳的万有引力维系其结构、保持其运行的，如果在演化过程中随着太阳温度的变化使其电中性遭到破坏，则将崩溃. 以上三例的设想均不符实，为电荷无相对论效应提供了间接的证明.

电子会衰变吗？1965 年的实验表明，电子的寿命超过 10^{21} 年，远大于目前推测的宇宙年龄，电子是十分稳定的.

综上所述，"电"或电荷是基本粒子如电子、质子等的一种基本属性，也是由它们构成的各种物质的基本属性，不存在不依附基本粒子和物质的单独电荷. 所谓"带电"，就是电子与质子数量的失衡，原来电子数与质子数相等的电中性物体失去一定量电子便带正电，获得一定量电子便带负电. 电荷既不能被创造，也不能被消灭，电荷只能从一个物体转移到另一个物体，或者从物体的一部分转移到另一部分，在任何物理过程中，电荷的代数和守恒. 这就是电荷守恒定律，它是一切宏观过程和微观过程都必须遵循的基本规律. 带电体的电量或物体间转移的电量只能是电子电量的整数倍，电荷具有量子性. 带电体的电量与它是否运动无关，电荷无相对论效应. 电子是稳定的，不会发生衰变. 实际上，电荷的量子性、无相对论效

应、稳定性与电荷守恒是密切相关的，正是它们确保了电荷守恒的可靠性、有效性，不难设想，如果电荷可以任意分割、与速度有关、不稳定，那么在转移过程中就难以确保电荷总量的守恒.

§1.1.5 卡文迪什-麦克斯韦精确验证电力平方反比律的示零实验和理论分析①②

在1785年库仑直接测量的扭秤实验之前，1772年卡文迪什提出了另一种精确验证电力平方反比律的实验方法和理论分析，并得出了 $\delta<2\times10^{-2}$ 的结果，但未发表，不为人知. 百年后的1873年，担任第一任卡文迪许实验室主任的麦克斯韦在整理卡文迪许的遗稿时，发现了相关工作的片断资料，受此启发，重新进行了实验测量和理论分析，得出了 $\delta<5\times10^{-5}$ 的结果.

卡文迪许-麦克斯韦的基本想法是，对于带电导体球壳(其中无其他带电体)，若 $\delta=0$ 严格成立，则内表面应完全不带电，全部电荷均匀分布在外表面上；若 $\delta\neq0$，则内表面也应带电且均匀分布. 如果由实验测量内表面电量的上限(因实验结果是“零”，一无所有，故此“示零”实验给出的是内表面可能携带电量的上限)，再经过理论分析，得出带电导体球壳内表面所带电量与 δ、总电量以及球壳内、外半径之间的定量关系，即可确定 δ 的上限.

在介绍麦克斯韦的工作之前，先证明作为上述基本想法前提的一个重要结论：设电力 $F\propto r^{-2+\delta}$，若 $\delta=0$，则带电导体球壳(设球壳包围的空间内无其他带电体)内表面完全不带电；若 $\delta\neq0$，则内表面应带电.

首先证明，若 $\delta=0$，则均匀带电球壳对壳内任意位置(球心除外)点电荷的作用力为零；若 $\delta\neq0$，则对壳内点电荷的作用力不为零(设壳内有点电荷时，球壳仍均匀带电，即忽略该点电荷对球壳电荷分布的影响).

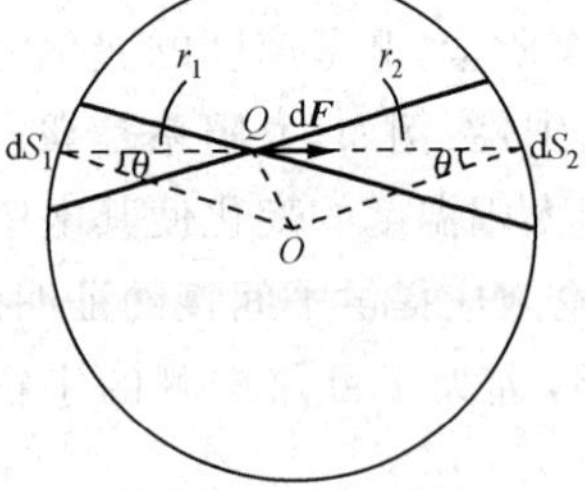

图 1.4

如图1.4，均匀带电球壳的面电荷密度为 σ，壳内任意位置有点电荷 Q，把两静止点电荷之间电力 F 与距离 r 的关系表为

$$F\propto\frac{1}{r^n},$$

则球面上两对应面元上的电荷 σdS_1 与 σdS_2 对 Q 的合力为

$$dF\propto\left(\frac{\sigma dS_1 Q}{r_1^n}-\frac{\sigma dS_2 Q}{r_2^n}\right),$$

式中 r_1, r_2 如图. 所谓两对应面元是指它们对 Q 所张的立体角相等，为

$$d\Omega=\frac{dS_1\cos\theta}{r_1^2}=\frac{dS_2\cos\theta}{r_2^2},$$

① 参看 J. C. Maxwell, A Treatise on Electricity and Magnetism, 1873，中译本《电磁通论》，戈革译，武汉出版社，1991，上卷第一编第二章§74.

参看陈熙谋：电力平方反比律的实验验证，《大学物理》，1982(1).

② 本节涉及场强、电势、导体等内容，建议学完本书第一、二章后，再返回来讲授、阅读.

代入，得

$$dF \propto \frac{\sigma Q d\Omega}{\cos\theta}\left(\frac{1}{r_1^{n-2}}-\frac{1}{r_2^{n-2}}\right).$$

若 σ，Q 同号，且 $n>2$，则两对应面元对 Q 的合力 $d\boldsymbol{F}_2$ 指向距离较大的面元 dS_2（图中 $r_2>r_1$，$dS_2<dS_1$）. 整个球壳对 Q 的作用力是各对面元对 Q 作用力的矢量和，合力应不为零且指向球心. 结论：若 σ，Q 同号，$n>2$，则球壳对 Q 的作用力不为零且指向球心；同样，若 σ，Q 同号，$n<2$，则球壳对 Q 的作用力不为零且背离球心；若 σ，Q 异号，$n>2$，则球壳对 Q 的作用力不为零且背离球心；若 σ，Q 异号，$n<2$，则球壳对 Q 的作用力不为零且指向球心. 仅当 $n=2$，$\delta=0$ 时，均匀带电球壳对球内任意电荷的作用力才严格为零. 换言之，仅当 $\delta=0$ 时，均匀带电球壳在壳内各处的场强才严格为零，若 $\delta\neq0$，则均匀带电球壳内各处（球心除外）的场强并不为零.

其次，对于带电导体球壳，设球壳内外无任何带电体，则球壳均匀带电. 导体球壳包括外表面、导体内部和内表面. 因达到平衡后，导体内部处处无电荷积累，电荷只可能均匀分布在内外表面上. 若 $\delta\neq0$，由上，因均匀带电外表面在其内部各处的场强并不为零，导体内部的自由电荷将受电力，指向或背离球心运动，使导体球壳内表面带电，均匀分布. 若 $\delta=0$，由上，因均匀带电外表面在其内部处处场强为零，导体内部自由电荷不受力，故内表面不带电，全部电荷应均匀分布在导体球壳外表面上.

基于上述想法，麦克斯韦设计了实验装置，确定了实验步骤.

麦克斯韦的实验装置十分简单. 如图 1.5 所示，A 和 B 是两个同心的金属球壳，其间用绝缘的胶木环隔开，球壳 A 的顶端开有一个小圆孔. C 包括绝缘胶木柄以及与之相连的短导线和金属圆片，短导线的长度刚好等于 A，B 两球半径之差，金属圆片的大小刚好等于球壳 A 顶端的小圆孔. 按下 C，可使内外球壳 B，A 经短导线联通，同时金属圆片刚好盖住 A 球顶端的小圆孔，使 A 球壳保持完整，于是 A，B 合成一个导体球壳，A，B 分别是其外表面和内表面. 拉开 C，短导线撤离，可使内外球壳 B，A 分离，如果内球壳 B（即整个导体球壳的内表面）原来带电，则拉开 C 后，B 所带电量应保持不变. 外球壳 A（即整个导体球壳的外表面）顶端小孔的用处是，可将静电计的电极经小孔探入，与内球壳 B 接触，以便检测内球壳 B 的电量或电势. 麦克斯韦用莱顿瓶充电，用象限静电计测量. 为了检测象限静电计的灵敏度，麦克斯韦采用的附加装置是一个放在绝缘柱上的黄铜小球，其使用方法及原理在后面详述. 总之，上述简单的实验装置，可以很方便地实施内外球壳的相连充电、分离放电以及对内球壳的探测.

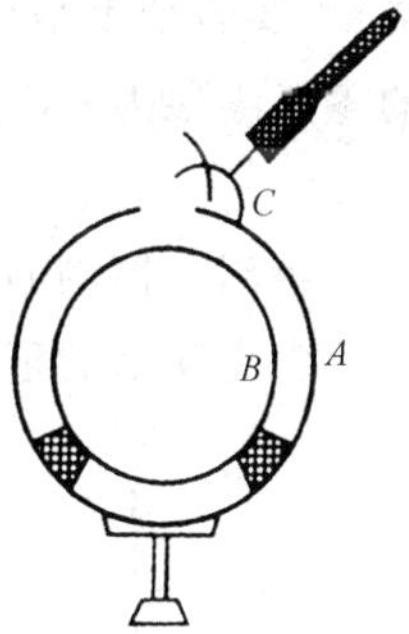

图 1.5 麦克斯韦精确验证电力平方反比律的实验装置

麦克斯韦的实验共分四步.

第一步，按下 C，使内外球壳 B，A 经短导线联通，将外球壳 A 与莱顿瓶连接充电到电势 V. A，B 相连充电后，若 $\delta\neq0$，则内外表面都应带电，设 A，B 分别带电 α，β，半径分别为 a，b，电势分别为 V_A，V_B（$V_A=V_B=V$），则 V_A，V_B 应与 α，β，a，b 以及 δ 有关，可表为

$$V_A(\alpha,\beta,a,b,\delta) = V_B(\alpha,\beta,a,b,\delta) = V.$$

由上式,消去 α,可得出内球壳 B 的带电量 β 为

$$\beta = \beta(V,\delta,a,b). \qquad ①$$

第二步,充电完毕后,拉开 C,短导线撤离,使内外球壳 B,A 分离;再将外球壳 A 接地放电,放电后外球壳 A 留原处并保持接地,内球壳 B 也留原处. A,B 分离后,A 接地放电,使 A 球壳电势变为 $V'_A=0$,同时,与 A 分离的 B 的电量 β 保持不变,受 B 球壳的静电感应,设接地后 A 球壳的带电量变为 α',则 $V'_A=0$ 是 α' 和 β 产生的电场在 A 球壳处的电势,可表为

$$V'_A(\alpha',\beta,a,b,\delta) = 0.$$

由上式,可得出 A 球壳接地放电后的带电量 α' 为

$$\alpha' = \alpha'(\beta,a,b,\delta). \qquad ②$$

同样,此时 B 球壳的电势变为 $V'_B\neq 0$,它是 α' 和 β 产生的电场在 B 球壳处的电势,可表为

$$V'_B(\alpha',\beta,a,b,\delta) \neq 0.$$

把①②式代入,得出

$$V'_B(V,a,b,\delta) \neq 0. \qquad ③$$

顺便指出,A 球壳接地放电后留原处的好处是可起静电屏蔽作用,使 B 球壳的电量及其分布不受外界带电体的影响.

第三步,将象限静电计的电极经外球壳 A 顶端的小孔探入内球壳 B,测量 B 的电势或电量,实验结果是未观察到任何微弱的效应,即“一无所有”,故称“示零”实验. 设静电计指针的零点漂移为 d,则实验结果可表为

$$V'_B < d. \qquad ④$$

第四步检测静电计的灵敏度,测量充电电势. 详见后.

麦克斯韦的理论分析就是针对上述实验给出①②③式的具体表达式.

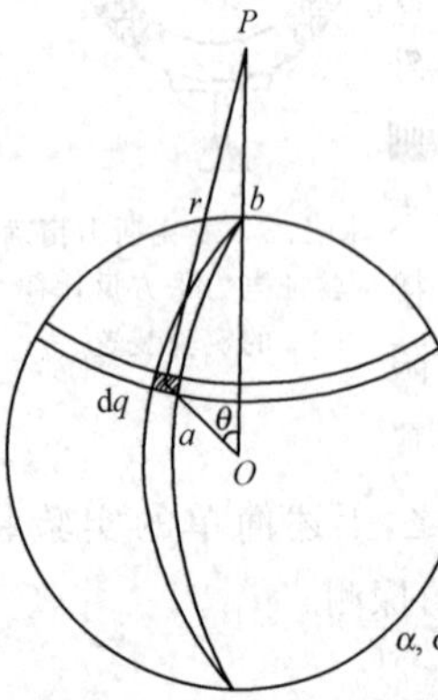

图 1.6

为此,首先,需在电力 $f\propto r^{-2+\delta}$ 且 $\delta\neq 0$ 的条件下,计算一个均匀带电球壳在空间的电势分布. 如图 1.6,设球壳半径为 a,面电荷密度为 σ,总电量为 $\alpha=4\pi a^2\sigma$,空间任意 P 点与球心 O 相距为 b,把球壳用经纬线划分,则任意面元带电 $\mathrm{d}q=\sigma a^2\sin\theta\mathrm{d}\theta\mathrm{d}\varphi$,其中 θ,φ 分别是该面元的纬度和经度,$\mathrm{d}q$ 与 P 点相距为 r,$\mathrm{d}q$ 在 P 点的场强为 $E=\mathrm{d}q/r^{2-\delta}$(注意,与后面的(1.4)式 $E=\frac{1}{4\pi\varepsilon_0}\frac{\mathrm{d}q}{r^2}$有所不同,现在 $\delta\neq 0$,又,省略$\frac{1}{4\pi\varepsilon_0}$,可理解为采用高斯单位制),$\mathrm{d}q$ 在 P 点的电势为

$\mathrm{d}V = \int_P^\infty \boldsymbol{E}\cdot\mathrm{d}\boldsymbol{l} = \int_r^\infty E\,\mathrm{d}r$(见(1.14)式,取积分路径沿 $\mathrm{d}q$ 的电场线),由电势叠加原理(见(1.16)式),P 点的电势为

$$V=\int_{球面}\mathrm{d}V=\int_{球面}\int_r^{\infty}E\,\mathrm{d}r$$
$$=\int_{球面}\int_r^{\infty}\frac{\mathrm{d}q}{r^{2-\delta}}\mathrm{d}r$$
$$=\int_0^{\pi}\int_0^{2\pi}\int_r^{\infty}\frac{\sigma a^2\sin\theta\mathrm{d}\theta\mathrm{d}\varphi\mathrm{d}r}{r^{2-\delta}}.$$

令

$$\Phi(r)=\frac{1}{r^{2-\delta}}=r^{-2+\delta}, \qquad [1]$$

$$f'(r)=r\int_r^{\infty}\Phi(r)\mathrm{d}r, \qquad [2]$$

代入

$$V=\int_0^{\pi}\int_0^{2\pi}\frac{f'(r)}{r}\sigma a^2\sin\theta\mathrm{d}\theta\mathrm{d}\varphi.$$

为将上式中对 θ(纬度)的积分换成对 r 的积分,如图 1.6,利用几何关系 $r^2=a^2+b^2-2ab\cos\theta$,求导,得 $r\mathrm{d}r=ab\sin\theta\mathrm{d}\theta$,代入

$$V=\int_0^{2\pi}\int_{r_2}^{r_1}\frac{\sigma a}{b}f'(r)\mathrm{d}r\mathrm{d}\varphi$$
$$=2\pi\sigma\frac{a}{b}[f(r_1)-f(r_2)]$$
$$=\frac{\alpha}{2ab}[f(r_1)-f(r_2)],$$

式中的积分限为,当 $\theta=\pi$ 时,$r=a+b=r_1$,r_1 是 r 的最大值. 当 $\theta=0$ 时,$r=r_2$ 是 r 的最小值,若 P 点在球外,$b>a$,则 $r_2=b-a$;若 P 点在球上,$b=a$,则 $r_2=0$;若 P 点在球内,$b<a$,则 $r_2=a-b$,即

$$\begin{cases}V=\dfrac{\alpha}{2ab}[f(a+b)-f(b-a)], & P\text{ 点在球外}, b>a, \qquad [3]_{外}\\ V=\dfrac{\alpha}{2a^2}[f(2a)-f(0)], & P\text{ 点在球上}, b=a, \qquad [3]_{上}\\ V=\dfrac{\alpha}{2ab}[f(a+b)-f(a-b)], & P\text{ 点在球内}, b<a. \qquad [3]_{内}\end{cases}$$

上式给出了 $\delta\neq0$ 时一个均匀带电球壳在球外、球上、球内的电势分布,式中 α 是球壳上的总电量,a 是球壳半径,b 是球心 O 点到任意 P 点的距离.[3]式中的函数 $f(r)$ 由[2]式及[1]式定义,$f(r)$ 是 r 的函数且与 δ 有关,$f(r)$ 的具体计算结果见下面的[9]式.

进而,对于两个不联通的同心均匀带电球壳,如图 1.7,若外球壳 A 和内球壳 B 的电量、半径分别为 α,a 和 β,b,由[3]式,A,B 上的电势 V_A,V_B 分别为

$$V_A=\frac{\alpha}{2a^2}[f(2a)-f(0)]+\frac{\beta}{2ab}[f(a+b)-f(a-b)], \qquad [4]$$

$$V_B=\frac{\beta}{2b^2}[f(2b)-f(0)]+\frac{\alpha}{2ab}[f(a+b)-f(a-b)]. \qquad [5]$$

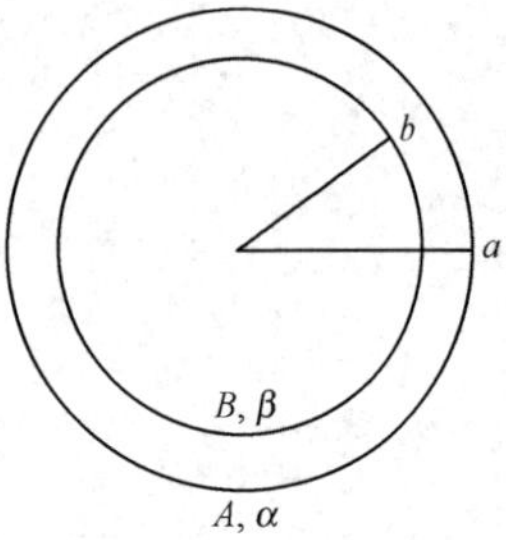

图　1.7

在[4]式中，第一项是外球壳对 V_A 的贡献，用[3]$_上$式；第二项是内球壳对 V_A 的贡献，用[3]$_外$式. 在[5]式中，第一项是内球壳对 V_B 的贡献，用[3]$_上$式；第二项是外球壳对 V_B 的贡献，用[3]$_内$式. 请注意，在图 1.6 和图 1.7 中，a,b 的含义不同，在图 1.7 中 a,b 分别是外球壳、内球壳的半径，在图 1.6 中 a 是球壳半径，b 是球心 O 点与任意 P 点的距离，勿混. 又，图 1.7 与麦克斯韦的实验装置图 1.5 是一致的.

利用一般公式[3][4][5]式，结合麦克斯韦的实验步骤，即可给出①②③式的具体形式. 第一步，按下 C，内外球壳联通，充电到电势 V，外球壳 A 的半径 a、电量 α，内球壳 B 的半径 b、电量 β，则外球壳 A 的电势 V_A 即为[4]式，内球壳 B 的电势 V_B 即为[5]式，由 $V_A=V_B=V$，消去 α，得出内球壳 B 所带电量 β 为

$$\beta = 2Vb\,\frac{b[f(2a)-f(0)]-a[f(a+b)-f(a-b)]}{[f(2a)-f(0)][f(2b)-f(0)]-[f(a+b)-f(a-b)]^2}. \qquad [6]$$

此即①式 $\beta=\beta(V,\delta,a,b)$ 的具体形式，式中的 $f(r)$ 与 δ 有关，它表明，若 $\delta\neq0$，充电后导体球壳的内表面上的电量 $\beta\neq0$.

根据麦克斯韦实验第二步，A,B 分离后，A 接地放电留原处，A 的电势由 $V_A=V$ 变为 $V'_A=0$，B 充电时所带电量 β 不变，受 B 的静电感应，A 带电 α'，于是 $V'_A=0$ 是 α' 和 β 共同贡献的结果. 由[4]式，取 V_A 为 $V'_A=0$，取 α 为 α'，其他不变，解出

$$\alpha' = -\beta\frac{a}{b}\left[\frac{f(a+b)-f(a-b)}{f(2a)-f(0)}\right], \qquad [7]$$

式中的 β 如[6]式. 同样，A,B 分离 A 接地放电留原处后，α' 和 β 也决定了 B 的电势 V'_B. 由[5]式，取 α 为 α'，把[7]式的 α' 和[6]式的 β 代入[5]式，得出

$$V'_B = V\left[1-\frac{a}{b}\cdot\frac{f(a+b)-f(a-b)}{f(2a)-f(0)}\right]. \qquad [8]$$

[7][8]式分别是②③式的具体形式. 显然，正因 A,B 相联充电后 B 带电 $\beta\neq0$，才使得 A 接地放电留原处后带电 $\alpha'\neq0$，并导致 $V'_B\neq0$，这一切都是 $\delta\neq0$ 即电力平方反比律有所偏差的结果.

现在计算 $f(r)$. 由[2]式和[1]式

$$f'(r) = r\int_r^\infty \Phi(r)\,\mathrm{d}r = r\int_r^\infty r^{-2+\delta}\,\mathrm{d}r = \frac{r^\delta}{1-\delta},$$

积分，得

$$f(r) = \frac{r^{\delta+1}}{1-\delta^2}+C = \frac{r^{\delta+1}}{1-\delta^2}+f(0),$$

式中 $f(0)=C$ 是积分常量. 因 $\delta\ll1$，利用指数函数的级数展开公式，得

$$f(r)-f(0) = \frac{r^{\delta+1}}{1-\delta^2} = \frac{r}{1-\delta^2}r^\delta = \frac{r}{1-\delta^2}\mathrm{e}^{\delta\ln r}$$

$$= \frac{r}{1-\delta^2}\left[1+\delta\ln r+\frac{1}{2!}(\delta\ln r)^2+\frac{1}{3!}(\delta\ln r)^3+\cdots\right]$$
$$\approx r(1+\delta\ln r). \qquad [9]$$

把[9]式代入[8]式，整理，得

$$V_B' = V\left\{1-\frac{a}{b}\cdot\frac{(a+b)[1+\delta\ln(a+b)]-(a-b)[1+\delta\ln(a-b)]}{2a(1+\delta\ln 2a)}\right\}$$
$$= \frac{V}{2b(1+\delta\ln 2a)}[2b+2b\delta\ln 2a-(a+b)-(a+b)\delta\ln(a+b)$$
$$+(a-b)+(a-b)\delta\ln(a-b)]$$
$$= \frac{V\delta}{2b}\left[2b\ln 2a-a\ln\frac{a+b}{a-b}-b\ln(a^2-b^2)\right]$$
$$= \frac{1}{2}V\delta\left(\ln\frac{4a^2}{a^2-b^2}-\frac{a}{b}\ln\frac{a+b}{a-b}\right). \qquad [10]$$

[10]式就是麦克斯韦结合他的实验步骤导出的理论公式，它给出了 δ 与 V, V_B' 以及 a, b 的定量关系.

麦克斯韦实验的第三步是用静电计测量 V_B'，结果是“一无所有”，即 V_B' 小于静电计的零点漂移 d，

$$V_B' = \frac{1}{2}V\delta\left(\ln\frac{4a^2}{a^2-b^2}-\frac{a}{b}\ln\frac{a+b}{a-b}\right)$$
$$= |-0.1478V\delta|$$
$$< d, \qquad [11]$$

式中的 0.1478 是将实验中 a, b 具体数据代入得出的.

最后的问题是检测静电计的灵敏度，准确地说，既需给出静电计零点漂移 d 的上限，又需测量充电电势 V 的大小，以便由[11]式确定 δ 的上限. 由于当年还没有绝对测量的标准仪器，麦克斯韦采用同一静电计分别测量 V 和 d（即 V_B'），由相应指针偏转的相对比较来确定 $\frac{d}{V}$ 的上限，再由[11]式确定 δ 的上限.

容易理解，为了提高 δ 的精度，应尽量加大充电电势 V，但这又会引起 V 超出静电计量程无从测量的困难. 为此，需将 V 减小到静电计量程之内以便测量，同时，还需要定量估计 V 减小的幅度. 麦克斯韦采用的实验装置如图 1.8 所示，这是两个相隔一定距离的大小金属球，大球 A 就是以上实验中的外球壳，另取黄铜小球 M. 如图(a)，把大球 A 充电到电势 V、电量 Q，接地小球 M 因静电感应估计约带电 $-\frac{Q}{54}$（根据两球相对大小及距离作出的估计，当然不很准确，但大致无误）；再如图(b)，先撤去小球接地线，保持其电量 $-\frac{Q}{54}$，再将大球接地，因静电感应估计大球约带电 $\frac{1}{9}\times\frac{Q}{54}$；再如图(c)，撤去大球接地线，取走小球. 总之，经过图 1.8(a)(b)(c)的反复静电感应，可将大球 A 的电势、电量从充电时的 V, Q 约减为 $\frac{V}{486}$，

$\frac{Q}{486}$，若仍超出静电计量程，可再重复操作一遍，减为 $\frac{V}{486\times486}$，$\frac{Q}{486\times486}$.

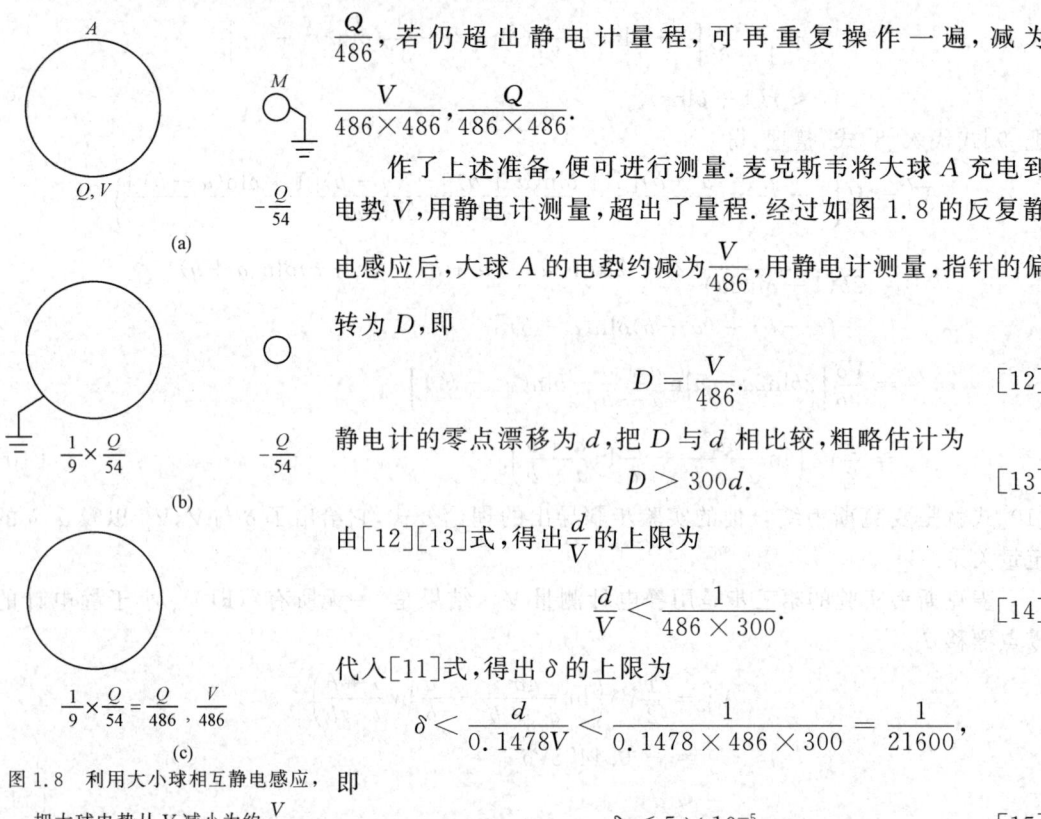

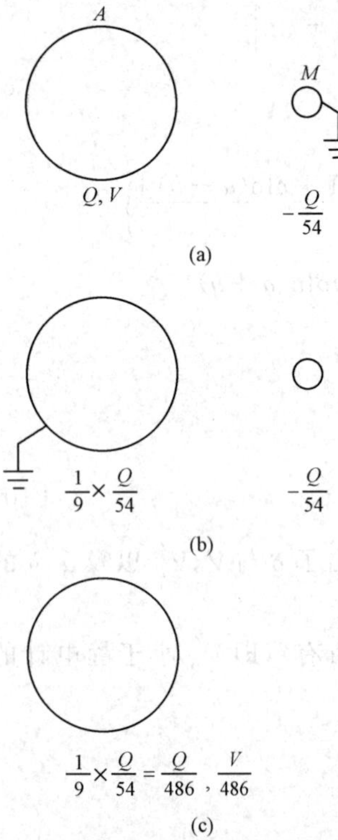

图 1.8 利用大小球相互静电感应，把大球电势从 V 减小为约 $\frac{V}{486}$

作了上述准备，便可进行测量. 麦克斯韦将大球 A 充电到电势 V，用静电计测量，超出了量程. 经过如图 1.8 的反复静电感应后，大球 A 的电势约减为 $\frac{V}{486}$，用静电计测量，指针的偏转为 D，即

$$D=\frac{V}{486}. \qquad [12]$$

静电计的零点漂移为 d，把 D 与 d 相比较，粗略估计为

$$D>300d. \qquad [13]$$

由[12][13]式，得出 $\frac{d}{V}$ 的上限为

$$\frac{d}{V}<\frac{1}{486\times300}. \qquad [14]$$

代入[11]式，得出 δ 的上限为

$$\delta<\frac{d}{0.1478V}<\frac{1}{0.1478\times486\times300}=\frac{1}{21600},$$

即

$$\delta<5\times10^{-5}. \qquad [15]$$

这就是 1873 年麦克斯韦给出的结果，与 1772 年卡文迪什和 1785 年库仑的结果相比，电力平方反比律的精度提高了三个量级.

鉴于电力平方反比律的重要性及其广泛影响，它的精度始终令人关注. 此后，卡文迪什-麦克斯韦的方法被不断沿用，随着技术的进步，如表 1.1 所示，二百年来，电力平方反比律的精度提高了十几个量级，成为当今物理学中最精确的实验定律之一，同时，也充分显示了卡文迪什-麦克斯韦方法的强大威力.

表 1.1

年代	实验者	偏离电力平方反比律的修正数 δ
1772	Cavendish	$\delta<2\times10^{-2}$
1785	Coulomb	$\delta<4\times10^{-2}$（注：直接测量）
1873	Maxwell	$\delta<5\times10^{-5}$
1936	Plimpton，Lawton	$\delta<2\times10^{-9}$
1968	Cochran，Franken	$\delta<9.2\times10^{-12}$
1970	Bartlett 等	$\delta<1.3\times10^{-13}$
1971	Williams 等	$\delta<(2.7\pm3.1)\times10^{-16}$

本节详尽地阐述了库仑定律的方方面面,目的不仅在于加深对它的理解,更希望读者能借此懂得如何考察物理定律,学会思考.一般说来,物理定律具有丰富的内涵和外延,从观察现象、提出问题、猜测结果、设计实验并测量分析、发现规律,到定义新物理量、给出定量表述,进一步判定成立条件、适用范围、精度,乃至阐明理论地位、近代发展以及相关的技术应用等等,往往需要经过漫长的历史过程,涉及广泛的背景知识,只有这样才能正确地认识、恰当地评价.

不难设想,在卡文迪什(1731—1810)和库仑(1736—1806)生活的18世纪,电学还只是一片荒漠.然而,凭借敏锐的洞察力、艰苦卓绝的开拓精神、严谨的科学态度,第一座巍峨的丰碑终于耸立在人间.

§1.2 电场,电场强度,场强叠加原理

§1.2.1 超距作用[①]和近距作用

库仑定律揭示了电力所遵循的规律.但是,有一个更深刻的问题,即电力是“怎样”作用的,尚待回答.对此,提出了超距作用和近距作用两种截然不同的观点,引起了旷日持久的长期论争.

对于相隔一定距离的两个物体,如果其间的相互作用,需要媒介物传递,需要传递时间,则称为近距作用;如果其间存在直接的、瞬时的相互作用,不需要任何媒介物传递,也不需要任何传递时间,则称为超距作用.以逆水行舟的拉纤为例,纤夫与船相隔一定距离,其间的作用是以绳索为媒介物传递的,需要传递时间,这是近距作用.常见的种种相互作用,如推、拉、压迫、冲击、摩擦等等,都是以弹性媒质为媒介物逐步传递的,都需要传递时间,也都是近距作用,这些历来并无争议.近距作用也称接触作用.

然而,电力、磁力、万有引力有所不同,它们可以存在于非接触的物体之间,甚至能够隔着“真空”相互作用.对此,超距作用观点认为,“真空”空无一物,电力、磁力、万有引力是不需要媒介物传递也不需要传递时间的超距作用.近距作用观点则认为,“真空”并非空无一物,其中存在着无所不在、充满空间的弹性媒质——以太,以太就是传递电力、磁力、万有引力的媒介物,相隔一定距离的两物体之间的电力、磁力、万有引力经以太的传递也都需要传递时间(尽管这个时间可能很短暂),电力、磁力、万有引力仍是近距作用.

通常,把传递电磁作用的媒介物称为电磁以太,也称为电力线、磁力线(现称电场线、磁场线)或电磁场,近距作用观点就是场观点.应该指出,近距作用观点认为,电磁场是客观存在,是区别于实物的特殊形态的物质;超距作用观点则否认场是客观存在,他们有时也采用“场”的名词,但在他们看来,场只是一种描绘手段而已.两种观点的根本分歧即在于此.

超距作用和近距作用两种观点的论争始于万有引力,由来已久.牛顿并不赞成对万有引

① 参看陈熙谋:超距作用,《中国大百科全书》物理学卷,89页,中国大百科全书出版社,1987年.

力的超距作用解释.牛顿在给 R. Bentley 的一封著名的信中写道:"很难想象没有别种无形的媒介,无生命无感觉的物质可以无须相互接触而对其他物质起作用和产生影响,……引力对于物质是天赋的、固有的和根本的,因此,没有其他东西为媒介,一个物体可超越距离通过真空对另一物体作用,并凭借和通过它,作用力可从一个物体传递到另一个物体,在我看来,这种思想荒唐已极,我相信从来没有一个在哲学问题上具有充分思考能力的人会沉迷其中."牛顿还在给 Boyle 的信中,私下表示相信,最终一定能够找到某种物质作用来说明引力.

18 世纪初,笛卡儿主义者在反对超距作用的同时,不恰当地否认万有引力的平方反比律.为了捍卫牛顿的学说,牛顿的追随者强烈反对包括以太在内的全部笛卡儿观念,并把万有引力定律奉为超距作用的典范.万有引力定律的极大成功(例如,解释太阳系行星的运动,解释地球上的潮汐现象等),探索以太的一无所获,曾经赋予以太的种种特征难以自圆其说(例如,以太作为传播光的媒质,为了满足光是横波、光速很大的要求,又不妨碍各种物体的运动,以太必须具有很大的弹性系数同时密度又应几乎为零)等等,使超距作用观点得以流行和加强.在整个 18 世纪和 19 世纪大半,超距作用观点在物理学中占据着统治地位.

然而,法拉第和麦克斯韦与众不同,重新擎起了近距作用的旗帜,他们在 19 世纪中叶建立的电磁场理论作出的电磁波预言,在 1888 年得到了赫兹实验的证实,宣告了近距作用的场观点在电磁学领域的彻底胜利.1905 年爱因斯坦的狭义相对论确立了崭新的时空观,指出真空中的光速是一切物理作用传播速度的极限,从而排除了瞬时超距作用的可能性,超距作用终于退出了历史的舞台.

回顾电磁学的历史,除了探索电磁作用的规律,从某种意义上讲,就是超距作用和近距作用两种观点论争的历史.19 世纪中叶,以法拉第和麦克斯韦为代表的近距作用观点认为,电荷和电流在其周围的空间激发电场和磁场,电磁作用是以电磁场为媒介物传递的需要传递时间,电磁场是客观存在,是区别于实物的特殊形态的物质.法拉第和麦克斯韦以电磁场为研究对象,从电磁场的描绘和分布、电磁场作为矢量场的基本性质;从电场与磁场的内在联系、电磁场的运动变化规律;从电磁场对实物的作用、实物对电磁场的响应、实物的电磁性质;从电磁场的基本物理属性如能量、动量;等等,作了系统全面的研究.其中,大量汲取了持超距作用观点者的许多重要成果,给予重新解释、推广、补充和综合,建立了以麦克斯韦方程为标志的电磁场理论,预言了电磁波及其传播速度,完成了电磁现象和光现象的统一.电磁场理论的实验证实,宣告了近距作用场观点在电磁学领域的彻底胜利,成为物理学中继牛顿力学以后的又一划时代的伟大成就.凡此种种,构成了电磁学史的一条主线,也理所当然地成为本课程的基本框架和主要内容.

在逐步展开这样一幅宏伟绚丽的历史画卷之前,应该提醒读者,电磁场作为新的研究对象,需要新的物理概念、研究方法、描绘手段和数学工具,需要一系列相关的实验工作,并将发现新的联系、新的规律,建立新的理论,开辟新的应用前景.前辈大师的开拓创新精神和非凡智慧也正体现在这些方面,所有这些务请读者注意适应,用心体会其中的精髓.

§1.2.2 电场,电场强度,场强叠加原理

近距作用观点认为,电荷在其周围的空间激发电场,电场的基本性质是能够给予其中的任何其他电荷以作用力——电场力,电荷与电荷之间的相互作用是以电场为媒介物传递的.上述结论可用下面的图式概括

$$\text{电荷} \Longleftrightarrow \boxed{\text{电场}} \Longleftrightarrow \text{电荷}.$$

电场的这一基本性质,为定量地描绘、检测、比较各种电场提供了依据.为此,在电场中引入试探电荷 q_0,它将受到电场的作用力 $\boldsymbol{F}$.显然,$\boldsymbol{F}$ 既与电场有关又与 q_0 有关,但其比值 $\boldsymbol{F}/q_0$ 只与电场有关,与 q_0 无关,能够有效地描绘电场.为了精确地描绘电场,试探电荷 q_0 应满足两个要求.其一,试探电荷的电量 q_0 应充分地小,使得它对产生电场的带电体电荷分布的影响可以忽略,即试探电荷的引入不会改变它所描绘的电场的分布.其二,试探电荷 q_0 的几何线度也应充分地小,即可以把它看作点电荷,以便能精确地描绘空间各点的电场性质.

根据以上分析,引入电场强度矢量简称场强的概念来描绘电场,用 $\boldsymbol{E}$ 表示,定义为

$$\boldsymbol{E} = \frac{\boldsymbol{F}}{q_0}. \tag{1.3}$$

电场中某点的电场强度是一个矢量,其大小等于单位电荷在该点所受电场力的大小,其方向与正电荷所受电场力的方向一致.

电场强度的单位是 N/C 或 V/m.

相对于观察者静止的电荷在其周围空间产生的电场称为静电场,静电场中各点的场强不随时间变化.本章讨论静电场.

对于静止点电荷 q 产生的静电场,根据场强定义(1.3)式和库仑定律(1.1)式,与 q 相距为 r 的 P 点的场强为

$$\boldsymbol{E} = \frac{\boldsymbol{F}}{q_0} = \frac{1}{4\pi\varepsilon_0}\frac{q}{r^2}\,\hat{\boldsymbol{r}}, \tag{1.4}$$

式中 $\hat{\boldsymbol{r}}$ 是从 q 指向 P 点的单位矢量.(1.4)式表明,在点电荷 q 产生的静电场中,空间各点场强的方向均沿以 q 为中心的径矢,场强的大小与 r^2 成反比,静电场的分布具有球对称性.

如果静电场由许多点电荷 $q_1,q_2,\cdots$产生,根据电力叠加原理(1.2)式,在空间任意 P 点的试探电荷 q_0 所受的作用力 $\boldsymbol{F}$,为各点电荷单独存在时产生的电场对 q_0 的作用力 $\boldsymbol{F}_1,\boldsymbol{F}_2,\cdots$的矢量和,或在电荷连续分布时,$\boldsymbol{F}$ 为各电荷微元 $\mathrm{d}q$ 产生的电场对 q_0 的作用力 $\mathrm{d}\boldsymbol{F}$ 的矢量积分.即

$$\boldsymbol{F} = \sum_i \boldsymbol{F}_i$$

或

$$\boldsymbol{F} = \int \mathrm{d}\boldsymbol{F}.$$

代入(1.3)式,即除以 q_0,并根据库仑定律,得出任意 P 点的场强为

$$\boldsymbol{E}=\sum_i \boldsymbol{E}_i=\frac{1}{4\pi\varepsilon_0}\sum_i \frac{q_i}{r_i^2}\hat{\boldsymbol{r}}_i \tag{1.5a}$$

或

$$\boldsymbol{E}=\int \mathrm{d}\boldsymbol{E}=\frac{1}{4\pi\varepsilon_0}\int \frac{\mathrm{d}q}{r^2}\hat{\boldsymbol{r}}, \tag{1.5b}$$

式中 $\boldsymbol{E}_1=\boldsymbol{F}_1/q_0, \boldsymbol{E}_2=\boldsymbol{F}_2/q_0,\cdots$ 代表 $q_1,q_2,\cdots$ 各自单独产生的场在 P 点的场强，$\mathrm{d}\boldsymbol{E}=\mathrm{d}\boldsymbol{F}/q_0$ 是 $\mathrm{d}q$ 产生的场在 P 点的场强，$\boldsymbol{E}=\boldsymbol{F}/q_0$ 是 P 点的总场强，$\boldsymbol{r}_i$ 是从 q_i 指向 P 点的径矢，$\boldsymbol{r}$ 是从 $\mathrm{d}q$ 指出 P 点的径矢. 注意,(1.5)式是矢量和或矢量积分.

(1.5)式表明，点电荷组或连续分布电荷产生的电场在空间任意 P 点的场强，等于各点电荷或各电荷微元单独存在时产生的电场在 P 点的场强的矢量叠加，称为电场强度叠加原理，简称场强叠加原理. 换言之，各点电荷或各电荷微元产生的电场独立地对总电场作出贡献，并不因其他点电荷或电荷微元的存在而有所影响.

点电荷的场强公式(1.4)式和场强叠加原理(1.5)式，来自库仑定律(1.1)式和电力叠加原理(1.2)式，两者等价. 在电荷分布给定的条件下，它们不仅决定了静电场的空间分布，而且决定了静电场作为矢量场的性质(见§1.3，§1.4).

为了描绘电场的总体分布，获得形象直观的图象，在引入场强概念后，可进一步画出电场线(旧称电力线). 所谓电场线，就是电场中各点场强矢量连成的曲线. 确切地说，如果在电场中画出许多曲线，使曲线上每一点的切线方向与该点的场强方向一致，那么这样画出的曲线称为电场线. 为了使电场线不仅描绘场强的方向，而且能反映场强的大小，在画电场线图时，可使电场中任一点电场线的数密度与该点场强的大小成正比，即场强较小处的电场线稀疏，场强较大处的电场线稠密. 图 1.9(以及后面的图 1.31)就是按照上述规定画出的几种带电体系产生的电场的电场线图.

§1.2.3　用场强叠加原理求场强

场强叠加原理(1.5)式提供了已知电荷分布计算场强的一种基本方法. 下面是若干典型例题，其中还涉及电偶极子在均匀电场中所受的力矩以及带电粒子在电场中的运动.

例 1　电偶极子.

一对等量异号点电荷构成的带电体系称为电偶极子. 电偶极子的特征可用电偶极矩(简称电矩) $\boldsymbol{p}=q\boldsymbol{l}$ 表示，l 是两点电荷 $\pm q$ 的间距，$\boldsymbol{l}$ 和 $\boldsymbol{p}$ 的方向规定由 $-q$ 指向 $+q$. 电偶极子是继点电荷后又一简单而重要的理想模型. 例如，电介质(绝缘体)中的中性分子或原子，可以近似地看作电偶极子，这是讨论电介质极化的基础. 例如，当无线电发射天线中的电子作周期性运动时，两端交替带正、负电荷，形成振荡电偶极子，产生电磁辐射.

已知电偶极子由一对相距为 l 的等量异号点电荷 $+q$ 和 $-q$ 构成，已知电偶极子延长线上一点 P 和中垂面上一点 P' 到两点电荷连线中点 O 的距离都是 r，试求 P 点和 P' 点的场强.

解　(1) 如图 1.10，电偶极子延长线上 P 点与电偶极子中点 O 相距 r，P 点与 $\pm q$ 分别相距 $\left(r\mp\dfrac{l}{2}\right)$，故 $\pm q$ 在 P 点的场强大小 E_+ 和 E_- 分别为

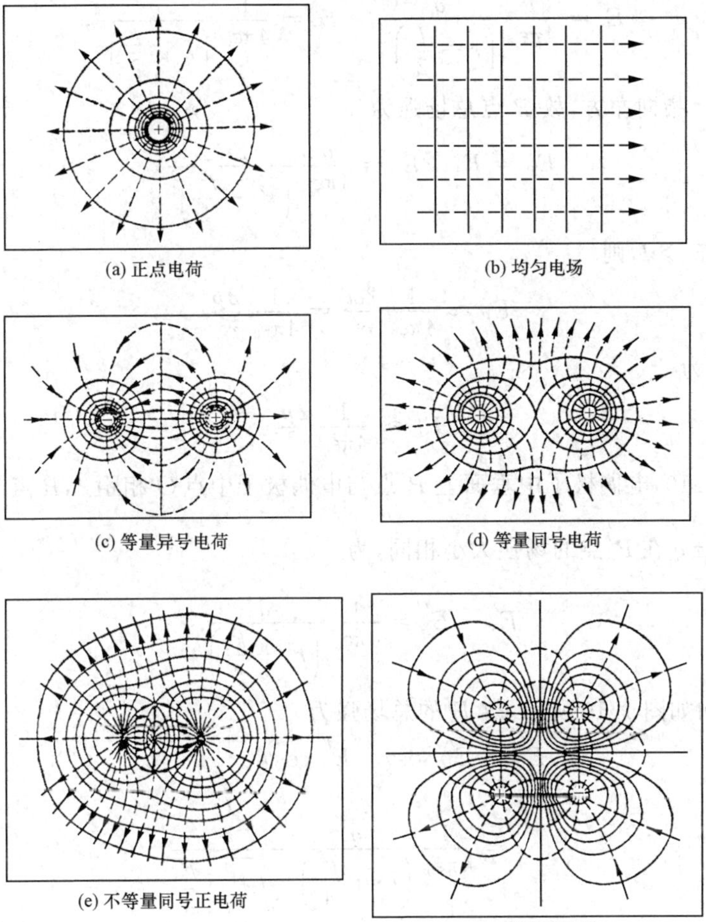

(a) 正点电荷　(b) 均匀电场

(c) 等量异号电荷　(d) 等量同号电荷

(e) 不等量同号正电荷　(f) 电四极子

图 1.9　几种带电体系的电场线(虚线,有方向)和等势面(实线)

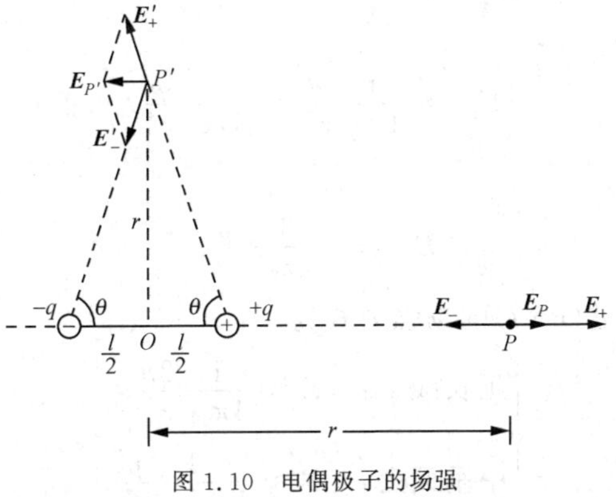

图 1.10　电偶极子的场强

$$E_+=\frac{1}{4\pi\varepsilon_0}\frac{q}{\left(r-\frac{l}{2}\right)^2},\quad E_-=\frac{1}{4\pi\varepsilon_0}\frac{q}{\left(r+\frac{l}{2}\right)^2},$$

$\boldsymbol{E}_+$ 指向右方，$\boldsymbol{E}_-$ 指向左方，故 P 点总场强为

$$E_P=E_+-E_-=\frac{q}{4\pi\varepsilon_0}\frac{2rl}{\left(r^2-\frac{l^2}{4}\right)^2},$$

$\boldsymbol{E}_P$ 指向右方. 若 $r\gg l$，则

$$E_P\approx\frac{1}{4\pi\varepsilon_0}\frac{2ql}{r^3}=\frac{1}{4\pi\varepsilon_0}\frac{2p}{r^3}.$$

写成矢量形式，为

$$\boldsymbol{E}_P\approx\frac{1}{4\pi\varepsilon_0}\frac{2\boldsymbol{p}}{r^3}.$$

(2) 如图 1.10，电偶极子中垂面上 P' 点与电偶极子中点 O 相距 r，P 点与 $\pm q$ 的距离均为 $\sqrt{r^2+\frac{l^2}{4}}$，故 $\pm q$ 在 P' 点的场强大小相同，为

$$E'_+=E'_-=\frac{1}{4\pi\varepsilon_0}\frac{q}{\left(r^2+\frac{l^2}{4}\right)}.$$

$\boldsymbol{E}'_+$ 和 $\boldsymbol{E}'_-$ 的方向如图 1.10 所示，故 P' 的总场强为

$$\begin{aligned}E_{P'}&=E'_+\cos\theta+E'_-\cos\theta\\&=\frac{2}{4\pi\varepsilon_0}\frac{q}{\left(r^2+\frac{l^2}{4}\right)}\frac{\frac{l}{2}}{\sqrt{r^2+\frac{l^2}{4}}}\\&=\frac{1}{4\pi\varepsilon_0}\frac{ql}{\left(r^2+\frac{l^2}{4}\right)^{3/2}},\end{aligned}$$

$\boldsymbol{E}_{P'}$ 指向左方. 若 $r\gg l$，则

$$E_{P'}\approx\frac{1}{4\pi\varepsilon_0}\frac{ql}{r^3}=\frac{1}{4\pi\varepsilon_0}\frac{p}{r^3}.$$

写成矢量形式，为

$$\boldsymbol{E}_{P'}\approx-\frac{1}{4\pi\varepsilon_0}\frac{\boldsymbol{p}}{r^3}.$$

总之，电偶极子在远处($r\gg l$)的场强公式为

$$\begin{cases}\text{延长线上：}\quad \boldsymbol{E}\approx\dfrac{1}{4\pi\varepsilon_0}\dfrac{2\boldsymbol{p}}{r^3},\\ \text{中垂面上：}\quad \boldsymbol{E}\approx-\dfrac{1}{4\pi\varepsilon_0}\dfrac{\boldsymbol{p}}{r^3}.\end{cases}\tag{1.6}$$

(1.6)式表明，电偶极子在远处($r\gg l$)的场强大小与 r 的三次方成反比，比点电荷的场强随 r

的递减快得多. 此外，$\boldsymbol{E}$ 还与电偶极矩 $\boldsymbol{p}=q\boldsymbol{l}$ 有关，可见 $\boldsymbol{p}$ 是描绘电偶极子固有属性的物理量.

例 2　设均匀带电细棒长为 $2l$，带电总量为 Q，试求细棒中垂面上的场强分布.

解　由于细棒具有轴对称性，凡包含细棒在内的每一个平面内的场强分布都应相同. 如图1.11，细棒在纸平面内沿 y 轴，细棒中垂面与纸面的交线即中垂线沿 x 轴，细棒中点 O 与中垂线上任意 P 点的距离表为 $OP=x$，现计算 P 点的场强.

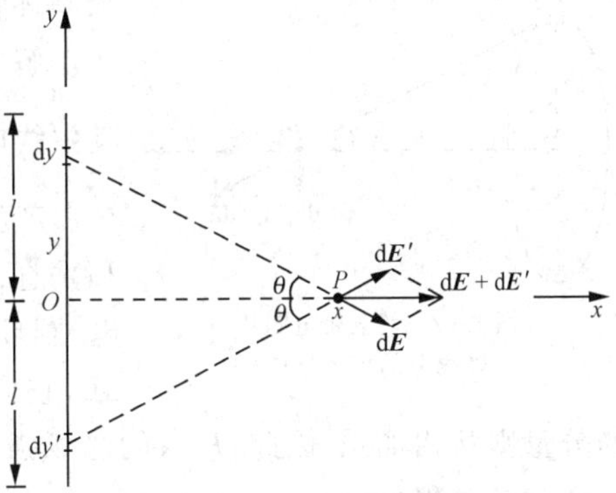

图 1.11　均匀带电细棒中垂面上的场强分布

相对于中垂线 OP，把细棒分割成一对对对称的线元，任意一对线元 $\mathrm{d}y$ 和 $\mathrm{d}y'$ 在 P 点的元场强 $\mathrm{d}\boldsymbol{E}$ 和 $\mathrm{d}\boldsymbol{E}'$ 对于中垂线是对称的，故元场强之和($\mathrm{d}\boldsymbol{E}+\mathrm{d}\boldsymbol{E}'$) 应沿中垂线方向即 x 方向，其大小为 $2\mathrm{d}E\cos\theta$，由点电荷场强公式及几何关系，有

$$\mathrm{d}E=\mathrm{d}E'=\frac{1}{4\pi\varepsilon_0}\frac{\lambda\mathrm{d}y}{(y^2+x^2)},$$

$$\cos\theta=\frac{x}{(y^2+x^2)^{1/2}},$$

式中

$$\lambda=\frac{Q}{2l}$$

为线电荷密度. 中垂线上任意 P 点的总场强 $\boldsymbol{E}$ 是各对线元贡献之和，因各对元场强之和均沿 x 方向，故 $\boldsymbol{E}$ 应沿 x 方向，于是可将矢量积分简化为标量积分，得

$$\begin{aligned}E=E_x&=\int 2\mathrm{d}E\cos\theta\\&=\frac{2\lambda}{4\pi\varepsilon_0}\int_0^l\frac{x\mathrm{d}y}{(x^2+y^2)^{3/2}}\\&=\frac{\lambda l}{2\pi\varepsilon_0 x\sqrt{x^2+l^2}}.\end{aligned}$$

当细棒无限长时，任何与它垂直的平面都可看作中垂面，故无限长均匀带电细棒周围任意 P 的场强方向都与棒垂直，其大小为上式在 $l\to\infty$ 时的极限，即

$$l\to\infty,\quad E=\frac{\lambda}{2\pi\varepsilon_0 x}.$$

上式表明，无限长均匀带电细棒在任意点的场强大小与该点到细棒的垂直距离 x 成反比. 对于有限长均匀带电细棒，在靠近其中部附近的区域($x\ll l$)，上述结论也近似成立.

对于有限长均匀带电细棒，若中垂面上 P 点离棒很远，即 $x\gg l$，则该点场强大小为

$$x\gg l,\quad E=\frac{\lambda l}{2\pi\varepsilon_0 x^2}=\frac{Q}{4\pi\varepsilon_0 x^2},$$

与点电荷场强公式一致,合理.

在本题中,根据对称性分析,把场强的矢量积分简化为标量积分,这是求解的关键.

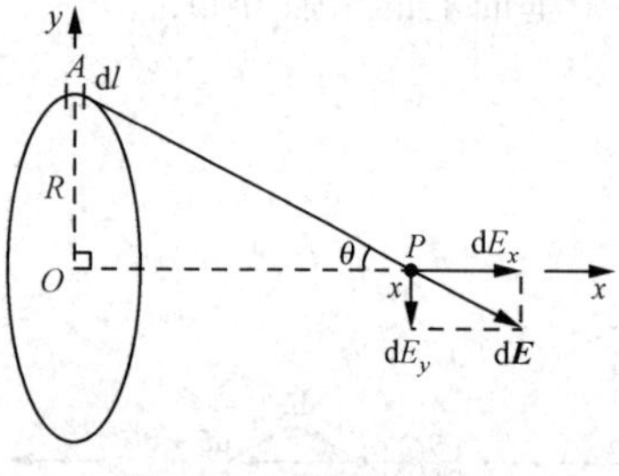

图 1.12　均匀带电圆环轴线上的场强分布

例 3　设均匀带电圆环的半径为 R,带电总量为 Q,试求圆环轴线上的场强分布.

解　如图 1.12,圆环上 A 处任意线元 dl 带电 $dq=\lambda dl$,其中线电荷密度 $\lambda=\dfrac{Q}{2\pi R}$,该线元在圆环轴线($x$ 轴)上任意 P 点产生的元场强 $d\boldsymbol{E}$ 沿 AP 方向,可分解为沿 x 轴的 $d\boldsymbol{E}_x$ 和垂直 x 轴的 $d\boldsymbol{E}_y$ 两个分量. 根据圆环的对称性及均匀带电,圆环上各带电线元在轴线上任意 P 点产生的各元场强 $d\boldsymbol{E}$,它们在垂直 x 轴方向的分量将互相抵消,它们沿 x 轴的分量则互相加强. 因此,P 点的总场强 $\boldsymbol{E}$ 沿 x 方向,即 $E=E_x$,于是可将场强的矢量积分简化为标量积分,得

$$
\begin{aligned}
E = E_x &= \int dE_x = \int dE\cos\theta \\
&= \int \frac{\lambda dl}{4\pi\varepsilon_0(x^2+R^2)} \cdot \frac{x}{(x^2+R^2)^{1/2}} \\
&= \frac{\lambda x}{4\pi\varepsilon_0(x^2+R^2)^{3/2}}\int_0^{2\pi R} dl \\
&= \frac{Qx}{4\pi\varepsilon_0(x^2+R^2)^{3/2}}.
\end{aligned}
$$

当 $x=0$ 时,$E=0$,表明均匀带电圆环中心的场强为零. 当 $x\gg R$ 时,$E=\dfrac{Q}{4\pi\varepsilon_0 x^2}$,表明圆环轴线远处的场强与点电荷的场强相同. 这些都是合理的.

例 4　试求电偶极子在均匀电场中所受的力矩,已知电偶极矩为 $\boldsymbol{p}=q\boldsymbol{l}$,均匀电场的场强为 $\boldsymbol{E}$.

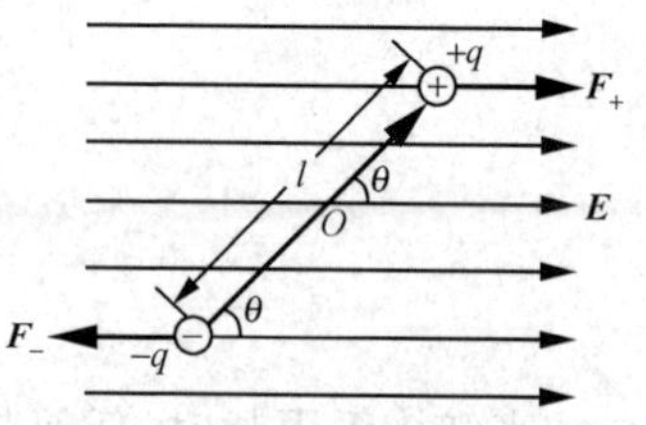

图 1.13　电偶极子在均匀电场中所受的力矩

解　如图 1.13,正负点电荷 $\pm q$ 分别受电场力 $\boldsymbol{F}_\pm=\pm q\boldsymbol{E}$,因 $\boldsymbol{F}_+$ 与 $\boldsymbol{F}_-$ 相等反向,合力为零,因 $\boldsymbol{F}_+$ 与 $\boldsymbol{F}_-$ 不在同一连线上,构成力偶,合力矩不为零. 设 $\boldsymbol{E}$ 与 $\boldsymbol{l}$ 之间的夹角为 θ,对于电偶极子的中点 O,两力矩方向相同,力臂都是 $\dfrac{l}{2}\sin\theta$,故合力矩的大小为

$$
\begin{aligned}
L &= F_+\cdot\frac{l}{2}\sin\theta + F_-\cdot\frac{l}{2}\sin\theta \\
&= qlE\sin\theta.
\end{aligned}
$$

写成矢量式,为

$$\boldsymbol{L} = q\boldsymbol{l}\times\boldsymbol{E} = \boldsymbol{p}\times\boldsymbol{E}. \tag{1.7}$$

(1.7)式表明,电偶极子在均匀电场中所受的力矩,总是使 $\boldsymbol{p}$ 或 $\boldsymbol{l}$ 转向 $\boldsymbol{E}$ 的方向,当 $\boldsymbol{p}$ 或 $\boldsymbol{l}$ 与

$\boldsymbol{E}$ 垂直时$\left(\theta=\dfrac{\pi}{2}\right)$力矩最大,当 $\boldsymbol{p}$ 或 $\boldsymbol{l}$ 与 $\boldsymbol{E}$ 平行或反平行时($\theta=0$ 或 π)力矩为零,在第二章讨论电介质极化时要用到这一结论.

在非均匀电场中,电偶极子除受力矩外,所受合力也不为零,电偶极子不仅要偏转还要移动.

例 5 如图 1.14,两平板间有均匀电场 $\boldsymbol{E}$,质量为 m、电量为 $-e$ 的电子以速度 v_0 射入电场,$\boldsymbol{v}_0$ 与 $\boldsymbol{E}$ 垂直. 试求电子的运动轨迹.

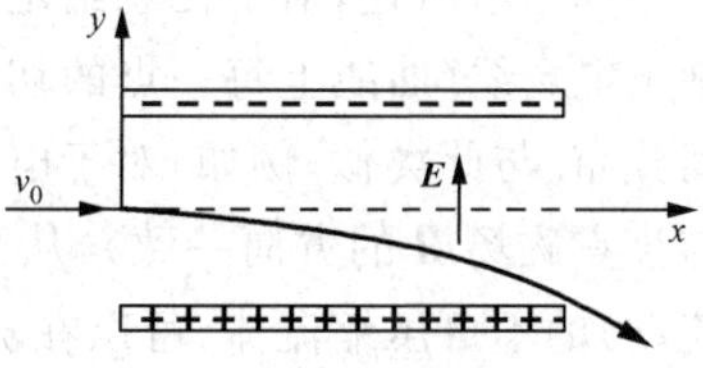

图 1.14 电子在均匀电场中的运动

解 本题讨论带电粒子在均匀电场中的运动,实际上是力学题,只是受电场力而已.

电子以 v_0 射入电场后,受到竖直向下的电场力 $\boldsymbol{F}=-e\boldsymbol{E}$,在竖直方向作初速为零的匀加速直线运动. 同时,电子在水平方向不受力,以 v_0 作匀速直线运动. 电子的运动与物体在地球重力场中的平抛运动类似. 故有

$$x=v_0 t,$$

$$y=\frac{1}{2}at^2=-\frac{1}{2}\frac{eE}{m}t^2.$$

消去 t,得出电子的运动轨迹为

$$y=-\frac{eE}{2mv_0^2}x^2.$$

电子在均匀电场中的运动轨迹是一段抛物线. 射出电场后,将沿已偏转的方向匀速直线前进. 所以,利用电场可以改变电子的运动方向,例如,示波管中电子偏转系统的原理就是如此.

场强叠加原理(1.5)式是已知电荷分布计算场强的一种基本方法. 由于场强 $\boldsymbol{E}$ 是矢量,(1.5)式是矢量积分,通常需要分别计算它的三个分量. 但若已知的电荷分布具有一定的对称性,经分析可以确定待求点的场强方向,则可将矢量积分简化为该方向的标量积分,因此,对称性分析至关紧要. 积分时,应注意区分常量和变量,注意寻找几何关系统一积分变量,并熟悉初等函数的积分公式,完成积分. 求解后,应考察解的渐近行为,判断其合理性. 记住一些典型例题的重要结果是有益的,它们往往是求解类似题的基础.

如果对称性不够,使得(1.5)式的积分无法完成,就得不出解析解,即便如此,也还可以采取例如数值计算的方法设法得出近似解. 换言之,场强叠加原理作为一种基本方法,从原则上说,可以计算任意已知电荷分布所产生的场强分布.

§1.3 静电场的高斯定理

§1.3.1 矢量场的性质,源与旋,通量与环流,高斯定理与环路定理

如上节所述,对于任意给定的电荷分布,由场强叠加原理可以确定各点的场强,并进而画出电场线(曲线上每一点的切线方向与该点场强 $\boldsymbol{E}$ 的方向一致),从总体上描绘电场的空间分布.与此类似,例如,对于电流产生的磁场,可以画出磁场线(曲线上每一点的切线方向与该点磁场 $\boldsymbol{B}$ 的方向一致),从总体上描绘磁场的空间分布;又如,对于恒定流动(又称定常流动)的不可压缩流体,可以在流体中画出流线(曲线上每一点的切线方向与该点流速 $\boldsymbol{v}$ 的方向一致),从总体上描绘流速场的空间分布;等等.凡此种种,无论电场、磁场、流速场,抽象地说,都是在一定的空间范围内,每一点有一个矢量,这些连续分布的矢量的总体构成矢量场.简言之,矢量场是空间坐标的矢量函数,在一定的空间范围内连续分布.矢量场是一个数学概念,仅当具体化为电场、磁场、流速场时,才赋予相应的物理内容.

1855 年年轻的麦克斯韦秉承法拉第的场观点,从研究电磁场作为矢量场的性质着手,开始了他在电磁学领域的研究生涯.麦克斯韦采用类比的方法,把流体力学对流速场研究的重要成果移植到电磁场.

对于不可压缩流体的恒定流动,流线描绘了流速场的空间分布.尽管种种流速场的分布各异,初看时给人杂乱无章、眼花缭乱之感,但是经过仔细的观察、比较,终于由表及里地发现了可以从总体上加以区分的重要特征.

第一,流速场中是否存在着喷发流体的“源”(source)和宣泄流体的“汇”(sink,也称漏,壑,尾间).不难设想,如果存在源,就必定有流体从源喷发进入流速场,为了保持恒定流动,这些流体或经汇宣泄或流向无穷远;同样,如果存在汇,就必定有流体从流速场经汇宣泄,为了保持恒定流动,这些流体或来自源或来自无穷远.因此,与源和汇相对应的流线将是有头有尾、不闭合的.通常,若流速场中存在源和汇,则统称为有源,若流速场中处处既无源又无汇,则统称为无源.

第二,流速场中流体的流动是否形成“涡旋”(vortex),即是否存在首尾相接、无头无尾、呈闭合曲线状的流线,若存在则称为“有旋”,若处处无涡旋,则称为“无旋”.大气中的龙卷风,江河湖海中的漩涡,抽烟者吐出的烟圈等都是流体涡旋运动的典型例子.

因此,流速场中是否有源、是否有旋以及它们各在何处、强弱如何,揭示了流速场作为矢量场的性质,使我们可以据此把纷繁多样的流速场从总体上加以比较和区分,例如,有源有旋,有源无旋,无源有旋,无源无旋等等,而不必拘泥于流速场分布的细节.

为了给是否有源和是否有旋提供准确的定量表述,引入“通量”和“环流”(也称环量,即环路积分)的概念.

所谓通量,对于流速场而言,就是流量.流体通过任意面元 $\mathrm{d}S$ 的流量,是指单位时间经面元 $\mathrm{d}S$ 流过的流体体积,为

$$\boldsymbol{v}\cdot \mathrm{d}\boldsymbol{S}=v\cos\theta \mathrm{d}S=v_{\perp}\mathrm{d}S,$$

式中 $\boldsymbol{v}$ 是流速，$\mathrm{d}\boldsymbol{S}$ 是面元矢量(其大小为 $\mathrm{d}S$，其方向为面元的法线方向)，θ 是 $\boldsymbol{v}$ 与 $\mathrm{d}\boldsymbol{S}$ 的夹角，$v_{\perp}$ 是 $\boldsymbol{v}$ 在面元法线方向的分量. 流体通过任意闭合曲面 S 的流量就是流速 $\boldsymbol{v}$ 沿 S 的积分 $\oiint_{(S)}\boldsymbol{v}\cdot \mathrm{d}\boldsymbol{S}$. 如果 $\oiint_{(S)}\boldsymbol{v}\cdot \mathrm{d}\boldsymbol{S}>0$，表明有流体经 S 面流出，即其中有源；如果 $\oiint_{(S)}\boldsymbol{v}\cdot \mathrm{d}\boldsymbol{S}<0$，表明有流体经 S 面流入，即其中有汇；如果 $\oiint_{(S)}\boldsymbol{v}\cdot \mathrm{d}\boldsymbol{S}=0$，表明流体从 S 面的一部分流入，又从另一部分流出，即其中既无源又无汇. 当然，对于以上三种情形，有可能在 S 面内还同时存在强度、数量相等的源和汇，为了区分，可以选取更小的闭合曲面，由通过其中的流量是否为零，确定其中是否有源和汇.

所谓环流，对于流速场而言，就是流速 $\boldsymbol{v}$ 沿任意闭合环路 L 的积分 $\oint_{(L)}\boldsymbol{v}\cdot \mathrm{d}\boldsymbol{l}$. 其中

$$\boldsymbol{v}\cdot \mathrm{d}\boldsymbol{l}=v\cos\theta \mathrm{d}l=v_{\parallel}\mathrm{d}l,$$

$\boldsymbol{v}$ 是流速，$\mathrm{d}\boldsymbol{l}$ 是闭合环路 L 上的任意线元，$\mathrm{d}\boldsymbol{l}$ 的方向沿环路的切线方向，θ 是 $\boldsymbol{v}$ 和 $\mathrm{d}\boldsymbol{l}$ 的夹角，$v_{\parallel}$ 是 $\boldsymbol{v}$ 在 $\mathrm{d}\boldsymbol{l}$ 方向的分量. 如果 $\oint_{(L)}\boldsymbol{v}\cdot \mathrm{d}\boldsymbol{l}>0$，表明流速场中存在与环路 L 绕行方向相同的涡旋；如果 $\oint_{(L)}\boldsymbol{v}\cdot \mathrm{d}\boldsymbol{l}<0$，表明流速场中存在与环路 L 绕行方向相反的涡旋；如果 $\oint_{(L)}\boldsymbol{v}\cdot \mathrm{d}\boldsymbol{l}=0$，表明流速场中不存在涡旋. 当然，对于以上三种情形，有可能在 L 环路内还同时存在强度、数量相等而反向的涡旋，为了区分，可以选取小的闭合环路，由其环流是否为零，确定其中是否存在涡旋.

总之，流速场是否有源和是否有旋，可以借助于经闭合曲面的流量(即通量)是否为零和沿闭合环路的环流是否为零定量地判定. 前者，即经闭合曲面的流量(即通量)是否为零的表达式称为流速场的高斯定理；后者，即沿闭合环路的环流是否为零的表达式称为流速场的环路定理.

推而广之，源和旋，通量和环流，高斯定理和环路定理，不仅适用于描绘流速场的性质，也适用于描绘包括电磁场在内的各种矢量场的性质.

§1.3.2 静电场的高斯定理

本节和下节讨论静电场作为一种矢量场的基本性质.

由各种静止电荷产生的静电场，其空间分布可用电场线描绘，如图 1.9(见前)和图 1.31(见后)所示. 统观图 1.9 和图 1.31，尽管分布各异，但细细观察，不难发现各种静电场总体分布所具有的共同表观特征. 例如，电场线起自正电荷或来自无穷远，电场线止于负电荷或伸向无穷远；电场线不形成闭合曲线；在没有电荷的空间里，任何电场线都不会中断，任何两条电场线都不会相交；电场线越密集处，场强越大. 通过与流速场的类比，容易判断，静电场作为一种矢量场，其基本性质应是有源无旋. 具体地说，正电荷是喷发电场线的源，负电荷是聚敛电场线的汇，电荷就是静电场的“源”，静电场是有源的；不存在首尾相接呈闭合曲线状

的电场线，即电场线不形成“涡旋”，静电场是无旋的. 仿照流速场，对静电场有源无旋的上述定性判断，应借助于静电场的高斯定理和环路定理准确地表述，并给予严格的证明.

本节讨论静电场的高斯定理，作为准备，先介绍立体角和电通量的概念.

立体角 Ω 和平面角 φ 都是几何概念. 如图 1.15，半径为 r 的圆上任意圆弧 $\widehat{s}$ 与圆心 O 构成平面角 φ，φ 的大小可用 $\widehat{s}$ 与 r 之比量度，称为 φ 角的弧度(rad)，即

$$\varphi=\frac{\widehat{s}}{r}\ \mathrm{rad},$$

平面角 φ 的大小与 r 的选择无关. 因圆周的长度为 $2\pi r$，故整个圆周对圆心所张的平面角为 2π rad.

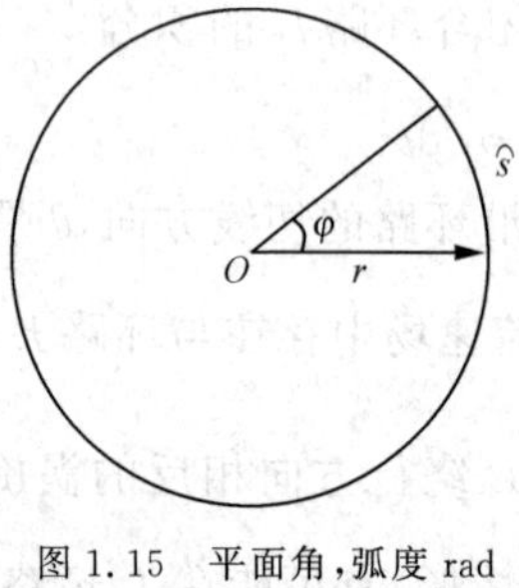

图 1.15　平面角，弧度 rad

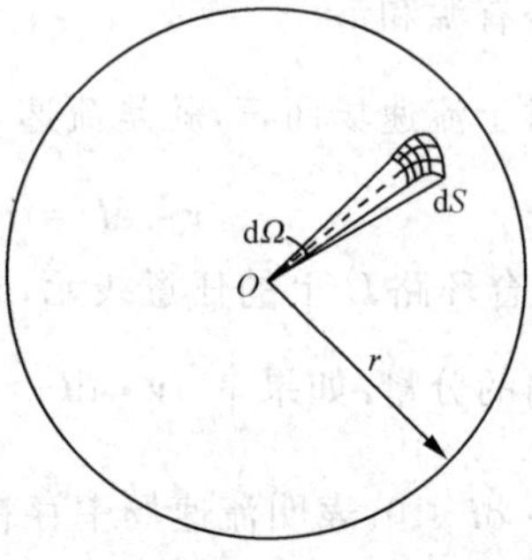

图 1.16　立体角，球面度 sr

推广到三维空间，如图 1.16，半径为 r 的球面上任意面元 $\mathrm{d}S$ 与球心 O 构成锥体，该锥体的“顶角”称为**立体角** $\mathrm{d}\Omega$. $\mathrm{d}\Omega$ 的大小可用 $\mathrm{d}S$ 与 r^2 之比量度，称为球面度(sr)，即

$$\mathrm{d}\Omega=\frac{\mathrm{d}S}{r^2}\ \mathrm{sr},$$

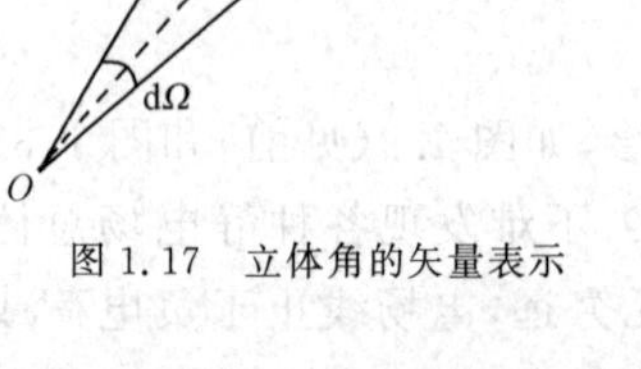

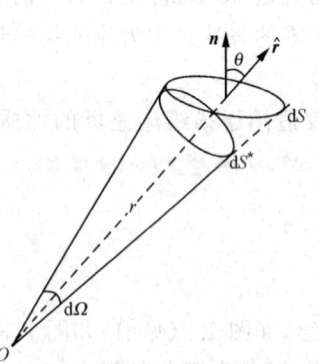

图 1.17　立体角的矢量表示

立体角的大小与 r 的选择无关. 因球面的面积为 $4\pi r^2$，故整个球面对球心 O 点所张的立体角为 4π sr. 如图 1.17，若面元 $\mathrm{d}S$ 和 O 点的连线与 $\mathrm{d}S$ 不垂直，即面元是“斜”的，则 $\mathrm{d}S$ 对 O 点所张立体角为

$$\mathrm{d}\Omega=\frac{\mathrm{d}S^*}{r^2}=\frac{\hat{\boldsymbol{r}}\cdot\mathrm{d}\boldsymbol{S}}{r^2},$$

式中 $\mathrm{d}S^*=\hat{\boldsymbol{r}}\cdot\mathrm{d}\boldsymbol{S}=\mathrm{d}S\cos\theta$ 是 $\mathrm{d}S$ 在垂直径矢 $\boldsymbol{r}$ 方向的投影，$\mathrm{d}\boldsymbol{S}=\mathrm{d}S\boldsymbol{n}$，$\boldsymbol{n}$ 是面元 $\mathrm{d}S$ 法线方向的单位矢量，$\boldsymbol{r}$ 是单位径矢，θ 是 $\boldsymbol{n}$ 和 $\boldsymbol{r}$ 的夹角. 若 θ 为锐角，$\mathrm{d}\Omega$ 为正；若 θ 为钝角，$\mathrm{d}\Omega$ 为负.

任意矢量场 $\boldsymbol{A}$ 通过面元 $\mathrm{d}S$ 的通量定义为 $\mathrm{d}\Phi_A=\boldsymbol{A}\cdot\mathrm{d}\boldsymbol{S}=A\cos\theta\mathrm{d}S$，其中 θ 是 $\boldsymbol{A}$ 和 $\mathrm{d}\boldsymbol{S}$ 即面元法线方向的夹角. 通过任意闭合曲面 S 的通量为 $\Phi_A=\oiint_{(S)}\boldsymbol{A}\cdot\mathrm{d}\boldsymbol{S}$. 矢量场的通量是个数学概念，并无具体含义. 对于流速场 $\boldsymbol{v}$，其通量就是流量，通过面元 $\mathrm{d}S$ 的流量 $\mathrm{d}\Phi_v=\boldsymbol{v}\cdot\mathrm{d}\boldsymbol{S}=$

$v\cos\theta\mathrm{d}S$ 是指单位时间经面元 dS 通过的流体体积，通过任意闭合曲面 S 的流量为 $\Phi_v = \oint\!\!\!\oint_{(S)} \boldsymbol{v}\cdot\mathrm{d}\boldsymbol{S}$.

类似地，对于静电场 $\boldsymbol{E}$，其通量称为电通量，通过面元 dS 的电通量定义为

$$\mathrm{d}\Phi_E = \boldsymbol{E}\cdot\mathrm{d}\boldsymbol{S} = E\cos\theta\,\mathrm{d}S,$$

式中 θ 是面元的法线方向即 $\mathrm{d}\boldsymbol{S}$ 与该处场强 $\boldsymbol{E}$ 方向的夹角. 通过任意曲面或任意闭合曲面的电通量为 $\iint_{(S)}\boldsymbol{E}\cdot\mathrm{d}\boldsymbol{S}$ 或 $\oint\!\!\!\oint_{(S)}\boldsymbol{E}\cdot\mathrm{d}\boldsymbol{S}$，对于闭合曲面，通常规定 $\mathrm{d}\boldsymbol{S}$ 的方向为指向曲面外部的面元外法线方向. 若 $\theta<90°$，$\cos\theta>0$，电通量 $\mathrm{d}\Phi_E>0$ 为正；若 $\theta>90°$，$\cos\theta<0$，电通量 $\mathrm{d}\Phi_E<0$ 为负. 电通量可以形象地理解为电场线的根数，场强大电场线密集处电通量的数值较大，场强小电场线稀疏处电通量的数值较小，但请注意，不要因此产生离散的错觉，静电场的电场线是连续分布的.

静电场的高斯定理：通过任意闭合曲面 S 的电通量 Φ_E，等于该闭合曲面所包围的所有电荷电量的代数和 $\sum_{(S内)} q$ 除以 ε_0，与闭合曲面外的电荷无关，即

$$\Phi_E = \oint\!\!\!\oint_{(S)}\boldsymbol{E}\cdot\mathrm{d}\boldsymbol{S} = \frac{1}{\varepsilon_0}\sum_{(S内)} q. \tag{1.8}$$

闭合曲面 S 习惯上叫做高斯面，通常是一个假想的闭合曲面. 由于(1.8)式的右边可以不为零，故通过闭合曲面 S 的电通量可以不为零，表明静电场作为一种矢量场是有源的，电荷就是静电场的源.

静电场的高斯定理可由库仑定律和场强叠加原理证明. 下面从特殊到一般，分几步予以证明.

(1) 设静电场由正点电荷 q 产生，取以 q 为球心、半径为 r 的球面 S 为高斯面，如图 1.18 所示.

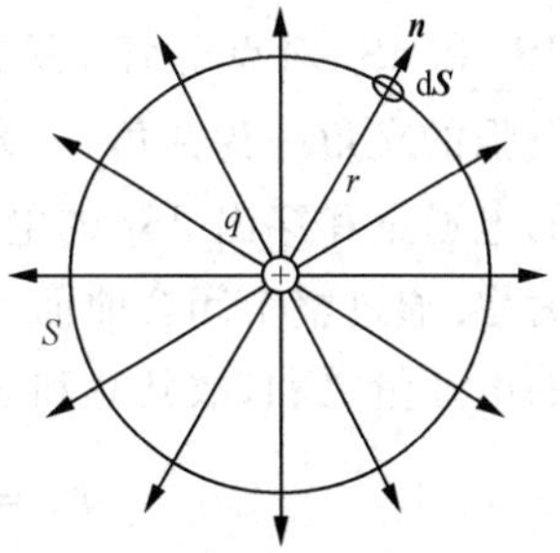

图 1.18　通过包围正点电荷 q 的同心球面 S 的电通量

根据库仑定律，正点电荷 q 产生的静电场在球面 S 上各点的场强大小均为 $E=\frac{1}{4\pi\varepsilon_0}\frac{q}{r^2}$，场强方向沿径向向外，与面元 $\mathrm{d}\boldsymbol{S}$ 的外法线方向 $\boldsymbol{n}$ 一致. $\boldsymbol{E}$ 和 $\mathrm{d}\boldsymbol{S}$ 的夹角 $\theta=0$，$\cos\theta=1$，故通过球面上任意面元 dS 的电通量为

$$\begin{aligned}\mathrm{d}\Phi_E &= \boldsymbol{E}\cdot\mathrm{d}\boldsymbol{S} = E\cos\theta\,\mathrm{d}S = E\mathrm{d}S\\ &= \frac{q}{4\pi\varepsilon_0}\frac{\mathrm{d}S}{r^2} = \frac{q}{4\pi\varepsilon_0}\mathrm{d}\Omega.\end{aligned}$$

通过整个闭合球面 S 的电通量为

$$\begin{aligned}\Phi_E &= \int\mathrm{d}\Phi_E = \frac{q}{4\pi\varepsilon_0}\oint\!\!\!\oint_{(S)}\frac{\mathrm{d}S}{r^2} = \frac{q}{4\pi\varepsilon_0}\int\mathrm{d}\Omega\\ &= \frac{q}{\varepsilon_0},\end{aligned}$$

其中用到球面面积为 $\oiint_{(S)} \mathrm{d}S = 4\pi r^2$ 或球面对球心所张立体角为 $\int \mathrm{d}\Omega = 4\pi$.

显然,上述证明与点电荷 q 的正负以及球面半径 r 的大小无关.

(2) 设静电场由正点电荷 q 产生,取包围 q 的任意闭合曲面 S 为高斯面.

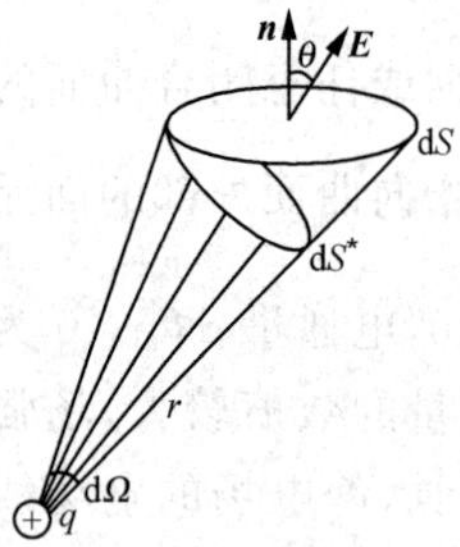

图 1.19　通过包围点电荷 q 的任意闭合曲面上任意面元 dS 的电通量

图 1.19 为 S 面上的任一面元 dS, 通过 dS 的电通量为

$$\begin{aligned}\mathrm{d}\Phi_E &= \boldsymbol{E}\cdot\mathrm{d}\boldsymbol{S} = E\cos\theta\,\mathrm{d}S \\ &= E\mathrm{d}S^* = \frac{q}{4\pi\varepsilon_0}\frac{\mathrm{d}S^*}{r^2} \\ &= \frac{q}{4\pi\varepsilon_0}\mathrm{d}\Omega,\end{aligned}$$

式中 θ 是面元 d$\boldsymbol{S}$ 的法线方向 $\boldsymbol{n}$ 与该处场强 $\boldsymbol{E}$ 之间的夹角, $\mathrm{d}S^* = \mathrm{d}S\cos\theta$ 是面元 dS 在垂直于径矢方向的投影面积,即 dS^* 是以 q 为球心、r 为半径的球面上的面元, $\frac{\mathrm{d}S^*}{r^2}=\mathrm{d}\Omega$ 是 dS^* 或 dS 对 q 点所张的立体角. 积分,得

$$\begin{aligned}\Phi_E &= \oiint \frac{q}{4\pi\varepsilon_0}\frac{\mathrm{d}S^*}{r^2} = \frac{q}{4\pi\varepsilon_0}\int\mathrm{d}\Omega \\ &= \frac{q}{\varepsilon_0}.\end{aligned}$$

(3) 设静电场由正点电荷 q 产生,取不包围 q 的任意闭合曲面 S 为高斯面,即 q 在闭合曲面 S 之外.

如图 1.20,点电荷 q 产生的电场线是沿径向呈辐射状的直线,因 q 在闭合曲面 S 之外,故从任意面元 dS_1 进入闭合曲面的电场线必定会从另一相应面元 dS_2 穿出. 因这一对面元 dS_1 和 dS_2 对点电荷 q 所张立体角 dΩ_1 和 dΩ_2 的数值相同、符号相反(dS_1 和 dS_2 的法线与场强的夹角一为钝角、一为锐角),故其代数和为零. 因进入 dS_1 的电通量和穿出 dS_2 的电通量数值相同、符号相反,故其代数和为零. 通过整个闭合曲面 S 的总电通量就是通过这一对对面元的电通量之和,故其总和必定为零,即

$$\Phi_E = \oiint_{(S)} \boldsymbol{E}\cdot\mathrm{d}\boldsymbol{S} = 0.$$

以上(1)～(3),对点电荷 q 产生的静电场,取任意闭合曲面 S 为高斯面,证明了静电场的高斯定理.

(4) 设静电场由任意带电体产生,取任意闭合曲面 S 为高斯面.

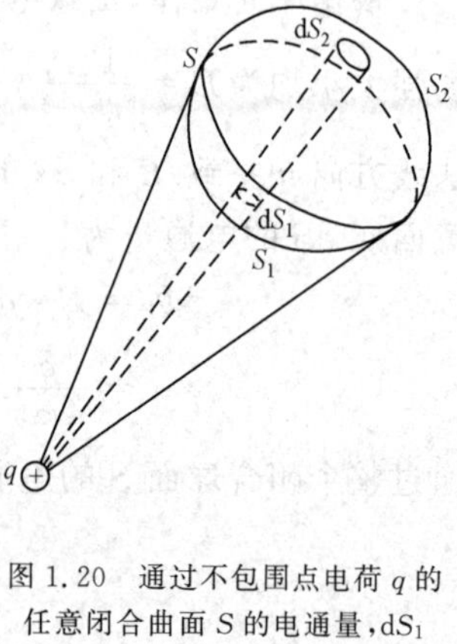

图 1.20　通过不包围点电荷 q 的任意闭合曲面 S 的电通量, dS_1 和 dS_2 是 S 上的一对面元

任意带电体可以看作是 n 个点电荷($q_1, q_2, \cdots, q_n$)的集合,设其中 k 个点电荷($q_1, q_2, \cdots, q_k$)在闭合曲面 S 内,其余($n-k$)个点电荷($q_{k+1}, q_{k+2}, \cdots, q_n$)在闭合曲面 S 外. 根据场强叠加原

理(1.5)式，n 个点电荷在高斯面上任意面元 $\mathrm{d}S$ 处的总场强 $\boldsymbol{E}$ 是各点电荷单独存在时在该处的场强 $\boldsymbol{E}_1,\boldsymbol{E}_2,\cdots,\boldsymbol{E}_n$ 的矢量和，即

$$\boldsymbol{E}=\boldsymbol{E}_1+\boldsymbol{E}_2+\cdots+\boldsymbol{E}_k+\boldsymbol{E}_{k+1}+\cdots+\boldsymbol{E}_n.$$

通过面元 $\mathrm{d}S$ 的电通量为

$$\begin{aligned}\mathrm{d}\Phi_E&=\boldsymbol{E}\cdot\mathrm{d}\boldsymbol{S}\\&=\boldsymbol{E}_1\cdot\mathrm{d}\boldsymbol{S}+\boldsymbol{E}_2\cdot\mathrm{d}\boldsymbol{S}+\cdots+\boldsymbol{E}_k\cdot\mathrm{d}\boldsymbol{S}+\boldsymbol{E}_{k+1}\cdot\mathrm{d}\boldsymbol{S}+\cdots+\boldsymbol{E}_n\cdot\mathrm{d}\boldsymbol{S}\\&=\mathrm{d}\Phi_{E_1}+\mathrm{d}\Phi_{E_2}+\cdots+\mathrm{d}\Phi_{E_k}+\mathrm{d}\Phi_{E_{k+1}}+\cdots+\mathrm{d}\Phi_{E_n}.\end{aligned}$$

积分，利用(2)和(3)的结果，因前 k 个点电荷在 S 内，积分不为零，因后 $(n-k)$ 个点电荷在 S 外，积分为零，故通过闭合曲面 S 的电通量为

$$\begin{aligned}\Phi_E&=\int\mathrm{d}\Phi_E\\&=\int\mathrm{d}\Phi_{E_1}+\int\mathrm{d}\Phi_{E_2}+\cdots+\int\mathrm{d}\Phi_{E_k}+\int\mathrm{d}\Phi_{E_{k+1}}+\cdots+\int\mathrm{d}\Phi_{E_n}\\&=\Phi_{E_1}+\Phi_{E_2}+\cdots+\Phi_{E_k}+0\\&=\frac{1}{\varepsilon_0}(q_1+q_2+\cdots+q_k)\\&=\frac{1}{\varepsilon_0}\sum_{(S\text{内})}q_i.\end{aligned}$$

至此，根据库仑定律和场强叠加原理证明了静电场的高斯定理.

值得注意的是，在上述证明中，用到了球面积等于 $4\pi r^2$ 或球面对球心所张立体角为 4π，这些都是严格的几何结果，这就要求电力平方反比律严格成立，即要求修正数 δ 严格为零，静电场的高斯定理(以及由它得出的推论)才能严格成立，否则便应有所修正. 另外，还用到了电力与电量成正比，在从点电荷推广到任意带电体时还应用了场强叠加原理. 总之，电力的平方反比律、电力与电量成正比、电力的可叠加性是静电场高斯定理成立的必要条件.

还应指出，在静电场高斯定理(1.8)式中，场强 $\boldsymbol{E}$ 是全部电荷(包括高斯面 S 内、外的全部电荷)产生的，但等号右边的 $\sum\limits_{(S\text{内})}q$ 却只涉及高斯面 S 内的电荷. 这是因为高斯面 S 外的电荷虽然理所当然的对场强有所贡献，绝不会因作高斯面 S 而有所影响，但是，高斯面 S 外的电荷对通过高斯面 S 的电通量却并无贡献.

§1.3.3 用高斯定理计算场强

如§1.2.3所述，场强叠加原理是已知电荷分布计算场强的基本方法. 现在，静电场的高斯定理提供了已知电荷分布计算场强的又一种方法，然而，它只适用于某些具有很强对称性的特殊情形. 何以如此呢？由(1.8)式，为了用静电场的高斯定理计算场强，首先，右边的 $\sum\limits_{(S\text{内})}q$ 应可由已知的电荷分布求出，这是前提. 其次，由于待求的场强 $\boldsymbol{E}$ 在积分号内，(1.8)式的积分是不可能完成的，因此，仅当能将该积分式简化为只包含一个待求未知量 E 的代数式时，才能求出场强 E. 这就要求电荷分布以及相应的场强分布具有更大的对称性(与用

场强叠加原理求解相比),从而大大限制了可以求解的范围. 同时,也提醒解题者,应该根据问题的对称性,适当选取高斯面,这正是解题的关键. 下面是一些典型例题,请注意从中体会用高斯定理求场强这种方法的特点.

例 6 设均匀带电球壳的带电总量为 $Q(Q>0)$,试求球壳内外的场强分布.

解 因球壳均匀带电,电荷分布具有球对称性,故它产生的静电场的场强分布也应具有球对称性,即空间各点场强的方向应沿径向(若 $Q>0$,沿径向向外;若 $Q<0$,沿径向向内),呈辐射状,如图 1.21(b)所示,并且在与球壳同心的任意球面上,各点场强的大小应相同. 对此,若尚存疑虑,可再作具体分析. 如图 1.21(a),以球心 O 为原点,取球坐标(r,θ,φ),一般说来,任意 P 点的场强 $\boldsymbol{E}_P$ 应有(E_r,E_θ,E_φ)三个分量. 因球壳的电荷分布绕任一直径旋转不变,故相应的场强分布也应旋转不变,这就要求 $E_\theta=0,E_\varphi=0$ 以及 r 相同处的 E_r 相同,才不违反对称性原理.

由此,为求任意与 O 相距为 r 的 P 点的场强,应选取通过 P 点的半径为 r 的同心球面为高斯面. 在高斯面上,各点场强的大小与待求的 P 点的场强大小相同,即 E 为常量,各点场强的方向沿径向向外($Q>0$),与高斯面的法线方向同向,即处处 $\cos\theta=+1$,球面积易求,于是,(1.8)式左边的积分式简化为含待求 E 的代数式. 再给出高斯面内的电量,即可由(1.8)式求出 E.

如图 1.21(c),对于球壳外任意 P 点,设 $OP=r$,设球壳半径为 R,$r>R$,取以 O 为球心、r 为半径的同心球面为高斯面 S,则有

$$\Phi_E=\oint\!\!\!\oint_{(S)}\boldsymbol{E}\cdot\mathrm{d}\boldsymbol{S}=\oint\!\!\!\oint_{(S)}E\cos\theta\,\mathrm{d}S=E\oint\!\!\!\oint_{(S)}\mathrm{d}S=E\cdot4\pi r^2$$

$$=\frac{1}{\varepsilon_0}\sum_{(S内)}q=\frac{Q}{\varepsilon_0},$$

其中,因球面 S 上各点的场强方向与球面垂直,并指向外,故 $\theta=0$,$\cos\theta=1$,即

$$E=\frac{Q}{4\pi\varepsilon_0 r^2}$$

或

$$\boldsymbol{E}=\frac{Q}{4\pi\varepsilon_0 r^2}\,\hat{\boldsymbol{r}},$$

式中 $\hat{\boldsymbol{r}}$ 是径向单位矢量. 上式表明,均匀带电球壳在外部的场强,与球壳上全部电荷集中在球心时产生的场强

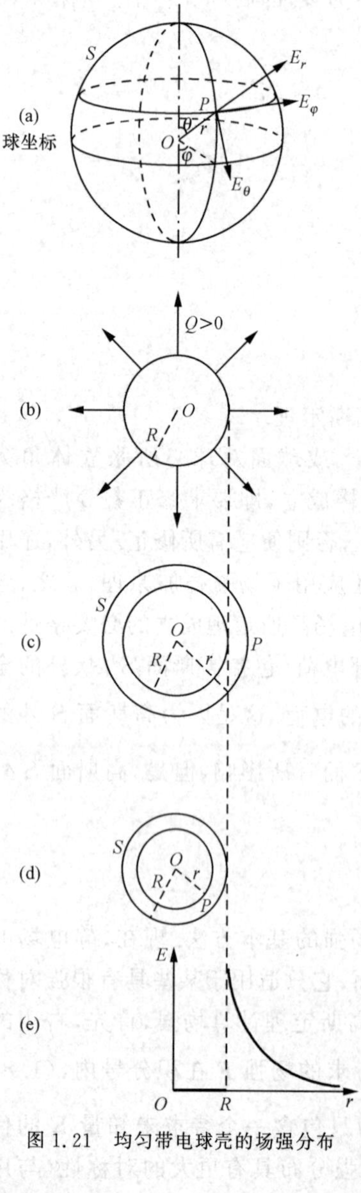

图 1.21 均匀带电球壳的场强分布

相同.

如图 1.21(d),对于球壳内任意 P 点,$r<R$,取以 O 为球心、r 为半径的同心球面为高斯面 S,因高斯面内无电荷,故

$$\Phi_E=\oiint_{(S)}\boldsymbol{E}\cdot\mathrm{d}\boldsymbol{S}=E\cdot 4\pi r^2$$

$$=\frac{1}{\varepsilon_0}\sum_{(S内)}q=0,$$

即

$$E=0.$$

上式表明,均匀带电球壳内部处处场强为零.

综上,场强分布的全貌如图 1.21(e)的 $E(r)$ 曲线所示,可见场强的大小在球壳表面($r=R$)处有跃变.有人问,球壳表面上场强的大小如何?把球壳抽象为一个"面",表明不讨论表面层的厚度及其中的电荷分布,即要求 P 点离表面层足够远.若 P 点在表面层内或附近,则"面"电荷模型失效,需给出表面层厚度及其中电荷分布,才能计算相关的场强分布.可以设想,从球壳内部经表面层到达外部,场强应连续变化.

例 7 设均匀带电球体的带电总量为 $Q(Q>0)$,半径为 R,试求球体内外的场强分布.

解 与上题类似,因均匀带电球体的电荷分布具有球对称性,故它产生的静电场的场强分布也应具有球对称性,即空间各点场强的方向沿径向(若 $Q>0$,沿径向向外;若 $Q<0$,沿径向向内),呈辐射状,如图 1.22(a)所示,并且在与带电球体同心的球面上,各点场强的大小相同.

为了利用上题的结果,可将带电球体分割成许多层同心的带电球壳.

如图 1.22(b),若场点 P 在球外,$OP=r$,$r>R$,由上题带电 $\mathrm{d}Q$ 的任意球壳在 P 点的场强为

$$\mathrm{d}\boldsymbol{E}=\frac{\mathrm{d}Q}{4\pi\varepsilon_0 r^2}\,\hat{\boldsymbol{r}}.$$

对球体积分,得出 P 点的总场强为

$$\boldsymbol{E}=\frac{Q}{4\pi\varepsilon_0 r^2}\,\hat{\boldsymbol{r}},\quad r>R.$$

如图 1.22(c),若场点 P 在球内,$OP=r$,$r<R$,由上题,P 点外各带电球壳在 P 点的场强为零,只有 P 点内各带电球壳对 P 点的场强有贡献.设 P 点内各带电球壳的总电量为 q,则 P 点总场强为

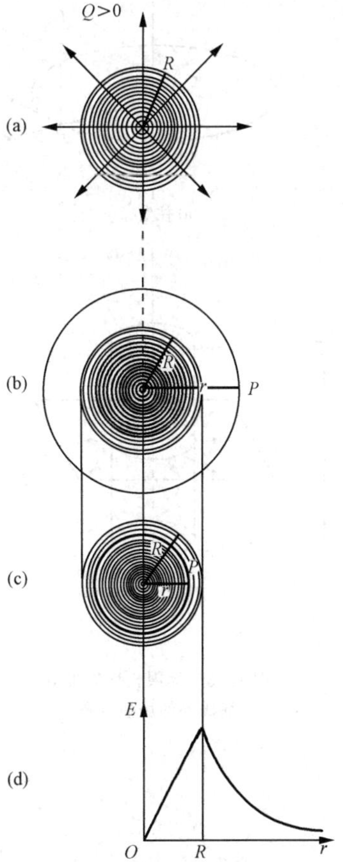

图 1.22 均匀带电球体的场强分布

$$\boldsymbol{E} = \frac{q}{4\pi\varepsilon_0 r^2}\,\hat{\boldsymbol{r}},$$

其中

$$q = \frac{4\pi}{3}r^3\rho = \frac{4\pi}{3}r^3 \cdot \frac{3Q}{4\pi R^3} = \frac{Qr^3}{R^3},$$

式中 ρ 是均匀带电球体的体电荷密度. 由以上两式,得

$$\boldsymbol{E} = \frac{Qr}{4\pi\varepsilon_0 R^3}\,\hat{\boldsymbol{r}}, \quad r < R.$$

均匀带电球体内外场强大小随 r 的变化 $E(r)$ 如图 1.22(d) 所示,在球体表面上($r=R$)的场强最大.

当然,本题也可直接用静电场的高斯定理求解. 无论 P 点在球内还是球外,取以 O 为球心,以 $OP=r$ 为半径的球形高斯面即可.

例 8 设无限长均匀带电细棒的线电荷密度为 $\lambda(\lambda>0)$,试求场强分布.

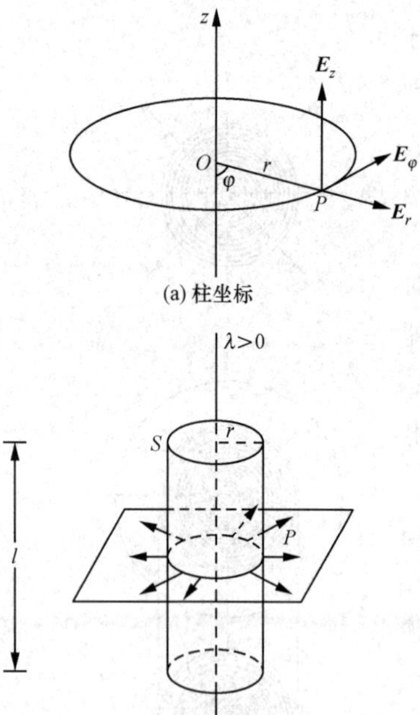

图 1.23 无限长均匀带电细棒外的场强分布

解 如图 1.23(a),取柱坐标 (r,φ,z),以细棒为 z 轴. 一般说来,棒外任意 P 点的场强 $\boldsymbol{E}_P$ 应有 (E_r, E_φ, E_z) 三个分量. 因细棒具有轴对称性,故它产生的静电场的场强分布也应具有轴对称性,即以棒为轴作任意旋转,电荷分布以及空间的场强分布均应不变,这就要求 $E_\varphi=0$,并且在同一 z 处,与棒垂直距离 r 相同各点的场强大小也应相同,亦即 E_r 与 φ 无关. 因细棒无限长且均匀带电,对任意 P 点,上下对称,故 $E_z=0$,并且当 P 点平行 z 轴上下有限移动时场强应不变,故 E_r 与 z 无关.

总之,无限长均匀带电细棒在棒外任意 P 点的场强只有 $\boldsymbol{E}_r$ 分量,并且 E_r 的大小只与 r 有关,与 (z,φ) 无关.

据此,为求棒外任意 P 点的场强,如图 1.23(b) 所示,应取以细棒为轴的圆柱面 S 为高斯面,P 点是圆柱侧面上的一点,圆柱的上下底面与细棒垂直. 设圆柱面的半径为 r(即 P 点与细棒的垂直距离为 r),长为 l,由静电场的高斯定理

$$\begin{aligned}\Phi_E &= \oiint_{(\text{圆柱面}S)} \boldsymbol{E}\cdot\mathrm{d}\boldsymbol{S} = \iint_{(\text{侧面})} + \iint_{(\text{上底面})} + \iint_{(\text{下底面})} \\ &= \iint_{(\text{侧面})} E\cos\theta\,\mathrm{d}S + 0 + 0 \\ &= E\iint_{(\text{侧面})}\mathrm{d}S = E\cdot 2\pi rl \\ &= \frac{1}{\varepsilon_0}\sum_{(S\text{内})} q = \frac{\lambda l}{\varepsilon_0},\end{aligned}$$

其中,因上下底面上各点的场强方向与底面法线方向垂直,故 $\theta=\frac{\pi}{2}$,$\cos\theta=0$,电通量为零;因侧面上各点的场强方向与侧面垂直,并指向外,故 $\theta=0$,$\cos\theta=1$,由上式,得

$$E=\frac{\lambda}{2\pi\varepsilon_0 r}.$$

注意,若均匀带电细棒为有限长,则因对称性不够,无法用高斯定理求解,只能采用场强叠加原理计算,见例 2.

例 9 设均匀带电无限大平面的面电荷密度为 $\sigma(\sigma>0)$,试求平面外的场强分布.

解 如图 1.24(a),取直角坐标(x,y,z),原点 O 及 x,y 轴在带电平面上,z 轴与带电平面垂直. 一般说来,平面外任意 P 点的场强 $\boldsymbol{E}_P$ 应有(E_x,E_y,E_z)三个分量. 因带电平面产生的静电场的场强分布具有镜对称性(以带电平面为镜),故对于任意一对 P 和 P' 点(P'是 P 的镜像),应有 $E_x=E_x'$,$E_y=E_y'$,$E_z=-E_z'$. 因带电平面无限大且均匀带电,前后对称(相对于 y 轴)、上下对称(相对于 x 轴),故 $E_x=0$,$E_y=0$,即 $E=E_z$. 因带电平面无限且带电均匀,将 P 点平行 xy 平面作有限移动,场强应不变,故 E_z 与(x,y)无关.

总之,均匀带电无限大平面外,各点场强的方向沿法向(与平面垂直),两侧场强方向相反,与平面垂直距离相同各点的场强大小相同.

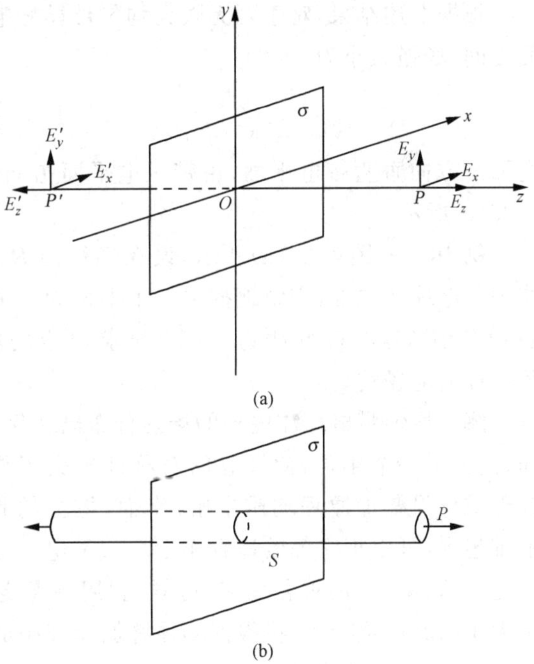

图 1.24 均匀带电无限大平面外的场强分布

据此,为求均匀带电无限大平面外任意 P 点的场强,应取如图 1.24(b)所示的柱形高斯面 S,其侧面与带电平面垂直,两底面与带电平面平行,两底面到带电平面的垂直距离相同,P 点是底面上一点. 由静电场的高斯定理,有

$$\begin{aligned}\Phi_E=&\oint\!\!\!\oint_{(\text{柱面})}\boldsymbol{E}\cdot\mathrm{d}\boldsymbol{S}=\iint_{(\text{侧面})}+\iint_{(\text{左底面})}+\iint_{(\text{右底面})}\\&=0+EA+EA=2EA\\&=\frac{1}{\varepsilon_0}\sum_{(S\text{内})}q=\frac{\sigma A}{\varepsilon_0},\end{aligned}$$

其中,因侧面上各点场强的方向与侧面的法线方向垂直,故 $\theta=\frac{\pi}{2}$,$\cos\theta=0$,电通量为零. 因两底面上各点场强方向与底面垂直,并指向外,故 $\theta=0$,$\cos\theta=1$. 又,式中 A 是底面面积. 即

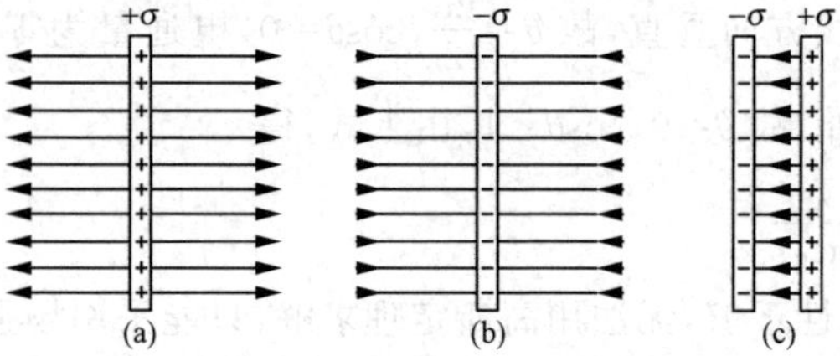

图 1.25　均匀带正、负电无限大平面单独存在和并存(两平面平行)时的场强分布

$$E=\frac{\sigma}{2\varepsilon_0}.$$

上式表明,均匀带电无限大平面外一点场强的大小与该点到带电平面的垂直距离无关. 换言之,均匀带电无限大平面外是匀强电场,场强的方向与带电平面垂直,场强的大小只与带电平面的面电荷密度 σ 有关,与空间位置无关,如图 1.25(a)(b)所示.

根据上述结果,对于两无限大均匀带异号电荷的平行平面,若面电荷密度为 $\pm\sigma$,在两平面之间,场强大小为

$$E=\frac{\sigma}{\varepsilon_0}.$$

场强的方向垂直带电平面,由带正电平面指向带负电平面. 在两平面之外,场强为零,如图 1.25(c)所示.

例 10　如图 1.26(a)所示,设在半径为 R、体电荷密度为 ρ 的均匀带电球体内部,完整地挖去一个半径为 R' 的小球. 已知大球球心 O 与小球球心 O' 相距为 a. (1) 试求 O' 点的场强. (2) 试证明空腔小球内电场均匀.

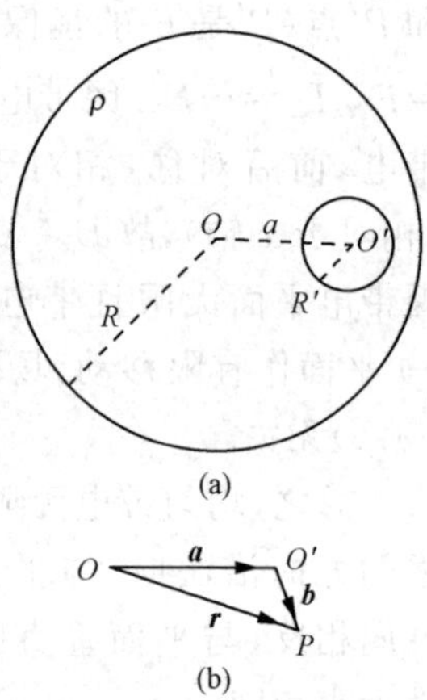

图 1.26　均匀带电球体内完整地挖去一个小球

解　均匀带电球体内外的场强分布已在例 7 解出. 本题有所不同,挖去了一个小球,使原有的对称性丧失了许多,单独采用高斯定理或场强叠加原理均难求解. 幸而,挖去的是一个完整的小球,不难想到,可以把它等效地看作由均匀带电大球 (R,ρ) 与均匀带异号电小球 $(R',-\rho)$ 重叠构成. 这样,利用高斯定理可以分别求出完整大小球的场强分布,再根据场强叠加原理相加,即可顺利求解.

(1) 为求均匀带电大球 (R,ρ)(完整,内无空腔)在 O' 点的场强 $\boldsymbol{E}_{大球,O'}$,作以大球球心 O 点为球心、$OO'=a$ 为半径的球形高斯面 S,由静电场高斯定理,有

$$\Phi_E=\oint\!\!\!\oint_{(S)}\boldsymbol{E}_{大球,O'}\cdot \mathrm{d}\boldsymbol{S}=E_{大球,O'}\cdot 4\pi a^2$$

$$=\frac{1}{\varepsilon_0}\sum_{(S内)}q=\frac{1}{\varepsilon_0}\,\frac{4\pi}{3}a^3\rho,$$

故

$$\boldsymbol{E}_{大球,O'}=\frac{\rho}{3\varepsilon_0}\boldsymbol{a},$$

式中 $\boldsymbol{a}$ 的方向由 O 点指向 O' 点.

同样,均匀带电小球 $(R',-\rho)$ 在球心 O' 点的场强为

$$\boldsymbol{E}_{小球,O'} = 0.$$

由场强叠加原理，O'点的总场强$\boldsymbol{E}_{O'}$为大球(无空腔)与小球在该点场强之和，故

$$\begin{aligned}\boldsymbol{E}_{O'} &= \boldsymbol{E}_{大球,O'} + \boldsymbol{E}_{小球,O'} \\ &= \frac{\rho}{3\varepsilon_0}\boldsymbol{a}.\end{aligned}$$

(2) 为了证明空腔小球内电场均匀，在其中任取 P 点，比较 $\boldsymbol{E}_P$ 与 $\boldsymbol{E}_{O'}$ 是否相等. 如图 1.26(b)，设 OP 为 $\boldsymbol{r}$，$O'P$ 为 $\boldsymbol{b}$，则 P 点的场强 $\boldsymbol{E}_P$ 应为大球(R,ρ)(无空腔)与小球$(R',-\rho)$各自在 P 点的场强之和，即

$$\begin{aligned}\boldsymbol{E}_P &= \boldsymbol{E}_{大球,P} + \boldsymbol{E}_{小球,P} \\ &= \frac{\rho}{3\varepsilon_0}\boldsymbol{r} + \frac{-\rho}{3\varepsilon_0}\boldsymbol{b} = \frac{\rho}{3\varepsilon_0}(\boldsymbol{r}-\boldsymbol{b}) \\ &= \frac{\rho}{3\varepsilon_0}\boldsymbol{a} \\ &= \boldsymbol{E}_{O'}.\end{aligned}$$

因 P 点任取，故完整挖去的空腔小球内各点场强的大小、方向都相同，空腔小球内电场均匀.

以上几例表明，对称性分析并据此选取适当的高斯面，是用静电场高斯定理求解场强的关键. 例 6、7，例 8，例 9 分别涉及球对称、轴对称、镜对称，根据对称性分析，分别确定了空间各点场强的方向以及场强大小与哪些因素有关. 在例 6、7 中，取与电场线垂直的球形高斯面，$\cos\theta=1$，球面各点场强的大小都与待求点相同；在例 8 中，取圆柱形高斯面，上下底面与电场线平行 $\cos\theta=0$，侧面与电场线垂直 $\cos\theta=1$，侧面上各点场强的大小都与待求点相同；在例 9 中，取柱形高斯面，两底面与电场线垂直 $\cos\theta=1$，底面上各点场强的大小都与待求点相同，侧面与电场线平行 $\cos\theta=0$. 由此可见，应该根据对称性分析，选取与电场线平行或垂直的面构成高斯面，使相应的 $\cos\theta$ 为 0 或 1，并使待求点处在与电场线垂直的那部分高斯面上，且该面上各点场强的大小都应与待求点相同，只有这样，才能把用积分形式表述的静电场高斯定理简化为只包含一个待求未知量 E 的代数方程，由已知的电荷分布顺利求解. 显然，这些苛刻的条件意味着对于对称性的强烈要求，即要求空间各点场强的大小只与一个空间坐标有关，亦即要求具有一维对称性，从而大大限制了用静电场高斯定理可能求解场强的范围.

例 10 表明，在对称性有所丧失后，若能利用其特点，把它凑成若干具有高度对称性带电体的叠加，将静电场高斯定理与场强叠加原理并用，可使求解的范围有所拓展. 另外，采用矢量表述，往往会使结果简单明了，有利求解，这也是值得汲取的经验.

尽管用静电场高斯定理求解场强的方法有许多限制，但所得结果往往还可用作近似估算. 例如，对于有限长的均匀带电细棒和有限大的均匀带电平板，在其附近不太靠近细棒端点或平板边缘处的场强，就可以近似采用例 8 和例 9 的结果.

另外,静电场高斯定理作为一个分析静电问题的手段,颇为有效,应用很多,后面经常用到.

还应指出,对称性分析的基础是实验事实.例如,在例9中,由带电平面的镜对称性,断定两侧对应点的场强与镜面垂直的分量反向、与镜面平行的分量不变,这并非先验的结论,而是依据实验事实.物理学中的矢量,有极矢量和轴矢量两类,性质明显不同.镜像反射时,与镜面垂直的极矢量分量反向,与镜面平行的极矢量分量不变;与此相反,镜像反射时,轴矢量与镜面垂直的分量不变,轴矢量与镜面平行的分量反向.在电磁学中,描述电学量的矢量,如电场强度 $\boldsymbol{E}$、电偶极矩 $\boldsymbol{p}$ 等是极矢量;描述磁学量的矢量,如磁感应强度矢量 $\boldsymbol{B}$、磁矩 $\boldsymbol{m}$ 等是轴矢量.①

§1.4 静电场的环路定理,电势

§1.4.1 静电场的环路定理

上节的静电场高斯定理表明静电场是有源的,本节的静电场环路定理表明静电场是无旋的.两相结合,完整地揭示了静电场作为一个矢量场的性质:有源无旋.

静电场的环路定理:在静电场中,场强沿任意闭合环路的线积分恒等于零,即静电场的环量恒等于零,静电场是无旋的,表为

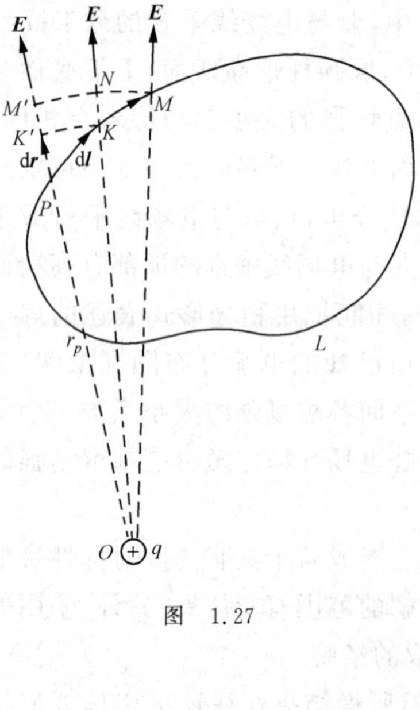

图 1.27

$$\oint_{(L)} \boldsymbol{E}\cdot \mathrm{d}\boldsymbol{l} = 0. \tag{1.9}$$

现在,根据库仑定律和场强叠加原理加以证明.

首先,对于点电荷 q 产生的静电场,如图1.27,场强 $\boldsymbol{E}$ 沿任意闭合环路 L 的线积分为

$$\begin{aligned}\oint_{(L)} \boldsymbol{E}\cdot \mathrm{d}\boldsymbol{l} &= \frac{q}{4\pi\varepsilon_0}\oint_{(L)} \frac{1}{r^2}\hat{\boldsymbol{r}}\cdot \mathrm{d}\boldsymbol{l} \\ &= \frac{q}{4\pi\varepsilon_0}\oint \frac{\mathrm{d}r}{r^2} \\ &= \frac{q}{4\pi\varepsilon_0}\left(-\frac{1}{r}\right)\Big|_{r_P}^{r_P} \\ &= 0.\end{aligned}$$

上述证明并不复杂,关键在于弄清楚每一步的根据和含义.第一个等式的根据是由库仑定律给出的点电荷场强公式 $\boldsymbol{E}=\frac{q}{4\pi\varepsilon_0}\cdot\frac{1}{r^2}\hat{\boldsymbol{r}}$,其中 r 是点电荷 q 与闭合环路 L 上任

① 参看,赵凯华,陈熙谋,《新概念物理教程·电磁学》附录A.4,高等教育出版社,2003年.

意线元 $\mathrm{d}l$ 之间的距离,$\hat{\boldsymbol{r}}$ 是以 q 为原点的径向单位矢量,它表明在点电荷 q 产生的静电场中,各点场强的方向均沿径向,各点场强的大小与距离平方成反比.第二个等式用到 $\mathrm{d}r=\hat{\boldsymbol{r}}\cdot\mathrm{d}\boldsymbol{l}=\mathrm{d}l\cos\theta$,其中 $\mathrm{d}r$ 是任意线元 $\mathrm{d}l$ 在径向的投影,θ 是 $\hat{\boldsymbol{r}}$ 与 $\mathrm{d}\boldsymbol{l}$ 的夹角.如图 1.27,若取 $\mathrm{d}l=PK$,则它在径向的投影为 $\mathrm{d}r=PK'$,若取 $\mathrm{d}l=KM$,则它在径向的投影为 $\mathrm{d}r=KN$.由于点电荷 q 产生的静电场具有球对称性,故 $KN=K'M'$,即在不同方位各相应的 $\mathrm{d}r$ 相同.于是可将场强从 P 点开始沿任意闭合环路 L 又回到 P 点的对 $\mathrm{d}l$ 的环路积分,换成场强从 P 点开始沿径向 OP 又回到 P 点的对 $\mathrm{d}r$ 的往返积分.显然,沿径向 OP 对 $\mathrm{d}r$ 往返积分的上下限相同,均为 r_P,故积分为零(第三、四个等式).

其次,对于任意带电体产生的静电场,可将带电体看作许多点电荷的集合,由场强叠加原理及点电荷场的环量为零,得

$$\oint_{(L)}\boldsymbol{E}\cdot\mathrm{d}\boldsymbol{l}=\oint_{(L)}\boldsymbol{E}_1\cdot\mathrm{d}\boldsymbol{l}+\oint_{(L)}\boldsymbol{E}_2\cdot\mathrm{d}\boldsymbol{l}+\cdots$$
$$=0+0+\cdots=0,$$

式中 $\boldsymbol{E}$ 是带电体产生的静电场的总场强,$\boldsymbol{E}_1,\boldsymbol{E}_2,\cdots$ 是构成带电体的各点电荷单独存在时所产生的静电场的场强.

回顾上述证明,静电场环路定理成立的必要条件有三.1. 点电荷场的场强方向沿径向,否则不能把环路积分的线元 $\mathrm{d}l$ 换成沿径向积分的线元 $\mathrm{d}r$.2. 点电荷场具有球对称性,即场强大小只与 r 有关(无论其具体形式如何),否则在不同方位沿径向的相应积分可能不相等,从而不能把沿 L 的环路积分换成沿径向对 $\mathrm{d}r$ 的往返积分.3. 场强叠加原理,否则不能把点电荷场的结果推广到任意带电体的场.简言之,只要点电场产生的静电场是有心力场,再加上场强叠加原理,静电场的环路定理就成立.实际上,在上述证明中用到的点电荷场强公式中,还包括场强大小与距离平方成反比以及与 q 成正比的内容,但它们在证明静电场环路定理时并非必要,可以放宽.例如,若场强大小 $E\propto f(r)$,不论 $f(r)$ 形式如何,静电场环路定理依然成立.

静电场的环路定理可以等价地表述为:**静电场力对试探电荷 q_0 所做的功与路径无关,只与起点、终点的位置有关**(当然,还与试探电荷 q_0 的大小成正比),即

$$q_0\int_{P\,(L_1)}^{Q}\boldsymbol{E}\cdot\mathrm{d}\boldsymbol{l}=q_0\int_{P\,(L_2)}^{Q}\boldsymbol{E}\cdot\mathrm{d}\boldsymbol{l}. \tag{1.10}$$

证明 在静电场中任取 P,Q 两点,L_1 和 L_2 是以 P 为起点、Q 为终点的两条任意路径,L_1 和 L_2 合成闭合环路 L.由(1.9)式,试探电荷 q_0 在静电场中沿闭合环路 L 绕行一周时,静电场力对 q_0 所做的功为零,即

$$A=q_0\oint_{(L)}\boldsymbol{E}\cdot\mathrm{d}\boldsymbol{l}=0.$$

因闭合环路 L 由 L_1 和 L_2 构成,故

$$q_0\oint_{(L)}\boldsymbol{E}\cdot\mathrm{d}\boldsymbol{l}=q_0\int_{P\,(L_1)}^{Q}\boldsymbol{E}\cdot\mathrm{d}\boldsymbol{l}+q_0\int_{Q\,(L_2)}^{P}\boldsymbol{E}\cdot\mathrm{d}\boldsymbol{l}$$

$$= q_0 \int_{P \atop (L_1)}^{Q} \boldsymbol{E} \cdot \mathrm{d}\boldsymbol{l} - q_0 \int_{P \atop (L_2)}^{Q} \boldsymbol{E} \cdot \mathrm{d}\boldsymbol{l}$$

$$= 0,$$

即

$$q_0 \int_{P \atop (L_1)}^{Q} \boldsymbol{E} \cdot \mathrm{d}\boldsymbol{l} = q_0 \int_{P \atop (L_2)}^{Q} \boldsymbol{E} \cdot \mathrm{d}\boldsymbol{l}.$$

所以,"静电场的环量恒等于零"和"静电场力做功与路径无关"两种说法完全等价.

说明

1. 静电场的高斯定理和环路定理是由库仑定律和场强叠加原理证明的.然而,值得注意的是,静电场高斯定理的证明,只要求静电力的平方反比律、与电量成正比、可叠加严格成立,但对静电力的沿径向、球对称性并不苛求.静电场环路定理的证明,只要求静电力的沿径向、球对称性、可叠加严格成立,但对静电力的平方反比律、与电量成正比并不苛求.

这说明,一方面,静电场的高斯定理与环路定理,各自反映了静电力的部分特征,两相结合才反映了静电力的全部特征,就此而言,它们与库仑定律和场强叠加原理等价.

另一方面,限制条件的减少意味着适用范围有可能拓宽.例如,高斯定理 $\oint\!\!\!\oint_{(S)} \boldsymbol{E} \cdot \mathrm{d}\boldsymbol{S} = \frac{1}{\varepsilon_0} \sum_{(S内)} q$ 不仅适用于静止电荷产生的静电场,而且适用于运动电荷产生的电场以及变化磁场产生的涡旋电场(无源有旋).换言之,式中的 $\boldsymbol{E}$ 既可以单纯理解为静电场的场强,也可以理解为电荷(无论静止、运动)产生的电场与涡旋电场之和的总电场.正是这一特点,使之成为麦克斯韦电磁场方程中的基本方程之一.但是,应该指出,由于涡旋电场有旋,总电场的环路定理不能由静电场环路定理推广得出.

2. 静电场的高斯定理和静电场的环路定理彼此独立,不能互推.

静电场高斯定理表明静电场有源,但因它不排除涡旋电场(总电场的高斯定理与它形式相同),无法确定静电场是否有旋,需加上静电场环路定理才能确定静电场无旋.

静电场环路定理表明静电场无旋、有势,但因其中不反映静电力的平方反比律,仅由静电场环路定理无法给出电势的定量表述,需求助于平方反比律(即静电场高斯定理)才能给出.

以上两点说明,与后几章有关,此处预留伏笔,以备呼应.

§1.4.2 电势

静电场环路定理的一个重要收获是,由此可以引入"电势"的概念,使我们除了场强外,又有了描绘静电场的新手段.

在力学中,沿任意闭合环路做功为零或做功与路径无关的力称为保守力,相应的力场称为保守力场或势场.考虑由若干物体构成的一个系统,这些物体彼此以保守力相互作用.若施外力，使各物体从某种相对位置（初态）移动到达另一相对位置（终态），设各物体在初、终态均静止（无动能），在此过程中，外力克服保守力做功，外界与系统有能量的交换，因保守力做功与路径无关且各物体在初、终态均静止，系统能量的改变只与初、终态各物体相对位置的改变有关，称为势能（或位能）的改变．若无外力，系统各物体在保守力作用下加速或减速，其动能的增、减来源于保守力做功即系统势能的减、增．以弓箭为例，拉满弓弦，外力克服弹性力做功，弓箭蕴含弹性势能，蓄势待发；一旦松手，弹性力做功，箭出如飞，弹性势能转化为箭的动能．因此，所谓势能是系统所具有的一种能量，势能概念成立的前提是系统各物体彼此以保守力相互作用，势能的改变只取决于物体之间相对位置的改变，对应一种保守力就有一种势能．在力学中，重力、万有引力、弹性力等都具有做功与路径无关的性质，都是保守力，可以引入相应的重力势能、万有引力势能、弹性势能等．

与此类似，在电学中，静电力做功与路径无关，是保守力，可以引入电势能的概念．设带电系统由带电体（静止）和试探电荷 q_0 构成（注：在本节以下的叙述中，请注意“带电系统”和“带电体”的区别），带电体产生静电场 $\boldsymbol{E}$，q_0 受静电力 $q_0\boldsymbol{E}$，在 q_0 从静电场中任意 P 点移动到 Q 点的过程中，静电力对 q_0 做功 A_{PQ}，导致带电系统的电势能减少了 W_{PQ}，即

$$A_{PQ} = q_0\int_P^Q \boldsymbol{E}\cdot \mathrm{d}\boldsymbol{l}$$

$$\overset{\text{定义}}{=\!=\!=} W_{PQ} = W_P - W_Q. \qquad (1.11)$$

这就是**电势能差** W_{PQ} 的定义，式中 W_P 和 W_Q 分别是 q_0 在 P 点和 Q 点时，带电系统的**电势能**，因静电力做功与路径无关，在上述积分中无需指明从 P 点到 Q 点的积分路径．由上式，若 $A_{PQ}>0$，静电力做正功，则 $W_P>W_Q$，电势能减少；若 $A_{PQ}<0$，静电力做负功，则 $W_P<W_Q$，电势能增加．电势能的减少、增加将转化为 q_0 动能的增加、减少，或转化为外界的能量．

（1.11）式表明，带电系统电势能的变化 W_{PQ} 不仅与带电体产生的静电场 $\boldsymbol{E}$ 有关，还与试探电荷的电量 q_0 成正比，若除以 q_0，则比值 $\dfrac{W_{PQ}}{q_0}$ 与试探电荷无关，只与带电体产生的静电场有关，反映了静电场在 P,Q 两点的性质．于是，定义静电场中任意 P,Q 两点的电势差 U_{PQ} 为

$$U_{PQ} = U_P - U_Q$$

$$\overset{\text{定义}}{=\!=\!=} \frac{W_{PQ}}{q_0} = \int_P^Q \boldsymbol{E}\cdot \mathrm{d}\boldsymbol{l}. \qquad (1.12)$$

静电场中任意两点 P,Q 的电势差定义为把单位正电荷从 P 点沿任意路径移动到 Q 点时，静电力所做的功．简言之，电势差就是单位正电荷的电势能差．电势差又称电势降落、电压．

应该指出，电势能是由带电体和试探电荷构成的带电系统所具有的一种能量，描述带电系统的性质，它只取决于带电体和试探电荷的相对位置．电势则与试探电荷无关，成为描述带电体产生的静电场性质的物理量，电势的变化只与位置的变化有关．另外，因静电力做功与路径无关，在（1.12）式中无需指明从 P 点到 Q 点的积分路径，即任意路径均可．

为了确定静电场中各点电势的数值，需选定参考点及其电势值，由各点与参考点的电势

差得出各点电势的数值.从原则上说,参考点及其电势值的选取具有任意性.在理论计算中,如果带电体局限在有限大小的空间范围内,通常选择无穷远点为参考点,并规定无穷远点的电势为零,即

$$U_{\infty} \xlongequal{\text{定义}} 0. \tag{1.13}$$

于是,静电场中任意 P 点的电势为

$$U_P = U_P - U_{\infty} = \int_P^{\infty} \boldsymbol{E} \cdot \mathrm{d}\boldsymbol{l}. \tag{1.14}$$

静电场中任意一点的电势等于把单位正电荷从该点沿任意路径移到无穷远时,静电力所做的功.

为什么选取 $U_{\infty}=0$ 呢? 由于在几乎一切实际的静电问题中,带电体的电量总是有限的,分布范围也总是有限的,带电体附近的电场强、电势变化剧烈,带电体远处的电场弱、电势变化和缓,因而,把距离带电体足够远、场强几乎为零、电势几乎恒定的广大区域统称为无穷远点,并规定其电势为零,便于确定带电体附近各点的电势、比较其大小.简言之,选取 $U_{\infty}=0$ 具有广泛适用、方便自然的优点.反之,以静止点电荷产生的静电场为例,若选取点电荷所在处为电势零点,则各点的电势将均为无穷大,无从比较.其原因在于,离点电荷越近,电场越强,电势变化越激烈,选取点电荷所在处为电势零点,必将掩盖任意两点之间有限的电势差,显然不恰当.点电荷是理想模型,它把有限的电量集中到无限小的区域之内,必定导致“发散”的困难,在实际问题中,若逼近点电荷所在处,则点电荷模型已然失效,不再适用.

另外,在实际工作中常常把电器外壳接地,使之与地球连成一体,保持电势稳定,并选取地球电势为零,即 $U_{地}=0$.那么,在什么条件下可以选取 $U_{地}=0$ 并使之与 $U_{\infty}=0$ 相容呢? 条件是地球的电势稳定且地球与无穷远之间的电势差在讨论的问题中可以忽略.不难设想,当电器(带电体)与地球(看作导体)连成一体时,比较而言,电器及地球表面近端的电荷密集、电场强、电势变化剧烈,地球表面远端的电荷稀疏、电场弱、电势变化和缓,当地球与无穷远之间的电势差在讨论的问题中可以忽略,则 $U_{地}=0$ 与 $U_{\infty}=0$ 相容.但若讨论与地球大小可相比拟的空间范围的电势分布,且需考虑地球表面电场的影响时,则因地球表面与电离层之间存在着垂直地面的法向电场,其间的电势差达数十万伏之多,就不能再同时选取 $U_{地}=0$ 和 $U_{\infty}=0$ 了.

在静电问题中,若选择不同的电势参考点及其电势值,则静电场中各点电势的数值将随之有所不同.但是,静电场中任意两点的电势差与参考点及其电势值的选择无关,只取决于静电场的性质.

由(1.12)式和(1.14)式,电势差和电势的单位是 J/C(焦/库),称为伏特,简称伏,表为 V,即 1 V=1 J/C.由(1.12)式,场强的单位是 V/m,由(1.3)式场强的单位是 N/C,两者相同,即 1 N/C=1 V/m.

电子的电量(绝对值)为 $e=1.60\times10^{-19}$ C,当电子飞越电压为 1 V 的区间时,静电场力对它做功,使电子获得动能 1.60×10^{-19} C×1 V=1.60×10^{-19} J,这一能量又称 1 电子伏特(eV),即 1 eV=1.60×10^{-19} J.电子伏特是常用的能量单位,相关的还有千电子伏特 keV=10^3 eV,兆电子伏特 MeV=10^6 eV,吉电子伏特 GeV=10^9 eV 等.

总之，电势概念的引入是静电场无旋的必然结果. 电势与场强成为描绘静电场的两个重要手段. 与场强是矢量不同，电势是标量. 与场强类似，电势也随空间位置变化，场强的空间分布用电场线描绘，构成矢量场；电势的空间分布用等势面（电势相同点的轨迹）描绘，构成标量场，两者结合，相得益彰. 另外，还应指出，电势来源于电势能，作为能量家族的新成员，电势能的引入不仅丰富了对能量概念的认识，而且为电现象与其他现象之间的联系、沟通、转换提供了新的渠道，意义重大.

在电磁学的历史上，电势概念是由卡文迪什首先提出来的.

§1.4.3　电势叠加原理

对于点电荷 q 产生的静电场 $\boldsymbol{E}$，设空间任意 P 点与点电荷 q 相距 r_P，由电势定义(1.14)式，P 点的电势为

$$\begin{aligned} U_P &= \int_P^{\infty} \boldsymbol{E} \cdot \mathrm{d}\boldsymbol{l} \\ &= \int_{r_P}^{\infty} E\,\mathrm{d}r \\ &= \frac{q}{4\pi\varepsilon_0}\int_{r_P}^{\infty} \frac{\mathrm{d}r}{r^2} \\ &= \frac{q}{4\pi\varepsilon_0 r_P}. \end{aligned}$$

式中第一个等式是电势的定义，并取 $U_\infty=0$. 第二个等式根据静电力做功与路径无关，选取便于积分的路径：从 P 点沿径矢即沿电场线（连接 q 和 P 的直线）到达无穷远，故 $\boldsymbol{E}\cdot\mathrm{d}\boldsymbol{l}=E\cos\theta\mathrm{d}l=E\mathrm{d}r$，其中 $\mathrm{d}r$ 是 $\mathrm{d}l$ 在径向即场强方向的投影 $\mathrm{d}r=\mathrm{d}l\cos\theta$. 第三个等式利用点电荷的场强公式(1.4)式 $E=q/4\pi\varepsilon_0 r^2$. 第四个等式完成积分. 由于 P 点任意，可除去 U_P，r_P 的下标，于是，在点电荷 q 的静电场中，与 q 相距为 r 处的电势为

$$U=\frac{q}{4\pi\varepsilon_0 r}. \tag{1.15}$$

(1.15)式表明，各点电势的大小与 q 成正比、与 r 成反比，点电荷静电场的等势面是以点电荷为中心的一系列同心球面.

任意带电体都可以看成是点电荷的组合，电荷分布或离散（$q_1,q_2,\cdots$）或连续（电荷微元 $\mathrm{d}q$）. 设带电体的静电场为 $\boldsymbol{E}$，各 q_i 或各 $\mathrm{d}q$ 的静电场为 $\boldsymbol{E}_i$ 或 $\mathrm{d}\boldsymbol{E}$，设带电体的静电场在任意 P 点的电势为 U_P，各 q_i 或各 $\mathrm{d}q$ 的静电场在 P 点的电势为 U_{Pi} 或 $\mathrm{d}U_P$，由电势定义(1.14)式、场强叠加原理(1.5)式和点电荷电势公式(1.15)式，P 点的电势为

$$\begin{aligned} U_P &= \int_P^{\infty} \boldsymbol{E} \cdot \mathrm{d}\boldsymbol{l} \\ &= \int_P^{\infty} \Big(\sum_i \boldsymbol{E}_i\Big) \cdot \mathrm{d}\boldsymbol{l} = \int_P^{\infty} \boldsymbol{E}_1 \cdot \mathrm{d}\boldsymbol{l} + \int_P^{\infty} \boldsymbol{E}_2 \cdot \mathrm{d}\boldsymbol{l} + \cdots \\ &= U_{P1} + U_{P2} + \cdots = \sum_i U_{Pi} \end{aligned}$$

$$= \frac{1}{4\pi\varepsilon_0}\sum_i \frac{q_i}{r_{Pi}}$$

或

$$U_P = \int_P^{\infty} \boldsymbol{E} \cdot \mathrm{d}\boldsymbol{l}$$
$$= \int_P^{\infty} \left(\int \mathrm{d}\boldsymbol{E}\right) \cdot \mathrm{d}\boldsymbol{l}$$
$$= \int \mathrm{d}U_P$$
$$= \frac{1}{4\pi\varepsilon_0}\int \frac{\mathrm{d}q}{r_P},$$

式中 r_{Pi} 是 P 点与 q_i 的距离，r_P 是 P 点与 $\mathrm{d}q$ 的距离. 因 P 点任意，可除去 U_P，r_{Pi}，r_P 的下标 P，于是，在带电体的静电场中，任意一点的电势为

$$U = \sum_i U_i = \frac{1}{4\pi\varepsilon_0}\sum_i \frac{q_i}{r_i} \tag{1.16a}$$

或

$$U = \int \mathrm{d}U = \frac{1}{4\pi\varepsilon_0}\int \frac{\mathrm{d}q}{r}, \tag{1.16b}$$

式中 r_i 是该点与点电荷 q_i 的距离，r 是该点与电荷微元 $\mathrm{d}q$ 的距离. (1.16)式称为**电势叠加原理：带电体产生的静电场中任意一点的电势，等于构成带电体的各点电荷或各电荷微元产生的静电场在该点电势的代数和或标量积分.** 场强叠加是矢量叠加，电势叠加是标量叠加，这是两者的重要区别.

§1.4.4 电势的计算

电势的定义(1.14)式 $U_P = \int_P^{\infty} \boldsymbol{E} \cdot \mathrm{d}\boldsymbol{l}$ 和电势叠加原理(1.16)式 $U = \frac{1}{4\pi\varepsilon_0}\int \frac{\mathrm{d}q}{r}$ 提供了计算静电场电势分布的两种基本方法. 用电势定义计算电势，需由已知的场强分布作积分或由已知的电荷分布先求出场强分布再作积分，因场强积分与路径无关，关键是根据场强分布的对称性，选取适当的积分路径，通常从所求点沿电场线到无穷远，使 $\boldsymbol{E} \cdot \mathrm{d}\boldsymbol{l} = E\mathrm{d}r$，便于完成积分. 用电势叠加原理计算电势，需由已知的电荷分布作积分，关键是根据电荷分布的对称性，适当分割，以利积分. 因电势是标量，场强是矢量，相对而言，电势的计算简单一些.

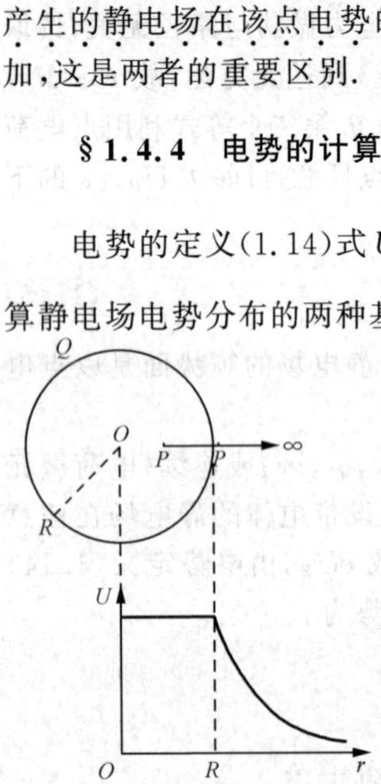

图 1.28 均匀带电球壳内外的电势分布

例 11 试求均匀带电球壳产生的静电场中电势的分布，已知球壳带电总量为 Q，半径为 R.

解 *方法一* 用电势定义(1.14)式计算. 如图 1.28，取球心 O 为坐标原点，由§1.3 例 6，均匀带电球壳内外的场强分布为

$$\begin{cases} E=\dfrac{Q}{4\pi\varepsilon_0 r^2}, & r>R, \\ E=0, & r<R, \end{cases}$$

式中 r 是场点 P 与 O 点的距离,场强的方向沿径向.

为求任意 P 点的电势,如图 1.28 所示,取从 P 点沿径矢(即沿电场线)到无穷远的直线为积分路径,使 $\boldsymbol{E}\cdot\mathrm{d}\boldsymbol{l}=E\cos\theta\mathrm{d}l=E\mathrm{d}r$.

球壳外任意 P 点的电势为

$$\begin{aligned} U_P &= \int_P^{\infty}\boldsymbol{E}\cdot\mathrm{d}\boldsymbol{l}=\int_r^{\infty}E\mathrm{d}r \\ &= \frac{Q}{4\pi\varepsilon_0}\int_r^{\infty}\frac{\mathrm{d}r}{r^2} \\ &= \frac{Q}{4\pi\varepsilon_0 r}, \quad r>R, \end{aligned}$$

式中 $r=r_P$ 是 P 点与球心 O 点的距离.

计算球壳内任意 P 点的电势时,因球壳内外场强分布不同,需分两段积分.先从 P 点积分到球壳表面,在这一段 $r<R, E=0$,对积分无贡献;再从球壳表面到无穷远,在这一段 $r>R, E$ 不为零,对积分有贡献.

$$\begin{aligned} U_P &= \int_P^{\infty}\boldsymbol{E}\cdot\mathrm{d}\boldsymbol{l}=\int_r^{\infty}E\mathrm{d}r \\ &= \int_r^R E\mathrm{d}r+\int_R^{\infty}E\mathrm{d}r \\ &= 0+\frac{Q}{4\pi\varepsilon_0}\int_R^{\infty}\frac{\mathrm{d}r}{r^2} \\ &= \frac{Q}{4\pi\varepsilon_0 R}, \quad r<R. \end{aligned}$$

综上,均匀带电球壳内外的电势分布为

$$U=\begin{cases} \dfrac{Q}{4\pi\varepsilon_0 r}, & r>R, \\ \dfrac{Q}{4\pi\varepsilon_0 R}, & r<R. \end{cases}$$

上式表明,球壳外的电势分布与点电荷电场的电势分布相同(相当于把全部电荷都集中在球心 O 点),球壳内的电势与球壳表面的电势相同,为恒量,如图 1.28 所示.比较图 1.28 与图 1.21 可见,在球壳表面,场强 E 跃变,电势 U 无跃变.

方法二 用电势叠加原理(1.16)式计算.如图 1.29,为求任意 P 点的电势,根据均匀带电球壳电荷分布的对称性,取球心 O 点为坐标原点,以 $OP=r$ 为轴把球面分割成许多环状窄带,以便积分.如图 1.29,任一环状窄带上各部分与 P 点的距离均为 x,环带上各部分和 O 点的连线与 OP 的夹角均为 θ,环带的角宽度为 $\mathrm{d}\theta$,宽度为 $R\mathrm{d}\theta$,环带的半径为 $R\sin\theta$,周长为 $2\pi R\sin\theta$,面积为 $2\pi R\sin\theta\cdot R\mathrm{d}\theta$,环带上的电量为 $\mathrm{d}q=\sigma\cdot 2\pi R\sin\theta\cdot R\mathrm{d}\theta$,其中 $\sigma=Q/4\pi R^2$

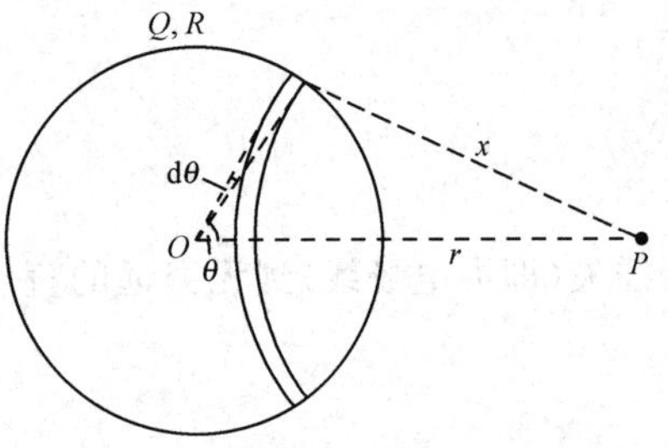

图 1.29 均匀带电球壳内外的电势分布

是球壳的面电荷密度.由(1.16)式,该环带产生的静电场在 P 点的电势为

$$\mathrm{d}U_P=\frac{\mathrm{d}q}{4\pi\varepsilon_0 x}$$

$$=\frac{\sigma\cdot 2\pi R\sin\theta\cdot R\mathrm{d}\theta}{4\pi\varepsilon_0 x}.$$

对于不同环带,x,θ 有所不同,为便于积分,应利用几何关系,统一积分变量,如图 1.29,有

$$x^2=R^2+r^2-2Rr\cos\theta.$$

微分,得

$$2x\mathrm{d}x=2Rr\sin\theta\mathrm{d}\theta,$$

即

$$\frac{R\sin\theta\mathrm{d}\theta}{x}=\frac{\mathrm{d}x}{r}.$$

代入 $\mathrm{d}U_P$,得

$$\mathrm{d}U_P=\frac{\sigma\cdot 2\pi R}{4\pi\varepsilon_0 r}\mathrm{d}x.$$

由电势叠加原理(1.16)式,当 P 点在球壳外时,$r>R$,对 x 积分的上下限分别为$(r+R)$和$(r-R)$,故

$$U_P=\int\mathrm{d}U_P=\frac{\sigma\cdot 2\pi R}{4\pi\varepsilon_0 r}\int_{r-R}^{r+R}\mathrm{d}x$$

$$=\frac{\sigma\cdot 2\pi R\cdot 2R}{4\pi\varepsilon_0 r}$$

$$=\frac{Q}{4\pi\varepsilon_0 r},\quad r>R.$$

当 P 点在球壳内时,$r<R$,对 x 积分的上下限分别为$(R+r)$和$(R-r)$,故

$$U_P=\int\mathrm{d}U_P=\frac{\sigma\cdot 2\pi R}{4\pi\varepsilon_0 r}\int_{R-r}^{R+r}\mathrm{d}x$$

$$=\frac{\sigma\cdot 2\pi R\cdot 2r}{4\pi\varepsilon_0 r}$$

$$=\frac{Q}{4\pi\varepsilon_0 R},\quad r<R.$$

两种计算方法的结果相同.

例 12 试求电偶极子远处任意一点的电势,已知电偶极子中两点电荷$\pm q$ 相距 l.

解 如图 1.30,场点 P 与$\pm q$ 相距 r_+,r_-,由(1.15)式,$\pm q$ 在 P 点的电势分别为

$$U_+=\frac{q}{4\pi\varepsilon_0 r_+},$$

$$U_-=\frac{-q}{4\pi\varepsilon_0 r_-}.$$

由电势叠加原理(1.16)式，电偶极子在 P 点的电势为

$$U = U_{+} + U_{-} = \frac{q}{4\pi\varepsilon_0}\left(\frac{1}{r_{+}} - \frac{1}{r_{-}}\right).$$

设 P 点与电偶极子中点 O 的距离为 r，因 P 点在远处，故

$$r \gg l.$$

如图 1.30，PO 连线与电偶极子电偶极矩 $\boldsymbol{p}=q\boldsymbol{l}$ 方向的夹角为 θ，从 $\pm q$ 作 PO 连线的垂线，相交于 C，D 两点，因 $r\gg l$，忽略 $\frac{l}{r}$ 的高级小量，两垂线可以近似地看作以 P 点为中心的圆弧，故

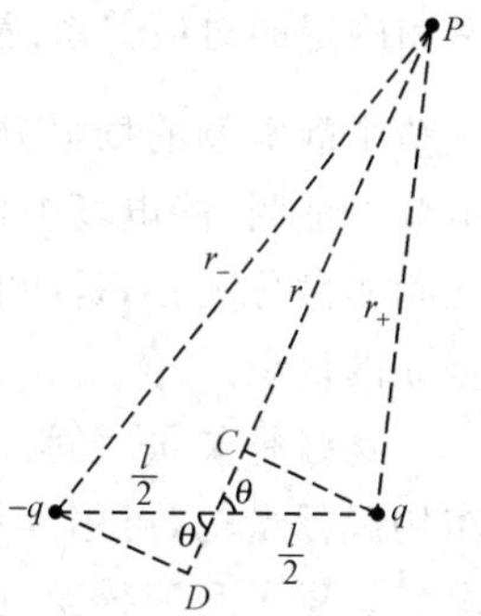

图 1.30　电偶极子在远处的电势

$$PC \approx r_{+},\quad PD \approx r_{-}.$$

又

$$CO = OD = \frac{l}{2}\cos\theta,$$

于是

$$r_{+} \approx PC = r - \frac{l}{2}\cos\theta,$$

$$r_{-} \approx PD = r + \frac{l}{2}\cos\theta.$$

代入 U 表达式，得

$$\begin{aligned} U &\approx \frac{q}{4\pi\varepsilon_0}\left(\frac{1}{r-\frac{l}{2}\cos\theta} - \frac{1}{r+\frac{l}{2}\cos\theta}\right) \\ &= \frac{q}{4\pi\varepsilon_0}\cdot\frac{l\cos\theta}{r^2-\left(\frac{l}{2}\cos\theta\right)^2} \\ &\approx \frac{ql\cos\theta}{4\pi\varepsilon_0 r^2} \\ &= \frac{\boldsymbol{p}\cdot\hat{\boldsymbol{r}}}{4\pi\varepsilon_0 r^2}, \end{aligned}$$

其中，忽略了 l^2 项，用到了电偶极矩 $\boldsymbol{p}=q\boldsymbol{l}$(其方向由 $-q$ 指向 $+q$). 上式表明，电偶极子在远处的电势可由 $\boldsymbol{p}$ 和 r 表征，并与 r^2 成反比(注意，点电荷场的电势与 r 成反比，有所不同). 在电偶极子的中垂面上($\theta=90^\circ$)，电势处处为零；在 r 相同的条件下，电偶极子连线两侧($\theta=0^\circ$或 180°)的电势(绝对值)最大.

本题求解的关键是把"远处"即 $r\gg l$ 的条件改写成 $r_{+}\approx r-\frac{l}{2}\cos\theta$ 和 $r_{-}\approx r+\frac{l}{2}\cos\theta$，并在计算中忽略 l^2 项的小量，近似计算中的这些要领请注意体会.

§1.4.5　电势的梯度，场强和电势的微分关系

场强和电势是描述静电场的两个基本物理量，不难设想，其间必定存在着紧密的内在联

系和确定的对应关系. 静电场中任意 P 点电势的定义 $U_P=\int_P^\infty \boldsymbol{E}\cdot \mathrm{d}\boldsymbol{l}$ 表明，该点的电势取决于整个静电场的场强分布，这是场强与电势之间的积分关系，是两者内在联系的一个方面. 本节将证明，静电场中任意 P 点的电场强度矢量等于该处电势的负梯度，这是场强与电势之间的微分关系，是两者内在联系的另一方面. 两相结合，使我们对场强和电势的关系有了全面的认识.

场强是矢量，场强的空间分布构成矢量场，可用电场线描绘. 电势是标量，电势的空间分布构成标量场，可用等势面描绘，所谓等势面就是电势相同点的轨迹. 电场线和等势面为静电场提供了几何描绘. 图 1.9 和图 1.31 画出了一些带电体系产生的静电场的电场线和等势面，从两图中可以定性地看出场强和电势的关系：等势面与电场线处处正交，场强的方向指向电势减小的方向；等势面较密集处场强较大，等势面较稀疏处场强较小. 对此，下面先给予严格的证明，然后，再借助于梯度概念给出准确的定量表述.

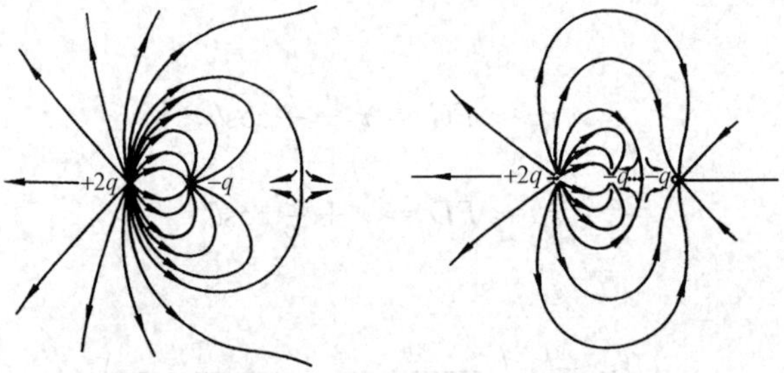

(a) 两个不等量异号点电荷 ($+2q$, $-q$)　　(b) 三点电荷 ($2q$, $-q$, $-q$)

图 1.31　几种带电体系的电场线(实线，有方向)的分布

1. 等势面与电场线处处正交，场强的方向指向电势减小的方向

如图 1.32，在静电场中，若将试探电荷 q_0 从 P 点沿等势面移动 $\mathrm{d}l$ 到达 N 点，则静电力做功

$$A_{PN}=q_0\boldsymbol{E}\cdot \mathrm{d}\boldsymbol{l}$$
$$=q_0E\mathrm{d}l\cos\theta,$$

式中 θ 是 $\boldsymbol{E}$ 与 $\mathrm{d}\boldsymbol{l}$ 的夹角. 因 P,N 两点等势，q_0 从 P 点移动到 N 点，静电力做功为零，即

$$A_{PN}=q_0(U_P-U_N)=0.$$

由以上两式

$$q_0E\mathrm{d}l\cos\theta=0,$$

因式中 $q_0,E,\mathrm{d}l$ 均不为零，故 $\cos\theta=0,\theta=\frac{\pi}{2},\boldsymbol{E}\perp \mathrm{d}\boldsymbol{l}$，场强与等势面正交.

如图 1.33，若将试探电荷 q_0 沿等势面法线方向从 P 点移动到 Q 点，设 $q_0>0$，设 Q 点电势高于 P 点电势，即 $U_Q>U_P$，则静电力做功

$$A_{PQ}=q_0(U_P-U_Q)<0.$$

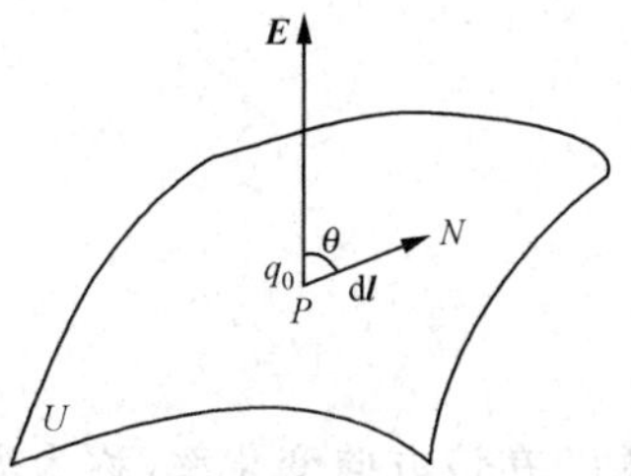

图 1.32 场强与等势面正交，并指向电势减小的方向

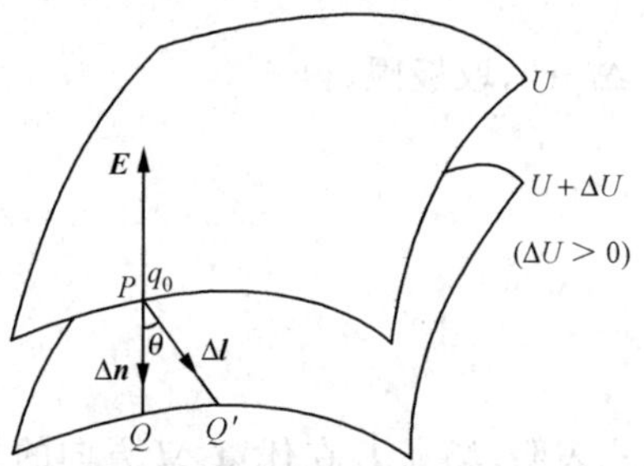

图 1.33 等势面的疏密与场强大小的关系

因静电力做负功，且场强 $\boldsymbol{E}$ 与等势面正交，故场强 $\boldsymbol{E}$ 的方向必定从高电势的 Q 点指向低电势的 P 点，即场强方向指向电势减小的方向.

2. 等势面较密集处场强较大，等势面较稀疏处场强较小

由等势面的分布图，不仅可以确定各处场强的方向，还可以比较各处场强的大小. 如图 1.33，两相邻等势面的电势分别为 U 和 $(U+\Delta U)$，设 $\Delta U>0$，一条电场线与它们相交于 P，Q 两点，因电场线与等势面正交，且两等势面十分接近，故 PQ 可看作两等势面之间的垂直距离 Δn. 由(1.12)式，取绝对值，得

$$\Delta U=\left|\int_P^Q \boldsymbol{E}\cdot \mathrm{d}\boldsymbol{l}\right|\approx E\Delta n,$$

取极限，得

$$E=\left|\lim_{\Delta n\to 0}\frac{\Delta U}{\Delta n}\right|=\left|\frac{\partial U}{\partial n}\right|,$$

式中 Δn 是等势面法线方向的线元. 上式表明，场强 E 的大小等于在等势面法线方向的电势变化率. 在等势面较密集处，$\dfrac{\partial U}{\partial n}$较大，$E$ 较大；在等势面较稀疏处，$\dfrac{\partial U}{\partial n}$较小，$E$ 较小.

3. 电势的梯度；场强与电势的微分关系

借助于**梯度**的概念，可为以上两点结论提供统一表述，给出场强与电势的微分关系.

电势 U(或任何标量场)的梯度是一个矢量，其方向沿等势面(或等值面)的法线方向并指向电势增加的方向，其大小等于电势沿等势面法线方向的变化率，表为 ∇U 或 $\mathrm{grad}U$，即

$$\nabla U=\mathrm{grad}U=\frac{\partial U}{\partial n}\boldsymbol{n},$$

式中 $\boldsymbol{n}$ 是等势面法线方向的单位矢量，指向电势增加的方向.

于是，以上两点结论可统一表述为

$$\boldsymbol{E}=-\nabla U=-\mathrm{grad}U=-\frac{\partial U}{\partial n}\boldsymbol{n}. \qquad (1.17)$$

静电场中任意一点的电场强度矢量等于该点电势梯度的负值. (1.17)式就是**场强与电势的微分关系**. 式中的负号是因为场强方向与等势面正交并指向电势减小的方向.

如图 1.33，若试探电荷 q_0 从 P 点(电势为 U)经任意线元 Δl 到达 Q'点(电势为 $U+\Delta U$，$\Delta U>0$)，则静电力做功 $-q_0E\Delta l\cos\theta$，相应的静电势能改变 $q_0\Delta U$，故

$$-E\Delta l\cos\theta = \Delta U.$$

令 $\Delta l\to 0$,取极限,得

$$\begin{aligned} E_l &= E\cos\theta \\ &= -\lim_{\Delta l\to 0}\frac{\Delta U}{\Delta l} \\ &= -\frac{\partial U}{\partial l}. \end{aligned} \tag{1.18}$$

上式表明,场强 $\boldsymbol{E}$ 在任意 $\Delta\boldsymbol{l}$ 方向的投影 E_l,等于电势 U 在该方向变化率(称为方向微商)$\frac{\partial U}{\partial l}$的负值.

电势 U 沿等势面法线方向的方向微商$\frac{\partial U}{\partial n}$是各方向微商中最大的,$\frac{\partial U}{\partial n}$与$\frac{\partial U}{\partial l}$的关系是

$$\frac{\partial U}{\partial l} = \frac{\partial U}{\partial n}\cos\theta,$$

式中 θ 是 $\Delta\boldsymbol{n}$ 与 $\Delta\boldsymbol{l}$ 的夹角.

场强和电势的微分关系(1.17)式提供了由电势计算场强的方法.这是继场强叠加原理和静电场高斯定理后,第三种计算场强的方法.

∇是一个矢量微分算符,兼有矢量表述和微分运算的功能.电势梯度 ∇U 在各种坐标系中的表达式为

$$\begin{cases} \text{直角坐标系} \quad \nabla U = \dfrac{\partial U}{\partial x}\boldsymbol{i} + \dfrac{\partial U}{\partial y}\boldsymbol{j} + \dfrac{\partial U}{\partial z}\boldsymbol{k}, \\ \text{柱坐标系} \quad \nabla U = \dfrac{\partial U}{\partial \rho}\boldsymbol{e}_\rho + \dfrac{1}{\rho}\dfrac{\partial U}{\partial \varphi}\boldsymbol{e}_\varphi + \dfrac{\partial U}{\partial z}\boldsymbol{e}_z, \\ \text{球坐标系} \quad \nabla U = \dfrac{\partial U}{\partial r}\boldsymbol{e}_r + \dfrac{1}{r}\dfrac{\partial U}{\partial \theta}\boldsymbol{e}_\theta + \dfrac{1}{r\sin\theta}\dfrac{\partial U}{\partial \varphi}\boldsymbol{e}_\varphi. \end{cases} \tag{1.19}$$

例 13　试由电偶极子的电势分布(见例 12)求其场强分布.

解　由例 12,电偶极子在远处 P 点的电势为

$$U = \frac{p\cos\theta}{4\pi\varepsilon_0 r^2},$$

式中 $p=ql$ 是电偶极矩,r 是 P 点与电偶极子中点 O 的距离,θ 是 OP 与 $\boldsymbol{p}$ 的夹角,上式采用球坐标系.

取球坐标系(r,θ,φ),原点在 O 点.因轴对称,U 与方位角 φ 无关.由(1.17)式和(1.19)式,场强 $\boldsymbol{E}$ 的三个分量为

$$\begin{cases} E_r = -\dfrac{\partial U}{\partial r} = \dfrac{1}{4\pi\varepsilon_0}\dfrac{2p\cos\theta}{r^3}, \\ E_\theta = -\dfrac{1}{r}\dfrac{\partial U}{\partial \theta} = \dfrac{1}{4\pi\varepsilon_0}\dfrac{p\sin\theta}{r^3}, \\ E_\varphi = -\dfrac{1}{r\sin\theta}\dfrac{\partial U}{\partial \varphi} = 0, \end{cases}$$

$\boldsymbol{E}_r$，$\boldsymbol{E}_\theta$ 的方向如图 1.34 所示．在电偶极子的延长线上，$\theta=0$ 或 π，$E_\theta=0$，故

$$E = E_r = \frac{1}{4\pi\varepsilon_0}\frac{2p}{r^3}.$$

在电偶极子的中垂面上，$\theta=\frac{\pi}{2}$，$E_r=0$，故

$$E = E_\theta = \frac{1}{4\pi\varepsilon_0}\frac{p}{r^3}.$$

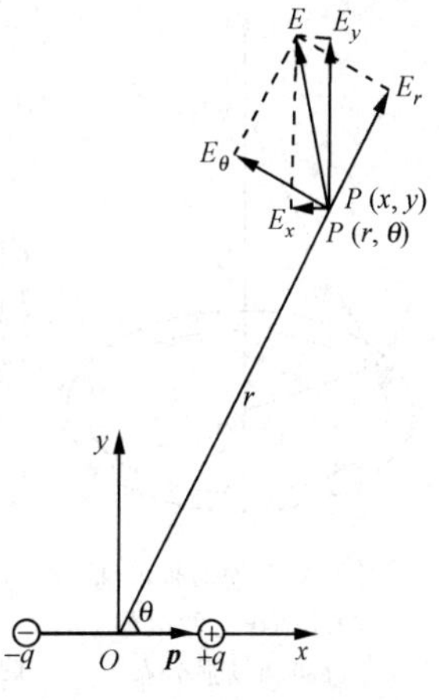

图 1.34 由电偶极子的电势分布求其场强分布

取直角坐标系(x,y,z)，原点在 O 点，只讨论 $z=0$ 平面上的场强分布，如图 1.34，

$$r = \sqrt{x^2+y^2}, \quad \cos\theta = \frac{x}{\sqrt{x^2+y^2}}.$$

电势为

$$U = \frac{p}{4\pi\varepsilon_0}\frac{x}{(x^2+y^2)^{3/2}}.$$

由(1.17)式和(1.19)式，

$$E_x = -\frac{\partial U}{\partial x} = -\frac{p}{4\pi\varepsilon_0}\cdot\frac{y^2-2x^2}{(x^2+y^2)^{5/2}},$$

$$E_y = -\frac{\partial U}{\partial y} = \frac{p}{4\pi\varepsilon_0}\frac{3xy}{(x^2+y^2)^{5/2}},$$

$$E = \sqrt{E_x^2+E_y^2} = \frac{p}{4\pi\varepsilon_0}\frac{(4x^2+y^2)^{\frac{1}{2}}}{(x^2+y^2)^2}.$$

在电偶极子延长线上，$y=0$，故

$$E = E_x = \frac{1}{4\pi\varepsilon_0}\frac{2p}{x^3};$$

在电偶极子中垂面上，$x=0$，故

$$E = E_y = \frac{1}{4\pi\varepsilon_0}\frac{p}{y^3}.$$

以上两种结果与例 1 的结果相符．

电偶极子的电势分布与场强分布请参看图 1.9(c)．

例 14 试求均匀带电细圆环轴线上的电势分布和场强分布，已知圆环半径为 R，线电荷密度为 λ．

解 如图 1.35，取圆心 O 为原点，轴线为 z 轴，则环上任意线元 $\mathrm{d}l$ 与轴线上 P 点($OP=z$)的距离为 $r=\sqrt{R^2+z^2}$，由电势叠加原理，P 点的电势为

$$U(z) = \frac{1}{4\pi\varepsilon_0}\int\frac{\mathrm{d}q}{r}$$

$$= \frac{1}{4\pi\varepsilon_0}\int_0^{2\pi R}\frac{\lambda\mathrm{d}l}{r}$$

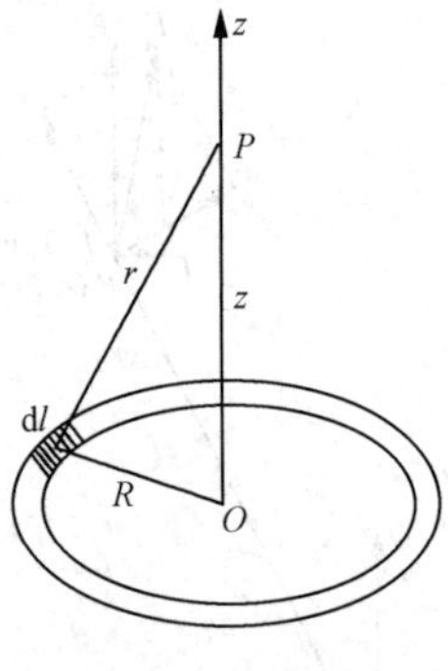

图 1.35 均匀带电细圆环轴线上的电势分布和场强分布

$$= \frac{\lambda}{4\pi\varepsilon_0 r} \cdot 2\pi R$$

$$= \frac{\lambda R}{2\varepsilon_0 \sqrt{R^2 + z^2}}.$$

由对称性,轴线上 P 点的场强方向沿轴线,故 $E = E_z$,由(1.17)式和(1.19)式

$$E = E_z = -\frac{\partial U}{\partial z}$$

$$= \frac{\lambda R z}{2\varepsilon_0 (R^2 + z^2)^{3/2}}.$$

因电势是标量,由已知的电荷分布用电势叠加原理易于求出电势分布,再求梯度即可得出场强分布.在电荷分布较复杂时,这种方法往往比直接由场强叠加原理(矢量叠加)求场强简便得多.

本章小结

1. 本章的主要内容是带电体相互作用的规律以及静电场的性质,条件是静止,与此同时,引入场强和电势两个概念,阐明其含义、关系和计算方法.本章是学好电磁学的基础,首次接触的“场”尤其值得关注.

2. 库仑定律是两静止点电荷相互作用力的实验规律,加上场强叠加原理可拓展到一般带电体之间的相互作用.

库仑定律和场强叠加原理揭示了静电力的特征:与距离平方成反比(平方反比律),沿径向并具有球对称性,与电量成正比,可叠加.

以库仑定律为例,体会如何从各方面考察物理定律,加深理解.

3. 静电场的高斯定理和环路定理揭示了静电场的性质.

物理量在一定空间范围内的连续分布构成场.静止电荷产生的静电场用场强 $\boldsymbol{E}$ 表示,是一个矢量场.

静电场的高斯定理表明,静电场是有源的,源就是电荷.静电场的环路定理表明,静电场是无旋的,可以引进电势概念.两相结合,完整地揭示了静电场作为一个矢量场的性质:有源无旋.

以静电场为例,体会如何描绘“场”,怎样比较和区别不同性质的矢量场.

4. 场强、电势的引入,其间的关系,以及计算方法.

静电场对置于其中的电荷有作用力,这是引入场强的根据.静电场无旋或静电力做功与路径无关,这是引入电势的前提.

电势的定义揭示了场强与电势的积分关系,场强等于电势的负梯度揭示了其间的微分关系.

场强有三种计算方法:场强叠加原理,静电场高斯定理,场强等于电势的负梯度.前两者需已知电荷分布,后者需已知电势分布.

电势有两种计算方法:电势定义,电势叠加原理.前者需已知场强分布,后者需已知电荷分布.

场强是矢量,电势是标量,它们的空间分布分别构成矢量场和标量场,可分别用电场线和等势面来描绘,场的描绘和计算往往需要采用适当的坐标系.

5. 基本公式

(1) 库仑定律

$$\boldsymbol{F}=\frac{1}{4\pi\varepsilon_0}\frac{q_1q_2}{r^2}\hat{\boldsymbol{r}}.$$

场强定义

$$\boldsymbol{E}=\frac{\boldsymbol{F}}{q_0}.$$

场强叠加原理

$$\boldsymbol{E}=\sum_i\boldsymbol{E}_i=\frac{1}{4\pi\varepsilon_0}\sum_i\frac{q_i}{r_i^2}\hat{\boldsymbol{r}}_i,$$

$$\text{或}\quad \boldsymbol{E}=\int\mathrm{d}\boldsymbol{E}=\frac{1}{4\pi\varepsilon_0}\int\frac{\mathrm{d}q}{r^2}\hat{\boldsymbol{r}}.$$

(2) 静电场高斯定理

$$\oiint_{(S)}\boldsymbol{E}\cdot\mathrm{d}\boldsymbol{S}=\frac{1}{\varepsilon_0}\sum_{(S内)}q,\text{静电场有源.}$$

静电场环路定理

$$\oint_{(L)}\boldsymbol{E}\cdot\mathrm{d}\boldsymbol{l}=0,\text{静电场无旋.}$$

电势定义

$$U_P=\int_P^\infty\boldsymbol{E}\cdot\mathrm{d}\boldsymbol{l}.$$

(3) 场强和电势的积分关系

$$U_P=\int_P^\infty\boldsymbol{E}\cdot\mathrm{d}\boldsymbol{l}.$$

场强和电势的微分关系

$$\boldsymbol{E}=-\nabla U.$$

(4) 场强的计算方法:

场强叠加原理

$$\boldsymbol{E}=\sum_i\boldsymbol{E}_i=\frac{1}{4\pi\varepsilon_0}\sum_i\frac{q_i}{r_i^2}\hat{\boldsymbol{r}}_i,$$

$$\text{或}\quad \boldsymbol{E}=\int\mathrm{d}\boldsymbol{E}=\frac{1}{4\pi\varepsilon_0}\int\frac{\mathrm{d}q}{r^2}\hat{\boldsymbol{r}}.$$

静电场高斯定理

$$\oiint_{(S)}\boldsymbol{E}\cdot\mathrm{d}\boldsymbol{S}=\frac{1}{\varepsilon_0}\sum_{(S内)}q.$$

电势的负梯度

$$\boldsymbol{E} = -\nabla U.$$

(5) 电势的计算方法：

电势定义

$$U_P = \int_P^{\infty} \boldsymbol{E} \cdot \mathrm{d}\boldsymbol{l}.$$

电势叠加原理

$$U = \sum_i U_i = \frac{1}{4\pi\varepsilon_0}\sum_i \frac{q_i}{r_i},$$

$$\text{或}\quad U = \int \mathrm{d}U = \frac{1}{4\pi\varepsilon_0}\int \frac{\mathrm{d}q}{r}.$$

习　题

1.1 根据卢瑟福实验，当两个原子核之间的距离小到 10^{-15} m 时，它们之间的排斥力仍然遵守库仑定律. 金的原子核中有 79 个质子，氦的原子核(即 α 粒子)中有 2 个质子. 已知每个质子带电 $e=1.60\times10^{-19}$ C，α 粒子的质量为 6.68×10^{-27} kg. 当 α 粒子与金核相距为 6.90×10^{-15} m 时(设都可当作点电荷)，试求：(1) α 粒子所受的力；(2) α 粒子所获得的加速度.

1.2 两个点电荷分别带电 q 和 $2q$，相距 l，试问将第三个点电荷放在何处它所受的合力为零？

1.3 如图，在竖直平面内有两光滑固定细棒，分别与竖直轴夹角 30°，两棒上各串有一带电小球，可自由滑动. 已知两小球各带电 $q=2.0\times10^{-7}$ C，质量都为 $m=0.10$ g，试求两小球的平衡位置及所受棒的支持力.

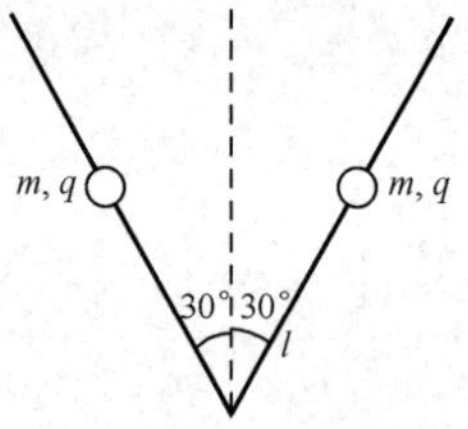

习题　1.3

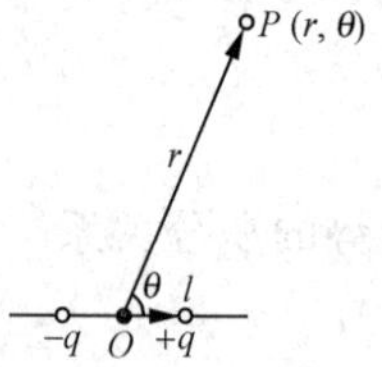

习题　1.5

1.4 两个带电都是 q 的固定点电荷，相距 l，连线中点为 O；现将另一点电荷 Q 放置在连线中垂面上距 O 点为 x 处. (1) 试求点电荷 Q 所受的力；(2) 若点电荷 Q 开始是静止的，然后让它自由运动，试问它将如何运动？分别就 Q 和 q 同号以及异号两种情况加以讨论.

1.5 如图，一电偶极子的电偶极矩 $\boldsymbol{p}=q\boldsymbol{l}$，$P$ 点到电偶极子中心 O 点的距离为 r，$\boldsymbol{r}$ 与 $\boldsymbol{l}$ 的夹角为 θ，设 $r\gg l$. 试求 P 点的电场强度 $\boldsymbol{E}$ 在 $\boldsymbol{r}$ 方向的分量 E_r 和在垂直于 $\boldsymbol{r}$ 方向上的分量 E_θ.

1.6 如图，把电偶极矩 $\boldsymbol{p}=q\boldsymbol{l}$ 的电偶极子放在点电荷 Q 的电场中，电偶极子的中心 O 到 Q 的距离为 r，设 $r\gg l$. 试求：$\boldsymbol{p}\,/\!/\,QO$(图(a))和 $\boldsymbol{p}\perp QO$(图(b))时电偶极子所受的力和力矩.

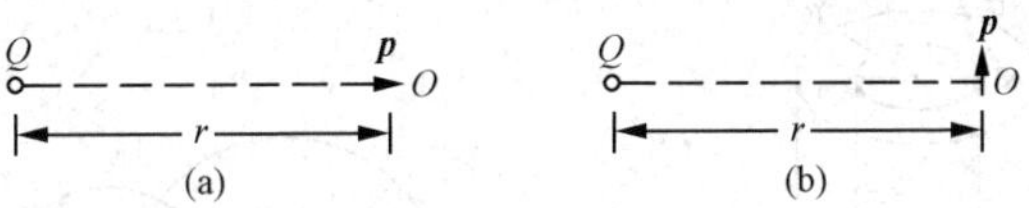

习题 1.6

1.7 如图为一种电四极子，它由两个相同的电偶极子 $\boldsymbol{p}=q\boldsymbol{l}$ 组成，这两个电偶极子在同一直线上，但方向相反，它们的负电荷重合在一起．试证明在它们的延长线上离中心（即负电荷所在处）r 处 P 点的场强为 $E=\dfrac{3Q}{4\pi\varepsilon_0 r^4}$（当 $r\gg l$ 时），式中的 $Q=2ql^2$ 叫做电四极矩．

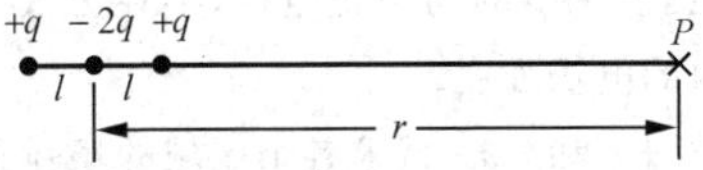

习题 1.7

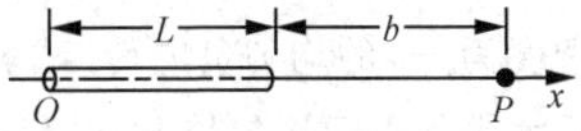

习题 1.8

1.8 如图，一根非均匀带电细棒，长为 L，其一端在坐标原点 O，沿 $+x$ 轴放置，设电荷线密度 $\lambda=Ax$，其中 A 为常数．试求 x 轴上 P 点（$\overline{OP}=L+b$）的电场强度．若 $\lambda=A(L+b-x)^2$，结果如何呢？

1.9 一均匀带电薄圆盘，半径为 R，电荷面密度为 σ．试求：(1) 轴线上的场强分布；(2) 保持 σ 不变，若 $R\to0$ 或 $R\to\infty$，结果如何？(3) 保持总电量 $Q=\pi R^2\sigma$ 不变，若 $R\to0$ 或 $R\to\infty$，结果如何？

1.10 半径为 R 的半球面上均匀带电，电荷面密度为 σ．试求球心处的电场强度．

1.11 如图，无限长带电圆柱面的电荷面密度按 $\sigma=\sigma_0\cos\varphi$ 分布，式中 σ_0 是常量，φ 是面积元的法线方向与 x 方向之间的夹角．试求圆柱轴线 z 上的场强．

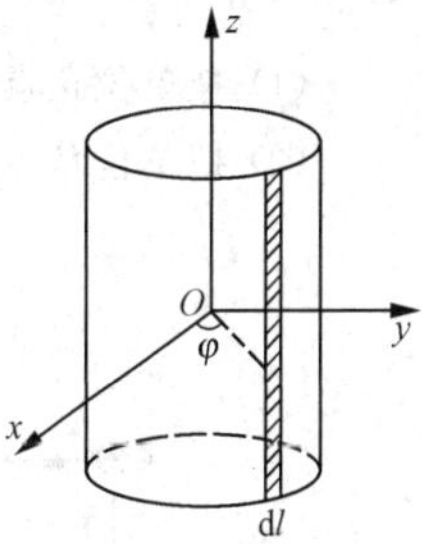

习题 1.11

1.12 一无限大均匀带电平面，电荷的面密度为 σ，其上挖去一半径为 R 的圆洞．试求洞的轴线上离洞心为 r 处 P 点的电场强度．

1.13 如图，电荷分布在内半径为 a 外半径为 b 的球壳体内，电荷体密度为 $\rho=A/r$，式中 A 是常数，r 是壳体内某一点到球心的距离．今在球心放一个点电荷 Q，为使壳体内各处电场强度的大小都相等，试求 A 的值．

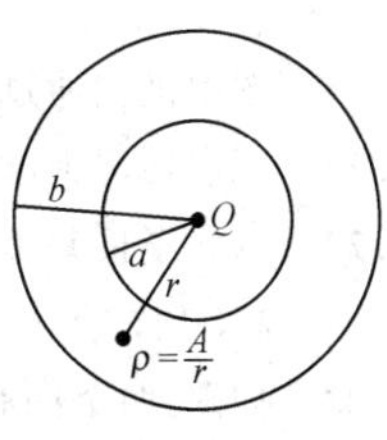

习题 1.13

1.14 根据量子理论，氢原子中心是一个带正电 q_e 的原子核（可以看成点电荷），外面是带负电的电子云．在正常状态（核外电子处于 s 态）下，电子云的电荷密度分布是球对称的，可表为

$$\rho(r)=-\frac{q_e}{\pi a_0^3}\,e^{-2r/a_0},$$

式中 a_0 为一常数（它相当于经典原子模型中 s 电子圆形轨道的半径，称为玻尔半径）．试求氢原子内的场强分布．

1.15 如图，两个均匀带电的同轴无限长直圆筒，半径分别为 R_1 和 R_2．设在内、外筒两面上所带电荷的面密度分别为 $+\sigma$ 和 $-\sigma$，试求离轴为 r 处的 P 点的场强．分别就下述三个区域：(1) $r<R_1$；(2) $R_1<r<R_2$；(3) $r>R_2$ 进行讨论．

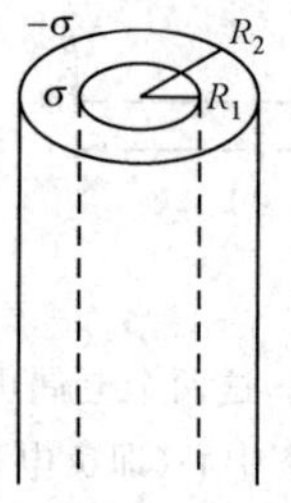

习题　1.15

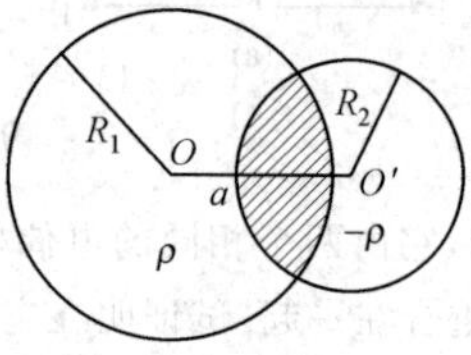

习题　1.16

1.16　如图为一无限长带电体系，其横截面由两个半径分别为 R_1 和 R_2 的圆相交而成，两圆中心相距为 a，$a<(R_1+R_2)$，半径为 R_1 的区域内充满电荷体密度为 ρ 的均匀正电荷，半径为 R_2 的区域内充满电荷体密度为 $-\rho$ 的均匀负电荷. 试求重叠区域内的电场强度.

1.17　两无限大平行平面均匀带电，电荷面密度分别为 $+\sigma$ 和 $-\sigma$. 试求各个区域的场强分布.

1.18　一厚度为 d 的无限大平板内均匀带电，电荷体密度为 ρ. 试求板内、外的场强分布.

1.19　如图，$\overline{AB}=2l$，$\overset{\frown}{CDE}$ 是以 B 为中心、l 为半径的半圆. A 点放置正点电荷 $+q$，B 点放置负点电荷 $-q$.

(1) 把单位正点电荷从 C 点沿 $\overset{\frown}{CDE}$ 移到 E 点，试问电场力对它做了多少功？

(2) 把单位负点电荷从 E 点沿 AB 的延长线移到无穷远处，试问电场力对它做了多少功？

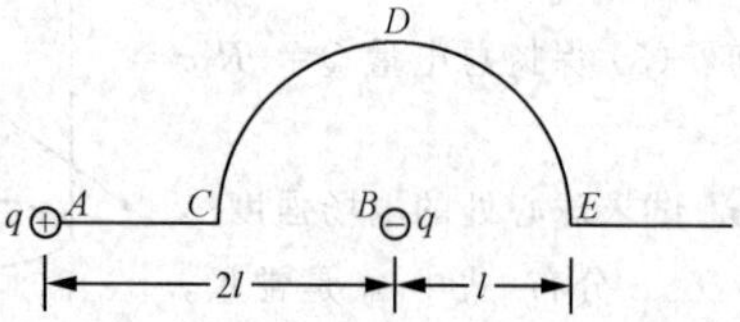

习题　1.19

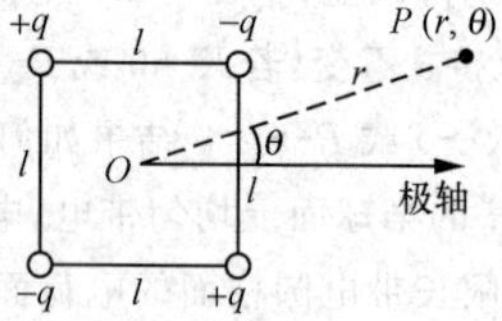

习题　1.20

1.20　如图为一电四极子. 试证明：当 $r\gg l$ 时，它在 $P(r,\theta)$ 点的电势为

$$U=-\frac{3ql^2\ \sin\theta\cos\theta}{4\pi\varepsilon_0 r^3}\quad (r\gg l),$$

图中极轴通过正方形中心 O 点，且与一对边平行.

1.21　试求均匀带电圆形平面轴线上的电势分布，并画出 $U(x)$ 图线. 设圆半径为 R，带电总量为 Q.

1.22　两无限长共轴直圆筒，筒面上均匀带电，半径分别为 R_1 和 R_2，沿轴线单位长度的电量分别为 λ_1 和 λ_2，且 $\lambda_1=-\lambda_2$. 试求两圆筒间的电势分布.

1.23　如图，两个同心的半球面相对放置，半径分别为 R_1 和 R_2，都均匀带电，电荷面密度分别为 σ_1 和 σ_2，两个半球面的底面重合，球心也重合. 试求公共底面上离球心为 r 处的电势.

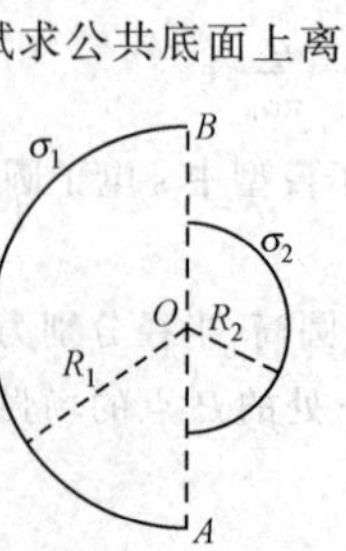

习题　1.23

1.24　在氢原子中，正常状态下电子到质子的距离为 5.29×10^{-11} m，已知氢原子核(质子)和电子带电各

为±e，把氢原子中的电子从正常状态移到无穷远处所需的能量叫做氢原子的电离能. 试问此电离能是多少 eV，多少 J？

1.25 如图，两条均匀带电的无穷长平行直线，电荷的线密度分别为 η 和 $-\eta$，相距为 $2a$，两带电直线都与纸面垂直. 试求空间任一点 $P(x,y)$ 的电势.

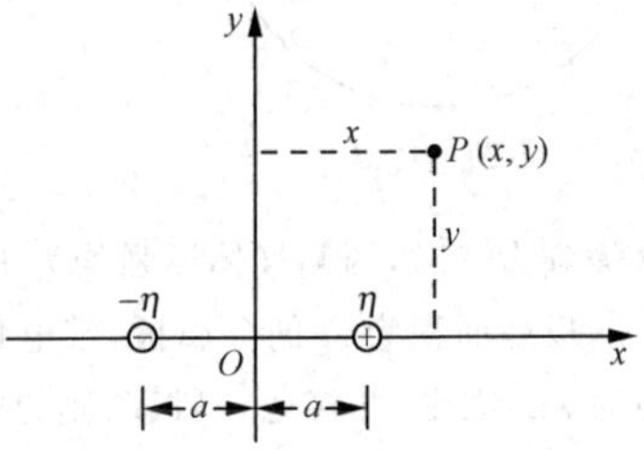

习题　1.25

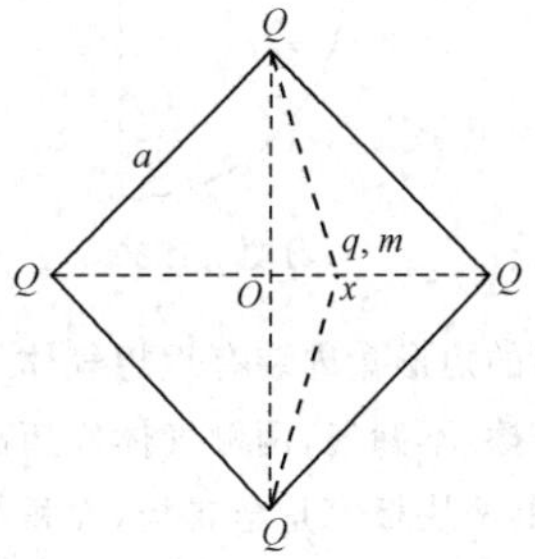

习题　1.27

1.26 电量 q 均匀地分布在长为 $2l$ 的直线上，试求下列各处的电势 U，并由 U 求电场强度 $\boldsymbol{E}$：

(1) 中垂面上离中心 O(直线中点)为 r 处；

(2) 延长线上离中心 O 为 r 处；

(3) 通过一端的垂面上离该端为 r 处，场强在 $\boldsymbol{r}$ 方向的分量.

1.27 如图，在边长为 a 的正方形的四个顶点分别有电量均为 Q 的固定的点电荷. 在正方形对角线交点上放置一个质量为 m、电量为 q(q 与 Q 同号)的自由点电荷. 今将 q 沿某一对角线移动一个很小的距离. 试问 q 是否将作周期性振动？若是，试求出振动周期.

1.28 一无限长均匀带电细线弯成如图所示的平面图形，其中 $\overset{\frown}{AB}$ 是半圆弧，AA' 和 BB' 是两平行直线，A' 和 B' 向右端无限延伸. 试求圆心 O 处的电场强度.

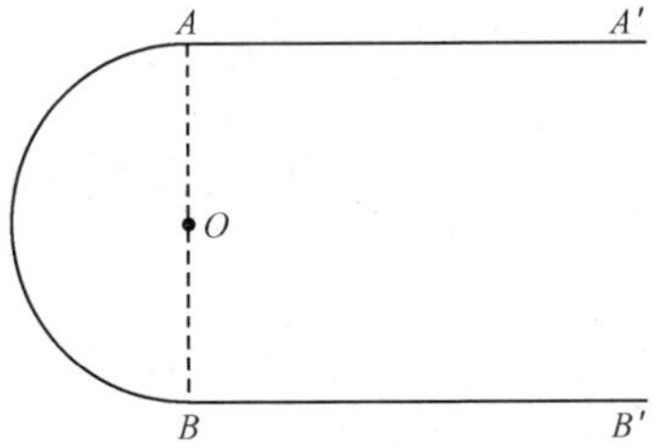

习题　1.28

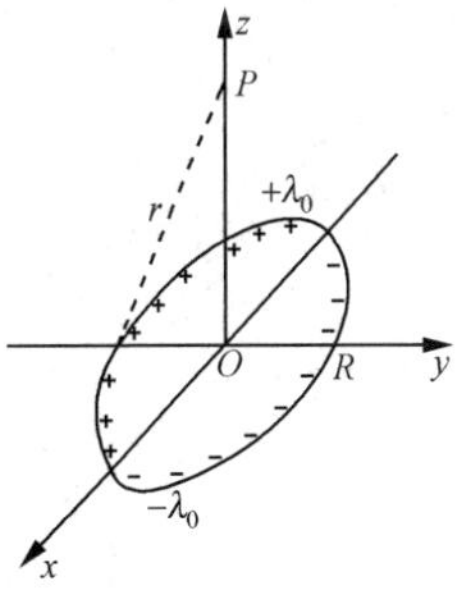

习题　1.29

1.29 如图，在 xy 平面上有一以坐标原点 O 为圆心、以 R 为半径的带电圆环. 电荷线密度的分布为：$y<0, \lambda=\lambda_0$；$y>0, \lambda=-\lambda_0$. 试求 z 轴上与圆环相距为 r 的 P 点的场强. z 轴通过圆环圆心 O 点，且与圆环所在平面垂直.

1.30 如图，半径为 R 的半圆环均匀带电，电荷线密度为 λ，试求圆心 O 处的电场强度.

1.31 如图，在半径为 R 的细圆环上，分布着不能移动的正电荷，总电量为 Q. 如果某个点电荷 Q_1($\neq 0$)可在环中指定直径 AOB 线段内作匀速直线运动，试确定细圆环上电荷线密度 λ 的分布.

提示：把所求的细圆环上电荷分布与球面上均匀电荷分布相联系.

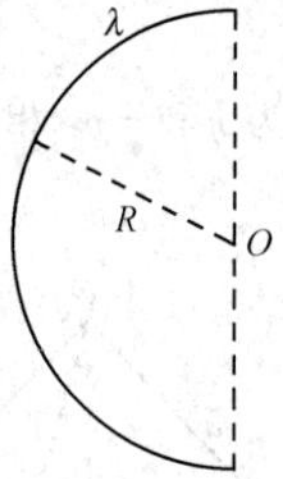

习题　1.30

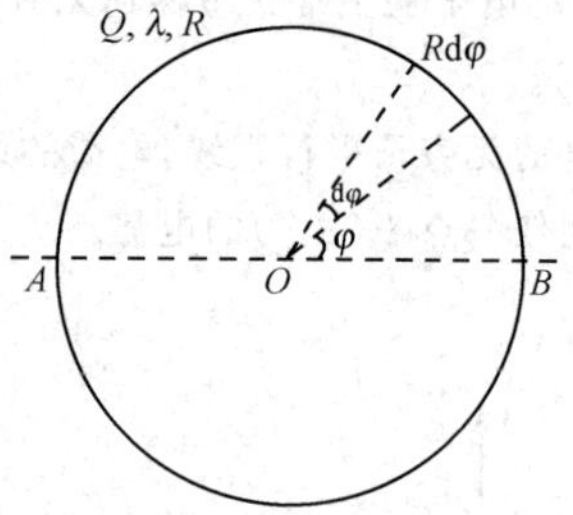

习题　1.31

1.32　如图，恒温的矩形盒内装有理想气体，当隔板将盒等分为二时，两侧气体压强均为 P_0. 当隔板平行移动时，无摩擦，不漏气，两侧气体经历准静态过程. 隔板是面积为 A 的金属板，带电量为 Q，矩形盒上与它平行的两块板也是金属板，面积也为 A，相距为 $2L$，固定，并接地. 隔板两侧的电场均匀. 盒的其余部分是不导电的绝缘板.

试求隔板的平衡位置.

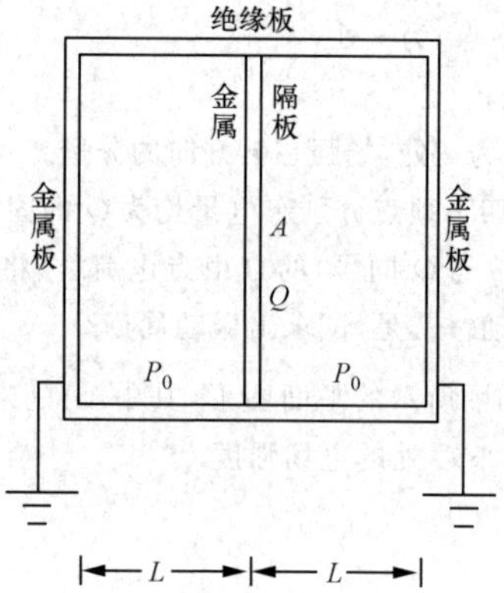

习题　1.32

第二章　静电场中的导体和电介质

§2.1　概　　述

电磁场对物质(实物)的作用和物质对电磁场的响应是一个宏大的研究课题,因为它不仅意味着对电磁场研究的深入,而且意味着对物质电磁性质研究的开始.本书第二、三、五章将分别讨论静电感应与极化、导电、磁化等现象,使我们从这三个方面对物质的电磁性质有一个初步的了解,建立起基本的物理图象.

把不同的物质接上电源,有的形成电流,有的并无电流,这说明它们的导电性能明显不同.据此,把物质区分为导体和绝缘体(又称电介质),并且猜测,导体能够导电的原因在于,其中存在着大量可以自由地宏观移动的电荷——自由电荷,正是它们在电源电场推动下的宏观移动形成了电流,绝缘体不导电则是因为其中不存在自由电荷.

把原先宏观上处处电中性(即不带电)的导体和电介质置于电场之中,人们发现,不仅导体而且电介质都会明显地出现某种宏观的电荷分布并产生附加的电场,这两种现象分别称为静电感应和极化.(对于导体,如果原先带电,则加外电场达到静电平衡后,其电荷分布会有所改变,这种现象也称为静电感应.)静电感应可以用自由电荷在外电场作用下宏观移动产生的电荷分布来解释.极化现象则表明,尽管电介质中并无自由电荷,但仍应有某种电结构,这正是它能受外电场作用并有所响应的内在根据.于是设想,电介质的分子相当于电偶极子,由相隔一定距离的两等量异号点电荷构成.无外电场,大量的分子电偶极子取向混乱,宏观上处处电中性;加外电场,分子电偶极子趋向整齐排列,呈现出某种宏观的电荷分布并产生附加电场,这就是极化.电介质接电源,因电荷被束缚在分子范围不能宏观移动,故无电流.由此可见,分子电偶极子模型既能解释电介质的极化现象又能说明电介质何以不导电.与自由电荷不同,这种在电介质内(也包括导体内)被束缚在分子范围内不能宏观移动的正、负电荷称为束缚电荷或极化电荷.

把原先不显磁性的物质(统称磁介质)置于磁场之中,人们发现,它们都会或多或少地具有磁性,并产生附加磁场,这种现象称为磁化.按照磁介质磁化后产生的附加磁场与外磁场同向或反向,区分为顺磁质和抗磁质,并把顺磁质中磁性特强且在外磁场撤去后能保留磁性者称为铁磁质.磁化现象表明,物质内部应该存在着某种磁结构,这正是它能受外磁场作用并有所响应的内在根据,于是先后提出了磁荷和分子电流两种不同的观点,开始了对物质磁性的研究,详见第五章.

静电感应与极化、导电、磁化现象的发现,导体与电介质的区分,顺磁、抗磁、铁磁质的区分,自由电荷、极化电荷、分子电偶极子、分子电流概念的提出,为各种相关理论的建立奠定了基础.表明人们试图通过观察、分析、解释,逐步由表及里,由现象到达本质,开始了对物质电磁性质乃至内在电磁结构研究的漫长征程.

然而,应该指出,早年提出的自由电荷、极化电荷、分子电偶极子、分子电流等概念,从根本上讲,都还只是假设和猜想,因为当时对物质结构知之甚少,并不了解它们是什么,何以如此.随着科学的进步,现在已经知道,各种物质(无论固体、液体、气体)都由分子、原子组成,原子由带负电的电子和带正电的原子核组成,电子围绕着核作轨道运动并自旋,等等.所谓导体,即导电性能良好的物质,包括金属、合金、石墨、电解液、人体、地球、电离气体、等离子体等.以金属为例,在金属原子中,最外层电子(价电子)所受作用力较弱,使价电子很容易摆脱原子核的束缚,在整个金属中自由地宏观运动,原子中失去价电子的其余部分是带正电的正离子,排列成整齐的点阵,称为晶格.又如,电解液是酸、碱、盐的水溶液,当它们溶于水时,会电离成可以自由地宏观运动的正离子和负离子.另外,束缚在原子、分子范围的电子和原子核可以看作分子电偶极子;电子绕核的轨道运动以及自旋则构成分子电流.简言之,经过长达约百年的艰苦探索,早年的大胆假设和猜想才终于得到了证实.

就导电性能而言,导体和电介质(绝缘体)是两个极端,导体的电阻率为 10^{-8}—$10^{-6}\,\Omega\cdot\text{m}$,绝缘体(如玻璃、橡胶、塑料、各种油类、非电离的空气和气体)的电阻率为 10^{6}—$10^{18}\,\Omega\cdot\text{m}$,介乎其间的半导体的电阻率为 10^{-6}—$10^{6}\,\Omega\cdot\text{m}$.然而,应该指出,在一定条件下(例如高温或低温,高电压,光照等)导体和电介质的导电性能会发生显著的变化,甚至相互转化.例如,在通常条件下,空气是很好的绝缘体,但若加高电压使之电离,就会成为很好的导体.

本章讨论静电场中导体的基本性质,电容,电介质的极化,以及带电体系的静电能.

§2.2 静电场中的导体

§2.2.1 导体的静电平衡条件,静电平衡导体的基本性质

所谓导体,是指导电性能良好的物体.导体的基本特征是,其中存在着大量的作无规则热运动的自由电荷.例如,在金属中,自由电子的数密度达 10^{22} 个$/\text{cm}^3$,可谓取之不尽.所谓静电平衡,就是各带电体中的电荷(宏观上)都静止不动,从而电场分布也不随时间变化.

当金属不带电又无外电场时,各处的自由电子数与正离子数相等,宏观上处处电中性,达到静电平衡.加外电场后,自由电子除热运动外,还将在电场力的作用下作某种宏观的定向运动,从而造成某种宏观的电荷分布,使加外电场前的处处电中性遭到了破坏并产生附加电场,附加电场与外电场之和为总电场,它改变了电场的分布,又将改变自由电子的运动,并造成新的电荷分布和新的附加电场,如此等等,可以设想,只要外电场恒定不变,经过相互影响、相互制约的复杂过程,最终必将达到新的静电平衡.如果加外电场前,金属带电,达到静电平衡,则加外电场(恒定不变)后经过类似的复杂过程,也必将达到新的静电平衡.本节只讨论静电场中导体达到静电平衡的条件和结果,不涉及达到静电平衡的过程.另外,在以下的讨论中假设导体是均匀的,即质料均匀、温度均匀,在其中不存在非静电力.

1. 导体的静电平衡条件是导体内部的电场强度处处为零，即

$$\boldsymbol{E}_{内}=0. \tag{2.1}$$

证明 因导体内具有大量自由电荷，若导体内某处场强不为零，则该处的自由电荷将受电场力作用而移动，从而表明导体尚未达到静电平衡. 换言之，导体达到静电平衡后，其内部必定处处场强为零.

导体的静电平衡条件 $\boldsymbol{E}_{内}=0$ 是讨论静电平衡导体种种基本性质的出发点和根据.

2. 电势分布：静电平衡导体是等势体，导体表面是等势面.

证明 在导体内部或表面上任取两点 A 和 B，其间的电势差为 $U_{AB}=\int_A^B \boldsymbol{E}\cdot \mathrm{d}\boldsymbol{l}$，因积分与路径无关，可取从 A 点经导体内部到达 B 点的积分路径，因静电平衡导体内处处场强为零，故该积分路径上处处场强为零，即 $\boldsymbol{E}=\boldsymbol{E}_{内}=0$，于是 $U_{AB}=0, U_A=U_B$.

静电平衡导体内部及表面处处电势相等.

3. 电荷分布：静电平衡导体内部不存在宏观的净电荷（即体电荷密度处处为零），电荷只分布在导体表面上. 简言之，导体内处处无净电荷.

证明 若导体内某处存在着非零的净宏观电荷 q，则可取一个完全在导体内部的闭合高斯面 S 将 q 包围，由静电场的高斯定理 $\oiint_{(S)}\boldsymbol{E}\cdot \mathrm{d}\boldsymbol{S}=\frac{1}{\varepsilon_0}\sum_{(S_{内})}q$，因 $\boldsymbol{E}=\boldsymbol{E}_{内}=0$，故 $\oiint_{(S)}\boldsymbol{E}\cdot \mathrm{d}\boldsymbol{S}=0$，但 $\sum_{(S_{内})}q\neq 0$，矛盾，表明前提不成立. 因此，导体达到静电平衡后，内部必定处处无净电荷，若导体带电，则电荷只能分布在导体的表面上.

4. 场强分布：静电平衡导体表面外附近空间的场强方向处处与导体表面垂直，场强大小与该处导体表面的面电荷密度 σ 成正比，为

$$E_{表面外}=\frac{\sigma}{\varepsilon_0}. \tag{2.2}$$

证明 在静电场中，电场线与等势面处处正交. 对于静电平衡导体，因导体表面是等势面，故导体表面外附近任一点的场强方向应与该处导体表面垂直.

为了证明(2.2)式，如图 2.1 所示，在导体表面外附近空间任取 P 点，在 P 点附近的导体表面上任取面元 ΔS，设该处的面电荷密度为 σ，则面元带电 $\sigma\Delta S$. 作扁圆柱形闭合高斯面 S，其上、下底面都与 ΔS 平行，分别在导体外和导体内，其侧面与 ΔS 正交，由静电场高斯定理

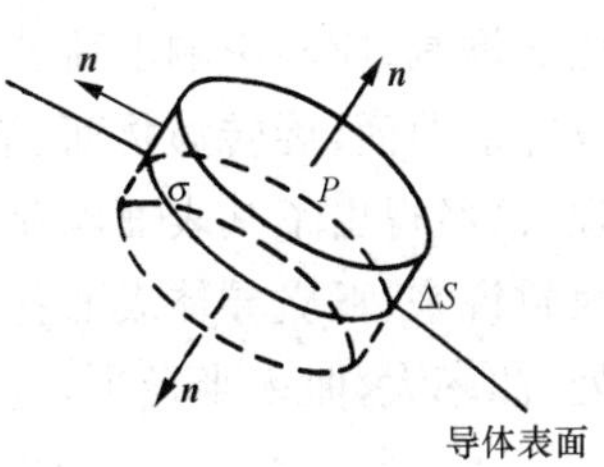

图 2.1 导体表面外附近的场强与该处面电荷密度的关系

$$\begin{aligned}\oiint_{(S)}\boldsymbol{E}\cdot \mathrm{d}\boldsymbol{S}&=\oiint_{(S)}E\cos\theta \mathrm{d}S\\&=\iint_{上底面}+\iint_{下底面}+\iint_{侧面}\\&=\frac{1}{\varepsilon_0}\sum_{(S_{内})}q=\frac{\sigma\Delta S}{\varepsilon_0},\end{aligned}$$

因导体内场强处处为零 $\boldsymbol{E}_{内}=0$，因下底面在导体内，故通过下底面的电通量为零，即 $\iint\limits_{下底面} E\cos\theta\mathrm{d}S=0$. 因导体表面外附近的场强方向与导体表面垂直，侧面积分 $\iint\limits_{侧面} E\cos\theta\mathrm{d}S$ 中的 $\cos\theta=\cos\dfrac{\pi}{2}=0$，故通过侧面的电通量为零，即 $\iint\limits_{侧面} E\cos\theta\mathrm{d}S=0$. 因导体表面外附近的场强方向与导体表面垂直，故上底面积分 $\iint\limits_{上底面} E\cos\theta\mathrm{d}S$ 中的 $\cos\theta=\cos0=1$，因 ΔS 很小，故上底面各点场强的大小与 P 点的场强大小相同，均为 E，故 $\iint\limits_{上底面} E\cos\theta\mathrm{d}S=E\iint\limits_{上底面}\mathrm{d}S=E\Delta S$. 总之，上式中

$$\iint\limits_{下底面} E\cos\theta\mathrm{d}S=0,$$

$$\iint\limits_{侧面} E\cos\theta\mathrm{d}S=0,$$

$$\iint\limits_{上底面} E\cos\theta\mathrm{d}S=E\Delta S.$$

把以上三式代入前式，即得(2.2)式.(2.2)式表明，静电平衡导体外附近的场强大小与该处导体表面的面电荷密度 σ 成正比，σ 大处场强大，σ 小处场强小，点点对应.

5. 静电平衡导体表面的电荷分布

以上讨论表明，静电平衡导体内无电荷，电荷只分布在表面上，并且导体表面各处的面电荷密度 σ 决定了该处导体表面外附近的场强大小，两者点点对应. 但是，并未说明导体表面上电荷究竟怎样分布. 的确，这是一个比较复杂的问题.

不难设想，静电平衡导体表面的电荷分布，除与该导体的形状、大小、电量有关，还与它周围其他物体的形状、大小、带电状况以及其间的相对位置有关，因为彼此是相互影响的. 对于孤立导体，即假设其周围不存在任何其他物体和电荷，那么，合理的推测是，静电平衡时其表面的电荷分布将只取决于自身的形状(大小的不同相当于作相似变换，电量的多少只是按比例增减，应不影响电荷分布). 当孤立导体具有简单的几何形状，如椭球、旋转椭球面、旋转双叶双曲面、旋转抛物面、椭圆柱面、抛物柱面、双曲柱面等，通过求解静电场的基本微分方程，已经得出了其表面电荷分布的严格定量结果. 这些理论计算以及相关的实验观测表明，大致说来，孤立导体表面各处面电荷密度的大小与该处的表面曲率有关，导体表面突出尖锐处，曲率大，曲率半径小，电荷密集，面电荷密度较大；导体表面平坦处，曲率小，曲率半径大，电荷稀疏，面电荷密度较小；导体表面凹陷处，曲率为负，面电荷密度更小(如图 2.2 所示). 但应注意，孤立导体表面的面电荷密度与该处的曲率之间并不存在单一的函数关系，即并不点点对应. 换言之，孤立导体某处的面电荷密度 σ 不仅与该处导体的形状(曲率)有关，还与整个导体的形状有关. 例如，两个孤立导体，总体形状不同，只是某处形状(曲率)相同，则它们在该处的面电荷密度便有可能

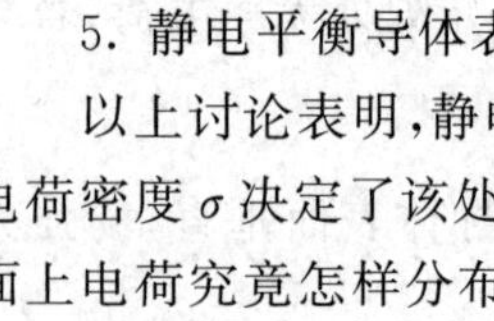

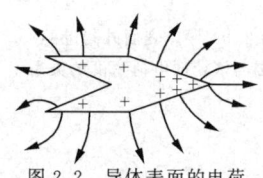

图 2.2　导体表面的电荷分布与曲率有关

不同.

带电导体尖端处电荷密度大,附近空间的场强也大,如果场强大到足以使周围小区域内的空气电离,则将出现所谓"尖端放电"现象,它既有危害,也可利用.例如,当带电云层接近地面时,由于静电感应,会使地面上的突出物体如高层建筑、烟囱、大树等顶端带异号电荷,随着电荷的积累产生强电场,会使其间的空气电离,导致火花放电,这就是雷击现象.为了避免雷击,通常在建筑物顶端安装避雷针,用粗铜电缆将避雷针接地,接地的一端深埋于潮湿泥土中以保持避雷针与大地接触良好.当带电云层接近时,在云层与接地的避雷针之间不断地发生尖端放电,可以避免雷击.又如,高压设备电极的尖端放电会在周围笼罩着一层光晕,称为电晕,它使电能消耗在气体分子的电离和发光过程中,称为电晕损失.为了避免这种损失,可将高压设备的电极做成光滑的球面,将高压输电线做得很光滑.

最后,应该指出,在以上讨论静电平衡导体的基本性质时,并未涉及导体的表面层.实际上,导体的带电表面层总会有一定厚度,例如,当场强为 $10^9\,\mathrm{V/m}$ 时,电荷将分布在导体表面厚度约为 $10^{-10}\,\mathrm{m}$ 的薄层中.所以,静电平衡导体的场强分布是从导体内部的 $E_{内}=0$,经表面薄层逐步连续地增大为导体表面外的 $E_{表面外}=\sigma/\varepsilon_0$.导体的表面性质是很重要的,限于课程性质,不予讨论,即在本章中假设导体表面层为无限薄.

§2.2.2 导体空腔与静电屏蔽

所谓导体空腔或空腔导体就是一个封闭的金属壳,它将空间分割为壳内和壳外两部分.就静电平衡性质而言,空腔导体和实心导体并无不同,§2.1 中的种种结论依然有效,但因导体空腔有内、外之别,使之具有许多新的特征以及静电屏蔽等等重要应用.

1. 导体空腔,腔内无带电体

若导体空腔内无带电体,则在静电平衡条件下,空腔的内表面处处不带电,电荷只能分布在空腔的外表面上,空腔内处处场强为零,空腔内处处电势相等.

证明 如图 2.3 所示,导体空腔内无带电体.在导体空腔内、外表面之间取闭合高斯面 S,使 S 完全处在导体内部(图中虚线).因静电平衡导体内部处处场强为零,故 S 上处处场强为零,通过 S 的电通量为零.由静电场高斯定理,得

$$\oint\!\!\!\oint_{(S)} \boldsymbol{E}\cdot \mathrm{d}\boldsymbol{S} = \frac{1}{\varepsilon_0}\sum_{(S_{内})} q = 0.$$

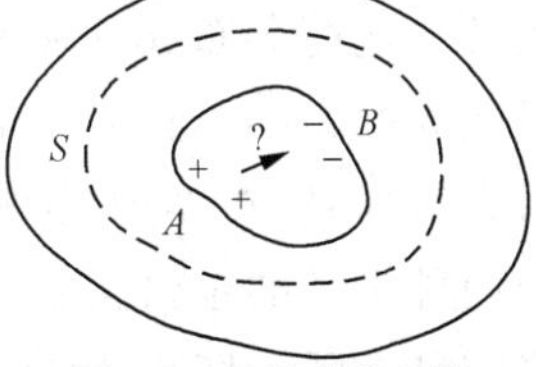

图 2.3 导体空腔内无带电体时的静电平衡性质

因空腔内无带电体,因静电平衡导体内处处无电荷,故导体空腔内表面上电荷的代数和应为零.

这有两种可能.其一,内表面处处不带电;其二,内表面某些部分 A 带正电,某些部分 B 带负电,两者等量异号,代数和为零.若为后者,则从 A 处正电荷发出的电场线不能经过导体内部到达 B 处(因导体内部处处场强为零),只能经过空腔内部到达 B 处,且电场线不会在空腔内中断终止(因空腔内无电荷).换言之,在内表面上带等量异号电荷的 A,B 之间应

有经空腔内部的电场线相连.于是,沿此电场线所作场强积分应不为零,$\int_A^B \boldsymbol{E} \cdot \mathrm{d}\boldsymbol{l} = U_{AB} \neq 0$,即 A,B 间有电势差,与静电平衡导体为等势体矛盾.因此,若导体空腔内无带电体,则静电平衡时空腔内表面处处不带电.

由此,若空腔内某处场强不为零,有电场线,则因空腔内无电荷、内表面处处不带电,不存在可供起、止的正负电荷,电场线又不可能首尾相接自成闭合曲线(静电场无旋),矛盾.故导体空腔(内无带电体)内处处场强为零.没有电场,就没有电势差,故导体空腔(内无带电体)内处处电势相等.

下面介绍相关的应用.

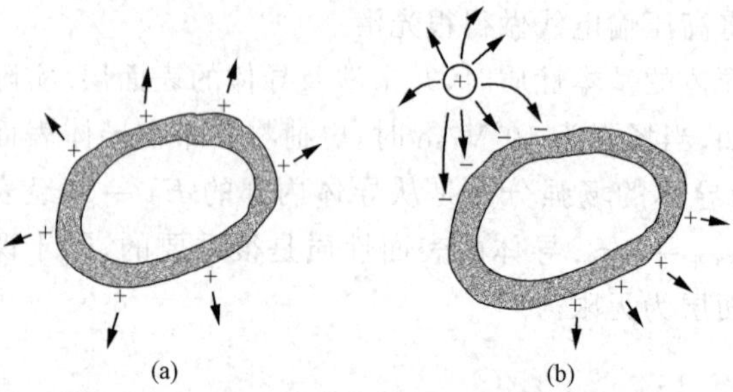

图 2.4 导体空腔(内无带电体)对内部的静电屏蔽

第一,静电屏蔽.值得注意的是,以上关于导体空腔(内无带电体)静电平衡性质的讨论,与导体空腔外表面是否带电以及导体空腔外部是否有带电体无关.换言之,如图 2.4 所示,即使导体空腔外表面带电或外部有带电体,但因外部电场无法穿越导体空腔进入内部,以上结论依然有效.导体空腔(内无带电体)内部处处场强为零的结论表明,导体空腔能够有效地"保护"它所包围的空间,使之不受空腔外部任何电场的影响,这就是**静电屏蔽**.对此,下面还要进一步讨论.

第二,精确验证电力平方反比律.应该指出,以上论证和结论都是以静电场高斯定理为根据的,而静电场高斯定理则是以电力平方反比律严格成立即 $\delta=0$ 严格成立为前提的.因此,若偏离电力平方反比律的修正数 $\delta\neq0$,即使很小,则静电场高斯定理将不再严格成立,上述结论都应有所修正.例如,将内无带电体的导体空腔充电,静电平衡后,若 $\delta\neq0$,尽管大部分电荷分布在外表面上,但内表面也应带有少量电荷,所以,由内表面带电的多少即可确定 δ 的大小.当年,卡文迪什-麦克斯韦正是由此提出了精确验证电力平方律的方法.他们取金属球壳,在 $\delta\neq0$ 的条件下,经理论分析,得出充电后内表面所带电量与充电电量、δ、球壳内外半径的定量关系,再由实验检测内表面电量的上限(实际测量为"零",由仪器灵敏度确定其上限),即可确定 δ 的上限.与库仑的扭秤实验相比,卡文迪许-麦克斯韦的方法可以使精度在量级上大幅度提高,二百年来已从 $\delta<10^{-2}$ 提高到 $\delta<10^{-16}$(详见第一章§1.1.5).

第三,范德格拉夫起电机.如所周知,通常,在电场力的作用下,正电荷都是从高电势处移向低电势处,然而,利用空腔导体(内无带电体)内场强处处为零、内表面处处无电荷的静电平衡性质,却可以反其道而行之,将正电荷不断地从电势较低处传送给电势较高的空腔导体,使其电势不断提高.

1931 年范德格拉夫(Van de Graaff,美国)发明的起电机就是利用这一原理制成的,其结构如图 2.5 所示. 为了给金属球壳充电，若从外部输送电荷，随着其电量(电势)的增大，将产生强烈的排斥，难以为继. 然而，因金属球壳(内无带电体)内无电场，将电荷经内部输送，便无阻碍，再将电荷传送到球壳内表面，静电平衡后这些电荷将全部自动分布在球壳的外表面上，如此源源不断，可使球壳相对于地面的电势显著增高. 图中的 5 和 7 是两个尖端导体，利用尖针的放电，前者将电荷喷送到传送带上，经内部输送，后者则将电荷传送到球壳的内表面上.

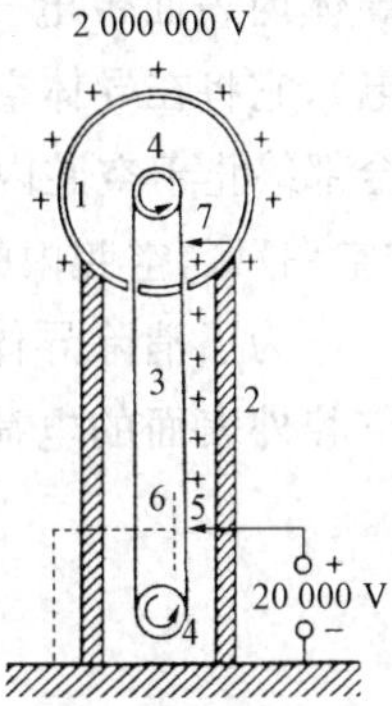

图 2.5 范德格拉夫起电机结构示意图

1. 金属球壳，2. 绝缘支柱，3. 橡胶布做成的传送带，4. 转轮，5. 下尖端导体，6. 接地导体

范德格拉夫起电机所能产生的最大电压因金属球半径的大小而异，半径为 1 米的金属球可产生百万伏(对地)的高电压. 为了减少大气中的漏电，提高电压，减小体积，可将整个装置放在充有 10～20 个大气压的氮气的钢罐之中.

范氏起电机可用于加速带电粒子，使之获得很大的动能，供原子核反应实验之用. 又如，制作半导体器件时需要在半导体晶片中掺杂(如硼或磷)，利用范氏起电机可将杂质元素的离子加速后注入，称为离子注入技术. 与传统的扩散法相比，注入法具有掺杂条件易于控制的优点.

2. 导体空腔，腔内有带电体

若导体空腔内有带电体，则在静电平衡条件下，空腔内表面所带电荷与空腔内电荷的代数和为零，空腔内各点的场强分布由空腔内电荷及空腔内表面电荷的分布唯一地确定.

证明 如图 2.6 所示，导体空腔内有带电体 Q，在导体空腔内、外表面之间取闭合高斯面 S，使 S 完全处在导体内部(图中虚线)，因静电平衡导体内部处处场强为零，故 S 上处处场强为零，通过 S 的电通量为零. 由静电场高斯定理，得

$$\oiint_{(S)} \boldsymbol{E} \cdot \mathrm{d}\boldsymbol{S} = \frac{1}{\varepsilon_0} \sum_{(S_{内})} q = 0,$$

即 S 内的总电量为零. 现在导体空腔内有带电体 Q，故内表面必定带电 $-Q$，其分布由空腔内带电体的分布以及空腔内表面的形状确定.

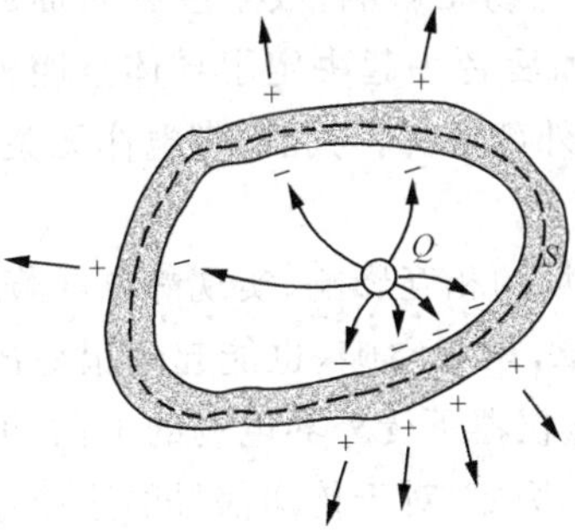

图 2.6 导体空腔内有带电体时的静电平衡性质

导体空腔将空间分割为内、外两部分. 因静电平衡时导体内处处场强为零，电场线不能穿越导体，故空腔内的场强分布由空腔内带电体的电量与分布以及空腔内表面的电量(两者等量异号)与分布唯一地确定，与空腔外表面以及空腔外部是否带电、电量多少、如何分布均无关. (“唯一地确定”的根据见§2.2.3 的唯一性定理.) 换言之，不论导体空腔内有无带电体、有无电场，导体空腔都能使它所包围的空间，不受外部电场的影响，起着静电屏蔽的作用.

3. 导体空腔，接地

如上，导体空腔能够清除外部电场对内部的影响，实现静电屏蔽. 但是，当导体空腔内有带电体 Q 时，它对空腔外部的电场却有影响. 如图 2.6，导体空腔内有带电体 Q，静电平衡时

导体内表面带电$-Q$，由电荷守恒，导体空腔外表面应带电Q(设导体空腔本身原先不带电)，它将在导体空腔外产生非零的电场分布. 形象地说，导体空腔内带电体Q发出的电场线全部终止于空腔内表面的$-Q$之上，因静电平衡导体内部场强处处为零，导体内部是电场线的"空白"区，空腔内的电场线在空白区中断后，再从空腔外表面的Q继续向外发出电场线.

为了消除导体空腔内带电体Q对外部电场的影响，如图2.7，只需将导体空腔接地，使空腔外表面的电荷$-Q$进入地球，外表面不再带电，空腔外便无电场.

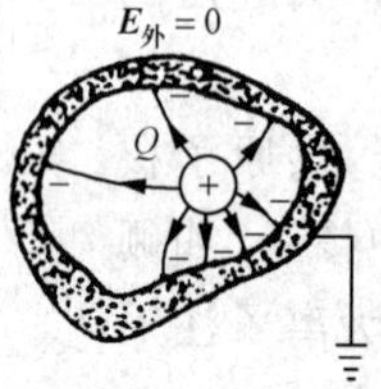

图2.7　接地导体空腔，腔内有带电体

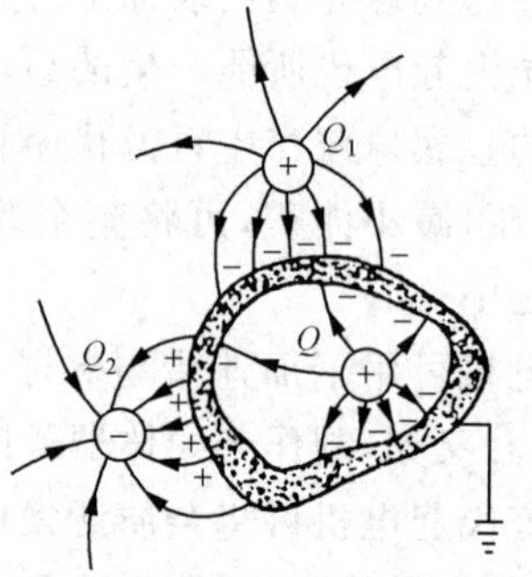

图2.8　接地导体空腔，空腔内外都有带电体

如图2.8，若接地的导体空腔内有带电体Q，导体空腔外也有带电体Q_1，Q_2，则空腔外表面因静电感应出现电荷分布，后两者将在空腔外产生非零的电场分布. 因导体空腔接地，空腔内带电体Q在外表面引起的$-Q$已进入地球，对空腔外的电场无影响，故空腔外表面的感应电荷及其分布将只取决于空腔外的带电体Q_1，Q_2，并且和后者一起决定了导体空腔外的电场分布. 简言之，接地空腔导体外部的电场分布只取决于外部条件，与腔内带电体无关，消除了内部对外部的影响.

综上，接地的导体空腔可以消除空腔内、外电荷产生的电场的相互影响，实现静电屏蔽.

封闭的金属壳可以有效地实现静电屏蔽. 用金属网做外罩，虽有空隙，也能起到很好的屏蔽作用. 静电屏蔽的应用很多. 例如，为了使精密的电磁测量仪器不受外界电场的干扰，可在仪器外面加上金属罩或将仪器置于金属网制成的屏蔽室中. 例如，对于传递信号的连接导线，为了避免外电场的干扰，可在导线外面包一层金属丝编织的屏蔽线层. 静电屏蔽装置对缓慢变化的电场也有屏蔽作用. 为了提高对变化电场的屏蔽效果，屏蔽物的电导率应大，接地线要短，与地的接触要良好.

最后，还需要作两点说明.

第一，怎样正确理解静电屏蔽效应与库仑定律、场强叠加原理的关系呢？试举一例. 设真空中有两个静止点电荷，显然，其间的相互作用遵循库仑定律. 现在，用空腔导体将两点电荷隔开，其一在空腔内，另一在空腔外. 根据库仑定律，两点电荷之间的相互作用并未因其间横亘着导体空腔而有所变化，即腔内点电荷仍受腔外点电荷的作用. 根据静电屏蔽效应，空腔导体能够使它所包围的空间不受外部电场的影响，即腔内点电荷应不受外力. 两种说法似乎有所矛盾，其实协调一致容易解释. 当导体空腔将两点电荷隔开时，由于静电感应，导体空腔的外表面会产生感应电荷，由于两者(空腔外点电荷及空腔外表面感应电荷)产生的电场在空腔内彼此抵消，才使得腔内点电荷不受外电场的作用，出现静电屏蔽效应. 换言之，用导体空腔将两点电荷内外隔开后，腔内点电荷所受外部作用，不仅包括外部点电荷对它的作用，还必须考虑空腔外表面感应电荷对它的作用. 所以，静电屏蔽效应正是库仑定律和场强叠加原理的结果，其间并无矛盾.

第二，对静电屏蔽效应的严格论证和透彻理解，需要根据静电场边值问题的唯一性定理，见§2.2.3.

§2.2.3 静电场边值问题的唯一性定理

静电场边值问题的唯一性定理是电动力学课程的基本内容之一，本节简单介绍相关知识，不加证明地给出结论，并用以讨论静电屏蔽.

在数学(矢量分析)中，任意矢量场 $\boldsymbol{A}$ 的高斯定理和斯托克斯定理为

$$\begin{cases}\displaystyle\oint\!\!\!\!\oint_{(S)}\boldsymbol{A}\cdot \mathrm{d}\boldsymbol{S}=\iiint_{(V)}\nabla\cdot\boldsymbol{A}\mathrm{d}V,\\ \displaystyle\oint_{(L)}\boldsymbol{A}\cdot\mathrm{d}\boldsymbol{l}=\iint_{(S)}(\nabla\times\boldsymbol{A})\cdot\mathrm{d}\boldsymbol{S}.\end{cases}$$

第一式中 V 是闭合曲面 S 包围的体积，第二式中 S 是以闭合回路 l 为周界的曲面. 把以上两式用于静电场，即取 $\boldsymbol{A}$ 为场强 $\boldsymbol{E}$，可将静电场的高斯定理和环路定理表为

$$\begin{cases}\displaystyle\oint\!\!\!\!\oint_{(S)}\boldsymbol{E}\cdot \mathrm{d}\boldsymbol{S}=\iiint_{(V)}\nabla\cdot\boldsymbol{E}\mathrm{d}V=\frac{1}{\varepsilon_0}\sum_{(S_{内})}q=\frac{1}{\varepsilon_0}\iiint_{(V)}\rho\mathrm{d}V,\\ \displaystyle\oint_{(L)}\boldsymbol{E}\cdot\mathrm{d}\boldsymbol{l}=\iint_{(S)}(\nabla\times\boldsymbol{E})\cdot\mathrm{d}\boldsymbol{S}=0,\end{cases}$$

即

$$\begin{cases}\nabla\cdot\boldsymbol{E}=\dfrac{\rho}{\varepsilon_0},\\ \nabla\times\boldsymbol{E}=0,\end{cases}$$

式中 ρ 是体电荷密度. 因 $\boldsymbol{E}=-\nabla U$，$\nabla\cdot\boldsymbol{E}=-\nabla\cdot(\nabla U)=-\nabla^2U=\dfrac{\rho}{\varepsilon_0}$，故

$$\nabla^2U=-\frac{\rho}{\varepsilon_0}.$$

若 $\rho=0$，则为

$$\nabla^2U=0.$$

以上两式分别称为泊松方程和拉普拉斯方程，它们是静电场的基本微分方程.

典型的静电问题是，给定导体系中各导体的形状、大小、相对位置以及各导体的电量(或电势)，求空间的场强分布. 上述条件称为边界条件，上述问题称为静电场的边值问题. 静电场的边值问题可以在一定的边界条件下求解静电场基本微分方程得出解答.

静电场边值问题的唯一性定理：边界条件可将静电场的空间分布唯一地确定. 它对于静

电问题的求解和正确理解至关紧要. 现在用它来讨论静电屏蔽.

如图 2.9,取一任意形状的导体空腔,接地. 如图 2.9(a)(即图 2.4),若腔外有带电体,腔内无带电体,则如上节所述,腔外产生一定的电场分布,腔内无电场 $\boldsymbol{E}_{内}=0$. 如图 2.9(b)(即图2.7),若腔内有带电体,腔外无带电体,则如上节所述,腔内产生一定的电场分布,因接地,腔外无电场 $\boldsymbol{E}_{外}=0$.

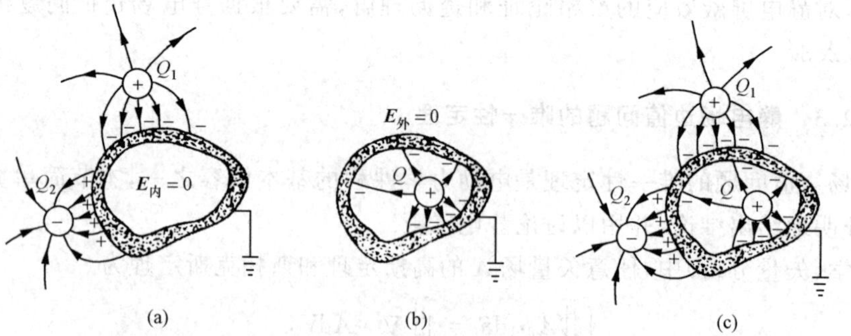

图 2.9 用唯一性定理解释静电屏蔽

现将图 2.9(a)(b)合并成图 2.9(c),即对于同样的接地导体空腔,若腔内外都有带电体,且腔外的带电体与图(a)相同,腔内的带电体与图(b)相同,试问在静电平衡条件下,图(c)中腔内外的电场分布是否分别与图(a)和图(b)中的电场分布相同. 首先可以肯定,这是可能的. 因为图(c)中腔外的电荷分布、电场分布与图(a)相同,它在腔内不产生电场,从而图(c)中腔内带电体所处环境与图(b)相同,可以产生与图(b)相同的电场分布. 同样,因为图(c)中腔内的电荷分布、电场分布与图(b)相同,它在腔外不产生电场,从而图(c)中腔外带电体所处环境与图(a)相同,可以产生与图(a)相同的电场分布. 所以,如图(c),当腔内外带电体同时存在,且分别与图(a)(b)相同时,如果图(c)中腔内外的电场分布分别与图(a)(b)的电场分布相同,则可以达到静电平衡. 换言之,图(c)中的电场分布是图(a)(b)两者电场分布的结合,这是一个合理的尝试解.

剩下的问题是,由于图(c)中内外都有带电体,其间的相互影响是否有可能产生另一种与此不同的平衡分布. 唯一性定理指出,静电场边值问题的解是唯一的,不可能存在另一种静电平衡分布. 换言之,**唯一性定理确保合理的尝试解就是待求的解,就是唯一的静电平衡分布**,别无其他,挖空心思设想其他可能的解答是徒劳的,因为它们并不存在.

于是,静电屏蔽的问题彻底地解决了,导体空腔内部的电场分布只取决于内部的边界条件,与外部是否有带电体无关,即消除了外部对内部的影响,这就是导体空腔对内部的静电屏蔽效应;接地导体空腔外部的电场分布只取决于外部的边界条件,与内部是否有带电体无关,即消除了内部对外部的影响,这就是接地导体空腔对外部的静电屏蔽效应.

§2.3 电容和电容器

电容器是储存电能的基本元件(线圈是储存磁能的基本元件). 电容器由两金属片(称为

极板)组成,其中可填充电介质.电容器性能的主要指标是其电容和工作电压.电容器的电容描绘其储存电能的能力,电容的大小取决于两极板的形状、大小、相对位置以及其中电介质的电容率.在电容器中填充电介质可以大大提高其电容值,但同时也引起了耐压、损耗以及频率响应等问题,它们分别取决于电介质的击穿场强、介质损耗以及对频率的响应.根据电介质的耐压(不被击穿所能承受的最大电压)可确定电容器的工作电压.

电容器是交流电路的基本元件之一.在电力系统中可用于提高用电设备的功率因数,减少输电损失,充分发挥设备效率;在电子学中可用于获得振荡、滤波、相移、旁路、耦合、波形变换等(详见第七章).

电容器的种类,按极板形状的不同,有平板电容器、球形电容器、柱形电容器等,按电容是否可变,有固定电容器、微调电容器、可变电容器等,按填充电介质的不同,有空气电容器、纸质电容器、陶瓷电容器等.

§2.3.1 孤立导体的电容

所谓孤立导体,就是它周围没有任何其他物体和带电体.设孤立导体带电 Q,静电平衡后,这些电荷分布在孤立导体的表面上并在导体外产生电场分布,使孤立导体具有一定的电势 U.不难设想,随着 Q 的增减,U 将相应增减,两者应成正比.于是,可用 Q 和 U 之比定义物理量 C,

$$C=\frac{Q}{U}, \tag{2.3}$$

C 称为孤立导体的电容,是使孤立导体每升高单位电势所需的电量,描绘孤立导体容纳电荷的能力.C 的数值只能取决于孤立导体的形状、大小.

在 SI 单位制中,电容的单位是法拉,也简称法,用 F 表示,1 F=1 C/V.这个单位太大,常用 μF,pF,$1\,\mathrm{F}=10^6\,\mu\mathrm{F}=10^{12}\,\mathrm{pF}$.

例 1 试求半径为 R 的孤立导体球的电容.

解 设孤立导体球带电 Q,由第一章§1.4.4例11,球上的电势为

$$U=\frac{Q}{4\pi\varepsilon_0 R},$$

代入(2.3)式,得

$$C=\frac{Q}{U}=4\pi\varepsilon_0 R.$$

孤立导体球的电容只与其半径 R 有关.

§2.3.2 电容器及其电容

导体 A 被一封闭的导体空腔 B 包围,若 A 带电 Q,静电平衡后,B 内表面带电 $-Q$,其间产生电场,使 A,B 具有电势差 (U_A-U_B).因导体空腔的静电屏蔽作用,(U_A-U_B) 不受腔外电荷、电场的影响,随着 A,B 所带电量 $\pm Q$ 的增减,(U_A-U_B) 成正比地增减.导体 A 和包围它的空腔导体 B 构成的导体系称为电容器,比值

$$C=\frac{Q}{U_A-U_B} \tag{2.4}$$

称为它的电容,构成电容器的一对导体称为电容器的极板.电容器的电容是使电容器两极板之间具有单位电势差所需的电量.同心球电容器就是典型例子.

实际上,对电容器屏蔽性的要求可以适当放宽.例如,一对平行导体板或一对同轴圆柱形导体板,虽不完全封闭,但只要面积大、靠得近,外界干扰主要在边缘部位,可采用卷成筒状或另加屏蔽罩等办法减少边缘的影响,则以上结论依然有效,也是电容器.

例 2 试求平行板电容器的电容,已知两极板的面积为 S,内表面的间距为 d,设 $S\gg d^2$.

解 平行板电容器由两块面积大、靠得近的平行金属板组成.因 $S\gg d^2$,两极板的线度远大于其间的距离,可忽略边缘的影响,看作是"无限大"的平行平板,故充电 $\pm Q$ 后,两极板应均匀带电,在其间产生均匀电场.

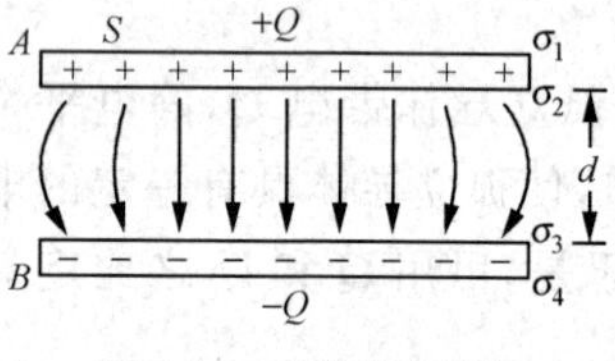

图 2.10 平行板电容器

如图 2.10,设静电平衡后,两极板四个表面(从上到下)的面电荷密度依次为 $\sigma_1,\sigma_2,\sigma_3,\sigma_4$,由第一章例 9 的结果,无限大均匀带电平面在空间任一点的场强方向与平面垂直,场强大小与面电密度成正比,因静电平衡后导体内场强为零,由场强叠加原理,

$$\begin{cases}\sigma_1-(\sigma_2+\sigma_3+\sigma_4)=0,\\ \sigma_4-(\sigma_1+\sigma_2+\sigma_3)=0.\end{cases}$$

又

$$\begin{cases}\sigma_1+\sigma_2=\dfrac{Q}{S},\\ \sigma_3+\sigma_4=-\dfrac{Q}{S}.\end{cases}$$

由以上四式,解出

$$\begin{cases}\sigma_1=\sigma_4=0,\\ \sigma_2=-\sigma_3=\dfrac{Q}{S}.\end{cases}$$

可见静电平衡后,$\pm Q$ 应全部均匀分布在两极板的相对表面上,在两极板间产生均匀电场 $\boldsymbol{E}$,使两极板间具有的电势差 (U_A-U_B) 为

$$U_A-U_B=\int_A^B \boldsymbol{E}\cdot \mathrm{d}\boldsymbol{l}=Ed=\frac{\sigma}{\varepsilon_0}d.$$

代入(2.4)式,平行板电容器的电容为(把 σ_2 写成 σ),

$$C=\frac{Q}{U_A-U_B}=\frac{\sigma S}{\dfrac{\sigma}{\varepsilon_0}d}=\frac{\varepsilon_0 S}{d}.$$

例 3 试求同心球电容器的电容,已知内、外球半径为 R_A,R_B.

解 如图 2.11 所示,同心球电容器由两个同心的导体球壳组成,内球壳外表面的半径为 R_A,外球壳内表面的半径为 R_B(图中未画出内球壳的内表面和外球壳的外表面).充电,使内、外球壳分别带电 $\pm Q$，静电平衡后，因球对称，内外球壳四个表面上的电荷都应均匀分布. 在内球壳的内外表面之间作高斯面，因静电平衡导体内处处场强为零，故通过此高斯面的电通量为零，由静电场高斯定理，高斯面内的电量应为零，即内球壳的内表面完全不带电，$+Q$ 电量全部均匀分布在内球壳的外表面上. 同理，$-Q$ 电量全部均匀分布在外球壳的内表面上.

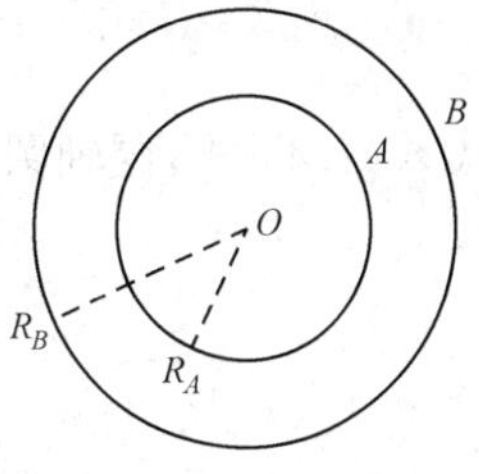

图 2.11　同心球电容器

于是，在内外球壳相对表面上均匀分布的 $\pm Q$ 将在其间产生球对称分布的电场 $\boldsymbol{E}$，即各点 $\boldsymbol{E}$ 的方向沿径向，与球心 O 距离 r 相同处的场强大小相同，为

$$E=\frac{Q}{4\pi\varepsilon_0 r^2},$$

故内外球壳之间的电势差为

$$\begin{aligned}U_{AB}&=\int_A^B \boldsymbol{E}\cdot \mathrm{d}\boldsymbol{l}=\int_{R_A}^{R_B} E\,\mathrm{d}r\\&=\int_{R_A}^{R_B}\frac{Q}{4\pi\varepsilon_0 r^2}\mathrm{d}r=\frac{Q}{4\pi\varepsilon_0}\left(\frac{1}{R_A}-\frac{1}{R_B}\right)\\&=\frac{Q}{4\pi\varepsilon_0}\,\frac{R_B-R_A}{R_AR_B}.\end{aligned}$$

代入(2.4)式，同心球电容器的电容为

$$C=\frac{Q}{U_{AB}}=\frac{4\pi\varepsilon_0 R_AR_B}{R_B-R_A}.$$

例 4　试求同轴圆柱形电容器的电容，已知圆柱长为 L，内外圆柱的半径为 R_A，R_B，设 $L\gg R_B-R_A$.

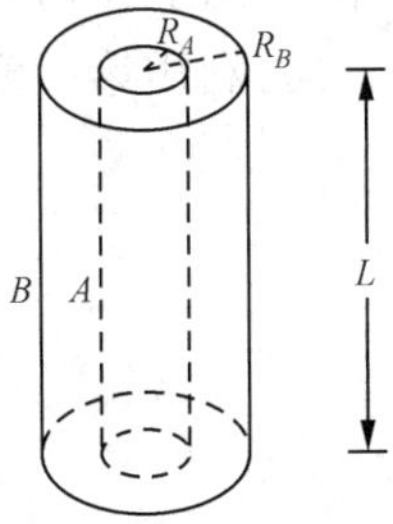

图 2.12　同轴圆柱形电容器

解　如图 2.12 所示，同轴圆柱形电容器由两个同轴的圆柱形金属片组成，因 $L\gg R_B-R_A$，忽略边缘效应，可把圆柱体看作是“无限长”的. 充电，使内外圆柱分别带电 $\pm Q$，静电平衡后，电荷将全部集中在内外圆柱的相对表面上，在其间产生轴对称的电场，又因圆柱无限长，故任一点的场强方向应在与轴垂直的平面上并沿径向，与轴垂直距离相同各点的场强大小相同. 设内外圆柱单位长度带电 $\pm\lambda$，λ 为常量，由第一章 § 1.3.3 例 8，任一点的场强大小为

$$E=\frac{\lambda}{2\pi\varepsilon_0 r},$$

式中 r 是该点到轴的垂直距离. 两极板之间的电势差为

$$\begin{aligned}U_A-U_B&=\int_A^B \boldsymbol{E}\cdot \mathrm{d}\boldsymbol{l}=\int_{R_A}^{R_B} E\,\mathrm{d}r\\&=\int_{R_A}^{R_B}\frac{\lambda}{2\pi\varepsilon_0 r}\mathrm{d}r\end{aligned}$$

$$=\frac{\lambda}{2\pi\varepsilon_0}\ln\frac{R_B}{R_A}.$$

代入(2.4)式,同轴圆柱形电容器的电容为

$$C=\frac{Q}{U_A-U_B}=\frac{\lambda L}{\frac{\lambda}{2\pi\varepsilon_0}\ln\frac{R_B}{R_A}}$$

$$=\frac{2\pi\varepsilon_0 L}{\ln\frac{R_B}{R_A}}.$$

以上三例表明,真空电容器的电容只与两极板的形状、大小、相对位置等几何量有关.

分布电容是指非电容器所呈现的电容.实际上,不仅电容器,任何导体之间都存在电容,例如绕线电阻、线圈或变压器、人体与仪器之间、导线之间、导线与大地之间等等.通常,因分布电容较小,往往可略,但在某些情况下仍会有一定的影响.如果分布电容存在于形状、位置都很复杂的导体之间,则严格计算有困难.如果形状、位置比较规则,则可计算或设法作数量级的估计.

例 5 两平行"无限长"直细导线 A 和 B,相距为 d,导线半径为 r,设 $d\gg r$,试求两导线单位长度之间的分布电容.

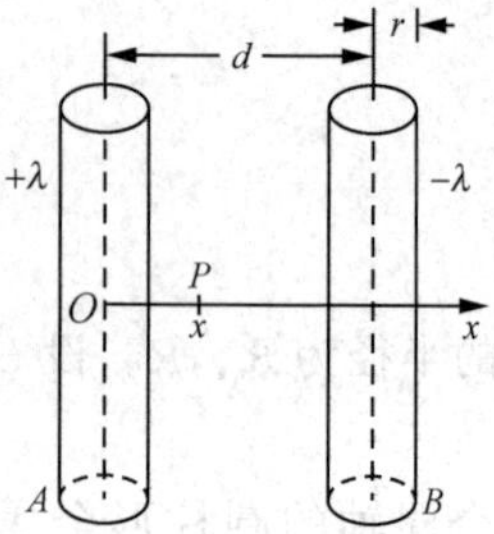

图 2.13 分布电容

如图 2.13 所示,当两导线带等量异号电荷达到静电平衡后,设线电荷密度分别是 $\pm\lambda$,因两直导线平行且"无限长",λ 应是常量,即电荷均匀分布.对于每一根带电导线,其电场分布具有轴对称性,因导线无限长且电荷均匀分布,任一点场强的方向应在经该点与导线垂直的平面上,并沿径向,与导线垂直距离相同各点的场强大小相同.两导线产生的电场是两者各自产生的电场之和.为便于计算,如图,在两导线构成的平面中取 x 轴与两导线垂直,在 x 轴上在两导线之间任取 P 点,则 P 点场强的方向应沿 x 轴正方向,利用第一章§1.3.3 例 8 的结果,P 点场强的大小为

$$E=E_A+E_B=\frac{\lambda}{2\pi\varepsilon_0 x}+\frac{\lambda}{2\pi\varepsilon_0(d-x)}$$

$$=\frac{\lambda}{2\pi\varepsilon_0}\left(\frac{1}{x}+\frac{1}{d-x}\right).$$

两导线之间的电势差为

$$U_{AB}=\int_A^B \boldsymbol{E}\cdot\mathrm{d}\boldsymbol{l}=\int_r^{d-r}E\,\mathrm{d}x$$

$$=\int_r^{d-r}\frac{\lambda}{2\pi\varepsilon_0}\left(\frac{1}{x}+\frac{1}{d-x}\right)\mathrm{d}x$$

$$=\frac{\lambda}{2\pi\varepsilon_0}\ln\frac{x}{d-x}\Bigg|_r^{d-r}$$

$$= \frac{\lambda}{\pi\varepsilon_0}\ln\frac{d-r}{r}$$

$$\approx \frac{\lambda}{\pi\varepsilon_0}\ln\frac{d}{r}.$$

两导线之间单位长度的分布电容为

$$C=\frac{\lambda}{U_{AB}}=\frac{\pi\varepsilon_0}{\ln\dfrac{d}{r}}.$$

若 $r=0.1\,\mathrm{mm}$,$d=5.0\,\mathrm{cm}$,则 $C=7.1\times10^{-12}\,\mathrm{F/m}\approx7.1\,\mathrm{pF/m}$,相当小,通常可略.

统观以上四例,电容的计算以场强和电势差的计算为基础,就基本方法而言,与第一章并无不同.有所不同的是,在第一章的题目中,电荷分布通常是给定的,现在,有导体存在,需根据静电平衡导体的基本性质、电荷守恒等,结合对称性分析,首先确定自由电荷的分布,然后,再计算场强、电势差、电容.另外,由于相关题目往往具有很强的对称性,更多采用高斯定理求场强、场强积分求电势差的方法,因此,应该更熟练地掌握电荷分布、场强分布、电势分布的分析,高斯面的选取,积分路线的选取等解题技巧(其要点与第一章相同).

关于电容器充电后其中储存的电能,见本章 § 2.6.2.

§ 2.3.3 电容器的串并联

在实际使用时,如果已有电容器的电容和工作电压不符所需,可以采用串联和并联的方法加以调整.

所谓电容器的串联是将各电容器首尾相接,连成一串.如图 2.14 是 n 个电容器 $C_1,C_2,\cdots,C_n$ 串联,两端接电源,总电压为 U.因串联,各电容器两极板均带等量异号电荷 $\pm q$,但因各电容器的电容不同,故两端的电压有所不同,为

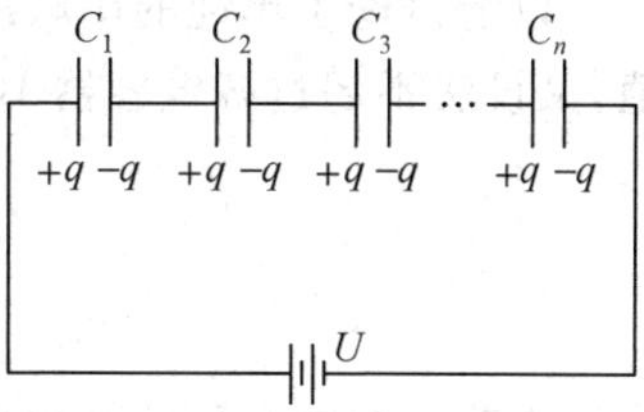

图 2.14 电容器的串联

$$U_1=\frac{q}{C_1},\quad U_2=\frac{q}{C_2},\quad \cdots,\quad U_n=\frac{q}{C_n},$$

即各电容器上分配到的电压与其电容成反比,为

$$U_1:U_2:\cdots:U_n=\frac{1}{C_1}:\frac{1}{C_2}:\cdots:\frac{1}{C_n}.$$

总电压 U 为各电容器两端电压之和

$$\begin{aligned}U&=U_1+U_2+\cdots+U_n\\&=q\left(\frac{1}{C_1}+\frac{1}{C_2}+\cdots+\frac{1}{C_n}\right)\\&=\frac{q}{C},\end{aligned}$$

式中 C 是 n 个电容器串联后的等效电容,即总电容.C 与被串联的各电容器电容的关系为

$$\frac{1}{C}=\frac{1}{C_1}+\frac{1}{C_2}+\cdots+\frac{1}{C_n}. \tag{2.5}$$

上式表明，电容器串联后，总电容的倒数等于各电容器电容倒数之和，即总电容比各电容器的电容都小，与此同时，各电容器承受的电压只是总电压的一部分，也减小了.

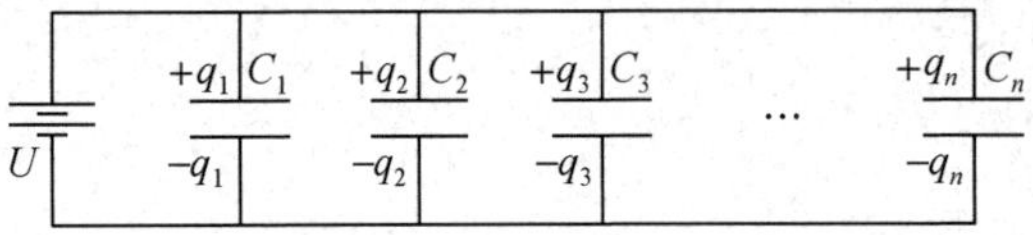

图 2.15　电容器的并联

所谓电容器的并联是将各电容器的一端连在一起，另一端也连在一起. 如图 2.15 是 n 个电容器 $C_1, C_2, \cdots, C_n$ 并联，两端接电源，总电压为 U. 因并联，各电容器两端的电压均为 U，但因各电容器的电容不同，故极板上的电量有所不同，为

$$q_1 = C_1U, \quad q_2 = C_2U, \quad \cdots, \quad q_n = C_nU,$$

即各电容器极板上分配到的电量与其电容成正比，为

$$q_1 : q_2 : \cdots : q_n = C_1 : C_2 : \cdots : C_n.$$

总电量为各电容器极板上电量之和

$$\begin{aligned} q &= q_1 + q_2 + \cdots + q_n \\ &= (C_1 + C_2 + \cdots + C_n)U \\ &= CU, \end{aligned}$$

式中 C 为 n 个电容器并联后的等效电容，即总电容. C 与被并联的各电容器电容的关系为

$$C = C_1 + C_2 + \cdots + C_n. \tag{2.6}$$

上式表明，电容器并联后，总电容为各电容器电容之和，增大了，与此同时，各电容器承受的电压相同，仍均为总电压.

以上讨论了单纯的串联或并联，实际使用时可以串并联兼而有之，尽力满足所需的电容值，又设法不超过各电容器不同的工作电压.

§2.4　电介质的极化

本节介绍电介质的极化现象和对它的理论解释.

极化是电介质对电场的响应，是电介质某种内在电结构的反映. 为了解释极化现象，建立了分子电偶极子模型，提出了电介质极化的微观机制，并根据这一物理图象，引入极化强度矢量 $\boldsymbol{P}$ 以及极化电荷 q'、退极化场 $\boldsymbol{E}'$ 等概念，从各方面定量地描绘极化的结果. 进而，寻找三者的定量关系，给出揭示极化规律的介质方程，阐明各种电介质所具有的不同的极化性质.

尽管本节对电介质极化的讨论只是初步的，然而，相关的物理图象和采用的研究方法却是基本的、重要的，值得关注.

§2.4.1　极化现象

如§2.1 所述，所谓电介质即绝缘体，是指不导电的物质，其中不存在可以自由地宏观移动的自由电荷. 把导体置于静电场中，会呈现出明显的宏观电荷分布并产生附加电场，这是导体中的自由电荷在静电场作用下宏观移动并达到静电平衡的结果，称为静电感应现象. 现在，把电介质置于静电场中，它将无动于衷，还是有所响应，也会呈现出某种宏观的电荷分布并产生附加电场呢？答案是后者，有以下的演示实验为证.

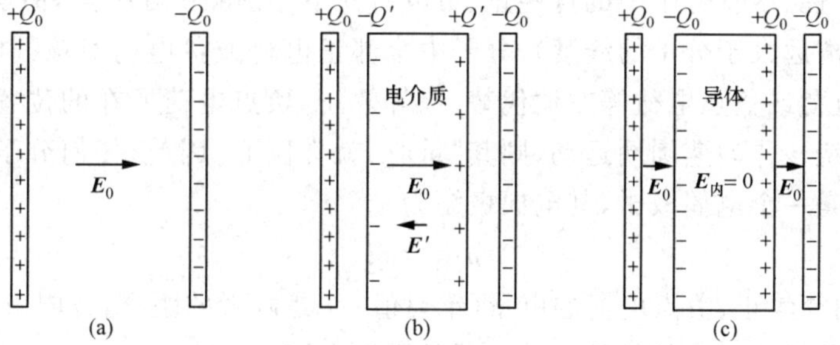

图 2.16 平行板电容器中插入电介质或导体后，电容增大

(a) 真空平行板电容器，(b) 插入电介质板，(c) 插入导体板

如图 2.16(a)，真空平行板电容器接电源充电，使两极板各带电 $\pm Q_0$，其间电势差为 U_0，场强为 $\boldsymbol{E}_0$，电容器的电容为 $C_0=Q_0/U_0$，充电后撤去电源，各量不变. 如图 2.16(b)，在平行板电容器中插入电介质板，重新测量两极板间的电势差，得出 $U<U_0$，有所减小，表明电容器的电容有所增大，为 $C=Q_0/U>C_0$（注意，电容定义中的电荷总是指极板上的自由电荷）. 何以如此呢？因电容器充电后已撤去电源，故两极板上的自由电荷 $\pm Q_0$ 及其产生的场强 $\boldsymbol{E}_0$ 均应保持不变，插入电介质后出现的变化只能解释为在电介质表面上出现了如图(b)所示的正负电荷 $\pm Q'$——极化电荷，正是它们所产生的反向附加电场 $\boldsymbol{E}'$，起着削弱电场、减小电势差、增大电容的作用.

作为类比，如图 2.16(c)，在平行板电容器中插入导体板，测量表明，两极板间电势差的减小以及电容器电容的增大更为显著. 这是因为导体板中的自由电荷在电场 $\boldsymbol{E}$ 的作用下重新分布，在与两极板相对的导体板两表面上分别集中等量异号电荷 $\mp Q_0$，它们产生的附加电场在导体内与 $\boldsymbol{E}_0$ 相等反向，使导体内处处总场强为零，才能达到静电平衡. 于是，电场 $\boldsymbol{E}_0$ 只存在于导体板与两极板之间的狭窄空间之中，导致两极板间的电势差明显减小，电容器电容明显增大. 所以，无论在平行板电容器中插入电介质板还是导体板，极化电荷或感应电荷的出现正是使之电容增大的原因. 只是由于极化电荷的数量少于感应电荷，才使后者的效果更为显著.

总之，把电介质置于电场之中，会呈现出一定的宏观电荷分布并产生附加电场，这种现象称为**极化**. 电介质中被束缚在分子范围内不能自由地宏观移动的正、负电荷称为**极化电荷**或**束缚电荷**.

§2.4.2 极化的微观机制：分子电偶极子模型，有极分子和无极分子，取向极化和位移极化

为了解释电介质的极化现象，早在 19 世纪 30 年代，法拉第等人就建立了分子电偶极子

模型，提出了极化的微观机制，显示了非凡的想象力和洞察力．随着电子的发现(1897)、原子核式结构的确立(1912)、分子结构的研究等等，当年的猜测和假设终于得到了证实．如所周知，任何物质的分子、原子都由带负电的电子和带正电的原子核组成，两者的电荷等量异号，整个分子呈电中性．尽管分子中的这些正、负电荷并不分别集中在一点，但从远处看来(指宏观的距离，该距离远大于分子的线度)，分子中全部正电荷或负电荷对该处的影响可以用一个单独的正点电荷或负点电荷等效地代替，该等效正、负点电荷所在的位置称为“重心”．例如，若一个电子绕核作匀速圆周运动，则其“重心”就在圆心．因此，任何分子，就其电结构而言，都可以看作是一个电偶极子，其电偶极矩为

$$\boldsymbol{p}_{\text{分子}} = q\boldsymbol{l}, \tag{2.7}$$

式中 q 是分子内等效正、负点电荷的电量(绝对值)，$\boldsymbol{l}$ 是两者的距离，方向由负点电荷指向正点电荷．分子电偶极子的电偶极矩亦称**分子的固有电矩**．

按照分子固有电矩是否为零，可将电介质分子分为两类．第一，无外电场时，若分子固有电矩为零，即若电介质分子的等效正、负点电荷“重心”是重合的，这类分子称为**无极分子**．第二，无外电场时，若分子固有电矩不为零，即若电介质分子的等效正、负点电荷“重心”是错开的，这类分子称为**有极分子**．

例如，惰性气体 He(氦)、Ne(氖)等分子都是无极分子，它们的最外层电子壳层已填满，电子分布球对称，等效的负点电荷“重心”位于球心，带正电荷的原子核的“重心”也在球心，两者重合，分子固有电矩为零，如图 2.17．又如，N_2(氮)、H_2(氢)、O_2(氧)等双原子分子以及 CH_4(甲烷)等多原子分子，都具有对称性，分子固有电矩为零，也都是无极分子．

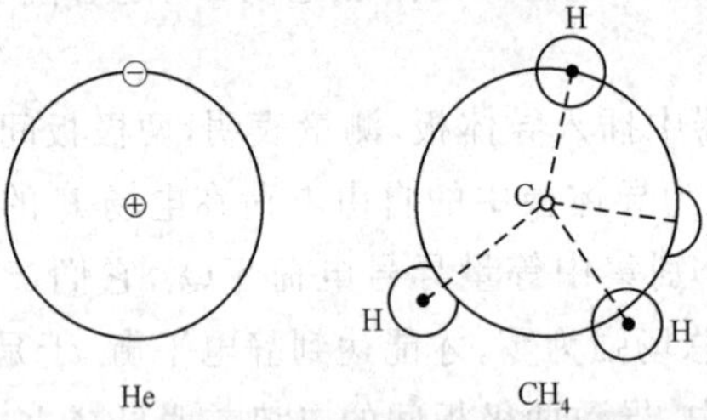

图 2.17　无极分子 He 和 CH_4

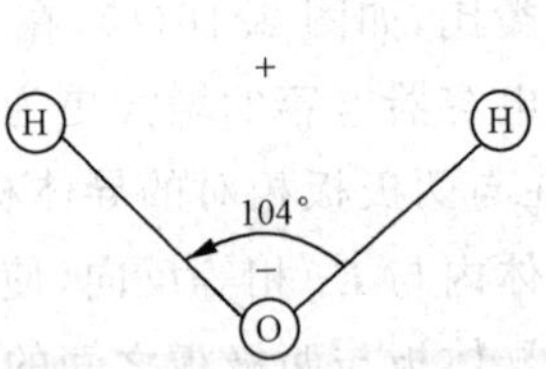

图 2.18　有极分子 H_2O(水)

例如，HCl(盐酸)、H_2O(水)、NH_3(氨)等分子，等效的正、负点电荷“重心”错开，分子固有电矩不为零，都是有极分子，如图 2.18．

对于无极分子构成的电介质，无外电场时，分子固有电矩 $\boldsymbol{p}_{\text{分子}}=0$，其和亦为零，宏观上处处电中性．加外电场 $\boldsymbol{E}_0$ 后，分子电偶极子中的正、负点电荷分别受到相等反向的作用力，使两者的“重心”被拉开微小距离，不再重合，$\boldsymbol{p}_{\text{分子}} \neq 0$ 并沿外电场方向整齐排列．其结果，如图 2.19 所示，在电介质均匀的条件下，加外电场 $\boldsymbol{E}_0$ 后，将出现宏观的面电荷分布，如果电介质不均匀，除面电荷外，还可能出现宏观的体电荷分布，这就是极化现象．由于极化电荷来源于电介质中无极分子内正、负点电荷“重心”的位移，这种极化机制称为**位移极化**，由于电子质量比原子核质量小得多，加外电场后，主要是电子的位移使 $\boldsymbol{p}_{\text{分子}} \neq 0$，这种极化机制也称

为电子位移极化.

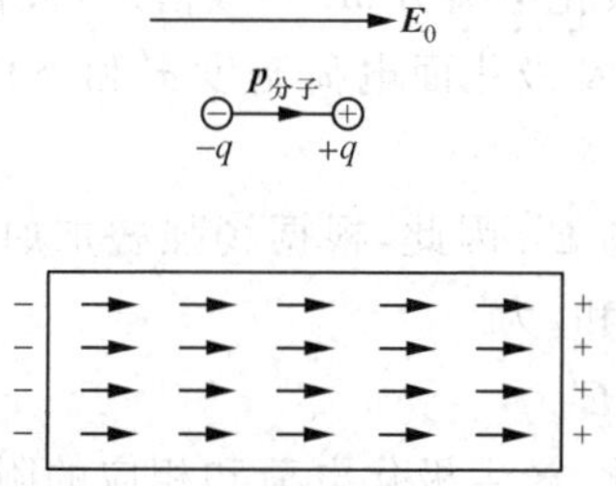

图 2.19　无极分子的位移极化

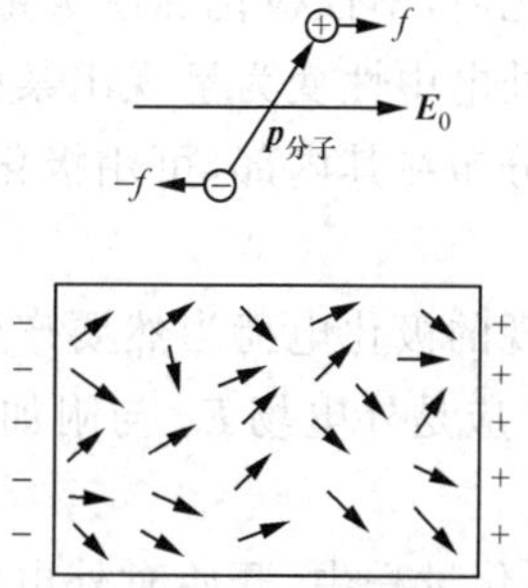

图 2.20　有极分子的取向极化

对于有极分子构成的电介质,无外电场时,分子固有电矩不为零,$p_{分子}\neq 0$,但由于分子的无规则热运动,各个 $p_{分子}$ 取向随机,平均说来互相抵消,宏观上处处电中性. 加外电场 E_0 后,各分子电矩都受到力矩作用,使各分子电矩趋向于沿外电场方向整齐排列,外电场越强,排列越整齐,由于分子热运动,这种转向并不完全,排列也不会整齐. 尽管如此,在垂直于外电场方向的电介质两端面上仍将出现宏观的面电荷分布,如图 2.20 所示,如果电介质不均匀,还可能出现宏观的体电荷分布,这就是极化现象. 由于极化电荷来源于电介质中有极分子固有电矩空间取向的整齐排列,这种极化机制称为取向极化.

应该指出,位移极化存在于一切电介质之中,取向极化则为有极分子构成的电介质所独有. 通常,取向极化效应比位移极化效应强得多(约大一个数量级),所以,在有极分子构成的电介质中取向极化是主要的.

§ 2.4.3　极化的定量描绘

——极化强度矢量 $\boldsymbol{P}$,极化电荷 q',退极化场 $\boldsymbol{E}'$

分子电偶极子模型的建立、无极分子和有极分子的区分、位移极化和取向极化的描绘,揭示了极化的微观机制,为电介质的极化提供了简明合理的定性解释. 应该循此继进,根据上述物理图象,引入相关物理概念,定量地描绘极化.

如上节所述,当电介质从无外电场未被极化变为加外电场被极化后,在电介质任一宏观小微观大的体元 ΔV 内,分子电偶极矩的矢量和 $\sum_{(\Delta V_{内})} \boldsymbol{p}_{分子}$ 将从零变为非零,外电场越强,极化越显著,其值将越大,这是极化强弱的定量标志. 于是,引入极化强度矢量 $\boldsymbol{P}$,定义为单位体积内分子电偶极矩的矢量和,即

$$\boldsymbol{P}=\frac{1}{\Delta V}\sum_{(\Delta V_{内})}\boldsymbol{p}_{分子}, \tag{2.8}$$

$\boldsymbol{P}$ 是宏观量,$\boldsymbol{P}$ 的大小和方向描绘了极化的程度和极化的方向,$\boldsymbol{P}$ 的分布描绘了极化的分布,如果电介质中 $\boldsymbol{P}$ 的大小、方向处处相同,称为均匀极化,否则为非均匀极化,$\boldsymbol{P}$ 的单位是 $\mathrm{C/m^2}$. 显然,$\boldsymbol{P}$ 的引入是以分子电偶极子模型为依据的,既适用于无极分子也适用于有极分

子，既适用于位移极化也适用于取向极化.

电介质极化后，不仅极化强度矢量 $\boldsymbol{P}$ 从零变为非零，与此同时，电介质还将从未被极化时的宏观上处处电中性变为呈现出某种宏观的极化电荷分布. 一般情形，极化电荷既分布在电介质表面又分布在其内部，可用极化电荷 q' 以及极化面电荷密度 σ' 和极化体电荷密度 ρ' 来描绘.

极化后出现的极化电荷当然要产生附加电场 $\boldsymbol{E}'$. 因此，根据场强叠加原理，有电介质存在时，总电场 $\boldsymbol{E}$ 应是外电场 $\boldsymbol{E}_0$ 与附加电场 $\boldsymbol{E}'$ 之和，为

$$\boldsymbol{E}=\boldsymbol{E}_0+\boldsymbol{E}'. \tag{2.9}$$

容易设想，在极化过程中，开始时外电场引起极化，产生极化电荷和相应的附加电场，附加电场和外电场之和的总电场又将改变极化，如此等等，经过相互影响、相互制约的复杂过程，达到静电平衡，最终的总电场决定了电介质的极化状况.

如图 2.21(a)所示，把均匀电介质球置于均匀外电场 $\boldsymbol{E}_0$ 中. 在外电场作用下，电介质球被极化，达到静电平衡后，出现极化的面电荷分布并产生附加电场 $\boldsymbol{E}'$，如图(b)所示. 极化后的总电场 $\boldsymbol{E}=\boldsymbol{E}_0+\boldsymbol{E}'$，其分布如图(c)所示，它是图(a)和图(b)相加的结果. 通常，在电介质内部，$\boldsymbol{E}'$ 往往和 $\boldsymbol{E}_0$ 反向，使电介质内部的总电场 $\boldsymbol{E}$ 小于外电场 $\boldsymbol{E}_0$，起着削弱极化的作用，因而附加电场 $\boldsymbol{E}'$ 也称为退极化场. 但在电介质外部，$\boldsymbol{E}'$ 有可能使总电场得到加强.

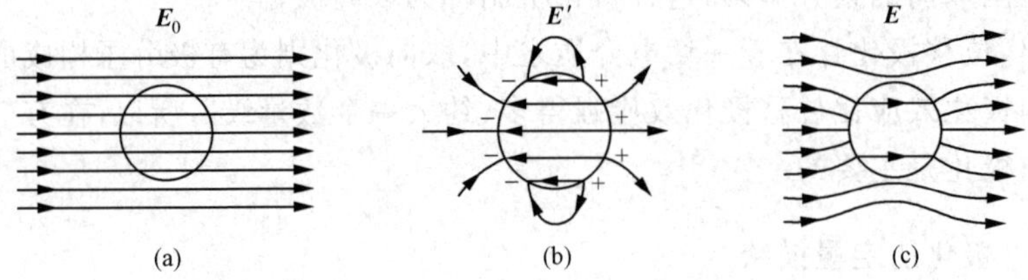

图 2.21　均匀电介质球在均匀外电场中的极化

(a) 外电场 $\boldsymbol{E}_0$，(b) 极化电荷的附加电场 $\boldsymbol{E}'$，(c) 总电场 $\boldsymbol{E}$

不难看出，极化强度矢量 $\boldsymbol{P}$，极化电荷 q' 或 σ'，ρ'，退极化场 $\boldsymbol{E}'$ 或总电场 $\boldsymbol{E}$，三者从不同角度定量地描绘了电介质极化的结果，因此，三者之间理应存在着密切的联系.

§2.4.4　极化强度矢量和极化电荷分布的关系

本节寻找极化强度矢量 $\boldsymbol{P}$ 和极化电荷 q' 分布之间的定量关系.

先作定性分析. 为了简明易懂，采用位移极化模型，它并不影响结论的普遍性(就统计平均的效果而言，取向极化与位移极化等效). 设电介质内每个分子的等效正、负点电荷分别带电 $\pm q$，未极化时，两者的"重心"重合，分子电偶极矩为零，则电介质内的极化强度矢量和极化电荷亦均为零，电介质在宏观上处处电中性. 加外电场 $\boldsymbol{E}_0$，电介质极化，设每个分子中正点电荷的"重心"相对不动的负点电荷"重心"位移了 $\boldsymbol{l}$ 的距离(实际上，应该是正点电荷"重心"不动，负点电荷"重心"相对位移，两者的宏观效果相同，不影响讨论). $\boldsymbol{l}$ 的方向由负点电

荷指向正点电荷.设电介质单位体积内有 n 个分子,则极化后,分子电偶极矩和极化强度矢量为

$$\boldsymbol{p}_{分子}=q\boldsymbol{l},$$
$$\boldsymbol{P}=\frac{1}{\Delta V}\sum_{(\Delta V_{内})}\boldsymbol{p}_{分子}$$
$$=n\boldsymbol{p}_{分子}=nq\boldsymbol{l}, \tag{2.10}$$

所以,正是电介质分子中正、负点电荷"重心"在外电场作用下的位移 $\boldsymbol{l}$,使 $\boldsymbol{p}_{分子}$ 和 $\boldsymbol{P}$ 从极化前的零变为极化后的非零.

与此同时,如图 2.22 所示,电介质极化后,随着各分子内等效正、负点电荷的"重心"从重合到错开(有了位移 $\boldsymbol{l}$),在电介质表面的一侧(场强 $\boldsymbol{E}$ 与表面外法向矢量的夹角为锐角的一侧)将出现一层正极化电荷,另一侧(场强 $\boldsymbol{E}$ 与表面外法向矢量的夹角为钝角的一侧)则出现一层负极化电荷.在电介质内部非均匀处,也有可能出现极化电荷(图中未画出).显然,电场越强,分子内等效正、负点电荷"重心"的位移 $\boldsymbol{l}$ 越大,$\boldsymbol{P}$ 随之增大,极化电荷 q' 随之增多.

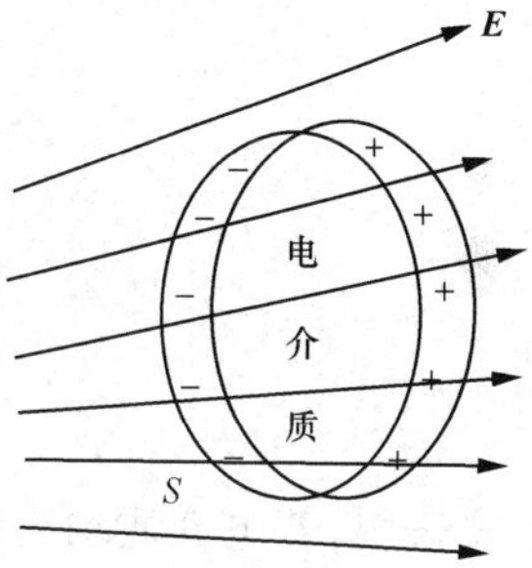

图 2.22　电介质极化后出现的极化电荷

为了给出定量关系,如图 2.23 所示,在已极化的电介质内部任取面元矢量

$$\mathrm{d}\boldsymbol{S}=\boldsymbol{n}\mathrm{d}S,$$

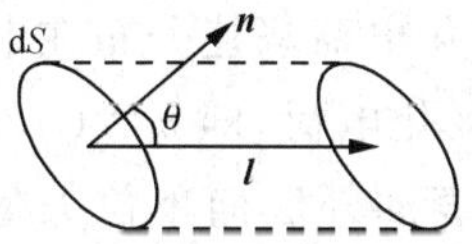

图 2.23　因极化,穿过面元 dS 的极化电荷

式中 $\boldsymbol{n}$ 是面元的单位法向矢量.因极化穿过 $\mathrm{d}S$ 的极化电荷所占据的体积是以 $\mathrm{d}S$ 为底面、长度为 l 的斜柱体,其中 l 就是电介质分子等效正、负点电荷"重心"极位后的位移.设 $\boldsymbol{l}$ 与 $\boldsymbol{n}$ 的夹角为 θ,则此斜柱体的体积为 $l\mathrm{d}S\cos\theta$.因单位体积内正极化电荷的数量为 nq,故在此斜柱体内极化电荷的总量 $\mathrm{d}q'$ 为

$$\mathrm{d}q'=nql\,\mathrm{d}S\cos\theta$$
$$=P\cos\theta\mathrm{d}S=\boldsymbol{P}\cdot\mathrm{d}\boldsymbol{S}, \tag{2.11}$$

$\mathrm{d}q'$ 就是因极化穿过面元 $\mathrm{d}S$ 的极化电荷,其中用到 $\boldsymbol{P}=nq\boldsymbol{l}$.上式表明,因极化穿过任意面元 $\mathrm{d}S$ 的极化电荷 $\mathrm{d}q'$,等于极化强度矢量经该面元的通量 $\boldsymbol{P}\cdot\mathrm{d}\boldsymbol{S}$.(注意,$\boldsymbol{n}$ 是面元的单位法向矢量,n 是电介质内分子数密度,勿混.)

在电介质内部任取闭合曲面 S,令 $\boldsymbol{n}$ 为它的单位外法向矢量,由(2.11)式,极化强度矢量 $\boldsymbol{P}$ 经整个闭合曲面 S 的通量,应等于因极化穿出 S 的极化电荷的总量 $\sum\limits_{(穿出S)}q'$.根据电荷守恒定律,$\sum\limits_{(穿出S)}q'$ 应等于闭合曲面 S 内净余的极化电荷的负值,即

$$\sum_{(穿出S)}q'=-\sum_{(S内)}q',$$

故

$$\oint\!\!\!\oint_{(S)} \boldsymbol{P} \cdot \mathrm{d}\boldsymbol{S} = -\sum_{(S内)} q'. \tag{2.12}$$

上式表明，极化强度矢量 $\boldsymbol{P}$ 经任意闭合曲面 S 的通量等于该闭合曲面内极化电荷总量的负值. 这就是极化强度矢量 $\boldsymbol{P}$ 和极化电荷 q' 分布的定量关系，普遍适用.

电介质极化后，设极化电荷的体密度为 ρ'，则(2.12)式的右边可表为

$$\sum_{(S内)} q' = \iiint_{(V)} \rho' \mathrm{d}V,$$

式中 V 是闭合曲面 S 包围的体积. 利用矢量分析的高斯定理，(2.12)式的左边可表为

$$\oint\!\!\!\oint_{(S)} \boldsymbol{P} \cdot \mathrm{d}\boldsymbol{S} = \iiint_{(V)} \nabla \cdot \boldsymbol{P} \mathrm{d}V,$$

故

$$\iiint_{(V)} \nabla \cdot \boldsymbol{P} \mathrm{d}V = -\iiint_{(V)} \rho' \mathrm{d}V,$$

即

$$\nabla \cdot \boldsymbol{P} = -\rho'. \tag{2.13}$$

上式表明，若电介质均匀极化，$\boldsymbol{P}$ 为常量，则 $\nabla \cdot \boldsymbol{P} = 0$，$\rho' = 0$，在电介质内部无极化电荷，极化电荷只能分布在电介质表面上. 另外，可以证明(见 §2.5.1 末)，均匀电介质内若无自由电荷，则极化后(不要求均匀极化)其内部无净余的极化电荷，即 $\rho' = 0$，极化电荷只能分布在电介质表面上. 非均匀电介质极化后，不仅表面有极化电荷，内部也会有极化电荷，即 $\rho' \neq 0$.

对于均匀电介质，极化后，如图 2.24，在电介质表面上，场强 $\boldsymbol{E}$ 与表面外法向单位矢量 $\boldsymbol{n}$ 的夹角 θ 为锐角的一侧将出现一层正极化电荷，θ 为钝角的一侧将出现一层负极化电荷(图 2.24 与图 2.22 相同，图 2.24 只画出了表面的局部，又，场强 $\boldsymbol{E}$ 的方向即为 $\boldsymbol{l}$ 的方向). 因表面电荷层的厚度为 $|\rho\cos\theta|$，故电介质表面任意面元 $\mathrm{d}S$ 上的极化电荷(即因极化穿过 $\mathrm{d}S$ 的极化电荷的电量) $\mathrm{d}q'$ 为

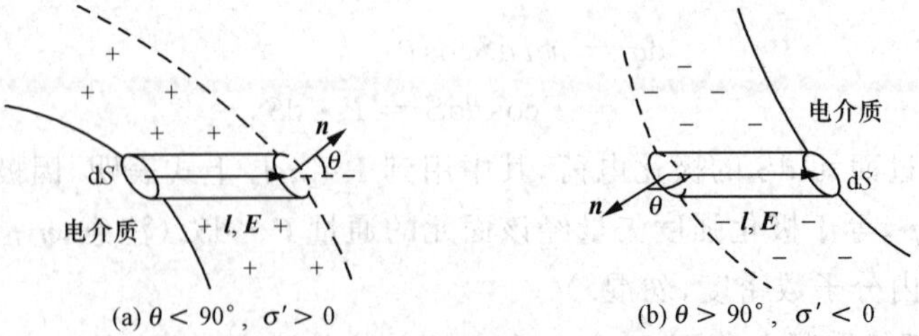

(a) $\theta < 90°$, $\sigma' > 0$　　(b) $\theta > 90°$, $\sigma' < 0$

图 2.24　电介质表面 $\boldsymbol{P}$ 与 σ' 的关系

$$\mathrm{d}q' = nql\mathrm{d}S\cos\theta = P\cos\theta\mathrm{d}S.$$

又

$$\mathrm{d}q' = \sigma' \mathrm{d}S,$$

故

$$\sigma' = P\cos\theta = \boldsymbol{P} \cdot \boldsymbol{n} = P_n, \tag{2.14}$$

式中 $\boldsymbol{n}$ 是电介质表面外法向单位矢量. 上式表明,极化电荷的面密度 σ' 等于极化强度矢量在电介质表面的外法向分量. 它是(2.12)式用在均匀电介质表面的结果. 注意,此处给出的 $\mathrm{d}q'=P\cos\mathrm{d}S$ 与(2.11)式相同,只是此处 $\mathrm{d}S$ 取在电介质表面而已.

(2.12)式以及(2.13)式、(2.14)式给出了电介质内极化强度矢量 $\boldsymbol{P}$ 和极化电荷分布(q' 或 ρ',σ')的定量关系.

§2.4.5 极化强度矢量 $\boldsymbol{P}$ 和总场强 $\boldsymbol{E}$ 的关系——极化规律

电介质被极化达到静电平衡后,总电场 $\boldsymbol{E}$ 决定了电介质的极化状况,$\boldsymbol{E}$ 与极化强度矢量 $\boldsymbol{P}$ 的关系揭示了电介质所遵循的极化规律. 由于电介质的种类繁多、性质各异,$\boldsymbol{P}$ 和 $\boldsymbol{E}$ 的关系具有不同的形式,由实验确定,它们分别描绘各种电介质不同的极化性质.

大多常见的电介质极化后,其极化强度矢量 $\boldsymbol{P}$ 与总电场 $\boldsymbol{E}$ 同方向且数量上成简单的正比关系,可表为

$$\boldsymbol{P}=\chi_e\varepsilon_0\boldsymbol{E}. \tag{2.15}$$

满足上式的电介质称为线性电介质,式中的比例系数 χ_e 称为极化率,χ_e 与总场强 $\boldsymbol{E}$ 无关,是描绘电介质极化性质的物理量. 如果式中的 χ_e 是标量,表明电介质的极化性质与空间方位无关,这种电介质称为各向同性电介质. 同时满足上述两项要求的电介质,即 $\boldsymbol{P}\propto\boldsymbol{E}$ 且 χ_e 为标量者,称为线性各向同性电介质.

有些电介质如晶体材料石英,其极化规律虽也是线性的,即 $\boldsymbol{P}\propto\boldsymbol{E}$,但比例系数与空间方位有关,$\boldsymbol{P}$ 和 $\boldsymbol{E}$ 的关系可表为

$$\boldsymbol{P}=\varepsilon_0\boldsymbol{\chi}_e\cdot\boldsymbol{E}. \tag{2.16a}$$

式中的极化率 $\boldsymbol{\chi}_e$ 为二阶张量,有 9 个分量,在直角坐标系中可用 3×3 矩阵表示,为

$$\boldsymbol{\chi}_e=\begin{bmatrix}\chi_{xx} & \chi_{xy} & \chi_{xz}\\ \chi_{yx} & \chi_{yy} & \chi_{yz}\\ \chi_{zx} & \chi_{zy} & \chi_{zz}\end{bmatrix}.$$

由以上两式,在直角坐标系中,$\boldsymbol{P}$ 和 $\boldsymbol{E}$ 的关系也可表示为

$$\begin{cases}P_x=\varepsilon_0\chi_{xx}E_x+\varepsilon_0\chi_{xy}E_y+\varepsilon_0\chi_{xz}E_z,\\ P_y=\varepsilon_0\chi_{yx}E_x+\varepsilon_0\chi_{yy}E_y+\varepsilon_0\chi_{yz}E_z,\\ P_z=\varepsilon_0\chi_{zx}E_x+\varepsilon_0\chi_{zy}E_y+\varepsilon_0\chi_{zz}E_z.\end{cases} \tag{2.16b}$$

满足(2.16)式的电介质称为线性各向异性电介质. 由(2.16)式,若 $\boldsymbol{E}=E_x\boldsymbol{i}$,即 $E_y=E_z=0$,总电场沿 x 方向,则

$$\begin{cases}P_x=\varepsilon_0\chi_{xx}E_x,\\ P_y=\varepsilon_0\chi_{yx}E_x,\\ P_z=\varepsilon_0\chi_{zx}E_x.\end{cases}$$

可见,对于各向异性电介质,电场不仅能使它在场的方向上极化,也能同时使它在其他方向上极化.

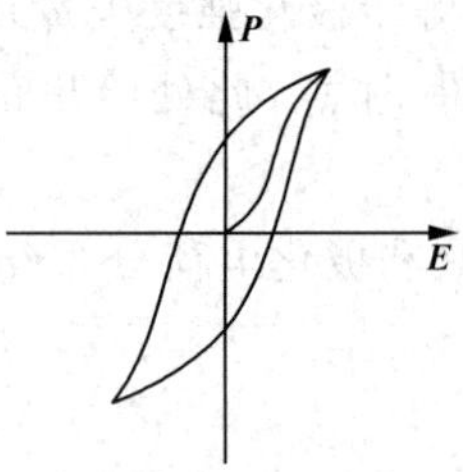

图 2.25　铁电体的极化规律

有些特殊的电介质，如酒石酸钾钠（$NaKC_4H_4O_6 \cdot 4H_2O$）、钛酸钡（$BaTiO_3$）等，$\boldsymbol{P}$ 和 $\boldsymbol{E}$ 的关系如图 2.25 所示，具有非线性、不一一对应、外电场撤消后极化得以保留等性质，与铁磁体的磁化性质颇为类似，称为铁电体.

铁电体的特点是，极化率大，非线性效应强，有显著的温度依赖关系和频率依赖关系，有很强的压电效应和电致伸缩效应. 铁电体作为一类重要的功能材料，在高科技中的应用日益广泛，除绝缘和储能外，还涉及换能、热电探测、电光调制、非线性光学、光信息存储和实时处理等. 铁电体的研究发展很快，铁电体物理学已经成为当代凝聚态物理学的重要分支.

铁电体存在一个转变温度，称为居里温度或居里点. 当温度高于居里点时，铁电体和普通电介质性质相同；只有当温度低于居里点时，铁电体才具有特殊的极化性质. 不同铁电体的居里点不同，如 $BaTiO_3$ 的居里点为 120℃.

§2.5　有电介质存在时的静电场

本节讨论有电介质存在时，静电场作为矢量场的基本性质，给出有电介质存在时完备的静电场方程组，并讨论相关的计算.

§2.5.1　电位移矢量 D，有电介质时静电场的完备方程组

在第一章，讨论了真空中的静电场 $\boldsymbol{E}_0$，它是由自由电荷 q_0 产生的，周围不存在任何实物（注意，在第一章中写成 $\boldsymbol{E}$ 和 q，现在改写成 $\boldsymbol{E}_0$ 和 q_0）. 根据库仑定律和场强叠加原理，证明了真空中静电场的高斯定理和环路定理，它们表明，真空中的静电场作为一个矢量场是有源无旋的. 现在，静电场中存在电介质，它将被极化，出现极化电荷 q'. 由于极化电荷 q' 和自由电荷 q_0 都产生电场，都遵循库仑定律和场强叠加原理，其间的区别只在于能否自由地宏观移动，因此，可以预料也可以同样证明，静止极化电荷 q' 产生的静电场 $\boldsymbol{E}'$ 与静止自由电荷 q_0 产生的静电场 $\boldsymbol{E}_0$ 具有同样的性质，即 $\boldsymbol{E}'$ 作为一个矢量场也是有源无旋的，故有

$$\begin{cases} \oint\!\!\!\oint_{(S)} \boldsymbol{E}_0 \cdot \mathrm{d}\boldsymbol{S} = \dfrac{1}{\varepsilon_0} \sum\limits_{(S内)} q_0, \\ \oint_{(L)} \boldsymbol{E}_0 \cdot \mathrm{d}\boldsymbol{l} = 0, \end{cases}$$

及

$$\begin{cases} \oint\!\!\!\oint_{(S)} \boldsymbol{E}' \cdot \mathrm{d}\boldsymbol{S} = \dfrac{1}{\varepsilon_0} \sum\limits_{(S内)} q', \\ \oint_{(L)} \boldsymbol{E}' \cdot \mathrm{d}\boldsymbol{l} = 0. \end{cases}$$

毋庸置疑，在有电介质存在时，总的静电场 $\boldsymbol{E}=\boldsymbol{E}_0+\boldsymbol{E}'$ 必定仍是有源无旋的，其高斯定理和环路定理可由以上公式相加得出，为

$$\begin{cases}\displaystyle\oiint_{(S)}\boldsymbol{E}\cdot\mathrm{d}\boldsymbol{S}=\frac{1}{\varepsilon_0}\sum_{(S内)}(q_0+q'),\\ \displaystyle\oint_{(L)}\boldsymbol{E}\cdot\mathrm{d}\boldsymbol{l}=0,\end{cases}\tag{2.17}$$

式中

$$\boldsymbol{E}=\boldsymbol{E}_0+\boldsymbol{E}'.$$

然而，就场强的计算而言，如第一章所述，有场强叠加原理、高斯定理、电势梯度等方法，其前提都需已知电荷分布. 在有电介质存在时，由于极化电荷 q' 难于测量和控制，通常是未知的(题目给定，又当别论)，上述方法都遇到了困难，需要想一些办法，补充一些有关电介质性质的条件，才能克服困难.

就讨论有电介质存在时的静电平衡性质而言，与静电平衡导体相比，相似之处是电荷与电场的平衡分布相互制约，但是，与静电平衡导体内处处场强为零、处处无电荷不同，电介质中极化电荷的出现并未把体内的电场完全抵消，电介质内部既有电场又可能有电荷，两者互相牵扯，且不同电介质的极化性质有所不同，还需要考虑各自的特点. 换言之，尽管(2.17)式已经表明有电介质存在时的静电场是有源无旋的，但并不完备，需要补充揭示电介质极化性质的方程，才能使之完备.

让我们从(2.17)第一式有电介质存在时静电场的高斯定理出发，把通常已知的自由电荷 q_0 移到等号的一边，得

$$\sum_{(S内)}q_0=\varepsilon_0\oiint_{(S)}\boldsymbol{E}\cdot\mathrm{d}\boldsymbol{S}-\sum_{(S内)}q'.$$

利用普遍适用的(2.12)式，把 q' 用 $\boldsymbol{P}$ 表示，将上式改写为

$$\begin{aligned}\sum_{(S内)}q_0&=\varepsilon_0\oiint_{(S)}\boldsymbol{E}\cdot\mathrm{d}S+\oiint_{(S)}\boldsymbol{P}\cdot\mathrm{d}S\\&=\oiint_{(S)}(\varepsilon_0\boldsymbol{E}+\boldsymbol{P})\cdot\mathrm{d}\boldsymbol{S}.\end{aligned}$$

引入辅助的物理量——电位移矢量 $\boldsymbol{D}$，定义为

$$\boldsymbol{D}=\varepsilon_0\boldsymbol{E}+\boldsymbol{P},\tag{2.18}$$

于是，上式可写为

$$\oiint_{(S)}\boldsymbol{D}\cdot\mathrm{d}\boldsymbol{S}=\sum_{(S内)}q_0.\tag{2.19}$$

经过上述变换，把有电介质存在时静电场的高斯定理(2.17)第一式改写为(2.19)式，称为电位移矢量 $\boldsymbol{D}$ 的高斯定理，它表明，有电介质存在时，通过任意闭合曲面 S 的电位移通量，等于该闭合曲面所包围的自由电荷的代数和，与极化电荷无关. (2.19)式的好处是，若已知自由电荷 q_0 的分布，在具有一定对称性的条件下，$\boldsymbol{D}$ 可求，无需知道极化电荷 q' 的分布. 但是，由于 q' 未知，即 $\boldsymbol{P}$ 未知，即使求出了 $\boldsymbol{D}$ 仍无法从(2.18)式求出 $\boldsymbol{E}$ 来.

在有电介质存在时，为了由 $\boldsymbol{D}$ 求出 $\boldsymbol{E}$，需要补充 $\boldsymbol{P}$ 和 $\boldsymbol{E}$ 的关系式，并需已知描绘电介质极化性质的极化率 χ_e. 对于线性各向同性电介质，由(2.15)式，$\boldsymbol{P}$ 和 $\boldsymbol{E}$ 的关系是

$$\boldsymbol{P}=\chi_e\varepsilon_0\boldsymbol{E}.$$

代入(2.18)式，得

$$\begin{aligned}\boldsymbol{D}&=\varepsilon_0\boldsymbol{E}+\boldsymbol{P}\\&=\varepsilon_0(1+\chi_e)\boldsymbol{E}=\varepsilon_0\varepsilon_r\boldsymbol{E}=\varepsilon\boldsymbol{E},\end{aligned}\tag{2.20}$$

式中 $\varepsilon_r=1+\chi_e$ 称为电介质的相对介电常量或相对电容率，$\varepsilon=\varepsilon_0\varepsilon_r$ 称为电介质的绝对介电常量，ε_0 称为真空介电常量，ε_r 是个无量纲的量(在真空中 $\varepsilon_r=1$)，ε_0 和 ε 的量纲相同. 这样，由(2.20)式，若 χ_e 或 ε_r 已知，便可由 D 求出 E，当然，(2.20)式只适用于线性各向同性电介质. 又，在 SI 制中，$\boldsymbol{D}$ 的单位是 $\mathrm{C/m^2}$.

因此，在有电介质存在时，描绘静电场作为矢量场的性质、可用于计算场强并进而讨论电介质静电平衡性质的完备方程组是

$$\begin{cases}\displaystyle\oiint_{(S)}\boldsymbol{D}\cdot\mathrm{d}\boldsymbol{S}=\sum_{(S内)}q_0,\\ \displaystyle\oint_{(L)}\boldsymbol{E}\cdot\mathrm{d}\boldsymbol{l}=0,\\ \boldsymbol{D}=\varepsilon_0\varepsilon_r\boldsymbol{E}.\end{cases}\tag{2.21}$$

把(2.21)式与(2.17)式相比较，静电场有源无旋的性质依旧，只是用 $\boldsymbol{D}$ 的高斯定理取代 $\boldsymbol{E}$ 的高斯定理，并补充描绘电介质极化规律的第三式——介质方程，才使之完备. 重复一句，(2.21)第三式只适用于线性各向同性电介质，例如，对于线性各向异性电介质，应改为 $\boldsymbol{D}=\varepsilon_0\boldsymbol{\varepsilon}_r\cdot\boldsymbol{E}$.

最后，还有两个问题需要说明. ①

第一个问题是，由 $\oiint_{(S)}\boldsymbol{E}_0\cdot\mathrm{d}\boldsymbol{S}=\dfrac{1}{\varepsilon_0}\sum_{(S内)}q_0$ 及 $\oiint_{(S)}\boldsymbol{D}\cdot\mathrm{d}\boldsymbol{S}=\sum_{(S内)}q_0$ 容易产生错觉，误以为自由电荷 q_0 产生的电场 $\boldsymbol{E}_0$ 与电位移矢量 $\boldsymbol{D}$ 应满足 $\boldsymbol{D}=\varepsilon_0\boldsymbol{E}_0$ 的关系，从而认为 $\boldsymbol{D}$ 似乎只与自由电荷 q_0 有关而与极化电荷 q' 无关. 的确，在某些特例，如 § 2.5.2 例 8，平行板电容器内充满均匀电介质，确有 $\boldsymbol{D}=\varepsilon_0\boldsymbol{E}_0$ 的结果. 但在另一些特例，如 § 2.5.2 例 7，在沿轴均匀极化的电介质细棒中点，则有退极化场 $\boldsymbol{E}'\approx0$ 以及 $\boldsymbol{E}\approx\boldsymbol{E}_0$，$\boldsymbol{D}=\varepsilon_0\varepsilon_r\boldsymbol{E}=\varepsilon_0\varepsilon_r\boldsymbol{E}_0$ 的结果，$\boldsymbol{D}$ 与电介质性质有关. 可见 $\boldsymbol{D}=\varepsilon_0\boldsymbol{E}_0$ 并非普遍结论. 可以证明，若均匀电介质充满存在电场的全部空间(§ 2.5.2 例 8 就是如此)，或放宽一些，若均匀电介质的表面为等势面，则 $\boldsymbol{D}=\varepsilon_0\boldsymbol{E}_0$ 且 $\boldsymbol{E}_0=\varepsilon_r\boldsymbol{E}$；若不满足上述条件，则一般说来 $\boldsymbol{D}\neq\varepsilon_0\boldsymbol{E}_0$，$\boldsymbol{E}_0\neq\varepsilon_r\boldsymbol{E}$.

为什么 $\boldsymbol{D}$ 和 $\varepsilon_0\boldsymbol{E}_0$ 两个矢量满足同一形式的高斯定理，但在一般情况却又并不相等呢？这是因为静电场的高斯定理只反映了矢量场性质的一个侧面，单靠它并不足以完全确定矢量场的空间分布. 反映矢量场性质另一侧面的是环路定理，必须两相结合才能完全确定矢量

① 参看，赵凯华，陈熙谋，《新概念物理教程·电磁学》，217，218 页，高等教育出版社，2003 年.

场的空间分布. 对于 $\boldsymbol{E}_0$，其环路积分为零，即 $\oint \boldsymbol{E}_0 \cdot \mathrm{d}\boldsymbol{l} = 0$，但有电介质存在时，一般情形 $\boldsymbol{D}$ 的环路积分并不为零，即 $\oint \boldsymbol{D} \cdot \mathrm{d}\boldsymbol{l} \neq 0$，因此，$\boldsymbol{E}_0$ 和 $\boldsymbol{D}$ 两者的空间分布并不相同，不可能存在 $\boldsymbol{D} = \varepsilon_0 \boldsymbol{E}_0$ 的简单对应关系. 另外，在电介质中，$\boldsymbol{D} = \varepsilon_0 \varepsilon_r \boldsymbol{E}$，$\boldsymbol{D}$ 与 $\boldsymbol{E}$ 成正比，但 $\boldsymbol{E}_0$ 不一定正比于 $\boldsymbol{E}$. 总之，$\boldsymbol{D}$ 和 $\varepsilon_0 \boldsymbol{E}_0$ 在本质上是不同的，在一般情形不能互相取代.

第二个问题是，§2.4.4 末提到，对于均匀电介质，若其中无自由电荷，则极化后内部无极化电荷，极化电荷只能分布在表面上(或两种电介质的界面上)，但未证明. 现用 $\boldsymbol{D}$ 的高斯定理(2.19)式来证明.

因电介质内无自由电荷，在电介质内任取闭合高斯面 S，则 $\sum\limits_{(S内)} q_0 = 0$，代入(2.19)式，得

$$\oiint\limits_{(S)} \boldsymbol{D} \cdot \mathrm{d}\boldsymbol{S} = \sum_{(S内)} q_0 = 0. \qquad ①$$

在电介质内，$\boldsymbol{P} = \chi_e \varepsilon_0 \boldsymbol{E}$，$\boldsymbol{D} = \varepsilon_0 \varepsilon_r \boldsymbol{E}$，故 $\boldsymbol{P} = \dfrac{\chi_e}{\varepsilon_r} \boldsymbol{D}$，代入(2.12)式，得

$$\begin{aligned}\sum_{(S内)} q' &= -\oiint\limits_{(S)} \boldsymbol{P} \cdot \mathrm{d}\boldsymbol{S} \\ &= -\oiint\limits_{(S)} \frac{\chi_e}{\varepsilon_r} \boldsymbol{D} \cdot \mathrm{d}\boldsymbol{S}.\end{aligned}$$

因电介质均匀，式中 χ_e，ε_r 为常数，可提出积分号外，得

$$\sum_{(S内)} q' = -\frac{\chi_e}{\varepsilon_r} \oiint\limits_{(S)} \boldsymbol{D} \cdot \mathrm{d}\boldsymbol{S}. \qquad ②$$

由 ①② 式，

$$\sum_{(S内)} q' = 0.$$

只要电介质均匀且内部无自由电荷，则电介质内部必定没有极化电荷，极化电荷只能分布在电介质表面或两种电介质的界面上.

§2.5.2 有电介质时静电场的计算

例 6 试求均匀极化电介质球表面上极化电荷的分布以及球心的退极化场. 已知极化强度 $\boldsymbol{P}$.

解 均匀极化电介质球内各点 $\boldsymbol{P}$ 的大小、方向都相同，如图 2.26，取球坐标，球心 O 为原点，极轴 z 与 $\boldsymbol{P}$ 平行. 由(2.14)式，电介质球表面的极化电荷面密度为

$$\sigma' = P_n = P\cos\theta,$$

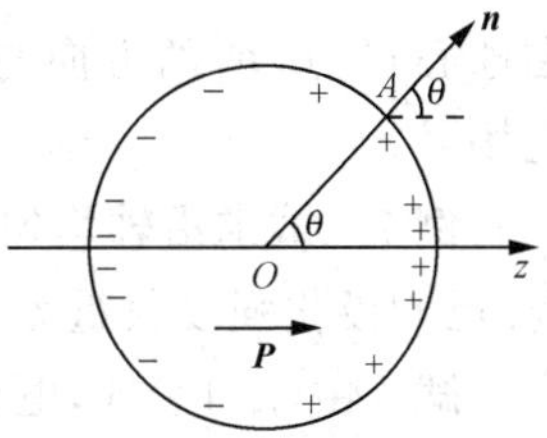

图 2.26 均匀极化电介质球表面上极化电荷的分布

式中 θ 是球面上任意 A 点的外法向单位矢量 $\boldsymbol{n}$ 与 $\boldsymbol{P}$ 的夹角，因 P 为常量，σ' 只与 θ 有关. 如图，在电介质球的右半球面，$\cos\theta > 0$，σ' 为正；左半球面，$\cos\theta < 0$，σ'

为负；在$\theta=0$或π处（赤道线上），$|\sigma'|$最大；在$\theta=\frac{\pi}{2}$处（两极），$\sigma'=0$. 电介质球内无体电荷.

根据上述电介质球表面上极化电荷的分布，用场强叠加原理可计算极化电荷在球心O点产生的退极化场$\boldsymbol{E}'$. 因极化电荷的分布具有轴对称性，故球心O点的退极化场只有z分量，即$E'=E'_z$，$\boldsymbol{E}'$沿z轴，只需计算球面各面元$\mathrm{d}S$上的极化电荷在球心O产生的元电场$\mathrm{d}\boldsymbol{E}'$的$z$分量$\mathrm{d}E'_z$的代数和即可.

取球坐标，球面上任意面元的面积为

$$\mathrm{d}S=R^2\sin\theta\mathrm{d}\theta\mathrm{d}\varphi,$$

式中φ为该面元的经度，θ为纬度，R为球半径. 由以上两式，面元$\mathrm{d}S$上的极化电荷为

$$\begin{aligned}\mathrm{d}q'&=\sigma'\mathrm{d}S=P\cos\theta\mathrm{d}S\\&=PR^2\cos\theta\sin\theta\mathrm{d}\theta\mathrm{d}\varphi.\end{aligned}$$

由库仑定律，$\mathrm{d}q'$在球心O点产生的元电场的大小为

$$\begin{aligned}\mathrm{d}E'&=\frac{\mathrm{d}q'}{4\pi\varepsilon_0R^2}\\&=\frac{P}{4\pi\varepsilon_0}\cos\theta\sin\theta\mathrm{d}\theta\mathrm{d}\varphi.\end{aligned}$$

$\mathrm{d}\boldsymbol{E}'$的方向从面元$\mathrm{d}S$所在的$A$点指向球心$O$点，即$\mathrm{d}\boldsymbol{E}'$与$z$轴的夹角为$(\pi-\theta)$，故$\mathrm{d}\boldsymbol{E}'$的$z$分量$\mathrm{d}E'_z$为

$$\begin{aligned}\mathrm{d}E'_z&=\mathrm{d}E'\cos(\pi-\theta)\\&=-\frac{P}{4\pi\varepsilon_0}\cos^2\theta\sin\theta\mathrm{d}\theta\mathrm{d}\varphi.\end{aligned}$$

电介质球面上全部极化电荷在球心O点产生的退极化场的大小为

$$\begin{aligned}E'=E'_z&=\int\mathrm{d}E'_z\\&=-\frac{P}{4\pi\varepsilon_0}\int_0^{\pi}\cos^2\theta\sin\theta\mathrm{d}\theta\int_0^{2\pi}\mathrm{d}\varphi\\&=-\frac{P}{3\varepsilon_0}.\end{aligned}$$

在球心O点，$\boldsymbol{E}'$的方向与极轴z相反，即与$\boldsymbol{P}$反向，起着削弱极化的作用，故称之为退极化场.

例 7 试求沿轴均匀极化的电介质细棒表面上极化电荷的分布以及细棒中点的退极化场. 已知极化强度矢量为$\boldsymbol{P}$，已知细棒截面积为S，长度为l，$S\ll l^2$.

解 由(2.14)式，电介质棒表面的极化电荷面密度为

$$\sigma'=P_n=P\cos\theta,$$

式中θ是棒表面外法向单位矢量$\boldsymbol{n}$与$\boldsymbol{P}$的夹角. 如图 2.27，在棒的右端面上$\theta=0$，$\sigma'=P$；在棒的左端面上$\theta=\pi$，$\sigma'=-P$；在棒的侧面上$\theta=\frac{\pi}{2}$，$\sigma'=0$. 故正、负极化电荷分别集中在电介质棒的两端面上，电量为

$$\pm q'=\sigma' S=\pm PS.$$

若为细棒，$S\ll l^2$，相对于细棒中点，带电的两端可看作点电荷，由库仑定律，它们在棒中点产生的电场为

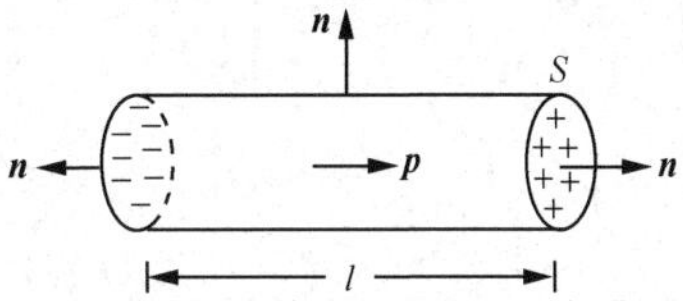

图 2.27 沿轴均匀极化的电介质细棒表面上的极化电荷

$$E'=\frac{q'}{4\pi\varepsilon_0\left(\dfrac{l}{2}\right)^2}-\frac{(-q')}{4\pi\varepsilon_0\left(\dfrac{l}{2}\right)^2}=\frac{2PS}{\pi\varepsilon_0 l^2}.$$

$\boldsymbol{E}'$与$\boldsymbol{P}$反向，起着削弱极化的作用，故称之为退极化场. 在本题中，因$S\ll l^2$，E'可忽略不计，故在电介质细棒中点，总场强$\boldsymbol{E}$与外电场的场强$\boldsymbol{E}_0$近似相等，$\boldsymbol{E}\approx\boldsymbol{E}_0$，且$\boldsymbol{D}=\varepsilon_0\varepsilon_r\boldsymbol{E}\approx\varepsilon_0\varepsilon_r\boldsymbol{E}_0$.

例 8 已知平行板电容器两极板上自由电荷的面密度为$\pm\sigma_0$，其中充满了极化率为χ_e的均匀电介质. 试求电介质内的极化强度矢量$\boldsymbol{P}$，总场强$\boldsymbol{E}$以及充满电介质后电容器的电容C与没有电介质时的电容C_0之比.

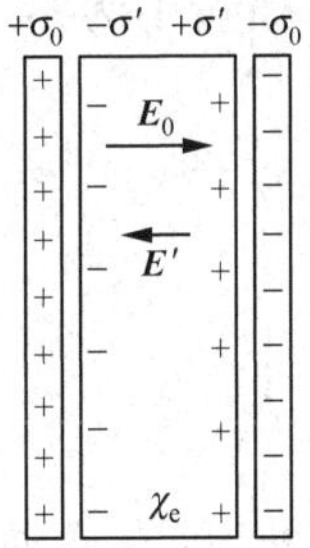

图 2.28 平行板电容器内充满均匀电介质

解 *方法一*

如图 2.28，面密度为$\pm\sigma_0$的自由电荷在平行板电容器内产生均匀电场$\boldsymbol{E}_0$. 充满电介质后，极化电荷面密度为σ'，极化强度矢量为$\boldsymbol{P}$，退极化场为$\boldsymbol{E}'$，总场强为$\boldsymbol{E}=\boldsymbol{E}_0+\boldsymbol{E}'$，$\boldsymbol{E}_0$与$\boldsymbol{E}'$反向，这些物理量之间的关系为

$$E_0=\frac{\sigma_0}{\varepsilon_0},$$

$$\sigma'=P\cos\theta=P,$$

$$E'=\frac{\sigma'}{\varepsilon_0}=\frac{P}{\varepsilon_0},$$

$$P=\chi_e\varepsilon_0 E,$$

$$E=E_0-E'.$$

故总场强为

$$E=E_0-E'=E_0-\frac{P}{\varepsilon_0}=E_0-\frac{\chi_e\varepsilon_0 E}{\varepsilon_0}=E_0-\chi_e E,$$

即

$$E=\frac{E_0}{1+\chi_e}=\frac{\sigma_0}{(1+\chi_e)\varepsilon_0}.$$

极化强度矢量为

$$P=\chi_e\varepsilon_0 E=\frac{\chi_e\sigma_0}{1+\chi_e}.$$

充满电介质后，极化电荷产生的退极化场$\boldsymbol{E}'$与自由电荷产生的$\boldsymbol{E}_0$反向，使总场强$\boldsymbol{E}$有所削弱，两极板间电压$U=Ed$相应减小，电容器的电容增大为

$$C=\frac{Q_0}{U}=\frac{\sigma_0 S}{Ed}$$

$$= \frac{\sigma_0 S}{\dfrac{\sigma_0 d}{(1+\chi_e)\varepsilon_0}} = \frac{(1+\chi_e)\varepsilon_0 S}{d}$$

$$= (1+\chi_e)C_0 = \varepsilon_r C_0,$$

式中 S 为极板面积，d 为两极板间距，$C_0=\dfrac{\varepsilon_0 S}{d}$为没有电介质时电容器的电容.

上式表明，充满电介质后电容器的电容增大为没有电介质时电容的$(1+\chi_e)=\varepsilon_r$ 倍，这正是把 ε_r 称为相对电容率的原因.

方法二 利用电位移矢量 $\boldsymbol{D}$ 的高斯定理来计算

因充满均匀电介质的平行板电容器具有很强的对称性，可用 $\boldsymbol{D}$ 的高斯定理由 σ_0 求出电介质内的 $\boldsymbol{D}$，再用介质方程由 $\boldsymbol{D}$ 求总场强 $\boldsymbol{E}$，进而 $\boldsymbol{P}$ 和 C/C_0 均可得解.

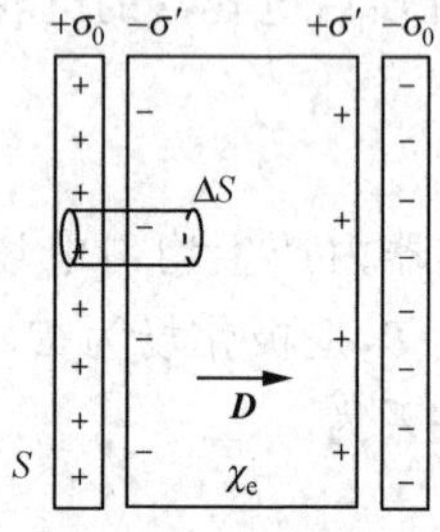

图 2.29 平行板电容器内充满均匀电介质，用 $\boldsymbol{D}$ 的高斯定理计算

如图 2.29，作柱形高斯面，左底面在金属极板内，右底面在电介质中，侧面与电场线、$\boldsymbol{D}$ 线平行. 因金属内 $\boldsymbol{E}=0$，$\boldsymbol{D}=0$，故左底面无通量；因侧面与 $\boldsymbol{D}$ 线平行，故侧面也无通量；只有经右底面的 $\boldsymbol{D}$ 通量不为零. 由 $\boldsymbol{D}$ 的高斯定理得

$$\oiint_{(S)} \boldsymbol{D}\cdot \mathrm{d}\boldsymbol{S} = \iint_{\text{左底面}} + \iint_{\text{侧面}} + \iint_{\text{右底面}}$$

$$= 0 + 0 + D\Delta S$$

$$= \sum_{(S\text{内})} q_0 = \sigma_0 \Delta S,$$

式中 ΔS 是左、右底面的面积，S 是闭合柱形高斯面的面积，因右底面的法向矢量与电介质内的 $\boldsymbol{D}$ 同向，故经右底面的 $\boldsymbol{D}$ 通量为 $D\Delta S$. 由上式

$$D=\sigma_0.$$

由介质方程(2.21)第三式，总场强为

$$E=\frac{D}{\varepsilon_0\varepsilon_r}$$

$$=\frac{\sigma_0}{\varepsilon_0\varepsilon_r}=\frac{\sigma_0}{\varepsilon_0(1+\chi_e)}.$$

由(2.15)式，极化强度为

$$P=\chi_e\varepsilon_0 E=\frac{\chi_e\sigma_0}{1+\chi_e}.$$

充满电介质后电容器的电容为

$$C=\frac{Q_0}{U}=\frac{\sigma_0 S}{Ed}$$

$$=\frac{(1+\chi_e)\varepsilon_0 S}{d}$$

$$=(1+\chi_e)C_0=\varepsilon_r C_0.$$

由此可见,有电介质存在时,若具有很强的对称性,用 $\boldsymbol{D}$ 的高斯定理解题更为简捷.

例 9 击穿场强

通常绝缘性能良好的电介质,随着两端电压的增加,突然从不导电转变为导电的现象称为击穿.其原因是,在强电场的作用下,电介质内的带电粒子剧烈运动,使许多分子被碰撞电离,自由电荷剧增,导致电介质从绝缘体转变为良好的导体.电介质被击穿的临界场强或临界电压称为击穿场强或击穿电压,这是充有电介质的电容器的重要性能指标之一.

如图 2.30 所示,已知球形电容器的内外半径为 R_1 和 R_2,其间充满两种均匀电介质,相对介电常量为 ε_{r1} 和 ε_{r2},两电介质交界面的半径为 R.

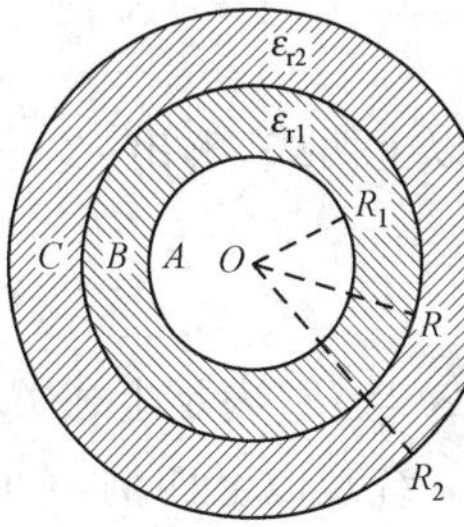

图 2.30 击穿场强

(1) 试求电容器的电容.

(2) 已知内外两层电介质的击穿场强分别为 E_1 和 E_2,且 $E_1<E_2$,为合理使用材料,应使两种电介质同时被击穿.试求满足此要求的 R 与 R_1 之比.

解 利用电位移矢量 $\boldsymbol{D}$ 的高斯定理,作同心的球形高斯面,容易求出各区域内与球心 O 相距为 r 处的 D 值,再由介质方程 $\boldsymbol{D}=\varepsilon_0\varepsilon_r\boldsymbol{E}$ 可求出各区域 r 处的总场强 $\boldsymbol{E}$.结果为

$$r<R_1, \qquad D_A=0 \qquad E_A=0,$$

$$R_1<r<R, \qquad D_B=\frac{Q_0}{4\pi r^2}, \qquad E_B=\frac{Q_0}{4\pi\varepsilon_0\varepsilon_{r1}r^2}, \tag{①}$$

$$R<r<R_2, \qquad D_C=\frac{Q_0}{4\pi r^2}, \qquad E_C=\frac{Q_0}{4\pi\varepsilon_0\varepsilon_{r2}r^2}, \tag{②}$$

式中 Q_0 是电容器充电后内球面上自由电荷的总量.

电容器两极板之间的电势差为

$$\begin{aligned} U &= \int_{R_1}^{R_2}\boldsymbol{E}\cdot d\boldsymbol{l}=\int_{R_1}^{R}\boldsymbol{E}_B\cdot d\boldsymbol{l}+\int_{R}^{R_2}\boldsymbol{E}_C\cdot d\boldsymbol{l} \\ &= \frac{Q_0}{4\pi\varepsilon_0}\left[\frac{1}{\varepsilon_{r1}}\left(\frac{1}{R_1}-\frac{1}{R}\right)+\frac{1}{\varepsilon_{r2}}\left(\frac{1}{R}-\frac{1}{R_2}\right)\right] \\ &= \frac{Q_0}{4\pi\varepsilon_0}\left[\frac{R_1R_2(\varepsilon_{r1}-\varepsilon_{r2})+(\varepsilon_{r2}R_2-\varepsilon_{r1}R_1)R}{\varepsilon_{r1}\varepsilon_{r2}R_1R_2R}\right]. \end{aligned}$$

电容器的电容为

$$C=\frac{Q_0}{U}=\frac{4\pi\varepsilon_0\varepsilon_{r1}\varepsilon_{r2}R_1R_2R}{R_1R_2(\varepsilon_{r1}-\varepsilon_{r2})+(\varepsilon_{r2}R_2-\varepsilon_{r1}R_1)R}.$$

题设内外两层电介质的击穿场强分别为 E_1 和 E_2,且 $E_1<E_2$,要求两种电介质同时被击穿.由①②式,两种电介质内的场强 E_B,E_C 的大小都与 r^2 成反比.对于内层电介质,R_1 处场强最大,随着电容器两极板充电电量 Q_0 的增大,R_1 处首先达到击穿场强 E_1.因此,由①式,取 $r=R_1$,取 $E_B(R_1)=E_1$,即可确定内层电介质 R_1 处刚被击穿时,相应的球形电容器两极板的最大电量 $(Q_0)_{max}$ 为

$$E_B(R_1)=E_1=\frac{(Q_0)_{\max}}{4\pi\varepsilon_0\varepsilon_{r1}R_1^2},$$

即

$$(Q_0)_{\max}=4\pi\varepsilon_0\varepsilon_{r1}R_1^2E_1.$$

对于外层电介质，R 处场强最大，随着 Q_0 的增大，R 处首先达到击穿场强 E_2. 为使两种电介质同时被击穿，由②式，应取 $r=R$，$E_C(R)=E_2$，$Q_0=(Q_0)_{\max}$，得

$$E_C(R)=E_2=\frac{(Q_0)_{\max}}{4\pi\varepsilon_0\varepsilon_{r2}R^2}.$$

由以上两式，解出

$$\frac{R}{R_1}=\sqrt{\frac{\varepsilon_{r1}E_1}{\varepsilon_{r2}E_2}}.$$

当 R 与 R_1 满足上述关系时，两种电介质同时被击穿.

统观以上四例，有电介质存在时静电场相关问题的计算，仍以场强和电势差的计算为基础，就基本方法而言，与第一章并无不同. 值得注意的是：1. 电介质的极化可用 $\boldsymbol{P}$，σ'，$\boldsymbol{E}'$（$\boldsymbol{E}=\boldsymbol{E}_0+\boldsymbol{E}'$）三者描绘，利用其间的关系，可以由此及彼. 2. 如果既有自由电荷又有极化电荷，它们分别产生 $\boldsymbol{E}_0$ 和 $\boldsymbol{E}'$，因涉及的物理量较多，容易混乱，对此，应确定解题路线，利用各种关系，逐步得出结论. 通常，若已知自由电荷分布且具有很强的对称性，可用 $\boldsymbol{D}$ 的高斯定理求 $\boldsymbol{D}$，用介质方程求 $\boldsymbol{E}$，用场强积分求 U，进而再求 C 以及 $\boldsymbol{P}$，σ' 等，此种方法往往更为简捷明确.

§2.6　静　电　能

物理学的各个部门，由于研究对象不同，相关的概念、规律和研究方法各具特色，并不相同. 然而，能量概念特有的普遍性，使之成为沟通物理学各个部门的有效手段和统一地量度各种运动的定量工具. 因此，考虑各种不同形色的能量以及其间的转化已经成为物理学各个部门必不可少的基本内容. 随着物理学的发展，能量家族的成员不断扩大，一幅既揭示联系又富有层次感的统一的能量图画展现在我们面前.

所谓电能，是指物体因带电而具有的能量，准确地说，是指电场的能量，有时也泛指一切与电相关的能量. 容易设想，把许多带电微元从远处聚集成一定的带电体系时，需要克服电力做功，相应的能量转换就是带电体系电能的变更. 由于电力做功与路径无关，带电体系的电能只与其中各带电微元的相对位置以及零点的选取有关，所以又称为电势能.

关于电能究竟是储存（定域）在电荷中还是电场中，曾经长期争论不休，由于在静电情形电荷和电场总是相伴共存、难以分开而更令人困惑. 随着电磁学的发展，已经证明，变化电磁场的传播形成电磁波，可以脱离电荷、电流单独存在，其中蕴含能量并可与实物粒子交换，因此，电磁场是一种特殊形态的物质，从本质上讲，电磁能就是电磁场的能量.

本节讨论静电能，它既可以理解为静止带电体系的静电势能，更应该理解为与之相伴的

静电场所蕴含的能量.

§2.6.1 带电体系的静电势能

任何带电体系都可以看作是由许多彼此相隔很远的带电微元从远处移近聚集而成.通常把聚集之前这些既在远处、彼此又相隔很远的许多带电微元整体的静电势能取为零,则当它们移近聚集成一定的带电体系后,该带电体系的静电势能应等于聚集过程中克服电力所做的功.由于电力做功与路径无关,带电体系的静电势能只与其中各带电微元的相对位置有关.由于电力做功可正可负,带电体系的静电势能也可正可负.

为了给出带电体系静电势能的表达式,让我们首先考虑由若干相隔一定距离的点电荷组成的带电体系,然后再推广到电荷连续分布的一般情形.

对于由若干彼此相隔一定距离的点电荷组成的带电体系,其静电势能应包括两部分,其一是各点电荷的自能,其二是各点电荷之间的相互作用能(简称互能).自能是将电荷微元聚集形成各点电荷时克服电力所做的功.(注:敏感而性急的读者马上指出,把有限的电荷聚集到无限小的范围形成点电荷,做功必为无穷大,即点电荷自能"发散",这种计算有何意义?的确,如何化解这一矛盾,正是给出带电体系静电势能普遍表达式的关键,耐心读下去,便可了然.)互能是把已经形成的各个点电荷从远处移近到相隔一定距离时,克服彼此间电力所做的功.下面先计算互能.

1. 两个点电荷体系的互能

设两个点电荷 q_1 和 q_2 分别位于 M 和 N 两点,相距 $MN=r_{12}$,组成带电体系,试求其互能.

先将 q_1 移到 M 点,因无电场,不受力,无须做功.再将 q_2 从无穷远移到与 q_1 相距 r_{12} 的 N 点,在此过程中,克服 q_1 产生的静电场 $\boldsymbol{E}_1$ 对 q_2 的作用力 $\boldsymbol{F}_{12}$ 所做的功 A' 即为两点电荷体系的互能

$$
\begin{aligned}
W_{\text{互}} = A' &= -\int_{\infty}^{N} \boldsymbol{F}_{12} \cdot \mathrm{d}\boldsymbol{l} \\
&= -q_2\int_{\infty}^{N} \boldsymbol{E}_1 \cdot \mathrm{d}\boldsymbol{l} = -q_2\int_{\infty}^{r_{12}} \frac{q_1}{4\pi\varepsilon_0 r^2}\mathrm{d}r \\
&= \frac{q_2 q_1}{4\pi\varepsilon_0 r_{12}}.
\end{aligned}
$$

因电场力 $\boldsymbol{F}_{12}$ 做功与路径无关,将 q_2 沿 q_1 与 q_2 的连线从无穷远移到与 q_1 相距 r_{12} 处,便于积分.因 q_1 产生的静电场 $\boldsymbol{E}_1$ 在 q_2 所在位置的电势为

$$
\begin{aligned}
U_{12} &= \int_{N}^{\infty} \boldsymbol{E}_1 \cdot \mathrm{d}\boldsymbol{l} = \int_{r_{12}}^{\infty} \frac{q_1}{4\pi\varepsilon_0 r^2}\mathrm{d}r \\
&= \frac{q_1}{4\pi\varepsilon_0 r_{12}}.
\end{aligned}
$$

可将 $W_{\text{互}}$ 表为

$$W_{\text{互}} = q_2 U_{12}.$$

若将 q_1 与 q_2 移动的次序颠倒，同理可得

$$W_{互}=q_1U_{21},$$

式中 U_{21} 是 q_2 产生的静电场 $\boldsymbol{E}_2$ 在 q_1 所在位置的电势，为

$$U_{21}=\int_M^{\infty}\boldsymbol{E}_2\cdot d\boldsymbol{l}=\int_{r_{12}}^{\infty}\frac{q_2}{4\pi\varepsilon_0 r^2}dr=\frac{q_2}{4\pi\varepsilon_0 r_{12}}.$$

由以上两个 $W_{互}$ 的表达式，两个点电荷体系的互能可以表为下述对称的形式

$$W_{互}=\frac{1}{2}(q_1U_{21}+q_2U_{12})=\frac{q_1q_2}{4\pi\varepsilon_0 r_{12}}.$$

2. 多个点电荷体系的互能

设 n 个点电荷($q_1,q_2,\cdots,q_n$)组成带电体系，其中 q_i 与 q_j 相距 r_{ij}，试求其互能.

将各点电荷依序逐一从无穷远移到所在位置，组成带电体系，则在移动各点电荷的过程中，克服电场力所做的功依序为

$$A_1'=0,$$

$$A_2'=q_2U_{12}=\frac{q_1q_2}{4\pi\varepsilon_0 r_{12}},$$

$$A_3'=q_3(U_{13}+U_{23})=\frac{1}{4\pi\varepsilon_0}\left(\frac{q_1q_3}{r_{13}}+\frac{q_2q_3}{r_{23}}\right),$$

$$\vdots$$

$$A_n'=q_n(U_{1n}+U_{2n}+\cdots+U_{n-1,n})=\frac{1}{4\pi\varepsilon_0}\left(\frac{q_1q_n}{r_{1n}}+\frac{q_2q_n}{r_{2n}}+\cdots+\frac{q_{n-1}q_n}{r_{n-1,n}}\right),$$

其中，任意第 i 个点电荷 q_i 从无穷远移到所在位置的过程中，因前面已有($i-1$)个点电荷就位，需克服该($i-1$)个点电荷产生的静电场对 q_i 的作用力做功，为

$$A_i'=q_i(U_{1i}+U_{2i}+\cdots+U_{i-1,i})=q_i\sum_{j=1}^{i-1}U_{ji}=\frac{q_i}{4\pi\varepsilon_0}\sum_{j=1}^{i-1}\frac{q_j}{r_{ji}},$$

式中

$$U_{ji}=\frac{q_j}{4\pi\varepsilon_0 r_{ji}}$$

是 q_j 产生的静电场在与 q_j 相距为 r_{ji} 的 q_i 所在位置的电势.

因此，n 个点电荷体系的互能为

$$
\begin{aligned}
W_{\text{互}} &= A' \\
&= A_1' + A_2' + \cdots + A_n' = \sum_{i=1}^{n} A_i' \\
&= \sum_{i=1}^{n} q_i \sum_{j=1}^{i-1} U_{ji} \\
&= \frac{1}{4\pi\varepsilon_0} \sum_{i=1}^{n} q_i \sum_{j=1}^{i-1} \frac{q_j}{r_{ji}} \\
&= \frac{1}{4\pi\varepsilon_0} \sum_{i=1}^{n} \sum_{j=1}^{i-1} \frac{q_i q_j}{r_{ji}}.
\end{aligned}
\tag{2.22}
$$

(2.22)式是将 n 个点电荷($q_1, q_2, \cdots, q_n$)依序($1, 2, \cdots, n$)逐一从无穷远移到所在位置组成带电体系时,互能的表达式.

容易理解,n 个点电荷体系的互能应该与搬运各点电荷的顺序无关,因为各点电荷的序号本是随意给定并无一定之规的,只是为了便于表达,才采用规定序号依序移入的方法. 利用任意两点电荷 q_i 与 q_j(相距为 r_{ij} 或 r_{ji},注意 $r_{ij} = r_{ji}$)之间的互能与它们移入的先后顺序无关,即

$$
\begin{aligned}
q_i U_{ji} &= q_j U_{ij} \\
&= \frac{1}{4\pi\varepsilon_0} \frac{q_i q_j}{r_{ij}} \\
&= \frac{1}{2}(q_i U_{ji} + q_j U_{ij}),
\end{aligned}
$$

可将(2.22)式中的 $q_i U_{ji}$ 用 $\frac{1}{2}(q_i U_{ji} + q_j U_{ij})$ 取代,把(2.22)式写成标号 i, j 对称、与各点电荷移入顺序无关的形式,为

$$
\begin{aligned}
W_{\text{互}} &= A' \\
&= \frac{1}{2} \sum_{i=1}^{n} q_i \sum_{\substack{j=1 \\ (j \neq i)}}^{n} U_{ji} \\
&= \frac{1}{8\pi\varepsilon_0} \sum_{i=1}^{n} \sum_{\substack{j=1 \\ j \neq i}}^{n} \frac{q_i q_j}{r_{ij}}.
\end{aligned}
\tag{2.23}
$$

比较(2.22)式和(2.23)式可见,前式中的 $q_i \sum_{j=1}^{i-1} U_{ji}$ 与后式中的 $\frac{1}{2} q_i \sum_{\substack{j=1 \\ (j \neq i)}}^{n} U_{ji}$ 对应,何以如此,为什么求和上的指标从 $(i-1)$ 改为 n 时需除以 2 呢?如前,$q_i \sum_{j=1}^{i-1} U_{ji}$ 的含义是,将 q_i 移入时,需克服已移入的前 $(i-1)$ 个点电荷产生的静电场对 q_i 的作用力所做的功,这是各点电荷依序移入的结果. $q_i \sum_{\substack{j=1 \\ (j \neq i)}}^{n} U_{ji}$ 的含义则是任意 q_i 移入时,需克服其余全部 $(n-1)$ 个点电荷产生的静电场对 q_i 的作用力所做的功,这是不考虑移入顺序的结果. 为了说明后者正好是前者的

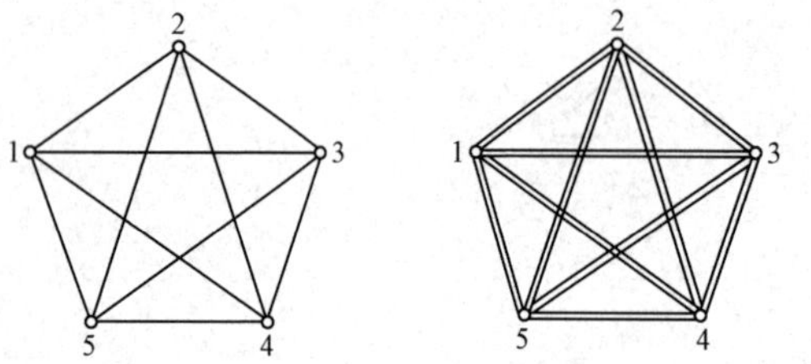

(a) n 个点电荷依序移入 (n=5)　　(b) 任意点电荷移入时，其余 (n−1) 个点电荷已就位

图　2.31

两倍，如图 2.31，以五个点电荷体系（$n=5$）为例，用任意两点电荷之间的直线表示其一从远处移入时，克服另一电力所做的功. 如图(a)，各点电荷依序移入，按(2.22) 式，做功为 21；31，32；41，42，43；51，52，53，54，共十条直线. 如图(b)，任意点电荷移入时，其余全部($n-1$) 个点电荷已就位，与顺序无关，按(2.23) 式，做功为 12，13，14，15；21，23，24，25；31，32，34，35；41，42，43，45；51，52，53，54，共 20 条直线. 显然，后者正好是前者的两倍.

令

$$U_i=\sum_{\substack{j=1\\(j\neq i)}}^{n}U_{ji}=\frac{1}{4\pi\varepsilon_0}\sum_{\substack{j=1\\(j\neq i)}}^{n}\frac{q_i}{r_{ji}}. \tag{2.24}$$

U_i 的含义是，n 个点电荷体系中除 q_i 外其余全部($n-1$) 个点电荷产生的电场在 q_i 所在位置的电势. 于是，(2.23) 式又可写为

$$W_{互}=A'=\frac{1}{2}\sum_{i=1}^{n}q_iU_i. \tag{2.25}$$

综上，n 个点电荷体系的静电相互作用能 $W_{互}$ 有以下三种等价的表达形式

$$\begin{cases}W_{互}=\dfrac{1}{4\pi\varepsilon_0}\displaystyle\sum_{i=1}^{n}\sum_{j=1}^{i-1}\frac{q_iq_j}{r_{ij}}, & (2.22)\\[2ex] W_{互}=\dfrac{1}{8\pi\varepsilon_0}\displaystyle\sum_{i=1}^{n}\sum_{\substack{j=1\\j\neq i}}^{n}\frac{q_iq_j}{r_{ij}}, & (2.23)\\[2ex] W_{互}=\dfrac{1}{2}\displaystyle\sum_{i=1}^{n}q_iU_i. & (2.25)\end{cases}$$

(2.22)式是 n 个点电荷依序移入的结果，即从中不重复地组成各种可能的配对(q_i，q_j)，$W_{互}$ 就是所有这些配对间相互作用能$\dfrac{q_iq_j}{4\pi\varepsilon_0r_{ij}}$之和. (2.23)式是任意 q_i 移入时，其余全部($n-1$)个点电荷已就位，将任意 q_i 与其余全部($n-1$)个点电荷配对，计算这些配对之间的相互作用能之和，然后再对 i 求和. 这样，每一种可能的配对即每对点电荷之间的相互作用能被重复计算了两次，故需除以 2. (2.25)式是(2.23)式的等价表述，式中 U_i 的定义如(2.24)式，(2.25)式的优点是便于推广到电荷连续分布的情形，并可化解点电荷自能为无穷大的发散困难，得出包括自能在内的带电体系的静电势能表达式.

3. 电荷连续分布带电体的静电势能

当带电体的电荷连续分布时，可将带电体无限分割为无穷多个电荷微元 dq. 由(2.25)式，应将 q_i 改写为 dq，同时，将 U_i 改写为 U，将求和改为积分，得

$$W_e = \frac{1}{2}\int U\mathrm{d}q. \tag{2.26}$$

按(2.24)式的说明,(2.26)式中 U 的含义是,带电体内除了 $\mathrm{d}q$ 之外的其余全部电荷产生的静电场在 $\mathrm{d}q$ 所在位置的电势.现在,由于把求和改为积分,意味着带电体内的电荷已从有限分割变为无限分割,$\mathrm{d}q$ 就是带电体内任一无限小的电荷微元.在数学上,无限小是变量,其含义是要多小有多小,极限为零(物理上的无限小、无穷大往往是相比较而言,在一定条件下适用,两者有同有异).因此,(2.26)式中的 U 应理解为带电体全部电荷产生的静电场在 $\mathrm{d}q$ 所在位置的电势,与此同时,(2.26)式左边已改写为 W_e,因为它已经从(2.25)式中只包括各点电荷之间相互作用能(未计及各点电荷的自能)的 $W_{互}$,变成了既包括互能又包括自能在内的带电体总静电势能了.由此可见,利用便于推广的(2.25)式,把有限分割改为无限分割,把求和改为积分,轻而易举地化解了点电荷自能为无穷大的发现困难,得出了电荷连续分布带电体静电势能的普遍表达式(2.26)式.从中可以体会正确理解、恰当运用数学概念的重要性.

若带电体内的电荷为线分布、面分布、体分布,电荷的线密度、面密度、体密度分别为 λ,σ,ρ,则 $\mathrm{d}q=\lambda\mathrm{d}l$,$\sigma\mathrm{d}S$,$\rho\mathrm{d}V$,代入(2.26)式,得

$$\begin{cases} W_e = \dfrac{1}{2}\displaystyle\int \lambda U\mathrm{d}l, & (2.26\text{a}) \\ W_e = \dfrac{1}{2}\displaystyle\iint \sigma U\mathrm{d}S, & (2.26\text{b}) \\ W_e = \dfrac{1}{2}\displaystyle\iiint \rho U\mathrm{d}V, & (2.26\text{c}) \end{cases}$$

式中 $\mathrm{d}l$,$\mathrm{d}S$,$\mathrm{d}V$ 分别是带电的线元、面元、体元.(2.26)式和(2.26a,b,c)式的积分范围遍及所有存在电荷的地方.若只有一个带电体,则(2.26)式给出的也就是它的自能.

§2.6.2　电容器储存的静电能

电容器是储存电能的基本元件.作为一个典型例子,本节计算电容器充电后所具有的静电势能.

电容器的充电过程是外力(电源的非静电力)克服电场力做功的过程,与此同时,电容器两极板上的等量异号电荷增加、其间电场增强、电压加大、储存电能增多.放电过程相反.

设电容器的电容为 C,设两极板从 0 充电到 $\pm Q_0$,设在充电过程中的任一瞬间 t,两极板带电 $\pm q(t)$,其间电压为 $u(t)=\dfrac{q(t)}{C}$,经 $\mathrm{d}t$ 时间后,两极板电量增加 $\pm\mathrm{d}q$.则在此元过程中,电源克服电场力做功 $u(t)\mathrm{d}q$.因此,在从 0 到 $\pm Q_0$ 的整个充电过程中,电源克服电场力所做功即充电电容器储存的静电势能,为

$$\begin{aligned} W_e &= \int_0^{Q_0} u(t)\mathrm{d}q = \int_0^{Q_0} \frac{q(t)}{C}\mathrm{d}q \\ &= \frac{1}{2}\frac{Q_0^2}{C} = \frac{1}{2}CU^2 = \frac{1}{2}Q_0U. \end{aligned} \tag{2.27}$$

后两个等式用到 $C=\frac{Q_0}{U}$ 的关系，式中 U 是电容器两极板带电 $\pm Q_0$ 时其间的电压(电势差).

充电的电容器，作为一个特殊的电荷连续分布的带电体系，其静电势能也可用(2.26)式 $W_e=\frac{1}{2}\int U\mathrm{d}q$ 计算得出. 在(2.26)式中，U 是带电体系全部电荷产生的静电场在 $\mathrm{d}q$ 所在位置的电势，积分应遍及所有存在电荷的地方. 把(2.26)式用于电容器，设充电后两极板分别带电 $\pm Q_0$，电势分别为 U_+ 和 U_-，则电容器的静电势能为

$$\begin{aligned}W_e&=\frac{1}{2}\int U\mathrm{d}q\\&=\frac{1}{2}\int_0^{Q_0}U_+\,\mathrm{d}q+\frac{1}{2}\int_0^{-Q_0}U_-\,\mathrm{d}q\\&=\frac{1}{2}(U_+-U_-)Q_0\\&=\frac{1}{2}Q_0U.\end{aligned}$$

与(2.27)式的结果相同. 注意，在上述计算中，$\frac{1}{2}\int U\mathrm{d}q$ 中的 U 是 $\mathrm{d}q$ 处的电势，U_+ 和 U_- 分别是两极板的电势；但最后的 $\frac{1}{2}Q_0U$ 中，$U=(U_+-U_-)$ 却是充电后电容器两极板之间的电势差(电压). 同一个符号 U，先表示电势，后表示电势差，含义不同，极易混淆，务请留心鉴别.

§2.6.3　静电场的能量

如上所述，带电体系(包括充电的电容器)具有静电势能，相应的公式(2.26)(2.27)式也都是用电荷、电势或电势差表述的. 那么，电能究竟储存(定域)在何处？对此，曾经有过两种截然不同的看法. 其一认为，电能储存在电荷上；另一认为，电能储存在电场中，电能就是电场的能量. 这一分歧进一步发展为，电场(以及磁场)究竟是区别于实物粒子的特殊形态的物质，抑或只是一种描绘电作用(以及磁作用)的手段. 在静电情形，由于静止电荷及其产生的静电场总是相伴共存、难以分开，以上两种看法孰是孰非，无从鉴别. 随着电磁学的发展，已经证明(见第8章)，变化的电磁场以一定的速度在空间传播，形成电磁波，电磁波可以脱离电荷、电流单独存在，电磁波携带的能量从天线输入、经过电子线路的作用，可以转化为声能(如收音机，手机)或光能(如电视机)，电磁波甚至还可以和实物粒子相互转化，等等. 凡此种种人所共知的事实表明，电磁能储存(定域)在电磁场之中，电磁能就是电磁场的能量，电磁场是区别于实物粒子的特殊形态的物质.

为了和上述结论相适应，应该给出以描绘电场的特征量——场强 $\boldsymbol{E}$ 表述的电能公式. 下面，借助于平行板电容器这一特例，把它的以电荷、电势或电势差表述的静电势能公式，转换成用场强表述的静电场能量公式，并指出，后者就是普遍适用的电场能量公式.

设平行板电容器两极板的面积为 S，间距为 d，体积为 $V=Sd$，其间充满相对介电常量为 ε_r 的电介质. 充电后，两极板带电 $\pm Q_0$，其间的场强为 $\boldsymbol{E}$，电位移为 $\boldsymbol{D}$，两极板的电压为 U，

由(2.27)式,平行板电容器储存的静电势能为

$$W_e=\frac{1}{2}Q_0U.$$

利用 $Q_0=\sigma_0 S$(σ_0 是极板上自由电荷的面密度),$U=Ed$,$D=\sigma_0$ 的关系,把 W_e 用 $\boldsymbol{E},\boldsymbol{D}$ 表述,为

$$\begin{aligned}W_e&=\frac{1}{2}Q_0U=\frac{1}{2}\sigma_0 SEd=\frac{1}{2}DESd\\&=\frac{1}{2}DEV.\end{aligned}$$

上式表明,平行板电容器储存的静电能分布在两极板之间的电场中.单位体积电场内储存的能量称为**电能密度** w_e,对于平行板电容器,由上式,得

$$\begin{aligned}w_e&=\frac{W_e}{V}\\&=\frac{1}{2}DE=\frac{1}{2}\varepsilon_0\varepsilon_r E^2.\end{aligned}$$

若 $\boldsymbol{D}$ 和 $\boldsymbol{E}$ 的方向不同,例如填充的是各向异性电介质,上式应改写为

$$w_e=\frac{1}{2}\boldsymbol{D}\cdot\boldsymbol{E}. \tag{2.28}$$

若电场不均匀,则总电能 W_e 应是电能密度 w_e 的体积分,为

$$\begin{aligned}W_e&=\iiint w_e\mathrm{d}V\\&=\iiint\frac{1}{2}\boldsymbol{D}\cdot\boldsymbol{E}\mathrm{d}V.\end{aligned} \tag{2.29}$$

尽管(2.28)式和(2.29)式是借助于平行板电容器的特例,经过转换和推广,用 $\boldsymbol{E},\boldsymbol{D}$ 表示的电场能量密度和电场能量的公式,但是,应该指出,(2.28)式和(2.29)式是普遍适用的,即无论电场是否均匀、是否变化,无论电场是由电荷产生的还是由变化磁场产生的,无论电场中的电介质是否线性、是否各向同性,等等,均适用.

当然,(2.28)式和(2.29)式也可用于计算静电场的能量.

§2.6.4 静电能的计算

例 10 如图 2.32(a)所示,正六边形的边长为 a,各顶点有正点电荷 q,中心有负点电荷 $-2q$.试求此点电荷体系的静电相互作用能 $W_{互}$.

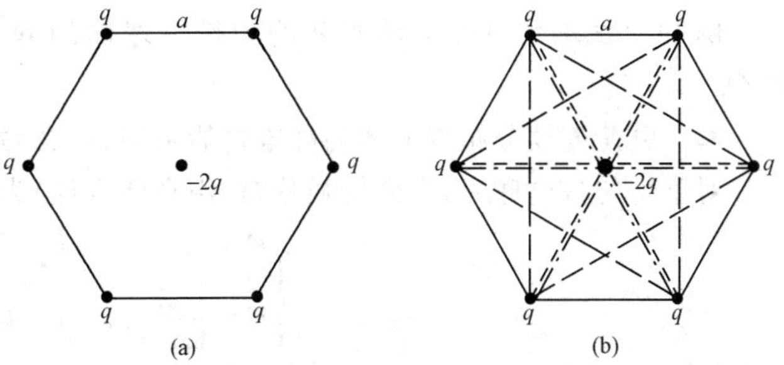

图 2.32 点电荷组的互能

在图(b)中用四种不同的直线(—,---,-·-,……)表示四种不同的配对

解 点电荷体系的互能可用(2.22)式或(2.23)式计算.

由(2.22)式,从这七个点电荷

中，不重复地选出各种可能的配对，点电荷体系的互能就是所有这些配对互能之和.

两 q 相距为 a，共 6 对，互能为 $6\left(\frac{1}{4\pi\varepsilon_0}\frac{q^2}{a}\right)$；两 q 相距为 $2a$，共 3 对，互能为 $3\left(\frac{1}{4\pi\varepsilon_0}\frac{q^2}{2a}\right)$；两 q 相距为 $\sqrt{3}a$，共 6 对，互能为 $6\left(\frac{1}{4\pi\varepsilon_0}\frac{q^2}{\sqrt{3}a}\right)$；$q$ 与 $-2q$ 相距为 a，共 6 对，互能为 $6\left[\frac{1}{4\pi\varepsilon_0}\frac{(q)(-2q)}{a}\right]$. 如图 2.32(b)，以上四类配对分别用四种不同的直线表示. 此点电荷体系总的静电相互作用能为

$$W_{互}=\frac{1}{4\pi\varepsilon_0}\left(\frac{6q^2}{a}+\frac{3q^2}{2a}+\frac{6q^2}{\sqrt{3}a}-\frac{12q^2}{a}\right)$$
$$=\frac{q^2}{4\pi\varepsilon_0 a}\left(\frac{6}{\sqrt{3}}-\frac{9}{2}\right).$$

或，由(2.23)式，任意一个 q 与其余 5 个 q 以及一个 $(-2q)$ 之间的互能为

$$2\left(\frac{1}{4\pi\varepsilon_0}\frac{q^2}{a}\right)+2\left(\frac{1}{4\pi\varepsilon_0}\frac{q^2}{\sqrt{3}a}\right)+\frac{1}{4\pi\varepsilon_0}\frac{q^2}{2a}+\frac{1}{4\pi\varepsilon_0}\frac{(q)(-2q)}{a}.$$

中央 $(-2q)$ 与其余 6 个 q 之间的互能为

$$6\cdot\frac{1}{4\pi\varepsilon_0}\frac{(q)(-2q)}{a}.$$

点电荷体系的总互能为

$$W_{互}=\frac{1}{2}\left\{6\left[2\left(\frac{1}{4\pi\varepsilon_0}\frac{q^2}{a}\right)+2\left(\frac{1}{4\pi\varepsilon_0}\frac{q^2}{\sqrt{3}a}\right)+\frac{1}{4\pi\varepsilon_0}\frac{q^2}{a}\right.\right.$$
$$\left.\left.+\frac{1}{4\pi\varepsilon_0}\frac{(q)(-2q)}{a}\right]+6\cdot\frac{1}{4\pi\varepsilon_0}\frac{(q)(-2q)}{a}\right\}$$
$$=\frac{q^2}{8\pi\varepsilon_0 a}\left(12+\frac{12}{\sqrt{3}}+3-12-12\right)$$
$$=\frac{q^2}{8\pi\varepsilon_0 a}\left(\frac{12}{\sqrt{3}}-9\right).$$

按(2.23)式计算时，因每一种可能配对的互能都重复计算了两次，故需除以 2.

例 11　试求均匀带电球壳和均匀带电球体的静电自能. 已知球半径为 R，总带电量为 Q.

解　电荷连续分布带电体的静电自能可用(2.26)式或(2.29)式计算.

对于均匀带电球壳，内外场强分布(用高斯定理)为

$$\begin{cases}E=0, & r<R,\\ E=\dfrac{Q}{4\pi\varepsilon_0 r^2}, & r>R.\end{cases}$$

球面上的电势为(见§1.4.4 例 11)

$$U=\frac{Q}{4\pi\varepsilon_0 R}.$$

球面上电势为常量，由(2.26)式，均匀带电球壳的自能为

$$W_{自} = \frac{1}{2}\int_{球面} U\mathrm{d}q = \frac{1}{2}UQ$$

$$= \frac{Q^2}{8\pi\varepsilon_0 R}.$$

或，由(2.29)式

$$W_{自} = \frac{1}{2}\iiint \varepsilon_0 E^2 \mathrm{d}V$$

$$= \frac{\varepsilon_0}{2}\int_R^{\infty}\left(\frac{Q}{4\pi\varepsilon_0 r^2}\right)^2 \cdot 4\pi r^2 \mathrm{d}r$$

$$= \frac{Q^2}{8\pi\varepsilon_0}\int_R^{\infty}\frac{\mathrm{d}r}{r^2}$$

$$= \frac{Q^2}{8\pi\varepsilon_0 R}.$$

对于均匀带电球体，内外场强分布为

$$\begin{cases} E=\dfrac{Qr}{4\pi\varepsilon_0 R^3}, & r<R, \\ E=\dfrac{Q}{4\pi\varepsilon_0 r^2}, & r>R. \end{cases}$$

内外电势分布为

$$\begin{cases} U=\dfrac{1}{4\pi\varepsilon_0}\left(\dfrac{Q}{R^3}\cdot\dfrac{R^2-r^2}{2}+\dfrac{Q}{R}\right), & r<R, \\ U=\dfrac{Q}{4\pi\varepsilon_0 r}, & r>R. \end{cases}$$

由(2.26)式，均匀带电球体的自能为

$$W_{自} = \frac{1}{2}\int U\mathrm{d}q = \frac{1}{2}\iiint_{球体} U\rho \mathrm{d}V$$

$$= \frac{1}{2}\int_0^R U\cdot\frac{3Q}{4\pi R^3}\cdot 4\pi r^2 \mathrm{d}r$$

$$= \frac{1}{2}\int_0^R \frac{1}{4\pi\varepsilon_0}\left(\frac{Q}{R^3}\cdot\frac{R^2-r^2}{2}+\frac{Q}{R}\right)\frac{3Q}{4\pi R^3}\cdot 4\pi r^2 \mathrm{d}r$$

$$= \frac{3Q^2}{20\pi\varepsilon_0 R}.$$

或，由(2.29)式

$$W_{自} = \frac{1}{2}\iiint \varepsilon_0 E^2 \mathrm{d}V$$

$$= \frac{\varepsilon_0}{2}\int_0^R\left(\frac{Qr}{4\pi\varepsilon_0 R^3}\right)^2 4\pi r^2 \mathrm{d}r + \frac{\varepsilon_0}{2}\int_R^{\infty}\left(\frac{Q}{4\pi\varepsilon_0 r^2}\right)^2 4\pi r^2 \mathrm{d}r$$

$$= \frac{3Q^2}{20\pi\varepsilon_0 R}.$$

注意，用(2.25)式和(2.29)式计算静电自能时，积分范围有所不同，前者遍及所有存在电荷的地方，后者遍及全部存在电场的空间.

关于电子的经典半径

电子是第一个基本粒子，带负电，其基本性质影响广泛，备受关注. 1909 年密立根油滴实验测定了基本电荷即电子的电量 e. 后来，又根据法拉第电解定律，利用 X 射线衍射测量晶体中的原子间距，得出 $1\ \mathrm{cm}^3$ 晶体中准确的原子数(原子数密度)，结合法拉第常数，得到 e 的准确值(参看§1.1.4). 根据电子电量以及对电子荷质比的准确测量，可得出电子的静止质量 m_e. 1998 年的推荐值为

$$e=1.602176462(63)\times10^{-19}\mathrm{C},$$

$$m_e=9.10938188(72)\times10^{-31}\mathrm{kg}.$$

然而，关于电子的大小却始终没有直接的测量和可靠的数据. 如果把电子看作点电荷，则其静电自能为无穷大. 为了克服这一发散困难，把电子看成是半径为 r_e、电量为 e 的带电球. 若电荷均匀分布在球表面上，由例 11，电子的静电自能为$\frac{e^2}{8\pi\varepsilon_0 r_e}$；若电荷均匀分布在球体内，由例 11，电子的静电自能为$\frac{3e^2}{20\pi\varepsilon_0 r_e}$. 两个模型的结果有所不同，但数量级相同，都是$\frac{e^2}{4\pi\varepsilon_0 r_e}$，作为估计，取电子的静电自能为 $W_{自}=\frac{e^2}{4\pi\varepsilon_0 r_e}$. 又，根据相对论的质能关系，电子的能量为 $W_e=m_e c^2$，其中 c 为真空光速. 若假设 W_e 全部来自静电自能 $W_{自}$，即 $W_e=W_{自}$，则

$$W_e=m_e c^2=W_{自}=\frac{e^2}{4\pi\varepsilon_0 r_e}.$$

故

$$r_e=\frac{e^2}{4\pi\varepsilon_0 m_e c^2}\approx2.8\times10^{-15}\mathrm{m}.$$

按上述方法近似估计得出的 r_e 称为电子的经典半径，r_e 是一个与 m_e，e 相关的具有长度量纲的量. 虽然 r_e 并不能真正地反映电子的大小，但仍不失为一个有用的近似和替代，常常在近代量子理论的一些公式中出现.

本章小结

本章的主要内容是静电场中的导体和电介质以及静电能.

1. 导体的静电感应现象和电介质的极化现象是静电场作用的结果，对它们的观察和解释使我们对导体和电介质的电学性质以及内在电结构有了初步的了解.

本章首次涉及物质的电磁性质，相关的研究方法和基本的物理图象值得关注.

2. 导体的基本特征是有大量自由电荷，由此，导体的静电平衡条件是 $\boldsymbol{E}_{内}=0$，进而，静电平衡导体的基本性质是，导体内及表面等电势 $U=$常量，导体表面外 $\boldsymbol{E}$ 沿法向，导体内无

电荷,电荷只分布在导体表面且 $\sigma=\varepsilon_0 E_{表面外}$ 等.

导体空腔(金属壳)的特征:若腔内无带电体,则腔内 $\boldsymbol{E}=0$,$U=$常量,内表面不带电;若腔内有带电体,则内表面电量与之等值异号.

接地的导体空腔能消除空腔内、外电荷产生的电场的相互影响,实现静电屏蔽.

静电场边值问题的唯一性定理,确保合理的尝试解就是唯一的静电平衡分布,消除了对静电屏蔽效应可能的疑虑.

3. 电容器是储存电能的基本元件,因静电屏蔽效应,其中电场不受外界影响.

电容器电容的定义和计算,电容器储存的电能,电容器的串并联公式.

4. 电介质的极化:极化现象,分子电偶极子模型,极化机制(位移极化和取向极化),极化的描绘(极化强度矢量 $\boldsymbol{P}$,极化电荷 q' 或 σ',退极化场 $\boldsymbol{E}'$),$\boldsymbol{P}$,q' 或 σ',$\boldsymbol{E}'$ 或 $\boldsymbol{E}$($\boldsymbol{E}=\boldsymbol{E}_0+\boldsymbol{E}'$)三者的关系,极化规律.

5. 有电介质时的静电场:电位移矢量 $\boldsymbol{D}$ 的高斯定理与 $\boldsymbol{E}$ 的环路定理以及描绘电介质极化规律的介质方程,构成完备方程组.

静电场有源无旋的性质不变,不同性质电介质的介质方程的形式有所不同.

6. 静电能是静止带电体系的静电势能,静电能是静电场蕴含的能量.

点电荷体系的互能,电荷连续分布带电体的静电势能(自能),电场的能量密度和能量.

7. 有导体和电介质时静电场的计算以及静电能的计算,均以场强、电势或电势差的计算为基础,基本方法与第一章相同.

(1) 有导体时,需首先根据静电平衡导体的性质,结合对称性分析,确定自由电荷的分布,然后求 $\boldsymbol{E}$,U,C 等.

(2) 有电介质时,应熟练运用 $\boldsymbol{P}$,q' 或 σ',$\boldsymbol{E}'$ 或 $\boldsymbol{E}$ 三者的关系,$\boldsymbol{D}$ 的高斯定理,以及介质方程,根据题意,循序求解.

8. 基本公式

(1) 电容器

电容定义

$$C=\frac{Q_0}{U_A-U_B}=\frac{Q_0}{U_{AB}}.$$

平行板电容器

$$C=\frac{\varepsilon_0 S}{d}.$$

同心球电容器

$$C=\frac{4\pi\varepsilon_0 R_A R_B}{R_B-R_A}.$$

同轴圆柱形电容器

$$C=\frac{2\pi\varepsilon_0 L}{\ln\dfrac{R_B}{R_A}}.$$

电容器储能

$$W_e=\frac{Q_0^2}{2C}=\frac{1}{2}CU^2=\frac{1}{2}Q_0U.$$

电容器串联

$$\frac{1}{C}=\frac{1}{C_1}+\frac{1}{C_2}+\cdots.$$

电容器并联

$$C=C_1+C_2+\cdots.$$

(2) 电介质的极化

极化强度矢量 $\boldsymbol{P}$ 的定义

$$\boldsymbol{P}=\frac{1}{\Delta V}\sum_{(\Delta V内)}\boldsymbol{p}_{分子}.$$

$\boldsymbol{P}$ 与极化电荷(q',σ')的关系

$$\begin{cases}\oint\!\!\!\oint_{(S)}\boldsymbol{P}\cdot\mathrm{d}\boldsymbol{S}=-\sum_{(S内)}q',\\ \sigma'=P_n=P\cos\theta.\end{cases}$$

$\boldsymbol{P}$ 与总场强 $\boldsymbol{E}$ 的关系

$$\boldsymbol{P}=\chi_e\varepsilon_0\boldsymbol{E}$$

(只适用于线性各向同性电介质,$\boldsymbol{E}=\boldsymbol{E}_0+\boldsymbol{E}'$).

电位移矢量 $\boldsymbol{D}$ 的定义

$$\boldsymbol{D}=\varepsilon_0\boldsymbol{E}+\boldsymbol{P}.$$

有电介质时的静电场方程组

$$\begin{cases}\boldsymbol{D}\text{ 的高斯定理}\quad \oint\!\!\!\oint_{(S)}\boldsymbol{D}\cdot\mathrm{d}\boldsymbol{S}=\sum_{(S内)}q_0,\quad\text{有源},\\ \boldsymbol{E}\text{ 的环路定理}\quad \oint_{(L)}\boldsymbol{E}\cdot\mathrm{d}\boldsymbol{l}=0,\quad\text{无旋},\\ \text{介质方程}\quad \boldsymbol{D}=\varepsilon_0\varepsilon_r\boldsymbol{E}\end{cases}$$

(只适用于线性各向同性电介质,$\varepsilon_r=1+\chi_e$).

(3) 静电能

n 个点电荷体系的互能

$$\begin{cases}W_{互}=\dfrac{1}{4\pi\varepsilon_0}\displaystyle\sum_{i=1}^{n}\sum_{j=1}^{i-1}\frac{q_iq_j}{r_{ij}},\\ W_{互}=\dfrac{1}{8\pi\varepsilon_0}\displaystyle\sum_{i=1}^{n}\sum_{\substack{j=1\\(j\neq i)}}^{n}\frac{q_iq_j}{r_{ij}},\\ W_{互}=\dfrac{1}{2}\displaystyle\sum_{i=1}^{n}q_iU_i,\end{cases}$$

$$U_i = \sum_{\substack{j=1 \\ (j \neq i)}}^{n} U_{ji} = \frac{1}{4\pi\varepsilon_0} \sum_{\substack{j=1 \\ (j \neq i)}}^{n} \frac{q_i}{r_{ji}}$$

(U_i 是除 q_i 外,其余$(n-1)$个点电荷的静电场在 q_i 所在位置的电势).

电荷连续分布带电体的静电能(自能)

$$W_e = \frac{1}{2}\int U \mathrm{d}q = \begin{cases} \frac{1}{2}\iiint \rho U \mathrm{d}V, \\ \frac{1}{2}\iint \sigma U \mathrm{d}S, \\ \frac{1}{2}\int \lambda U \mathrm{d}l \end{cases}$$

(U 是带电体产生的静电场在 $\mathrm{d}q$ 所在位置的电势,即在 $\mathrm{d}V$,$\mathrm{d}S$,$\mathrm{d}l$ 处的电势).

电场能量密度

$$w_e = \frac{1}{2}\boldsymbol{D} \cdot \boldsymbol{E}.$$

电场能量

$$W_e = \iiint \frac{1}{2}\boldsymbol{D} \cdot \boldsymbol{E} \mathrm{d}V.$$

习　题

2.1 试证明两个无限大平行带电导体板相对两面上的电荷面密度总是大小相等而符号相反;相背的两面上的电荷面密度总是大小相等而符号相同.

2.2 如图,三块平行金属板 A,B,C,面积都是 $200\ \mathrm{cm}^2$,A 与 B 相距 $4.0\ \mathrm{mm}$,A 与 C 相距 $2.0\ \mathrm{mm}$,B 和 C 两板接地. 使 A 板带正电 $3.0\times10^{-7}\ \mathrm{C}$,忽略边缘效应. (1) 试求 B 板和 C 板上的感应电荷;(2) 以地的电势为零,试求 A 板电势.

2.3 如图,点电荷 q 放置在导体球壳的中心,$q=4\times10^{-10}\ \mathrm{C}$,球壳内外半径分别是 $R_1=2\ \mathrm{cm}$,$R_2=3\ \mathrm{cm}$. 试求:(1) 导体球壳的电势;(2) 离球心 $r=1\ \mathrm{cm}$ 处的电势;(3) 把点电荷移到离球心 $1\ \mathrm{cm}$ 处时,导体球壳的电势.

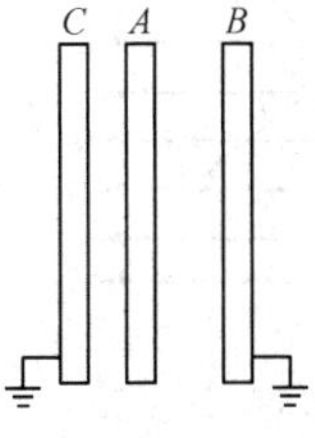

习题　2.2

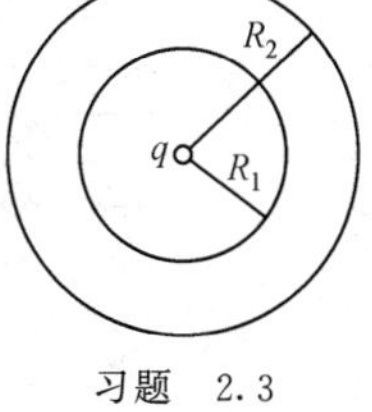

习题　2.3

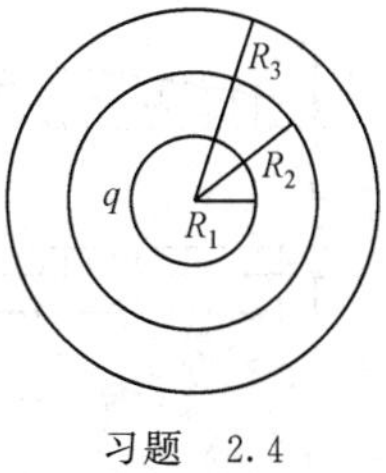

习题　2.4

2.4 如图,半径为 R_1 的导体球带有电荷 q,球外同心地放一不带电的导体球壳,球壳的内、外半径为 R_2,

R_3. 试求:(1) 球壳内外表面上的电荷以及球壳的电势;(2) 将球壳接地时,它的电荷分布及电势;(3) 设球壳离地面很远,将(2)中的接地线拆掉后,再使内球接地,这时内球的电荷以及外球壳的电势分别为多大?

2.5 如图,同轴传输线由两个很长的、彼此绝缘的同轴金属直圆筒构成,设内圆筒的电势为 U_1,外半径为 R_1,外圆筒的电势为 U_2,内半径为 R_2. 试求离轴为 r 处的电势($R_1<r<R_2$).

2.6 如图,平行板电容器两极板的面积为 S,相距 d,将一厚度为 t、面积为 $S/2$ 的金属片插入电容器,位置如图所示,忽略边缘效应,试求插入金属片后电容器的电容.

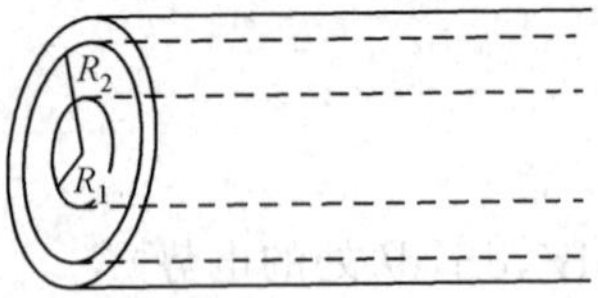

习题 2.5

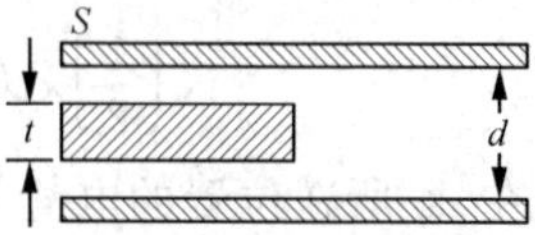

习题 2.6

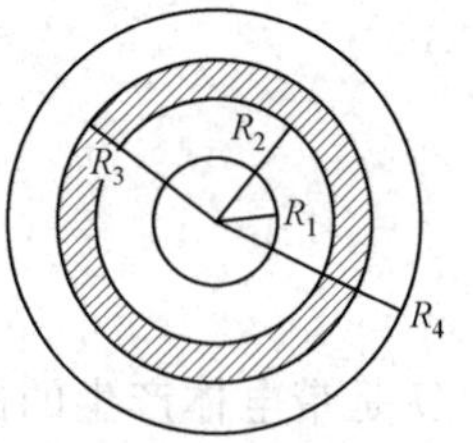

习题 2.7

2.7 如图,球形电容器内外两球的半径分别为 R_1 和 R_4,在两球壳之间放一个内外半径分别为 R_2 和 R_3 的同心导体球壳.

(1) 给内壳 R_1 充电荷 Q,试求 R_1 与 R_4 两壳之间的电势差;

(2) 试求以 R_1 与 R_4 为两极的电容器的电容.

2.8 如图,三个共轴的金属圆筒,长度都是 l,半径分别为 a,b,c,三圆筒的厚度均可略,其间都是空气. 现将内外两圆筒连在一起作为电容器的一极,中间圆筒作为另一极,忽略边缘效应. (1) 试求该电容器的电容 C;(2) 设 $l=10$ cm,$a=3.8$ mm,$b=4.0$ mm,$C=4.1$ mm. 试计算 C 的值.

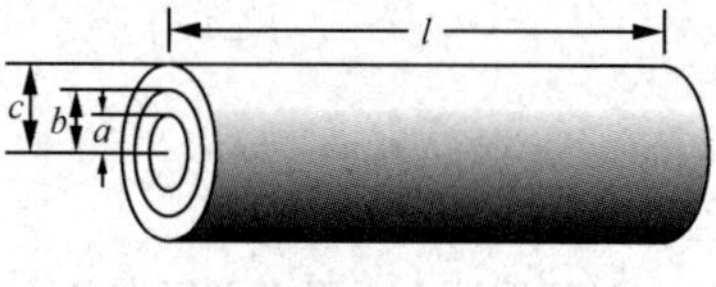

习题 2.8

2.9 如果你手头有三种电容器,分别是:电容 10 μF,耐压 1000 V;电容 2 μF,耐压 400 V;电容 8 μF,耐压 500 V. 现需要电容 5 μF,耐压 800 V 的等效电容器,试问应将上述电容器怎样连接才能符合要求?

2.10 如图,电容器两极板是边长为 a 的正方形,两极板夹角 θ,间距为 d. 试证明当 $\theta \ll \dfrac{d}{a}$ 时,忽略边缘效应,电容器的电容为

$$C=\frac{\varepsilon_0 a^2}{d}\left(1-\frac{a\theta}{2d}\right).$$

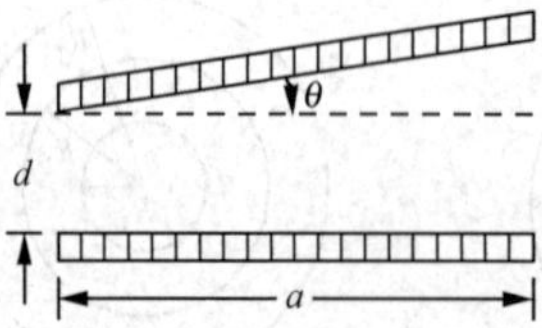

习题 2.10

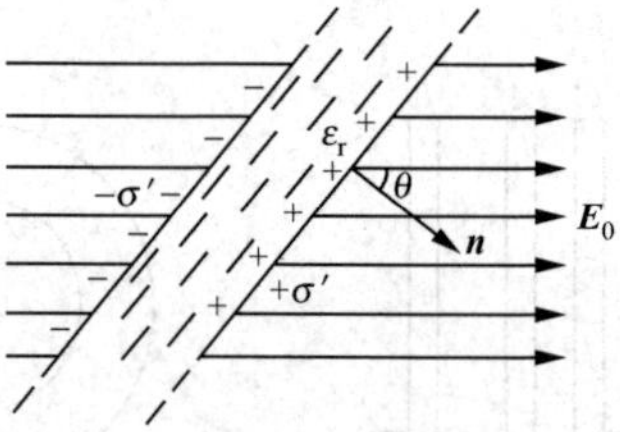

习题 2.11

2.11 如图,一无限大的均匀介质平板,相对介电常量为 ε_r,放在电场强度为 $\boldsymbol{E}_0$ 的均匀电场中,板面法线与 $\boldsymbol{E}_0$ 夹角 θ,试求板面上极化电荷的面密度.

2.12 如图,平行板电容器两极板相距为 d,面积为 S,电势差为 U,其中放有一块厚为 t,面积为 S,相对介电常量为 ε_r 的介质板,介质两边都是空气,忽略边缘效应. 试求:(1) 介质中的电场强度 $\boldsymbol{E}$,极化强度 $\boldsymbol{P}$ 和电位移 $\boldsymbol{D}$;(2) 极板上的电量 Q;(3) 极板和介质间隙中的场强;(4) 电容 C.

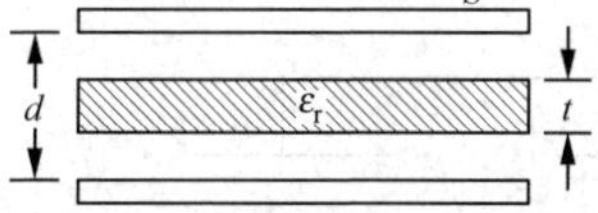

习题　2.12

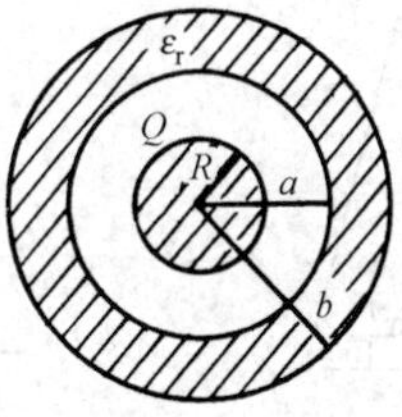

习题　2.13

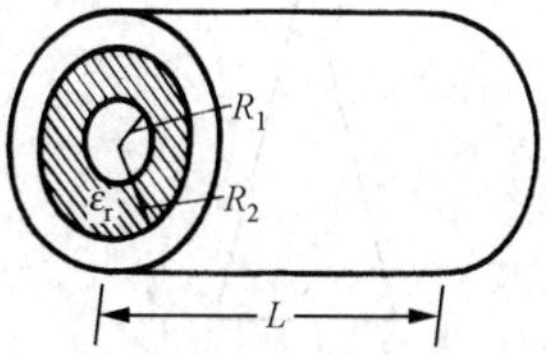

习题　2.14

2.13 如图,半径为 R 的导体球带电荷 Q,球外有一层同心球壳的均匀介质,其内外半径分别为 a 和 b,相对介电常量为 ε_r. 试求:(1) 介质内外的电位移 $\boldsymbol{D}$,电场强度 $\boldsymbol{E}$;(2) 介质内的极化强度 $\boldsymbol{P}$ 和表面上的极化电荷面密度 σ';(3) 介质内的极化电荷体密度 ρ'.

2.14 如图,圆柱形电容器由半径为 R_1 的导线以及与它同轴的导体圆筒构成,圆筒半径为 R_2,长为 L,其间充满相对介电常量为 ε_r 的均匀介质. 设沿轴线单位长度上导线的电荷为 λ,圆筒的电荷为 $-\lambda$,忽略边缘效应. 试求:(1) 介质中的电位移 $\boldsymbol{D}$,电场强度 $\boldsymbol{E}$ 和极化强度 $\boldsymbol{P}$;(2) 两极间的电势差;(3) 介质表面的极化电荷面密度 σ';(4) 电容 C,并求 C 与真空时电容 C_0 之比.

2.15 圆柱形电容内充满两层均匀介质,内层是 $\varepsilon_{r1}=4.0$ 的油纸,其内半径为 2.0 cm,外半径为 2.3 cm;外层是 $\varepsilon_{r2}=7.0$ 的玻璃,其外半径为 2.5 cm. 已知油纸的击穿场强为 120 kV/cm,玻璃的击穿场强为 100 kV/cm. 试求:(1) 当电压逐渐升高时,哪层介质先被击穿?(2) 该电容器能耐多高的电压?

2.16 如图,边长为 a 的立方体,每一个顶点上放一负点电荷 $-e$,立方体中心放置一正点电荷 $2e$. 试求此带电体系的静电能(相互作用能).

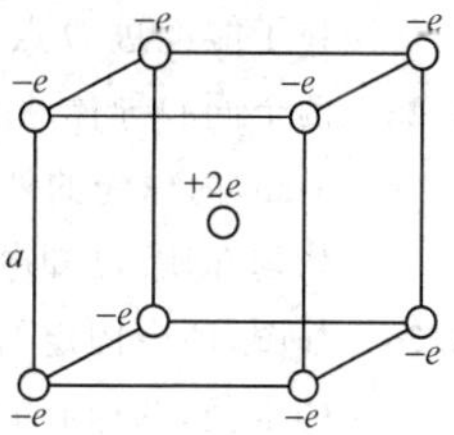

习题　2.16

2.17 半径为 R 的一个球形雨点(可看作导体),带有电荷 Q,今将它打破成为两个完全相同的球形雨点并相距很远. 试问静电能改变了多少?

2.18 铀 235 原子核可当作半径为 $R=9.2\times10^{-15}$ m 的球,它共有 92 个质子,每个质子的电荷为 $e=1.6\times10^{-19}$ C,假定这些电荷均匀分布在原子核球体内. (1) 试求一个铀 235 原子核的静电能;(2) 当一个铀 235 原子核分裂成两个相同的均匀带电球体并相距很远时,试求释放的能量;(3) 1 kg 铀 235 按上述方式裂变,能释放多少能量?

2.19 平行板电容器极板面积为 S,间距为 d,带电为 $\pm Q$,现将极板间距拉开一倍. 试计算:(1) 静电能改变了多少?(2) 外力对极板做功多少?

2.20 半径为 a 的导体圆柱外面,套有一半径为 b 的同轴导体圆筒,长度都是 L,其间充满介电常量为 ε 的均匀介质. 圆柱带电 Q,圆筒带电 $-Q$,忽略边缘效应. (1) 试求整个介质内的电场总能量 W;(2) 试证明 $W=Q^2/2C$,式中 C 为圆柱和圆筒间的电容.

2.21 如图,平行板电容器极板面积为 S,两板间距为 d,接电源,板间电压为 U_0,充电后不断开电源,插入相对介电常量为 ε_r 的均匀介质,并充满电容器的一半,忽略边缘效应. 试求:(1) 电容器中的 $E_1,E_2,D_1,D_2,\sigma_1,\sigma_2$;(2) 与未插入介质时相比,系统能量的改变 ΔW;(3) 在此过程中,电源做了多少功?

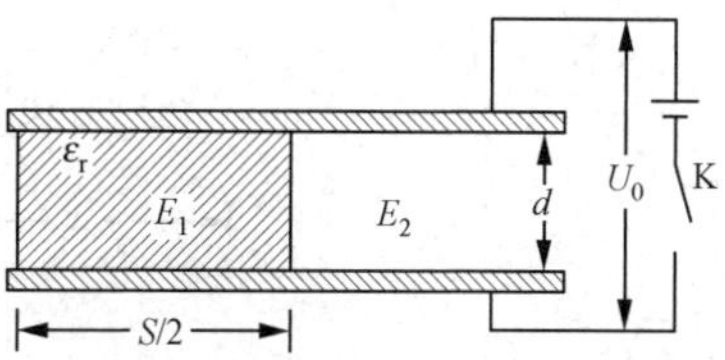

习题　2.21

2.22 静电天平的装置如图所示，一空气平行板电容器两极板的面积都是 S，相距为 x，下板固定，上板接到天平的一头，当电容器不带电时，天平正好平衡．然后把电压 U 加到电容器的两极上，则天平的另一头须加上质量为 m 的砝码，才能达到平衡．试求所加的电压 U．

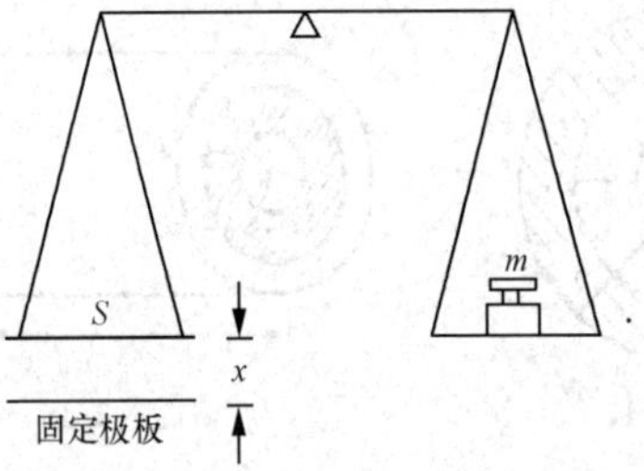

习题　2.22

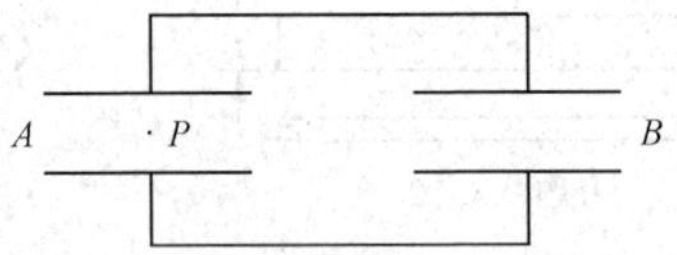

习题　2.23

2.23 如图，两个相同的水平放置的平板空气电容器连接起来．充电后电容器 A 中的带电微粒 P 刚好静止地悬浮着．撤去电源，将电容器 B 的两极水平地错开，使两板相对的面积减小为原来的一半．试求此时带电微粒 P 在竖直方向运动的加速度 a．

2.24 如图，两个同轴导体圆筒，内筒半径为 R，两筒间距为 d，筒高为 L，且 $L \gg R \gg d$．内筒经未知电容 C_x 的电容器与端电压 V 足够大的直流电源的正极连接，外筒与电源的负极连接．圆筒的中央轴在铅垂线上，筒间 A 和 B 两点的连线与中央轴平行，A 点和 B 点的间距为 h．一个质量为 m，电量为 $-Q(Q>0)$ 的带电粒子从 A 点射出，其速率为 v_0，速度的方向垂直于由 A 点和筒中央轴线确定的平面．为了使该带电粒子能经过 B 点，试求所有可供选择的 v_0 和 C_x 值．

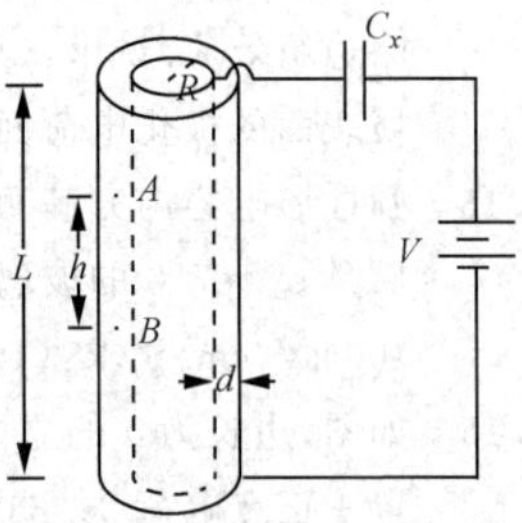

习题　2.24

2.25 两个同心导体球壳构成电容器，外球壳的内半径是固定的，其大小为 5 cm，内球壳的外半径可以自由选择，两球壳之间充满了各向同性的均匀介质．已知电介质的击穿电场强度为 2.0×10^7 V/m．试求该电容器所能承受的最大电压．

2.26 如图，两个固定的均匀带电球面 A 和 B 分别带电 $4Q$ 和 $Q(Q>0)$．两球心之间的距离 d 远大于两球的半径，两球心的连线 MN 与两球面的相交处都开有足够小的孔，因小孔而损失的电量可以忽略不计．一带负电的质点静止地放置在 A 球左侧某处 P 点，且在 MN 直线上．设质点从 P 点释放后刚好能穿越三个小孔，并通过 B 球球心．试求质点开始时所在的 P 点与 A 球球心的距离 x 应为多少．

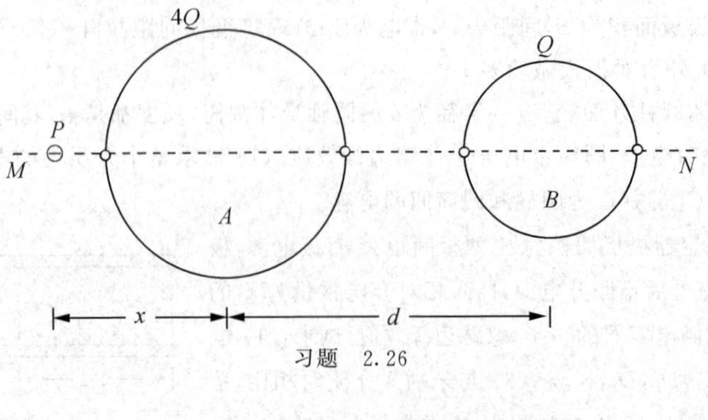

习题　2.26

第三章 直 流 电

直流电路由直流电源和电阻(负载)构成,电流恒定不变.

电源是通过非静电力做功把其他形式能量转化为电能的装置.在直流电路中,非静电力与恒定电场并存,各司其职,维持电流的恒定和能量得失的平衡.

欧姆定律是导电规律,它和极化、磁化的方程一起,完整地描绘了物质的电磁性质.

基尔霍夫方程组是求解复杂电路的完备方程组,是恒定电场规律的应用,它提供了由基础理论向应用研究转化的范例.

直流电路可用于测量一些基本的电学量,并由此衍生出许多实际应用.

§3.1 电流,电流强度,电流密度,电流的连续方程,电流的恒定条件

§3.1.1 电流,电流强度,电流密度矢量

电荷是带电粒子(如电子、质子等)的属性,电荷的流动形成电流.电流有微观电流和宏观电流的区分,后者是前者的统计平均效果.例如,在分子、原子中,电子绕原子核的旋转以及电子自旋、核自旋等都形成电流,所谓"分子电流"就是它们之和,这是典型的微观电流.宏观电流则通常按形成机制的不同分成以下几类.

在导体(如金属)中,脱离原子束缚的外层电子可以在导体内自由运动,称为自由电子,无电场时,自由电子作无规则热运动,不存在任何占优势的方向,并无宏观电流.加外电场,大量自由电子受电场推动在热运动背景下的宏观定向运动(称为漂移)形成的宏观电流称为传导电流.在电解液中,正、负离子是自由电荷,它们在外电场作用下定向运动形成的宏观电流也是传导电流.

电介质是绝缘体,其中并无自由电荷,在外电场作用下,原先取向无规的分子电偶极矩趋向整齐排列,导致某种宏观的极化电荷分布,这就是电介质的极化,外电场不同,极化的强弱有所不同.因此,如果外电场发生变化,虽然极化电荷都因被束缚在分子内不能宏观移动,但分子电偶极矩排列的整齐程度即极化电荷的宏观分布发生了变化,其宏观效果等价于极化电荷的宏观移动,由此形成的宏观电流称为极化电流.所以,极化电流只在非恒定条件下才在电介质中出现.(参看第二章.)

磁介质中大量分子电流取向无规,平均而言相互抵消,使其中不出现宏观电流,不显磁性.在外磁场作用下,磁介质中的分子电流趋于整齐排列,由此形成的宏观电流称为磁化电流.当然,分子电流中的运动电荷都被束缚在分子内,不能宏观移动.磁化电流也是等价的宏观效果.(参看第五章.)

传导电流、极化电流、磁化电流的共同之处在于，都是电荷的宏观移动（真实的或等价的），都产生磁场，都伴随着某种能量损耗；区别在于形成机制不同.

麦克斯韦认为，变化的电场也能产生磁场，也具有磁效应，他把变化电场与极化电流之和称为位移电流. 尽管其中的变化电场与电荷的运动毫不相干.（参看第八章.）

总之，传导电流、极化电流、磁化电流、变化的电场四者都能产生磁场，这是它们的共性.

为了比较电流的强弱，定义电流强度（简称电流）I 为单位时间通过一横截面的电量. 若在 Δt 时间内通过任一横截面的电量为 Δq，则 $I=\frac{\Delta q}{\Delta t}$，取 $\Delta t\to 0$ 的极限，得

$$I=\frac{\mathrm{d}q}{\mathrm{d}t}. \tag{3.1}$$

电流是 MKSA 单位制中四个基本量之一，电流的单位是安培，简称安，用 A 表示，其定义见第四章，常用的电流单位还有毫安（$1\ \mathrm{mA}=10^{-3}\ \mathrm{A}$）和微安（$1\ \mu\mathrm{A}=10^{-6}\ \mathrm{A}$）.

按上述定义的电流概念，既是标量，未指明电荷运动的方向（其实，所谓横截面就是与电流垂直的截面，已经暗含了电流的方向），又只是笼统地描绘单位时间通过任一横截面的总电量，未予细致区分，不够精确. 在通常的电路问题中，电流沿导线流动，方向不言自明，既无须区分导线各处横截面方位的不同，也无须区分导线各处通过电量的多寡，用电流强度描述就可以了. 但是，例如在电阻法勘探中，遇到的是电流在地表下由水、岩层或矿体构成的大块导体中的流动，在地表下各处电流的大小、方向不同，形成一定的电流分布和电势分布，人们正是通过相应的测量和理论计算来推测地表下的地质结构. 又如，当导体中通过迅变交流电时，由于趋肤效应，电流沿其横截面有一定的分布. 对于此类问题，描述电流整体特征的电流强度 I 已不够准确、充分. 为此，必须引入能够细致描绘电流分布的物理量——电流密度矢量 $\boldsymbol{j}$.

某一点的电流密度 $\boldsymbol{j}$ 是一个矢量，其方向为该点电流的方向（通常规定正电荷流动的方向为电流方向），其大小为通过该点与 $\boldsymbol{j}$ 垂直的单位截面的电流强度，即其大小为单位时间通过单位垂直截面的电量

$$j=\frac{\mathrm{d}I}{\mathrm{d}S} \quad 或 \quad \mathrm{d}I=j\,\mathrm{d}S,$$

若截面元 $\mathrm{d}\boldsymbol{S}$ 的法线方向与电流方向的夹角为任意的 θ，则

$$\mathrm{d}I=\boldsymbol{j}\cdot\mathrm{d}\boldsymbol{S}=j\cos\theta\,\mathrm{d}S, \tag{3.2}$$

所以，通过任意截面 S 的电流强度 I 与电流密度矢量 $\boldsymbol{j}$ 的关系为

$$I=\iint_{(S)}\boldsymbol{j}\cdot\mathrm{d}\boldsymbol{S}=\iint_{(S)}j\cos\theta\,\mathrm{d}S. \tag{3.3}$$

电流密度矢量 $\boldsymbol{j}$ 的空间分布构成的矢量场称为电流场，可用电流线图示. 电流线是电流场中各点电流密度矢量连成的曲线，各点的切线方向就是该点 $\boldsymbol{j}$ 的方向，电流线经任意曲面 S 的通量就是通过 S 的电流强度 I，电流线的疏密描绘了各处 I 的大小. 所以 $\boldsymbol{j}$ 与 I 的关系就是矢量场与其通量的关系.

电流密度矢量 $\boldsymbol{j}$ 的单位是安/米²（$\mathrm{A/m^2}$）.

不随时间变化的电流称为恒定电流,也称直流电.

§3.1.2 电流的连续方程,电流的恒定条件

电流的连续方程是电流场的基本性质,其实质是电荷守恒定律.

任取闭合曲面 S,若有电流经 S 流动、进出,根据电荷守恒定律,在任意 $\mathrm{d}t$ 时间内,从 S 面流出(或流入)的电量应等于 S 面所包围体积 V 内电量的减少(或增加). 规定闭合曲面的外法线方向为其中各面元的法线方向,则从 S 面流出的电流即单位时间从 S 面流出的电量为 $\oiint_{(S)} \boldsymbol{j}\cdot\mathrm{d}\boldsymbol{S}$. 又,单位时间体积 V 内电量 q 的减少为 $-\frac{\mathrm{d}q}{\mathrm{d}t}$. 两者相等,得

$$\oiint_{(S)} \boldsymbol{j}\cdot\mathrm{d}\boldsymbol{S} = -\frac{\mathrm{d}q}{\mathrm{d}t}. \tag{3.4}$$

这就是电流连续方程的积分形式,式中的负号表示减少. 上式表明,若 S 面内正电荷不断增加,则流入 S 面的正电荷必定大于流出的正电荷,即进入 S 面的电流线多于从 S 面出来的电流线,多余的电流线将在正电荷积累处终止. 换言之,电流线总是在电荷发生变化(增加或减少)的地方终止或发出.

利用 $q=\iiint_{(V)}\rho\mathrm{d}V$,其中 q 是 V 内的电量,ρ 是 V 内电荷的体密度,再利用矢量分析的高斯定理,可将(3.4)式表为

$$\oiint_{(S)} \boldsymbol{j}\cdot\mathrm{d}\boldsymbol{S} = \iiint_{(V)}(\nabla\cdot\boldsymbol{j})\mathrm{d}V = -\frac{\mathrm{d}q}{\mathrm{d}t} = -\iiint_{(V)}\frac{\partial\rho}{\partial t}\mathrm{d}V,$$

即

$$\nabla\cdot\boldsymbol{j} = -\frac{\partial\rho}{\partial t}. \tag{3.5}$$

这就是电流连续方程的微分形式.

电荷守恒定律是物理学的基本规律,电流的连续方程为它提供了定量表述.

对于恒定电流,电流的空间分布即其电流场不随时间变化. 这就要求电荷的空间分布不随时间改变,否则,如果电荷分布发生变化,它产生的电场随之变化,必将影响电荷的运动,使电流不再恒定. 因此,恒定电流要求与它相关的电荷分布、电场分布都不随时间变化,即对于恒定电流要求(3.4)式中任意闭合曲面 S 内的电量 q 不随时间变化,$\frac{\mathrm{d}q}{\mathrm{d}t}=0$,得

$$\oiint_{(S)} \boldsymbol{j}\cdot\mathrm{d}\boldsymbol{S} = 0. \tag{3.6}$$

这就是电流恒定条件的定量表述. 它表明,对于恒定电流,流入任意闭合曲面 S 的电量应等于从 S 面流出的电量,即电流线应连续地穿过闭合曲面所包围的体积,不能在任何地方中断. 换言之,恒定电流的电流线永远是首尾相接的闭合曲线. 由此,直流电路必定是闭合的,且在没有分叉的支路中电流处处相等.

在导体中推动自由电子定向运动形成恒定电流的电场称为恒定电场. 就产生原因和作

为矢量场的性质而言，恒定电场与静电场并无不同，都由静止电荷产生，都不随时间变化，都是有源无旋的矢量场，遵循同样的高斯定理和环路定理，电势电压概念都适用.两者的区别是，静电场中的导体达到平衡时内部场强处处为零，并无电荷流动，恒定电场中导体内的场强并不为零，且正是它推动电荷运动形成恒定电流.因此，给予不同的名称以示区别.由于两者大同小异，笼统地都称之为静电场亦无不可.

§3.2 欧姆定律，焦耳定律，德鲁德金属导电的经典电子论

§3.2.1 欧姆定律，电阻

欧姆定律是电学的基本实验定律之一，它揭示了物质的导电规律.欧姆定律与揭示物质极化、磁化规律的方程(见第二章、第五章)一起，从各个角度完整地描绘了物质的电磁性质.

1826 年德国物理学家欧姆(G. S. Ohm)从实验中发现，在恒定条件下，通过一段导体的电流 I 和其两端的电压 U 成正比，即

$$I \propto U.$$

这个结论称为欧姆定律.由此，可以定义描述导体导电性能的物理量电阻 R 为

$$R = \frac{U}{I},$$

故

$$U = IR. \tag{3.7}$$

上式给出了导体中电压、电流、电阻三者的关系，描绘了一段有限长度、有限截面积导体的导电规律，称为欧姆定律的积分形式.在同样条件下(长度、截面积相同)，在不同导体的两端加同样的电压，实验测出其中的电流不同，这表明不同导体的电阻即导电性能有所不同.

欧姆定律的积分形式(3.7)式适用于包括金属、合金、电解液(酸、碱、盐的水溶液)在内的导体，它们的电压、电流关系(也称伏安特性)是一条通过原点的直线，如图 3.1(a)所示，具有这种性质的导体或元件称为线性导体或元件，其电阻称为线性电阻.对气体导体(如日光灯管中的汞蒸气)以及电子管、晶体管等，其伏安特性是不同形状的曲线，后两者如图 3.1(b)(c)所示，称为非线性导体或元件，欧姆定律不适用.但通常仍定义其电阻为 $R=\frac{U}{I}$，只是 R 不仅与材料或元件的性质有关，还与其中的电压、电流有关.

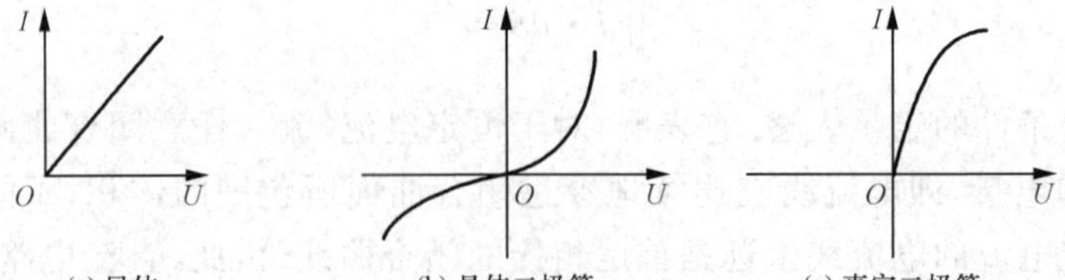

(a) 导体
(线性伏安特性)

(b) 晶体二极管
(非线性伏安特性)

(c) 真空二极管
(非线性伏安特性)

图 3.1 伏安特性曲线

对于导体，欧姆定律的积分形式(3.7)式不仅在恒定条件下适用，在非恒定但变化不太快的准恒(似稳)条件以及导体的自感可以忽略的条件下也适用(参看第七章).

实验表明，导体的电阻 R 及其性质和几何形状有关，对于由一定材料制成的粗细均匀的导体，若长为 l，横截面为 S，则其电阻为

$$R=\rho\frac{l}{S},$$

式中的比例系数 ρ 称为导体的电阻率，描绘导体的导电性能. 若导体的横截面 S 或电阻率 ρ 不均匀，应将上式改写为积分形式

$$R=\int\rho\frac{\mathrm{d}l}{S}. \tag{3.8}$$

实验表明，各种材料的电阻率 ρ 都随温度变化，其中纯金属的电阻率随温度的变化比较规则，在温度不太低、温度变化范围不太大时，电阻率与温度之间近似地遵循线性关系，即

$$\rho=\rho_0(1+\alpha t), \tag{3.9}$$

式中 ρ,ρ_0 分别是 t(℃)，0 ℃的电阻率，α 称为电阻温度系数，单位是$℃^{-1}$. 不同材料的 ρ,α 值如表 3.1 所示.

表 3.1 常用导电材料的电阻率 ρ 和电阻温度系数 α

材料名称	$\rho/(\Omega\cdot mm^2/m)$ (20 ℃)	$\alpha/℃^{-1}$ (0～100 ℃)
铜	0.0175	0.004
铝	0.026	0.004
钨	0.049	0.004
铸铁	0.50	0.001
钢	0.13	0.006
碳	10.0	−0.0005
锰铜($Cu_{84}+Ni_4+Mn_{12}$)	0.42	0.000005
康铜($Cu_{60}+Ni_{40}$)	0.44	0.000005
镍铬铁($Ni_{66}+Cr_{15}+Fe_{19}$)	1.0	0.00013
铝铬铁($Al_5+Cr_{15}+Fe_{80}$)	1.2	0.00008

电阻的倒数称为电导 G，电阻率的倒数称为电导率 σ，

$$G=\frac{1}{R},\quad \sigma=\frac{1}{\rho}. \tag{3.10}$$

在国际单位制中，电阻 R、电导 G、电阻率 ρ、电导率 σ 的单位分别是欧姆(Ω)、西门子(S)、欧姆·米(Ω·m)、西门子/米(S/m)，1 Ω=1 V/A，1 S=1 Ω^{-1}.

物质材料的电阻率 ρ 是其重要的电学性质之一，通常，按 ρ 的大小把固体区分为导体、绝缘体和半导体. 在室温下，金属导体的电阻率约为 $10^{-8}\sim10^{-5}$ Ω·m，绝缘体的电阻率约为 $10^{8}\sim10^{18}$ Ω·m，半导体的电阻率介于两者之间约为 $10^{-5}\sim10^{8}$ Ω·m. 应该指出，绝缘体和半导体的电阻率随温度变化的规律与导体颇为不同，通常，随着温度的升高，它们的电阻

率急剧变小，且不遵循线性关系．另外，有些金属、合金、化合物在温度降至接近绝对零度的临界温度 T_c 时，其电阻突降为零，成为具有特殊电磁性质的超导体(参看第六章§6.5).

银、铜、铝等金属的电阻率很小，适于做导线．铁铬铝、镍铬等合金的电阻率较大，适于做电炉、电阻器的电阻丝．利用金属电阻随温度的变化可以制成电阻温度计，测量温度．例如，铂电阻温度计适用于－200℃～500℃，铜电阻温度计适用于－50℃～150℃，在此测温范围内，铂和铜的物理、化学性质比较稳定，电阻随温度变化的线性关系比较好．有些合金如康铜(镍铜合金)和锰铜的电阻温度系数 α 特别小，其电阻受温度的影响极小，常用来制作标准电阻．

欧姆定律的积分形式(3.7)式给出了一段导体电压、电流、电阻的关系，与描述极化、磁化的方程相比较，更精确的形式应该是点点对应的关系．由于一段导体两端的电压来自其中的电场，导体中的自由电荷正是在电场的推动下形成电流的，因此，把(3.7)式用于导体内一段电流管，再令其趋于零，就可得出欧姆定律的微分形式，它应该表现为通电流导体中任一点 $\boldsymbol{E}$ 与 $\boldsymbol{j}$ 的关系．

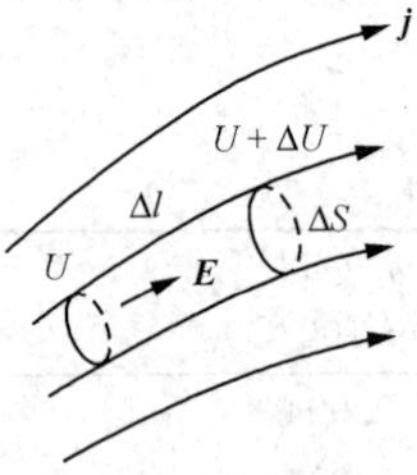

图 3.2　欧姆定律微分形式的推导

如图 3.2，在导体的电流场内任取一个由电流线围成的小电流管，长度为 Δl，垂直 $\boldsymbol{j}$ 的截面为 ΔS，两端的电势分别为 U 和 $(U+\Delta U)$，电流管中的电流为 ΔI．由欧姆定律

$$\Delta I = -\frac{\Delta U}{R},$$

其中

$$\Delta I = j\Delta S,\quad R = \rho\frac{\Delta l}{\Delta S} = \frac{\Delta l}{\sigma\Delta S},\quad E = \frac{-\Delta U}{\Delta l}.$$

把以上三式代入前式，再令 $\Delta l\to 0$，$\Delta S\to 0$，$\Delta U\to 0$，得出在导体内任一点 $j=\sigma E$．因 $\boldsymbol{j}$ 与 $\boldsymbol{E}$ 的方向一致，故

$$\boldsymbol{j} = \sigma\boldsymbol{E}. \tag{3.11}$$

上式称为欧姆定律的微分形式，式中 $\boldsymbol{j}$ 是导体中的传导电流密度(在第八章中写为 $\boldsymbol{j}_0$ 以便与其他电流区分)，σ 是导体的电导率．

遵循(3.11)式的导体称为线性的各向同性的导体，线性是指 $\boldsymbol{j}$ 与 $\boldsymbol{E}$ 成正比，各向同性是指 σ 与空间方位无关为标量．对于线性的各向异性的导体，$\boldsymbol{j}$ 与 $\boldsymbol{E}$ 仍成正比，但因导体的导电性能随空间方位变化，电导率 $\boldsymbol{\sigma}$ 为二阶张量，(3.11)式应改写为 $\boldsymbol{j}=\boldsymbol{\sigma}\cdot\boldsymbol{E}$．对于非线性导体，$\boldsymbol{j}$ 与 $\boldsymbol{E}$ 不成正比，但通常仍采用(3.11)式的形式，只是其中的电导率不仅与导体性质有关，还与场强有关，即为 $\sigma(\boldsymbol{E})$．

欧姆定律的积分形式(3.7)式受恒定或准恒条件的限制，这是因为变化的电场是以一定的速度 c 在电路中传播的，若变化太快，即使在无分叉的同一支路上，各点的电流也有可能不同，使得笼统的积分描述失效．欧姆定律的微分形式(3.11)式给出的是点点对应的关系，既能细致地逐点描绘导体的导电性质和规律，又不受恒定或准恒条件的限制，适用于一般的非恒定情形，更具普遍性．

最后,需要说明为什么(3.11)式中 $\boldsymbol{j}$ 与 $\boldsymbol{E}$ 的方向一致.例如,在金属中,$\boldsymbol{j}$ 的方向是自由电子在电场 $\boldsymbol{E}$ 作用下定向运动的方向,$\boldsymbol{E}$ 的方向是自由电子所受电场力的方向即其加速度的方向,一般说来两者并不一致,但因自由电子与正离子晶格的碰撞会使其丧失定向运动,且晶格间距短小,可以认为自由电子在与晶格的两次相邻的碰撞之间,在电场力作用下沿电场方向作初速为零的匀速直线运动,于是 $\boldsymbol{j}$ 与 $\boldsymbol{E}$ 方向相同.详见§3.2.3金属导电经典电子论中的相关说明.

§3.2.2 焦耳定律

当电流通过一段电路时,从能量的角度看,电场力推动电荷运动做功,消耗的电能转化为其他形式的能量.例如,如果电路中包括电阻、电动机、电解槽等,则电能将转化为内能(热能)、机械能、化学能等各种形式的能量.

当电流通过导体时,导体发热,电能转化为内能,并进而向外散发热量的现象,称为**电流的热效应**.1840年英国物理学家焦耳(J. P. Joule)由实验得出了电流热效应的定量规律:电流通过导体时产生的热量 Q(称为**焦耳热**)与电流强度 I 的平方、导体的电阻 R 和通电时间 t 成正比,即

$$Q = I^2Rt = UIt = \frac{U^2}{R}t. \tag{3.12}$$

后两个等式用到了欧姆定律 $U=IR$,U 是导体两端的电压,这就是**焦耳定律的积分形式**,式中 I,R,U,t,Q 的单位分别是安培、欧姆、伏特、秒、焦耳.

焦耳定律是能量转化和守恒定律应用于电流热效应的结果.设电路只含电阻 R,两端电压为 U,在 t 时间有电量 q 通过,则电场力所做的功 A 将全部转化为导体(电阻)的内能,使之发热,设该内能又全部以热量 Q 的形式散发出去,由能量守恒,得

$$Q = A = Uq = UIt = I^2Rt = \frac{U^2}{R}t,$$

此即(3.12)式.

电场力在单位时间内推动电荷流动所做的功称为**电功率** $P_{电}$,$P_{电}=A/t=IU$.电流通过电阻,单位时间内向外散发的热量称为**热功率** $P_{热}$,$P_{热}=Q/t$.如果电场力所做的功全部以热量散发出去,则 $P_{电}=P_{热}=P$,无需区分,即

$$P = \frac{A}{t} = \frac{Q}{t} = UI = I^2R = \frac{U^2}{R}.$$

如果电场力所做的功只有一部分以热量散发出去,其余转化为其他形式的能量(如机械能、化学能),则 $P_{电}>P_{热}$,应予区分.

因通电流,单位体积导体(电阻)在单位时间内向外散发的热量称为**热功率密度** p.如图3.2,在导体内任取长为 Δl、截面积为 ΔS(与 $\boldsymbol{j}$ 垂直)、体积为 $\Delta V=\Delta l\Delta S$ 的小电流管,则在 t 时间内,经该小电流管向外散发的热量为 $\Delta Q=I^2Rt$,相应的热功率密度为

$$p = \frac{P}{\Delta V}.$$

把 $P=I^2R$，$I=j\Delta S$，$R=\Delta l/\sigma\Delta S$，$j=\sigma E$ 代入，得

$$p=\frac{j^2}{\sigma}=\sigma E^2, \tag{3.13}$$

这就是焦耳定律的微分形式. 由于(3.13)式是点点对应的关系，与导体的形状、大小、是否均匀无关.

与欧姆定律一样，焦耳定律的积分形式(3.12)式只在恒定或准恒条件下适用，其微分形式(3.13)式则普遍适用，不受此限制.

电流的热效应有广泛的应用，电烙铁、电炉、电烤箱、电热水器、用于过电流保护的熔丝(保险丝)等就是利用这一效应制成的. 电流热效应也存在有害的一面，例如输电线路中散发的焦耳热降低了电能的传输效率，甚至会烧坏导线的绝缘层，引起漏电、短路，为了避免此类事故，需要采取有效的冷却降温措施以及保护措施；发电机、电动机、变压器绕组中也有同样的问题，需要用水、氢气或油冷却；实验室中各种电学仪表和元件都有一定的额定功率和额定电流，一旦超过就会因发热过多而烧毁.

§3.2.3 德鲁德的金属导电经典电子论

金属具有良好的导电性和导热性，欧姆定律和焦耳定律揭示了金属导电和电流热效应的宏观规律，引入了描绘导电性质的宏观物理量电导率. 此后，人们希望进一步揭示金属导电和散热的微观机制，加深对其本质的认识和理解，但是长期以来并无明显进展. 1897 年 J. J. 汤姆孙发现了电子(见第四章§4.7.3)，结束了关于什么是电、什么是电流的持久论争，也使此前洛伦兹提出的经典电子论得到了确认. 以此为契机，并汲取了 19 世纪后半叶气体动理论(研究气体热运动性质、规律的一种微观统计理论)的研究方法和成果，1900 年德鲁德(P. Drude)以金属为研究对象，提出了金属的自由电子模型，建立了金属导电、散热的微观机制，并据此导出了欧姆定律和焦耳定律，给出了电导率与相应微观量平均值的关系，成功地为金属导电、散热的现象和规律提供了微观解释，这就是金属导电的经典电子论.

德鲁德认为，金属原子中束缚较弱的电子(价电子)可以脱离原子自由地在整块金属中宏观地运动，称为自由电子，原子中其他被束缚的电子和带正电的部分(原子核)构成正离子，正离子排列整齐形成晶格，围绕着各自的平衡位置作小振动. 当金属未接电源，内部电场处处为零时，大量自由电子在正离子晶格的均匀正电背景下做无规则的热运动(就像气体分子那样)，因无任何占优势的方向，并无宏观电流. 接电源，金属内部电场不为零，大量自由电子在无规则热运动的背景下，因受电场作用而附加的沿电场方向的定向运动导致宏观电流，这就是金属中的传导电流. 自由电子在运动过程中会和正离子晶格不断碰撞，由于碰撞后向各方向散射的概率相同，失去了定向运动的特征，丧失了定向速度，从而限制了自由电子定向速度的增加，限制了宏观电流的大小，这就是产生电阻的原因. 与此同时，碰撞使自由电子把经电场加速获得的定向运动动能转化为正离子晶格的热运动能量，使其振动加剧，温度升高，这就是电流的热效应. 以上就是德鲁德提出的金属导电、存在电阻以及电流热效应的微观机制.

为了给出定量表述，德鲁德认为，自由电子的运动遵循牛顿定律(所以称为“经典”电子

论)，并作了一些简化假设，以排除次要因素直接面对问题的本质．第一，接电源，金属内有电场 $\boldsymbol{E}$ 后，假设所有自由电子都以平均定向速度 $\bar{\boldsymbol{u}}$ 做定向运动，即以具有平均性能的典型自由电子取代定向速度各异的实际自由电子．第二，因自由电子与正离子晶格碰撞后向各方向散射的概率大致相同，失去了定向运动的特征，假设自由电子在碰撞前所获得的定向速度经与正离子一次碰撞后便丧失殆尽．第三，除自由电子与正离子碰撞的瞬间外，忽略其间的相互作用；同样，自由电子之间的相互作用也忽略．

根据上述微观机制和简化假设，需要寻找电流密度 $\boldsymbol{j}$ 与平均定向速度 $\bar{\boldsymbol{u}}$ 的关系以及 $\bar{\boldsymbol{u}}$ 和场强 $\boldsymbol{E}$ 的关系，由此即可得出 $\boldsymbol{j}$ 和 $\boldsymbol{E}$ 的关系，如果两者确成正比，就表明上述种种设想是合理的．

现在，先给出 $\boldsymbol{j}$ 与 $\bar{\boldsymbol{u}}$ 的关系．电流密度矢量 $\boldsymbol{j}$ 的方向是电流的方向，即与自由电子定向运动的方向反向，其大小是单位时间通过单位垂直截面的电量．设自由电子的平均定向速度为 $\bar{\boldsymbol{u}}$，数密度(单位体积自由电子数)为 n，电量为 $-e$(e 是电子电量的绝对值)．如图 3.3 在金属内任取以 ΔS 为底面积、以 $\bar{u}\Delta t$ 为高的小电流管，ΔS 与 $\boldsymbol{j}$ 垂直即与 $\bar{\boldsymbol{u}}$ 垂直，管周边均沿 $\boldsymbol{j}$ 即 $\bar{\boldsymbol{u}}$ 方向，则在 Δt 时间内因定向运动通过 ΔS 的自由电子就是此柱体内的全部自由电子，共 $n\bar{u}\Delta t\Delta S$ 个，每个自由电子的电量(绝对值)为 e，故在 Δt 时间内通过 ΔS 的电量为 $\Delta q = ne\bar{u}\Delta t\Delta S$，于是因自由电子定向运动引起的宏观电流密度为

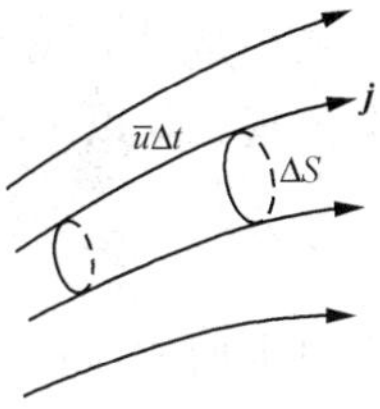

图 3.3 推导 $\boldsymbol{j}$ 与 $n, e, \bar{\boldsymbol{u}}$ 的关系

$$j = \frac{\Delta I}{\Delta S} = \frac{\Delta q}{\Delta S\Delta t} = \frac{ne\bar{u}\Delta t\Delta S}{\Delta S\Delta t} = ne\bar{u},$$

写成矢量形式，为

$$\boldsymbol{j} = -ne\bar{\boldsymbol{u}}, \tag{3.14}$$

式中 $\boldsymbol{j}$ 的方向是正电荷定向运动的方向，因自由电子带负电，$\boldsymbol{j}$ 与 $\bar{\boldsymbol{u}}$ 反向，故加负号．这就是金属内的宏观传导电流密度 $\boldsymbol{j}$ 与自由电子平均定向速度 $\bar{\boldsymbol{u}}$ 的关系．

再寻找 $\bar{\boldsymbol{u}}$ 与 $\boldsymbol{E}$ 的关系．一般说来，带电粒子在非均匀电场中作变速曲线运动，速度的大小、方向不断变化，与场强并无简单的关系，两者的方向通常也是不同的．然而，金属中自由电子在电场作用下的定向运动并不复杂，$\bar{\boldsymbol{u}}$ 与 $\boldsymbol{E}$ 有很简单的关系．由于自由电子与正离子一次碰撞后便丧失了定向速度，碰后其定向速度是从零开始增大的．由于晶格中正离子密布间距很小，可以近似地认为，在两次相邻的碰撞之间，自由电子所经之处的电场是均匀的．因此，在两次相邻的碰撞之间，自由电子在电场作用下的定向运动是沿电场方向的初速为零的匀加速直线运动，其定向速度 $\boldsymbol{u}$ 始终与 $\boldsymbol{E}$ 同向．把碰后自由电子的定向速度(初速)表为 $\boldsymbol{u}_0$，则 $\boldsymbol{u}_0 = 0$，其平均值 $\bar{\boldsymbol{u}}_0 = 0$，把下一次碰前自由电子的定向速度(末速)表为 $\boldsymbol{u}_1$，因各自由电子在两次相邻碰撞之间行经路程的长短有所不同，各 $\boldsymbol{u}_1$ 是不同的，其平均值表为 $\bar{\boldsymbol{u}}_1$．于是，大量自由电子的平均定向速度(称为**漂移速度**)$\bar{\boldsymbol{u}}$ 为

$$\bar{\boldsymbol{u}} = \frac{1}{2}(\bar{\boldsymbol{u}}_0 + \bar{\boldsymbol{u}}_1) = \frac{1}{2}\bar{\boldsymbol{u}}_1.$$

因定向运动受电场力加速，且遵循牛顿定律，故其加速度 $\boldsymbol{a}$ 为

$$\boldsymbol{a}=\frac{-e\boldsymbol{E}}{m}.$$

对于初速为零的匀加速直线运动，其平均末速度 $\bar{\boldsymbol{u}}_1$ 等于加速度 $\boldsymbol{a}$ 与平均所需时间 $\bar{\tau}$ 的乘积，即

$$\bar{\boldsymbol{u}}_1=\boldsymbol{a}\bar{\tau}=\frac{-e\boldsymbol{E}}{m}\bar{\tau},$$

式中 $\bar{\tau}$ 是相邻两次碰撞期间自由电子的平均飞行时间. 自由电子的定向运动是在热运动背景下进行的，即自由电子同时参与热运动和定向运动，因热运动的平均速度 $\bar{v}$ 远大于定向运动的平均速度 $\bar{u}$（通常，$\bar{v}$ 约为 10^5 m/s，$\bar{u}$ 约为 10^{-4} m/s），在相邻两次碰撞之间，平均而言自由电子是以 $\bar{v}$ 飞行的，因此，$\bar{\tau}$ 应等于自由电子相邻两次碰撞之间平均行经的路程——平均自由程 $\bar{\lambda}$ 除以 $\bar{v}$，即

$$\bar{\tau}=\frac{\bar{\lambda}}{\bar{v}}.$$

由以上四式，得

$$\bar{\boldsymbol{u}}=\frac{-e}{2m}\frac{\bar{\lambda}}{\bar{v}}\boldsymbol{E}. \tag{3.15}$$

这就是金属内自由电子平均定向速度 $\bar{\boldsymbol{u}}$ 与金属内场强 $\boldsymbol{E}$ 的关系.

由(3.14)式和(3.15)式，得

$$\boldsymbol{j}=\frac{ne^2}{2m}\frac{\bar{\lambda}}{\bar{v}}\boldsymbol{E}. \tag{3.16}$$

(3.16)式与(3.11)式相符，表明金属导电经典电子论导出了欧姆定律，为它提供了微观解释. 把(3.16)式与(3.11)式比较，得出金属导电率 σ 与相应微观量平均值的关系为

$$\sigma=\frac{ne^2\bar{\lambda}}{2m\bar{v}}. \tag{3.17}$$

自由电子与正离子晶格碰撞后丧失了定向速度，把经电场加速获得的定向运动动能给予正离子晶格，转化为后者的热运动能量，使之振动加剧，温度升高，向外散热，这就是电流热效应的微观机制. 自由电子与正离子晶格碰撞前的平均定向运动动能为

$$E_{\mathrm{k}}=\frac{1}{2}m\bar{u}_1^2=\frac{1}{2}m\left(\frac{eE}{m}\bar{\tau}\right)^2=\frac{e^2\bar{\tau}^2}{2m}E^2.$$

自由电子的平均飞行时间为 $\bar{\tau}$，即平均经 $\bar{\tau}$ 时间碰撞一次，亦即自由电子在单位时间内与正离子晶格的平均碰撞次数为 $1/\bar{\tau}$，又自由电子的数密度为 n，故通过碰撞，金属中单位体积内的正离子在单位时间内从自由电子的定向运动中获得的平均能量 p（若此能量全部以热量形式向外散发，则 p 即为热功率密度）为

$$p=\frac{n}{\bar{\tau}}E_{\mathrm{k}}=\frac{ne^2\bar{\tau}}{2m}E^2. \tag{3.18}$$

(3.18)式与(3.13)式相符，σ 仍如(3.17)式所示，可见金属导电经典电子论导出了电流热效应的焦耳定律，为它提供了微观解释.

(3.17)式表明，电导率 σ 与 n（自由电子数密度），$\bar{\lambda}$（相邻两次碰撞的平均自由程）有关，即与金属材料的性质有关.(3.17)式表明，σ 与 $\bar{v}$（自由电子热运动平均速度）有关，因 $\bar{v}$ 与温度 T 有关，故 σ 与温度 T 有关，温度越高，σ 越小，与实验定性相符. 然而，应该指出，因 $\bar{v}\propto\sqrt{T}$，故由(3.17)式得出 $\sigma\propto 1/\sqrt{T}$ 或 $\rho\propto\sqrt{T}$，但实验结果是大多数金属的 ρ 在相当宽的温度范围内与 T（而不是 $\sqrt{T}$）成正比，与德鲁德理论的结果有所不同. 这些困难反映了经典微观理论的根本缺陷和不足，并非简单的修补所能克服. 近代，在量子理论基础上建立的能带论成为解释金属各种性质的更好的理论.

§3.3 电 源

§3.3.1 电源的电动势

从能量的角度看，电源是将其他形式的能量转换成电能的装置. 例如，发电机将机械能转换为电能，温差电堆将热能转换为电能，太阳能电池将太阳光能转换为电能，化学电池（蓄电池和干电池）将化学能转换为电能，等等.

从作用力的角度看，电源是提供非静电力的装置. 所谓非静电力是指除静电场外，其他能对电荷起作用的力. 例如，在化学电池中，非静电力是溶液中离子对极板的化学亲和力；在温差电堆中，非静电力是与温度梯度和电子浓度梯度相联系的扩散作用；在发电机中，非静电力是磁场对运动电荷的洛伦兹力（见第六章）；在太阳能电池中，非静电力来自光照引起的光电效应；等等. 此外，如电子感应加速器中，用于加速电子的由变化磁场产生的涡旋电场的作用力也是非静电力，因为它能施予电荷作用力，实际上起到了电源的作用. 但是，例如万有引力等其他许多作用力，由于它们不能施予电荷（带电粒子或带电体）作用力，都不属于"非静电力".

在直流电路中，通常静电场（恒定电场）力与非静电力并存，各司其职，才能维持恒定电流的运行，缺一不可. 例如，若导线中的自由电子在恒定电场推动下沿导线定向运动形成恒定电流，根据电流的恒定条件，恒定电流必定是闭合的. 然而，如果只有恒定电场是不足以维持恒定电流的，因为在它的作用下，正电荷不断地从高电势处移向低电势处不可逆返，同时，电流经导线（电阻）的散发的焦耳热也得不到补充. 实际上，在这种情形，由分离的正、负电荷形成的电场，随着电荷的流动不断变化，已不可能保持恒定. 因此，为了维持恒定电流，在闭合回路中，除了恒定电场外，还必须有非静电力，它使正电荷逆着电场力的方向运动，从低电势处返回高电势处，同时，非静电力做功，用其他形式的能量补偿焦耳热的损失.

图 3.4 是直流电源原理图. 在直流电源未与导线（电阻）连接，不构成闭合回路时，电源内部的电荷受非静电力作用而移动，形成分别积累正、负电荷的正极和负极，同时产生静电场. 当电荷所受静电力与非静电力相等反向达到平衡时，积累的电荷不再变化，在两极间维持恒定的电压. 图中用单箭头→表示正电荷所受静电场力的方向，即 $\boldsymbol{E}$ 的方向，用双箭头⇐表示正电荷所受非静电力的方向，即 $\boldsymbol{K}$ 的方向. 当电源两极与导线（电阻）联结，构成闭合回路时，在导线（外电路）中形成如图所示的沿导线分布的恒定电场 $\boldsymbol{E}$（何以如此，见§3.3.4），

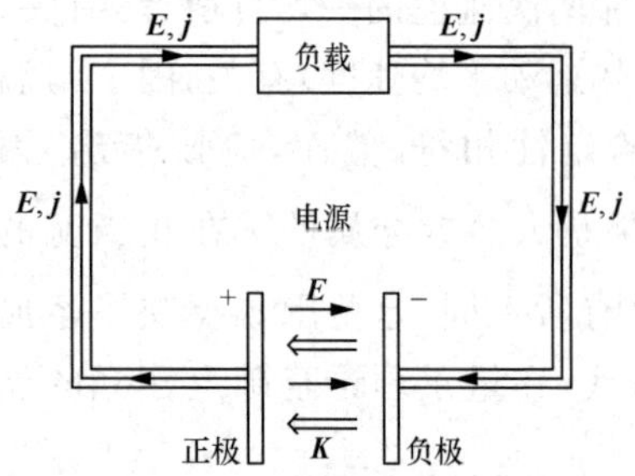

图 3.4 直流电源原理图

正电荷在 $\boldsymbol{E}$ 的推动下从高电势的正极经导线流向低电势的负极，形成恒定电流 $\boldsymbol{j}$(实际上是带负电自由电子的定向运动形成电流)；在电源(内电路)内，非静电力克服静电场力，使正电荷从低电势的负极返回高电势的正极，从而使恒定电流闭合循环流动不止. 所以，非静电力与静电力并存，直流电源的电压保持恒定不变，是使闭合电路中电流保持恒定不变的必要条件. 同时，电阻中因通电流散发的焦耳热是由非静电力做功提供的，后者需经其他能量转换成电能来补偿.

电动势 $\mathscr{E}$ 的概念是为了描绘、比较各种非静电力推动电荷做功的本领和特点而引入的. 为了统一标准，取单位正电荷，把单位正电荷所受非静电力表为 $\boldsymbol{K}$，以 $\boldsymbol{K}$ 的路径积分(做功)定义 $\mathscr{E}$，积分路径通常选取存在非静电力即 $\boldsymbol{K}\neq 0$ 处并考虑涉及问题的需要. 由此，一般的电动势 $\mathscr{E}$ 定义为

$$\mathscr{E}=\int \boldsymbol{K}\cdot \mathrm{d}\boldsymbol{l}. \tag{3.19}$$

电动势是标量，单位是伏特(V).

对于通常的电源(例如电池)，非静电力只存在于电源内部，$\boldsymbol{K}$ 从负极经电源内部指向正极，定义电源的电动势 $\mathscr{E}_{电源}$ 为把单位正电荷从负极通过电源内部移到正极时，非静电力所做的功，即

$$\mathscr{E}_{电源}=\int_{-\atop(电源内部)}^{+}\boldsymbol{K}\cdot \mathrm{d}\boldsymbol{l}. \tag{3.20}$$

电源的电动势 $\mathscr{E}_{电源}$ 是描绘电源性质的特征量和重要标志，与外电路是否存在、是否接通无关.

电动势的大小不随时间变化、为恒定值的电源称为直流电源.

在电源内部，因静电力与非静电力并存，欧姆定律应改为

$$\boldsymbol{j}=\sigma(\boldsymbol{E}+\boldsymbol{K}). \tag{3.21}$$

变化磁场激发的涡旋电场 $\boldsymbol{E}_{旋}$ 对电荷的作用力也是一种非静电力，它产生的电动势称为感生电动势 $\mathscr{E}_{感生}$. 与通常的电源不同，涡旋电场在一定的空间范围内连续分布，电场线闭合，无正负极和内外之别. 因此，对于涡旋电场中的闭合回路，其中的 $\mathscr{E}_{感生}$ 是 $\boldsymbol{E}_{旋}$ 沿该闭合回路的积分. 又如，磁场对运动电荷的洛伦兹力也是非静电力，它产生的动生电动势 $\mathscr{E}_{动生}$ 是 $\boldsymbol{K}=(\boldsymbol{v}\times\boldsymbol{B})$ 沿运动导线的积分(见第六章). 即

$$\mathscr{E}_{感生}=\oint_{(闭合回路)}\boldsymbol{K}\cdot \mathrm{d}\boldsymbol{l}=\oint_{(闭合回路)}\boldsymbol{E}_{旋}\cdot \mathrm{d}\boldsymbol{l}, \tag{3.22}$$

$$\mathscr{E}_{动生}=\int_{(运动导线)}\boldsymbol{K}\cdot \mathrm{d}\boldsymbol{l}=\int_{(运动导线)}(\boldsymbol{v}\times\boldsymbol{B})\cdot \mathrm{d}\boldsymbol{l}. \tag{3.23}$$

电动势和电势差是两个概念，大异小同，又有联系，通过比较有助于加深对它们的理解.

同:两者都是外力推动电荷(单位正电荷)做功,单位都是伏特. 异:电动势来自非静电力,做功与积分路径有关,沿闭合回路的积分可不为零,对于电动势除必须指明何种非静电力外还必须指明起点、终点的位置和其间的路径,电动势描绘非静电力的做功本领;电势差来自静电力,做功与路径无关,沿闭合回路的积分为零,对于电势差除指明静电场力外只须指明起点、终点的位置即可,电势差描绘静电场力的做功本领,它的特征是静电场无旋的结果. 联系:电源的电动势等于外电路断开时电源正、负极之间的电势差. 这是很自然的,因为电源两极的正、负电荷是在非静电力作用下积累的,直至因电荷积累产生的静电场力与非静电力相等反向时才达到平衡. 但请注意,切莫因为这种联系混淆了非静电力与静电场力、电动势与电势差之间的根本区别.

§3.3.2　电源的路端电压,全电路欧姆定律

抽象地说,直流电路的基本成员是电阻(负载)和直流电源,因此,弄清楚两者的特征将为研究直流电路的基本规律奠定基础. 关于电阻,欧姆定律 $U=IR$ 已经给出了其两端电压 U 与 I,R 的关系. 本节讨论直流电源两端的电压与电源的电动势、内阻以及电流的关系.

如前所述,在直流电源内部非静电力的推动下,正、负极分别积累正、负电荷,它们产生的静电场使两极(两端)之间具有的电压(电势差)称为直流电源的**路端电压** U. 按照定义,路端电压 U 等于把单位正电荷从电源正极移到负极时,静电场力所做的功,即

$$U=U_{+}-U_{-}=\int_{+}^{-}\boldsymbol{E}\cdot\mathrm{d}\boldsymbol{l},$$

式中 U_{+},U_{-} 是电源正、负极的电势,由于静电场力做功与路径无关,上述积分的路径可任取. 为了寻找 U 与电源相关量的关系,取由正极经电源内部到负极的积分路径. 由于电源内部非静电力与静电场力并存,欧姆定律应取(3.21)式 $\boldsymbol{j}=\sigma(\boldsymbol{E}+\boldsymbol{K})$,代入,得

$$\begin{aligned}U&=\int_{+\,(\text{电源内部})}^{-}\boldsymbol{E}\cdot\mathrm{d}\boldsymbol{l}=\int_{+\,(\text{电源内部})}^{-}\left(-\boldsymbol{K}+\frac{\boldsymbol{j}}{\sigma}\right)\cdot\mathrm{d}\boldsymbol{l}\\&=\int_{-\,(\text{电源内部})}^{+}\boldsymbol{K}\cdot\mathrm{d}\boldsymbol{l}-\int_{-\,(\text{电源内部})}^{+}\rho j\cos\theta\,\mathrm{d}l\\&=\mathscr{E}-I\int_{-\,(\text{电源内部})}^{+}(\pm1)\frac{\rho\mathrm{d}l}{S}\\&=\mathscr{E}\mp Ir,\end{aligned}$$

式中 $\mathscr{E}=\int_{-\,(\text{电源内部})}^{+}\boldsymbol{K}\cdot\mathrm{d}\boldsymbol{l}$,$\rho=1/\sigma$,$I=jS$,$r=\int_{-\,(\text{电源内部})}^{+}\frac{\rho\mathrm{d}l}{S}$,$\mathscr{E}$ 是电源电动势,ρ 和 σ 是电源内导体的电阻率和电导率,I 和 j 是通过电源内部的恒定电流和电流密度,S 是电源内导体的截面积,r 是电源的内阻,θ 是 $\boldsymbol{j}$ 和 $\mathrm{d}\boldsymbol{l}$ 的夹角. 如图 3.5(a),若电源放电,则电源内部 $\boldsymbol{j}$ 的方向从负极到正极,

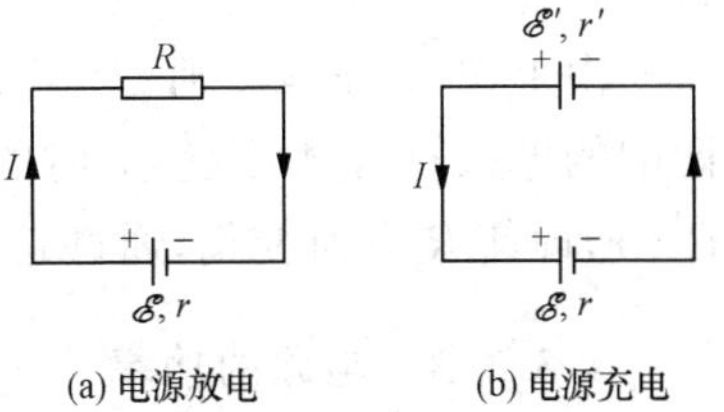

(a) 电源放电　(b) 电源充电

图　3.5

与积分式 $\int_{-\,(\text{电源内部})}^{+} \rho \boldsymbol{j} \cdot \mathrm{d}\boldsymbol{l} = \int_{-\,(\text{电源内部})}^{+} \rho j \cos\theta \mathrm{d}l$ 中 $\mathrm{d}\boldsymbol{l}$ 的方向相同，故 $\theta=0, \cos\theta=1$. 如图 3.5(b)，若电源($\mathscr{E},r$)被另一更强的电源($\mathscr{E}',r'$)充电，则电源($\mathscr{E},r$)内部 $\boldsymbol{j}$ 的方向从正极到负极，与积分式中 $\mathrm{d}\boldsymbol{l}$ 的方向相反，故 $\theta=\pi, \cos\theta=-1$. 因此，直流电源的路端电压 U 为

$$U=\begin{cases}\mathscr{E}-Ir, & \text{放电,}\\ \mathscr{E}+Ir, & \text{充电.}\end{cases} \tag{3.24}$$

上式给出了 U 与 $\mathscr{E},r,I$ 的关系，这是直流电源的基本特征.

何谓放电和充电呢？如图 3.5(a)，电源($\mathscr{E},r$)与电阻 R 连接构成闭合回路，电源内部的电流从负极到正极，称为电源放电，电源提供能量. 如图 3.5(b)，把另一个电动势 $\mathscr{E}'$ 较大的电源与电动势 $\mathscr{E}$ 较小的电源连接，正极接正极，负极接负极，则通过电源 $\mathscr{E}$ 内部的电流是从它的正极到负极，称为电源 $\mathscr{E}$ 被充电，使之获得能量.

电源的内阻 r 是描绘电源性质的又一特征量和标志.

(3.24)式表明，直流电源放电时，其路端电压小于电动势，即 $U<\mathscr{E}$；直流电源充电时，$U>\mathscr{E}$；若外电路断开，无电流，$I=0$，则 $U=\mathscr{E}$.

通常，在应用(3.24)式时，为了避免正负号的差错，可将实际的直流电源($\mathscr{E},r$)等效地看作电阻为零的理想电源($\mathscr{E}$,0)与内阻 r 的串联. 这样如图 3.6，从左到右，无论外电路断开 $I=0$(图(a))，还是放电(图(b))或充电(图(c)) $I\neq 0$，理想电源从正极到负极(即从 A 点到 B 点)的路端电压都是 $\mathscr{E}$，r 两端(即从 B 点到 C 点)的电压则由欧姆定律确定，分别为零、$-Ir$，$+Ir$，与(3.24)式相符.

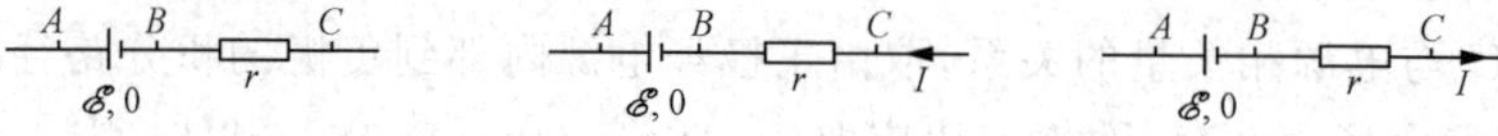

(a) 无电流，$I=0$ (b) $I\neq 0$，放电 (c) $I\neq 0$，充电

图 3.6 实际的直流电源($\mathscr{E},r$)可以看作理想电源($\mathscr{E}$,0)与内阻 r 的串联

如果直流电源($\mathscr{E},r$)与电阻 R(R 也可理解为外电路的等效电阻)构成闭合回路，如图 3.5(a)所示，则电源的路端电压 U 就是 R 两端的电压，由(3.24)式的放电公式 $U=\mathscr{E}-Ir$ 以及欧姆定律 $U=IR$，得

$$\mathscr{E}=I(R+r) \quad \text{或} \quad I=\frac{\mathscr{E}}{R+r}. \tag{3.25}$$

上式称为**全电路**(或闭合电路)的**欧姆定律**，它给出了由直流电源和内阻、外阻构成的闭合电路中各物理量的关系.

由上式，若 $R\gg r$，则 $U=IR\approx\mathscr{E}$ 近似为常量，表明只要 $R\gg r$，即使 R 有所变化，加在它两端的电压 U 基本不变，此时的电源称为**恒压源**；若 $R\ll r$，则 $I\approx\mathscr{E}/r$ 近似为常量，表明只要 $R\ll r$，即使 R 有所变化，通过它的电流 I 基本不变，此时的电源称为**恒流源**.

§3.3.3 电源的功率

电源是提供电能的装置. 放电时，电动势为 $\mathscr{E}$、内阻为 r 的直流电源与电阻为 R 的外电

路构成闭合回路，电流为 I，则电源提供的总功率 P 为

$$P = I\mathscr{E} = I^2R + I^2r, \tag{3.26}$$

其中用到全电路欧姆定律(3.25)式.(3.26)式的第一项 I^2R 是电源向负载 R 提供的输出功率 $P_{出}$；第二项 I^2r 是在电源内阻 r 上消耗的功率 $P_{耗}$，把(3.25)式代入，得

$$\begin{cases} P_{出} = I^2R = \mathscr{E}^2\dfrac{R}{(R+r)^2}, \\ P_{耗} = I^2r = \mathscr{E}^2\dfrac{r}{(R+r)^2}. \end{cases} \tag{3.27}$$

在实际应用中，有时关心的是，对于给定的直流电源$(\mathscr{E},r)$，外电阻 R 为何值时，电源的输出功率 $P_{出}$ 达到最大值. 由上式，当$(\mathscr{E},r)$给定时，$P_{出}$ 随 R 变化，$P_{出}$ 达到最大值的条件是 $\dfrac{\mathrm{d}}{\mathrm{d}R}P_{出}=0$，即

$$R = r. \tag{3.28}$$

上式表明，为了能从给定电源获得最大输出功率 $P_{出,\max}$，要求外电路的电阻(负载电阻)R 等于电源内阻 r，这称为匹配条件. 相应的 $P_{出,\max}$ 为

$$P_{出,\max} = \frac{\mathscr{E}^2}{4r}. \tag{3.29}$$

当外电路断开，即负载电阻 $R=\infty$ 时，由(3.27)式，$P_{出}=0$，$P_{耗}=0$，无能量损耗. 当外电路短路时，即负载电阻 $R=0$ 时，由(3.27)式，$P_{出}=0$，$P_{耗}=\mathscr{E}^2/I^2r$，因一般电源内阻 r 很小，故短路电流 I 会很大，此时电源提供的功率全部消耗在内阻上，大量的焦耳热会烧毁电源，应注意防范.

在实际应用中，还关心电源的效率 η，即电源输出功率与电源总功率之比，由(3.26)、(3.27)式，得

$$\eta = \frac{P_{出}}{P} = \frac{R}{R+r}. \tag{3.30}$$

上式表明，负载电阻 R 越大，电源的效率 η 越高. 但当 $R=r$ 时，即当满足达到最大输出功率的匹配条件时，由上式，效率仅为 $\eta=50\%$. 可见获得最大输出功率与提高电源效率两者是矛盾的，不可兼得. 通常，应根据不同需要，寻求最佳配置. 例如，对于电池、发电机等电源设备，希望效率高，就不能片面追求输出功率最大，否则一半电能浪费在电源内阻上，甚至会烧坏电源. 例如，在电子学设备中，因传输功率很小，效率高低成为次要因素，为获得最大输出功率，可使负载与电源内阻相等，满足匹配条件.

充电时，如图 3.5(b)，由(3.24)式

$$UI = \mathscr{E}I + I^2r, \tag{3.31}$$

式中 UI 是外电源 $\mathscr{E}'$ 输给电源$(\mathscr{E},r)$的功率，其中 $\mathscr{E}I$ 是抵抗电源 $\mathscr{E}$ 中非静电力的功率，它转化为非静电能储存在电源 $\mathscr{E}$ 中，I^2r 是内阻上消耗的热功率，转化为焦耳热.

§3.3.4 直流电路中恒定电场的作用

如前所述，在直流电路中为了维持恒定电流，需要静电场力与非静电力并存，缺一不可.

然而，关于直流电路中恒定电场的作用和特点未及详述，现予补充.

首先，在直流电路外电路的导线中，静止电荷的分布以及由此产生的恒定电场的分布应具有什么特点才能确保恒定电流沿闭合回路运行呢？因导线中不存在非静电力，根据电流的恒定条件(3.6)式及欧姆定律(3.11)式，导线中的恒定电场 $\boldsymbol{E}$ 应满足

$$\oiint_{(S)} \boldsymbol{j} \cdot \mathrm{d}\boldsymbol{S} = \oiint_{(S)} \sigma \boldsymbol{E} \cdot \mathrm{d}\boldsymbol{S} = 0.$$

若导体均匀，即 $\sigma=$ 常量 $\neq 0$，则可将 σ 从上式积分中提出消去，再利用恒定电场遵循的高斯定理，得

$$\oiint_{(S)} \boldsymbol{E} \cdot \mathrm{d}\boldsymbol{S} = \frac{1}{\varepsilon_0} \sum_{(S内)} q = 0,$$

式中 S 是导线内的任意闭合曲面. 上式表明，外电路的均匀导线内应处处无净电荷. 但在非均匀导线内部，或在不同电导率导线的分界面(包括导线表面)上，因 $\sigma \neq$ 常量，不能从积分式中提出消去，上式不再成立. 因此，外电路导线中的电荷只能分布在导线内非均匀处或不同电导率导线的分界面(包括导线表面)上. 正是导线中的这些电荷分布联同电源正、负极上的电荷分布，决定了直流电路内外恒定电场的分布. 另外，还应指出，在导线中的电场线以及电流线必定与导线表面平行，否则，如果存在与导线表面垂直的场强或电流分量，将使导线表面不断积累电荷，从而破坏恒定条件. 以上这些就是直流电路中静止电荷与恒定电场分布的特点，它们是确保恒定电流在导线中持续运行的必要条件.

其次，当直流电源与外电路导线尚未接通且相隔甚远时，电源内在非静电力作用下正、负极分别积累正、负电荷并产生相应的静电场，导线内一般并无电荷分布亦无电场. 当电源与导线接通构成闭合回路、电流恒定流动时，导线内静止电荷与恒定电场的分布已如上述. 显然，在接通前后，导线内的电荷分布以及由此产生的电场分布出现了重大变化，与此相适应，电路中的电流也经历了从无到有、从非恒定最终达到恒定的过程. 那么，这一过程的大致情况如何呢？

如图 3.7(a)所示，接通前，在电源内非静电力的作用下，正、负极分别积累正、负电荷，并产生静电场，其电场线和等势面的分布分别如图(a)中的虚线和实线所示，在两极附近等势面、电场线密集，电场较强，远处电场减弱. 如图 3.7(b)所示，用 U 字形均匀导线与电源两极连接，构成闭合回路. 在接通的瞬间，电场分布仍如图(a)所示，因 U 形导线两端与电源两极连接处的场强较大，中间场强较小，使导线两端的电流比中间大，导致电荷重新分布. 具体地说，以位于两极中间的等势面把 U 形导线分成左、右两半，从正极沿导线左半各等势面自下而上看去，场强逐渐减小，电流随之相应地逐渐减小，于是其中就有过剩的正电荷积累；再沿导线右半各等势面自上而下看去，场强逐渐增大，电流随之增大，于是其中就有负电荷积累. 导线中积累的电荷所激发的电场，使原来导线两端较强的电场减弱，使原来导线中间较弱的电场增强，于是电流沿导线的分布发生相应的变化，使导线中的电流逐渐趋于均匀. 这个过程将一直进行到均匀导线内电场和电流的大小处处相同，其中不再有电荷积累为止，这时电路达到了恒定状态. 前已指出，在电流保持恒定时，电荷只分布在均匀导线的表面上，导

线内恒定电场的电场线与电流线重合，并与导线表面平行，从而电压均匀地分配到整个均匀导线上，如图(b)所示. 当然，实际情况要复杂得多，例如，当导线移近而尚未接通前，由于静电感应，电荷和相应的电场已经开始重新分布，等等. 所以，上述定性分析只是示意性的，不可能细微地描绘整个过程，但其结论即接通前后应处的状态是准确的. 另外，从接通以至电路达到恒定状态所需的时间是极短的.

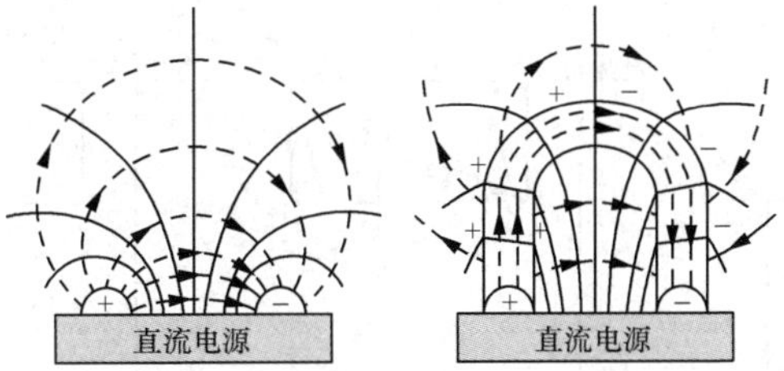

图 3.7　直流电源与 U 形导线接通前后电势(实线)、场强(虚线)以及电荷的分布

总之，在直流电路中，外电路导线中的恒定电流是由其中的恒定电场推动形成的，恒定电场又由电源两极的正、负电荷以及分布在导体表面和内部不均匀处的电荷产生，两极的电荷又靠非静电力克服静电场力维持. 从能量的角度看，电源内非静电力做功把其他形式的能量转化为静电势能，在外电路导线上静电势能转化为电阻的热能并向外散发焦耳热，在此过程中恒定电场虽未变化却起了能量中转的重要作用. 另外，如上所述，在直流电路从接通到达恒定状态的短暂过程中，电场也扮演了不可或缺的重要角色.

§3.3.5　各种直流电源

一、化学电池

化学电池是利用化学反应提供的非静电力把化学能转化为电能的装置. 1800 年伏打(C. A. Volta，1745—1827，意大利，又译伏特)发明了化学电池. 伏打电池由浸在稀硫酸溶液中的铜片和锌片制成，化学反应使铜片和锌片分别带正电和负电，成为电池的正、负极. 伏打电池是产生电流的基本设备，对电磁学的发展意义重大，例如欧姆定律就是欧姆在 1825 年利用伏打电池以及温差电堆实验研究金属导电性质时发现的. 早年的伏打电池很简陋，电压也不稳定. 1836 年丹聂耳(Daniell)加以改进，下面借此说明化学电池的原理.

丹聂耳电池的结构如图 3.8(a)所示，铜板浸在硫酸铜溶液中，锌板浸在硫酸锌溶液中，两种溶液盛在同一个容器中，中间用多孔的瓷板隔开，瓷板不让两种溶液混合，却能使带电的金属阳离子 Cu^{2+}，Zn^{2+} 和酸根阴离子 SO_4^{2-} 自由穿行.

化学反应使锌板上的原子溶解到 $ZnSO_4$ 溶液中去，成为正离子 Zn^{2+}，同时把负电荷留在锌板上，在锌板和溶液间形成电偶极层，层内电场将使正离子淀积(返回)极板，当化学反应的非静电力与电场力相等反向时，达到动态平衡，在锌极板和溶液间形成一定的电势跃变，$U_{CB}=U_C-U_B$，如图 3.8(b)右边所示，溶液的电势高于锌板. 类似地，化学反应使 $CuSO_4$

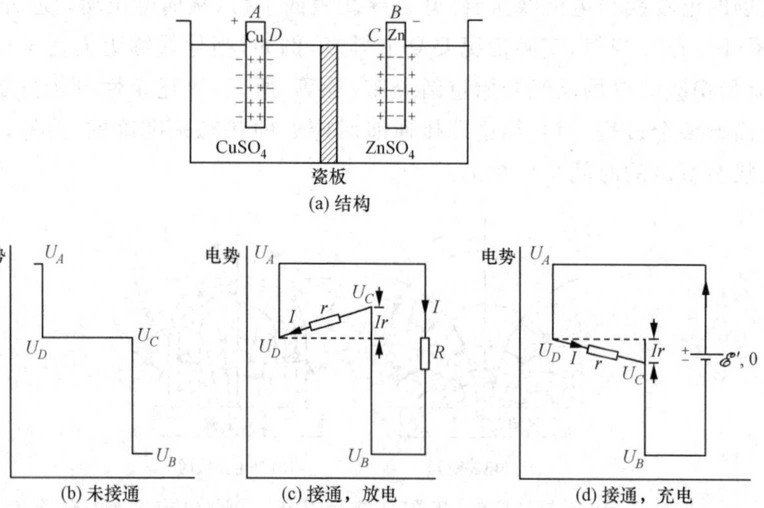

图 3.8 丹聂耳电池

溶液中的 Cu^{2+} 淀积到铜板，使它带正电，负电则留在溶液中，在铜板和溶液间形成电偶极层并产生电场，当化学反应的非静电力和电场力相等反向达到动态平衡时，在铜极板和溶液间形成电势跃变 $U_{AD}=U_A-U_D$，如图 3.8(b)左边所示，铜板的电势高于溶液. 当外电路未接通、没有电流通过电池时，两溶液内各处电势相等 $U_C=U_D$，只在两溶液和两极板的接触面上才有电势跃变，它们之和就是电池的路端电压 U_{AB}. 把单位正电荷从负极移到正极时，来自化学反应的非静电力需抵抗静电场力做功，这就是丹聂耳电池的电动势 $\mathscr{E}$，它等于电池的路端电压，即

$$\mathscr{E}=U_{AB}=U_{AD}+U_{CB},$$

其中 $U_{AD}=0.5\ \mathrm{V}$，$U_{CB}=0.6\ \mathrm{V}$，丹聂耳电池的电动势 $\mathscr{E}=U_{AB}=1.1\ \mathrm{V}$，十分稳定.

当电池与外电路 R 接通放电时，闭合回路中的电势分布如图 3.8(c)所示，图中的箭头表示电流方向. 在外电路，电流由正极 A 经电阻 R 流向负极 B，$U_{AB}=U_A-U_B=IR$. 在内电路(电池内)，电流由负极 C 经电阻 r(r 是溶液的电阻，即电池的内阻)流向正极 D，$U_{CD}=U_C-U_D=Ir$. 同时，内外电路衔接处即两极板与两溶液间的电势跃变 U_{AD} 和 U_{CB} 保持不变，亦即电池的电动势 $\mathscr{E}=U_{AD}+U_{CB}$ 保持不变，故路端电压为

$$\begin{aligned}U_{AB}&=IR=U_{AD}+U_{DC}+U_{CB}\\&=U_{AD}-U_{CD}+U_{CB}\\&=\mathscr{E}-Ir\end{aligned}$$

或

$$\mathscr{E}=I(R+r).$$

以上两式即为(3.24)式的放电公式和(3.25)式全电路欧姆定律.

当电池($\mathscr{E}$,r)与另一电池($\mathscr{E}'$,0)接通充电时，电流反向，闭合回路中的电势分布如图 3.8(d)所示. 路端电压为

$$\begin{aligned} U_{AB} &= U_{AD} + U_{DC} + U_{CB} \\ &= \mathscr{E} + Ir, \end{aligned}$$

此即(3.24)式的充电公式.

丹聂耳电池放电时,正电荷从 Cu 极(正极)经外电路 R 流向 Zn 极(负极),与 Zn 极上的电子中和,使 Zn 极上的电子减少,表面电偶极层减弱,与非静电力失去平衡.于是非静电力使 Zn^{2+} 持续溶解,恢复动态平衡,保持 Zn 极表面的电势跃变.Cu 极类似,非静电力使 Cu^{2+} 持续淀积,保持 Cu 极表面的电势跃变.由于 Zn^{2+} 不断溶解、Cu^{2+} 不断淀积,溶液中的正离子在 Zn 极附近增多,Cu 极附近减少,它们在溶液内形成的电势差就是溶液电阻(电池内阻)r 上的电势降落,即 $U_{CD}=U_C-U_D=Ir$.由此可见,放电时,内外电阻消耗的焦耳热都由电能提供,而电能又来自化学能.当化学能消耗到一定程度时,难以维持,电池的电动势便会下降,需要充电了.充电时,电流反向,化学反应逆向进行,外电源 $\mathscr{E}'$ 提供的电能转化为被充电的电池 $\mathscr{E}$ 的化学能储存起来,使之可继续使用.

化学电池种类很多,应用广泛,可分为蓄电池和干电池两大类,蓄电池放电到一定程度后,可以充电复原,继续使用,干电池则是一次性的.日常使用的干电池有各种型号,如银锌纽扣电池、锂电池、锰锌电池等都是.蓄电池按电解液性质的不同可分为用硫酸溶液的酸性蓄电池和用氢氧化钾、氢氧化钠溶液的碱性蓄电池.酸性蓄电池中常见的铅蓄电池广泛用于汽车和实验室中,碱性蓄电池按电极材料的不同,有铁镍蓄电池、银锌蓄电池等.化学电池的电动势一般为 1～2 V.

二、温差电堆

温差电堆亦称温差发电器,是利用温差电效应把热能转化为电能的装置,主要应用十测量温度.

当金属棒两端维持不同温度时,棒中产生的电动势称为汤姆孙电动势,它是金属中自由电子从高温端向低温端热扩散引起的,这种热扩散作用等效于一种能驱动电荷的非静电力.当金属棒两端积累的正、负电荷产生的静电场力与非静电力相等反向达到平衡时,金属棒两端具有一定的电势差,它是非静电力做功的结果.如果用同一种金属做成两根金属棒,并将两端连接构成闭合回路,当两端温度不同时,因两棒中两个汤姆孙电动势即两个非静电力的大小相等、方向相反、互相抵消,回路中并无电流.

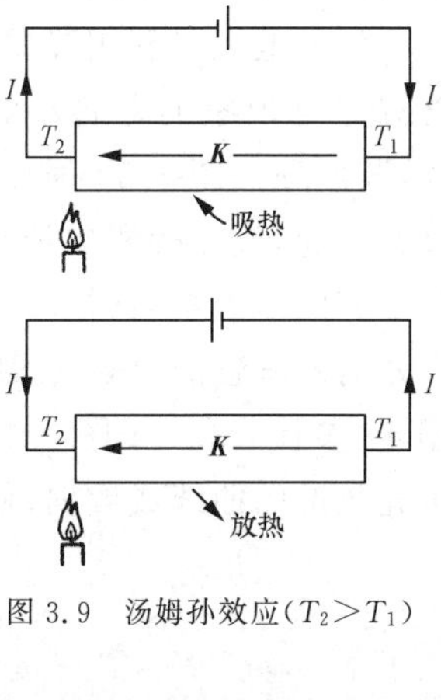

图 3.9　汤姆孙效应($T_2>T_1$)

1856 年汤姆孙(W. Thomson)发现,当金属棒两端维持不同温度且其中通过外加电流时,金属棒除了散发与其电阻相应的焦耳热外,还要额外吸收或释放一定的热量,这个现象称为汤姆孙效应,如图 3.9 所示.显然,额外的热量是汤姆孙电动势(相当于一个电池)作用的结果.当外加电流通过金属棒时,若电流方向与正电荷所受非静电力方向一致,相当于电池放电,汤姆孙电动势做正功,提供电能,同时,棒中的自由电子将不断吸热,把热能转化为电能,如图 3.9(a)所示.若外加电流方向与非静电力反向,相当于电池充电,则电能转化为热能,向外放热,如图 3.9

(b)所示.

实验表明,在汤姆孙效应中,作用在单位正电荷上的等效非静电力 $\boldsymbol{K}$ 的大小与温度梯度$\frac{\mathrm{d}T}{\mathrm{d}l}$成正比,比例系数 $\sigma(T)$ 称为汤姆孙系数,与金属材料及温度有关,故两端温度为 T_1, T_2 的金属棒内的汤姆孙电动势为

$$\begin{aligned}\mathscr{E}(T_1,T_2)&=\int_1^2\boldsymbol{K}\cdot\mathrm{d}\boldsymbol{l}=\int_1^2\sigma(T)\frac{\mathrm{d}T}{\mathrm{d}l}\mathrm{d}l\\&=\int_{T_1}^{T_2}\sigma(T)\mathrm{d}T.\end{aligned}\tag{3.32}$$

汤姆孙电动势很小,例如在室温下,铋的汤姆孙系数的数量级为 10^{-5} V/K.

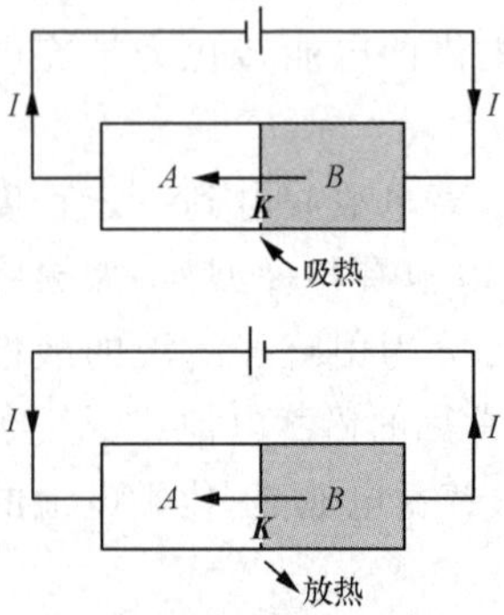

图 3.10　佩尔捷效应

当两种不同材料的金属接触时,因两者自由电子密度不同引起的扩散也等效于一种能驱动电荷的非静电力,它在接触面上形成的电动势称为佩尔捷电动势.若在同一温度下把两种金属构成闭合回路,因两接触面上两个佩尔捷电动势的大小相等、方向相反、互相抵消,回路中并无电流.1834 年佩尔捷(J. C. A. Peltier)发现,当外加电流通过两连接的金属 A,B 时,在接触面上会出现吸热或放热的现象,称为佩尔捷效应,如图 3.10 所示.显然,与汤姆孙效应类似,这是佩尔捷电动势(相当于一个电池)作用的结果,吸热和放热的过程分别与电池的放电和充电过程相当.实验表明,佩尔捷电动势的大小除与相互接触的金属材料有关外,还与温度有关,通常约为 10^{-2}—10^{-3} V.

1821 年泽贝克(T. J. Seebeck)发现,把两根不同金属导线两端相连构成闭合回路,若两接触点维持不同的温度,则回路中产生电动势——温差电动势,并形成恒定电流,这个现象称为温差电效应或泽贝克效应.这是因为在两根导线中有汤姆孙电动势,在两个接触点有佩尔捷电动势,整个闭合回路中的温差电动势就是它们之和,一般不等于零.从能量转换的角度看,当闭合回路中有温差电流时,电路上既有吸热也有放热,两者之差就是维持恒定电流散发焦耳热所需电能的来源.

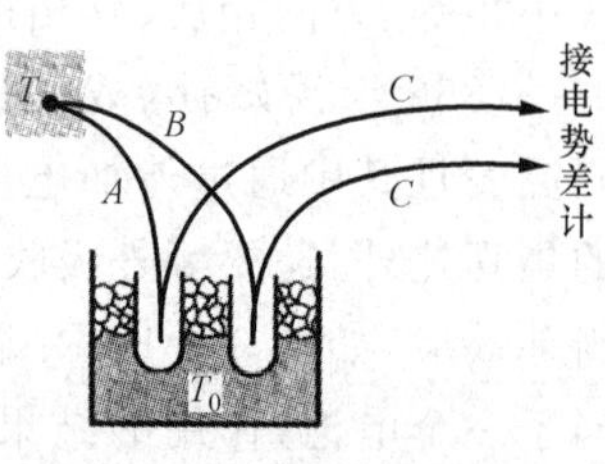

图 3.11　用温差电偶测量温度

温差电偶是利用温差电现象制成的元件,由两种能产生显著温差电现象的金属丝焊接而成.温差电偶主要用于测量温度,其原理如图 3.11 所示,A,B 为两根不同的金属丝,一端焊接在一起,放在待测的温度 T 中,A,B 的另一端放在温度 T_0 为已知的恒温物质(如冰水或大气)中.用两根同样材料的导线 C 分别将恒温槽中的 A,B 的另一端作为补偿电路与电势差计相连(参看 §3.4.1 图 3.15(e)),测定它的温差电动势,再根据事先校准的曲线或数据,便可得出待测温度 T.

温差电偶测量温度具有测量范围广(−200 ℃—2000 ℃),灵敏度和准确度高(误差小于10^{-3}度),可以测量很小范围的温度或微小的热量等优点.实际中常用的温差电偶有,测300 ℃以下温度的铜-康铜温差电偶,测1100 ℃高温的镍铬-镍镁温差电偶,测−200 ℃—1700 ℃的铂-铂铑温差电偶,测2000 ℃高温的钨-钛温差电偶等.

由于一般金属温差电偶的电动势很小,只有mV量级,为了增强温差电效应,可把若干温差电偶串联起来,做成温差电堆,效果更好,如图3.12所示.某些半导体的温差电效应较强,热能和电能的转换效率较高,可用于制造半导体温差发电器、半导体制冷机等.

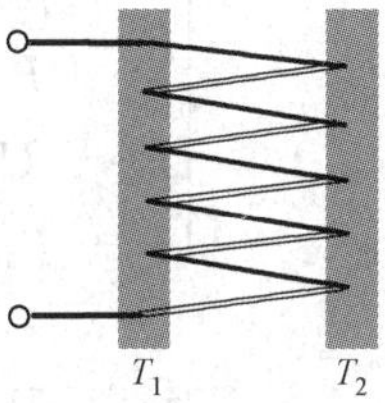

图3.12 温差电堆

三、光电池

光电池是利用光电效应将光能转变为电能的装置.最常见的如太阳能电池,它将太阳的光能转化为电能,应用于人造卫星、宇宙飞船、空间站以及日常生活之中.其原理是,当太阳光照射到对光敏感的物质表面时,该表面发射电子,把这些电子收集到邻近的另一表面,造成正、负电荷分离,产生电动势,若接通外电路便可产生电流.太阳能电池采用的材料有硅、硫化镉、碲化镉、砷化镓等.

§3.4 直流电路,基尔霍夫方程组

§3.4.1 简单电路——串并联电路

由电动势恒定不变的直流电源与电阻(负载)连接而成的闭合电路称为直流电路或恒定电路,其中各处的电流均恒定不变.直流电路按连接方式的不同(而不是元件的多寡)分为两类:简单电路和复杂电路.若电路中各电阻均为串联、并联、或两者兼而有之,则称为简单电路;若电路中各电阻除串并联外,还有不能归结为串并联的连接方式,如三角形连接、星形连接等,则称为复杂电路.

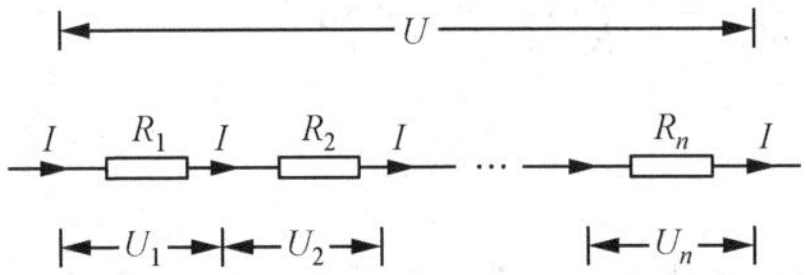

图3.13 电阻的串联

多个电阻首尾相接联成一串,使电流一以贯之只有一条通路,这种连接方式称为串联,如图3.13所示.串联电路中通过各电阻的电流相同;串联电路两端的总电压等于其中各电阻两端电压之和;串联电路中电压的分配即各电阻两端的电压与该电阻成正比;串联电路的等效电阻等于其中各电阻之和(等效电阻大于各电阻);串联电路中功率的分配即各电阻的功率与该电阻成正比;串联电路的总功率即为等效电阻的功率.以上结果可表为

$$\begin{cases} I_1 = I_2 = \cdots = I_n = I, \\ U = U_1 + U_2 + \cdots + U_n = \sum_{i=1}^{n} U_i, \\ U_1 = IR_1, U_2 = IR_2, \cdots, U_n = IR_n \text{ 或 } U_i \propto R_i \quad (i = 1,2,\cdots,n), \\ R = \dfrac{U}{I} = R_1 + R_2 + \cdots + R_n, \quad R\text{:等效电阻}, \\ P_1 = U_1 I = I^2 R_1, P_2 = I^2 R_2, \cdots, P_n = I^2 R_n \text{ 或 } P_i = I^2 R_i \propto R_i, \\ P = P_1 + P_2 + \cdots + P_n = I^2(R_1 + R_2 + \cdots + R_n) = I^2 R, \quad P\text{:总功率}. \end{cases} \tag{3.33}$$

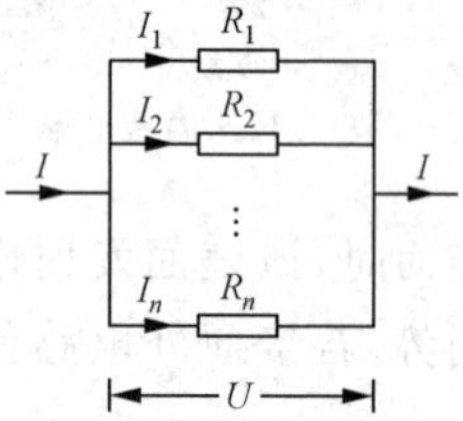

图 3.14 电阻的并联

多个电阻并排，两端分别连接在一起，使电路有两个公共连接点和多条通路，这种连接方式称为**并联**，如图 3.14 所示.并联电路中各电阻两端的电压相同，即为总电压；并联电路的总电流等于各支路电流之和；并联电路中各支路电流的分配与该支路的电阻成反比；并联电路等效电阻的倒数等于各支路电阻的倒数之和(等效电阻小于各支路电阻)；并联电路中功率的分配与各支路电阻成反比；并联电路的总功率即为等效电阻的功率.以上结果可表为

$$\begin{cases} U_1 = U_2 = \cdots = U_n = U, \\ I = I_1 + I_2 + \cdots + I_n = \sum_{i=1}^{n} I_i, \\ I_1 = \dfrac{U}{R_1}, I_2 = \dfrac{U}{R_2}, \cdots, I_n = \dfrac{U}{R_n} \text{ 或 } I_i = \dfrac{U}{R_n} \quad (i = 1,2,\cdots,n), \\ \dfrac{1}{R} = \dfrac{I}{U} = \dfrac{1}{R_1} + \dfrac{1}{R_2} + \cdots + \dfrac{1}{R_n}, \quad R\text{:等效电阻}, \\ P_1 = UI_1 = \dfrac{U^2}{R_1}, P_2 = \dfrac{U^2}{R_2}, \cdots, P_n = \dfrac{U^2}{R_n} \text{ 或 } P_i = \dfrac{U^2}{R_i} \propto \dfrac{1}{R_i} \quad (i = 1,2,\cdots,n), \\ P = P_1 + P_2 + \cdots + P_n = U^2\left(\dfrac{1}{R_1} + \dfrac{1}{R_2} + \cdots + \dfrac{1}{R_n}\right) = \dfrac{U^2}{R}, \quad P\text{:总功率}. \end{cases} \tag{3.34}$$

串并联直流电路的一些典型应用如图 3.15 所示.

图 3.15(a)是**制流**电路，由负载(电阻)、变阻器、安培计串联而成，再接直流电源，调节变阻器即调节串联电路的总电阻可改变通过负载的电流，起到“制流”的作用，安培计则用于检测电流.

图 3.15(b)是**分压**电路，由负载(电阻)、变阻器(一部分)、伏特计并联而成，再接直流电源，变阻器(整体)两端的电压为电源的路端电压，调节变阻器与负载连接点(图中箭头所示)的位置，可改变负载两端的电压，起到“分压”的作用，伏特计则用于检测电压.

安培计是测量电流的仪表，应与待测其中电流的负载串联，如图 3.15(a).安培计的结构如图 3.15(c)所示，由检流计 G 与低电阻(亦称分流电阻)并联构成.该低电阻应低于检流计的电阻，以便承受电路中电流的大部分(分流)，使通过检流计的电流较小，避免烧坏，另外,该低电阻应使安培计的总电阻远小于负载的电阻,以减小接入安培计后对原电路的影响,确保待测负载中电流所需的精度.选取不同的低电阻与检流计并联可使安培计具有不同的量程,满足各种测量的要求.

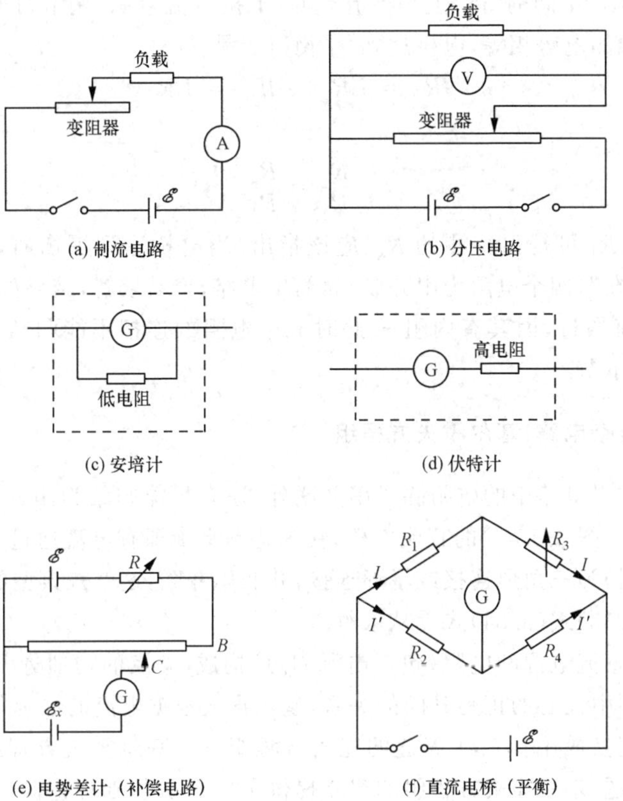

图 3.15　串并联直流电路的应用举例

伏特计是测量电压的仪表,应与待测两端电压的负载并联,如图 3.15(b).伏特计的结构如图 3.15(d)所示,由检流计 G 与高电阻串联构成.该高电阻应高于检流计的电阻,以便分担检流计不能承受的大部分电压,避免损坏检流计,另外,该高电阻应使伏特计的总电阻远大于负载的电阻,以减小接入伏特计后对原电路的影响,确保待测负载两端电压所需的精度.选取不同的高电阻与检流计串联可使伏特计具有不同的量程,满足各种测量的要求.

电势差计是准确测量电源电动势 $\mathscr{E}_x$ 的仪表.如果只要求粗略地测量 $\mathscr{E}_x$,用伏特计即可,但因伏特计测出的是路端电压,它包括 $\mathscr{E}_x$ 和电源内阻上的电势降落 Ir,与 $\mathscr{E}_x$ 有所差别.为了解决这个问题,电势差计采取如图 3.15(e)所示的电路.它包括由标准电池 $\mathscr{E}$、制流电阻 R(调节 R 可以改变供电电源的输出电流 I)、滑线电阻 AB 构成的辅助电路,以及由电阻 AC、检流计 G、待测电源 $\mathscr{E}_x$ 构成的补偿电路.滑线电阻起着分压的作用,调节滑动接触头 C 可以改变 AC 段电阻两端的电压 U_{AC},当检流计指零时,表明

$$\mathscr{E}_x = U_{AC} = IR_{AC}. \tag{3.35}$$

于是可由 I 和 R_{AC} 精确测定 $\mathscr{E}_x$，与待测电源的内阻大小无关. 这种使检流计指零，U_{AC} 与 $\mathscr{E}_x$ 大小相等、互相补偿、达到平衡，从而精确测定 $\mathscr{E}_x$ 的方法称为补偿法.

电桥是测量电阻的仪表. 图 3.15(f)是最简单的直流电桥，它的四个“臂”上分别有四个电阻 R_1, R_2, R_3, R_4，中间的“桥”上是检流计 G，下接直流电源. 调节可变电阻 R_3，使检流计指零，表明它两端的电势相等，电桥达到“平衡”，于是

$$IR_1 = I'R_2, \quad IR_3 = I'R_4,$$

即

$$\frac{R_1}{R_3} = \frac{R_2}{R_4}. \tag{3.36}$$

由已知的 R_2, R_3, R_4 可得出待测的 R_1. 应该指出，当电桥达到平衡时，因检流计无电流通过，相当于“不存在”，四个电阻为串并联，属简单电路，容易求解，结果如上. 若电桥未达到平衡，检流计有电流通过，因其有内阻 r，此时五个电阻的连接不能归结为串并联，属复杂电路，如何求解，见下节.

§3.4.2 复杂电路，基尔霍夫方程组

前已指出，如果电路中的电阻除了串并联外，还有不能归结为串并联的连接方式，则称为复杂电路. 例如，图 3.15(f)的直流电桥，在未达到平衡即有电流通过检流计 G 时，各电阻(包括检流计内阻)为三角形连接或星形连接，并非串并联，这就是典型的复杂电路. 对此，只靠串并联公式(3.33)式(3.34)式无从求解.

直流电路由直流电源和电阻(包括电源内阻)构成，涉及的物理量无非是 $\mathscr{E}, R, I$ 以及电压 U，在实际应用中关心的正是其间的关系，基尔霍夫根据电流的恒定条件和恒定电场的环路定理，把它们变换成用 $\mathscr{E}, R, I$ 表达的完备方程组——基尔霍夫方程组，普遍地解决了复杂电路的求解问题. 基尔霍夫方程组的建立提供了一个从基础理论向应用研究转化和沟通的范例.

在复杂电路中，由电源和电阻串联而成的通路称为支路，在每一条支路中电流处处相等. 三条或更多条支路的联结点称为节点或分支点. 由几条支路构成的闭合通路称为回路. 例如，图 3.15(f)的直流电桥中，在未达到平衡时，共有 6 条支路，4 个节点，7 个回路.

基尔霍夫第一方程组又称节点电流方程组：汇于复杂电路任一节点的各支路电流的代数和为零，即

$$\sum(\pm I) = 0. \tag{3.37}$$

通常规定：从节点流出的电流为正，流向节点的电流为负.

节点电流方程(3.37)式是把电流恒定条件(3.6)式 $\oint\!\!\!\oint_{(S)} \boldsymbol{j} \cdot \mathrm{d}\boldsymbol{S} = 0$ 应用于直流电路中任一节点的结果. 作闭合曲面 S 包围直流电路中任一节点，则流向该节点的各电流与从该节点流出的各电流的代数和应为零，否则在该节点上将有电荷积累，破坏恒定条件，与直流电路不符. 因通常汇于任一节点的支路为有限条，且无需区分支路各处 $\boldsymbol{j}$ 的大小，故将(3.6)式

$\boldsymbol{j}$ 的积分改为(3.37)式 I 的求和.

对于复杂电路，其中的每一个节点均可按(3.37)式列出一个方程，若复杂电路共有 n 个节点，则可列出 n 个方程. 容易设想，其中任意($n-1$)个方程是彼此独立的，剩下的一个方程则应可由这($n-1$)个方程导出. 因此，对于具有 n 个节点的复杂电路，可以列出($n-1$)个独立的节点电流方程，此即基尔霍夫第一方程组.

基尔霍夫第二方程组又称回路电压方程组：沿复杂电路中任一闭合回路绕行一周，其中各电源和各电阻上电势降落 U 的代数和为零，即

$$\sum U = \sum(\pm \mathscr{E}) + \sum(\pm IR) = 0, \tag{3.38}$$

式中 $\mathscr{E}$ 是闭合回路中各电源的电动势，R 是回路中各电阻(包括电源内阻)，I 是通过各电阻的电流(因有分叉，各 I 可以不同). 为了确定式中的正负号，首先，选定闭合回路的绕行方向，其次，标明(假设)闭合回路中各支路的电流方向. 据此，对于电阻，若选定的绕行方向与标明的通过某电阻的电流方向一致，则由欧姆定律，该电阻两端的电势降落取正值为 $+IR$；若绕行方向与电流方向相反，则该电阻两端的电势降落取负值为 $-IR$. 对于电源(此处指理想电源，实际电源可以看作理想电源与内阻的串联)，若绕行方向从某电源的正极经过电源内部到达负极，则由电源性质，该电源两端的电势降落取正值为 $+\mathscr{E}$，若绕行方向从负极经过电源内部到达正极，则该电源两端的电势降落取负值为 $-\mathscr{E}$. 当然，无论绕行方向还是电流方向都有正、反两种，可任择其一，一经选定、标明，不容变更，若解出某支路的电流为负，表明其中实际的电流方向与标明方向相反.

回路电压方程是把恒定电场环路定理 $\oint \boldsymbol{E} \cdot \mathrm{d}\boldsymbol{l} = 0$ 应用于复杂电路中任一闭合回路的结果. 在(理想)电源内，恒定电场 $\boldsymbol{E}$ 从正极指向负极，顺此对 $\boldsymbol{E}$ 积分即为电源电动势 $\mathscr{E}$，反之，从负极经电源内部到正极对 $\boldsymbol{E}$ 积分则为 $-\mathscr{E}$；在电阻 R 内，恒定电场 $\boldsymbol{E}$ 的方向与电流方向相同，顺此对 $\boldsymbol{E}$ 从一端到另一端积分，即为 R 两端电势降落 IR，反向积分，为 $-IR$. 由此可见，(3.38)式正、负号规定的根据正是电源性质和欧姆定律. 沿闭合回路绕行一周后，各电源与各电阻上电势降落的代数和应为零，否则回到出发点后电势有所不同，违背环路定理.

由(3.38)式能列出多少个独立的回路电压方程呢？如果复杂电路为平面电路，即所有的节点和支路都在同一平面上，不存在支路相互跨越的情形，则可将电路看成一张平面网络，其中网孔的数目就是独立回路的数目，其他回路必定可以看成是这些回路的叠加. 以图3.16未达到平衡(即检流计G中有电流通过)的直流电桥为例，这是一个平面网络，闭合回路有 ABD，BCD，$ADCEF$ 以及 $ADCB$，$ABDCEF$，$ADBCEF$，$ABCEF$ 七个，显然，后四者是前三者的叠加，所以，独立的回路电压方程共三个，这正是直流电桥(平面网络)的网孔数.

如果复杂电路不能化为平面电路，存在支路相互跨越的情形，则网孔概念失效. 对此，可采用“树图”的概念，即先将复杂电路的全部节点标明，并参照该复杂电路的实际情形，用支路把这些节点全部连接起来但不形成任何闭合回路，这样的树枝状图形称为树图，连接节点的支路称为树支. 由于连接第一、第二节点需要一条树支，以后每连接一个新的节点需要添加一条树支(也只需要添加一条树支，不能更多，否则将形成闭合回路，不再是树图)，因此，

对于具有 n 个节点的复杂电路，其树图应共有 $(n-1)$ 条树支. 此后，再参照复杂电路的实际情况，连接其余的支路，此时每再连接一条新的支路（称为连支）就形成一个闭合回路，可见连支的数目等于独立回路的数目. 由于连支数等于总支路数减去树支数，对于具有 n 个节点、p 条支路的复杂电路，其树支为 $(n-1)$ 条，连支为 $[p-(n-1)]=(p-n+1)$ 条，即共有 $(p-n+1)$ 个独立回路，可以列出 $(p-n+1)$ 个独立的回路方程，此即基尔霍夫第二方程组.

综上，对于具有 n 个节点 p 条支路的复杂电路，可以列出 $(n-1)$ 个独立的节点电流方程和 $(p-n+1)$ 个独立的回路电压方程，总共的独立方程数为 $[(n-1)+(p-n+1)]=p$ 个，与 p 个未知的支路电流数相同. 复杂电路的典型问题是，已知全部电源的电动势和全部电阻（包括电源内阻），求各支路的电流. 基尔霍夫方程组是求解复杂电路的完备方程组.

例 非平衡直流电桥.

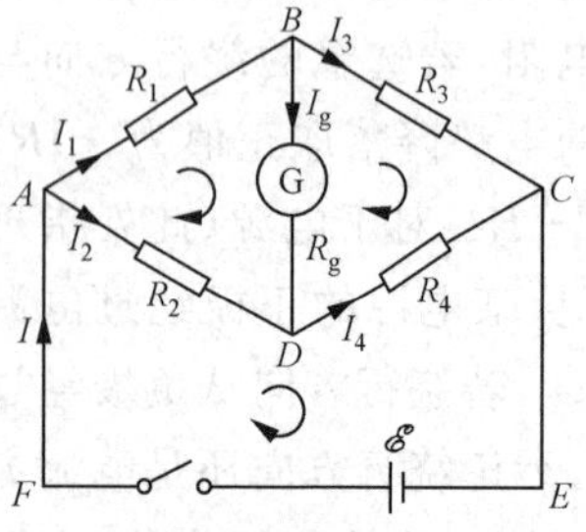

图 3.16 直流电桥（非平衡）

图 3.16 的直流电桥与图 3.15(f) 结构相同，区别是未达到平衡. 已知四臂及检流计的电阻分别为 R_1, R_2, R_3, R_4, R_g，已知电源的电动势为 $\mathscr{E}$（内阻可略）. 试求通过检流计的电流 I_g 以及电桥达到平衡 $(I_g=0)$ 的条件.

解 图 3.16 的非平衡直流电桥是复杂电路，包括 6 条支路、4 个节点、3 个网孔. 选定 3 个闭合回路（网孔）的绕行方向并标明 6 条支路的电流方向如图. 由 (3.37) 式和 (3.38) 式，可列出的独立的节点电流方程和独立的回路电压方程各三个，为

$$\begin{cases}-I+I_1+I_2=0,\\ -I_2-I_g+I_4=0,\\ -I_3-I_4+I=0,\\ I_1R_1+I_gR_g-I_2R_2=0,\\ I_3R_3-I_4R_4-I_gR_g=0,\\ I_2R_2+I_4R_4-\mathscr{E}=0.\end{cases} \tag{3.39}$$

消去 I, I_3, I_4 后，得

$$\begin{cases}I_1R_1-I_2R_2+I_gR_g=0,\\ I_1R_3-I_2R_4-I_g(R_3+R_4+R_g)=0,\\ I_1(R_1+R_3)-I_gR_3=\mathscr{E}.\end{cases}$$

解出

$$I_g=\frac{\Delta_g}{\Delta},$$

其中行列式 Δ 和 Δ_g 分别为

$$\Delta=\begin{vmatrix}R_1 & -R_2 & R_g\\ R_3 & -R_4 & -(R_3+R_4+R_g)\\ R_1+R_3 & 0 & -R_3\end{vmatrix}$$

$$=R_1R_2R_3+R_2R_3R_4+R_3R_4R_1+R_4R_1R_2+R_g(R_1+R_3)(R_2+R_4),$$

$$\Delta_g = \begin{vmatrix} R_1 & -R_2 & 0 \\ R_3 & -R_4 & 0 \\ R_1+R_3 & 0 & \mathscr{E} \end{vmatrix} = -(R_1R_4 - R_2R_3)\mathscr{E},$$

即

$$I_g = \frac{(R_2R_3 - R_1R_4)\mathscr{E}}{R_1R_3(R_2+R_4) + R_2R_4(R_1+R_3) + R_g(R_1+R_3)(R_2+R_4)}.$$

直流电桥的平衡条件为

$$I_g = 0,$$

即

$$R_1R_4 = R_2R_3.$$

与讨论平衡电桥时得出的结果(3.36)式相符.

直流电桥非平衡时,根据(3.39)式,测出检流计电流 I_g 的大小及变化,可以得出待测电阻 R_x 的大小及其变化(假设其他电阻及电源电动势均已知),这一特点使电桥有许多应用. 例如,用金属或半导体制成的热敏电阻,其电阻 R_x 随温度的变化非常灵敏,把它作为感温元件插入待测温度的容器内并作为电桥的一臂,在不同温度下,R_x 不同,I_g 不同,可由 I_g 的大小换算出相应的容器内的温度. 例如,非平衡电桥还常用于自动控制系统. 在自动化的生产和实验中往往需要对某些条件和因素进行自动控制,为此,可利用转换元件(如压力传感器等)把这些条件和因素转换成电阻值,当它们变化时,电阻以及电桥中的 I_g 随之变化,再把 I_g 放大并用以操纵控制系统,就能达到控制生产和实验中所需条件和因素的目的.

本 章 小 结

电荷是物质的一种属性,电荷的流动形成电流. 电荷守恒定律是物理学的基本规律之一,电流的连续方程为它提供了定量表述,由此,可进而给出电流的恒定条件,它表明恒定电流是闭合的.

导体具有良好的导电性和导热性,欧姆定律和焦耳定律揭示了导体的导电规律和电流热效应的规律. 德鲁德金属经典电子论描绘了金属导电和导热的微观机制,并据此导出了欧姆定律和焦耳定律,给出了电导率与相应微观量平均值的关系.

电源是通过非静电力做功将其他形式的能量转换为电能的装置,非静电力揭示了电现象与其他现象(如化学现象、热现象等)之间的联系. 电源的电动势 $\mathscr{E}$ 描绘非静电力做功的本领,直流电源的电动势 $\mathscr{E}$ 不随时间变化. 电动势 $\mathscr{E}$ 和内阻 r 是电源性能的标志,它们和通过电源的电流 I 一起决定了电源的路端电压. 常用的直流电源有化学电池、温差电堆等.

直流电路由直流电源和电阻(负载)构成,可分为简单电路(串并联)和复杂电路(非串并联)两类,前者遵循串并联公式,后者可用基尔霍夫方程组求解,有许多应用.

基本公式

电流强度 I 与电流密度矢量 $\boldsymbol{j}$：

$$I=\iint_{(S)}\boldsymbol{j}\cdot\mathrm{d}\boldsymbol{S}=\iint_{(S)}j\cos\theta\,\mathrm{d}S.$$

电流的连续方程：

$$\oiint_{(S)}\boldsymbol{j}\cdot\mathrm{d}\boldsymbol{S}=-\frac{\mathrm{d}q}{\mathrm{d}t}\quad\text{或}\quad\nabla\cdot\boldsymbol{j}=-\frac{\partial\rho}{\partial t},\quad\rho\text{:电荷体密度}.$$

电流的恒定条件：$\oiint_{(S)}\boldsymbol{j}\cdot\mathrm{d}\boldsymbol{S}=0$.

欧姆定律：$U=IR$ 或 $\boldsymbol{j}=\sigma\boldsymbol{E}$， R：电阻，σ：电导率.

焦耳定律：$Q=I^2Rt=UIt=\dfrac{U^2}{R}t$ 或 $p=\sigma E^2$， Q：热量，t：时间，p：热功率密度.

德鲁德金属导电经典电子论导出 $\boldsymbol{j}=\sigma\boldsymbol{E}$ 和 $p=\sigma E^2$，其中 $\sigma=\dfrac{ne^2\overline{\lambda}}{2m\overline{v}}$，$\sigma$：电导率，$e,m,n,\overline{v},\overline{\lambda}$ 分别为：自由电子的电量、质量、数密度、热运动平均速率、平均自由程.

电源电动势：$\mathscr{E}=\int_{-\ (\text{电源内部})}^{+}\boldsymbol{K}\cdot\mathrm{d}\boldsymbol{l}$， $\boldsymbol{K}$：单位正电荷所受非静电力.

电源的路端电压：$U=\mathscr{E}\mp Ir$， "$-$"：放电，"$+$"：充电，r：电源内阻.

全电路欧姆定律：$\mathscr{E}=I(R+r)$.

电源总功率：$P=I\mathscr{E}=I^2R+I^2r$.

串联电路：$R=R_1+R_2+\cdots+R_n$， $U_i\propto R_i$， $P_i=I^2R_i\propto R_i$.

并联电路：$\dfrac{1}{R}=\dfrac{1}{R_1}+\dfrac{1}{R_2}+\cdots+\dfrac{1}{R_n}$， $I_i\propto\dfrac{1}{R_i}$， $P_i=\dfrac{U^2}{R_i}\propto\dfrac{1}{R_i}$.

基尔霍夫方程组：

节点电流方程组：$\sum\pm I=0$.

回路电压方程组：$\sum U=\sum(\pm\mathscr{E})+\sum(\pm IR)=0$.

正、负号规定见§3.4.2.

习 题

3.1 如图，两边是电导率很大的导体，中间两层是电导率分别为 σ_1 和 σ_2 的均匀导电介质，其厚度分别为 d_1 和 d_2，导体的截面积为 S，通过导体的恒定电流为 I. 试求：(1) 两层导电介质中的场强 E_1 和 E_2；(2) 电势差 U_{AB} 和 U_{BC}；(3) A,B,C 三界面上的电荷面密度.

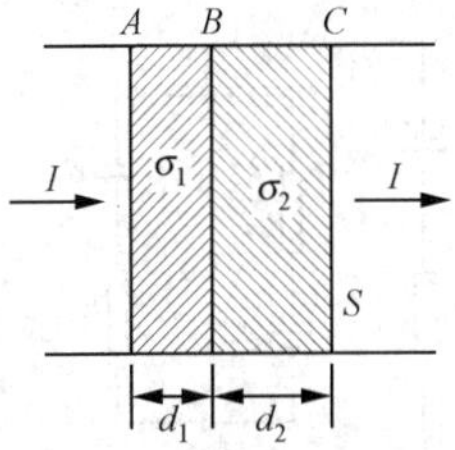

习题　3.1

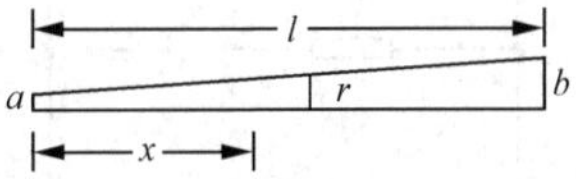

习题　3.2

3.2　如图，一条长为 l 的导线，两端分别称为 a 端和 b 端，它的横截面积 S 和电导率 σ 都是 x 的函数，x 是到 a 端的距离.(1) 试问这段导线的电阻 R 如何表示？(2) 若导线呈圆台形，即 a 端的横截面是半径为 a 的圆，b 端的横截面是半径为 b 的圆，而 σ 是常数，试求它的电阻.

3.3　一铜棒的横截面为 $3.5\ \text{cm}^2$，长为 $4.0\ \text{m}$，两端电势差为 $100\ \text{mV}$，已知铜的电导率 $\sigma=5.7\times10^7(\Omega\cdot\text{m})^{-1}$，铜内自由电子的电荷密度为 $1.36\times10^{10}\ \text{C/m}^3$. 试求：(1) 铜棒的电阻 R；(2) 电流 I；(3) 电流密度的大小；(4) 棒内电场强度的大小；(5) 消耗的电功率；(6) 1 小时消耗的能量；(7) 棒内自由电子的平均定向漂移速度.

3.4　如图(a)，(b)，试求 A，B 两端的电阻.

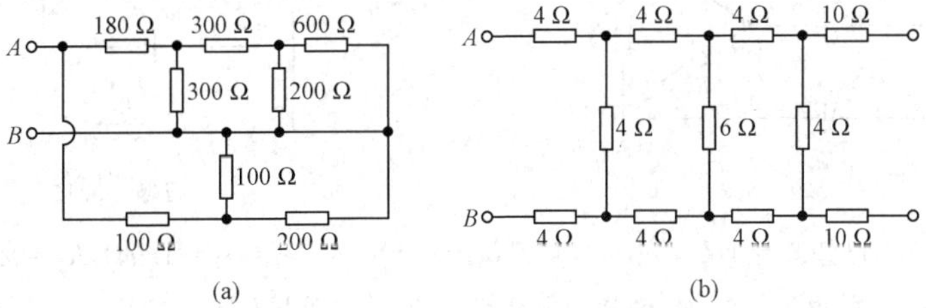

习题　3.4

3.5　如图，十二根长度相等的同样导线组成一个立方体，每一根导线的电阻都是 1 Ω. 试求 A，B 两点之间的电阻.

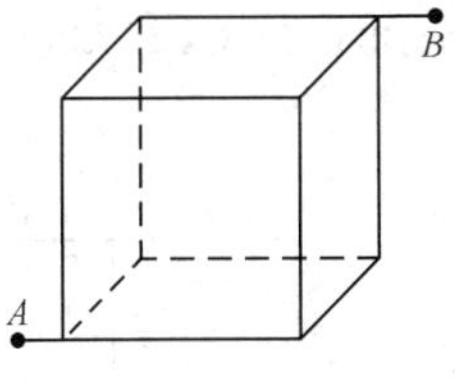

习题　3.5

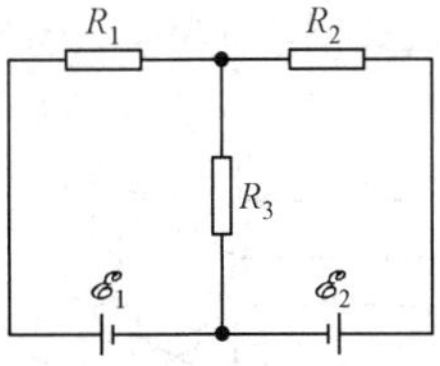

习题　3.6

3.6　如图的电路中，$\mathscr{E}_1=2.0\ \text{V}$，$\mathscr{E}_2=12\ \text{V}$，$R_1=4.0\ \Omega$，$R_2=6.0\ \Omega$，$R_3=5.0\ \Omega$. 试求：(1) 通过 R_3 的电流；(2) 如果 R_2 为可变电阻，当其阻值为多大时，通过 $\mathscr{E}_1$ 的电流为零？(电源内阻可忽略不计)

3.7　如图的电路中，已知 $\mathscr{E}_1=12\ \text{V}$，$\mathscr{E}_2=6.0\ \text{V}$，$r_1=r_2=R_1=R_2=1.0\ \Omega$，通过 R_3 的电流 $I_3=3.0\ \text{A}$，方向如图. 试求：(1) 通过 R_1 和 R_2 的电流；(2) R_3 的数值.

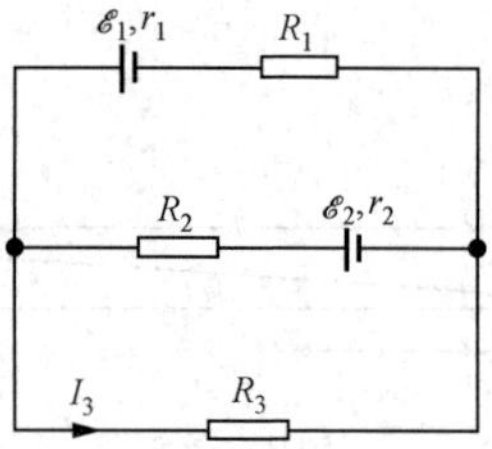

习题　3.7

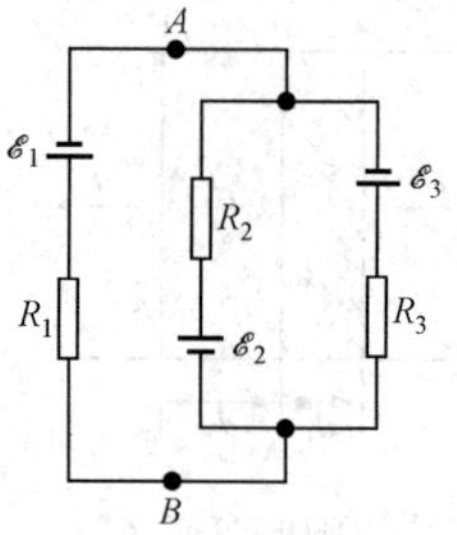

习题　3.8

3.8　如图的电路中，已知 $\mathscr{E}_1=3.0\,\text{V}$，$\mathscr{E}_2=1.5\,\text{V}$，$\mathscr{E}_3=2.2\,\text{V}$，$R_1=1.5\,\Omega$，$R_2=2.0\,\Omega$，$R_3=1.4\,\Omega$，电源的内阻已分别计入 R_1，R_2，R_3 内. 试求 U_{AB}.

3.9　如图的电路中，已知 $\mathscr{E}_1=6.0\,\text{V}$，$\mathscr{E}_2=4.5\,\text{V}$，$\mathscr{E}_3=2.5\,\text{V}$，$r_1=0.2\,\Omega$，$r_2=0.1\,\Omega$，$r_3=0.1\,\Omega$，$R_1=R_2=0.5\,\Omega$，$R_3=2.5\,\Omega$，试用基尔霍夫定律求 R_1，R_2，R_3 中的电流 I_1，I_2，I_3.

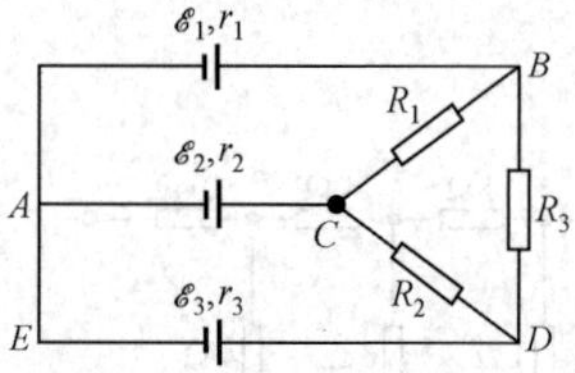

习题　3.9

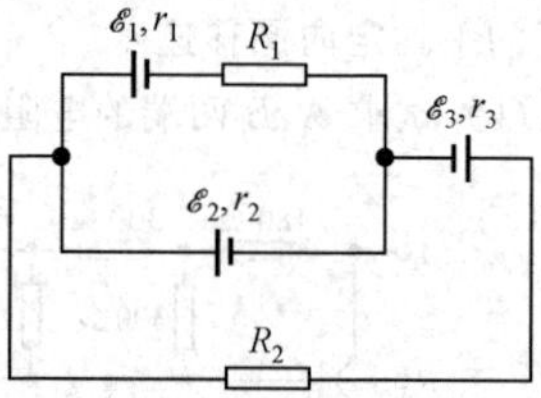

习题　3.10

3.10　如图的电路中，已知 $\mathscr{E}_1=1.0\,\text{V}$，$\mathscr{E}_2=2.0\,\text{V}$，$\mathscr{E}_3=3.0\,\text{V}$，$r_1=r_2=r_3=1.0\,\Omega$，$R_1=1.0\,\Omega$，$R_2=3.0\,\Omega$. 试求：(1) 通过 $\mathscr{E}_1$ 的电流；(2) R_2 消耗的电功率；(3) $\mathscr{E}_3$ 对外提供的电功率.

3.11　如图，甲乙两站相距 50 km，其间有两条相同的电话线，有一条线因在某处 P 触地而发生故障，设触地点到甲站的距离为 x. 为了确定 P 点的位置，甲站的检修人员一方面让乙站人员把两条电话线在乙站处短接，另一方面把甲站处的两条电话线与图中的电桥连接，然后调节可变电阻 r 使通过检流计 G 的电流为零. 测得此时 $r=360\,\Omega$. 已知电话线每千米的电阻为 $6.0\,\Omega$，试求 x.

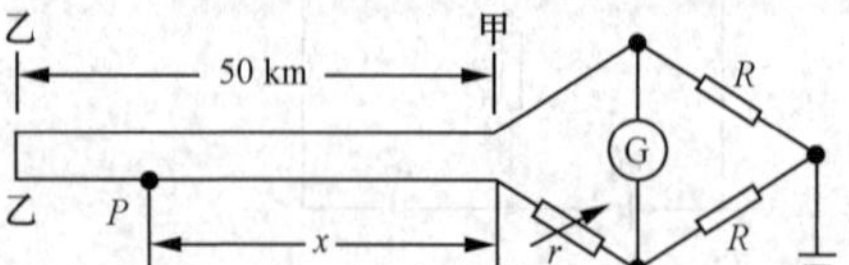

习题　3.11

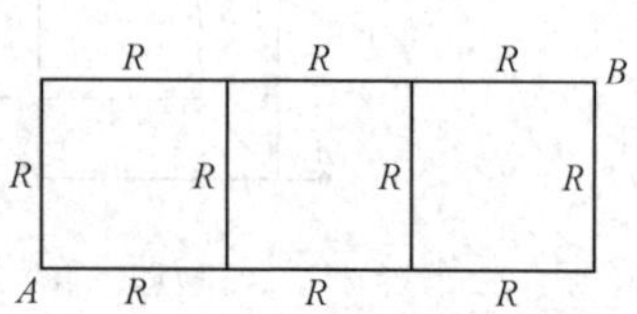

习题　3.12

3.12　10 根电阻均为 R 的电阻丝连接成如图所示的电阻网络. 试求 A，B 两点之间的等效电阻 R_{AB}.

3.13　如图，电灯泡的电阻为 $R_0=2\,\Omega$，正常工作电压为 $U_0=4.5\,\text{V}$，用电动势 $U=6\,\text{V}$ 且内阻可以忽略的电池供电，并利用一滑线电阻器将变阻器的一部分与灯泡 R_0 并联，另一部分与它们串联. 试求效率为最大的条件及最大效率值. 又为使系统的效率不低于 $\eta=0.6$，试计算电阻器的阻值及其承受的最大电流.

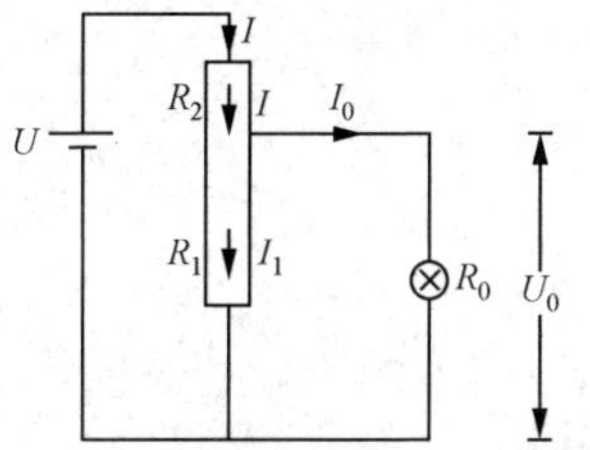

习题 3.13

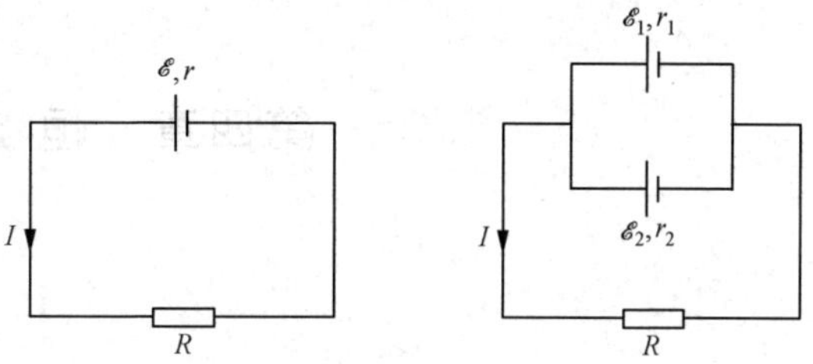

习题 3.14

3.14 如图，为使在两个电路中，流过任意具有相同阻值的外电阻 R 的电流 I 相同，试求电源$(\mathscr{E},r)$与电源组$(\mathscr{E}_1,r_1)$，$(\mathscr{E}_2,r_2)$之间的定量关系.

第四章　恒定磁场

§4.1　指南针——中国古代的伟大发明[①]

人类对电磁现象的观察、应用和研究经历了漫长的历史时期.作为世界文明古国之一，中国古代在电学和磁学方面积累了不少知识，取得了不少成就.其中，尤以指南针的发明和应用，对航海、测量、军事以及东西方文化交流和世界经济发展都起过重要作用.指南针与造纸、火药、印刷术并称中国古代的四大发明，充分显示了先辈的卓越智慧和伟大贡献.

战国《韩非之·有度》(约公元前 250 年)“先王立司南，以端朝夕”.汉《鬼谷子·谋篇》“郑子取玉，必载司南，为其不惑也.”这里的“司南”，就是利用磁石磁性指示方向的器具，用以“端朝夕”，即正四方，“为其不惑”，即不迷失方向.

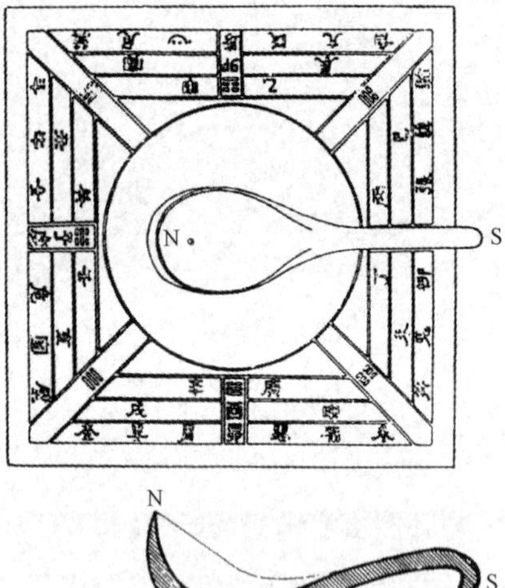

图 4.1　司南杓及地盘

东汉王充(公元 27—97 年)《论衡》对“司南”作了具体的描绘：“司南之杓，投之于地，其柢指南”.“杓”即勺，用天然磁石雕琢成勺，勺底呈球形；“地”，地盘，青铜制成，方形，汉代用于占卜，地盘中央的天池平整光滑，地盘四周刻着八干(甲、乙、丙、丁、庚、辛、任、癸)、十二支(子、丑、寅、卯、辰、巳、午、未、申、酉、戌、亥)、四维(乾、坤、巽、艮)，标明二十四向；“柢”，勺柄.将司南杓放在地盘中央，轻轻拨动，自由旋转，静止以后，勺柄指向南方(图 4.1).

从东汉天然磁石制成的司南杓到北宋人工磁铁制成的指南鱼，历经千年，我国古代的指南器具有了重大进步.北宋曾公亮(公元 999—1078 年)《武经总要》(约成书于 1044 年)对指南鱼的制造、应用作了详尽明确的记载，为人工磁化方法的采用和地磁倾角的发现提供了确凿的证据.“若遇天景曀霾，夜色暝黑又不能辨方向，……或出指南车或指南鱼，以辨所向.指南车法世不传.鱼法以薄铁叶剪裁，长二寸阔五分，首尾锐如鱼形，置炭火中烧之，候通赤，以铁钤(钳)钤鱼首出

---

① 参看：李约瑟,《中国科学技术史》第四卷《物理学及相关技术》第一分册《物理学》,陆学善等译,科学出版社、上海古籍出版社,2003 年.王振铎,林文照:指南针,《中国大百科全书,物理学Ⅱ》,1232—1234 页,中国大百科全书出版社,1987 年.陈秉乾:中国古代在电学和磁学方面的成就,《物理教学》,2005 年 12 月.

火,以尾正对子位(正北),蘸水盆中,没尾数分则止,以密器收之.用时置水碗于无风处,平放鱼在水面令浮,其首常南向午(正南)也."

按近代观点,"薄铁叶"应是一种碳钢,"置炭火中烧之",高温加热超过居里点可使之退磁,"出火"后"蘸水"冷却产生相变,同时"以尾正对子位(正北)",即将铁鱼首尾沿南北放置利用地磁场使之磁化.为了效果更好,还应"没尾数分则止",即将铁鱼尾部下压、头部仰起,因铁鱼仅"长二寸阔五分",尾部在水盆中下压"数分"会产生相当大的仰角,使之更接近地磁场方向,以利磁化.由此可见,当年采用的先高温退磁,再冷却相变,并以地磁场使铁鱼人工磁化的方法完全合乎科学道理.尤其令人惊叹的是,虽然当时并无地磁倾角的概念,但已从实践中发现并有效地利用了地磁倾角.近代研究表明,我国长江黄河一带的地磁倾角约为40°—50°(北宋都城在开封),地磁场方向北端向下,的确不容忽视,将鱼尾正对北方(子位),向下倾斜,效果最好."以密器收之",可能是将铁鱼收藏在放置有天然磁石的容器内,减少退磁,保持磁性.如何使用呢?将铁鱼浮在水面上,鱼首总是指向南方(午位),故名指南鱼.与放在地盘中央的司南勺相比,浮在水面上的指南鱼减少了摩擦,灵敏度大大提高.

北宋沈括(公元1031—1095年)《梦溪笔谈》记载了指南针."方家以磁石磨针锋,则能指南,然常微偏东,不全南也.水浮多荡摇,指爪及碗唇上皆可为之,运转尤速,但坚滑易坠,不若缕悬为最善.其法取新纩中独茧缕,以芥子许蜡缀于针腰,无风处悬之,则针常指南."

"方家",方士,包括看风水的堪舆师."以磁石磨针锋,则能指南",用磁石摩擦铁针使之磁化,这是又一种更为简易的人工磁化方法,在近代电磁铁出现以前广泛采用,可谓一大发明.指南器具的形状则已由勺、鱼演变为针状的指南针.尤其值得注意的是,指南针所指的方向"常微偏东,不全南也",表明已经发现了地磁偏角,比西方观测到地磁偏角约早四个世纪.据近代研究,11世纪沈括居住的长江下游,地磁偏角仅约3°—4°,不易察觉,当年能够发现,确属非易."水浮"、"指爪及碗唇上"、"缕悬"是指南针的四种使用方法,即将指南针横贯灯心草浮在水面上,放在指甲上或碗沿上,以及缕悬.前三者,或"多荡摇"或"坚滑易坠",有所不便."缕悬",取"新纩中独茧缕",弹性、韧性好,不易扭曲、搅结,用蜡珠在"针腰"(中部)处将指南针与独茧缕粘合,"悬之"使用,可以避免前三种方法的弊病,"最善".

元代陈元靓《事林广记》卷十《神仙幻术》(公元1325年)记载了木刻的指南鱼和指南龟.指南鱼,"以木刻鱼子,如母(拇)指大,开腹一窍,陷好磁石一块子,……令没放水中,自然指南.以手拨转,又复如此."指南龟是嵌磁石的木龟,在腹部下方挖一小穴,用竹钉支撑,使之可在水平面自由旋转,稳定后指南.

指南针与方位盘联成一体构成罗盘,亦称罗经盘.上述公元一世纪的司南杓与地盘就是罗盘的鼻祖.罗盘有水罗盘和旱罗盘的区分.水罗盘是浮针罗盘,把指南针浮在水面上,没有固定支点.旱罗盘是支轴罗盘,用钉子支撑指南针.方位盘袭用古地盘的二十四向,加上两方位之间的缝针,共四十八向.

我国古代航海事业颇为发达.早年,只能凭天象辨方向.西汉《淮南子·齐俗训》"夫乘舟而惑者,不知东西,见斗极而悟".东晋《大藏经高僧法显传》"大海弥漫无边,不识东西,唯望日月星宿而进.若阴雨,时为风逐,去亦无所准".凡遇阴雾,就会陷于难辨方向的困境.

北宋朱彧《萍洲可谈》(公元 1119 年)最早记载了指南针用于航海,“舟师识地理,夜则观星,昼则观日,阴晦观指南针.”北宋徐竞《宣和奉使高丽图经》(公元 1123 年)“是夜洋中不可住,维视星斗前迈,若晦瞑则用指南针以揆南北.入夜举火,八舟皆应.”

南宋开始把带有方位盘的指南针(即罗盘)用于航海.南宋曾三异《同话录》最早提出罗盘的名称.南宋吴自牧《梦粱录》(公元 1275 年)最早记载了航海中使用罗盘,“风雨晦冥时,惟凭针盘而行,乃火长掌之,毫厘不敢差误,盖一舟人命所系也”.从南宋到明中叶,我国航海中使用的都是水罗盘,明初随郑和下西洋的巩珍在《西洋番国志》中写道:“留斲(斫,砍)木为盘,书刻干支之字,浮针于水,指向行舟.”元代,我国商船队已活跃在南中国海和印度洋,并到过波斯湾和非洲东边的岛屿,明代,航海家郑和七下西洋,历经东南亚、印度洋、波斯湾、红海,直到非洲东岸,毫无疑问,罗盘的使用意义重大,功不可没.

我国在航海中使用水罗盘比欧洲约早一个世纪,大约于 12 世纪末、13 世纪初传到阿拉伯,再传到欧洲.但旱罗盘的使用,欧洲早于我国,14 世纪欧洲出现了万向支架(常平架),把旱罗盘挂在其内环上,不论船体如何摆动,旱罗盘可始终保持水平状态,利于观测,这是罗盘的重大技术进步.另外,与我国标明二十四向的方位盘不同,欧洲(1269 年)采用 360°刻度的圆形方向盘.

从磁体指极性的发现到指南针、罗盘的发明并应用于航海,其中包括人工磁化方法的采用,地磁倾角、地磁偏角的发现和利用等等,充分显示了我国先辈观察敏锐细致、制作精巧可靠、善于实践应用的优良传统.但究其根源,却“莫可原其理”,只有“阴阳相薄”、“同类相感”、“同气相求”之类笼统浮泛的猜测,随着近代自然科学特别是电磁学的发展,才逐渐了解其中的道理.

下面择要介绍一些磁学的基本知识.

天然磁石的化学成分是 Fe_3O_4.人工磁体则可由钢铁磁化制成,磁化的办法是把钢铁放在通电流的线圈内.磁体具有吸引铁制物体的性质称为磁性.把条形磁铁放在铁屑中取出,两端吸附最多,磁性最强,称为磁极,中间无磁性称为中性区.把条形磁铁或狭长磁针悬挂起来,使之能在水平面内自由转动,则因受地球大磁体的作用,两磁极将分别指向地磁南极和北极,它们分别称为磁铁或磁针的南极(S 极)和北极(N 极),指南针的原理即在于此.

地球是一个大磁体,产生地磁场.地磁南极在地理北极附近,地磁北极在地理南极附近,稍有偏差.地球表面任一点地磁场的方向与该点水平面的夹角称为地磁倾角,不同纬度处的地磁倾角有所不同,地磁倾角的数值较大,不容忽视.磁子午线与地理子午线的夹角称为地磁偏角,不同经度处的地磁偏角有所不同,地磁偏角的数值较小,不易察觉.地面各处地磁场的水平强度、磁偏角、磁倾角合称地磁三要素.地磁场可分为稳定磁场和变化磁场两部分,前者为主.

两磁棒之间的作用力称为磁力,同名磁极相互排斥,异名磁极相互吸引.早年,人们设想,磁棒的北极(N 极)和南极(S 极)分别存在正磁荷和负磁荷,同号磁荷相斥,异号磁荷相吸,磁棒之间的相互作用以及磁棒的指极性都来源于集中在其两端的正、负磁荷.

1785年库仑用扭秤实验发现了电力平方反比律，同年，他又通过实验得出，磁力也遵循平方反比律．与电的库仑定律类似，磁的库仑定律指出：两个点磁荷之间磁力的方向沿两点磁荷的连线，同号磁荷相斥，异号磁荷相吸，磁力的大小与两点磁荷之间距离的平方成反比，并与磁荷的数量成正比．

然而，与正、负电荷可以分开并单独存在有所不同，将磁棒截成两根，每根磁棒的两端总是同时出现南极和北极，表明正、负磁荷总是成对出现不能单独存在．早年，人们普遍认为，磁现象与电现象并无联系，至于何谓磁荷，为什么正、负磁荷总是成对出现，更是无从解释．总之，从磁学诞生之日起，在很长的历史时期内，磁现象与电现象究竟有无联系，磁现象的本质是什么，磁作用遵循什么规律，非接触的磁棒之间的相互作用是超距作用还是近距作用等等基本问题，始终令人困惑，随着本章的叙述，这些问题将逐一得到答案．

§4.2 奥斯特实验

§4.2.1 奥斯特实验

直到19世纪20年代，在以往的漫长岁月里，磁学和电学始终彼此独立地发展着，磁现象与电现象之间似乎并无联系．尽管早在18世纪中叶就曾发现雷电能使刀、叉、钢针磁化的现象以及莱顿瓶放电能使焊条、缝衣针磁化的现象，但是自然界的这些“暗示”并未引起足够的关注和重视，大多数物理学家依然认为电与磁截然不同，风马牛不相及．从1785年电的和磁的库仑定律相继建立以来，数十年间电学和磁学并无显著的进展．

然而，丹麦物理学家奥斯特（Hans Christian Oersted，1777—1851）与众不同，他深受康德哲学关于各种“自然力”统一观点的影响，相信电与磁之间可能存在着某种联系，致力于寻找“电”对“磁”的作用．起初，他把各种带电体放在磁针附近，磁针都无动于衷，表明电荷对磁针并无作用．接着，奥斯特把注意力转向电流对磁针是否有作用，他先在直导线的延长线上放置磁针，通电流后磁针并无动静，于是他猜想电流对磁针的作用会不会是横向的．1820年4月奥斯特在讲课做演示实验时，将细铂丝与磁针平行放置，接伏打电池使细铂丝中通电流后，发现磁针受力微微偏转．奥斯特立刻意识到这正是他寻找已久的电流对磁针的作用，紧接着反复实验予以证实，并称之为“电流的磁效应”．1820年7月21日奥斯特发表题为“关于电冲击对磁针影响的实验”的论文，宣布了他的这一重大发现．

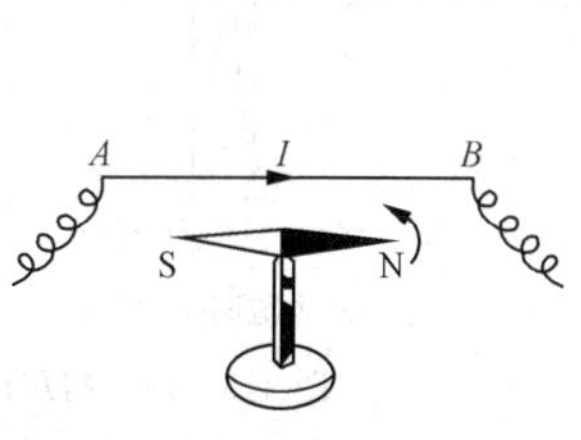

图4.2 奥斯特实验

现在，让我们准确地描绘一下奥斯特实验．如图4.2所示，直导线 AB 沿南北方向放置，在直导线下面平行放置一个可以自由转动的磁针．当直导线中没有电流通过时，磁针在地球磁场的作用下，沿南北取向，达到平衡．当直导线中有电流 I 从 A 到 B 通过时，从上向下看，磁针在水平面内逆时针偏转，若电流反向，则磁针反向偏转，只要保持电流不变，则磁针偏转后，将停留在新的平衡位置，并不返回．简言之，奥斯特实验表明，长直载流导线使与之平行放置的磁针受力偏转，这种电流对磁针的作用，称为电流的磁效应.

值得注意的是，与此同时，奥斯特还发现了非接触物体之间的一种新型的基本作用力——横向力.如所周知，此前，非接触物体之间的作用力有万有引力、电力、磁力(指磁铁之间的作用力或磁铁对铁制品的作用力)，它们都是彼此吸引或排斥的有心力.然而，非接触的电流对磁针的作用力明显不同，如图4.2，与长直载流导线平行放置的磁针受力偏转，这是磁针两磁极分别受到大小相等方向相反的两个作用力的结果，由于磁针是在水平面(与图面垂直)内偏转，而不是在图面内偏转，所以，磁极所受直电流的作用力应垂直于由直电流和磁极构成的平面(图面).换言之，直电流对磁极的作用力并非吸引或排斥磁极，而是使磁极围绕着直电流沿横向偏转，这是一种与有心力迥异的横向力.以后将会指出，横向力是磁作用的基本特征，磁铁之间彼此吸引或排斥的有心力正是它的表现和结果.

总之，奥斯特实验发现了电流的磁效应，揭示了此前一直认为彼此无关的电现象和磁现象之间的联系，宣告了电磁学作为一个统一学科的诞生.对于这一历史性的突破，安培写道："奥斯特先生……已经永远把他的名字和一个新纪元联系在一起了"，法拉第指出："它突然打开了科学中一个一直是黑暗的领域的大门，使其充满光明."从此，茅塞顿开，一系列新的实验接踵而至，许多重大的研究成果应运而生，迎来了电磁学蓬勃发展的高潮.

§4.2.2　相关实验和研究课题

受奥斯特实验的启发，在1820年下半年，一系列相关实验喷涌而出，发现了许多新的现象和联系.

例如，安培关于圆电流对磁针作用的实验.

例如，安培关于两平行载流直导线之间相互作用的实验.如图4.3，当两电流方向相同时，相互吸引；当两电流方向相反时，相互排斥.它表明，安培发现了电流与电流之间存在相互作用.

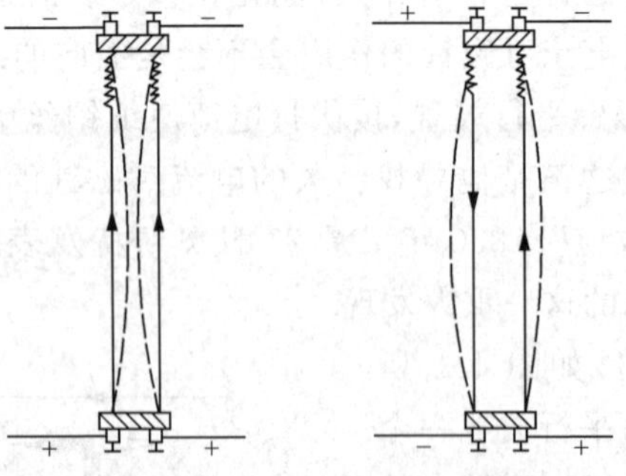

(a) 电流同向，相吸　(b) 电流反向，相斥

图4.3　两平行载流直导线的相互作用

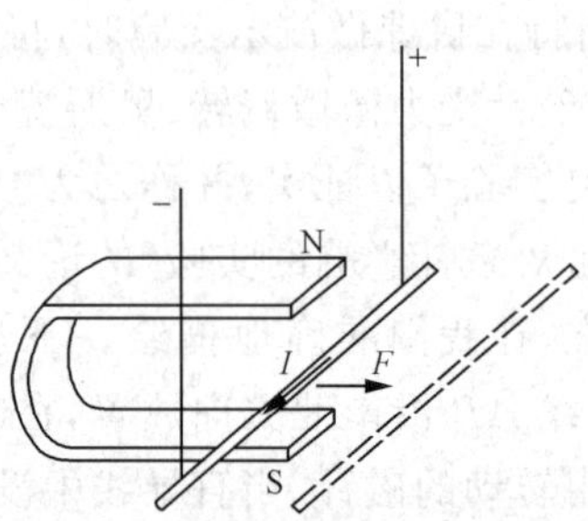

图4.4　磁铁对电流的作用

例如，磁铁对电流作用的实验.如图4.4，悬挂在马蹄形磁铁两极间的水平直导线，通电流后，导线受力移动.它表明，磁铁对电流有作用力.

例如，阿喇果关于钢片被电流磁化的实验，等等.

这些实验表明，不仅磁铁-磁铁之间存在着相互作用，而且电流-磁铁(图 4.2)、磁铁-电流(图 4.4)、电流-电流(图 4.3)之间也都存在着相互作用. 还表明，磁铁和电流都能使钢铁磁化.

耐人寻味的还有安培关于载流直螺线管与磁棒等效性的一系列实验. 实验表明，把载流直螺线管用细线悬挂使之可在水平面内自由转动，与磁针类似，载流直螺线管也具有指向南北方向的指极性. 实验表明，如图 4.5，把磁棒的南极(或北极)靠近载流直螺线管指向南方(或北方)的一端时，相互排斥，反之则相互吸引. 推而广之，相关的实验表明，一根磁棒对其他磁体、电流的作用，或者一根磁棒受其他磁体、电流的作用，都可以用适当的载流直螺线管等效地代替，效果相同. 这些载流直螺线管与磁棒具有等效性的实验表明，载流直螺线管相当于磁棒，前者的两端分别相当于后者的两极. 安培指出，如图 4.6，载流直螺线管的极性与电流成右手螺旋关系，称为安培右手定则.

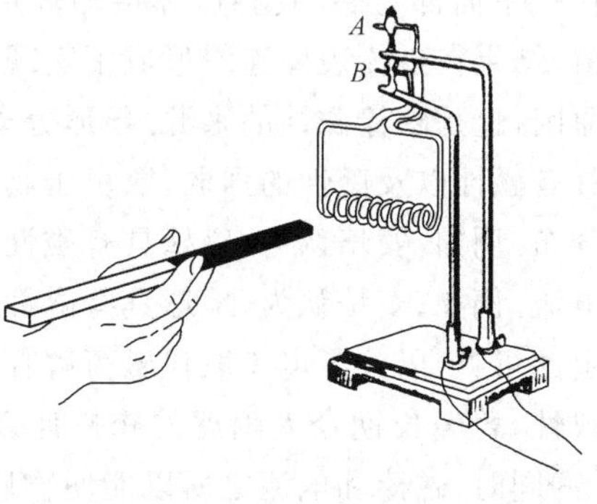

图 4.5 载流直螺线管与磁棒相互作用时显示出 N 极和 S 极

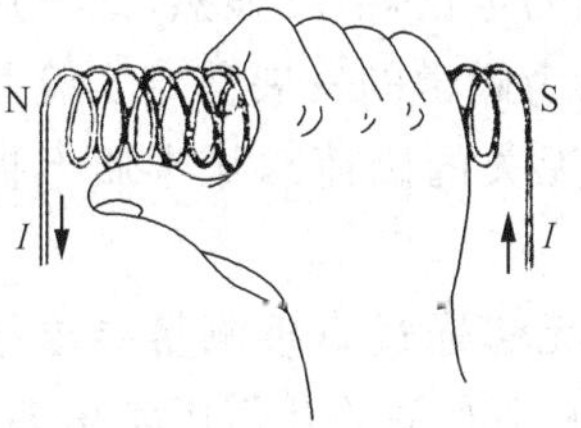

图 4.6 确定载流直螺线管极性的安培右手定则

一系列新现象的发现，揭开了自然界神秘面纱的一角，开阔了视野，活跃了思路. 物理学家经过由此及彼由表及里的思考，试图从现象揭示本质，从表面的关联探索深层的内在联系，于是纷纷提出各种研究课题，从中可以看出他们的意图、目标，特别是物理思想.

毕奥和萨伐尔提出的研究课题是，寻找任意电流元对磁极作用力的定量规律. 他们认为，在奥斯特实验中，与长直载流导线平行放置的磁针受力偏转，这是磁针两磁极受到大小相等、方向相反作用力的结果，而长直载流导线对磁极的作用力又是其中各电流元对磁极的作用力之和. 因此，如果能够确定任意电流元对磁极的作用力，那么通过积分求和，就能为各种电流(包括长直载流导线)对磁极(以及磁针)的作用力提供统一的定量解释. 为此，毕奥和萨伐尔需要确定任意电流元对磁极作用力的方向，以及作用力的大小与哪些因素有关、是什么关系. 困难在于，不存在孤立的恒定电流元(因为恒定电流必定是闭合回路，不能分割)，无法通过直接的实验测量得出结果，能够做的只是某些特殊闭合电流对磁极(实际是磁针)作用的实验，再根据所得结果通过分析找到所需的普遍规律，因此选择何种闭合电流至关紧要. 毕奥和萨伐尔怎样克服困难有所发现呢？且看 §4.3.1 分解.

在相同的背景下，与毕奥和萨伐尔相比，安培提出的研究课题更基本、更重要，反映了他深刻的物理思想. 根据磁铁-磁铁、电流-磁铁，磁铁-电流、电流-电流之间存在着相互作用的实验，根据磁铁、电流都能使钢铁磁化的实验，特别是根据磁棒与载流直螺线管具有等效性的实验，安培经过深入的思考，决定抛弃磁荷观点，大胆地提出了一个重要的猜测和假设：

磁现象的本质是电流,物质的磁性来源于其中的分子电流.安培设想,构成物质的基元"分子"相当于一个微观的环行电流,他称之为"分子电流",未磁化时大量环形分子电流无规分布、排列混乱、彼此抵消,物质无磁性;磁化后大量环形分子电流规则分布、排列整齐,它们所在的平面都与磁轴垂直,邻接的环形分子电流相互抵消,只有表面的环形分子电流得以保留,结果在磁棒表面连缀形成了宏观的环形电流.这就是磁棒与载流直螺线管具有等效性的原因,也是磁棒磁性的来源.环形分子电流排列越整齐,物质的磁性越强.换言之,物质是否具有磁性以及磁性的强弱,取决于其中是否存在某种宏观电流以及这种宏观电流的大小和分布.例如,安培认为,磁棒具有磁性就是因为其中存在着类似于载流直螺线管的环状宏观电流.例如,安培认为,地球具有磁性就是因为其中存在着由东向西围绕地球运行的圆电流.由此可见,以分子电流取代磁荷解释物质的磁性,就能自然地说明磁棒与载流直螺线管的等效性,曾经长期令人困惑的磁棒何以总是两极并存、为什么不存在单独磁荷也一并迎刃而解.同时,磁棒和电流之所以能使物质磁化,则都是宏观电流对分子电流作用使之整齐排列的结果,而涉及磁棒和电流的种种相互作用,其实都是电流与电流相互作用的表现和结果.总之,以分子电流取代磁荷,认为磁现象的本质是电流,把种种磁作用归结为电流与电流的相互作用,就能很好地统一解释当时已知的各种磁现象.

据此,安培提出的研究课题是,寻找任意两电流元之间作用力的定量规律.显然,这一规律的发现,将为种种磁作用以及物质的磁性提供统一的解释,从而为磁学的发展奠定实验基础.更重要的是,把磁现象归结为电流即运动电荷(而不是与电荷无关的磁荷),从本质上揭示了电现象与磁现象深刻的内在联系,宣告了近代磁学的诞生.

然而,安培的研究课题同样遇到了不存在孤立的恒定电流元无法通过直接测量寻求结果的困难,不仅如此,由于作用力的方向难以确定,加上与作用力大小有关的几何因素增多,更增加了难度.我们将在§4.6.1详细介绍这一使安培名垂青史的不朽杰作.

最后,还应指出,安培的"分子电流"观点在当时只是一个并无根据的大胆假设,因为当时对物质的微观结构几无所知.直到约百年之后,随着物理学的进展,才逐步确切地了解物质由分子、原子构成,原子由带负电的电子和带正电的原子核构成,电子绕核旋转、电子自旋、核自旋使原子相当于一个微观的电流环,此即分子电流的现代解释.

同年(1820年),许多物理学家还不约而同地提出另一个研究课题:寻找电流磁效应的逆效应.奥斯特实验发现的电流磁效应表明,电(电流)对磁(磁针)有作用,揭示了电现象与磁现象相互联系的一个侧面.那么,它的"逆"效应是什么,即磁是否也能对电(电荷)有作用,如果电荷被推动,是否会形成某种电流,这种现象是否存在,在什么条件下发生,表现形式如何,定量规律是什么,等等.如所周知,这种逆效应就是后来发现的电磁感应现象,它不仅使人们对电现象与磁现象的相互联系有了全面的认识,而且由于这是一种只在运动、变化过程中才出现的非恒定的暂态效应,对它的研究标志着电磁学从静止、恒定迈向运动、变化的重大突破,意义重大,影响深远,详见第六章.

最后,随着种种电磁作用的发现和研究,一个古老而深刻的研究课题再次提了出来,即存在于非接触物体之间可以隔着真空施予的电磁作用是否需要媒介物的传递,是否需要传递时间，如果需要，那么，这种媒介物是什么，有什么物理性质. 换言之，超距作用观点和近距作用(场)观点的论争再次激化，并最终导致电磁场理论的建立.

爱因斯坦指出："提出一个问题往往比解决一个问题更重要，因为解决一个问题也许仅是一个数学上的或实验上的技能而已，而提出新的问题，新的可能性，从新的角度去看旧的问题，都需要有创造性的想象力，而且标志着科学的真正进步."至理名言!

§4.3 毕奥-萨伐尔定律

§4.3.1 毕奥-萨伐尔定律的建立①

为了寻找任意电流元对磁极作用力的定量规律，需要确定任意电流元对磁极作用力的方向以及作用力的大小与哪些因素有关、是什么关系. 为此，毕奥和萨伐尔(Jean Baptiste Biot, 1774—1862, 法国；Felix Savart, 1791—1841, 法国)首先对奥斯特实验作了认真的分析.

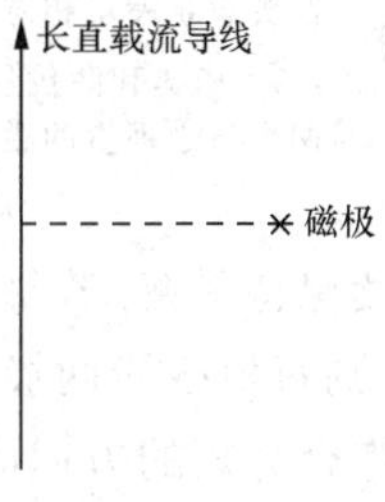

图 4.7 长直载流导线对磁极作用力的方向为⊙或⊗

毕奥和萨伐尔认为，长直载流导线使与之平行放置的磁针受力偏转，这是磁针的两磁极受到两个大小相等、方向相反作用力的结果，由于磁针沿横向偏转(见§4.2.1图4.2)，磁极受到的作用力是横向力，其方向应垂直于由直导线和磁极构成的平面，如图4.7所示. 而长直载流导线对磁极的作用力又是其中各电流元对磁极的作用力之和，既然磁极所受合力是横向力，那么，合理的推断是，其中各电流元对磁极的作用力也应都是横向力. 换言之，如图4.8，任意电流元对磁极作用力的方向应垂直于由该电流元和磁极构成的平面，于是，作用力的方向得以确定. 进而，如图4.8，不难设想，任意电流元对磁极作用力的大小，除了与电流强弱、电流元长短(即 Idl)以及磁极强弱(即所含磁荷的多少)有关外，还应与距离 r 和角度 α 有关，其中，r 是电流元和磁极之间的距离，α 是电流元 Idl 和 r 之间的夹角. 毕奥和萨伐尔意识到，寻找作用力大小与几何因素(r,α)的关系，正是问题的关键.

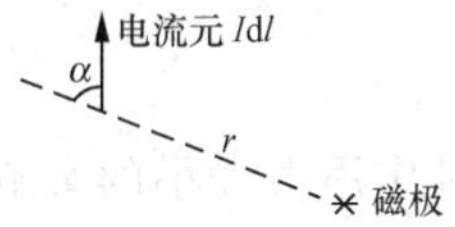

图 4.8 电流元对磁极作用力的方向为⊙或⊗

鉴于恒定电流的闭合性，不容割裂，不存在孤立的恒定电流元，无法通过直接的实验测量寻找任意电流元对磁极作用力的大小与相关物理量的关系. 为了克服这一困难，毕奥和萨伐尔精心设计了两个特殊闭合载流回路对磁极(实际是磁棒或磁针)作用力的实验，希望所得结果能凸显出作用力大小与(r,α)的关系，为经过分析发现规律提供依据.

毕奥和萨伐尔的第一个实验是，长直载流导线对两个与之垂直的相同磁棒作用力的实验. 其装置如图4.9所示，在竖直的长直导线上用细线悬挂水平有孔圆盘，盘上沿径向对称

① 参看，陈熙谋，陈秉乾：毕奥-萨伐尔-拉普拉斯定律是怎样建立的，《物理通报》1988年4月.

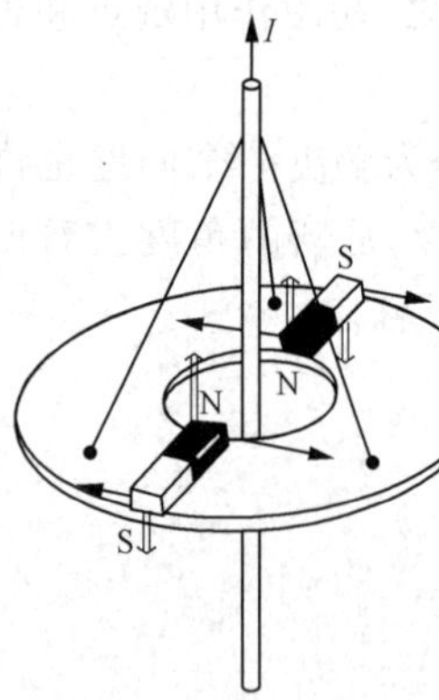

箭头 ↑ ↓ 表示各磁极受力的方向
箭头 ⇑ ⇓ 表示相应各力矩的方向
图 4.9 毕奥和萨伐尔的长直载流导线对两个与之垂直的磁棒作用力的实验

地放置一对相同的磁棒，两磁棒的 N 极在近端，S 极在远端，圆盘连同两磁棒可以在水平面内自由地绕轴（长直导线）转动. 实验表明，当长直导线未通电流时，圆盘连同两磁棒平衡不动；当长直导线通电流后，圆盘连同两磁棒继续保持平衡，并无扭转.

毕奥和萨伐尔的这个实验说明了什么呢？当长直导线通电流后，两相同磁棒的四个磁极都将受到作用力并产生相应的力矩，四个力和四个力矩的方向已在图中分别用两种箭头标明，注意，两个 N 极所受力矩均竖直向上，两个 S 极所受力矩均竖直向下. 显然，四个力的合力为零. 合力矩如何呢？若每个磁极所受作用力的大小与该磁极到长直载流导线的垂直距离成反比，则每根磁棒两极（N 极和 S 极）受到的两个力矩大小相等、方向相反，彼此抵消，合力矩为零，于是圆盘连同两磁棒在长直导线通电流后将继续保持平衡. 若每个磁极所受作用力的大小与该磁极到长直载流导线的垂直距离不成反比，则每根磁棒两极受到的两个力矩大小不同、方向相反，合力矩不为零，且两磁棒各自所受非零合力矩的方向应相同（均竖直向上或均竖直向下），于是四个力矩之和不为零，圆盘连同两磁棒在长直导线通电流后将会扭转. 实验结果是，长直导线通电流后，圆盘连同两磁棒继续保持平衡. 由此，毕奥和萨伐尔得出结论："从磁极到导线（长直载流导线）作垂线，作用在磁极上的力（力的方向）与这条垂线和导线都垂直，它的大小与磁极到导线的距离（垂直距离）成反比."写成公式，为

$$H = k\frac{I}{r} \quad \text{（长直载流导线）}, \qquad ①$$

式中 H 是长直载流导线对单位磁极的作用力（为了除去磁极强弱对作用力大小的影响，取单位磁极），r 是磁极到长直载流导线的垂直距离，I 是长直载流导线中的电流（当时，认为 $H \propto I$ 是理所当然的），k 是常数取决于各量单位的选择. 显然，①式只适用于长直载流导线对磁极作用的特殊情形.

把毕奥-萨伐尔的上述实验与奥斯特实验相比较，两者都采用长直载流导线以及磁棒或磁针，区别在于从磁棒与直导线平行放置改为与直导线垂直放置、从一根磁针改为两根对称放置的相同磁棒、从观察长直导线通电流后磁针如何运动改为观察圆盘连同两磁棒能否继续保持平衡，这些改进的收获是得出了①式的定量结果. 然而，由于长直载流导线两端无限延伸，使得导线空间方位的影响被掩盖了，未能尽如人意. 如图 4.8，电流元对磁极作用力的大小，在 r 相同时还应与角度 α 即与电流元的空间方位有关. 但如图 4.10，当磁极到长直载流导线的垂直距离相同时，所受作用力与直导线的空间

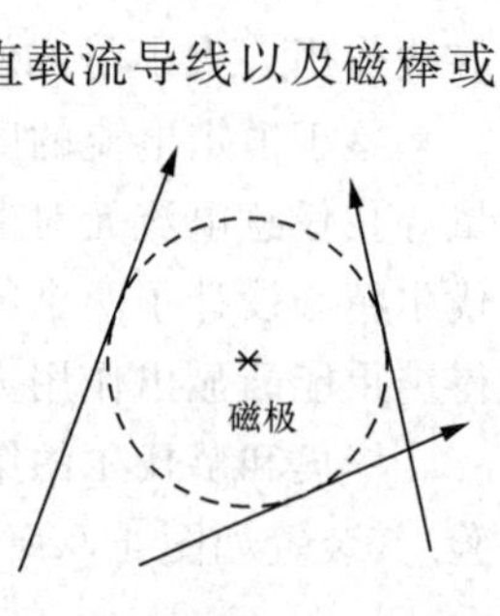

图 4.10 磁极到长直载流导线的距离相同

方位无关.为了同时寻找作用力大小与距离 r 和角度 α 的定量关系,毕奥和萨伐尔又精心设计了下述实验,终如所愿.

毕奥和萨伐尔的第二个实验是弯折载流导线对磁极作用力的实验.其装置如图 4.11 所示,夹角为 2α 的弯折载流导线与磁极共面,弯折点 A 与磁极所在的 P 点相距 $AP=r$,连线 AP 与弯折导线上下两半的夹角均为 α,弯折导线中的电流为 I.显然,弯折导线可由直导线弯折而成,反之,直导线就是弯折导线在 $\alpha=\frac{\pi}{2}$ 时的特例,弯折导线的上、下两半相当于两个"大型"的电流元,它们对磁极作用力的方向相同,都垂直于图平面.把直导线换成弯折导线,既能构成闭合回路保持电流恒定,又能比较不同 r、特别是不同 α 时磁极受力的大小,从而克服了长直载流导线两端无限延伸导致 α 的影响被掩盖的缺点,其构思之巧妙正在于此.

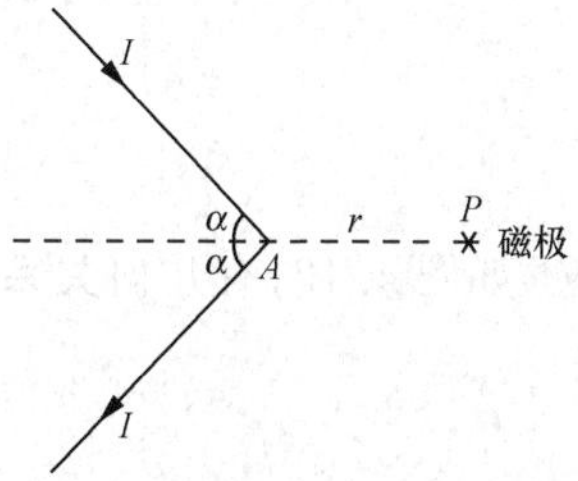

图 4.11 毕奥和萨伐尔的弯折载流导线对磁极作用力的实验(原理图)

毕奥和萨伐尔通过弯折载流导线对磁极作用力的实验得出,对于给定的 I,r 和磁极,当 $\alpha=0$,即为对折载流导线时,磁极所受作用力为零;当 $\alpha=\frac{\pi}{2}$,即为长直载流导线时,磁极所受作用力最大;当 $\alpha=\frac{\pi}{4}$,即弯折载流导线两半夹直角时,磁极所受作用力为上述最大作用力的 0.414 倍.因 $\alpha=\frac{\pi}{4}$ 时,$\tan\frac{\alpha}{2}=\tan\frac{\pi}{8}=0.414$,于是得出,弯折载流导线对单位磁极作用力大小的定量公式为

$$H=k\frac{I}{r}\tan\frac{\alpha}{2} \quad (\text{弯折载流导线}). \tag{②}$$

不难看出,②式包含了长直载流导线对单位磁极作用力的①式,即当取②式中的 $\alpha=\frac{\pi}{2}$ 时,因 $\tan\frac{\alpha}{2}=\tan\frac{\pi}{4}=1$,故 $H=k\frac{I}{r}$,即得①式.

②式给出了弯折载流导线对单位磁极作用力大小与 r,α 以及 I 的定量关系 $H(r,\alpha)$,它的得出虽属非易,但仍然是特殊实验的结果,只适用于弯折载流导线,并非毕奥和萨伐尔试图寻找的任意电流元对单位磁极作用力的普遍规律 $\mathrm{d}H(r,\alpha)$.尽管如此,它却为寻找 $\mathrm{d}H(r,\alpha)$ 提供了有力的依托和线索,拉普拉斯经过如下的理论分析,终于得出了 $\mathrm{d}H(r,\alpha)$ 的表达式.

任意电流元对单位磁极作用力的大小除了与 $I\mathrm{d}l$ 有关外,还与 r,α 有关,可表为 $\mathrm{d}H(r,\alpha)$,即

$$\mathrm{d}H=\frac{\mathrm{d}H}{\mathrm{d}l}\mathrm{d}l=\left(\frac{\partial H}{\partial\alpha}\frac{\mathrm{d}\alpha}{\mathrm{d}l}+\frac{\partial H}{\partial r}\frac{\mathrm{d}r}{\mathrm{d}l}\right)\mathrm{d}l. \tag{③}$$

为了得出 $\mathrm{d}H(r,\alpha)$ 的表达式,需要知道③式中的 $\frac{\partial H}{\partial\alpha}$,$\frac{\partial H}{\partial r}$ 以及 $\frac{\mathrm{d}\alpha}{\mathrm{d}l}$,$\frac{\mathrm{d}r}{\mathrm{d}l}$ 四者.为此,拉普拉斯将

②式求导,得出

$$\begin{cases}\dfrac{\partial H}{\partial \alpha}=k\,\dfrac{I}{r}\cdot\dfrac{1}{2\cos^2\dfrac{\alpha}{2}},\\[2ex]\dfrac{\partial H}{\partial r}=-k\,\dfrac{I}{r^2}\tan\dfrac{\alpha}{2}.\end{cases}\qquad ④$$

又,如图 4.12,有几何关系

$$\begin{cases}\mathrm{d}l\sin\alpha=r\mathrm{d}\alpha,\\ \mathrm{d}l\cos\alpha=-\mathrm{d}r,\end{cases}$$

或

$$\begin{cases}\dfrac{\mathrm{d}\alpha}{\mathrm{d}l}=\dfrac{\sin\alpha}{r},\\[2ex]\dfrac{\mathrm{d}r}{\mathrm{d}l}=-\cos\alpha.\end{cases}\qquad ⑤$$

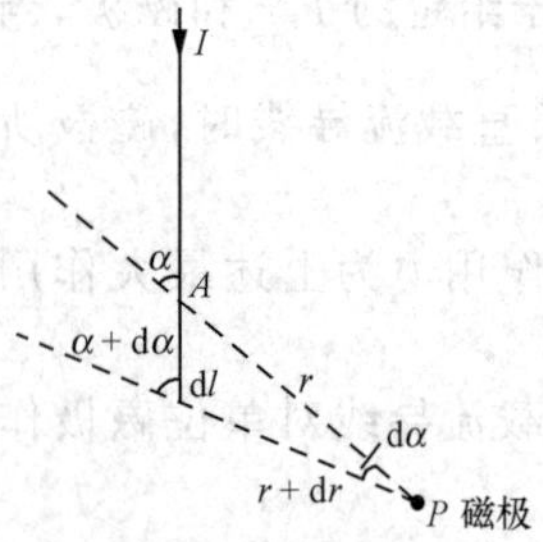

图 4.12　几何关系

把④⑤式代入③式,并利用下述三角函数公式

$$\begin{cases}2\cos^2\dfrac{\alpha}{2}=1+\cos\alpha,\\[2ex]\sin\alpha=\tan\dfrac{\alpha}{2}(1+\cos\alpha),\end{cases}\qquad ⑥$$

经整理,得

$$\mathrm{d}H=k\,\frac{I\mathrm{d}l}{r^2}\sin\alpha.\qquad ⑦$$

因单位磁极受任意电流元 $I\mathrm{d}l$ 的作用力为横向力,可将上式写成矢量形式,以便一并描绘作用力的方向,得

$$\mathrm{d}\boldsymbol{H}=k\,\frac{I\mathrm{d}\boldsymbol{l}\times\hat{\boldsymbol{r}}}{r^2},\qquad ⑧$$

式中 $\mathrm{d}\boldsymbol{H}$ 是任意电流元 $I\mathrm{d}\boldsymbol{l}$ 对单位磁极的作用力,$\mathrm{d}\boldsymbol{l}$ 的方向是电流的方向,$\boldsymbol{r}$ 是从电流元指向单位磁极的距离矢量,$\hat{\boldsymbol{r}}$ 是 $\boldsymbol{r}$ 的单位矢量,比例系数 k 取决于单位的选择.

毕奥指出,把载流导线分解为许多电流元,并经数学分析得出⑧式,“这是拉普拉斯先生所做的工作.他从我们的观测推导出载流导线上每一小段产生的力元与距离平方成反比的特殊定律.”

⑧式称为毕奥-萨伐尔定律或毕奥-萨伐尔-拉普拉斯定律(本书也常用“毕-萨定律”或“毕萨定律”的简称).

回顾毕奥-萨伐尔定律的建立,在当年简陋的条件下,又面临不存在孤立的恒定电流元无法直接测量的困难,毕奥和萨伐尔精心设计的特殊实验给出了定量关系①②式,拉普拉斯顺畅的理论分析得出了普遍规律⑧式,毕奥-萨伐尔定律正是两者完美结合的产物,令人赞叹不已.但同时,也容易产生“不严格”的质疑,例如,仅凭个别数据$\left(\tan\dfrac{\pi}{8}=0.414\right)$就给出

②式，例如，将②式求导得出的④式代入③式，实际上是将只适用于弯折载流导线的特殊结果推广使用了，等等.的确，这些做法都并不严格，然而，舍此别无所有.应该指出，发现规律的过程是由特殊、个别达到一般、普遍的过程，其间并无逻辑的通道，换言之，一般说来，由某些特殊实验是无法合乎逻辑地得出普遍规律的，其中往往不可避免地伴随着并不严格的猜测和推广.因此，物理定律的真实含义及其是非真伪、成立条件、适用范围等都还有待更广泛的检验、考量，才能逐步得到确认、界定.在发现之初，关键是通过实验和分析，设法得到一些结果，找到一些联系，为进一步的检验提供基础.当然，幸运之神是否眷顾也是一个重要因素.

§4.3.2 磁感应强度 B

上节⑧式给出了任意电流元 $I\mathrm{d}\boldsymbol{l}$ 对单位磁极作用力的定量公式，式中的 $\mathrm{d}\boldsymbol{H}$ 称为磁场强度.此后不久，安培摒弃了磁荷观点，提出磁现象的本质是电流，把各种磁作用归结为电流与电流的相互作用，并给出了两任意电流元作用力的定量公式——安培定律(见§4.6.1).根据现代近距作用的场观点，电流与电流的作用是以磁场为媒介物传递的，即电流产生磁场，磁场能给予其中的电流作用力.由此，安培定律包括两部分，其一是电流产生的磁场，即毕奥-萨伐尔定律，只是将上节⑧式中的 $\mathrm{d}\boldsymbol{H}$ 改写为 $\mathrm{d}\boldsymbol{B}$；其二是磁场对电流的作用力，称为安培力公式(见§4.6.2).于是，得出

$$\mathrm{d}\boldsymbol{B}=\frac{\mu_0}{4\pi}\frac{I\mathrm{d}\boldsymbol{l}\times\hat{\boldsymbol{r}}}{r^2}. \tag{4.1}$$

(4.1)式是现代形式的毕奥-萨伐尔定律(微分形式)，式中 $\mathrm{d}\boldsymbol{B}$ 是电流元 $I\mathrm{d}\boldsymbol{l}$ 在与之相距为 $\boldsymbol{r}$ 处产生的磁场，称为磁感应强度矢量.磁感应强度是描绘磁场的基本物理量，其地位与描绘电场的电场强度 $\boldsymbol{E}$ 相当.空间各点磁感应强度矢量的连线称为磁感应线，描绘磁场的空间分布.(4.1)式采用SI单位制，比例系数为 $\frac{\mu_0}{4\pi}$，其中 $\mu_0=4\pi\times10^{-7}\ \mathrm{N/A^2}$，磁感应强度 $\boldsymbol{B}$ 的单位称为特斯拉，简称特，表为T，1 T=1 N/(A·m).

(4.1)式表明，如图4.13(a)所示，电流元 $I\mathrm{d}\boldsymbol{l}$($\mathrm{d}\boldsymbol{l}$ 的方向为电流的方向)在与之相距为 $\boldsymbol{r}$ 的 P 点($\boldsymbol{r}$ 的方向从 $I\mathrm{d}\boldsymbol{l}$ 指向 P 点)产生的元磁场 $\mathrm{d}\boldsymbol{B}$ 的方向是 $I\mathrm{d}\boldsymbol{l}\times\boldsymbol{r}$ 的方向，即 $\mathrm{d}\boldsymbol{B}$ 垂直于由 $I\mathrm{d}\boldsymbol{l}$ 和 $\boldsymbol{r}$ 构成的平面(图(a)中画阴影的平面)，并按右手螺旋确定它的指向.换言之，电流元及其产生的磁场的磁感应线遵循如图4.13(b)所示的右手定则：若翘起的拇指与电流元的方向一致，则弯曲的四指表示电流元周围磁感应线的方向.由此，电流元 $I\mathrm{d}\boldsymbol{l}$ 产生的磁场的磁感应线是一系列同心圆，这些圆的圆心都在轴线($I\mathrm{d}\boldsymbol{l}$ 及其延长线)上，圆平面都与轴线垂直.

任意闭合载流回路在空间任意 P 点产生的磁场是其中各电流元在 P 点产生的元磁场的矢量和，为

$$\boldsymbol{B}=\oint\mathrm{d}\boldsymbol{B}=\frac{\mu_0}{4\pi}\oint\frac{I\mathrm{d}\boldsymbol{l}\times\hat{\boldsymbol{r}}}{r^2}. \tag{4.2}$$

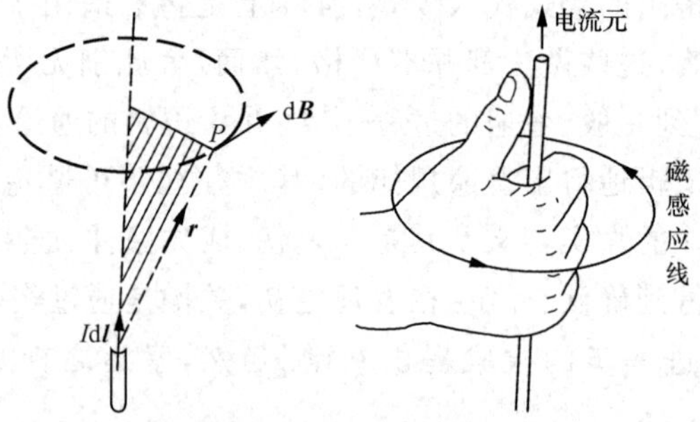

(a) 电流元产生；磁场的方向 (b) 右手定则

图 4.13

这就是磁感应强度的叠加原理，也称为毕奥-萨伐尔定律的积分形式，式中 $\boldsymbol{r}$ 是电流元 $I\mathrm{d}\boldsymbol{l}$ 到 P 点的距离，其方向由 $I\mathrm{d}\boldsymbol{l}$ 指向 P 点，式中 $\oint$ 是对闭合的电流回路作积分.

应该指出，毕奥-萨伐尔定律的微分形式(4.1)式和积分形式(4.2)式都只在恒定条件下适用，即只适用于恒定电流. 在非恒定情形，可以存在孤立的电流元，如运动电荷，随着电荷的运动，它在周围产生的磁场将会发生相应的变动，根据近距作用的场观点，由近及远的场的变动需要传播时间，并非在瞬间同步完成，此即所谓推迟效应，它使得运动电荷产生的磁场与更多的因素有关，关系更为复杂. 例如，以 $\boldsymbol{v}$ 作匀速直线运动的点电荷 q 在与之相距为 $\boldsymbol{r}$ 处产生的磁场为

$$\boldsymbol{B}=\frac{\mu_0}{4\pi}\frac{q\boldsymbol{v}\times\hat{\boldsymbol{r}}}{r^2\left(1-\frac{v^2}{c^2}\sin^2\theta\right)^{3/2}}\left(1-\frac{v^2}{c^2}\right),$$

式中 θ 是 $\boldsymbol{v}$ 与 $\boldsymbol{r}$ 的夹角，c 是真空光速. 在 $v\ll c$ 即在低速近似的条件下，上式简化为

$$\boldsymbol{B}=\frac{\mu_0}{4\pi}\frac{q\boldsymbol{v}\times\hat{\boldsymbol{r}}}{r^2}.$$

与(4.1)式相当，只是以 $q\boldsymbol{v}$ 取代 $I\mathrm{d}\boldsymbol{l}$.

§4.3.3 载流回路的磁场(用毕-萨定律计算磁场)

毕奥-萨伐尔定律的积分形式即磁感应强度的叠加原理(4.2)式，提供了已知电流分布计算磁场的一种基本方法. 从原则上说，只要电流分布已知，都可由(4.2)式求出空间各点的磁感应强度. 若电流分布具有一定的对称性且待求各点的位置相对于电流也具有一定的对称性，使得(4.2)式的积分能够完成，就可以给出严格精确的解析解. 若电流分布及待求各点所具有的对称性不够，使得(4.2)式的积分无法完成，得不出解析解，那么，也还可以采用例如数值计算等方法设法给出适当的近似解.

下面是用(4.2)式计算磁场的几个例题，涉及一些典型的载流回路，其中，电流分布与待求点位置都具有一定的对称性，积分可以完成，请注意对称性分析、相关的计算技巧和所得的结论.

例 1 载流直导线的磁场.

已知直导线中的电流为 I，任意 P 点到直导线的垂直距离为 r_0，P 点与直导线两端点的连线与直导线的夹角分别为 θ_1 和 θ_2，试求 P 点的磁场. 若载流直导线为无限长，结果如何？

解 由(4.2)式，载流直导线在空间任意 P 点产生的磁场 $\boldsymbol{B}$ 是其中各电流元 $I\mathrm{d}\boldsymbol{l}$ 在该点的磁场 $\mathrm{d}\boldsymbol{B}$ 的矢量和. 如图 4.14 所示，由(4.1)式，各电流元 $I\mathrm{d}\boldsymbol{l}$ 在 P 点的 $\mathrm{d}\boldsymbol{B}$ 的方向均为垂直纸面向里(纸面是直导线和 P 点构成的平面)，即均为⊗，故 P 点总磁场 $\boldsymbol{B}$ 的方向也应垂直纸面向里，为⊗. 载流直导线所具有的对称性，使得 P 点各 $\mathrm{d}\boldsymbol{B}$ 以及 $\boldsymbol{B}$ 的方向一致并得以确定. 于是，可将(4.2)式的矢量积分 $\boldsymbol{B}=\int \mathrm{d}\boldsymbol{B}$ 简化为标量积分 $B=\int \mathrm{d}B$，故 P 点总磁场的大小为

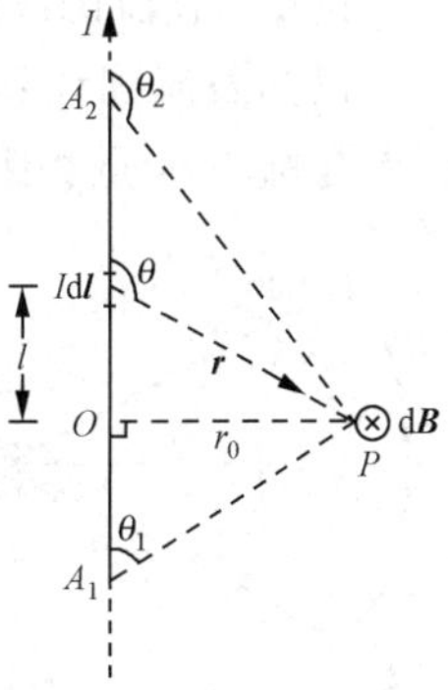

图 4.14 载流直导线的磁场

$$B=\int_{A_1}^{A_2}\mathrm{d}B=\int_{A_1}^{A_2}\frac{\mu_0}{4\pi}\frac{I\mathrm{d}l\sin\theta}{r^2},$$

式中 θ 是任意电流元 $I\mathrm{d}\boldsymbol{l}$ 与 $\boldsymbol{r}$ 的夹角，$\boldsymbol{r}$ 是从 $I\mathrm{d}\boldsymbol{l}$ 指向 P 点的距离，l 是 $I\mathrm{d}\boldsymbol{l}$ 与 O 点的距离. 又，图中 $OP=r_0$ 与直导线垂直. 对于不同的电流元，式中的 l,θ,r 不同，均为变量，为了完成积分，需要统一积分变量. 为此，如图 4.14，利用几何关系，有

$$l=r\cos(\pi-\theta)=-r\cos\theta,$$
$$r_0=r\sin(\pi-\theta)=r\sin\theta,$$

即

$$r=\frac{r_0}{\sin\theta}, \qquad ①$$
$$l=-r_0\cos\theta.$$

求导，得

$$\mathrm{d}l=\frac{r_0\mathrm{d}\theta}{\sin^2\theta}. \qquad ②$$

把①②式代入积分式，积分变量由 l 换成 θ，积分上下限由 $A_1,A_2(l_1,l_2)$ 换成 θ_1,θ_2，得

$$\begin{aligned}B&=\int_{\theta_1}^{\theta_2}\frac{\mu_0 I}{4\pi}\frac{r_0\mathrm{d}\theta}{\sin^2\theta}\sin\theta\frac{\sin^2\theta}{r_0^2}\\&=\frac{\mu_0 I}{4\pi r_0}\int_{\theta_1}^{\theta_2}\sin\theta\mathrm{d}\theta\\&=\frac{\mu_0 I}{4\pi r_0}(\cos\theta_1-\cos\theta_2).\end{aligned} \qquad (4.3)$$

若直导线为无限长，则 $\theta_1=0,\theta_2=\pi$，得

$$B=\frac{\mu_0 I}{2\pi r_0}. \qquad (4.4)$$

结论：载流直导线具有轴对称性，它在空间产生的磁场分布可将图 4.14 绕直导线旋转得出，空间的磁感应线是一系列同心圆，这些圆的圆心都在直导线上，圆平面都与直导线垂

直,各点 $\boldsymbol{B}$ 的方向与电流方向成右手螺旋关系.

若为无限长直载流导线,除上述结论外,空间各点磁场的大小 B 与该点到无限长直载流导线的垂直距离 r_0 成反比,这正是当年毕奥和萨伐尔由实验得出的结论.

例 2　载流圆线圈轴线上的磁场

已知载流圆线圈的半径为 R,电流为 I,轴线(通过圆心并与圆平面垂直的直线)上任意 P 点与圆心 O 点相距为 r_0,试求 P 点的磁场.

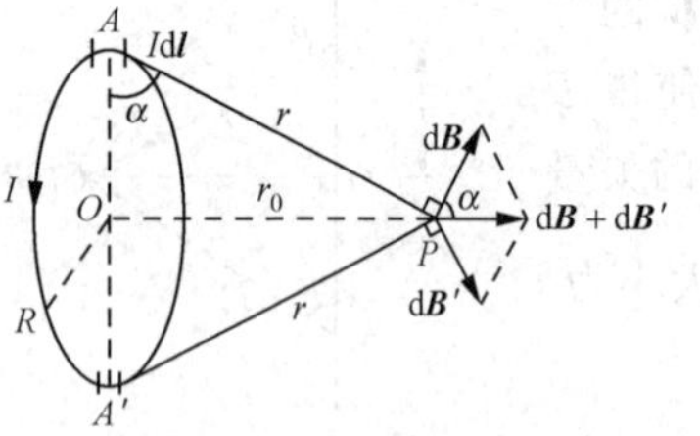

图 4.15　圆电流轴线上的磁场

解　如图 4.15,圆电流所在平面与纸面垂直,为了判断轴线上任意 P 点的磁场方向,在圆电流任一直径 AA' 两端取两个大小相同的电流元 $I\mathrm{d}\boldsymbol{l}$,图中 A 和 A' 处的两个 $I\mathrm{d}\boldsymbol{l}$ 分别垂直纸面向外和向里. 图中,轴线 OP、直径 AOA' 以及 AP,$A'P$ 都在纸面内,

$$\angle OAP = \angle OA'P = \alpha.$$

由(4.1)式,A 处 $I\mathrm{d}\boldsymbol{l}$ 在 P 点的磁场 $\mathrm{d}\boldsymbol{B}$ 的方向应垂直于由 A 处 $I\mathrm{d}\boldsymbol{l}$ 和 AP 构成的平面,即应在纸面内、与轴线夹角为 α、指向斜上方;同样,A' 处 $I\mathrm{d}\boldsymbol{l}$ 在 P 点的 $\mathrm{d}\boldsymbol{B}'$ 的方向也在纸面内、与轴线夹角为 α、指向斜下方. 因 $\mathrm{d}\boldsymbol{B}$ 和 $\mathrm{d}\boldsymbol{B}'$ 的大小相同,$\mathrm{d}B=\mathrm{d}B'$,故其矢量和($\mathrm{d}\boldsymbol{B}+\mathrm{d}\boldsymbol{B}'$)的方向应沿轴线向右. 把整个圆电流类似地按各直径两端分割成一对对大小相同、方向相反的电流元,因各对电流元在 P 点的磁场方向均沿轴线向右,故整个圆电流在轴线上 P 点的总磁场 $\boldsymbol{B}$ 的方向应沿轴线向右,与圆电流的电流方向成右手螺旋关系. 于是,P 点磁场的大小 B 应为各电流元在 P 点的元磁场沿轴线的分量 $\mathrm{d}B\cos\alpha$ 之和,即

$$B = \oint \mathrm{d}B\cos\alpha.$$

由此可见,正是圆电流的轴对称性以及 P 点位置的对称性(P 点在轴线上),使我们经过分析得以确定 P 点磁场 $\boldsymbol{B}$ 的方向,并进而将普遍公式 $\boldsymbol{B}=\oint \mathrm{d}\boldsymbol{B}$ 简化为上式.

把(4.1)式给出的 $\mathrm{d}B$ 代入,得

$$B = \oint \frac{\mu_0}{4\pi}\frac{I\mathrm{d}l}{r^2}\sin\theta\cos\alpha,$$

式中 θ 是任意 $I\mathrm{d}\boldsymbol{l}$ 与相应 $\boldsymbol{r}$ 之间的夹角,如图 4.15,$\theta=\dfrac{\pi}{2}$,$\sin\theta=1$,又 $r_0=r\sin\alpha$,对于给定的 P 点,α 为常数,代入,得

$$B = \frac{\mu_0 I}{4\pi r_0^2}\sin^2\alpha\cos\alpha\oint \mathrm{d}l,$$

式中

$$\cos\alpha = \frac{R}{r} = \frac{R}{\sqrt{R^2+r_0^2}},$$

$$\sin\alpha = \frac{r_0}{r} = \frac{r_0}{\sqrt{R^2+r_0^2}},$$

$$\oint \mathrm{d}l = 2\pi R.$$

代入,得

$$B = \frac{\mu_0}{4\pi}\frac{2\pi R^2 I}{(R^2+r_0^2)^{3/2}} = \frac{\mu_0 IR^2}{2(R^2+r_0^2)^{3/2}}. \tag{4.5}$$

讨论：

1. 圆心处($r_0=0$)的磁场大小为

$$B = \frac{\mu_0 I}{2R}. \tag{4.6}$$

2. 轴线上远处($r_0 \gg R$)的磁场大小为

$$B = \frac{\mu_0 IR^2}{2r_0^3}. \tag{4.7}$$

3. 圆线圈中电流的方向及其在轴线上的磁场方向遵循右手定则：如图 4.16,若右手弯曲的四指代表圆线圈中电流的方向,则翘起的拇指指示轴线上磁场 **B** 的方向.

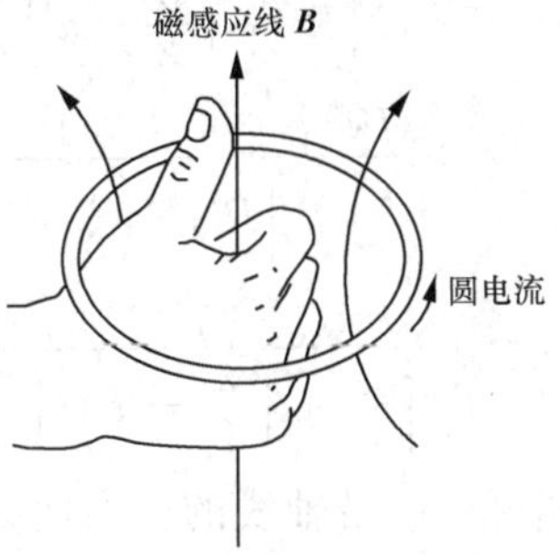

图 4.16　圆电流的右手定则

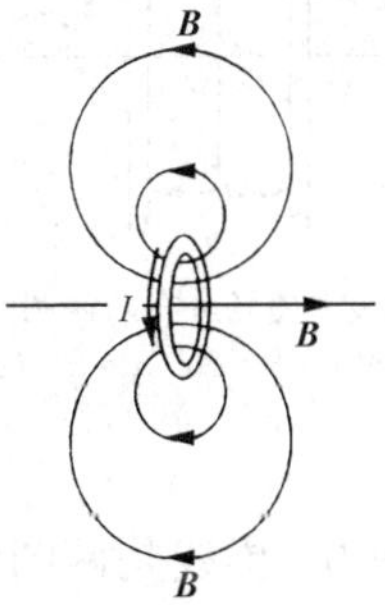

图 4.17　圆电流的磁场分布

4. 以上只计算了圆线圈轴线上的磁场分布,轴线外的磁场也可以计算,但较复杂,需用到特殊函数,从略. 图 4.17 画出了通过圆线圈轴线的平面上的磁场分布,磁感应线是一系列与圆线圈套连的闭合曲线. 由于圆电流具有轴对称性,把图 4.17 绕轴线旋转一周便可得出空间的磁场分布.

例 3　亥姆霍兹线圈

如图 4.18 所示,亥姆霍兹线圈是一对相同的载流圆线圈,彼此平行且共轴,电流的环绕方向一致,若两圆线圈的间距等于其半径,则中央 O 点附近的磁场均匀. 在实验室中,当所需均匀磁场不太强时,常用亥姆霍兹线圈来产生均匀磁场,它的四周空旷,便于放置样品,供测试之用.

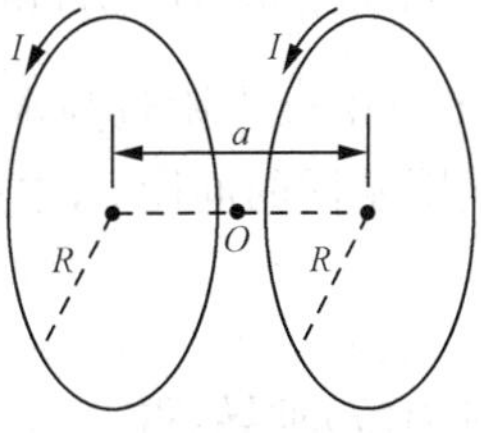

图 4.18　亥姆霍兹线圈

已知亥姆霍兹线圈中两圆线圈的电流均为 I,半径均为 R,两圆线圈的间距为 a.

1. 试求轴线上的磁场分布.

2. 试证明,当 $a=R$ 时,中央 O 点附近的磁场最为均匀.

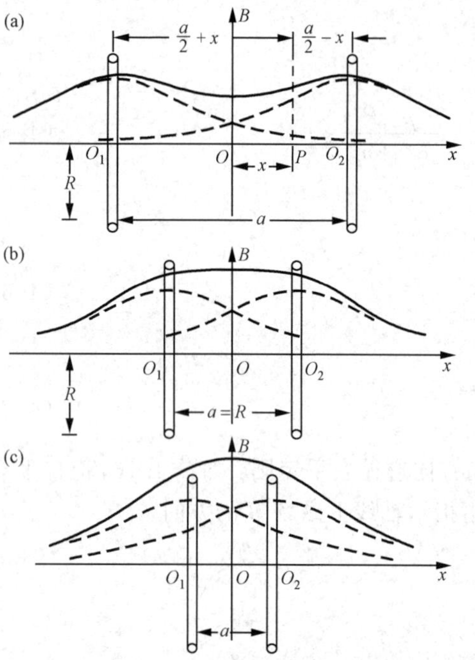

图 4.19　轴线上磁场分布与两圆线圈间距 a 的关系
(a) $a>R$, (b) $a=R$, (c) $a<R$

解　如图 4.19 所示，两圆线圈的圆心分别为 O_1 和 O_2，取两圆线圈中央 O 点为坐标原点，取两圆线圈圆心的连线为 x 轴，轴线上 x 处任意 P 点与两圆线圈圆心的距离分别为 $O_1P=\frac{a}{2}+x, O_2P=\frac{a}{2}-x$. 由(4.5)式，取其中 r_0 为 $\left(\frac{a}{2}+x\right)$ 和 $\left(\frac{a}{2}-x\right)$，则 P 点总磁场的大小为

$$
\begin{aligned}
B(x) &= B_1 + B_2 \\
&= \frac{\mu_0 IR^2}{2\left[R^2+\left(\frac{a}{2}+x\right)^2\right]^{3/2}} + \frac{\mu_0 IR^2}{2\left[R^2+\left(\frac{a}{2}-x\right)^2\right]^{3/2}} \\
&= \frac{\mu_0 IR^2}{2}\left\{\frac{1}{\left[R^2+\left(\frac{a}{2}+x\right)^2\right]^{3/2}} + \frac{1}{\left[R^2+\left(\frac{a}{2}-x\right)^2\right]^{3/2}}\right\}.
\end{aligned}
$$

在图 4.19 中，虚线是两圆线圈各自产生的磁场 B_1 和 B_2 沿轴线的分布曲线，实线是两者之和，即总磁场 B 沿轴线的分布曲线(因在轴线上 $\boldsymbol{B}_1$ 和 $\boldsymbol{B}_2$ 同方向，故 $B=B_1+B_2$). 由于对称性，$B(x)$ 曲线在中央 O 点的切线是水平的，即在 $x=0$ 处，$\frac{\mathrm{d}B}{\mathrm{d}x}=0$ 亦即 B 在 $x=0$ 处为极值. 当两圆线圈间距 a 较大时，如图(a)，O 点的 B 为极小值，即在 $x=0$ 处，$\frac{\mathrm{d}^2B}{\mathrm{d}x^2}>0$；当 a 较小时，如图(c)，O 点的 B 为极大值，即在 $x=0$ 处，$\frac{\mathrm{d}^2B}{\mathrm{d}x^2}<0$；可以想见，随着 a 由大到小的变化，O 点的 B 值将由极小值向极大值转变，当 a 取某一适当值，使得 $x=0$ 处，$\frac{\mathrm{d}^2B}{\mathrm{d}x^2}=0$ 时，$B(x)$ 在 O 点附近为水平线，此时 O 点附近的磁场最为均匀，如图(b)所示. 因此，对于两圆线圈不同的间距 a，中央 O 点附近磁场最为均匀的条件是

$$\text{在 } x=0 \text{ 处，}\quad \frac{\mathrm{d}^2B}{\mathrm{d}x^2}=0.$$

对 $B(x)$ 求导，得

$$\frac{\mathrm{d}B}{\mathrm{d}x}=-\frac{3}{2}\mu_0 IR^2\left\{\frac{\left(\frac{a}{2}+x\right)}{\left[R^2+\left(\frac{a}{2}+x\right)^2\right]^{5/2}}-\frac{\left(\frac{a}{2}-x\right)}{\left[R^2+\left(\frac{a}{2}-x\right)^2\right]^{5/2}}\right\},$$

$$\frac{\mathrm{d}^2 B}{\mathrm{d}x^2} = -\frac{3}{2}\mu_0 IR^2 \left\{ \frac{R^2 - 4\left(\frac{a}{2}+x\right)^2}{\left[R^2+\left(\frac{a}{2}+x\right)^2\right]^{7/2}} + \frac{R^2 - 4\left(\frac{a}{2}-x\right)^2}{\left[R^2+\left(\frac{a}{2}-x\right)^2\right]^{7/2}} \right\}.$$

把 $x=0$ 处 $\frac{\mathrm{d}^2 B}{\mathrm{d}x^2}=0$ 代入，得出中央 O 点附近磁场最为均匀的条件是

$$a = R, \tag{4.8}$$

即要求两圆线圈的间距 a 等于它们的半径 R.

例 4 长直载流螺线管轴线上的磁场

绕在圆柱面上的螺线形线圈叫做螺线管(图 4.20(a)). 已知螺线管的半径为 R，长度为 L，单位长度绕有 n 匝线圈，线圈中的电流为 I，试求轴线上的磁场分布.

设螺线管的导线很细且密绕，忽略导线边绕边进时电流沿轴向的分量，忽略匝与匝之间电流的波纹起伏，即可把载流螺线管近似地看作载有均匀分布环向电流的圆筒(图 4.20(b)).

解 如图 4.20(b)(c)，载有均匀分布环向电流的圆筒由许多同轴的、彼此平行的圆电流构成. 因各圆电流在轴线上任意 P 点磁场 $\mathrm{d}\boldsymbol{B}$ 的方向相同，均为沿轴线向右，故 P 点总磁场 $\boldsymbol{B}$ 的方向也沿轴线向右，于是矢量积分 $\boldsymbol{B}=\int \mathrm{d}\boldsymbol{B}$ 简化为标量积分 $B=\int \mathrm{d}B$.

如图 4.20(c)，设轴线上任意 P 点与中央 O 点相距为 x，为求 P 点的磁场，在与 P 点相距为 l 处任取长为 $\mathrm{d}l$ 的小段，其中的电流为 $In\,\mathrm{d}l$，由圆电流轴线上的磁场公式 (4.5)式，该小段在 P 点的磁场大小为

$$\mathrm{d}B = \frac{\mu_0 In\,\mathrm{d}lR^2}{2(R^2+l^2)^{3/2}},$$

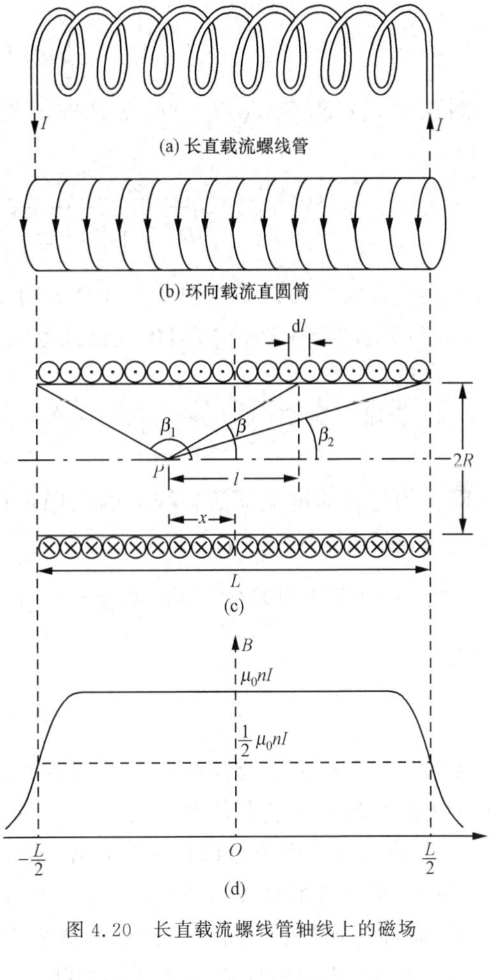

图 4.20 长直载流螺线管轴线上的磁场

P 点总磁场的大小为

$$B = \int \mathrm{d}B = \int_{-\frac{L}{2}}^{\frac{L}{2}} \frac{\mu_0 InR^2\,\mathrm{d}l}{2(R^2+l^2)^{3/2}}.$$

为了便于积分，把积分式中的变量 l 换成图 4.20(c)中的 β，利用几何关系

$$l = R\cot\beta,$$

故

$$\mathrm{d}l = -\frac{R}{\sin^2\beta}\mathrm{d}\beta.$$

又

$$\sin\beta = \frac{R}{\sqrt{R^2+l^2}},$$

把以上两式代入积分式，化简，得

$$\begin{aligned}B &= \int_{\beta_1}^{\beta_2}\left(-\frac{\mu_0 nI}{2}\sin\beta\right)\mathrm{d}\beta \\ &= \frac{1}{2}\mu_0 nI(\cos\beta_2 - \cos\beta_1). \qquad (4.9)\end{aligned}$$

如图 4.20(c)，$\cos\beta_1$，$\cos\beta_2$ 与场点 P 的 x 坐标的关系为

$$\cos\beta_1 = \frac{\dfrac{L}{2}-x}{\sqrt{R^2+\left(\dfrac{L}{2}-x\right)^2}},\quad \cos\beta_2 = \frac{\dfrac{L}{2}+x}{\sqrt{R^2+\left(\dfrac{L}{2}+x\right)^2}}.$$

把上式代入(4.9)式，即得轴线上任意 x 处 P 点总磁场的大小 $B(x)$，$B(x)$ 随 x 的变化如图 4.20(d)所示，当 $L \gg R$ 时，轴线上很大范围内磁场近似均匀，只在端点附近才明显下降.

讨论：

1. 无限长圆筒，若 $L\to\infty$，$\beta_1=\pi$，$\beta_2=0$，则轴线上磁场大小为

$$B = \mu_0 nI. \qquad (4.10)$$

无限长均匀环向电流圆筒轴线上的磁场是均匀的，磁场方向沿轴线、与电流方向满足右手螺旋关系，磁场大小为 $\mu_0 nI$.

2. 半无限长圆筒的一端，若 $\beta_1=\pi$，$\beta_2=\dfrac{\pi}{2}$，或 $\beta_1=\dfrac{\pi}{2}$，$\beta_2=0$，则轴线上端点磁场的大小为

$$B = \frac{1}{2}\mu_0 nI. \qquad (4.11)$$

半无限长均匀环向电流圆筒轴线上端点的磁场大小为无限长圆筒轴线上磁场大小之半，两个半无限长环向电流圆筒合成无限长环向电流圆筒.

3. 均匀环向电流圆筒是理想模型，长直载流螺线管则是常用的实际元件. 两者的区别是，第一，螺线管的导线边绕边进，除了环向电流外，必定还有轴向电流，环向电流产生轴向磁场，轴向电流产生环向磁场；第二，螺线管的导线有绝缘层，使得电流必定有所起伏，不可能完全均匀，从而导致磁场的波纹起伏. 本题计算的是均匀环向电流圆筒轴线上的磁场分布，若上述区别可以忽略，则相关结论也适用于载流螺线管，否则，应予修正和补充.

4. 对于无限长均匀环向电流圆筒，本题只给出了轴线上的磁场公式(4.10)式 $B=\mu_0 nI$. 应该指出，实际上无限长圆筒内磁场处处均匀，即上式可推广到圆筒内各处，不仅限于轴线上. 又，无限长圆筒外磁场处处为零(见 §4.5.2 例 5).

通过以上四例，可以汲取什么经验呢？毕奥-萨伐尔定律 $\boldsymbol{B}=\oint \mathrm{d}\boldsymbol{B}=\frac{\mu_0}{4\pi}\oint \frac{I\mathrm{d}\boldsymbol{l}\times\hat{\boldsymbol{r}}}{r^2}$ 是已知电流分布计算磁场的基本方法，由于 $\boldsymbol{B}$ 是矢量，这是一个矢量积分，通常，需要分别计算 $\boldsymbol{B}$ 的三个分量. 但是，如果已知的电流分布具有一定的对称性，待求点的位置也具有一定的对称性，经分析能够判定待求点磁场的方向，便可将矢量积分简化为该方向的标量积分，计算就会简便得多，因此，对称性分析和磁场方向的判定至关紧要. 从技巧上说，两个矢量叉乘所得矢量的方向、积分式中常量和变量的区分、为了统一积分变量或变换积分变量所需寻找的几何关系、初等函数的积分公式等都值得注意. 另外，例 1 和例 2 给出的载流直导线的磁场公式和圆电流轴线上的磁场公式十分重要，应该牢记，因为许多相关的题目是由它们"演变"而来的，弄清楚其间的联系和区别，大致了解可以求解的范围，解题水平必将有所提高.

§4.3.4　极矢量与轴矢量

矢量是既有大小又有方向并按平行四边形法则相加的量. 矢量有极矢量和轴矢量两种，其间的区别是在镜像反射变换下遵循不同的变换规律. 许多物理量都是矢量，同样，其中也有极矢量和轴矢量的区分，在力学中，例如位矢 $\boldsymbol{r}$、速度 $\boldsymbol{v}$、加速度 $\boldsymbol{a}$、力 $\boldsymbol{F}$ 等是极矢量，角速度 $\boldsymbol{\omega}$、角加速度 $\boldsymbol{\beta}$、力矩 $\boldsymbol{L}$ 等是轴矢量，在电磁学中，例如电场强度 $\boldsymbol{E}$、电偶极矩 $\boldsymbol{P}$ 等是极矢量，磁感应强度 $\boldsymbol{B}$、磁矩 $\boldsymbol{m}$ 等是轴矢量. 了解极矢量和轴矢量的异同，对于正确理解相关物理量是十分必要的.

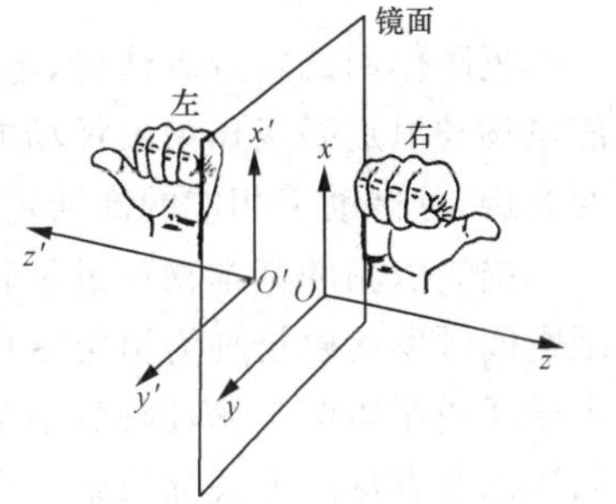

图 4.21　坐标系与极矢量的镜像反射变换

何谓镜像反射变换（空间反向变换）呢？如图 4.21 所示，镜面前的右手坐标系 $Oxyz$ 在镜面后成的像是左手坐标系 $O'x'y'z'$，若 x 轴、y 轴与镜面平行，z 轴与镜面垂直，则 x' 轴、y' 轴分别与 x 轴、y 轴平行，z' 轴与 z 轴反平行. 这就是坐标系的镜像反射变换.

对于位矢 $\boldsymbol{r}$，经镜像反射变换后，与镜面垂直的分量反向，与镜面平行的分量不变. 其他如速度 $\boldsymbol{v}$、加速度 $\boldsymbol{a}$、力 $\boldsymbol{F}$ 以及电场强度 $\boldsymbol{E}$、电偶极矩 $\boldsymbol{P}$ 等矢量，经镜像反射变换后，都与位矢 $\boldsymbol{r}$ 遵循相同的变换规律，这一类矢量称为极矢量.

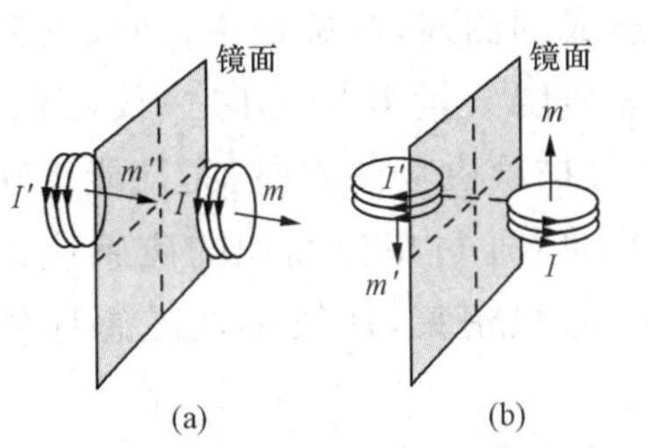

图 4.22　轴矢量的镜像反射变换

另一类矢量经镜像反射变换后遵循与极矢量不同的变换规律. 如图 4.22 所示是载流线圈经镜像反射变换后，电流方向的变换. 因此，按照右手定则，经镜像反射变换后，磁矩 $\boldsymbol{m}$、磁感应强度 $\boldsymbol{B}$ 等矢量与镜面垂直的分量不变，与镜面平行的分量反向. 这一类矢量称为轴矢量. 力学中的角速度矢量 $\boldsymbol{\omega}$ 就是轴矢量，它的方向也是按右手定则规定的.

极矢量和轴矢量的区别来源于其方向的规定. 极矢量方向的规定与其自然指向一致，不依赖于坐标系的左旋或右旋性质.轴矢量的方向则按人为的右手法则规定,依赖于坐标系的左旋或右旋性质.

两个极矢量叉乘,得到轴矢量.例如,角动量 $\boldsymbol{J}=m\boldsymbol{r}\times\boldsymbol{v}$,力矩 $\boldsymbol{M}=\boldsymbol{r}\times\boldsymbol{F}$,磁感应强度 $\mathrm{d}\boldsymbol{B}=\frac{\mu_0}{4\pi}\frac{I\mathrm{d}\boldsymbol{l}\times\hat{\boldsymbol{r}}}{r^2}$,其中 $\boldsymbol{r},\boldsymbol{v},\boldsymbol{F},\mathrm{d}\boldsymbol{l}$ 都是极矢量,$\boldsymbol{J},\boldsymbol{M},\mathrm{d}\boldsymbol{B}$ 都是轴矢量.

§4.4 恒定磁场的高斯定理

本节和下节讨论恒定磁场作为矢量场的基本性质.恒定磁场的高斯定理和安培环路定理表明,恒定磁场是无源有旋的.

如前所述,磁现象的本质是电流,涉及磁体和电流的种种磁相互作用都应归结为电流(运动电荷)与电流(运动电荷)之间的磁相互作用.[①]根据近距作用的场观点,磁力是以磁场为媒介物传递的,即电流(运动电荷)在其周围空间激发磁场,磁场给予其中的任何其他电流(运动电荷)以作用力,可以用下面的图式概括

$$\text{电流(运动电荷)}\Leftrightarrow\boxed{\text{磁场}}\Leftrightarrow\text{电流(运动电荷)}$$

近距作用的场观点认为,电磁场是特殊形态的物质,把电磁场作为研究对象,并从讨论静电场和恒定磁场作为矢量场的性质着手.如第一章所述,矢量场的性质在于是否有源和是否有旋,可借助于相应的高斯定理和环路定理来表述.

描绘磁场的基本物理量是磁感应强度矢量 $\boldsymbol{B}$,它的空间分布构成磁场.恒定电流在其周围空间激发的磁场称为恒定磁场,恒定磁场中各点的 $\boldsymbol{B}$ 不随时间变化.恒定电流产生的恒定磁场遵循毕萨定律,因此,毕萨定律是讨论恒定磁场性质的根据.总之,本节和下节讨论的问题以及表达的方式都与第一章§1.3和§1.4类似,但结果却颇为不同,请注意比较.

§4.4.1 磁感应线(磁场线)

为了描绘磁场 $\boldsymbol{B}$ 的空间分布,获得形象直观的图象,与电场线类似,可以绘制磁感应线即磁场线.所谓磁感应线,就是磁场中各点磁感应强度矢量连成的曲线,准确地说,如果在磁场中画许多曲线,使曲线上每一点的切线方向与该点磁感应强度矢量 $\boldsymbol{B}$ 的方向一致,那么这样画出的曲线就是磁感应线即磁场线.为了使磁感应线不仅描绘磁场的方向,而且能反映磁场的大小,在画磁感应线时,可使磁场中各处磁感应线的密度(通过单位面积的磁感应线数目)与该处磁感应强度的大小 B 成正比,即 B 较大处磁感应线密集,B 较小处磁感应线稀疏.

图 4.23 是一些典型恒定电流产生的恒定磁场磁感应线的空间分布图.统观图 4.23 中

① 静止电荷之间只存在电相互作用.运动电荷之间既存在电相互作用,又存在磁相互作用.对于运动电荷此处只讨论其间的磁相互作用.对于载流导线,因导线中的电流由电子定向运动形成,作为背景的正离子静止不动,前者既产生电场又产生磁场,后者只产生电场,且两电场彼此抵消,只剩磁场,所以载流导线间只存在磁相互作用.

各图,尽管分布各异,但细细观察,不难发现各种恒定磁场总体分布所具有的共同表观特征,即磁感应线都是围绕着电流的无头无尾的闭合曲线(或两端伸向无穷远处),并且,由于恒定电流也是闭合的,闭合的磁感应线与闭合的电流线相互套连,遵循右手定则.

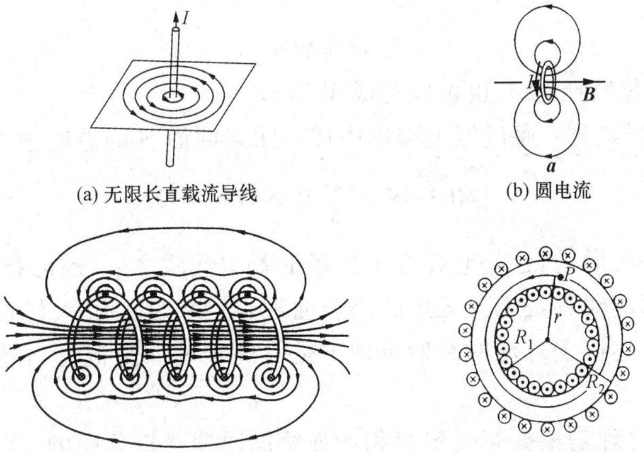

(a) 无限长直载流导线 (b) 圆电流

(c) 绕得很稀的载流短螺线管 (d) 载流螺绕环

图 4.23 各种恒定电流产生的恒定磁场磁感应线的空间分布

把恒定磁场的磁感应线图与静电场的电场线图相比较,容易看出,两者总体分布的特征明显不同. 在静电场中,电场线起自正电荷,止于负电荷,正、负电荷是喷发、聚敛电场线的源和汇,静电场是有源的;在恒定磁场中,磁感应线的闭合性表明,不存在喷发磁感应线的源和汇,恒定磁场是无源的,进入任意闭合曲面的磁感应线必将全部穿出. 在静电场中,不存在闭合的电场线,即无“涡旋”,静电场是无旋的;在恒定磁场中,闭合的磁感应线形成“涡旋”,恒定磁场是有旋的. 由此可见,恒定磁场作为一个矢量场应是无源有旋的,当然,这一定性判断,应借助于恒定磁场的高斯定理和环路定理准确地表述,并根据毕萨定律给予严格的证明.

§ 4.4.2 恒定磁场的高斯定理

为了给出恒定磁场的高斯定理,作为准备,先介绍磁感应通量(简称磁通量)的概念. 与第一章引入的电通量类似,通过面元 $\mathrm{d}S$ 的磁感应通量 $\mathrm{d}\Phi_\mathrm{B}$ 定义为

$$\mathrm{d}\Phi_\mathrm{B} = \boldsymbol{B}\cdot\mathrm{d}\boldsymbol{S} = B\cos\theta\mathrm{d}S.$$

通过任意闭合曲面 S 的磁感应通量 Φ_B 定义为

$$\Phi_\mathrm{B} = \oiint_{(S)}\boldsymbol{B}\cdot\mathrm{d}\boldsymbol{S} = \oiint_{(S)}B\cos\theta\mathrm{d}S,$$

式中 θ 是面元矢量 $\mathrm{d}\boldsymbol{S}$ 与该处磁感应强度 $\boldsymbol{B}$ 之间的夹角,$\mathrm{d}\boldsymbol{S}$ 的方向为面元法线方向,对于闭合曲面 $\mathrm{d}\boldsymbol{S}$ 的方向为面元外法线方向.

与电通量类似,磁通量也可以形象地理解为通过的磁感应线数目,各处 B 的大小可看成是单位面积的磁通量——磁通密度,即 B 的大小可用磁感应线的疏密表示,密集处 B 较大,稀疏处 B 较小. 但请注意,磁场在空间是连续分布的,不要因为引入磁感应线而产生离

散的错觉.

在 MKSA 单位制中,磁感应通量 Φ_B 的单位是韦伯,Wb,即

$$1\,\text{Wb} = 1\,\text{T} \times 1\,\text{m}^2,$$

或

$$1\,\text{T} = 1\,\text{Wb/m}^2.$$

磁感应强度 B 的单位特斯拉 T 也可以写成 Wb/m^2.

恒定磁场的高斯定理:通过恒定磁场中任一闭合曲面 S 的总磁通量恒等于零,即

$$\oiint_{(S)} \boldsymbol{B} \cdot \mathrm{d}\boldsymbol{S} = \oiint_{(S)} B\cos\theta \mathrm{d}S = 0. \tag{4.12}$$

它表明,恒定磁场是无源的,这是它作为矢量场的基本性质之一. 前已指出,在载流导线产生的恒定磁场中,磁感应线都是无头无尾的闭合曲线,不难设想,进入任意闭合曲面的磁感应线必定全部穿出,上述恒定磁场的高斯定理正是借助于磁通量概念对这一特征的准确定量表述.

静电场的高斯定理是根据库仑定律和场强叠加原理严格证明的. 现在,根据毕萨定律严格证明恒定磁场的高斯定理.

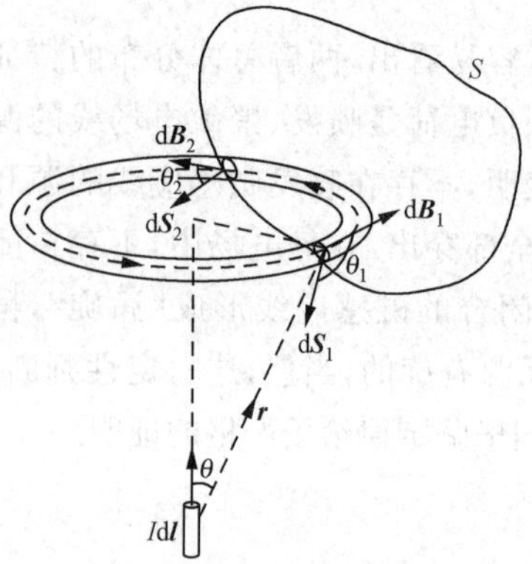

图 4.24 磁场高斯定理的证明

如图 4.24 所示,由毕萨定律(4.1)式,任意电流元 $I\mathrm{d}\boldsymbol{l}$ 产生的磁场的磁感应线是以 $\mathrm{d}\boldsymbol{l}$ 方向(电流方向)为轴线的一系列圆,这些圆的圆心都在轴线上,圆面都与轴线垂直,在任一圆周上,元磁场的大小处处相等,均为 $\mathrm{d}B=\frac{\mu_0}{4\pi}\frac{I\mathrm{d}l\sin\theta}{r^2}$. 图中画出了任意一个由磁感应线围成的正截面为 $\mathrm{d}S$ 的圆环状的磁感应管,图中还画出了任取的闭合曲面 S. 如图,磁感应管穿入闭合曲面 S 一次,穿出一次,穿入和穿出处截出的面元分别为 $\mathrm{d}\boldsymbol{S}_1$ 和 $\mathrm{d}\boldsymbol{S}_2$,$\mathrm{d}\boldsymbol{S}_1$ 和 $\mathrm{d}\boldsymbol{S}_2$ 处的磁场分别为 $\mathrm{d}\boldsymbol{B}_1$ 和 $\mathrm{d}\boldsymbol{B}_2$,$\mathrm{d}\boldsymbol{B}_1$ 与 $\mathrm{d}\boldsymbol{S}_1$ 的夹角为 θ_1,$\mathrm{d}\boldsymbol{B}_2$ 与 $\mathrm{d}\boldsymbol{S}_2$ 的夹角为 θ_2,相应的磁感应通量分别为

$$\begin{aligned}\mathrm{d}\Phi_{B_1} &= \mathrm{d}\boldsymbol{B}_1 \cdot \mathrm{d}\boldsymbol{S}_1 = \frac{\mu_0}{4\pi}\frac{I\mathrm{d}l\sin\theta}{r^2}\mathrm{d}S_1\cos\theta_1 \\ &= -\frac{\mu_0}{4\pi}\frac{I\mathrm{d}l\sin\theta}{r^2}\mathrm{d}S,\end{aligned}$$

$$\begin{aligned}\mathrm{d}\Phi_{B_2} &= \mathrm{d}\boldsymbol{B}_2 \cdot \mathrm{d}\boldsymbol{S}_2 = \frac{\mu_0}{4\pi}\frac{I\mathrm{d}l\sin\theta}{r^2}\mathrm{d}S_2\cos\theta_2 \\ &= \frac{\mu_0}{4\pi}\frac{I\mathrm{d}l\sin\theta}{r^2}\mathrm{d}S,\end{aligned}$$

式中 $\mathrm{d}B_1=\mathrm{d}B_2=\frac{\mu_0}{4\pi}\frac{I\mathrm{d}l\sin\theta}{r^2}$,$r$ 是电流元 $I\mathrm{d}\boldsymbol{l}$ 到磁感应管的距离即 $I\mathrm{d}\boldsymbol{l}$ 与 $\mathrm{d}\boldsymbol{S}_1$,$\mathrm{d}\boldsymbol{S}_2$ 的距离,θ

是 $Id\boldsymbol{l}$ 与 $\boldsymbol{r}$ 的夹角，式中 $dS_1|\cos\theta_1|=dS_2|\cos\theta_2|=dS$，$dS$ 是磁感应管正截面的面积，处处相同，因 $\theta_1>\frac{\pi}{2}$，$\cos\theta_1<0$，$\theta_2<\frac{\pi}{2}$，$\cos\theta_2>0$，故 $dS_1\cos\theta_1=-dS$，$dS_2\cos\theta_2=dS$，即

$$d\Phi_{B_1}=-d\Phi_{B_2},$$
$$d\Phi_B=d\Phi_{B_1}+d\Phi_{B_2}=0.$$

可见，在电流元 $Id\boldsymbol{l}$ 产生的磁场中，任意圆环状磁感应管经闭合曲面 S 的磁通量 $d\Phi_B$ 为零. 由于 $Id\boldsymbol{l}$ 产生的磁场可以看作是由许多磁感应管组成的，这些磁感应管或者不与闭合曲面 S 相交，即既不穿入也不穿出，磁通量当然为零，或者穿入后再穿出，因磁感应管呈圆环状，穿入与穿出的次数必定相同，磁通量仍为零. 所以，对于单个电流元产生的磁场，通过任意闭合曲面 S 的磁通量为零，(4.12)式对单个电流元成立.

任意载流回路是由许多电流元构成的，根据磁感应强度的叠加原理即毕萨定律的积分形式(4.2)式，总磁场 $\boldsymbol{B}$ 是各电流元产生的元磁场的矢量和，既然(4.12)式对任意电流元的元磁场成立，它对任意载流回路的总磁场也必定成立. 至此，(4.12)式得到了严格的证明.

以后将指出，(4.12)式不仅适用于载流回路(传导电流)产生的磁场，而且适用于磁化电流以及位移电流产生的磁场；(4.12)式不仅适用于恒定磁场，而且适用于非恒定的变化磁场，即它是普遍适用的**磁场的高斯定理**，以上表述中“磁场与磁通量”的含义可以拓展，“恒定”的限制可以除去.

§4.4.3 磁矢势，A-B 效应①

利用矢量分析的高斯定理，可将磁场的高斯定理(4.12)式写为

$$\oiint_{(S)}\boldsymbol{B}\cdot d\boldsymbol{S}=\iiint_{(V)}\nabla\cdot\boldsymbol{B}dV=0,$$

式中 V 是闭合曲面 S 包围的体积. 因上式对任意形状、大小的体积 V 都成立，故被积函数应为零，即

$$\nabla\cdot\boldsymbol{B}=0. \tag{4.13}$$

这就是磁场高斯定理的微分形式，它表明，磁感应强度 $\boldsymbol{B}$ 的散度恒为零，磁场是无散(即无源)的.

根据矢量分析，如果一个位置的矢量函数是通过取另一个矢量函数 $\boldsymbol{A}$ 的旋度得出的，则该矢量函数的散度处处为零，即

$$\nabla\cdot(\nabla\times\boldsymbol{A})=0.$$

(4.13)式表明，磁感应强度 $\boldsymbol{B}$ 的散度处处为零，因此，总可以通过取另一个矢量场 $\boldsymbol{A}$ 的旋度来得到 $\boldsymbol{B}$，即

$$\boldsymbol{B}=\nabla\times\boldsymbol{A}, \tag{4.14}$$

式中的矢量 $\boldsymbol{A}$ 称为描述磁场的**磁矢势**，简称**矢势**.

---

① 参看，贾起民，郑永令，陈暨耀，《电磁学》§4.5 磁场的矢势，A-B 效应，高等教育出版社，2001 年.

满足 $\boldsymbol{B}=\nabla\times\boldsymbol{A}$ 的矢量场 $\boldsymbol{A}$ 并不唯一. 对于任意标量场 φ 的梯度 $\nabla\varphi$，因 $\nabla\times\nabla\varphi=0$，故

$$\nabla\times(\boldsymbol{A}+\nabla\varphi)=\nabla\times\boldsymbol{A}=\boldsymbol{B},$$

可见，把 $\boldsymbol{A}$ 和 $(\boldsymbol{A}+\nabla\varphi)$ 取旋度，得到的是同一个 $\boldsymbol{B}$. 为了确定矢势，通常选取

$$\nabla\cdot\boldsymbol{A}=0 \tag{4.15}$$

作为附加条件，称为库仑规范.

对于静电场，除了用场强 $\boldsymbol{E}$ 描绘外，还可以用电势 U 描绘. 电势 U 是标量，若已知电荷分布，利用 U 和电荷体密度 ρ 的关系 $U=\dfrac{1}{4\pi\varepsilon_0}\iiint\dfrac{\rho\mathrm{d}V}{r}$ 可求得电势 U，再利用 U 和 $\boldsymbol{E}$ 的关系 $\boldsymbol{E}=-\nabla U$ 可求得场强 $\boldsymbol{E}$. 由静电力对单位正电荷做功定义的是两点之间的电势差，某点的电势具有任意性，需选定参考点及其电势值，才能使各点电势具有确定值.

与此类似，对于磁场，除了用磁感应强度 $\boldsymbol{B}$ 描绘外，还可以用矢势 $\boldsymbol{A}$ 描绘. 矢势 $\boldsymbol{A}$ 是矢量，可以证明，矢势 $\boldsymbol{A}$ 和电流密度 $\boldsymbol{j}$ 的关系为

$$\boldsymbol{A}=\frac{\mu_0}{4\pi}\iiint\frac{\boldsymbol{j}\mathrm{d}V}{r}. \tag{4.16}$$

若已知电流分布，由(4.16)式可求得矢势 $\boldsymbol{A}$，再利用 $\boldsymbol{A}$ 和 $\boldsymbol{B}$ 的关系 $\boldsymbol{B}=\nabla\times\boldsymbol{A}$ 可求得磁感应强度 $\boldsymbol{B}$. 因 $\boldsymbol{B}=\nabla\times\boldsymbol{A}=\nabla\times(\boldsymbol{A}+\nabla\varphi)$，某点的矢势值具有任意性，需附加库仑规范 $\nabla\cdot\boldsymbol{A}=0$ 才能使各点的矢势具有确定值.

由此可见，$(\boldsymbol{E},\boldsymbol{B})$ 以及 $(U,\boldsymbol{A})$ 提供了描绘电磁场的两种方法. 在经典物理中，场强 $\boldsymbol{E}$ 反映了电场对电荷的作用，磁感应强度 $\boldsymbol{B}$ 反映了磁场对电流（运动电荷）的作用，物理意义十分鲜明. 那么，$(U,\boldsymbol{A})$ 除了与 $(\boldsymbol{E},\boldsymbol{B})$ 有关也可描绘电磁场外，是否还具有某种独立的可观察的物理效应呢？

1959 年阿哈罗诺夫（Y. Aharonov）和玻姆（D. Bohm）指出，按照量子力学，在电子的运动路径上，如果不存在 $(\boldsymbol{E},\boldsymbol{B})$，但只要存在 $(U,\boldsymbol{A})$，则电子的德布罗意波的相位将发生变化，这是一个量子力学效应，若果然，则既可显示 $(U,\boldsymbol{A})$ 区别于 $(\boldsymbol{E},\boldsymbol{B})$ 的独立物理内涵，又将再一次证实量子力学理论的正确性.

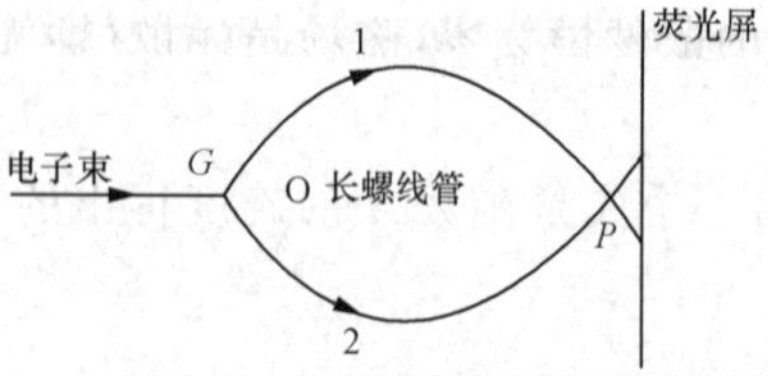

图 4.25 两相干电子束经过矢势区域 $(\boldsymbol{B}=0,\boldsymbol{A}\neq0)$ 造成相位差

为了检验这种效应是否真实存在，阿哈罗诺夫和玻姆设想了如图 4.25 所示的实验，电子束经 G 点后分解为两相干电子束 1 和 2，G 点后面有长螺线管，两电子束分别从长螺线管上下沿两条路径到达荧光屏. 若长螺线管不通电流，则管外 $\boldsymbol{B}=0$，$\boldsymbol{A}=0$，对两电子束无影响，两电子束相干的结果会在荧光屏上产生一定的干涉图样；若长螺线管通电流，则管外 $\boldsymbol{B}=0$，但 $\boldsymbol{A}\neq0$（可根据(4.16)式证明），由于 $\boldsymbol{A}$ 使电子德布罗意波的相位发生变化，两电子束的相位差将发生改变，荧光屏上的干涉条纹应有所移动. 1960 年钱伯斯（R. G. Chambers）实验观察到了长螺线管通电流后，两电子束干涉条纹的移动，证实了矢势 $(\boldsymbol{B}=0,\boldsymbol{A}\neq0)$ 对电子波相位的影响. 矢势 $\boldsymbol{A}$ 的这一独立的可观察的量子力学效应，后来被称为阿哈罗诺夫-玻姆效应，

简称 A-B 效应. 它表明,在量子力学意义上,仅用磁感应强度 **B** 来描述磁场是不够充分的, **A** 的引入不仅便于计算磁场,矢势 **A** 更是与 **B** 有所不同的具有独立物理效应的物理实在.

钱伯斯的实验与杨氏双缝干涉实验类似,但以两相干电子束取代两相干光,并在狭缝后放置磁化的铁晶须作为载流长螺线管,实验观察到了干涉条纹峰与谷的移动,证实了 *A-B* 效应. 由于电子德布罗意波的波长很短,仅约为 0.1—1 Å(与 X 光波长相似),实验的困难在于各种仪器的尺度都需十分微小,为此,采用直径 1 μm、长 0.5 mm 的被磁化的铁晶须作为载流长螺线管,但也引起了是否会有漏磁的质疑,后经改进,终于令人信服地证实了 *A-B* 效应.

§4.4.4 磁单极子

电场的高斯定理表明电场是有源的,磁场的高斯定理表明磁场是无源的. 电场和磁场的这一重大区别或不对称性是因为,自然界中存在电荷却并不存在磁荷,磁场是运动电荷产生的.

长期以来,物理学家始终关注是否存在带单极性磁荷的粒子——磁单极子. 1931 年狄拉克(P. A. M. Dirac)指出,磁单极子的存在为量子理论所允许,且与电荷的量子化(带电粒子的电荷总是精确地等于电子电荷的整数倍)有关,导出了下述量子化条件

$$\frac{gq}{\hbar c}=\frac{n}{2},\quad n=1,2,3,\cdots,\tag{4.17}$$

式中 g 是磁单极子的磁荷,q 是带电粒子的电荷,$\hbar=\dfrac{h}{2\pi}$是普朗克常数,c 是真空光速,n 取正整数,$n=1$ 对应最小电荷和最小磁荷. 上式表明,任何带电粒子的电荷必须是单位电荷的整数倍,任何带磁粒子(磁单极子)的磁荷必须是单位磁荷的整数倍,两者通过上式相联系.

如果存在磁单极子,根据磁与电的对称性,可以设想,静止的磁单极子产生静磁场,运动的磁单极子产生电场,磁单极子在磁场中受力加速,运动的磁单极子在电场中受力加速,等等. 于是,对磁现象的本质,磁场的性质,电与磁的关系以及电磁理论等都将产生重大影响. 不仅如此,磁单极子是否存在还与基本粒子的构造、“大统一”理论(把电磁作用、弱作用和强作用统一起来的理论)、宇宙的形成和演化等一系列重大课题密切相关,这也正是磁单极子备受关注的原因.

物理学家从理论上预言,磁单极子的质量很大,约为 10^{16} GeV/c^2,具有很强的穿透能力. 由于磁单极子的质量远大于目前加速器所能产生粒子的质量,无法人工制造. 如果在宇宙形成过程中产生了许多磁单极子,则北磁单极子和南磁单极子相撞时(与正、负电子相撞时一样)会湮没为 γ 光子而大量消失,这或许正是磁单极子绝少出现的原因. 残存的磁单极子射向地球时,或许会在古岩石、海底沉积物中留下痕迹,或者也可从来自地球外的陨石碎片、月球岩样以及宇宙射线中寻找它的踪影,然而广泛查寻均无所获.

1975 年美国一个科研小组宣布,距地面 40 km 的高空气球所载探测宇宙射线的仪器,记录到一条电离性很强的粒子留下的痕迹,认为这是磁单极子的事例,但不久就遭到质疑,

认为该痕迹可能是很重的原子核留下的. 1982 年美国卡夫雷拉(Cohrera)宣布,测出经超导环的磁通量突然发生了与磁单极子通过相当的磁通量变化,但此后采用更敏感的探测器却无所获. 迄今,磁单极子仍是一个尚待进一步理论研究和实验探索的重大课题.

§4.5 恒定磁场的安培环路定理

§4.5.1 恒定磁场的安培环路定理

如§4.4.1所述,闭合恒定电流产生的恒定磁场的磁感应线也是闭合曲线,两者相互套连,遵守右手定则,可见恒定磁场作为矢量场应是有旋的. 现在,借助于安培环路定理准确地表述,并根据毕萨定律给予严格的证明.

恒定磁场的安培环路定理: 磁感应强度 $\boldsymbol{B}$ 沿任意闭合环路 L 的线积分等于穿过以该闭合环路为周界的任意曲面的所有电流代数和的 μ_0 倍,即

$$\oint_{(L)} \boldsymbol{B}\cdot d\boldsymbol{l} = \mu_0 \sum_{(L内)} I, \tag{4.18}$$

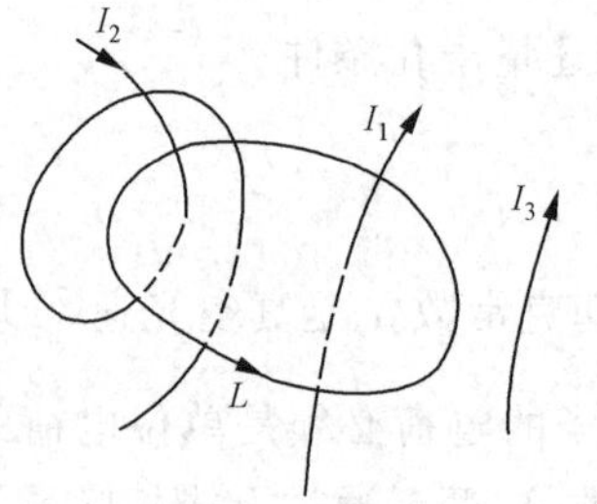

图 4.26 穿过闭合安培环路 L 的电流的正负

式中电流 I 的正负规定为,若穿过环路 L 的电流方向与环路 L 的环绕方向服从右手定则,则 $I>0$,取正值;反之,$I<0$,取负值;若电流 I 不穿过环路 L,则对上式右端无贡献,不计入. 以图 4.26 的情形为例,(4.18)式右端的电流应为 $\sum_{(L内)} I = I_1 - 2I_2$. (4.18)式中的闭合积分环路 L 通常称为安培环路,安培环路 L 的环绕方向是人为设定的(图中用箭头表示),用以确定通过电流的正负,设定后不容变更.

以长直载流导线的磁场为例,其磁感应线是一系列以导线为轴的圆,$\boldsymbol{B}$ 的方向与电流 I 的方向遵循右手定则(见§4.3.3例1). 对此,若取圆形磁感应线为安培环路 L,取 $\boldsymbol{B}$ 的方向为环绕方向,则按上述规定,I 应为正值,$\oint_L \boldsymbol{B}\cdot d\boldsymbol{l}$ 当然也是正值,合理;若取 $-\boldsymbol{B}$ 的方向为环绕方向,I 应为负值,$\oint_{(L)} \boldsymbol{B}\cdot d\boldsymbol{l}$ 也是负值,合理. 由此可见,(4.18)式中电流正负的规定正是根据电流及其磁场遵循右手定则确立的.

又,由于恒定电流的闭合性,穿过安培环路 L 的电流以及穿过的次数与以环路为周界的任意曲面的形状无关.

为了证明(4.18)式,根据毕萨定律,可将(4.18)式左边磁场的环路积分表为

$$\oint_{(L)} \boldsymbol{B}\cdot d\boldsymbol{l} = \oint_{(L)} \frac{\mu_0}{4\pi}\oint_{(L')} \frac{I d\boldsymbol{l}' \times \hat{\boldsymbol{r}}}{r^2}\cdot d\boldsymbol{l}.$$

如图 4.27 所示,$d\boldsymbol{l}'$ 是产生磁场的闭合载流回路 L' 上位于任意 Q 点(源点)的线元,I 是载流回

路的电流，$I\mathrm{d}\boldsymbol{l}'$ 是载流回路上任意电流元，$\mathrm{d}\boldsymbol{l}$ 是磁场中安培环路 L 上位于任意 P 点（场点）的线元，$\boldsymbol{B}$ 是 $\mathrm{d}\boldsymbol{l}$ 处的磁感应强度（图中只画出 $\mathrm{d}\boldsymbol{l}$，未画出安培环路 L），$\boldsymbol{r}$ 是从 $\mathrm{d}\boldsymbol{l}'$ 到 $\mathrm{d}\boldsymbol{l}$ 的距离，加帽号的 $\hat{\boldsymbol{r}}$ 表示单位矢量，$\hat{\boldsymbol{r}}'=-\hat{\boldsymbol{r}}'$ 是从 $\mathrm{d}\boldsymbol{l}$ 指向 $\mathrm{d}\boldsymbol{l}'$ 的单位矢量. 注意，为了区分，磁场中安培环路的相关量 L 和 $\mathrm{d}\boldsymbol{l}$ 不加撇，闭合载流回路的相关量 L' 和 $I\mathrm{d}\boldsymbol{l}'$ 加撇.

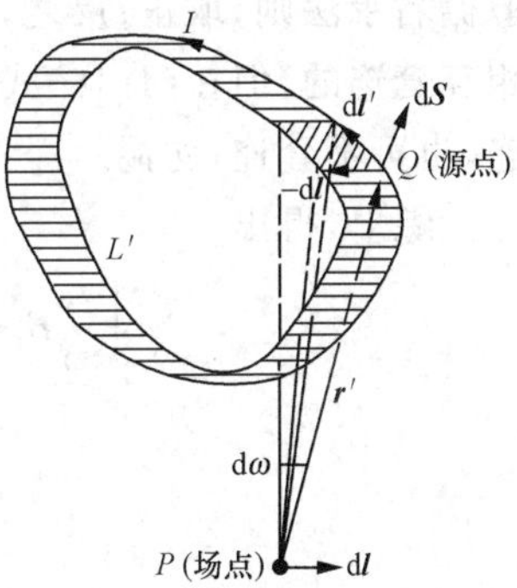

图 4.27 安培环路定理的证明

利用矢量代数公式 $(\boldsymbol{a}\times\boldsymbol{b})\cdot\boldsymbol{c}=\boldsymbol{a}\cdot(\boldsymbol{b}\times\boldsymbol{c})$，取 $\boldsymbol{a}=-\hat{\boldsymbol{r}}=\hat{\boldsymbol{r}}'$，$\boldsymbol{b}=\mathrm{d}\boldsymbol{l}'$，$\boldsymbol{c}=\mathrm{d}\boldsymbol{l}$，则上式中

$$
\begin{aligned}
(\mathrm{d}\boldsymbol{l}'\times\hat{\boldsymbol{r}})\cdot\mathrm{d}\boldsymbol{l} &= (\hat{\boldsymbol{r}}'\times\mathrm{d}\boldsymbol{l}')\cdot\mathrm{d}\boldsymbol{l} \\
&= \hat{\boldsymbol{r}}'\cdot(\mathrm{d}\boldsymbol{l}'\times\mathrm{d}\boldsymbol{l}) \\
&= -\hat{\boldsymbol{r}}'\cdot[\mathrm{d}\boldsymbol{l}'\times(-\mathrm{d}\boldsymbol{l})],
\end{aligned}
$$

代入，得

$$\oint_{(L)}\boldsymbol{B}\cdot\mathrm{d}\boldsymbol{l}=-\frac{\mu_0 I}{4\pi}\oint_{(L)}\oint_{(L')}\frac{[\mathrm{d}\boldsymbol{l}'\times(-\mathrm{d}\boldsymbol{l})]\cdot\hat{\boldsymbol{r}}'}{r^2}.$$

现在，考察上式右边表达式的几何意义.

如图 4.27 所示，$\mathrm{d}\boldsymbol{l}'$ 与 $-\mathrm{d}\boldsymbol{l}$ 构成小面元 $\mathrm{d}\boldsymbol{S}$（图中画斜线），面元的大小、方向为 $\mathrm{d}\boldsymbol{S}=\mathrm{d}\boldsymbol{l}'\times(-\mathrm{d}\boldsymbol{l})$；$[\mathrm{d}\boldsymbol{l}'\times(-\mathrm{d}\boldsymbol{l})]\cdot\hat{\boldsymbol{r}}'=\mathrm{d}\boldsymbol{S}\cdot\hat{\boldsymbol{r}}'$ 是面元 $\mathrm{d}\boldsymbol{S}$ 在 $\boldsymbol{r}'$ 方向投影的大小；$\dfrac{[\mathrm{d}\boldsymbol{l}'\times(-\mathrm{d}\boldsymbol{l})]\cdot\hat{\boldsymbol{r}}'}{r^2}=\dfrac{\mathrm{d}\boldsymbol{S}\cdot\hat{\boldsymbol{r}}'}{r^2}$ 是面元投影即面元 $\mathrm{d}\boldsymbol{S}$ 对场点 P 所张的立体角，表为 $\mathrm{d}\omega$，即

$$\frac{[\mathrm{d}\boldsymbol{l}'\times(-\mathrm{d}\boldsymbol{l})]\cdot\hat{\boldsymbol{r}}'}{r^2}=\frac{\mathrm{d}\boldsymbol{S}\cdot\hat{\boldsymbol{r}}'}{r^2}=\mathrm{d}\omega.$$

沿闭合载流回路 L' 作积分，得出

$$\oint_{(L')}\frac{[\mathrm{d}\boldsymbol{l}'\times(-\mathrm{d}\boldsymbol{l})]\cdot\hat{\boldsymbol{r}}'}{r^2}=\oint_{(L')}\mathrm{d}\omega=\Delta\omega,$$

式中 $\Delta\omega$ 是整个闭合载流回路 L' 与 $-\mathrm{d}\boldsymbol{l}$ 构成的环带对场点 P 所张的立体角. 再将上式沿着磁场中闭合的安培环路 L（图中未画出）作环路积分，得出

$$\oint_{(L)}\oint_{(L')}\frac{[\mathrm{d}\boldsymbol{l}'\times(-\mathrm{d}\boldsymbol{l})]\cdot\hat{\boldsymbol{r}}'}{r^2}=\oint_{(L)}\oint_{(L')}\mathrm{d}\omega=\oint_{(L)}\Delta\omega.$$

环带沿着闭合安培环路 L 绕行一周回到原处后，构成闭合曲面，因此，上式的几何意义就是由此形成的闭合曲面对 P 点所张的立体角.

当该闭合曲面在 P 点之外时，即当产生磁场的闭合载流回路 L' 与磁场中的闭合安培环路 L 不套连时，亦即以 L 为边界的曲面无电流通过时，该闭合曲面对 P 点所张的立体角为零，$\oint_{(L)}\Delta\omega=0$. 当该闭合曲面把 P 点包围在内时，即当 L 与 L' 套连时，亦即以 L 为边界的曲面有电流通过时，该闭合曲面对 P 点所张的立体角为 $\pm 4\pi$，$\oint_{(L)}\Delta\omega=\pm 4\pi$，其中的正、负号由右手法则确定. 若穿过以安培环路 L 为边界的曲面的电流方向与安培环路的绕行方向遵循右手法则，取正；反之，取负．注意，闭合的载流回路 L' 与它所产生的磁场的磁感应线是相互套连的，但在(4.18)式中闭合的安培环路 L 是任取的，并非磁感应线，L 与 L' 既可套连，也可不套连，勿混．

综上，得出

$$\begin{aligned}\oint_{(L)}\boldsymbol{B}\cdot\mathrm{d}\boldsymbol{l}&=\oint_{(L)}\frac{\mu_0}{4\pi}\oint_{(L')}\frac{I\mathrm{d}\boldsymbol{l}'\times\hat{\boldsymbol{r}}}{r^2}\cdot\mathrm{d}\boldsymbol{l}\\&=-\frac{\mu_0 I}{4\pi}\oint_{(L)}\oint_{(L')}\frac{[\mathrm{d}\boldsymbol{l}'\times(-\mathrm{d}\boldsymbol{l})]\cdot\hat{\boldsymbol{r}}'}{r^2}\\&=-\frac{\mu_0 I}{4\pi}\oint_{(L)}\oint_{(L')}\mathrm{d}\omega=-\frac{\mu_0 I}{4\pi}\oint_{(L)}\Delta\omega\\&=\begin{cases}0, & \text{当 } L,L' \text{ 不套连；}\\ -\dfrac{\mu_0 I}{4\pi}\times(\pm 4\pi), & \text{当 } L,L' \text{ 套连}\end{cases}\\&=\mu_0\sum_{(L\text{内})}I.\end{aligned}$$

至此，在磁场由一个闭合载流回路产生的情形，证明了安培环路定理．若有多个闭合载流回路，或一个闭合载流回路多次穿过安培环路，由磁场叠加原理，同样得证．

以上，根据毕萨定律，通过考察表达式的几何意义，使安培环路定理得到证明，这种做法别具一格，耐人寻味，值得记取．

恒定磁场安培环路定理(4.18)式的右边可不为零，即恒定磁场的环路积分可不为零，它表明恒定磁场是有旋的．与恒定磁场的高斯定理(4.12)式相结合，恒定磁场作为一个矢量场，其基本性质是**无源有旋**．与有源无旋的静电场相比较，恒定磁场的性质截然不同，由此可见，用是否有源、是否有旋的确可以从总体上比较、区分各类矢量场的性质，这种做法是有效的．

恒定磁场的高斯定理(4.12)式和恒定磁场的安培环路定理(4.18)式都是由毕萨定律证明的，由于毕萨定律只在恒定条件下适用，所以它们也都适用于恒定磁场，这是毫无疑义的．如§4.4.2所述，(4.12)式可以拓展和推广，即它既适用于传导电流产生的磁场也适用于磁化电流、位移电流产生的磁场，既适用于恒定磁场也适用于非恒定的变化磁场，因此，(4.12)式是普遍适用的磁场的高斯定理，无需加上"恒定"的限制．那么，(4.18)式如何呢？以后将指出，它可以推广到传导电流和磁化电流产生的恒定磁场，但在非恒定情形，还有位移电流(极化电流与变化电场)产生磁场，(4.18)式需修正，因此，(4.18)式是恒定磁场的安培环路定理，"恒定"的限制不可或缺．

还应指出，恒定磁场安培环路定理(4.18)式右边的 $\sum\limits_{(L\text{内})}I$ 只计及穿过闭合安培环路 L 的电流，但左边的磁场 $\boldsymbol{B}$ 却是所有电流产生的磁感应强度的矢量和，其中也包括不穿过 L 的电流产生的磁场，这并无矛盾，因为不穿过 L 的电流虽然对 $\boldsymbol{B}$ 有贡献，却对磁场沿 L 的环路积分并无贡献．

§4.5.2 用安培环路定理计算磁场

如§4.3.3所述，毕萨定律的积分形式(4.2)式提供了已知电流分布计算磁场的一种基本方法.现在，安培环路定理(4.18)式提供了已知电流分布计算磁场的另一种方法.

由(4.18)式，由于待求的磁感应强度矢量 $\boldsymbol{B}$ 在积分号内，不可能完成积分，因此，只有将(4.18)式简化为只包含一个待求未知量 $\boldsymbol{B}$ 的代数方程，才能由已知的电流分布解出磁场.这一苛刻的要求只在载流回路及其产生的磁场的空间分布具有更强的对称性时(与用毕萨定律求解相比)才能满足，从而大大限制了可以求解的范围，同时，也为解题的关键——安培环路 L 的选取提供了启发.

通常，首先根据已知的电流分布确定磁场的空间分布及其对称性，然后选取与磁感应线平行或垂直的线段构成闭合安培环路 L，其中，与磁感应线平行的那段安培环路上的磁场应均匀且待求点就在其上，这样，(4.18)式 $\boldsymbol{B}$ 的环路积分 $\oint_{(L)}\boldsymbol{B}\cdot \mathrm{d}\boldsymbol{l}=\oint_{(L)}B\cos\theta \mathrm{d}l$ 中各段的 $\cos\theta$ 将为0或1，使之成为各段的求和，于是，积分式简化为代数式，便可由已知的 I 求出 $\boldsymbol{B}$.

由此可见，用安培环路定理计算磁场的方法与第一章用静电场高斯定理计算电场的方法有许多共通之处，特别是安培环路和高斯面的选取有异曲同工之妙，而与用毕萨定律计算磁场的方法则颇为不同.下面是几个典型例题，请读者注意从中体会这种方法的特点、要领和限制.

例5 无限长直载流螺线管的磁场

与例4相仿，设无限长直载流螺线管的导线很细且密绕，忽略导线边绕边进时沿轴向的电流分量，忽略匝与匝之间电流的波纹起伏，即可将螺线管近似地看作载有均匀分布环向电流的直筒.已知螺线管单位长度绕有 n 匝线圈，线圈中电流为 I，试用安培环路定理求螺线管内外的磁场分布.

解 因螺线管电流沿环向、均匀分布且无限长，它所产生的磁场的方向应沿轴向，并与环向电流遵循右手定则，即所有磁感应线都是与螺线管轴线平行的直线，在每一条直线上磁场均匀分布.

由此，为求管外任意 P 点的磁感应强度 $\boldsymbol{B}(P)$，可取矩形安培环路 $ABCDA$ 如图4.28(左)所示，其中 BC，DA 两边与磁感应线平行，长度为 a，P 是 BC 中一点，DA 在无穷远，另两边 AB，CD 则与磁感应线垂直.因管外离轴无穷远处磁场为零，故 DA 段积分为零；因 AB，CD 与 $\boldsymbol{B}$ 垂直，$\theta=\frac{\pi}{2}$，$\cos\theta=0$，故

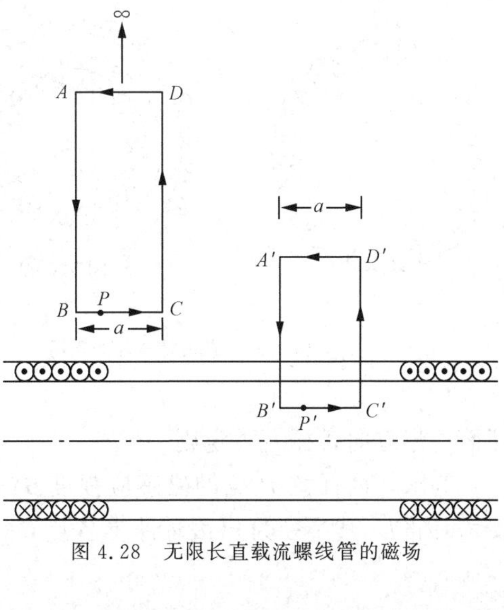

图4.28 无限长直载流螺线管的磁场

积分亦为零；因 BC 与 $\boldsymbol{B}$ 平行，$\theta=0$，$\cos\theta=1$，且磁场均匀为 $B(P)$，故积分为 $B(P)a$；又因安培环路在管外，其中无电流通过，故磁场的环路积分为零. 综上，由(4.18)式，得

$$\oint_{ABCDA}\boldsymbol{B}\cdot\mathrm{d}\boldsymbol{l}=\int_{AB}+\int_{BC}+\int_{CD}+\int_{DA}=0+B(P)a+0+0$$
$$=\mu_0\sum_{(L内)}I=0,$$

故螺线管外任意 P 点的磁感应强度为零，

$$B(P)=0,\quad P\text{ 点在管外}. \tag{4.19}$$

与此类似，为求管内任意 P' 点的磁感应强度 $\boldsymbol{B}(P')$，可取矩形安培环路 $A'B'C'D'A'$ 如图 4.28(右)所示，四边分别与 $\boldsymbol{B}$ 平行或垂直，$A'D'$ 在管外，$B'C'$ 在管内且通过 P' 点，通过安培环路的电流为 naI，由(4.18)式，得

$$\oint_{A'B'C'D'A'}\boldsymbol{B}\cdot\mathrm{d}\boldsymbol{l}=\int_{A'B'}+\int_{B'C'}+\int_{C'D'}+\int_{D'A'}=0+B(P')a+0+0$$
$$=\mu_0\sum_{(L内)}I=\mu_0 naI,$$

故螺线管内任意 P' 点的磁感应强度为

$$B(P')=\mu_0 nI,\quad P'\text{ 点在管内}. \tag{4.20}$$

总之，无限长直载流螺线管内的磁场处处均匀，为 $\mu_0 nI$，其方向与轴线平行，并与环向电流遵守右手定则；管外磁场处处为零.

把例 4 与例 5 相比较，相同之处为，都是长直载流螺线管，密绕，只有环向均匀电流. 区别在于，例 4 不限定是否无限长，但限定管截面为圆，利用圆电流轴线上的磁场公式根据毕萨定律通过积分，只求得管轴线上的磁场；例 5 限定无限长，但对管截面的形状不加限制(可以是圆，也可以是各种异形)，根据安培环路定理求得管内外各处的磁场分布.

例 6 载流螺绕环的磁场

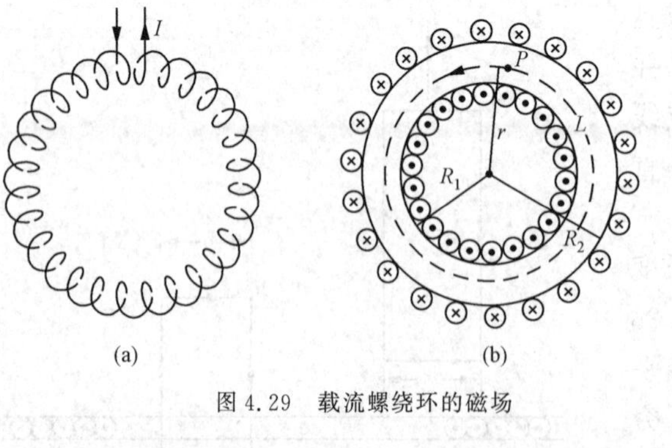

图 4.29 载流螺绕环的磁场

绕在圆环上的螺线形线圈叫做螺绕环. 如图 4.29 所示，设螺绕环的导线很细且密绕，即电流在环面上角向连续均匀分布，设环的总匝数为 N，电流为 I，内外半径为 R_1 和 R_2，试求磁场分布.

解 因螺绕环的电流角向连续均匀分布，具有轴对称性，故它产生的磁场的空间分布也应具有轴对称性，磁感应线应是一系列与环共轴的圆圈，并与环面电流方向遵循右手定则.

为求环内任意 P 点的磁感应强度 $\boldsymbol{B}(P)$，如图 4.29，取 P 点所在处的圆形磁感应线为安培环路 L，其半径为 r，因环路上各点 $\boldsymbol{B}$ 的大小相同，方向都与 $\mathrm{d}\boldsymbol{l}$ 平行，又因通过 L 的电流

为 NI,故由安培环路定理(4.18)式,得

$$\oint_{(L)} \boldsymbol{B}\cdot \mathrm{d}\boldsymbol{l} = \oint_{(L)} B\cos\theta \mathrm{d}l = B\cdot 1\cdot 2\pi r$$
$$= \mu_0 \sum_{(L内)} I = \mu_0 NI,$$

即

$$B = \frac{\mu_0 NI}{2\pi r}, \quad 环内. \tag{4.21}$$

可见螺绕环内不同 r 处 $\boldsymbol{B}$ 的大小不同,最大值在内半径处,为 $B_1 = \frac{\mu_0 NI}{2\pi R_1}$,最小值在外半径处,为 $B_2 = \frac{\mu_0 NI}{2\pi R_2}$. 若螺绕环很细,平均半径为 R,单位长度匝数为 $n = \frac{N}{2\pi R}$,则上式变为

$$B = \mu_0 nI, \quad 环内. \tag{4.22}$$

这一结果与无限长直螺线管内的磁场公式(4.20)式相同,因为当螺绕环的半径趋于无穷大而保持单位长度匝数 n 不变时,螺绕环就过渡到无限长直螺线管.

同理,为求螺绕环外任意点的磁感应强度,可取该点所在的圆形磁感应线为安培环路,因其中无电流通过,由安培环路定理,环外磁场为零,

$$\boldsymbol{B} = 0, \quad 环外. \tag{4.23}$$

注意,在本题的计算中只要求螺绕环的环面为圆形,而对环的截面的形状并无限制,即既可以是圆形也可以是任何异型截面.

例 7 无限长直圆柱形载流导体的磁场

设无限长直圆柱形导体的半径为 R,电流 I 均匀地通过横截面,试求磁场分布.

解 如图 4.30 所示,因圆柱形导体无限长直,电流均匀分布,具有轴对称性,故任意 P 点的磁感应强度 $\boldsymbol{B}$ 的大小只与 P 点到轴线的垂直距离 $r = OP$ 有关. 为了分析 P 点 $\boldsymbol{B}$ 的方向,如图(b),在导体横截面上任取一对相对于 OP 对称的面元 $\mathrm{d}S$ 和 $\mathrm{d}S'$,以 $\mathrm{d}S$ 和 $\mathrm{d}S'$ 为截面的无限长直电流在 P 点产生的一对元磁场 $\mathrm{d}\boldsymbol{B}$ 和 $\mathrm{d}\boldsymbol{B}'$ 之和 $(\mathrm{d}\boldsymbol{B} + \mathrm{d}\boldsymbol{B}')$ 应沿图(b)中通过 P 点的半径为 r 的圆的切线方向,并与电流方向遵循右手定则,该圆的圆心在轴线上,圆面与轴线垂直(由于导体无限长直,电流均匀,任意 P 点的 $\boldsymbol{B}$ 不存在轴向分量). 所以磁感应线应是一系列与导体同轴的圆圈,在每一个圆圈上各点 $\boldsymbol{B}$ 的大小相同.

由此,为求任意 P 点的 $\boldsymbol{B}$,可取以 r 为半径的圆形磁感应线为安培环路 L,由安培环路定理(4.18)式,得

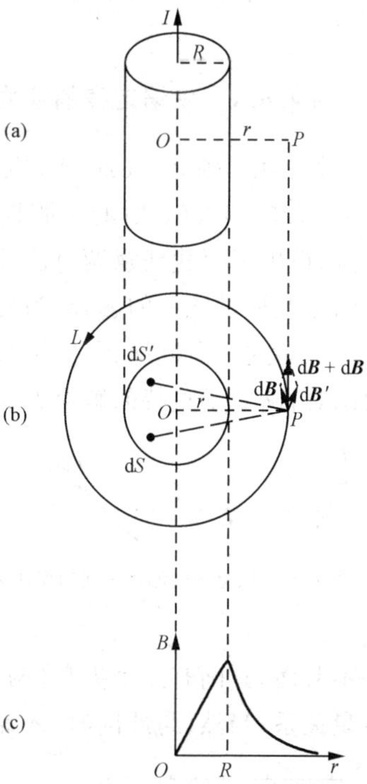

图 4.30 无限长直圆柱形载流导体的磁场

$$\oint_{(L)} \boldsymbol{B} \cdot \mathrm{d}\boldsymbol{l} = \oint_{(L)} B\cos 0^\circ \mathrm{d}l = 2\pi r B$$
$$= \mu_0 \sum_{(L内)} I = \mu_0 I',$$

式中 I' 是通过安培环路 L 的电流.

当 $r<R$,即当 P 点在导体内部时

$$I' = j\pi r^2 = \frac{I}{\pi R^2}\pi r^2$$
$$= I\frac{r^2}{R^2},$$

式中 j 为导体内的电流密度. 代入,得

$$B = \frac{\mu_0 I r}{2\pi R^2}, \quad r < R. \tag{4.24}$$

当 $r>R$,即当 P 点在导体外部时,$I'=I$,代入,得

$$B = \frac{\mu_0 I}{2\pi r}, \quad r > R. \tag{4.25}$$

总之,在导体内部,B 与 r 成正比;在导体外部,B 与 r 成反比,即与全部电流 I 集中在轴线上无异,B 随垂直距离 r 的变化如图(c)所示,在导体表面处 B 最大.

§4.6 安培定律

§4.6.1 安培定律的建立①

如§4.2所述,1820年,在奥斯特实验及相关实验的启发下,安培(Andre Marie Ampere,1775—1836,法国)大胆地假设:磁现象的本质是电流,物质的磁性来源于其中的分子电流,提出了寻找任意两电流元之间作用力定量规律的研究课题,试图为种种磁作用以及物质的磁性提供统一的解释,为磁学的发展奠定实验基础.

针对这一研究课题,安培分析了与两电流元之间作用力相关的各种因素,意识到所面临的困难,确立了独特的解决方案.

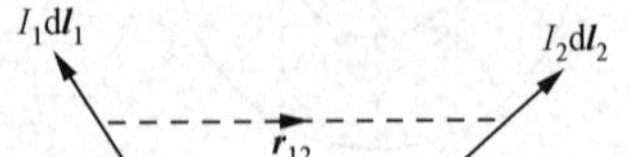

图 4.31 任意两电流元之间的作用力

如图 4.31 所示,两任意电流元 $I_1\mathrm{d}\boldsymbol{l}_1$ 与 $I_2\mathrm{d}\boldsymbol{l}_2$ 相距 $\boldsymbol{r}_{12}$,其中 $\mathrm{d}\boldsymbol{l}_1$,$\mathrm{d}\boldsymbol{l}_2$ 的方向为电流的方向,$\boldsymbol{r}_{12}$ 的方向从 $I_1\mathrm{d}\boldsymbol{l}_1$ 指向 $I_2\mathrm{d}\boldsymbol{l}_2$,$I_1\mathrm{d}\boldsymbol{l}_1$ 对 $I_2\mathrm{d}\boldsymbol{l}_2$ 的作用力为 $\mathrm{d}\boldsymbol{F}_{12}$. 不难设想,作用力的大小 $\mathrm{d}F_{12}$ 除与 $I_1\mathrm{d}l_1$,$I_2\mathrm{d}l_2$,r_{12} 有关外,还与三个矢量的空间方位即其间的夹角有关,由于一般情形 $I_1\mathrm{d}\boldsymbol{l}_1$,$I_2\mathrm{d}\boldsymbol{l}_2$,$\boldsymbol{r}_{12}$ 三者并不共面,其间有三个夹角(两个独立变量). 安培的目的就是要找到 $\mathrm{d}F_{12}$ 与这些相关量的定量关系,当然,与此同时,还需要确定 $\mathrm{d}\boldsymbol{F}_{12}$ 的方向.

① 参看,赵凯华:安培定律是如何建立起来的,《物理教学》,1980(1).

与毕奥-萨伐尔的研究课题相比较，安培的研究课题涉及的因素增多，面临的困难加大．首先，毕奥-萨伐尔根据长直载流导线对磁极的作用力是横向力，判定电流元对磁极的作用力也应是横向力，从而确定了作用力的方向，但两任意电流元之间作用力的方向却难以判定．其次，与毕奥-萨伐尔一样，安培也遇到不存在孤立的恒定电流元，无法通过直接测量寻找各种关系的困难．再次，毕奥-萨伐尔涉及的只是一个方位角 α，安培却涉及三个角度（两个独立变量），如果仿照毕奥-萨伐尔的办法，试图通过某些特殊闭合载流回路之间相互作用的实验结果，用“倒推”的分析方法寻找所需的关系，难度太大，几无希望．简言之，安培面临的困难是，作用力方向不明，与作用力大小相关的几何因素增多，无法直接测量．

对此，安培独辟蹊径，通过沿连线假设、精心设计的四个示零实验以及缜密的理论分析，三者珠联璧合，竟然使上述种种似乎难以克服的困难一并迎刃而解，建立了使他名垂青史的安培定律，令人叹服．下面，为了叙述的方便，先介绍四个示零实验，再介绍沿连线假设和相关的理论分析，希望这种分割的叙述不至影响对其间互为依托、浑然一体的理解．

安培首先设计了一个无定向秤，它是用硬导线做成的如图 4.32 所示的线圈．线圈由两个形状和大小相同、电流方向相反的平面回路固连在一起，整体犹如一个刚体．线圈的端点 A，B 通过水银槽和固定支架相连，这样，线圈既可通入电流，又可自由转动．这种无定向秤在均匀磁场（如地球磁场）中不受力和力矩，可以随遇平衡，但对于非均匀磁场将会作出反应，有所运动．

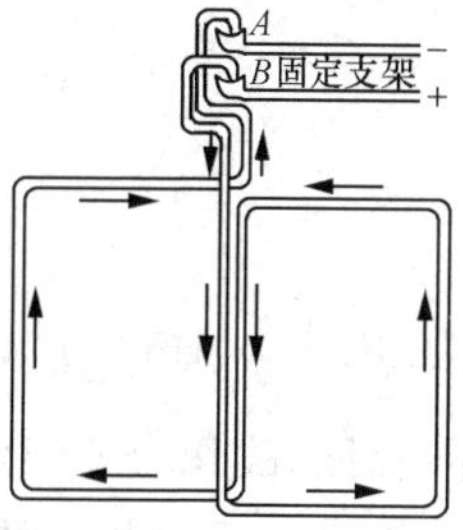

图 4.32 无定向秤

实验一．如图 4.33(a)所示，对折导线通电后两段中电流的大小相等、方向相反，把它移近无定向秤．在接通或切断电流的瞬间，无定向秤并无动作．这表明，当电流反向时，它产生的作用力也反向．

实验二．如图 4.33(b)所示，把图(a)中载有反向电流的直导线换成缠绕另一直导线的曲折载流导线，它对无定向秤亦无作用．这表明，电流元具有矢量的性质，即许多电流元的合作用力等于其中各电流元作用力的矢量叠加．

实验一、二为用矢量 $I_1\mathrm{d}\boldsymbol{l}_1$，$I_2\mathrm{d}\boldsymbol{l}_2$ 描绘电流元提供了依据．

实验三．如图 4.33(c)所示，图面是水平面，圆弧形导体悬浮在两水银槽上，导体与绝缘柄固连，柄架在圆心 C 处的固定支架上．圆弧形导体通电后，构成一个只能绕圆心 C 沿切线方向移动、但不能沿横向（即与自身垂直的方向）移动的“大型”电流元．实验得出，各种闭合载流线圈都不能使通电圆弧形导体运动，表明作用在电流元上的合力是与该电流元垂直的，即

$$\left.\begin{aligned} &\oint_{(L_1)} \mathrm{d}\boldsymbol{F}_{12}\cdot I_2\mathrm{d}\boldsymbol{l}_2 = 0 \\ \text{或}\quad & \\ &\mathrm{d}\boldsymbol{F}_{12}\cdot I_2\mathrm{d}\boldsymbol{l}_2 = \mathrm{d}(\cdots), \end{aligned}\right\} \qquad ①$$

式中 $I_2\mathrm{d}\boldsymbol{l}_2$ 是被作用的电流元，即实验三中的通电圆弧形导体，$\mathrm{d}\boldsymbol{F}_{12}$ 是闭合载流线圈 L_1 中任意电流元 $I_1\mathrm{d}\boldsymbol{l}_1$ 对 $I_2\mathrm{d}\boldsymbol{l}_2$ 所施的作用力，$\oint_{(L_1)}\mathrm{d}\boldsymbol{F}_{12}$ 是闭合载流线圈 L_1 整体对 $I_2\mathrm{d}\boldsymbol{l}_2$ 所施的合

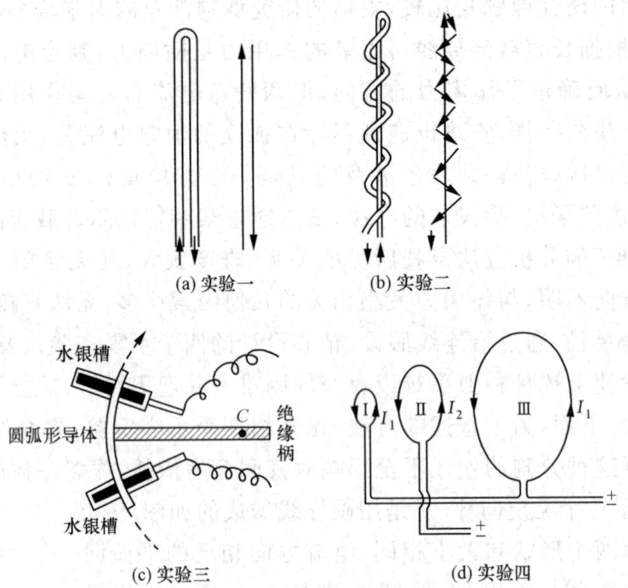

图 4.33 安培的四个示零实验

力. 因 $\oint_{(L_1)} \mathrm{d}\boldsymbol{F}_{12}$ 与 $I_2\mathrm{d}\boldsymbol{l}_2$ 垂直,故两者的点乘为零. 因 L_1 是首尾相接的闭合线圈,积分上下限相同,故积分式为零要求其中的被积函数 $\mathrm{d}\boldsymbol{F}_{12}\cdot\mathrm{d}\boldsymbol{l}_2$ 为全微分 d(…). 注意,d(…)中的微分符号 d 只对相关的变量(如施力线圈 L_1 中的线元 $\mathrm{d}l_1$,该线元 $\mathrm{d}l_1$ 与 $\mathrm{d}l_2$ 的距离 r_{12},以及 $\mathrm{d}\boldsymbol{l}_1, \mathrm{d}\boldsymbol{l}_2, \boldsymbol{r}_{12}$ 三者的各种夹角)起作用,受力的电流元 $I_2\mathrm{d}\boldsymbol{l}_2$ 则是给定的恒量.

实验四. 如图 4.33(d)所示,Ⅰ,Ⅱ,Ⅲ是三个几何形状相似的线圈(例如,三个同轴的、彼此平行的圆线圈),线圈Ⅰ与Ⅲ固定,串联在一起,通入相同的电流 I_1,线圈Ⅱ可以移动,通入另一电流 I_2,安培用此装置检验载流线圈Ⅰ,Ⅲ对载流线圈Ⅱ的合作用力,实验表明,若三线圈的线度(例如半径或周长)之比为 $\frac{1}{n}:1:n$,若线圈Ⅰ与Ⅱ的距离和Ⅱ与Ⅲ的距离之比为 $1:n$,则线圈Ⅱ不动,即线圈Ⅰ对Ⅱ的作用力与线圈Ⅲ对Ⅱ的作用力大小相等、方向相反、彼此抵消. 由此推断: 所有几何线度(电流元长度、相互间距离)增长同一倍数时,作用力的大小不变,即应有

$$\mathrm{d}F_{12} \propto \frac{I_1\mathrm{d}l_1 I_2\mathrm{d}l_2}{r_{12}^2}, \qquad ②$$

式中 $I_2\mathrm{d}l_2$ 是受力的电流元,$I_1\mathrm{d}l_1$ 是施力的电流元,r_{12}是其间的距离,当 $\mathrm{d}l_1, \mathrm{d}l_2, r_{12}$ 增长同一倍数时(I_1, I_2 恒定),$\mathrm{d}F_{12}$大小不变.

测量结果为零的实验称为示零实验. 安培根据巧妙设计的四个示零实验,推断出电流元具有矢量性,电流元所受闭合载流线圈的合作用力的方向与之垂直,两电流元之间作用力的大小 $\mathrm{d}F_{12}$与 $I_1\mathrm{d}l_1$ 和 $I_2\mathrm{d}l_2$ 成正比、与 r_{12}^2 成反比等重要结果,为他的理论分析提供了重要的依据和判断,充分显示了示零实验的独特功能.

作为理论分析的出发点,安培提出了沿连线假设: 两任意电流元之间作用力的方向沿

着它们的连线. 于是,如图 4.31,$I_2\mathrm{d}\boldsymbol{l}_2$ 所受 $I_1\mathrm{d}\boldsymbol{l}_1$ 的作用力 $\mathrm{d}\boldsymbol{F}_{12}$ 的方向与 $\boldsymbol{r}_{12}$ 同向或反向,即 $I_2\mathrm{d}\boldsymbol{l}_2$ 是被吸引或排斥. 沿连线假设确定了作用力的方向,使以下的理论分析便于进行. 然而,后来证明,沿连线假设明显不妥,应予修正.

根据沿连线假设,如图 4.31,$\mathrm{d}\boldsymbol{F}_{12}$ 应与 $\boldsymbol{r}_{12}$ 同向或反向,可写成

$$\mathrm{d}\boldsymbol{F}_{12}=-\boldsymbol{r}_{12}[\cdots], \qquad ③$$

式中方括号内各项都只能是标量,式中右边的负号来自图 4.31 中将 $\mathrm{d}\boldsymbol{F}_{12}$ 与 $\boldsymbol{r}_{12}$ 反向标示. ③式中不能包括形式为 $\mathrm{d}\boldsymbol{l}_1[\cdots]$ 和 $\mathrm{d}\boldsymbol{l}_2[\cdots]$ 的项,因为它们与沿连线假设不符,已被弃去.

③式方括号内各项可能具备什么形式呢? 根据实验一、二,电流元具有矢量性,安培用 $I_1\mathrm{d}\boldsymbol{l}_1$ 和 $I_2\mathrm{d}\boldsymbol{l}_2$ 表示两电流元,并且用 $I_1\mathrm{d}\boldsymbol{l}_1$,$I_2\mathrm{d}\boldsymbol{l}_2$,$\boldsymbol{r}_{12}$ 三个矢量的点乘和叉乘(标积和矢积)来反映其间的各种角度关系. 根据实验四,即②式,作用力的大小 $\mathrm{d}F_{12}$ 与 $I_1\mathrm{d}l_1$,$I_2\mathrm{d}l_2$ 成正比,与 r_{12}^2 成反比,因此,在各项中 $I_1\mathrm{d}\boldsymbol{l}_1$ 和 $I_2\mathrm{d}\boldsymbol{l}_2$ 都应该出现,但只能出现一次,并且各项都应与 r_{12}^2 成反比. 综合以上要求,③式方括号中各项的可能形式是 $\dfrac{A(I_1\mathrm{d}\boldsymbol{l}_1\cdot I_2\mathrm{d}\boldsymbol{l}_2)}{r_{12}^3}$,$\dfrac{B(I_1\mathrm{d}\boldsymbol{l}_1\cdot\boldsymbol{r}_{12})(I_2\mathrm{d}\boldsymbol{l}_2\cdot\boldsymbol{r}_{12})}{r_{12}^5}$,$\dfrac{C(I_1\mathrm{d}\boldsymbol{l}_1\times I_2\mathrm{d}\boldsymbol{l}_2)\cdot\boldsymbol{r}_{12}}{r_{12}^4}$ 等等,其中 A,B,C 是待定的常量. 于是,得出

$$\mathrm{d}\boldsymbol{F}_{12}=-I_1I_2\boldsymbol{r}_{12}\left[\frac{A(\mathrm{d}\boldsymbol{l}_1\cdot\mathrm{d}\boldsymbol{l}_2)}{r_{12}^3}+\frac{B(\mathrm{d}\boldsymbol{l}_1\cdot\boldsymbol{r}_{12})(\mathrm{d}\boldsymbol{l}_2\cdot\boldsymbol{r}_{12})}{r_{12}^5}+\frac{C(\mathrm{d}\boldsymbol{l}_1\times\mathrm{d}\boldsymbol{l}_2)\cdot\boldsymbol{r}_{12}}{r_{12}^4}+\cdots\right]. \qquad ④$$

④式是根据沿连线假设和示零实验一、二、四的要求,给出的两任意电流元作用力的定量公式.

剩下的问题是,根据示零实验三的全微分条件①式,确定④式中各待定常量 A,B,C 等应满足的关系,使④式只保留一个待定常量,它最终由各量单位的选择确定.

由④式和①式,全微分条件为

$$\begin{aligned}\mathrm{d}\boldsymbol{F}_{12}\cdot\mathrm{d}\boldsymbol{l}_2&=-I_1I_2(\boldsymbol{r}_{12}\cdot\mathrm{d}\boldsymbol{l}_2)\left[\frac{A(\mathrm{d}\boldsymbol{l}_1\cdot\mathrm{d}\boldsymbol{l}_2)}{r_{12}^3}+\frac{B(\mathrm{d}\boldsymbol{l}_1\cdot\boldsymbol{r}_{12})(\mathrm{d}\boldsymbol{l}_2\cdot\boldsymbol{r}_{12})}{r_{12}^5}+\frac{C(\mathrm{d}\boldsymbol{l}_1\times\mathrm{d}\boldsymbol{l}_2)\cdot\boldsymbol{r}_{12}}{r_{12}^4}+\cdots\right]\\&=\mathrm{d}(\cdots).\end{aligned} \qquad ⑤$$

现在,⑤式各项均非 $\mathrm{d}(\cdots)$ 形式,即都不满足全微分条件,需要逐项凑成 $\mathrm{d}(\cdots)$ 的形式,并据此确定 A,B,C 等常量应满足的关系. 在逐项凑成全微分形式前,应注意区分常量和变量,在⑤式各项中,除 I_1,I_2,$\mathrm{d}\boldsymbol{l}_2$ 是给定的常量外,其余 $\mathrm{d}l_1$,r_{12} 以及 $\mathrm{d}\boldsymbol{l}_1$,$\mathrm{d}\boldsymbol{l}_2$,$\boldsymbol{r}_{12}$ 三矢量间的各种夹角都是变量,且可独立变化,微分符号 d 对各变量起作用. 不难设想,例如,可以先将第一项 $-I_1I_2(\boldsymbol{r}_{12}\cdot\mathrm{d}\boldsymbol{l}_2)\dfrac{A(\mathrm{d}\boldsymbol{l}_1\cdot\mathrm{d}\boldsymbol{l}_2)}{r_{12}^3}$ 凑成 $\mathrm{d}(\cdots)$ 的形式,但由于其中变量众多,其代价必定是附加项甚多且均非全微分形式,难于抉择取舍.

为了克服这个困难,安培采用了一个技巧,即考虑一种特殊情形,如图 4.34,把问题简化,使全微分条件的要求简捷明朗,便于确定 A,B,C 等常量应满足的关系.

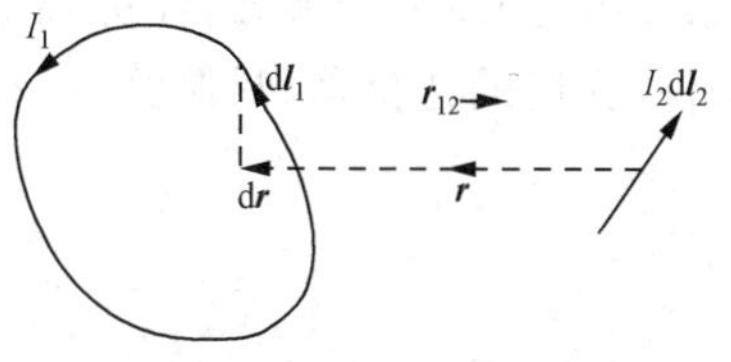

图 4.34 用特殊的沿连线的 $I_1\mathrm{d}\boldsymbol{r}$ 取代一般的 $I_1\mathrm{d}\boldsymbol{l}_1$

如图 4.34 所示，安培用特殊的沿连线 $\boldsymbol{r}(\boldsymbol{r}=-\boldsymbol{r}_{12})$ 方向的电流元 $I_1\mathrm{d}\boldsymbol{r}$ 取代一般的沿任意方向的 $I_1\mathrm{d}\boldsymbol{l}_1$. 显然，$I_1\mathrm{d}\boldsymbol{r}$ 对 $I_2\mathrm{d}\boldsymbol{l}_2$ 的作用力 $\mathrm{d}\boldsymbol{F}_{12}$ 仍应满足④式，并且 $\mathrm{d}\boldsymbol{F}_{12}$ 与 $\mathrm{d}\boldsymbol{l}_2$ 的点乘仍应为全微分，即

$$\begin{aligned}\mathrm{d}\boldsymbol{F}_{12}\cdot\mathrm{d}\boldsymbol{l}_2&=I_1I_2(\boldsymbol{r}\cdot\mathrm{d}\boldsymbol{l}_2)\left[\frac{A(\mathrm{d}\boldsymbol{r}\cdot\mathrm{d}\boldsymbol{l}_2)}{r^3}+\frac{B(\mathrm{d}\boldsymbol{r}\cdot\boldsymbol{r})(\mathrm{d}\boldsymbol{l}_2\cdot\boldsymbol{r})}{r^5}-\frac{C(\mathrm{d}\boldsymbol{r}\times\mathrm{d}\boldsymbol{l}_2)\cdot\boldsymbol{r}}{r^4}+\cdots\right]\\&=\mathrm{d}(\cdots).\end{aligned}\qquad ⑥$$

以特殊的沿连线的 $\mathrm{d}\boldsymbol{r}$ 取代一般的 $\mathrm{d}\boldsymbol{l}_1$，使⑤式中的变量 $\mathrm{d}l_1, r_{12}$ 统一为⑥式中的 r，并且 $\mathrm{d}\boldsymbol{r}$ 与 $\boldsymbol{r}$ 的方向一致，$\mathrm{d}\boldsymbol{r},\boldsymbol{r}$ 与给定的 $\mathrm{d}\boldsymbol{l}_2$ 之间的夹角恒定不变，于是微分符号 d 将只对 r 起作用，这就使得⑥式各项凑成全微分项后附加项大大减少. 例如，利用微分关系式

$$\begin{aligned}I_1I_2\,\frac{A}{2}\mathrm{d}\left[\frac{(\boldsymbol{r}\cdot\mathrm{d}\boldsymbol{l}_2)^2}{r^3}\right]&=I_1I_2(\boldsymbol{r}\cdot\mathrm{d}\boldsymbol{l}_2)\,\frac{A(\mathrm{d}\boldsymbol{r}\cdot\mathrm{d}\boldsymbol{l}_2)}{r^3}\\&\quad-I_1I_2\,\frac{3A}{2}\,\frac{(\boldsymbol{r}\cdot\mathrm{d}\boldsymbol{l}_2)^2\mathrm{d}r}{r^4}.\end{aligned}\qquad ⑦$$

可将⑥式第一项（即⑦式右第一项）凑成全微分项（⑦式左边项），代价只是多了一个 $\frac{3A}{2}$ 附加项（⑦式右第二项）.

幸运的是，因

$$\mathrm{d}r=\frac{\mathrm{d}\boldsymbol{r}\cdot\boldsymbol{r}}{r},\qquad ⑧$$

⑦式中的 $\frac{3A}{2}$ 项与⑥式中的 B 项是同类项，可以合并. 把⑦式代入⑥式，得

$$\begin{aligned}\mathrm{d}\boldsymbol{F}_{12}\cdot\mathrm{d}\boldsymbol{l}_2&=I_1I_2\left\{\frac{A}{2}\mathrm{d}\left[\frac{(\boldsymbol{r}\cdot\mathrm{d}\boldsymbol{l}_2)^2}{r^3}\right]+\frac{3A}{2}\,\frac{(\boldsymbol{r}\cdot\mathrm{d}\boldsymbol{l}_2)^2\mathrm{d}r}{r^4}\right.\\&\quad+\frac{B(\mathrm{d}\boldsymbol{r}\cdot\boldsymbol{r})(\mathrm{d}\boldsymbol{l}_2\cdot\boldsymbol{r})^2}{r^5}-\frac{C(\boldsymbol{r}\cdot\mathrm{d}\boldsymbol{l}_2)[(\mathrm{d}\boldsymbol{r}\times\mathrm{d}\boldsymbol{l}_2)\cdot\boldsymbol{r}]}{r^4}\\&\quad\left.+\cdots\right\}\\&=I_1I_2\left\{\frac{A}{2}\mathrm{d}\left[\frac{(\boldsymbol{r}\cdot\mathrm{d}\boldsymbol{l}_2)^2}{r^3}\right]+\left(\frac{3A}{2}+B\right)\frac{(\boldsymbol{r}\cdot\mathrm{d}\boldsymbol{l}_2)^2\mathrm{d}r}{r^4}\right.\\&\quad\left.-\frac{C(\boldsymbol{r}\cdot\mathrm{d}\boldsymbol{l}_2)[(\mathrm{d}\boldsymbol{r}\times\mathrm{d}\boldsymbol{l}_2)\cdot\boldsymbol{r}]}{r^4}+\cdots\right\}\\&=\mathrm{d}(\cdots).\end{aligned}\qquad ⑨$$

在⑨式中，除第一项为全微分外，其余各项都不是全微分项，当然，可以如法炮制，继续逐项（从第二项起）凑成全微分，代价必定是更多出一些附加项，徒劳无益. 为了使⑨式满足全微分条件，安培的选择是，只保留第一项，余皆应为零，即要求

$$\begin{cases}\dfrac{3A}{2}+B=0,\\C=0\ \text{等},\end{cases}\qquad ⑩$$

并令

$$k=\frac{A}{2}=-\frac{B}{3}, \tag{11}$$

这样,根据示零实验三给出的全微分条件①式,巧妙地用 $\mathrm{d}\boldsymbol{r}$ 取代 $\mathrm{d}\boldsymbol{l}_1$(即以必要条件取代充分条件),安培顺利地确定了各待定常量 A,B,C 等的关系和取值,使 $\mathrm{d}\boldsymbol{F}_{12}$ 表达式中只保留唯一的待定常量 k,它取决于单位的选择.把⑩⑪式代入④式,得

$$\mathrm{d}\boldsymbol{F}_{12}=-kI_1I_2\boldsymbol{r}_{12}\left[\frac{2}{r_{13}^3}(\mathrm{d}\boldsymbol{l}_1\cdot\mathrm{d}\boldsymbol{l}_2)-\frac{3}{r_{12}^5}(\mathrm{d}\boldsymbol{l}_1\cdot\boldsymbol{r}_{12})(\mathrm{d}\boldsymbol{l}_2\cdot\boldsymbol{r}_{12})\right]. \tag{12}$$

这就是安培给出的两任意电流元之间作用力的公式——原始的安培公式.

⑫式给出后不久,人们在赞赏之余,也注意到它存在着不容忽视的明显矛盾.例如,如图 4.35 所示,设两电流元 $I_1\mathrm{d}\boldsymbol{l}_1$ 与 $I_2\mathrm{d}\boldsymbol{l}_2$ 平行,则 $\mathrm{d}\boldsymbol{l}_1\cdot\mathrm{d}\boldsymbol{l}_2=\mathrm{d}l_1\mathrm{d}l_2$, $\mathrm{d}\boldsymbol{l}_1\cdot\boldsymbol{r}_{12}=\mathrm{d}l_1r_{12}\cos\theta_1$, $\mathrm{d}\boldsymbol{l}_2\cdot\boldsymbol{r}_{12}=\mathrm{d}l_2r_{12}\cos\theta_2$, $\cos\theta_1=\cos\theta_2$,其中 $\theta_1=\theta_2$ 是 $\mathrm{d}\boldsymbol{l}_1$, $\mathrm{d}\boldsymbol{l}_2$ 与 $\boldsymbol{r}_{12}$ 的夹角.代入⑫式,得

$$\mathrm{d}\boldsymbol{F}_{12}=-\frac{kI_1I_2\mathrm{d}l_1\mathrm{d}l_2}{r_{12}^3}\boldsymbol{r}_{12}(2-3\cos^2\theta_1).$$

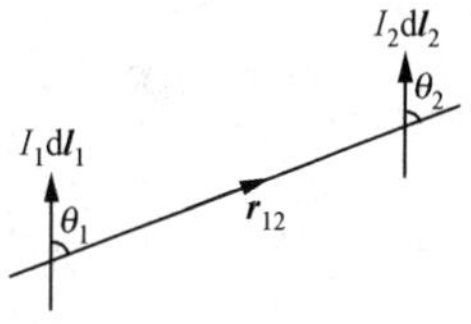

图 4.35 两电流元平行

若取 $\cos^2\theta_1=2/3$,则 $\mathrm{d}\boldsymbol{F}_{12}=0$;若取 θ_1 为其他值,则 $\mathrm{d}\boldsymbol{F}_{12}\neq0$.这一结果显然是不合理的,其根源则在于安培强加的沿连线假设.

为了修正原始的安培公式⑫式,应抛弃安培强加的沿连线假设,即在两电流元之间作用力的公式中除了沿连线的项外还应包括不沿连线的项,亦即除了⑫式中 $\boldsymbol{r}_{12}[\cdots]$ 形式的项外,还应将被安培弃去的不沿连线的 $\mathrm{d}\boldsymbol{l}_1[\cdots]$ 以及 $\mathrm{d}\boldsymbol{l}_2[\cdots]$ 形式的项补充进去.同时,安培通过四个示零实验确立的要求,安培的分析方法包括他采用的技巧等则应继续坚持,作为确定补充项形式的根据.具体地说,在补充的 $\mathrm{d}\boldsymbol{l}_1[\cdots]$, $\mathrm{d}\boldsymbol{l}_2[\cdots]$ 项中,仍应以矢量 $I_1\mathrm{d}\boldsymbol{l}_1$, $I_2\mathrm{d}\boldsymbol{l}_2$ 表示电流元,仍应以 $\mathrm{d}\boldsymbol{l}_1$, $\mathrm{d}\boldsymbol{l}_2$, $\boldsymbol{r}_{12}$ 三者的点乘、叉乘反映其间的角度关系,每一项的大小都应与 $\dfrac{I_1\mathrm{d}l_1I_2\mathrm{d}l_2}{r_{12}^2}$ 成正比,每一项都应满足全微分条件①式.为了避免补充项因不满足全微分条件又被弃去,应取补充项为全微分项,在写出它们时,仍采用安培的技巧,以特殊的沿 $\boldsymbol{r}$ 方向的 $\mathrm{d}\boldsymbol{r}$ 取代一般的 $\mathrm{d}\boldsymbol{l}_1$.这样,补充项的形式只能是

$$\begin{aligned}&\mathrm{d}[\boldsymbol{r}(\mathrm{d}\boldsymbol{l}_2\cdot\boldsymbol{r})\zeta(r)+\mathrm{d}\boldsymbol{l}_2\eta(r)]\\&\quad=\mathrm{d}\boldsymbol{r}(\mathrm{d}\boldsymbol{l}_2\cdot\boldsymbol{r})\zeta(r)+\boldsymbol{r}(\mathrm{d}\boldsymbol{l}_2\cdot\mathrm{d}\boldsymbol{r})\zeta(r)+\boldsymbol{r}(\mathrm{d}\boldsymbol{l}_2\cdot\boldsymbol{r})\zeta'(r)\mathrm{d}r+\mathrm{d}\boldsymbol{l}_2\eta'(r)\mathrm{d}r\\&\quad=\mathrm{d}\boldsymbol{r}(\mathrm{d}\boldsymbol{l}_2\cdot\boldsymbol{r})\zeta(r)+\boldsymbol{r}(\mathrm{d}\boldsymbol{l}_2\cdot\mathrm{d}\boldsymbol{r})\zeta(r)+\boldsymbol{r}(\mathrm{d}\boldsymbol{l}_2\cdot\boldsymbol{r})\zeta'(r)\frac{(\mathrm{d}\boldsymbol{r}\cdot\boldsymbol{r})}{r}+\mathrm{d}\boldsymbol{l}_2\eta'(r)\frac{(\mathrm{d}\boldsymbol{r}\cdot\boldsymbol{r})}{r},\end{aligned} \tag{13}$$

式中 $\zeta(r)$, $\eta(r)$ 是待定的 r 的函数.⑬式中把 $\boldsymbol{r}$ 还原为 $-\boldsymbol{r}_{12}$,特殊的 $\mathrm{d}\boldsymbol{r}$ 还原为一般的 $\mathrm{d}\boldsymbol{l}_1$,得

$$\begin{aligned}&\mathrm{d}[\boldsymbol{r}_{12}(\mathrm{d}\boldsymbol{l}_2\cdot\boldsymbol{r}_{12})\zeta(r_{12})+\mathrm{d}\boldsymbol{l}_2\eta(r_{12})]\\&\quad=-\mathrm{d}\boldsymbol{l}_1(\mathrm{d}\boldsymbol{l}_2\cdot\boldsymbol{r}_{12})\zeta(r_{12})-\boldsymbol{r}_{12}(\mathrm{d}\boldsymbol{l}_2\cdot\mathrm{d}\boldsymbol{l}_1)\zeta(r_{12})\\&\qquad-\boldsymbol{r}_{12}(\mathrm{d}\boldsymbol{l}_2\cdot\boldsymbol{r}_{12})\zeta'(r_{12})\frac{(\mathrm{d}\boldsymbol{l}_1\cdot\boldsymbol{r}_{12})}{r_{12}}\\&\qquad-\mathrm{d}\boldsymbol{l}_2(\mathrm{d}\boldsymbol{l}_1\cdot\boldsymbol{r}_{12})\frac{\eta'(r_{12})}{r_{12}}.\end{aligned} \tag{14}$$

⑭式就是抛弃安培的沿连线假设后，应该补充在原始安培公式⑫式上的四项．不难看出，这四项来自⑬式，都满足全微分条件；其中的 $\mathrm{d}\boldsymbol{l}_1$ 项（第一项）和 $\mathrm{d}\boldsymbol{l}_2$ 项（第四项）不沿连线；在各项中都以 $I_1\mathrm{d}\boldsymbol{l}_1$，$I_2\mathrm{d}\boldsymbol{l}_2$ 表示电流元，以 $\mathrm{d}\boldsymbol{l}_1$，$\mathrm{d}\boldsymbol{l}_2$，$\boldsymbol{r}_{12}$ 三者的点乘反映其间的角度关系，每一项的大小都与 $\dfrac{I_1\mathrm{d}l_1I_2\mathrm{d}l_2}{r_{12}^2}$ 成正比（适当选取待定函数 $\zeta(r_{12})$ 和 $\eta(r_{12})$，可使各项的大小都与 r_{12}^2 成反比）．

把⑭式的四项补充到原始的安培公式⑫中去，得出修正的、不沿连线的两任意电流元之间作用力的公式为

$$\begin{aligned}\mathrm{d}\boldsymbol{F}_{12} =& -kI_1I_2\frac{\boldsymbol{r}_{12}}{r_{12}^3}(\mathrm{d}\boldsymbol{l}_1\cdot\mathrm{d}\boldsymbol{l}_2)+3kI_1I_2\frac{\boldsymbol{r}_{12}}{r_{12}^5}(\mathrm{d}\boldsymbol{l}_1\cdot\boldsymbol{r}_{12})(\mathrm{d}\boldsymbol{l}_2\cdot\boldsymbol{r}_{12})\\ &-\mathrm{d}\boldsymbol{l}_1(\mathrm{d}\boldsymbol{l}_2\cdot\boldsymbol{r}_{12})\zeta(r_{12})-\boldsymbol{r}_{12}(\mathrm{d}\boldsymbol{l}_2\cdot\mathrm{d}\boldsymbol{l}_1)\zeta(r_{12})\\ &-\frac{\boldsymbol{r}_{12}}{r_{12}}(\mathrm{d}\boldsymbol{l}_2\cdot\boldsymbol{r}_{12})(\mathrm{d}\boldsymbol{l}_1\cdot\boldsymbol{r}_{12})\zeta'(r_{12})-\mathrm{d}\boldsymbol{l}_2(\mathrm{d}\boldsymbol{l}_1\cdot\boldsymbol{r}_{12})\frac{\eta'(r_{12})}{r_{12}}.\end{aligned} \qquad ⑮$$

经过一番摸索，最后取

$$\begin{cases}\zeta(r_{12})=-\dfrac{kI_1I_2}{r_{12}^3},\\ \eta'(r_{12})=0.\end{cases} \qquad ⑯$$

把⑯式代入⑮式，容易看出，第一、四项为同类项可合并，第二、五项抵消，第六项为零，得

$$\begin{aligned}\mathrm{d}\boldsymbol{F}_{12}&=k\frac{I_1I_2}{r_{12}^3}[-\boldsymbol{r}_{12}(\mathrm{d}\boldsymbol{l}_1\cdot\mathrm{d}\boldsymbol{l}_2)+\mathrm{d}\boldsymbol{l}_1(\mathrm{d}\boldsymbol{l}_2\cdot\boldsymbol{r}_{12})]\\ &=k\frac{I_1I_2}{r_{12}^3}\mathrm{d}\boldsymbol{l}_2\times(\mathrm{d}\boldsymbol{l}_1\times\boldsymbol{r}_{12})\\ &\overset{\text{或}}{=}k\frac{I_1I_2}{r_{12}^2}\mathrm{d}\boldsymbol{l}_2\times(\mathrm{d}\boldsymbol{l}_1\times\hat{\boldsymbol{r}}_{12}),\end{aligned} \qquad ⑰$$

式中第二个等式利用了矢量代数公式 $\boldsymbol{A}\times(\boldsymbol{B}\times\boldsymbol{C})=(\boldsymbol{A}\cdot\boldsymbol{C})\boldsymbol{B}-(\boldsymbol{A}\cdot\boldsymbol{B})\boldsymbol{C}$，又式中 $\hat{\boldsymbol{r}}_{12}=\dfrac{\boldsymbol{r}_{12}}{r_{12}}$ 是 $\boldsymbol{r}_{12}$ 方向的单位矢量．⑰式就是现代形式的两任意电流元之间作用力的定量公式——**安培定律**，式中 $\mathrm{d}\boldsymbol{F}_{12}$ 是电流元 $I_1\mathrm{d}\boldsymbol{l}_1$ 对与之相距为 $\boldsymbol{r}_{12}$ 的电流元 $I_2\mathrm{d}\boldsymbol{l}_2$ 的作用力．

发现的过程是激动人心的，因为它集中反映了前辈大师的物理思想、研究方法和科学精神，充分展现了前辈大师的非凡智慧和创新意识．安培定律的建立就是一个范例，让我们尽可能地从中汲取营养．

1．关于研究课题．奥斯特实验及相关实验发现的新现象和揭示的新联系表明，在电磁学领域寻求重大突破的历史机遇出现了．首当其冲的是，提出什么研究课题，寻找什么规律，这是物理思想的深刻反映．毕奥-萨伐尔沿袭奥斯特的思路，试图进一步寻找电流元对磁极作用力的定量规律，却避开对电磁现象本质联系的探索．安培有所不同，他果断地抛弃了磁

荷观点,提出了磁现象的本质是电流、物质的磁性来源于其中的分子电流的大胆假设,从根本上揭示了电磁现象的本质联系,并由此提出了寻找两任意电流元相互作用定量规律的重大研究课题.显然,安培定律的建立将为一切磁作用以及物质磁性的定量解释提供依据,为近代磁学的发展奠定基础,其地位与电学中的库仑定律相当(实际上安培定律已包含了毕萨定律).两相比较,轩轾立现.

由此可见,所谓物理思想就是对事物本质以及内在联系的大胆猜测或假设,需要非同寻常的想象力和深邃的洞察力,需要高度的抽象和概括,需要革古鼎新的勇气和胆识,大师和先哲的非凡正在于此.

2. 关于示零实验.面对着无法直接测量的困境,安培选择了独特的示零实验.应该指出,示零实验的零结果并非"一无所有",而是暗示着某种限制或约束、可能性或要求.示零实验成功的关键在于针对问题的特点,把上述暗示明朗化、定量化,为相应的理论分析提供切实的依据或判断.安培关于电流相互作用的四个示零实验,卡文迪什-麦克斯韦关于电力平方反比律的示零实验,迈克耳孙-莫雷关于地球相对以太绝对运动速度的示零实验等都是著名的范例,值得细细体会.

3. 关于沿连线假设.尽管在奥斯特实验和毕奥-萨伐尔实验中磁极所受的都是横向力,尽管在安培的示零实验三中电流元所受的合作用力也与之垂直,安培仍然强加了明显不合理的沿连线假设.究其根源,应是受超距作用观点的深刻影响,期望两电流元之间的相互作用力遵循牛顿第三定律所致.安培是超距作用观点的代表人物之一,按照超距作用观点,两电流元的相互作用无需媒介物传递,其一动量的增、减应等于另一动量的减、增,作用力与反作用力应遵循牛顿第三定律,其方向应沿连线.按照近距作用观点,两电流元的相互作用是以磁场为媒介物传递的,磁场也具有动量.在恒定情形,磁场动量不变,可以证明,两闭合恒定电流回路之间的作用力与反作用力遵循牛顿第三定律(不要求任意两电流元的相互作用力也遵循牛顿第三定律,即不要求作用力方向沿连线,因为实际上并不存在孤立的恒定电流元,它们总是闭合回路的一部分).在非恒定情形,作为两电流元相互作用媒介物的磁场的动量发生了变化,由动量守恒定律,三者的动量之和守恒,但一电流元动量的增、减并不等于另一电流元动量的减、增,故其间的相互作用并不遵循牛顿第三定律,作用力的方向并不沿连线.因此,通过对沿连线假设的检讨,既可以体会重大物理观点的指引作用,又可以加深对牛顿第三定律和动量守恒定律关系的理解.(参看§1.1.3关于库仑定律成立条件的讨论.)

4. 关于安培的技巧.为了由全微分条件确定公式中待定常量 A,B,C 等的关系,安培用特殊的沿连线的 $\mathrm{d}\boldsymbol{r}$ 取代一般的不沿连线的 $\mathrm{d}\boldsymbol{l}_1$,即用必要条件取代充分条件,使复杂的情况简单化,便于抉择取舍,终如所愿.这种技巧和方法值得记取.

5. 关于严格性.对于酷爱严格论证的读者,阅读本节或许会有格格不入、难以苟同之感.的确,无论根据四个示零实验作出的推断,用 $\mathrm{d}\boldsymbol{l}_1,\mathrm{d}\boldsymbol{l}_2,\boldsymbol{r}_{12}$ 三者的点乘叉乘来反映作用力与其间各种角度的关系,以特殊的沿连线的 $\mathrm{d}\boldsymbol{r}$ 取代一般的 $\mathrm{d}\boldsymbol{l}_1$ 的技巧,把不能满足全微分条件的各项统统取为零的做法，等等，都并不“严格”，更不用说后予修正的作用力方向沿连线的假设了. 总之，回顾安培定律建立的全过程，不够严格可供质疑之处俯拾皆是. 然而，这却是许多以实验为基础的物理定律建立过程的共性. 因为，发现规律是从个别到一般、从特殊到普遍的过程，其间并无合乎逻辑的通道，必定是不断地猜测、假设、实验、分析、修正的过程. 所得结果的是非真伪、适用条件等等都还有待此后大量实验以及理论研究的逐步核实和鉴定. 当然，在发现规律的过程中，幸运之神的眷顾往往也不容忽视.

安培定律的建立被誉为物理学史中“不朽的杰作”.

最后，让我们引用麦克斯韦的评述来结束本节的讨论. 麦克斯韦写道：

“安培借以建立电流之间机械作用定律的实验研究，是科学上最辉煌的成就之一.

整个的理论和实验看来是从这位‘电学中的牛顿’的头脑中跳出来的，并且已经成熟和完全装备完了的. 它在形式上是完整的，在准确性方面是无懈可击的，并且它汇总成为一个必将永远是电动力学的基本公式的关系式，由此可以导出一切现象.

然而，安培的方法(虽然整理成为一种归纳的形式)使我们无法找出指导着他的概念的形成过程. 我们很难相信安培真是借助于他所描述的那些实验而发现这种作用的规律. 使我们怀疑(事实上他自己也这样说)他是通过某些他没有指给我们的过程发现这一规律的. 并且后来他在确立一个完整的证明时，拆除了借以树立它的脚手架的一切痕迹.”

或许，某些重要的情节和曲折的过程将永远成为耐人寻味的千古之谜.

§4.6.2　安培定律＝毕萨定律＋安培力公式

安培定律是关于任意两电流元之间作用力的实验规律，采用 MKSA 单位制，取 $k=\frac{\mu_0}{4\pi}$，表为

$$\mathrm{d}\boldsymbol{F}_{12}=\frac{\mu_0}{4\pi}\frac{I_1 I_2\mathrm{d}\boldsymbol{l}_2\times(\mathrm{d}\boldsymbol{l}_1\times\hat{\boldsymbol{r}}_{12})}{r_{12}^2},\tag{4.26}$$

作用力的大小为

$$\mathrm{d}F_{12}=\frac{\mu_0}{4\pi}\frac{I_1 I_2\mathrm{d}l_1\sin\theta_1\mathrm{d}l_2\sin\theta_2}{r_{12}^2},\tag{4.27}$$

式中 $\mathrm{d}\boldsymbol{F}_{12}$ 是电流元 $I_1\mathrm{d}\boldsymbol{l}_1$(施力者)对电流元 $I_2\mathrm{d}\boldsymbol{l}_2$(受力者)的作用力，$\boldsymbol{r}_{12}$ 是由 $I_1\mathrm{d}\boldsymbol{l}_1$ 指向 $I_2\mathrm{d}\boldsymbol{l}_2$ 的距离矢量，带帽号的 $\hat{\boldsymbol{r}}_{12}$ 表示单位矢量即 $\hat{\boldsymbol{r}}_{12}=\boldsymbol{r}_{12}/r_{12}$，$\mathrm{d}l_1$ 和 $\mathrm{d}l_2$ 的方向分别是两电流元中电流的方向，θ_1 是 $\mathrm{d}\boldsymbol{l}_1$ 与 $\boldsymbol{r}_{12}$ 的夹角，θ_2 是 $\mathrm{d}\boldsymbol{l}_2$ 与($\mathrm{d}\boldsymbol{l}_1\times\boldsymbol{r}_{12}$)的夹角.

为了说明式中各矢量的方向和大小，如图 4.36 所示，夹角为 θ_1 的两矢量 $\mathrm{d}\boldsymbol{l}_1$ 与 $\boldsymbol{r}_{12}$ 构成平面 π，矢积($\mathrm{d}\boldsymbol{l}_1\times\hat{\boldsymbol{r}}_{12}$)的方向表为 $\boldsymbol{n}$，$\boldsymbol{n}$ 的方向垂直于平面 π 并按由 $\mathrm{d}\boldsymbol{l}_1$ 转向 $\boldsymbol{r}_{12}$ 的右手螺旋关系确定，矢积的大小为

$$|\mathrm{d}\boldsymbol{l}_1\times\hat{\boldsymbol{r}}_{12}|=\mathrm{d}l_1\sin\theta_1,$$

矢积 $\mathrm{d}\boldsymbol{l}_2\times(\mathrm{d}\boldsymbol{l}_1\times\hat{\boldsymbol{r}}_{12})$ 的方向即($\mathrm{d}\boldsymbol{l}_2\times\boldsymbol{n}$)的方向就是 $\mathrm{d}\boldsymbol{F}_{12}$ 的方向，故 $\mathrm{d}\boldsymbol{F}_{12}$ 的方向与由 $\boldsymbol{n}$ 和 $\mathrm{d}\boldsymbol{l}_2$

构成的平面垂直并按由 $\mathrm{d}\boldsymbol{l}_2$ 转向 $\boldsymbol{n}$ 的右手螺旋关系确定. 因 $\mathrm{d}\boldsymbol{F}_{12}\perp\boldsymbol{n}$,故 $\mathrm{d}\boldsymbol{F}_{12}$ 也在由 $\mathrm{d}\boldsymbol{l}_1$ 和 $\boldsymbol{r}_{12}$ 构成的平面 π 内. 矢积的大小为

$$|\mathrm{d}\boldsymbol{l}_2\times(\mathrm{d}\boldsymbol{l}_1\times\hat{\boldsymbol{r}}_{12})|=\mathrm{d}l_2\,|\mathrm{d}\boldsymbol{l}_1\times\hat{\boldsymbol{r}}_{12}|\sin\theta_2$$
$$=\mathrm{d}l_2(\mathrm{d}l_1\sin\theta_1)\sin\theta_2.$$

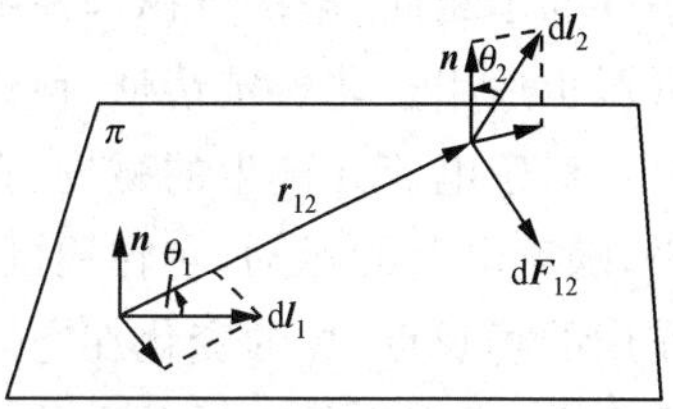

图 4.36 安培定律中各矢量的方向

在(4.26)式中,I_1,I_2 的单位是 A(安培),$\mathrm{d}l_1$,$\mathrm{d}l_2$,r_{12} 的单位是 m(米),$\mathrm{d}F_{12}$的单位是 N(牛顿),比例系数 $\mu_0=4\pi\times10^{-7}\ \mathrm{N/A^2}$ 或$\frac{\mu_0}{4\pi}=10^{-7}\ \mathrm{N/A^2}$.

把(4.26)式对闭合载流回路 L_1(施力者)积分,得出整个回路 L_1 对电流元 $I_2\mathrm{d}\boldsymbol{l}_2$ 的作用力为

$$\mathrm{d}\boldsymbol{F}_2=\int\mathrm{d}\boldsymbol{F}_{12}=\frac{\mu_0}{4\pi}\oint_{(L_1)}\frac{I_1I_2\mathrm{d}\boldsymbol{l}_2\times(\mathrm{d}\boldsymbol{l}_1\times\hat{\boldsymbol{r}}_{12})}{r_{12}^2}. \tag{4.28}$$

再把(4.28)式对闭合载流回路 L_2(受力者)积分,得出 L_2 所受 L_1 的合作用力为

$$\boldsymbol{F}_2=\int\mathrm{d}\boldsymbol{F}_2=\frac{\mu_0}{4\pi}\oint_{(L_1)}\oint_{(L_2)}\frac{I_1I_2\mathrm{d}\boldsymbol{l}_2\times(\mathrm{d}\boldsymbol{l}_1\times\hat{\boldsymbol{r}}_{12})}{r_{12}^2}. \tag{4.29}$$

(4.26)(4.28)(4.29)三式是安培定律的不同形式,是关于电流之间相互作用的基本公式.

根据近距作用的场观点,电流之间的相互作用是以磁场为媒介物传递的,即电流 I_1(施力者)在其周围产生磁场,该磁场对置于其中的另一电流 I_2(受力者)施予作用力(电流 I_2 对电流 I_1 的作用力类似),可表为

电流←——→[磁场]←——→电流.

据此,可将安培定律(4.26)式和(4.28)式分解为两部分:毕萨定律和安培力公式. 在(4.26)式和(4.28)式中,虚线部分就是毕萨定律的微分形式和积分形式,亦即§4.2 中的(4.1)式和(4.2)式,它们给出了电流元 $I_1\mathrm{d}\boldsymbol{l}_1$ 和闭合载流回路 L_1 产生磁场的公式,为

$$\begin{cases}\mathrm{d}\boldsymbol{B}=\dfrac{\mu_0}{4\pi}\dfrac{I_1\mathrm{d}\boldsymbol{l}_1\times\hat{\boldsymbol{r}}_{12}}{r_{12}^2},\\[2ex]\boldsymbol{B}=\displaystyle\int\mathrm{d}\boldsymbol{B}=\frac{\mu_0}{4\pi}\oint_{(L_1)}\frac{I_1\mathrm{d}\boldsymbol{l}_1\times\hat{\boldsymbol{r}}_{12}}{r_{12}^2}.\end{cases} \tag{4.30}$$

(4.30)式也可以看作是磁感应强度的定义. 把(4.30)式代入(4.26)式和(4.28)式,得

$$\begin{cases}\mathrm{d}\boldsymbol{F}_{12}=I_2\mathrm{d}\boldsymbol{l}_2\times\mathrm{d}\boldsymbol{B},\\\mathrm{d}\boldsymbol{F}_2=I_2\mathrm{d}\boldsymbol{l}_2\times\boldsymbol{B}.\end{cases} \tag{4.31}$$

(4.31)式给出了电流元 $I_2\mathrm{d}\boldsymbol{l}_2$ 在磁场 $\mathrm{d}\boldsymbol{B}$ 或 $\boldsymbol{B}$ 中所受的作用力,称为安培力公式.

如上,安培定律包括毕萨定律和安培力公式两部分,但是,应该强调指出,两部分的成立

条件并不相同，毕萨定律(4.30)式只适用于恒定情形，安培力公式(4.31)式则既适用于恒定情形也适用于非恒定情形，何以如此呢？

对于电流元产生的磁场，在非恒定情形，可以存在孤立的电流元，例如运动电荷. 不难设想，随着电荷的运动，它在周围产生的磁场将会发生相应的变化，即为非恒定磁场. 根据近距作用的场观点，场的变化在空间的传播需要时间(在真空中以光速 c 传播)，因此，随着电荷的运动，它产生的由近及远的磁场的变化并非在瞬间同步完成. 换言之，某处某时刻的磁场并不取决于该时刻电荷的运动状况，而应取决于稍早时电荷的运动状况，或者，反过来说，某处某时刻电荷的运动状况将依次先后决定与之相距越来越远的各处的磁场，此即所谓推迟效应. 这就使得运动电荷某时刻在与之相距为 $\boldsymbol{r}$ 处产生的磁场，不仅与该时刻电荷的运动状况以及 $\boldsymbol{r}$，θ 有关，还应与更多的相关因素有关. 毕萨定律(4.30)式只适用于恒定电流产生的恒定磁场. 对于运动电荷产生的非恒定磁场，仅在运动电荷的速度 $v \ll c$(即推迟效应可以忽略)时，才能以 $q\boldsymbol{v}$(q 是运动电荷的电量)取代毕萨定律中的 $I_1 \mathrm{d}\boldsymbol{l}_1$，得出运动电荷的磁场公式 $\boldsymbol{B}=\dfrac{\mu_0}{4\pi}\dfrac{q\boldsymbol{v}\times\hat{\boldsymbol{r}}}{r^2}$，实际上它是更为复杂的运动电荷磁场公式的低速($v \ll c$)近似(参看§4.3.2末的公式).

安培力公式则有所不同，无论恒定电流元或非恒定的运动电荷，在某时刻所受的磁场作用力，只应取决于该时刻电流元或运动电荷自身的状况以及所在处的外加磁场，与推迟效应及其他种种因素无关，因此，安培力公式(4.31)式不受恒定条件的限制，以 $q\boldsymbol{v}$ 取代 $I_2 \mathrm{d}\boldsymbol{l}_2$ 就可得出运动电荷所受的磁场作用力为 $\boldsymbol{f}=q\boldsymbol{v}\times\boldsymbol{B}$，此即洛伦兹力公式.

总之，安培定律是磁学的基本实验定律，它为计算各种磁相互作用和解释物质的磁性奠定了基础，其中的毕萨定律还决定了恒定磁场无源有旋的性质. 安培定律在磁学中的地位与库仑定律在静电学中的地位相当.

§4.6.3 磁场对载流线圈的作用，磁矩，磁电式电流计，直流发电机

安培力公式(4.31)式为计算磁场对载流线圈的作用提供了依据，同时，由于它把磁场、载流线圈及其所受的作用三者联系了起来，可以由此及彼，从而开辟了广泛的应用前景. 本节以例题的形式介绍与安培力相关的基本计算和典型应用. 现在，除去(4.31)式的下标，把安培力公式写成

$$\mathrm{d}\boldsymbol{F} = I\mathrm{d}\boldsymbol{l} \times \boldsymbol{B}. \tag{4.32}$$

例 8 两平行无限长直载流导线之间的相互作用力，电流单位“安培”的定义

如图 4.37 所示，已知两平行无限长直载流导线之间的垂直距离为 a，其中的电流分别为 I_1 和 I_2，电流方向相同或相反，试求单位长度导线所受的作用力.

解 如图，两电流方向相同，在导线 2 中任取电流元 $I_2 \mathrm{d}\boldsymbol{l}_2$，由(4.4)式，导线 1 在该电流元处产生的磁感应强度的大小为

$$B_1 = \frac{\mu_0 I_1}{2\pi a}.$$

$\boldsymbol{B}_1$ 的方向与 $\mathrm{d}\boldsymbol{l}_2$ 垂直，如图所示. 由(4.31)式，该电流元所受导线 1 的安培力的大小为

$$\mathrm{d}F_2 = I_2 \mathrm{d}l_2 B_1 = \frac{\mu_0 I_1 I_2}{2\pi a}\mathrm{d}l_2.$$

$\mathrm{d}\boldsymbol{F}_2$ 的方向如图所示，在两平行直导线构成的平面内，与导线 2 垂直，由导线 2 指向导线 1. 同理，导线 1 中任意电流元 $I_1\mathrm{d}l_1$ 所受导线 2 的安培力的大小为

$$\mathrm{d}F_1 = I_1 \mathrm{d}l_1 B_2 = \frac{\mu_0 I_1 I_2}{2\pi a}\mathrm{d}l_1.$$

因每一根导线上各电流元的受力方向相同，故单位长度导线所受安培力为

$$f = \frac{\mathrm{d}F_2}{\mathrm{d}l_2} = \frac{\mathrm{d}F_1}{\mathrm{d}l_1} = \frac{\mu_0 I_1 I_2}{2\pi a}. \tag{4.33}$$

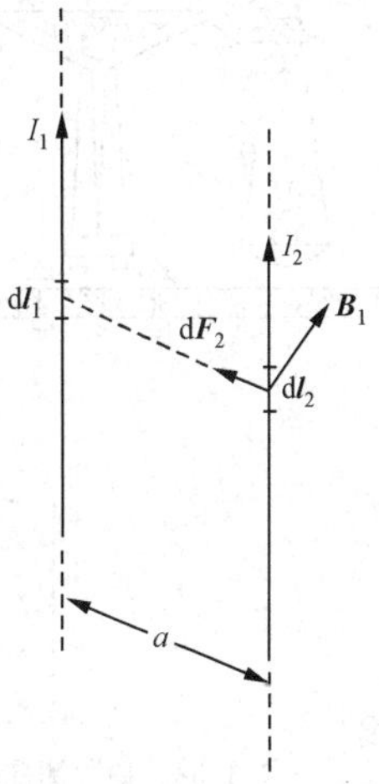

图 4.37 两平行无限长直载流导线之间的相互作用

当两平行无限长直导线中的电流方向相同时，相互吸引；电流方向相反时，相互排斥.

在国际单位制中就是根据两平行载流直导线之间的相互作用力来定义电流单位“安培(A)”的. 由(4.33)式，若 $I_1 = I_2 = I$，则

$$f = \frac{\mu_0 I^2}{2\pi a}$$

或

$$I = \sqrt{\frac{2\pi a f}{\mu_0}} = \sqrt{\frac{af}{2\times 10^{-7}}}\ \mathrm{A}. \tag{4.34}$$

取 $a=1\ \mathrm{m}$，$f=2\times 10^{-7}\ \mathrm{N/m}$，则 $I=1\ \mathrm{A}$.

所以，电流的单位“安培(A)”可定义为：在真空中，截面积可以忽略的两根相距 1 m 的无限长平行圆直导线内通以等量恒定电流时，若导线间相互作用力在每米长度上为 2×10^{-7} N，则每根导线中的电流为 1 A. 这正是国际计量委员会颁发的正式文件中对“安培”的定义. 在国际单位制(SI)中，电流的单位“安培(A)”是一个基本单位.

例 9 磁秤

磁秤是根据安培力公式测量磁感应强度的实验装置，亦称“安培秤”，美国物理学家在美国国家标准局曾用它测定磁感应强度. 磁秤的结构如图 4.38 所示，天平右臂下面悬挂矩形线圈，宽 a，长 l，N 匝，线圈下部(图中虚线内)为待测的均匀磁场 $\boldsymbol{B}$，其方向与线圈平面垂直. 测量的方法是，在线圈未通入电流时，先调天平，使左盘的砝码 M 与右盘的砝码 M' ($M'<M$)以及线圈重量之和达到平衡. 然后，在线圈中通入已知的电流 I，因载流线圈受磁场的安培力，天平失衡，在右盘添加砝码 m 使天平再次平衡.

试求待测的磁感应强度的大小 B.

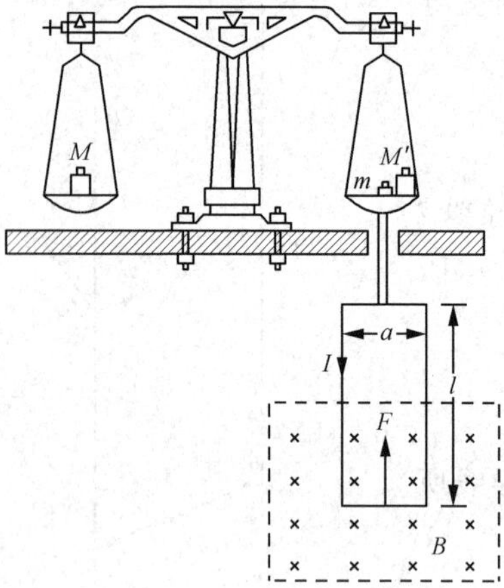

图 4.38 磁秤测磁感应强度

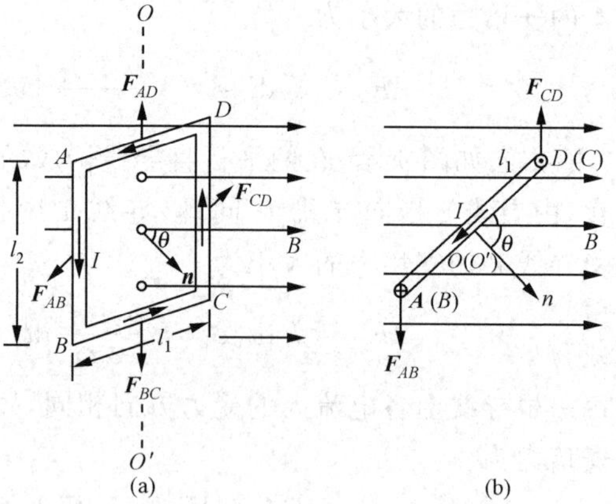

图 4.39 矩形载流线圈在均匀磁场中所受的力矩

解 由(4.32)式,作用在矩形线圈两侧边的安培力,大小相等、方向相反、在同一连线上,相互抵消,作用在线圈底边的安培力 $\boldsymbol{F}$ 竖直向上,大小为

$$F = NIaB.$$

因通电流后,右盘添加砝码 m 使天平再次平衡,故 F 与砝码重量相等,即

$$F = mg.$$

由以上两式,待测的磁感应强度的大小为

$$B = \frac{mg}{NIa}. \tag{4.35}$$

例 10 矩形载流线圈在均匀磁场中所受力矩,磁矩

设刚性矩形载流线圈的边长为 l_1 和 l_2,电流为 I,置于均匀磁场 $\boldsymbol{B}$ 中,设线圈可以绕垂直于 $\boldsymbol{B}$ 的中心轴 OO' 自由旋转,设线圈平面的右旋单位法线矢量 $\boldsymbol{n}$ 与 $\boldsymbol{B}$ 的夹角为 θ.($\boldsymbol{n}$ 的方向由线圈中电流的回绕方向按右手螺旋关系确定,$\boldsymbol{n}$ 既可表示线圈平面的空间取向,又可表示线圈中电流的回绕方向.)

试求磁场对线圈的作用.

解 如图 4.39 所示,由安培力公式(4.32)式,矩形载流线圈中 AD 边与 BC 边所受作用力 $\boldsymbol{F}_{AD}$ 与 $\boldsymbol{F}_{BC}$ 的大小相同

$$F_{AD} = Il_1 B\sin\left(\frac{\pi}{2}+\theta\right)$$

$$= Il_1 B\sin\left(\frac{\pi}{2}-\theta\right) = F_{BC},$$

方向相反,作用在同一直线上,相互抵消.

AB 边与 CD 边所受作用力 $\boldsymbol{F}_{AB}$ 与 $\boldsymbol{F}_{CD}$ 的大小也相同

$$F_{AB} = Il_2 B = F_{CD},$$

方向也相反,但并不作用在同一直线上,故两者的合力为零,合力矩不为零,即组成一个绕中

心轴 OO' 的力偶矩，使线圈的法线方向 $\boldsymbol{n}$ 向均匀磁场 $\boldsymbol{B}$ 的方向旋转. 力偶矩两力的力臂都是 $\frac{l_1}{2}\sin\theta$，故力偶矩 $\boldsymbol{M}$ 的大小为

$$\begin{aligned} M &= F_{AB}\,\frac{l_1}{2}\sin\theta + F_{CD}\,\frac{l_1}{2}\sin\theta \\ &= Il_1 l_2 B\sin\theta \\ &= ISB\sin\theta, \end{aligned}$$

式中 $S=l_1 l_2$ 是矩形线圈的面积. 力矩 $\boldsymbol{M}$ 是矢量，可将它的大小、方向一并用下述矢积表示

$$\boldsymbol{M} = IS(\boldsymbol{n}\times\boldsymbol{B}). \tag{4.36}$$

总之，矩形载流线圈在均匀磁场中所受合力为零，但合力矩 $\boldsymbol{M}$ 不为零，在 $\boldsymbol{M}$ 的作用下线圈将绕中心轴 OO' 旋转，使线圈的法线方向 $\boldsymbol{n}$ 转向 $\boldsymbol{B}$ 的方向.

(4.36)式来自矩形载流线圈，但适用于任意形状的平面载流线圈，现予证明.

如图 4.40，任意形状的平面载流线圈置于均匀磁场 $\boldsymbol{B}$ 中，设线圈平面与磁场平行. 用垂直于转轴 OO' 并与均匀磁场 $\boldsymbol{B}$ 平行的一系列直线把线圈平面分割成许多窄条，其中任意一窄条宽 $\mathrm{d}h$，在图中用斜线标明. 该窄条两侧的一对电流元 $I\mathrm{d}\boldsymbol{l}$ 和 $I\mathrm{d}\boldsymbol{l}'$ 受磁场的安培力分别为 $\mathrm{d}\boldsymbol{F}$ 和 $\mathrm{d}\boldsymbol{F}'$，其方向分别垂直纸面向外和向里（即为⊙和⊗），其大小分别为

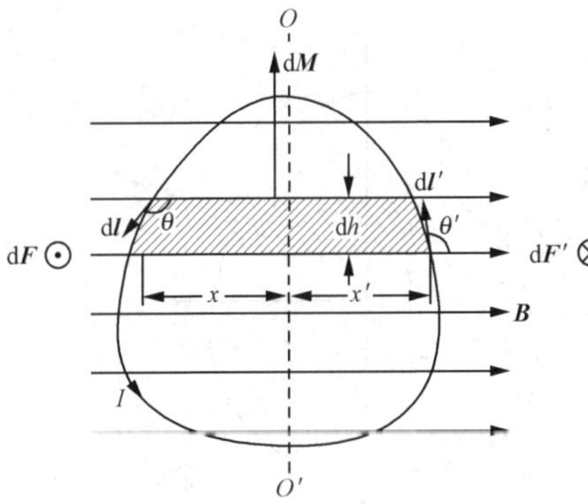

图 4.40 任意形状平面载流线圈在均匀磁场中所受的力矩（线圈平面与磁场平行）

$$\mathrm{d}F = I\mathrm{d}lB\sin\theta,$$
$$\mathrm{d}F' = I\mathrm{d}l'B\sin\theta',$$

式中 θ,θ' 分别是 $I\mathrm{d}\boldsymbol{l},I\mathrm{d}\boldsymbol{l}'$ 与 $\boldsymbol{B}$ 的夹角. 因

$$\mathrm{d}l\sin\theta = \mathrm{d}l'\sin\theta = \mathrm{d}h,$$

故

$$\mathrm{d}F = \mathrm{d}F' = IB\,\mathrm{d}h.$$

这一对力元 $\mathrm{d}\boldsymbol{F}$ 和 $\mathrm{d}\boldsymbol{F}'$ 大小相等、方向相反、不在同一直线上，组成一个力偶矩元，合力为零，合力矩 $\mathrm{d}\boldsymbol{M}$ 不为零，其大小为

$$\begin{aligned} \mathrm{d}M &= \mathrm{d}F\cdot x + \mathrm{d}F'\cdot x' = IB\,\mathrm{d}h(x+x') \\ &= IB\,\mathrm{d}S, \end{aligned}$$

式中 x,x' 是 $\mathrm{d}\boldsymbol{l}_1,\mathrm{d}\boldsymbol{l}_2$ 到转轴 OO' 的距离，$\mathrm{d}S=\mathrm{d}h(x+x')$ 是窄条的面积，$\mathrm{d}\boldsymbol{M}$ 的方向在线圈平面内、与 $\boldsymbol{B}$ 垂直、指向上方.

平面载流线圈所受磁场的总力与总力矩为其中各窄条所受的力与力矩的矢量和，故总力为零，总力矩 $\boldsymbol{M}$ 不为零，其大小为

$$M=\int \mathrm{d}M=\int IB\,\mathrm{d}S=IBS,$$

式中 S 是平面线圈的面积，$\boldsymbol{M}$ 的方向即为 $\mathrm{d}\boldsymbol{M}$ 的方向. 利用平面线圈的右旋单位法线矢量 $\boldsymbol{n}$（$\boldsymbol{n}$ 的方向垂直纸面向外，为⊙），可将 $\boldsymbol{M}$ 的大小、方向一并用矢积表示，为

$$\boldsymbol{M}=IS(\boldsymbol{n}\times\boldsymbol{B}),$$

此式与(4.36)式形式相同.

以上证明了矩形载流线圈在均匀磁场中所受力矩的(4.36)式适用于任意形状的平面载流线圈，但要求线圈平面与磁场平行.

再看平面载流线圈所在平面与均匀磁场 $\boldsymbol{B}$ 垂直的情形. 如图 4.41，用垂直于转轴 OO' 并与均匀磁场 $\boldsymbol{B}$ 垂直的一系列平行直线把线圈平面分割成许多窄条，其中任意一窄条宽 dh，在图中用斜线标明. 该窄条两侧的一对电流元 $I\mathrm{d}\boldsymbol{l}$ 和 $I\mathrm{d}\boldsymbol{l}'$ 受磁场的安培力分别为 $\mathrm{d}\boldsymbol{F}$ 和 $\mathrm{d}\boldsymbol{F}'$，其方向如图示，在线圈平面内，垂直于电流元和 $\boldsymbol{B}$，其大小为

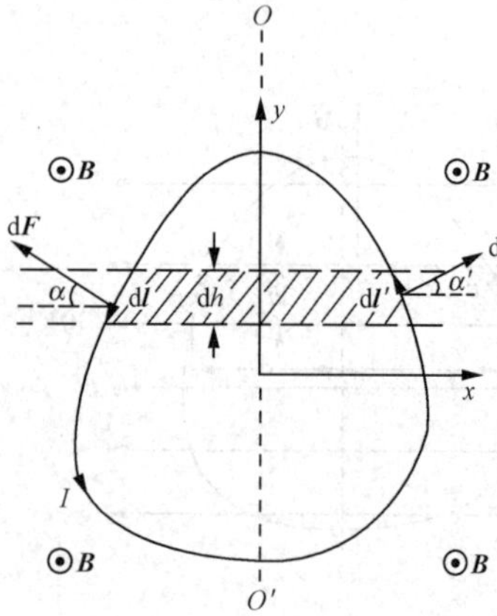

图 4.41 任意形状平面载流线圈在均匀磁场中所受的力矩(线圈平面与磁场垂直)

$$\mathrm{d}F=I\mathrm{d}lB,$$
$$\mathrm{d}F'=I\mathrm{d}l'B.$$

注意，$\mathrm{d}\boldsymbol{l}$，$\mathrm{d}\boldsymbol{l}'$ 都与 $\boldsymbol{B}$ 垂直.

如图 4.41，在线圈平面内取直角坐标 xy，$\mathrm{d}\boldsymbol{F}$ 和 $\mathrm{d}\boldsymbol{F}'$ 的 x 分量为

$$\begin{aligned}\mathrm{d}F_x&=\mathrm{d}F\cos\alpha\\&=IB\,\mathrm{d}l\cos\alpha\\&=IB\,\mathrm{d}h,\\\mathrm{d}F_x'&=\mathrm{d}F'\cos\alpha'\\&=IB\,\mathrm{d}l'\cos\alpha'\\&=IB\,\mathrm{d}h,\end{aligned}$$

可见，$\mathrm{d}\boldsymbol{F}_x$ 和 $\mathrm{d}\boldsymbol{F}_x'$ 大小相等、方向相反、在同一直线上，合力为零，合力矩亦为零. 因各对电流元受力的 x 分量都相互抵消，且不构成力矩，故整个平面线圈所受合力的 x 分量为零，且不构成力矩. 同样，合力的 y 分量也应为零，且不构成力矩. 总之，当平面载流线圈与均匀磁场 $\boldsymbol{B}$ 垂直时，所受合力及合力矩均为零.

当平面载流线圈与均匀磁场夹角任意时，可按线圈平面的法线方向 $\boldsymbol{n}$，把 $\boldsymbol{B}$ 分解为与 $\boldsymbol{n}$ 垂直的分量 $\boldsymbol{B}_1$ 以及与 $\boldsymbol{n}$ 平行的分量 $\boldsymbol{B}_2$，如上，$\boldsymbol{B}_2$ 对平面载流线圈的合力与合力矩均为零. $\boldsymbol{B}_1$ 对线圈的合力为零，合力矩为 $IS(\boldsymbol{n}\times\boldsymbol{B}_1)$，因 $(\boldsymbol{n}\times\boldsymbol{B}_1)=(\boldsymbol{n}\times\boldsymbol{B})$，故合力矩为 $\boldsymbol{M}=IS(\boldsymbol{n}\times\boldsymbol{B})$，至此，证明了(4.36)式适用于均匀磁场中任意形状的平面载流线圈.

通常，引入描绘平面载流线圈磁学性质的物理量——**磁矩** $\boldsymbol{p}_{\mathrm{m}}$，定义为

$$\boldsymbol{p}_{\mathrm{m}}=IS\boldsymbol{n}. \tag{4.37}$$

它把平面线圈的面积、空间取向以及其中电流的大小、方向都集中在一起. 于是，平面载流线圈在均匀磁场 $\boldsymbol{B}$ 中所受磁力矩可表为

$$\boldsymbol{M}=\boldsymbol{p}_{\mathrm{m}}\times\boldsymbol{B}. \tag{4.38}$$

应该指出,磁矩概念来自宏观的平面载流线圈,但也适用于一般的宏观载流体,因为后者可以看成是许多平面载流线圈的集合,不仅如此,它还广泛地用于描绘微观粒子的磁学性质.例如,在原子中,电子绕原子核的旋转、电子自旋、核自旋等都可以看作是某种微观的环行电流,相应的磁矩分别称为电子轨道运动磁矩、电子自旋磁矩、核磁矩等.原子中所有电子的轨道运动磁矩、自旋磁矩以及核磁矩的矢量和构成原子磁矩(因核磁矩通常比电子磁矩小三个数量级,往往可略).类似地,分子中所有原子磁矩的矢量和构成分子磁矩.原子磁矩和分子磁矩是描绘原子、分子磁学性质的重要物理量,也是解释物质磁性的微观依据.

如上,任意形状的平面载流线圈在均匀磁场中所受合力为零、合力矩不为零,由(4.38)式,磁力矩 $\boldsymbol{M}$ 总是力图使线圈磁矩 $\boldsymbol{p}_{\mathrm{m}}$ 的方向(即线圈的法线方向 $\boldsymbol{n}$)转向磁感应强度矢量 $\boldsymbol{B}$ 的方向,这就是磁场对磁矩的取向作用.如图 4.42 所示,当 $\boldsymbol{p}_{\mathrm{m}}$ 与 $\boldsymbol{B}$ 的夹角 $\theta=\frac{\pi}{2}$ 时,力矩 $M=p_{\mathrm{m}}B=ISB$ 数值最大;当 $\theta=0$ 或 π 时,$M=0$,但 $\theta=0$ 时线圈处于稳定平衡状态,$\theta=\pi$ 时线圈处于不稳定平衡状态,稍有扰动(偏转),磁场的力矩就会使它继续偏转,直到 $\boldsymbol{p}_{\mathrm{m}}$ 转向 $\boldsymbol{B}$ 的方向为止.

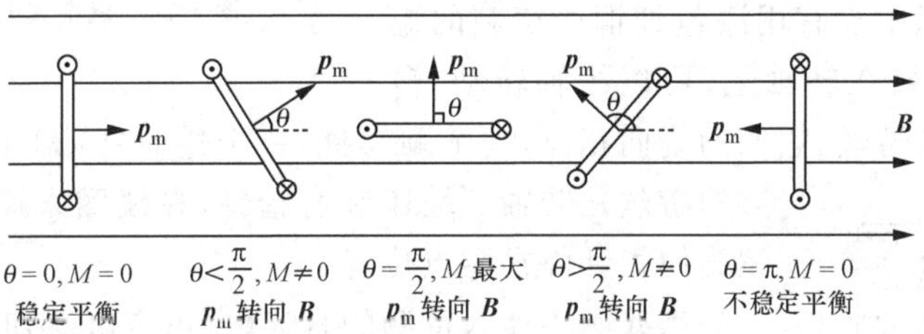

图 4.42 平面载流线圈在均匀磁场中所受磁力矩 $\boldsymbol{M}$ 使 $\boldsymbol{p}_{\mathrm{m}}$ 转向 $\boldsymbol{B}$(图中 $\boldsymbol{B}$ 的方向为→,$\boldsymbol{M}$ 的方向为⊗)

作为比较,电偶极子在均匀外电场 $\boldsymbol{E}$ 中所受作用,与平面载流线圈在均匀磁场中所受作用十分相似,也是合力为零、合力矩不为零,即 $\boldsymbol{M}=\boldsymbol{p}\times\boldsymbol{E}$,式中 $\boldsymbol{p}=q\boldsymbol{l}$ 是电偶极矩,其方向由 $-q$ 指向 $+q$,在电力矩 $\boldsymbol{M}$ 的作用下,将使电偶极矩 $\boldsymbol{p}$ 转向场强 $\boldsymbol{E}$ 的方向,这就是电场对电偶极矩的取向作用.

电偶极矩(简称电矩)和磁矩的概念来自电偶极子和平面载流线圈,用以描绘各自本身的电学和磁学性质,进而,成为描绘一般宏观带电体、载流体的电、磁性质的理想模型,更被推广到原子、分子等微观粒子,成为描绘微观粒子电、磁性质的重要物理量和解释物质电磁性质的微观依据.凡此种种是物理学中常见的研究方法,请读者注意联系、比较、体会.

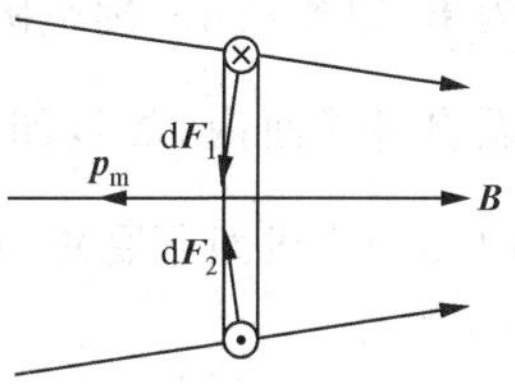

图 4.43 非均匀磁场对平面载流线圈的作用

以上的讨论都限于均匀磁场.如果平面载流线圈处于非均匀磁场之中,则因线圈各处 $\boldsymbol{B}$ 的大小、方向不同,所受磁力的大小、方向也将有所不同,一般说来,不仅线圈所受合力矩不为零,合力也往往不为零,线圈除绕自身轴转动外,还会有整体的移动.例如,如图 4.43 所示,平面载流线圈置于辐射形非均匀磁场之中,线圈磁矩 $\boldsymbol{p}_m$ 与中心处的 $\boldsymbol{B}$ 反向,不难看出,各电流元所受安培力(图中只画出垂直纸面的两个电流元所受的安培力 $\mathrm{d}\boldsymbol{F}_1$ 和 $\mathrm{d}\boldsymbol{F}_2$)的合力不为零,并指向 $\boldsymbol{B}$ 减弱的方向(若 $\boldsymbol{p}_m$ 与 $\boldsymbol{B}$ 同向,则合力指向 $\boldsymbol{B}$ 增大的方向). 实际上,平面载流线圈在非均匀磁场中所受合力的大小既与其磁矩 $\boldsymbol{p}_m$ 成正比,又与磁场的梯度成正比.

例 11 磁电式电流计

磁电式电流计是根据磁场对载流线圈力矩作用原理制成的测量电流(直流电)的仪表. 常用的安培计和伏特计大多由磁电式电流计改装而成. 磁电式电流计的基本结构如图 4.44 所示. 马蹄形永久磁铁产生磁场,在它的两个磁极之间有一圆柱形的软铁芯,用以增强空隙中的磁场,并使空隙中磁场的方向沿径向,在同一圆周上各点磁场的大小相同,如图 4.45 所示.(注意,径向磁场与均匀磁场有所不同,在均匀磁场中各点磁场的大小、方向都相同.)空隙中装有用漆包细铜线绕制的矩形平面线圈,它连接在转轴上,可以绕轴转动. 转轴两端各连着一盘游丝,它们的绕向相反,一个顺时针,一个逆时针(图 4.44 中只画出了上边的游丝). 转轴一端还装有指针,在线圈未通电流时,调节零点螺旋使指针停在零点位置.

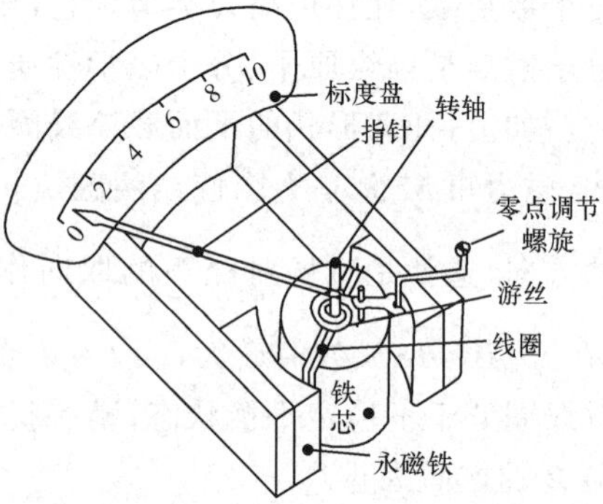

图 4.44 磁电式电流计的基本结构

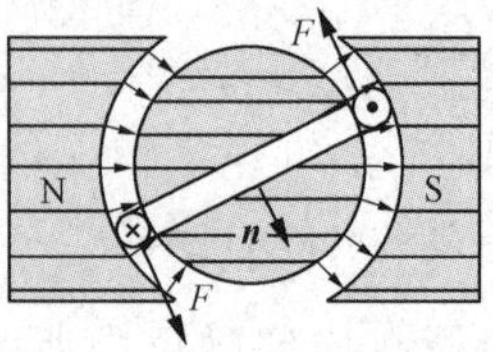

图 4.45 磁电式电流计空隙中的径向磁场和载流线圈

当线圈中通入待测的直流电(恒定电流)时,线圈因受磁场的力矩作用而偏转,与此同时,游丝形变产生反向的恢复力矩,当磁力矩与恢复力矩相等反向时,线圈达到平衡. 由于磁力矩与待测电流成正比,而恢复力矩与线圈的偏转角成正比,因此,线圈平衡时其指针的偏转角将反映待测电流的大小,经过标准电流计量仪器标定之后,即可直接从偏转角读出待测电流的数值. 这就是磁电式电流计的工作原理,下面给出定量关系.

设矩形线圈边长为 a,b,面积为 $S=ab$,共 N 匝,设待测电流为 I,设线圈所在处的磁场为 $\boldsymbol{B}$. 如图 4.45,因空隙处 $\boldsymbol{B}$ 的方向沿径向,无论线圈偏转到什么位置,磁感应线总是在线圈自身平面内,故线圈竖直两边所受磁力 $\boldsymbol{F}$ 总是与线圈平面垂直,两力的力臂均为 $\frac{a}{2}$,由(4.38)式线圈所受磁力矩的大小为

$$M_{磁} = NIabB = NISB.$$

线圈偏转后,游丝产生弹性恢复力矩 $M_{弹}$,其方向与磁力矩反向,其大小正比于偏转角 θ,为

$$M_{弹} = -D\theta,$$

D 称为扭转常数. 设达到平衡时线圈的偏转角为 θ_0,则

$$M_{磁}+M_{弹}=NISB-D\theta_0=0,$$

即

$$\theta_0=\frac{NSB}{D}I\propto I. \tag{4.39}$$

上式表明，平衡偏转角 θ_0（即电流计读数）与待测电流 I 成正比，因此，磁电式电流计的标度盘是线性刻度的. 如果间隙中的磁场不沿径向，例如采用均匀磁场，则所受磁力矩 $M_{磁}$ 还应与 $\sin\theta$ 有关，θ_0 与 I 将不是简单的线性关系，使得刻度盘的标示有所不便.

例 12 直流电动机的基本原理

直流电动机即所谓直流马达，是使用直线电源把电能转化为机械能的动力装置，其基本原理仍是磁场对载流线圈的力矩作用.

直流电动机的模型如图 4.46 所示. 永久磁铁在它的两个磁极之间产生均匀磁场，其中放置载流（直流电）线圈，磁场对线圈的力矩作用使之旋转，但磁力矩总是使线圈的右旋法线矢量 $\boldsymbol{n}$ 转向 $\boldsymbol{B}$，当 $\boldsymbol{n}$ 与 $\boldsymbol{B}$ 一致时，力矩等于零，难以为继. 显然，作为一种实用的动力装置，直流电动机应能持续不断的循环动作. 于是设想，当线圈的 $\boldsymbol{n}$ 与 $\boldsymbol{B}$ 一致、磁力矩为零时，如果线圈中的电流能够及时反向，使 $\boldsymbol{n}$ 与 $\boldsymbol{B}$ 反向，则线圈将在磁力矩作用下继续旋转，如此每转半圈电流反向一次，就可以使线圈不停地朝一个方向旋转. 为了实现上述要求，设计了换向器. 如图 4.46，换向器是一对互不接触的半圆形导体截片，两截片分别接在线圈两端，并经固定的电刷（图中画成方块形）分别与直流电源的正、负极相接，构成闭合回路. 当线圈处于图(a)位置时，电流方向沿 $ABCD$，$\boldsymbol{n}$ 指向右上方，磁力矩使线圈顺时针旋转. 当线圈转到图(b)位置时，$\boldsymbol{n}$ 指向正右方，同时换向器两截片的间隙正好转到电刷位置，线圈中无电流，磁力矩为零，这个位置称为电动机的死点. 如图(c)，由于惯性，线圈将冲过死点，与此同时，分别与电源正、负极相接的两截片互换，使得线圈中的电流反向沿 $DCBA$ 通过，$\boldsymbol{n}$ 指向左上方，在磁力矩的作用下线圈将继续顺时针旋转. 总之，换向器的作用是将线圈中的电流每转半圈改变一次方向，确保线圈在磁力矩的作用下持续地朝着同一个方向不断旋转.

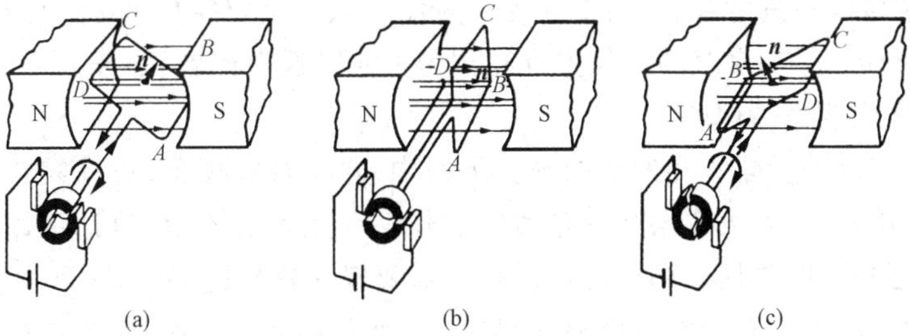

图 4.46 直流电动机的基本原理

如图 4.46 的直流电动机模型采用单匝线圈，虽能按一定方向持续旋转，但因力矩大小在不断变化（注意，$\boldsymbol{n}$ 与 $\boldsymbol{B}$ 的夹角 θ 不断变化），导致转速不稳定，并不实用，只是借此作原理性说明而已. 实际直流电动机的转子（转动部分）是由嵌在铁芯槽里的多匝线圈组成的鼓形电枢，其换向器的截片数目也相应较多. 直流电动机的优点是改变电源电压（即改变线圈中的电流)即可调节其转速,因此,例如无轨电车和电气机车都采用直流电动机作为动力装置,以满足不断调速的需要(交流电动机不易调速).当然,实际问题多得很,有兴趣的读者可参阅相关书籍.

以上五例是安培力、磁力矩的计算和应用.1. 基本公式是(4.32)式和(4.38)式,两式都涉及矢量的叉乘,要求熟练地判定各矢量的方向,掌握其大小与哪些因素有关.2. 体会引入磁矩概念的重要性与必要性,并与电矩比较.3. 磁电式电流计中径向磁场的设计和直流电动机中换向器的设计是相关技术应用的关键,从中可以感受到发明家的良苦用心和卓越贡献.4. 基础研究揭示了事物的本质联系和客观规律,同时也成为技术进步的源泉和根据,两者的交融是推动社会发展的巨大动力.

§4.7 洛伦兹力

§4.7.1 洛伦兹力

磁场对电流的作用力称为安培力,电流是电荷的运动,由此,容易设想,磁场对运动电荷应有作用力,安培力则是它的宏观表现.1892 年荷兰物理学家洛伦兹(Hendrick Antoon Lorentz,1853—1928)在建立经典电子论时,在并无任何实验证据的条件下,作为基本假设,给出了磁场对运动带电粒子作用力的公式,为

$$\boldsymbol{F}=q\boldsymbol{v}\times\boldsymbol{B},\tag{4.40}$$

式中 q 和 $\boldsymbol{v}$ 是带电粒子的电量和速度,$\boldsymbol{B}$ 是带电粒子所在处的磁感应强度,$\boldsymbol{F}$ 是磁场对运动带电粒子的作用力,称为**洛伦兹力**.(4.40)式称为洛伦兹力公式,它已为此后大量实验所证实.

在电子、电磁场等已是熟知常识的今天,把安培力公式 $\mathrm{d}\boldsymbol{F}=I\mathrm{d}\boldsymbol{l}\times\boldsymbol{B}$ 中的 $I\mathrm{d}\boldsymbol{l}$ 代之以 $q\boldsymbol{v}$ 得出洛伦兹力公式可谓顺理成章,一脉相承.然而,在电子尚未发现、并无任何实验证据的 1892 年,洛伦兹何以独具慧眼、一语中的呢?为什么从安培定律(1820 年)到洛伦兹力公式(1892 年)竟然跨越了 70 多载的漫长岁月呢?为了回答这个问题,需作简要的历史回顾,它将加深我们对洛伦兹力的理解.

如所周知,在电磁学建立和发展的漫长历程中,除了观察现象、设计实验、寻找联系、发现规律、关注应用外,有两个深层次的基本问题长期令人困惑不解、争论不休.其一,电磁作用是超距作用还是近距作用?即电磁作用是否需要媒介物传递,是否需要传递时间,这种媒介物(称为以太或电力线磁力线或电磁场)只是一种描绘手段,还是客观存在的特殊形态的物质?其二,什么是"电"?即电荷是客观存在的实体,是带电粒子,电流是带电粒子的运动;抑或电荷、电流并非客观实体,而只是传递电磁作用的媒介物的某种运动状态或表现形式.对此,存在着泾渭分明、针锋相对的两派.

以法、德两国物理学家(包括库仑、毕奥、萨伐尔、安培、诺埃曼、韦伯等)为代表的"源派"持超距作用观点,认为电磁作用无需媒介物传递,无需传递时间,否认电磁场的客观存在.同

时,“源派”认为电是客观存在的实体,是具有某种能量的无质流体或粒子,电流是电荷的运动.因此,“源派”对电磁场的研究不感兴趣,他们关注的是电磁作用,库仑定律、毕-萨定律、安培定律、诺埃曼和韦伯先后给出的电磁感应定律的定量表达式等就是他们的重要贡献,但在当时他们给出的相关公式中都不含 $\boldsymbol{E},\boldsymbol{B}$,与当今教科书中的相关公式在形式上有所差异.以此为基础,“源派”致力于建立统一的电磁力公式,试图用以解释全部电磁现象.1845年韦伯(Wilhelm Eduard Weber,1804—1891,德国)明确提出带电粒子——既带电荷又有质量的粒子——的概念,认为电就是带电粒子,电流就是带电粒子的运动,并根据上述定律,给出了两运动带电粒子作用力的公式,为

$$F=\frac{ee'}{r^2}\left[1-\frac{1}{c^2}\left(\frac{\mathrm{d}r}{\mathrm{d}t}\right)^2+\frac{2r}{c^2}\frac{\mathrm{d}^2r}{\mathrm{d}t^2}\right],$$

式中 e,e' 是两带电粒子的电量,$r,\frac{\mathrm{d}r}{\mathrm{d}t},\frac{\mathrm{d}^2r}{\mathrm{d}t^2}$是其间的距离、相对速度、相对加速度,$c=1/\sqrt{\varepsilon_0\mu_0}$是电磁单位和静电单位的比值(即真空光速),$F$ 称为**韦伯力**.韦伯试图以上式统一解释包括静电作用、电流作用、电磁感应在内的全部电磁现象,实现“源派”的共同心愿.不难看出,韦伯力公式的第一项就是库仑力,第二、三项与两带电粒子的相对速度、相对加速度有关,涉及电流作用和电磁感应,但却难以令人信服地作出圆满的解释,尤其致命的是,由于上式中不出现 $\boldsymbol{E},\boldsymbol{B}$,完全无法解释由变化磁场产生的涡旋电场所导致的感生电动势以及后来发现的变化电场产生磁场的效应(因为它们并不直接与某种电荷的运动相对应).总之,由于否认电磁场的客观存在,“源派”的统一电磁力公式只涉及带电粒子的相对运动,不涉及 $\boldsymbol{E}$ 和 $\boldsymbol{B}$,这是它不可能成功的根本原因.尽管如此,韦伯仍被公认为“电子论”的鼻祖.

以英国物理学家法拉第、麦克斯韦为代表的“场论派”持近距作用观点,认为电磁作用的媒介物——电磁场是客观存在的特殊形态的物质,锲而不舍地致力于电磁场的研究.从法拉第提出电磁场的概念(19世纪30年代)到麦克斯韦方程的建立预言电磁波(1865年)并得到赫兹电磁波实验的证实(1888年),历经半个多世纪,最终以近距作用场观点的胜利而告终.然而,关于什么是“电”,法拉第和麦克斯韦却认为或倾向于认为,电荷、电流并非客观实体,而是传递电磁作用的媒介物的某种运动状态或表现形式.他们的追随者 O. Lodge 更是断然否定电荷是实体,认为电荷、电流与热、热流类似.由于怀疑或否认电是客观实体,使得麦克斯韦的理论在解释由具有电结构的实物与电磁场相互作用而引起的种种物理现象时遇到了困难,这是“场论派”的明显缺陷与不足.当然,“场论派”无意寻找统一的电磁力公式.

洛伦兹集场、源两派理论之长,弃其短,经过综合、深化、发展,创立了经典电子论,把经典电磁理论推向了巅峰,并推动了光学和物性学的发展.洛伦兹认为,以太是客观存在,带电粒子是客观存在的实体,在全部电磁现象中,既要考虑以太的作用,又要考虑带电粒子的作用,不可或缺.洛伦兹认为,以太充斥全空间,绝对静止,不受实物运动的干扰,也不影响实物的机械运动,以太和实物在力学上是独立的,但带电粒子会使以太的电磁状态发生变化,后者又使带电粒子受电磁力.洛伦兹认为,实物由大量带正、负电荷的带电粒子构成,它们的集体行为决定了物质的电磁性质,他把气体动理论的成果引入了电磁学.洛伦兹认为,麦克斯

韦方程在微观尺度仍成立，其平均结果则是宏观电磁场方程. 洛伦兹把实物中的带电粒子按可否自由移动，区分为传导带电粒子和极化带电粒子两类，并提出了分子电（偶极）矩和分子磁矩的模型. 根据上述观点、研究方法和模型，在几十年间，洛伦兹成功地解释了当时观察到的一系列电磁现象和光学现象.

洛伦兹力公式是洛伦兹创立经典电子论时作出的重要贡献之一. 由于继承了场论派近距作用的场观点和源派电是带电粒子的观点并予以结合，洛伦兹认为，安培关于两电流元作用力的公式应理解为一电流元产生的磁场对另一电流元的作用力，因电流是带电粒子的运动，所以磁场对电流的作用力是磁场对其中运动带电粒子作用力的结果，以 $q\boldsymbol{v}$ 取代安培力公式中的 $I\mathrm{d}\boldsymbol{l}$ 即得(4.40)式. 这就是洛伦兹在电子尚未发现、并无任何实验证据的 1892 年给出洛伦兹力公式的根据，它是电磁场和带电粒子两大正确观点相结合的产物和必然结果.

如果除了磁场 $\boldsymbol{B}$，还有电场 $\boldsymbol{E}$，则带电粒子还受电力 $q\boldsymbol{E}$，其中 $\boldsymbol{E}$ 是带电粒子所在处的电场强度，于是(4.40)式应推广为

$$\boldsymbol{F} = q\boldsymbol{E} + q\boldsymbol{v} \times \boldsymbol{B}. \tag{4.41}$$

(4.41)式是电磁作用力的基本公式，因为一切电作用力归根到底是电场对带电粒子的作用力，一切磁作用力归根到底是磁场对运动带电粒子的作用力. 种种复杂多样、表现各异的电磁作用皆源于此. 电磁场对宏观物体的作用就是对其中带电粒子、运动带电粒子作用的宏观效果. 洛伦兹力公式(4.41)式和麦克斯韦电磁场方程是经典电磁理论的两大支柱，它们为解释各种电磁现象奠定了基础.

应该指出，(4.41)式中的 $\boldsymbol{E}$，不仅包括各种电荷（自由电荷，极化电荷，无论静止或运动）产生的电场，还包括变化磁场产生的涡旋电场；(4.41)式中的 $\boldsymbol{B}$ 不仅包括各种电流（传导电流，磁化电流，极化电流，无论恒定或变化）产生的磁场，还包括变化电场产生的磁场（极化电流与变化电场之和称为位移电流）. 洛伦兹力公式(4.41)式中的 $\boldsymbol{E}$，$\boldsymbol{B}$ 与麦克斯韦方程中的 $\boldsymbol{E}$，$\boldsymbol{B}$ 含义相同（见第八章）.

洛伦兹力公式的给出，既实现了“源派”孜孜以求而终未如愿的建立统一电磁力公式的愿望，又弥补了“场论派”理论的不足，彰显出正确物理观点对基础研究的极端重要性.

作为基本的磁作用力的洛伦兹力有什么特征呢？

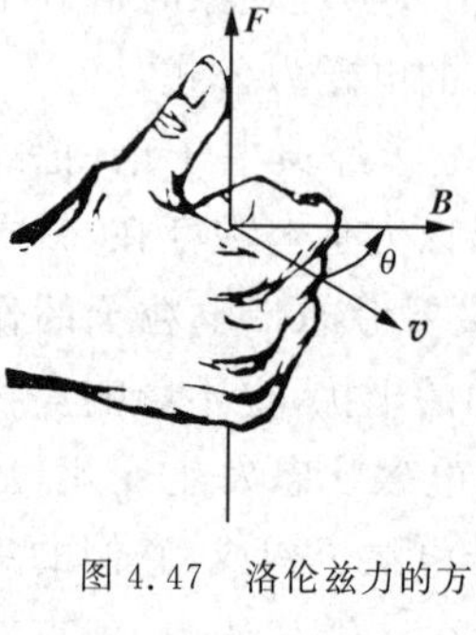

图 4.47　洛伦兹力的方向

由(4.40)式，按照矢积的定义，洛伦兹力 $\boldsymbol{F}$ 的方向与 $\boldsymbol{v}$ 和 $\boldsymbol{B}$ 构成的平面垂直，并与带电粒子所带电荷的正负有关，图 4.47 所示是正电荷受力的方向. 如所周知，库仑力的方向沿两静止点电荷的连线，即沿电场 $\boldsymbol{E}$ 的方向，互相吸引或排斥，万有引力的方向沿两质点的连线，互相吸引，洛伦兹力则有所不同，其方向并不沿磁场 $\boldsymbol{B}$，而是与 $\boldsymbol{B}$ 垂直，即沿“横向”，这是洛伦兹力的一个重要特征. 洛伦兹力的方向不仅与 $\boldsymbol{B}$ 垂直，还与带电粒子的速度 $\boldsymbol{v}$ 垂直，所以洛伦兹力永远不对运动带电粒子做功，它不能改变带电粒子的速率和动能，只能改变带电粒子的运动方向即 $\boldsymbol{v}$ 的方向，

使之偏转,这是洛伦兹力区别于库仑力和万有引力的又一重要特征.库仑力、万有引力的大小都与距离平方成反比,洛伦兹力的大小则依赖于带电粒子的速度,由(4.40)式,洛伦兹力的大小为

$$F=|q|vB\sin\theta, \tag{4.42}$$

式中 θ 是 $\boldsymbol{v}$ 与 $\boldsymbol{B}$ 的夹角,可见洛伦兹的大小 F 不仅与 v 有关,还与 q,B 以及 $\boldsymbol{v}$ 和 $\boldsymbol{B}$ 的夹角 θ 有关,当 $\theta=0,\pi$ 时,$F=0$,当 $\theta=\frac{\pi}{2}$ 时,$F=|q|vB$,这是洛伦兹力的第三个重要特征.一般说来,带电粒子在洛伦兹力作用下的运动情况是十分复杂的,其根源就在于洛伦兹力具有与库仑力、万有引力明显不同的上述特征.

洛伦兹力和安培力的关系如何呢?洛伦兹力 $\boldsymbol{F}=q\boldsymbol{v}\times\boldsymbol{B}$ 与安培力 $\mathrm{d}\boldsymbol{F}=I\mathrm{d}\boldsymbol{l}\times\boldsymbol{B}$ 表达式相似,$q\boldsymbol{v}$ 与 $I\mathrm{d}\boldsymbol{l}$ 对应,$\boldsymbol{F}$ 与 $\mathrm{d}\boldsymbol{F}$ 的方向都与 $\boldsymbol{B}$ 垂直,即都沿横向等等.这种相似和对应决非偶然的巧合,因为安培力是洛伦兹力的宏观表现,洛伦兹力是安培力的微观本质.

为了具体地说明洛伦兹力与安培力的关系,试举一例.如图 4.48 所示,一段长为 $\mathrm{d}l$、横截面积为 S 的载流直导线静止在纸面内,其中的恒定电流 I 自下而上.从微观角度看,电流是导线中自由电子自上而下作定向运动形成的.设导线内自由电子的平均定向速度为 $\boldsymbol{v}$,单位体积内的自由电子数(自由电子的数密度)为 n,每一个自由电子的电量为 $q(q<0)$.因在 Δt 时间内每个自由电子由于定向运动向下移动了 $v\Delta t$ 的距离,故在 Δt 时间内能通过导线中任一横截面的自由电子必定位于以该横截面 S 为下底面、以 $v\Delta t$ 为高、以 $\Delta V=Sv\Delta t$ 为体积的柱体内,即在 Δt 时间通过 S 的电量为

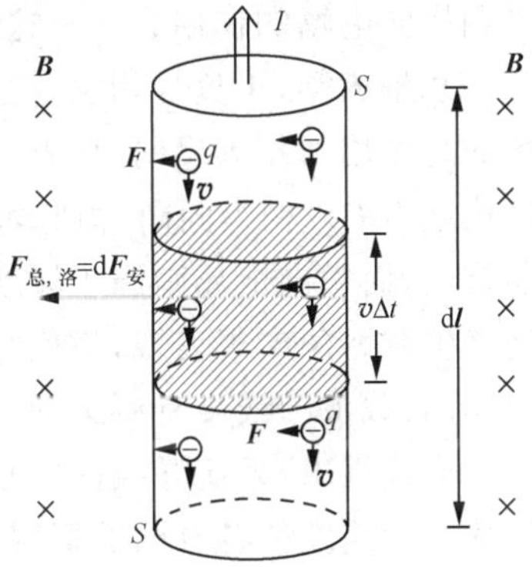

图 4.48 洛伦兹力与安培力的关系

$$\Delta Q=qn\Delta V=qnsv\Delta t.$$

又,导线中的电流为

$$I=\frac{\Delta Q}{\Delta t}.$$

由以上两式,宏观量电流 I 与相应微观量的关系为

$$I=qnvS.$$

如图 4.48,加恒定均匀外磁场 $\boldsymbol{B}$,其方向与导线所在的纸面垂直向里.由(4.40)式,每一个以速度 $\boldsymbol{v}$ 作定向运动的自由电子都将受到洛伦兹力 $\boldsymbol{F}$ 的作用,$\boldsymbol{F}$ 的方向与 $\boldsymbol{v}$ 和 $\boldsymbol{B}$ 垂直在纸面内,因 $q<0$,$\boldsymbol{F}$ 指向左方;因 $\boldsymbol{v}$ 与 $\boldsymbol{B}$ 垂直,$\sin\theta=1$,$\boldsymbol{F}$ 的大小为

$$F=qvB.$$

如图,导线长度为 $\mathrm{d}l$,横截面积为 S,其中的自由电子总数为 $nS\mathrm{d}l$,每个自由电子因定向运动受洛伦兹力 $F=qvB$,方向相同,故这段导线中全部自由电子因定向运动所受洛伦兹力之和为

$$F_{总} = nS\mathrm{d}lF = nS\mathrm{d}lqvB$$
$$= B(qnSv)\mathrm{d}l,$$

$\boldsymbol{F}_{总}$ 指向左方. 又,由安培力公式 $\mathrm{d}\boldsymbol{F}=I\mathrm{d}\boldsymbol{l}\times\boldsymbol{B}$,该段载流导线所受安培力的大小为

$$\mathrm{d}F = BI\mathrm{d}l,$$

$\mathrm{d}\boldsymbol{F}$ 指向左方. 因 $I=qnSv$,且 $\mathrm{d}\boldsymbol{F}$ 与 $\boldsymbol{F}$ 方向相同,故

$$\mathrm{d}\boldsymbol{F}(\text{安培力}) = \boldsymbol{F}_{总} \quad (\text{总洛伦兹力}).$$

何以如此,怎样理解这一结果呢? 如图 4.48,加外磁场 $\boldsymbol{B}$ 后,导线内定向运动自由电子受洛伦兹力 $\boldsymbol{F}$(指向左方)的作用,将向左侧迁移,而又不能逸出,使导线左侧表面积累负电荷(因 $q<0$),同时导线右侧表面因缺少自由电子而出现过剩的正电荷. 导线左、右两侧表面积累的负、正电荷将产生一个横向电场(称为霍尔电场),该电场对自由电子的作用力指向右方,与洛伦兹力反向. 随着导线两侧负、正电荷积累的增多,横向电场不断增强,当自由电子所受横向电场作用力与洛伦兹力相等反向时,自由电子不再继续横向迁移,两侧电荷不再增多,横向电场不再增强,达到恒定状态. 与此同时,静止导线内由正离子构成的晶格骨架也要受到横向电场的作用力——这就是安培力. 因该段导线内正离子的带电总量与自由电子的带电总量相等,正负号相反,故正离子晶格所受横向电场的总作用力与自由电子所受横向电场的总作用力相等反向,后者又与自由电子所受总洛伦兹力相等反向,所以安培力 $\mathrm{d}\boldsymbol{F}$ 与总洛伦兹力 $\boldsymbol{F}_{总}$ 相等同向. 由此可见,外磁场对载流导线的安培力正是由横向电场施予正离子晶格的,而横向电场则源于导线内定向运动自由电子所受的洛伦兹力,两者相等证明安培力是洛伦兹力的宏观表现,洛伦兹力是安培力的微观本质. 附带指出,加外磁场 $\boldsymbol{B}$ 后,受安培力作用,载流导线会有所运动,为了使之保持静止,需另加与安培力相等反向的外力.

应该指出,载流导线内的自由电子除形成电流的定向运动外,还有无规则的热运动. 由于热运动速度朝各方向的概率相同,在任何宏观体积内,平均说来,自由电子热运动速度的矢量和为零,因此,由热运动引起的洛伦兹力朝各方向的概率也相同,其矢量和也应为零,对宏观的安培力没有贡献,在上述初步的讨论中可以不予考虑.

§4.7.2 带电粒子在均匀、恒定磁场中的运动,回旋加速器,质谱仪

带电粒子在电磁场中的运动是一个宏大的研究领域,既涉及许多基础课题,又与种种重要应用有关.

例如,等离子体是继固体、液体、气体之后的第四态,它是高温气体大量电离后由正离子和相等电量的电子构成的集合体,与气体中的主要相互作用是分子间的作用力不同,等离子体中的主要相互作用是电磁力,并受外加电磁场的强烈影响,这使得等离子体具有一系列与气体迥然不同的物理特征. 在等离子体物理学中,作为一种近似理论,把稀薄等离子体看成是大量独立的带电粒子的集合,通过研究带电粒子在电磁场中的运动,可以对等离子体的性质和特征得出一些重要的结论,称为粒子轨道理论. 例如,天体物理和空间物理的研究对象如恒星、星云、太阳风、地球电离层等都是等离子体,其中又都存在磁场如星际磁场、太阳磁场、地球磁场等. 研究带电粒子在这些磁场中的运动,对于许多现象和过程的认识至关紧要.

例如,在粒子物理学中,对基本粒子的认识往往来自对其间碰撞的研究,而这又与它们在电磁场中的运动规律密切相关.例如,在质谱仪、示波管、电子显微镜、电视显像管、磁控管、粒子加速器等许多仪器设备中,也都巧妙地利用了带电粒子在电磁场运动的种种特征.

然而,研究带电粒子在电磁场中的运动并非易事.对于电量为 q、质量为 m、速度为 $\boldsymbol{v}$ 的带电粒子,当它在电磁场 $\boldsymbol{E},\boldsymbol{B}$ 中运动时,受电磁力的作用,由(4.41)式及牛顿第二定律,其运动方程为

$$q\boldsymbol{E}+q\boldsymbol{v}\times\boldsymbol{B}=m\frac{\mathrm{d}\boldsymbol{v}}{\mathrm{d}t}. \tag{4.43a}$$

若只受磁力,其运动方程为

$$q\boldsymbol{v}\times\boldsymbol{B}=m\frac{\mathrm{d}\boldsymbol{v}}{\mathrm{d}t}. \tag{4.43b}$$

(4.43)式貌似简单,实则极为复杂.

首先,如果存在大量带电粒子,那么,对于其中某一个带电粒子而言,(4.43)式中的 $\boldsymbol{E}$,$\boldsymbol{B}$ 不仅包括外加电磁场 $\boldsymbol{E}_{外}$,$\boldsymbol{B}_{外}$,还包括其余带电粒子产生的附加电磁场(称为感应电磁场)$\boldsymbol{E}_{感应}$,$\boldsymbol{B}_{感应}$,即 $\boldsymbol{E}=\boldsymbol{E}_{外}+\boldsymbol{E}_{感应}$,$\boldsymbol{B}=\boldsymbol{B}_{外}+\boldsymbol{B}_{感应}$.问题的复杂性在于,电磁场和带电粒子的运动是相互影响、相互制约的,即外加电磁场改变了带电粒子的运动,使它产生的感应电磁场随之相应变化,从而使总电磁场发生变化,而这又会使带电粒子的运动发生变化,如此等等.所以,完备的运动方程组应是由各个带电粒子的运动方程以及电磁场(包括外场和感应场)方程(麦克斯韦方程)构成的联立方程组,显然十分复杂,无从求解.但是,如果外场很强,如果大量带电粒子很稀薄、彼此影响很少、感应场很弱,则作为近似处理,可以忽略感应场,简化为讨论单个带电粒子在给定外加电磁场中运动,其运动方程就是(4.43)式,式中的 $\boldsymbol{E},\boldsymbol{B}$ 就是外加电磁场.如果能够顺利求解,便可对带电粒子的运动有所了解.

其次,即使只讨论单个带电粒子在外加电磁场中的运动,然而,如果外磁场随时空变化,则因洛伦兹力 $q\boldsymbol{v}\times\boldsymbol{B}$ 是非线性项,仍然难于严格地求出解析解,需要再加特殊条件,使之线性化,才能求得近似解.本节将指出,带电粒子在均匀、恒定外磁场(无外电场)中的运动可以严格求解,这是一种最简单的情形,但却很重要,因为常把它作为其他较复杂情形的零阶近似.例如,带电粒子在非均匀、恒定外磁场中的运动,一般难以严格求解,但若非均匀很"弱",即磁场随空间的变化十分缓慢,则可将非均匀部分作为均匀磁场的小扰动来处理,使方程线性化,求出一阶近似解.

第三,当带电粒子的速度与光速 c 可相比拟时,其质量随速度变化的相对论效应需要考虑,这也会给求解带来新的困难.

总之,带电粒子在电磁场中的运动是一个既重要又困难的课题,引起了人们的兴趣.本节和§4.7.5将介绍带电粒子在电磁场中运动的某些基本特征及研究方法,扩展视野,略窥门径.

现在,讨论带电粒子在均匀、恒定磁场中的运动.

如图4.49所示,带电粒子 $q>0$,m 以初速 $\boldsymbol{v}$ 从 P 点进入均匀恒定磁场 $\boldsymbol{B}$ 之中,设初速

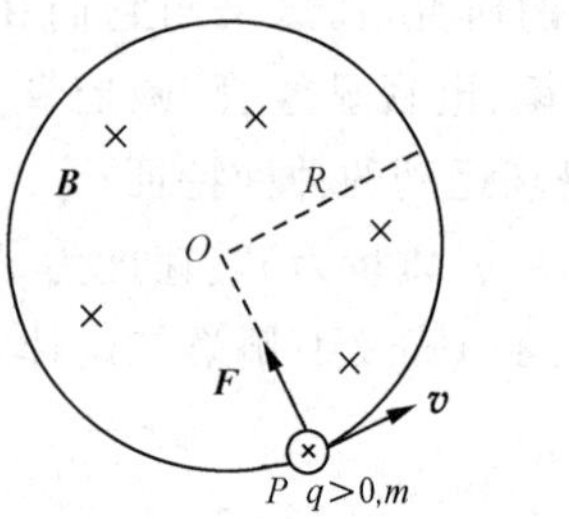

图 4.49 带电粒子在均匀恒定磁场中的圆周运动,初速 $\boldsymbol{v}\perp\boldsymbol{B}$

$\boldsymbol{v}\perp\boldsymbol{B}$. 进入磁场后,受洛伦兹力 $\boldsymbol{F}$ 的作用,由(4.40)式,$\boldsymbol{F}$ 与 $\boldsymbol{v}$,$\boldsymbol{B}$ 都垂直,因 $\boldsymbol{B}$ 垂直纸面向里,故 $\boldsymbol{F}$ 的方向如图,在纸面内,并始终保持 $\boldsymbol{F}\perp\boldsymbol{v}$. 因 $\boldsymbol{v}$,$\boldsymbol{F}$ 都在纸面内,带电粒子的运动轨迹不会越出纸面. 因 $\boldsymbol{F}\perp\boldsymbol{v}$,$\boldsymbol{F}$ 只会改变带电粒子的运动方向,不会改变其速率 v. 因 $\boldsymbol{B}$ 均匀恒定,带电粒子在磁场内所受洛伦兹力的大小 $F=qvB$ 保持不变. 总之,带电粒子在大小保持不变、方向始终与其速度垂直的法向力的作用下,将在垂直于 $\boldsymbol{B}$ 的平面(图中纸面)内做匀速圆周运动,周而复始. 带电粒子圆轨道所在的平面通过 P 点并与 $\boldsymbol{B}$ 垂直,该圆周在 P 点与带电粒子的初速 $\boldsymbol{v}$ 相切. 由洛伦兹力公式、牛顿第二定律和匀速圆周运动的向心加速度公式,有

$$F = qvB = ma = \frac{mv^2}{R}.$$

由上式,带电粒子圆轨道的半径(称为回旋半径或拉莫尔半径)R 为

$$R = \frac{mv}{qB}.$$

带电粒子绕圆周一圈所需的时间即周期(称为回旋周期或拉莫尔周期)T 为

$$T = \frac{2\pi R}{v} = \frac{2\pi m}{qB}.$$

带电粒子单位时间绕圆周的圈数即频率(称为回旋共振频率或拉莫尔频率)ν 为

$$\nu = \frac{1}{T} = \frac{qB}{2\pi m}.$$

以上三式表明,R 与 v 成正比,R 与 B 成反比;T,ν 与 v,R 都无关,只取决于$\frac{q}{m}$和 B. 因此,若 B 给定,则 v 大的带电粒子绕大圈,v 小的绕小圈,但无论绕大、小圈,带电粒子的回旋周期 T 或频率 ν 都相同(设 m 随 v 变化的相对论效应可略),这是带电粒子在均匀恒定磁场中回旋运动的重要特征,也是磁聚焦、回旋加速器、质谱仪等许多相关应用的理论依据.

以上假设带电粒子的初速 $\boldsymbol{v}$ 与 $\boldsymbol{B}$ 垂直. 若初速 $\boldsymbol{v}$ 与 $\boldsymbol{B}$ 成任意夹角 θ,则可将 $\boldsymbol{v}$ 分解为与 $\boldsymbol{B}$ 平行的分量 $\boldsymbol{v}_{/\!/}$ 以及与 $\boldsymbol{B}$ 垂直的分量 $\boldsymbol{v}_{\perp}$,其大小为

$$v_{/\!/} = v\cos\theta, \quad v_{\perp} = v\sin\theta.$$

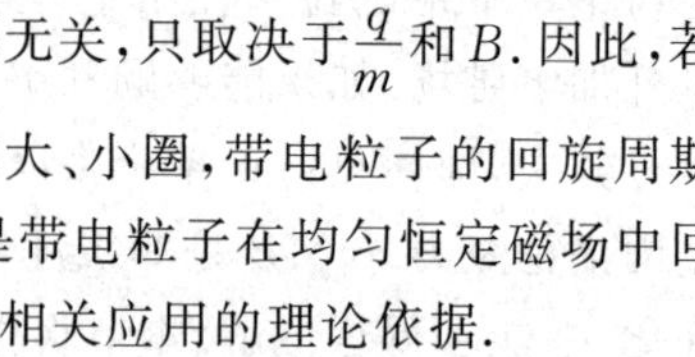

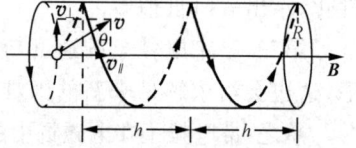

图 4.50 带电粒子在均匀恒定磁场中沿螺旋线的运动,初速 $\boldsymbol{v}$ 与 $\boldsymbol{B}$ 夹角 θ

对于 $\boldsymbol{v}_{\perp}$,以上结论全部适用,带电粒子以 $v_{\perp}$ 在垂直于 $\boldsymbol{B}$ 的平面内做匀速圆周运动,只需将以上四式中的 v 换成 $v_{\perp}$ 即可. 对于 $\boldsymbol{v}_{/\!/}$,因所受洛伦兹力为零,带电粒子将沿着或背着 $\boldsymbol{B}$ 的方向以 $v_{/\!/}$ 作匀速直线运动. 所以,当 $\boldsymbol{v}_{\perp}$ 和 $\boldsymbol{v}_{/\!/}$ 并存时,带电粒子的运动是两者的合成,其轨迹是螺旋线,如图 4.50 所示. 螺旋线的螺距 h 是在带电粒子以 $v_{\perp}$ 回旋一周的时间内 $v_{/\!/}$ 沿 $\boldsymbol{B}$ 方向前进的距离,为

$$h = v_{/\!/} T = v_{/\!/} \frac{2\pi m}{qB} = \frac{2\pi m v\cos\theta}{qB}.$$

综上，带电粒子在均匀恒定磁场中运动的相关公式可一并罗列如下：

$$\begin{cases} \text{回旋半径} \quad R = \dfrac{mv_{\perp}}{qB}, \\ \text{回旋周期} \quad T = \dfrac{2\pi R}{v_{\perp}} = \dfrac{2\pi m}{qB}, \\ \text{回旋频率} \quad \nu = \dfrac{1}{T} = \dfrac{v_{\perp}}{2\pi R} = \dfrac{qB}{2\pi m}, \\ \text{螺距} \quad h = v_{/\!/} T = \dfrac{2\pi m v_{/\!/}}{qB}, \\ \quad v_{/\!/} = v\cos\theta, \\ \quad v_{\perp} = v\sin\theta. \end{cases} \tag{4.44}$$

例 13 磁聚焦

从带电粒子源发射出来的一束带电粒子（通常是电子），由于它们的初始速度（大小、方向）有所不同，且彼此间互相排斥，会使带电粒子束的横截面有逐渐扩大的趋势，利用磁场可以使之重新会聚，称为磁聚焦.

如图 4.51，带电粒子源位于 A 点，沿水平方向向右发射一窄束速率 v 差不多相等、发射角 θ 都很小的同种带电粒子. 为了使之聚焦，沿水平方向加均匀恒定磁场 $\boldsymbol{B}$，则各粒子将在洛伦兹力作用下沿各自的螺旋线运动，因 $\theta \approx 0, \cos\theta \approx 1, \sin\theta \approx \theta, v_{/\!/} \approx v, v_{\perp} \approx v\theta, h = \dfrac{2\pi m v_{/\!/}}{qB} \approx \dfrac{2\pi m v}{qB}$，各粒子的 $v_{\perp}$ 有所不同，即各螺旋线相应的圆半径有所不同，但各粒子的 $v_{/\!/}$ 近似相等，即螺距 h 近似相等，故经过距离 h 后将重新会聚在 A' 点，这就是均匀恒定磁场的磁聚焦现象（设各带电粒子之间的作用力可略），它可以采用长直载流螺线管来实现. 实际上，在许多电真空器件（特别是电子显微镜中），常用短线圈产生的非均匀磁场来聚焦. 这些线圈的磁聚焦作用与光学透镜类似，也称为磁透镜.

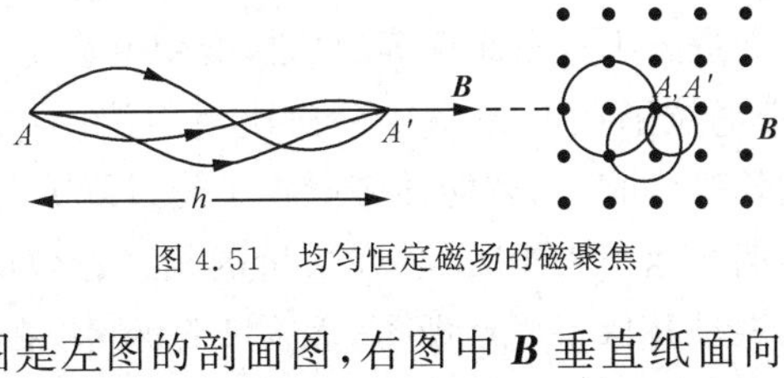

图 4.51 均匀恒定磁场的磁聚焦

注意，图 4.51 的右图是左图的剖面图，右图中 $\boldsymbol{B}$ 垂直纸面向外，右图中各圆圈与左图中各螺旋线对应，它们在 A, A' 相交表明，各粒子从 A 点出发绕行大小不等（因 $v_{\perp}$ 不同）的整个圆周并同时沿 $\boldsymbol{B}$ 方向前进螺距 h 的距离后，在 A' 点重新会聚.

例 14 回旋加速器

回旋加速器是使带电粒子循环加速以获得很大动能的装置，是核物理和粒子物理实验研究的基本设备. 1932 年 E. O. 劳伦斯设计制成的第一台回旋加速器如图 4.52 所示，直径 27 cm，如手掌大小，可将质子加速到 1 MeV.

图 4.52 1932 年 E. O. 劳伦斯制成的世界上第一台回旋加速器

回旋加速器的结构、原理如图 4.53 所示. 两个半圆形的金属空盒——D 形盒放在真空室中，两盒间缝隙中心的 P 点放置离子源，发射质子、氘核、α 粒子等带电粒子. 两盒接高频交流电源，在缝隙间产生交变电场，两盒内部无电场. 电磁铁产生强大的均匀恒定磁场，其方向与 D 形盒垂直.

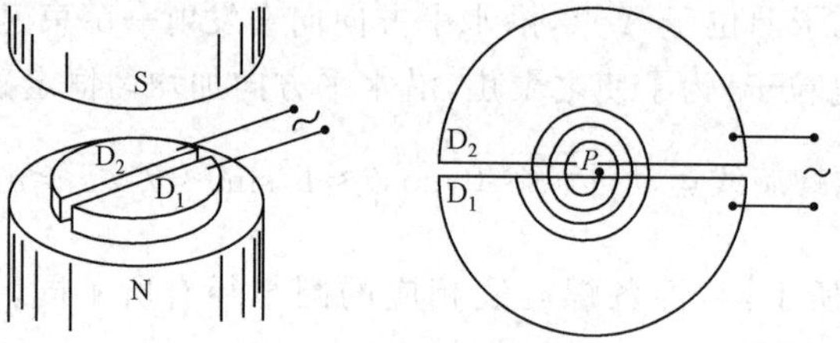

图 4.53 回旋加速器的结构、原理图

从离子源 P 点发出的带电粒子经缝隙间电场加速后进入 D_1，在 D_1 内受均匀磁场作用做匀速圆周运动，绕行半个圆周后回到缝隙中，此时电场刚好反向，使带电粒子再次被加速，并以较大的速率进入 D_2，在 D_2 中绕行较大的半个圆周后又进入缝隙，此时电场又再反向，使带电粒子再次被加速后又进入 D_1，如此等等. 总之，交变电场使带电粒子在缝隙中一次次地不断加速，均匀磁场使带电粒子在 D 形盒中一次次地回旋，只要确保交变电场的周期与带电粒子回旋运动的周期相等（同步），就能使带电粒子经过缝隙时都得到加速. 由于带电粒子在均匀磁场中的回旋周期与速率大小无关（在质量的相对论效应可以忽略的条件下），缝隙中交变电场的周期与之相等并保持固定即可，无需不断调整，在技术上容易实现. 随着带电粒子速率（动能）的增大，回旋运动的轨道半径相应增大，当带电粒子趋于 D 形盒的边缘达到预期的速率后，再利用致偏电极将带电粒子引出供实验之用. 这就是回旋加速器的基本原理.

由(4.44)第一式,带电粒子在回旋加速器中获得的最终速率 v_{M} 和动能 E_{k} 为,

$$v_{\mathrm{M}} = \frac{q}{m}BR,$$

$$E_{\mathrm{k}} = \frac{1}{2}mv_{\mathrm{M}}^2 = \frac{q^2}{2m}B^2R^2,$$

式中 B 是磁感应强度的大小,R 是 D 形盒的半径,它们决定了 v_{M},E_{k} 的大小. 通常,此类回旋加速器的 B 约为 1 T,$2R$ 约为 1 m,E_{k} 约为 20 MeV.

然而,由于带电粒子质量随速率变化的相对论效应,随着它的不断加速,其质量 m 以及回旋周期 T 相应地不断增大(参看§4.7.3 图 4.58),即

$$m = \frac{m_0}{\sqrt{1-\dfrac{v^2}{c^2}}},$$

$$T = \frac{2\pi m}{qB} = \frac{2\pi m_0}{qB\sqrt{1-\dfrac{v^2}{c^2}}},$$

从而使得固定的交变电场周期与不断增大的回旋周期不再相同,不能确保带电粒子经过缝隙时始终得到加速,这是回旋加速器中带电粒子最高能量受到限制的重要原因. 对此,可以设法补偿,一种方法是设计某种非均匀磁场,它的分布能使带电粒子在不同半径圆周上的回旋周期在考虑相对论效应后仍保持不变,称为同步加速器;另一种方法仍采用均匀磁场,但随着带电粒子的加速,不断调节交变电场的周期,使之与不断增大的带电粒子的回旋周期保持相同,称为同步回旋加速器. 由于上述原因,回旋加速器只适用于加速质量较大、相对论效应不很显著的重离子,如质子、氘核、α 粒子等. 对于电子,因其质量随速率变化的相对论效应十分显著(例如,当电子加速到 10 MeV 时,其速率已达 $0.9985c$,其质量约为电子静止质量的 18 倍),交变电场与回旋运动难以同步,故回旋加速器不适用于加速电子,需采用如电子感应加速器等其他装置来加速电子,参看§6.2.2.

带电粒子作加速运动时,将向外辐射电磁波. 带电粒子在回旋加速器中的匀速圆周运动具有向心加速度,也要辐射电磁波,由非相对论性($v \ll c$)低能带电粒子发射的称为回旋加速器辐射,由相对论性($v \approx c$)高能带电粒子发射的称为同步加速器辐射,简称同步辐射,这是回旋加速器中最主要的能量损失机制,也是被加速带电粒子的能量受到限制的又一重要原因.

1912 年肖脱(G. A. Schott)对同步辐射做过理论研究,1948 年首次在电子同步加速器中观察到同步辐射. 同步辐射具有许多重要特征: 辐射功率强大,并随带电粒子能量的增大急剧增长(同步辐射的功率与带电粒子能量的四次方成正比),近代同步辐射光源发出的光脉冲的亮度可与激光相比拟;辐射电磁波分布在很宽的频率范围内,并且频率连续可调,近代同步辐射光源可产生非常强的波长可调的 X 光;准直性好,辐射强度分布在以带电粒子运动方向为轴的极小锥角内,并可随带电粒子运动方向的改变而改变;等等. 所以,尽管回旋加速器中的同步辐射损失了大量能量,对带电粒子的加速十分不利,但同步辐射的上述突出

特征，使之在固体物理、材料科学和生命科学等领域具有广泛的应用前景，近年来许多国家纷纷建造高能同步回旋加速器，作为产生同步辐射的光源.

由于功率强大的同步辐射需由回旋运动的相对论性($v\approx c$)高能电子产生，而电子又不适于用回旋加速器加速，为此，可用其他装置(如电子感应加速器)将电子加速到高能后注入回旋加速器，电子因同步辐射损失的能量由高频交流电源补充，使电子的能量及其回旋频率保持不变，电源的频率也就无需调整，可使电子同步加速器的造价较低. 我国第一台同步辐射光源建立在合肥，电子能量达 800 MeV，电子回旋运动的圆周半径为 2 m，电子流的电流达到 100～300 mA，产生的同步辐射的强度可与激光相比拟. 美国康乃尔大学的同步辐射装置，电子能量达 10 GeV，圆周半径为 100 m，产生的同步辐射可伸展到 X 光波段.

例 15　质谱仪

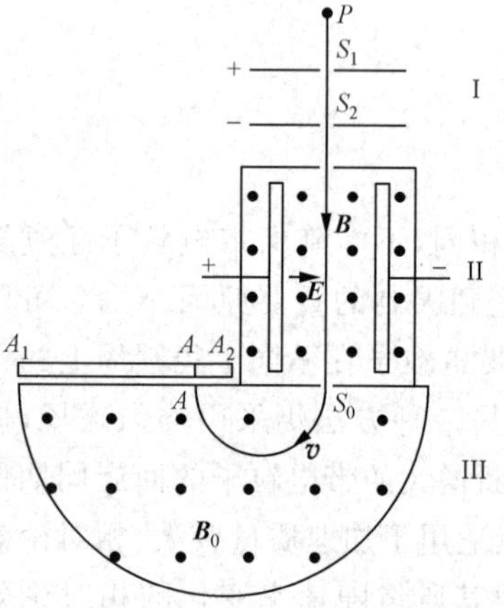

图 4.54　质谱仪的结构、原理

大多数元素都有几个同位素，其原子核中质子数相同，中子数不同，如氢同位素 ^{1}H, ^{2}H, ^{3}H，铀同位素 ^{234}U, ^{235}U, ^{238}U等. 质谱仪是分析、测量同位素的质量及其相对含量的仪器. 质谱仪的种类很多，一般由离子源、滤速器和收集器三部分组成，其结构、原理如图 4.54 所示. 某元素的各种同位素在离子源 P 形成离子，从狭缝 S_1 射入，经Ⅰ区电场加速后，从狭缝 S_2 以速度 $\boldsymbol{v}$ 准直射出，进入Ⅱ区. Ⅱ区是滤速器(速度选择器)，其中有相互垂直的均匀电场 $\boldsymbol{E}$ 和均匀磁场 $\boldsymbol{B}$，$\boldsymbol{E}$，$\boldsymbol{B}$ 又都与离子速度 $\boldsymbol{v}$ 垂直，离子在Ⅱ区受电力 qE(指向右方)和洛伦兹力 qvB(指向左方)，只有速度 $v=\dfrac{E}{B}$ 的离子所受合力为零，能不偏斜地沿原方向前进通过狭缝 S_0 进入Ⅲ区. Ⅲ区只有均匀磁场 $\boldsymbol{B}_0$，离子受洛伦兹力作用，做匀速圆周运动，半径为 $R=\dfrac{mv}{qB_0}=\dfrac{mE}{qB_0B}$ ($2R=S_0A$)，经半个圆周后到达收集器(例如照相底片)，在 A 处形成谱线，离子的质量 m 与各量的关系为

$$m=\frac{qB_0B}{E}R.$$

对于某元素的各种同位素，若其离子所带电量 q 相同，E,B,B_0 是质谱仪的固定常数，则因 m 不同，将在照相底片的不同位置(不同 R)上形成不同的谱线，测量这些谱线的位置和黑度，即可确定各种同位素的质量及其相对含量(百分比). 基础知识烂熟于胸，正确运用，就会开花结果.

例 16　电子枪打靶

如图 4.55(a)所示，静止的电子在电子枪内经 $U=1000$ V 电压加速后，从枪口 P 点沿直线 α 射出，若要求电子击中在 $\varphi=60^\circ$方向、与枪口相距 $d=PM=5.0$ cm、在 P 点右下方的靶 M 点，试求在以下两种情形所需均匀磁场 $\boldsymbol{B}$ 的大小. (1) 设 $\boldsymbol{B}$ 垂直于由直线 α 和靶 M 点确定的平面；(2) 设 $\boldsymbol{B}/\!/PM$.

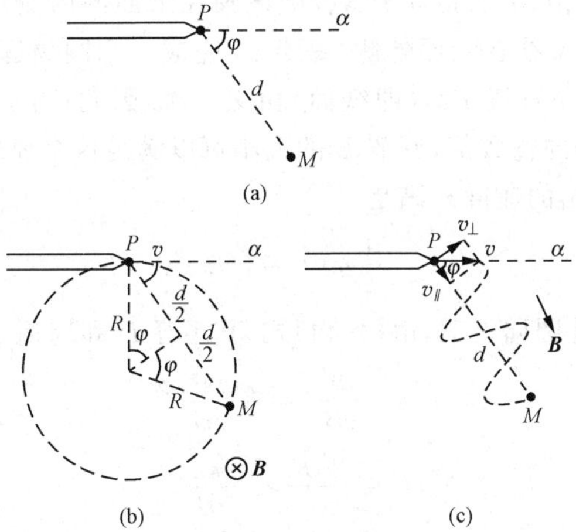

图 4.55 电子枪打靶

解 (1) 如图 4.55(b)，纸面是由直线 α 和 PM 确定的平面，均匀磁场 $\boldsymbol{B}$ 与纸面垂直. 电子从枪口 P 点以速度 $\boldsymbol{v}$ 射出，进入磁场，受洛伦兹力作用(其方向与 $\boldsymbol{v}$,$\boldsymbol{B}$ 都垂直)做匀速圆周运动，该圆通过 P 点、与 $\boldsymbol{B}$ 垂直、并在 P 点与电子进入磁场的初速 $\boldsymbol{v}$ 相切，该圆在纸面内. 因靶 M 点在 P 点右下方，为使电子向下偏转，$\boldsymbol{B}$ 的方向应垂直纸面向里，为⊗(若 $\boldsymbol{B}$ 垂直纸面向外，为⊙，则电子向上偏转，圆轨道在 P 点上方，不可能击中靶)，为使电子击中靶 M 点，应使圆轨道与 M 点相交，调节 B 的大小即调节圆半径 R 便可实现.

电子从静止经电压 U 加速后以速度 v 从枪口 P 点射出，故

$$\frac{1}{2}mv^2 = eU.$$

电子从 P 点以 $\boldsymbol{v}$ 进入均匀磁场，受洛伦兹力作用，做匀速圆周运动，由(4.44)式其半径为

$$R = \frac{mv}{eB}.$$

为了打中靶，该圆应与 M 点相交，如图 4.55(b)，R 与 d，φ 应满足的几何条件是

$$R\sin\varphi = \frac{d}{2}.$$

由以上三式，解出

$$B = \frac{2\sin\varphi}{d}\sqrt{\frac{2mU}{e}},$$

式中 $e=1.6\times10^{-19}$ C，$m=9.11\times10^{-31}$ kg 为电子的电量和质量，把有关数据代入，得 $B=3.7\times10^{-3}$ T.

(2) 如图 4.55(c)，$\boldsymbol{B}/\!/PM$，$\boldsymbol{v}$ 与 $\boldsymbol{B}$ 的夹角为 φ. 电子从 P 点射出进入磁场后，把 $\boldsymbol{v}$ 分解为与 $\boldsymbol{B}$ 垂直和平行的两个分量 $\boldsymbol{v}_\perp$，$\boldsymbol{v}_{/\!/}$，$v_\perp = v\sin\varphi$，$v_{/\!/} = v\cos\varphi$，电子以 $v_{/\!/}$ 从 P 点沿磁力线 PM 做匀速直线运动，同时，以 $v_\perp$ 从 P 点做匀速圆周运动，该圆通过 P 点、与 $\boldsymbol{B}$ 垂直、并在

P 点与 $\boldsymbol{v}_\perp$ 相切,因电子带负电($e<0$),若 $\boldsymbol{B}$ 由 P 点指向 M 点,所受洛伦兹力垂直纸面向外,该圆在纸面的外侧(若 $\boldsymbol{B}$ 由 M 点指向 P 点,则该圆在纸面的内侧).两者合成等距螺旋线,其轴线与 PM 平行,该螺旋线在纸面外侧,每当 $v_\perp$ 完成一个圆周运动、同时 $v_{/\!/}$ 沿 PM 前进一个螺距时,该螺旋线才与直线 PM(即纸面)相交一次.因此,为了使电子击中靶 M 点,要求 $PM=d$ 刚好等于螺距的整数倍,调节 B 的大小可以满足这个要求.

电子从枪口 P 点射出的速度 v 满足

$$\frac{1}{2}mv^2 = eU.$$

电子以 $v_\perp=v\sin\varphi$ 做匀速圆周运动,由(4.44)式,其半径 R 和周期 T 为

$$R=\frac{mv_\perp}{eB}=\frac{mv\sin\varphi}{eB},$$

$$T=\frac{2\pi R}{v_\perp}=\frac{2\pi m}{eB}.$$

同时,电子以 $v_{/\!/}=v\cos\varphi$ 沿 PM 做匀速直线运动,它与以 $v_\perp$ 的匀速圆周运动合成等距螺旋线,由(4.44)式,螺距为

$$h=v_{/\!/}T=\frac{2\pi mv_{/\!/}}{eB}=\frac{2\pi m}{eB}v\cos\varphi.$$

为使电子击中靶,要求 $PM=d$ 等于螺距 h 的整数倍

$$d=kh,\quad k=1,2,3,\cdots.$$

由以上五式,解出

$$B=k\frac{2\pi\cos\varphi}{\alpha}\sqrt{\frac{2Um}{e}}.$$

把有关数据代入,得出 $B=k\times6.7\times10^{-3}$ T.

求解此类题的要领是,根据题意,确定圆轨道或螺旋线的空间位置,然后运用(4.44)式寻找所需关系.

§4.7.3 电子的发现及其基本性质的实验测量

——J.J.汤姆孙阴极射线实验,考夫曼 β 射线实验,密立根油滴实验

1897 年 J.J.汤姆孙的阴极射线实验,测量阴极射线带电粒子的荷质比,发现了电子.1901 年考夫曼的 β 射线实验,发现了电子质量随速度的变化,为尔后爱因斯坦的狭义相对论提供了重要的实验证据.1909 年密立根的油滴实验,得出电荷是量子化的,测量了作为基本电荷的电子电量 e.以这三个经典实验为标志的一系列相关实验,谱写了电磁学史中一个独特而绚丽的篇章,意义重大.

首先,电子的发现表明,原子丧失了曾经具有的作为世间万物不可分割最小单元的地位,宣告人类对物质结构的认识进入了新的更深入的层次.以第一个基本粒子——电子的发现为开端,光子、质子、中子、π 介子、μ 子、中微子、夸克等先后问世,对基本粒子之间相互作用的认识和统一描述也取得了重大进展,粒子物理学和宇宙学成为 20 世纪物理学中迅猛发

展的基础学科.

其次,就电磁学而言,电子的发现、原子结构的确定、原子中电子运动的研究、乃至质子中子的发现等等,具有特殊的重要意义.因为,至此,关于什么是"电"的旷日持久的论争终于尘埃落定,"电"就是电子、质子等带电粒子,电流就是带电粒子的运动等等成为毋庸置疑的共识.同时,早年为了研究物质电磁性质把分子、原子看作电偶极子、分子环流的假设,以及关于磁现象的本质是电流、电磁现象具有不可分割内在联系的假设等等,都有了确凿的依据.凡此种种,标志着电磁学实现了从唯象研究达到本质认识的飞跃.

再次,如果说超距或近距作用的电磁理论都有明确的物理思想、严密的数学表述、完整的理论体系,充分展现了理性思维的威力与光辉,那么,在发现电子和测量其基本性质的过程中,更多的是艰辛的实验工作,这将使我们对电磁学发展的另一个重要侧面有所认识,别具意趣.

一、1897 年 J. J. 汤姆孙的阴极射线实验,电子的发现

真空管内由金属制成的阴极在加高电压、受光照射、被带电粒子轰击等条件下发出的射线称为阴极射线,它是在研究气体放电时发现的.阴极射线具有从阴极表面垂直射出、会引起化学反应、有热效应、能传递动量等性质,并且这些性质与阴极的材料无关.J. J. 汤姆孙从 1890 年开始从事气体放电和阴极射线的实验研究,1894 年他用旋转镜实验测出阴极射线的速度比光速小两个数量级,表明阴极射线并非某种电磁波,又由于外加的电场和磁场能使阴极射线偏转,使他相信阴极射线是某种带负电的粒子流.

1897 年 J. J. 汤姆孙(Joseph John Thomson,1856—1940,英国)测量阴极射线带电粒子荷质比实验的装置如图 4.56 所示.玻璃管内抽成真空,阳极 A 和阴极 K 之间维持几千伏的电压,管内残存气体的离子撞击阴极引起的二次发射产生阴极射线.阳极 A 是紧固在玻璃管中的接地金属环,A' 是另一接地金属环,A' 和 A' 中央开有小孔,使得在 K 和 A 之间被加速的阴极射线带电粒子通过小孔后形成窄束,沿直线前进,打在玻璃管另一端荧光屏 S 中央的 O 点,形成光斑.玻璃管中间的 C 和 D 是电容器的两个极板,接电源后可在其间产生竖直方向的均匀电场 $\boldsymbol{E}$,管外的电磁铁可在图中与电容器重叠的圆形阴影区内产生垂直于纸面的均匀磁场 $\boldsymbol{B}$.

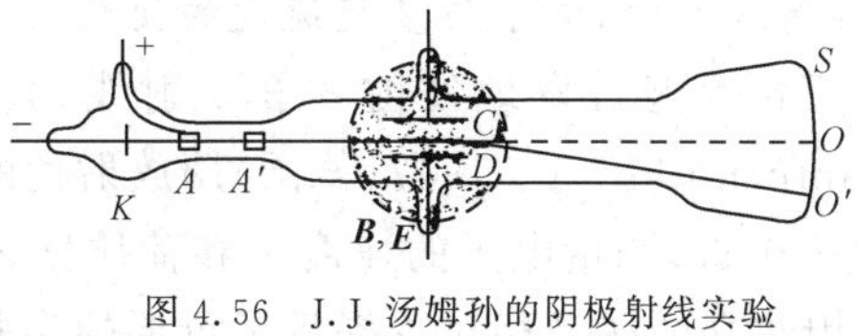

图 4.56 J. J. 汤姆孙的阴极射线实验

测量阴极射线带电粒子荷质比 e/m 的原理是,同时外加相互垂直的均匀电场 $\boldsymbol{E}$(向下)和均匀磁场 $\boldsymbol{B}$(垂直纸面向里),调节 E 和 B 的大小,使带电粒子不发生偏转,仍沿直线射到荧光屏 S 中央的 O 点,表明带电粒子所受库仑力(向上)与洛伦兹力(向下)相等反向,$eE=evB$,其速度为

$$v=\frac{E}{B}.$$

然后，撤去电场 $\boldsymbol{E}$，保留磁场 $\boldsymbol{B}$，带电粒子只受洛伦兹力，在磁场区内沿圆轨道向下偏转，其半径为

$$R=\frac{mv}{eB}.$$

脱离磁场区后带电粒子沿直线前进，打在荧光屏的 O' 点，由 O' 点的位置可推算出 R 的大小. 由以上两式，阴极射线带电粒子的荷质比为

$$\frac{e}{m}=\frac{E}{RB^2},$$

测出 E,B,R 即可得出 e/m. 这种方法简洁、重复性好，缺点是电容器两极板间的电场和电磁铁两极间的磁场难以准确地重叠覆盖，导致误差.

实验的结果是，阴极射线带电粒子的荷质比竟然比当时已知的氢离子的荷质比大约二千倍. 于无声处听惊雷！J. J. 汤姆孙立即意识到这一始料未及结果的重大含义. 为了确切无误，他又用另一种方法测量了阴极射线带电粒子的荷质比，并采用不同金属材料做阴极，在放电管中充入不同气体，还测量了光电效应带电粒子的荷质比以及炽热金属发出的带电粒子的荷质比，这些实验尽管各有误差，但结果相近，均为氢离子荷质比的约二千倍. 由于这些粒子所带电量不可能与氢离子显著不同，这是一种前所未知的质量比氢原子（最小的原子）小约二千倍的带电粒子，它蕴含在各种原子之中.

综合以上实验结果，1899 年 J. J. 汤姆孙得出结论："1. 原子不是不可分割的，因为借助于电力的作用、快速运动的原子的碰撞、紫外线或热，都能够从原子里扯出带负电的粒子. 2. 这些粒子具有相同的质量并带有相同的负电荷，无论它们是从哪一种原子里得到的；并且是一切原子的一个组成部分. 3. 这些粒子的质量小于一个氢原子质量的千分之一. 我起初把这些粒子叫做微粒，但是它们现在以'电子'(electron)这个更合适的名称来命名."

这就是电子的发现. 电子是构成各种原子的更深层次的第一个基本粒子，其质量约为氢原子质量的二千分之一，带负电.

1906 年，J. J. 汤姆孙因"对气体导电的理论和实验研究"获诺贝尔物理学奖.

二、1901 年考夫曼的 β 射线实验，电子质量随速度的变化

放射性元素如铀 U、钍 Th 等能自发地发射 α,β,γ 射线，其中 β 射线是高速电子流. 1901 年考夫曼(Walther Kaufmann，1871—1947，德国)用放射性的溴化镭作为 β 射线源，它发射的电子的速度高达 0.8—$0.9c$，测量电子的速度 v 和荷质比 e/m，首次发现电子质量随速度的变化，为尔后爱因斯坦建立的狭义相对论提供了重要的实验证据.

考夫曼 β 射线实验的装置如图 4.57 所示，真空容器 L 中有黄铜圆筒 A，筒底中央 R 处放一粒溴化镭作为 β 射线源，P-P' 是间距为 0.15 cm 的两块平行的平板电极，作为准直通道，D 是直径为 0.5 mm 的小孔，从 R 处发射的高速电子穿过 P-P' 通道和小孔 D 后投射在照相底片 E 上，留下光点.

测量的原理是，若在垂直于电子速度 $\boldsymbol{v}$ 的方向(即在 P-P' 两板间)加均匀磁场 $\boldsymbol{B}$，因受

洛伦兹力作用，电子作匀速圆周运动，其半径 R 满足

$$evB=\frac{mv^2}{R}\quad 或 \quad \frac{e}{m}=\frac{v}{BR}.$$

若在垂直于电子速度 $\boldsymbol{v}$ 的方向(即在 P-P' 两板间)加均匀电场 $\boldsymbol{E}$，因受库仑力作用，电子除了向上以 v 作匀速直线运动外，还沿 $\boldsymbol{E}$ 方向以 $a=\frac{eE}{m}$ 作初速为零的匀加速直线运动，电子轨道由两者合成，后者使电子偏离了无电场时的直线轨道，背着 $\boldsymbol{E}$ 方向移动了 Δx 的距离，为

$$\Delta x=\frac{1}{2}at^2\approx\frac{1}{2}\frac{eE}{m}\frac{l^2}{v^2}\quad 或 \quad \frac{e}{m}=\frac{2v^2\Delta x}{El^2},$$

式中 l 是从 R 点到光点这一段稍稍弯曲的路径的长度. 由以上两式，有

$$v=\frac{El^2}{2\Delta xBR},$$

测出 $B,R,\Delta x,E,l$，由上式可求得电子的速度 v. 同时，由测出的 B,R,v 或 $\Delta x,E,l,v$，由前两式可求得相应于速度 v 的电子荷质比 e/m.

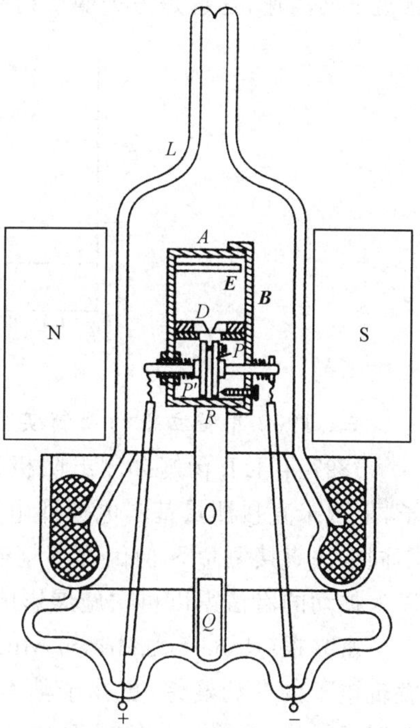

图 4.57 考夫曼的 β 射线实验

根据实验结果，考夫曼指出，“……能测量到的最快的粒子的速度，只是稍小于光速，……在观测到的速率的范围内，e/m 有剧烈的变化，随着 v 的增加，e/m 比值下降得非常明显. ……当达到光速时，它(指电子质量)将变为无穷大.”由于电子的电量 e 不随速度 v 变化，电子荷质比 e/m 随 v 增大而下降是电子质量 m 随 v 增大而增大的结果. 考夫曼 β 射线实验首次发现了电子质量随速度的变化.

这一重大发现引起了物理学家的重视和关注，各种理论解释纷至沓来，导出了几种质速关系，根据各有不同，其中包括爱因斯坦狭义相对论的质速关系. 但由于考夫曼实验的精度不高，一时难以断定孰是孰非，随着技术的进步，精度不断提高，直至 20 世纪 60 年代，相关实验精确地证明了爱因斯坦质速关系的正确性.

1905 年爱因斯坦建立了狭义相对论，据此，无需对电子形状或电荷分布做任何特殊的假设，得出相对论的质量随速度变化的关系(质速关系)为

$$m=\frac{m_0}{\sqrt{1-\frac{v^2}{c^2}}},\tag{4.45}$$

式中 m_0 是物体的静止($v=0$)质量，m 是物体以速度 v 运动时的质量，c 是真空光速. $m(v)/m_0$ 随 v/c 变化的曲线如图 4.58 所示. 当 $v=0$ 时，$m=m_0$；随着 v 增大，若 $v\ll c$，则 m 稍有增大，不显著；但当 v 与 c 可相比拟时，随着 v 增大，m 显著增大；当 $v\to c$ 时，$m\to\infty$. 所以，m 与 m_0 的差别只在物体以与光速 c 可相比拟的高速 v 运动时才显示出来，电子因质量小，容易达到

接近 c 的高速,这正是考夫曼 β 射线实验获得成功而此前并未察觉质量随速度变化的原因.

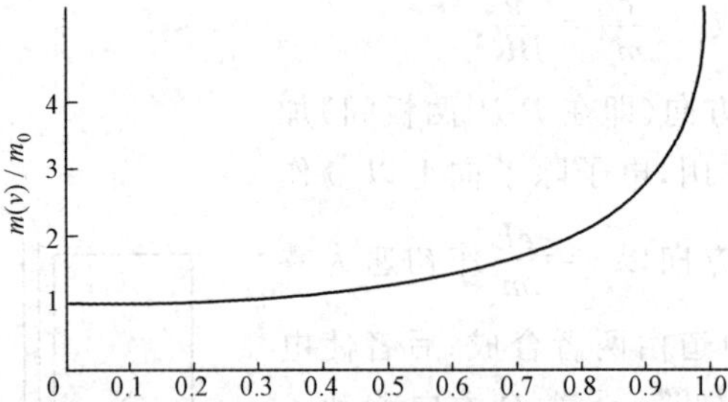

图 4.58 相对论的质速关系

三、1909 年密立根的油滴实验,基本电荷即电子电量 e 的测量,电荷的量子化

1897 年 J. J. 汤姆孙测出阴极射线带电粒子的荷质比为氢离子的约二千倍,发现了电子,但因未直接测量基本电荷即电子电量 e,尚存疑虑. 为此,J. J. 汤姆孙和他的学生先后用不同方法直接测量 e,但因不够精确且结果不尽相同,未能尽如人意,使得认为阴极射线是以太振动的看法得以再次施展影响.

密立根(Robert Andrews Millikan,1868—1953,美国)意识到,e 的测量不仅可以消除发现电子的一切疑虑,更在于其本身的重要性. 密立根指出:"在所有物理常量中有两个是普遍承认的,应当作为绝对重要的常量:一个是光速,它现在已出现在理论物理学的许多基本方程中;另一个就是最终的基本电荷,它的知识可以确定大量的其他重要的物理量."的确,基本物理常数(如 c, e, h, N_A, G 等)反映了物理世界的基本特征,决定了物质结构的层次,确立了不可逾越的界限,成为物理学大厦的基石和标志.

密立根油滴实验的装置如图 4.59 所示. 密闭容器 C 内装有两块平行的黄铜圆板 M 和 N,直径为 22 cm,相距 16 mm,M 中间开有小孔,喷雾器从小孔喷入油滴,M,N 接电压可变的电源,使其间有电场,用 X 射线或放射线照射油滴使之带电,用弧光灯照射油滴,并用短焦距望远镜(图中未画出)观测油滴的运动速度,进而测定油滴所带电荷.

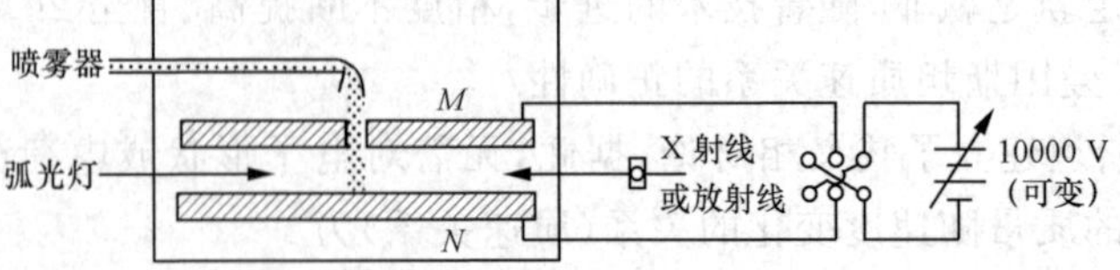

图 4.59 密立根油滴实验

测量的原理是,设油滴半径为 a、密度为 ρ、速度为 v,设空气密度为 ρ_0、黏滞系数为 η、重力加速度为 g,未加电场时,油滴受重力 $f_{重} = mg = \frac{4\pi}{3}a^3\rho g$、空气浮力 $f_{浮} = \frac{4\pi}{3}a^3\rho_0 g$、摩擦阻力 $f_{摩} = 6\pi\eta a v$(斯托克斯定律),当三力平衡时,油滴以收尾速度 v_0 匀速下降,满足

$$\frac{4\pi}{3}a^3(\rho-\rho_0)g=6\pi\eta a v_0.$$

在 M,N 间接电源，加电场 $\boldsymbol{E}$，设油滴带电 q，则油滴还受向下的电力 $f_{电}=qE$，当 $f_{重}$，$f_{浮}$，$f_{摩}$，$f_{电}$ 四力平衡时，油滴以另一收尾速度 v_1 匀速下降，满足

$$\frac{4\pi}{3}a^3(\rho-\rho_0)g+qE=6\pi\eta a v_1.$$

由以上两式，消去 a，得

$$q=9\sqrt{2}\pi\eta^{3/2}\ \frac{(v_1-v_0)}{E}\sqrt{\frac{v_0}{(\rho-\rho_0)g}},$$

式中 η,E,ρ,ρ_0,g 已知，测出无电场和加电场时油滴的收尾速度 v_0 和 v_1，即可得出油滴所带电量 q.

密立根和他的学生们艰辛细致地测量了几千个油滴的电荷，还以甘油、汞代替油滴做实验. 采用油滴的好处是不易蒸发，悬浮时间长，容易跟踪稳定地匀速下降的油滴，准确地测出它的速度，另外还曾对斯托克斯定律作了修正. 此前有人采用水滴（雾滴），因易蒸发，不稳定，误差大.

密立根油滴实验的结果表明，电荷是量子化的，存在基本电荷，即油滴所带电量 q 总是某一最小值 e 的整数倍，并精确地测定了基本电荷即电子电量 e 的数值，他的结果曾被作为国际标准十余年之久. 1986 年基本电荷的推荐值为

$$e=1.60217733(49)\times10^{-19}\ \text{C}. \tag{4.46}$$

还应指出，密立根在实验中观察到，某些在电场中悬浮的带电油滴的速度会突然跳跃式地改变而不是连续缓慢地改变，密立根认为，这是油滴获得或失去了一个或数个基本电荷的结果，这更使他坚信存在基本电荷、电荷是量子化的.

1923 年，R. A. 密立根因“在电的基本电荷和光电效应方面的工作”，获诺贝尔物理学奖.

§4.7.4 霍尔效应，量子霍尔效应

当通有电流的导体或半导体板置于与电流方向垂直的磁场中时，在垂直于电流和磁场方向的导体或半导体板的两侧之间，会产生横向电势差. 这种现象是 1879 年霍尔（Edwin Herbert Hall，1855—1938，美国）对铜箔做实验时发现的，称为霍尔效应，该电势差称为霍尔电势差.

实验表明，如图 4.60 所示，霍尔电势差 $U_H=U_{AA'}$（z 方向）与电流 I（y 方向）和磁感应强度 B（x 方向）成正比，与板的厚度 d 成反比，即

$$U_H=K\frac{IB}{d}, \tag{4.47}$$

式中的比例系数 K 称为霍尔系数，与材料的性质和温度有关.

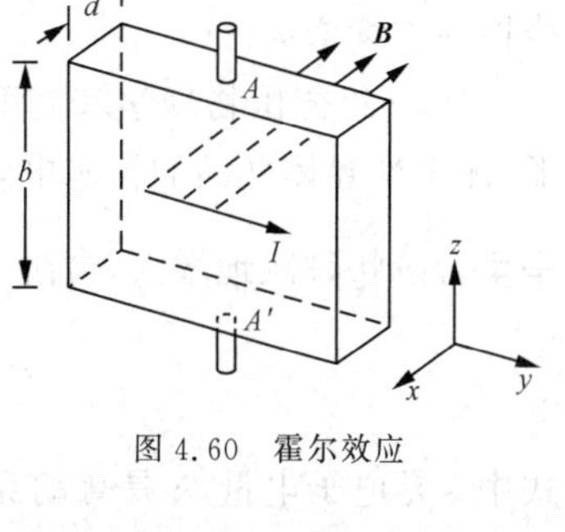

图 4.60 霍尔效应

霍尔效应是洛伦兹力的结果. 如图 4.60，外加磁场 $\boldsymbol{B}$

对形成电流的运动电荷(电子或其他载流子)的洛伦兹力使之横向偏转,在导体或半导体板的两侧分别聚集正、负电荷,形成电势差,它将使载流子受到阻碍其横向偏转的横向电场力,当洛伦兹力与电力相等反向抵消时,载流子不再继续横向偏转,达到恒定状态. 设平板内载流子的电量为 q,平均定向速率为 v,则所受洛伦兹力为 qvB,没达到恒定状态的平板两侧的电势差为 U_{H},则载流子所受横向电场力为 $qE=qU_{\mathrm{H}}/b$,故

$$qvB = q\frac{U_{\mathrm{H}}}{b}.$$

设载流子浓度(数密度)为 n,则电流 I 为

$$I = qbdvn,$$

式中 b 是平板一边的长度,d 是平板的厚度. 由以上两式

$$U_{\mathrm{H}} = \frac{1}{nq}\frac{IB}{d}. \tag{4.48}$$

把实验结果(4.47)式与理论公式(4.48)式比较,得出霍尔系数为

$$K = \frac{1}{nq}. \tag{4.49}$$

上式表明,测量霍尔系数 K,可以确定载流子的浓度 n. 半导体内载流子浓度远小于金属,所以半导体的霍尔系数比金属大得多. 由于半导体内载流子浓度受温度、杂质和其他因素影响很大,所以霍尔效应为研究半导体载流子的浓度及其变化提供了有效的方法. 根据霍尔系数的正负,还可以判断载流子所带电荷的正负,确定半导体的导电类型(电子型或空穴型). 霍尔效应还用于测量磁场,测量直流或交流电路中的电流和功率,转换信号(如把直流电转换成交流电并进行调制,放大直流或交流信号),等等. 利用半导体材料制成的霍尔元件具有结构简单可靠、使用方便、成本低廉等优点,广泛应用于测量技术、电子技术、自动化技术.

从历史上说,1879 年发现的霍尔效应直到 1892 年建立洛伦兹力公式后才得到正确解释,反之,也可以说,霍尔效应为洛伦兹力公式提供了重要的实验证据.

由(4.48)式,霍尔电势差 U_{H} 与电流 I 之比称为霍尔电阻 R_{H},为

$$R_{\mathrm{H}} = \frac{U_{\mathrm{H}}}{I} = \frac{B}{nqd} = \frac{B}{n_{\mathrm{s}}q},$$

式中 nd 是单位面积上的载流子数,即载流子的面密度 n_{s},上式表明,当 n_{s} 一定时,R_{H} 随 B 线性地连续增大.

1980 年德国物理学家克里岑(von Klitzing)在极低温(几 K)和强磁场(1—10 T)条件下,测量半导体样品的霍尔电阻时发现,随着磁场的增大,霍尔电阻 R_{H} 并非连续地增大,而是呈台阶状跳跃地增大,台阶的高度是物理常数 $\frac{h}{e^2}$ 除以整数 i,即

$$R_{\mathrm{H}} = \frac{h}{ie^2}, \quad i = 1,2,3,4,\cdots, \tag{4.50}$$

式中 e 是电子电量,h 是普朗克常数,并且 R_{H} 与样品的种类、结构、尺寸都无关. 这个现象称

为量子霍尔效应,相应的霍尔电阻称为量子霍尔电阻.量子霍尔效应是在极低温强磁场条件下在宏观尺度上表现出来的量子效应,其中必定蕴含着重要的物理内容,引起了物理学家的重视,经过几年的努力,终于认识到这是电子在极低温强磁场中运动时所具有的特殊的量子效应,它的严格理论解释对低维现象的理解有重要意义.另外,由于 R_H 只精确地取决于基本常数 e 和 h,与样品性质无关,这就给出了新的电阻的自然标准,1990 年把四分之一台阶的霍尔电阻 $h/4e^2$ 定义为 1 单位的克里岑.1985 年克里岑因发现量子霍尔效应,获诺贝尔物理学奖.

1982 年华裔物理学家崔琦等人在研究极低温(约 0.1 K)和超强磁场(大于 10 T)条件下二维电子气的霍尔效应时,发现霍尔电阻随磁场的变化出现了比 h/e^2 更大的台阶,即(4.50)式中的 i 不仅可取整数 $i=1,2,3,\cdots$,还可取分母为奇数的分数 $i=\frac{1}{3},\frac{2}{3},\frac{2}{5},\frac{3}{5},\frac{4}{5},$ $\cdots$,这就是分数量子霍尔效应,i 只可取整数的则称为整数量子霍尔效应.崔琦的这一重大发现,对理论工作者提出了更大的挑战,它的理论解释推动了低维物理和强关联系统理论的发展.1988 年崔琦等人因发现分数量子霍尔效应,获诺贝尔物理学奖.

§4.7.5 带电粒子在非均匀磁场中的运动

——漂移,浸渐不变量,等离子体的磁约束,逃逸锥

在§4.7.2 中指出,带电粒子在均匀恒定磁场中环绕着磁力线回旋前进,回旋的圆心称为引导中心或瞬时回转中心.

如果磁场非均匀、不恒定,或者同时存在电场、其他非电磁力,那么,一般说来,带电粒子的运动相当复杂,难以求得严格的解析解,但在一定的条件下,可以均匀恒定磁场解为基础,求得近似解,使我们对带电粒子的运动有所了解.

研究表明,在上述条件下,带电粒子运动的一个重要特征是,引导中心除了沿磁力线的运动外,还有垂直(横越)磁力线的运动,称为漂移,不同的原因会造成不同的漂移.研究发现,在上述条件下,与带电粒子运动相关的各种物理量都在变化,然而,由它们组成的某几个物理量却在一阶近似条件下保持不变,称为浸渐不变量,不同的浸渐不变量相应于不同的磁场结构和不同的周期(或准周期)运动,要求有所不同.漂移、浸渐不变量的研究和发现是粒子轨道理论的重要进展,成为相关应用的依据,本节稍作介绍,略窥门径.

一、漂移

如图 4.61(a),带电粒子 $q>0,m$ 在均匀恒定磁场 $\boldsymbol{B}$(沿 z 方向)中以 $v_\perp=v$(设 $v_{/\!/}=0$)作匀速圆周运动.如图(b),若再加上与 $\boldsymbol{B}$ 正交的均匀恒定电场 $\boldsymbol{E}$(沿 y 方向),则在左半圈,带电粒子速度沿 $\boldsymbol{E}$ 方向的分量 v_y 因受电场力加速而逐渐增大,在右半圈 v_y 因受电场力减速而逐渐减小,使下半圈的 v_y 大于上半圈的 v_y,v_x 保持不变.因带电粒子在均匀恒定磁场中的回旋频率 $\omega=\frac{v_\perp}{R}=\frac{qB}{m}$ 保持不变,故下半圈 v_y 或 $v_\perp=\sqrt{v_x^2+v_y^2}$ 的增大将使回旋半径 R 相应增大,上半圈的回旋半径减小,结果带电粒子的轨道由图(a)的圆大致变成图(b)的形状

(严格地说是摆线). 可见,$\boldsymbol{E}$ 的存在使带电粒子在一次回旋结束后,不再回到原来位置,而是沿垂直于 $\boldsymbol{B}$ 的 x 方向即($\boldsymbol{E}\times\boldsymbol{B}$)的方向移动了一段距离. 这种由电场 $\boldsymbol{E}$ 引起的漂移称为电漂移,也称($\boldsymbol{E}\times\boldsymbol{B}$)漂移,电漂移速度 $\boldsymbol{v}_E$ 为

$$\boldsymbol{v}_E=\frac{\boldsymbol{E}\times\boldsymbol{B}}{B^2}. \tag{4.51}$$

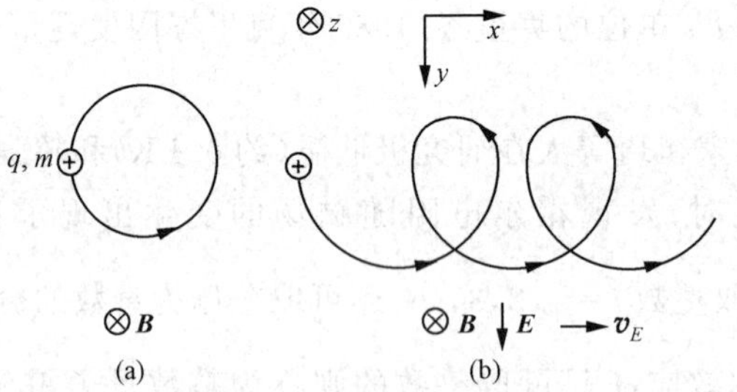

图 4.61 电漂移的定性分析

为了验证(4.51)式,设带电粒子在均匀恒定电磁场 $\boldsymbol{E},\boldsymbol{B}$ 中($\boldsymbol{E}\perp\boldsymbol{B}$)以 $\boldsymbol{v}'$ 运动,则其运动方程为

$$m\frac{\mathrm{d}\boldsymbol{v}'}{\mathrm{d}t}=q\boldsymbol{E}+q\boldsymbol{v}'\times\boldsymbol{B}.$$

取 $\boldsymbol{v}'=\boldsymbol{v}+\boldsymbol{v}_E$,其中 $\boldsymbol{v}_E=\dfrac{\boldsymbol{E}\times\boldsymbol{B}}{B^2}$,代入上式,得

$$m\frac{\mathrm{d}\boldsymbol{v}}{\mathrm{d}t}=q\boldsymbol{v}\times\boldsymbol{B},$$

此即带电粒子在均匀恒定磁场中的运动方程(4.43b)式. 所以,带电粒子在均匀恒定电磁场中的运动速度 $\boldsymbol{v}'$,是它在均匀恒定磁场中的运动速度 $\boldsymbol{v}$ 与电漂移速度 $\boldsymbol{v}_E$ 之和,这是严格解.

如果带电粒子在均匀恒定磁场中运动时,还受重力 $m\boldsymbol{g}$ 或其他非电磁力 $\boldsymbol{F}$,同样会引起漂移,把(4.51)式中的 $\boldsymbol{E}$ 代之以 $m\boldsymbol{g}/q$ 或 $\boldsymbol{F}/q$,即可得出相应的漂移速度 $\boldsymbol{v}_g$ 或 $\boldsymbol{v}_F$ 为

$$\boldsymbol{v}_g=\frac{m\boldsymbol{g}\times\boldsymbol{B}}{qB^2},\quad \boldsymbol{v}_F=\frac{\boldsymbol{F}\times\boldsymbol{B}}{qB^2}.$$

如果磁场非均匀,例如,如图 4.62 所示,磁场 $\boldsymbol{B}$ 的方向垂直纸面向里,磁场在横虚线(与 $\boldsymbol{B}$ 垂直)上下分别均匀,但经横虚线发生突变,即 $B_1>B_2$,存在横向梯度 $\nabla_\perp B$(方向向上). 若带电粒子 $q>0,m$ 以 $v_\perp=v,v_{/\!/}=0$ 进入磁场,因回旋半径 $R=\dfrac{mv}{qB}$,带电粒子在横虚线上、下将分别绕小圈和大圈回旋,导致引导中心沿着与 $\boldsymbol{B}$ 和 $\nabla_\perp B$ 都垂直的方向漂移,称为横向梯度漂移. 可以证明,若磁场“弱”非均匀,即在回旋半径范围内磁场的变化远小于其本身的大小($|\nabla_\perp B|R\ll B$),则横向梯度漂移速度为

$$\boldsymbol{v}_{\nabla_\perp B}=\frac{w_\perp}{qB^3}\boldsymbol{B}\times\nabla_\perp B, \tag{4.52}$$

式中 $w_\perp=\dfrac{1}{2}mv_\perp^2$ 是带电粒子的横向动能.

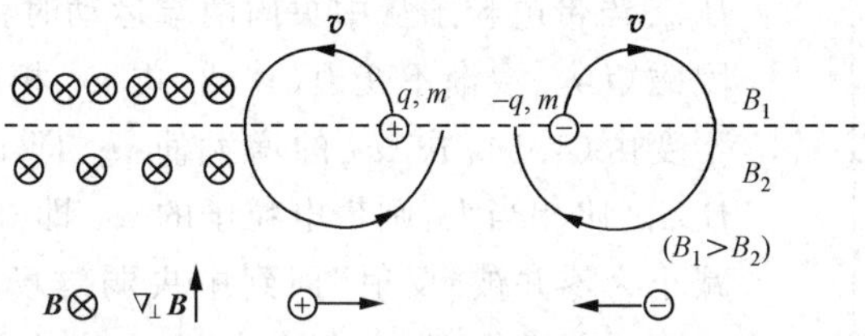

图 4.62 横向梯度漂移

值得注意的是，在以上四种漂移中，$\boldsymbol{v}_E$ 与 q 无关，即正、负电荷的漂移速度相同，所以电漂移不引起正、负电荷的分离；$\boldsymbol{v}_{\nabla_\perp B}$，$\boldsymbol{v}_g$，$\boldsymbol{v}_F$ 则都与 q 有关，即正、负电荷的漂移速度反向，所以横向梯度漂移、重力漂移、非电磁力漂移都将引起正、负电荷的分离，导致某种电荷分布与电流分布并产生附加的感应电磁场，使问题更趋复杂. 若重力、非电磁力远小于磁力，若磁场弱非均匀，则附加的感应场可略，上述公式近似适用.

二、浸渐不变量——*磁矩 $\boldsymbol{p}_m$，等离子体的磁约束*

在§4.6.3中引入了磁矩 $\boldsymbol{p}_m = IS\boldsymbol{n}$ 的概念，用以描绘载流线圈的性质. 带电粒子 q,m 在均匀恒定磁场中围绕引导中心的回旋运动相当于载流线圈，其电流 $I=\dfrac{q}{T}$，面积 $S=\pi R^2$，因 T,R 恒定不变，故 I,S 恒定不变，即磁矩 $\boldsymbol{p}_m$ 恒定不变. 所以，当带电粒子在均匀恒定磁场中运动时，其回旋运动相应的磁矩是严格的不变量，毋庸置疑.

当带电粒子 q,m 在弱非均匀、恒定磁场中运动时，可以证明，相应于准周期的回旋运动，其磁矩 p_m 是浸渐不变量，即伴随着带电粒子的运动，其磁矩的大小虽有所变化，但在一阶近似下可视为常量. 由 $p_m = IS$，$I=q/T$，$S=\pi R^2$，以及 $T=\dfrac{2\pi m}{qB}$，$R=\dfrac{mv_\perp}{qB}$，得

$$p_m = IS = \frac{q}{T}\pi R^2 = q\,\frac{qB}{2\pi m}\pi\left(\frac{mv_\perp}{qB}\right)^2$$
$$= \frac{1}{2}mv_\perp^2\,/B = \frac{w_\perp}{B}.$$

因此，磁矩 p_m 是浸渐不变量可表为

$$p_m = \frac{w_\perp}{B} \approx 常量. \tag{4.53}$$

另外，由于洛伦兹力不做功，当带电粒子在任何磁场中运动时，其动能 w 严格保持不变，即

$$w = w_\perp + w_{/\!/} = 常量, \tag{4.54}$$

式中 $w_\perp = \dfrac{1}{2}mv_\perp^2$，$w_{/\!/} = \dfrac{1}{2}mv_{/\!/}^2$ 分别是带电粒子横向（与 $\boldsymbol{B}$ 垂直）和纵向（与 $\boldsymbol{B}$ 平行）的动能，以上两式表明，当带电粒子在弱非均匀磁场中运动时，随着其位置的变化，所在处的磁场 B 有所变化，$w_\perp$ 和 $w_{/\!/}$ 也都相应有所变化，但 $p_m = \dfrac{w_\perp}{B}$ 近似不变，w 则严格不变. 请注意以上两式的同、异，它们是解释许多相关现象和应用的依据.

如图 4.63 的瓶状磁场称为磁瓶，磁场弱非均匀，两端磁场最强为 B_{max}，中央最弱为

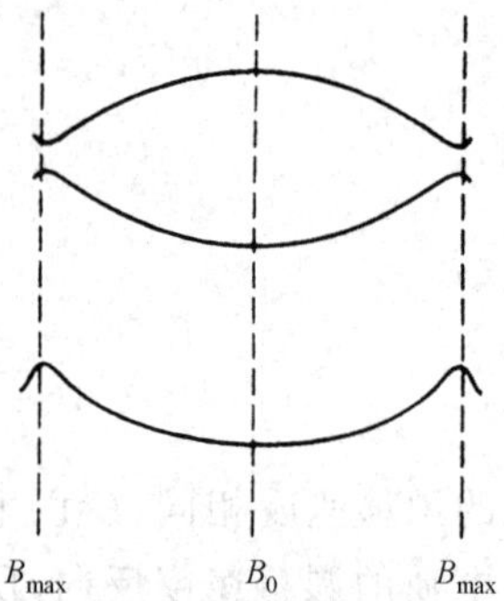

图 4.63　磁瓶

B_{min}. 当带电粒子从中央向两端运动时，所在处的磁场 B 加大，因磁矩 p_m 浸渐不变由(4.53)式 $w_\perp$ 相应增大，因动能 w 严格不变由(4.54)式 $w_\perp$ 的增大使 $w_{/\!/}$ 即 $v_{/\!/}$ 相应减小，若 B_{max} 与 B_{min} 之比相当大，则带电粒子的 $w_{/\!/}$ 即 $v_{/\!/}$ 有可能在磁瓶内某处减小为零并被"反射"回到中央弱磁场区. 这种现象与光线被镜面反射类似，称为**磁镜效应**，它能使部分带电粒子在两端磁镜间往返反射，从而被捕集(约束)在磁瓶之中. 磁瓶的缺点是部分带电粒子会从两端逃逸.

现在定量讨论带电粒子被磁瓶捕集的条件. 设带电粒子在磁瓶中央 B_{min} 处的速度为 v_0，其垂直和平行磁场的分量为 $v_{\perp 0}$ 和 $v_{/\!/ 0}$，若该带电粒子可被捕集，则它应在未越过磁瓶两端之前在磁瓶中磁场为 $B'(B'\leqslant B_{max})$ 处反射，即它在该处速度 v' 的平行磁场分量应降为零，$v'_{/\!/}=0, v'_\perp=v'$. 因磁矩 p_m 为浸渐不变量，由(4.53)式，带电粒子在中央 B_{min} 处的 p_0 与在 B' 处的 p' 近似相等，得

$$p_0=\frac{w_{\perp 0}}{B_{min}}=\frac{\frac{1}{2}mv_{\perp 0}^2}{B_{min}}\approx p'=\frac{\frac{1}{2}mv'^2_\perp}{B'}.$$

因带电粒子的动能严格不变，由(4.54)式，得

$$v_0^2=v_{\perp 0}^2+v_{/\!/ 0}^2=v'^2=v'^2_\perp.$$

由以上两式

$$\frac{B_{min}}{B'}=\frac{v_{\perp 0}^2}{v'^2_\perp}=\frac{v_{\perp 0}^2}{v_0^2}.$$

带电粒子能被磁瓶捕集的条件是，能使其 $v'_{/\!/}$ 降为零处的 B' 应满足

$$B'\leqslant B_{max}.$$

由以上两式，捕集条件可表为

$$\frac{v_{\perp 0}^2}{v_0^2}\geqslant\frac{B_{min}}{B_{max}}.$$

若 $v_{\perp 0}^2/v_0^2<B_{min}/B_{max}$，表明从中央 B_{min} 处射出的速度为 v_0 的带电粒子，其 $v_{/\!/ 0}$ 所占比例较大，在 B_{max} 处仍未减为零，将逃逸出磁瓶. B_{max}/B_{min} 称为磁镜比，是磁瓶捕集性能的标志. 定义

$$\sin\theta=\frac{v_{\perp 0}}{v_0},$$

式中 θ 是磁瓶中央 B_{min} 处 $\boldsymbol{v}_0$ 与 $\boldsymbol{v}_{\perp 0}$ 的夹角，即该处带电粒子轨道的俯仰角. 由以上两式，捕集条件可表为

$$\sin\theta=\frac{v_{\perp 0}}{v_0}\geqslant\sqrt{\frac{B_{min}}{B_{max}}}=\sin\theta_{min}. \tag{4.55}$$

捕集条件(4.55)式可用速度空间的圆锥体图示. 如图 4.64，在速度空间取直角坐标 v_x, v_y, v_z，原点 O 位于磁瓶中央 B_{min} 处. 在图中，θ_{min} 限定的是一个圆锥形区域，锥顶位于 O 点，以

$\boldsymbol{v}_{\parallel 0}$即$\boldsymbol{B}_{\min}$为对称轴，以$\theta_{\min}$为张角. 从$O$点以$\boldsymbol{v}_0$射出的带电粒子，若其俯仰角$\theta \geqslant \theta_{\min}$，即在锥体外或锥体上，可捕集；若$\theta < \theta_{\min}$，即在锥体内，将逃逸. 图 4.64 的速度空间锥体称为逃逸锥或漏泄锥，它为能否捕集提供了形象直观的表示.

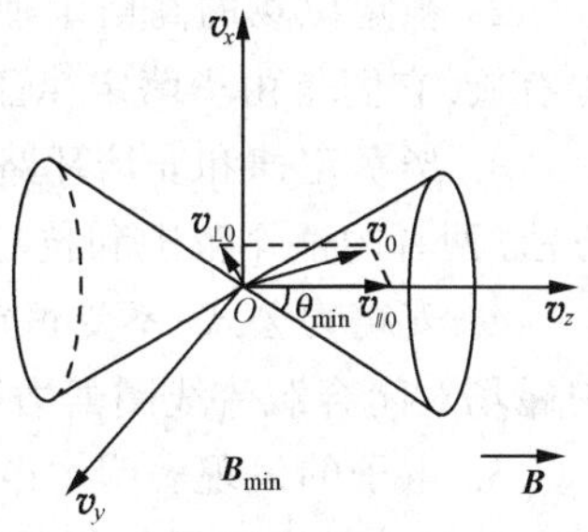

图 4.64　逃逸锥

值得注意的是，(4.55)式表明，带电粒子能否被磁瓶捕集的关键在于从中央射出时v_0与$v_{\perp 0}$之比（或v_0与$v_{\parallel 0}$之比），而不只取决于$v_{\parallel 0}$的绝对大小，这是因为在非均匀磁场中运动（如图 4.63，从中央向两端运动）的带电粒子会受到使$v_{\parallel 0}$减小的纵向阻力$\boldsymbol{F}_{\parallel}$，其大小不仅与磁场的纵向梯度$\nabla_{\parallel} B$有关，还与带电粒子的横向速度$v_{\perp}$有关，$v_{\perp}$越大，$F_{\parallel}$越大，有利于捕集，实际上$\boldsymbol{F}_{\parallel}$就是带电粒子在磁场中所受洛伦兹力的纵向分量.

如所周知，轻核聚变可以提供大量能量，但因聚变只能在高温（10^7 K 以上）进行，任何容器都无法装载如此高温的处于等离子体状态的聚变物质，这是研究可控热核反应需要解决的重要课题之一. 为此，可采用适当的磁场位形把等离子体约束在一定范围，这就是等离子体的磁约束. 上述磁瓶虽可约束等离子体，但缺点是部分带电粒子会从两端逃逸，采用闭合环形磁场结构（如托卡马克）可以避免这一缺点. 托卡马克是“磁线圈圆环室”的俄文缩写，又称环流器.

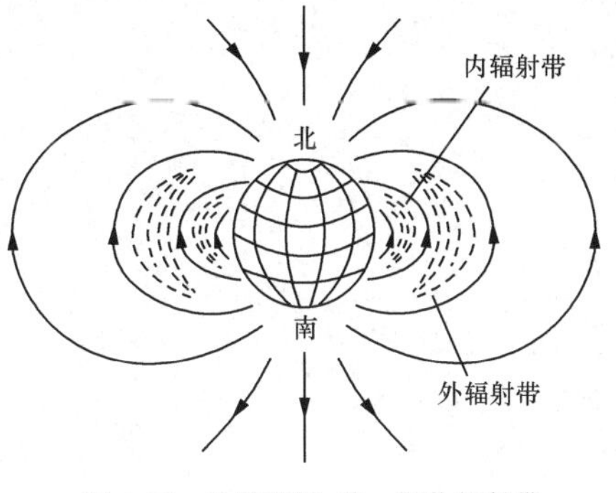

图 4.65　地球磁场，范・阿伦辐射带

宇宙空间广泛存在着各种天然的具有磁瓶结构的磁场，如图 4.65 所示的地球磁场就是一个重要例子，它可将来自太阳风、宇宙射线的部分带电粒子捕获并约束在一定的空间范围内. 这些运动带电粒子发出的电磁辐射形成了环绕地球的两个辐射带. 1958 年范・阿伦(van Allen)等在分析人造地球卫星探测器的资料时，确认存在着两个环绕地球的辐射带——范・阿伦带，内带距地面几千公里，其中主要是高能质子，外带距地面约 2 万公里，其中主要是高能电子. 另外，高空核爆炸后，许多电子射入地球磁场，会形成持续几天到几周的厚达几十公里的人工辐射带.

本章小结

本章的主要内容是磁作用的规律，恒定磁场的性质以及相关的计算和应用，基本条件是恒定.

1. 磁现象的本质是电流，磁作用是电流与电流之间以磁场为媒介物的相互作用.

安培定律是任意两电流元之间相互作用力的规律，它包括两部分：电流元产生磁场的毕萨定律以及磁场对电流元作用的安培力公式.

2. 恒定磁场的高斯定理和安培环路定理描绘了恒定磁场作为矢量场的基本性质：无源有旋. 它们是由毕萨定律证明的.

3. 毕萨定律和安培环路定理提供了在恒定条件下由已知的电流分布计算磁场的两种方法. 两者的适用范围和技巧有所不同，但关键都是对称性分析.

4. 安培力公式(不受恒定条件限制)提供了磁场对电流作用力的计算方法，其中包括均匀磁场对闭合载流线圈的力矩作用.

5. 电子的发现表明，"电"是带电粒子，电流是带电粒子的运动. 安培力即磁力的本质是磁场对运动带电粒子的作用力——洛伦兹力. 洛伦兹力公式(包括电场对电荷的作用力)是电磁力的基本公式.

6. 基本公式

安培定律

$$\mathrm{d}\boldsymbol{F}_{12}=\frac{\mu_0}{4\pi}\frac{I_1 I_2\,\mathrm{d}\boldsymbol{l}_2\times(\mathrm{d}\boldsymbol{l}_1\times\hat{\boldsymbol{r}}_{12})}{r_{12}^2}.$$

毕萨定律

$$\mathrm{d}\boldsymbol{B}=\frac{\mu_0}{4\pi}\frac{I_1\,\mathrm{d}\boldsymbol{l}_1\times\hat{\boldsymbol{r}}_{12}}{r_{12}^2}.$$

安培力公式

$$\mathrm{d}\boldsymbol{F}_{12}=I_2\,\mathrm{d}\boldsymbol{l}_2\times\mathrm{d}\boldsymbol{B}.$$

恒定磁场的高斯定理

$$\oiint_{(S)}\boldsymbol{B}\cdot\mathrm{d}\boldsymbol{S}=0.$$

恒定磁场的安培环路定理

$$\oint_{(L)}\boldsymbol{B}\cdot\mathrm{d}\boldsymbol{l}=\mu_0\sum_{(L内)}I.$$

磁矢势

$$\nabla\times\boldsymbol{A}=\boldsymbol{B}.$$

洛伦兹力公式

$$\boldsymbol{F}=q\boldsymbol{E}+q\boldsymbol{v}\times\boldsymbol{B}.$$

7. 载流回路的磁场

无限长直导线

$$B=\frac{\mu_0 I}{2\pi r_0},\quad r_0：垂直距离.$$

无限长圆柱，内部($r<R$)

$$B=\frac{\mu_0 I r}{2\pi R^2},\quad r：垂直距离.$$

外部($r>R$)

$$B=\frac{\mu_0 I}{2\pi r},\quad R：圆柱半径.$$

圆线圈轴线上

$$B=\frac{\mu_0 IR^2}{2(R^2+r_0^2)^{3/2}},\quad R\text{：圆半径}, r_0\text{：轴向距离}.$$

无限长直螺线管，轴线上

$$B=\mu_0 nI,\quad \boldsymbol{B}\text{沿轴向；}$$

管内

$$B=\mu_0 nI,\quad n\text{：单位长度匝数；}$$

管外

$$B=0.$$

螺绕环，环内

$$B=\frac{\mu_0 NI}{2\pi r},\quad \boldsymbol{B}\text{沿环向(角向)}.$$

环外

$$B=0.$$

8. 磁场对载流线圈的作用

两平行无限长直载流导线之间的相互作用力

$$f=\frac{\mathrm{d}F_2}{\mathrm{d}l_2}=\frac{\mathrm{d}F_1}{\mathrm{d}l_1}=\frac{\mu_0 I_1 I_2}{2\pi a}.$$

平面载流线圈在均匀磁场中所受力矩

$$\boldsymbol{M}=\boldsymbol{p}_{\mathrm{m}}\times\boldsymbol{B},\quad \boldsymbol{p}_{\mathrm{m}}=IS\boldsymbol{n}\text{ 线圈磁矩}.$$

应用：磁电式电流计，直流电动机.

9. 洛伦兹力

带电粒子在均匀恒定磁场中的运动：

回旋半径

$$R=\frac{mv_{\perp}}{qB}.$$

回旋周期

$$T=\frac{2\pi m}{qB}.$$

回旋频率

$$\nu=\frac{qB}{2\pi m}.$$

螺距

$$h=v_{/\!/}T=\frac{2\pi m v_{/\!/}}{qB}.$$

应用：磁聚焦，回旋加速器，质谱仪.

电子的发现及其基本性质的实验测量：

霍尔效应

$$U_H = K\frac{IB}{d}, \quad K = \frac{1}{nq}.$$

带电粒子在均匀恒定电磁场中的运动：

电漂移速度

$$\boldsymbol{v}_E = \frac{\boldsymbol{E}\times\boldsymbol{B}}{B^2}.$$

带电粒子在非均匀磁场中的运动：

横向梯度漂移

$$\boldsymbol{v}_{\nabla_\perp B} = \frac{w_\perp}{qB^3}\boldsymbol{B}\times\nabla_\perp B.$$

浸渐不变量磁矩

$$p_m = \frac{w_\perp}{B} \approx 常量.$$

应用：逃逸锥，等离子体的磁约束.

习　题

4.1 如图，无限长直导线折成直角，载有 20 A 电流，P 点在折线的延长线上，设 $a=5$ cm. 试求 P 点的磁感应强度.

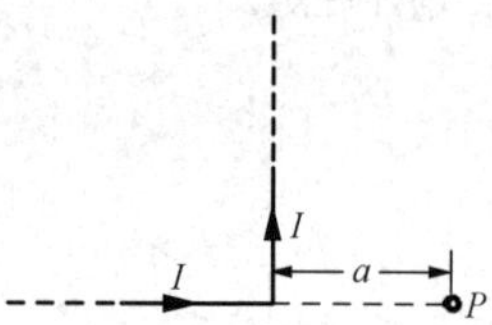

习题 4.1

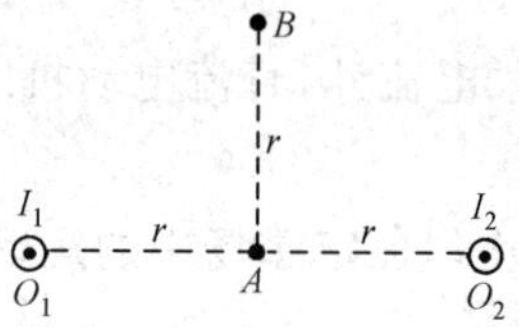

习题 4.2

4.2 如图，两平行长直导线相距为 $2r$，导线内通以流向相同、大小为 $I_1=I_2=10$ A 的电流，在垂直于导线的平面(纸面)上有 A 和 B 两点，A 点为连线 O_1O_2 的中点，B 点在 O_1O_2 的垂直平分线上，且与 A 点相距为 r，设 $r=2$ cm. 试求 A，B 两点磁感应强度 $\boldsymbol{B}$ 的大小和方向.

4.3 如图，两根长直导线沿半径方向接到粗细均匀的金属圆环上的 A，B 两点，远处与电源相接. 试求环中心 O 点的磁感应强度.

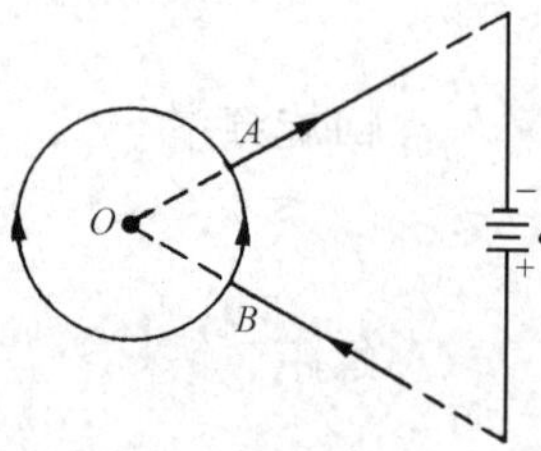

习题 4.3

4.4 试证明：当一对电流元成镜像对称时，它们在对称面上任一点的合磁场的方向必定垂直于对称面.

4.5 在抛物线形的导线中通以电流 I，试求焦点处的磁感应强度. 设焦点到抛物线顶点的距离为 a.(提示：用极坐标表示)

4.6 如图，无限长半圆柱面形金属薄片的半径 $R=2.0$ cm，其中有电流 $I=5$ A 沿平行于轴线方向通过，电流在横截面上均匀分布. 试求圆柱轴线上 P 点处的磁感应强度.

4.7 如图，半径为 R 的木球上密绕有单层细导线，盖住半个球面，导线在垂直于半球底面的通过球心的半径上均匀分布，线圈共 N 匝，通电流 I. 试求球心 O 点的磁感应强度.

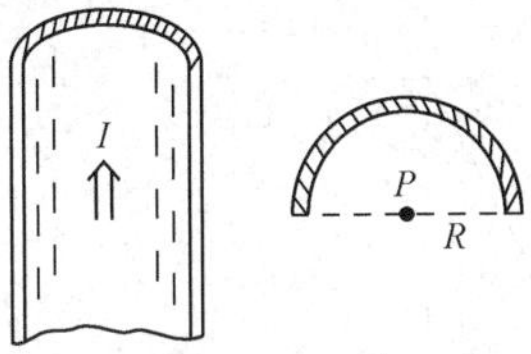

习题　4.6

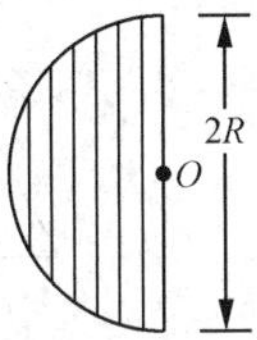

习题　4.7

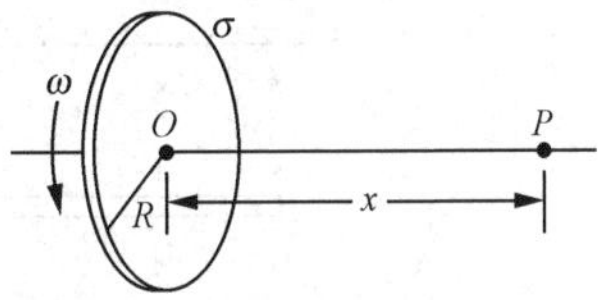

习题　4.9

4.8 根据氢原子的半经典理论，氢原子处在正常状态(基态)时，它的电子在半径为 $a=0.53\times10^{-8}$ cm 的轨道(叫做玻尔轨道)上作匀速圆周运动，速率为 $v=2.2\times10^{8}$ cm/s，已知电子电荷为 $e=1.6\times10^{-19}$ C. 试求：(1) 电子运动在轨道中心产生的磁感应强度 B；(2) 电子轨道运动的磁矩与轨道运动的角动量之比.

4.9 如图，半径为 R 的圆片上均匀带电，电荷面密度为 σ，圆片以匀角速度 ω 绕它的中心轴旋转. 试求：(1) 轴线上与圆片中心 O 相距为 x 处 P 点的磁感应强度；(2) 圆片转动时产生的磁矩.

4.10 (1) 在没有电流的空间区域里，如果磁感应线是平行直线，试问磁感应强度 $\boldsymbol{B}$ 的大小在平行和垂直磁感应线的方向上是否可能变化(即磁场是否均匀)？(2) 若存在电流，试问 $\boldsymbol{B}$ 的大小在平行和垂直磁感应线的方向上是否可能变化？为什么？

4.11 一无限长载流直圆管，内半径为 a，外半径为 b，电流为 I，电流沿轴线方向流动并且均匀地分布在管的横截面上. 试求与轴线相距为 r 处的磁感应强度：(1) $r<a$，(2) $a<r<b$，(3) $r>b$.

4.12 如图，长电缆由导体圆柱和同轴的导体圆筒构成，电流 I 沿轴线方向从一导体流出，从另一导体流回，并且电流都均匀地分布在横截面上. 设圆柱的半径为 r_1，圆筒的内外半径分别为 r_2 和 r_3，设 r 为到轴线的垂直距离，试求 r 处的磁感应强度($0<r<\infty$).

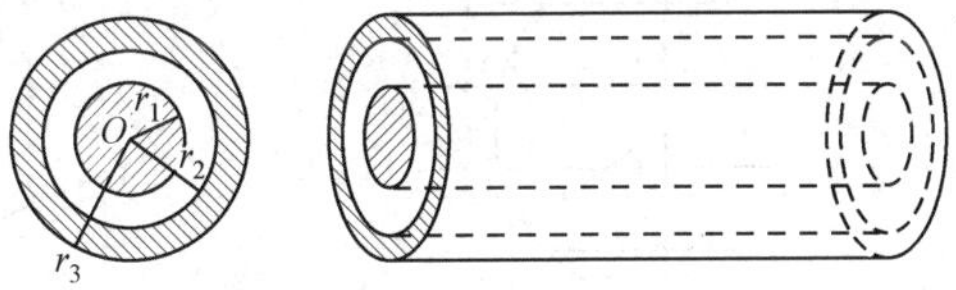

习题　4.12

4.13 如图，螺绕环的截面为矩形. (1) 试求环内磁感应强度的分布；(2) 试证明：通过螺绕环截面(图中斜线区)的磁通量为

$$\Phi_{\mathrm{B}}=\frac{\mu_0 NIh}{2\pi}\ln\frac{D_1}{D_2},$$

式中 N 为螺绕环总匝数，I 为线圈中的电流，D_1 和 D_2 为螺绕环的外直径和内直径，h 是矩形截面一边长度.

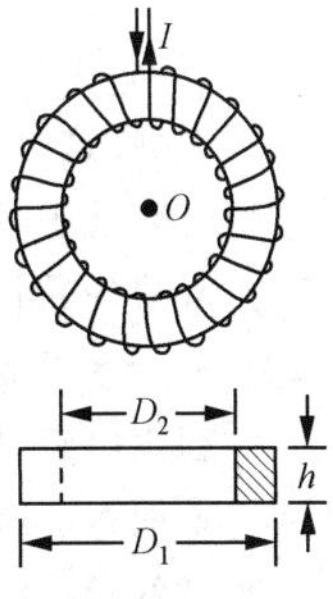

习题　4.13

4.14 无限大导体平面上载有均匀电流，面电流密度为 i. 试求空间一点的磁感应强度 B.

4.15 如图，有一根金属直导线，长为 0.7 m，质量为 10 g，两根细线使其水平挂在 $B=0.4$ T 的均匀磁场中，且导线与磁场 $\boldsymbol{B}$ 的方向垂直. 试求：(1) 当绳中张力为零时，导线中电流的大小和方向；(2) 在什么条件下，导线会向上运动？

4.16 如图，截面积为 S，密度为 ρ 的铜导线被弯成正方形的三边，可以绕水平轴转动. 导线放在方向为铅直向上的均匀磁场中. 当导线中的电流为 I 时，导线所在平面离开原来的铅直位置偏转 α 角而达到平衡. 试求磁感应强度 $\boldsymbol{B}$ 的大小. 如 $I=10\ \mathrm{A}$, $S=2\ \mathrm{mm}^2$, $\rho=8.9\ \mathrm{g/cm}^3$, $\alpha=15°$, 则 B 应为多少?

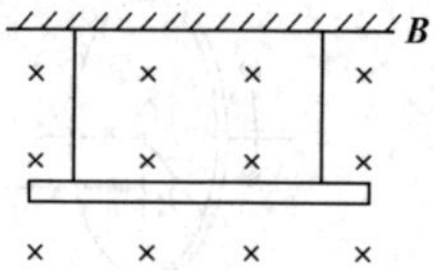

习题 4.15

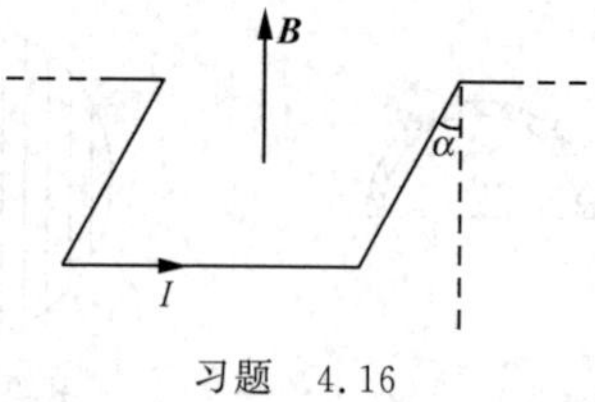

习题 4.16

4.17 如图,(1) 一根无限长直导线载有电流 $I_1=30\ \mathrm{A}$,矩形回路与它共面,且矩形的长边与直导线平行. 回路中载有电流 $I_2=20\ \mathrm{A}$,矩形的长 $l=12\ \mathrm{cm}$,宽 $b=8\ \mathrm{cm}$,矩形靠近直导线的一边距直导线为 $a=1\ \mathrm{cm}$,试求 I_1 作用在矩形回路上的合力.

(2) 试证明:当矩形线圈足够小时,线圈受到的合力 $\boldsymbol{F}$ 的大小为

$$F=p_{\mathrm{m}}\frac{\partial B}{\partial x},$$

其中 p_{m} 为矩形线圈的磁矩,$\dfrac{\partial B}{\partial x}$ 为直导线产生的磁场沿垂直于直导线方向(图中 x 方向)上的磁场梯度.

4.18 如图,一半径 $R=0.10\ \mathrm{m}$ 的半圆形闭合线圈,载有电流 $I=10\ \mathrm{A}$,放在 $B=0.50\ \mathrm{T}$ 的均匀磁场中,磁场方向与线圈平面平行. 试求线圈所受磁力矩的大小和方向.

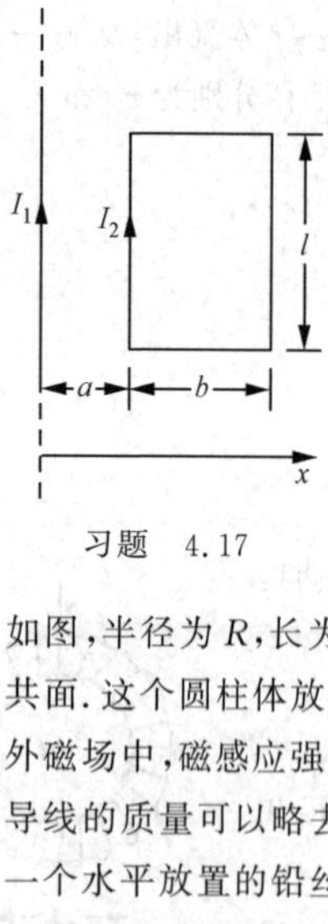

习题 4.17

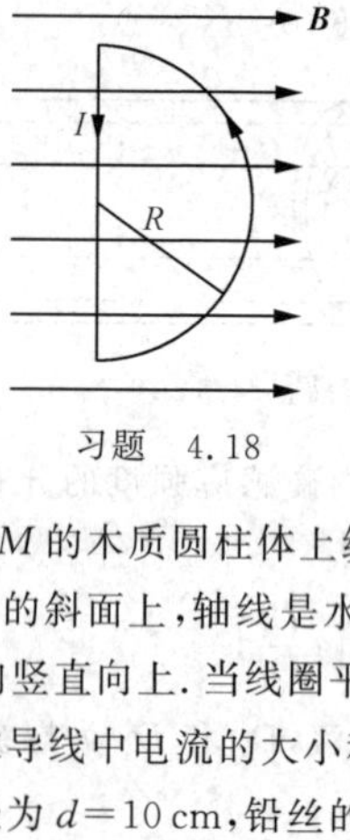

习题 4.18

习题 4.19

4.19 如图,半径为 R,长为 l,质量为 M 的木质圆柱体上绕有 N 匝外皮绝缘的导线圈,线圈与圆柱体的轴共面. 这个圆柱体放在倾角为 θ 的斜面上,轴线是水平的,线圈内通有电流 I,整个圆柱体处在均匀外磁场中,磁感应强度 $\boldsymbol{B}$ 的方向竖直向上. 当线圈平面与斜面夹角为 φ 时,圆柱体刚好静止不动,设导线的质量可以略去不计. 试求导线中电流的大小和方向.

4.20 一个水平放置的铅丝圆环,直径为 $d=10\ \mathrm{cm}$,铅丝的横截面积为 $S=0.7\ \mathrm{mm}^2$,环中载有 $I=7.0\ \mathrm{A}$ 的恒定电流,放在 $B=1.0\ \mathrm{T}$ 的均匀磁场中,环平面与磁场垂直. 试求:(1) 在外磁场作用下铅丝单位截面积上所受的张力;(2) 由于铅丝通电流,铅丝环的温度因此可以升高到接近熔化温度,若这时铅丝的断裂强度 $p_0=1.96\ \mathrm{N/mm}^2$(即单位截面积上所能承受的最大张力),则此铅丝环会不会断裂?

4.21 一回旋加速器的 D 形电极圆周的半径 $R=60\ \mathrm{cm}$,用它来加速质量为 $1.67\times10^{-27}\ \mathrm{kg}$、电量为 $1.6\times10^{-19}\ \mathrm{C}$ 的质子,要把质子从静止加速到 $4.0\times10^6\ \mathrm{eV}$ 的能量. (1) 试求所需的磁感应强度 $\boldsymbol{B}$ 的大小;(2) 设两 D 形电极间的电压为 $2.0\times10^4\ \mathrm{V}$,试求加速到上述能量,质子作了多少周的回旋运动?

4.22 如图是一质谱仪的构造原理图. 离子源 S 产生质量为 m、电荷为 q 的离子,离子产生出来时速度很

小，可以看作是静止的；离子产生出来后经过电压 U 加速，进入磁感应强度为 B 的均匀磁场，沿着半圆周运动而到达记录它的底片 P 上，测得它在 P 上的位置到入口处的距离为 x.

(1) 试证明这粒子的质量为 $m=\frac{qB^2}{8U}x^2$；

(2) 用钠离子做实验，得到如下数据：$U=705$ V，$B=3580\times10^{-4}$ T，$x=10$ cm，试求钠离子的荷质比 q/m；

(3) 已知碘离子的电荷为 $q=1.6\times10^{-19}$ C，质量为 $m=2.1\times10^{-25}$ kg，试求在相同条件下碘离子到达记录底片的位置 x.

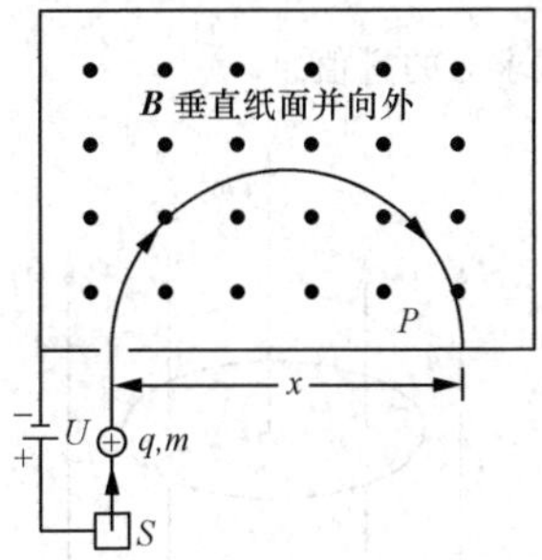

习题　4.22

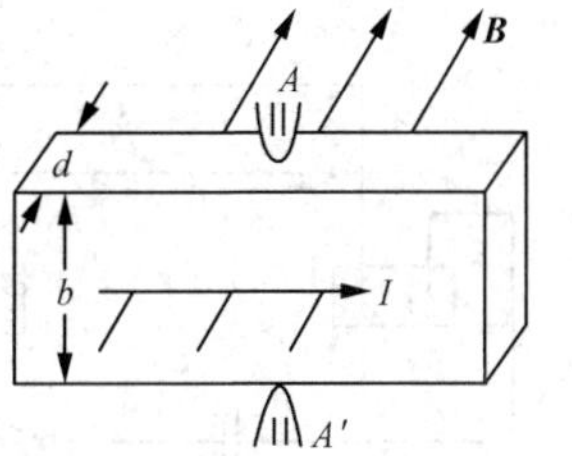

习题　4.23

4.23 如图，一铜片厚度为 $d=1.0$ mm，放在磁感应强度 $B=1.5$ T 的均匀磁场中，磁场方向与铜片表面垂直. 已知铜片里每立方厘米有 8.4×10^{22} 个自由电子，铜片中通有 $I=200$ A 的电流.

(1) 试求铜片两侧的电势差 $U_{AA'}$；

(2) 试问铜片宽度 b 对 $U_{AA'}$ 有无影响？为什么？

4.24 如图(只画了一半)，恒定电流 $2I$ 沿 z 轴向上，到达半径为 R 的金属球面下端 P 点后，经球面流向顶点 Q，再继续沿 z 轴向上流向远处，设电流在球面上对称分布，试求左半球面电流 I 在球心 O 点的磁感应强度 $\boldsymbol{B}$.

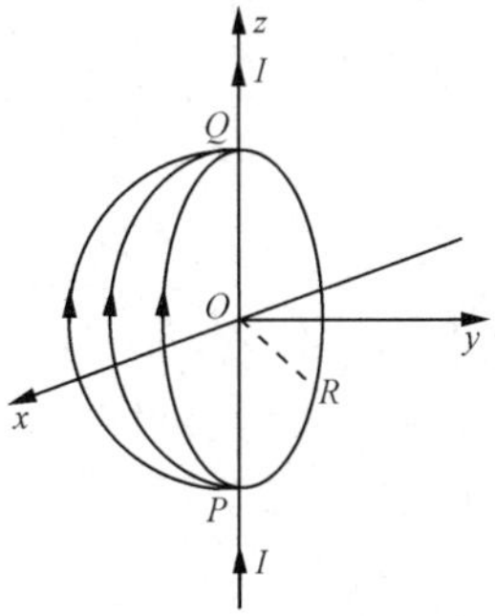

习题　4.24

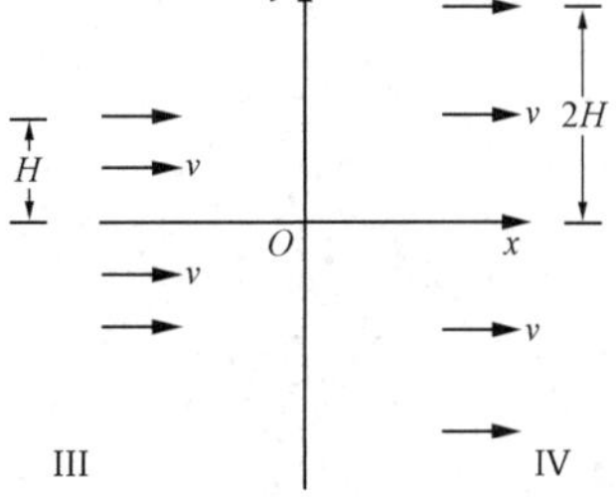

习题　4.25

4.25 如图，在 xy 平面上有一束稀疏的电子(其间的相互作用可以忽略)，在 $-H<y<H$ 范围内，从 x 负半轴的远处以相同的速率 v 沿着 x 轴方向平行地向 y 轴射来. 试设计一磁场区，使得 1. 所有电子都能在磁场力的作用下通过坐标原点 O. 2. 这一片电子最后扩展到 $-2H<y<2H$ 范围内继续沿着 x 轴方向向 x 正半轴的远处平行地以相同速率 v 射去.

4.26 如图，在空间有一个其方向与水平面平行且垂直纸面向里的足够大的匀强磁场 $\boldsymbol{B}$ 的区域. 在磁场区域中有 a 和 b 两点，相距为 s，ab 连线在水平面上且与 $\boldsymbol{B}$ 垂直. 一质量为 m，电量为 $q(q>0)$ 的粒子从 a 点以 v_0 的初速对着 b 点射出. 为了使粒子能经过 b 点，试问 v_0 可取什么值?（注意，重力不可忽略.）

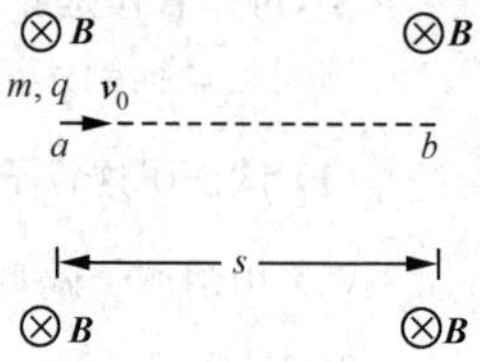

习题 4.26

4.27 一段导线弯成如图的形状，它的质量为 m，上面水平一段长为 l，处在均匀磁场 $\boldsymbol{B}$ 中，$\boldsymbol{B}$ 与导线垂直；导线下面两端分别插在两个浅水银槽里，两槽水银与一带开关 K 的外电源连接. 当 K 一接通，导线便从水银槽里跳起来.

(1) 设跳起来的高度为 h，试求通过导线的电量 q；

(2) 当 $m=10\,\mathrm{g}$，$l=20\,\mathrm{cm}$，$h=3.0\,\mathrm{m}$，$B=0.10\,\mathrm{T}$ 时，试求 q 的量值.

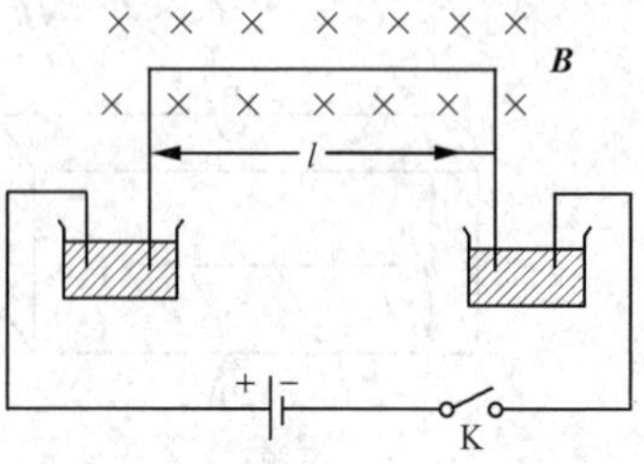

习题 4.27

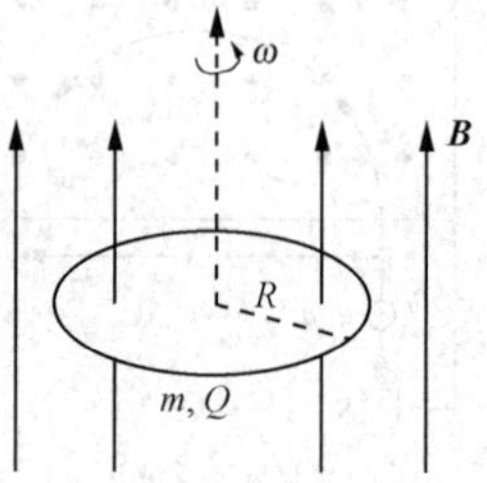

习题 4.28

4.28 如图，半径为 R，质量为 m 的匀质细圆环均匀带电，总电量为 $Q(Q>0)$，放在光滑的水平面上. 环内、外有垂直环面向上的均匀磁场 $\boldsymbol{B}$. 若将圆环以角速度 ω 绕着通过圆心的竖直轴旋转. 试求环内因为这种转动而形成的附加张力.

第五章 磁 介 质

材料科学是当今科技前沿重要而宏大的部门之一，磁性材料则是其中的一枝奇葩，应用广泛，影响深远. 本章对磁介质的讨论虽是初步的、浅近的，却可以从中略窥门径，体会如何从现象观察上升到理论分析乃至实际应用，同时又可加深对恒定磁场性质的理解.

§5.1 物质磁性的来源，磁荷观点与分子电流观点

磁铁棒能吸引铁棒，用柔软细丝悬挂的磁铁棒能指向南、北方向，这种性质称为磁性，磁铁棒磁性最强的两端称为磁极，按悬挂后指向地磁南、北极的不同，分别称为南、北磁极.（注：地球是一个大磁体，地磁北、南极的位置分别在地理南、北极附近，稍有偏差.）两磁铁棒相互作用，同极相斥，异极相吸. 在地球上，除磁铁外，绝大多数天然生成的物质通常并无磁性，但若受较强磁场作用，也都或多或少会具有一些磁性，物质从无磁性变为有磁性的过程称为磁化. 所谓磁介质，其实泛指一切物质，只因着眼于其磁学性质，故名.

以铁为代表的一类磁介质，磁化后具有强磁性，且在外磁场撤消后其磁性仍可保留等一系列特殊性质，称为铁磁质，这是磁介质中最重要的一类. 其余大多数磁介质磁化后都只具有弱磁性，按磁化后该磁介质所产生的附加磁场与外磁场同向或反向，分别称为顺磁质和抗磁质，外磁场撤消后其磁性随之消失. 由于铁磁质磁化后所产生的附加磁场也与外磁场同向，所以铁磁质也是“顺”磁质，但因其性质特殊，单列一类，以示区别. 随着科学技术的迅猛发展，制造了各种不同性能、不同用途的磁性材料，广泛应用于科技、生产、生活的各个方面，难以一一列举，磁学已经成为物理学中一个重要的分支学科.

从历史上说，物质磁性的发现、相关性质的研究以及应用的开发，已逾千载. 然而，关于物质磁性的来源，却直到近二三百年才先后提出磁荷观点和分子电流观点，并据此建立了系统的唯象理论，两者都成功地解释了一些磁作用和磁现象. 但是，涉及磁性的种种量子效应直到近百年才陆续得到解释.

磁荷观点认为物质的磁性来源于其中的磁荷，磁荷有正、负（北、南）之区分，同号相斥，异号相吸，磁荷越多，作用越强，磁荷间的相互作用遵循磁的库仑定律（与磁荷的多少成正比，与其间距离的平方成反比），磁体之间的相互作用以及磁体指向南、北方向的性质皆源于此. 为了解释磁化，把磁介质分子看作由等量异号磁荷构成的磁偶极子，磁化前磁介质中的大量磁偶极子取向随机，不显磁性，加外磁场，磁介质中大量磁偶极子在外磁场作用下趋于整齐排列，使两端（两极）分别聚集正、负磁荷，显示磁性. 据此，磁荷观点建立了一套完整的磁介质磁化的理论，它和电介质极化的理论颇为类似，两者并行不悖. 然而，磁荷观点的根本问题在于，不知磁荷为何物，与正、负电荷可以单独存在有所不同，磁棒的南、北两极总是并

存的，断开处必将出现成对新磁极，曾经设计的探测磁单极子（单独磁荷）的各种实验均无所获，何以如此，难以索解. 另外，磁荷与电荷并无任何联系，磁现象独立于电现象. 简言之，磁荷观点不符合对磁介质微观本质以及电磁现象统一性的近代认识. 尽管如此，由于磁荷观点发展在先，与电介质理论类似，便于理解与计算，可把它和分子电流观点相对应，仍有一定的应用价值.

分子电流观点是安培提出的，他认为磁现象的本质是电流，涉及电流、磁体的种种相互作用都应归结为电流与电流之间的作用，并建立了任意两电流元之间相互作用的安培定律，为各种磁作用提供了统一的定量解释. 由于电流就是运动电荷，因此，两运动电荷之间既有电作用又有磁作用，这就从本质上揭示了电现象与磁现象、电作用与磁作用之间的内在联系. 至于物质的磁化，分子电流观点认为，物质的分子相当于一个环形电流，由电荷的某种运动形成，不受阻力（例如，与导体中传导电流的运行有阻力不同），在外磁场作用下环形电流可以自由地改变方向，所谓磁化，简言之，就是在外磁场作用下大量分子电流从混乱分布到整齐排列的结果. 例如，一根磁棒，其中的全部分子电流之和相当于一个载流直螺线管，前者的两极就是后者的两端，因此，磁棒必定两极并存，断开后必定出现成对的新磁极，这就为磁极不能单独存在提供了合理的解释. 另外，从对磁场的响应，动态地看，分子是一个环行电流，周而复始，流动不已，这是磁化的根据；从对电场的响应，静态地看，环形分子电流相当于一个在其中心静止的点电荷，它与分子内另一静止的异号电荷构成电偶极子，正、负电中心可以重合或不重合，这是极化的根据. 因此，分子电流模型可以统一地解释物质的磁化和极化，并揭示其间的内在联系. 总之，分子电流观点成功地解释了磁性、磁化、磁作用、南北磁极成对出现等一系列磁现象，同时，又与对极化、电作用等电现象的微观解释和谐地并存，深刻地揭示了电磁现象的统一性.

应该指出，在安培的时代，对物质的分子、原子结构所知甚少，当时，电子远未发现，更不知原子核为何物，所谓分子无非是构成物质的微观基本单元而已. 随着时代的变迁，从现代的观点来看，分子电流是原子内各电子绕原子核的轨道运动、各电子的自旋运动以及原子核的自旋运动构成的，是它们的总和. 无外磁场时，相应的电子轨道运动磁矩、电子自旋磁矩以及核自旋磁矩之和就是分子电流的固有磁矩，简称分子固有磁矩，表为 $\boldsymbol{p}_{\mathrm{m}}$，$\boldsymbol{p}_{\mathrm{m}}$ 描绘了分子的磁学性质，对不同的分子，$\boldsymbol{p}_{\mathrm{m}}$ 可为零亦可不为零. 由此可见，安培当年大胆假设的分子电流历经百余年沧桑之后，竟然得到了证实，深邃的洞察力和非凡的想象力穿越了百余年的时空.

然而，物质磁性的起源相当复杂，并非安培的分子电流观点——经典理论所能概全. 近代关于磁性的量子理论表明，物质的磁性不仅来自原子、分子中电子的运动，还来自组成原子的基本粒子（包括电子和核内粒子）本身具备的本征磁矩. 磁矩已经成为描绘基本粒子固有特性的基本物理量，它不能简单地理解为环形分子电流. 例如中子不带电却具有磁矩；例如电子的自旋磁矩也无法用经典带电体自旋运动产生的磁矩来描绘；例如基本粒子的磁矩量子化及其在磁场中取向的空间量子化；例如铁磁质的磁性主要来源于电子自旋在小范围内自发地整齐排列形成的磁畴，自发磁化的原因是相邻原子内电子间的交换作用，这是一种量子效应;等等,都是经典理论无法描绘和理解的.

限于课程的性质,本章主要根据安培的分子电流观点来讨论物质的磁性,磁荷观点则在§5.5简要介绍,量子效应只在必要处稍加说明.

§5.2　顺磁质和抗磁质

根据安培的分子电流模型,可按无外磁场时,磁介质分子的固有磁矩是否为零即 $\boldsymbol{p}_{\mathrm{m}} \neq 0$ 或 $\boldsymbol{p}_{\mathrm{m}}=0$,将磁介质分为两大类,下面将指出,它们分别是顺磁质和抗磁质.

§5.2.1　顺磁质

顺磁质是指磁化后产生的附加磁场与外磁场同方向的弱磁性磁介质,如金属中的锂、钠、铂、铝,非金属中的氧,化合物中的氧化铜、氯化铜、硫酸镍、氧化钾等.

对于分子固有磁矩 $\boldsymbol{p}_{\mathrm{m}} \neq 0$ 的磁介质,无外磁场时,如图5.1(a)所示,由于热运动,各分子磁矩取向无规,在任一宏观体元内的电子磁矩之和为零,磁介质处于未磁化状态,不显磁性.加外磁场 $\boldsymbol{B}_0$ 后,如图5.1(b)所示,各分子磁矩受到磁力矩的作用,使之转向外磁场方向,在一定程度上沿外磁场 $\boldsymbol{B}_0$ 方向整齐排列,外磁场越强排列越整齐(在图(b)中,各分子磁矩沿外磁场 $\boldsymbol{B}_0$ 方向的排列十分整齐,这是一种夸张的画法).热运动对分子固有磁矩的整齐排列起着干扰破坏作用,温度越高,干扰越强.随着各分子固有磁矩的整齐排列,宏观体积元内的分子固有磁矩之和不再为零,与此同时,磁介质内出现了由许多分子电流叠加形成的宏观磁化电流,如图5.1(c)所示,并产生附加磁场,这表明磁介质被磁化了.由于附加磁场与外磁场同方向,故称顺磁质.

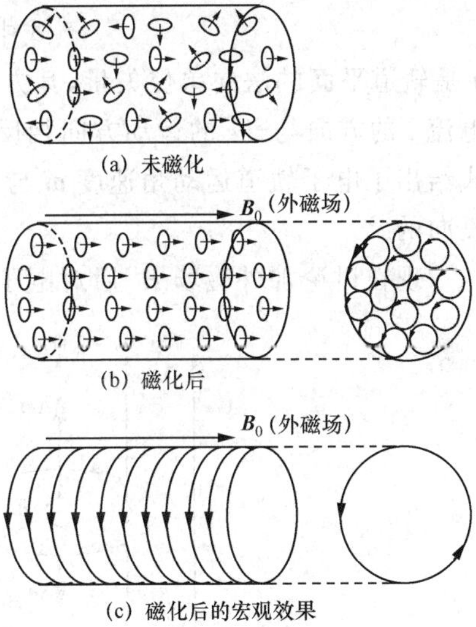

图5.1　顺磁质磁化的微观机制和宏观效果

§5.2.2　抗磁质

抗磁质是指磁化后产生的附加磁场与外磁场反方向的弱磁性磁介质,如金属中的汞、铜、铅、锌、铋、锑、金、银等,非金属中的硫、碳、碘、氢、氯、溴、氮,化合物中的水、二氧化碳、氯化钠、硫酸等,此外,有机材料如丙酮、苯、环乙烷,以及生物组织如人喉正常组织、人喉肿瘤组织、兔肝正常组织、兔肝肿瘤组织等也都是抗磁质.

与顺磁质不同,抗磁质分子的固有磁矩为零,即 $\boldsymbol{p}_{\mathrm{m}}=0$,不存在由非零的分子固有磁矩规则取向引起的顺磁效应.但是,外磁场对作轨道运动电子的洛伦兹力会使电子的轨道运动有所变化，下面证明，这种变化将产生与外磁场反向的附加磁矩，即产生与外磁场反向的附加磁场，抗磁效应即源于此.

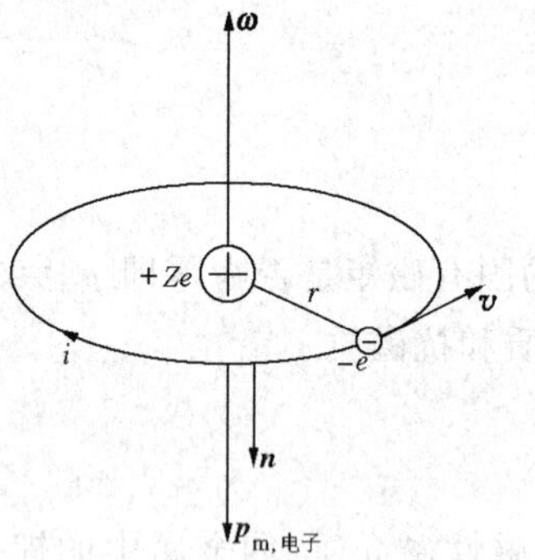

图 5.2　电子绕核轨道运动的磁矩 $\boldsymbol{p}_{m,电子}$ 和角速度 $\boldsymbol{\omega}$

在证明抗磁效应前，作为准备知识，先给出电子绕原子核作圆轨道运动时所具有的磁矩的公式. 如图 5.2 所示，设电量为 $-e$ 的电子（e 是电子电量的绝对值），绕电量为 Ze 的原子核（Z 是原子序数），沿半径为 r、面积为 $S=\pi r^2$ 的圆轨道以速度 v 运动，则形成的电流为

$$i=\frac{-e}{T}=\frac{-ev}{2\pi r}=-\frac{e\omega}{2\pi},$$

式中 T,ω 是电子圆轨道运动的周期、角速度. 相应的电子轨道运动的磁矩为（见(4.37)式）

$$\boldsymbol{p}_{m,电子}=iS\boldsymbol{n}=-\frac{e\omega}{2\pi}\pi r^2\boldsymbol{n}=-\frac{er^2}{2}\boldsymbol{\omega}, \qquad (5.1)$$

式中 $\boldsymbol{\omega}$ 是电子圆轨道运动的角速度，在图 5.2 中方向向上；$\boldsymbol{n}$ 是轨道平面的法向单位矢量，其方向与电流 i 成右手螺旋关系，在图 5.2 中为向下（注意，电流 i 的方向与 $-e$ 的运动方向相反）；因此，磁矩 $\boldsymbol{p}_{m,电子}$ 的方向也是向下，与 $\boldsymbol{\omega}$ 反向. (5.1) 式给出了电子轨道运动角速度 $\boldsymbol{\omega}$ 与相应磁矩 $\boldsymbol{p}_{m,电子}$ 的关系，因电子带负电，$\boldsymbol{\omega}$ 与 $\boldsymbol{p}_{m,电子}$ 总是反向的.

现在讨论加外磁场 $\boldsymbol{B}_0$ 后对电子轨道运动的影响.

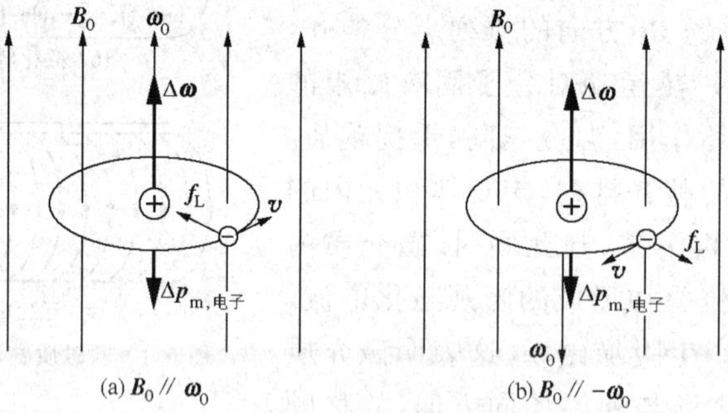

图 5.3　抗磁效应

(1) 如图 5.3(a)，设 $\boldsymbol{B}_0 /\!/ \boldsymbol{\omega}_0$，即 $\boldsymbol{B}_0$ 与 $\boldsymbol{\omega}_0$ 同向，$\boldsymbol{\omega}_0$ 是无外磁场时电子轨道运动的角速度. 无外磁场 $\boldsymbol{B}_0$ 时，电子在核的库仑力作用下沿着半径为 r 的圆轨道以角速度 $\boldsymbol{\omega}_0$ 运动，其运动方程为

$$\frac{Ze^2}{4\pi\varepsilon_0 r^2}=\frac{mv^2}{r}=m\omega_0^2 r,$$

解出

$$\omega_0=\left(\frac{Ze^2}{4\pi\varepsilon_0 mr^3}\right)^{\frac{1}{2}}.$$

加外磁场 $\boldsymbol{B}_0$($\boldsymbol{B}_0 /\!/ \boldsymbol{\omega}_0$)后，电子除受库仑力外，还要受到指向圆心的洛伦兹力 $\boldsymbol{f}_L$ 的作用，因圆轨道半径 r 不变(玻尔的定态假设)，电子轨道运动的角速度将由无外磁场时的 ω_0 增为 ω，其运动方程为

$$\frac{Ze^2}{4\pi\varepsilon_0 r^2} + e\omega r B_0 = m\omega^2 r.$$

设洛伦兹力远小于库仑力，即 $e\omega r B_0 \ll \frac{Ze^2}{4\pi\varepsilon_0 r^2}$，或 $e\omega r B_0 \ll m\omega^2 r$，即 $B_0 \ll \frac{m\omega}{e}$，则有磁场时的 ω 比无磁场时的 ω_0 稍大，可表为

$$\omega = \omega_0 + \Delta\omega, \quad \Delta\omega \ll \omega_0.$$

由以上两式，得

$$\frac{Ze^2}{4\pi\varepsilon_0 r^2} + e\omega_0 r B_0 + e\Delta\omega r B_0 = mr[\omega_0^2 + 2\omega_0\Delta\omega + (\Delta\omega)^2].$$

在等式两边分别忽略小量 $e\Delta\omega r B_0$ 及高阶小量 $mr(\Delta\omega)^2$，又因 $\frac{Ze^2}{4\pi\varepsilon_0 r^2}$ 与 $mr\omega_0^2$ 相消，得

$$\Delta\omega = \frac{eB_0}{2m}.$$

由(5.1)式，与 $\Delta\boldsymbol{\omega}$ 相应的附加磁矩 $\Delta\boldsymbol{p}_{\mathrm{m},电子}$ 为

$$\Delta\boldsymbol{p}_{\mathrm{m},电子} = -\frac{er^2}{2}\Delta\boldsymbol{\omega} = -\frac{e^2r^2}{4m}\boldsymbol{B}_0. \tag{5.2}$$

以上两式表明，加外磁场 $\boldsymbol{B}_0$($\boldsymbol{B}_0 /\!/ \boldsymbol{\omega}_0$)后，电子轨道运动的角速度由无磁场时的 ω_0 增为有磁场时的 $\omega = \omega_0 + \Delta\omega$，增大了 $\Delta\omega$，$\Delta\boldsymbol{\omega}$ 的方向在图 5.3(a)中为向上，相应的附加磁矩 $\Delta\boldsymbol{p}_{\mathrm{m},电子}$ 与 $\boldsymbol{B}_0$ 反向，在图 5.3(a)中为向下，这就是外磁场对电子轨道运动的影响.

(2) 如图 5.3(b)，设 $\boldsymbol{B}_0 /\!/ -\boldsymbol{\omega}_0$，即 $\boldsymbol{B}_0$ 与 $\boldsymbol{\omega}_0$ 反向，在图(b)中 $\boldsymbol{\omega}_0$ 的方向为向下. 讨论的方法与(1)中类似，区别在于，因 $\boldsymbol{B}_0$ 与 $\boldsymbol{\omega}_0$ 反向即电子轨道运动的方向与图(a)中反向，故加外磁场 $\boldsymbol{B}_0$ 后，电子所受的洛伦兹力的方向背向圆心、向外，电子轨道运动的角速度将从无外磁场时的 ω_0 减小为 ω，即附加的 $\Delta\boldsymbol{\omega}$ 应与 $\boldsymbol{\omega}_0$ 反向，因 $\boldsymbol{\omega}_0$ 向下，故 $\Delta\boldsymbol{\omega}$ 的方向仍为向上，由(5.1)式，外加磁场 $\boldsymbol{B}_0$ 后，与 $\Delta\boldsymbol{\omega}$ 相应的附加磁矩 $\Delta\boldsymbol{p}_{\mathrm{m},电子}$ 的方向为向下，即仍与 $\boldsymbol{B}_0$ 反向.

(3) 如图 5.4(a)，设 $\boldsymbol{B}_0$ 与 $\boldsymbol{\omega}_0$ 夹任意角度. 因电子轨道运动具有磁矩 $\boldsymbol{p}_{\mathrm{m},电子}$，加外磁场 $\boldsymbol{B}_0$ 后，电子将受到磁力矩 $\boldsymbol{M}_\mathrm{m}$ 的作用(参看(4.38)式)，为

$$\boldsymbol{M}_\mathrm{m} = \boldsymbol{p}_{\mathrm{m},电子} \times \boldsymbol{B}_0.$$

上式表明，$\boldsymbol{M}_\mathrm{m}$ 既垂直于 $\boldsymbol{B}_0$ 又垂直于 $\boldsymbol{p}_{\mathrm{m},电子}$，因电子带负电，其 $\boldsymbol{p}_{\mathrm{m},电子}$ 与电子轨道运动的角动量 $\boldsymbol{L}$ 的方向(即电子轨道运动角速度 $\boldsymbol{\omega}_0$ 的方向)反向，故 $\boldsymbol{M}_\mathrm{m}$ 也与 $\boldsymbol{L}$ 垂直. 根据角动量定理，电子在与 $\boldsymbol{L}$ 垂直的 $\boldsymbol{M}_\mathrm{m}$ 的作用下将作进动，即电子的 $\boldsymbol{L}$ 将以 $\boldsymbol{B}_0$ 为轴回转(类似于旋转陀螺在重力矩作用下以重力方向为轴的进动，见图 5.4(b)). 进动的回转方向由角动量增量 $\mathrm{d}\boldsymbol{L}$ 的方向决定，由角动量定理 $\mathrm{d}\boldsymbol{L} = \boldsymbol{M}_\mathrm{m}\mathrm{d}t$，回转方向取决于 $\boldsymbol{M}_\mathrm{m}$ 的方向. 如图 5.4(a)，两电子轨道运动的方向相反，即两电子的 $\boldsymbol{L}$ 反向，相应的 $\boldsymbol{p}_{\mathrm{m},电子}$ 也反向，因而在同一外磁场 $\boldsymbol{B}_0$ 中所受的磁力矩 $\boldsymbol{M}_\mathrm{m}$ 反向，故 $\mathrm{d}\boldsymbol{L}$ 也反向. 由于两电子的 $\boldsymbol{L}$ 和 $\mathrm{d}\boldsymbol{L}$ 都反向，使得两电子绕 $\boldsymbol{B}_0$ 进

动的回转方向相同. 换言之,当 $\boldsymbol{B}_0$ 与 $\boldsymbol{\omega}_0$(或 $\boldsymbol{L}$)夹任意角度时,无论 $\boldsymbol{\omega}_0$ 的方向如何,在磁力矩 $\boldsymbol{M}_{\mathrm{m}}$ 的作用下引起的进动角速度 $\boldsymbol{\omega}_{进}$ 的方向总是与 $\boldsymbol{B}_0$ 同向的,因此与进动相应的附加磁矩 $\Delta\boldsymbol{p}_{\mathrm{m},进}$ 以及因进动而产生的附加磁场 $\boldsymbol{B}'$ 总是与 $\boldsymbol{B}_0$ 反向的.

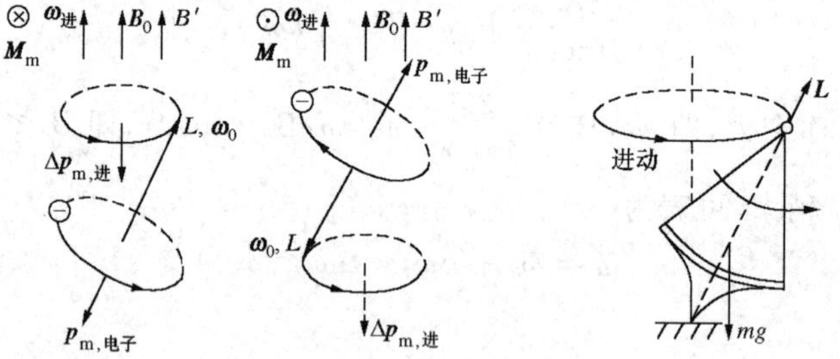

(a) 电子在外磁场中的进动和附加磁距 (b) 陀螺的进动

图 5.4 抗磁效应

综上,对于一个包括多个电子的抗磁质分子,无外磁场时,各电子的轨道运动都有相应的磁矩,但其和为零,使得整个分子的固有磁矩为零,不显磁性. 加外磁场 $\boldsymbol{B}_0$ 后,无论 $\boldsymbol{B}_0$ 方向如何,受洛伦兹力作用,各电子的轨道运动都将有所变化,或加快、或减慢、或进动,都会产生与 $\boldsymbol{B}_0$ 反向的附加磁矩以及附加磁场,它们之和就是加外磁场 $\boldsymbol{B}_0$ 后整个分子具有的与 $\boldsymbol{B}_0$ 反向的非零的附加磁矩以及非零的附加磁场,此即抗磁效应.

当然,对于分子固有磁矩不为零的顺磁质,加外磁场后,除分子固有磁矩规则取向引起的顺磁效应外,外磁场对电子的轨道运动也有影响,也要产生反向的附加磁矩以及附加磁场,即也有抗磁效应,但因顺磁效应强于抗磁效应(约大一个量级),后者被掩盖了.

总之,分子电流模型为顺磁质、抗磁质的磁化提供了合理的微观解释和区分,应以此为据,从宏观上对磁化作出定量的描绘,并进一步寻找磁化的规律,揭示磁介质的磁学性质.

§5.3 磁化的规律

§5.3.1 磁化的描绘——磁化强度矢量 $\boldsymbol{M}$,磁化电流 I_{M},附加磁场 $\boldsymbol{B}'$

为了从宏观上描绘磁介质的磁化状况,根据分子电流模型,引入**磁化强度矢量** $\boldsymbol{M}$,定义为单位体积内分子磁矩的矢量和

$$\boldsymbol{M}=\frac{1}{\Delta V}\sum_{(\Delta V内)}\boldsymbol{p}_{\mathrm{m}}, \tag{5.3}$$

式中 $\sum\limits_{(\Delta V内)}\boldsymbol{p}_{\mathrm{m}}$ 是宏观体元 ΔV 内全部分子磁矩 $\boldsymbol{p}_{\mathrm{m}}$ 的矢量和. 无外磁场即未磁化时,对顺磁质,分子固有磁矩 $\boldsymbol{p}_{\mathrm{m}}\neq0$,但因取向随机,在任何宏观体元内大量 $\boldsymbol{p}_{\mathrm{m}}$ 的矢量和为零;对抗磁质,分子固有磁矩 $\boldsymbol{p}_{\mathrm{m}}=0$,在任何宏观体元内其矢量和当然为零. 因此,无外磁场时,无论顺磁质、抗磁质,均为 $\boldsymbol{M}=0$. 加外磁场即磁化后,顺磁质各非零的分子固有磁矩 $\boldsymbol{p}_{\mathrm{m}}$ 趋于沿外

磁场方向整齐排列，其矢量和不再为零，即 $\boldsymbol{M}\neq 0$；抗磁质分子产生的与外磁场反向的附加磁矩使分子磁矩 $\boldsymbol{p}_{\mathrm{m}}$ 不再为零，其矢量和不再为零，即 $\boldsymbol{M}\neq 0$. 总之，磁化前后，无论顺、抗磁质，均由 $\boldsymbol{M}=0$ 变为 $\boldsymbol{M}\neq 0$，且外磁场越强，磁化越强，$\boldsymbol{M}$ 越大，因此，由(5.3)式定义的磁化强度矢量 $\boldsymbol{M}$ 确能从宏观上定量地描绘磁介质各处的磁化程度及磁化方向，还可从 $\boldsymbol{M}$ 与外磁场 $\boldsymbol{B}_0$ 是同向还是反向来区分顺磁质和抗磁质，可见 $\boldsymbol{M}$ 的定义是恰当的. 若在磁介质内各 $\boldsymbol{M}$ 为常量，表示各处磁化状况相同，称为均匀磁化，若各处 $\boldsymbol{M}$ 有所不同，称为非均匀磁化.

在国际单位制中，磁化强度矢量 $\boldsymbol{M}$ 的单位是安培/米(A/m).

磁介质在外磁场中被磁化后，将出现宏观的磁化电流 I_{M}. 仍用图 5.1，请注意电流. 图 5.1(a)是一根均匀的顺磁质棒，未磁化，大量分子电流取向随机，其宏观效果是相互“抵消”的，无论磁介质内部或表面都不会出现宏观电流. 如图 5.1(b)，沿轴向加均匀外磁场 $\boldsymbol{B}_0$ 后，磁介质被磁化了，各分子电流趋于沿 $\boldsymbol{B}_0$ 方向整齐排列(为了简单起见，图(b)中各分子磁矩都画成沿 $\boldsymbol{B}_0$ 方向)，在磁介质内部，相邻的分子电流方向相反、成对出现、互相“抵消”，不会出现宏观的电流. 但在磁化后的磁介质表面上，大量整齐排列的、不成对的、未被“抵消”的分子电流连缀起来形成了宏观的表面环形电流——磁化电流 I_{M}，图 5.1(c)就是图 5.1(b)的宏观效果图. 显然，随着外磁场的增强，分子电流排列更为整齐，磁化电流加大. 容易设想，如果磁介质非均匀或者外磁场非均匀或者两者都非均匀，则磁化后，除表面出现宏观的磁化电流外，内部也有可能出现某种宏观的磁化电流.

图 5.1(b)画的是磁化后的顺磁质，其实只需将各分子电流的方向画成相反，即为磁化后的抗磁质，于是表面的宏观磁化电流也将反向，这就是宏观的抗磁效应.

总之，磁化电流 I_{M} 是磁介质磁化后，由大量分子电流叠加形成的在宏观范围内流动的电流. 但应注意，形成磁化电流的每个电子都被限制(束缚)在分子范围内运动，并不能越雷池一步. 这是磁化电流与由带电粒子宏观移动形成的传导电流的区别之一，由此，磁化电流也称束缚电流. 又，分子电流的运行并无阻力，因此磁化电流的运行也不受阻力，即无热效应，而导体中的传导电流受电阻有热效应，这是两者的又一重要区别. 虽然磁化电流和传导电流有上述区别，但两者的本质都是电荷的流动，都会产生磁场，即都有磁效应，这是它们的共性.

磁化电流 I_{M} 产生的附加磁场表为 $\boldsymbol{B}'$，外加磁场表为 $\boldsymbol{B}_0$，两者之和的总磁场表为 $\boldsymbol{B}$，则

$$\boldsymbol{B}=\boldsymbol{B}_0+\boldsymbol{B}'. \tag{5.4}$$

对于顺磁质，如图 5.1(b)(c). $\boldsymbol{B}'$ 与 $\boldsymbol{B}_0$ 同向，且 $|\boldsymbol{B}'|\ll|\boldsymbol{B}_0|$，故 $\boldsymbol{B}\approx\boldsymbol{B}_0$；对于抗磁质，$\boldsymbol{B}'$ 与 $\boldsymbol{B}_0$ 反向，且 $|\boldsymbol{B}'|\ll|\boldsymbol{B}_0|$，故 $\boldsymbol{B}\approx\boldsymbol{B}_0$；对于铁磁质，$\boldsymbol{B}'$ 与 $\boldsymbol{B}_0$ 同向，且 $|\boldsymbol{B}'|\gg|\boldsymbol{B}_0|$，故 $\boldsymbol{B}\gg\boldsymbol{B}_0$. 若 $\boldsymbol{B}_0$ 给定，在磁介质的磁化过程中，随着外磁场的增大，I_{M} 以及 $\boldsymbol{B}'$ 和 $\boldsymbol{B}$ 会有相应的变化，达到平衡时的总磁场 $\boldsymbol{B}$ 将最终决定磁介质的磁化状况.

综上，$\boldsymbol{M}$，I_{M}，$\boldsymbol{B}'$ 或 $\boldsymbol{B}$ 三者从不同侧面宏观地描绘了磁介质磁化的后果，因此，其间应该存在着确定的关系，这些关系将揭示磁介质的磁化规律.

§5.3.2 磁化强度矢量 $\boldsymbol{M}$ 与磁化电流 I_{M} 的关系

磁化强度矢量 $\boldsymbol{M}$ 与磁化电流 I_{M} 的关系为

$$\oint_{(L)} \boldsymbol{M} \cdot \mathrm{d}\boldsymbol{l} = \sum_{(L内)} I_{\mathrm{M}}, \tag{5.5}$$

即磁化强度矢量 $\boldsymbol{M}$ 沿任意闭合回路 L 的积分等于通过以 L 为周界的曲面 S 的磁化电流.

证明：根据分子电流模型，把磁介质分子看作电流环. 为了便于说明问题，磁介质磁化后，用平均分子磁矩代替每一个分子的真实磁矩，即认为每个分子电流环都具有同样的电流 I，都具有同样的面积矢量 $\boldsymbol{a}$（$\boldsymbol{a}$ 的大小是环的面积，$\boldsymbol{a}$ 的方向与分子电流成右手螺旋关系），从而都具有相同的分子磁矩 $\boldsymbol{p}_{\mathrm{m}} = I\boldsymbol{a}$，这种简化模型不影响宏观效果. 于是，由(5.3)式，磁介质的磁化强度为

$$\boldsymbol{M} = n\boldsymbol{p}_{\mathrm{m}} = nI\boldsymbol{a},$$

式中 n 是单位体积分子数.

为了计算(5.5)式右边的 $\sum\limits_{(L内)} I_{\mathrm{M}}$，如图 5.5，在磁介质中任取以闭合回路 L 为周界的曲面 S，考察通过 S 的全部分子电流，它们的代数和就是通过 S 的磁化电流. 如图 5.5(a)，将磁介质中的分子分成三类. A 类分子电流环与 S 不相交，即对通过 S 的磁化电流无贡献. B 类分子电流环被 S 切割，即与 S 相交两次，分子电流进出各一次，代数和为零，对通过 S 的磁化电流亦无贡献. C 类分子电流环被闭合回路 L 穿过（犹如冰糖葫芦），即与 S 相交一次，对磁化电流有贡献. 因此，只需计算全部穿过闭合回路 L 的 C 类分子电流环的贡献，即可得出通过 S 的磁化电流.

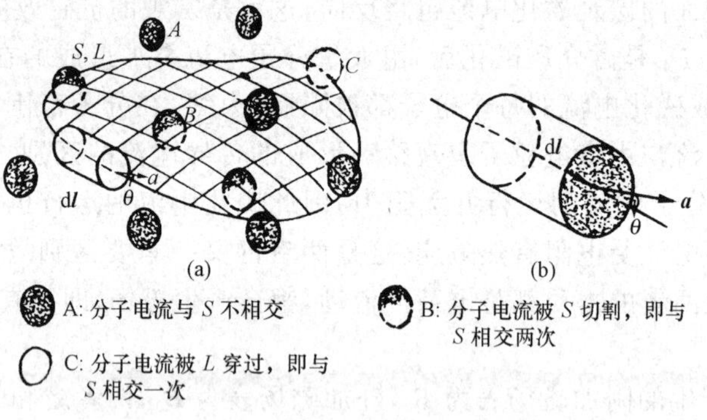

图 5.5　磁化强度与磁化电流的关系

为此，在闭合回路 L 上取线元 $\mathrm{d}l$，计算它穿过的分子电流环，再沿 L 积分即可. 如图 5.5(b)，作以 $\mathrm{d}\boldsymbol{l}$ 为轴、以 $\boldsymbol{a}$ 为底面的柱体，其体积为 $\Delta V = a\mathrm{d}l\cos\theta$，其中 θ 是 $\boldsymbol{a}$ 与 $\mathrm{d}\boldsymbol{l}$ 的夹角. 显然，只有中心在此柱体 ΔL 内的分子电流环才会被 $\mathrm{d}\boldsymbol{l}$ 穿过. 这样的分子共有

$$N = n\Delta V = na\,\mathrm{d}l\cos\theta,$$

式中 n 是单位体积分子数，每个分子贡献一个穿过 S 面的分子电流 I，故线元 $\mathrm{d}\boldsymbol{l}$ 穿过的 N 个分子电流对磁化电流的贡献为

$$NI = na\,\mathrm{d}l\cos\theta \cdot I = nI\boldsymbol{a} \cdot \mathrm{d}\boldsymbol{l} = n\boldsymbol{p}_{\mathrm{m}} \cdot \mathrm{d}\boldsymbol{l} = \boldsymbol{M} \cdot \mathrm{d}\boldsymbol{l},$$

其中用到上述 $\boldsymbol{M} = n\boldsymbol{p}_{\mathrm{m}} = nI\boldsymbol{a}$ 的公式. 沿闭合回路 L 积分，得

$$\oint_{(L)} \boldsymbol{M} \cdot \mathrm{d}\boldsymbol{l} = \sum_{(L内)} I_{\mathrm{M}}.$$

此即(5.5)式.

利用矢量分析的斯托克斯定理，得

$$\oint_{(L)} \boldsymbol{M} \cdot \mathrm{d}\boldsymbol{l} = \iint_{(S)} (\nabla \times \boldsymbol{M}) \cdot \mathrm{d}\boldsymbol{S} = \sum_{(L内)} I_{\mathrm{M}} = \iint_{(S)} \boldsymbol{j}_{\mathrm{M}} \cdot \mathrm{d}\boldsymbol{S}$$

或

$$\nabla \times \boldsymbol{M} = \boldsymbol{j}_{\mathrm{M}}, \tag{5.6}$$

式中 $\boldsymbol{j}_{\mathrm{M}}$ 称为磁化电流密度，表示通过单位垂直面积的磁化电流，其方向为磁化电流的方向.

(5.5)式和(5.6)式分别是 $\boldsymbol{M}$ 和 I_{M} 关系的积分形式和微分形式.

若磁介质均匀磁化，$\boldsymbol{M}$ 为常量，则 $\nabla \times \boldsymbol{M}=0$，$\boldsymbol{j}_{\mathrm{M}}=0$. 可见均匀磁化的磁介质内部无磁化电流，磁化电流只分布在磁介质的表面上.

磁化强度矢量 $\boldsymbol{M}$ 与磁介质表面的磁化电流面密度 $\boldsymbol{i}_{\mathrm{M}}$ 的关系为

$$\boldsymbol{i}_{\mathrm{M}} = \boldsymbol{M} \times \boldsymbol{n} \quad 或 \quad M_{\mathrm{t}} = i_{\mathrm{M}}, \tag{5.7}$$

式中 $\boldsymbol{n}$ 是磁介质表面外法线方向的单位矢量，$\boldsymbol{i}_{\mathrm{M}}$ 是磁介质表面上通过单位长度的磁化电流，M_{t} 是 $\boldsymbol{M}$ 在磁介质表面的切向分量.

证明：为了证明(5.7)式，只需将(5.5)式用于图5.6所示的矩形回路上. 此矩形回路 $ABCD$ 的一对边 AB，CD 与磁介质表面平行，且垂直于磁化电流 $\boldsymbol{i}_{\mathrm{M}}$，分别在磁介质内外两侧，长度为 Δl；另一对边 AD，BC 与磁介质表面垂直，长度远小于 Δl. 设磁介质表面的磁化电流面密度为 i_{M}，则穿过矩形回路的磁化电流为 $I_{\mathrm{M}}=i_{\mathrm{M}}\Delta l$. 另一方面，在(5.6)式的积分 $\oint_{矩形回路ABCD} \boldsymbol{M} \cdot \mathrm{d}\boldsymbol{l}$ 中，外部长为 Δl 的 AB 边的 $\boldsymbol{M}=0$，积分为零，另一对边 AD，BC 因长度远小于 Δl，积分可略，剩下的长为 Δl 的 CD 边的贡献为 $M_{\mathrm{t}}\Delta l$. 于是，由(5.5)式，有

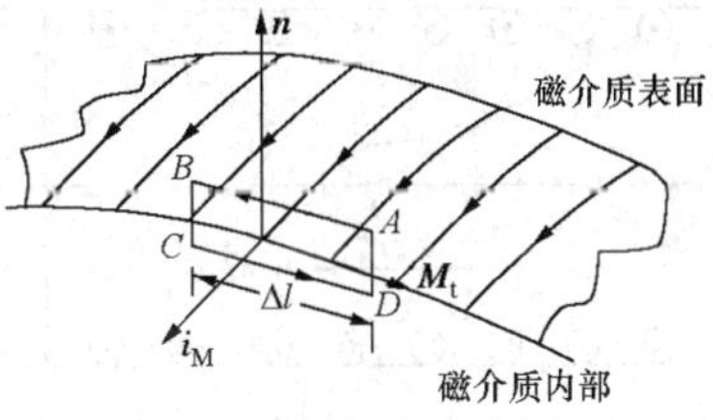

图5.6　磁化强度与表面磁化电流的关系

$$\begin{aligned}\oint_{矩形回路ABCD} \boldsymbol{M} \cdot \mathrm{d}\boldsymbol{l} &= \int_{AB} \boldsymbol{M} \cdot \mathrm{d}\boldsymbol{l} + \int_{BC} \boldsymbol{M} \cdot \mathrm{d}\boldsymbol{l} + \int_{CD} \boldsymbol{M} \cdot \mathrm{d}\boldsymbol{l} + \int_{DA} \boldsymbol{M} \cdot \mathrm{d}\boldsymbol{l} \\ &= 0 + 0 + M_{\mathrm{t}}\Delta l + 0 \\ &= i_{\mathrm{M}}\Delta l,\end{aligned}$$

即

$$M_{\mathrm{t}} = i_{\mathrm{M}}.$$

考虑到 $\boldsymbol{M}$，$\boldsymbol{i}_{\mathrm{M}}$，$\boldsymbol{n}$ 三者的方向关系，可将上式写为矢量公式，为

$$\boldsymbol{i}_{\mathrm{M}} = \boldsymbol{M} \times \boldsymbol{n}.$$

此即(5.7)式. 它表明，磁介质表面，只在 $\boldsymbol{M}$ 的切向分量不为零处，即 $M_{\mathrm{t}} \neq 0$ 处，才有磁化电流 $i_{\mathrm{M}} \neq 0$，$\boldsymbol{M}$ 的法向分量则与 $\boldsymbol{i}_{\mathrm{M}}$ 无关.

§5.3.3 磁化强度矢量 M 与总磁场 B 的关系——磁化的规律

磁介质磁化达到平衡后，一般说来，磁介质的磁化强度矢量 $\boldsymbol{M}$ 应由总磁场 $\boldsymbol{B}$ 确定，其中 $\boldsymbol{B}=(\boldsymbol{B}_0+\boldsymbol{B}')$ 是外磁场 $\boldsymbol{B}_0$ 与磁介质磁化后产生的附加磁场 $\boldsymbol{B}'$ 之和. $\boldsymbol{B}$ 和 $\boldsymbol{M}$ 之间的关系就是磁介质所遵循的磁化规律，也是对磁介质磁学性质的描绘，通常由实验确定. 由于磁介质泛指万物，种类繁多，结构性质各异，$\boldsymbol{M}$ 和 $\boldsymbol{B}$ 的关系并不存在统一的形式. 实验表明，对于某些磁介质，$\boldsymbol{M}$ 与 $\boldsymbol{B}$ 成正比 $\boldsymbol{M}\propto\boldsymbol{B}$，即两者成线性关系，则该磁介质称为线性磁介质，比例系数可表为 $\chi_m/\mu_0\mu_r$（详见下节），有

$$\boldsymbol{M}=\frac{\chi_m}{\mu_0\mu_r}\boldsymbol{B}, \tag{5.8}$$

式中的比例系数 $\chi_m/\mu_0\mu_r$ 是描绘磁介质磁学性质的物理量，是只与磁介质有关的常量，其中 $\mu_r=(1+\chi_m)$. (5.8)式是线性磁介质遵循的磁化规律，非线性磁介质不满足(5.8)式，若仍写成(5.8)式的形式，则其中的 χ_m 和 μ_r 不仅与磁介质的性质有关还与总磁场 $\boldsymbol{B}$ 有关. 若磁介质的磁学性质为各向同性，即与磁介质相对总磁场的空间方位无关，则(5.8)式中的 χ_m 和 μ_r 为标量；若磁介质的磁学性质为各向异性，则 $\boldsymbol{\chi}_m$ 和 $\boldsymbol{\mu}_r$ 应为二阶张量. 若磁介质均匀，则 χ_m 和 μ_r 为常量，与空间位置无关.

例 1 如图 5.7 所示，长为 l、直径为 d 的均匀磁介质圆柱体在外磁场中被均匀磁化，磁化强度矢量为 $\boldsymbol{M}$，其方向与圆柱轴线平行.

试求：(1) 磁介质表面的面磁化电流密度 i_M. (2) 圆柱轴线中点 P 处的附加磁场 $\boldsymbol{B}'$.

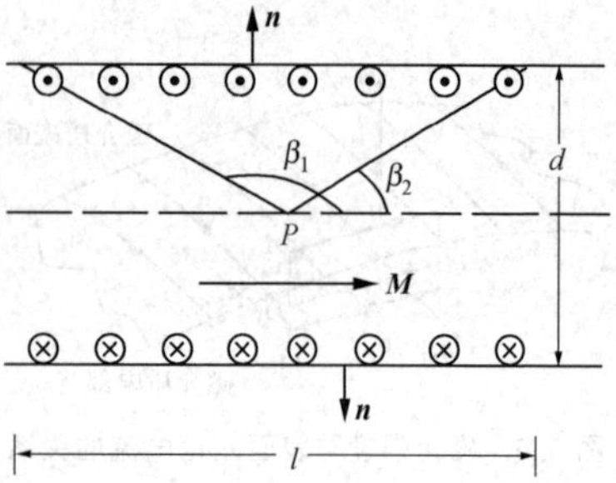

图 5.7

解 (1) 因均匀磁化，磁介质内部无磁化电流，磁化电流只分布在表面上，由(5.7)式，磁化电流的面密度为

$$i_M=M.$$

表面磁化电流的方向已在图中用⊙⊗标明.

(2) 因圆柱形磁介质表面磁化电流的分布与有限长密绕直螺线管中的电流分布相似，可利用第四章(4.9)式计算附加磁场 $\boldsymbol{B}'$，该式中的 nI 相当于本题的 i_M，故圆柱轴线上任意点的附加磁场为

$$B'=\frac{\mu_0 I_M}{2}(\cos\beta_2-\cos\beta_1).$$

在轴线中点 P 处，有

$$\cos\beta_2=-\cos\beta_1=\frac{l}{\sqrt{l^2+d^2}},$$

代入，轴线中点 P 处的附加磁场为

$$B'=\mu_0 M\frac{l}{\sqrt{l^2+d^2}}.$$

$\boldsymbol{B}'$的方向与 $\boldsymbol{M}$ 的方向相同.

讨论：若磁介质为无限长直圆柱体，$l\to\infty$，d 有限，则中点 P 处的附加磁场为

$$B' = \mu_0 M.$$

若磁介质为薄圆片，$l/d\to 0$，则

$$B' = \mu_0 M \frac{l}{\sqrt{l^2+d^2}} = \mu_0 M \frac{\dfrac{l}{d}}{\sqrt{1+\left(\dfrac{l}{d}\right)^2}} \approx 0.$$

§ 5.4　有磁介质存在时，磁场的高斯定理和安培环路定理

在第四章中，根据毕萨定律和磁感应强度的叠加原理，证明了真空中恒定磁场的高斯定理和安培环路定理. 它们表明，真空中的恒定磁场 $\boldsymbol{B}_0$ 作为一个矢量场是无源有旋的. 如果磁场中有磁介质存在，就会因磁化出现磁化电流 I_M，与传导电流一样，I_M 产生的附加磁场 $\boldsymbol{B}'$ 也遵循毕萨定律和叠加原理，因此，可以预料也可以同样证明，$\boldsymbol{B}'$也是无源有旋的，即有

$$\begin{cases} \displaystyle\oiint_{(S)} \boldsymbol{B}_0 \cdot \mathrm{d}\boldsymbol{S} = 0, \\ \displaystyle\oint_{(L)} \boldsymbol{B}_0 \cdot \mathrm{d}\boldsymbol{l} = \mu_0 \sum_{(L内)} I_0 \end{cases}$$

和

$$\begin{cases} \displaystyle\oiint_{(S)} \boldsymbol{B}' \cdot \mathrm{d}\boldsymbol{S} = 0, \\ \displaystyle\oint_{(L)} \boldsymbol{B}' \cdot \mathrm{d}\boldsymbol{l} = \mu_0 \sum_{(L内)} I_M. \end{cases}$$

毋庸置疑，在有磁介质存在时，由 I_0 和 I'产生的总磁场 $\boldsymbol{B}=\boldsymbol{B}_0+\boldsymbol{B}'$的性质不会改变，必定仍是无源有旋的，其高斯定理和安培环路定理为

$$\oiint_{(S)} \boldsymbol{B} \cdot \mathrm{d}\boldsymbol{S} = 0, \tag{5.9a}$$

$$\oint_{(L)} \boldsymbol{B} \cdot \mathrm{d}\boldsymbol{l} = \mu_0 \sum_{(L内)} I_0 + \mu_0 \sum_{(L内)} I_M. \tag{5.9b}$$

然而，由于 I_M 和 $\boldsymbol{B}$ 互相牵扯，难于直接测量和控制，通常是未知的. 因此，从磁场的计算来说，以已知电流分布为前提的毕萨定律和安培环路定理的方法都遇到了麻烦，需要补充或附加有关磁介质磁化性质的已知条件才能克服这一困难.

利用 I_M 和磁化强度矢量 $\boldsymbol{M}$ 的关系(5.5)式，把(5.9b)式改写为

$$\oint_{(L)} \boldsymbol{B} \cdot \mathrm{d}\boldsymbol{l} = \mu_0 \sum_{(L内)} I_0 + \mu_0 \oint_{(L)} \boldsymbol{M} \cdot \mathrm{d}\boldsymbol{l},$$

即

$$\oint_{(L)}\left(\frac{\boldsymbol{B}}{\mu_0}-\boldsymbol{M}\right)\cdot \mathrm{d}\boldsymbol{l}=\sum_{(L内)}I_0.$$

定义辅助的物理量——磁场强度 $\boldsymbol{H}$ 为

$$\boldsymbol{H}=\frac{\boldsymbol{B}}{\mu_0}-\boldsymbol{M},\tag{5.10}$$

于是,有

$$\oint_{(L)}\boldsymbol{H}\cdot \mathrm{d}\boldsymbol{l}=\sum_{(L内)}I_0.\tag{5.11}$$

经过上述变换,把有磁介质存在时用 $\boldsymbol{B}$ 表示的安培环路定理(5.9b)式改写为用 $\boldsymbol{H}$ 表示的安培环路定理(5.11)式.它表明,有磁介质存在时,磁场强度 $\boldsymbol{H}$ 沿任意闭合回路 L 的积分,等于穿过以该回路为周界的任意曲面的传导电流 I_0 的代数和,与磁化电流 I_M 无关.

在 SI 单位制中,磁场强度 $\boldsymbol{H}$ 的单位是安培/米(A/m).

由(5.11)式,若传导电流 I_0 已知,且其分布具有极大的对称性,使得(5.11)式可以简化为只含一个未知数 H 的代数方程,则 H 可求.但因磁化电流 I_M 未知,即 M 未知,即使求出了 $\boldsymbol{H}$,仍无法从(5.10)式求出 $\boldsymbol{B}$ 来.换言之,在利用(5.5)式把(5.9b)式改写为(5.11)式时,“掩盖”了未知的 I_M 使之不明显出现的代价是引入了新的 $\boldsymbol{H}$,计算 $\boldsymbol{B}$ 的困难依旧.

为了由 $\boldsymbol{H}$ 求出 $\boldsymbol{B}$,需要补充 $\boldsymbol{H}$ 和 $\boldsymbol{B}$ 的关系式(介质方程),并已知描绘磁介质磁化性质的物理量.对于线性各向同性磁介质,$\boldsymbol{M}$ 和 $\boldsymbol{H}$ 的关系为

$$\boldsymbol{M}=\chi_m\boldsymbol{H},\tag{5.12}$$

式中 χ_m 称为磁化率.代入(5.10)式,得

$$\boldsymbol{B}=\mu_0(\boldsymbol{H}+\boldsymbol{M})=\mu_0(1+\chi_m)\boldsymbol{H}=\mu_0\mu_r\boldsymbol{H}=\mu\boldsymbol{H},\tag{5.13}$$

式中

$$\begin{cases}\mu_r=(1+\chi_m),\\ \mu=\mu_0\mu_r,\end{cases}\tag{5.14}$$

μ_r 称为相对磁导率,μ 称为磁导率,都是描绘磁介质磁化性质的物理量,只与磁介质的性质有关.又,由以上三式,$\boldsymbol{B}$ 与 $\boldsymbol{M}$ 的关系为

$$\boldsymbol{B}=\frac{\mu_0\mu_r}{\chi_m}\boldsymbol{M}.\tag{5.15}$$

于是,有磁介质存在时,描绘恒定磁场的性质(无源有旋)并可用于计算磁场 $\boldsymbol{B}$ 的完备方程组为

$$\begin{cases}\oiint_{(S)}\boldsymbol{B}\cdot \mathrm{d}\boldsymbol{S}=0,\\ \oint_{(L)}\boldsymbol{H}\cdot \mathrm{d}\boldsymbol{l}=\sum_{(L内)}I_0,\\ \boldsymbol{B}=\mu_0\mu_r\boldsymbol{H},\end{cases}\tag{5.16}$$

其中第三式只适用于线性各向同性磁介质.把(5.16)式与(5.9)式相比,恒定磁场无源有旋的性质依旧.

如第四章所述，计算磁场 $\boldsymbol{B}$ 的方法有毕萨定律（包括叠加原理）和 $\boldsymbol{B}$ 的安培环路定理两种，但两者都要求已知电流分布，因此，在有磁介质存在时，若磁化电流 I_M 未知，则这两种方法都失效. 只能用(5.16)式，先由已知的传导电流 I_0 经 $\boldsymbol{H}$ 的安培环路定理求出 $\boldsymbol{H}$，再由已知的 μ_r（或 χ_m）经介质方程 $\boldsymbol{B}=\mu_0\mu_r\boldsymbol{H}$ 求出 $\boldsymbol{B}$，才能克服 I_M 未知的困难. 由于用安培环路定理求 $\boldsymbol{H}$，要求很强的对称性，从而大大限制了可以求解的范围.

对于顺磁质，$\chi_m>0, \mu_r>1, \mu>\mu_0$；对于抗磁质，$\chi_m<0, \mu_r<1, \mu<\mu_0$. 一些顺磁质和抗磁质的 χ_m 值如表 5.1 所示，可以看出，无论顺磁质和抗磁质，$|\chi_m|$ 都很小，磁性很弱. 又，真空中的 $\boldsymbol{M}=0$，故 $\chi_m=0, \mu_r=1, \mu=\mu_0$，$\mu_0$ 称为**真空磁导率**，在真空中 $\boldsymbol{B}$ 和 $\boldsymbol{H}$ 满足 $\boldsymbol{B}=\mu_0\boldsymbol{H}$.

表 5.1 一些顺磁质和抗磁质在 293 K 的磁化率 χ_m

（表中的气体磁化率均在 76 cmHg 压强下测量）

顺磁质	χ_m	抗磁质	χ_m
铝(Al)	2.3×10^{-5}	锗(Ge)	-1.5×10^{-5}
钨(W)	6.8×10^{-5}	铜(Cu)	-0.98×10^{-5}
镁(Mg)	1.2×10^{-5}	水(H_2O)	-9.1×10^{-6}
氧气(O_2)	1920.0×10^{-9}	氮气(N_2)	-6.7×10^{-9}
空气	30.36×10^{-5}	氦气(He)	-1.05×10^{-9}

例 2 如图 5.8 所示，相对磁导率为 μ_{r1}、半径为 R_1 的无限长均匀线性磁介质圆柱体中通以传导电流 I_0，电流沿横截面均匀分布. 在它外面有一半径为 R_2 的无限长同轴圆柱导电面，其中也通以传导电流 I_0，但方向相反. 在圆柱体和圆柱面之间充满相对磁导率为 μ_{r2} 的均匀线性磁介质，圆柱面外为真空.

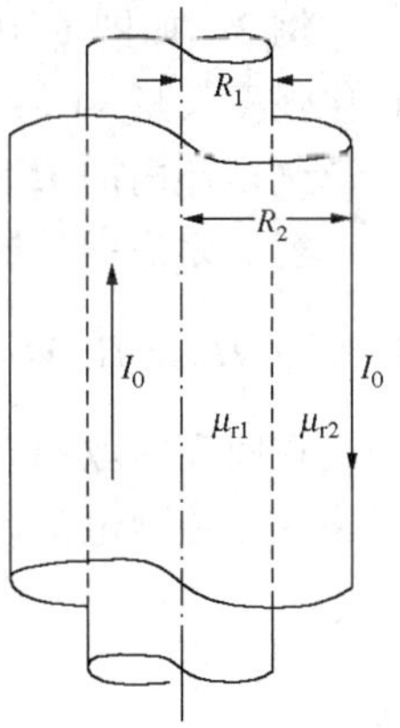

图 5.8

试求磁场分布.

解 因磁介质和电流分布都具有轴对称性，故磁场分布也具有轴对称性，其大小只取决于场点到轴的垂直距离 r. 在垂直于圆柱轴的平面上，以轴与平面的交点为圆心，作半径为 r 的圆，取此圆为闭合回路 L，由 $\boldsymbol{H}$ 的安培环路定理(5.16)第二式，有

$$\oint_{(L)}\boldsymbol{H}\cdot d\boldsymbol{l}=\oint_{(L)}H dl=H\cdot2\pi r=\sum_{(L内)}I_0.$$

(1) 在 $r<R_1$ 区域内：传导电流均匀分布，其电流密度为 $j_0=I_0/\pi R_1^2$，故 $\sum\limits_{(L内)}I_0=j_0\cdot\pi r^2$，代入上式，得

$$H=\frac{1}{2\pi r}\sum_{(L内)}I_0=\frac{1}{2\pi r}j_0\pi r^2=\frac{I_0 r}{2\pi R_1^2}.$$

代入(5.16)第三式，得

$$B_1=\mu_0\mu_{r1}H_1=\frac{\mu_0\mu_{r1}I_0 r}{2\pi R_1^2}.$$

(2) 在 $R_1<r<R_2$ 区域内：$\sum\limits_{(L内)} I_0 = I_0$，得

$$H_2 = \frac{I_0}{2\pi r},$$

$$B_2 = \mu_0 \mu_{r2} H_2 = \frac{\mu_0 \mu_{r2} I_0}{2\pi r}.$$

(3) 在 $r>R_2$ 区域内：$\sum\limits_{(L内)} I_0 = I_0 - I_0 = 0$，得

$$H_3 = 0,$$
$$B_3 = 0.$$

$H(r)$ 曲线如图 5.9 所示.

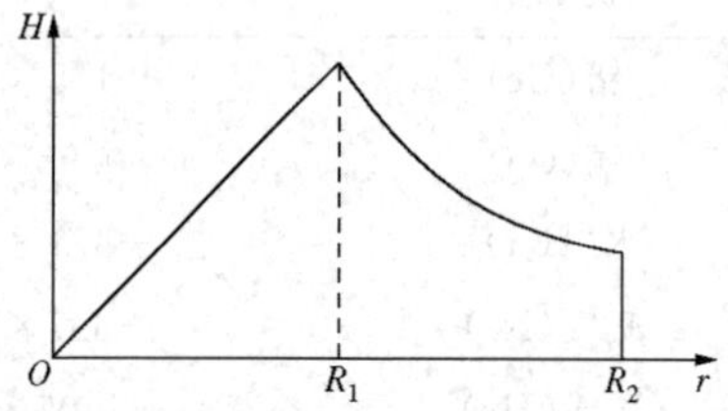

图 5.9　$H(r)$ 曲线

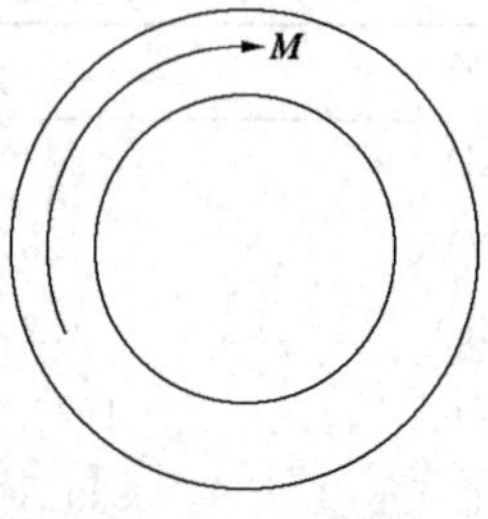

图 5.10　细铁环

例 3　如图 5.10 所示，一细铁环，在外磁场撤消后仍处于磁化状态(参看§5.6)，已知磁化强度矢量 $\boldsymbol{M}$ 的大小处处相同，方向沿环向.

试求环内的 $\boldsymbol{H}$ 和 $\boldsymbol{B}$.

解　方法一　铁磁质为非线性磁介质(参看§5.6)，其中的 $\boldsymbol{B}$ 和 $\boldsymbol{H}$ 并不满足(5.13)式 $\boldsymbol{B}=\mu_0\mu_r\boldsymbol{H}$，$\boldsymbol{B}$，$\boldsymbol{H}$，$\boldsymbol{M}$ 三者的关系由(5.10)式 $\boldsymbol{H}=\left(\dfrac{\boldsymbol{B}}{\mu_0}-\boldsymbol{M}\right)$确定.

在圆环中取同心圆为闭合回路，由对称性，回路上各点的 $\boldsymbol{H}$ 应沿切向、大小相同. 又，因回路内无传导电流，由 $\boldsymbol{H}$ 的安培环路定理(5.11)式，有

$$\oint_{(L)} \boldsymbol{H}\cdot \mathrm{d}\boldsymbol{l} = \oint_{(L)} H \mathrm{d}l = H\oint_{(L)} \mathrm{d}l = \sum_{(L内)} I_0 = 0,$$

故

$$H = 0.$$

由(5.10)式，把上式代入，得

$$\boldsymbol{B} = \mu_0(\boldsymbol{H}+\boldsymbol{M}) = \mu_0\boldsymbol{M}.$$

方法二　由(5.7)式 $\boldsymbol{i}_M=\boldsymbol{M}\times\boldsymbol{n}$，细铁环上磁化电流的分布相当于密绕的螺绕环，利用载流螺绕环的磁场公式 $B=\mu_0 nI$，把其中的 nI 代之以本题的 $i_M=nI_M=M$，得

$$B = \mu_0 i_M = \mu_0 M.$$

再由(5.10)式，得

$$H = \frac{B}{\mu_0} - M = 0.$$

§5.5 磁荷观点

磁荷观点认为，磁介质的磁性以及其间的相互作用，来源于其中磁荷. 磁荷有正、负之区分，磁棒的N极带正磁荷、S极带负磁荷，同号相斥、异号相吸. 库仑用精心设计的实验得出，点磁极1,2之间的磁作用力 F 遵循

$$F=\frac{1}{4\pi\mu_0}\frac{q_{m1}q_{m2}}{r^2}, \tag{5.17}$$

式中 q_{m1}，q_{m2} 分别是点磁荷1,2所带的磁荷数；μ_0 称为真空磁导率，是一个基本物理常数，其数值和单位规定为 $\mu_0=4\pi\times10^{-7}\ \mathrm{N/A^2}$；$r$ 是两点磁极之间的距离.(5.17)式称为磁的库仑定律.

不难看出，磁的库仑定律与电的库仑定律相对应，遵循类似的关系. 因此，在第一章中为描绘静电场引进的各种物理量以及相关的规律和公式，都可以平行地移植过来. 例如，磁荷之间的作用是以磁场为媒介物传递的，可以用单位正磁荷所受磁场的作用力定义磁场强度 $\boldsymbol{H}$，用以描绘磁场的强弱和分布. 例如，因磁力与距离平方成反比，可以证明磁场是无旋的，由此可引进磁势 U_m 来描绘磁场，并且，$\boldsymbol{H}$ 应等于 U_m 的负梯度. 与分子电流观点把物质的基元——分子看作电流环不同，磁荷观点把分子看成是磁偶极子，其磁偶极矩为 $p_m=q_m l$，对应地可给出磁偶极子的磁势公式和磁偶极子在外磁场中所受力矩 $\boldsymbol{M}$ 的公式. 综上，有

$$\begin{cases}\text{磁场强度} & \boldsymbol{H}=\dfrac{\boldsymbol{F}}{q_{m0}},\\ \text{磁场无旋} & \oint\boldsymbol{H}\cdot\mathrm{d}\boldsymbol{l}=0,\\ \boldsymbol{H}\text{ 与磁势 }U_m\text{ 的关系} & \boldsymbol{H}=-\nabla U_m,\\ \text{磁偶极子的磁势} & U_m=\dfrac{1}{4\pi\mu_0}\dfrac{\boldsymbol{p}_m\cdot\boldsymbol{r}}{r^2},\\ \text{磁偶极子在外磁场 }\boldsymbol{H}\text{ 中所受力矩} & \boldsymbol{M}=\boldsymbol{p}_m\times\boldsymbol{H},\end{cases} \tag{5.18}$$

式中 q_{m0} 是试探点磁荷的磁荷量，$\boldsymbol{F}$ 是 q_{m0} 所受磁力，$\boldsymbol{H}$ 是磁场强度，U_m 是与磁偶极子相距 r 处的磁势，$\boldsymbol{p}_m=q_m\boldsymbol{l}$ 是磁偶极矩，$\boldsymbol{M}$ 是磁偶极子在磁场 $\boldsymbol{H}$ 中所受力矩.

磁荷观点如何解释磁介质的磁化过程呢？如图5.11所示，从磁荷观点看来，磁介质的最小单元分子可以看作磁偶极子. 如图(a)，无外加磁场 $\boldsymbol{H}_0$ 时，各分子磁偶极子取向随机，它们的磁偶极矩 $\boldsymbol{p}_{m分子}$ 相互抵消，磁棒在宏观上不显磁性，处于未磁化状态. 如图(b)，加外磁场 $\boldsymbol{H}_0$(称为磁化场)，则 $\boldsymbol{H}_0$ 对每个分子磁偶极子施以力矩，使 $\boldsymbol{p}_{m分子}$ 趋于沿 $\boldsymbol{H}_0$ 方向整齐排列，$\boldsymbol{H}_0$ 越强 $\boldsymbol{p}_{m分子}$ 排列越整齐. 结果，如图(c)所示，在磁棒内部各分子磁偶极子首尾相接，相互抵消，但在磁棒两个端面上分别聚集正、负磁荷，出现N,S极，磁棒被磁化了.

为了描绘磁介质的磁化状态(磁化的方向和磁化的程度)，引入磁极化强度矢量 $\boldsymbol{J}$ 的概念，定义为单位体积内分子磁偶极矩的矢量和，即

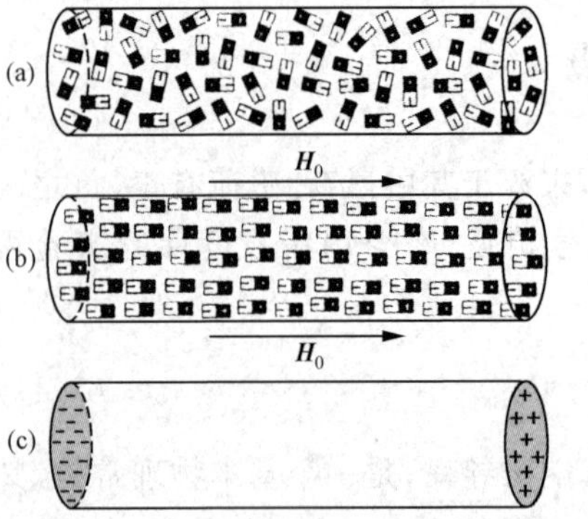

图 5.11 磁化的微观机制和宏观效果（磁荷观点）

$$\boldsymbol{J}=\frac{1}{\Delta V}\sum_{(\Delta V内)}\boldsymbol{p}_{m分子}, \tag{5.19}$$

式中 $\sum\limits_{(\Delta V内)}\boldsymbol{p}_{m分子}$ 是宏观体元 ΔV 内所有分子磁偶极矩的矢量和.以图 5.11 的磁棒为例,如图(a)未磁化时,各 $\boldsymbol{p}_{m分子}$ 的取向杂乱无章,在任意宏观体元内其矢量和为零,即 $\boldsymbol{J}=0$. 如图(b),在磁化场 $\boldsymbol{H}_0$ 的作用下,各 $\boldsymbol{p}_{m分子}$ 趋于沿 $\boldsymbol{H}_0$ 方向整齐排列,在宏观体元 ΔV 内其矢量和不为零,即 $\boldsymbol{J}$ 不为零,$\boldsymbol{H}_0$ 越强,$\boldsymbol{p}_{m分子}$ 排列越整齐,$\boldsymbol{J}$ 的数值越大,$\boldsymbol{J}$ 的方向则与整齐排列的 $\boldsymbol{p}_{m分子}$ 的方向一致.由此可见,由(5.19)式定义的 $\boldsymbol{J}$ 确能描绘磁介质磁化后的宏观磁化状态.

在磁介质被磁化、$\boldsymbol{J}\neq 0$ 的同时,磁介质内必定会出现宏观的磁荷分布 q_m,以及由 q_m 产生的附加磁场 $\boldsymbol{H}'$. $\boldsymbol{J}$,q_m,$\boldsymbol{H}'$三者是磁介质磁化后在不同方面的表现,其间理应存在联系.在第二章§2.4.3 中讨论电介质极化时,曾给出极化的描绘 $\boldsymbol{P}$,q',$\boldsymbol{E}'$以及其间的关系

$$\begin{cases}\oiint\limits_{(S)}\boldsymbol{P}\cdot d\boldsymbol{S}=-\sum\limits_{(S内)}q',\\ \sigma'=P\cos\theta=P_n,\\ \boldsymbol{P}=\varepsilon_0\chi_e\boldsymbol{E},\\ \boldsymbol{E}=\boldsymbol{E}_0+\boldsymbol{E}'.\end{cases}$$

对于磁介质,经过类似的推导(略),得出

$$\begin{cases}\oiint\limits_{(S)}\boldsymbol{J}\cdot d\boldsymbol{S}=-\sum\limits_{(S内)}q_m,\\ \sigma_m=\dfrac{dq_m}{dS}=J\cos\theta=J_n,\\ \boldsymbol{J}=\mu_0\chi_m\boldsymbol{H},\\ \boldsymbol{H}=\boldsymbol{H}_0+\boldsymbol{H}',\end{cases} \tag{5.20}$$

式中 σ_m 是磁荷的面密度,J_n 是 $\boldsymbol{J}$ 在磁介质表面法线方向的投影,$\boldsymbol{H}_0$ 是外磁场即磁化场,$\boldsymbol{H}'$ 是磁荷 q_m 产生的附加磁场,因 $\boldsymbol{H}'$ 通常与外磁场 $\boldsymbol{H}_0$ 反向,故称退磁场,$\boldsymbol{H}$ 是总磁场,$\boldsymbol{J}$ 与 $\boldsymbol{H}$ 成正比,比例系数 χ_m 称为磁化率.(5.20)式给出了磁介质磁化后,$\boldsymbol{J}$,$\boldsymbol{q}_m$,$\boldsymbol{H}'$($\boldsymbol{H}$)三者的关系.

有磁介质存在时,总磁场 $\boldsymbol{H}=\boldsymbol{H}_0+\boldsymbol{H}'$ 遵循的安培环路定理和高斯定理如何呢?其中,磁化场 $\boldsymbol{H}_0$ 由电流产生遵循毕萨定律,按第一章同样的推理,有

$$\begin{cases}\oint_{(L)} \boldsymbol{H}_0 \cdot \mathrm{d}\boldsymbol{l} = \sum\limits_{(L内)} I_0, \\ \oiint\limits_{(S)} \boldsymbol{H}_0 \cdot \mathrm{d}\boldsymbol{S} = 0,\end{cases}$$

式中 I_0 是传导电流. $\boldsymbol{H}'$ 由磁荷产生,遵循磁的库仑定律,按第一章同样的推理,有

$$\begin{cases}\oint_{(L)} \boldsymbol{H}' \cdot \mathrm{d}\boldsymbol{l} = 0, \\ \oiint\limits_{(S)} \boldsymbol{H}' \cdot \mathrm{d}\boldsymbol{S} = \dfrac{1}{\mu_0}\sum\limits_{(S内)} q_{\mathrm{m}}.\end{cases}$$

把以上四式分别相加,得出

$$\begin{cases}\oint_{(L)} \boldsymbol{H} \cdot \mathrm{d}\boldsymbol{l} = \oint_{(L)} (\boldsymbol{H}_0 + \boldsymbol{H}') \cdot \mathrm{d}\boldsymbol{l} = \sum\limits_{(L内)} I_0, \\ \oiint\limits_{(S)} \boldsymbol{H} \cdot \mathrm{d}\boldsymbol{S} = \oiint\limits_{(S)} (\boldsymbol{H}_0 + \boldsymbol{H}') \cdot \mathrm{d}\boldsymbol{S} = \dfrac{1}{\mu_0}\sum\limits_{(S内)} q_{\mathrm{m}}.\end{cases} \tag{5.21}$$

为了正确地反映磁场作为矢量场的性质,为了在通常 q_{m} 未知的情形求出磁场,保留(5.21)第一式,把(5.20)第一式 $\oiint\limits_{(S)} \boldsymbol{J} \cdot \mathrm{d}\boldsymbol{S} = -\sum\limits_{(S内)} q_{\mathrm{m}}$ 代入(5.21)第二式,得

$$\oiint\limits_{(S)} (\mu_0 \boldsymbol{H} + \boldsymbol{J}) \cdot \mathrm{d}\boldsymbol{S} = 0. \tag{5.22}$$

仿照讨论电介质时引入辅助量 $\boldsymbol{D}$ 的办法,引入辅助量 $\boldsymbol{B}$——称为磁感应强度矢量,定义为

$$\boldsymbol{B} = \mu_0 \boldsymbol{H} + \boldsymbol{J}. \tag{5.23}$$

由以上两式,得

$$\oiint\limits_{(S)} \boldsymbol{B} \cdot \mathrm{d}\boldsymbol{S} = 0. \tag{5.24}$$

这就是与电介质中 $\oiint\limits_{(S)} \boldsymbol{D} \cdot \mathrm{d}\boldsymbol{S} = \sum\limits_{(S内)} q_0$ 对应的公式,(5.24)式右端为零是因为无"自由"磁荷,所有磁荷都是束缚的.

把(5.20)第二式 $\boldsymbol{J} = \chi_{\mathrm{m}} \mu_0 \boldsymbol{H}$ 代入(5.23)式,得

$$\boldsymbol{B} = \mu_0 \boldsymbol{H} + \chi_{\mathrm{m}} \mu_0 \boldsymbol{H} = (1 + \chi_{\mathrm{m}}) \mu_0 \boldsymbol{H} = \mu_{\mathrm{r}} \mu_0 \boldsymbol{H}, \tag{5.25}$$

式中

$$\mu_{\mathrm{r}} = 1 + \chi_{\mathrm{m}}, \tag{5.26}$$

称为相对磁导率(与电介质中的介电常量 ε_{r} 对应),(5.25)式只适用于线性各向同性磁介质.

总之,在有磁介质存在时,描述磁场性质,并可用于计算的完备方程组为

$$\begin{cases} \oiint_{(S)} \boldsymbol{B} \cdot d\boldsymbol{S} = 0, \\ \oint_{(L)} \boldsymbol{H} \cdot d\boldsymbol{l} = \sum_{(L内)} I_0, \\ \boldsymbol{B} = \mu_r \mu_0 \boldsymbol{H}. \end{cases} \tag{5.27}$$

不难看出,由磁荷观点给出的(5.27)式与由分子电流观点给出的(5.16)在形式上完全相同,各量的名称也相同,但各量的含义、地位和各式的来源则大不相同.另外,(5.27)式提供了在 q_m 未知、I_0 已知条件下求 $\boldsymbol{B}$ 的方法.首先,它要求传导电流 I_0 以及磁介质的分布具有极大的对称性,以便把积分形式的第二式简化为包含 H 的代数方程,由 I_0 求出 H.其次,用第三式,由 H 求出 B,要求磁介质线性各向同性且 μ_r 已知.

最后,让我们把研究磁介质的分子电流观点与磁荷观点作对比.第一,从现代对原子结构的认识来说,原子磁矩主要来自电子绕核运动的轨道磁矩以及电子磁矩,分子电流观点得到了证实,磁荷观点则与磁介质的微观本质不符.第二,从计算方法来说,磁荷观点简便得多,特别是它与静电场的规律一一对应,后者的概念、定理、计算方法可直接借用.因此,作为一种有效的工具,磁荷观点迄今仍有其实用价值.第三,两种观点给出的基本方程(5.16)式与(5.27)式形式完全相同.但应注意,与磁荷观点中 $\boldsymbol{H}$ 的物理意义清楚,$\boldsymbol{B}$ 是辅助量;在分子电流观点中 $\boldsymbol{B}$ 的物理意义清楚,$\boldsymbol{H}$ 是辅助量.第四,在处理实际问题时,无论用何种观点均可,但需一以贯之,不可混杂.

§5.6 铁 磁 质

§5.6.1 铁磁质的磁化规律

铁磁质是以铁为代表的一类磁性很强的物质,包括铁、钴、镍(过渡族),钆、镝、钬(稀土族),铁和其他金属或非金属的合金,以及铁的氧化物如铁氧体等.铁磁质是最重要的磁性材料,应用广泛.

与顺磁质、抗磁质不同,铁磁质除磁性强、撤消外磁场后磁性可保留外,其 $\boldsymbol{M}$ 与 $\boldsymbol{H}$ 的关系还呈现非线性、不一一对应、与磁化历史有关等独特性质.为了研究铁磁质的磁化规律,可采用实验方法测量铁磁质的 M-H 曲线或 B-H 曲线,它们称为**磁化曲线**.

一、起始磁化曲线

取一铁磁质样品,它未被磁化过.如图 5.12(a)所示,当 $H=0$ 时 $M=0$(未磁化,图中 O 点),随着 H 的增加,M 先是缓慢增加(OA 段),尔后急剧增加(AB 段),过了 B 点后增加又减缓(BC 段),再继续增大 H 时,M 逐渐趋于饱和(CS 段),饱和时的 M_s 称为**饱和磁化强度**,曲线 $OABCS$ 称为铁磁质的**起始磁化曲线**.

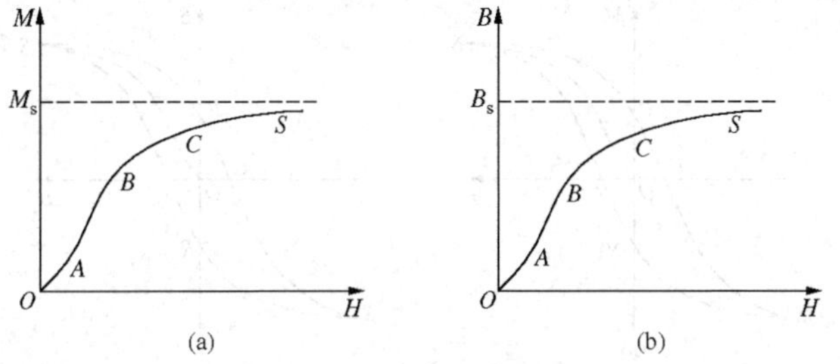

图 5.12 铁磁质的起始磁化曲线

铁磁质的磁化特性也可用 B-H 曲线来表示. 因铁磁质的 χ_m 约为 $10^2 \sim 10^6$,远大于 1,由 $\boldsymbol{H}=\dfrac{\boldsymbol{B}}{\mu_0}-\boldsymbol{M}$ 及 $\boldsymbol{M}=\chi_m\boldsymbol{H}$ 得出

$$\begin{aligned}\boldsymbol{B} &= \mu_0(\boldsymbol{H}+\boldsymbol{M})\\ &= \mu_0(1+\chi_m)\boldsymbol{H}\\ &\approx \mu_0\chi_m\boldsymbol{H} = \mu_0\boldsymbol{M},\end{aligned}$$

故 B-H 曲线与 M-H 曲线相似,如图 5.12(b)所示.

从 M-H 曲线和 B-H 曲线上任一点与原点 O 连直线,直线的斜率分别代表该磁化状态下的磁化率 $\chi_m=M/H$ 和磁导率 $\mu=\mu_0\mu_r=B/H$,于是可由 B-H 曲线画出 μ-H 曲线,如图 5.13 所示,其中 $H=0$ 时的 μ_i 称为起始磁导率,μ_{max} 称为最大磁导率. 铁磁质的 μ 和 χ_m 均随 H 变化,并非常数,这是铁磁质磁化曲线非线性的结果.

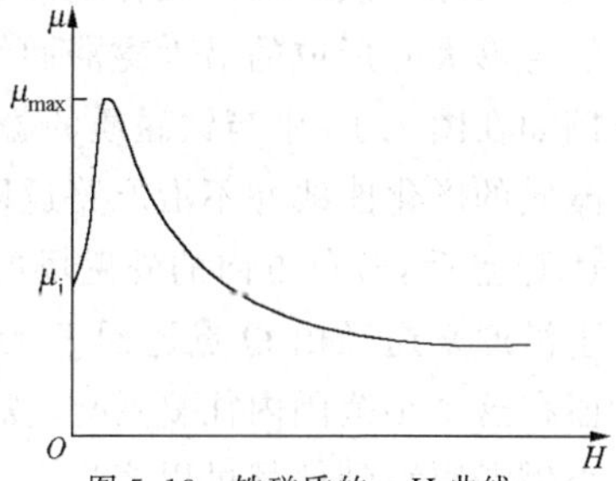

图 5.13 铁磁质的 μ-H 曲线

注意,在 §5.4 已经指出,$\boldsymbol{M}=\chi_m\boldsymbol{H}$ 和 $\boldsymbol{B}=\mu_0\mu_r\boldsymbol{H}$ 只适用于线性各向同性介质,其中 χ_m 和 μ_r 是描绘磁介质磁化性质的物理量,只与磁介质有关. 铁磁质为非线性磁介质,此两式不适用,但通常仍将 $\boldsymbol{M},\boldsymbol{H},\boldsymbol{B}$ 的关系写成上述形式,只是现在的 χ_m 和 μ_r 不仅与铁磁质有关还与 $\boldsymbol{H}$ 有关.

饱和磁化强度 M_s,起始磁导率 μ_i 和最大磁导率 μ_{max} 是软磁材料性质的重要标志.

二、磁滞回线

当铁磁质的磁化状态达到饱和后,若减小 H,则 M 和 B 并不沿起始磁化曲线原路下降返回,而是沿图 5.14 中的 SR 曲线下降. 当 H 减小为零时,M 和 B 并不减为零,而是具有一定的剩余值 M_r 和 B_r,分别称为剩余磁化强度和剩余磁感应强度. 为了使 M 和 B 减小为零,必须加反向磁场,只有当反向磁场大到一定程度时,铁磁质中的 M 和 B 才减为零,完全退磁. 使铁磁质完全退磁所需的反向磁场 H_C 称为矫顽力(在矫顽力不大时,$H_{C,M}$ 和 $H_{C,B}$ 差别不大,可不区分). 随着反向磁场 H 继续加大,M 和 B 将达到反向饱和值(图中 CS' 段). 当 H 再度减小为零时,M 和 B 经 $S'R'$ 到达 R',仍将具有剩余值. 如再使 H 从零增大,则 M 和 B 将沿曲线 $R'C'S$ 回到 S,最终构成闭合曲线.

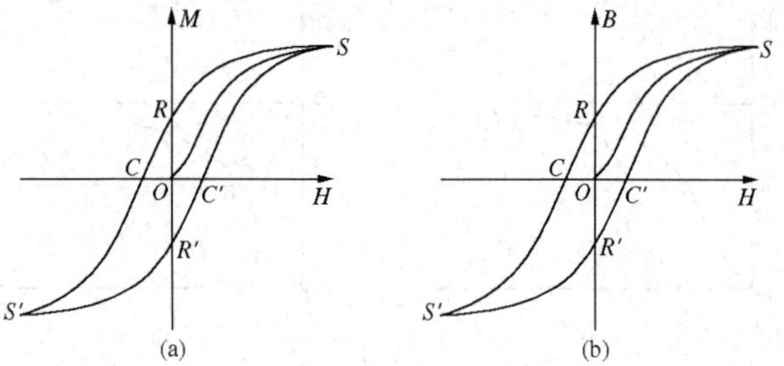

图 5.14 铁磁质的磁滞回线

总之,当 H 在两个方向上往复变化时,铁磁质的磁化经历了由闭合曲线 $SRCS'R'C'S$(它的两部分 $SRCS'$ 和 $S'R'C'S$ 对于 O 点是对称的)描绘的循环过程,由于 M 和 B 的变化总是落后于 H 的变化,这一现象称为磁滞现象,上述闭合曲线称为磁滞回线.

铁磁质的磁滞现象表明,M,B,H 的关系不仅是非线性的,而且也不是单值的,即给定一个 H 不能唯一地确定 M 和 B,还与铁磁质经历怎样的过程到达该 H 值有关.换言之,M 和 B 除了与 H 的大小有关外,还取决于该铁磁质的磁化历史.

实际上铁磁质的磁化规律远比上面描述的要复杂得多.上述磁滞回线只是外磁场的幅值足够大时形成的最大磁滞回线.如果外磁场在上述循环过程的中途,变化方向突然改变,例如在图 5.15 中当铁磁质的磁化状态到达 P 点时,负方向的外磁场由增加改为减小,则铁磁质的磁化曲线并不沿原路返回,而是沿着一条新的曲线 PQ 移动.当铁磁质的磁化状态到达 Q 点后,若负方向的外磁场的变化方向又改变,由减小改为增大,则铁磁质的磁化曲线也不沿原来途径由 Q 点返回 P 点,结果在 PQ 之间形成一个小的磁滞回线.如果外磁场的数值在这个小范围内往复变化,铁磁质的磁化状态就沿着这个小的磁滞回线循环.类似这样的小磁滞回线到处都可以产生.

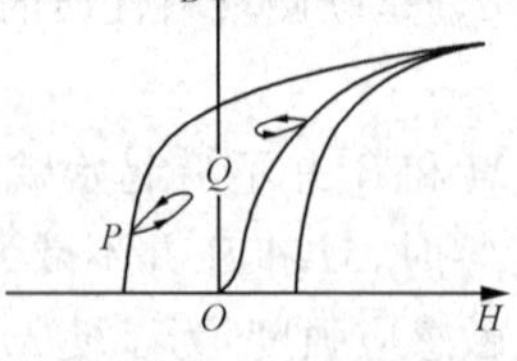

图 5.15 局部的小磁滞回线

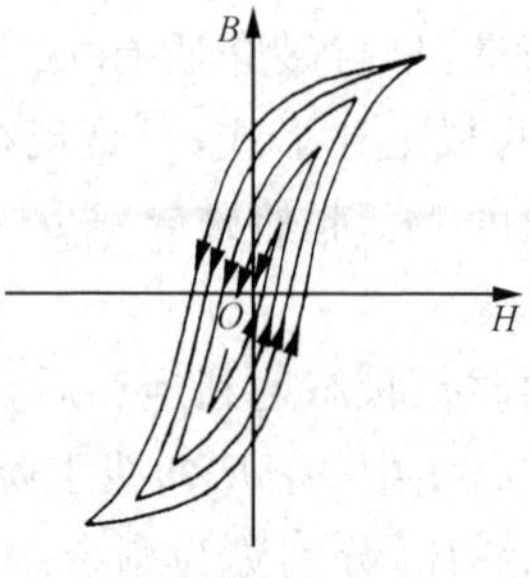

图 5.16 去磁过程

当我们研究一个磁性材料的起始磁化特征时,首先需要使之去磁,亦即令其磁化状态回到 B-H 图中的原点 O.为此,必须使外场在正、负值之间反复变化,同时使它的幅值逐渐减小,最后到零.这样才能使铁磁质的磁化状态沿着一次比一次小的磁滞回线回复到未磁化的 O 点,如图 5.16 所示.实际的做法,可以先把样品放在交流磁场中,然后抽出.

§5.6.2 铁磁质的磁滞损耗

现在证明，B-H 图中磁滞回线所包围的“面积”表示在一次反复磁化的循环过程中单位体积铁芯内损耗的能量.

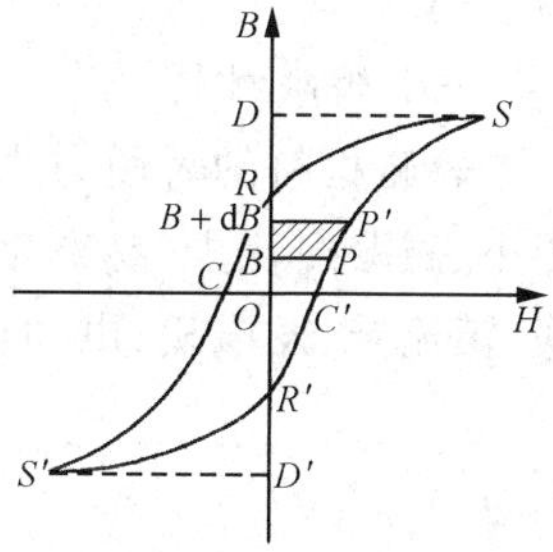

图 5.17 磁滞损耗

如图 5.17，设铁磁质起初处于某一磁化状态 $P(H,B)$，其中，$H>0, B>0$. 经 $\mathrm{d}t$ 时间后由 P 点到达 P' 点，B 值由 B 增为 $(B+\mathrm{d}B)$. 由于 B 的变化，线圈中产生了感应电动势

$$\mathscr{E}=-\frac{\mathrm{d}\Psi}{\mathrm{d}t},$$

式中 $\Psi=NSB$ 是线圈中的磁通匝链数，N 是匝数，S 是截面积. 在此过程中，电源抵抗感应电动势做的功为

$$\mathrm{d}A=-I_0\mathscr{E}\mathrm{d}t=I_0\frac{\mathrm{d}\Psi}{\mathrm{d}t}\mathrm{d}t=I_0\mathrm{d}\Psi,$$

式中 I_0 是线圈中的电流. 在有闭合环状铁芯的螺绕环中

$$H=nI_0=\frac{N}{l}I_0,$$

式中 $n=N/l$ 是线圈单位长度的匝数，l 是螺绕环的周长. 又，

$$\mathrm{d}\Psi=NS\mathrm{d}B.$$

把以上两式代入前式，得

$$\mathrm{d}A=\frac{H}{\frac{N}{l}}NS\mathrm{d}B=SlH\mathrm{d}B=VH\mathrm{d}B,$$

式中 $V=Sl$ 是铁芯体积. 对于单位体积的铁芯，电源抵抗感应电动势做的功为

$$\mathrm{d}a=\frac{\mathrm{d}A}{V}=H\mathrm{d}B.$$

由此可见，$\mathrm{d}a$ 的数值等于图 5.17 中 PP' 曲线左边画了斜线部分的“面积”.

当铁芯的磁化状态沿着磁滞回线经历了一个循环过程时，对于单位体积的铁芯来说，电源需要抵抗感应电动势做的总功 a 等于上式沿循环过程的积分. 其中，沿 $R'C'S$ 段积分，因 $H>0$，$\mathrm{d}B>0$，积分结果等于图中 $R'C'SDR'$ 的“面积”；沿 SR 段积分，因 $H>0$，$\mathrm{d}B<0$，积分结果等于图中 $SRDS$“面积”的负值；两者的代数和正好是 $R'C'SRR'$ 的“面积”. 沿 RCS' 和 $S'R'$ 两段的积分类似，两者的代数和等于 $RCS'R'R$ 的面积. 总之，沿整个磁滞回线 $R'C'SRCS'R'$ 循环一周，积分的结果刚好是它所包围的“面积”. 所以，对单位体积铁芯反复磁化一周电源做的功为

$$a=\oint_{(\text{磁滞回线})}\mathrm{d}a=\oint_{(\text{磁滞回线})}H\mathrm{d}B$$
$$=\text{磁滞回线包围的面积}. \qquad (5.28)$$

在交流电路的电感元件中，磁化场的方向反复变化，由于铁芯的磁滞效应，每变化一周，电源需额外做功 a，相应的能量最终经散热消耗，这种因磁滞现象消耗的能量，称为**磁滞损**

耗，十分有害，应尽量使之减小.

§5.6.3　铁磁质的分类及其应用

铁磁质按其矫顽力 H_C 大小的不同，分为软磁材料和硬磁材料两大类，各有不同的性能和应用.

一、软磁材料

软磁材料的矫顽力小（$H_C \approx 1$ A/m），磁导率较大，磁滞回线（图 5.18(a)）狭长、包围面积小、磁滞损耗少，易磁化，也容易退磁，适用于交变磁场，常用于制造变压器、继电器、电磁铁、镇流器、发电机、电动机等的铁芯. 表 5.2 列出了几种常用软磁材料的性能.

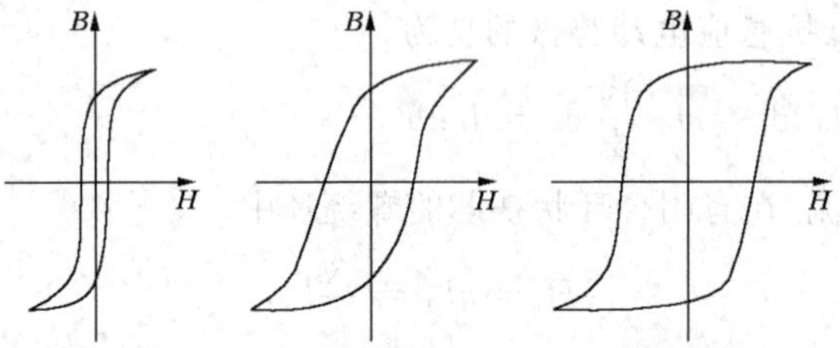

(a) 软磁材料　　(b) 硬磁材料　　(c) 矩磁材料

图 5.18　各种铁磁材料的磁滞回线

表 5.2　几种常用软磁材料的性能

材料名称	成分/(%)	$\mu_{r,i}$	$\mu_{r,m}$	H_C/(A·m^{-1})	$\mu_0 M_s$/T	θ_0/℃
纯铁	0.05 杂质	10^4	2×10^4	4.0	2.5	770
硅钢 （热轧）	4 硅 96 铁	450	8×10^3	4.8	1.97	690
硅钢 （冷轧晶粒取向）	3.3 硅 96.7 铁	600	10^4	16	2.0	700
45 坡莫合金	45 镍 55 铁	2.5×10^3	2.5×10^4	24	1.6	440
78 坡莫合金	78.5 镍 21.5 铁	8×10^3	10^5	4.0	1.0	580
超坡莫合金	79 镍 5 钼 0.5 锰 15.5 铁	$(1\sim1.2)\times10^4$	$(1\sim1.5)\times10^6$	0.32	0.8	400
锰锌铁氧体		300—5000		16	0.3	＞120
镍锌铁氧体		5—120		32	0.35	＞300

实际应用中因要求不同，需要不同性能的软磁材料. 例如，在发电机、电动机、电力变压器等电力设备中，因电流大（强电）、铁芯工作状态接近饱和，要求最大磁导率 μ_{max} 高、饱和磁感应强度 B_s 大. 例如，在电子电讯设备中，因电流小（弱电）、铁芯工作状态处于起始的一段磁化曲线上，要求起始磁导率 μ_i 高. 例如，材料的电阻率 ρ 影响涡流损耗的大小，ρ 越高，涡流损耗越小，因此在高频或微波波段，常采用 ρ 高达 $10\sim10^4\ \Omega\cdot m$ 的铁氧体软磁材料.

二、*硬磁材料（永磁材料）*

硬磁材料的矫顽力很大（H_C 的范围是 $10^4\sim10^6$ A/m），剩余磁感应强度 B_r 也很大，磁滞回线肥大（图 5.18(b)(c)），磁化后能保持很强的磁性，不易消失，适于提供永久磁场，供各种电表、扬声器、拾音器、耳机、录音机、小型直流电机以及核磁共振仪器采用.

表 5.3 列出了若干硬磁材料的典型磁性. 表中的 B_r 为剩余磁感应强度，最大磁能积 $(BH)_m$ 对应退磁曲线上 B 和 H 乘积为最大值的那一点，表明永磁材料单位体积存储的可利用的最大磁能密度，$(BH)_m$ 值大则磁铁体积缩小，不仅可节省材料更可使器件小型化，H_C 为矫顽力，H_{Ci} 为内禀矫顽力，θ_C 为居里温度.

表 5.3 若干永磁材料的典型磁性

类别	材料	$(BH)_m$/ (kJ·m^{-1})	B_r/ (m·T)	H_C/ (kA·m^{-1})	H_{Ci}/ (kA·m^{-1})	θ_C/℃
稀土永磁材料	$SmCo_5$ 系	110	760	550	680	480
	$SmCo_5$ 系（高 H_C）	160	900	700	1120	480
	Sm_2Co_{17} 系	240	1100	510	530	830
	Sm_2Co_{17} 系（高 H_C）	180	950	640	800	830
	Nd-Fe-B 系	280	1200	640	920	320
	Nd-Fe-B 系（高 H_C）	230	1090	850	1980	320
	Sm-Fe-N 系（烧结）	100	810	—	880	470
金属永磁材料	Alnico 系（各向同性）	14	750	45	45	750
	Alnico 系（各向异性）	44	1280	50	50	820
	Alnico 系（柱晶）	72	1060	120	120	900
	Fe-Cr-Co 系（各向同性）	24	1200	35	35	690
	Fe-Cr-Co 系（各向异性）	44	1300	44	44	690
	Fe-Cr-Co 系（柱晶）	76	1530	67	67	690
铁氧体永磁材料	钡铁氧体（各向异性）	8	200	140	240	450
	锶铁氧体（各向异性，高 H_C）	26	380	260	275	450
	锶铁氧体（各向异性，高 B_r，高 H_C）	30	400	230	240	450
其他永磁材料	Fe-Co-N 系	24	1000	40	36	850
	Pt-Co 系	73	640	380	—	750

§5.6.4 铁磁质的磁化机制

铁磁质的磁化机制与顺磁质和抗磁质颇为不同.近代研究表明,铁磁质的磁性主要来源于电子自旋磁矩的自发磁化.无外磁场时,铁磁质中的电子自旋磁矩会在小范围内自发地排列起来,形成一个个小的自发磁化区——磁畴.自发磁化的原因是相邻原子的电子之间存在的交换作用,这是一种量子效应,它使电子自旋在平行排列时能量更低,达到自发磁化的饱和状态.

在未磁化的铁磁质内,各磁畴的自发磁化方向不同,宏观上不显磁性.如图 5.19 所示就是未磁化时铁磁质内单晶和多晶磁畴结构的示意图.

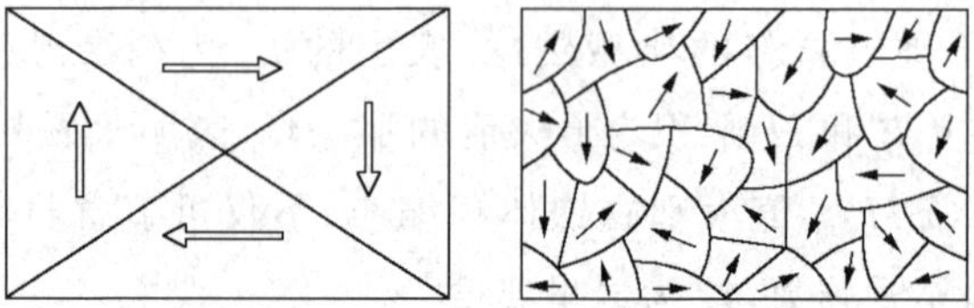

(a) 单晶 (b) 多晶

图 5.19 未磁化时,铁磁质内磁畴结构示意图

加外磁场后,随着外磁场的增加,铁磁质的磁化过程大致经历四个阶段.如图 5.20(a)所示为未磁化时磁畴的分布.加外磁场后,第一阶段如图 5.20(b)所示,为畴壁的可逆位移阶段,通过畴壁的移动,某些磁化方向与外磁场接近的磁畴扩大了疆域,吞并了邻近磁化方向与外磁场反向的磁畴.此时若撤消外磁场,畴壁会退回原处,整个样品不显磁性.第二阶段如图 5.20(c)所示,为不可逆磁化阶段,畴壁出现跳跃式移动,或磁畴结构突然改组,磁化强度急剧增大,此过程不可逆.第三阶段如图 5.20(d)所示,为磁畴磁矩的转动阶段,各磁畴的磁化方向在不同程度上转向外磁场方向,铁磁质在宏观上显示出较强的磁性.第四阶段如图 5.20(e)所示,为各磁畴沿外磁场方向整齐排列,磁化趋于饱和阶段,此时尽管外磁场继续增大,磁化强度的增量已很小.上述四个阶段分别对应图 5.12 铁磁质起始磁化曲线的 OA,AB,BC,CS 段.

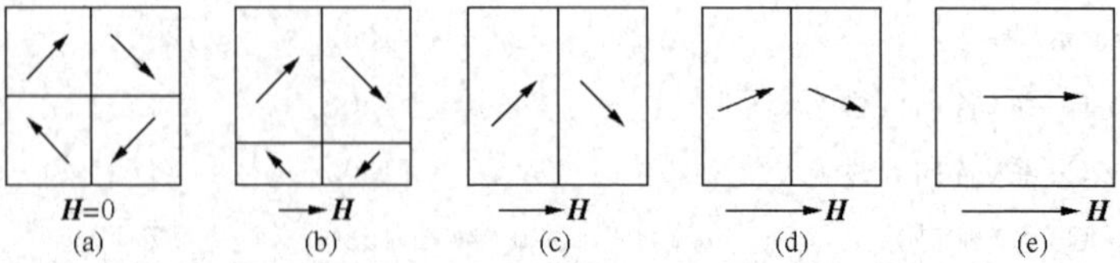

(a) (b) (c) (d) (e)

图 5.20 单晶结构铁磁质的磁化过程示意图

由于铁磁质的饱和磁化强度 M_s 等于每个磁畴中原有的磁化强度,而各磁畴中的元磁矩已经完全整齐排列,所以磁化强度非常大,铁磁质比顺磁质磁性强得多的原因即在于此.

外磁场撤消后,铁磁质中的掺杂、内应力、缺陷阻碍磁畴恢复原状,这就是磁滞现象的主要原因.

铁磁质磁化过程中各磁畴磁化方向的改变会引起晶格间距的改变，导致铁磁质长度、体积的变化，这种现象称为磁致伸缩.

铁磁质在高温下或受强烈震动，其中的磁畴会瓦解，于是与磁畴相关的种种铁磁性（如高磁导率，磁滞，磁致伸缩等）全部消失，转变为顺磁质，相应的临界温度 θ_C 称为铁磁质的居里点，如铁的居里点为 1043 K.

在各种铁磁材料中，磁畴的形状、大小很不相同，其几何线度大致为微米到毫米量级.

§5.7　磁场的边界条件

有磁介质存在时，由恒定磁场基本方程的积分形式(5.16)式，可以得出其微分形式为

$$\begin{cases}\nabla\cdot\boldsymbol{B}=0,\\ \nabla\times\boldsymbol{H}=\boldsymbol{j}_0,\\ \boldsymbol{B}=\mu_0\mu_r\boldsymbol{H}.\end{cases}\tag{5.29}$$

在两种磁介质的分界面上，磁介质的性质突变，(5.29)式不适用，须代之以边界条件，可将上式用于分界面得出，偏微分方程(5.29)式与边界条件结合，构成完备的定解条件.

一、B 的法向分量连续

如图 5.21，在磁介质 1 和 2 的分界面上作扁圆柱形高斯面，其上下底面与分界面平行，面积为 ΔS，分别在磁介质 1,2 中，由磁场的高斯定理(5.29)第一式，因侧面积趋于零，磁通量可略，有

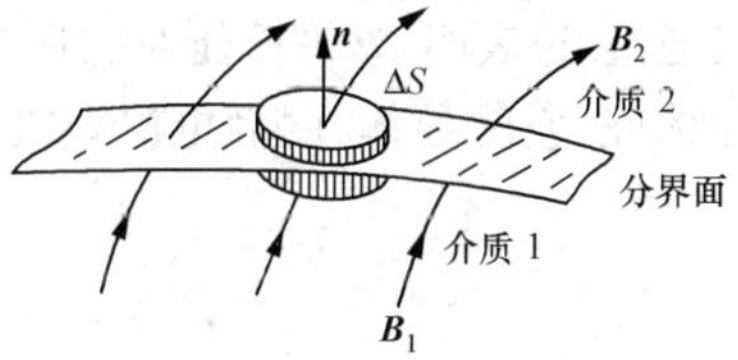

图 5.21　B 的法向分量连续

$$\oiint\boldsymbol{B}\cdot d\boldsymbol{S}=B_{1n}\Delta S-B_{2n}\Delta S=0,$$

即

$$B_{1n}=B_{2n}\quad\text{或}\quad\boldsymbol{n}\cdot(\boldsymbol{B}_2-\boldsymbol{B}_1)=0,\tag{5.30}$$

式中 B_{1n} 和 B_{2n} 分别是 $\boldsymbol{B}_1$ 和 $\boldsymbol{B}_2$ 的法向分量，$\boldsymbol{n}$ 是分界面的法向单位矢量. 上式表明，分界面两边磁感应强度的法向分量相等，即 B 的法向分量连续.

二、H 的切向分量连续

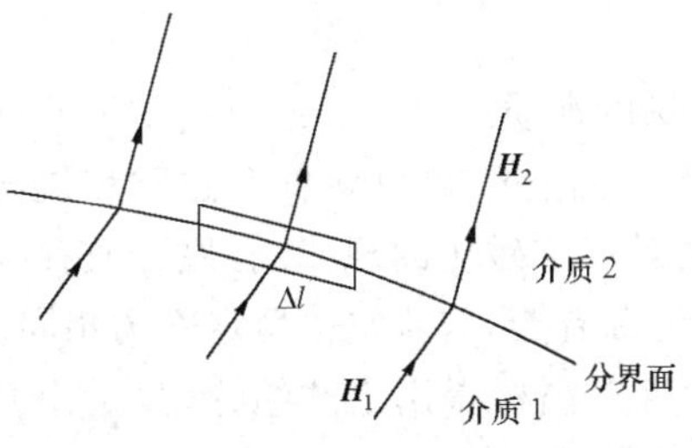

图 5.22　H 的切向分量连续

如图 5.22，在磁介质 1 和 2 的分界面上作窄矩形闭合回路，两长边与分界面平行，长度为 Δl. 设分界面上无传导电流，由 H 的安培环路定理(5.29)第二式，因两窄边长度趋于零，积分可略，有

$$\oint\boldsymbol{H}\cdot d\boldsymbol{l}=H_{1t}\Delta l-H_{2t}\Delta l=0,$$

即

$$H_{1t}=H_{2t}\quad\text{或}\quad\boldsymbol{n}\times(\boldsymbol{H}_2-\boldsymbol{H}_1)=0,\tag{5.31}$$

式中 H_{1t} 和 H_{2t} 分别是 $\boldsymbol{H}_1$ 和 $\boldsymbol{H}_2$ 的切向分量. 上式表明,分界面两边磁场强度的切向分量相等,即 $\boldsymbol{H}$ 的切向分量连续.

三、磁屏蔽

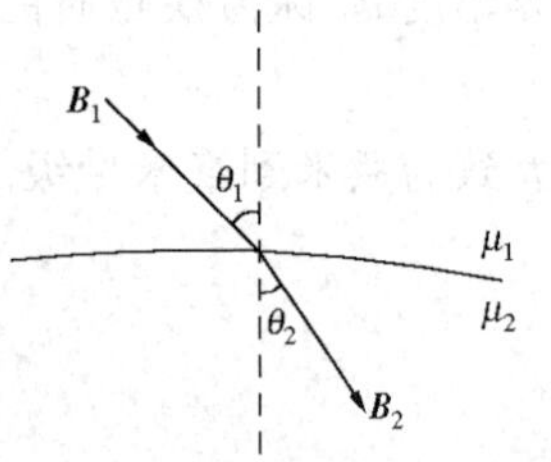

图 5.23　**B** 线在分界面上的"折射"

由于在两种磁介质的分界面上,$\boldsymbol{B}$ 的法向分量连续而切向分量不连续,磁感应线经过分界面时将"折射". 如图 5.23,设分界面两边的 $\boldsymbol{B}$ 与分界面法线的夹角分别为 θ_1 和 θ_2,则

$$\tan\theta_1 = \frac{B_{1t}}{B_{1n}},\quad \tan\theta_2 = \frac{B_{2t}}{B_{2n}},$$

其中 $B_{1n}=B_{2n}$(边界条件),又,$H_{1t}=H_{2t}$(边界条件). 对于线性各向同性磁介质 $B_{1t}=\mu_1 H_{1t}$,$B_{2t}=\mu_2 H_{2t}$,代入上式,得

$$\frac{\tan\theta_1}{\tan\theta_2} = \frac{B_{1t}}{B_{1n}}\bigg/\frac{B_{2t}}{B_{2n}} = \frac{B_{1t}}{B_{2t}} = \frac{\mu_1 H_{1t}}{\mu_2 H_{2t}} = \frac{\mu_1}{\mu_2}. \tag{5.32}$$

这就是磁感应线在分界面上的"折射"关系.

由(5.32)式,若 $\mu_2=\mu_0$(真空或非铁磁性材料),$\mu_1\gg\mu_0$(铁磁质),则 $\theta_2\approx 0$,$\theta_1\approx 90^\circ$,即在铁磁质中 $\boldsymbol{B}$ 线几乎与分界面平行,非常密集(图 5.24). 若将铁磁质做成中空的壳(图 5.25),由于磁感应线被强烈地聚集到铁磁质之中,在铁磁质所包围的空腔内几乎没有磁感应线通过. 这表明,铁磁质能对它所包围的空腔起到磁屏蔽的作用,当然,它的磁屏蔽效果不如导体壳(空腔导体)的静电屏蔽效果好. 为了达到更好的磁屏蔽效果,可采用多层铁磁质壳.

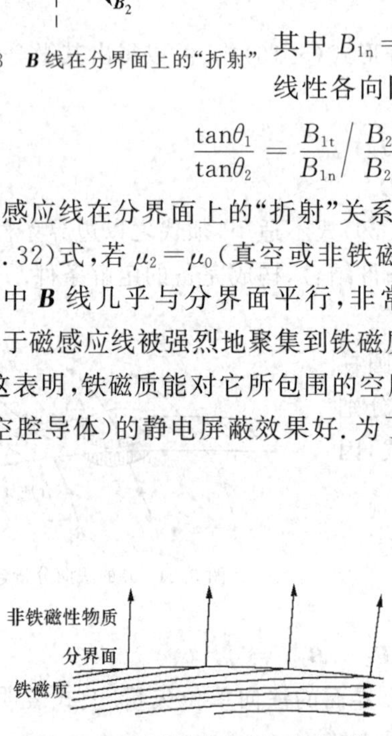

图 5.24　磁感应线集中在铁磁质内部

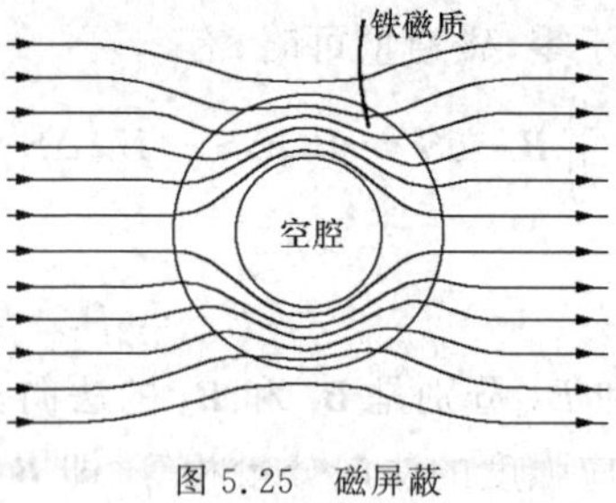

图 5.25　磁屏蔽

本章小结

本章讨论磁介质的磁性以及有磁介质存在时恒定磁场的性质.

分子电流观点认为,物质的磁性来源于其中的分子电流,由此,可以解释顺磁质和抗磁质,并进而引入描绘磁化的物理量 $\boldsymbol{M}$,$\boldsymbol{I}_{\mathrm{M}}$,$\boldsymbol{B}'$,三者的关系揭示了磁化的规律. 有磁介质存在时恒定磁场的高斯定理和环路定理揭示了磁场的性质: 无源有旋,与真空中恒定磁场相同.

磁荷观点认为,物质的磁性来源于其中的磁荷,由此可以同样得出上述结论,只是出发点不同,而且并不存在磁荷.

铁磁质是最重要的磁介质,具有许多特殊的性质和广泛的应用,其机制是电子自旋磁矩自发磁化形成的磁畴. 这是一种量子效应.

基本公式

1. 磁化强度矢量 $\boldsymbol{M}$ 的定义

$$\boldsymbol{M}=\frac{1}{\Delta V}\sum_{(\Delta V内)}\boldsymbol{p}_{\mathrm{m}},$$

式中 $\boldsymbol{p}_{\mathrm{m}}$ 为分子磁矩.

2. 磁化的规律：$\boldsymbol{M}, I_{\mathrm{M}}, \boldsymbol{B}'$ 三者的关系

$$\begin{cases}\oint_{(L)}\boldsymbol{M}\cdot\mathrm{d}\boldsymbol{l}=\sum_{(L内)}I_{\mathrm{M}} \quad 或 \quad \boldsymbol{i}_{\mathrm{M}}=\boldsymbol{M}\times\boldsymbol{n},\ i_{\mathrm{M}}=M_{\mathrm{t}},\\ \oint_{(L)}\boldsymbol{B}'\cdot\mathrm{d}\boldsymbol{l}=\mu_0\sum_{(L内)}I_{\mathrm{M}},\end{cases}$$

式中 M_{t} 是 $\boldsymbol{M}$ 在磁介质表面的切向分量，$\boldsymbol{n}$ 是磁介质表面外法线方向的单位矢量，I_{M} 是磁化电流，i_{M} 是磁化电流在磁介质表面的面密度，$\boldsymbol{B}'$ 是 I_{M} 产生的附加磁场.

3. 有磁介质存在时磁场的性质：无源有旋

$$\begin{cases}\oiint_{(S)}\boldsymbol{B}\cdot\mathrm{d}\boldsymbol{S}=0, \quad \boldsymbol{B}=\boldsymbol{B}_0+\boldsymbol{B}',\\ \oint_{(L)}\boldsymbol{H}\cdot\mathrm{d}\boldsymbol{l}=\sum_{(L内)}I_0,\\ \boldsymbol{B}=\mu_0\mu_{\mathrm{r}}\boldsymbol{H},\end{cases}$$

其中 $\boldsymbol{B}$ 是总磁场即传导电流 I_0 产生的磁场 $\boldsymbol{B}_0$ 与磁化电流 I_{M} 产生的附加磁场 $\boldsymbol{B}'$ 之和，$\boldsymbol{H}$ 是磁场强度(辅助量)，μ_{r} 是相对磁导率.

4. $\boldsymbol{H}, \boldsymbol{M}, \boldsymbol{B}$ 三者的关系

$$\begin{cases}\boldsymbol{H}=\dfrac{\boldsymbol{B}}{\mu_0}-\boldsymbol{M},\\ \boldsymbol{M}=\chi_{\mathrm{m}}\boldsymbol{H},\\ \boldsymbol{B}=\mu_0(1+\chi_{\mathrm{m}})\boldsymbol{H}=\mu_0\mu_{\mathrm{r}}\boldsymbol{H}=\mu\boldsymbol{H},\end{cases}$$

式中 χ_{m} 是磁化率，第一式是 $\boldsymbol{H}$ 的定义，第二、三式只适用于线性各向同性磁介质.

习　题

5.1　如图，一根沿轴向均匀磁化的细长永磁棒，磁化强度为 $\boldsymbol{M}$，试求图中标出各点的 $\boldsymbol{B}$ 和 $\boldsymbol{H}$.

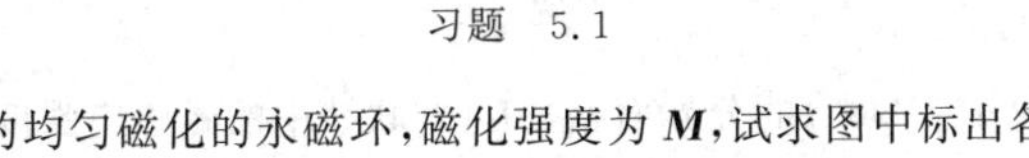

习题　5.1

5.2　如图，一带有窄缝隙的均匀磁化的永磁环，磁化强度为 $\boldsymbol{M}$，试求图中标出各点的 $\boldsymbol{B}$ 和 $\boldsymbol{H}$.

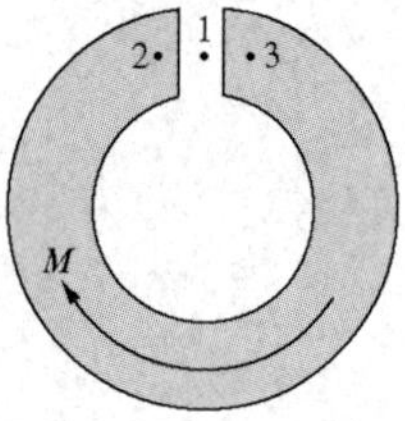

习题 5.2

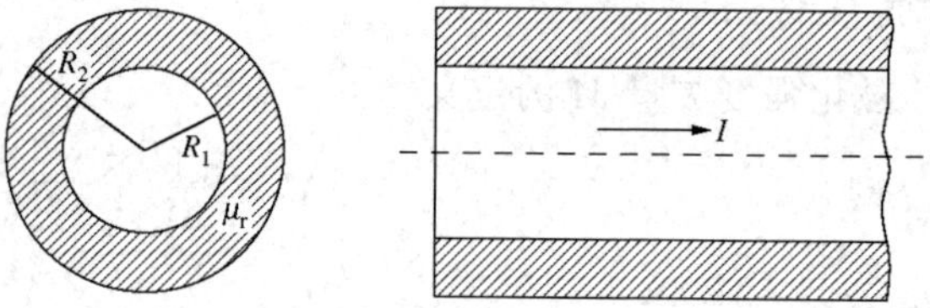

习题 5.3

5.3 如图，一无限长圆柱形直导线外包一层相对磁导率为 μ_r 的圆筒形均匀磁介质，导线半径为 R_1，磁介质的外半径为 R_2，导线内通有恒定电流 I，方向如图所示，且电流沿导线横截面均匀分布. 试求：(1) 介质内、外的磁场强度和磁感应强度的分布，并画出 H-r，B-r 曲线；(2) 介质内、外表面的磁化面电流密度 i'.

5.4 如图，一均匀磁化的磁棒，磁化强度 $\boldsymbol{M}$ 沿棒长方向，试证明：在棒中垂面上，棒附近内外 1 和 2 两点的磁场强度相等，而磁感应强度不相等.

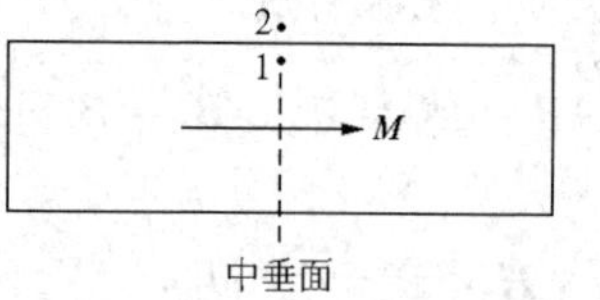

习题 5.4

5.5 一铁环中心线的周长为 30 cm，横截面积为 1.0 cm^2，在环上密绕 300 匝表面绝缘的导线. 当导线中通有恒定电流 32 mA 时，通过环横截面的磁通量为 2.0×10^{-6} Wb. 试求：(1) 铁环内部磁感应强度 $\boldsymbol{B}$；(2) 铁环内部磁场强度 $\boldsymbol{H}$；(3) 铁环的磁化强度 $\boldsymbol{M}$；(4) 相应的磁化率 χ_m 和相对磁导率 μ_r.

5.6 一螺绕环由表面绝缘的导线在铁环上密绕而成，每厘米绕有 10 匝，当导线中通有恒定电流为 2.0 A 时，测得铁环内的磁感应强度为 1.0 T. 试求：(1) 铁环内的磁场强度 $\boldsymbol{H}$；(2) 铁环的磁化强度 $\boldsymbol{M}$；(3) 相应的相对磁导率 μ_r.

5.7 如图，由矫顽力为 160 A/m 的矩磁铁氧体材料制成的环形磁芯，外直径为 0.8 mm. 若磁芯原来已被磁化，方向如图所示，现需将磁芯中自内到外的磁化方向全部翻转，试问导线中脉冲电流的峰值 I 至少需要多少？

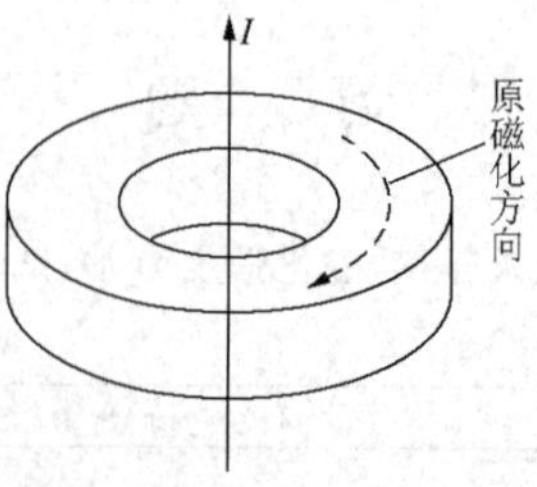

习题 5.7

5.8 在空气($\mu_r=1$)和软铁($\mu_r=7000$)的分界面上，(1) 若软铁中的磁感应强度 $\boldsymbol{B}$ 与分界面法线的夹角为 85°，试求空气中的磁感应强度与分界面法线的夹角；(2) 若空气中的磁感应强度 $\boldsymbol{B}$ 与分界面法线的夹角为 4°，试求软铁中的磁感应强度与分界面法线的夹角.

第六章　电 磁 感 应

电磁感应现象的发现是电磁学史中具有里程碑意义的重大事件.对它的研究实现了电磁学从静止、恒定向运动、变化的跨越,并且把电现象和磁现象的联系上升到电场与磁场联系的高度,从而为电磁场理论的建立奠定了基础.对电磁感应现象的规律和物理本质的认识,为发电机、电动机、变压器等等提供了原理,电工学、电子学、电磁测量等学科应运而生,迎来了人类社会继热机使用之后的第二次全球性工业和技术革命.电磁感应现象的研究和应用,充分显示了物理学"崇尚理性,崇尚实践,追求真理"的伟大精神,为人类文明、技术进步和社会发展作出了不可磨灭的重要贡献.

本章阐述电磁感应的现象、规律、本质和应用.建议读者诸君在掌握了这些基础知识之后,环顾一下当今的科学技术乃至日常生活,就会惊讶地发现两者之间密切的联系,从而深切体会开拓者的历史功勋.

§6.1　法拉第电磁感应定律

§6.1.1　电磁感应现象的发现

1820 年奥斯特实验发现了电流的磁效应——电流能使与其平行的磁针受力偏转,揭示了电现象与磁现象之间的联系.受此启发,物理学家不约而同地提出了寻找其"逆"效应的研究课题,所谓逆效应是指磁的电效应,即磁铁或电流能否对电荷起作用、推动电荷运动形成感应电流,这种现象是否存在,表现形式如何,在什么条件下发生,等等.显然,如果能够发现电流磁效应的逆效应,将会使人们对电现象和磁现象内在联系的认识更臻完善,把电磁学的研究推向新的更深入的阶段.

然而,发现的道路并不平坦.以下试举数例,它们各具特色,耐人寻味,从中可以体会探索者的艰辛和曲折、沮丧和喜悦.

法拉第(Michael Faraday, 1791—1867,英国)设想,既然磁铁可以使附近的铁块感应具有磁性,带电体可以使附近的导体感应带有电荷,那么,电流或磁铁是否也有可能使附近的线圈因感应而产生电流呢? 基于这种想法,1824 年法拉第把强磁铁放在线圈内,期望产生感应电流,结果无功而返;1825 年法拉第把强电流放在线圈附近,亦无所获;1828 年法拉第设计了专门的装置,把磁铁和线圈放在不同位置,仍无感应电流出现.安培也曾做过类似的尝试,亦无结果.总之,在静止、恒定状态下试图用磁铁、电流在线圈中产生感应电流的种种实验均以失败告终.

1823 年科拉顿(Colladon)做了把磁铁棒插入或拔出螺线管的实验,试图产生感应电流,这和今天课堂上做的演示实验几无不同. 然而,由于当时尚无磁电式电流计,是否出现感应电流,需由线圈附近的小磁针是否偏转来检验. 或许是为了避免磁铁棒插入或拔出螺线管时对附近小磁针可能造成的影响,或许是考虑到载流螺线管对置于其外(不包括两端)的小磁针几无作用,科拉顿将螺线管线圈的两头分别与长导线的两头相连构成闭合回路,把螺线管与长导线的一部分置此屋,把长导线的另一部分以及与之平行的小磁针置邻屋,长导线经两屋间开的小洞往返,这样,观察导线附近的小磁针是否偏转,就可以探测螺线管内是否产生感应电流. 遗憾的是,由于没有助手,科拉顿只能在此屋将磁铁棒插入或拔出螺线管后,再到邻屋观看小磁针是否偏转,结果仍在原位,并无动静. 实际上,只身往返两屋的科拉顿看到的只是磁铁棒插入或拔出前、后的结果,而并未注意到插入或拔出期间导线附近小磁针发生偏转又复归原位的过程. 换言之,感应电流已经出现,科拉顿竟然擦肩而过,失之交臂,令人痛惜,但也说明他并未意识到这是一种只在运动、变化过程中才出现的暂态效应,一旦稳定便消逝匿迹.

1822 年阿喇戈(D. F. J. Arago)和洪堡(A. von Humboldt)在英国格林尼治的一个小山上测量地磁强度时偶然发现,金属物体对附近磁针的振动有明显的阻尼作用,能使之迅速停止. 这种电磁阻尼现象其实是典型的电磁感应现象,但由于未直观地表现为可探测的感应电流,使他们不识庐山真面目,未能把两者联系起来,只是意识到这是一种前所未知的、无从解释的新现象. 由此,阿喇戈猜想,是否存在电磁阻尼的逆效应——电磁驱动,1824 年阿喇戈做了著名的圆盘实验予以证实. 阿喇戈将铜盘装在一个垂直的轴上,使之可以自由旋转,在铜盘上方自由悬吊一磁针,悬丝柔软,以致磁针旋转了多圈后仍不产生明显的扭力,阿喇戈发现,当铜盘旋转时,磁针将跟随着一起旋转,两者异步,磁针滞后. 阿喇戈发现的后来称为电磁阻尼和电磁驱动的现象,直到电磁感应定律建立之后,才得到正确的解释.

1829 年亨利(Henry)在研究用不同长度导线缠绕的电磁铁的提举力时,意外地发现,当通电流的线圈与电源断开时,在断开处会产生强烈的电火花. 这是典型的自感现象,但当时亨利未能作出解释,也未撰文发表,不为人知. 1832 年亨利读到法拉第关于电磁感应的论文摘要后,重新研究并在同年发表论文,成为自感现象的发现者.

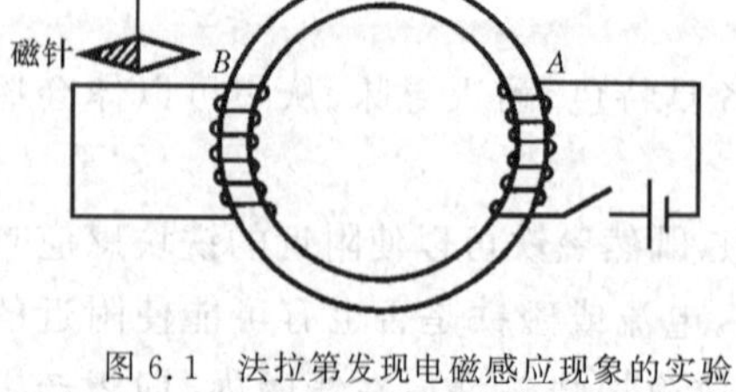

图 6.1 法拉第发现电磁感应现象的实验

在经过了多次失败之后,法拉第重新回到了磁产生电流的研究课题. 1831 年 8 月 29 日法拉第终于发现了寻觅已久的感应电流,取得了历史性的突破. 法拉第的实验装置如图 6.1 所示,在软铁环的两侧分别缠绕 A,B 两线圈,A 线圈接电池与开关,B 线圈闭合并在其中一段直导线旁平行放置小磁针. 法拉第在当天的日记中写道:“把 A 边的一个线圈的两端接到电池上,立刻对磁针产生了一个明显的作用. 磁针振动并且最后停止在原来的位置上. 在断开 A 边与电池的接线时,磁针又受到扰动.”简言之,合上开关,在 A 线圈电流接通的瞬间,B 线圈附近的小磁针偏转,随即复原;打开开关,在 A 线圈电流中断的瞬间,B 线圈附近的小磁针反向偏转,随即复原. 小磁针的偏转是在并无电源的 B 线圈中出现感应电流的结果,这就是磁产生感应电流的现象. 有人指出,如果法拉第将开关接在 B 线圈上，则将一无所获，的确，开关的这一或许是偶然的配置起了决定性的作用. 天道酬勤，机遇垂青有心人，法拉第是幸运的.

1831 年 10 月 17 日，法拉第做了与科拉顿类似的实验，迅速地将磁铁棒插入或拔出与电流计接通的线圈. 法拉第在当天的日记中写道："插进去，电流计的针动了"，然后复原，"抽出，针又动了，但往相反方向动"，然后复原，"磁棒插入或抽出时，一个电的波动就这样产生了".

统观以上实验，涉及的无非是磁铁或电流、被感应的线圈(包括金属盘)以及探测感应电流的磁针，可以看出，在茫无头绪的当年，物理学家是如何殚精竭虑，广开思路，不拘一格地用各种不同方式寻找、探索. 成功的关键在于摆脱静止、恒定的限制，让磁铁运动、使电流变化，因此，电磁感应现象的发现标志着电磁学的研究实现了从静止、恒定向运动、变化的跨越，从此，掀开了电磁学史新的一页.

§6.1.2 法拉第对电磁感应的研究，法拉第的场论思想，法拉第寻找联系追求统一解释的不懈努力

1831 年法拉第发现了磁产生感应电流的现象即磁的电效应后，立即领悟到，与恒定状态下呈现的电流磁效应不同，这是一种非恒定的暂态效应，感应电流只在电流或磁铁变化、运动的过程中才出现，一旦变化消除、运动停止，感应电流随即消失. 于是，茅塞顿开，紧接着做了几十个相关的实验，此前深藏不露的感应电流如雨后春笋般喷薄而出，俯拾皆是.

根据这些实验，法拉第在 1831 年 11 月 24 日的论文中，把产生感应电流的情况概括为五类：变化的电流、变化的磁场、运动的恒定电流、运动的磁铁、在磁场中运动的导体，并且把磁的电效应正式定名为电磁感应(electromagnetic induction). 法拉第正确地指出，电磁感应与静电感应不同，与感应电流相关的并不是原电流，而是原电流的变化.

法拉第并不满足于电磁感应现象的发现以及对产生感应电流情况的归纳和概括，继续深入地进行实验研究和理论分析.

1832 年法拉第的实验发现，在相同条件下，在用不同金属导体制成的线圈中，感应电流的大小与金属导体的导电能力成正比. 由此，法拉第提出感应电动势的概念，他认为感应电流来源于感应电动势，在一定条件下产生的感应电动势是确定的，与导体的性质无关，只是由于不同导体的导电能力不同，才使得其中感应电流的大小不同. 法拉第相信，即使没有闭合线圈，感应电动势依然存在，闭合线圈只是把感应电动势以感应电流的形式表现出来而已. 法拉第认为，感应电动势的产生是电磁感应现象的核心和关键，从而为电磁感应定量规律的确立以及电磁感应现象的理论解释指引了正确的方向.

关于电磁作用的机制，与当时占统治地位的超距作用观点不同，法拉第持近距作用观点，认为电磁作用需要媒介物传递，需要传递时间. 法拉第认为，在带电体和磁体周围存在着某种特殊的"状态"，并用电力线和磁力线来描述这种状态. 法拉第认为，力线是特殊的物质，充满了空间，把相异的电荷或磁极联系起来，力线是电磁作用的传递者和媒介物，力线的疏密反映了电磁作用的强弱. 法拉第构想的力线图象是以广泛的实验研究为根据的. 例如，法

拉第指出,带电体或磁体之间的力线一般是曲线而不是直线,这表明电磁相互作用不可能是超距作用观点设想的直接作用.例如,在电容器中插入绝缘介质会使在同样电压下电容器极板容纳的电量增大,法拉第认为这是极化使得电容器极板与介质之间缝隙中的电力线比无电介质时稠密所致,这也说明电作用不可能是超越空间的直接作用.磁作用类似.在法拉第看来,力线是认识电磁现象必不可少的组成部分,甚至比产生或汇集力线的源更有研究价值.

为了说明感应电动势产生的原因,法拉第把描绘电磁作用的力线图象从静态发展到动态,并把此前彼此无关的电力线和磁力线联系了起来.法拉第指出,在磁体或电流周围存在着一种"电紧张状态"(electrotonic state),磁体或电流的运动、变化所引起的电紧张状态的变化,正是产生感应电动势的原因.法拉第写道:"在螺线管或导线移近或离开磁铁的所有那些情况中,正向或反向的感应电流会在(螺线管或导线——引者)前进或后退的时间内持续产生,因为在那段时间内电紧张状态升到较高或降到较低的程度,这种变化伴随着相应的电流产生."

法拉第用磁力线的多寡描述电紧张状态的强弱,用磁力线数量的增减描述电紧张状态变化的程度,而电紧张状态变化的程度又量度了感应电动势的大小,因此,感应电动势的大小取决于磁力线数量的增减.法拉第指出:"形成电流的力(即感应电动势——引者)正比于切割的磁力线数",当通过导体回路的磁力线数量发生变化时,就会产生感应电动势,引起感应电流.不难看出,此后建立的电磁感应定律正是法拉第这些想法的定量表述.

在把力线图象从静态扩展到动态,并把电力线和磁力线联系起来之后,法拉第进一步猜想,电磁扰动可以在空间以波动的形式传播.1832年法拉第留下了一封密封的信,封面上写着:"现在应当收藏在皇家学会档案里的一些新观点".这封信在档案馆里存放了一百多年,直到1938年才被发现,全文如下.

"前不久在皇家学会宣读了题为"对电作的实验工作"的两篇论文,文中所介绍的一些研究成果,以及由于其他观点与实验而产生的一些问题,使我得出结论:磁作用的传播需要时间,即当一个磁铁作用于另一个远处的磁铁或一块铁时,产生作用的原因(我可以称之为磁)是逐渐地从磁体传播开去的;这种传播需要一定时间,而这个时间显然是非常短的.

我还认为,电感应也是这样传播的.我认为磁力从磁极出发的传播类似于水面上波纹的振动或者空气粒子的声振动,也就是说,我打算把振动理论应用于磁现象,就像对声所作的那样,而且这也是光现象最可能的解释.

类比之下,我认为也可以把振动理论应用于电感应.我想用实验来证实这些观点.然而,我的时间要用于履行职责,而这可能会拖长实验的时间,而实验本身也可能成为观察对象.因此,我在把这封信递交皇家学会收藏时,要以一个确定的日期来为自己保留这个发现,这样,当从实验上得到证实时,我就有权宣布这个日期是我的发现的日期.就我所知,现在除我而外,科学家中还没有人持有类似的观点.

M.法拉第

1832年3月12日于皇家学会"

(转引自徐在新、宓子宏编《从法拉第到麦克斯韦》16—17页,科学出版社,1986年)

法拉第的上述种种论述观点鲜明，可以说是近距作用场论思想的经典表达，不仅解释了静电、静磁和电磁感应等现象，而且作出了许多大胆的猜测和预言，充分显示了他非凡的想象力和深邃的洞察力．随着本课程的进展，当我们掌握了电磁感应定律、涡旋电场、麦克斯韦方程、电磁波等等内容之后，如果再重新阅读一遍，就会惊讶地发现，法拉第的工作为尔后的种种发展奠定了基础、抓住了要害、指明了方向，它们似乎都在法拉第的预料之中，正是法拉第光辉思想的定量表述和实验证明，推广和拓展．所有这一切，再一次证明，科学研究就是大胆假设、小心求证、不断修正、不断完善的过程．

法拉第在从事基础研究的同时，还十分关注可能的技术应用．法拉第意识到，电流的磁效应表明，电流能推动磁体运动，实现电磁能向机械能的转化，提供了电动机的原理；电磁感应效应表明，磁体和金属的相对运动（切割磁力线）能产生感应电流，实现机械能向电磁能的转化，提供了发电机的原理．然而，作为实用的机器，电动机应该持续循环地运转，发电机应该持续稳定地发电，这是从原理到应用必须解决的问题．法拉第 1821 年发明的电磁旋转装置和 1831 年发明的圆盘发电机，巧妙地解决了这一难题，成为电动机和发电机的鼻祖，宣告了电气化时代的诞生．

图 6.2 是法拉第的电磁旋转装置．右边，竖直的磁棒固定在水银槽中，与可以转动的、倾斜的导线经水银槽与电源连接构成闭合回路，其中可通电流；左边类似，只是将磁棒与导线的角色互换，导线垂直、固定，磁棒倾斜、可转动，两者经水银槽与电源连接构成闭合回路．通电流后，右边的导线和左边的磁棒便不停地转动起来，这是巧妙地利用了电流对磁极的作用力为横向力的结果．

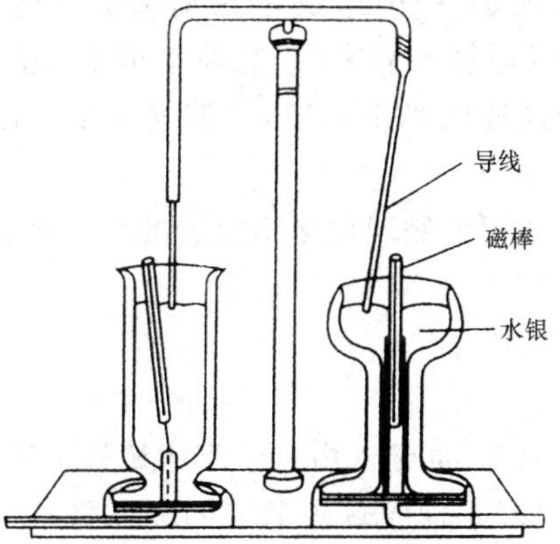

图 6.2　法拉第的电磁旋转装置

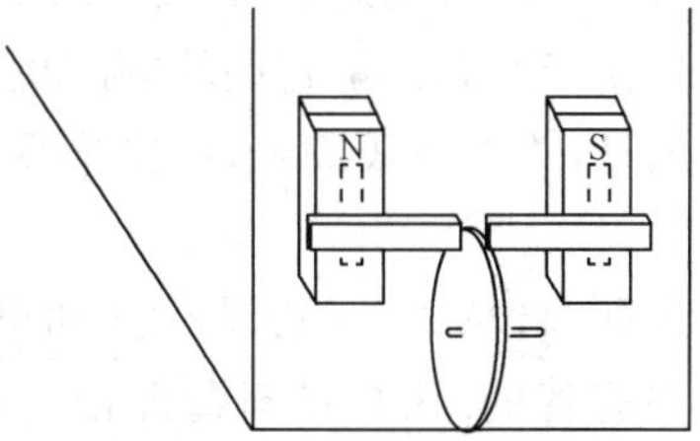

图 6.3　法拉第的圆盘发电机

图 6.3 是法拉第的圆盘发电机．磁铁两极绑上两块磁铁棒，使两磁极的端面靠得很近，增强其间的磁场，铜圆盘可以绕黄铜轴转动，盘边缘位于两磁极之间，经导线相连的两铜片（图中未画出）分别与盘的边缘（在两磁极之间）以及轴滑动接触，构成闭合回路．当盘转动时，回路中便出现持续的电流，这是铜圆盘不断地切割磁力线的结果．

法拉第的场论思想是在对电磁现象的大量实验研究的基础上凝聚而成的,场论思想的确立是物理学自牛顿以来的最大变革,它指出实物和场是两种不同的客观存在,从而拓展了“物质”的概念,并为麦克斯韦建立电磁场理论奠定了物理基础.场论思想是法拉第对物理学最重要的贡献,以上已结合电磁感应有所介绍,现将其要点概述如下.

力线或场的产生:法拉第认为,电荷、电流或磁体周围存在着某种特殊的状态,他用电力线、磁力线或电场、磁场来描述这种状态,力线或场是电荷、电流或磁体产生的.

力线或场的基本特征是:弥散性,电磁作用,物质性.力线或场在一定的空间范围内连续分布,具有弥散性,物体可以改变力线或场的分布.力线或场对置于其中的电荷、电流或磁体施予电力、磁力,力线或场是非接触、隔真空施予的电磁作用的媒介物和传递者.法拉第指出:“远距离的电作用(即通常的感应作用)不通过中间媒介物质的影响是决不会产生的.”法拉第认为,力线或场是区别于实物的特殊形态的物质,他确信力线或场是存在于空间内部的实实在在的东西.

电力线与磁力线或电场与磁场的区别是:磁力线是围绕着电流或磁体的闭合曲线,没有起点和终点;电力线从正电荷发出,终止于负电荷(或无穷远),不闭合,有起点和终点.

电力线与磁力线或电场与磁场的联系:为了解释电磁感应,法拉第把力线图象从静态扩展到动态,并把电力线与磁力线联系起来.法拉第认为,电流或磁体周围存在着电紧张状态,电流或磁体的运动、变化导致电紧张状态的变化,这就是产生感应电动势的原因.(后来,麦克斯韦明确指出,变化的磁场产生涡旋电场,变化的电场产生磁场.)

力线或场的传播:法拉第猜测“磁力从磁极出的传播,类似于水面上波纹的振动或空气粒子的声振动”,“我打算把振动理论应用于磁现象,……这也是光现象最可能的解释”.法拉第强调,力线的传播需要时间,尽管可能很短暂.(后来,麦克斯韦证明:变化的电磁场以波动形式传播,形成电磁波,电磁波的传播速度等于光速,光波就是电磁波.见第八章.)

研究力线或场的意义:法拉第认为力线或场是认识电磁现象必不可少的组成部分,力线或场比产生和汇集它们的“源”更有研究价值.

但是,关于力线或场,法拉第没有给出任何定量表述.

各种“自然力”具有统一性和可变换性的观点,是18世纪末由哲学家康德提出后经谢林发展完善的.法拉第对此深信不疑,毕生致力于寻找不同领域现象之间的联系,追求统一的解释.法拉第的许多学术成就都是在自然力统一思想的指引下完成的,法拉第的一生是用自然力统一的思想来探索自然界奥秘的一生,除上述电磁感应外,还有如下的许多例证.

1832年法拉第在《不同来源的电的同一性》一文中,把当时已知的不同来源的电区分为:雷电、伏打电、摩擦电、电磁感应产生的电、热电(温差电)和动物电,把电的效应归纳为静电效应和电流效应两类,电流效应包括发热、磁现象、化学分解、生理现象、电火花等.法拉第通过大量的实验研究得出,除有些电因“电量”或“强度”不足未能显示某些效应外,各种电都具有完全相同的全部效应,从而证明各种电具有"同一性". 法拉第指出:"不论电的来源如何,它们的本性都是相同的."这是一项意义重大的基础性研究工作,为电的研究提供了共同的出发点.

电解揭示了电现象和化学现象的联系. 1832 年法拉第实验研究时得出"分解出来的物质的量,并不和强度成比例,而是和通过的电量成比例",称为法拉第电解第一定律. 1833 年法拉第设计制作了多种装置,用来收集并测定水电解生成的氢气和氧气,以此为标准测定相对电量. 利用这些装置,法拉第的实验表明,当相同电量通过时,化合物中各种元素在电解时均以确定的比例析出,法拉第称该比例为"电化当量",并得出"电化当量与通常的化学当量一致,甚至相同"(化学当量指原子量与原子价的比值),这就是法拉第电解第二定律. 法拉第当年由于不能测定绝对电量而将比例系数看作 1,即两者相等. 现代表述为,电化当量与其化学当量成正比,比例系数的倒数称为法拉第常数 F. 由此,析出 1 摩尔单价元素即析出 N_A(阿伏伽德罗常数)个单价离子所需总电量为 F,于是,一个单价离子的电量 e 应为 $e=F/N_A$. 换言之,e 是电荷的最小单位,称为基本电荷,一切物体所带电量应是 e 的整数倍,这就是电荷的量子性,电解定律的历史意义即在于此.

1845 年法拉第将高折射率玻璃放在强磁场中,当线偏振光沿磁场方向透过玻璃后,光的振动面转过了一个角度,这就是磁致旋光效应,亦称法拉第效应,它揭示了磁现象和光现象的联系. 此后,法拉第进一步研究电、磁、光的联系,均因实验条件所限,未能成功. 1875 年发现的克尔(Kerr)效应(强电场使物质折射率变化)以及 1896 年发现的塞曼(Zeeman)效应(磁场使光谱线分裂)实现了法拉第的遗愿.

法拉第是具有深刻物理思想、作出一系列重大发现的实验物理学家. 回顾法拉第的一生,近距作用的场论思想、寻找联系追求统一解释的不懈努力以及对应用的关注,成为他学术生涯的鲜明特色,集中体现了物理学固有的"崇尚理性、崇尚实践、追求真理"的伟大精神. 法拉第和麦克斯韦一起被誉为 19 世纪最伟大的物理学家.

法拉第出身贫寒,少年辍学,打工谋生,备尝艰辛. 所幸化学家戴维(H. Davy)慧眼识珠,扶掖培育,数十年刻苦奋斗,终成大器. 法拉第淡泊名利,不慕富贵,成名后拒绝优厚待遇,拒绝出任英国皇家学会会长,拒绝爵士称号,逝世前还拒绝了安葬在威斯敏斯特教堂牛顿墓旁的旷世殊荣,以一介平民的身份终其一生. 法拉第是不朽的!

§ 6.1.3 法拉第电磁感应定律

图 6.4 是电磁感应现象的演示实验,它们是法拉第当年相关实验的现代版本. 图(a)是磁铁棒插入或拔出线圈;图(b)是初级线圈的电流接通或断开;图(c)是运动的导线(闭合回路的一边)切割磁力线;结果都是在线圈或回路中产生了感应电流. 这些实验的共同特点是,当通过闭合回路的磁感应通量发生变化时,将产生感应电动势,使回路中出现感应电流.

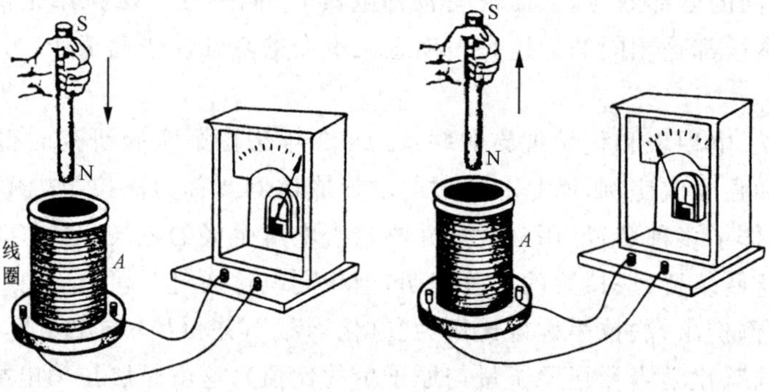

(a) 磁铁棒插入或拔出线圈

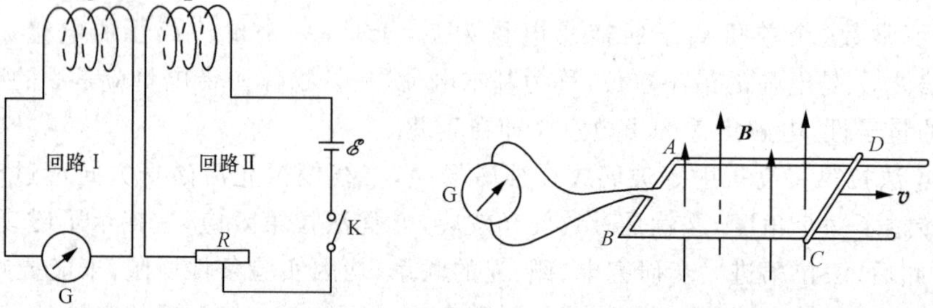

(b) 接通或断开初级线圈的电流 (c) 导线切割磁感应线的运动

图 6.4 电磁感应现象的演示实验

与电通量 Φ_E 类似，所谓磁感应通量（简称磁通量）Φ_B 是指磁感应强度 $\boldsymbol{B}$ 的面积分. 在磁场中，通过面元 $\mathrm{d}\boldsymbol{S}$ 的磁通量 $\mathrm{d}\Phi_B$ 定义为该处磁感应强度的大小 B 与 $\mathrm{d}\boldsymbol{S}$ 在 $\boldsymbol{B}$ 方向的投影 $\mathrm{d}S\cos\theta$ 的乘积，其中 θ 是 $\mathrm{d}\boldsymbol{S}$ 的方向即面元的法线方向与该处 $\boldsymbol{B}$ 方向的夹角，即

$$\mathrm{d}\Phi_B = \boldsymbol{B}\cdot\mathrm{d}\boldsymbol{S} = B\cos\theta\mathrm{d}S.$$

通过任意曲面 S 或任意闭合曲面 S 的磁通量为

$$\Phi_B = \iint_{(S)} \boldsymbol{B}\cdot\mathrm{d}\boldsymbol{S} \quad \text{或} \quad \Phi_B = \oint\!\!\!\oint_{(S)} \boldsymbol{B}\cdot\mathrm{d}\boldsymbol{S}. \tag{6.1}$$

与电通量类似，磁通量可以形象地理解为磁感应线（磁场线）的根数，磁场强的地方，磁场线密集，磁通量大，磁场弱的地方，磁场线稀疏，磁通量小，但请注意，不要因此产生离散的错觉，磁场的空间分布是连续的. 另外，$\mathrm{d}\boldsymbol{S}$ 的方向是面元的法线方向，对于闭合曲面，通常取外法线方向，若 $\theta<90°$，$\cos\theta>0$，磁通量 $\mathrm{d}\Phi_B>0$，为正，若 $\theta>90°$，$\cos\theta<0$，$\mathrm{d}\Phi_B<0$，为负.

以下省略下标，把 $\mathrm{d}\Phi_B$，Φ_B 简写为 $\mathrm{d}\Phi$，Φ.

1845 年德国物理学家诺埃曼（Franz Ernst Neumann，1798—1895）和韦伯（Wilhelm Eduard Weber，1804—1891）在法拉第对电磁感应研究的基础上，通过理论分析，先后给出

了电磁感应现象的定量规律①，为

$$\mathscr{E}=-\frac{\mathrm{d}\Phi}{\mathrm{d}t}=-\frac{\mathrm{d}}{\mathrm{d}t}\iint_{(S)}\boldsymbol{B}\cdot\mathrm{d}\boldsymbol{S}=-\frac{\mathrm{d}}{\mathrm{d}t}\iint_{(S)}B\cos\theta\,\mathrm{d}S. \tag{6.2}$$

(6.2)式表明，闭合导体回路中感应电动势 $\mathscr{E}$ 的大小与穿过以该回路为边界所围面积的磁通量的变化率 $\frac{\mathrm{d}\Phi}{\mathrm{d}t}$ 成正比. 尽管(6.2)式是诺埃曼和韦伯给出的，但由于法拉第对电磁感应现象的发现和研究作出了重大贡献，(6.2)式仍被称为法拉第电磁感应定律. 不难看出，(6.2)式正是法拉第关于感应电动势大小取决于磁力线数量增减的定量表述.

或许是因为磁通量的变化率 $\frac{\mathrm{d}\Phi}{\mathrm{d}t}$ 难以测量，迄今未见直接验证(6.2)式的实验，(6.2)式的正确性是由其种种推论与实验相符而得到证实的.

(6.2)式中的 Φ 是通过以闭合回路为边界所围面积 S 的磁通量，只适用于单匝导线构成的闭合回路. 若线圈由 N 匝串联而成，则(6.2)式中的 Φ 应代之以通过各匝线圈的磁通量之和 $\Psi=\Phi_1+\Phi_2+\cdots+\Phi_N$，若通过各匝线圈的磁通量相同，均为 Φ，则 $\Psi=N\Phi$，Ψ 称为磁通匝链数，简称磁链或总磁通.

在国际单位制(SI)中，感应电动势 $\mathscr{E}$ 的单位为伏特(V)，磁感应强度 B 的单位为特斯拉(T)，磁通量 Φ(或磁链 Ψ)的单位为韦伯(Wb)，$1\ \mathrm{Wb}=1\ \mathrm{T}\cdot\mathrm{m}^2$.

(6.2)式中的负号是为了确定感应电动势的“方向”，由于感应电动势 $\mathscr{E}$ 是标量，只有正负，本无方向可言，确切地说，式中的负号是为了确定导致感应电动势的非静电力 $\boldsymbol{K}$($\boldsymbol{K}$ 是单位正电荷所受非静电力)的方向以及由此在闭合回路中产生的感应电流的方向. 判定回路中感应电流方向的方法或程序是，首先，规定闭合回路的正回转方向，并按右手螺旋法则确定该闭合回路所围面积的正法线方向 $\boldsymbol{n}$(即面元 $\mathrm{d}\boldsymbol{S}$ 的方向，$\boldsymbol{n}$ 是单位矢量)；其次，根据磁场 $\boldsymbol{B}$ 的方向与 $\boldsymbol{n}$ 是否一致，即其间的夹角 θ 大于还是小于 90°，确定 Φ 的正负，进而根据 Φ 随时间的增减确定 $\frac{\mathrm{d}\Phi}{\mathrm{d}t}$ 的正负；最后，由(6.2)式的负号，确定 $\mathscr{E}$ 的正负，若 $\mathscr{E}>0$，为正值，表明 $\mathscr{E}$ 的“方向”(应为 $\boldsymbol{K}$ 的方向)与规定的回路正回转方向一致，此即回路中感应电流的方向，若 $\mathscr{E}<0$，为负值，则回路中感应电流的方向与规定的回路正回转方向相反. 如图 6.5(a)，取闭合回路的正回转方向为逆时针方向(图中用⇓表示)，则回路所围面积的正法线方向 $\boldsymbol{n}$ 指向右方，因 $\boldsymbol{B}$ 与 $\boldsymbol{n}$ 一致($\theta<90°$)，故 $\Phi>0$，因 Φ 随时间增大，故 $\frac{\mathrm{d}\Phi}{\mathrm{d}t}>0$，由(6.2)式的负号，$\mathscr{E}<0$ 表明 $\mathscr{E}$ 的“方向”即 $\boldsymbol{K}$ 的方向与规定的回路正回转方向相反，所以回路中的感应电流应沿顺时针方向流动. 图 6.5(b)(c)(d)类似.

① 参看，陈秉乾，王稼军：电磁感应定律的定量表达式是怎样得出的？《大学物理》，1987(3)，或陈秉乾，舒幼生，胡望雨，《电磁学专题研究》第二章§4，高等教育出版社，2001 年.

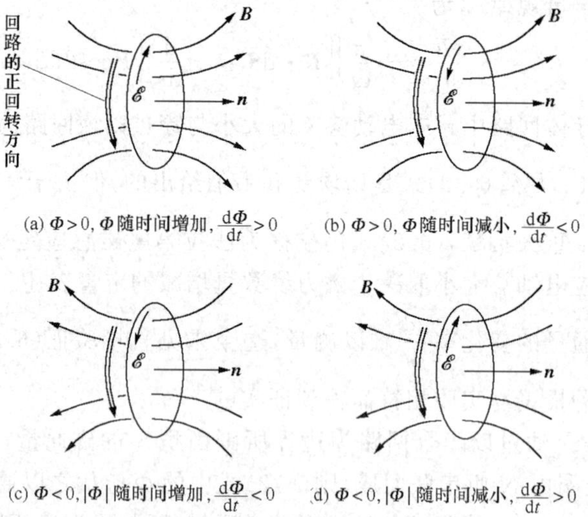

图 6.5　由 $\mathscr{E}=-\frac{d\Phi}{dt}$判定回路中感应电流的方向

§6.1.4　楞次定律

在法拉第电磁感应定律(6.2)式给出之前，1834 年楞次(H. F. E. Lenz，1804—1865，德国)就提出了直接判断电磁感应现象中感应电流方向的方法：闭合回路中感应电流的方向，总是使得感应电流所激发的磁场阻碍引起感应电流的磁通量的变化，称为楞次定律.

如图 6.6(a)，磁棒插入线圈，N 极向下，使通过线圈的磁通量增加，根据楞次定律，感应电流产生的磁场应“阻碍”这种“变化”，即应如图中虚线所示，再由右手定则便可确定感应电流的方向. 如图 6.6(b)，磁棒拔出线圈，根据楞次定律，感应电流应与图(a)反向. 同样，图 6.5(a)(b)(c)(d)中感应电流的方向也都可用楞次定律方便地作出判断.

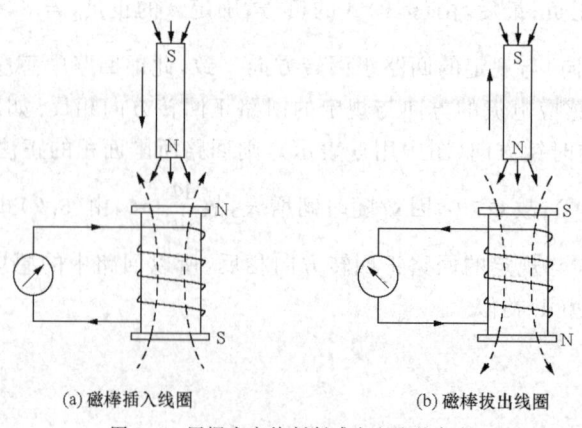

图 6.6　用楞次定律判断感应电流的方向

楞次定律的另一种表述是：感应电流的效果总是反抗引起感应电流的原因. 这里，引起感应电流的“原因”当然仍是磁通量的变化，它来自原电流的变化，磁棒、原电流与线圈、金属的相对运动，回路的形变（切割磁力线）等等，根据楞次定律，感应电流产生的效果必定“反抗”引起它的这种变化、相对运动、形变，由此，可以判定感应电流的方向. 不仅如此，在某些电磁感应现象中，如电磁阻尼、电磁驱动以及阿喇果圆盘实验、法拉第圆盘发电机等等，感应电流的分布比较复杂，难以具体指明，则所谓“效果”，也可以理解为感应电流引起的机械效果，根据“效果反抗原因”就容易判断应该出现什么现象.

楞次定律的以上两种表述是等价的，关键词是“阻碍”变化和效果“反抗”原因，由此，可以判定感应电流的方向或者感应电流引起的机械效果. 实际上，“阻碍”和“反抗”是能量守恒定律的必然结果. 如图 6.4，当磁棒插入或拔出线圈时，产生感应电流，释放焦耳热；与此同时，必须克服磁棒所受斥力（图(a)）或引力（图(b)）——都是阻力，做机械功，正是外力所做的这部分功转化为感应电流散发的焦耳热. 如果感应电流的方向与图 6.4 相反，无论磁棒插入或拔出，都将受到推力，使之向着（图(a)）或背离（图(b)）线圈加速运动，则既获得动能又释放焦耳热，能量无中生有，岂非荒唐.

§6.1.5 涡电流，电磁阻尼与电磁驱动

大块金属处于变化磁场之中，其中产生的呈涡旋状的感应电流称为**涡电流**，简称**涡流**. 例如，圆柱形铁芯绕有线圈，当线圈中通上交变电流时，铁芯就处在交变磁场之中，铁芯可以看作由一系列半径逐渐变化的薄圆管组成，每个圆管都是闭合回路，其中的磁通量变化使各圆管的管壁产生环状感应电流，总体呈涡旋状，此即涡电流. 由于大块金属的电阻很小，涡电流往往很大，会释放大量焦耳热. 利用涡电流热效应制成的高频感应电炉可用于冶炼金属，其优点是加热均匀快速，若使被加热的金属与空气隔绝，还可以防止金属的氧化和玷污，广泛应用于冶炼特种金属材料、难熔或活泼性较强的金属以及半导体材料的制备等.

在电机或变压器中，为了增大磁感应强度，往往采用铁芯，但其中的涡电流不仅损耗大量的能量（称为铁芯的涡流损耗），甚至会因温度太高烧坏设备，十分有害. 为了减少涡流，可采用彼此绝缘的叠合起来的硅钢片代替整块铁芯，增大电阻，减少涡电流. 对于小型变压器，常用电阻率较高的铁氧体取代铁芯.

如§6.1.1所述，阿喇果发现了电磁阻尼和电磁驱动现象，但未能和电磁感应现象联系起来，也未能给予解释，其实，它们都是典型的电磁感应现象. 图 6.7 是电磁阻尼的演示实验，片状金属（铜或铅）摆悬挂在电磁铁的两磁极之间，当电磁铁线圈未通电时，摆所受空气阻力和轴上的摩擦都很微弱，可以长时间摆动而不停止，一旦电磁铁被励磁，因摆动过程中穿过摆的磁通量发生变化，摆中将产生感应电流，使摆受到磁场的安培力，根据楞次定律，感应电流的效果总是反抗引起感应电流的原因，故安培力必定是阻力，使摆迅速停止摆动，这就是电磁阻尼. 在许多电磁仪表中，为了使测量后指针能迅速稳定在平衡位置（回零），可将线圈绕在铝框上，随着线圈在磁

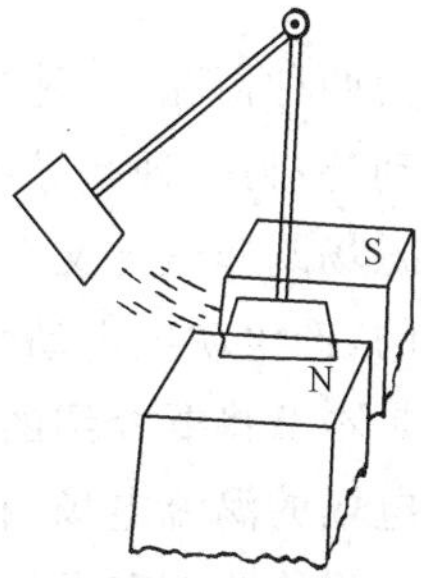

图 6.7 电磁阻尼的演示实验

场中的摆动，产生感应电流，使线圈受阻，迅速回零. 电气火车中电磁制动器的原理也是电磁阻尼，其优点是没有机械摩擦，可以通过改变磁场来调节.

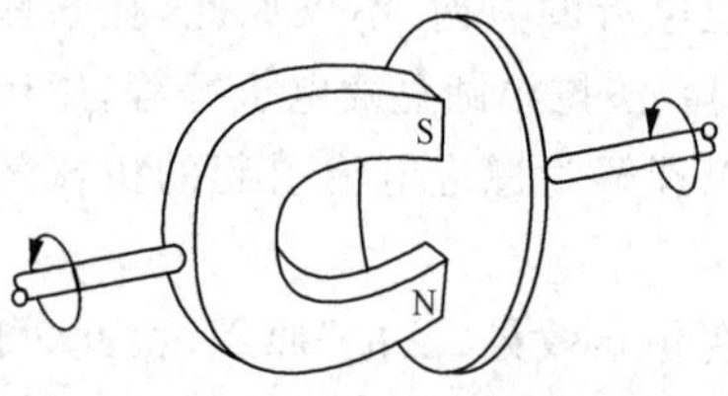

图 6.8 电磁驱动的演示实验

图 6.8 是电磁驱动的演示实验，金属圆盘紧靠磁铁的两极而不接触，当磁铁旋转时，圆盘中产生的感应电流使之受安培力的作用，根据楞次定律，感应电流的效果总是反抗引起感应电流的原因，即应阻碍圆盘与磁铁的相对运动，使圆盘跟随磁铁旋转起来. 这里，感应电流的机械效应表现为电磁驱动，它是电磁阻尼的逆效应. 当然，圆盘的转速总是小于磁铁的转速，即两者的旋转同向、异步，圆盘滞后. 工业上广泛应用的感应异步电动机以及磁电式转速表都是利用电磁驱动原理制成的.

电磁阻尼和电磁驱动都是典型的电磁感应现象，当感应电流的方向和分布难于具体指明时，可以根据楞次定律确定感应电流引起的机械效果以及应出现的现象.

§6.2 动生电动势与感生电动势，洛伦兹力与涡旋电场

电动势的概念是为了描绘各种非静电力对电荷的做功本领而引入的，所谓非静电力是指除静电场力外其他能对电荷起作用的力，各种非静电力从不同角度揭示了电现象与其他现象（如化学现象、热现象、光现象、磁现象等等）之间的联系. 第三章引入的电源电动势是一种电动势，其中的非静电力来源于电源内部的化学作用、温差、接触电势差等. 本章引入的感应电动势是又一种电动势，对此，我们既关心它的来源、其大小与哪些因素有关，更关心相应的非静电力是什么. 法拉第电磁感应定律(6.2)式指出，线圈或回路中的感应电动势来自磁通量的变化，其大小与磁通量的变化率成正比，回答了第一个问题，这是现象与经验的总结，只是唯象理论的结果. 需要进一步明确的是，在电磁感应现象中产生感应电动势推动电荷运动形成感应电流的非静电力是什么，这才是问题的关键和本质.

由电磁感应定律，感应电动势 $\mathscr{E}$ 的大小取决于磁通量的变化率 $\frac{\mathrm{d}\Phi}{\mathrm{d}t}$，而 Φ 的变化又可区分为两种情况，一种是在恒定磁场中因导体运动导致 Φ 变化产生的感应电动势，称为**动生电动势**；另一种是导体不动因磁场变化导致 Φ 变化产生的感应电动势，称为**感生电动势**. 如果磁场既非恒定又有导体在其中运动，则两种电动势并存. 后来的研究表明，这种区分是有益的，产生动生电动势的非静电力就是第四章引入的**洛伦兹力**；产生感生电动势的非静电力则是本节将要介绍的**涡旋电场**的作用力. 麦克斯韦指出，变化磁场会产生一种其性质区别于静电场的涡流电场，它能对电荷施予作用力.

洛伦兹力和涡旋电场都与磁场有关. 洛伦兹力是磁场对运动电荷的作用力，是基本的磁作用力，深刻地揭示了电现象和磁现象的内在联系；涡旋电场来自变化的磁场，进一步把电、磁现象的联系提升到电场与磁场联系的高度，它的提出表明，法拉第当年的大胆猜测正在逐

步地明确、得到定量表述和印证,意义重大,余味深长.

另外,根据洛伦兹力和涡旋电场的公式,同样能确定感应电动势的大小,并且不受回路是否闭合甚至不受回路是否存在(指感应电动势)的限制.

§6.2.1 动生电动势,交流发电机

当导体在磁场 $\boldsymbol{B}$ 中以速度 $\boldsymbol{v}$ 运动时,其中的自由电子 $-e$(e 是电子电量的绝对值)也以速度 $\boldsymbol{v}$ 跟随导体运动,它们将受到磁场施予的洛伦兹力 $\boldsymbol{F}=-e\boldsymbol{v}\times\boldsymbol{B}$ 的作用,在导体内宏观定向流动,形成感应电流. 所以,洛伦兹力就是产生动生电动势 $\mathscr{E}_{动生}$[①] 的非静电力,因运动导体内单位正电荷所受洛伦兹力为 $\boldsymbol{K}=\boldsymbol{v}\times\boldsymbol{B}$,由电动势定义,$\mathscr{E}_{动生}$ 为

$$\mathscr{E}_{动生}=\int_{(L)}(\boldsymbol{v}\times\boldsymbol{B})\cdot\mathrm{d}\boldsymbol{l}, \tag{6.3}$$

式中的积分应遍及运动导体的各部分,(6.3)式表为线积分,指的是运动导线,如果是大块导体,可把它分割成许多导线. 由(6.3)式,若 $\boldsymbol{v}/\!/\boldsymbol{B}$,即若导线与磁力线并行并顺着磁场方向运动,则 $\mathscr{E}_{动生}=0$;若 $\boldsymbol{v}$ 不平行于 $\boldsymbol{B}$,即若导线"切割"磁力线,则 $\mathscr{E}_{动生}\neq 0$. (6.3)式揭示了动生电动势的本质,又提供了计算 $\mathscr{E}_{动生}$ 的另一种方法(用电磁感应定律(6.2)式也可计算 $\mathscr{E}_{动生}$).

例 1 导体棒在磁场中旋转.

如图 6.9,长 L 的铜棒在恒定均匀磁场 $\boldsymbol{B}$ 中绕一端的 O 点以角速度 ω 匀角速旋转,铜棒转动的平面与 $\boldsymbol{B}$ 垂直,试求铜棒两端的电势差.

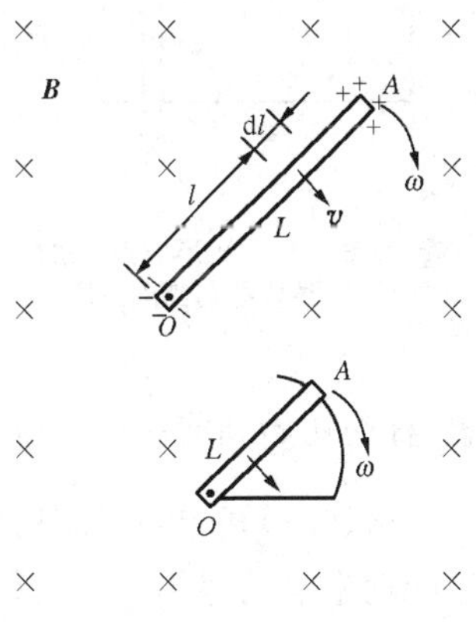

图 6.9 在恒定均匀磁场中旋转的导体棒中的动生电动势

解 如图 6.9,随着铜棒的旋转,其中各处的自由电子将以不同的速度 $\boldsymbol{v}$ 跟随铜棒在磁场中运动,受洛伦兹力的作用(正电荷所受洛伦兹力的方向由 O 点指向 A 点),这些自由电子从铜棒各处向 O 端运动,使得在 O 端和 A 端分别积累负、正电荷,并产生相应的静电场,当自由电子所受静电场力与洛伦兹力相等反向时,达到平衡,不再继续聚集. 换言之,因铜棒不构成闭合回路,感应电流只在自由电子向 O 端聚集的短暂过程中出现,一旦达到平衡,感应电流随即中断.

如图 6.9,取 O 端为原点,因铜棒以 ω 旋转,铜棒任意 l 处 $\mathrm{d}l$ 小段中自由电子的速度 v 为

$$v=\omega l.$$

由(6.3)式,受洛伦兹力的作用,在该 $\mathrm{d}l$ 小段产生的动生电动势为

$$\mathrm{d}\mathscr{E}=(\boldsymbol{v}\times\boldsymbol{B})\cdot\mathrm{d}\boldsymbol{l}=B\omega l\,\mathrm{d}l.$$

整个铜棒上的动生电动势为

---

① 电动势,电源的电动势,感应电动势以及动生电动势,感生电动势可分别表为 $\mathscr{E}$,$\mathscr{E}_{电源}$,$\mathscr{E}_{感应}$ 以及 $\mathscr{E}_{动生}$,$\mathscr{E}_{感生}$,即可加下标以示区别. 本书略下标,笼统地都用 $\mathscr{E}$ 表示,请读者注意区别,也有个别加下标的,以示强调.

$$\mathscr{E}=\int \mathrm{d}\mathscr{E}=\int_0^L B\omega l\,\mathrm{d}l=\frac{1}{2}B\omega L^2.$$

因铜棒不构成闭合回路,电荷达到平衡分布后感应电流随即中断,相当于电源开路,故铜棒两端因分别聚集正、负电荷产生的静电场在两端形成的电势差应等于其中的动生电动势,为

$$U_{AD}=\mathscr{E}=\frac{1}{2}B\omega L^2.$$

本题也可用电磁感应定律(6.2)式求解,但需加辅助导线构成虚拟的闭合回路,以便由其中磁通量的变化来计算感应电动势,结果相同.例如,如图 6.9 下图,旋转的铜棒加上另两条固定的导线构成扇形闭合回路,随着铜棒的旋转,扇形面积及磁通量相应变化,可由(6.2)式求出 $\mathscr{E}$.请注意,加辅助线构成的闭合回路,应便于计算其中的磁通量,同时,辅助线中应不存在附加的电动势,以免影响计算结果,画蛇添足.

例 2 矩形回路一边的导体杆切割磁力线.

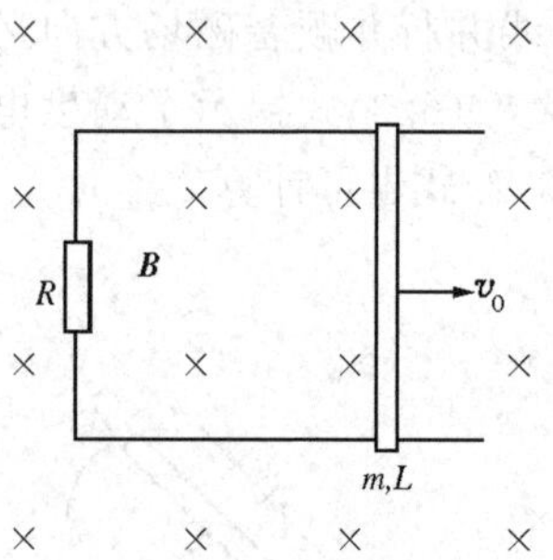

图 6.10 矩形回路一边的导体杆切割磁力线

如图 6.10,在水平面上有固定光滑长导轨,电阻为 R,集中分布.质量为 m、长为 L、电阻可略的导体杆置导轨上,构成矩形闭合回路.恒定均匀磁场 $\boldsymbol{B}$ 与水平面垂直,方向为⊗.设导体杆以初速 $\boldsymbol{v}_0$ 沿导轨向右运动,试问杆的速度随时间如何变化,杆损失的动能哪里去了?

解 导体杆以初速 $\boldsymbol{v}_0$ 向右运动,切割磁力线,其中的自由电子因跟随杆运动,受洛伦兹力作用,使杆中产生动生电动势,在矩形回路中形成感应电流,于是载流的导体杆将受到磁场的安培力作用,它必定是阻力(根据楞次定律),使杆减速,直至停止.与此同时,感应电流经电阻 R 散发焦耳热.不难设想,杆的初始动能$\frac{1}{2}mv_0^2$ 应全部转化为焦耳热,别无去处.

由(6.3)式,当杆以任意速度 $\boldsymbol{v}$ 向右运动时,其中的自由电子受洛伦兹力作用,在杆中产生的动生电动势为

$$\mathscr{E}=\int_{(L)}(\boldsymbol{v}\times\boldsymbol{B})\cdot\mathrm{d}\boldsymbol{l}=\int_{(L)}vB\,\mathrm{d}l=BLv.$$

也可用电磁感应定律计算 $\mathscr{E}$,为

$$|\mathscr{E}|=\frac{\mathrm{d}\Phi}{\mathrm{d}t}=\frac{\mathrm{d}}{\mathrm{d}t}\iint\boldsymbol{B}\cdot\mathrm{d}\boldsymbol{S}=BL\,\frac{\mathrm{d}x}{\mathrm{d}t}=BLv,$$

式中取图中向右方向为 x 轴.

杆中单位正电荷所受洛伦兹力为$(\boldsymbol{v}\times\boldsymbol{B})$,其方向沿杆指向上方,故闭合回路中的感应电流沿逆时针方向流动,由欧姆定律,其大小为

$$I=\frac{\mathscr{E}}{R}=\frac{BL}{R}v.$$

载流导体杆受磁场的安培力作用,其方向指向左方(与 $\boldsymbol{v}$ 反向),为阻力(与楞次定律相符),

由安培力公式(4.31)式,其大小为

$$F = ILB = \frac{B^2L^2}{R}v.$$

由牛顿第二定律,杆的运动方程为

$$-F = -\frac{B^2L^2}{R}v = m\frac{\mathrm{d}v}{\mathrm{d}t},$$

即

$$\frac{\mathrm{d}v}{v} = -\frac{B^2L^2}{mR}\mathrm{d}t = -\frac{\mathrm{d}t}{\tau},$$

式中 τ 为时间常数,

$$\tau = \frac{mR}{B^2L^2}.$$

积分,$t=0$ 时杆的初速为 v_0,任意 t 时刻杆的速度为 v,

$$\int_{v_0}^{v}\frac{\mathrm{d}v}{v} = -\int_0^t\frac{\mathrm{d}t}{v},$$

得

$$v = v_0\mathrm{e}^{-\frac{t}{\tau}}.$$

杆的速度从 v_0 开始按指数衰减,时间常数 τ 描绘了衰减的快慢.

与此同时,感应电流经电阻 R 散发的焦耳热为

$$W = \int_{t=0}^{t=\infty}I^2R\mathrm{d}t = \frac{B^2L^2}{R}\int_0^\infty v^2\mathrm{d}t = \frac{B^2L^2v_0^2}{R}\int_0^\infty \mathrm{e}^{-\frac{2t}{\tau}}\mathrm{d}t = \frac{B^2L^2v_0^2}{2R}\tau = \frac{1}{2}mv_0^2.$$

可见,杆的初始动能 $\frac{1}{2}mv_0^2$ 全部转化为闭合回路中感应电流经电阻 R 释放的焦耳热,与能量守恒定律相符.

本题涉及洛伦兹力、动生电动势、欧姆定律、安培力、牛顿第二定律、焦耳热以及楞次定律和能量守恒定律,麻雀虽小,五脏俱全.正确分析相关的物理过程,适当选用公式,是解题的关键,应予记取.

借用例 2,还可以对洛伦兹力与安培力的关系作进一步的说明,并回答何以洛伦兹力不做功而安培力却可以做功的问题.

如图 6.11 所示,其中只画了图 6.10 中的导体杆,杆以速度 $\boldsymbol{v}$ 运动,杆中有感应电流 I,它是自由电子相对杆以平均定向(漂移)速度 $\boldsymbol{u}$ 运动形成的,故杆中自由电子的总速度是跟随杆的 $\boldsymbol{v}$ 与相对杆的 $\boldsymbol{u}$ 之和,为 $(\boldsymbol{u}+\boldsymbol{v})$,所受总洛伦兹力为 $\boldsymbol{F}=-e(\boldsymbol{u}+\boldsymbol{v})\times\boldsymbol{B}$,因 $\boldsymbol{F}$ 垂直 $(\boldsymbol{u}+\boldsymbol{v})$,总洛伦兹力 $\boldsymbol{F}$ 不做功.但 $\boldsymbol{F}$ 的一个与 $\boldsymbol{v}$ 垂直的分力 $\boldsymbol{f}=-e(\boldsymbol{v}\times\boldsymbol{B})$ 对自由电子做正功,在杆中产生动生电动势,推动自由电子沿杆向

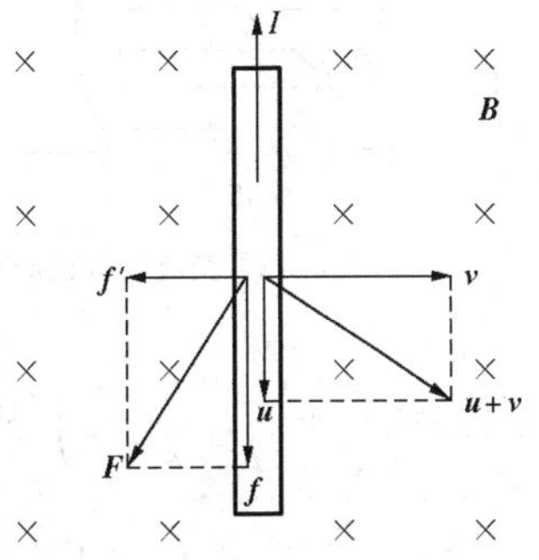

图 6.11 洛伦兹力与安培力关系的进一步分析

下运动，在矩形回路中形成感应电流. $\boldsymbol{F}$ 的另一个与 $\boldsymbol{u}$ 垂直的分力 $\boldsymbol{f}'=-e(\boldsymbol{u}\times\boldsymbol{B})$ 与 $\boldsymbol{v}$ 反向，为阻力，做负功，杆中各自由电子所受 $\boldsymbol{f}'$ 之和就是杆中感应电流 I 所受的安培力. 因 $\boldsymbol{F}$ 不做功，故 $\boldsymbol{f}$ 所做正功与 $\boldsymbol{f}'$ 所做负功之和为零，前者提供的能量转化为回路中电阻 R 散发的焦耳热，后者则以杆动能的损耗为代价. 简言之，杆中洛伦兹力 $\boldsymbol{F}$ 起了传递能量的作用，把杆动能转化为经电阻 R 散发的焦耳热. 总之，洛伦兹力不做功，安培力是洛伦兹力的宏观表现、洛伦兹力是安培力的微观本质等结论不变，需要补充的是，安培力可以只是洛伦兹力某个分力的宏观表现，因此，安培力可以做功.

例 3　交流发电机原理

如 § 6.1.2 所述，法拉第在发现和研究电磁感应现象时，首先意识到它提供了把机械能转变为电磁能的途径，并且发明了圆盘发电机，实现了持续稳定的发电，成为发电机的鼻祖.

本例介绍的交流发电机是法拉第相关工作的延续和再发明，是利用电磁感应现象将机械能转化为电磁能、产生交流电的装置，是近代广泛应用的交流发电机的原理和雏形，是动生电动势实际应用的典型例子.

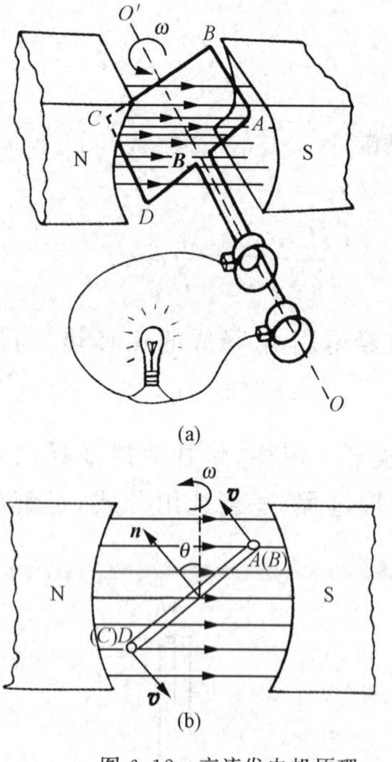

图 6.12　交流发电机原理

如图 6.12(a)所示，面积为 S 的矩形刚性单匝线圈 $ABCD$ 在恒定均匀磁场 $\boldsymbol{B}$ 中，靠外力的推动绕固定轴 OO' 以匀角速度 ω 转动，切割磁力线，产生动生电动势，引起感应电流，把机械能转化为电磁能. 因线圈需构成闭合回路，为了避免线圈的两根引线在旋转时扭绞，把线圈的两根引线分别接在与线圈一起旋转的两个铜环上，铜环通过两个有弹性的金属触头与外电路接通，这是重要的技术措施.

这一装置能产生简谐交流电，故称交流发电机. 如图 6.12(b)，当面积为 S 的矩形线圈在恒定均匀磁场 $\boldsymbol{B}$ 中以匀角速度 ω 旋转时，长为 l、与转轴 OO' 相距为 r 的 AB，CD 两边切割磁力线，其中正电荷所受洛伦兹力的方向从 A 指向 B、从 C 指向 D，产生动生电动势 $\mathscr{E}$. 因线圈旋转时，AB，CD 两边的速度 $\boldsymbol{v}$ 的方向不断变化，即 $\boldsymbol{v}$ 与 $\boldsymbol{B}$ 的夹角或线圈法线方向 $\boldsymbol{n}$ 与 $\boldsymbol{B}$ 的夹角不断变化，故 $\mathscr{E}$ 随时间变化，非恒定. 如图(b)，在任意时刻 t，当 $\boldsymbol{n}$ 与 $\boldsymbol{B}$ 的夹角为 $\left(\dfrac{\pi}{2}+\theta\right)$ 时，AB，CD 两边的速度 $\boldsymbol{v}$ 与 $\boldsymbol{B}$ 的夹角分别为 $\left(\dfrac{\pi}{2}+\theta\right)$，$\left(\dfrac{\pi}{2}-\theta\right)$，其中动生电动势的“方向”相同，由(6.3)式，得

$$\begin{aligned}\mathscr{E}&=\int_A^B(\boldsymbol{v}\times\boldsymbol{B})\cdot\mathrm{d}\boldsymbol{l}+\int_C^D(\boldsymbol{v}\times\boldsymbol{B})\cdot\mathrm{d}\boldsymbol{l}\\&=\int_0^l vB\sin\left(\frac{\pi}{2}+\theta\right)\mathrm{d}l+\int_0^l vB\sin\left(\frac{\pi}{2}-\theta\right)\mathrm{d}l\end{aligned}$$

$$= 2vBl\cos\theta = 2\omega rlB\cos\omega t = BS\omega\cos\omega t,$$

其中用到 $v=\omega r$,$S=2rl$,$\theta=\omega t$,并取线圈处于水平位置即 $\boldsymbol{n}$ 与 $\boldsymbol{B}$ 垂直、$\theta=0$ 时为计时零点,S 是线圈面积.

顺便指出,当线圈旋转时,BC,DA 两边也在磁场中运动,但因其中自由电子所受洛伦兹力的方向与两边垂直,故对线圈中的感应电流无贡献,只会在两导线的边缘产生某些电荷积累.

也可用(6.2)式来计算 $\mathscr{E}$,如图(b),在任意时刻 t,当 $\boldsymbol{n}$ 与 $\boldsymbol{B}$ 的夹角为 $\left(\frac{\pi}{2}+\theta\right)$时,通过线圈的磁通量 Φ 为

$$\Phi = \boldsymbol{B}\cdot\boldsymbol{S} = BS\cos\left(\theta+\frac{\pi}{2}\right) = -BS\sin\omega t.$$

由(6.2)式,感应电动势 $\mathscr{E}$ 为

$$\mathscr{E} = -\frac{\mathrm{d}\Phi}{\mathrm{d}t} = \frac{\mathrm{d}}{\mathrm{d}t}(BS\sin\omega t) = BS\omega\cos\omega t.$$

上述结果表明,感应电动势 $\mathscr{E}$ 随时间 t 按余弦函数变化,称为简谐交流电. 如图(a),当线圈顺时针旋转时,其中的感应电流沿 $ABCD$ 流动,所受磁场的安培力与线圈的旋转方向相反,为阻力,因此,为了持续发电,需要外力克服阻力做功,才能维持线圈不断旋转.

现代的交流发电机都很复杂,线圈匝数多,嵌在硅钢片制成的铁芯上,组成电枢,磁场采用电磁铁激发,磁极往往是多对. 由于大型发电机产生的电压很高,电流也很大,用集流环和电刷将使电流输出很困难,一般采用转动磁极式,即电枢不动,磁体转动,驱动磁体转动的原动机则是汽轮机或水轮机.

§6.2.2 感生电动势,涡旋电场,电子感应加速器

导体在磁场中运动,其中的自由电子受洛伦兹力,产生动生电动势,这里,非静电力是洛伦兹力,以运动导体(不一定构成回路)和磁场并存为前提. 如果导体不动或者并无导体,只是磁场在变化(非恒定磁场),由电磁感应定律,通过闭合回路的磁通量相应变化,将产生感生电动势,若回路是虚拟的,则并无感应电流,若是实在的导体回路,则其中将出现感应电流. 那么,由变化磁场产生的感生电动势,其中的非静电力是什么呢?

1855 年,年轻的麦克斯韦(James Clerk Maxwell,1831—1879,英国)在关于电磁场理论的第一篇题为“论法拉第力线”的论文中回答了这个问题.

受法拉第关于电磁作用是以电磁场为媒介物传递的近距作用观点的深刻影响,麦克斯韦在登上电磁学舞台之初,就致力于电磁场的研究. 受 W. 汤姆孙类比研究方法的启发,麦克斯韦在该文中首先将在一定空间范围内连续分布的电磁场与不可压缩流体恒定流动形成的流速场相类比,从后者移植了源、旋、通量、环流、高斯定理、环路定理等重要概念和表达方式,使得静电场、恒定磁场作为矢量场的性质以及其间的区别一目了然,并且有了准确的定量表述. 这些正是第一、四章的重要内容.

进而,麦克斯韦把目光转向电磁感应. 如§6.1.2 所述,为了说明感应电动势产生的原

因，法拉第把描绘电磁作用的力线图象从静态发展到动态，并把此前彼此无关的电力线、磁力线联系起来，认为磁体、电流周围存在着电紧张状态，由于磁体、电流的运动、变化所引起的电紧张状态的变化，正是产生感应电动势的原因. 麦克斯韦继承了法拉第的这些场论思想，明确地、直截了当地提出，变化磁场产生的涡旋电场（也称有旋电场，curl electric field）是引起感生电动势[①]的原因，并且相信即使不存在导体回路，不出现感应电流，变化磁场周围的涡旋电场依然存在.

感生电动势以及相关的电磁感应现象表明，存在着一种前所未知的、区别于洛伦兹力的非静电力，它只与变化磁场有关. 对此，似乎怎样命名均无不可，那么，麦克斯韦称之为涡旋电场，有什么深刻含义和充分根据呢？

第一，把洛伦兹力与涡旋电场相比较，两者都是非静电力，都能施予电荷作用力，推动电荷运动做功，产生感应电动势，这是两者的共性；然而，前者非"场"，后者是"场"，这是两者的重要区别. 在物理学中，所谓"场"是指区别于实物粒子的独立的客观存在，场在空间连续分布（弥散性）并具有一系列重要特征. 洛伦兹力只存在于磁场内的运动电荷之中，以磁场和运动电荷并存为前提，这里，除了磁场，并不存在其他独立的在空间连续分布的"场". 涡旋电场有所不同，它来自变化的磁场，在空间连续分布，是与磁场独立并存的客观实在，与其中是否存在电荷无关. 因此，称之为涡旋电场，就能把它和洛伦兹力（以及其他非静电力）的区别凸显出来.

第二，法拉第和麦克斯韦认为：电磁场是客观存在的特殊形态的物质，是传递电磁作用的媒介物，此前，指的就是静电场和恒定磁场. 现在，对于电场，除了静电场，又有了涡旋电场. 静电场由电荷产生，有源无旋，涡旋电场由变化磁场产生，无源有旋，两种电场的产生原因和作为矢量场的性质明显不同，这是它们的区别. 两种电场都能施予其中的电荷作用力，都在空间连续分布，都是独立的客观实在，这是它们的共性，所以都可称为"电场". 电场只此两者，别无其他，如果两种电场并存，则空间的总电场是两者的矢量和，总电场是有源有旋的. 因此，涡旋电场的提出，丰富和扩大了对电场的认识，意义重大. 其他非静电力都与"电场"无关，不能纳入总电场之中.

第三，从电磁作用的角度看，电流的磁效应和电磁感应现象从两个侧面揭示了电磁现象的联系. 对于只关心电磁作用、否认电磁场客观存在的超距作用观点者，他们认为，电磁现象的联系已经完备，别无其他. 近距作用观点者则认为，变化磁场产生的涡旋电场首次把电磁现象的联系提升到电场与磁场相互联系的高度，这一重大发展提出了深刻的问题：既然变化的磁场会产生涡旋电场，那么，它的"逆"效应是什么，即变化的电场是否也会产生某种磁场呢？如所周知，后来麦克斯韦对此作出了肯定的回答，由此，位移电流和电磁波的概念应运而生，此后，随着电磁场理论的建立和电磁波实验的证实，最终宣告近距作用场论观点的

① 从历史上说，洛伦兹力是 1892 年提出的，此后才有动生、感生电动势的区分. 在法拉第（1791—1867）、麦克斯韦（1831—1879）时代，并无这种区分，笼统地都称为感应电动势. 因此，此处的感生电动势当时写为感应电动势，但由于本节的叙述并不完全遵循历史顺序，把动生、感生电动势的区分提前了，故直接写为感生电动势，请读者注意.

彻底胜利(见第八章). 由此可见,不同的基本物理观点会导致不同的学术路线,在研究对象、提出问题、对同一现象的理解、最终结果等等方面都会出现明显的差异. 因此,涡旋电场把磁场和电场联系了起来,成为电磁场理论建立过程中的重大突破.

第四,应该指出,在当时,涡旋电场概念的提出还只是并无充分实验根据的大胆假设和猜测,麦克斯韦充分意识到这一点,为此,必须给予准确的定量表述,并加发展和完善,以便由其推论的定量实验检验来判定它的是非真伪、适用条件等等. 这也是成熟的物理理论的基本要求之一.

由电磁感应定律(6.2)式、磁感应强度 $\boldsymbol{B}$ 与磁矢势 $\boldsymbol{A}$ 的关系(4.14)式、以及矢量分析的斯托克斯定理 $\oint_{(L)}\boldsymbol{A}\cdot\mathrm{d}\boldsymbol{l}=\iint_{(S)}(\nabla\times\boldsymbol{A})\cdot\mathrm{d}\boldsymbol{S}$, 可将感应电动势 $\mathscr{E}_{感应}$ 表为

$$\mathscr{E}_{感应}=-\frac{\mathrm{d}\Phi}{\mathrm{d}t}=-\frac{\mathrm{d}}{\mathrm{d}t}\iint_{(S)}\boldsymbol{B}\cdot\mathrm{d}\boldsymbol{S}=-\frac{\mathrm{d}}{\mathrm{d}t}\iint_{(S)}(\nabla\times\boldsymbol{A})\cdot\mathrm{d}\boldsymbol{S}=-\frac{\mathrm{d}}{\mathrm{d}t}\oint_{(L)}\boldsymbol{A}\cdot\mathrm{d}\boldsymbol{l},$$

式中 S 是以闭合回路 L 为边界的曲面的面积.

对于只是由变化磁场引起的感生电动势 $\mathscr{E}_{感生}$,可以取固定的回路 L 以及以 L 为边界围起的固定的曲面 S,则磁通量 Φ 的变化完全来自 $\boldsymbol{B}$ 的变化即 $\boldsymbol{A}$ 的变化,于是上式中的 $\mathscr{E}_{感应}$ 应改写为 $\mathscr{E}_{感生}$,并可将 $\frac{\mathrm{d}}{\mathrm{d}t}$ 和 $\iint$ 或 $\oint$ 两个运算的顺序交换,得

$$\mathscr{E}_{感生}=-\iint_{(S)}\frac{\partial\boldsymbol{B}}{\partial t}\cdot\mathrm{d}\boldsymbol{S}=-\oint_{(L)}\frac{\partial\boldsymbol{A}}{\partial t}\cdot\mathrm{d}\boldsymbol{l}. \tag{6.4}$$

按照电动势的一般定义 $\mathscr{E}=\int\boldsymbol{K}\cdot\mathrm{d}\boldsymbol{l}$,式中 $\boldsymbol{K}$ 是单位正电荷所受非静电力. 感生电动势来自涡旋电场,把单位正电荷所受涡旋电场的作用力(即涡旋电场的场强) 表为 $\boldsymbol{E}_{旋}$,取 $\mathscr{E}$ 为 $\mathscr{E}_{感生}$,取 $\boldsymbol{K}$ 为 $\boldsymbol{E}_{旋}$,把线积分改为环路积分(因涡旋电场有旋),得

$$\mathscr{E}_{感生}=\oint_{(L)}\boldsymbol{E}_{旋}\cdot\mathrm{d}\boldsymbol{l}. \tag{6.5}$$

(6.4)式和(6.5)式是感生电动势两种等价的表述,前者来自经验,后者揭示本质. 由以上两式,得

$$\boldsymbol{E}_{旋}=-\frac{\partial\boldsymbol{A}}{\partial t}. \tag{6.6}$$

由变化磁场产生的涡旋电场是无源有旋的矢量场,其高斯定理和环路定理为

$$\begin{cases}\displaystyle\oiint_{(S)}\boldsymbol{E}_{旋}\cdot\mathrm{d}\boldsymbol{S}=0, & (6.7)\\ \displaystyle\oint_{(L)}\boldsymbol{E}_{旋}\cdot\mathrm{d}\boldsymbol{l}=-\iint_{(S)}\frac{\partial\boldsymbol{B}}{\partial t}\cdot\mathrm{d}\boldsymbol{S}=-\oint_{(L)}\frac{\partial\boldsymbol{A}}{\partial t}\cdot\mathrm{d}\boldsymbol{l}. & (6.8)\end{cases}$$

由电荷产生的静电场是有源无旋的矢量场,其高斯定理和环路定理为(1.8)式和(1.9)式. 把两者相比较即可看出其间的显著不同. 值得注意的是(6.8)式中的负号,它表明 $\frac{\partial\boldsymbol{B}}{\partial t}$ 的方向即

磁场增加的方向，与其周围涡旋电场 $\boldsymbol{E}_{旋}$ 的环绕方向，成左手螺旋关系，即变化磁场产生的涡旋电场是左旋场.

一般情形，静电场 $\boldsymbol{E}_{势}$（加下标“势”以示区别，指明是保守场即势场）与涡旋电场 $\boldsymbol{E}_{旋}$ 并存，空间的总电场 $\boldsymbol{E}_{总}$ 是两者之和，为

$$\boldsymbol{E}_{总}=\boldsymbol{E}_{势}+\boldsymbol{E}_{旋}=-\nabla U-\frac{\partial \boldsymbol{A}}{\partial t}, \tag{6.9}$$

式中用到(1.17)式 $\boldsymbol{E}_{势}=-\nabla U$，$U$ 是静电场的电势，还用到(6.6)式.(6.9)式表明，总电场是有源有旋的矢量场.因静电场无旋，环路积分为零，涡旋电场有旋，环路积分不为零，故总电场的环路定理为

$$\oint_{(L)}\boldsymbol{E}_{总}\cdot \mathrm{d}\boldsymbol{l}=\oint_{(L)}\boldsymbol{E}_{势}\cdot \mathrm{d}\boldsymbol{l}+\oint_{(L)}\boldsymbol{E}_{旋}\cdot \mathrm{d}\boldsymbol{l}=-\iint_{(S)}\frac{\partial \boldsymbol{B}}{\partial t}\cdot \mathrm{d}\boldsymbol{S}. \tag{6.10}$$

(6.10)式是静电场环路定理(1.9)式在非恒定条件下的推广，是电磁场理论（麦克斯韦方程组）的基本方程之一.

一般情形，动生电动势和感生电动势并存，感应电动势为两者之和，由(6.3)式和(6.5)式，

$$\begin{aligned}\mathscr{E}_{感应}=\mathscr{E}_{动生}+\mathscr{E}_{感生}&=\int(\boldsymbol{v}\times\boldsymbol{B})\cdot \mathrm{d}\boldsymbol{l}+\oint\boldsymbol{E}_{旋}\cdot \mathrm{d}\boldsymbol{l}\\&=\int(\boldsymbol{v}\times\boldsymbol{B})\cdot \mathrm{d}\boldsymbol{l}-\iint\frac{\partial \boldsymbol{B}}{\partial t}\cdot \mathrm{d}\boldsymbol{S}.\end{aligned} \tag{6.11}$$

(6.2)式和(6.11)式是感应电动势的两种等价表述，前者来自经验，后者揭示本质.同时，它们也提供了计算感应电动势的两种方法，可以任择，相互参照.在同一问题中，若有歧义，应以揭示物理本质的(6.11)式为准.

应该指出，动生电动势和感生电动势的区分在一定程度上只有相对的意义.以磁棒与线圈相对运动时产生的感应电动势为例（见图 6.6），在相对磁棒静止的观察者看来，线圈运动，磁场不变，这是动生电动势，来源于洛伦兹力；但在相对线圈静止的观察者看来，线圈不动，磁场变化，这是感生电动势，来源于涡旋电场.可见，随着参考系的变换，$\mathscr{E}_{感生}$ 可以变成 $\mathscr{E}_{动生}$，或反之.但是，普遍地说，不可能通过坐标变换把 $\mathscr{E}_{感生}$ 完全归结为 $\mathscr{E}_{动生}$，反之亦然，动生电动势和感生电动势是两种独立的、产生原因不同的物理效应.

然而，同一个物理过程，在不同参考系中竟然作出了本质不同的物理解释，它反映了经典电磁理论深刻的内在矛盾，如何消除呢？这正是爱因斯坦 1905 年创立狭义相对论时，在他的著名论文《论动体的电动力学》开头提出的问题.狭义相对论认为，在经典电磁理论中把电磁现象分为电场部分和磁场部分只具有相对的意义，因为这种划分与观察者所在的参考系有关.实际上，电磁场应该作为一个整体，在不同惯性系中应该遵循相同的规律（即具有协变性），由洛伦兹变换（取代伽利略变换）得出的电磁场变换关系从根本上消除了经典电磁理论的缺陷.因此，对电磁感应的研究不仅为经典电磁理论的建立起了奠基作用，更为狭义相对论的诞生作出了重要贡献，狭义相对论的建立直接起源于对光传播和电磁现象的研究.

例 4 涡旋电场的计算

如图 6.13，在水平面上有半径为 R 的固定光滑绝缘细圆环，环上串有质量为 m、电量为 $q(q>0)$ 的带电小珠，环内及环上有非恒定的匀强磁场 $\boldsymbol{B}(t)$，其方向与环面垂直，如图. 设 $t=0$ 时，$B(0)=0$，小珠静止；$0<t<T$ 时，$B(t)$ 随时间 t 均匀地增大；$t=T$ 时，$B(T)=B_0$ 达到最大. 试求从 0 到 T 时间内小珠所受的涡旋电场作用力以及小珠的运动状况.

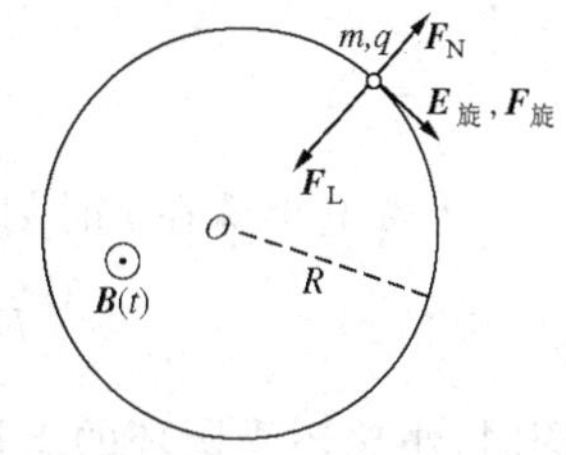

图 6.13 涡旋电场的计算

解 随时间变化的磁场产生涡旋电场. 因环内磁场均匀、其方向与环面垂直、随时间均匀地增大，故涡旋电场呈涡旋状，以通过环中心 O 点并与环面垂直的直线为轴，环面上涡旋电场的电力线是一系列圆心在 O 点、圆面与轴垂直的同心圆. 按题意给出 $\frac{\mathrm{d}B}{\mathrm{d}t}$，由(6.8)式可求出小珠所在处的 $\boldsymbol{E}_{旋}$ 以及所受涡旋电场作用力 $\boldsymbol{F}_{旋}$(沿切线方向). 在 $\boldsymbol{F}_{旋}$ 的作用下，小珠沿环从静止开始不断加速，随着带电小珠的运动，它还将同时受到磁场的洛伦兹力 $\boldsymbol{F}_{\mathrm{L}}$ 以及圆珠支持力 $\boldsymbol{F}_{\mathrm{N}}$ 的作用，$\boldsymbol{F}_{\mathrm{L}}$ 和 $\boldsymbol{F}_{\mathrm{N}}$ 均沿径向(即法向)，对小珠在 $\boldsymbol{F}_{旋}$ 作用下的切向运动并无影响. 因此，小珠绕环的运动由 $\boldsymbol{F}_{旋}$ 及初条件确定，$\boldsymbol{F}_{\mathrm{L}}$ 和 $\boldsymbol{F}_{\mathrm{N}}$ 之和(矢量和)则提供小珠绕环圆周运动所需的向心力.

因 $t=0$ 时，$B(0)=0$，$t=T$ 时，$B(T)=B_0$，其间 $B(t)$ 随 t 均匀增大，$\boldsymbol{B}(t)$ 方向不变，故

$$B(t)=B_0\frac{t}{T},\quad \frac{\mathrm{d}}{\mathrm{d}t}B(t)=\frac{B_0}{T}.$$

由(6.8)式

$$\oint_{(L)}\boldsymbol{E}_{旋}\cdot\mathrm{d}\boldsymbol{l}=-\iint_{(S)}\frac{\partial\boldsymbol{B}}{\partial t}\cdot\mathrm{d}\boldsymbol{S}.$$

取圆环为闭合回路 L，则 $L=2\pi R$，取以 L 为边界的圆环平面为 S，则 $S=\pi R^2$，因环上各处 $\boldsymbol{E}_{旋}$ 均沿切向且大小相等，因环面各处 $\frac{\partial\boldsymbol{B}}{\partial t}$ 的方向都与环面垂直即与 $\mathrm{d}\boldsymbol{S}$ 同向、大小不变，故

$$\oint_{(L)}\boldsymbol{E}_{旋}\cdot\mathrm{d}\boldsymbol{l}=E_{旋}\cdot 2\pi R=-\iint_{(S)}\frac{\partial\boldsymbol{B}}{\partial t}\cdot\mathrm{d}\boldsymbol{S}$$

$$=-\frac{\mathrm{d}B(t)}{\mathrm{d}t}\pi R^2=-\frac{B_0}{T}\pi R^2.$$

带电小珠所在处的 $\boldsymbol{E}_{旋}$ 和 $\boldsymbol{F}_{旋}$ 的大小为

$$E_{旋}=\frac{B_0R}{2T},$$

$$F_{旋}=qE_{旋}=\frac{qB_0R}{2T}.$$

$\boldsymbol{E}_{旋}$ 和 $\boldsymbol{F}_{旋}$ 的方向如图 6.13 所示，大小不变.

在 $\boldsymbol{F}_{旋}$ 的作用下，带电小珠在 0 到 T 的时间内绕环做初速为零的匀加速圆周运动，在任意 t 时刻，小珠的切向加速度 a_{t} 和切向速度 v_{t} 分别为

$$a_t = \frac{F_{旋}}{m} = \frac{qB_0R}{2mT},$$

$$v_t = a_t t = \frac{qB_0R}{2mT}t.$$

当带电小珠在 t 时刻以 v_t 绕环运动时，所受磁场的洛伦兹力 $\boldsymbol{F}_L$ 指向圆心，其大小为

$$F_L = qv_tB(t) = q\frac{qB_0R}{2mT}tB_0\frac{t}{T} = \frac{q^2B_0^2R}{2mT^2}t^2.$$

同时，小珠还受圆环的支持力 $\boldsymbol{F}_N$，$\boldsymbol{F}_L$ 与 $\boldsymbol{F}_N$ 的矢量和提供小珠绕环以 v_t 做圆周运动所需之向心力 $\boldsymbol{F}_{心}$（指向环心 O 点），$\boldsymbol{F}_{心}$ 的大小为

$$F_{心} = \frac{mv_t^2}{R} = \frac{q^2B_0^2R}{4mT^2}t^2.$$

由以上两式

$$F_{心} = \frac{1}{2}F_L.$$

可见，洛伦兹力 $\boldsymbol{F}_L$ 的一半提供为向心力 $\boldsymbol{F}_{心}$，另一半应被支持力 $\boldsymbol{F}_N$ 抵消，故 $\boldsymbol{F}_N$ 的方向必定沿径向指向环外（如图 6.13），其大小为

$$F_N = \frac{1}{2}F_L.$$

若 $t>T$ 时，$B=B_0$ 保持恒定，则涡旋电场消失，$\boldsymbol{E}_{旋}$，$\boldsymbol{F}_{旋}$，$\boldsymbol{a}_t$ 均为零，小珠将以 T 时刻的速度 $v_T=qB_0R/2m$ 绕环做匀速圆周运动，所受洛伦兹力 $F_L(T)=qv_TB_0=q^2B_0^2R/2m$，指向圆心，圆环的支持力仍为其半 $F_N=\frac{1}{2}F_L$，指向环外.

例 5 电子感应加速器

电子感应加速器是加速电子使之达到高能的装置，主要用于核物理研究. 高能电子（人工β射线）轰击各种靶产生的 X 射线和 γ 射线，可供工业上无损探伤和医学上治疗癌症之用.

电子感应加速器的结构、原理如图 6.14 所示. 电子感应加速器由电磁铁、环形真空室和电子枪组成. 柱状电磁铁用强大的交变电流励磁（通常采用频率为 50 Hz 的市电），在两极间产生轴对称非均匀交变磁场，沿轴向. 交变磁场产生的环向涡旋电场用于加速注入环形真空室内的电子，同时，该磁场对运动电子的洛伦兹力使之沿固定的圆轨道回旋，再利用偏转装置将被加速的电子引离轨道，供实验之用.

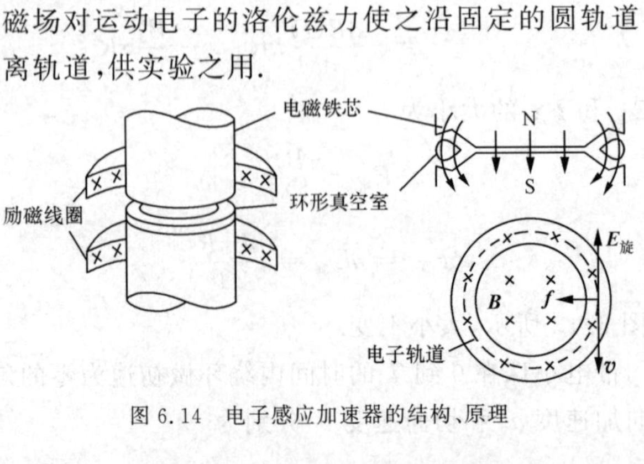

图 6.14 电子感应加速器的结构、原理

电子感应加速器的基本问题是,从工程角度要求电子在不断增强的磁场中沿着半径不变的固定圆轨道不断地回旋、加速,为此,对轴对称非均匀磁场的径向分布有什么要求呢?注意,由于电子质量小,很容易被加速到与光速 c 可相比拟的高速,在以下的讨论中必须考虑电子质量随速度变化的相对论效应.

设电子在半径为 R 的圆轨道上以速度 v 运动,设该处磁场为 B_R,因电子作圆轨道运动所需的向心力由洛伦兹力提供,故

$$evB_R = \frac{mv^2}{R} \quad 或 \quad mv = eRB_R. \qquad ①$$

上式表明,在电子回旋、加速的过程中,为了维持 R 不变,要求所在处的磁场 B_R 与电子动量 mv 成正比地增大.

怎样实现这个要求呢? 为此,需分析电子被加速的过程. 电子是靠轴对称非均匀交变磁场(沿轴向)产生的涡旋电场 $\boldsymbol{E}_{旋}$(沿环向)加速的,由牛顿第二定律(相对论形式)

$$\frac{\mathrm{d}}{\mathrm{d}t}(mv) = -eE_{旋}. \qquad ②$$

由(6.8)式

$$\oint_{(L)} \boldsymbol{E}_{旋} \cdot \mathrm{d}\boldsymbol{l} = E_{旋} \cdot 2\pi R = -\iint_{(S)} \frac{\partial \boldsymbol{B}}{\partial t} \cdot \mathrm{d}\boldsymbol{S} = -\frac{\mathrm{d}}{\mathrm{d}t}\iint_{(S)} \boldsymbol{B} \cdot \mathrm{d}\boldsymbol{S}$$

$$= -\frac{\mathrm{d}}{\mathrm{d}t}(S\bar{B}) = -\pi R^2 \frac{\mathrm{d}\bar{B}}{\mathrm{d}t},$$

式中取半径 R 的圆轨道为闭合回路 L,取 L 所围圆面积为 S,故 $L=2\pi R, S=\pi R^2$,因磁场非均匀,圆面积 S 内的平均磁场 $\bar{B}$ 为

$$\bar{B} = \frac{1}{S}\iint_{(S)} \boldsymbol{B} \cdot \mathrm{d}\boldsymbol{S}.$$

由以上两式,

$$E_{旋} = -\frac{R}{2}\frac{\mathrm{d}\bar{B}}{\mathrm{d}t}. \qquad ③$$

把③式代入②式,得

$$\frac{\mathrm{d}}{\mathrm{d}t}(mv) = \frac{eR}{2}\frac{\mathrm{d}\bar{B}}{\mathrm{d}t}$$

或

$$\mathrm{d}(mv) = \frac{eR}{2}\mathrm{d}\bar{B}. \qquad ④$$

设 $t=0$ 时,$v_0=0, \bar{B}_0=0$,设任意 t 时刻为 v 和 $\bar{B}$,积分,得

$$mv = \frac{eR}{2}\bar{B}. \qquad ⑤$$

由①⑤式,在电子回旋、加速的过程中,维持圆轨道半径 R 不变的要求是

$$B_R = \frac{1}{2}\bar{B}. \qquad ⑥$$

上式表明，当电子圆轨道上的磁感应强度等于圆轨道所围面积内磁感应强度平均值的一半时，电子就能在固定的圆轨道上不断地回旋、加速，⑥式称为电子感应加速器条件或“2 比 1 条件”，满足这一条件的圆轨道称为平衡轨道，环形真空室的圆形轴线应与平衡轨道重合.

在实际工作中还要求平衡轨道是稳定的，即要求围绕平衡轨道存在着轴向和径向的聚焦力，它们能将偏离平衡轨道的电子拉向平衡轨道，围绕平衡轨道振荡、且振幅随电子能量的增加而减少. 理论研究证明，平衡轨道稳定的条件是，平衡轨道附近距轴 r 处的磁场应满足下式

$$B(r)=B(R)\left(\frac{R}{r}\right)^{n},\quad 0<n<1. \tag{⑦}$$

在电子感应加速中还应注意的是：电子运动的方向与磁场的方向应配合好，使洛伦兹力提供电子回旋所需的向心力，而不是相反；电子运动的方向与涡旋电场的方向也应配合好，使电子在圆轨道上不断地被加速，而不是相反. 如图 6.14 右下图，磁场 $\boldsymbol{B}$ 的方向应为⊗，使洛伦兹力 $\boldsymbol{f}$ 指向圆心，涡旋电场 $\boldsymbol{E}_{旋}$ 的方向应逆时针，使电子顺时针回旋时不断被加速. 另外，由于电磁铁是用频率为 50 Hz 的交变电流励磁的，它产生的交变磁场以 $\frac{1}{50}$ 秒为周期反复地增、减和改变方向，实际上电子只能在 $\frac{1}{4}$ 周期即 $\frac{1}{200}$ 秒的时间内才能在涡旋电场的作用下不断加速，然后迅即引离.

电子感应加速器的优点是容易制造，便于调整，价格较低. 加速电子的能量上限与磁场强弱、回旋半径大小有关，并受电子因回旋加速而辐射能量的限制，大型电子感应加速器可将电子加速到几百 MeV. 以 100 MeV 为例，电磁铁重达 100 吨，环形室直径约 1.5 m，电子的速度高达 $0.9999860c$，在加速过程中行程逾 1000 km.

§6.3 自感与互感

把感应电动势区分为动生与感生电动势着眼于非静电力的不同，使我们得以认识各自的物理本质. 把感应电动势区分为自感与互感电动势，则着眼于产生的原因来自自身还是外部，具有实际的应用价值. 两种区分，各有侧重，互为补充.

本节涉及的载流线圈均静止不动，只是其中电流变化，因此，无论自感还是互感，就其本质而言，均为感生电动势.

§6.3.1 自感系数和互感系数

当一线圈中的电流变化时，它所激发的磁场相应变化，通过该线圈自身的磁通量（或磁通匝链数）随之变化，使得该线圈中产生感应电动势. 这种由自身原因引起的电磁感应现象称为**自感现象**，产生的感应电动势称为**自感电动势**.

自感现象的演示实验如图 6.15 所示. 如图(a)，两个相同的灯泡 S_1 和 S_2 分别与电阻 R 和线圈 L 串联，两支路并联，再与电源和开关 K 相接，调节 R 使与线圈内阻相等. 接通 K，观

察到 S_1 比 S_2 先亮，稍后 S_2 才达到同样亮度. 这是典型的自感现象：接通 K，S_2 支路中电流从零增大，产生自感电动势，阻碍电流增加，使得 S_2 支路中电流的增大比没有自感线圈的 S_1 支路缓慢，导致 S_1 先亮 S_2 后亮. 如图(b)，灯泡 S 与线圈 L 并联，再与电源、开关相接，当切断电路时，S 并不立即熄灭，稍滞后，这是因为 L 中自感电动势引起的感应电流通过了 S. 若 L 内阻比 S 电阻小得多，因 L，S 并联，接通后 L 中电流比 S 中大得多，这样，断开后的瞬间，L 中的自感电动势和感应电流较强，经 S 放电的电流较大，S 会在熄灭前突然闪亮一下.

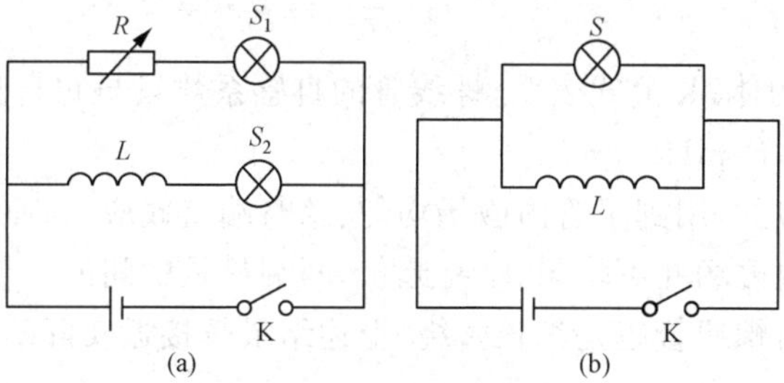

图 6.15　自感现象的演示实验

设线圈中的电流为 I，它激发的磁场的磁感应强度以及通过线圈自身的磁链 Ψ 均与 I 成正比，表为

$$\Psi = LI. \tag{6.12}$$

当线圈中的电流 I 变化时，Ψ 随之改变，由电磁感应定律(6.2)式，线圈中的自感电动势为

$$\mathscr{E}_L = -L\frac{\mathrm{d}I}{\mathrm{d}t}. \tag{6.13}$$

以上两式中的比例系数 L 称为**自感系数**，简称**自感**，描绘线圈自感现象的强弱，L 越大，自感电动势越强. L 的数值与线圈的大小、几何形状、匝数以及其中磁介质(指非铁磁质)的性质有关，即 L 的数值只取决于线圈本身的性质而与线圈中电流 I 的大小无关. 但若线圈中置放铁磁质，则 L 还可能与电流 I 有关，见第五章.

对于给定的线圈，在较简单的情形，可由 I 用毕萨定律计算磁场分布及通过线圈自身的磁链 Ψ，再用(6.12)式求出 L. 一般情形，L 的计算比较复杂，常常采用实验方法测定.

在 MKSA 单位制中，自感系数 L 的单位是亨利，也简称亨，即 H 或 mH，μH，

$$1\,亨利 = 1\,\frac{韦伯}{安培} = 1\,\frac{伏特 \cdot 秒}{安培},$$

$$1\,\mathrm{H} = 1\,\frac{\mathrm{Wb}}{\mathrm{A}} = 1\,\frac{\mathrm{V \cdot s}}{\mathrm{A}}.$$

例 6　自感系数的计算

设单层密绕长直螺线管长 $l = 40$ cm，截面积 $S = 10$ cm^3，总匝数 $N = 2000$，试求其自感系数.

解　由于此螺线管的长、宽比相当大，可近似看作"无限长"，即认为管内磁场均匀分布，忽略两端减弱的效应. 设螺线管线圈中通有电流 I，由(4.20)式，管内的磁感应强度为

$$B = \mu_0 nI,$$

式中 $n=N/l$ 是单位长度的匝数. 因此，通过每匝线圈的磁通量及通过线圈的磁链为

$$\Phi = BS = \mu_0 nIS,$$

$$\Psi = N\Phi = \mu_0 nNIS = \mu_0 \frac{N^2 S}{l} I.$$

由(6.12)式，螺线管的自感系数为

$$L = \frac{\Psi}{I} = \mu_0 \frac{N^2 S}{l} = \mu_0 n^2 V, \tag{6.14}$$

式中 $V=lS$ 是螺线管的体积. 上式表明，螺线管的自感系数只与它自身的几何性质(l,S,N)有关. 代入数据，得 $L=13\,\text{mH}$.

本题的计算是近似的，用到了管内磁场均匀、忽略端点效应、各匝磁通量相同等假设. 实际的有限长直螺线管内磁场并不均匀，略有起伏，两端只是中间的一半，使得 Ψ 和 L 都比上述结果要小一些，当然，螺线管越是细长密绕，上述结果越接近实际.

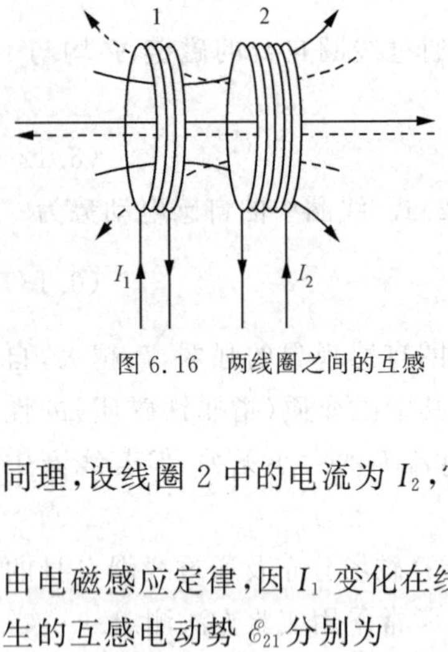

图 6.16　两线圈之间的互感

如图 6.16 所示，两线圈毗邻. 若线圈 1 中的电流变化，则激发的磁场和通过线圈 2 的磁链随之变化，线圈 2 中将产生感应电动势；同样，线圈 2 中的电流变化，也会在线圈 1 中产生感应电动势. 这种由外部原因引起的电磁感应现象称为互感现象，产生的感应电动势称为互感电动势.

设线圈 1 中的电流为 I_1，它激发的磁场通过线圈 2 的磁链为 Ψ_{12}，由毕萨定律，Ψ_{12} 与 I_1 成正比

$$\Psi_{12} = M_{12} I_1. \tag{6.15}$$

同理，设线圈 2 中的电流为 I_2，它激发的磁场通过线圈 1 的磁链 Ψ_{21} 与 I_2 成正比

$$\Psi_{21} = M_{21} I_2. \tag{6.16}$$

由电磁感应定律，因 I_1 变化在线圈 2 中产生的互感电动势 $\mathscr{E}_{12}$，以及因 I_2 变化在线圈 1 中产生的互感电动势 $\mathscr{E}_{21}$ 分别为

$$\mathscr{E}_{12} = -\frac{\mathrm{d}\Psi_{12}}{\mathrm{d}t} = -M_{12}\frac{\mathrm{d}I_1}{\mathrm{d}t}, \tag{6.17}$$

$$\mathscr{E}_{21} = -\frac{\mathrm{d}\Psi_{21}}{\mathrm{d}t} = -M_{21}\frac{\mathrm{d}I_2}{\mathrm{d}t}. \tag{6.18}$$

可以证明(见§6.3.2末)以上四式中的比例系数 M_{12} 与 M_{21} 相等，可统一表为 M，即

$$M_{12} = M_{21} = M. \tag{6.19}$$

M 称为互感系数，简称互感，描绘两线圈互感现象的强弱，M 越大，互感电动势越强.

互感系数 M 的数值与两线圈的大小、几何形状、匝数、其中磁介质(指非铁磁质)的性质以及两线圈的相对位置有关，即 M 的数值只取决于两线圈本身的性质以及其间的相对位置，而与两线圈中电流的大小无关. 但若线圈中置放铁磁质，则 M 还可能与电流有关，见第

五章. 对于两个给定的线圈,在较简单的情形,可由电流用毕萨定律计算磁场分布和通过线圈的磁链,再用(6.15)式或(6.16)式求出 M. 一般情形,M 的计算比较复杂,通常采用实验测定. 在 MKSA 单位制中,M 的单位与 L 相同,也是亨利(H).

不难设想,两个线圈的互感系数 M 与各自的自感系数 L_1,L_2 密切相关,但是,一般说来,M 并不完全取决于 L_1,L_2,还与两线圈的相对位置这一重要因素有关,若两线圈给定,随着相对位置的变动,通过彼此的磁链随之变动,必然会影响 M 的数值. 对此,一种重要的特殊情形是无漏磁: 即若两线圈中电流产生的磁场被严密地封存在线圈内并无外泄,使得通过自身每一匝的磁通量都相等,并且又都全部通过另一线圈的每一匝,则称为无漏磁. 例如,将两线圈分别密绕在同一长直圆管上就能很好地实现无漏磁. 在无漏磁条件下,两线圈的相对位置对互感系数的影响不复存在,M 仅由 L_1 和 L_2 确定.

现在给出无漏磁条件下 M 与 L_1,L_2 的关系. 设线圈 1 的匝数、电流、通过自身每匝的磁通量和磁链为 N_1,I_1,Φ_1,Ψ_1,设线圈 2 为 N_2,I_2,Φ_2,Ψ_2,设线圈 1 中 I_1 激发的磁场通过线圈 2 每匝的磁通量为 Φ_{12},磁链为 Ψ_{12},类似的,设 Φ_{21},Ψ_{21}. 由(6.12)式和(6.15)式、(6.16)式,

$$L_1 = \frac{\Psi_1}{I_1} = \frac{N_1\Phi_1}{I_1},$$

$$L_2 = \frac{\Psi_2}{I_2} = \frac{N_2\Phi_2}{I_2},$$

$$M = \frac{\Psi_{12}}{I_1} = \frac{N_2\Phi_{12}}{I_1} = \frac{\Psi_{21}}{I_2} = \frac{N_1\Phi_{21}}{I_2}.$$

因无漏磁

$$\Phi_{12} = \Phi_1, \quad \Phi_{21} = \Phi_2. \tag{6.20}$$

由以上四式,得

$$M^2 = \frac{N_1\Phi_{21}}{I_2}\cdot\frac{N_2\Phi_{12}}{I_1} = \frac{N_1\Phi_2}{I_2}\cdot\frac{N_2\Phi_1}{I_1} = \frac{N_1\Phi_1}{I_1}\cdot\frac{N_2\Phi_2}{I_2} = L_1L_2,$$

即

$$M = \sqrt{L_1L_2}. \tag{6.21}$$

若有漏磁,一个线圈产生的磁通量不能全部通过另一线圈,(6.20)式应代之以

$$\Phi_{12} = K_2\Phi_1, \quad \Phi_{21} = K_1\Phi_2, \tag{6.22}$$

式中 K_1,$K_2<1$,故(6.21)式应代之以

$$M = \sqrt{K_1K_2L_1L_2} = K\sqrt{L_1L_2}, \tag{6.23}$$

式中 $K=\sqrt{K_1K_2}$ 称为两线圈的耦合系数,描绘漏磁对互感的影响. 显然,无漏磁的(6.21)式是(6.23)式在 $K_1=K_2=1$,$K=1$ 时的特例;另一特例是 $K=0$,$M=0$,表明两线圈无耦合,互感系数为零;一般情形是 K_1,$K_2<1$,$K<1$.

具有一定自感系数的线圈称为电感器,简称电感,是交流电路的基本元件之一,应用广泛(见第七章). 各线圈之间的互感为能量和信号的传递提供了重要的渠道,例如电工、无线电技术中各种类型的变压器都是互感器件. 但有些情形,互感是有害的,例如,各路电话彼此

间的串音、音响设备中的杂音、各器件的互相干扰等等往往来自互感，对此，可设法减小其间的耦合系数来避免.

例 7　互感系数的计算

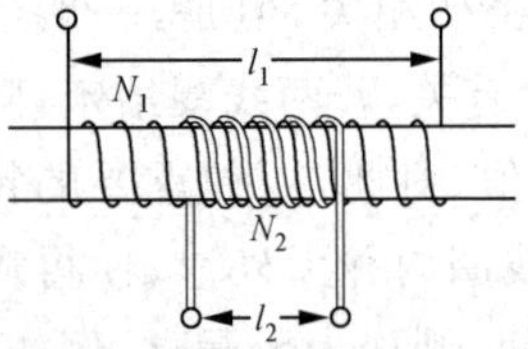

图 6.17　两个共轴螺线管的互感系数和耦合系数的计算

如图 6.17 所示，长直密绕螺线管的长度 $l_1=100\ \text{cm}$，截面积 $S=10\ \text{cm}^2$，匝数 $N_1=6000$ 匝，在其中段密绕另一短螺线管，长度 $l_2=50\ \text{cm}$，匝数 $N_2=3000$ 匝. 试求这两个共轴螺线管的互感系数和耦合系数，设管两端磁场减弱的效应可略.

解　设在螺线管 1 中通以电流 I_1，由(4.20)式管内的磁感应强度为

$$B=\mu_0 n_1 I_1=\mu_0 \frac{N_1}{l_1} I_1.$$

通过螺线管 2 的磁链为

$$\Psi_{12}=N_2 \Phi_{12}=N_2 B S=N_2 \mu_0 \frac{N_1}{l_1} S I_1.$$

因

$$\Psi_{12}=M I_1,$$

故

$$M=\frac{\mu_0 N_1 N_2 S}{l_1}=2.3 \times 10^{-2}\ \text{H}. \tag{6.24}$$

两螺线管各自的自感系数(忽略端点效应)为(参看例 6)

$$L_1=\mu_0 n_1^2 V_1=\mu_0 \frac{N_1^2 S}{l_1},$$

$$L_2=\mu_0 n_2^2 V_2=\mu_0 \frac{N_2^2 S}{l_2},$$

故两线圈的耦合系数为

$$K=\frac{M}{\sqrt{L_1 L_2}}=\sqrt{\frac{l_2}{l_1}}=0.71.$$

$K<1$ 表明有漏磁，这是螺线管 2 产生的磁通量未能全部通过螺线管 1 所致.

例 8　两个线圈串联的自感系数

两个线圈串联构成一个总线圈，总线圈的总自感不仅与两线圈各自的自感以及其间的互感有关，还与两线圈的连接方式有关.

如图 6.18，设两线圈 1,2 的自感分别为 L_1, L_2，两线圈之间的互感为 M. 两线圈用两种方式串联，图(a)是顺接，即通电流后两线圈产生的磁场同向，磁链增加；图(b)是反接，即通电流后两线圈产生的磁场反向，磁链减少. 试求总线圈 AB 的总自感 L.

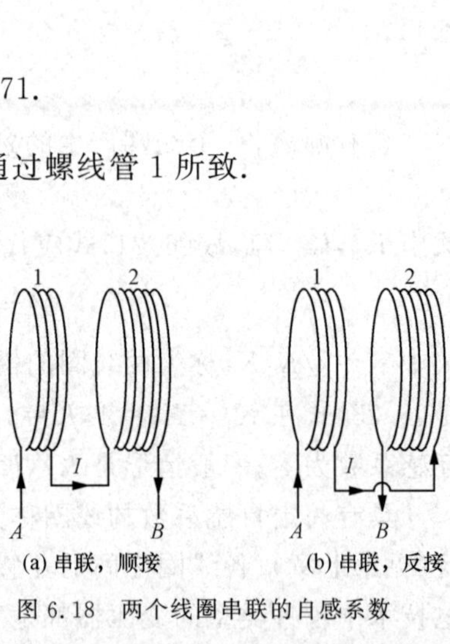

图 6.18　两个线圈串联的自感系数

解法 1　(a) 串联，顺接.

因串联，两线圈电流相等，

$$I_1 = I_2 = I.$$

通过线圈 1 的磁链 Ψ_1 包括 I_1 的贡献 $L_1 I_1$（自感）和 I_2 的贡献 MI_2（互感），因顺接，两者相加；Ψ_2 类似. 故有

$$\Psi_1 = L_1 I_1 + MI_2 = (L_1 + M)I,$$
$$\Psi_2 = L_2 I_2 + MI_1 = (L_2 + M)I.$$

通过总线圈的总磁链为两者之和

$$\Psi = \Psi_1 + \Psi_2 = (L_1 + L_2 + 2M)I.$$

故总线圈的总自感为

$$L = \frac{\Psi}{I} = L_1 + L_2 + 2M. \tag{6.25}$$

(b) 串联，反接.

因串联，

$$I_1 = I_2 = I.$$

因反接，$L_1 I_1$ 与 MI_2 相减得 Ψ_1，Ψ_2 类似，故有

$$\Psi_1 = L_1 I_1 - MI_2 = (L_1 - M)I,$$
$$\Psi_2 = L_2 I_2 - MI_1 = (L_2 - M)I,$$
$$\Psi = \Psi_1 + \Psi_2 = (L_1 + L_2 - 2M)I,$$
$$L = \frac{\Psi}{I} = L_1 + L_2 - 2M. \tag{6.26}$$

两种特殊情形：

1. 若两线圈无漏磁 $M = \sqrt{L_1 L_2}$，由(6.25)式、(6.26)式，串联后总自感为

$$L = L_1 + L_2 \pm 2\sqrt{L_1 L_2},$$

式中加号为顺接，减号为反接.

2. 若两线圈互感 $M=0$，则串联后总自感为

$$L = L_1 + L_2.$$

可见两线圈串联后，仅在其间无互感时，总自感才等于两线圈各自的自感之和，与连接方式无关.

解法 2　本题也可用感应电动势求解.

(a) 串联，顺接. 因串联 $I_1 = I_2 = I$，因顺接，在线圈 1 中，随着电流的变化，$\frac{\mathrm{d}I_1}{\mathrm{d}t}$产生的自感电动势 $\mathscr{E}_{11}$ 与$\frac{\mathrm{d}I_2}{\mathrm{d}t}$产生的互感电动势 $\mathscr{E}_{21}$"同向"，总电动势 $\mathscr{E}_1$ 是两者之和；$\mathscr{E}_2$ 同理，且与 $\mathscr{E}_1$"同向". 故有

$$\mathscr{E}_1 = \mathscr{E}_{11} + \mathscr{E}_{21} = -L_1 \frac{\mathrm{d}I_1}{\mathrm{d}t} - M\frac{\mathrm{d}I_2}{\mathrm{d}t},$$

$$\mathscr{E}_2 = \mathscr{E}_{22} + \mathscr{E}_{12} = -L_2 \frac{dI_2}{dt} - M \frac{dI_1}{dt}.$$

总线圈中总的感应电动势为

$$\mathscr{E} = \mathscr{E}_1 + \mathscr{E}_2 = -L \frac{dI}{dt}.$$

由以上三式,得

$$L = L_1 + L_2 + 2M.$$

(b) 串联,反接. 因反接,在线圈 1 中 $\mathscr{E}_{11}$ 与 $\mathscr{E}_{21}$"反向",在线圈 2 中 $\mathscr{E}_{22}$ 与 $\mathscr{E}_{12}$"反向",同理可得

$$L = L_1 + L_2 - 2M.$$

解法 3 本题还可用磁能公式(见§6.3.2)求解.

由(6.27)式和(6.28)式,两线圈各自的自感磁能分别为 $\frac{1}{2}L_1 I_1^2$ 和 $\frac{1}{2}L_2 I_2^2$,其间的互感磁能为 $MI_1 I_2$,两线圈串联($I_1 = I_2 = I$)后作为一个总线圈的总磁能为 $\frac{1}{2}LI^2$. 顺接时,两载流线圈内的磁场同向,其间的互感使磁场增强、磁链加大、磁能增多,互感磁能为 $+MI_1 I_2$;反接时,相反,互感磁能为 $-MI_1 I_2$.

串联,顺接

$$W_m = \frac{1}{2}LI^2 = \frac{1}{2}L_1 I_1^2 + \frac{1}{2}L_2 I_2^2 + MI_1 I_2 = \frac{1}{2}(L_1 + L_2 + 2M)I^2,$$

$$L = L_1 + L_2 + 2M.$$

串联,反接

$$W_m = \frac{1}{2}LI^2 = \frac{1}{2}L_1 I_1^2 + \frac{1}{2}L_2 I_2^2 - MI_1 I_2 = \frac{1}{2}(L_1 + L_2 - 2M)I^2,$$

$$L = L_1 + L_2 - 2M.$$

例 9 两线圈并联的自感系数

两个线圈并联构成一个总线圈,总线圈的总自感不仅与两线圈各自的自感以及其间的互感有关,还与两线圈的连接方式有关.

如图 6.19,设两线圈 1,2 的自感分别为 L_1,L_2,两线圈之间的互感为 M. 两线圈用两种方式并联,图(a)是顺接,即通电流后产生的磁场同向,磁链增加;图(b)是反接,即通电流后产生的磁场反向,磁链减少. 试求总线圈 AB 的总自感 L.

解 (a) 并联,顺接.

因并联,总线圈中的电流 I 为两线圈中的电流 I_1 与 I_2 之和,即

$$I = I_1 + I_2.$$

通过线圈 1 的磁链 Ψ_1 包括 I_1 的贡献 $L_1 I_1$(自感)和 I_2 的贡献 MI_2(互感),因顺接,两者相加;Ψ_2 类似. 故有

$$\Psi_1 = L_1 I_1 + MI_2,$$

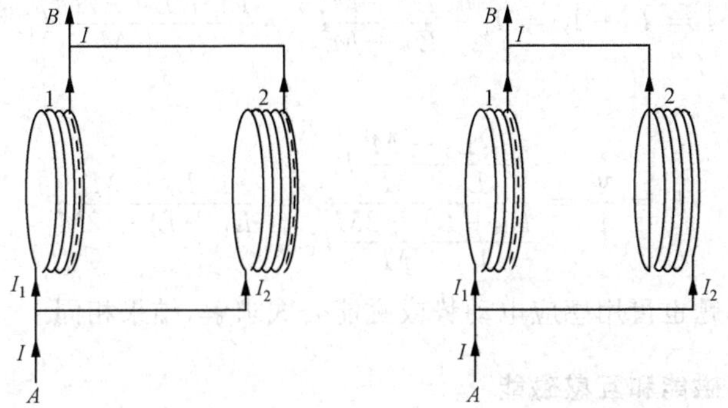

(a) 并联，顺接 (b) 并联，反接

图 6.19 两个线圈并联的自感系数

$$\Psi_2 = L_2 I_2 + MI_1.$$

因并联，通过总线圈的总磁链即为 Ψ_1 或 Ψ_2，

$$\Psi = \Psi_1 = \Psi_2.$$

由以上三式，得

$$(L_1 - M)I_1 = (L_2 - M)I_2.$$

于是

$$\Psi = LI = \Psi_1 = L_1 I_1 + MI_2 = L_1 I_1 + M\frac{L_1 - M}{L_2 - M}I_1 = \frac{L_1 L_2 - M^2}{L_2 - M}I_1.$$

又

$$I = I_1 + I_2 = I_1 + \frac{L_1 - M}{L_2 - M}I_1 = \frac{L_1 + L_2 - 2M}{L_2 - M}I_1.$$

由以上两式，得

$$L = \frac{\Psi}{I} = \frac{\dfrac{L_1 L_2 - M^2}{L_2 - M}I_1}{\dfrac{L_1 + L_2 - 2M}{L_2 - M}I_1} = \frac{L_1 L_2 - M^2}{L_1 + L_2 - 2M}. \tag{6.27}$$

(b) 并联，反接. 因并联，$I = I_1 + I_2$. 因反接，Ψ_1 为 $L_1 I_1$ 与 MI_2 之差；Ψ_2 类似. 故有

$$\Psi_1 = L_1 I_1 - MI_2,$$

$$\Psi_2 = L_2 I_2 - MI_1.$$

因并联，通过总线圈的总磁链 Ψ 即为 Ψ_1 或 Ψ_2，

$$\Psi = \Psi_1 = \Psi_2.$$

由以上三式

$$(L_1 + M)I_1 = (L_2 + M)I_2.$$

于是

$$\Psi = LI = \Psi_1 = L_1 I_1 - MI_2 = L_1 I_1 - M\frac{L_1 + M}{L_2 + M}I_1 = \frac{L_1 L_2 - M^2}{L_2 + M}I_1.$$

又

$$I = I_1 + I_2 = I_1 + \frac{L_1 + M}{L_2 + M} I_1 = \frac{L_1 + L_2 + 2M}{L_2 + M} I_1.$$

由以上两式，得

$$L = \frac{\Psi}{I} = \frac{\dfrac{L_1 L_2 - M^2}{L_2 + M} I_1}{\dfrac{L_1 + L_2 + 2M}{L_2 + M} I_1} = \frac{L_1 L_2 - M^2}{L_1 + L_2 + 2M}. \qquad (6.28)$$

与例 8 一样，本题也可用感应电动势或磁能公式求解，结果相同.

§6.3.2 自感磁能和互感磁能

一个线圈与直流电源接通，在电流从零增大到恒定值 I 的过程中，电源除了提供电路中电阻产生焦耳热的能量之外，还需反抗自感电动势 $\mathscr{E}_L$ 做功，后者即为载流线圈储存的能量，称为自感磁能. 设任意 t 时刻线圈中电流的瞬时值为 $i(t)$①，则从 t 到 $(t+\mathrm{d}t)$ 时间内，电源反抗 $\mathscr{E}_L$ 做功为

$$\mathrm{d}A = -\mathscr{E}_L i\,\mathrm{d}t = -\left(-L\frac{\mathrm{d}i}{\mathrm{d}t}\right) i\,\mathrm{d}t = Li\,\mathrm{d}i,$$

式中用到(6.13)式，L 是线圈的自感. 积分，得

$$A = \int \mathrm{d}A = \int_0^I Li\,\mathrm{d}i = \frac{1}{2}LI^2.$$

故载流线圈的自感磁能为

$$W_{\text{自}} = \frac{1}{2}LI^2. \qquad (6.29)$$

两个线圈毗邻，与直流电源接通，在电流由零分别增大到恒定值 I_1 和 I_2 的过程中，电源除了提供电路中电阻产生焦耳热的能量以及反抗两线圈各自的自感电动势做功外，还需反抗两线圈之间的互感电动势做功，后者成为两载流线圈储存能量的一部分，称为互感磁能. 设任意 t 时刻两线圈中电流的瞬时值分别为 $i_1(t)$ 和 $i_2(t)$，则从 t 到 $(t+\mathrm{d}t)$ 时间内，电源反抗互感电动势 $\mathscr{E}_{21}$ 和 $\mathscr{E}_{12}$ 做功为

$$\begin{aligned} \mathrm{d}A &= \mathrm{d}A_1 + \mathrm{d}A_2 = -\mathscr{E}_{21} i_1\,\mathrm{d}t - \mathscr{E}_{12} i_2\,\mathrm{d}t \\ &= -\left(-M_{21}\frac{\mathrm{d}i_2}{\mathrm{d}t}\right) i_1\,\mathrm{d}t - \left(-M_{12}\frac{\mathrm{d}i_1}{\mathrm{d}t}\right) i_2\,\mathrm{d}t = M_{12}\,\mathrm{d}(i_1 i_2), \end{aligned}$$

式中用到(6.17)式，(6.18)式，(6.19)式. 积分，得

$$A = \int \mathrm{d}A = M_{12}\int_0^{I_1 I_2} \mathrm{d}(i_1 i_2) = M_{12} I_1 I_2.$$

故两个载流线圈的互感磁能为

$$W_{\text{互}} = M_{12} I_1 I_2. \qquad (6.30)$$

---

① 本节，小写的 $i(t)$ 表示随时间变化的电流的瞬时值，大写的 I 表示电流的恒定值. 在上节 §6.3.1 则都笼统地表为 I，请注意区别.

两个载流线圈储存的总磁能为

$$W_{\mathrm{m}}=W_{\text{自}1}+W_{\text{自}2}+W_{\text{互}}=\frac{1}{2}L_1I_1^2+\frac{1}{2}L_2I_2^2+M_{12}I_1I_2$$
$$=\frac{1}{2}L_1I_1^2+\frac{1}{2}L_2I_2^2+\frac{1}{2}M_{12}I_1I_2+\frac{1}{2}M_{21}I_2I_1. \tag{6.31}$$

推广到 k 个载流线圈的普遍情形，储存的总磁能为

$$W_{\mathrm{m}}=\frac{1}{2}\sum_{i=1}^{k}L_iI_i^2+\frac{1}{2}\sum_{\substack{i,j=1\\(i\neq j)}}^{k}M_{ij}I_iI_j, \tag{6.32}$$

式中 L_i 是第 i 个线圈的自感系数，M_{ij} 是第 i 个线圈与第 j 个线圈之间的互感系数，I_i 是第 i 个线圈中电流的恒定值. 注意，式中各量下角的 i,j 是线圈的序号，请勿与电流的瞬时值 i 混淆.

在以上公式中，电流 I 和自感系数 L 均为正值，故自感磁能 $W_{\text{自}}$ 总是正的；但互感系数 M 可正、可负，故互感磁能 $W_{\text{互}}$ 可正、可负. 当两个线圈之间的互感使其中的磁场增强、磁链加大、磁能增多时，M 为正，$W_{\text{互}}$ 为正；反之，M 为负，$W_{\text{互}}$ 为负(参看例 8).

最后，根据两载流线圈之间的互感磁能 $W_{\text{互}}$ 与其中电流 I_1,I_2 建立的先后顺序无关，只取决于最后的结果，可证明(6.19)式，即互感系数 $M_{12}=M_{21}$，可统一表为 M. 设两线圈及其间相对位置均给定不变，先接通电源 1，使线圈 1 中电流从零增大到恒定值 I_1，设在此过程中线圈 2 尚未接通，其中并无电流，无需反抗互感电动势做功，故无互感磁能. 然后，再接通电源 2，使线圈 2 中电流从零增大到恒定值 I_2，设在此过程中，调节电源 1，平衡掉线圈 2 在线圈 1 中产生的互感电动势，使线圈 1 中始终维持 I_1 不变，则电源 1 需反抗互感电动势做功，为

$$A=-\int\mathscr{E}_{21}I_1\,\mathrm{d}t=-I_1\int\left(-M_{21}\frac{\mathrm{d}i_2}{\mathrm{d}t}\right)\mathrm{d}t=M_{21}I_1\int_0^{I_2}\mathrm{d}i=M_{21}I_1I_2.$$

因在此过程中，I_1 保持不变，故线圈 1 不会在线圈 2 中产生互感电动势. 总之，按上述顺序，在两线圈中电流先后从零增大到 I_1,I_2 的整个过程中，储存的互感磁能为 $M_{21}I_1I_2\left(\text{另有自感磁能}\frac{1}{2}L_1I_1^2\text{ 和}\frac{1}{2}L_2I_2^2\right)$. 把上述顺序颠倒，先建立 I_2(线圈 1 未接通)，再建立 I_1 同时保持 I_2 不变，则储存的互感磁能应为 $M_{12}I_1I_2\left(\text{另有自感磁能}\frac{1}{2}L_2I_2^2\text{ 和}\frac{1}{2}L_1I_1^2\right)$. 因两线圈给定，最终的电流恒定值 I_1,I_2 一样，其中的互感磁能应相同，与建立电流的先后顺序以及相关过程的细节无关，故

$$M_{21}I_1I_2=M_{12}I_1I_2,$$

即

$$M_{21}=M_{12}=M.$$

此即(6.19)式.

§6.3.3 磁场的能量和能量密度

如上节所述，线圈在建立电流的过程中克服感应电动势（包括自感和互感电动势）所做的功，成为载流线圈储存的磁能，那么，磁能蕴藏在何处，其实质是什么呢？近距作用的场论观点认为，磁能定域在磁场中，磁能就是磁场的能量，凡磁场不为零处便具有相应的磁能，这是磁场作为特殊形态物质的基本物理属性之一．电场类似．

现在，借助于长直螺线管的特例，形式地给出普遍适用的磁场能量公式．

设长直密绕螺线管长为 l，截面积为 S，共 N 匝，管内充满相对磁导率为 μ_r 的各向同性均匀磁介质，忽略端点效应，则当螺线管通有电流 I 时，管内磁场均匀，磁感应强度和磁场强度的大小为（见(4.10)式，(5.13)式）

$$B=\mu_0\mu_r\frac{N}{l}I,$$

$$H=\frac{N}{l}I.$$

螺线管的自感系数为（见(6.14)式）

$$L=\mu_0\mu_r\frac{N^2}{l}S.$$

代入自感磁能公式(6.27)式，因 $\mu=\mu_0\mu_r$（见(5.13)式），得

$$W_m=\frac{1}{2}LI^2=\frac{1}{2}\mu\frac{N^2}{l}SI^2=\frac{1}{2}\left(\mu\frac{N}{l}I\right)\left(\frac{N}{l}I\right)(Sl)=\frac{1}{2}BHV,$$

式中 $V=Sl$ 是螺线管的体积．故载流长直螺线管内单位体积磁场蕴藏的能量即磁场的能量密度为

$$w_m=\frac{W_m}{V}=\frac{1}{2}BH,$$

或用矢量表示，为

$$w_m=\frac{1}{2}\boldsymbol{B}\cdot\boldsymbol{H}, \tag{6.33}$$

上式虽由长直螺线管特例导出，但普遍适用．对于一般的非均匀磁场，总的磁场能量为

$$W_m=\iiint w_m\mathrm{d}V=\iiint\frac{1}{2}\boldsymbol{B}\cdot\boldsymbol{H}\mathrm{d}V, \tag{6.34}$$

上式的积分范围遍及磁场占据的全部空间．(6.33)式和(6.34)式是普遍适用的磁能密度公式和磁场能量公式，它们表明，磁场的能量完全由描绘磁场的物理量 $\boldsymbol{B}$ 和 $\boldsymbol{H}$ 确定．

在结束本节时，把电感线圈和电容器相比较是有益的，两者颇多类似之处．线圈和电容器都是交流电路的基本元件，载流、充电后分别储存磁能、电能，描绘线圈、电容器储能能力的 L，M，C 都只与其本身性质有关（若其中填充铁磁质、铁电体，则可能还与电流、电压有关），且有关公式形式相仿．

应该指出，电磁能就是电磁场的能量，这是一个重大的课题和论断，它涉及电磁场能否脱离实物粒子单独存在，电磁场能否与实物交换能量，电磁场是否具有自身的运动变化规律

等等. 所有这些都需要深入的理论研究和确凿的实验证据，本节只是形式地给出磁场的能量公式，相关内容请参看第八章.

§6.4 暂态过程

线圈和电阻组成的 RL 电路与直流电源连接构成回路，在接通或断开短接时，电压从 0 突升为 $\mathscr{E}$ 或从 $\mathscr{E}$ 突降为 0——称为阶跃电压，由于自感电动势的作用，电路中的电流不会瞬间突变，而是有一个逐渐增大或减小的过程. 与此类似，电容和电阻组成的 RC 电路在阶跃电压的作用下，电容上的电压也不会瞬间突变. 这种在阶跃电压作用下，从初始状态逐渐变化到恒定状态的过程称为**暂态过程**. 从能量的角度看，电容、电感元件内储存的电能 $\frac{1}{2}Cu^2$、磁能 $\frac{1}{2}Li^2$ 的积累或衰减需要时间只能连续变化，因而在接通、断开短接时，电容上的电压 u、电感里的电流 i 不能瞬间跃变，有一个逐渐增减的过程.

值得注意的是，讨论暂态过程时，电路是由直流电源或阶跃电压 $\mathscr{E}$ 以及元件 R,L,C 构成的. 在交流电路中，元件也是 R,L,C，但电源通常是简谐式的交变电源. 在直流电路中，也是直流电源，但因只讨论达到恒定状态后的情形，元件只有 R(L 相当于短接，C 相当于断开). 可见三者明显不同，了解暂态过程的特点和规律是对另两者的重要补充. 通常，暂态过程变化不快，可看成是准恒(似稳)的，欧姆定律和基尔霍夫方程都适用，它们是讨论暂态过程的理论基础.

暂态过程的研究具有应用价值. 例如，脉冲电路中电子器件的开关特性和电容器的充放电就与暂态过程有关；例如，在电子技术中可利用暂态过程来改善和产生特定的波形；例如，需要预防和消除电路中暂态过程产生的过电压、过电流；等等.

§6.4.1 *RL* 电路的暂态过程

如图 6.20 所示的电路由直流电源 $\mathscr{E}$、串联的 R 和 L 以及开关 K 连接而成. 把开关 K 拨向 1，接通电源，由于有 L，电路中除 $\mathscr{E}$ 外还有反抗电流变化(按照楞次定律)的自感电动势 $\mathscr{E}_L$，在任意时刻 t 电路中总的电动势是两者之和，为

$$\mathscr{E}+\mathscr{E}_L=\mathscr{E}-L\frac{\mathrm{d}i}{\mathrm{d}t}.$$

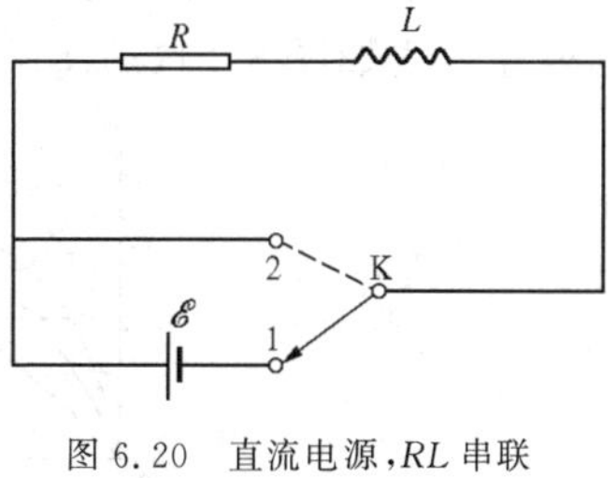

图 6.20 直流电源，RL 串联

由欧姆定律

$$\mathscr{E}-L\frac{\mathrm{d}i}{\mathrm{d}t}=iR$$

或

$$L\frac{\mathrm{d}i}{\mathrm{d}t}+iR=\mathscr{E}. \tag{6.35}$$

这是电路中瞬时电流 $i(t)$遵循的微分方程,它是一阶线性常系数非齐次常微分方程,可用分离变量法求解. 分离变量,得

$$\frac{\mathrm{d}i}{i-\dfrac{\mathscr{E}}{R}}=-\frac{R}{L}\mathrm{d}t.$$

积分,得

$$\ln\left(i-\frac{\mathscr{E}}{R}\right)=-\frac{R}{L}t+K.$$

注意,当 $i<\mathscr{E}/R$ 时,这里出现负数的对数,为了避免这种情形,可将积分前的式子改变符号后再积分,结果相同. 由上式

$$i-\frac{\mathscr{E}}{R}=K_1\mathrm{e}^{-\frac{R}{L}t},\quad K_1=\mathrm{e}^K,$$

式中 K 或 K_1 是积分常数,由初始条件即接通电源的 $t=0$ 时刻的电流值 $i(0)=0$ 来确定. 代入上式,得

$$K_1=-\frac{\mathscr{E}}{R}.$$

由此,(6.35)式满足初始条件的解为

$$i=\frac{\mathscr{E}}{R}(1-\mathrm{e}^{-\frac{R}{L}t})=I_0(1-\mathrm{e}^{-\frac{t}{\tau}}). \tag{6.36}$$

可见,接通电源后电流 $i(t)$随时间 t 按上式增长逐渐达到恒定值 $I_0=\mathscr{E}/R$,增长的快慢取决于具有时间量纲的比值 $\tau=L/R$ 的大小,τ 称为 RL 电路的时间常数. 当 $t=\tau$ 时,电流为

$$i(\tau)=I_0(1-\mathrm{e}^{-1})=0.632I_0.$$

τ 等于电流从 0 增加到恒定值 I_0 的 63%所需的时间,当 $t=5\tau$ 时,$i=I_0(1-\mathrm{e}^{-5})=0.994I_0$,已基本达到恒定值,暂态过程基本结束,所以 $\tau=L/R$ 是标志 RL 电路暂态过程持续时间长短的特征量,L 越大、R 越小,τ 越大,电流增长得越慢. 对于不同的 τ 值,电流 $i(t)$随时间 t 的变化曲线如图 6.21(a)所示.

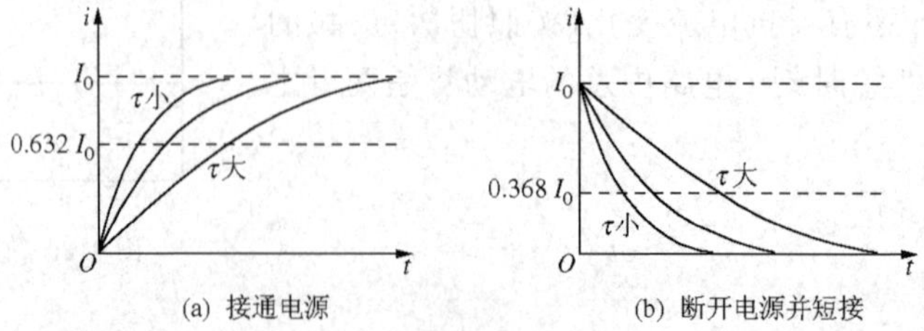

图 6.21 RL 电路的暂态过程
($I_0=\mathscr{E}/R$, $\tau=L/R$)

如图 6.20,在接通电源电流达到恒定值 I_0 后,将开关 K 由 1 很快拨向 2,即断开电源并

短接,使电路中外加电动势由 $\mathscr{E}$ 突降为零,此时电路中虽无电源,但因电流减小在线圈中产生的自感电动势 $\mathscr{E}_L$ 将阻碍电流变化,使之逐渐变化.由欧姆定律,瞬时电流 $i(t)$ 遵循的微分方程为

$$\mathscr{E}_L = -L\frac{\mathrm{d}i}{\mathrm{d}t} = iR,$$

即

$$L\frac{\mathrm{d}i}{\mathrm{d}t} + iR = 0. \tag{6.37}$$

分离变量,得

$$\frac{\mathrm{d}i}{i} = -\frac{R}{L}\mathrm{d}t.$$

积分,得

$$i = K_2 \mathrm{e}^{-\frac{R}{L}t}.$$

初始条件是,$t=0$ 时刻的电流为 $I_0=\mathscr{E}/R$,代入上式,得出积分常数 $K_2=\mathscr{E}/R$,故

$$i = \frac{\mathscr{E}}{R}\mathrm{e}^{-\frac{R}{L}t} = I_0\mathrm{e}^{-\frac{t}{\tau}}. \tag{6.38}$$

可见,断开电源短接后,RL 串联电路的电流从恒定值 $I_0=\mathscr{E}/R$ 按指数衰减,衰减的快慢用同一时间常数 $\tau=L/R$ 表征,如图 6.21(b)所示.

§6.4.2 *RC* 电路的暂态过程

RC 电路的暂态过程就是其中电容器 C 的充放电过程.

如图 6.22 所示的电路由直流电源 $\mathscr{E}$、串联的 R 和 C、以及开关 K 连接而成.把开关 K 拨向 1,接通电源,电容器充电,电源电动势 $\mathscr{E}$ 应为电容器 C 两极板上的电压 q/C 与电阻 R 两端电势降落 iR 之和.充电结束,电容器两极板电量达到恒定值 $\pm q_0=\pm C\mathscr{E}$ 后,把开关 K 由 1 拨向 2,断开电源并短接,电容器 C 通过电阻 R 放电,q/C 与 iR 之和应为零.其中,$q(t)$ 是任意 t 时刻电容器极板上的瞬时电量,$i(t)$ 是串联电路中的瞬时电流.故充电、放电过程遵循的微分方程为

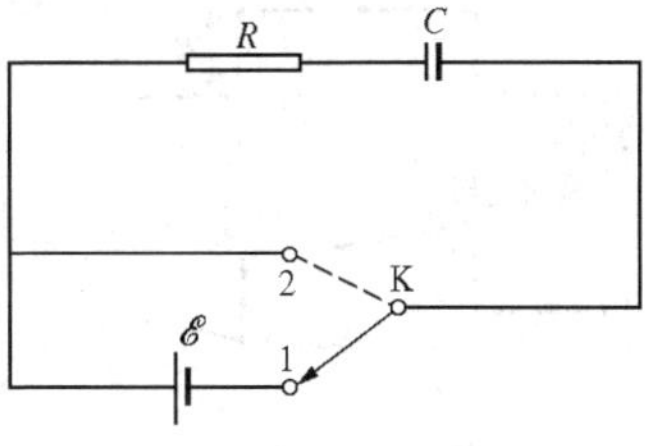

图 6.22 直流电流,RC 串联

$$\frac{q}{C} + iR = \begin{cases}\mathscr{E}, & \text{充电},\\ 0, & \text{放电}.\end{cases}$$

把 $i=\mathrm{d}q/\mathrm{d}t$ 代入,得

$$R\frac{\mathrm{d}q}{\mathrm{d}t} + \frac{q}{C} = \begin{cases}\mathscr{E}, & \text{充电},\\ 0, & \text{放电}.\end{cases} \tag{6.39}$$

(6.39)式与(6.35)式、(6.37)式相仿,可以分离变量求解.初条件为:充电,$t=0$ 时,$q(0)=0$;放电,$t=0$ 时,电容器极板上的电量为 $q_0=C\mathscr{E}$.解出

$$\begin{cases} q = C\mathscr{E}(1-\mathrm{e}^{-\frac{1}{RC}t}), & \text{充电}, \\ q = C\mathscr{E}\mathrm{e}^{-\frac{1}{RC}t}, & \text{放电}. \end{cases} \tag{6.40}$$

(6.40)式描绘了 RC 电路充电和放电过程中,电容器极板上电量 q 随时间 t 增大、减小的定量规律,可以看出,充电和放电过程的快慢由时间常数 $\tau=RC$ 的大小表征,τ 越大,充电和放电越慢,如图 6.23 所示.例如,若 $R=1\ \mathrm{k\Omega}$,$C=1\ \mu\mathrm{F}$,则时间常数 $\tau=RC=1\times10^{3}\times10^{-6}\ \Omega\cdot\mathrm{F}=1\times10^{-3}\ \mathrm{s}=1\ \mathrm{ms}$,即充电 1 毫秒后,电容器极板上的电量为 $0.632q_0$.

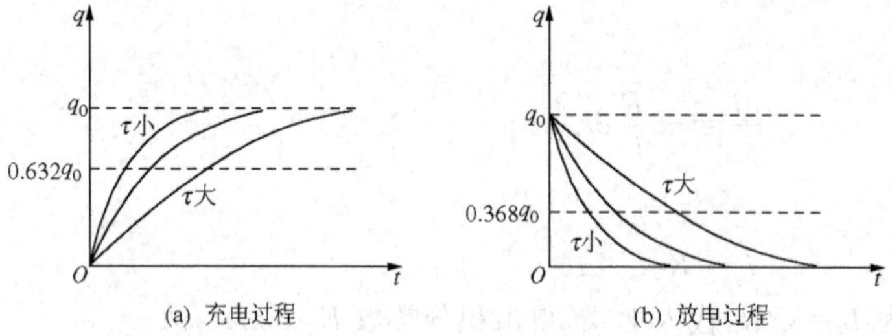

图 6.23　RC 电路的暂态过程
($q_0=C\mathscr{E}$, $\tau=RC$)

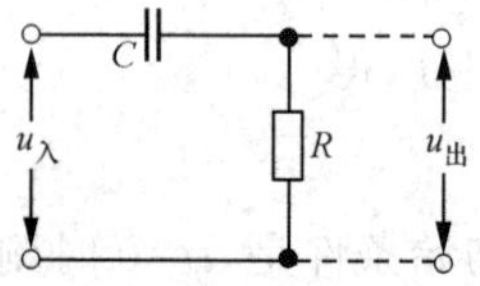

图 6.24　RC 微分电路

现在举例介绍 RC 电路暂态过程的应用.在脉冲技术中常用尖脉冲作为触发信号,利用 RC 电路充放电的特征可以把矩形波变为尖脉冲.如图 6.24 所示,RC 串联电路两端的输入电压为 $u_{入}$,它随时间的变化呈矩形,高 $\mathscr{E}$,宽 T_k(见图 6.25(a)),$u_{入}$ 等于 C 两端电压 u_C 与 R 两端电压 u_R 之和,即 $u_{入}=u_C+u_R$,从 R 两端输出,即 $u_{出}=u_R$.当 $u_{入}$ 从 0 阶跃到 $\mathscr{E}$ 时,C 充电;当 $u_{入}$ 从 $\mathscr{E}$ 突降到 0 时,C 放电.由于充放电有一个过程,u_C 不可能跃变,使得 $u_R=u_{出}$ 随之变化,调节时间常数 $\tau=RC$ 的大小,即调节充放电过程的缓急,可以改变 $u_{出}$ 的波形,把输入的矩形波变成输出的尖脉冲.

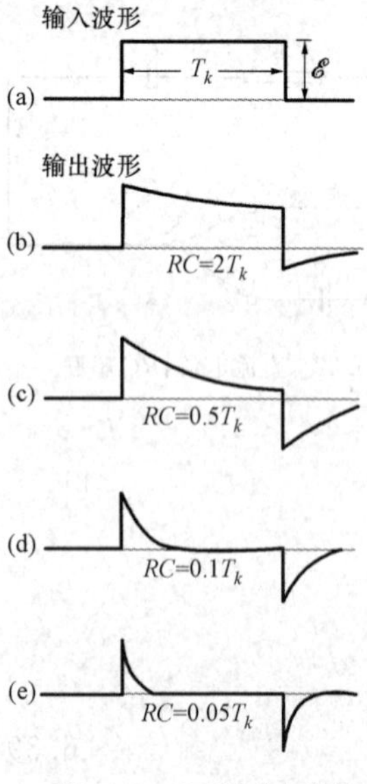

图 6.25　RC 微分电路输入和输出电压的波形

图 6.25(b)(c)(d)(e)给出了随着 T_k 与 τ 相对大小的不同,R 两端出电压 $u_{出}$ 波形的变化.当 $\tau=RC\gg T_k$ 时,相对 T_k 而言,充电过程迟缓漫长,在 T_k 时间内电容两端的电压 u_C 从零略有增长,使得 $u_R=u_{出}$ 与 $u_{入}$ 相差不多,接近矩形波,只是由于 C 的充电使 $u_{出}$ 波形顶部后期略有下降,大致如图(b)所示.然而,当 $\tau=RC\ll T_k$ 时,相对 T_k 而言,充放电过程快速短暂,输出波形大为不同.如图(e)所示,当 $u_{入}$ 从 0 阶跃到 $\mathscr{E}$ 的瞬时,电容尚未充电,$u_C=0$,$u_{出}=u_R=u_{入}-u_C=\mathscr{E}-0=\mathscr{E}$,随着电容器的快速充电,$u_C$ 很快达到恒定值 $\mathscr{E}$,与此同时,$u_{出}$ 很快地从 $\mathscr{E}$ 减小为 0,使得 $u_{出}$ 的波形成为宽度(持续时间)约为 τ 的正尖脉冲.同理,当 $u_{入}$ 从 $\mathscr{E}$ 空降为 0 的瞬时,电容尚未放电,$u_C=\mathscr{E}$,从而 $u_{出}=u_R=u_{入}-u_C=0-\mathscr{E}=-\mathscr{E}$,随着电容的快速放电,

u_C 很快从 $\mathscr{E}$ 减小为 0，与此同时 $u_{出}=u_{入}-u_C=0-0=0$，使得 $u_{出}$ 的波形成为宽度约为 τ 的负尖脉冲. 总之，当 $\tau \ll T_k$ 时，输入的矩形波变成了输出的正、负尖脉冲. 图(c)(d)介乎图(b)与图(e)之间.

如图(e)所示，在 $\tau \ll T_k$ 时，RC 电路输出的波形只反映了输入波形中的跃变部分，输入波形中的不变部分并未输出. 理论上可以证明，$u_{出}(t)$ 近似地正比于 $\frac{\mathrm{d}}{\mathrm{d}t}u_{入}(t)$，因此，在 $\tau \ll T_k$ 时，图 6.24 的 RC 电路称为微分电路.

§6.4.3 *RLC* 电路的暂态过程

如图 6.26 所示的电路由直流电源 $\mathscr{E}$、串联的 RLC 以及开关 K 连接而成. 把开关 K 拨向 1，接通电源，C 充电，R 中电流 i 变化，L 中产生反抗电流变化的自感电动势 $\mathscr{E}_L$，电源电动势 $\mathscr{E}$ 与 $\mathscr{E}_L=-L\frac{\mathrm{d}i}{\mathrm{d}t}$ 之和等于电容的端电压 $\frac{q}{C}$ 与电阻的端电压 iR 之和. $q(t)$ 是任意 t 时刻电容器极板上的瞬时电量，$i(t)=\frac{\mathrm{d}}{\mathrm{d}t}q(t)$ 是串联电路中的瞬时电流. 充电结束，电容器两极板电量达到恒定值 $\pm q_0=\pm C\mathscr{E}$ 后，把开关 K 由 1 拨向 2，断开电源并短接，C 放电，R 中电流 i 变化，L 中产生 $\mathscr{E}_L$，$\mathscr{E}_L$ 等于 q/C 与 iR 之和. 故 RLC 串联电路暂态过程遵循的微分方程为

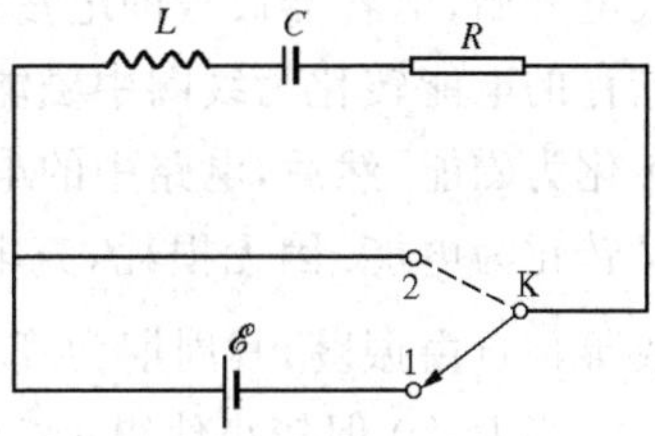

图 6.26 直流电源，*RLC* 串联

$$L\frac{\mathrm{d}i}{\mathrm{d}t}+iR+\frac{q}{C}=\begin{cases}\mathscr{E}, & \text{充电},\\ 0, & \text{放电}.\end{cases}$$

把 $i=\mathrm{d}q/\mathrm{d}t$ 代入，得

$$L\frac{\mathrm{d}^2q}{\mathrm{d}t^2}+R\frac{\mathrm{d}q}{\mathrm{d}t}+\frac{q}{C}=\begin{cases}\mathscr{E}, & \text{充电},\\ 0, & \text{放电}.\end{cases} \tag{6.41}$$

这是二阶线性常系数常微分方程，下面给出它的解.

RLC 电路方程(6.41)式的解的形式与阻尼度 λ 的大小密切相关，λ 与方程中系数 R，L，C 的关系为

$$\lambda=\frac{R}{2}\sqrt{\frac{C}{L}}. \tag{6.42}$$

在充电和放电的暂态过程中，q 随 t 变化的曲线如图 6.27(a)和(b)所示. 当 $\lambda=0$，$\lambda<1$，$\lambda=1$，$\lambda>1$ 时，$q(t)$ 函数明显不同，这四种情形分别称为等幅自由振荡、阻尼振荡(欠阻尼)、临界阻尼、过阻尼.

上述结果可以从能量角度定性地说明. 在 RLC 电路中，L 和 C 是储能元件，分别储存磁能和电能，随着电流 $i(t)$ 和电量 $q(t)$ 的变化，其中的磁能和电能相应地变化，彼此间可以可逆地转换，并无损耗. 电阻 R 则是耗能元件，把电路中蕴藏的电磁能经 R 单向地转化为热能，向外散发. (6.42)式表明，阻尼度 λ 与 R 成正比，所以 λ 的大小反映了电路中电磁能损耗的快慢.

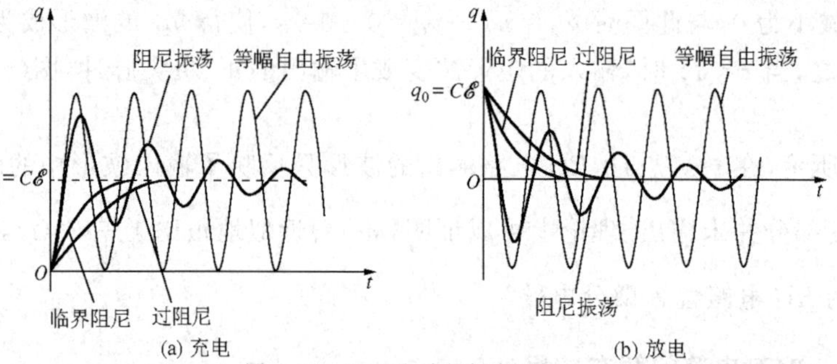

图 6.27　*RLC* 电路的暂态过程

以图 6.27(b)的放电过程为例. 当 $R=0$,$\lambda=0$ 时,电路中 L,C 储存的电磁能并无损耗. 放电开始,电容器极板的电量从原来积累的 $q_0=C\mathscr{E}$ 减少,线圈中的电流增大,这是电容器中储存的电能转化为线圈中磁能的过程,放电结束时,电容器中积累的电量降为零,全部电能转化为磁能. 然后,电路中的电流在自感电动势的推动下持续下去,使电容器反向充电,磁能又转化为电能. 因无损耗,充电和放电过程将周期性地反复进行,电量 q 随时间 t 的变化形成等幅自由振荡,其周期为 $T_0=2\pi\sqrt{LC}$.

当 $R\neq 0$ 但较小使得 $\lambda<1$ 时,每当电流通过电阻时便有能量损耗,放电过程虽仍有振荡,但振幅逐渐减小,此即阻尼振荡,其周期为 $T=2\pi\Big/\sqrt{\dfrac{1}{LC}-\dfrac{R^2}{4L^2}}$. 随着 R 加大,损耗增多,振荡的周期 T 增大,振幅的衰减加剧.

当 R 增大到临界值 $R=2\sqrt{\dfrac{L}{C}}$ 使得 $\lambda=1$ 时,阻尼振荡的周期 T 趋于无穷大,表明放电过程中电容器极板上的电量将从 $q_0=C\mathscr{E}$ 单调地减小到零,不再振荡,此即临界阻尼.

当 R 再增大到 $R>2\sqrt{\dfrac{L}{C}}$ 使得 $\lambda>1$ 时,放电过程中电容器极板上的电量仍将从 $q_0=C\mathscr{E}$ 单调地减小到零,只是更加缓慢,此即过阻尼.

§6.4.4　灵敏电流计

灵敏电流计与第四章§4.6.3 介绍的磁电式电流计原理相同,只是在结构、装置上作了改进,使之可以测量 $10^{-7}\sim10^{-11}$ A 的小电流,灵敏度大大提高,成为精密测量的有效手段.

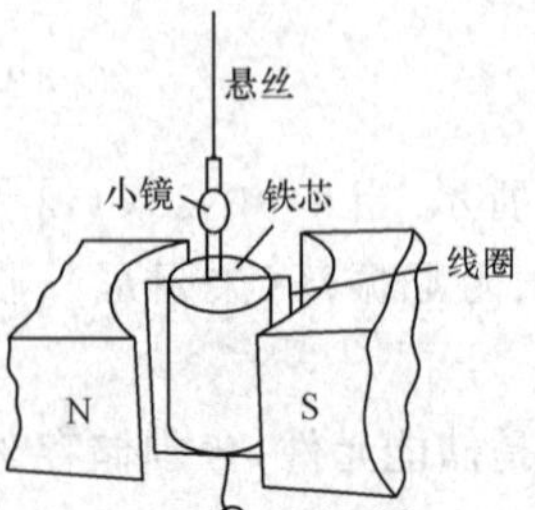

图 6.28　灵敏电流计结构

灵敏电流计的结构如图 6.28 所示. 与磁电式电流计相仿,磁场由马蹄形永久磁铁产生,在两磁极之间有圆柱形铁芯,用以增强其间空隙中的磁场,并使磁场沿径向分布(见第四章图 4.45),空隙中有漆包线绕成的矩形平面线圈. 与磁电式电流计不同的是,在灵敏电流计中线圈的绕线较细、圈数较多,并且,线圈不靠轴和轴承支撑,也没有游丝、指针、刻度盘等测量装置，而是用金属细丝悬挂线圈，使线圈能以悬丝为轴自由转动，悬丝上粘附小反射镜，用以测量线圈的偏转角. 灵敏电流计的测量原理与磁电式电流计相同，当线圈中有待测的微小电流通过时，线圈在磁场中受磁力矩 $\boldsymbol{M}_{磁}$ 的作用发生偏转，同时悬丝扭转，产生反方向的弹性扭力矩 $\boldsymbol{M}_{弹}$，当两力矩达到平衡时，由悬丝的偏转角可确定待测电流的大小. 灵敏电流计的测量方法是，调节好零点，将一束光投射到小反射镜上，用镜旁带有环形标尺的小望远镜观测反射光束的偏向，测出线圈的偏转角，因此，光束就是无重量的指针，这种装置称为光杠杆，它正是灵敏电流计比磁电式电流计"灵敏"的原因.

与磁电式电流计相同，灵敏电流计中载流线圈所受的 $\boldsymbol{M}_{磁}$ 和 $\boldsymbol{M}_{弹}$ 的大小为

$$M_{磁} = NISB,$$

$$M_{弹} = -D\theta,$$

式中 N,S,I 分别是线圈的匝数、面积、电流，B 是线圈两竖直边所在处的磁感应强度的大小（$\boldsymbol{B}$ 的方向沿径向），D 是悬丝的扭转常数，θ 是悬丝即小镜亦即线圈的偏转角，负号表示 $\boldsymbol{M}_{弹}$ 与 $\boldsymbol{M}_{磁}$ 反向. 达到平衡时，

$$M_{磁} = M_{弹}.$$

故平衡偏转角 θ_0 为

$$\theta_0 = \frac{NSB}{D}I = S_g I, \tag{6.43}$$

$$S_g = \frac{NSB}{D},$$

式中 S_g 称为电流计的灵敏度，是灵敏电流计的特征常数.

对于灵敏电流计，关注的不仅是它达到平衡后的结果，还包括它达到平衡的运动过程，因为后者与测量时的实际操作密切相关.

在载流线圈达到平衡的运动过程中，除受上述磁力矩 $\boldsymbol{M}_{磁}$ 和弹性力矩 $\boldsymbol{M}_{弹}$ 外，由于运动，线圈的两竖直边切割磁力线，其中产生动生电动势 $\mathscr{E}$，引起感应电流 i（注意，i 是线圈中除待测电流 I 外的另一种电流），根据楞次定律，因存在 i 使线圈受到的另一磁力矩必定阻碍线圈的运动，故称之为磁阻尼力矩 $\boldsymbol{M}_{阻}$.

当线圈两侧 $2N$ 条长为 l 的竖直边以速度 v 运动切割磁力线时，由(6.3)式，其中产生的动生电动势 $\mathscr{E}$ 为

$$\mathscr{E} = 2N\int_l (\boldsymbol{v}\times\boldsymbol{B})\cdot \mathrm{d}\boldsymbol{l} = 2NvBl = 2Nr\omega Bl = NBS\omega = NBS\,\frac{\mathrm{d}\theta}{\mathrm{d}t},$$

式中 $v=r\omega$，r 是矩形线圈上下横边长度之半，$S=2rl$ 是线圈的面积，θ 是线圈绕悬丝转动的角位移，$\omega=\frac{\mathrm{d}\theta}{\mathrm{d}t}$是线圈转动的速度. 由欧姆定律，线圈运动时因动生电动势 $\mathscr{E}$ 引起的感应电流 i 为

$$i = \frac{\mathscr{E}}{R} = \frac{NBS}{R_g + R_{外}}\,\frac{\mathrm{d}\theta}{\mathrm{d}t}.$$

电流计线圈与外电路相联构成闭合回路，总电阻为 R，其中 R_g 是线圈的内阻，$R_{外}$ 是外电路

的电阻. 由第四章(4.36)式,因线圈运动时产生 i 使之所受磁阻尼力矩 $\boldsymbol{M}_{阻}$ 的大小为

$$M_{阻}=-NiSB=-\frac{(NBS)^2}{R}\frac{\mathrm{d}\theta}{\mathrm{d}t}=-P\frac{\mathrm{d}\theta}{\mathrm{d}t},$$

式中的负号表示 $\boldsymbol{M}_{阻}$ 的方向与线圈角速度 $\boldsymbol{\omega}$ 的方向相反,即与 $\boldsymbol{M}_{磁}$ 反向,式中的 P 为

$$P=\frac{(NBS)^2}{R}=\frac{(NBS)^2}{R_g+R_{外}}, \tag{6.44}$$

称为阻力系数. P 除与灵敏电流本身的常数 N,S,B,R_g 有关外,还与外电路的电阻 $R_{外}$ 有关.

载流线圈在运动过程中受 $\boldsymbol{M}_{磁}$,$\boldsymbol{M}_{弹}$,$\boldsymbol{M}_{阻}$ 三力矩,由转动定理,线圈遵循的运动方程为

$$J\frac{\mathrm{d}^2\theta}{\mathrm{d}t^2}=M_{磁}+M_{弹}+M_{阻}=NBSI-D\theta-P\frac{\mathrm{d}\theta}{\mathrm{d}t}$$

或

$$J\frac{\mathrm{d}^2\theta}{\mathrm{d}t^2}+P\frac{\mathrm{d}\theta}{\mathrm{d}t}+D\theta=NBSI, \tag{6.45}$$

式中 J 为线圈的转动惯量. (6.45)式与(6.41)式相同,也是二阶线性常系数常微分方程,解的形式取决于阻尼度 λ 的大小,λ 为

$$\lambda=\frac{P}{2\sqrt{JD}}. \tag{6.46}$$

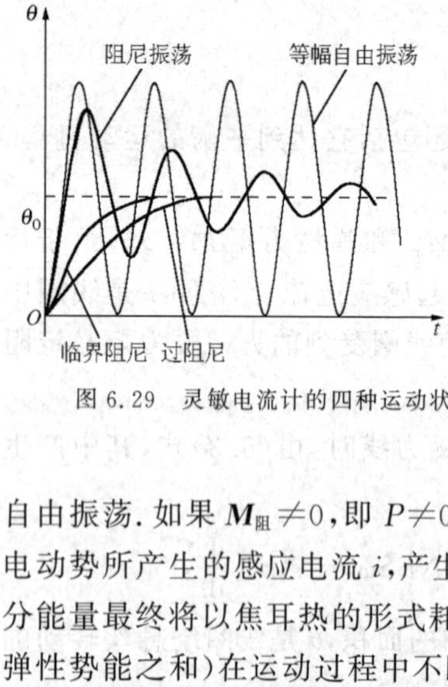

图 6.29 灵敏电流计的四种运动状况

当 $\lambda=0$,$\lambda<1$,$\lambda=1$,$\lambda>1$ 时,θ 随时间 t 的变化如图 6.29 所示,分别是等幅自由振荡、阻尼振荡(欠阻尼)、临界阻尼、过阻尼四种情形.

对于灵敏电流计线圈的四种运动状况,此处不从数学上求解运算,只从能量转化的角度分析相关的物理过程. 如前所述,$\boldsymbol{M}_{磁}$ 和 $\boldsymbol{M}_{弹}$ 决定了线圈最后达到的平衡偏转角 θ_0. 如果没有 $\boldsymbol{M}_{阻}$,即阻力系数 $P=0$,亦即 $R=\infty$,$R_{外}=\infty$,相当于外电路断开,线圈将在平衡位置 θ_0 两侧来回摆动,线圈的转动动能与弹性势能相互转化,机械能守恒,就像单摆或弹簧振子那样,作等幅自由振荡. 如果 $\boldsymbol{M}_{阻}\neq 0$,即 $P\neq 0$,R 有限,又如何呢? $\boldsymbol{M}_{阻}$ 源于线圈在磁场中运动引起动生电动势所产生的感应电流 i,产生 i 所需的能量来自线圈切割磁力线时所具有的动能,这部分能量最终将以焦耳热的形式耗散在电路中. 所以,$\boldsymbol{M}_{阻}\neq 0$ 将使线圈的机械能(转动动能与弹性势能之和)在运动过程中不断减少,不再守恒. 当 R 较大、P 较小,使得 $\lambda<1$ 时,由于焦耳热的散发即线圈机械能的减少较慢,线圈仍将在平衡位置 θ_0 两侧振荡,并随着机械能的损失,摆幅越来越小,直至达到平衡,此即阻尼振荡(欠阻尼). 随着 R 减小、P 增大,机械能的损失加快,摆幅的减小加剧,当 R,P 达到某个临界值,使得 $\lambda=1$ 时,线圈将直接单调地趋向平衡位置 θ_0,不再振荡,此即临界阻尼. 当 R 更小,P 更大,使得 $\lambda>1$ 时,线圈单调地趋向平衡位置 θ_0 的过程更加缓慢,此即过阻尼. (注意,经电阻 R 散发的与 i 相关的焦耳热的功

率为i^2R，其中$i=\mathscr{E}/R$与R成反比，故散发的焦耳热与R成反比. 另外，因$\mathscr{E}$与v成正比，散发的焦耳热还与v有关. 至于与待测电流I相关的焦耳热，需另由电源提供，才能维持I不变，又当别论.）

对灵敏电流计运动状况的上述分析在实际测量中至关紧要. 首先，为了准确、快捷地测出线圈的平衡偏转角θ_0，应该避免阻尼振荡（欠阻尼）和过阻尼的运动状况，因为前者往复振荡后者移动缓慢，使θ_0的测量既费时间又不准确，十分不便. 为此，可调节外电阻$R_外$来改变阻力系数P，使阻尼度$\lambda=1$，线圈的运动处于临界阻尼状况，快速单调地到达θ_0，以利测量. 其次，一次测量结束后，有时会断开电路，这相当于$R_外=\infty$，$P=0$，$\lambda=0$，于是线圈将围绕零点作等幅自由振荡，往复不已. 为了使线圈迅速回零，以便进行下一次测量，当线圈到达零点时，可立即将线圈两端短接，使$R_外=0$，P和λ显著增大，于是线圈进入过阻尼运动状况，迅即在零点停止不动，再进行下一次测量.

§6.5 超 导 体①

在低温条件下呈现出零电阻和完全抗磁性（将磁力线排斥在外）的物质称为**超导体**. 迄今已确定许多元素、合金、化合物在低温下是超导体. 自从 1911 年发现超导体以来，它的特殊性质和诱人的应用前景引起了人们极大的兴趣，相关的实验研究、理论探索和技术开发此起彼伏，不断深入发展. 20 世纪 80 年代中期，随着高温超导材料的发现，超导体的研究再一次掀起了高潮.

本节首先介绍揭示超导体独特电磁性质的相关实验，然后阐述对它们作出解释的唯象理论——二流体模型和伦敦方程. 把金属与超导体相比较，把德鲁德的金属导电经典电子论（见第三章§3.2）与超导体的伦敦方程相比较，是饶有兴趣的，从研究方法的雷同、模型的差别、性质的迥异可以体会经典与前沿之间的内在联系和不断发展，加深对它们的理解. 此外，本节对超导体的宏观量子效应、超导体的微观理论、高温超导材料以及相关的技术应用也稍加介绍，借以开阔视野.

§6.5.1 零电阻现象

超导体的发现与低温技术的进展密切相关. 1895 年，曾被视为“永久气体”的空气被液化，1898 年氢气被液化，液态空气、液态氮和液态氢在 1 大气压下的沸点分别是 81 K，77 K 和 20 K. 1895 年在大气中发现氦气，1908 年以荷兰物理学家卡末林-昂内斯（H. Kamerlingh-Onnes）为首的小组在莱顿实验室液化氦成功，并测出氦在 1 大气压下的沸点是 4.25 K，利用降低液氦蒸气压使氦沸点下降的方法，他们获得了 1.15 K 的低温. 液氮、液氢、液氦的出现和使用是低温技术取得进展的重要标志.

① 参看，章立源，《超导体》（修订本），科学出版社，1989 年；胡友秋，程福臻，刘之景，《电磁学》§11-3，高等教育出版社，1994 年.

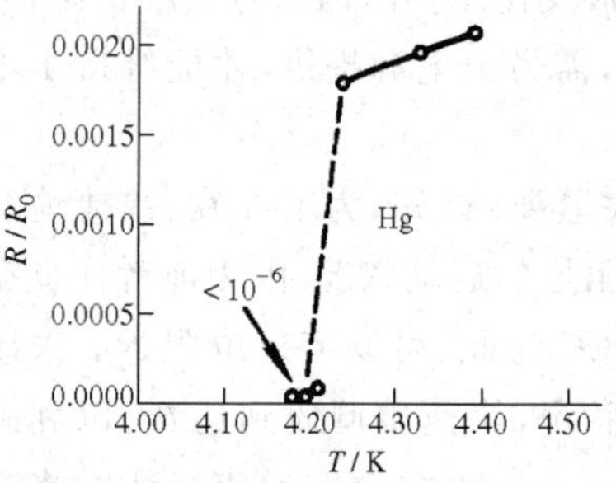

图 6.30　汞的零电阻现象

1911 年，利用掌握的低温技术，卡末林-昂内斯等在测量汞电阻率随温度的变化时发现，汞的电阻在 4.2 K 附近突然急剧下降，跌落到无从测量，出现了令人惊讶的零电阻现象. 实验结果如图 6.30 所示，横坐标是温度 T(K)，纵坐标是该温度下的汞电阻与 0℃的汞电阻之比 R/R_0，随着温度的下降，电阻比不断减小，在 4.2 K 附近，汞的电阻比从约 0.0020 突然下降到低于 10^{-6}，当时估计，在 1.5 K 汞的电阻比将低于 10^{-9}. 随后，他们又发现许多金属在低温下(如锡，约在 3.8 K)也出现零电阻现象. 近代的测量得出，超导体的电阻率小于 10^{-28} Ω·m，远小于正常金属的 10^{-15} Ω·m，超导体的电阻率实际已为零.

在低温下呈现出零电阻现象的物质称为超导体，超导体电阻为零的特性称为超导电性，超导体所处的特殊状态称为超导态，从正常态转变为超导态的温度称为超导转变温度或超导临界温度，表为 T_c. 实验表明，物质从正常态转变为超导态不仅与温度密切相关，还与外界磁场的强弱和其中电流的大小有关，超导态不仅在 $T>T_c$ 时会被破坏，在 $T<T_c$ 时，随着外磁场或其中电流的增大，超导体也会遭到破坏，相应的临界值称为临界磁场 H_c 和临界电流 I_c，H_c 和 I_c 随温度 T 变化的关系为

$$H_c = H_0\left[1-\left(\frac{T}{T_c}\right)^2\right],\quad I_c = I_0\left[1-\left(\frac{T}{T_c}\right)^2\right],$$

式中 H_0，I_0 是 0 K 时的临界磁场和临界电流. 当 $T=T_c$ 时，H_c 和 I_c 均为零，所以上述转变温度 T_c 是指无磁场、无电流时从正常态转变为超导态的温度.

零电阻现象还表现为超导回路中的恒定电流长期持续不断. 如前所述，若将金属环(电阻为 R，自感为 L)放在磁场中，突然撤去磁场，因磁场变化激发的涡旋电场会在环内产生感应电流，由于经电阻 R 的焦耳热损耗，感应电流将逐渐衰减为零，衰减的快慢由时间常数 $\tau=L/R$ 表征，τ 越大，衰减越慢. 若在建立感应电流的同时将金属环降温使之变为超导回路，则因 R 为零而 L 不为零，电流应毫不衰减地维持下去. 实验表明，在无外电源的条件下，超导环中的电流确可持续几年之久，仍观测不到任何衰减，零电阻现象再一次得到了证实.

顺便指出，1911 年昂内斯还发现，当液氦温度降低到 2.2 K 附近时，液氦不但停止了收缩，反而开始膨胀，他们把 2.2 K 以上正常的液氦称为 He Ⅰ，2.2 K 以下反常的液氦称为 He Ⅱ. 1930 年开色姆等发现 He Ⅱ 能够轻易地通过甚至气态氦都无法通过的极小(10^{-6}—10^{-7} m)的缝隙和毛细管，He Ⅱ 这种几乎不存在黏滞性的现象称为超流. 另外，氦是在常压下，在沸点以下直至绝对零度仍保持液态的唯一物质，只有施加 25 大气压以上的压力才能凝成固态.

§6.5.2　迈斯纳效应

超导体具有将磁场完全排斥在外的完全抗磁性，称为迈斯纳效应. 零电阻现象和完全抗磁性是超导体两个独立的基本性质，是超导体的标志.

零电阻现象表明超导体的电导率$\sigma=\infty$，根据欧姆定律$\boldsymbol{j}=\sigma\boldsymbol{E}$，超导体中的电场应为零，$\boldsymbol{E}=0$，否则其中$\boldsymbol{j}=\infty$，不合理. 由于变化磁场产生涡旋电场，故超导体中的磁场不允许变化，即其中的磁通量既不能减少也不能增加. 这包括两种情形，其一，如果超导体中原先没有磁场，则外磁场无法进入，其中应全无磁力线；其二，如果超导体中原先存在磁场，则撤去外磁场后，其中的磁场不能减小，磁力线应被“冻结”在超导体内. 为了检验是否果真如此，设想了以下两个实验. 如图 6.31，先将金属球降温转变为超导体后，再加外磁场，因磁力线完全无法进入超导体，撤去外磁场后，超导体中应全无磁力线. 如图 6.32，先加外磁场使金属球中充满磁力线，再降温使之转变为超导体，然后撤去磁场，因超导体中磁场不能变化，磁力线应“冻结”在超导体内. 显然，两个实验的区别只是降温和加磁场的次序颠倒，实际情形如何呢？

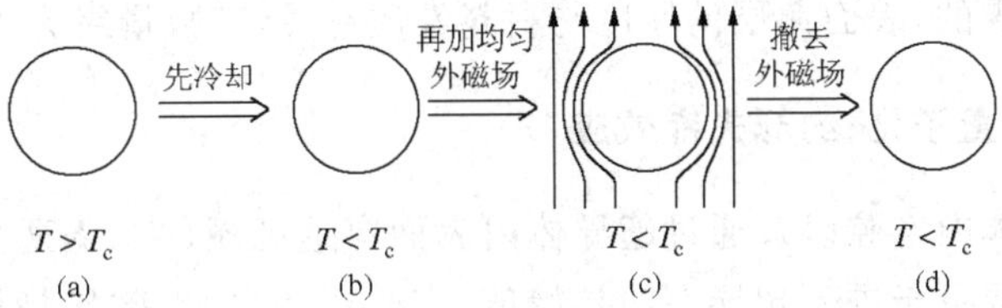

图 6.31 设想(与实测相符)

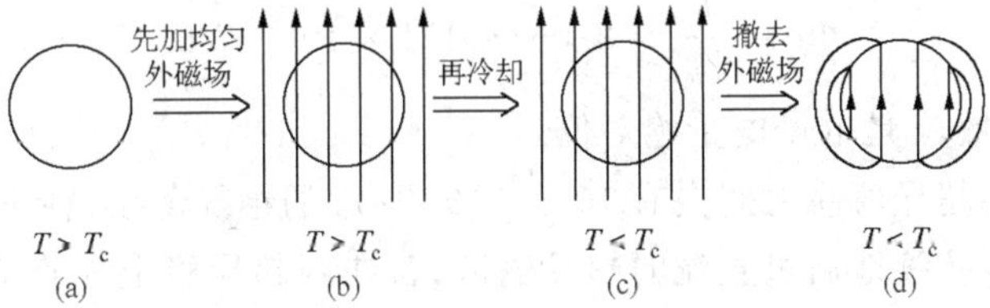

图 6.32 设想(与实测不符)

1933 年迈斯纳(W. F. Meissner)和奥森费尔德(R. Ochsenfield)用球形导体(单晶锡)分别按图 6.31 和图 6.32 的设想做了实验，并如两图(d)所示，在撤去外磁场后，对超导体周围的磁场分布进行了细致的测量. 他们惊奇地发现，与降温和加磁场的次序无关，只要锡球转变为超导体，撤去外磁场后，其周边就不存在任何磁场，即超导体内部的磁场恒等于零. 换言之，图 6.31 的设想与实验相符，图 6.32 的设想与实验不符，实验结果如图 6.33 所示. 迈斯纳的实验表明，超导体具有将磁力线完全排斥在外的完全抗磁性，这是超导体独立于零电阻的另一基本性质，完全抗磁性并非零电阻的推论，同时表明，适用于金属导电的欧姆定律并不适用于超导体，超导体具有自身特殊的导电规律.

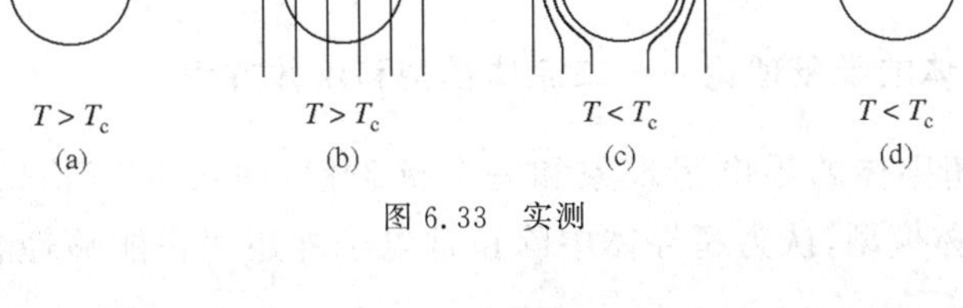

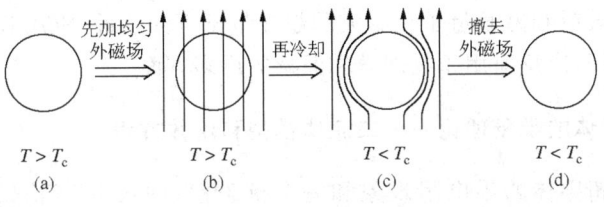

图 6.33 实测

迈斯纳效应表明，与熟知的顺磁质、抗磁质、铁磁质不同，超导体是一种完全没有磁性、根本不存在磁化的特殊物质，超导体的磁化强度 $\boldsymbol{M}=0$，相对磁导率 $\mu_r=1$，在超导体内 $\boldsymbol{B}=\mu_0\boldsymbol{H}=0$.

迈斯纳效应可用磁悬浮实验来演示. 当一根永久磁棒自上而下接近超导体时，完全抗磁性使磁棒的磁力线完全排斥在超导体之外，结果产生足以抵消重力的排斥力，使磁棒得以悬空飘浮.

§6.5.4 将指出，实际上，加外磁场后，在超导体的表面薄层会出现某种面分布的传导电流，超导体内部的 $\boldsymbol{B}=0$ 正是该电流产生的磁场与外磁场刚好在超导体内部抵消的结果. 另外，外磁场并非在超导体的几何表面陡然降低为零的，而是经过超导体的表面薄层由外向内逐渐连续减弱为零的，表面薄层的厚度与材料性质有关，其数量级为 10^{-4}—10^{-6} cm.

§6.5.3 磁通量子化，约瑟夫森效应

通过中空超导体内空腔以及通过超导体内表面穿透区域的总磁通量称为类磁通. 实验得出，类磁通守恒，取决于进入超导态的初始值. 实验还得出，类磁通是量子化的，最小的类磁通单位称为磁通量子，为

$$\Phi_0=\frac{h}{2e}=2.06783461\times10^{-15}\ \text{Wb},$$

式中 h 是普朗克常数，e 是电子电量绝对值.

实验发现，若两超导薄膜之间夹有 10^{-3}—10^{-4} μm 的绝缘薄层，在不加任何电压的条件下，绝缘薄层中仍可持续地通过直流的超导电流；若在两超导膜上加直流电压 U，则将有一定频率 ω 的交流的超导电流通过绝缘薄膜，ω 与 U 的关系为

$$\omega=\frac{2eU}{\hbar}$$

($\hbar=h/2\pi$)，同时向外辐射电磁波. 上述现象分别称为直流和交流的约瑟夫森效应，统称约瑟夫森效应，这是一种隧道效应. 它是 1962 年由约瑟夫森(B. D. Josephson)在理论上提出，后被实验证实. 如所周知，当宏观物体的动能小于势垒上下相应的势能差时，便无法自下而上越过. 微观粒子则不然，由于其波动性，经过势垒时，即使动能小于势垒上下的势能差，除被反射外，仍有一定的透射概率，此即隧道效应.

量子化现象和隧道效应通常只为微观粒子所具有，超导体的磁通量子化和约瑟夫森效应(还有超流现象)却都是在宏观尺度上的量子效应，它们再次显示了超导体的特殊性质.

利用约瑟夫森效应和磁通量子化制成的超导量子干涉器件(SQUID)极为灵敏，可以测量微弱的磁场和电压，广泛应用于物理学和医学的许多方面.

§6.5.4 超导体的唯象理论——二流体模型和伦敦方程

为了解释低温超导体的零电阻现象和完全抗磁性，1934 年高特(Gorter)和卡西米尔(Casimir)提出二流体模型，认为超导体中除正常电子外还存在能够理想导电的超导电子.

根据二流体模型，1935年伦敦兄弟(F. London，H. London)给出超导电流与电场和磁场关系的方程——伦敦方程，成功地定量解释了超导体的基本性质，与实验相符. 然而，由于未能说明超导电子是如何形成的，还只是一种唯象理论，直至1957年建立的低温超导微观理论——BCS理论，才阐明了超导电子形成的微观机制，揭示了低温超导现象的本质.

二流体模型的一个重要依据是，当金属降温转变为超导体后，其电子比热显著增大. 图6.34是开色姆等测量锡比热的实验结果，C_n 是正常态下锡的比热，C_s 是超导态下锡的比热，C_n 和 C_s 随温度 T 的变化如图中实线所示. 实验表明，$T>T_c$ 时，C_n 大致与 T 成正比，随着 T 的减小 C_n 连续地减小，但当温度降到 T_c 转变为超导态时，C_s 突然跳跃式地增大，然后，从 T_c 继续降温 C_s 连续减小，C_s 随温度 T 的变化规律与 C_n 也有所不同. 其他金属在转变为超导体时，比热也同样出现跳跃式地增大. 结构分析表明，金属转变为超导体后，晶格结构并无变化，因此，比热的跳跃式增大只能是其中电子比热跳跃式增大的结果. 由此可见，当金属转变为超导体后，其中的自由电子气可能发生了某种异乎寻常的变化.

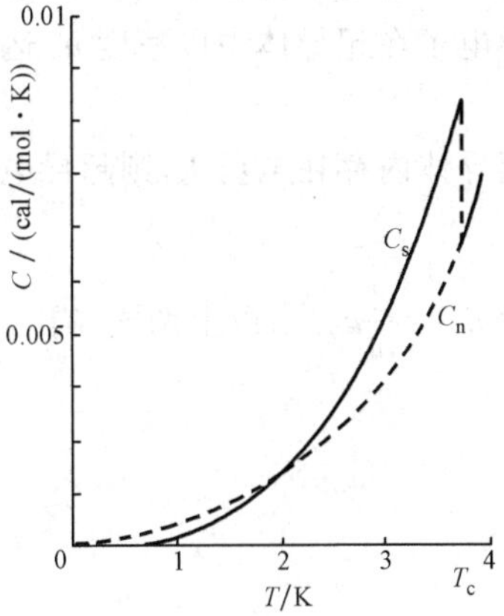

图 6.34 锡比热在 T_c 的跳跃式增大.
1 cal=4.184 J

如所周知，比热是单位质量物质温度升高(或降低)1度所需吸收(或释放)的热量. 根据电子比热在 T_c 的跳跃式增大，高特和卡西米尔提出了二流体模型. 他们认为，当金属在 T_c 转变为超导体后，超导体中的自由电子由两部分组成. 超导体中一部分子自由电子与金属中的自由电子相同，称为正常电子，随着温度从 T_c 下降，它们"正常"地释放内能，仍然保持无序的热运动，在电场作用下正常电子的定向运动产生正常电流，正常电子与晶格的碰撞产生电阻，正常电流遵循欧姆定律. 超导体中另一部分自由电子则有所不同，随着温度从 T_c 下降，它们"反常"地释放较多的内能，使其热运动丧失殆尽，不再与晶格发生碰撞，凝聚成超导电子，所谓"凝聚"并非空间位置的集中，而是速度(或动量)的有序，正如F. 伦敦所说"是电子的平均动量分布的固化或凝聚". 超导电子的出现正是金属转变为超导体时电子比热跳跃式增大的原因. 由于超导电子与晶格不发生碰撞，不被晶格散射，可以在晶格点阵中不受阻碍地自由运动，具有理想的导电性. 超导体中的恒定电流是由超导电子的运动形成的，这正是它永不衰减表现出零电阻现象的原因. 高特和卡西米尔认为，超导电子是在 $T=T_c$ 金属转变为超导体时产生的，随着温度从 T_c 进一步下降，超导电子所占比例越来越大，在 $T=0\,\mathrm{K}$ 时，全部自由电子都成为超导电子.

根据二流体模型，伦敦兄弟给出了超导电流与电场和磁场关系的方程，建立了低温超导定量的唯象理论.

前已指出，超导体的磁化强度 $\boldsymbol{M}=0$，相对磁导率 $\mu_r=1$. 通常还认为超导体的相对介电常数 $\varepsilon_r=1$. 因此，描绘超导体磁化和极化性质的介质方程分别为 $\boldsymbol{B}=\mu_0\boldsymbol{H}$ 和 $\boldsymbol{D}=\varepsilon_0\boldsymbol{E}$. 由于

超导电子与正常电子的性能明显不同,关键在于建立适用于超导电流的描述超导体导电性能的方程,即需要寻找超导电流与电场和磁场的关系,用以取代只适用于正常电流的欧姆定律.

设超导体中超导电子的电荷、质量、数密度分别为 e_s, m_s, n_s(根据 BCS 理论,超导电子是两个自由电子结合形成的库珀对,故 $e_s=2e$, $m_s=2m$, e, m 分别是电子的电量和质量),当超导电子在超导体中以速度 $\boldsymbol{u}_s$ 运动时,形成的超导电流密度 $\boldsymbol{j}_s$ 为

$$\boldsymbol{j}_s = n_s e_s \boldsymbol{u}_s.$$

若超导体内存在电场 $\boldsymbol{E}$,则超导电子受电力 $e_s\boldsymbol{E}$,因无阻尼,将加速运动,有

$$e_s\boldsymbol{E} = m_s\dot{\boldsymbol{u}}_s,$$

式中 $\dot{\boldsymbol{u}}_s=\frac{\mathrm{d}}{\mathrm{d}t}\boldsymbol{u}_s$. 由以上两式,得

$$\dot{\boldsymbol{j}}_s = \frac{n_s e_s^2}{m_s}\boldsymbol{E}$$

或

$$\mu_0\dot{\boldsymbol{j}}_s = \mu_0\frac{n_s e_s^2}{m_s}\boldsymbol{E} = \frac{\boldsymbol{E}}{\lambda^2}, \tag{6.47}$$

式中 λ 是具有长度量纲的常量

$$\lambda = \left(\frac{m_s}{\mu_0 n_s e_s^2}\right)^{\frac{1}{2}}. \tag{6.48}$$

(6.47)式称为伦敦第一方程,它揭示了超导电流与电场的关系.

由(6.47)式,在恒定情形,若超导体内有恒定的超导电流(直流电),即 $\boldsymbol{j}_s\neq 0$, $\dot{\boldsymbol{j}}_s=0$,则 $\boldsymbol{E}=0$,且 $\boldsymbol{j}_n=\sigma\boldsymbol{E}=0$,超导体内不存在电场,也不存在正常电流及相应的损耗,这就是直流电可以在超导环内维持数年并不衰减的原因. 在非恒定情形,若超导体内有交变的超导电流,即 $\boldsymbol{j}_s\neq 0$, $\dot{\boldsymbol{j}}_s\neq 0$,则 $\boldsymbol{E}\neq 0$, $\boldsymbol{j}_n\neq 0$,超导体内既存在变化的电场又存在变化的正常电流及相应的交流损耗.

把超导电流遵循的伦敦第一方程 $\dot{\boldsymbol{j}}_s=\boldsymbol{E}/\mu_0\lambda^2$ 与正常电流遵循的欧姆定律 $\boldsymbol{j}_n=\sigma\boldsymbol{E}$(加下标 n,表示与正常电子相关的物理量)相比较,可以看出两者的重大区别. 其一,正常电流 $\boldsymbol{j}_n$ 与 $\boldsymbol{E}$ 成正比;超导电流则是其变化率 $\dot{\boldsymbol{j}}_s$ 与 $\boldsymbol{E}$ 成正比. 其二,在 $\boldsymbol{j}_n=\sigma\boldsymbol{E}$ 中,比例系数 σ 是与金属性质和温度有关的电导率;在 $\dot{\boldsymbol{j}}_s=\boldsymbol{E}/\mu_0\lambda^2$ 中,比例系数 λ 描绘超导体内磁场的透入深度(见下文),含义明显不同. 何以如此呢?

根据德鲁德的金属导电经典电子论,正常电流是正常电子在热运动背景下的定向运动形成的,$\boldsymbol{j}_n$ 与正常电子的平均定向漂移速度 $\bar{\boldsymbol{u}}_n$ 成正比,即 $\boldsymbol{j}_n=n_n e_n\bar{\boldsymbol{u}}_n$,由于正常电子与晶格的碰撞会丧失定向运动(产生电阻),其定向速度只在相继的两次碰撞间被电场加速,使得 $\bar{\boldsymbol{u}}_n$(而不是 $\dot{\boldsymbol{u}}_n$)与 $\boldsymbol{E}$ 成正比,导致 $\boldsymbol{j}_n$ 与 $\boldsymbol{E}$ 成正比. 同时,定向速度被电场加速的效果既与热运动有关又与金属性质(如晶格间距)有关,导致 σ 与温度 T 及材料性质有关. 总之,金属导

电遵循的欧姆定律的基本特征均源于热运动的正常电子与晶格的碰撞.

根据超导体的二流体模型,与正常电子颇为不同,超导电子无热运动,不与晶格碰撞,无电阻,超导电子的运动直接形成超导电流,故 $\boldsymbol{j}_{\mathrm{s}}=n_{\mathrm{s}}e_{\mathrm{s}}\boldsymbol{u}_{\mathrm{s}}$,若受电场力,则被加速,故 $\boldsymbol{E}\propto\dot{\boldsymbol{u}}_{\mathrm{s}}\propto\dot{\boldsymbol{j}}_{\mathrm{s}}$,十分简单.

上述比较可见,就研究方法而言,德鲁德的金属导电经典电子论与超导体的伦敦方程如出一辙,都是由已知的现象猜测可能的机制、建立模型并给出定量表述,予以解释,只是由于模型不同,结果迥异.相比而言,超导电子比正常电子似乎"简单"得多.

把(6.47)式取旋度,并利用电磁感应定律 $\nabla\times\boldsymbol{E}=-\dfrac{\partial\boldsymbol{B}}{\partial t}$,得

$$\mu_0\nabla\times\dot{\boldsymbol{j}}_{\mathrm{s}}=\frac{1}{\lambda^2}\nabla\times\boldsymbol{E}=-\frac{1}{\lambda^2}\frac{\partial\boldsymbol{B}}{\partial t}$$

或

$$\frac{\partial}{\partial t}\left(\mu_0\nabla\times\boldsymbol{j}_{\mathrm{s}}+\frac{1}{\lambda^2}\boldsymbol{B}\right)=0,$$

上式括弧中的量应为恒定值,取为零,得

$$\mu_0\nabla\times\boldsymbol{j}_{\mathrm{s}}=-\frac{1}{\lambda^2}\boldsymbol{B}. \tag{6.49}$$

(6.49)式揭示了超导电流 $\boldsymbol{j}_{\mathrm{s}}$ 与磁场 $\boldsymbol{B}$ 的关系,称为**伦敦第二方程**.据此,可以定量地讨论超导体内超导电流和磁场的分布,成功地解释迈斯纳效应,具体介绍如下.

综合以上结果,描述超导体电磁性质(极化,磁化,导电)的方程为

$$\begin{cases}\boldsymbol{D}=\varepsilon_0\boldsymbol{E},\\ \boldsymbol{B}=\mu_0\boldsymbol{H},\\ \boldsymbol{j}_{\mathrm{n}}=\sigma\boldsymbol{E},\\ \mu_0\dot{\boldsymbol{j}}_{\mathrm{s}}=\dfrac{1}{\lambda^2}\boldsymbol{E},\\ \mu_0\nabla\times\boldsymbol{j}_{\mathrm{s}}=-\dfrac{1}{\lambda^2}\boldsymbol{B}.\end{cases} \tag{6.50}$$

把(6.50)式代入麦克斯韦方程(见第八章(8.7)式)中 $\boldsymbol{B}$ 的旋度方程,得

$$\nabla\times\boldsymbol{B}=\mu_0(\boldsymbol{j}_{\mathrm{s}}+\boldsymbol{j}_{\mathrm{n}})+\mu_0\varepsilon_0\frac{\partial\boldsymbol{E}}{\partial t}.$$

在恒定情形,超导体内 $\boldsymbol{j}_{\mathrm{s}}=$常量,$\boldsymbol{j}_{\mathrm{n}}=0$,$\dfrac{\partial\boldsymbol{E}}{\partial t}=0$,代入上式,得

$$\nabla\times\boldsymbol{B}=\mu_0\boldsymbol{j}_{\mathrm{s}} \tag{6.51}$$

或

$$\nabla\times(\nabla\times\boldsymbol{B})=\mu_0\nabla\times\boldsymbol{j}_{\mathrm{s}}.$$

把伦敦第二方程(6.49)式代入上式,并利用 $\nabla\times(\nabla\times\boldsymbol{B})=\nabla(\nabla\cdot\boldsymbol{B})-\nabla^2\boldsymbol{B}=-\nabla^2\boldsymbol{B}$,得

$$\nabla^2\boldsymbol{B}-\frac{1}{\lambda^2}\boldsymbol{B}=0. \tag{6.52}$$

这就是恒定情形超导体内磁场分布应满足的方程.

为了得出具体结果,考虑一种特殊情形.设 $z>0$ 的上半空间为超导体,其中的磁场 $\boldsymbol{B}$ 沿 x 方向,磁场的大小只随 z 变化,在超导体表面 $z=0$ 处的磁场大小为 B_0,即

$$\boldsymbol{B}=B(z)\hat{\boldsymbol{x}},\quad \boldsymbol{B}_{z=0}=B_0\hat{\boldsymbol{x}},$$

式中 $\hat{\boldsymbol{x}}$ 是 x 方向的单位矢量,代入(6.52)式,得

$$\frac{\mathrm{d}^2}{\mathrm{d}z^2}B(z)-\frac{1}{\lambda^2}B(z)=0.$$

解出

$$\boldsymbol{B}(z)=B_0\mathrm{e}^{-z/\lambda}\hat{\boldsymbol{x}}. \tag{6.53}$$

(6.53)式表明,在恒定情形,超导体内的磁场分布是从表面的 B_0 向内按指数衰减,在 $z=\lambda$ 处,$B=B_0/e=0.37B_0$,通常把 λ 称为透入深度,即笼统地说,磁场只能透入厚度为 λ 的表面薄层之中,λ 的数量级为 10^{-4}—10^{-6} cm,内部则处处磁场为零.所以,伦敦方程为超导体的迈斯纳效应(完全抗磁性)提供了完满的定量解释.

把(6.53)式代入(6.51)式,得

$$\boldsymbol{j}_{\mathrm{s}}=\frac{1}{\mu_0}\nabla\times\boldsymbol{B}=-\frac{1}{\mu_0\lambda}B_0\mathrm{e}^{-z/\lambda}\hat{\boldsymbol{y}}. \tag{6.54}$$

(6.54)式表明,在恒定情形,超导体中的超导电流 $\boldsymbol{j}_{\mathrm{s}}$ 也是从表面向内按指数衰减,透入深度也是 λ.实际上,在超导体内,正是表面薄层中超导电流产生的磁场与外磁场抵消,导致完全抗磁性.

为了形象地说明上述结论,试举一例.如图 6.35 所示,在圆柱形金属导体中,沿轴向通过恒定的均匀分布的正常电流,它产生的环状磁场既分布在金属外也分布在金属内.现将中间一段金属降温($T<T_{\mathrm{c}}$)转变为超导体.因两端为正常金属,其中的电流仍沿轴向均匀分布,但在中间的超导体内,根据伦敦方程,超导电流只分布在表面薄层内,内部无电流,故电流应按如图所示的方式衔接.这样,圆柱形超导体表面薄层中的超导电流一对一对地在超导体内部产生反向的磁场,使得超导体内部的总磁场处处为零,这就是完全抗磁性.实际上,超导体内的电流分布是由磁场决定的,它必须恰好使超导体内部(除表面薄层外)处处磁场为零.

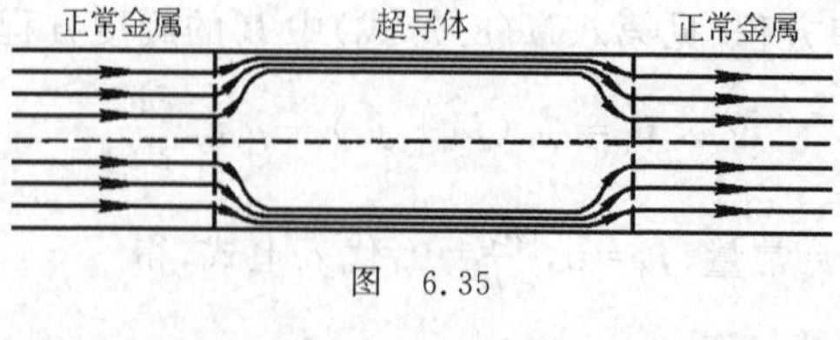

图 6.35

电磁场的麦克斯韦方程和描绘物质电磁性质的介质方程是电磁学的基本方程(见第八章),前者普遍适用,后者则应针对不同物质、在不同条件下有所不同.当金属降温转变为超导体后,其电磁性质的异常变化预示相应的介质方程必定会出现重大变化,伦敦兄弟正是抓住了这一关键,根据二流体模型,建立了适用于超导体的导电方程——伦敦方程.伦敦方程给出了超导电流与电场和磁场的关系,指出在超导体中电场起着加速超导电流和维持正常

电流的作用,磁场起着维持(有旋的)超导电流的作用,由此成功地解释了零电阻现象和完全抗磁性,定量地预言了磁场和超导电流的穿透深度.但是,它没有说明超导电子的形成机制和微观本质,只是一种宏观唯象理论.

§6.5.5 BCS 理论介绍

二流体模型和伦敦方程的成功,激起了人们探索超导电子形成机制的浓厚兴趣,这场攻坚战的胜利将最终揭示低温超导的奥秘.20 世纪 50 年代初相继发现的同位素效应和超导能隙提供了重要的线索和启示,解决问题的时机终于来临了.

如所周知,任何元素的原子均由原子核和绕核运动的电子组成,原子核由质子和中子组成.质子数相同而中子数不同的元素,具有同样的核外电子壳层、同样的化学性质,在元素周期表中占据同一位置,故称同位素,同一元素的不同同位素的物理性质有所不同.例如,氢有三个同位素 ^{1}H,^{2}H,^{3}H,三者原子核中都有一个质子,在元素周期表中占据第一位,^{1}H 为正常的氢,核中无中子,^{2}H 为氘,核中有一个中子,是天然同位素,^{3}H 为氚,核中有两个中子,是人造同位素.1950 年实验发现,金属转变为超导体的临界温度 T_c 与该金属同位素的质量有关,对于同一元素,质量较高同位素的 T_c 较低.通过改变不同同位素的混合比例可以改变晶格离子的平均质量 M,实验得出 T_c 与 M 的关系为

$$T_c \propto M^{-\beta},$$

式中 β 为正数.例如,对于汞,$\beta \approx \frac{1}{2}$,即 $T_c \propto 1/\sqrt{M}$.这种现象称为超导体临界温度的同位素效应.

大家知道,金属由晶格和共有化的自由电子构成,其中的相互作用十分复杂,但大体说来,可以归结为自由电子之间的相互作用、晶格离子之间的相互作用以及自由电子与晶格离子之间的相互作用.在同一种金属的不同同位素中,自由电子的分布相同,只是晶格离子的质量不同,即晶格的运动有所不同.因此,T_c 的同位素效应启示,在金属转变为超导体、正常电子转变为超导电子的过程中,晶格可能扮演了重要的角色,特别是自由电子和晶格离子之间的相互作用或许起了至关紧要的关键作用.

超导能隙即超导体电子能谱中存在能量间隔的发现提供了又一重要线索.让我们从氢原子谈起,氢原子光谱是线状谱(而非连续谱)表明氢原子的能量是量子化的,每一个能量代表电子的一种运动状态,称为能级,电子只能吸收一定的能量从基态跳到各激发态.其他原子类似.当许多原子结合成金属时,情况复杂了,但能量量子化依然存在,金属中的电子逐个由低到高占据各个能级,构成能谱.20 世纪 50 年代初,许多实验表明,当金属转变为超导体后,超导体的电子能谱与正常金属不同,存在一个不允许电子存在的能量间隙——超导能隙.电子能谱反映了电子总体的运动状态,金属和超导体电子能谱的这一重大区别表明,在超导体中超导电子的运动状态可能发生了与正常电子极为不同的深刻变化.

1957 年巴丁(J. Bardeen)、库珀(L. N. Cooper)、施里弗(J. R. Schrieffer)在量子力学基础上建立了低温超导的微观理论—— BCS 理论(BCS 是三人姓名的第一个字母),阐明了

超导电子的形成机制，揭示了超导现象的本质，定量地解释了超导体的种种特殊性质. BCS 理论认为，在低温条件下，两个自由电子通过交换声子产生净吸引力，形成束缚态，结合成对——称为库珀对，这就是二流体模型中的超导电子. 具体地说，在金属中晶格离子相互关联地作集体运动，形成的波动称为格波，格波的能量是量子化的，其能量子称为声子. 当某个自由电子经过离子晶格时，其间的库仑引力造成局部正电荷密度增大，这一扰动以格波形式在晶格内传播，会对别处另一电子产生吸引作用，当此吸引作用超过两电子间的库仑斥力时，两电子就结合成库珀对，这是一个松弛的体系，两电子距离约为 10^{-4} cm. 库珀对是在 $T=T_c$ 金属向超导体转变时开始形成的，并随着从 T_c 进一步降温不断增多，所有库珀对都"凝聚"在零动量上，成为超导电子，当 $T>T_c$ 时，库珀对被拆散不复存在，库珀对即超导电子的电量、质量是正常电子的两倍，即 $e_s=2e, m_s=2m$. 根据 BCS 理论，不仅可以解释超导体的零电阻现象，还可以定量地解释迈斯纳效应、超导体比热、同位素效应、临界磁场等一系列现象，均与实验相符. 1972 年，巴丁、库珀、施里弗三人因"提出通称为 BCS 理论的超导微观理论"，获诺贝尔物理学奖.

§6.5.6　高 T_c 超导材料

从 1911 年发现超导体到 20 世纪 80 年代，除许多金属外，还发现大量合金、金属化合物、半导体在低温下也是超导体，但它们的转变温度都很低，以 Nb_3Ge 的 $T_c=23.2$ K 为最高. 换言之，这些超导体的 T_c 大都处于液氦(4.2 K)或液氢(20 K)的温区，为了制造它们，必须伴随复杂昂贵的低温设备和技术，从而大大限制了超导体可能的应用前景.

1986 年以来高温超导材料的研究取得了突破性进展，发现了许多 T_c 在液氮(77 K)温区的氧化物超导体. 1986 年 4 月柏诺兹和缪勒发现 La-Ba-Cu-O 氧化物的 T_c 高于 30 K. 以此为开端，1986 年 12 月中国科学院赵忠贤等发现 Sr-La-Cu-O 的 $T_c=48.6$ K，Ba-La-Cu-O 的 $T_c=46.3$ K，1987 年 2 月赵忠贤等又发现 $Ba_xY_{5-x}Cu_5O_{5(3-y)}$ 的 $T_c=78.5$ K，1987 年 5 月北京大学物理系制备出 $T_c=84$ K 的超导薄膜，1988 年 1 月日本宣布 Bi-Sr-Ca-Cu-O 的 $T_c\approx105$ K，1988 年 3 月美国宣布 Tl-Ba-Ca-Cu-O 的 $T_c=125$ K，1993 年 4 月发现 Hg-Ba-Ca-Cu-O 的 $T_c=134$ K，等等，迎来了高 T_c 超导研究的热潮.

然而，迄今，关于高温超导体尚无公认的理论解释，这是一个尚待攻克的重大课题.

超导体的应用十分广泛，前景诱人. 已经制成的超导磁体避免了常规电磁铁因焦耳热产生的高温，具有磁场强、体积小、重量轻、耗电少的显著优点. 超导电缆输电、超导发电机、超导电动机、超导储能以及磁悬浮列车等的实现，将会引起新的电工技术的革命. 利用超导隧道效应制作的各种器件，已经在低温电子学等许多方面日益显示其重要性. 此外，超导在电子计算机和加速器技术上也有重要应用. 凡此种种，方兴未艾.

本章小结

本章的主要内容是电磁感应的现象、规律、本质和应用，此外，还涉及磁能、暂态过程和超导体.

电流、磁体的变化、运动或导线切割磁力线,使通过闭合回路的磁通量发生变化,产生感应电动势,引起感应电流,这是电磁感应现象.感应电动势的大小与磁通量的变化率成正比,感应电流的方向总是使其产生的磁场阻止引起它的磁通量的变化,这是电磁感应的规律,称为法拉第电磁感应定律和楞次定律.磁场对运动电荷的洛伦兹力以及变化磁场产生的涡旋电场,分别是导致动生电动势以及感生电动势(合称感应电动势)的非静电力,这是电磁感应的本质.

线圈与电容、电阻是交流电路的基本元件.从应用的角度着眼,可将线圈中的感应电动势区分为自感电动势和互感电动势.随着电磁感应研究的深入,电工学、电子学、电磁测量等学科应运而生,影响广泛深远,从交流发电机、电子感应加速器等例可见一斑.

线圈建立电流时克服感应电动势所做的功就是它储存的磁能,其本质是磁场的能量.

暂态过程讨论由直流电源与 R,L,C 构成的电路在接通和断开短接的瞬间,电流、电量(电容器极板上)随时间的变化.

超导体具有特殊的电磁性质,二流体模型和伦敦方程成功地提供了唯象的解释,把它们与德鲁德的金属导电经典电子论相比较是饶有兴趣的、有益的.

基本公式

1. 法拉第电磁感应定律

$$\mathscr{E}=-\frac{\mathrm{d}\Phi}{\mathrm{d}t}=-\frac{\mathrm{d}}{\mathrm{d}t}\iint\limits_{(S)}B\cos\theta\,\mathrm{d}S,$$

若为多匝线圈,磁通量 Φ 应代之以磁通匝链数 $\Phi=\sum\limits_i\Phi_i$.感应电流的方向既可用上式的负号按规则判定,也可用楞次定律判定.

2. 动生电动势与感生电动势

$$\mathscr{E}_{动生}=\int_{(L)}(\boldsymbol{v}\times\boldsymbol{B})\cdot\mathrm{d}\boldsymbol{l},$$

$$\mathscr{E}_{感生}=\oint_{(L)}\boldsymbol{E}_{旋}\cdot\mathrm{d}\boldsymbol{l}=-\iint\limits_{(S)}\frac{\partial\boldsymbol{B}}{\partial t}\cdot\mathrm{d}\boldsymbol{S},$$

$$\boldsymbol{E}_{旋}=-\frac{\partial\boldsymbol{A}}{\partial t},\quad\boldsymbol{B}=\nabla\times\boldsymbol{A},$$

产生 $\mathscr{E}_{动生}$ 和 $\mathscr{E}_{感生}$ 的非静电力分别是洛伦兹力和涡旋电场.

应用:交流发电机,电子感应加速器,涡流加热,电磁驱动和电磁阻尼等.

3. 自感与互感

自感系数

$$\Phi=LI.$$

自感电动势

$$\mathscr{E}_L=-L\frac{\mathrm{d}I}{\mathrm{d}t}.$$

互感系数

$$\Psi_{12}=M_{12}I_1,\quad \Psi_{21}=M_{21}I_2\quad (M_{12}=M_{21}=M).$$

互感电动势

$$\mathscr{E}_{12}=-M_{12}\frac{\mathrm{d}I_1}{\mathrm{d}t},\quad \mathscr{E}_{21}=-M_{21}\frac{\mathrm{d}I_2}{\mathrm{d}t}.$$

M 与 L_1,L_2 的关系

$$M=K\sqrt{L_1L_2}$$

(无漏磁 $K=1$,无耦合 $K=0$,有漏磁 $0<K<1$).

两线圈串联的自感系数:

顺接

$$L=L_1+L_2+2M;$$

反接

$$L=L_1+L_2-2M.$$

两线圈并联的互感系数:

顺接

$$L=\frac{L_1L_2-M^2}{L_1+L_2-2M};$$

反接

$$L=\frac{L_1L_2-M^2}{L_1+L_2+2M}.$$

4. 磁能

自感磁能

$$W_{自}=\frac{1}{2}LI^2.$$

互感磁能

$$W_{互}=MI_1I_2.$$

总磁能

$$W_{\mathrm{m}}=\frac{1}{2}L_1I_1^2+\frac{1}{2}L_2I_2^2+\frac{1}{2}M_{12}I_1I_2+\frac{1}{2}M_{21}I_2I_1\quad (两线圈),$$

$$W_{\mathrm{m}}=\frac{1}{2}\sum_{i=1}^{k}L_iI_i^2+\frac{1}{2}\sum_{\substack{i,j=1\\(i\neq j)}}^{k}M_{ij}I_iI_j\quad (多线圈).$$

磁场的能量密度

$$w_{\mathrm{m}}=\frac{1}{2}\boldsymbol{B}\cdot\boldsymbol{H}.$$

磁场的能量

$$W_{\mathrm{m}}=\iiint\frac{1}{2}\boldsymbol{B}\cdot\boldsymbol{H}\mathrm{d}V.$$

5. 暂态过程

RL 串联电路

$$\begin{cases} i = I_0(1 - e^{-t/\tau})，接通， & I_0 = \dfrac{\mathscr{E}}{R}， \quad \tau = \dfrac{L}{R}， \\ i = I_0 e^{-t/\tau}，断开短接. \end{cases}$$

RC 串联电路

$$\begin{cases} q = q_0(1 - e^{-t/\tau})，充电， & q_0 = C\mathscr{E}， \quad \tau = RC， \\ q = q_0 e^{-t/\tau}，放电. \end{cases}$$

RLC 串联电路的充电、放电过程：阻尼振荡(欠阻尼)，临界阻尼，过阻尼. 应用：灵敏电流计.

6. 超导体

零电阻现象，迈斯纳效应，磁通量子化，约瑟夫森效应，比热，同位素效应，超导能隙等. 二流体模型.

伦敦方程

$$\begin{cases} \mu_0 \dot{\boldsymbol{j}}_s = \dfrac{\boldsymbol{E}}{\lambda^2}， \quad \lambda = \left(\dfrac{m_s}{\mu_0 n_s e_s^2}\right)^{\frac{1}{2}}， \\ \mu_0 \nabla \times \boldsymbol{j}_s = -\dfrac{\boldsymbol{B}}{\lambda^2}. \end{cases}$$

习　题

6.1 如图，线圈 $ABCD$ 放在 $B=0.6\,\mathrm{T}$ 的均匀磁场中，磁场方向与线圈平面的夹角 $\alpha=60°$，$AB=1.0\,\mathrm{m}$，可左右滑动. 今使 AB 以 $v=5.0\,\mathrm{m/s}$ 的速率向右运动，试求所产生的感应电动势的大小及感应电流的方向.

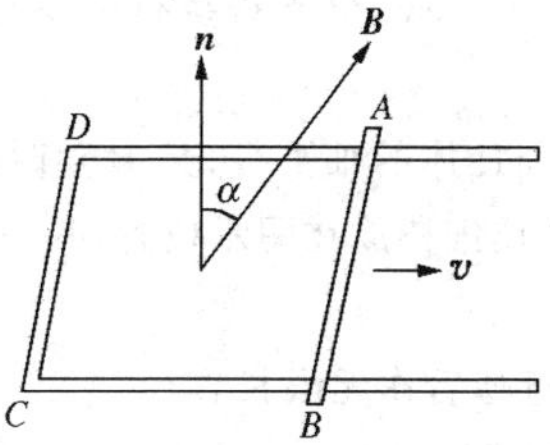

习题　6.1

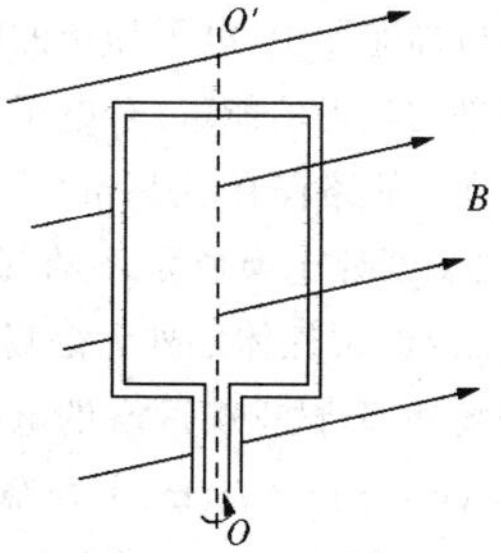

习题　6.2

6.2 如图，一简单的交流发电机，其线圈转轴 OO' 与均匀磁场 $\boldsymbol{B}$ 垂直，已知 $B=0.84\,\mathrm{T}$，线圈面积 $S=25\,\mathrm{cm}^2$，匝数 $N=10$ 匝，每秒转 50 圈. 设开始时线圈平面的法线与 $\boldsymbol{B}$ 垂直，试求感应电动势 $\mathscr{E}$.

6.3 如图，一无限长直导线通有交变电流 $i=I_0\sin\omega t$，矩形线圈 $ABCD$ 与它共面，AB 边与直导线平行. 线圈长为 l，AB 边和 CD 边到直导线的距离分别为 a 和 b. 试求：(1) 通过矩形线圈所围面积的磁通量；

(2) 矩形线圈中的感应电动势.

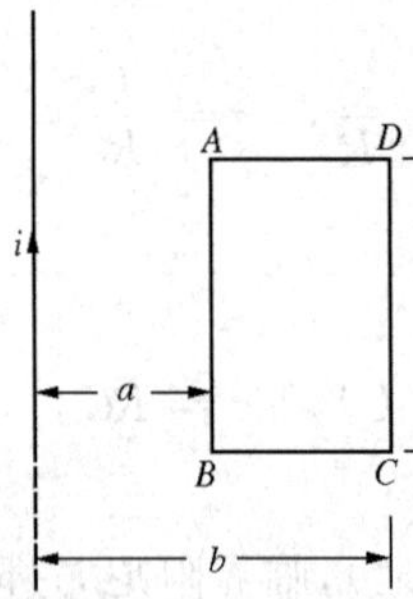

习题 6.3

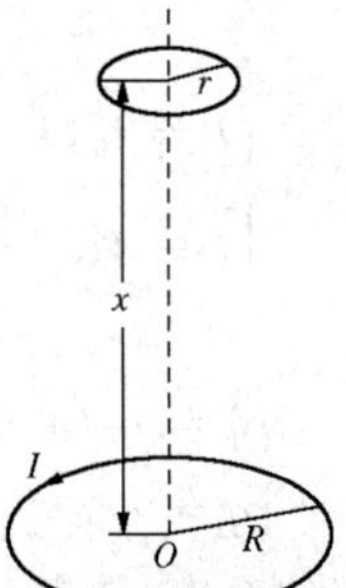

习题 6.4

6.4 如图,两个同轴的平面圆线圈,半径分别为 R 和 r,相距为 x,且 $x \gg R$,因此当大线圈有电流 I 通过时,小线圈面积内的磁场可看成均匀.(1) 试求通过小线圈面积的磁通量;(2) 设小线圈以匀速率 v 沿轴线方向离开大线圈移动,试求在小线圈中产生的感应电动势的大小和方向.

6.5 如图,设磁场在半径 $R=0.5\,\text{m}$ 的圆柱体内是均匀的,$\boldsymbol{B}$ 的方向与圆柱体的轴线平行,$\boldsymbol{B}$ 的时间变化率为 1.0×10^{-2} T/S,圆柱体之外无磁场.试计算圆柱体横截面上离开中心 O 点距离为 0.1 m,0.25 m,0.5 m,1.0 m 处各点的涡旋电场场强.

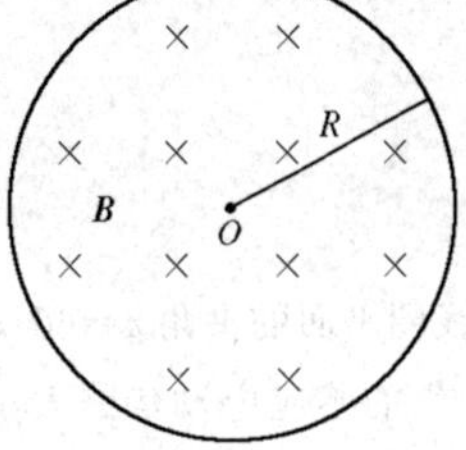

习题 6.5

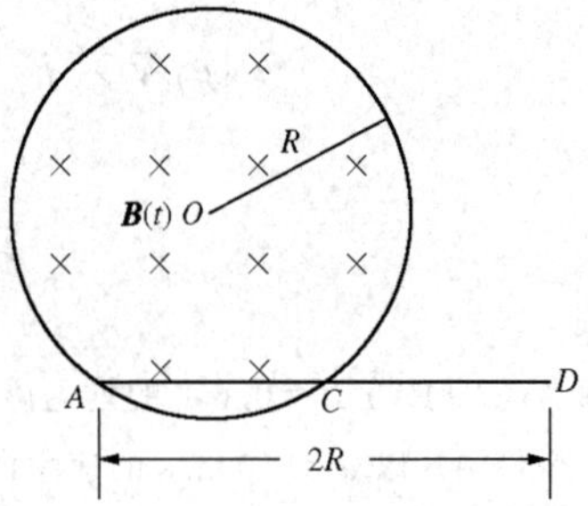

习题 6.7

6.6 已知电子感应加速器中,电子加速的时间是 4.2 ms,电子轨道内最大磁通量为 1.8 Wb,试求电子沿轨道绕行一周平均获得的能量.若电子最终获得的能量为 10^8 eV,电子将绕行多少周?若轨道半径为 84 cm,电子绕行的路程有多少 m?

6.7 如图,均匀磁场 $\boldsymbol{B}$ 处于半径为 R 的圆柱体内,其方向与圆柱体的轴平行,且 $\boldsymbol{B}$ 随时间作均匀变化,变化率为常数 $k>0$,圆柱体之外无磁场.有一长为 $2R$ 的金属细棒放在图示位置,其一半位于磁场内部,另一半在磁场外部,试求棒两端的电势差.

6.8 一纸筒长 30 cm,直径 3.0 cm,上面绕有 500 匝线圈,可近似看作无限长直螺线管.(1) 试求该线圈的自感系数 L_0;(2) 如果在上述线圈内放入 $\mu_r=5000$ 的铁芯,试求此时线圈的自感系数 L.

6.9 如图,两圆形线圈均由表面绝缘的细导线绕成,大线圈的匝数 $N=100$,半径 $R=20$ cm,小线圈放在大线圈的中心,两者同轴,小线圈匝数 $N'=50$,圆面积为 $S=4.0\,\text{cm}^2$.(1) 试求两线圈之间的互感系数;(2) 当大线圈导线中的电流每秒减少 50 A 时,试求小线圈中的感应电动势.

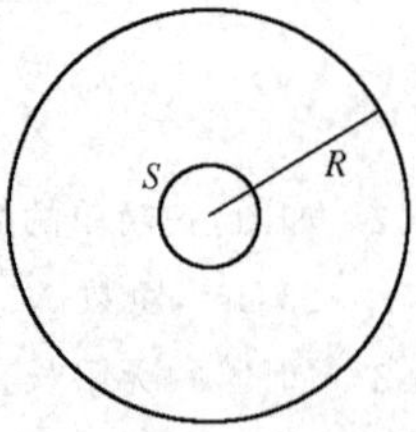

习题 6.9

6.10 线圈 1 和线圈 2 串联顺接后总自感 $L=1.90\ \mathrm{H}$，若在维持它们的形状和位置都不变的情况下，改成串联反接，则相应的总自感 $L'=0.70\ \mathrm{H}$，设两线圈的耦合系数为 0.50，试求两线圈的自感系数 L_1，L_2 以及它们之间的互感系数 M.

6.11 一螺线管长 30 cm，横截面的直径为 15 mm，由 2500 匝表面绝缘的导线均匀密绕而成，其中铁芯的相对磁导率 $\mu_r=1000$. 试求导线中通有 2.0 A 恒定电流时，螺线管中心处的磁场能量密度.

6.12 一根圆柱形的长直导线载有恒定电流 I，电流均匀分布在它的横截面上，试证明：这导线内部单位长度的磁场能量为$\frac{\mu_0 I^2}{16\pi}$.

6.13 一同轴线由很长的直导线和套在它外面的同轴圆筒构成，导线的半径为 a，圆筒的内半径为 b，外半径为 c. 电流 I 由圆筒流去，由直导线流回，在它们的横截面上，电流都是均匀分布的.（1）试求以下四处磁能密度 w_m 的表达式：导线内，导线和圆筒之间，圆筒体内，圆筒外.（2）当 $a=1.0\ \mathrm{mm}$，$b=4.0\ \mathrm{mm}$，$c=5.0\ \mathrm{mm}$，$I=10\ \mathrm{A}$ 时，试问每米长度的同轴线中储存的磁场能量为多少？

6.14 如图，两根平行长直导线，横截面都是半径为 a 的圆，中心相距为 d，属于同一回路，由一电源提供大小相等、方向相反的电流. 设两导线内部的磁通量都可略去不计.（1）试求这对导线单位长度的自感系数；（2）若维持电流不变，将导线间的距离增大一倍时，磁场对单位长度导线做了多少功？（设 $d\gg a$）（3）此过程中单位长度的磁能改变多少？是增加还是减少？讨论此过程中能量的来源.

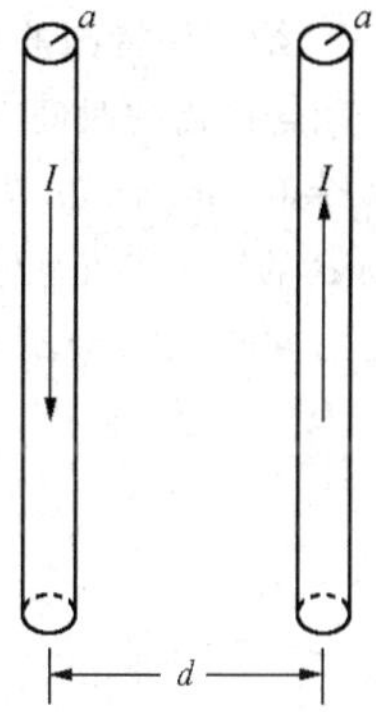

习题　6.14

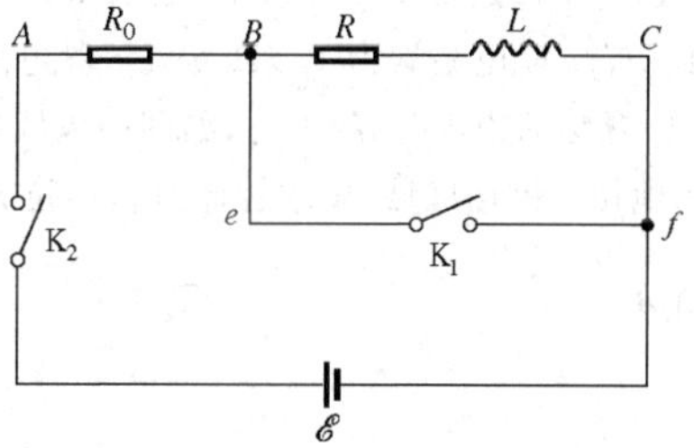

习题　6.16

6.15 一个自感为 3.0 H、导线电阻为 6.0 Ω 的线圈，接在 12 V 的直流电源上，电源内阻可略去不计. 试求：（1）刚接通时的$\frac{\mathrm{d}i}{\mathrm{d}t}$；（2）接通 $t=0.2\ \mathrm{s}$ 时的$\frac{\mathrm{d}i}{\mathrm{d}t}$；（3）电流 $i=1.0\ \mathrm{A}$ 时的$\frac{\mathrm{d}i}{\mathrm{d}t}$.

6.16 如图，一自感为 L、电阻为 R 的线圈与一无自感的电阻 R_0 串联后接到电源上，电源的电动势为 $\mathscr{E}$，内阻可忽略不计.（1）试求开关 K_2 闭合 t 时间后，BC 两端的电势差 U_{BC} 和 AB 两端的电势差 U_{AB}；（2）若 $\mathscr{E}=20\ \mathrm{V}$，$R_0=50\ \Omega$，$R=150\ \Omega$，$L=5.0\ \mathrm{H}$，试求 $t=0.5\tau$（τ 为电路的时间常数）时 BC 两端的电势差 U_{BC} 和 AB 两端的电势差 U_{AB}；（3）待电路中电流达到稳定值，闭合开关 K_1，试求闭合 0.01 s 后，通过 K_1 中的电流的大小和方向.

6.17 $3.00\times10^6\ \Omega$ 的电阻与 $1.00\ \mu\mathrm{F}$ 的电容和 $\mathscr{E}=4.00\ \mathrm{V}$ 的直流电源串联成闭合回路，电源内阻可忽略不计. 试求在电路接通后 1.00 s 时的下列各量：（1）电容上电荷增加的速率；（2）电容器内储存能量增加的速率；（3）电阻上产生的热功率；（4）电源提供的功率.

6.18 如图，在边长为 a 的等边三角形区域内有匀强磁场 $\boldsymbol{B}$，其方向垂直纸面向外. 一个边长也为 a 的等边三角形导体框架 ABC，在 $t=0$ 时恰好与上述磁场区域的边界重合，尔后以周期 T 绕其中心在纸面内顺时针方向匀速转动，于是在框架 ABC 中产生感应电流. 规定电流按 $ABCA$ 方向流动时电流强度取正值，反向流动时取负值. 设框架 ABC 的电阻为 R. 试求从 $t=0$ 到 $t=\dfrac{T}{6}$ 时间内(其间，导体框架从右图中的虚线位置转到实线位置)的平均电流强度 $\bar{I}_1$ 和从 $t=0$ 到 $t_2=\dfrac{T}{2}$ 时间内的平均电流强度 $\bar{I}_2$.

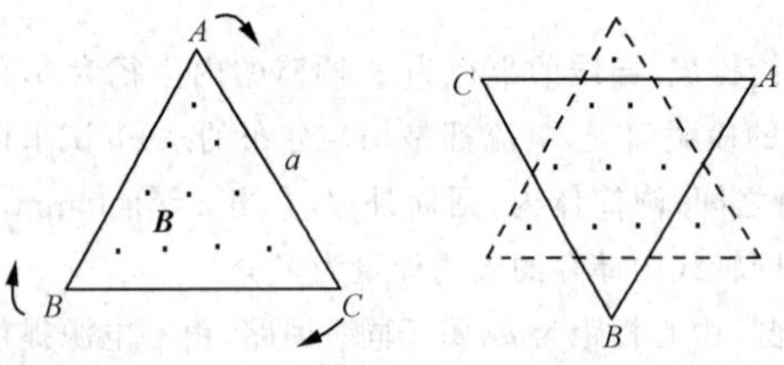

习题 6.18

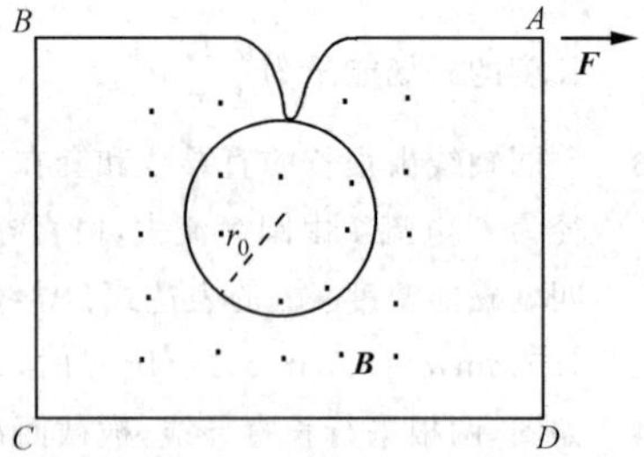

习题 6.19

6.19 如图，$ABCDA$ 是闭合导体回路，总电阻为 R，AB 段的一部分绕成初始半径为 r_0 的圆圈. 圆圈所在区域有与圆圈平面垂直的均匀磁场 $\boldsymbol{B}$. 回路的 B 端固定，C 和 D 为自由端，A 端在沿 BA 方向的恒力 $\boldsymbol{F}$ 的作用下向右移动，从而使圆圈缓慢缩小. 设在圆圈缩小的过程中，始终保持圆的形状，设导体回路是柔软的，设阻力可以忽略. 试求此圆圈从初始的半径 r_0 到完全闭合所需的时间 T.

6.20 如图为一"日"字形矩形闭合导线框. 已知 $ab=bc=cd=de=ef=fa=0.1\ \mathrm{m}$，已知 ab,cf,de 段电阻均为 $3\ \Omega$，cd,fe 段电阻均为 $1.5\ \Omega$，bc,af 段电阻均为零. 匀强磁场 $\boldsymbol{B}$ 的方向与框面垂直向里，大小为 $B=1\ \mathrm{T}$，磁场的边界与 de 平行，如图中虚线所示. 今以图中向右的方向，以 $v=24\ \mathrm{m/s}$ 的速度，将线框匀速地拉出磁场区域. 试求在此过程中拉力所做的功.

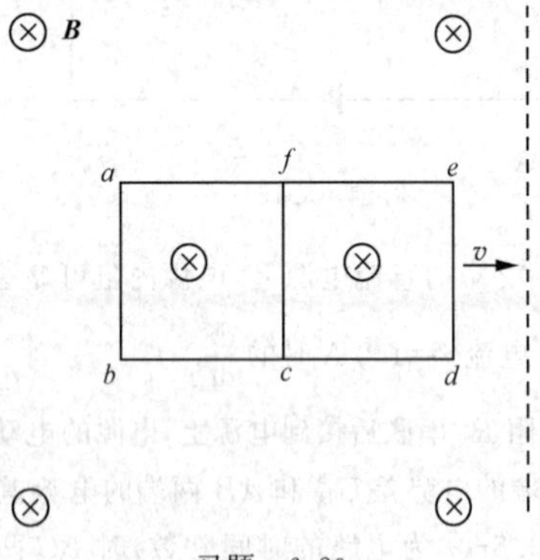

习题 6.20

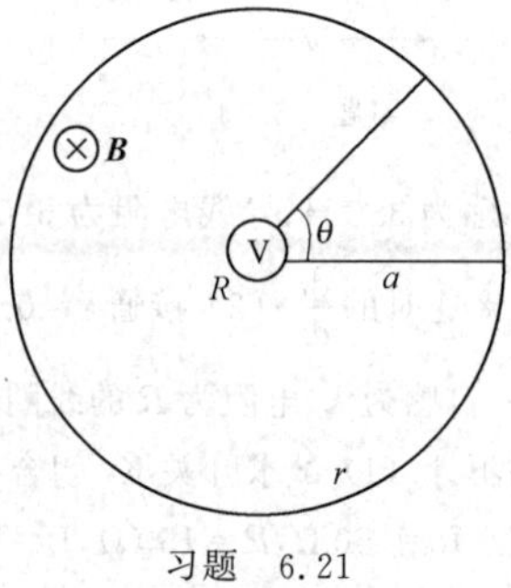

习题 6.21

6.21 如图，长为 $2\pi a$，电阻为 r 的均匀细导线首尾相接形成一个半径为 a 的圆. 现将电阻为 R 的伏特计，以及电阻可以忽略的导线，按图中方式分别与圆的两点相连接. 这两点之间的弧线所对圆心角为 θ. 若在垂直圆平面的方向上有均匀变化的匀强磁场，已知磁感应强度的变化率为 $\dot{B}$，试问伏特计的读数为多少.

第七章　交　流　电

与直流电相比，交流电更为复杂多样，具有广泛、重要的应用，成为电工学、电子学和电磁测量的理论基础. 在电力系统中，从发电、变电、输配电到用电，几乎都是交流电；在无线电电子设备中，各种电信号大多是交流信号，它们或来自电台的发射或来自各种信号源；在电磁测量中，广泛采用各种交流仪表和电子线路，用以测量各种电磁量以及与之相关的各种非电磁量. 总之，从 19 世纪后半叶开始，以交流电的理论研究和实际应用为基础，迎来了以电气化为标志的第二次全球技术革命，深刻地改变了人类生产和生活的面貌，物理学的发展再一次显示了无与伦比的巨大威力.

§7.1　交流电概述

直流电路由电动势 $\mathscr{E}$ 恒定不变的直流电源与电阻 R 组成，讨论达到恒定状态后的各种应用，由于达到恒定状态后电感 L 相当于短路(电阻为零)、电容 C 相当于断路(电阻为无限大)，因此直流电路的元件只有电阻 R 一种. 暂态电路仍用直流电源，但讨论的是接通或断开的短暂时间内，从初态最终趋于稳态的变化过程，这一过程的性质不仅与电路中的 R 有关，还与 L，C 有关，因此暂态电路的元件包括 R，L，C 三种. 与直流电路和暂态电路中采用直流电源不同，如果电路中电源的电动势 $e(t)$ 随时间 t 周期性地变化，则其中各部分的电压 $u(t)$ 和电流 $i(t)$ 也将随时间 t 周期性地变化，由此，电路中的元件除电阻 R 外还有电感 L 和电容 C，它们各自具有不同的性质和特征，这种由交流电源和 R，L，C 元件构成的电路称为**交流电路**.

交流电的类型很多，其中最基本的是随时间作简谐式变化的交流电，称为**简谐交流电**. 本章只讨论简谐交流电，从元件 R，L，C 的性质到分析 $e(t)$，$u(t)$，$i(t)$ 与 R，L，C 之间的关系，进而阐明计算交流电路的基本方法. 限于课程性质，以串并联交流电路为主，各种应用也只能举例说明，使读者大致有所了解.

§7.1.1　交流电的基本形式是简谐交流电

交流电路中电压、电流随时间变化的曲线图形称为交流电的波形. 由于实际需要的不同，交流电波形的形式多样，常见的如图 7.1 所示，图中：(a) 简谐波，即正弦或余弦函数，如日常用的市电就是频率为 50 Hz 的简谐波；(b) 电子示波器扫描用的锯齿波；(c) 电子计算机(电脑)中用的矩形脉冲；(d) 激光通信用来载波的光脉冲；(e)(f) 广播电视通信用的调幅波和调频波(振幅和频率随时间变化的简谐波)；(g)(h) 电子琴中用特殊波形的交流电来模仿各种声音，如小提琴和单簧管的声音.

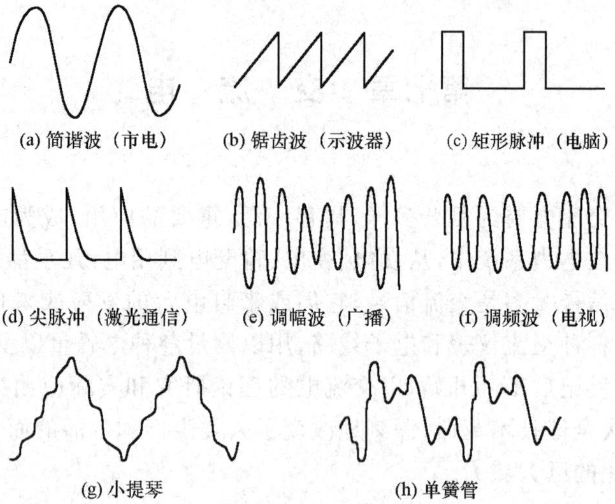

图 7.1 各种形式的交流电

尽管交流电的波形多种多样，但根据傅里叶级数理论，**任何非简谐式的周期性变化的波形都可以展开成一系列频率成整数倍的简谐成分的叠加**. 现在举例予以说明. 图 7.2 画出了周期性的、频率为 f 的矩形脉冲傅里叶展开的叠加过程，图中把矩形脉冲画成实线作为比较的对象，另一条实线则是各简谐成分叠加的结果，图(a)是振幅为 1、频率为 f 的简谐波，图(b)是图(a)的简谐波与振幅为 1/3、频率为 $3f$ 的简谐波的叠加，图(c)是以上两个简谐波与振幅为 1/5、频率为 $5f$ 的简谐波的叠加，图(d)是矩形脉冲傅里叶展开前十项的叠加.

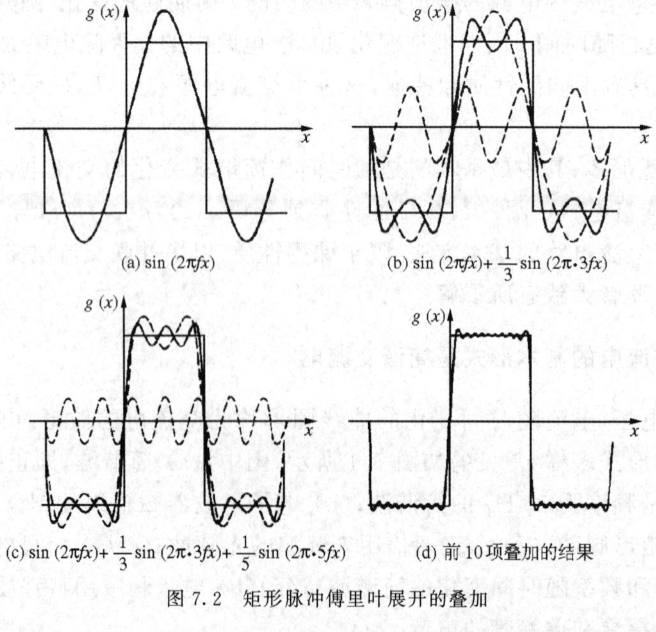

图 7.2 矩形脉冲傅里叶展开的叠加

容易看出，从图(a)到图(d)，随着参与叠加的项数的增多，叠加所得的波形与矩形脉冲逐渐接近，至图(d)，两者已经几无差别. 因此，在各种具有周期性变化波形的交流电中，简谐交流电是最基本、最重要的形式，它是处理一切交流电问题的基础，本章只讨论简谐交流电.

§7.1.2 简谐交流电的特征量

在交流电路中，如果电源的电动势 $e(t)$ 随时间 t 简谐式地变化，是简谐量，则各部分的电压 $u(t)$、电流 $i(t)$ 也都是简谐量，统称简谐交流电，其电动势、电压、电流都可以写成时间 t 的正弦或余弦函数，为

$$\begin{cases} e(t)=\mathscr{E}_0\cos(\omega t+\varphi_e), \\ u(t)=U_0\cos(\omega t+\varphi_u), \\ i(t)=I_0\cos(\omega t+\varphi_i). \end{cases} \tag{7.1}$$

简谐交流电的特征量是频率、峰值(振幅)、相位.

1. 频率，周期，角频率

频率 f 是单位时间内交流电作周期性变化的次数，周期 T 是交流电作一次周期性变化所需的时间，(7.1)式中的 ω 称为交流电的角频率(曾称圆频率)，ω 是 f 的 2π 倍，三者的关系是

$$\omega=2\pi f=\frac{2\pi}{T}. \tag{7.2}$$

简谐交流电的 ω,f,T 取决于振动系统即电源，交流电路中各部分电压和电流的频率与电源电动势的频率相同.

T 的单位是秒(s)，f 的单位是赫兹(Hz 或 s^{-1})，也简称赫，ω 的单位是弧度/秒(rad/s)，如市电的 $f=50\ s^{-1}$，$T=\frac{1}{f}=0.02\ s$，$\omega=2\pi f=\frac{2\pi}{T}=100\pi\ rad\cdot s^{-1}$.

2. 瞬时值，峰值，有效值

(7.1)式中 $e(t)$，$u(t)$，$i(t)$ 分别是交变的电动势、电压、电流的瞬时值. $\mathscr{E}_0$，U_0，I_0 分别是它们的峰值或幅值，即瞬时值随时间变化的幅度. 但通常交流电表的刻度，即所谓交流电压和交流电流的数值指的都是有效值.

若交变电流 $i(t)$ 通过电阻 R，在一个周期 T 的时间内散发的焦耳热，与直流电流 I 在同样的 T 时间内经过该电阻 R 时散发的焦耳热相等，则该 I 称为交变电流的有效值，即有

$$\int_0^T Ri^2\,dt = RI^2T,$$

故交变电流的有效值为

$$\begin{aligned} I &= \sqrt{\frac{1}{T}\int_0^T i^2\,dt} = \sqrt{\frac{1}{T}\int_0^T I_0^2\cos^2(\omega t+\varphi_i)\,dt} \\ &= \frac{I_0}{\sqrt{2}}. \end{aligned} \tag{7.3}$$

同样,交变电压、交变电动势的有效值为 $U=U_0/\sqrt{2}$,$\mathscr{E}=\mathscr{E}_0/\sqrt{2}$.总之,简谐交流电的有效值等于其峰值的 $1/\sqrt{2}$.例如,通常说市电的电压为 220 V,即指有效值,其峰值则为 $U_0=\sqrt{2}U=311$ V.

3. 相位,初相位

当一个物理量随时间 t 作周期性变化时,描绘该物理量在任一时刻 t 瞬时状态(瞬时值和变化趋势)的量称为相位,$t=0$ 时刻的相位称为初相位.例如,(7.1)式中的 $(\omega t+\varphi_e)$,$(\omega t+\varphi_u)$,$(\omega t+\varphi_i)$ 分别是简谐交流电中交变电动势、交变电压、交变电流的相位,φ_e,φ_u,φ_i 分别是它们的初相位.给定任一时刻 t 的相位值,即可由(7.1)式确定该时刻电动势、电压、电流的瞬时值以及它们的变化趋势.对于两个同频简谐量,各自的相位还可用于比较两者各时刻的瞬时状态和变化的步调是否一致,如果两者有相位差,就表明各时刻的瞬时状态和变化的步调并不一致.

不难看出,例如,对于简谐交流电,时间 t 和相位 $(\omega t+\varphi)$ 都具有描绘任一时刻该交流电瞬时状态和变化趋势的功能,前者在一个周期 $t=0\sim T$ 的时间内,后者在 $(\omega t+\varphi)=0\sim 2\pi$ 内,都把简谐交流电的各个运动状态及其变化完整地描绘出来,周而复始,就此而言,两者是等价的.区别在于,t 的量纲是时间,单位是秒,$(\omega t+\varphi)$ 的量纲是角度,单位是弧度,由于简谐交流电是借助于余弦函数表达的,当相位 $(\omega t+\varphi)$ 从 $0\sim 2\pi$ 作一次完整的变化时,$\cos(\omega t+\varphi)$ 刚好从 $1\sim 0\sim -1\sim 0\sim 1$,无论计算和绘图,都很方便,一目了然.

应该指出,在简谐交流电的三个特征量中,频率取决于电源电动势的频率,在一个电路中,各部分电压、电流的频率都与它相同,如果一个电路中有不同频率的几个电源,则各自独立的起作用,不必多虑.有效值和相位是任何交流电路计算中必须兼顾的两个方面,其中有效值是平均效果,与直流电路中相应的量值相当,容易理解.关键在于直流电路中完全没有的相位和相位差的概念,交流电路的复杂性和丰富多彩,多半来源于此,请读者特别予以关注.

例 1　已知交流电流 $i(t)=I_0\cos(\omega t+\varphi_i)$ 的相位 $(\omega t+\varphi_i)$ 依次为 $0,\frac{\pi}{2},\pi,\frac{3\pi}{2},2\pi$,试求相应的电流瞬时值及变化趋势并作图.

解　由 $i(t)=I_0\cos(\omega t+\varphi_i)$ 及 $\frac{\mathrm{d}}{\mathrm{d}t}i(t)=-I_0\omega\sin(\omega t+\varphi_i)$,得出特定的相位对应的电流瞬时值及其时间导数,列表如下:

$(\omega t+\varphi_i)$	$i(t)$	$\frac{\mathrm{d}}{\mathrm{d}t}i(t)$	变化趋势
0	I_0	0	正的峰值
$\frac{\pi}{2}$	0	<0	由正值向负值变化
π	$-I_0$	0	负的峰值
$\frac{3\pi}{2}$	0	>0	由负值向正值变化
2π	I_0	0	正的峰值

取相位($\omega t+\varphi_i$)为横坐标,电流 $i(t)$ 为纵坐标,作出电流随相位变化的曲线如图 7.3 所示,它完整地描绘了当相位从 0 到 2π 时电流变化的全貌.

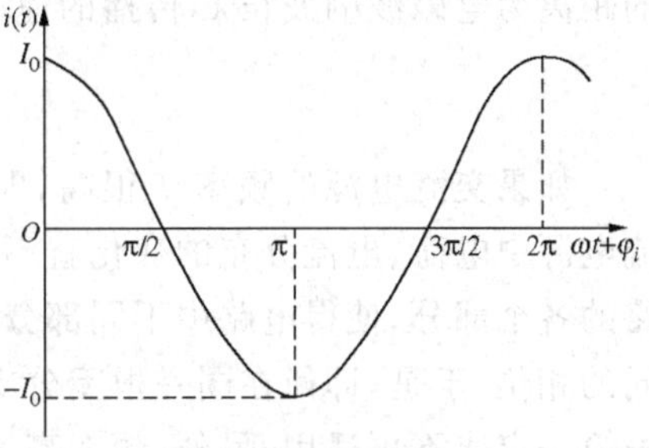

图 7.3 交流电的相位

例 2 两同频交流电压的相位差即初相位差 $\varphi=\varphi_{u_2}-\varphi_{u_1}=0,\dfrac{\pi}{2},\pi,\dfrac{3\pi}{2}$,试画出两电压曲线并作比较.

解 如图 7.4(a),$\varphi=0$,两电压同相位,变化步调完全一致;如图(c),$\varphi=\pi$,两电压变化的步调刚好相反,例如其一达到正的峰值时,另一为负的峰值;如图(b)(d),两电压变化的步调有差别.

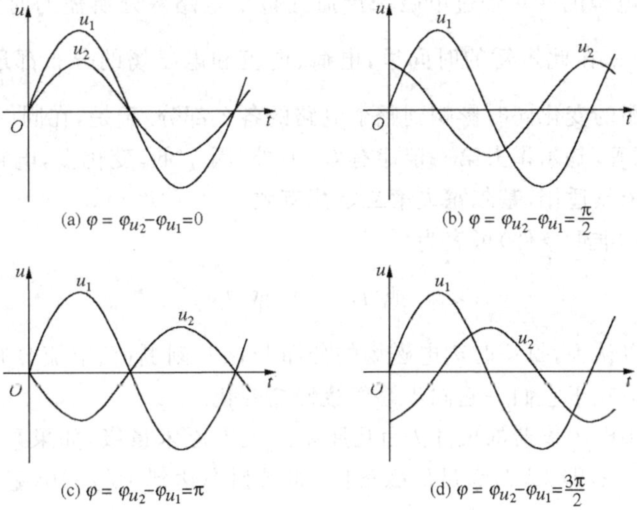

图 7.4 具有不同相位差的两同频交流电压曲线

由此可见,相位差描绘了两同频简谐量变化的步调是否相同或相反或相差多少.

§7.1.3 交流电路的基本假设①

本章将在以下三个基本假设的前提下,讨论交流电路.

1. 似稳条件(准恒条件)

在第八章将指出,电磁场的变化是以电磁波的形式和 $c=3\times10^8$ m/s 的高速在空间传播的.在交流电路中,电源电动势的变化以及相应的电源内电荷和电流分布的变化,是通过它们所产生的电磁场的变化以电磁波的形式和 c 的高速传播到电路各处的,由此导致电路各处的电荷和电流分布随之变化.设交流电源的频率为 f,周期为 T,在 T 时间内变化传播

① 为了阐明“交流电路的基本假设”,需要涉及本章后几节以及第八章的有关内容,不妨先读一遍本节,大致有所了解,待学完第八章后再重读一遍,便可加深理解.

的距离为电磁波的波长λ，传播的速度为c，则

$$\lambda=cT=\frac{c}{f}.$$

如果交流电源的频率f很高，即λ很短，使得λ与电路的尺寸l可相比拟或更小，则交流电源中电荷、电流分布的变化就不能同时地影响到整个电路，而是由近及远地先后影响电路的各个部分，使得电路中不同部分的电磁场以及电荷、电流的变化按距离的远近而落后不同的相位. 于是，即使在同一根无分支的导线上，同一时刻各处也会有不同的电流，即基尔霍夫第一定律不再适用. 另外，频率高，变化快，电路中到处都有较强的涡旋电场，于是电压概念失效，基尔霍夫第二定律不再适用.

与此相反，如果交流电源的频率f较低，即λ很大，使得电磁波的波长λ远大于电路的尺寸l，即$\lambda\gg l$，则电源的变化经过电磁场传播到整个电路各处所需的时间l/c将远小于一个周期T，即$T\gg\frac{l}{c}$，在此短暂的时间里，电荷、电流和电磁场的分布都还未能发生显著变化，即可以认为电源的变化同时影响到整个电路的各个部分. 于是，在同一时刻，同一无分支导线各处的电流相等，基尔霍夫第一定律有效. 另外，因f低，变化慢，电路中的涡旋电场可略，于是电压概念依然适用，基尔霍夫第二定律有效.

似稳条件（也称**准恒条件**）可表为

$$\lambda\gg l \quad \text{或}\ T\gg\frac{l}{c} \quad \text{或}\ f\ll\frac{c}{l}. \tag{7.4}$$

在似稳条件下，可以认为，每一时刻电磁场的分布与该时刻电荷、电流分布的关系是与直流电路一样的，区别只在于它们一起同步地作缓慢的变化.

通常，实验室中电子仪器的尺寸l为几厘米到几十厘米量级，如果采用$f=50\ \text{Hz}$的市电，则$\lambda=c/f=10^7\ \text{m}$，即$\lambda\gg l$，满足似稳条件，如果频率达到$10^7\sim10^8$甚至更高，则似稳条件不再满足.

本章的交流电路理论只在似稳条件下适用，反之，若似稳条件不适用，则需代之以电磁波传播的理论. 由此可见，一个似乎技术性很强的因素（电源频率f的高低）有时会产生深刻的影响.

2. 集中元件

为了能用基尔霍夫定理处理交流电路，除了上述似稳条件外，还要求电路中的元件为集中元件.

在交流电路的电感L和电容C元件内，集中了较强的磁场和电场，它们的变化会产生较强的涡旋电场和位移电流（见第八章），前者使电压概念失效，后者使传导电流不连续（中断），即使基尔霍夫定律在其中失效. 但在一般交流电路中，L和C元件在电路中只占据很小的体积，若撇开这些小范围，那么，从电容外部看，电流从一极板流入从另一极板流出似乎依旧保持连续，从电感的外部取积分路线，电场的功近似与路径无关，电压概念仍有效.

集中元件是指分别把磁场和电场集中在自身内部很小范围的电感元件和电容元件. 似稳条件和集中元件是交流电路基尔霍夫定律成立的前提.

元件是线性的，即假设电阻、电感、电容元件的 R,L,C 值只由元件本身性质决定，与电流无关（如果电感中填充铁磁质，电容中填充铁电体，则其 L,C 值还与电流有关，即此元件是非线性的）.

元件是"单纯"的，即假设电阻元件只有 R 别无其他，电感和电容元件只有 L 和 C 别无其他. 实际的元件（包括连接导线）通常都不单纯，都有一定的分布电阻、分布电容、分布电感，但可看作是等效的单纯元件的某种组合.

总之，假设交流电路中的元件是集中的、线性的、单纯的.

3. 线性电路

如果电路中有多个交流电源，它们的频率可以相同也可以不同，则电路中同时传播着多个同频或不同频的简谐交流电. 如果各简谐交流电在同一电路中传播时彼此独立、互不干扰（即其间没有能量的交换），则此交流电路称为线性电路. 对此，可将各简谐成分逐个单独处理，再相加.

线性电路和线性元件的条件使交流电路的基尔霍夫方程组是线性的，便于求解.

综上，本章的基本假设是：似稳条件，集中的、线性的、单纯的元件，线性电路.

§7.2 交流电路中的元件

与直流电路类似，交流电路讨论的基本问题仍是电路中任一元件或任一部分上电压与电流的关系，电压、电流、功率在电路中的分配以及相关的应用，但交流电路比直流电路更为复杂. 第一，直流电路只有电阻 R 一种元件，交流电路则有电阻 R、电感 L、电容 C 三种元件，三者的性质又有明显的差别，这就有可能组成多种多样的交流电路，性能丰富，应用广泛. 第二，直流电路中电阻两端的电压 U 与其中的电流 I 之比即为该电阻 R. 在交流电路中，由于电压 $u(t)$ 和电流 $i(t)$ 都是简谐量，这就使得电压与电流的关系复杂了，除了它们的频率都等于电源的频率外，关心的是两者峰值（或有效值）的关系以及相位的关系，为此定义任一元件或任一段交流电路的阻抗 Z 和相位差 φ 为

$$Z=\frac{U_0}{I_0}=\frac{U}{I}, \tag{7.5}$$

$$\varphi=\varphi_u-\varphi_i, \tag{7.6}$$

Z 和 φ 合起来反映元件或一段交流电路本身的特性. 本节分别讨论单纯的 R,L,C 的性质，这将为讨论由它们组成的交流电路奠定基础.

§7.2.1 交流电路中的电阻元件

如图 7.5(a)所示，在似稳条件下，欧姆定律仍适用于交流电路中的电阻元件，即瞬时电压与瞬时电流仍成正比，其比值为电阻 R. 设电压的初相位 $\varphi_u=0$，即 $u(t)=U_0\cos\omega t$，则由欧姆定律，电流为

$$i(t)=\frac{u(t)}{R}=\frac{U_0}{R}\cos\omega t=I_0\cos\omega t,$$

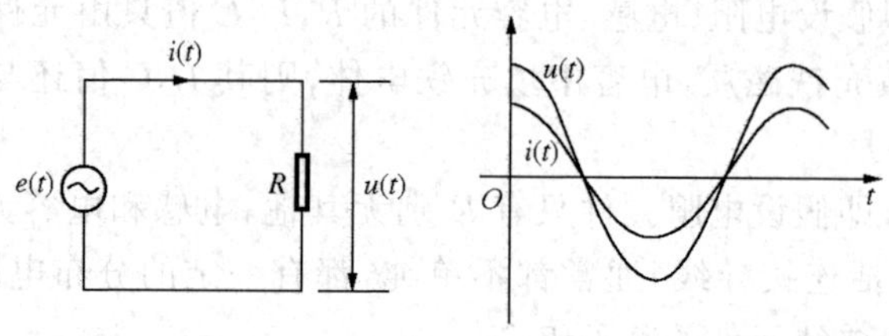

(a) 纯电阻的交流电路　　(b) 电阻上$u(t)$与$i(t)$的相位关系

图 7.5　电阻元件

故

$$\begin{cases} Z_R = \dfrac{U_0}{I_0} = R, \\ \varphi_R = \varphi_u - \varphi_i = 0. \end{cases} \tag{7.7}$$

(7.7)式表明,对于电阻元件,其交流阻抗就是它的电阻 R,电压与电流的相位一致,如图 7.5(b)所示.

§7.2.2　交流电路中的电感元件

如图 7.6(a)所示,当交流电流 $i(t)$通过电感 L 时,在线圈内产生的自感电动势为

$$\mathscr{E}_L(t) = -L\,\frac{\mathrm{d}i}{\mathrm{d}t}.$$

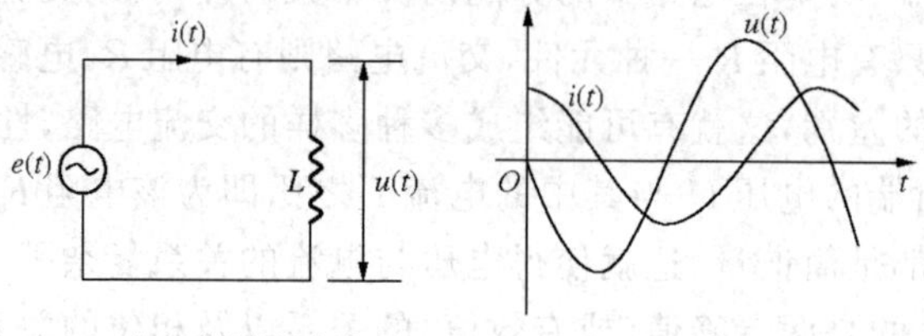

(a) 纯电感的交流电路　　(b) 电感上$u(t)$与$i(t)$的相位关系

图 7.6　电感元件

设交流电源的电动势为 $e(t)$,内阻为零,则 $e(t)$就是电感元件两端的电压 $u(t)$,由欧姆定律,因电路中无电阻,得

$$e(t) + \mathscr{E}_L(t) = u(t) + \mathscr{E}_L(t) = 0,$$

即

$$u(t) = -\mathscr{E}_L(t) = L\,\frac{\mathrm{d}i}{\mathrm{d}t}.$$

设电流的初相位 $\varphi_i = 0$,则 $i(t) = I_0\cos\omega t$,代入上式,得

$$u(t) = LI_0(-\omega\sin\omega t) = \omega LI_0\cos\left(\omega t + \frac{\pi}{2}\right),$$

故

$$\begin{cases} Z_L=\dfrac{U_0}{I_0}=\omega L, \\ \varphi_L=\varphi_u-\varphi_i=\dfrac{\pi}{2}. \end{cases} \tag{7.8}$$

(7.8)式表明，电感元件的阻抗（也称感抗）除与电感 L 成正比外，还与角频率 ω 成正比，ω 越高，Z_L 越大，故电感具有“阻高频、通低频”的特性；另外在相位关系上，电压超前电流 $\frac{\pi}{2}$，如图 7.6(b)所示.

§7.2.3　交流电路中的电容元件

如所周知，电容器两极板内部或是真空或填充不导电的绝缘介质，因此，任何电流，无论直流电还是交流电或者暂态过程中的变化电流，都无法经电容器的内部通过.但当电容器两端接上交变电动势 $e(t)$时，在 $e(t)$的作用下时而充电、时而放电，都有电流通过电容器两极板外部的电路，使得包含电容器的电路中存在交变电流 $i(t)$，所谓交流电“通过”了电容器的含义即在于此.换言之，只在非恒定的变化情形，才会有电流“通过”电容器，达到恒定后，电容器外便无电流，这就是电容器具有的“隔直流”的作用.

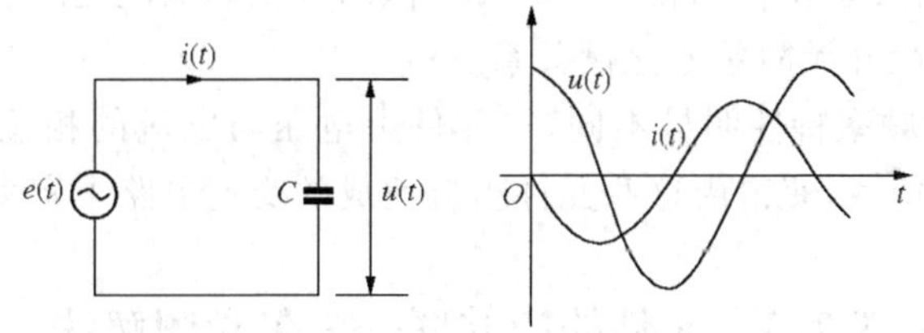

(a) 纯电容的交流电路　　(b) 电容上 $u(t)$与 $i(t)$的相位关系

图 7.7　电容元件

如图 7.7(a)所示，电容两端的电压 $u(t)$与两极板所带电量 $q(t)$成正比，即 $q(t)=Cu(t)$，$q(t)$的变化就是电容的不断充电和放电，电路中的电流 $i(t)$就是充电和放电的电流，有

$$i(t)=\frac{\mathrm{d}}{\mathrm{d}t}q(t)=C\frac{\mathrm{d}}{\mathrm{d}t}u(t).$$

设 $\varphi_u=0$，则 $u(t)=U_0\cos\omega t$，代入，得

$$\begin{aligned} i(t)&=CU_0(-\omega\sin\omega t) \\ &=\omega CU_0\cos\left(\omega t+\frac{\pi}{2}\right), \end{aligned}$$

故

$$\begin{cases} Z_C=\dfrac{U_0}{I_0}=\dfrac{1}{\omega C}, \\ \varphi_C=\varphi_u-\varphi_i=-\dfrac{\pi}{2}. \end{cases} \tag{7.9}$$

(7.9)式表明，电容元件的阻抗(也称容抗)除与电容 C 成反比外，还与角频率 ω 成反比，ω 越低，Z_C 越大，对于直流电，因 ω 为零，Z_C 为无穷大，故电容具有“通高频、阻低频、隔直流”的特性；另外，在相位关系上，电压落后电流 $\frac{\pi}{2}$，如图 7.7(b)所示.

小结

现将交流电路中电阻、电感、电容三元件的阻抗 Z 和相位差 φ 的特性列于表 7.1 中，以便比较.

表 7.1 交流电路元件的比较

元件	阻抗 $Z=\frac{U_0}{I_0}=\frac{U}{I}$	相位差 $\varphi=\varphi_u-\varphi_i$
电阻 R	$Z_R=R$(与 ω 无关)	$\varphi_R=0$
电感 L	$Z_L=\omega L\propto\omega$	$\varphi_L=\frac{\pi}{2}$
电容 C	$Z_C=\frac{1}{\omega C}\propto\frac{1}{\omega}$	$\varphi_C=-\frac{\pi}{2}$

1. 交流电路中元件的特征，需用阻抗 Z 和相位差 φ 两个参量才能完整地描述.

2. 在交流电路中，电压与电流的峰值(或有效值)之间的关系和直流电路中的欧姆定律相似，具有简单的比例关系，$U_0=I_0Z$ 或 $U=IZ$，但因电压和电流之间有相位差，两者的瞬时值 $u(t)$ 与 $i(t)$ 之间一般并无简单的比例关系.

3. 三元件阻抗的频率特性明显不同，三元件上电压与电流的相位差也明显不同. 正是这种差别甚至相反的特性，使得由这些元件组合而成的交流电路丰富多彩、应用广泛.

§7.3 元件的串并联——矢量图解法

与直流电路类似，交流电路也有简单电路与复杂电路之区分，其间的差别不在于元件数量与种类的多寡而在于连接方式. 元件按串联、并联方式连接构成的交流电路称为简单电路. 各元件，若除串联、并联外，还有其他非串并联的连接方式，则构成的交流电路称为复杂电路.

本节讨论元件串并联的简单交流电路，需要讨论的问题仍是电压和电流的关系，即串联电路中各段的电压关系和并联电路中各段的电流关系，由于电压、电流都是简谐量，因此关心的是各简谐量的峰值(有效值)和相位两方面.

求解串并联简单交流电路的计算方法有三种：三角函数法，矢量图解法和复数法. 本节介绍前两种，下节介绍复数法.

§7.3.1 一维同频简谐量的叠加——三角函数法

根据本章的基本假设(似稳条件，集中元件，线性电路)，在串联电路中，通过各元件的电流瞬时值 $i(t)$ 相等，电路两端总电压的瞬时值等于各元件上电压瞬时值之和，即

$$u(t)=u_1(t)+u_2(t)+\cdots. \tag{7.10}$$

在并联电路中，各元件两端的电压瞬时值 $u(t)$ 相等，电路中总电流的瞬时值等于各元件上

电流的瞬时值之和，即

$$i(t)=i_1(t)+i_2(t)+\cdots. \tag{7.11}$$

由以上两式，串并联交流电路的基本问题是同频简谐量的叠加，可一般地表为

$$a(t)=a_1(t)+a_2(t)+\cdots, \tag{7.12}$$

式中 $a_1(t)$，$a_2(t)$，…表示分电压或分电流的瞬时值，$a(t)$表示总电压或总电流的瞬时值.

利用三角函数的运算可以证明，两个（或多个）一维同频简谐量相加后得到的仍是同一频率的简谐量，后者的峰值、初相位与前两者峰值、初相位的关系为

$$\begin{cases} a(t) = A\cos(\omega t+\varphi) \\ \qquad = a_1(t)+a_2(t) \\ \qquad = A_1\cos(\omega t+\varphi_1)+A_2\cos(\omega t+\varphi_2), \\ A^2 = A_1^2+A_2^2+2A_1A_2\cos(\varphi_2-\varphi_1), \\ \tan\varphi = \dfrac{A_1\sin\varphi_1+A_2\sin\varphi_2}{A_1\cos\varphi_1+A_2\cos\varphi_2}. \end{cases} \tag{7.13}$$

(7.13)式表明，在串联电路中，总电压的峰值（或有效值）并不等于分电压的峰值（或有效值）之和，在并联电路中，总电流的峰值（或有效值）并不等于分电流的峰值（或有效值）之和，即 $U_0\neq U_{10}+U_{20}$，$I_0\neq I_{10}+I_{20}$，其原因在于两分电压或两分电流之间有相位差，这是交流电路的基本特点，也是交流电路与直流电路的重大区别.

(7.13)式是求解串并联交流电路的三角函数法的基本公式，并不复杂，但具体计算仍较繁琐.(7.13)式也正是下面介绍的矢量图解法的基础.

§7.3.2　串并联交流电路的矢量图解法

如图 7.8 所示，取一平面：纸面，在其中标明原点 O 及水平轴. 为了表示简谐量 $a(t)=A\cos(\omega t+\varphi)$，在图中画出以简谐量峰值 A 为长度的旋转矢量 $\mathbf{A}$，$t=0$ 时取矢量 $\mathbf{A}$ 与水平轴的夹角为简谐量的初相位 φ，矢量 $\mathbf{A}$ 以角速度 ω（即简谐量的角频率）在平面内逆时针匀角速旋转，经 t 时间后转过 ωt 角，此时矢量 $\mathbf{A}$ 与水平轴的夹角$(\omega t+\varphi)$即为简谐量在 t 时刻的相位，因此，任意时刻 t，旋转矢量 $\mathbf{A}$ 在水平轴上的投影 $A\cos(\omega t+\varphi)$即为简谐量 $a(t)$. 简言之，按上述规定画出的旋转矢量 $\mathbf{A}$ 并非简谐量，但旋转矢量在水平轴上的投影是简谐量，所以，旋转矢量可用来表示简谐量.

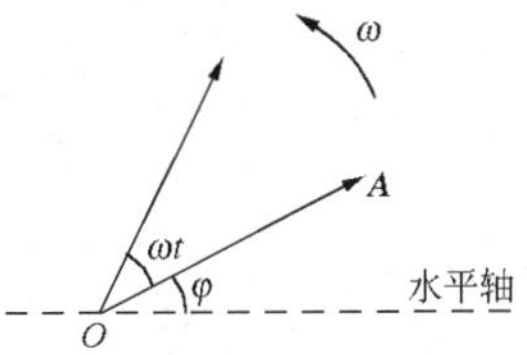

图 7.8　旋转矢量

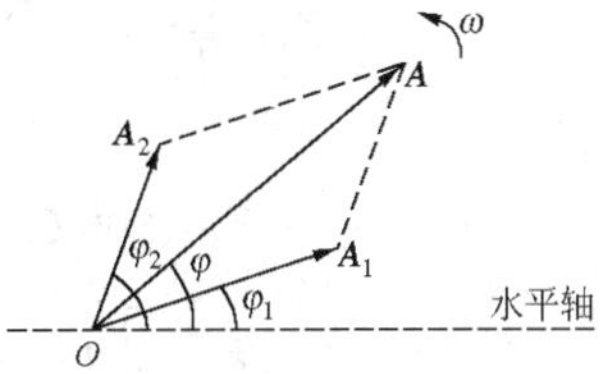

图 7.9　矢量图解法

如图 7.9 所示，两个同频简谐量 $a_1(t)$和 $a_2(t)$可以分别用两个旋转矢量 $\mathbf{A}_1$ 和 $\mathbf{A}_2$ 表示，这两个旋转矢量的合矢量 $\mathbf{A}=\mathbf{A}_1+\mathbf{A}_2$ 所表示的简谐量 $a(t)$刚好就是这两个同频简谐量相

加得出的与之同频的简谐量，即 $a(t)=a_1(t)+a_2(t)$. 因此，可以用旋转矢量的求和表示简谐量的求和，这是串并联交流电路的基本问题，也是矢量图解法的核心，种种应用皆源于此. 注意，由于 $\boldsymbol{A}_1,\boldsymbol{A}_2,\boldsymbol{A}_3$ 三矢量均以 ω 逆时针匀角速旋转，三者之间的夹角以及相对大小关系在转动中保持不变，故计算时画任意时刻的矢量图均可，通常都画 $t=0$ 时刻的矢量图（图7.9 画的就是 $t=0$ 时刻的矢量图），此时各矢量与水平轴的夹角等于初相位.

例 3　RL 串联

已知 R,L,ω，试求 RL 串联电路的总阻抗 Z 以及总电压与总电流的相位差 φ. 又，设总电压有效值为 $U=120\text{ V}$，$R=260\ \Omega$，$Z_L=\omega L=150\ \Omega$，试写出 $i(t),u(t),u_R(t),u_L(t)$ 的瞬时值（取 $i(t)$ 的初相位为零）.

解　如图 7.10(a)，在 RL 串联电路中，总电流与流经 R 和 L 的电流（瞬时值）相等，即 $i(t)=i_R(t)=i_L(t)$，于是代表它们的旋转矢量也相同，即 $\boldsymbol{I}=\boldsymbol{I}_R=\boldsymbol{I}_L$，在图(b)中画成水平矢量（因已设 $i(t)$ 初相位为零）. 因 $u_R(t)$ 与 $i_R(t)$ 同相位，$u_L(t)$ 比 $i_L(t)$ 超前 $\pi/2$，故在图(b)中 $\boldsymbol{U}_R$ 为水平矢量，$\boldsymbol{U}_L$ 垂直 $\boldsymbol{I}_L$ 并向上，$\boldsymbol{U}=\boldsymbol{U}_R+\boldsymbol{U}_L$ 表示总电压 $u(t)$. 如图(b)，由几何关系，得

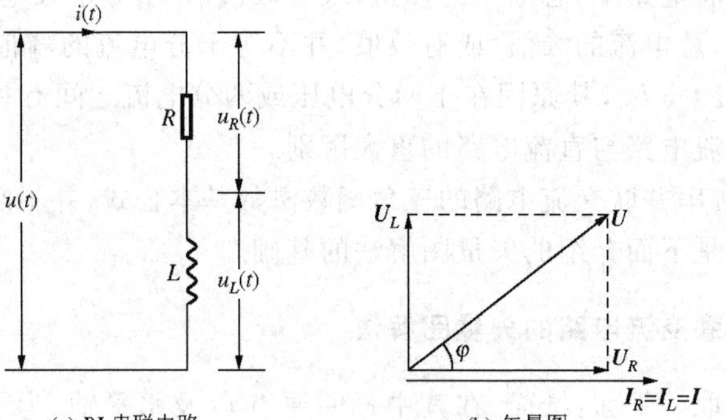

(a) RL串联电路　　(b) 矢量图

图 7.10　RL 串联

$$U=\sqrt{U_R^2+U_L^2}=\sqrt{(IZ_R)^2+(IZ_L)^2}$$
$$=I\sqrt{R^2+(\omega L)^2},$$
$$\tan\varphi=\frac{U_L}{U_R}=\frac{\omega L}{R},$$
$$Z=\frac{U}{I}=\sqrt{R^2+(\omega L)^2}.$$

将有关数据代入，得

$$Z=300\ \Omega,$$
$$\varphi=\frac{\pi}{6},$$
$$i(t)=I_0\cos\omega t=\sqrt{2}I\cos\omega t$$
$$=\frac{\sqrt{2}U}{Z}\cos\omega t=\frac{120\sqrt{2}}{300}\cos\omega t$$

$$= 0.4\sqrt{2}\cos\omega t\ \text{A},$$

$$u(t) = U_0\cos(\omega t + \varphi) = \sqrt{2}U\cos(\omega t + \varphi)$$

$$= 120\sqrt{2}\cos\left(\omega t + \frac{\pi}{6}\right)\text{V},$$

$$u_R(t) = U_{R0}\cos\omega t = I_0 R\cos\omega t$$

$$= 104\sqrt{2}\cos\omega t\ \text{V},$$

$$u_L(t) = U_{L0}\cos\left(\omega t + \frac{\pi}{2}\right) = I_0 Z_L\cos\left(\omega t + \frac{\pi}{2}\right)$$

$$= 60\sqrt{2}\cos\left(\omega t + \frac{\pi}{2}\right)\ \text{V}.$$

例 4　RC 并联

已知 R,C,ω，试求 RC 并联电路总阻抗 Z 以及总电压与总电流的相位差 φ.

解　如图 7.11(a)，在 RC 并联电路中，总电压与 R 两端、C 两端的电压(瞬时值)相等，即 $u(t)=u_R(t)=u_C(t)$，于是代表它们的旋转矢量相同，即 $\boldsymbol{U}=\boldsymbol{U}_R=\boldsymbol{U}_C$，在图(b)中画成水平矢量(即设初相位为零). 因 $u_R(t)$ 与 $i_R(t)$ 同相位，$u_C(t)$ 的相位比 $i_C(t)$ 落后 $\frac{\pi}{2}$，故图(b)中 $\boldsymbol{I}_R$ 为水平矢量，$\boldsymbol{I}_C$ 垂直 $\boldsymbol{U}_C$ 向上，$\boldsymbol{I}=\boldsymbol{I}_R+\boldsymbol{I}_C$ 表示总电流. 如图(b)，由几何关系，得

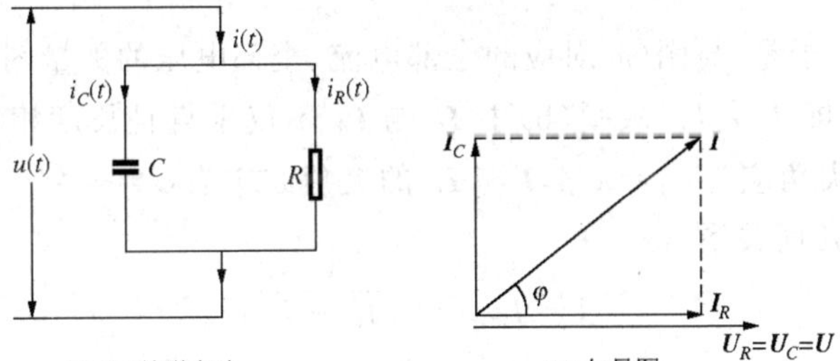

(a) RC 并联电路　　(b) 矢量图

图 7.11　RC 并联

$$I = \sqrt{I_R^2 + I_C^2} = \sqrt{\left(\frac{U}{R}\right)^2 + \left(\frac{U}{1/\omega C}\right)^2}$$

$$= U\sqrt{(1/R)^2 + (\omega C)^2},$$

$$\tan\varphi = -\frac{I_C}{I_R} = -\frac{U/\frac{1}{\omega C}}{U/R}$$

$$= -\omega CR,$$

$$Z = \frac{U}{I} = \frac{1}{\sqrt{(1/R)^2 + (\omega C)^2}}.$$

例 5 串并联

如图 7.12(a),RC 并联再与 L 串联,已知 $Z_L=Z_C=R$,试求以下简谐量之间的相位差:(1) $u_C(t)$与 $i_R(t)$,(2) $i_C(t)$与 $i_R(t)$,(3) $u_R(t)$与 $u_L(t)$,(4) $u(t)$与 $i(t)$.

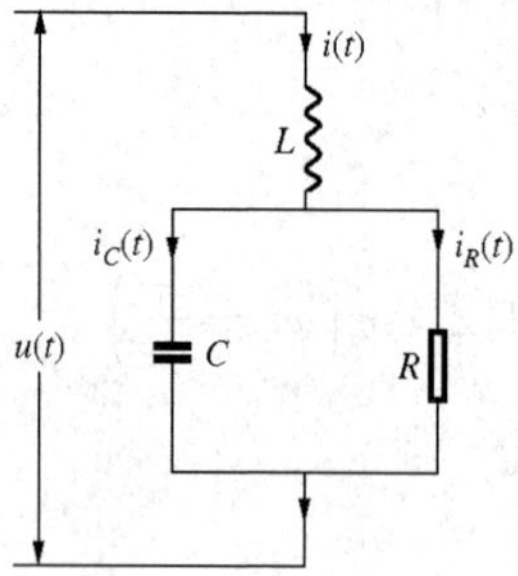

(a) RC 并联再与 L 串联

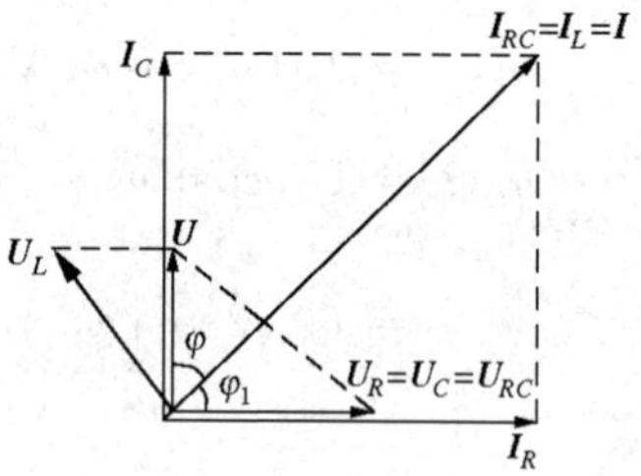

(b) 矢量图

图 7.12 串并联

解 如图 7.12(b),先画矢量图.因 RC 并联,$\boldsymbol{U}_R=\boldsymbol{U}_C=\boldsymbol{U}_{RC}$,以此为基准,把三者都画成水平矢量.因 $\boldsymbol{I}_R /\!/ \boldsymbol{U}_R$,$\boldsymbol{I}_C \perp \boldsymbol{U}_C$ 向上($\boldsymbol{I}_C$ 比 $\boldsymbol{U}_C$ 超前$\frac{\pi}{2}$的相位),又因 $\boldsymbol{I}_R+\boldsymbol{I}_C=\boldsymbol{I}_{RC}$,$\boldsymbol{I}_{RC}=\boldsymbol{I}_L=\boldsymbol{I}$,故 $\boldsymbol{I}_R$,$\boldsymbol{I}_C$,$\boldsymbol{I}_{RC}$,$\boldsymbol{I}_L$,$\boldsymbol{I}$ 五者可先后依次画出.因 $\boldsymbol{U}_L \perp \boldsymbol{I}_L$ 向左($\boldsymbol{U}_L$ 比 $\boldsymbol{I}_L$ 超前$\frac{\pi}{2}$的相位),$\boldsymbol{U}=\boldsymbol{U}_L+\boldsymbol{U}_{RC}$,可画出 $\boldsymbol{U}_L$,$\boldsymbol{U}$.于是,与图(a)对应的全部电流、全部电压的矢量图如图(b)所示.

由题设,$Z_C=R$,即 $I_C=I_R$,故图(b)中 $\boldsymbol{I}_C$ 与 $\boldsymbol{I}_R$ 不仅垂直且长度相等,于是两者的合矢量总电流 $\boldsymbol{I}$ 与 $\boldsymbol{I}_R$ 的夹角应为 $\varphi_1=\pi/4$,$\boldsymbol{I}$ 与 $\boldsymbol{I}_C$ 的夹角亦应为 $\varphi=\pi/4$.

由矢量图,利用几何关系,得

$$\begin{aligned} I = I_{RC} &= \sqrt{I_C^2+I_R^2} \\ &= \sqrt{2}I_R. \end{aligned}$$

由题设,$Z_L=R$,故

$$\begin{aligned} U_L = IZ_L &= \sqrt{2}I_R R \\ &= \sqrt{2}U_R. \end{aligned}$$

因 $\boldsymbol{U}_L \perp \boldsymbol{I}_L$,$\boldsymbol{I}_L=\boldsymbol{I}$,$\boldsymbol{I}$ 与 $\boldsymbol{I}_R$ 的夹角 $\varphi_1=\pi/4$,$\boldsymbol{I}_R /\!/ \boldsymbol{U}_R$,故 $\boldsymbol{U}_L$ 与 $\boldsymbol{U}_R$ 的夹角为 $\pi/2+\pi/4=3\pi/4$,又因 $U_L=\sqrt{2}U_R$,故 $\boldsymbol{U}=\boldsymbol{U}_R+\boldsymbol{U}_L$ 应垂直向上,即 $\boldsymbol{U}\perp\boldsymbol{U}_R$,两者的夹角为 $\pi/2$,由几何关系

$$\begin{aligned} U^2 = U_L^2-U_R^2 &= (\sqrt{2}U_R)^2-U_R^2 \\ &= U_R^2. \end{aligned}$$

至此,根据题设的条件,准确地确定了各电压、各电流矢量之间的相位(夹角)关系,以及各电压矢量之间的相对大小、各电流矢量之间的相对大小,图(b)即据此画出.

由矢量图:

(1) $\boldsymbol{U}_C$ 与 $\boldsymbol{I}_R$ 同相位,$\Delta\varphi=0$.

(2) $\boldsymbol{I}_C$ 比 $\boldsymbol{I}_R$ 超前 $\pi/2$，$\Delta\varphi=\dfrac{\pi}{2}$.

(3) $\boldsymbol{U}_R$ 比 $\boldsymbol{U}_L$ 落后 $3\pi/4$，$\Delta\varphi=-3\pi/4$.

(4) $\boldsymbol{U}$ 比 $\boldsymbol{I}$ 超前 $\pi/4$，$\Delta\varphi=\pi/4$.

例 6 并联谐振.

如图 7.13(a)所示，RL 串联，再与 C 并联，接交流电源. 已知 R,L,C 和 ω，试求此串并联电路的 Z 与 φ.

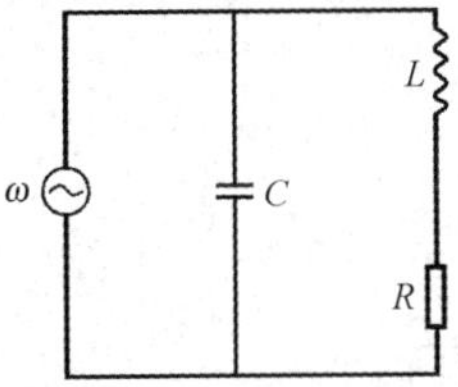

(a) RL 串联再与 C 并联

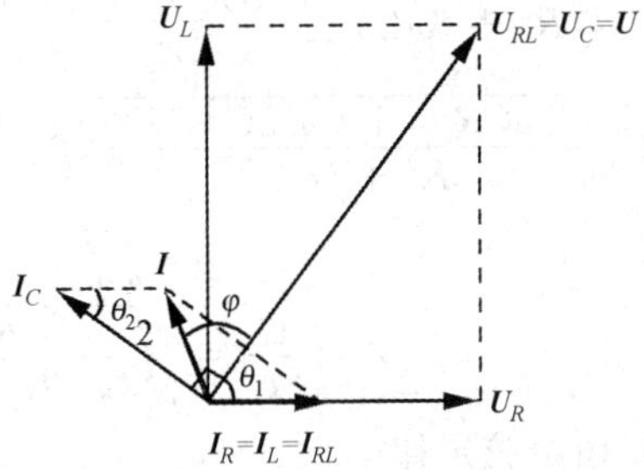

(b) 矢量图

图 7.13 串并联(并联谐振)

解 先画矢量图. 如图(b)，因 RL 串联，以 $\boldsymbol{I}_R=\boldsymbol{I}_L=\boldsymbol{I}_{RL}$ 为基准画矢量图，它包括两部分. ① 电压矢量. 因 $\boldsymbol{U}_R /\!/ \boldsymbol{I}_R$，$\boldsymbol{U}_L \perp \boldsymbol{I}_L$($\boldsymbol{U}_L$ 的相位比 $\boldsymbol{I}_L$ 超前 $\pi/2$，故 $\boldsymbol{U}_L$ 垂直向上)，$\boldsymbol{U}_R+\boldsymbol{U}_L=\boldsymbol{U}_{RL}$，又因 RL 串联后与 C 并联，$\boldsymbol{U}_{RL}=\boldsymbol{U}_C=\boldsymbol{U}$，故 $\boldsymbol{U}_R,\boldsymbol{U}_L,\boldsymbol{U}_{RL},\boldsymbol{U}_C,\boldsymbol{U}$ 均可画出. ② 电流矢量. 因 $\boldsymbol{I}_C \perp \boldsymbol{U}_C$($\boldsymbol{I}_C$ 比 $\boldsymbol{U}_C$ 超前$\dfrac{\pi}{2}$)，又因 $\boldsymbol{I}_C+\boldsymbol{I}_{RL}=\boldsymbol{I}$，故不仅作为基准的 $\boldsymbol{I}_R,\boldsymbol{I}_L,\boldsymbol{I}_{RL}$ 可画出，其余 $\boldsymbol{I}_C,\boldsymbol{I}$ 也均可画出，其中 $\boldsymbol{I}_C,\boldsymbol{I}_L,\boldsymbol{I}$ 构成斜三角形.

由电压矢量图，在 $\boldsymbol{U}_L,\boldsymbol{U}_R,\boldsymbol{U}$ 构成的直角三角形中

$$\begin{aligned} U=U_C=U_{RL} &= \sqrt{U_R^2+U_L^2} \\ &= \sqrt{(I_R R)^2+(I_L\omega L)^2} \\ &= I_{RL}\sqrt{R^2+(\omega L)^2}. \end{aligned}$$

由电流矢量图，在 $\boldsymbol{I}_C,\boldsymbol{I}_L,\boldsymbol{I}$ 构成的斜三角形中

$$I_R=I_L=I_{RL}=\frac{U}{\sqrt{R^2+(\omega L)^2}},$$

$$I_C=\frac{U}{\dfrac{1}{\omega C}},$$

$$\theta_1=\arctan\frac{U_L}{U_R}=\arctan\frac{\omega L}{R},$$

$$\theta_2=\frac{\pi}{2}-\theta_1,$$

$$\cos\theta_2=\cos\left(\frac{\pi}{2}-\theta_1\right)=\sin\theta_1=\frac{U_L}{U_{RL}}$$

$$=\frac{\omega L}{\sqrt{R^2+(\omega L)^2}}.$$

由斜三角形的余弦定律

$$I=\sqrt{I_R^2+I_C^2-2I_RI_C\cos\theta_2}$$

$$=U\sqrt{\frac{1}{R^2+(\omega L)^2}+(\omega C)^2-2\cdot\frac{1}{\sqrt{R^2+(\omega L)^2}}\cdot\omega C\cdot\frac{\omega L}{\sqrt{R^2+(\omega L)^2}}}$$

$$=U\sqrt{\frac{(\omega CR)^2+(\omega^2LC-1)^2}{R^2+(\omega L)^2}},$$

故

$$Z=\frac{U}{I}=\sqrt{\frac{R^2+(\omega L)^2}{(\omega CR)^2+(\omega^2LC-1)^2}}.$$

在斜三角形中,由余弦定律

$$\cos(\varphi+\theta_1)=\frac{I_R^2+I^2-I_C^2}{2I_RI}$$

$$=\frac{\left[\frac{1}{\sqrt{R^2+(\omega L)^2}}\right]^2+\left[\sqrt{\frac{(\omega CR)^2+(\omega^2CL-1)^2}{R^2+(\omega L)^2}}\right]^2-\omega^2C^2}{2\cdot\frac{1}{\sqrt{R^2+(\omega L)^2}}\cdot\sqrt{\frac{(\omega CR)^2+(\omega^2LC-1)^2}{R^2+(\omega L)^2}}}$$

$$=\frac{1-\omega^2LC}{\sqrt{(\omega CR)^2+(\omega^2LC-1)^2}}.$$

又

$$\tan(\varphi+\theta_1)=\frac{\omega CR}{1-\omega^2LC},$$

令

$$\alpha=\varphi+\theta_1,$$

利用三角函数公式

$$\tan\varphi=\tan(\alpha-\theta_1)=\frac{\tan\alpha-\tan\theta_1}{1+\tan\alpha\tan\theta_1},$$

将各量代入,得

$$\tan\varphi=\frac{\frac{\omega CR}{1-\omega^2LC}-\frac{\omega L}{R}}{1+\frac{\omega CR}{1-\omega^2LC}\cdot\frac{\omega L}{R}}=\frac{-\omega L+\omega C(R^2+\omega^2L^2)}{R},$$

故

$$\varphi=\arctan\frac{\omega L-\omega C(R^2+\omega^2L^2)}{R}.$$

以上四例表明，对于由 R, L, C 元件串并联构成的简单交流电路，根据元件的特征（电压与电流的相位关系，元件的阻抗）和串联、并联的性质（串联电路中通过各元件的电流相等，并联电路中各元件两端的电压相等），利用（旋转）矢量表示各简谐量、（旋转）矢量之和表示同频简谐量之和的方法，可以把串并联交流电路中涉及的全部电流（各支路的电流）以及全部电压（各元件两端的电压）画在同一张矢量图上. 矢量图上任意两矢量的夹角就是两相应简谐量（无论电压还是电流）的相位差，矢量图上各电流矢量（或电压矢量）的大小关系就是它所表示的电流（或电压）的峰值或有效值的关系. 简言之，矢量图集中了串并联交流电路的全部重要信息，并把其间的关系表示成几何关系，一目了然，简明清晰，这是矢量图的优点.

然而，就计算而言，如果只是单纯的 R, L, C 的串联或并联（如例 3、例 4），则矢量图中只出现直角三角形，计算十分简单. 如果串并联兼而有之（如例 6），一般而言，矢量图中将会出现斜三角形，三边的几何关系需借助于三角形的余弦定律给出，计算就会麻烦得多，令人生厌.（例 5 虽也是串并联都有，但题设条件使之只出现直角三角形，容易求解，这是一个例外.）又，矢量图解法只适用于串并联的简单交流电路，一旦电路中出现了非串并联的连接方式，它就无能为力了，这是它的根本限制. 下节介绍的复数法不受串并联的限制，是求解各种交流电路的普遍方法，并且计算也简便得多. 通常，对于串并联交流电路，都用复数法求解，但往往辅以矢量图，两相对照，彼此印证.

§7.4 交流电路的复数解法

复数法是求解交流电路的基本方法，不仅适用于串并联的简单交流电路，还适用于需要用交流电路的基尔霍夫方程组才能求解的复杂交流电路. 复数法通过简谐量的复数表示，利用复数所具有的加、减、乘、除、微分、积分等丰富的运算功能，可以将交流电路的各种公式写成和直流电路相似的形式，简单明确，便于计算.

§7.4.1 复数的基本知识

复数 $\widetilde{A}$ 有两种表示法

$$\begin{cases}\widetilde{A} = x + \mathrm{j}y, & ①\\ \widetilde{A} = A\mathrm{e}^{\mathrm{j}\varphi}, & ②\end{cases}$$

式中 x 和 y 称为复数的实部和虚部，$\mathrm{j}=\sqrt{-1}$ 为虚数单位，A 和 φ 称为复数的模（或绝对值）和幅角. 由欧拉公式

$$\mathrm{e}^{\mathrm{j}\varphi} = \cos\varphi + \mathrm{j}\sin\varphi, \qquad ③$$

复数两种表示法的关系为

$$\begin{cases}x = A\cos\varphi, \\ y = A\sin\varphi,\end{cases} \qquad ④$$

$$\begin{cases} A = \sqrt{x^2 + y^2}, \\ \varphi = \arctan \dfrac{y}{x}. \end{cases} \quad ⑤$$

两个复数相等的充要条件为,实部相等及虚部相等或模相等及幅角相等.

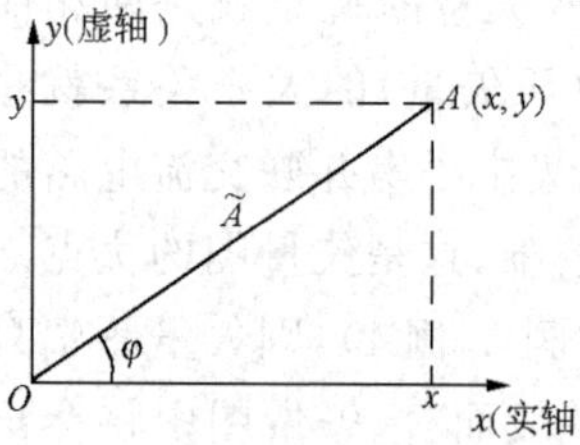

图 7.14 复数的平面表示

如图 7.14,取 x 轴为实轴,y 轴为虚轴,构成复平面,则复数 $\widetilde{A}$ 对应复平面中的(x,y)点或长度为 A、与 x 轴夹角为 φ 的矢量.由此,复数两种表示法之间的关系一目了然.

虚数单位 $\mathrm{j}=\sqrt{-1}$的基本性质是

$$\begin{cases} \mathrm{j}^2 = -1, \\ \dfrac{1}{\mathrm{j}} = -\mathrm{j}, \\ \mathrm{j} = \mathrm{e}^{\mathrm{j}\frac{\pi}{2}}, \\ \dfrac{1}{\mathrm{j}} = \mathrm{e}^{-\mathrm{j}\frac{\pi}{2}}. \end{cases} \quad ⑥$$

复数 $\widetilde{A}$ 的共轭 $\widetilde{A}^*$ 定义为

$$\widetilde{A}^* = x - \mathrm{j}y = A\mathrm{e}^{-\mathrm{j}\varphi}, \quad ⑦$$

故

$$\widetilde{A}\widetilde{A}^* = A^2 = x^2 + y^2. \quad ⑧$$

复数的四则运算(加、减、乘、除)为

$$\begin{cases} \widetilde{A}_1 \pm \widetilde{A}_2 = (x_1 + \mathrm{j}y_1) \pm (x_2 + \mathrm{j}y_2) \\ \qquad = (x_1 \pm x_2) + \mathrm{j}(y_1 \pm y_2), \\ \widetilde{A}_1 \cdot \widetilde{A}_2 = (A_1 \mathrm{e}^{\mathrm{j}\varphi_1})(A_2 \mathrm{e}^{\mathrm{j}\varphi_2}) \\ \qquad = A_1 A_2 \mathrm{e}^{\mathrm{j}(\varphi_1 + \varphi_2)}, \\ \text{或}\ \widetilde{A}_1 \cdot \widetilde{A}_2 = (x_1 + \mathrm{j}y_1) \cdot (x_2 + \mathrm{j}y_2) \\ \qquad = (x_1 x_2 - y_1 y_2) + \mathrm{j}(x_1 y_2 + x_2 y_1), \\ \dfrac{\widetilde{A}_1}{\widetilde{A}_2} = \dfrac{A_1 \mathrm{e}^{\mathrm{j}\varphi_1}}{A_2 \mathrm{e}^{\mathrm{j}\varphi_2}} = \dfrac{A_1}{A_2} \mathrm{e}^{\mathrm{j}(\varphi_1 - \varphi_2)}, \\ \text{或}\ \dfrac{\widetilde{A}_1}{\widetilde{A}_2} = \dfrac{x_1 + \mathrm{j}y_1}{x_2 + \mathrm{j}y_2} = \dfrac{(x_1 + \mathrm{j}y_1)(x_2 - \mathrm{j}y_2)}{(x_2 + \mathrm{j}y_2)(x_2 - \mathrm{j}y_2)} \\ \qquad = \dfrac{(x_1 x_2 + y_1 y_2) + \mathrm{j}(y_1 x_2 - x_1 y_2)}{x_2^2 + y_2^2} \\ \qquad = \dfrac{x_1 x_2 + y_1 y_2}{x_2^2 + y_2^2} + \mathrm{j}\, \dfrac{y_1 x_2 - x_1 y_2}{x_2^2 + y_2^2}. \end{cases} \quad ⑨$$

复数的倒数运算为

$$\begin{cases}\dfrac{1}{\widetilde{A}}=\dfrac{1}{A\mathrm{e}^{\mathrm{j}\varphi}}=\dfrac{1}{A}\mathrm{e}^{-\mathrm{j}\varphi},\\ \text{或}\dfrac{1}{\widetilde{A}}=\dfrac{1}{x+\mathrm{j}y}=\dfrac{x-\mathrm{j}y}{(x+\mathrm{j}y)(x-\mathrm{j}y)}\\ \quad=\dfrac{x}{x^2+y^2}-\mathrm{j}\dfrac{y}{x^2+y^2}.\end{cases} \tag{⑩}$$

三角函数与复指数函数之间的变换公式为

$$\begin{cases}\cos\varphi=\dfrac{1}{2}(\mathrm{e}^{\mathrm{j}\varphi}+\mathrm{e}^{-\mathrm{j}\varphi}),\\ \sin\varphi=\dfrac{1}{2\mathrm{j}}(\mathrm{e}^{\mathrm{j}\varphi}-\mathrm{e}^{-\mathrm{j}\varphi}),\\ \tan\varphi=-\mathrm{j}\,\dfrac{\mathrm{e}^{\mathrm{j}\varphi}-\mathrm{e}^{-\mathrm{j}\varphi}}{\mathrm{e}^{\mathrm{j}\varphi}+\mathrm{e}^{-\mathrm{j}\varphi}}.\end{cases} \tag{⑪}$$

§7.4.2 交流电的复数表示

一个随时间变化的简谐量可以用对应的复数表示，即

$$a(t)=A\cos(\omega t+\varphi)\longleftrightarrow\widetilde{A}=A\mathrm{e}^{\mathrm{j}(\omega t+\varphi)}.$$

显然，上述复数 $\widetilde{A}$ 并非简谐量 $a(t)$，但复数 $\widetilde{A}$ 的模 A 和幅角 $(\omega t+\varphi)$ 分别等于它所表示的简谐量 $a(t)$ 的峰值和相位，并且复数 $\widetilde{A}$ 的实部 $A\cos(\omega t+\varphi)$ 等于它所表示的简谐量 $a(t)$.

交流电路中的电压、电流等都是同频简谐量，交流电的复数表示就是把它们用对应的复数表示，即

$$u(t)=U_0\cos(\omega t+\varphi_u)\longleftrightarrow\widetilde{U}=U_0\mathrm{e}^{\mathrm{j}(\omega t+\varphi_u)},$$

$$i(t)=I_0\cos(\omega t+\varphi_i)\longleftrightarrow\widetilde{I}=I_0\mathrm{e}^{\mathrm{j}(\omega t+\varphi_i)},$$

式中的 $\widetilde{U}$ 和 $\widetilde{I}$ 称为**复电压**和**复电流**，它们并非 $u(t)$ 和 $i(t)$，但它们的模 U_0，I_0 和幅角 $(\omega t+\varphi_u)$，$(\omega t+\varphi_i)$ 分别等于 $u(t)$，$a(t)$ 的峰值和相位，并且 $\widetilde{U}$ 和 $\widetilde{I}$ 的实部就等于它们所表示的简谐量 $u(t)$ 和 $i(t)$.

因复数具有乘除的运算功能，试将任意一段交流电路的复电压 $\widetilde{U}$ 与复电流 $\widetilde{I}$ 相除，所得结果用复数 $\widetilde{Z}$ 表示，即

$$\widetilde{Z}=\frac{\widetilde{U}}{\widetilde{I}}=\frac{U_0\mathrm{e}^{\mathrm{j}(\omega t+\varphi_u)}}{I_0\mathrm{e}^{\mathrm{j}(\omega t+\varphi_i)}},$$

$$=\frac{U_0}{I_0}\mathrm{e}^{\mathrm{j}(\varphi_u-\varphi_i)}=Z\mathrm{e}^{\mathrm{j}\varphi}. \tag{7.14}$$

由上式定义的复数 $\widetilde{Z}$ 称为该电路的**复阻抗**，**复阻抗** $\widetilde{Z}$ **的模** $Z=U_0/I_0$ 等于该电路的**阻抗**，**复阻抗** $\widetilde{Z}$ **的幅角** $\varphi=\varphi_u-\varphi_i$ 等于该电路电压与电流的**相位差**. 换言之，复阻抗概括了该电路的基本性质，这正是称之为复阻抗的原因.

(7.14)式可以写为

$$\widetilde{U}=\widetilde{I}\widetilde{Z}. \tag{7.15}$$

(7.15)式与直流电路的基本规律 $U=IR$ 的形式相同,任意交流电路中复电压 $\widetilde{U}$、复电流 $\widetilde{I}$、复阻抗 $\widetilde{Z}$ 的地位分别与直流电路中直流电压 U、直流电流 I、电阻 R 的地位相当.下面将说明,$\widetilde{U}=\widetilde{I}\widetilde{Z}$ 是求解串并联交流电路的基本公式,使用方便,计算简单.复数具有的乘除的运算功能显示了它的威力.

复阻抗 $\widetilde{Z}$ 的倒数 $\widetilde{Y}$ 也是复数,称为复导纳,即

$$\widetilde{Y}=\frac{1}{\widetilde{Z}}=\frac{1}{Z}\mathrm{e}^{-\mathrm{j}\varphi}=Y\mathrm{e}^{-\mathrm{j}\varphi}, \tag{7.16}$$

复导纳 $\widetilde{Y}$ 的模 $Y=1/Z$ 是阻抗的倒数,称为导纳,复导纳 $\widetilde{Y}$ 的幅角 $-\varphi$ 是电压与电流相位差 $\varphi=(\varphi_u-\varphi_i)$ 的负值.

根据 $\widetilde{Z}$ 和 $\widetilde{Y}$ 的定义(7.14)式和(7.16)式,利用§7.2 表 7.1 中各元件性质的结果,可将 R,L,C 元件的复阻抗 $\widetilde{Z}$ 和复导纳 $\widetilde{Y}$ 的公式列出表 7.2.

表 7.2　交流电路元件的复阻抗和复导纳

元　件	阻抗 Z	相位差 φ	复阻抗 $\widetilde{Z}$	复导纳 $\widetilde{Y}$
R	$Z_R=R$	$\varphi_R=0$	$\widetilde{Z}_R=R$	$\widetilde{Y}_R=\frac{1}{R}$
L	$Z_L=\omega L$	$\varphi_L=\frac{\pi}{2}$	$\widetilde{Z}_L=\mathrm{j}\omega L$	$\widetilde{Y}_L=\frac{1}{\mathrm{j}\omega L}$
C	$Z_C=\frac{1}{\omega C}$	$\varphi_C=-\frac{\pi}{2}$	$\widetilde{Z}_C=\frac{1}{\mathrm{j}\omega C}$	$\widetilde{Y}_C=\mathrm{j}\omega C$

交流电路的复数解法就是对于一段交流电路,利用交流电的复数表示以及其间的关系,通过复数运算求得所需的复数结果,再将所得复数结果还原成该电路交流电压、交流电流等具有物理意义的实际结果.

§7.4.3　串并联交流电路的复数解法

根据本章的基本假设(似稳条件,集中元件,线性电路)串联电路各元件中电流的瞬时值相等 $i(t)=i_1(t)=i_2(t)=\cdots$,串联电路两端总电压的瞬时值等于各元件两端分电压的瞬时值之和 $u(t)=u_1(t)+u_2(t)+\cdots$;并联电路各元件两端电压的瞬时值相等 $u(t)=u_1(t)=u_2(t)=\cdots$,并联电路总电流的瞬时值等于各元件中分电流的瞬时值之和 $i(t)=i_1(t)+i_2(t)+\cdots$.以上结果用复数表示,为

$$\text{串联}\quad\begin{cases}\widetilde{I}=\widetilde{I}_1=\widetilde{I}_2=\cdots,\\ \widetilde{U}=\widetilde{U}_1+\widetilde{U}_2+\cdots,\end{cases} \tag{7.17a}$$

$$\text{并联}\quad\begin{cases}\widetilde{U}=\widetilde{U}_1=\widetilde{U}_2=\cdots,\\ \widetilde{I}=\widetilde{I}_1+\widetilde{I}_2+\cdots.\end{cases} \tag{7.17b}$$

利用复数形式的(7.15)式,对于一般交流电路和其中各元件,有 $\widetilde{U}=\widetilde{I}\widetilde{Z}$ 及 $\widetilde{U}_1=\widetilde{I}_1\widetilde{Z}_1$,$\widetilde{U}_2=\widetilde{I}_2\widetilde{Z}_2$,…,代入(7.17)式,得

$$\text{串联}\quad\widetilde{Z}=\widetilde{Z}_1+\widetilde{Z}_2+\cdots, \tag{7.18a}$$

$$\text{并联}\quad\frac{1}{\widetilde{Z}}=\frac{1}{\widetilde{Z}_1}+\frac{1}{\widetilde{Z}_2}+\cdots\ \text{或}\ \widetilde{Y}=\widetilde{Y}_1+\widetilde{Y}_2+\cdots. \tag{7.18b}$$

(7.18)式就是交流电路复阻抗的串联和并联公式，其形式与直流电路中电阻的串联和并联公式相同，这是复数法的又一优点，但请注意，复阻抗 $\widetilde{Z}$ 中有物理意义的是它的模即阻抗 Z 以及幅角即相位差 φ，需要把它们求出来，这是比直流电路复杂的地方. 又，对于并联电路，用复导纳公式计算较为简单.

例 7 试用复数法求解 RL 串联电路的阻抗和相位差(见图 7.10).

解 由(7.18a)式

$$\widetilde{Z}=\widetilde{Z}_R+\widetilde{Z}_L=R+\mathrm{j}\omega L,$$

故

$$Z=\sqrt{R^2+(\omega L)^2},$$
$$\varphi=\arctan\frac{\omega L}{R}.$$

例 8 试用复数法求解 RC 并联电路的阻抗和相位差(见图 7.11).

解 由(7.18b)式

$$\widetilde{Y}=\widetilde{Y}_R+\widetilde{Y}_C=\frac{1}{R}+\mathrm{j}\omega C,$$

故

$$Y=\sqrt{\left(\frac{1}{R}\right)^2+(\omega C)^2},$$
$$Z=\frac{1}{Y}=\frac{1}{\sqrt{\left(\frac{1}{R}\right)^2+(\omega C)^2}},$$
$$-\varphi=\arctan\frac{\omega C}{\frac{1}{R}}=\arctan\omega CR.$$

例 9 并联谐振.

已知 RL 串联，再与 C 并联，试用复数法求总阻抗和相位差(见图 7.13(a)).

解 由(7.18)式

$$\widetilde{Z}_{RL}=\widetilde{Z}_R+\widetilde{Z}_L=R+\mathrm{j}\omega L,$$
$$\widetilde{Y}=\widetilde{Y}_{RL}+\widetilde{Y}_C=\frac{1}{R+\mathrm{j}\omega L}+\mathrm{j}\omega C$$
$$=\frac{1-\omega^2LC+\mathrm{j}\omega CR}{R+\mathrm{j}\omega L},$$
$$\widetilde{Z}=\frac{1}{\widetilde{Y}}=\frac{R+\mathrm{j}\omega L}{1-\omega^2LC+\mathrm{j}\omega CR}=\frac{\widetilde{Z}_1}{\widetilde{Z}_2},$$

其中

$$\widetilde{Z}_1=R+\mathrm{j}\omega L=Z_1\mathrm{e}^{\mathrm{j}\varphi_1},$$
$$\widetilde{Z}_2=(1-\omega^2LC)+\mathrm{j}\omega CR=Z_2\mathrm{e}^{\mathrm{j}\varphi_2}.$$

整个电路的总阻抗为

$$Z=|\widetilde{Z}|=\frac{|\widetilde{Z}_1|}{|\widetilde{Z}_2|}=\frac{Z_1}{Z_2}$$

$$=\sqrt{\frac{R^2+(\omega L)^2}{(1-\omega^2 LC)^2+(\omega CR)^2}},$$

相位差为

$$\varphi=\varphi_1-\varphi_2$$

$$=\arctan\frac{\omega L}{R}-\arctan\frac{\omega CR}{1-\omega^2 LC}.$$

利用三角恒等式

$$\arctan x-\arctan y=\arctan\frac{x-y}{1+xy},$$

得

$$\varphi=\arctan\frac{\dfrac{\omega L}{R}-\dfrac{\omega CR}{1-\omega^2 LC}}{1+\dfrac{\omega L}{R}\cdot\dfrac{\omega CR}{(1-\omega^2 LC)}}$$

$$=\arctan\frac{\omega L-\omega C[R^2+(\omega L)^2]}{R}.$$

本题的电路是并联谐振电路，其结果将在§7.5用到.

以上例7、例8分别与§7.3中例3、例4相同，是单纯的串联或并联，无论用矢量法或复数法，计算都很简单. 例9与例6相同，串并联兼而有之，不难看出，用复数法求解要比用矢量法求解简单得多，由此例可以体会复数法的优点. 通常，对于串并联交流电路，都用复数法求解，但往往辅以矢量图，两相对照，彼此印证.

§7.4.4　串并联交流电路的应用

在交流电路中，电感、电容元件的阻抗不仅与L,C有关，还与频率有关，这种特性称为“频率响应”，有许多应用，下面择要作一些定性的介绍.

1. 滤波

图7.15(a)是RC串联电路，当电源包括各种频率的交流信号时，因两元件上电压（峰值）之比正比于阻抗之比，与角频率ω有关，即

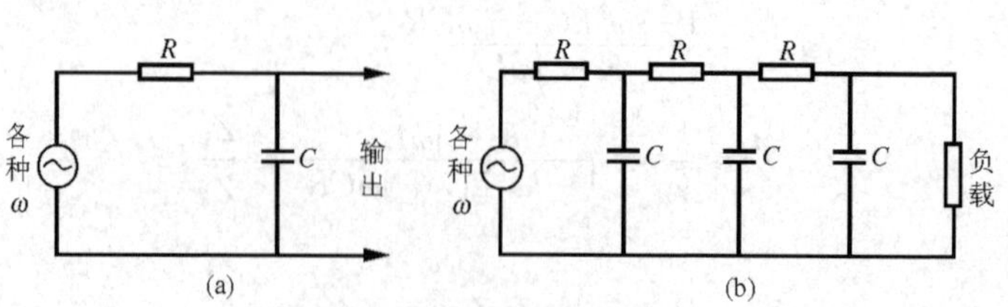

图7.15　RC低通滤波电路

$$\frac{U_C}{U_R}=\frac{\frac{1}{\omega C}}{R}=\frac{1}{\omega CR},$$

使得高频信号的电压在电阻元件上分配得较多，低频信号的电压在电容元件上分配得较多，若从电容两端输出信号，将得到更多的低频成分的信号电压，起到低通滤波的作用. 图 7.15(b)是多级 RC 低通滤波电路，与图(a)相比，效果更好.

反之，若将 R，C 位置对调，以 R 为输出，或改成 RL 串联电路以 L 为输出，就构成高通滤波电路，如图 7.16 所示.

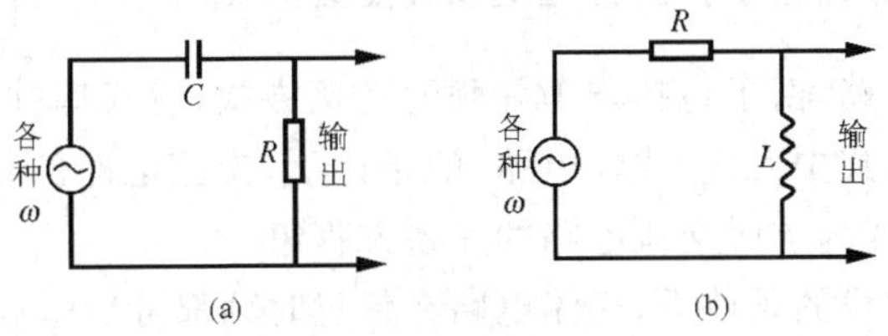

图 7.16 高通滤波电路

2. 旁路

在无线电电路的设计中，往往要求某一部位有一定的直流压降，但同时必须让交流畅通，交流压降很小，使压降保持稳定. 为此，可采用如图 7.17 的 RC 并联电路，则通过电容和电阻的交流电流(有效值) I_C 和 I_R 之比为

$$\frac{I_C}{I_R}=\frac{R}{\frac{1}{\omega C}}=\omega CR,$$

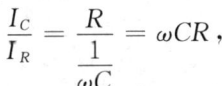

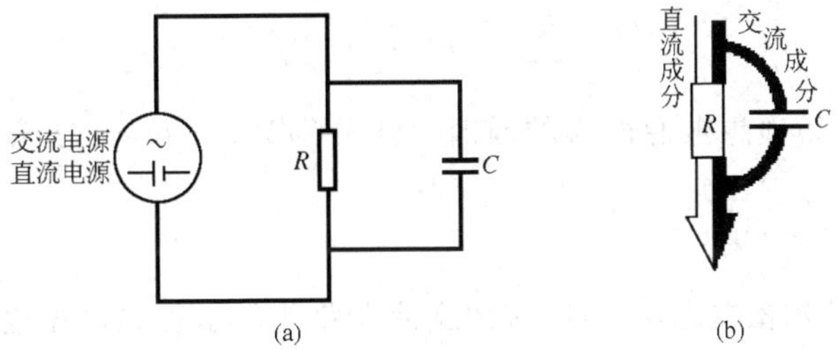

图 7.17 交流旁路

只要 C 足够大，$I_C \gg I_R$，可使交流成分主要从 C 通过. 同时，直流成分全部从 R 通过. 所以，并联的 C 起了交流旁路的作用，称为旁路电容.

3. 移相

图 7.18(a)的 RC 串联电路与图 7.15(a)相同，但交流电源的频率只有一个 ω，由矢量图(b)可知，C 的输出电压 U_C 与输入电压 U(RC 串联电路的总电压)有相位差

$$\Delta\varphi=-\arctan\frac{U_R}{U_C}=-\arctan\omega CR,$$

可见电路起到了移相的作用.

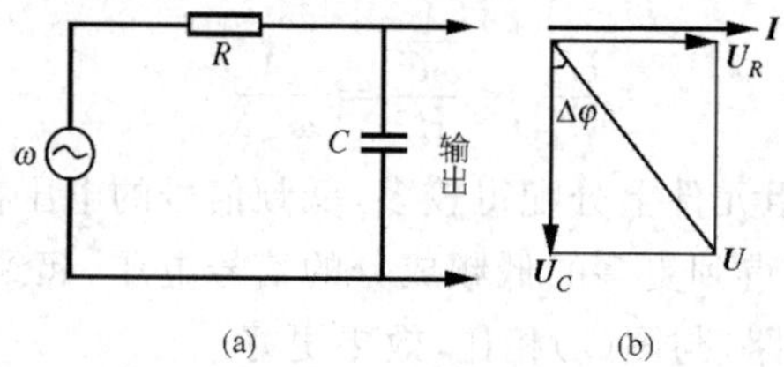

图 7.18 RC 串联移相电路及其矢量图

§7.4.5 交流电路的基尔霍夫方程组及其复数形式

对于复杂的交流电路，由于包括非串并联的连接方式，仅靠串并联公式已不够用，在本章基本假设（似稳条件，集中元件，线性电路）的条件下，交流电路的基尔霍夫方程组揭示了交流电路的普遍规律，成为求解交流电路的完备方程组.

由于在本章基本假设的条件下，交流电路在任意时刻都可当作直流电路来处理，所以交流电路基尔霍夫方程组与直流电路基尔霍夫方程组的形式相仿，只需将电压、电流、电动势由直流电路的恒定值改为交流电路的瞬时值即可.

交流电路的基尔霍夫方程组包括两组方程.

(1) 节点电流方程：对于电路的任意一个节点，瞬时电流的代数和为零，即

$$\sum[\pm i(t)] = 0, \tag{7.19}$$

式中 $i(t)=\dfrac{\mathrm{d}}{\mathrm{d}t}q(t)$.

(2) 回路电压方程：沿电路中任意一个闭合回路，瞬时电压的代数和为零，即

$$\sum[\pm u(t)] = 0, \tag{7.20}$$

式中在 R,L,C 元件和理想电源两端的瞬时电压分别为 $u_R(t)=i(t)R$，$u_L(t)=L\dfrac{\mathrm{d}}{\mathrm{d}t}i(t)$，$u_C(t)=\dfrac{q(t)}{C}$ 和 $u(t)=e(t)$.

与直流电路的基尔霍夫定律一样，应用交流电路的基尔霍夫定律也需要制订正负号法则，只是更复杂一些. 首先是(7.19)(7.20)式中各代数量取正值还是负值，含义如何，为此需选取几个标定方向. 1. 在每个支路上标定电流 $i(t)$ 的方向，$i(t)>0$ 表示电流方向与标定方向一致，$i(t)<0$ 表示电流方向与标定方向相反. 2. 为每个闭合回路规定绕行方向，$u(t)>0$ 表示沿此方向看去电势下降，$u(t)<0$ 表示沿此方向看去电势升高. 3. 标定每个电源的极性，电动势 $e(t)>0$ 表示电源的极性（即从负极到正极穿过它）与标定的一致，$e(t)<0$ 表示电源的极性与标定的相反.

其次是基尔霍夫定律(7.19)(7.20)式各项之前写加号还是写减号的问题. 通常规定：1. 在(7.19)式中，流向节点的电流之前写减号，从节点流出的电流之前写加号. 2. 在(7.20)式中，若回路的绕行方向与某段电流的标定方向一致，用加号；若回路的绕行方向与某段电

流的标定方向相反，用负号. 3. 在(7.20)式中，若回路的绕行方向与某个(理想)电源标定的极性一致(即从负极到正极穿过它)，则它的端电压 $u(t)=-e(t)$，否则 $u(t)=e(t)$.

由(7.19)(7.20)式可以建立的独立方程的数目，与直流电路的基尔霍夫方程组相同，但由(7.19)(7.20)式给出的是求解交流电路的完备的微分方程组，计算比较麻烦. 为此，对于交流电路，通常采用复数表示，把基尔霍夫方程组变成复数的代数方程组，便于求解.

对于简谐交流电路，利用简谐量的复数表示，可由(7.19)(7.20)式得出复数形式的基尔霍夫方程组，它包括复数形式的节点电流方程和回路电压方程，为

$$\sum(\pm \tilde{I}) = 0, \tag{7.21}$$

$$\sum(\pm \tilde{U}) = \sum(\pm \tilde{I}\tilde{Z}) + \sum(\pm \tilde{\mathscr{E}}) = 0, \tag{7.22}$$

式中正负号的法则同前.

复数形式的基尔霍夫方程组是完备的线性代数方程组，解题的方法与直流电路类似，便于计算. 但应注意，由此解出复电压和复电流后，还需给出它们的模和幅角，这才是有物理意义的结果. 另外，(7.21)(7.22)式未考虑电路中各电感之间的互感，包括互感的交流电路问题，见§7.4.7.

应该指出，从基础研究的角度看来，无论直流电路还是交流电路的基尔霍夫方程组，都是电流连续性方程、电场环路定理、各种元件所遵循的规律、电源的基本性质等在一定条件下的结果，并没有任何新的内容. 然而，对于由电源和各种元件组成的交、直流电路来说，通常关心的正是电源的电动势、各种元件的性质与电压、电流的关系，种种具体应用皆源于此. 基尔霍夫方程组正是揭示其间关系的完备方程组，成为研究交、直流电路的理论基础. 这是一个从基础研究过渡到应用研究的范例，值得细细品味.

§7.4.6 交流电桥

直流电桥是测量电阻的基本仪器之一. 交流电桥是测量电容、电感、频率以及 Q 值(见§7.5)等的基本仪器，在交流测量中广泛应用. 交流电桥与直流电桥结构相似，采用交流电源以及能检测交流电的平衡示零器(检流计)，四臂是 R, L, C 的某种组合，尽管并不繁杂，但在未达到平衡时交流电桥仍是不能归结为串并联的复杂电路.

如图7.19所示为一般形式的交流电桥，其中包括交流电源 $e(t)$，检流计G，四臂的阻抗分别为 Z_1, Z_2, Z_3, Z_4. 现在讨论它的平衡条件. 首先，标定各支路的电流方向以及各回路的绕行方向如图. 未达到平衡时，由复数形式的基尔霍夫方程组(7.21)(7.22)式，可列出三个独立的节点电流方程以及三个独立的回路电压方程如下：

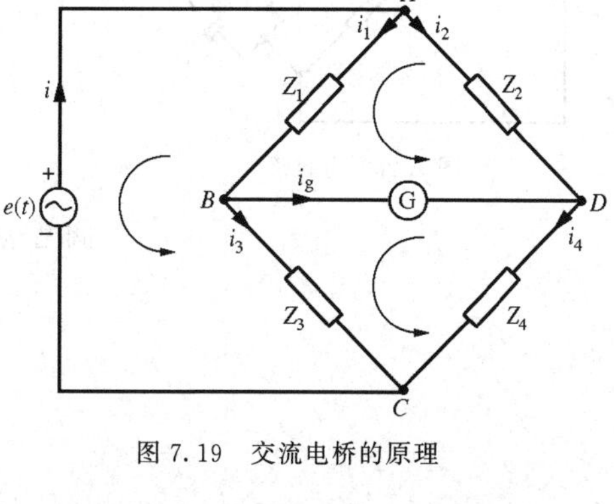

图7.19 交流电桥的原理

$$\begin{cases}\tilde{I}=\tilde{I}_1+\tilde{I}_2,\\ \tilde{I}_1=\tilde{I}_g+\tilde{I}_3,\\ \tilde{I}_2+\tilde{I}_g=\tilde{I}_4,\end{cases}$$

$$\begin{cases}\tilde{I}_1\tilde{Z}_1+\tilde{I}_g\tilde{Z}_g-\tilde{I}_2\tilde{Z}_2=0,\\ \tilde{I}_3\tilde{Z}_3-\tilde{I}_4\tilde{Z}_4-\tilde{I}_g\tilde{Z}_g=0,\\ \tilde{\mathscr{E}}-\tilde{I}_3\tilde{Z}_3-\tilde{I}_1\tilde{Z}_1=0.\end{cases}$$

上述方程组是完备的，若 $\tilde{\mathscr{E}},\tilde{Z}_1,\tilde{Z}_2,\tilde{Z}_3,\tilde{Z}_4,\tilde{Z}_g$ 已知，则 $\tilde{I},\tilde{I}_1,\tilde{I}_2,\tilde{I}_3,\tilde{I}_4,\tilde{I}_g$ 可求.

交流电桥达到平衡时，$\tilde{I}_g=0$，于是 $\tilde{I}_1=\tilde{I}_3,\tilde{I}_2=\tilde{I}_4$，电桥成为简单的串并联电路，上式与四臂有关的公式简化为

$$\begin{cases}\tilde{I}_1\tilde{Z}_1=\tilde{I}_2\tilde{Z}_2,\\ \tilde{I}_3\tilde{Z}_3=\tilde{I}_4\tilde{Z}_4,\end{cases}$$

相除，得

$$\tilde{Z}_1\tilde{Z}_4=\tilde{Z}_2\tilde{Z}_3, \tag{7.23}$$

或

$$\begin{cases}Z_1Z_4=Z_2Z_3,\\ \varphi_1+\varphi_4=\varphi_2+\varphi_3.\end{cases} \tag{7.24}$$

这就是交流电桥的平衡条件，它表明，为了达到平衡，交流电桥四臂的阻抗和相位差必须同时满足以上两个条件，缺一不可，否则就不能达到平衡，由此，交流电桥需要两个可调的参量. 例如，若 1，2 臂为纯电阻，$\varphi_1=\varphi_2=0$，若 3，4 臂分别为电感性和电容性，$\varphi_3\neq\varphi_4$，就不可能达到平衡. 又如，若 2，3 臂为纯电阻，$\varphi_2=\varphi_3=0$，则 1，4 臂必须分别为电感性、电容性才能使 $\varphi_1=-\varphi_4$，达到平衡.

例 10　电容桥

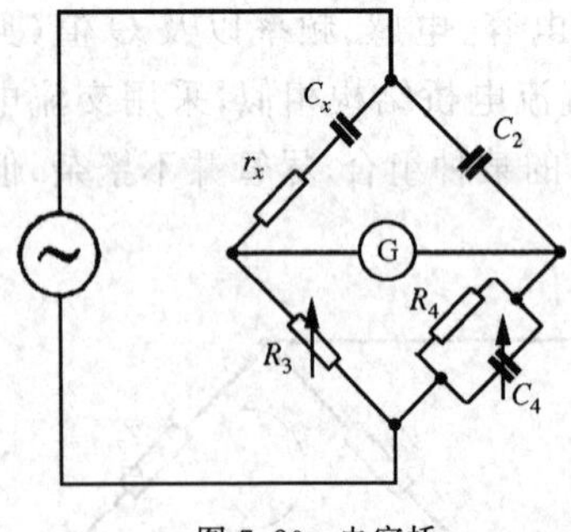

图 7.20　电容桥

如图 7.20 的电容桥用于测量绝缘材料的电容和损耗，它的四臂的阻抗分别为

$$\begin{cases}\tilde{Z}_1=r_x-\dfrac{\mathrm{j}}{\omega C_x},\\ \tilde{Z}_2=-\dfrac{\mathrm{j}}{\omega C_2},\\ \tilde{Z}_3=R_3,\\ \tilde{Z}_4=\dfrac{1}{\dfrac{1}{R_4}+\mathrm{j}\omega C_4}.\end{cases}$$

调节 R_3 和 C_4，电桥平衡后应满足(7.23)式，即

$$\begin{aligned}\tilde{Z}_1&=r_x-\frac{\mathrm{j}}{\omega C_x}\\ &=\frac{\tilde{Z}_2\tilde{Z}_3}{\tilde{Z}_4}=-\frac{\mathrm{j}R_3}{\omega C_2}\left(\frac{1}{R_4}+\mathrm{j}\omega C_4\right).\end{aligned}$$

上式实部、虚部应分别相等，得

$$\begin{cases} r_x = \dfrac{R_3 C_4}{C_2}, \\ C_x = C_2 \dfrac{R_4}{R_3}. \end{cases}$$

于是 C_x 和 r_x 可测. 又，通常感兴趣的材料的耗散因素为

$$\tan\delta = \omega C_x r_x = \omega C_4 R_4.$$

例 11　麦克斯韦 LC 电桥

如图 7.21，包括电感和电容的电桥称为麦克斯韦 LC 电桥，适于测量 L 较小的电感. 它的四臂阻抗分别为

$$\begin{cases} \widetilde{Z}_1 = r_x + \mathrm{j}\omega L_x, \\ \widetilde{Z}_2 = R_2, \\ \widetilde{Z}_3 = R_3, \\ \widetilde{Z}_4 = \dfrac{1}{\dfrac{1}{R_4} + \mathrm{j}\omega C_4}. \end{cases}$$

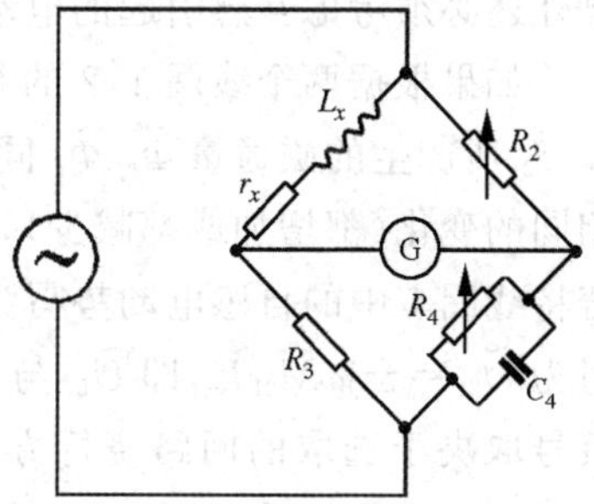

图 7.21　麦克斯韦 LC 电桥

调节 R_2 和 R_4，电桥达到平衡后应满足(7.23)式，即

$$\widetilde{Z}_1 = r_x + \mathrm{j}\omega L_x = \frac{\widetilde{Z}_2 \widetilde{Z}_3}{\widetilde{Z}_4} = R_2 R_3 \left(\frac{1}{R_4} + \mathrm{j}\omega C_4 \right).$$

上式实部、虚部应分别相等，得

$$\begin{cases} r_x = \dfrac{R_2 R_3}{R_4}, \\ L_x = C_4 R_2 R_3. \end{cases}$$

例 12　频率电桥

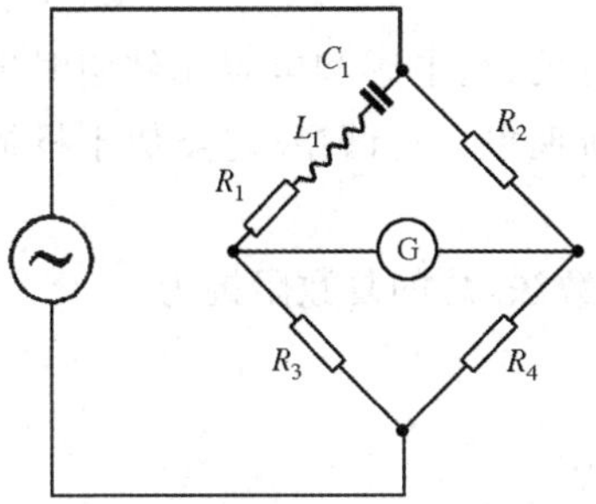

图 7.22　频率电桥

如图 7.22，频率电桥的第一臂是 $R_1 L_1 C_1$ 串联，另三臂分别是电阻 R_2, R_3, R_4. 先采用直流电源，将 C_1 短路，四臂均为电阻，调节直流电桥达到平衡，有

$$\frac{R_1}{R_2} = \frac{R_3}{R_4}.$$

再换用交流电源，恢复 C_1，调节 C_1 或 L_1，使交流电桥达到平衡，此时第一臂 $R_1 L_1 C_1$ 呈串联谐振状态(见§7.5)，为电阻性，满足

$$\widetilde{Z}_1 = R_1 + \mathrm{j}\omega L_1 + \frac{1}{\mathrm{j}\omega C_1} = \frac{\widetilde{Z}_2 \widetilde{Z}_3}{\widetilde{Z}_4} = \frac{R_2 R_3}{R_4},$$

即

$$\omega L_1 - \frac{1}{\omega C_1} = 0.$$

由此,即可测出交流电源的频率为

$$\omega = \frac{1}{\sqrt{L_1 C_1}}.$$

§7.4.7 有互感的电路计算

若交流电路中有多个线圈且彼此间存在互感,则在用基尔霍夫定律求解时,除自感电动势外还必须考虑互感引起的电动势.

如果根据两个线圈 1,2 的相对位置、缠绕方向和端点联结方式,能够确定其中的电流 $\tilde{I}_1$,$\tilde{I}_2$ 所产生的磁通量 $\tilde{\Phi}_1$,$\tilde{\Phi}_2$ 同方向(准确地说是两电流产生的磁场同方向),并且电流有相同的变化(都增加或都减少),则在每一个线圈中互感电动势与自感电动势同方向,由此,若将线圈 1 中的自感电动势写为 $\tilde{U}_{L_1} = \pm j\omega L_1 \tilde{I}_1$,则线圈 2 在线圈 1 中产生的互感电动势应写为 $\tilde{U}_{21} = \pm j\omega M_{21} \tilde{I}_2$,即 $\tilde{U}_{L_1}$ 与 $\tilde{U}_{21}$ 的正负号相同,或均为正号,或均为负号(注意,$\tilde{U}_{L_1}$ 的正负号取决于选取的回路绕行方向与标定的 $\tilde{I}_1$ 的方向是否一致). 如果情形相反,则 $\tilde{U}_{L_1}$ 与 $\tilde{U}_{21}$ 的正、负号相反,即为一正号一负号.

弄清楚了互感电动势的正、负号,就可以用交流电路的基尔霍夫方程组求解有互感的复杂交流电路.

§7.5 谐 振 电 路

交流电路的基本理论在电子学、电工学、电磁测量等方面有许多应用. 本节以谐振电路为例,对交流电路在电子学中的应用稍作介绍.

§7.5.1 *RLC* 串联谐振电路

由于电感、电容元件的阻抗不仅与 L,C 有关,还与频率有关,当电感和电容元件同时出现在交流电路中时,随着频率的变化,就会出现一种重要的新现象——谐振. 它类似于机械振动系统的共振现象.

图 7.23(a)是 *RLC* 串联电路,图(b)是它的矢量图,由复数法,总的复数阻抗为

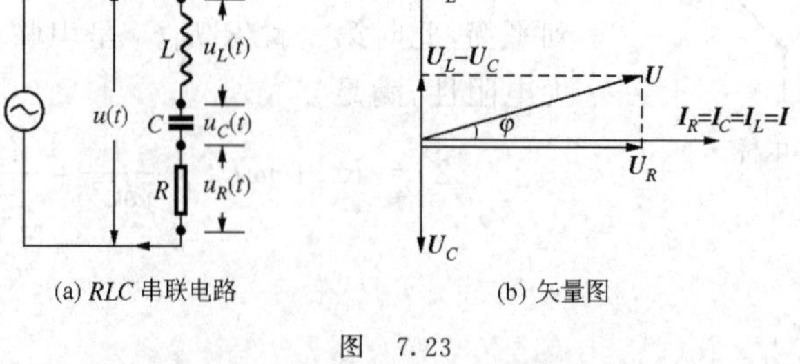

(a) *RLC* 串联电路 (b) 矢量图

图 7.23

$$\widetilde{Z}=\widetilde{Z}_{RLC}=\widetilde{Z}_R+\widetilde{Z}_L+\widetilde{Z}_C$$
$$=R+\mathrm{j}\left(\omega L-\frac{1}{\omega C}\right),$$

故 RLC 串联电路的总阻抗和相位差为

$$\begin{cases}Z=\dfrac{U}{I}\\ \quad=\sqrt{R^2+\left(\omega L-\dfrac{1}{\omega C}\right)^2},\\ \varphi=\varphi_u-\varphi_i\\ \quad=\arctan\dfrac{\omega L-\dfrac{1}{\omega C}}{R}.\end{cases}\tag{7.25}$$

上式表明,RLC 串联电路的 Z 和 φ 除与 R,L,C 有关外,还与 ω 有关.若 R,L,C 给定,若维持总电压 U 一定,则随着 ω 的变化,总阻抗 Z、电流 I、相位差 φ 都将发生相应的变化,如图 7.24 所示.

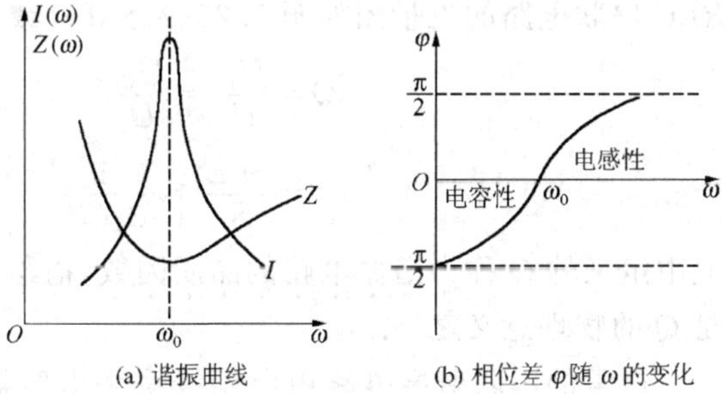

图 7.24 RLC 串联电路的谐振

图 7.24(a)表明,若总电压 U 给定,当角频率 ω 由低变高时,Z 由大变小再变大,I 由小变大再变小,分别出现极小值和极大值.这种当总电压给定时,随着频率的变化,电流出现极大值的现象称为**谐振**,谐振时的频率称为**谐振频率**,$Z(\omega)$ 和 $I(\omega)$ 曲线称为**谐振曲线**.

图 7.24(b)给出了相位差 $\varphi(\omega)$ 的曲线.当 ω 从零增大到谐振角频率 ω_0 时,φ 从 $-\dfrac{\pi}{2}$ 逐渐增加为零,即总电压的相位落后于电流,电路呈电容性;当 ω 从谐振角频率 ω_0 继续增大时,φ 从零继续增加到 $\dfrac{\pi}{2}$,即总电压的相位超前于电流,电路呈电感性;当 ω 等于谐振角频率 ω_0 时,$\varphi=0$,总阻抗为 R,电路呈电阻性.

由(7.25)式,RLC 串联电路的谐振角频率 ω_0,以及谐振时的总阻抗 Z_0(极小值)、电流 $I_{\rm m}$(极大值)和相位差 φ_0 为

$$\begin{cases} \omega_0 = \dfrac{1}{\sqrt{LC}}, \\ Z_0 = R, \\ I_m = \dfrac{U}{R}, \\ \varphi_0 = 0. \end{cases} \tag{7.26}$$

谐振时,RLC 串联电路各元件上的电压为

$$\begin{cases} U_L = I_m Z_L = \dfrac{U}{R}\omega_0 L, \\ U_C = I_m Z_C = \dfrac{U}{R}\dfrac{1}{\omega_0 C}, \\ U_R = I_m R = U. \end{cases} \tag{7.27}$$

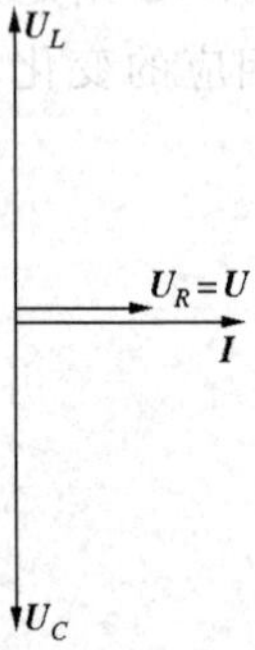

图 7.25 RLC 串联电路谐振时的矢量图

因谐振时 $\omega_0 L = 1/\omega_0 C$,故 $U_L = U_C$,即谐振时 $U = U_R$,总电压全部降落在电阻上,这是电感和电容上的电压(有效值或振幅)相等、相位相反、彼此抵消的结果,并不说明电感和电容上没有压降. 谐振时 RLC 串联电路的矢量图如图 7.25 所示,U_L 或 U_C 与 U 之比为

$$Q = \frac{U_L}{U} = \frac{U_C}{U} = \frac{\omega_0 L}{R} = \frac{1}{\omega_0 CR}, \tag{7.28}$$

式中定义的 Q 称为谐振电路的品质因数,描绘谐振时的电压分配,这是 Q 的物理意义之一.

通常的串联谐振电路由电感线圈和电容器串联而成,其等效电阻 R 往往远小于谐振时的感抗 $\omega_0 L$ 或容抗 $1/\omega_0 C$,Q 值可达几十到几百,这样,即使总电压较小,但谐振时加在 L 和 C 上的电压会很大,有可能超过元件的耐压,导致破坏,这是实验中需要注意的.

§7.5.2 频率选择性,通频带宽度

串联谐振电路可用来选择信号,这是它在电子技术中的应用之一.

由总阻抗 Z 的表达式(7.25)式及 Q 值的表达式(7.28)式可知,若 Q 值很大,谐振时的总阻抗 $Z_0 = R$ 相对 $\omega_0 L = 1/\omega_0 C$ 而言是很小的. 当偏离谐振角频率 ω_0 时,$\left(\omega L - \dfrac{1}{\omega C}\right)^2$ 之值迅速增大,总阻抗 Z 随之增大,在总电压 U 一定时,电流大大减小. 所以 Q 值越大,$I(f)$ 曲线($\omega = 2\pi f$)的谐振峰就越尖锐,如图 7.26(a)所示.

由于谐振峰的尖锐程度直接决定了电路的频率选择性能的好坏,为了给予定量描绘,引入"通频带宽度"的概念. 如图 7.26(b),规定电流等于 $I_m/\sqrt{2}$(约为最大电流值 I_m 的 70.7%)处所对应的两个频率 f_1 和 f_2 之差 Δf 为通频带宽度,即

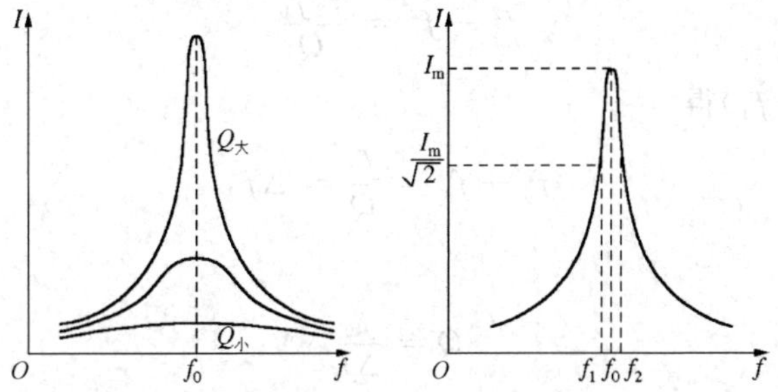

(a) Q 值越大，谐振峰越尖锐　　(b) 通频带宽度

图 7.26　串联谐振电路的 $I(f)$ 曲线

$$\Delta f = f_2 - f_1. \tag{7.29}$$

显然，通频带宽度 Δf 与谐振频率 f_0 之比 $\Delta f/f_0$ 越小，谐振峰越尖锐，电路的**频率选择性**就越好. 上面的定性分析已经指出，Q 值越大，谐振峰越尖锐，$\Delta f/f_0$ 越小，下面给予定量证明.

设与频率 f_1, f_2 相应的电流和总阻抗分别为 I_1, I_2 和 Z_1, Z_2，则

$$I_1 = I_2 = \frac{I_m}{\sqrt{2}} = \frac{U}{\sqrt{2}R},$$

$$Z_1 = Z_2 = \frac{U}{I_1} = \frac{U}{I_2} = \sqrt{2}R.$$

把 RLC 串联电路总阻抗的公式(7.25)式改写为

$$Z = R\sqrt{1 + \left(\frac{\omega L}{R} - \frac{1}{\omega CR}\right)^2}$$
$$= R\sqrt{1 + \left(\frac{\omega_0 L}{R}\right)^2 \left(\frac{\omega}{\omega_0} - \frac{\omega_0}{\omega}\right)^2}.$$

将 $\omega = 2\pi f, \omega_0 = 2\pi f_0$ 和 $\frac{\omega_0 L}{R} = Q$ 代入上式，可将总阻抗 Z 表示为

$$Z = R\sqrt{1 + Q^2\left(\frac{f}{f_0} - \frac{f_0}{f}\right)^2}.$$

当 $f = f_1$ 时，Z_1 为

$$Z_1 = R\sqrt{1 + Q^2\left(\frac{f_1}{f_0} - \frac{f_0}{f_1}\right)^2} = \sqrt{2}R,$$

故

$$Q^2\left(\frac{f_1}{f_0} - \frac{f_0}{f_1}\right)^2 = 1.$$

开方时应注意 $f_1 < f_0$，得

$$Q\left(\frac{f_0}{f_1} - \frac{f_1}{f_0}\right) = 1 \quad 或 \quad f_0^2 - f_1^2 = \frac{f_1 f_0}{Q}.$$

对于 $f = f_2$ 作同样处理，得

$$f_2^2 - f_0^2 = \frac{f_2 f_0}{Q}.$$

两式相加，消去(f_2+f_1)得

$$f_2 - f_1 = \frac{f_0}{Q} = \Delta f,$$

或

$$Q = \frac{f_0}{\Delta f}. \qquad (7.30)$$

(7.30)式表明，串联谐振电路的Q值等于谐振频率f_0与通频带宽度Δf之比，即Q值与通频带宽度Δf成反比，Q值越大，Δf越小，谐振峰越尖锐，频率选择性越好，这是Q值的又一物理意义.

§7.5.3　Q 值的物理意义

Q值描绘了RLC串联谐振电路的电压分配和频率选择性. 实际上，作为标志谐振电路性能好坏的物理量，品质因数Q值的物理意义是多方面的，其中，最基本的物理意义是，Q值的大小反映了谐振时电路中储能与耗能之比. 现仍以RLC串联电路为例加以说明.

在RLC串联电路中，电阻R是耗能(电能转变为焦耳热)元件，在交流电的一个周期T内，电阻上平均耗能为(参看§7.6(7.37a)式)

$$W_R = I^2 RT,$$

式中$I=I_0/\sqrt{2}$是电流的有效值.

在RLC串联电路中，电感L和电容C是储能元件，分别储存磁能W_m和电能W_e，为

$$W_m = \frac{1}{2}Li^2(t),\quad W_e = \frac{1}{2}Cu_C^2(t).$$

总储能W_{tot}是两者之和，为(取$i(t)=I_0\cos\omega t$)

$$\begin{aligned} W_{tot} &= W_m + W_e \\ &= \frac{1}{2}Li^2(t) + \frac{1}{2}Cu_C^2(t) \\ &= \frac{1}{2}LI_0^2\cos^2\omega t + \frac{1}{2}C\left[\frac{I_0}{\omega C}\cos\left(\omega t - \frac{\pi}{2}\right)\right]^2 \\ &= \frac{1}{2}LI_0^2\cos^2\omega t + \frac{1}{2}\frac{I_0^2}{\omega^2 C}\sin^2\omega t. \end{aligned}$$

谐振时$\omega=\omega_0=1/\sqrt{LC}$，总储能为

$$W_{tot} = \frac{1}{2}LI_0^2 = LI^2.$$

因L和C中储存的磁能W_m和电能W_e都随时间变化，故总储能W_{tot}也随时间变化. 但在谐振时，总储能W_{tot}保持恒定，不随时间变化，即电感L中磁能W_m的增、减等于电容C中电能W_e的减、增，互相交换，总量不变.

在 RLC 串联电路中，谐振时，储能与耗能（一个周期内）之比为

$$\frac{W_{\text{tot}}}{W_R}=\frac{LI^2}{I^2RT}=\frac{1}{2\pi}\frac{\omega_0L}{R}=\frac{Q}{2\pi},$$

式中用到$\frac{1}{T}=f=\frac{\omega}{2\pi}=\frac{\omega_0}{2\pi}$以及(7.28)式 $Q=\omega_0L/R$，即

$$Q=2\pi\frac{W_{\text{tot}}}{W_R}. \tag{7.31}$$

(7.31)式表明，谐振电路的 Q 值等于谐振时电路中的总储能 W_{tot} 与一个周期内耗能 W_R 之比的 2π 倍. Q 值越大意味着对于一定的储能，所需付出的能量损耗越少，这是 Q 值最基本的物理意义.

§7.5.4 RLC 并联谐振电路

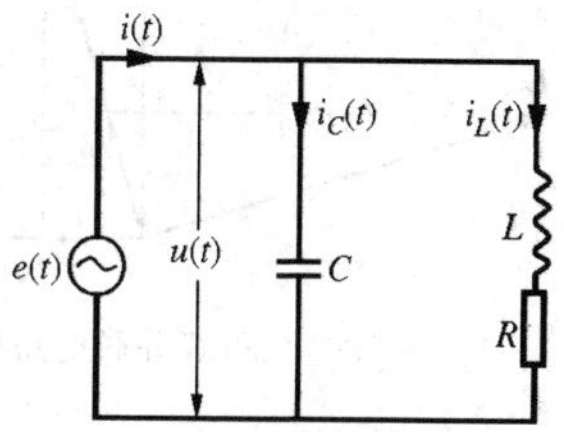

图 7.27 RLC 并联谐振电路

图 7.27 的 RLC 并联电路实际上是由电感线圈和电容器并联而成，R 是电感线圈的等效串联电阻，电容器绝缘介质中的损耗通常很小，可以略去不计. 在 §7.4.3 例 9 中给出了此 RLC 并联电路的总阻抗 Z 以及总电压 $u(t)$ 和总电流 $i(t)$ 的相位差为

$$\begin{cases}Z=\dfrac{U}{I}=\sqrt{\dfrac{R^2+(\omega L)^2}{(1-\omega^2LC)+(\omega CR)^2}},\\[2ex] \varphi=\varphi_u-\varphi_i=\arctan\dfrac{\omega L-\omega C[R^2+(\omega L)^2]}{R}.\end{cases} \tag{7.32}$$

可见，RLC 并联电路的 Z，φ，I（在 U 给定时）都与 ω 有关，并且当角频率 ω 等于特定的角频率 ω_0 时，Z 达到极大值、I 达到极小值、φ 为零，出现谐振现象，如图 7.28 所示.

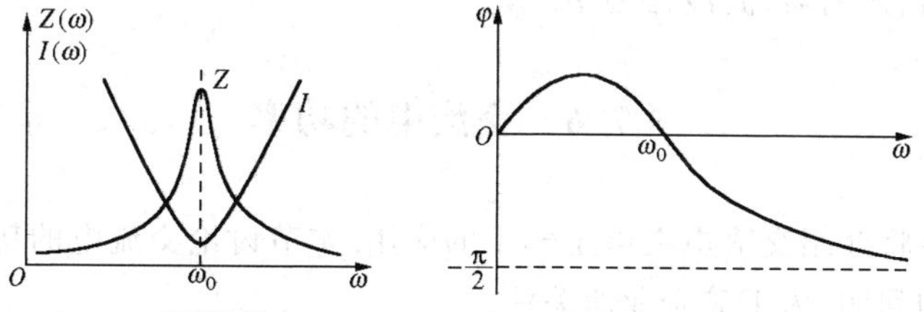

(a) 谐振曲线　　(b) φ(ω) 曲线

图 7.28 RLC 并联电路的谐振

由 $\varphi(\omega)=0$ 解出 RLC 并联电路的谐振频率为①

① 由 $Z(\omega)$ 求极值得出的谐振频率为

$$f_0'=\frac{1}{2\pi}\sqrt{\frac{1}{LC}\sqrt{1+\frac{2R^2C}{L}}-\left(\frac{R}{L}\right)^2},$$

f_0' 与 f_0 有所不同，但因通常 R 小，$\frac{2R^2C}{L}\ll 1$，故 $f_0'\approx f_0=\frac{1}{2\pi}\sqrt{\frac{1}{LC}-\left(\frac{R}{L}\right)^2}$.

$$\begin{cases} \omega_0 = \sqrt{\dfrac{1}{LC} - \left(\dfrac{R}{L}\right)^2}, \\ f_0 = \dfrac{1}{2\pi}\sqrt{\dfrac{1}{LC} - \left(\dfrac{R}{L}\right)^2}. \end{cases} \tag{7.33}$$

把(7.33)式代入(7.32)式，得出谐振时总阻抗的极大值 Z_m 和总电流的极小值(设 U 给定) I_0 为

$$\begin{cases} Z_m = \dfrac{L}{CR}, \\ I_0 = \dfrac{U}{Z_m} = \dfrac{UCR}{L}. \end{cases} \tag{7.34}$$

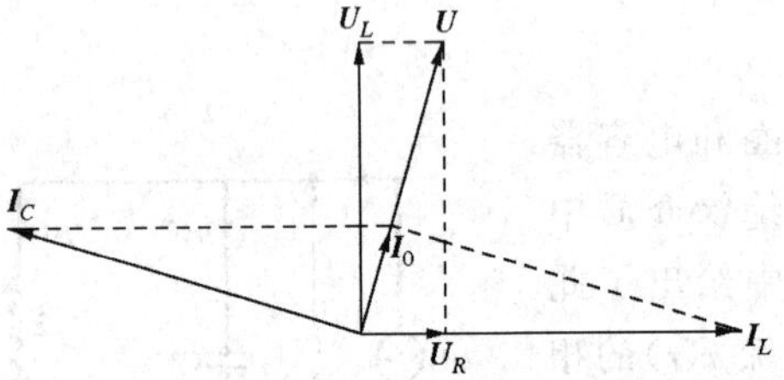

图 7.29 *RLC* 并联电路谐振时的矢量图

RLC 并联电路谐振时的矢量图如图 7.29 所示. 通常，谐振时并联电路两支路的电流有效值 I_L 和 I_C 接近相等，而相位差接近 π，故总电流 I_0 很小，谐振时 I_C 与 I_0 之比为

$$\frac{I_C}{I_0} = \frac{U/Z_C}{U/Z_m} = \frac{Z_m}{Z_C} = \frac{L/CR}{1/\omega_0 C} = \frac{\omega_0 L}{R} = Q. \tag{7.35}$$

上式表明，*RLC* 并联电路谐振时的电流分配，即 I_C 或 I_L 与总电流 I_0 之比等于该电路的品质因数 Q.

又，如图 7.28(b)，谐振($\omega=\omega_0$)时，*RLC* 并联电路呈电阻性，在 $\omega<\omega_0$ 和 $\omega>\omega_0$ 时分别呈电感性和电容性，又，在 $\omega=0$ 时呈电阻性.

与串联谐振电路一样，并联谐振电路在电子技术中也有不少应用，特别是作为主要电路应用于选频放大器、振荡器、滤波器之中.

§7.6 交流电的功率

本章最后三节将介绍交流电在电工学中的应用. 本节讨论交流电的功率，涉及电能合理利用和降低能耗的问题，为工矿企业所关注.

§7.6.1 瞬时功率和平均功率

在直流电路中，任意一段电阻为 R 的电路上消耗的功率 P 等于该电路两端的电压 U 与其中电流 I 的乘积，即 $P=IU=I^2R$，显然，直流电路的功率 P 是不随时间变化的常量.

交流电路中某一元件或元件组合中消耗的功率仍是电压与电流的乘积，只是在交流电路中电压和电流都随时间变化，瞬时电压与瞬时电流相乘得到的瞬时功率也将随时间变化. 设任意一段交流电路中的电流为 $i(t)=I_0\cos\omega t$(取 $\varphi_i=0$)，电压为 $u(t)=U_0\cos(\omega t+\varphi)$ ($\varphi=\varphi_u=\varphi_u-\varphi_i$)，则该电路消耗的瞬时功率 $P(t)$ 为

$$\begin{aligned} P(t) &= u(t)i(t) \\ &= U_0 I_0 \cos\omega t \cos(\omega t + \varphi) \\ &= \frac{1}{2}U_0 I_0 \cos\varphi + \frac{1}{2}U_0 I_0 \cos(2\omega t + \varphi). \end{aligned} \tag{7.36}$$

上式表明，瞬时功率 $P(t)$ 包括两项，第一项是与时间 t 无关的常数项，第二项是以二倍频率作周期性变化的项，式中 φ 是该交流电路中电压与电流的相位差.

通常，在交流电路中，有实际意义的不是瞬时功率 $P(t)$，而是它在一个周期 T 内对时间的平均值 $\overline{P}$，$\overline{P}$ 称为平均功率，即

$$\begin{aligned} \overline{P} &= \frac{1}{T}\int_0^T P(t)\,\mathrm{d}t \\ &= \frac{1}{2}U_0 I_0 \cos\varphi = UI\cos\varphi, \end{aligned} \tag{7.37}$$

式中 U，I 是电压、电流的有效值（$U=U_0/\sqrt{2}$，$I=I_0/\sqrt{2}$），φ 是 $u(t)$ 与 $i(t)$ 的相位差，$\cos\varphi$ 称为功率因数.

对于纯电阻元件，$\varphi=0$，$\cos\varphi=1$，平均功率为

$$\begin{aligned} \varphi &= 0, \\ \overline{P} &= \frac{1}{2}U_0 I_0 = \frac{1}{2}I_0^2 R \\ &= UI = I^2 R. \end{aligned} \tag{7.37a}$$

在纯电阻元件上，电压 $u(t)$ 与电流 $i(t)$ 同相位，其乘积瞬时功率 $P(t)$ 永远为正，表明电阻元件总是从电源吸取电能，把它转化为热能散发，但电阻元件上的瞬时功率时大时小，平均起来只有峰值的一半.（7.37a）式表明，电压和电流峰值分别为 U_0 和 I_0 的简谐交流电，在纯电阻元件 R 上，在一个周期时间内，平均散发的为常量的焦耳热，与电压和电流分别为 $U=U_0/\sqrt{2}$ 和 $I=I_0/\sqrt{2}$ 的直流电，在同样的 R 上，在同样的一个周期的时间内，散发的焦耳热相当，这就是§7.1（7.3）式中引入的电压、电流“有效值”的由来.

对于纯电感和纯电容元件，$\varphi=\pm\dfrac{\pi}{2}$，$\cos\varphi=0$，平均功率为

$$\begin{aligned} \varphi &= \pm\frac{\pi}{2}, \\ \overline{P} &= 0. \end{aligned} \tag{7.37b}$$

在纯电感和纯电容元件上，电压 $u(t)$ 与电流 $i(t)$ 的相位差分别是 $\pm\dfrac{\pi}{2}$，其乘积瞬时功率 $P(t)$ 有正有负，正负号每隔 1/4 周期改变一次，即既有能量从电源输入以磁场能量（电感）或电场能量（电容）的形式储存起来，又有能量从电感和电容中输出回授电源，并且在一个周期内两者相等，故平均功率为零. 简言之，纯电感和纯电容元件平均而言不消耗能量，只是不断地与电源交换能量.

单纯元件 R，L，C 的瞬时功率 $P(t)$ 随时间 t 的变化以及平均功率 $\overline{P}$ 为常数的结果如图

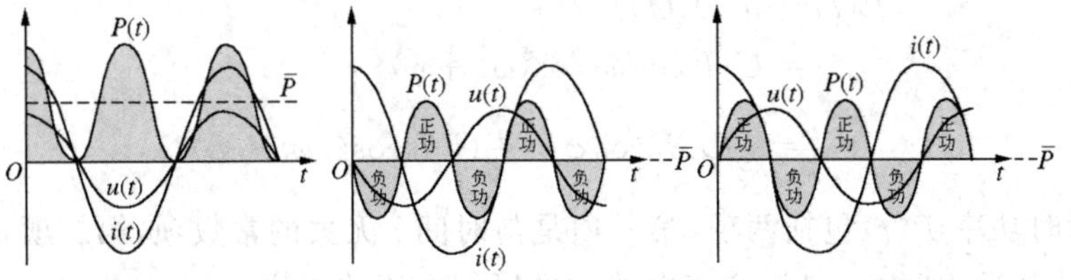

图 7.30 单纯元件的瞬时功率和平均功率

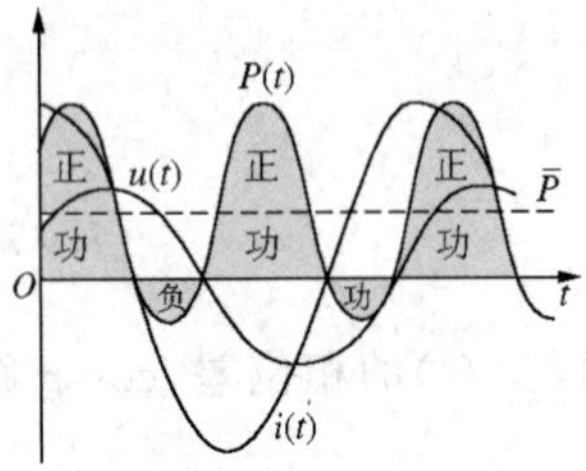

图 7.31 任意电路上的瞬时功率和平均功率

7.30 所示.

对于任意一段由 R,L,C 组合而成的交流电路，由(7.37)式，因 $\frac{\pi}{2}>\varphi>-\frac{\pi}{2}$，$\cos\varphi$ 介乎 0 和 1 之间，故 $0<\bar{P}<IU$. 图 7.31 画出了某电路上 $u(t)$，$i(t)$，$P(t)$ 的变化曲线，并标明了 $\bar{P}$，由图可见，$P(t)$ 时正时负，但在一个周期中 $P(t)>0$ 的时间比 $P(t)<0$ 的时间长，表明该电路从电源吸收的能量大于回授给电源的能量，两者平均值之差就是在一个周期内消耗的平均功率 $\bar{P}(\bar{P}>0)$，它是在电阻上通过焦耳热散发的.

§7.6.2 功率因数 $\cos\varphi$

如上所述，任意一段交流电路的平均功率为 $\bar{P}=IU\cos\varphi$，其中 $\cos\varphi$ 称为功率因数，φ 是该电路电压 $u(t)$ 与电流 $i(t)$ 的相位差，“该电路”可以是一台设备(发电、输电或用电设备)，也可以是一个车间或工厂.

与电子学仪器不同，在电力工业中往往需要采用耗能、用材很多的大型设备，并涉及远距离的电能输送，因此，如何充分发挥设备的效用，如何尽量减少输送的能量损耗，简言之，如何节能减耗就成为电力工业中备受关注的实际问题. 下面将指出，解决这些问题的关键正在于提高功率因数 $\cos\varphi$ 的大小.

如果用电器中电压与电流的相位差为 φ，则在如图 7.32 的矢量图中可将电流矢量 $\boldsymbol{I}$ 分解为 $\boldsymbol{I}_{/\!/}$ 和 $\boldsymbol{I}_{\perp}$ 两个分量，它们分别平行和垂直于 $\boldsymbol{U}$，为 $I_{/\!/}=I\cos\varphi$ 和 $I_{\perp}=I\sin\varphi$，于是该电器中的平均功率为

$$\bar{P}=UI\cos\varphi=UI_{/\!/}. \tag{7.38}$$

上式表明，只有 $\boldsymbol{I}_{/\!/}$ 对 $\bar{P}$ 有贡献，称为有功电流；$\boldsymbol{I}_{\perp}$ 对 $\bar{P}$ 无贡献，称为无功电流.

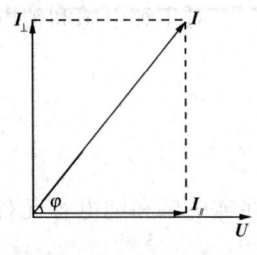

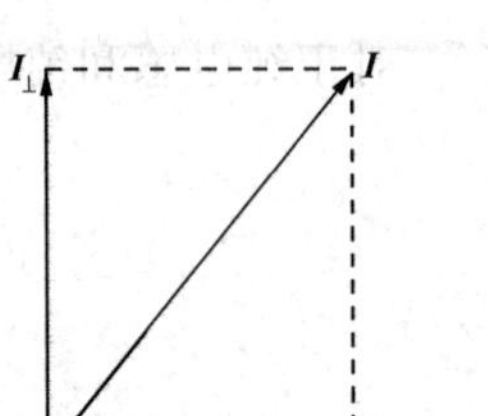

图 7.32 有功电流 $I_{/\!/}$ 与无功电流 $I_{\perp}$

输电导线的电阻与电源内阻上的焦耳热损耗与用电器中的总电流 I 的平方成正比，如果用电器的 $\varphi\neq0$，总电流 I 即可分为 $I_{/\!/}$ 和 $I_{\perp}$ 两部分，$\cos\varphi$ 越大，$I_{/\!/}$ 越大. 输电线将能量输送到用电器供它使用和消耗，其中只有总电流的有功分量是有用的，无功分量把能量输送给用电器后又输送回来，完全是无益的循

环. 但两分量在输电线上都有焦耳损耗，其中有功电流的损耗是不可避免的，无功电流的损耗则应该尽量设法减少. 此外，输电线的电阻和电源内阻上都有一定的电压降，它与总电流成正比，为了确保用电器的电压，也须尽量减少输电线和电源内阻上的电压损失，这也要求尽量减少电流的无功分量.

任何发电设备都有一定的额定电压 U 和额定电流 I，它们的乘积 $S=IU$ 称为额定容量或视在功率，单位是伏安或千伏安. 额定电压的提高，需要增加导线外绝缘层的厚度，额定电流的加大，需要加大导线的横截面积，总之，两者都要使设备的体积和重量加大，占用的电工材料增多. 然而，输送到用电系统中实际被消耗的只是平均功率 $\overline{P}=S\cos\varphi=IU\cos\varphi$，剩余的部分在其中往返授受，占而不用，犹如"大马拉小车"，使电能得不到充分的利用，解决的办法就是改进设备的配置，提高用电设备的功率因数 $\cos\varphi$.

为了尽量增大 $\cos\varphi$ 的值，电路中的 L 和 C 应配置适当，使电路接近电阻性，则 $\varphi\approx 0$，$\cos\varphi\approx 1$. 通常，对于电感性的设备可利用并联电容器来增大 $\cos\varphi$，对于电容性的设备可利用并联电感线圈来增大 $\cos\varphi$.

通过功率因数 $\cos\varphi$ 的讨论，相信读者对交流电路中相位差 φ 的重要意义将会有进一步的体会.

例 13 如图 7.33 所示的日光灯管由灯管、镇流器、起辉器组成，可以看作 RL 串联电路. 为了提高功率因数 $\cos\varphi$，并联电容 C.

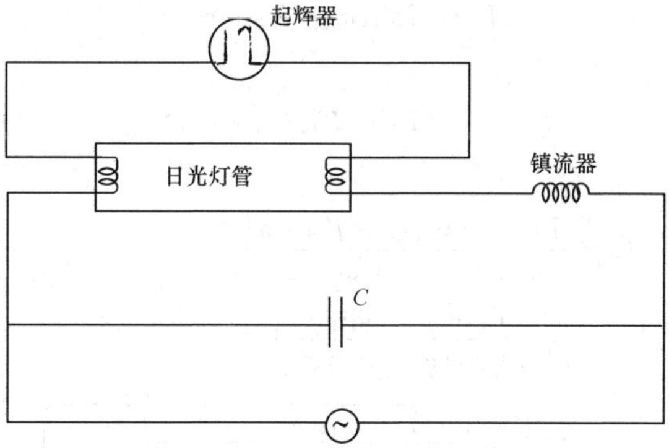

图 7.33 并联电容器提高日光灯的功率因数

已知日光灯的功率为 40 W，电压为 220 V，频率为 50 Hz，功率因数为 $\cos\varphi=0.4$. 为了将功率因数提高到 $\cos\varphi'=0.9$，试求应并联多大的电容 C.

解 因电容的平均功率为零，故并联电容后整个日光灯电路的平均功率 $\overline{P}$ 不变，两端的电压 U 也不变，只是总电流由原来的 I 改变为 I'，功率因数由原来的 $\cos\varphi$ 改变为 $\cos\varphi'$，故有

$$\overline{P}=IU\cos\varphi=I'U\cos\varphi',$$

即

$$I=\frac{\overline{P}}{U\cos\varphi},\quad I'=\frac{\overline{P}}{U\cos\varphi'}. \qquad ①$$

为了弄清楚并联电容 C 前后相关的电流和电压的相位关系，可作矢量图. 如图 7.34，并联电容前为 RL 串联电路，以电压 $\boldsymbol{U}=\boldsymbol{U}_{RL}$ 为参考，把 $\boldsymbol{U}=\boldsymbol{U}_{RL}$ 画成水平方向，因 RL 电路呈电感性，且总电流 $\boldsymbol{I}=\boldsymbol{I}_{RL}$ 与 $\boldsymbol{U}$ 的相位差为 φ($\boldsymbol{I}$ 落后)，可画出 $\boldsymbol{I}$(在 $\boldsymbol{U}$ 的下方). 并联电容 C 后，电压 $\boldsymbol{U}=\boldsymbol{U}_{RL}=\boldsymbol{U}_C$ 不变，总电流变为 $\boldsymbol{I}'$，$\boldsymbol{I}'$ 与 $\boldsymbol{U}$ 的相位差变为 φ'(注意，$\boldsymbol{I}'$ 的相位可能落后于 $\boldsymbol{U}$，也可能超前于 $\boldsymbol{U}$，分别如图 7.34(a)(b)所示)，可画出 $\boldsymbol{I}'$. 并联电容后，总电流 $\boldsymbol{I}'=\boldsymbol{I}_C+\boldsymbol{I}_{RL}$，其中 $\boldsymbol{I}_C$ 与 $\boldsymbol{U}_C$(即 $\boldsymbol{U}$)的相位差为 $\frac{\pi}{2}$，$\boldsymbol{I}_C$ 超前，故可画出 $\boldsymbol{I}_C$. 又因并联电容 C 后，$\boldsymbol{U}=\boldsymbol{U}_{RL}$ 不变，故 $\boldsymbol{I}_{RL}=\boldsymbol{I}$ 即为并联电容前的总电流. 于是，并联电容 C 前后各电流的关系为

$$\boldsymbol{I}'=\boldsymbol{I}_C+\boldsymbol{I}.$$

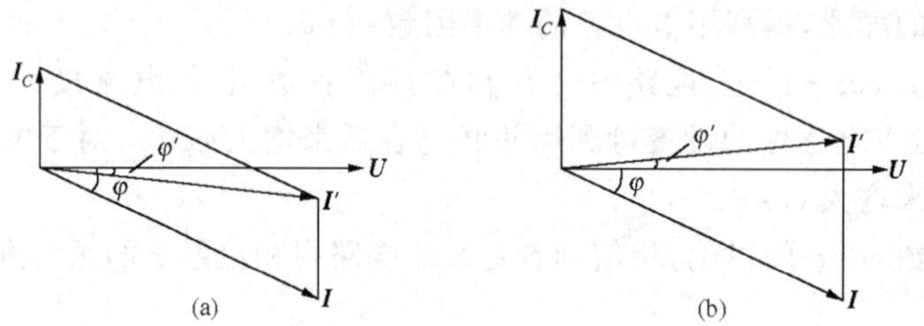

图 7.34 日光灯并联电容前后的矢量图

据此，作矢量图如图 7.34 所示，由几何关系，得

$$I_C=I\sin\varphi\pm I'\sin\varphi'. \quad ②$$

又

$$I_C=U\omega C, \quad ③$$

由①②③式，解出

$$\begin{aligned}C&=\frac{I_C}{U\omega}=\frac{I\sin\varphi\pm I'\sin\varphi'}{U\omega}\\&=\frac{\bar{P}}{U^2\omega}\left(\frac{\sin\varphi}{\cos\varphi}\pm\frac{\sin\varphi'}{\cos\varphi'}\right)\\&=\frac{\bar{P}}{2\pi fU^2}\left(\frac{\sqrt{1-\cos^2\varphi}}{\cos\varphi}\pm\frac{\sqrt{1-\cos^2\varphi'}}{\cos\varphi'}\right)\\&=7.3\,\mu\text{F 或 }4.8\,\mu\text{F}.\end{aligned}$$

§7.7 变压器原理

变压器是利用互感现象制成的电器设备，因能升高或降低交流电的电压而得名. 变压器种类繁多，功能各异，应用广泛，但结构、原理类似，本节介绍理想变压器的原理.

§7.7.1 理想变压器

变压器的原理性结构如图 7.35 所示，由绕在同一铁芯上的两个线圈组成. 连接到电源

上的线圈称为原线圈或初级线圈，连接到负载上的线圈称为副线圈或次级线圈，两个线圈通常并不联通（自耦变压器除外）.接交流电源后，在原线圈中产生交变电流，激发的交变磁通量经铁芯传输到副线圈，产生感应电动势和感应电流，它反过来通过铁芯又影响到原线圈，这就是变压器工作时的基本物理过程.通过原线圈和副线圈之间的互感，变压器不仅使输入和输出的电压不等，而且使电流和阻抗也都发生了改变.

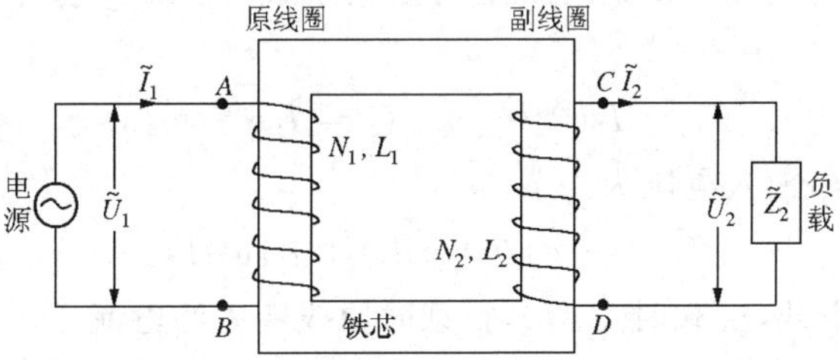

图 7.35　变压器原理

理想变压器满足下述条件：

(1) 无漏磁，即通过原、副线圈每匝的磁通量都相等.

(2) 无铜损，即两线圈均无电阻，其中的焦耳热损耗可略.

(3) 无铁损，即铁芯中的磁滞损耗和涡旋损耗可略.

(4) 原线圈的电感量趋于无穷大，从而空载电流（见下文）趋于零.

下面导出理想变压器的各种变比公式.

§7.7.2　电压变比公式

首先规定原、副线圈中电流的正方向如图 7.35 所示，这样，它们在铁芯内产生的磁感应线的方向相同.设原、副线圈的匝数分别为 N_1, N_2，设通过每匝的磁通量均为 Φ（无漏磁），则原、副线圈中的感应电动势（写成复数形式）分别为

$$\tilde{\mathscr{E}}_{AB} = -N_1 \frac{\mathrm{d}\tilde{\Phi}}{\mathrm{d}t}, \quad \tilde{\mathscr{E}}_{DC} = -N_2 \frac{\mathrm{d}\tilde{\Phi}}{\mathrm{d}t}.$$

因无铜损、无铁损，两线圈可以看作无内阻的电源，其端电压 $\tilde{U}_{AB}, \tilde{U}_{DC}$ 等于其中感应电动势的负值，即

$$\tilde{U}_{AB} = -\tilde{\mathscr{E}}_{AB}, \quad \tilde{U}_{DC} = -\tilde{\mathscr{E}}_{DC}.$$

规定变压器的输入电压 $\tilde{U}_1$ 和输出电压 $\tilde{U}_2$ 分别为

$$\tilde{U}_1 = \tilde{U}_{AB}, \quad \tilde{U}_2 = \tilde{U}_{CD} = -\tilde{U}_{DC}.$$

由以上三式，得

$$\frac{\tilde{U}_1}{\tilde{U}_2} = -\frac{N_1}{N_2}. \tag{7.39}$$

这就是理想变压器的电压变比公式，它表明输入电压与输出电压的有效值与原、副线圈的匝数成正比，式中的负号表明两者的相位差为 π.

§7.7.3 电流变比公式

原线圈中的感应电动势包括自感电动势和互感电动势两部分，为

$$\tilde{\mathscr{E}}_{AB} = -L_1\frac{\mathrm{d}\tilde{I}_1}{\mathrm{d}t} - M\frac{\mathrm{d}\tilde{I}_2}{\mathrm{d}t},$$

式中 L_1 是原线圈的自感系数，M 是两线圈的互感系数，$\tilde{I}_1$ 和 $\tilde{I}_2$ 分别是输入电流和输出电流(复数形式)，为

$$\tilde{I}_1 = I_1 \mathrm{e}^{\mathrm{j}(\omega t+\varphi_{i_1})}, \quad \tilde{I}_2 = I_2 \mathrm{e}^{\mathrm{j}(\omega t+\varphi_{i_2})}.$$

将 $\tilde{I}_1$，$\tilde{I}_2$ 代入求微，得出输入电压为

$$\tilde{U}_1 = -\tilde{\mathscr{E}}_{AB} = \mathrm{j}\omega L_1\tilde{I}_1 + \mathrm{j}\omega M\tilde{I}_2.$$

副线圈未接负载称为**空载**，空载时 $\tilde{I}_2=0$，空载时原线圈中的电流 $\tilde{I}_1=\tilde{I}_0$ 称为**空载电流**或**励磁电流**，由上式，得

$$\tilde{I}_0 = \frac{\tilde{U}_1}{\mathrm{j}\omega L_1}.$$

空载电流的作用是在铁芯内产生一定的交变磁通量，从而在原线圈内引起一定的感应电动势，以平衡输入电压.由以上两式，得

$$\mathrm{j}\omega L_1\tilde{I}_0 = \mathrm{j}\omega L_1\tilde{I}_1 + \mathrm{j}\omega M\tilde{I}_2,$$

即

$$\mathrm{j}\omega L_1(\tilde{I}_1 - \tilde{I}_0) + \mathrm{j}\omega M\tilde{I}_2 = 0.$$

令

$$\tilde{I}_1' = \tilde{I}_1 - \tilde{I}_0,$$

得

$$\frac{\tilde{I}_1'}{\tilde{I}_2} = -\frac{M}{L_1}.$$

上式表明，$\tilde{I}_1'$ 与负载电流 $\tilde{I}_2$ 成正比，$\tilde{I}_1'$ 可看作是负载电流“反射”到原线圈中的电流，称为**反射电流**.在无磁漏条件下

$$L_1 = \frac{N_1\Phi_1}{I_1}, \quad M = \frac{N_2\Phi_1}{I_1},$$

即

$$\frac{M}{L_1} = \frac{N_2}{N_1}.$$

由理想变压器条件(4)，$L_1\to\infty$，$\tilde{I}_0=0$，$\tilde{I}_1=\tilde{I}_1'$，于是

$$\frac{\tilde{I}_1}{\tilde{I}_2} = -\frac{N_2}{N_1}. \tag{7.40}$$

这就是理想变压器的**电流变比公式**，它表明输入电流和输出电流的有效值与原、副线圈的匝数成反比，式中的负号表明两者的相位差为 π.

§7.7.4　阻抗变比公式

设负载的复阻抗为 $\widetilde{Z}_2$，则 $\widetilde{U}_2=\widetilde{I}_2\widetilde{Z}_2$. 输入电压 $\widetilde{U}_1$ 与反射电流 $\widetilde{I}_1'$ 之比叫做折合阻抗或反射阻抗，用 $\widetilde{Z}_1'$ 表示. 由(7.39)(7.40)式及 $\widetilde{I}_1=\widetilde{I}_1'$，得

$$\widetilde{Z}_1'=\frac{\widetilde{U}_1}{\widetilde{I}_1'}=\frac{-\dfrac{N_1}{N_2}\widetilde{U}_2}{-\dfrac{N_2}{N_1}\widetilde{I}_2}=\left(\frac{N_1}{N_2}\right)^2\widetilde{Z}_2,$$

可见，负载阻抗折合到输入回路，其值要乘以匝数比的平方. 理想变压器 $\widetilde{I}_1=\widetilde{I}_1'$，其输入阻抗 $\widetilde{Z}_1$ 为

$$\widetilde{Z}_1=\frac{\widetilde{U}_1}{\widetilde{I}_1}=\left(\frac{N_2}{N_1}\right)^2\widetilde{Z}_2. \tag{7.41}$$

变压器这一**变换阻抗**的作用，常被用于使负载电阻与电源内阻匹配，以获得最大的输出功率.

§7.7.5　功率传输效率

变压器的(平均)输入功率 $\overline{P}_1$ 和输出功率 $\overline{P}_2$ 分别为

$$\overline{P}_1=U_1I_1\cos\varphi_1,$$
$$\overline{P}_2=U_2I_2\cos\varphi_2,$$

式中 φ_1 为 $\widetilde{U}_1$ 和 $\widetilde{I}_1$ 的相位差，φ_2 为 $\widetilde{U}_2$ 和 $\widetilde{I}_2$ 的相位差. 因为 $\widetilde{U}_1$ 和 $\widetilde{U}_2$ 的相位差、$\widetilde{I}_1$ 和 $\widetilde{I}_2$ 的相位差都是 π，故 $\cos\varphi_1=\cos\varphi_2$. 再利用电压、电流的变比公式，即可证明

$$\overline{P}_1=\overline{P}_2. \tag{7.42}$$

上式表明，理想变压器的平均输入功率等于平均输出功率，即功率传输效率为 100%. 这是假定理想变压器本身没有能量损耗的结果. 实际变压器必定存在各种损耗，其平均功率传输效率远小于 100%.

§7.7.6　各种变压器

在电力工程和电子技术中广泛使用变压器来变电压、变电流、变阻抗以及电路间的耦合. 常见的变压器有以下几种，用途不同，结构和规格也都有差别.

1. 电力变压器

在输电、供电系统中使用，功率较大. 发电厂发出的电力，在远距离输电时，为减少输电线路上的功率损耗，常用变压器升高电压，以减小线路上的电流(高压输电). 电流到达用户后，为确保安全并合乎用电设备的电压要求，再用变压器降低电压.

2. 电源变压器

在电子仪器中常常需要各种不同的电压，通常采用电源变压器将 220 V 的市电变到各种需要的电压.

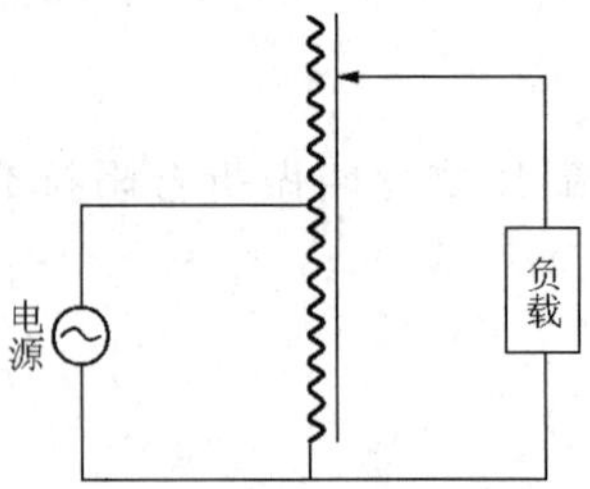

图 7.36 调压变压器

3. 耦合变压器

电子线路中常用耦合变压器作级间耦合，如收音机的输入变压器、输出变压器、中周变压器等都是. 耦合变压器的作用是多方面的，如用输出变压器达到阻抗匹配就是一例.

4. 调压变压器(自耦变压器)

调压变压器就是一种带有铁芯的线圈，电源加在其中的一段上，滑动头接负载，改变滑动头位置可得到连续改变的输出电压(图 7.36).

§7.8 三相交流电

§7.8.1 三相交流电，相电压与线电压

三相交流电在生产和生活中应用最为广泛. 三相交流发电机是利用电磁感应原理制成的，其结构如图 7.37(a)所示，由转动的磁铁(转子)和固定在机壳中彼此相隔 120°的三个线圈(定子)组成. 当转子以匀角速度 ω 旋转时，在每组线圈中都会感应出交变电动势，它们的振幅、角频率相同，彼此间的相位差为 $2\pi/3$，即

$$
\begin{cases}
e_{AX}(t) = \mathscr{E}_0 \cos\omega t, \\
e_{BY}(t) = \mathscr{E}_0 \cos\left(\omega t - \dfrac{2\pi}{3}\right), \\
e_{CZ}(t) = \mathscr{E}_0 \cos\left(\omega t - \dfrac{4\pi}{3}\right).
\end{cases}
\tag{7.43}
$$

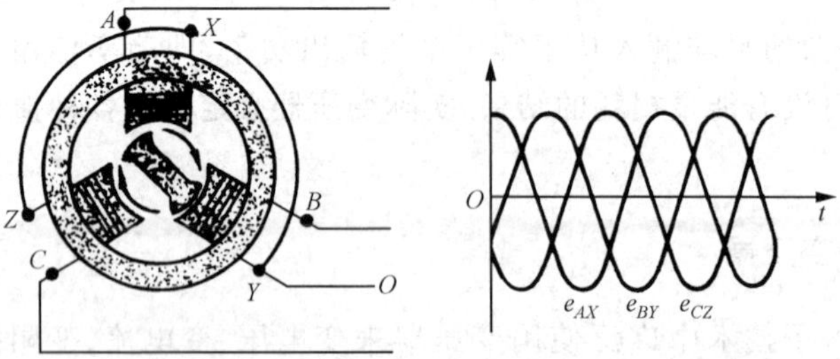

(a) 三相交流发电机示意图 (b) 三相电波形曲线

图 7.37 三相电的产生

三相发电机提供的三个交流电称为**三相交流电**，其波形如图 7.37(b)所示.

三相发电机的每一组线圈都可以作为一个独立的电源用两根导线引出，三组线圈需用六根导线对外供电，很不经济. 为了减少输电导线，通常采用如图 7.38 的星形连接，即将三组线圈的末端 X,Y,Z 接在一起，引出一根导线 O，称为中线或零线，从始端 A,B,C 各引出一根导线，称为端线或火线，这样共有四根引出导线，称为**三相四线制**. 实际上还常把中线接地，只保留三根端线作为输出导线，称为**三相三线制**.

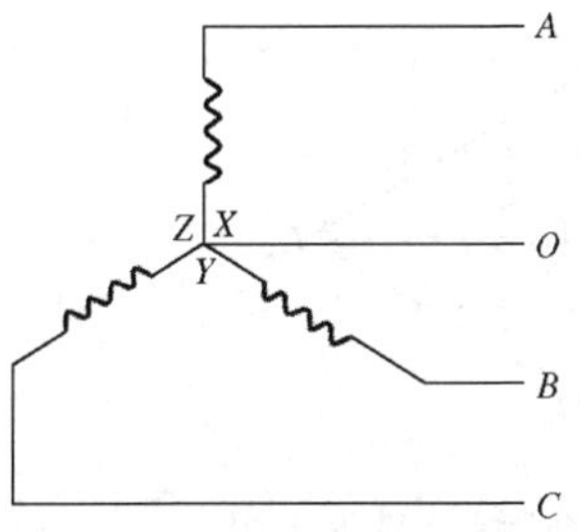

图 7.38　三相发电机的星形连接

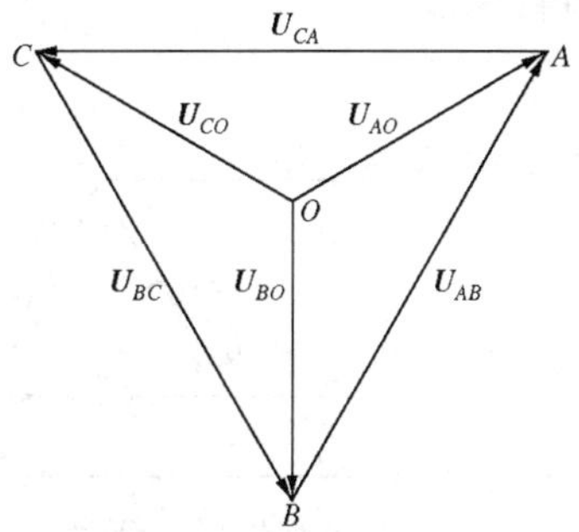

图 7.39　相电压与线电压矢量图

端线与中线间的电压 $u_{AO}(t)$，$u_{BO}(t)$，$u_{CO}(t)$称为相电压，其有效值表为 U_φ，即 $U_{AO}=U_{BO}=U_{CO}=U_\varphi$，两端线间的电压 $u_{AB}(t)$，$u_{BC}(t)$，$u_{CA}(t)$称为线电压，其有效值表为 U_l，即 $U_{AB}=U_{BC}=U_{CA}=U_l$. 由三相电压的矢量图(图 7.39)可以看出，线电压 U_l 与相电压 U_φ 的关系为

$$U_l=\sqrt{3}U_\varphi, \tag{7.44}$$

因此，三相四线制电路可以给予负载两种电压. 在通常的低压配电系统中，相电压(有效值) $U_\varphi=220$ V，线电压(有效值)$U_l=\sqrt{3}\times 220$ V$=380$ V.

§7.8.2　三相电路中负载的连接

在三相四线制电路中，负载(用电器)的连接方式有星形连接(Y 连接)和三角形连接(△连接)两种.

负载的星形连接如图 7.40(a)所示，每组负载上的电压就是三相电的相电压. 若三相负载完全相同，则各相电流(有效值)相等，彼此相位差 $2\pi/3$. 由图 7.40(b)的电流矢量图可以看出，三个电流矢量之和为零，表明流过中线的电流为零，在这种情况下可以省去中线. 若三相负载不同，则中线电流不为零，中线不能省去，否则就会造成下述恶果：(1) 因各相负载不同，使各相电流不同，导致各相电压不同，或偏高或偏低. (2) 相电压会随负载的变化而变化. (3) 若两相负载断开，则第三相不通，无法用电. 为此，在负载星形连接时，常采用坚韧的铜线做中线，以免断开.

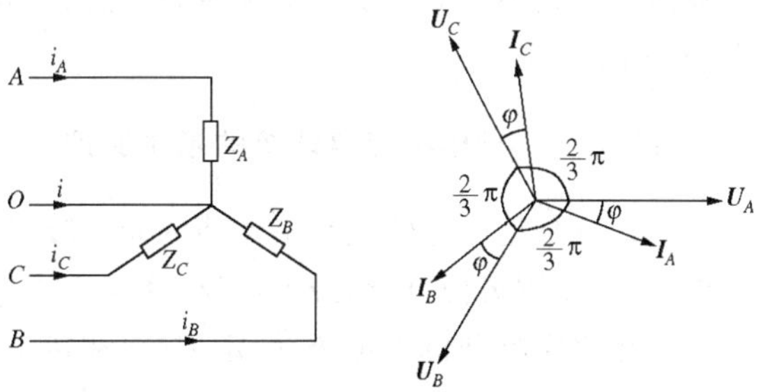

(a) 负载的星形连接　　(b) 星形连接的电流矢量图

图 7.40

负载的三角形连接如图 7.41(a)所示，即将负载接在两火线之间，加在每相负载上的电压都是三相电的线电压. 若三相负载相同，则相电压(有效值)相等 $I_{AB}=I_{BC}=I_{CA}=I_\varphi$(记作 I_φ)，彼此相位差为 $2\pi/3$，线电压(有效值)也相等 $I_A=I_B=I_C=I_l$(记作 I_l). 由图 7.41(b)的

电流矢量图,得

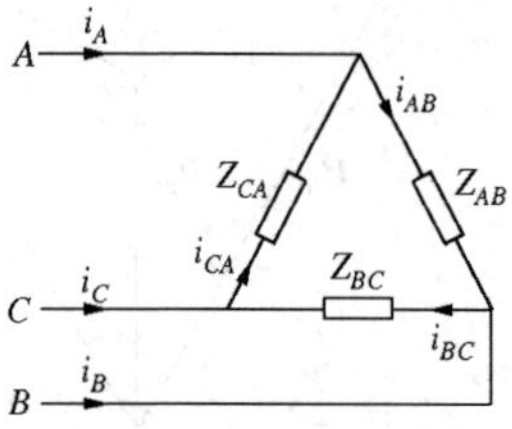

(a) 负载的三角形连接

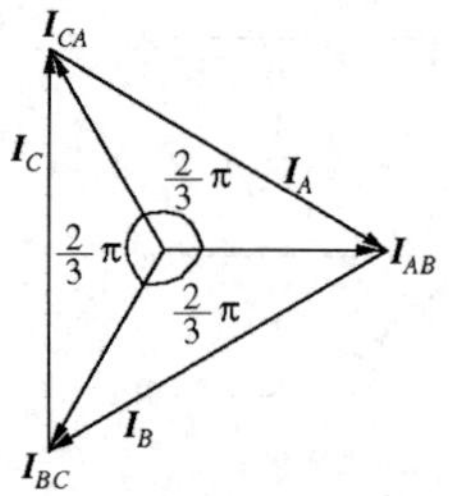

(b) 三角形连接的电流矢量图

图　7.41

$$I_l = \sqrt{3} I_\varphi. \tag{7.45}$$

§7.8.3　三相交流电的功率

三相交流电的功率等于各相功率之和.在三相负载相同时,用 $U_\varphi, I_\varphi, \cos\varphi$ 表示每一相的相电压有效值、相电流有效值、功率因数,则三相电路的总平均功率为

$$\overline{P} = 3U_\varphi I_\varphi \cos\varphi. \tag{7.46}$$

若负载是星形连接,则 $U_l=\sqrt{3}U_\varphi, I_l=I_\varphi$;若负载是三角形连接,则 $U_l=U_\varphi, I_l=\sqrt{3}I_\varphi$.所以,无论负载采用何种连接,三相电路的总平均功率都等于

$$\overline{P} = \sqrt{3} U_l I_l \cos\varphi. \tag{7.47}$$

应该指出,单相交流电的瞬时功率随时间周期性变化.与此不同,可以证明,三相交流电的瞬时功率是不随时间变化的恒量,这是因为各相瞬时功率的高峰彼此错开,相加的结果填平补齐了.

§7.8.4　三相感应电动机的基本原理

电动机是把电能转化为机械能的动力装置,种类很多,其中,三相感应电动机结构简单、工作可靠、使用方便,应用最为广泛,这也成为广泛采用三相电的重要原因.

三相感应电动机由定子(固定部分)和转子(转动部分)组成.定子包括固定在机座内的三组互成 120°的线圈和铁芯,转子包括固定在转轴上的线圈和铁芯.定子和转子之间留有空隙.

三相感应电动机的基本原理是,在定子三组线圈中通入三相交流电,它们产生旋转磁场,旋转磁场在转子线圈中产生感应电流使之受安培力作用而旋转.与三相交流发电机一样,三相感应电动机也是电磁感应的产物.

如图 7.42 所示,三组彼此相隔 120°的定子线圈 ax, by, cz 中通以三相交流电,三个电流的瞬时值分别为(以从始端 a, b, c 流入为电流正方向)

$$\begin{cases} i_{ax}(t) = i_1(t) = I_0\cos\omega t, \\ i_{by}(t) = i_2(t) = I_0\cos\left(\omega t - \dfrac{2\pi}{3}\right), \\ i_{cz}(t) = i_3(t) = I_0\cos\left(\omega t - \dfrac{4\pi}{3}\right). \end{cases}$$

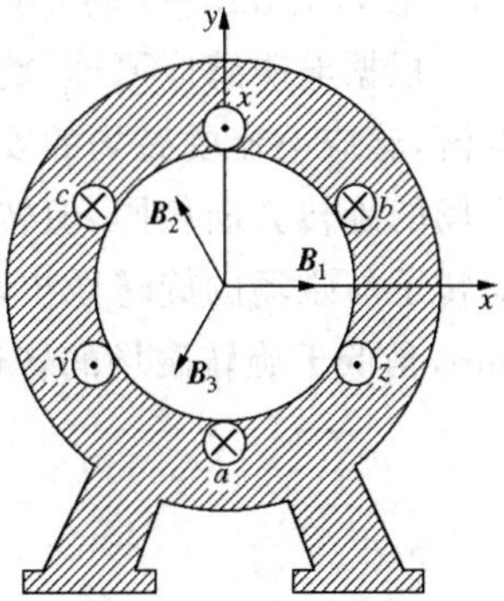

图 7.42 三相感应电动机定子线圈产生旋转磁场

三组线圈在定子内部产生三个磁场的大小分别为

$$\begin{cases} B_1 = B_0\cos\omega t, \\ B_2 = B_0\cos\left(\omega t - \dfrac{2\pi}{3}\right), \\ B_3 = B_0\cos\left(\omega t - \dfrac{4\pi}{3}\right), \end{cases}$$

$\boldsymbol{B}_1,\boldsymbol{B}_2,\boldsymbol{B}_3$ 的方向如图 7.42 所示，总磁场 $\boldsymbol{B}$ 是三者的矢量和. 为了确定 $\boldsymbol{B}$ 的大小和方向，给出 $\boldsymbol{B}_1,\boldsymbol{B}_2,\boldsymbol{B}_3$ 的 x,y 分量为

$$\begin{cases} B_{1x} = B_1 = B_0\cos\omega t, \\ B_{2x} = B_2\cos\dfrac{2\pi}{3} = -\dfrac{1}{2}B_0\cos\left(\omega t - \dfrac{2\pi}{3}\right), \\ B_{3x} = B_3\cos\dfrac{4\pi}{3} = -\dfrac{1}{2}B_0\cos\left(\omega t - \dfrac{4\pi}{3}\right), \\ B_{1y} = 0, \\ B_{2y} = B_2\sin\dfrac{2\pi}{3} = \dfrac{\sqrt{3}}{2}B_0\cos\left(\omega t - \dfrac{2\pi}{3}\right), \\ B_{3y} = B_3\sin\dfrac{4\pi}{3} = -\dfrac{\sqrt{3}}{2}B_0\cos\left(\omega t - \dfrac{4\pi}{3}\right), \end{cases}$$

故总磁场的 x,y 分量为

$$\begin{cases} B_x = B_{1x} + B_{2x} + B_{3x} = \dfrac{3}{2}B_0\cos\omega t, \\ B_y = B_{1y} + B_{2y} + B_{3y} = \dfrac{3}{2}B_0\sin\omega t. \end{cases}$$

总磁场的大小为

$$B = \sqrt{B_x^2 + B_y^2} = \frac{3}{2}B_0. \tag{7.48}$$

在任一时刻 t，$\boldsymbol{B}$ 的方向与 x 轴的夹角 α 的正切为

$$\tan\alpha = \frac{B_y}{B_x} = \tan\omega t. \tag{7.49}$$

设 $t=0$ 时 $\alpha=0$，则 t 时刻 $\alpha=\omega t$.

以上两式表明，总磁场的大小 B 不随时间变化，但总磁场 $\boldsymbol{B}$ 的方向随时间变化，总磁场 $\boldsymbol{B}$ 是一个大小恒定的、以角速度 ω 逆时针旋转的矢量——旋转磁场.

我国工业用交流电的频率为 50 Hz，故旋转磁场的转速为 50 r/s＝3000 r/min(1 r/s＝

1 转/秒,1 r/min=1 转/分).

根据电磁感应原理,旋转磁场使转子回路中的磁通量变化,产生感应电动势,激发感应电流,感应电流受磁场的安培力作用使转子转动起来.根据楞次定律,转子的转动方向应与磁场的旋转方向相同,但转子的转速总是小于磁场的转速(转速相同就不会产生感应电流),即转子与磁场的旋转异步,故称异步电动机.例如,有的三相感应电动机的转速为 2880 r/min,稍低于旋转磁场的转速.

本章小结

交流电是电工学、电子学、电磁测量的理论基础.在各种周期性变化的交流电中,简谐交流电是最重要、最基本的形式,本章只讨论简谐交流电.本章在似稳条件、集中元件、线性电路的假设下讨论交流电路.

交流电路的元件是 R,L,C,其阻抗 Z 和相位差 φ 如下表(前两列).

元 件	阻抗 $Z=\frac{U_0}{I_0}=\frac{U}{I}$	相位差 $\varphi=\varphi_u-\varphi_i$	复阻抗 $\widetilde{Z}$	复导纳 $\widetilde{Y}$
电阻 R	$Z_R=R$	$\varphi_R=0$	$\widetilde{Z}_R=R$	$\widetilde{Y}_R=\frac{1}{R}$
电感 L	$Z_L=\omega L$	$\varphi_L\approx\frac{\pi}{2}$	$\widetilde{Z}_L=\mathrm{j}\omega L$	$\widetilde{Y}_L=\frac{1}{\mathrm{j}\omega L}$
电容 C	$Z_C=\frac{1}{\omega C}$	$\varphi_C=-\frac{\pi}{2}$	$\widetilde{Z}_C=\frac{1}{\mathrm{j}\omega C}$	$\widetilde{Y}_C=\mathrm{j}\omega C$

矢量法是求解串并联交流电路的基本方法之一.它根据元件的特征和串并联的性质,利用平面旋转矢量表示简谐量、矢量之和表示同频简谐量之和的方法,可以画出串并联电路全部电流、电压的矢量图.矢量图集中了串并联交流电路的全部重要信息,并把其间的关系表示成几何关系,可用于求解各种相关问题.

复数法是求解交流电路的普遍适用的基本方法,既适用于串并联电路也适用于非串并联的复杂电路.复数法把交流电路中的电压 $u(t)$、电流 $i(t)$ 等同频简谐量用复数 $\widetilde{U},\widetilde{I}$ 表示,定义复阻抗 $\widetilde{Z}$ 和复导纳 $\widetilde{Y}$,并得出串并联公式,为

$$u(t)=U_0\cos(\omega t+\varphi_u)\longleftrightarrow\widetilde{U}(t)=U_0\mathrm{e}^{\mathrm{j}(\omega t+\varphi_u)},$$

$$i(t)=I_0\cos(\omega t+\varphi_i)\longleftrightarrow\widetilde{I}(t)=I_0\mathrm{e}^{\mathrm{j}(\omega t+\varphi_i)}.$$

复阻抗

$$\widetilde{Z}=\frac{\widetilde{U}}{\widetilde{I}}=\frac{U_0}{I_0}\mathrm{e}^{\mathrm{j}(\varphi_u-\varphi_i)}=Z\mathrm{e}^{\mathrm{j}\varphi},$$

$$Z=\frac{U_0}{I_0},\quad\varphi=\varphi_u-\varphi_i.$$

复导纳

$$\widetilde{Y}=\frac{1}{\widetilde{Z}}=\frac{1}{Z}\mathrm{e}^{-\mathrm{j}\varphi}.$$

串联

$$\tilde{Z}=\tilde{Z}_1+\tilde{Z}_2+\cdots.$$

并联

$$\frac{1}{\tilde{Z}}=\frac{1}{\tilde{Z}_1}+\frac{1}{\tilde{Z}_2}+\cdots,$$

其中,各元件的复阻抗和复导纳如上表(后两列),利用串并联公式求出 $\tilde{Z}$ 后,需进而求出有物理意义的模 Z 和幅角 φ.

对于包括非串并联连接方式的复杂交流电路,基尔霍夫方程组是用于求解的完备方程组,为

$$\begin{cases}\sum(\pm\tilde{I})=0,\\ \sum(\pm\tilde{U})=\sum(\pm\tilde{I}\tilde{Z})+\sum(\pm\tilde{\mathscr{E}})=0.\end{cases}$$

各量的符号法则见 §7.4.5.

交流电桥是用交流电路基尔霍夫方程组求解的典型问题,它表明交流电桥的平衡需要同时满足两个条件,因而需要两个可调参量.

RLC 串联谐振:

$$Z=\frac{U}{I}=\sqrt{R^2+\left(\omega L-\frac{1}{\omega C}\right)^2},\quad \varphi=\arctan\frac{\omega L-\dfrac{1}{\omega C}}{R}.$$

谐振条件 $\varphi=0$,谐振角频率 $\omega=\omega_0-\dfrac{1}{\sqrt{LC}}$,谐振时 I 最大、Z 最小.

并联谐振(RL 串联再与 C 并联):

$$Z=\sqrt{\frac{R^2+(\omega L)^2}{(1-\omega^2LC)^2+(\omega CR)^2}},\quad \varphi=\arctan\frac{\omega L-\omega C[R^2+(\omega L)^2]}{R}.$$

谐振条件 $\varphi=0$,谐振角频率 $\omega=\omega_0=\sqrt{\dfrac{1}{LC}-\left(\dfrac{R}{L}\right)^2}$,谐振时 I 最小,Z 最大.

Q 值的物理意义(以 RLC 串联电路为例):1. 储能 LI^2 与一周期内耗能 I^2RT 之比,$Q=2\pi\dfrac{LI^2}{I^2RT}=\dfrac{\omega_0L}{R}$,2. 频率选择性,$Q=\dfrac{f_0}{\Delta f}$,$\Delta f$ 为通频带宽度. 3. 电压分配 $Q=\dfrac{U_C}{U}=\dfrac{U_L}{U}=\dfrac{\omega_0L}{R}$.

交流电路的瞬时功率　$P=\dfrac{1}{2}U_0I_0\cos\varphi+\dfrac{1}{2}U_0I_0\cos(2\omega t+\varphi)$.

交流电路的平均功率　$\overline{P}=\dfrac{1}{2}U_0I_0\cos\varphi=UI\cos\varphi$.

理想变压器:

电压变比　$\dfrac{\tilde{U}_1}{\tilde{U}_2}=-\dfrac{N_1}{N_2}$;

电流变比　$\dfrac{\tilde{I}_1}{\tilde{I}_2}=-\dfrac{N_2}{N_1}$;

阻抗变比　$\widetilde{Z}_1=\left(\frac{N_2}{N_1}\right)^2\widetilde{Z}_2$.

三相电：

$$\begin{cases} e_{AX}(t)=\mathscr{E}_0\cos\omega t, \\ e_{BY}(t)=\mathscr{E}_0\cos\left(\omega t-\frac{2\pi}{3}\right), \\ e_{CZ}(t)=\mathscr{E}_0\cos\left(\omega t-\frac{4\pi}{3}\right). \end{cases}$$

电源星形连接 $U_l=\sqrt{3}U_\varphi$（U_l 线电压，U_φ 相电压）.

负载三角形连接 $I_l=\sqrt{3}I_\varphi$（I_l 线电流，I_φ 相电流）.

三相感应电动机的基本原理：在互成 120° 的三组线圈中通以三相交流电，它们产生旋转磁场，在转子线圈中引起感应电流，使之受安培力而转动.

习　　题

7.1　试在同一时间坐标轴上画出两个简谐交流电压

$$u_1(t)=311\cos\left(100\pi t-\frac{2\pi}{3}\right)\mathrm{V},\quad u_2(t)=311\sin\left(100\pi t-\frac{5\pi}{6}\right)\mathrm{V}$$

的曲线，它们的峰值、有效值、频率、周期和初相位各为多少？两者的相位差为多少？哪个超前？

7.2　在某频率下，电容 C 和电阻 R 的阻抗之比为 $Z_C:Z_R=3:4$；现将它们串联后接到有效值为 100 V 的该频率的交流电源上.(1) 试分别求 C 和 R 两端的电压有效值 U_C 和 U_R；(2) 试求总电压和电流的相位差.

7.3　如图，U_1 和 U_2 分别表示电路中的分压有效值，已知 $U_1=U_2=20$ V，$Z_C=R_2$. 试求：(1) 总电压有效值 U；(2) 总电压与总电流之间的相位差，并用矢量图说明之.

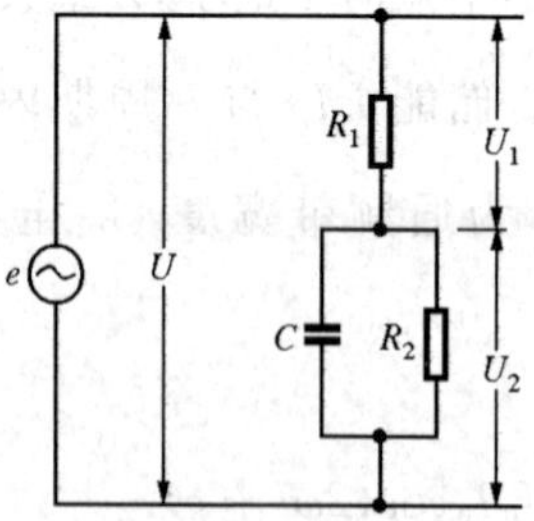

习题　7.3

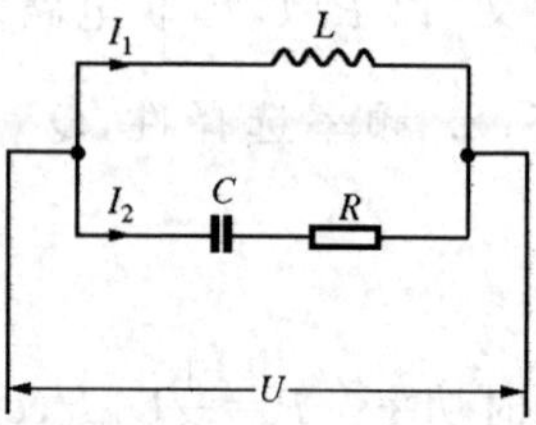

习题　7.4

7.4　在图中，I_1 与 I_2 表示电路两支路的电流有效值，已知 $Z_C:R=1:1$. 试求：(1) 两支路中电流之间的相位差；(2) 总电压与电容上电压之间的相位差. 并用矢量图说明之.

7.5　如图，有三条支路汇于一点，电流的正方向如图所示，设

$$i_1=30\cos\left(\omega t+\frac{\pi}{4}\right)\mathrm{A},$$

$$i_2=40\cos\left(\omega t-\frac{\pi}{3}\right)\mathrm{A},$$

试分别用矢量法和复数法求 i_3 的瞬时表达式.

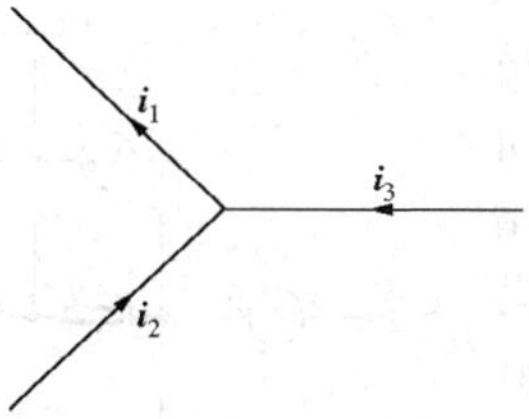

习题　7.5

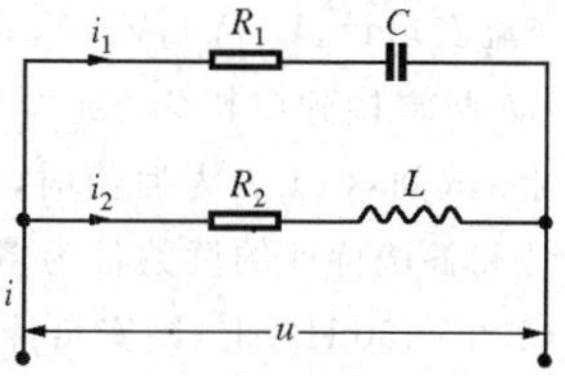

习题　7.6

7.6　如图,电路中电源频率为 1.0 kHz,$R_1=3.0\ \Omega$,$R_2=1.0\ \Omega$,$C=\dfrac{500}{\pi}\ \mu\text{F}$,$L=\dfrac{1.0}{\pi}\text{mH}$.(1) 试求各支路的复阻抗及总阻抗,总电路是电感性还是电容性的?(2) 如果总电压 u 的有效值为 2.0 V,初相位为 $30°$,试求 i_1,i_2 和总电流 i 的有效值及初相位.

7.7　如图,在电路中,已知 $R_1=R_2=\dfrac{100}{\pi}\ \text{k}\Omega$,$C_1=C_2=0.1\ \mu\text{F}$,若要使总电压 u 和电容 C_2 上的电压 u_2 的相位相同,试问电源的频率 f 应为多少?

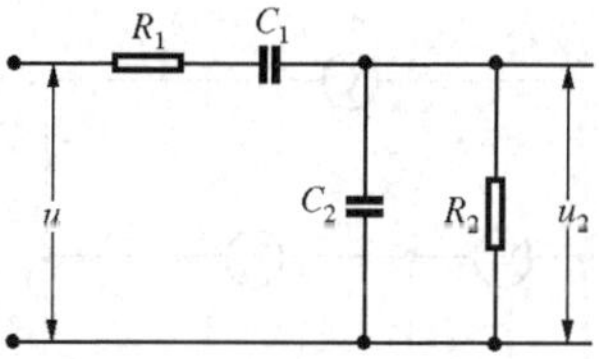

习题　7.7

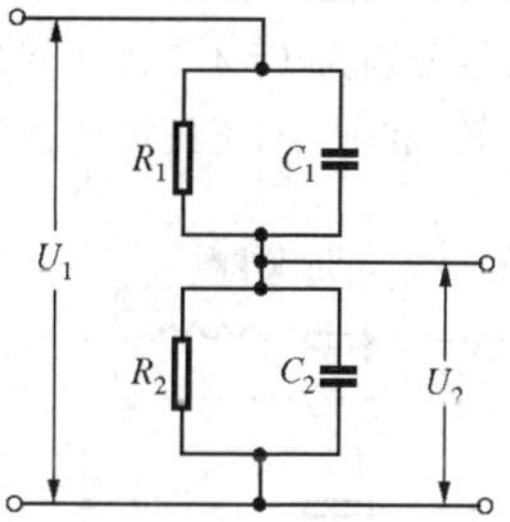

习题　7.8

7.8　如图是一种能够消除分布电容影响的脉冲分压器,当电路中 C_1,C_2,R_1,R_2 满足一定条件时,该电路就能和直流电路一样,使输入电压有效值与输出电压有效值 U_2 之比等于电阻之比:

$$\frac{U_2}{U_1}=\frac{R_2}{R_1+R_2},$$

而和频率无关.试求电容、电阻应满足的条件.

7.9　图中是一交流电桥,试求其平衡条件.

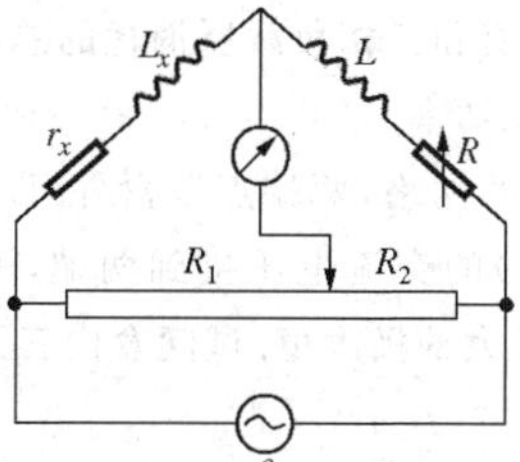

习题　7.9

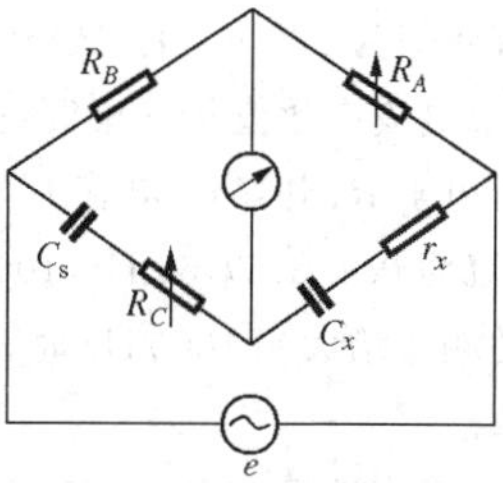

习题　7.10

7.10　图中是一交流电桥,测量时选用标准电容 $C_S=0.100\ \mu\text{F}$,当电桥平衡时,测得 $R_A=1000\ \Omega$,$R_B=$

$2050\ \Omega, R_C = 10.0\ \Omega$,试求待测电容的 C_x 和 r_x 之值.

7.11 如图,在 RLC 串联电路中,$R = 300\ \Omega, L = 250\ \text{mH}, C = 8.00\ \mu\text{F}$,$A$ 是交流安培计,V_1, V_2, V_3, V_4, V 都是交流伏特计.现将 a, b 两端接到电压为 220 V 频率为 f 可变的交流电源上.试问:(1) f 为何值时,电路发生谐振?此时安培计和各伏特计的读数各为多少?(2) 若接在市电电源(220 V,50 Hz)上,则安培计及各伏特计的读数各为多少?(3) 试分别求出以上两种情况下,a, b 间消耗的功率.

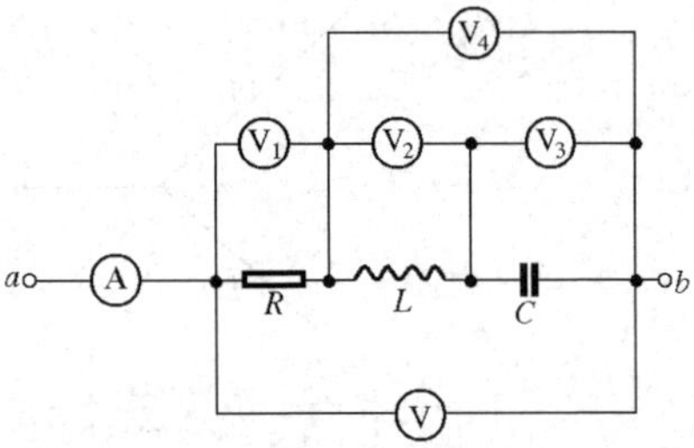

习题 7.11

7.12 发电机的额定容量为 22 kV·A,它能供多少盏功率因数 0.5、平均功率 40 W 的日光灯正常发光?如果把日光灯的功率因数提高到 0.8 时,能供多少盏?

7.13 一个 110 V,50 Hz 的交流电源供给一电路 330 W 的功率,电路的功率因数为 0.6,且电流相位落后于电压相位.(1) 若在电路中串联一电容器使功率因数增到 1,试求电容器的电容;这时电源供给多少有功功率?(2) 若改为并联一电容器使功率因数增加到 0.9,试求电容器的电容;这时电源供给多少有功功率?(3) 根据计算结果,试讨论上述两种提高功率因数方法的差异和合理性.

7.14 如图,一抗流线圈(电阻与电感串联)与一无自感的电阻 R 并联后接到交流电源上,已知总电流和各支路电流有效值分别为 $I = 4.5\ \text{A}, I_1 = 2.5\ \text{A}, I_2 = 2.8\ \text{A}, R = 50\ \Omega$.试求:(1) 电阻 R 和抗流线圈消耗的平均功率 $\bar{P}_1$ 和 $\bar{P}_2$;(2) 抗流线圈的等效串联电阻 r.

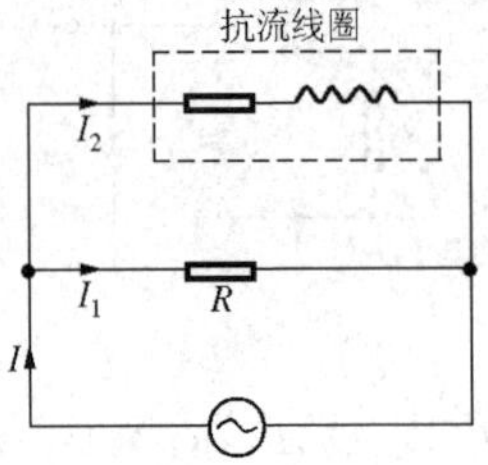

习题 7.14

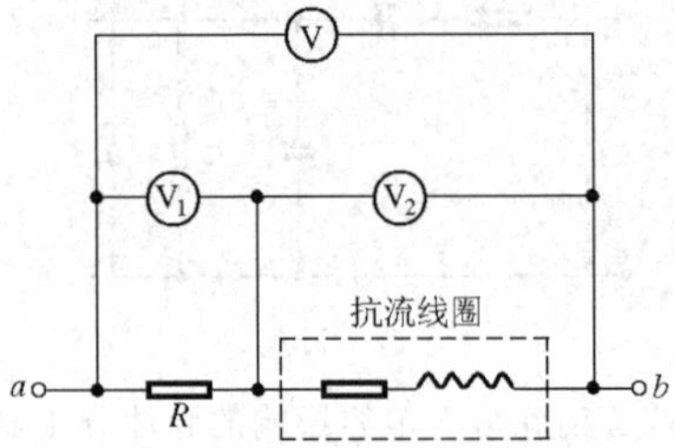

习题 7.15

7.15 如图,一抗流线圈(电阻与电感串联)与一无自感的电阻 R 串联后接到交流电源上,已知总电压和分电压有效值分别为 $U = 120\ \text{V}, U_1 = 44\ \text{V}, U_2 = 91\ \text{V}, R = 20\ \Omega$.试求:(1) 电阻 R 和抗流线圈所消耗的平均功率 $\bar{P}_1$ 和 $\bar{P}_2$;(2) 抗流线圈的等效串联电阻 r.

7.16 有一星形连接的三相对称负载,每相负载为电阻 R 与电感 L 串联构成.已知 $R = 6.0\ \Omega, Z_L = 8.0\ \Omega$,电源的线电压有效值为 380 V.(1) 试求线电流有效值和三相负载所消耗的总功率;(2) 如果改成三角形连接,试求线电流有效值和三相负载所消耗的总功率.

7.17 黑盒子内装着由电阻 R、电容 C、电感 L 各一个组成的网络,两端点置盒外.以 100 V 的直流电压接到两端,测得电流为 0.1 A.以 60 Hz,100 V(有效值)的交流电压接到两端,测得电流为 1 A(有效值).当交流电的频率增大到 1000 Hz 时,电流达到很大的极大值.试问盒内三元件是如何连接的,并求各元件的数值.

7.18 在如图的电路中,适当选择电阻 R_1, R_2, R_3, R_4 和电感 L_1, L_2,使得无论电源的电动势 $\mathscr{E}$ 是否随时间 t 变化,都没有电流通过电流计 M.设上述条件得到满足,并已知 $R_2 = 90\ \Omega, R_3 = 300\ \Omega, R_4 = 60\ \Omega, L_2 = 900\ \text{mH}$.试求 R_1 和 L_1.

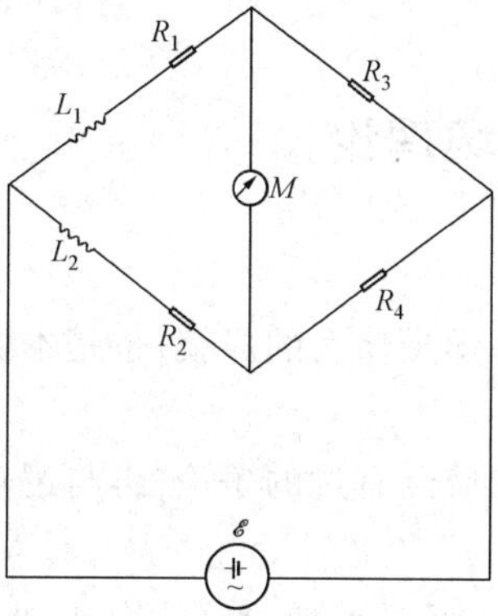

习题　7.18

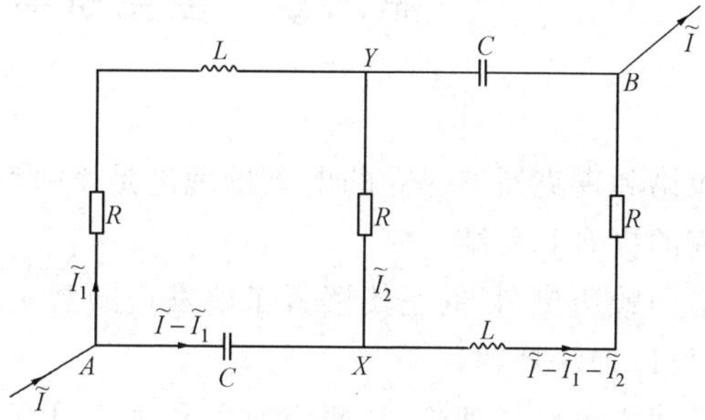

习题　7.19

7.19　由三个 R,两个 L,两个 C 构成的交流网络,如图所示.当 A 和 B 两端加上 $U=U_0\cos(\omega t+\varphi_u)$ 的电压时,使 $\omega L=\dfrac{1}{\omega L}=R$.若已知 U_0 与 R,试用复数法求出 A 和 B 之间的总阻抗(即复阻抗的模量)及流过中间(即图中 X,Y 两点之间)电阻的电流的有效值.

7.20　如图,矩形导线线圈的垂直边长为 l,水平边长为 $3b$,共有 N 匝,构成闭合回路.今使它在水平匀强磁场 $\boldsymbol{B}_0$ 中绕垂直轴旋转,角速度为 ω,转轴到线圈的一条垂直边的距离为 b.

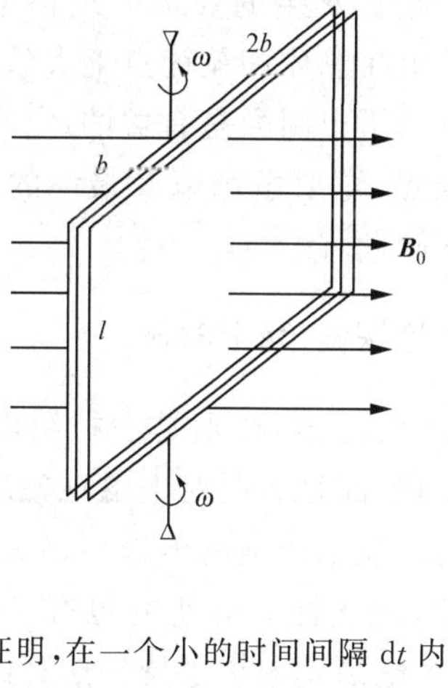

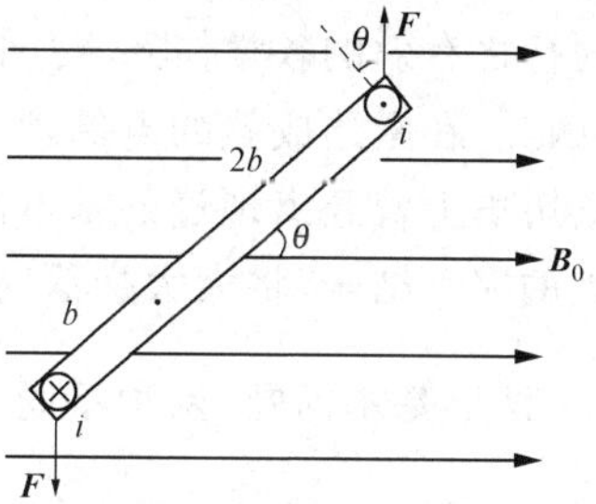

习题　7.20

(1) 试证明,在一个小的时间间隔 $\mathrm{d}t$ 内,线圈在转动中克服磁场作用力所作的功 $\mathrm{d}W$ 等于线圈中通过感应电动势消耗的能量 $\mathrm{d}W'$.

(2) 若线圈的电阻为 R,自感为 L,试写出线圈中的电流 i 在 t 时刻满足的方程,设在 $t=0$ 时刻线圈平面与磁感线平行.当 ω 为常量时,试用代入法验证方程有以下形式的一个解

$$i=I_0\cos(\omega t+\varphi),$$

其中 I_0 和 φ 均为常量.试证明,振幅 I_0 与 $\sqrt{R^2+\omega^2L^2}$ 成反比,并求出初相位 φ.

第八章　麦克斯韦电磁场理论

法拉第和麦克斯韦建立的电磁场理论是19世纪物理学最伟大的成就，也是本课程对电磁场研究的提升和总结.

首节回顾历史，目的是使读者了解发现的真实过程和曾经有过的争论. 再与逻辑的阐述相结合，可以加深理解.

为了建立电磁场理论，从研究对象和理论目标的确立，经过整理、推广、增补，把握关键、大胆假设，直至给出完备的方程组并作出电磁波的重要预言，这是一幅完美、绚丽的长卷. 从中可以感受到坚持始终的场论观点，抓住要害、寻找联系的非凡洞察力，运用自如的数学功力等等，可谓回味无穷，这些正是前辈大师留给后人最宝贵的精神财富.

§8.1　简要的历史回顾

电磁学教材的逻辑体系是根据课程的性质地位、培养学生的要求以及相关内容的内在联系等确定的行之有效的教学体系. 尽管它与电磁学史在总体和关键点上大致相符，但仍有很大的区别，因此，在阐述成熟的电磁理论之前，简要的历史回顾是有益的，它将使我们集中地了解电磁学历史上曾经出现过的基本问题、不同观点、重要争论以及最终的结论. 逻辑体系与历史过程的完美结合，将大大加深对电磁学的正确理解.

§8.1.1　两个基本问题，两种不同观点，两类理论探索，两个学派

19世纪中叶，库仑定律、毕-萨定律、安培定律、欧姆定律，特别是法拉第电磁感应定律的相继建立，不仅表明电磁学各个局部的规律已经发现，而且表明对电磁现象的研究已经从静止、恒定的特殊情形扩展到运动、变化的普遍情形，已经从单纯的电作用、磁作用扩展到其间的联系. 与此同时，关于物质导电(欧姆定律)、极化、磁化性质的研究也有了进展. 这一切意味着，在19世纪中叶，建立普遍的电磁理论，对各种电磁现象提供统一解释的条件已经具备，时机已经成熟，历史的机遇呈现在物理学家面前.

那么，所谓的普遍电磁理论究竟应该是什么？它应该回答什么基本问题呢？纵观电磁学史，在电磁学建立和发展的漫长历程中，人们观察现象、设计实验、寻找联系、发现规律、关注应用等等，对于这些，历来并无争议. 但是，有两个深层次的基本问题却长期令人困惑不解，各持歧见，争论不休，就像两个幽灵似的，时隐时现，挥之不去.

其一，电磁作用是超距作用还是近距作用？由于电磁作用可以非接触、隔真空的施予，因此，电磁作用是否需要媒介物传递，是否需要传递时间，这种存在于真空之中的媒介物和传递者究竟是客观存在的特殊形态的物质，抑或只是一种描绘手段等等，就成为涉及电磁作

用本质的基本问题.这种媒介物和传递者的名称和含义不断有所变化,早年称为以太,后来法拉第称之为电力线磁力线,最终麦克斯韦定名为电磁场.实际上,万有引力也具有非接触、隔真空施予的特征,所以,早在牛顿时代关于万有引力就有超距作用和近距作用的论争(参看§1.2.1,超距作用与近距作用).

其二,什么是"电"?即电、电荷是客观存在的实体,是某种既有质量又有电荷的带电粒子,带电粒子的运动形成电流;抑或电荷、电流并非客观实体,而只是传递电磁作用媒介物的某种运动状态或表现形式.

围绕着以上两个基本问题,存在着针锋相对、泾渭分明的两种不同观点,开始了两类颇为不同的理论探索,形成了两大学派,其间的论争几乎覆盖了电磁学的全部历史,成为推动电磁学发展的强大动力.研究电磁学史的权威惠特克(E. Whittaker)把他的名著取名为《以太和电的理论的历史》(A History of the Theories of Aether and Electricity),其原因或许正在于此.

以法、德两国物理学家安培、韦伯为代表的"源派"对电磁作用持超距作用观点,认为电磁作用是直接的、瞬间的作用,无需媒介物传递,无需传递时间,真空中并不存在所谓的电磁场,当然也就不存在研究电磁场的问题.源派物理学家对电磁学作出了许多重要贡献,他们关注的是电磁作用的规律.库仑发现了两静止点电荷之间相互作用力的规律——库仑定律.在奥斯特电流磁效应的实验之后,毕奥和萨伐尔的实验发现了任意电流元对磁极作用力的规律——毕-萨定律.进而,安培根据磁棒与载流直螺线管具有等效性的实验,摒弃了磁荷观点,提出磁现象的本质是电流,把一切涉及磁体和电流的种种相互作用都归结为电流与电流的相互作用,并通过精心设计的示零实验得出了恒定条件下两任意电流元之间相互作用的规律——安培定律.诺埃曼和韦伯先后给出了电磁感应定律的定量表达式,等等.最终,韦伯明确提出,电是带电粒子,电流是带电粒子的运动形成的,把一切电磁作用归结为相对静止或相对运动的带电粒子之间的作用,并据此建立了基本的电磁力公式——韦伯力公式,试图用以解释包括静电作用、电流作用以及电磁感应在内的一切电磁作用,换言之,它应涵盖库仑定律、安培定律和法拉第电磁感应定律,而又不受静止、恒定条件的限制,但未能成功(详见§8.1.2).总之,源派物理学家以发现电磁作用的规律为己任,前赴后继,一脉相承,极大地推动了电磁学的发展,在很长的历史时期内(直至1888年赫兹实验证实存在电磁波)处于主流地位,但终因超距作用观点的限制,未能攀登顶峰.

以英国物理学家法拉第、麦克斯韦为代表的"场论派"对电磁作用持近距作用观点,认为电磁作用是以电磁场为媒介物传递的,需要传递时间(尽管这个"时间"可能很短),电磁场连续弥散地分布在处于电磁状态物体周围的空间,电磁场是区别于实物的客观存在的特殊形态的物质,电磁场是理解和解释一切电磁现象的关键,因此,场论派锲而不舍地致力于电磁场的研究.如所周知,从提出电磁场的概念(19世纪30年代),进而研究电磁场作为矢量场的性质,以至电磁场的内在联系、运动变化规律等等,直至麦克斯韦电磁场方程的建立、预言电磁波(1865年),并得到赫兹电磁波实验的证实(1888年),历经半个多世纪,最终以近距作用场观点的彻底胜利而告终.电磁场理论正是本课程的一条主线,作为必要的补充,将在

§8.1.3介绍麦克斯韦建立电磁场理论的三篇论文，使读者得以一窥历史性突破的真实情形.

然而，关于什么是“电”，与源派把电看作带电粒子的观点颇为不同，法拉第、麦克斯韦认为或倾向于认为，电荷、电流并非客观实体，而是传递电磁作用的媒介物电磁场的某种运动状态或表现形式.麦克斯韦在他的巨著《电磁通论》(1873年)中写道：“我们必须不要过于匆忙地假设它(指‘电’，引者)是或不是一种物质，或假设它是或不是一种能量，或假设它属于任何一已知的物理量范畴.”在反驳了把“电”当作一种物体来处理的“二流体学说”和“单流体学说”后，麦克斯韦指出：“我指望根据在介于带电体之间的那种空间中出现的情况的研究来对电的本性得到进一步的认识.这就是法拉第的《实验研究》中所遵循的研究模式的本质特点.”麦克斯韦的追随者O. Lodge更是断然否定电荷是实体的观点，他认为电荷、电流与热、热流类似，只不过是以太的一种运动状态和表现形式.与热质概念已被热学抛弃一样，电荷、电流的概念也应该被电磁学抛弃，而只保留“电的”、“带电”等名词.由于场论派把以太(电磁场)看成是唯一的主角，怀疑或否认电是客观实体，这就使得在解释由具有电结构的实物与电磁场相互作用而引起的种种物理现象时遇到了困难，这是场论派的明显缺陷和不足.或许正是由于期待通过电磁场的研究，对电荷、电流本质的认识能够有所突破，场论派始终未能关注基本电磁力公式的建立.

1892年荷兰物理学家洛伦兹集场、源两派之长，弃其短，把带电粒子与电磁场两大正确的基本观点相结合，给出了基本的电磁力公式——洛伦兹力公式，它和麦克斯韦电磁场方程作为两大支柱，将经典电磁理论推向了顶峰，为解释一切电磁现象奠定了基础.

§8.1.2 韦伯的基本电磁力公式——超距作用的电磁理论

德国物理学家韦伯(W. E. Weber, 1804—1891)是超距作用电磁理论的代表人物之一，毕生硕果累累，择要介绍如下.

1. 1831年法拉第发现了电磁感应现象并进行了深入的研究，1845年诺埃曼和韦伯先后给出电磁感应定律的定量表达式.磁通量的单位就称为“韦伯”.

2. 1845年韦伯提出“带电粒子”的概念.在回答什么是“电”的问题时，与当时流行的把电看作流体的观点不同，也与场论派(法拉第，麦克斯韦)把电看作以太的运动状态或表现形式的观点不同，韦伯认为，电是带电粒子，即电是一种既带电又有质量的微小颗粒；电荷、质量、集中性是它的基本属性.韦伯认为，带电粒子有带正电和带负电之区分，等量异号的两种带电粒子的反向运动构成电流，它们的不断结合和分离产生电阻.韦伯认为，物质都是由带电粒子组成的，带电粒子决定了物质的电学性质、磁学性质和热学性质.在电磁学中，韦伯提出的带电粒子和法拉第、麦克斯韦提出的电磁场是两个最基本的概念，也是超距作用和近距作用两大电磁理论的基本构成要素和分水岭.带电粒子的概念对此后电磁学的研究具有重要的历史意义和深远的影响.直至1897年J.J.汤姆孙的阴极射线实验发现了电子，它来自各种物质，在历经半个世纪之后，韦伯的带电粒子概念终于得到了确凿的实验证实.

3. 1846年韦伯建立了基本的电磁力公式——超距作用的电磁理论.韦伯持超距作用

观点，认为可以非接触、隔真空施予的电磁作用是直接的、瞬间的作用，无须媒介物传递，无须传递时间，否认电磁场的客观存在. 韦伯关心的是，能否把各种电磁作用归结为某些基本的电磁作用力，给出其定量表达式，用以统一解释包括静电作用、电流作用以及电磁感应在内的全部电磁现象.

如所周知，两静止点电荷之间的相互作用力遵循库仑定律，称为库仑力. 韦伯认为，除库仑力外，若两点电荷相对运动，则其间应存在另一种作用力——(后来称为)韦伯力. 安培力是两电流之间的相互作用力，电流由正、负电荷运动形成，因此，安培力是韦伯力的结果. 关于电磁感应，韦伯取两载流线圈，一动一静，相对运动，韦伯认为，两线圈除因载流有安培力相互作用外，因相对运动而附加的韦伯力，就是运动载流线圈中产生感应电动势的原因，所以，电磁感应也是韦伯力的结果. 韦伯认为，库仑力和韦伯力是一切电磁作用的本质，也是解释各种电磁现象的根据. 1846 年，韦伯给出了基本的电磁力公式——韦伯力公式，建立了超距作用的电磁理论：

$$F=\frac{ee'}{r^2}\left[1-\frac{1}{c^2}\left(\frac{\mathrm{d}r}{\mathrm{d}t}\right)^2+\frac{2r}{c^2}\frac{\mathrm{d}^2r}{\mathrm{d}t^2}\right], \tag{8.1}$$

式中第一项是库仑力，r 是两点电荷 e 和 e' 之间的距离，第二、三项是韦伯力，$\frac{\mathrm{d}r}{\mathrm{d}t}$，$\frac{\mathrm{d}^2r}{\mathrm{d}t^2}$ 是 e 和 e' 的相对速度、相对加速度，常数 $c=1/\sqrt{\varepsilon_0\mu_0}$ 是电量的电磁单位与静电单位的比值，作用力 $\boldsymbol{F}$ 的方向沿 e 和 e' 的连线. 韦伯试图用此基本的电磁力公式统一解释包括静电作用、电流作用以及电磁感应在内的全部电磁现象. 直至 1887 年赫兹的电磁波实验证明电磁场理论正确，在漫长的岁月中，韦伯力公式始终在电磁学中处于中心的位置，起着重要的作用.

然而，今天看来，韦伯力公式的缺点是显而易见的. 例如，作用力方向沿连线与电流磁效应中磁力是横向的不符. 例如，由于否认电磁场的客观存在，韦伯力公式中不出现 $\boldsymbol{E}$，$\boldsymbol{B}$，无法解释因变化磁场产生的涡旋电场对电荷的作用力以及由此引起的感生电动势；也无法解释变化电场的磁效应；等等. 尽管韦伯力公式并不成功，但韦伯建立基本电磁力公式的目标依然有效. 1892 年洛伦兹洞察韦伯的缺失，把带电粒子和电磁场两大正确观点相结合，建立了正确的基本电磁力公式——洛伦兹力公式，完成了韦伯未竟的事业.

麦克斯韦对韦伯理论的评价是："由韦伯和诺埃曼发展起来的这种理论是极为精巧的，它令人惊叹地广泛应用于静电现象、电磁吸引、电流感应以及抗磁现象，……然而，依赖于粒子速度的力超距作用于粒子的假设中包含着机制上的困难，阻止我认为这一理论是最终的理论，……."

韦伯建立基本电磁力公式的有关工作被电磁学史专家惠特克誉为"第一个电子理论". 韦伯是当之无愧的"电子论"鼻祖.

4. 1855 年韦伯和科尔劳施(Kohlrausch)利用库仑扭秤和冲击电流计，测出电量的电磁单位与静电单位的比值即韦伯力公式中的常数为 $c=1/\sqrt{\varepsilon_0\mu_0}=3.1074\times10^8$ m/s. 此前，1849 年菲佐(Fizeau)测出空气中的光速为 $c_{光}=3.14858\times10^8$ m/s. 两个数据极为接近，但韦伯和科尔劳施认为只是一种巧合，并未引起他们的特别注意. 然而这却成为麦克斯韦在

1861 年认定 c 为真空光速，并进而推断光波就是电磁波的重要依据. 后来，爱因斯坦在建立狭义相对论时确立了光速不变原理，c 成为一切物质和信息传播速度的上限，成为标志宇宙特征的基本物理常数之一. 追根溯源，韦伯功不可没.

5. 韦伯在地磁观测中研制了多种仪器，其中包括便携式磁强计. 韦伯发明了用来测量电流强度的力测电流计. 韦伯根据欧姆定律和电流的绝对测量，把电阻的测量归结为电压的测量，提出了测量电阻的实用方法.

§8.1.3 麦克斯韦建立电磁场理论的三篇论文

法拉第和麦克斯韦是电磁场理论的缔造者. 如果说法拉第是具有深刻物理思想的实验家，那么麦克斯韦(J. C. Maxwell，1831—1879，英国)则是具有非凡洞察力的理论家，两位大师前赴后继、珠联璧合，完成了 19 世纪物理学最伟大的成就——电磁场理论. 关于法拉第的工作，尤其是重要的场论思想，在前几章特别是第六章电磁感应中已经详述，不再重复. 本节介绍麦克斯韦建立电磁场理论的三篇论文，读者可以通过这些原始文献真实地、近距离地了解发现的过程，领略大师的风采.

一、《论法拉第力线》(1855—1856)

把论文取名为“论法拉第力线”并在“前言”中明确宣布，要“严格应用法拉第的思想和方法”使“各种现象之间的联系更为清楚”. 这表明，麦克斯韦在进入电磁学领域之初就继承了法拉第的近距作用的场论思想，把电磁作用的媒介物——力线即电磁场作为他的研究对象. 麦克斯韦相信，只要抓住电磁场这个关键，就能取得进展.

那么，对于描绘电磁场的在一定空间范围内连续弥散分布的力线，如何着手研究，采用什么方法呢？麦克斯韦的回答是，“物理类比”的方法.

为此，麦克斯韦在论文“第一部分”的“Ⅰ. 不可压缩流体运动的理论”和“Ⅱ. 没有重量的不可压缩流体匀速流经有阻力介质的理论”中，全面系统地回顾总结了流体力学关于不可压缩流体恒定流动的理论以及不可压缩流体流经有阻力介质的相关理论. 然后，将力线与流线，电荷磁极与流体的源壑，场强与流速，场强叠加与流速叠加，场强分布与流速分布，场中介质与流体运动中的有阻力介质，静电场恒定磁场与恒定流速场等等作了一系列的类比.

通过类比，麦克斯韦认识到，静电场、恒定磁场以及恒定流速场等都是在一定空间范围内连续分布的矢量场. 于是，把对恒定流速场的研究行之有效的源、旋和通量、环流等概念以及高斯定理、环路定理等表达方式移植到电磁学，把当时已经建立的静电场、恒定磁场的高斯定理、环路定理上升为描述与比较矢量场性质的规律(静电场有源无旋，恒定磁场无源有旋)而不仅仅是计算场的方法. 麦克斯韦的类比研究使法拉第的场观点有了适当的数学表述，消除了混乱，澄清了思想，得到了升华，并为进一步的深入研究奠定了基础，意义重大.

类比通常是把生疏的尚待研究的对象与熟悉的有所研究的对象作比较，两者表观的相似或雷同，使前者能从后者获得某种理解或启发，并进而从后者借鉴或移植物理概念、数学工具、研究方法等等，从而为前者的研究打开局面、取得进展甚至突破. 但是，必须强调，类比方法的本质是猜测或尝试，由类比得出的结论需经实验或理论的证实才能成立. 类比应该适可而止.

在论文"第二部分"开头的"论法拉第的'电紧张状态'"中,麦克斯韦把目光转向电磁感应.电磁感应现象的发现和研究,标志着电磁学从静止、恒定向运动、变化的重大突破,理所当然地为物理学家所瞩目.法拉第认为,感应电流的出现表明存在感应电动势,即存在某种能推动电荷运动的非静电力;诺埃曼和韦伯先后给出了电磁感应定律的定量表达式;对此,并无争议.问题在于,这种"非静电力"来自何处,其本质是什么?对此,源派和场论派各执一词,出现了重大分歧.韦伯否认电磁场的客观存在,认为电磁感应现象中导致感应电流的非静电力(他称为电磁感应力)来自彼此相对运动的带电粒子,试图用他的基本电磁力公式(8.1)式予以解释,但未能成功(见§8.1.2).法拉第则从场观点出发,认为电流、磁体周围存在着一种"电紧张状态",电流、磁体的运动、变化导致电紧张状态的变化,产生非静电力,引起感应电流.换言之,法拉第是从电场、磁场之间的联系来解释电磁感应的.但是,法拉第没有给出定量表述.

麦克斯韦继承了法拉第的场观点,他指出"当导体附近的电流或磁铁移动时,或其强度变化时",或者"当导体在电流或磁铁附近移动时",产生了感应电动势,他认为感应电动势起源于磁铁或电流周围"电紧张状态"的变化,他强调"电紧张状态是电磁场的运动性质,它具有确定的量,数学家应该把它作为一个物理真理接受下来,从它出发得出可通过实验检验的定律".接着,麦克斯韦借用诺埃曼、韦伯在给出电磁感应定律时所用的数学工具,给出了下面的定量表述

$$\mathscr{E}=-\oint\frac{\partial\boldsymbol{\alpha}}{\partial t}\cdot\mathrm{d}\boldsymbol{l}=-\oint\boldsymbol{E}_{旋}\cdot\mathrm{d}\boldsymbol{l}=-\frac{\mathrm{d}\Phi}{\mathrm{d}t}=-\frac{\mathrm{d}}{\mathrm{d}t}\iint\boldsymbol{B}\cdot\mathrm{d}\boldsymbol{S},\tag{8.2}$$

式中 $\mathscr{E}$ 是感应电动势,准确地说,应为感生电动势,但因洛伦兹力是 1892 年才给出的,$\mathscr{E}_{动生}$ 与 $\mathscr{E}_{感生}$ 的区分都是后来的事,当时(1855 年)笼统地都称为感应电动势.式中 $\boldsymbol{\alpha}$ 是诺埃曼和韦伯在给出上式时引入的,称为电动力学势,麦克斯韦则用它来描绘电紧张状态,改称电紧张函数,实际上 $\boldsymbol{\alpha}$ 就是磁矢势 $\boldsymbol{A}$,满足 $\boldsymbol{B}=\nabla\times\boldsymbol{\alpha}$(见§4.4.3).式中的 $\boldsymbol{E}_{旋}=-\dfrac{\partial\boldsymbol{\alpha}}{\partial t}$ 是麦克斯韦所加,他认为因磁场变化引起的电紧张状态的变化产生了涡旋电场 $\boldsymbol{E}_{旋}$,导致感应电动势,在 1855 年的《论法拉第力线》中麦克斯韦把 $-\dfrac{\partial\boldsymbol{\alpha}}{\partial t}$ 称为感应电动力,1861 年改称感应电场或涡旋电场.

涡旋电场概念的提出意义重大.第一,它把法拉第电、磁场相互联系的思想明确化、定量化了:变化的磁场产生涡旋电场,$\boldsymbol{B}=\nabla\times\boldsymbol{\alpha}$,$-\dfrac{\partial\boldsymbol{\alpha}}{\partial t}=\boldsymbol{E}_{旋}$.第二,丰富了对电场的认识,除了电荷产生的有源无旋的电场外,又有了变化磁场产生的无源有旋的涡旋电场,两者产生的原因和作为矢量场的性质都不同,共性是两者都能施予电荷作用力.第三,提出了重要的逆问题:既然变化的磁场会产生涡旋电场,那么,变化的电场是否也会产生什么,换言之,电、磁场的联系是否存在另一侧面,麦克斯韦在第二篇论文中回答了他自己提出的问题.第四,从 1855 年的"感应电动力"到 1861 年的"涡旋电场",把"力"改为"场",一字之差,寓意颇深,请结合以上三点细细品味.涡旋电场能推动电荷运动产生感应电流,所以它也是一种非静电力,然而,涡旋电场是具有弥散性、在一定空间范围内连续分布的特殊形态的物质,这是它与其他

非静电力的根本区别，也正是它可称为“场”的原因. 又，把“感应电场”改为“涡旋电场”是为了强调其有旋的性质.

1860 年麦克斯韦带着《论法拉第力线》一文拜访了年近七旬的法拉第. 法拉第读后大为赞赏，他在给麦克斯韦的信中写道：“……你的工作使我感到愉快，并鼓励我去作进一步的思考. 当我得知你要就这一主题(指法拉第力线，引者)来构造一种数学形式时，起初我几乎是吓坏了；然而我惊讶地看到，这个主题居然处理得如此之好!”

二、《论物理力线》(1861—1862)

《论物理力线》的主要内容是：(1) 精心设计了“电磁以太的力学模型”，为各种电磁现象提供近距作用的解释. (2) 提出了“位移电流”的概念，表明变化电场能够产生磁场，从而发现了变化磁场产生涡旋电场的逆效应，完整地揭示了电磁场内在联系的两个侧面. (3) 发现了“电磁波”——变化的电磁场以波动形式在空间传播，形成电磁波. 得出真空中电磁波的传播速度与光速相同，由此断定光波就是电磁波，实现了光与电磁现象的大统一.

《论物理力线》是一篇作出重大发现而又极具传奇色彩的不可多得的经典文献.

当时的近距作用观点认为，传递电磁作用的媒介物是无所不在(包括真空)的以太，力线或场则是以太的某种运动状态或表现，但以太究为何物，有何特征等却众说纷纭，莫衷一是. 因此，麦克斯韦认为，需要从根本上建立电磁以太的力学模型，具体地描绘电磁以太的结构、性质、运动特征，以此阐明磁力线和电力线固有的性质，尽可能为各种电磁现象提供统一的近距作用的解释，并进而尝试着揭示某些尚待发现的重要联系或结论，为建立统一电磁场理论提供物理依据. 题为“论物理力线”，点明了以力线为对象、从物理上着眼的意图.

麦克斯韦设想的磁以太和电以太模型如图 8.1 所示. 磁以太呈六角形，称为“分子涡旋”，绕磁力线旋转，成右手螺旋关系，图中六角形内的小箭头表示分子涡旋的旋转方向，图中六角形内的“＋”或“－”表示磁力线垂直纸面向外或向里，分子涡旋具有弹性，其角速度和密度分别与磁场强度和磁导率成正比. 电以太称为“粒子”，是在磁以太之间与之啮合的类似于惰轮的细微粒子，电以太受电力的作用会移动，这种移动与电流对应.

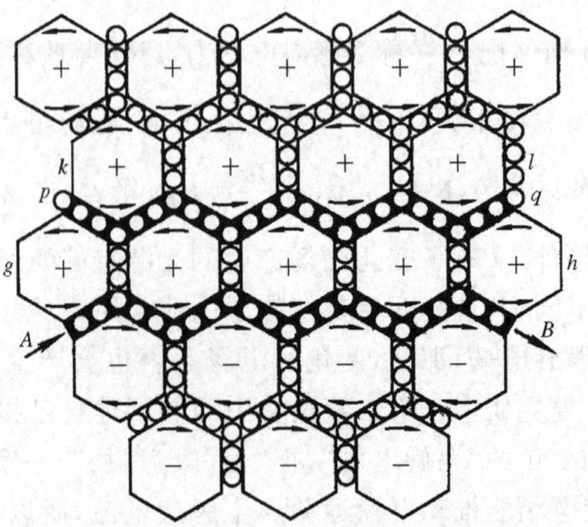

图 8.1　麦克斯韦的分子涡旋(磁以太)和粒子(电以太)模型

如图 8.1,当电流从 A 向 B 流动时,电以太沿 AB 移动(滚动前进),使与之啮合的上下相邻两排磁以太分别按逆时针和顺时针方向旋转,并经电以太依次带动上下各排磁以太旋转,结果形成了与电流成右手螺旋关系的充满空间的磁力线,这就是电流产生磁场的具体机制.若 AB 中的电流突然中断,则沿 AB 移动的电以太随即停止,从而使与之啮合的 gh 排的磁以太不再旋转,但上面的 kl 排以及其他各排磁以太仍在旋转(下面同样),于是 pq 层(以及其他层)中的电以太将从 p 向 q 运动,表现为感应电流,这就是电磁感应的具体机制.

继而,麦克斯韦又用他的电磁以太力学模型来讨论静电作用.他认为,电以太受电力作用后,因与磁以太啮合,无法移去,但会出现偏离原先平衡位置的位移,达到新的平衡位置,同时使与之啮合的磁以太变形,具有弹性势能.电力撤消后,电以太回复原先的平衡位置,磁以太的形变随之消除,这就是静电作用的具体机制.

如果电场发生变化,那么电以太所受电力就会发生变化,使得电以太偏离原先平衡位置的位移随之相应变化,电以太这种位移的变化(与有电流时电以太的滚动前进类似)同样会导致磁以太的旋转,产生磁力线.换言之,不仅电流会产生磁场,因电场变化引起的电以太位移的变化——称为位移电流(displacement current)也同样会产生磁场,它就是变化磁场产生涡旋电场的逆效应.于是,涡旋电场和位移电流完整地揭示了电场与磁场内在联系的两个侧面,同时也为变化电磁场在真空中的传播——电磁波提供了物理依据.应该指出,涡旋电场是以电磁感应现象为实验依据的场论解释,位移电流则是在当时并无任何实验支持的大胆理论假设.顺便指出,在第三篇论文中,麦克斯韦用位移电流表示变化电场与极化电流之和.

接着,麦克斯韦认为,以电磁以太为载体,以电场与磁场的内在联系为物理依据,变化的电磁场以波动形式在真空中传播,电磁波的概念从此诞生.通常,在弹性媒质中可以传播横波,波速 $v=\sqrt{m/\rho}$,其中 m,ρ 为弹性媒质的切变模量、密度.为了计算在电磁以太(也是弹性媒质)中电磁波的传播速度,麦克斯韦不可思议地找到了电磁以太的切变模量、密度与真空介电常数 ε_0、磁导率 μ_0 的关系①,得出真空中电磁波传播的速度为

$$c_{电磁波(真空)}=\sqrt{\frac{m}{\rho}}_{电磁以太}=\frac{1}{\sqrt{\varepsilon_0\mu_0}}.$$

1855 年韦伯和科尔劳施的实验测出电量的电磁单位和静电单位的比值为(见§8.1.2)

$$\frac{1}{\sqrt{\varepsilon_0\mu_0}}=3.1074\times10^8\ \mathrm{m/s}.$$

1849 年菲佐测出光在空气中的传播速度(近似等于光在真空中的传播速度)为

$$c_{光(空气)}=3.14858\times10^8\ \mathrm{m/s}\approx c_{光(真空)}.$$

由以上三式,两个数据惊人的一致以及光可以在真空中传播,使麦克斯韦断定

$$c_{电磁波(真空)}=c_{光(真空)}=c. \tag{8.3}$$

并明确指出:“我们不可避免地推论:光是媒质中起源于电磁现象的横波”,从此,光波成为

① 参看,陈秉乾、陈熙谋:麦克斯韦怎样得出电磁波传播速度与光速相等,《大学物理》,1991(5).

电磁波的一个频段,实现了光现象与电磁现象的大统一.

统观全文,彪炳史册、熠熠生辉的位移电流、电磁波的概念以及光波是电磁波的结论,竟然脱胎于如此离奇的电磁以太模型,人们在惊叹麦克斯韦丰富想象力的同时,仍然感到匪夷所思、难以置信.正如 W.汤姆孙(开尔文)指出,它是“怪诞的、天才的、但并非完全站得住脚的假设”.麦克斯韦清醒地意识到这些不足,但他坚信由此找到的联系、得出的结论是正确的.他指出:“这是力学上可以想象和便于研究的一种联系模型,它适宜于显示已知电磁现象之间真实的力学联系,因此,我敢于说,任何理解到这一假设的暂时性质的人将发现,在他真正理解这些现象之后,对他的研究是利多于弊的.”于是,在第三篇论文中,麦克斯韦直接提出了电磁场理论的研究课题,建立了后来以他命名的电磁场方程组.在拆除了赖以建筑的脚手架后,一座雄伟壮美的理论大厦终于耸立在人间.

三、《电磁场的动力学理论》(1865)

与第一篇论文中“我并不试图建立任何理论”不同,由于在前两文中已经建立了涡旋电场、位移电流、电磁波的概念,得出了光波就是电磁波的结论,麦克斯韦在第三篇论文“第一部分”的“引言”中,以非凡的理论家气魄,直接提出建立“电磁场的动力学理论”的宏大课题,而不只是它的某些局部或细节.

首先,麦克斯韦回顾了韦伯和诺埃曼的超距作用电磁理论,在肯定了它的广泛性以及对电量两种单位比值的精确测量后指出:“依赖于粒子速度的力超距作用于粒子的假设中包含着机制上的困难,阻止我认为这一理论是最终的理论.”

接着,开宗明义,麦克斯韦堂而皇之地宣布:“我所提议的理论可以称为电磁场的理论,因为它必须涉及电或磁物体附近的空间,它也可以称为动力学的理论,因为它假设在该空间存在运动着的物质,导致可以观察的电磁现象.”何谓电磁场呢?麦克斯韦指出:“电磁场是包含和围绕着处于电磁状态的物体的那一部分空间”,电磁场“可以被任何种类的物质充满”,电磁场是“一种弥漫的媒质,密度很小但确有,能运动,能以很大而有限的速度把运动从一部分传输到另一部分”,电磁场能够“接受和储存”能量,等等.作为动力学理论,麦克斯韦指出:论文的主旨是电磁场的描述,建立电磁场运动变化所遵循的普遍方程组,并据此讨论一些具体问题,其中包括光的电磁理论.

论文第三部分“电磁场的普遍方程组”,麦克斯韦以电磁场为研究对象,认真审查了当时已有的电磁学规律,根据前两文的结果,把静电场和恒定磁场的高斯定理和环路定理的适用条件放宽,补充涡旋电场和位移电流,再与描绘实物电磁性质的介质方程结合,建立了电磁场运动变化遵循的普遍方程组.这是一个包括 20 个变量(标量)的共 20 个方程的完备方程组,它后来被整理、加工成更简洁的形式,称为**麦克斯韦电磁场方程组**,详见§8.2(8.7)式.

然后,由此方程组,麦克斯韦再次证明真空中电磁波的传播速度等于光速,再次得出“光是按照电磁定律经过场传播的电磁扰动”的结论,开创了光的电磁理论.此外,还讨论了许多具体问题.

§8.1.4 洛伦兹力公式——基本的电磁力公式

19世纪末,荷兰物理学家洛伦兹(H. A. Lorentz,1853—1928)集场、源两派理论之长,弃其短,经过综合、深化、发展,创立了经典电子论,把经典电磁理论推向最后的高峰. 洛伦兹认为,电磁场和带电粒子都是客观存在,在全部电磁现象(包括光学现象和物性)中必须同时考虑两者的存在和作用. 洛伦兹把19世纪后半叶气体动理论的成果引入电磁学,认为实物由大量带正、负电的带电粒子构成,它们的集体行为决定了物质的电磁性质,认为麦克斯韦电磁场方程在微观尺度仍成立,其平均效果则是宏观电磁场方程. 洛伦兹把实物内的带电粒子分成三类: 1. 传导带电粒子,可以宏观自由移动,但电(偶极)矩和磁矩为零;2. 极化带电粒子,不可宏观自由移动,正、负极化电荷构成电偶极子,总电量为零,电矩可不为零;3. 磁化带电粒子,不可宏观自由移动,正、负磁化电荷的中心重合,其一绕另一旋转,总电量与电矩为零,磁矩可不为零. 根据上述观点、研究方法和模型,在几十年间,洛伦兹成功地解释了当时所观察到的一系列电磁现象和光学现象. 此外,洛伦兹还有一系列重要工作,如运动介质中的光速,本地时间,对应态原理,长度收缩,洛伦兹变换等,为爱因斯坦建立狭义相对论提供了许多值得思考的基本问题. 应该指出,洛伦兹经典电子论的许多工作是在电子尚未发现、对分子原子结构几无所知的条件下做出的,难能可贵.

洛伦兹力公式是基本的电磁力公式,是洛伦兹在建立经典电子论时作出的重要贡献之一. 洛伦兹继承了场论派近距作用的场观点和源派电就是带电粒子的观点,并予以结合. 洛伦兹认为,一切电作用归根到底是电场 $\boldsymbol{E}$ 对带电粒子 q 的作用,一切磁作用归根到底是磁场 $\boldsymbol{B}$ 对运动带电粒子 $q\boldsymbol{v}$ 的作用. 1892年,在电子尚未发现,并无任何实验证据的条件下,洛伦兹给出了基本的电磁力 $\boldsymbol{F}$ 的公式——洛伦兹力公式,为

$$\boldsymbol{F} = q\boldsymbol{E} + q\boldsymbol{v} \times \boldsymbol{B}, \tag{8.4}$$

式中 q,$\boldsymbol{v}$ 是带电粒子的电量、速度;$\boldsymbol{F}$ 是带电粒子所受的总电磁力;$\boldsymbol{E}$ 是 q 所在处的总电场,包括自由电荷、极化电荷等各种电荷(无论静止或运动)产生的电场以及变化磁场产生的涡旋电场;$\boldsymbol{B}$ 是 q 所在处的总磁场,包括传导电流、磁化电流、极化电流等各种电流(无论恒定或变化)产生的磁场以及变化电场产生的磁场(极化电流与变化电场之和称为位移电流). 可见,洛伦兹力公式中的 $\boldsymbol{E}$,$\boldsymbol{B}$ 与麦克斯韦电磁场方程中的 $\boldsymbol{E}$,$\boldsymbol{B}$ 的含义完全相同.

洛伦兹力公式涵盖了库仑定律、毕-萨定律、安培力公式、法拉第电磁感应定律,并予以拓展,突破了前两者所受的静止或恒定条件的限制. 例如,式中的 $\boldsymbol{E}$,不仅包括静止电荷产生的遵从库仑定律的库仑场(静电场)$\boldsymbol{E}_{静}$,还可以包括运动电荷产生的不遵从库仑定律的电场 $\boldsymbol{E}_{动}$,以及变化磁场产生的涡旋电场 $\boldsymbol{E}_{涡旋}$. 例如,式中的 $\boldsymbol{B}$,不仅包括恒定电流产生的遵从毕-萨定律的恒定磁场 $\boldsymbol{B}_{恒定}$,还可以包括变化电流产生的不遵从毕-萨定律的磁场 $\boldsymbol{B}_{变化}$ 以及变化电场产生的磁场 $\boldsymbol{B}_{\frac{\partial E}{\partial t}}$. 至于安培力和电磁感应,其实质是洛伦兹力($q\boldsymbol{v} \times \boldsymbol{B}$)和涡旋电场 $\boldsymbol{E}_{涡旋}$,也都包括在上式的两项之中.

总之,洛伦兹力公式是基本的电磁力公式,它把一切电磁作用都囊括于其中,它已为尔后的大量实验所证明.

洛伦兹力公式和麦克斯韦电磁场方程组(包括介质方程)是经典电磁理论的两大支柱，分别揭示了电磁作用的规律和电磁场运动变化的规律(包括介质的电磁性质)，构成了完整的理论体系，其地位相当于力学中的牛顿定律和热学中的热力学定律.

§8.2　麦克斯韦电磁场方程组

§8.2.1　对象，目标，方法，数学手段

麦克斯韦以电磁场为研究对象，以建立电磁场的动力学理论为目标. 这个理论应该揭示电磁场的内在联系、描绘电磁场的运动变化规律并涉及实物的电磁性质. 这个理论的基础应该是一个用 $\boldsymbol{E},\boldsymbol{D},\boldsymbol{B},\boldsymbol{H}$ 和 q,I 以及 ε,μ,σ 表示的完备的方程组——电磁场方程组，从它出发，既可以定量地解释一些已经观察到的电磁现象，又可以定量地预测许多未知的尚待发现的电磁现象，理论计算与实验结果的比较将确定这个理论的是非真伪、价值地位.

为了建立电磁场方程组，麦克斯韦采用的方法是大胆的推广和重要的增补. 由于电磁场是矢量场，麦克斯韦决定以矢量场的高斯定理和环路定理作为表述手段，在整理、归纳已有的电场、磁场的高斯定理和环路定理的基础上，审查了它们的成立条件和适用范围，作出了大胆的推广(从静止、恒定推广到普遍情形)和重要的增补(涡旋电场和位移电流)，再加上介质方程组，建立了以他命名的普遍适用的完备的电磁场方程组.

由于涡旋电场已在第六章§6.2.2详述，下面先介绍位移电流，再给出麦克斯韦电磁场方程组.

§8.2.2　位移电流、安培环路定理的推广

如第五章(5.11)式，有磁介质存在时，恒定磁场的安培环路定理为

$$\oint_{(L)} \boldsymbol{H}\cdot \mathrm{d}\boldsymbol{l} = I_0 = \iint_{(S)} \boldsymbol{j}_0 \cdot \mathrm{d}\boldsymbol{S}, \quad (5.11)$$

式中 I_0 是穿过以闭合回路 L 为边界的任意曲面 S 的传导电流，式中 $\boldsymbol{H}$ 与 $\boldsymbol{B}$ 的关系是 $\boldsymbol{B}=\mu_0\mu_r\boldsymbol{H}$ (线性各向同性磁介质)，$\boldsymbol{B}$ 是传导电流与磁化电流共同产生的磁场.

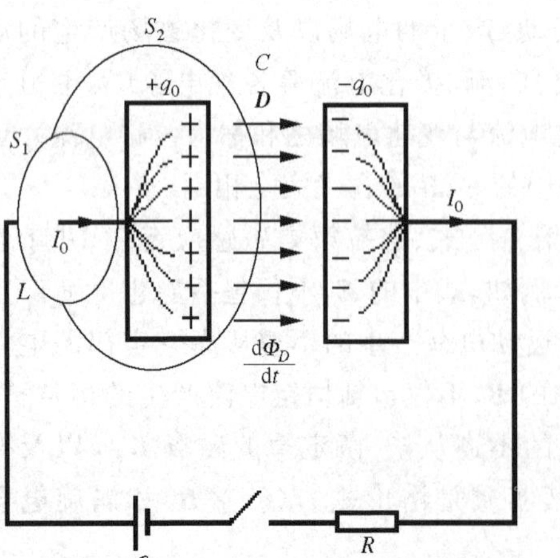

图 8.2　把恒定条件下磁场的安培环路定理推广到非恒定情形时遇到的矛盾

把上式推广到非恒定情形会遇到什么矛盾呢？为了说明，试举一例.

如图 8.2 所示，直流电源 $\mathscr{E}$ 与电容器 C(其中填充电介质)相连，构成回路，考虑接通、断开即充电、放电期间电流发生变化的非恒定过程(即第六章中讨论的 RC 串联电路的暂态过程). 设某时刻回路中的传导电流为 I_0，设该时刻电容器

两极板上相应的自由电荷为$\pm q_0$.如图,作闭合回路L,再分别取两个以L为边界的曲面S_1和S_2.S_1在电容器外,导线中的传导电流穿过S_1,S_2经过电容器两极板之间的空间,将一极板包围在内,导线中的传导电流并不穿过S_2.于是,由上式,按照I_0的含义,应有

$$\iint_{(S_1)} \boldsymbol{j}_0 \cdot \mathrm{d}\boldsymbol{S} = I_0 \neq 0, \quad \iint_{(S_2)} \boldsymbol{j}_0 \cdot \mathrm{d}\boldsymbol{S} = 0,$$

出现了矛盾.显然,产生矛盾的原因在于,充、放电时导线中的传导电流无法通过电容器,在它的两极板之间中断了.此例表明,恒定条件下磁场的安培环路定理不能不加修正地推广到普遍的非恒定情形.

如何修正呢?由上例,在产生矛盾的同时,如果仔细审视相关的细节,就有可能为推广安培环路定理时需作的修正提供线索.不难看出,充、放电时,传导电流在电容器两极板相对表面上的中断,会导致两极板相对表面上自由电荷$\pm q_0$的积累或损失,从而在两极板之间产生电场并发生变化,如果电容器中填充电介质,则电场的变化还会同时引起电介质极化的变化.总之,在充、放电的非恒定过程中,导线中传导电流I_0的变化,使电容器两极板之间的电位移矢量$\boldsymbol{D}$及其通量Φ_D发生了变化.那么,其间的定量关系如何呢?

如图8.2,设导线中的传导电流为I_0,电容器两极板上的自由电荷为$\pm q_0$,面密度为$\pm\sigma_0$,两极板之间的电位移矢量为$\boldsymbol{D}$,电位移通量为Φ_D(以上各量均指瞬时值),极板面积为S,其间的关系为

$$I_0 = \frac{\mathrm{d}q_0}{\mathrm{d}t},$$

$$q_0 = \sigma_0 S,$$

$$D = \sigma_0 = \frac{q_0}{S},$$

$$\Phi_\mathrm{D} = \iint_{(S)} \boldsymbol{D} \cdot \mathrm{d}\boldsymbol{S} = DS = \frac{q_0}{S}S = q_0.$$

由以上四式得出

$$\frac{\mathrm{d}\Phi_\mathrm{D}}{\mathrm{d}t} = \frac{\mathrm{d}q_0}{\mathrm{d}t} = I_0.$$

上式表明,在充、放电过程中,电容器两极板之间电位移通量的变化率$\frac{\mathrm{d}\Phi_\mathrm{D}}{\mathrm{d}t}$与导线中的传导电流$I_0$都随时间变化,但始终相等,并且传导电流的方向也与$\boldsymbol{D}$一致,充(放)电时,$I_0$,$q_0$,$D$,$\Phi_\mathrm{D}$都增大(减小),$\frac{\mathrm{d}\Phi_\mathrm{D}}{\mathrm{d}t}$为正(负).因此,只要在恒定条件下适用的磁场安培环路定理的右边加上$\frac{\mathrm{d}\Phi_\mathrm{D}}{\mathrm{d}t}$项,就可以解决把安培环路定理推广到非恒定情形时遇到的矛盾,此例的启发和收获即在于此.

当然,借助于此例所作的分析和得出的结论绝不是严格的证明,但终究找到了重要的定量的线索,至于正确与否则需看由此得出的推论是否与实验相符才能断定.后来的理论分析

和相关实验表明，把恒定磁场的安培环路定理推广到非恒定时增补$\frac{\mathrm{d}\Phi_D}{\mathrm{d}t}$（称为位移电流）是十分必要和完全正确的. 顺便指出，上例给出 $I_0=\frac{\mathrm{d}\Phi_D}{\mathrm{d}t}$时实际上也并不很严格. 例如 $D=\sigma_0$ 要求电容器两极板上自由电荷均匀分布，两极板间为均匀电场，忽略边缘效应. 例如 $\Phi_D=q_0$ 是将有介质时静电场的高斯定理未加说明地推广到普遍情形. 凡此种种，无须细究，猜测、摸索本不同于证明. 还应指出，此例是引入位移电流的现代版本，麦克斯韦当年并非如此（参看 § 8.1.3），但结果相同.

于是，推广的普遍适用的非恒定情形的磁场安培环路定理为

$$\oint_{(L)} \boldsymbol{H}\cdot \mathrm{d}\boldsymbol{l}=I_0+\frac{\mathrm{d}\Phi_D}{\mathrm{d}t}, \tag{8.5}$$

式中 I_0 为传导电流，$\frac{\mathrm{d}\Phi_D}{\mathrm{d}t}$称为位移电流，两者之和称为全电流，全电流在任何情况下都是连续的. 式中 I_0 和 Φ_D 都是指通过以闭合回路 L 为边界的任意曲面的值.

现在，说明位移电流 $I_D=\frac{\mathrm{d}\Phi_D}{\mathrm{d}t}$的含义. $\boldsymbol{D}$ 的定义式为

$$\boldsymbol{D}=\varepsilon_0\boldsymbol{E}+\boldsymbol{P},$$

式中 $\boldsymbol{P}$ 是电介质的极化强度矢量. 代入 I_D，得

$$I_D=\frac{\mathrm{d}\Phi_D}{\mathrm{d}t}=\frac{\mathrm{d}}{\mathrm{d}t}\iint \boldsymbol{D}\cdot \mathrm{d}\boldsymbol{S}=\iint \frac{\partial \boldsymbol{D}}{\partial t}\cdot \mathrm{d}\boldsymbol{S}=\varepsilon_0\iint \frac{\partial \boldsymbol{E}}{\partial t}\cdot \mathrm{d}\boldsymbol{S}+\iint \frac{\partial \boldsymbol{P}}{\partial t}\cdot \mathrm{d}S. \tag{8.6}$$

位移电流 I_D 包括两项，下面分别讨论其物理意义.

(8.6)式第二项$\iint \frac{\partial \boldsymbol{P}}{\partial t}\cdot \mathrm{d}\boldsymbol{S}$是极化电流. 由(2.12)式，电介质的极化强度 $\boldsymbol{P}$ 与极化电荷 q' 的关系为

$$\oiint \boldsymbol{P}\cdot \mathrm{d}\boldsymbol{S}=-q',$$

式中 q'是闭合曲面内的极化电荷. 求导，得

$$\frac{\mathrm{d}}{\mathrm{d}t}\oiint \boldsymbol{P}\cdot \mathrm{d}\boldsymbol{S}=\oiint \frac{\partial \boldsymbol{P}}{\partial t}\cdot \mathrm{d}\boldsymbol{S}=-\frac{\mathrm{d}q'}{\mathrm{d}t}.$$

又，极化电流的连续方程为

$$\oiint \boldsymbol{j}_P\cdot \mathrm{d}\boldsymbol{S}=-\frac{\mathrm{d}q'}{\mathrm{d}t},$$

式中 $\boldsymbol{j}_P$ 是极化电流密度. 由以上两式，得

$$\oiint \frac{\partial \boldsymbol{P}}{\partial t}\cdot \mathrm{d}\boldsymbol{S}=\oiint \boldsymbol{j}_P\cdot \mathrm{d}\boldsymbol{S},$$

可见$\oiint \frac{\partial \boldsymbol{P}}{\partial t}\cdot \mathrm{d}\boldsymbol{S}$是通过闭合曲面的极化电流. 同样，(8.6)式中的$\iint \frac{\partial \boldsymbol{P}}{\partial t}\cdot \mathrm{d}\boldsymbol{S}$则是通过曲面（非闭合）的极化电流. 所谓极化电流是指有电介质存在时，因电场变化引起电介质极化程度的变化所产生的电流，它只在非恒定时才存在. 尽管极化电荷被束缚不能宏观移动，但在电场

变化时，大量极化电荷受电场力作用出现微观移动，其平均效果等价于宏观的极化电流.

(8.6)式的第一项 $\varepsilon_0\iint\frac{\partial \boldsymbol{E}}{\partial t}\cdot \mathrm{d}\boldsymbol{S}$ 是变化电场项，它是位移电流的关键项，表明变化电场激发磁场.

总之，由(8.6)式定义的位移电流包括变化电场和极化电流两部分.

推广后普遍适用的磁场安培环路定理(8.5)式中的 $\boldsymbol{H}$，经介质方程 $\boldsymbol{B}=\mu_r\mu_0\boldsymbol{H}$ 与 $\boldsymbol{B}$ 相关. 值得注意的是，此处的 $\boldsymbol{B}$ 是传导电流、磁化电流、极化电流以及变化电场四者产生的磁场之和，即为总磁场. 四者都产生磁场，即都有磁效应，这是共性；但前三者都是电流即电荷的流动，变化电场则并不涉及任何电荷的流动，这是其间显著的差别. 作为比较，恒定条件下磁场安培环路定理(5.11)式中的 $\boldsymbol{H}$ 也经 $\boldsymbol{B}=\mu_r\mu_0\boldsymbol{H}$ 与 $\boldsymbol{B}$ 相关，但此处的 $\boldsymbol{B}$ 只是传导电流和磁化电流产生的磁场，与极化电流和变化电场无关(它们在恒定条件下均为零). 可见，随着课程的进展，同样的符号 $\boldsymbol{B}$，其含义不断拓展，务必不要搞错($\boldsymbol{E}$ 类似).

§8.2.3　麦克斯韦电磁场方程组

在讨论了涡旋电场、位移电流这两个把电场、磁场联系起来并扩大了电场、磁场含义的重要概念之后，现在逐一审查已有的静电场、恒定磁场的高斯定理和环路定理的成立条件和适用范围，予以推广和增补，建立电磁场方程组.

静电场的高斯定理为(见第二章(2.21)式)

$$\oiint \boldsymbol{D}\cdot \mathrm{d}\boldsymbol{S}=q_0, \tag{①}$$

式中 $\boldsymbol{D}=\varepsilon_r\varepsilon_0\boldsymbol{E}$，$\boldsymbol{E}$ 是自由电荷 q_0 和极化电荷 q' 共同产生的电场，成立条件是静止. 麦克斯韦认为此式可以不加修正地推广到不受静止条件限制的普遍情形. 但在普遍情形，与 $\boldsymbol{D}$ 相联系的 $\boldsymbol{E}$ 中除了 q_0 和 q' 产生的电场外还应增补变化磁场产生的涡旋电场 $\boldsymbol{E}_{旋}$(注意，因 $\boldsymbol{E}_{旋}$ 是无源的，增补后①式无需修改)，即 $\boldsymbol{E}$ 应是总电场. 因此，经推广、增补后，①式应理解为普遍适用的总电场的高斯定理.

静电场的环路定理为(见第二章(2.21)式)

$$\oint \boldsymbol{E}_{势}\cdot \mathrm{d}\boldsymbol{l}=0,$$

式中 $\boldsymbol{E}_{势}$ 是 q_0，q' 产生的电场，成立条件是静止，麦克斯韦认为，此式可推广到不受静止条件限制的普遍情形. 但在普遍情形，除 q_0，q' 产生的 $\boldsymbol{E}_{势}$ 外，还应增补变化磁场产生的 $\boldsymbol{E}_{旋}$，其环路定理为(见第六章)

$$\oint \boldsymbol{E}_{旋}\cdot \mathrm{d}\boldsymbol{l}=-\iint\frac{\partial \boldsymbol{B}}{\partial t}\cdot \mathrm{d}\boldsymbol{S}.$$

两式相加，得出普遍适用的总电场的环路定理为

$$\oint \boldsymbol{E}\cdot \mathrm{d}\boldsymbol{l}=-\iint\frac{\partial \boldsymbol{B}}{\partial t}\cdot \mathrm{d}\boldsymbol{S}, \tag{②}$$

式中 $\boldsymbol{E}=\boldsymbol{E}_{势}+\boldsymbol{E}_{旋}$ 为总电场. ①②式表明，总电场是有源有旋的.

恒定磁场的高斯定理为

$$\oiint \boldsymbol{B}_1 \cdot \mathrm{d}\boldsymbol{S} = 0,$$

式中 $\boldsymbol{B}_1$(即第五章中的 $\boldsymbol{B}$)是传导电流 I_0 和磁化电流 I_M 共同产生的磁场,成立条件是恒定,麦克斯韦认为此式可推广到非恒定的普遍情形.但在普遍情形,除 I_0,I_M 产生的磁场外,还应增补极化电流 I_P 和变化电场$\frac{\partial \boldsymbol{E}}{\partial t}$(两者之和称为位移电流 I_D)产生的磁场 $\boldsymbol{B}_2$,因 $\boldsymbol{B}_2$ 也是无源的,其高斯定理为

$$\oiint \boldsymbol{B}_2 \cdot \mathrm{d}\boldsymbol{S} = 0.$$

两式相加,得出普遍适用的总磁场 $\boldsymbol{B}=\boldsymbol{B}_1+\boldsymbol{B}_2$ 的高斯定理为

$$\oiint \boldsymbol{B} \cdot \mathrm{d}\boldsymbol{S} = 0. \tag{③}$$

恒定磁场的安培环路定理推广到普遍情形时应增补位移电流,已在§8.2.2详述,为

$$\oint \boldsymbol{H} \cdot \mathrm{d}\boldsymbol{l} = I_0 + \iint \frac{\partial \boldsymbol{D}}{\partial t} \cdot \mathrm{d}\boldsymbol{S}, \tag{④}$$

式中 $\boldsymbol{B}=\mu_r\mu_0\boldsymbol{H}$,$\boldsymbol{D}=\varepsilon_r\varepsilon_0\boldsymbol{E}$,$\boldsymbol{B}$ 为总磁场,$\boldsymbol{E}$ 为总电场.

综合以上四式,得出普遍情形的电磁场方程组为

$$\begin{cases} \oiint \boldsymbol{D} \cdot \mathrm{d}\boldsymbol{S} = q_0, \\ \oint \boldsymbol{E} \cdot \mathrm{d}\boldsymbol{l} = -\iint \frac{\partial \boldsymbol{B}}{\partial t} \cdot \mathrm{d}\boldsymbol{S}, \\ \oiint \boldsymbol{B} \cdot \mathrm{d}\boldsymbol{S} = 0, \\ \oint \boldsymbol{H} \cdot \mathrm{d}\boldsymbol{l} = I_0 + \iint \frac{\partial \boldsymbol{D}}{\partial t} \cdot \mathrm{d}\boldsymbol{S}. \end{cases} \tag{8.7}$$

描述介质电磁性质(极化,磁化,导电)的方程组为

$$\begin{cases} \boldsymbol{D} = \varepsilon_r\varepsilon_0\boldsymbol{E}, \\ \boldsymbol{B} = \mu_r\mu_0\boldsymbol{H}, \\ \boldsymbol{j}_0 = \sigma\boldsymbol{E}. \end{cases} \tag{8.8}$$

(8.7)式与(8.8)式中的 $\boldsymbol{E}$ 是总电场,即为自由电荷 q_0、极化电荷 q'(无论是否静止)以及变化磁场$\frac{\partial \boldsymbol{B}}{\partial t}$三者产生的电场之和;$\boldsymbol{B}$ 是总磁场,即为传导电流 I_0、磁化电流 I_M、极化电流 I_P(无论是否恒定)以及变化电场$\frac{\partial \boldsymbol{E}}{\partial t}$四者产生的磁场之和.(8.7)式称为**麦克斯韦电磁场方程组**(**积分形式**).(8.8)式称为**介质方程组**,只适用于线性各向同性介质,(8.8)式中的 $\boldsymbol{j}_0$ 是传导电流密度.(8.7)式与(8.8)式合在一起构成**完备的方程组**,成为讨论一切宏观电磁场问题的基础.

应该指出,麦克斯韦电磁场方程组是线性的,这是电磁场可以叠加的必要条件.另外,在方程组中,$\boldsymbol{E}$,$\boldsymbol{D}$ 和 $\boldsymbol{B}$,$\boldsymbol{H}$ 的性质有所不同,地位并不对称,例如,电场有源而磁场无源,其原

因是迄今尚未发现与电荷对应的孤立的磁荷，因而也不存在与传导电流对应的传导磁流.

利用矢量分析高斯定理和斯托克斯定理(见附录二)，可由麦克斯韦方程组的积分形式导出其微分形式. 例如，可将(8.7)第一式表为

$$\oiint_{(S)} \boldsymbol{D}\cdot \mathrm{d}\boldsymbol{S} = \iiint_{(V)} \nabla\cdot \boldsymbol{D}\mathrm{d}V = q_0 = \iiint_{(V)} \rho_0\,\mathrm{d}V,$$

式中 V 是闭合高斯面 S 包围的体积，ρ_0 是自由电荷的体密度. 因上式对任何体积 V 都成立，故被积函数必须相等，得

$$\nabla\cdot \boldsymbol{D} = \rho_0.$$

(8.7)第四式可表为

$$\oint_{(L)} \boldsymbol{H}\cdot \mathrm{d}\boldsymbol{l} = \iint_{(S)} (\nabla\times \boldsymbol{H})\cdot \mathrm{d}\boldsymbol{S} = I_0 + \iint_{(S)} \frac{\partial \boldsymbol{D}}{\partial t}\cdot \mathrm{d}\boldsymbol{S} = \iint_{(S)} \left(\boldsymbol{j}_0 + \frac{\partial \boldsymbol{D}}{\partial t}\right)\cdot \mathrm{d}\boldsymbol{S},$$

式中 S 是以闭合回路 L 为周界的曲面，$\boldsymbol{j}_0$ 是传导电流密度，$\dfrac{\partial \boldsymbol{D}}{\partial t}$是位移电流密度. 因上式对任何曲面 S 都成立，故被积函数必须相等，得出

$$\nabla\times \boldsymbol{H} = \boldsymbol{j}_0 + \frac{\partial \boldsymbol{D}}{\partial t}.$$

(8.7)第二、三式可同样给出微分形式. 于是得出

$$\begin{cases} \nabla\cdot \boldsymbol{D} = \rho_0, \\ \nabla\times \boldsymbol{E} = -\dfrac{\partial \boldsymbol{B}}{\partial t}, \\ \nabla\cdot \boldsymbol{B} = 0, \\ \nabla\times \boldsymbol{H} = \boldsymbol{j}_0 + \dfrac{\partial \boldsymbol{D}}{\partial t}. \end{cases} \tag{8.9}$$

(8.9)式是一组偏微分方程，称为麦克斯韦电磁场方程组的微分形式，它是将方程组的积分形式(8.7)式用于宏观体元得出的. 当然，与(8.7)式一样，(8.9)式也需结合介质方程(8.8)式才完备.

使用微分形式的麦克斯韦方程(8.9)式时，场量 $\boldsymbol{E},\boldsymbol{D},\boldsymbol{B},\boldsymbol{H}$ 在空间必须连续可微. 但当遇到导体或介质界面时，连续可微的性质会因存在面电荷或面电流而遭到破坏，从而使(8.9)式不能使用. 为了解决这个问题，应从麦克斯韦方程组的积分形式(8.7)式出发，取高斯曲面或积分回路跨越并无限逼近介质表面，由此得出 $\boldsymbol{E},\boldsymbol{D},\boldsymbol{B},\boldsymbol{H}$ 在界面或回路两侧应满足的衔接条件，称为边界条件. 把(8.9)式与边界条件相结合，即可唯一求解.

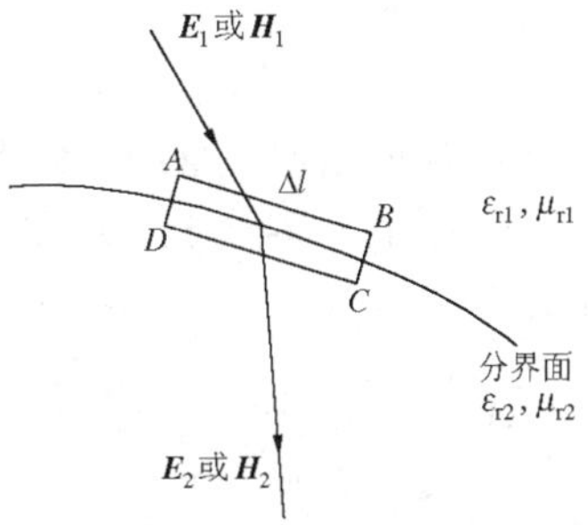

图 8.3 **E** 或 **H** 的切向分量连续

在推导边界条件时，假设分界面上不存在自由电荷与传导电流. 如图 8.3 所示是介质 1(ε_{r1}, μ_{r1})与介质 2(ε_{r2}, μ_{r2})的分界面，两侧的电磁场分别为 $\boldsymbol{E}_1$, $\boldsymbol{H}_1$ 和 $\boldsymbol{E}_2$, $\boldsymbol{H}_2$. 为了讨论其间的关系，作狭长矩形闭合回路 $ABCDA$,

其中 AB,CD 与分界面平行,长度为 Δl,AD,BC 的长度趋于零. 将(8.7)第二式

$$\oint \boldsymbol{E} \cdot \mathrm{d}\boldsymbol{l} = -\iint \frac{\partial \boldsymbol{B}}{\partial t} \cdot \mathrm{d}\boldsymbol{S}$$

用于此闭合回路,因 AD,BC 趋于零,故这两段 $\boldsymbol{E}$ 的线积分的极限为零,又因矩形闭合回路的面积趋于零,而 $\frac{\partial \boldsymbol{B}}{\partial t}$ 不可能无限长,故上式右边积分的极限也为零. 于是得出

$$E_{1\mathrm{t}} \Delta l - E_{2\mathrm{t}} \Delta l = 0,$$

即

$$E_{1\mathrm{t}} = E_{2\mathrm{t}},$$

式中 $E_{1\mathrm{t}}$,$E_{2\mathrm{t}}$ 分别是 $\boldsymbol{E}_1$,$\boldsymbol{E}_2$ 沿分界面的切向分量. 上式表明,分界面两侧电场强度的切向分量相等,即 $\boldsymbol{E}$ 的切向分量经过分界面时具有连续性.

将(8.7)第四式

$$\oint \boldsymbol{H} \cdot \mathrm{d}\boldsymbol{l} = I_0 + \iint \frac{\partial \boldsymbol{D}}{\partial t} \cdot \mathrm{d}\boldsymbol{S}$$

用于图 8.3 的矩形闭合回路 $ABCDA$,设分界面上无传导电流,即 $I_0 = 0$,可同样证明分界面两侧磁场强度的切向分量相等

$$H_{1\mathrm{t}} = H_{2\mathrm{t}}.$$

即 $\boldsymbol{H}$ 的切向分量经过分界面时具有连续性.

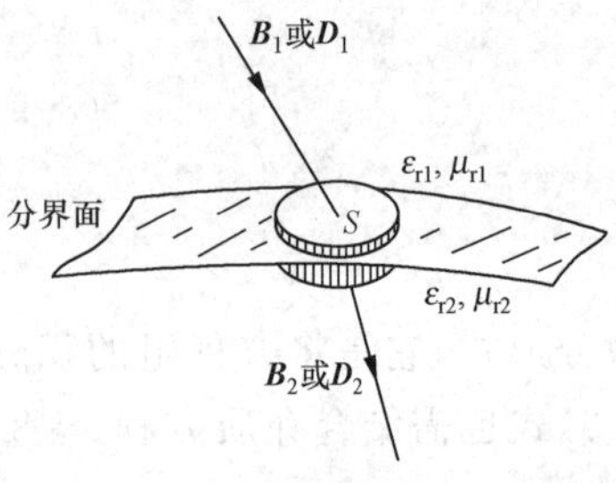

图 8.4　$\boldsymbol{D}$ 或 $\boldsymbol{B}$ 的法向分量连续

为了讨论分界面两侧 $\boldsymbol{D}_1$ 与 $\boldsymbol{D}_2$,$\boldsymbol{B}_1$ 与 $\boldsymbol{B}_2$ 的关系,作如图 8.4 所示的扁圆柱体,它的上下底面与分界面平行,面积为 S,侧面的高度趋于零. 设分界面上无自由电荷,将(8.7)第一、三式

$$\oiint \boldsymbol{D} \cdot \mathrm{d}\boldsymbol{S} = q_0 = 0,$$

$$\oiint \boldsymbol{B} \cdot \mathrm{d}\boldsymbol{S} = 0$$

用于此扁圆柱体的闭合曲面,可以同样证明,分界面两侧 $\boldsymbol{D}$ 或 $\boldsymbol{B}$ 的法向分量相等

$$D_{1\mathrm{n}} = D_{2\mathrm{n}},$$

$$B_{1\mathrm{n}} = B_{2\mathrm{n}},$$

即 $\boldsymbol{D}$ 或 $\boldsymbol{B}$ 的法向分量经过分界面时具有连续性.

综上,在分界面上不存在自由电荷和传导电流的条件下,普遍适用的电磁场的**边界条件**为

$$\begin{cases} E_{1\mathrm{t}} = E_{2\mathrm{t}}, \\ H_{1\mathrm{t}} = H_{2\mathrm{t}}, \\ D_{1\mathrm{n}} = D_{2\mathrm{n}}, \\ B_{1\mathrm{n}} = B_{2\mathrm{n}}. \end{cases} \tag{8.10}$$

§ 8.3 电磁波,赫兹实验

§ 8.3.1 电磁波及其性质

电磁波是麦克斯韦电磁场方程最重要的推论或预言之一,也是检验电磁场方程是否正确的试金石.

在阐述电磁波之前,先回顾一下常见的各种波动.所谓波动是振动的传播,通常关心的是:何者在振动,靠什么传播,纵波还是横波,波的传播速度、频率,等等.例如,绳波是绳的各部分在振动,靠其间的切变弹性传播,横波;声波是空气在振动,靠空气分子间的弹性(挤压、松弛)传播,纵波,波速每小时约千公里;水面波是表面的水分子在振动,靠表面张力传播,水分子沿椭圆往返振动;等等.

然而,常见的光波却颇为“离奇”.绳波、声波、水波等离开了它们的“载体”绳、空气、水等便不复存在,与此不同,光波可以在真空中传播、传播速度每秒高达30万公里、横波等等.于是,人们不得不设想存在着无所不在(包括真空中)的“以太”,把它作为光波的载体,并认为以太应具有某种特殊的性质,等等,凡此种种均无任何实验证据,难以令人信服,直到1887年迈克耳孙-莫雷实验测出地球相对以太的速度为零,才最终否定了以太的存在.

无独有偶,电磁波也可以在真空中传播.麦克斯韦关于电磁场是客观存在(包括真空中)的观点,以及变化电、磁场相互联系相互激发的涡旋电场和位移电流概念,从物理上为电磁波在真空中的传播提供了载体和传播的机制.如图8.5所示,如果空间某处存在一个电磁振源,它能产生交变的电场或磁场,则因变化的磁场在其周围产生涡旋电场,变化的电场在其周围产生(有旋的)磁场,依靠电、磁场的相互联系、相互激发,电磁振荡将从振源出发在其周围由近及远的传播出去,形成电磁波.图8.5中画出的只是电磁振荡沿某一方向传播的示意图,实际上是向各方向传播的,电力线和磁力线的分布也要复杂得多.由此可见,与通常的各种机械波相比较,电磁波的载体和传播机制都颇为不同,这正是它能在真空中传播的原因.

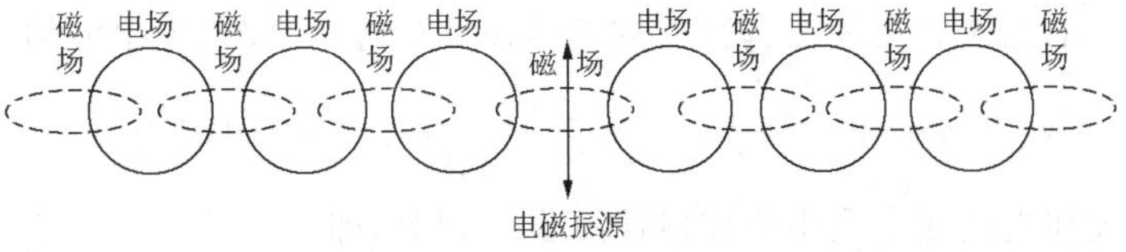

图 8.5 电磁振荡的传播(示意图)

下面由麦克斯韦方程组严格地导出电磁波,并进而讨论电磁波的一系列性质.

麦克斯韦电磁场方程组的微分形式为(8.9)式,在没有自由电荷、没有传导电流的线性各向同性介质中,$\rho_0=0$,$\boldsymbol{j}_0=0$,$\boldsymbol{D}=\varepsilon_r\varepsilon_0\boldsymbol{E}$,$\boldsymbol{B}=\mu_r\mu_0\boldsymbol{H}$,代入(8.9)式,得

$$\begin{cases}\nabla\cdot\boldsymbol{E}=0,\\ \nabla\times\boldsymbol{E}=-\mu_0\mu_r\dfrac{\partial\boldsymbol{H}}{\partial t},\\ \nabla\cdot\boldsymbol{H}=0,\\ \nabla\times\boldsymbol{H}=\varepsilon_0\varepsilon_r\dfrac{\partial\boldsymbol{E}}{\partial t}.\end{cases}\tag{8.11}$$

利用矢量分析的公式(见附录二⑤式)

$$\nabla\times(\nabla\times\boldsymbol{E})=\nabla(\nabla\cdot\boldsymbol{E})-\nabla^2\boldsymbol{E},$$

将(8.11)第二式取旋度,再将第一、四式代入;同样,将(8.11)第四式取旋度,再将第二、三式代入,得

$$\begin{cases}\nabla^2\boldsymbol{E}=\varepsilon_0\mu_0\varepsilon_r\mu_r\dfrac{\partial^2\boldsymbol{E}}{\partial t^2},\\ \nabla^2\boldsymbol{H}=\varepsilon_0\mu_0\varepsilon_r\mu_r\dfrac{\partial^2\boldsymbol{H}}{\partial t^2}.\end{cases}\tag{8.12}$$

(8.12)式是 $\boldsymbol{E}$ 和 $\boldsymbol{H}$ 遵循的波动方程,它表明变化的电磁场以波动形式传播,方程的特解为

$$\begin{cases}\boldsymbol{E}=\boldsymbol{E}_0\cos(\omega t-\boldsymbol{k}\cdot\boldsymbol{r}),\\ \boldsymbol{H}=\boldsymbol{H}_0\cos(\omega t-\boldsymbol{k}\cdot\boldsymbol{r}+\varphi).\end{cases}\tag{8.13}$$

(8.13)式表示沿 $\boldsymbol{k}$ 方向传播,以 ω 为圆频率,以 $\boldsymbol{E}_0$ 和 $\boldsymbol{H}_0$ 为振幅矢量的**平面电磁波**,φ 是 $\boldsymbol{E}$ 和 $\boldsymbol{H}$ 之间的相位差.

波动方程(8.12)式中的系数 $\varepsilon_0\mu_0\varepsilon_r\mu_r$ 与平面电磁波传播速度 v 之间的关系为

$$v_{电磁波(介质)}=\frac{1}{\sqrt{\varepsilon_0\mu_0\varepsilon_r\mu_r}}.\tag{8.14}$$

在真空中,$\varepsilon_r=\mu_r=1$,电磁波的传播速度 c 为

$$c_{电磁波(真空)}=\frac{1}{\sqrt{\varepsilon_0\mu_0}}.\tag{8.15}$$

1855 年韦伯和科尔劳施测出电量的电磁单位和静电单位的比值为 $1/\sqrt{\varepsilon_0\mu_0}=3.1074\times10^8$ m/s. 1849 年菲佐测出光在空气中的传播速度为 3.14858×10^8 m/s. 两者十分接近,麦克斯韦由此断定,电磁波和光波在真空中的传播速度相等,光波是电磁波的一个频段,即

$$c=c_{电磁波(真空)}=c_{光波(真空)}=\frac{1}{\sqrt{\varepsilon_0\mu_0}}\approx3\times10^8\ \text{m/s}.\tag{8.16}$$

进而推断,电磁波和光波在介质中的传播速度也应相等,即

$$v=v_{电磁波(介质)}=v_{光波(介质)}.\tag{8.17}$$

由(8.14)和(8.16)式,电磁波在真空与介质中的传播速度之比为 $c_{电磁波(真空)}/v_{电磁波(介质)}=\sqrt{\varepsilon_r\mu_r}$. 在光学中,真空光速与光在介质中传播速度之比称为该介质的折射率 n,即 $n=c_{光波(真空)}/v_{光波(介质)}$. 综合以上结果,得出

$$n=\frac{c_{光波(真空)}}{v_{光波(介质)}}=\frac{c_{电磁波(真空)}}{v_{电磁波(介质)}}=\sqrt{\varepsilon_r\mu_r}.\tag{8.18}$$

介质的折射率 n 是光学量,介质的 ε_r,μ_r 是电磁学量,可以分别独立测量,实验结果证明了(8.18)式的正确性,从而为光波就是电磁波的论断提供了又一个重要的证据.

把(8.13)式代入(8.11)第一、三式,得出

$$\begin{cases} \boldsymbol{k}\cdot\boldsymbol{E}_0 = 0, \\ \boldsymbol{k}\cdot\boldsymbol{H}_0 = 0. \end{cases} \tag{8.19}$$

上式表明,电磁波中电矢量 $\boldsymbol{E}$、磁矢量 $\boldsymbol{H}$ 的振动方向都与传播方向 $\boldsymbol{k}$ 垂直,电磁波是横波. 同样,光波也是横波.

根据以上讨论,电磁波和光波都可以在真空中传播,也都可以在介质中传播,传播速度相同,又都是横波,并且介质的折射率 n(光学性质)取决于其电磁性质 ε_r,μ_r,这些结论使我们有充分的理由断定光波就是电磁波,是电磁波的一个频段. 实际上,下面进一步讨论的电磁波的其他性质也都为光波所具有. 光和电磁现象的统一,标志着光学的研究实现了从唯象理论向电磁理论的跨越.

把(8.13)式代入(8.11)第二、四式,得出

$$\boldsymbol{k}\times\boldsymbol{E}_0\sin(\omega t-\boldsymbol{k}\cdot\boldsymbol{r}) = \omega\mu_0\mu_r\boldsymbol{H}_0\sin(\omega t-\boldsymbol{k}\cdot\boldsymbol{r}+\varphi),$$

即

$$\begin{cases} \boldsymbol{k}\times\boldsymbol{E}_0 = \omega\mu_0\mu_r\boldsymbol{H}_0, \\ \omega t-\boldsymbol{k}\cdot\boldsymbol{r} = \omega t-\boldsymbol{k}\cdot\boldsymbol{r}+\varphi, \quad 或\ \varphi = 0. \end{cases} \tag{8.20}$$

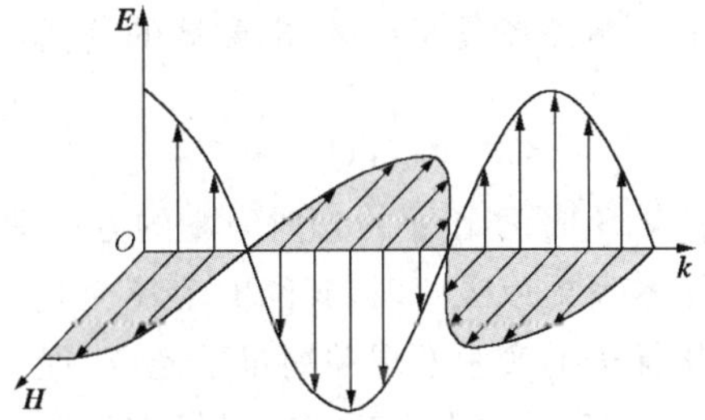

图 8.6 平面电磁波示意图,$\boldsymbol{E}$,$\boldsymbol{H}$,$\boldsymbol{k}$ 成右手螺旋关系

(8.20)第一式表明 $\boldsymbol{E}_0\perp\boldsymbol{H}_0$,又由(8.19)式电磁波是横波,故 $\boldsymbol{E}$,$\boldsymbol{H}$,$\boldsymbol{k}$ 三者相互垂直,构成右手螺旋关系. (8.20)第二式表明 $\varphi=0$,即电振动与磁振动同相位. 据此,画出如图 8.6 所示的平面电磁波示意图. 又,由(8.20)第一式

$$kE_0 = \omega\mu_0\mu_r H_0,$$

即

$$E_0 = \frac{\omega}{k}\mu_0\mu_r H_0 = v\mu_0\mu_r H_0 = \frac{\mu_0\mu_r}{\sqrt{\varepsilon_0\varepsilon_r\mu_0\mu_r}}H_0 = \sqrt{\frac{\mu_0\mu_r}{\varepsilon_0\varepsilon_r}}H_0. \tag{8.21}$$

这就是 E_0 和 H_0 大小的关系.

电磁波的传播伴随着能量的传播. 在电磁波传播的空间中任取体积 V,由电磁场的能量密度公式

$$w = \frac{1}{2}(\boldsymbol{D}\cdot\boldsymbol{E}+\boldsymbol{B}\cdot\boldsymbol{H}),$$

体积 V 内电磁场的总能量 W 为 w 的体积分,W 的变化率为

$$\frac{\mathrm{d}W}{\mathrm{d}t} = \frac{\mathrm{d}}{\mathrm{d}t}\iiint_{(V)} w\,\mathrm{d}V = \frac{\mathrm{d}}{\mathrm{d}t}\iiint_{(V)}\frac{1}{2}(\boldsymbol{D}\cdot\boldsymbol{E}+\boldsymbol{B}\cdot\boldsymbol{H})\mathrm{d}V = \frac{1}{2}\iiint_{(V)}\frac{\partial}{\partial t}(\boldsymbol{D}\cdot\boldsymbol{E}+\boldsymbol{B}\cdot\boldsymbol{H})\mathrm{d}V.$$

设 V 内无自由电荷、无传导电流,由(8.11)第二、四式,上式的被积函数为

$$\frac{\partial}{\partial t}(\boldsymbol{D}\cdot\boldsymbol{E}+\boldsymbol{B}\cdot\boldsymbol{H})=2\varepsilon_0\varepsilon_r\boldsymbol{E}\cdot\frac{\partial\boldsymbol{E}}{\partial t}+2\mu_0\mu_r\boldsymbol{H}\cdot\frac{\partial\boldsymbol{H}}{\partial t}=2\boldsymbol{E}\cdot(\nabla\times\boldsymbol{H})-2\boldsymbol{H}\cdot(\nabla\times\boldsymbol{E})$$
$$=-2\nabla\cdot(\boldsymbol{E}\times\boldsymbol{H}).$$

利用矢量分析的高斯定理,得

$$-\frac{\mathrm{d}W}{\mathrm{d}t}=\iiint_{(V)}\nabla\cdot(\boldsymbol{E}\times\boldsymbol{H})\mathrm{d}V=\oint\!\!\!\oint_{(S)}(\boldsymbol{E}\times\boldsymbol{H})\cdot\mathrm{d}\boldsymbol{S},\tag{8.22}$$

式中 S 是包围体积 V 的闭合曲面.根据能量守恒原理,(8.22)式表明,体积 V 内电磁能量的减少,应等于经 S 流出的能量.令

$$\boldsymbol{S}=\boldsymbol{E}\times\boldsymbol{H},\tag{8.23}$$

$\boldsymbol{S}$ 称为电磁场的能流密度矢量,也称坡印亭矢量,表示单位时间通过垂直于电磁波传播方向的单位面积的电磁场能量. $\boldsymbol{S}$ 的方向即为电磁场能量的传播方向, $\boldsymbol{S},\boldsymbol{E},\boldsymbol{H}$ 彼此垂直且成右手螺旋关系.通常关心的是能流的平均值,对于简谐波,平均能流密度为

$$\bar{S}=\frac{1}{2}E_0H_0\propto E_0^2\text{ 或 }H_0^2,\tag{8.24}$$

即电磁波的平均能流密度 $\bar{S}$ 与电场或磁场的振幅的平方成正比.

电磁场具有动量.电磁波的传播伴随着动量的传播,电磁波的动量密度为

$$\boldsymbol{g}=\frac{1}{c^2}\boldsymbol{S}=\frac{1}{c^2}(\boldsymbol{E}\times\boldsymbol{H}),\tag{8.25}$$

g 与 S 成正比, $\boldsymbol{g}$ 的方向为 $\boldsymbol{S}$ 的方向即沿着电磁波传播的方向.当光波(电磁波)照射在物体上被反射或吸收时,其间的动量交换会对物体产生压力——光压.1901 年俄国物理学家列别捷夫的实验发现并测量了光压,证实了麦克斯韦电磁场理论的预言.

综上,由麦克斯韦电磁场方程导出的电磁波及其主要性质可概括为:

1. 变化的电磁场以波动形式在空间传播,形成电磁波.电磁波的载体是电磁场,电磁波的传播机制是变化电、磁场之间的相互联系、相互激发.

2. 电磁波是横波.电场 $\boldsymbol{E}$、磁场 $\boldsymbol{H}$ 与电磁波的传播方向 $\boldsymbol{k}$ 三者彼此垂直, $\boldsymbol{E}$ 与 $\boldsymbol{H}$ 同相位.

3. 电磁波在真空中的传播速度为 $c=1/\sqrt{\varepsilon_0\mu_0}$,在介质中的传播速度为 $v=1/\sqrt{\varepsilon_0\mu_0\varepsilon_r\mu_r}$.

4. 电磁波的传播伴随着能量和动量的传播.电磁波的能流密度矢量(坡印亭矢量)为 $\boldsymbol{S}=\boldsymbol{E}\times\boldsymbol{H}$,电磁波的动量密度为 $\boldsymbol{g}=\frac{1}{c^2}(\boldsymbol{E}\times\boldsymbol{H})$.

5. 光波是电磁波的一个频段.介质的折射率(光学性质) n 与 ε_r,μ_r(电磁性质)的关系为 $n=\sqrt{\varepsilon_r\mu_r}$.

§8.3.2 赫兹电磁波实验

1887 年赫兹(H. R. Hertz,1857—1894,德国)根据电容器放电的振荡性质设计了电磁

波的发射器和接收器，实现了电磁波的发射和接收，证明了电磁波的存在. 进而，赫兹又做了电磁波的直线行进与聚焦，反射，折射，形成驻波并测量电磁波的传播速度，衍射，偏振等一系列实验，证实电磁波与光波具有相同的性质. 赫兹的电磁波实验为麦克斯韦电磁场理论提供了决定性的证据，宣告了无线电通信的诞生，迎来了深刻改变科技和社会面貌的信息化时代.

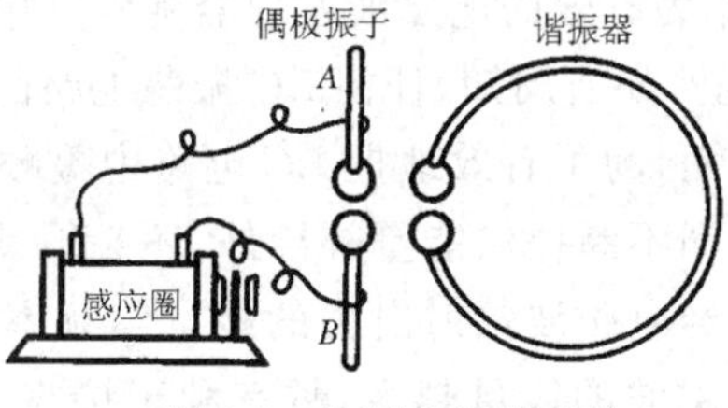

图 8.7 赫兹振子和谐振器

赫兹采用的电磁波发射器是如图 8.7 左方所示的偶极振子，又称赫兹振子. 图中 A 和 B 是两根共轴的黄铜杆，两杆靠近的两个端点焊有一对磨光的黄铜球，两球之间留有的空隙称为火花间隙，两杆的另一端分别与感应圈的两极相连. 感应圈是利用电磁感应原理，将十几伏的直流低电压变成几万伏高电压的一种电流设备. 感应圈由绕在直条形铁芯上的初级线圈（导线粗，匝数少）和次级线圈（导线细，匝数多）以及螺旋调节器和弹簧片等组成. 接通直流电源，初级线圈内有电流，铁芯被磁化，吸引弹簧片，将电路切断；切断后电流中断，铁芯失去磁性，放开弹簧片，弹簧片又与触点接通，电路再次接通. 如此不断接通、断开，把十几伏的低压恒定直流电变成了脉动电流，使初级与次线线圈中都产生感应电动势，因两线圈匝数相差几百倍，次级线圈中可获得几万伏的脉动高压. 次级线圈中的脉动高压（在赫兹实验中其频率约为 $10 \sim 10^2$ 周/秒）使与其两端相连的铜球之间的间隙不断被击穿，产生火花. 同时，由两直棒与铜球构成的偶极振子（振荡偶极子）相当于一个 LC 回路（见下文），其中的变化电磁场将向外发射高频电磁波（在赫兹实验中约为 $10^8 \sim 10^9$ 周/秒）. 于是，随着感应圈初级线圈一次次充电、中断，次级线圈一次次被感应，两铜球间隙之间一次次产生火花，同时一次次地向外发射电磁波，间隙火花成为电磁波发射的信号或标志. 由于发射出去的高频电磁波的能量不断扩散、损失，其振幅不断衰减，实际上赫兹振子发射的电磁波是一种间隙性的阻尼振荡，如图 8.8（示意图）所示.

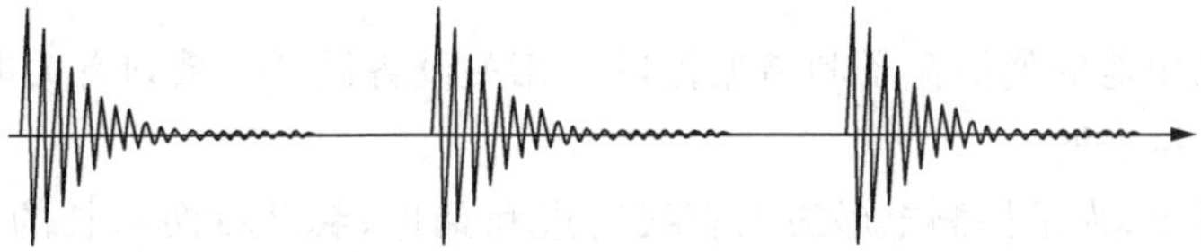

图 8.8 赫兹振子产生的间隙性阻尼振荡（示意图）

为了探测由偶极振子发射的电磁波，赫兹采用过两种类型的接收装置，其一与偶极振子的形状和结构相同，另一如图 8.7 右方所示，是一个有缺口的圆形铜环，缺口两端焊一对铜球，两球间隙的距离可以用螺旋作微小的调节，这种接收电磁波的装置称为谐振器或探测器.

赫兹把谐振器放在与偶极振子相隔一定的距离处，适当地选择其方位，调节两球间隙的距离，使得来自偶极振子的电磁波能在其中谐振. 赫兹在暗室中观察到，当偶极振子的间隙中有火花跳过，即当偶极振子向外发射电磁波时，与此同时，谐振器的间隙中也有火花跳过，表明接收到了电磁波. 这样，赫兹首次通过实验，实现了电磁振荡的发射、在空间传播和接收，证实了电磁波的存在.

赫兹的偶极振子何以能作为有效的电磁波发射器呢？其中有间隙的直棒与铜球和熟知的 LC 振荡电路有什么联系呢？如所周知，任何 LC 振荡电路因其中有变化的电、磁场，都可以作为发射电磁波的振源. 然而，为了有效地把 LC 电路中蕴藏的电磁能以电磁波的形式发射出去，除了电路中通过感应圈不断提供能量补给外，还必须具备以下两个条件. 第一，频率必须足够高. 由于在单位时间经电磁波辐射出去的能量与频率的四次方成正比，因此，振荡电路的固有频率越高，发射电磁波的能量越大，越有利于接收、观测. 对于 LC 电路，在电阻 R 较小时，其固有频率 $\nu=1/2\pi\sqrt{LC}$，为了加大 ν，必须同时减小 L 和 C 的数值. 第二，电路必须开放. 在通常的 LC 振荡电路中，L 和 C 都是集中性的元件，变化的电场（电能）集中在电容 C 的两极板之间，经边缘渗出的很少，变化的磁场（磁能）集中在电感 L 的线圈之中，经两端和缝隙渗出的很少. 因此，为了同时满足以上两个条件，有利于电磁波的发射，L 和 C 既应尽量减小又应尽量开放. 为此，对于电容 C，应减小极板面积，直至缩小为两球，同时增大间隙，改平行为倾斜，直至竖直；对于电感 L，应减少匝数，增大匝与匝的间隙，直至成为细杆. 总之，LC 振荡电路应如图 8.9 所示，从图(a)经图(b)、图(c)演变到图(d)，最后成为一条直杆. 然后，在直杆两端焊上铜球再在其间留有空隙，以便通过火花确定电磁波的发射，这就是图 8.7 左方的偶极振子. 图 8.7 右方弯成弧形同样在两铜球间留有空隙的谐振器类似，可通过火花确定电磁波的接收. 实际上，广播电台和电视台的天线也都可以看作是偶极振子.

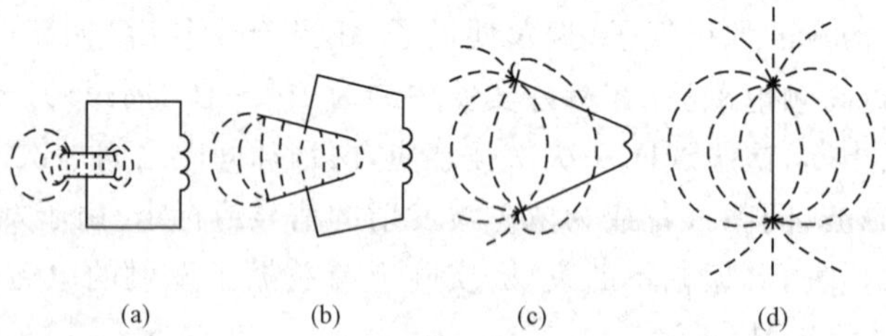

图 8.9　从 LC 振荡电路过渡到偶极振子

接着，赫兹利用他的偶极振子和谐振器以及相关设备做了一系列有关电磁波的实验.

1. 直线行进和聚焦

如图 8.10 所示，为了探测电磁波的直线行进和聚焦，赫兹将两米长的锌板弯成抛物柱面的形状，把偶极振子（发射器）和谐振器（探测器）分别放在两柱面的焦线上，调节感应圈使偶极振子的空隙间产生火花，发射电磁波. 实验表明，如图所示，当探测器所在的柱面与偶极振子所在柱面正对着时，探测器空隙中观察到火花；当探测器所在柱面放在其他位置时，探测器空隙中不出现火花. 这个实验证明：电磁波具有直线行进和聚焦的性质，与光波相同.

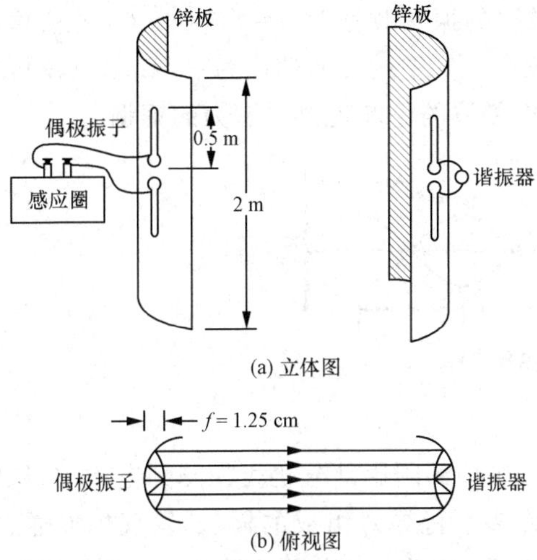

图 8.10　电磁波的直线行进和聚焦

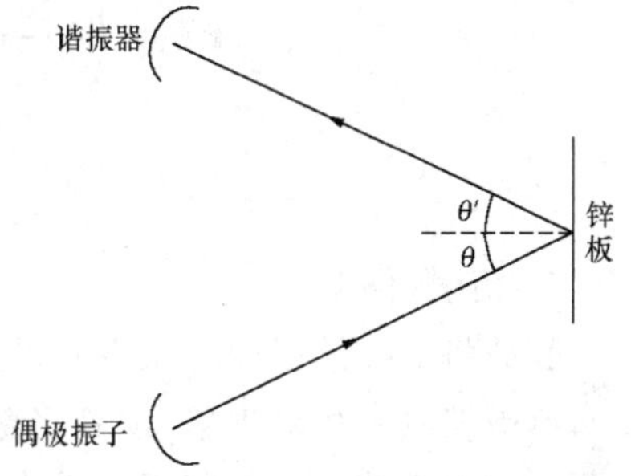

图 8.11　电磁波的反射

2. 反射

如图 8.11 所示,把偶极振子和谐振器分别放在两抛物柱面的焦线上,再在偶极振子前面放一块锌板,用来反射电磁波.改变谐振器的位置,探测经锌板反射后空间各处电磁波的分布.实验表明,当谐振与偶极振子相对锌板所处的位置使入射角与反射角相等,即当图中 $\theta=\theta'$ 时,谐振器空隙中有火花出现,当谐振器处于其他位置即 $\theta'\neq\theta$ 时,无火花出现.这个实验证明,电磁波和光波一样,遵从反射定律.

3. 折射

如图 8.12 所示,从偶极振子发出的电磁波入射在用硬沥青做成的很大的三棱体上,经两次折射后从三棱体射出,用谐振器探测射出电磁波的方向.根据折射定律,由测出的入射和出射电磁波的方向,得出硬沥青对电磁波的折射率为 $n=1.69$.另外,可由电磁学实验独立地测出硬沥青的 ε_r 和 μ_r 的值.结果表明,对于硬沥青 $n=\sqrt{\varepsilon_r\mu_r}$,这正是麦克斯韦电磁场理论的预言,电磁波经硬沥青折射的实验为它提供了一个重要的证据.

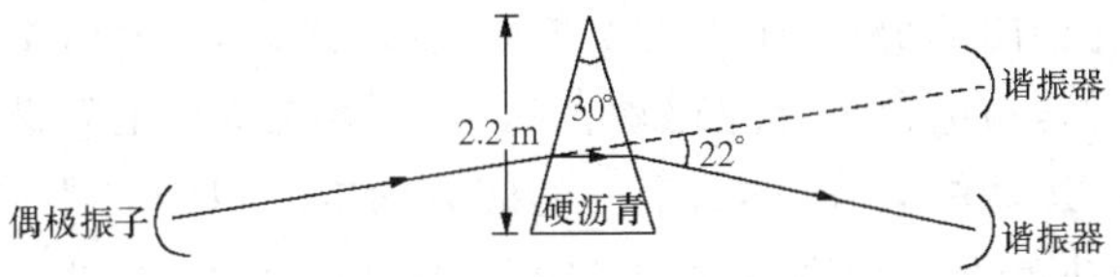

图 8.12　电磁波的折射

4. 形成驻波,测量电磁波的传播速度

如图 8.13 所示,偶极振子发出的电磁波经聚焦后正入射到锌板上,反射后,入射电磁波与反射电磁波叠加形成驻波.用谐振器在入射波与反射波重叠的直线上逐点探测,发现在某些特定的位置出现较强火花,在另一些特定的位置则完全没有火花,它们分别对应驻波的波腹和波节,空间周期性十分明显.测量相邻波节或相邻波腹之间的距离,它们就是形成驻波

的电磁波的波长 λ 之半. 又,偶极振子发射的电磁波的振荡频率为 $\nu=1/2\pi\sqrt{LC}$,由估算的偶极振子的电感 L 和电容 C 的值可确定 ν. 电磁波在空气中的传播速度为 $c=\lambda\nu$,由 λ,ν 可得出 c,结果与光速十分接近,从而再次为光波就是电磁波的论断提供了有力的证据.

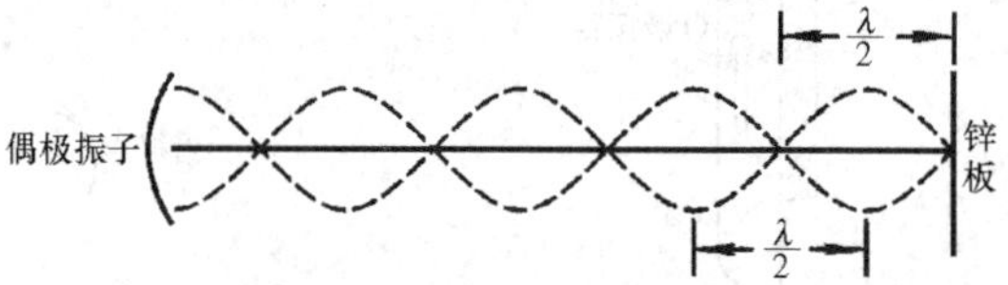

图 8.13　驻波(电磁波)

5. 衍射,偏振

赫兹将电磁波射向一块有孔的屏,发现在被屏遮挡的阴影部分仍可探测到电磁波,从而证明电磁波具有衍射现象. 赫兹将电磁波射向由许多平行导线组成的栅栏,发现仍能通过,但若在前方再放一个与前栅栏垂直的栅栏,电磁波便不能通过,从而证明电磁波具有偏振现象,电磁波是横波.

总之,赫兹有关电磁波的一系列实验,令人信服地证明了电磁波与光波的统一性,证明了麦克斯韦电磁场理论有关预言的正确性,从此,电磁场理论得到了物理学界的普遍承认,同时,也宣告了无线电科学的诞生.

1888 年 1 月 21 日,赫兹发表了他的著名论文"论电动力学作用的传播速度",通常把这一天定为实验证实电磁波的纪念日. 为了纪念赫兹,1933 年国际电工委员会把 1 周/秒的频率单位命名为赫兹(Hz).

§8.3.3　电磁辐射

电磁辐射就是向外发射电磁波的过程.

电磁波是变化电磁场在空间以波动的形式传播,靠的是电磁场的内在联系即变化电场和变化磁场的相互激发. 静止电荷只产生电场,不产生磁场,没有能量流动,不可能产生电磁波. 匀速运动的点电荷既产生电场又产生磁场,但因电场沿径向,故能流密度 $\boldsymbol{S}=\boldsymbol{E}\times\boldsymbol{H}$ 的方向与径向垂直,没有沿径向的分量,也不能发射电磁波. 因此,只有做加速运动的电荷才能发射电磁波,即电磁辐射是与电荷的加速运动相联系的. 首先实现电磁波发射的赫兹振子就是一例. 由于电荷做加速运动的方式不同,产生电磁波的方式也随之不同.(例外的情形是,当电荷在介质中的运动速度大于介质中的光速时,也能辐射电磁波,这称为切连科夫辐射.)

为了具体地说明加速运动电荷的电磁辐射过程,试举一例. 如图 8.14 所示,点电荷 q 在 $t=0$ 时刻前一直静止地位于坐标原点 O,产生以 O 为中心的球对称分布的沿径向的静电场. 设 q 从 $t=0$ 时刻开始以加速度 a 加速,经很短的 Δt 时间后,速度为 $u=a\Delta t$,因 Δt 很小,点电荷虽获得速度,但几乎没有位移仍位于原点 O,即相当位于原点的运动点电荷. 设 q 从 $t=\Delta t$ 到 $t=\Delta t+\tau$ 时间内,以 u 做匀速运动到达 O',即 $OO'=u\tau$,现在来研究 $t=\Delta t+\tau$ 时刻空间的电场分布,它应该包括三部分.

第一部分由 $t=0$ 时刻静止在 O 点的点电荷产生的静电场,它分布在以 O 点为球心、半径 $r=c(\Delta t+\tau)$ 的球面(图中的外球)之外. 在 $(\Delta t+\tau)$ 时刻,由电荷运动引起的场变化尚未传到这一区域,即球面外的观察者还得不到电荷由静止进入运动的信息.

第二部分是以速度 u 做匀速运动的点电荷的电场. 运动发生在 $t=\Delta t$ 到 $t=\Delta t+\tau$ 这段时间内,点电荷从 O 点到达 O' 点,当电荷运动速度较小($u\ll c$)时,运动点电荷的电场仍可看作静电场,故在 $t=\Delta t+\tau$ 时刻是位于 O' 点的点电荷产生的静电场,它分布在以 O' 为中心、以 $r=c\tau$ 为半径的球面(图中的内球)之内.

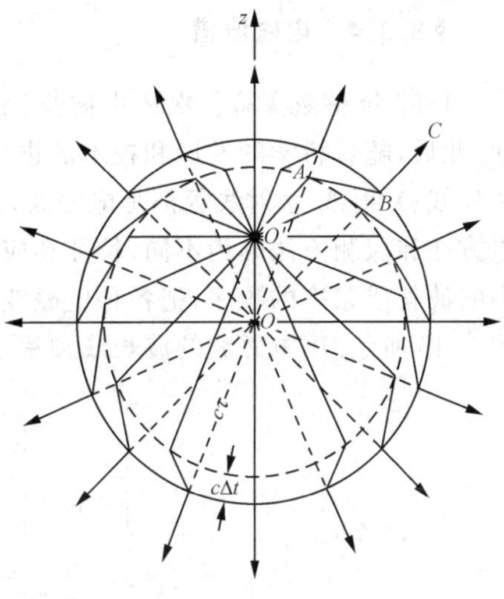

图 8.14 由静止突然进入匀速运动状态的点电荷周围的电场分布

第三部分是点电荷从 $t=0$ 到 $t=\Delta t$ 时间内做加速运动过程中产生的电场. 它分布在半径为 $r=c\tau$ 和半径为 $r=c(\Delta t+\tau)$ 两个不同心的球面之间厚约为 $c\Delta t$ 的薄壳层(图中两球之间)内. 壳层中的电场代表一种电场向另一种电场的过渡,因其中并无电荷,电场线不会中断,必须衔接,因此过渡层中的电场线必定弯折. 换言之,在过渡层中必定存在因电荷加速而产生的随时间变化的电场的横向分量,它必将伴随着一个也是横向的变化磁场,结果形成了沿径向向外辐射的电磁波.

这就是加速运动电荷辐射电磁波的简单物理过程. 当电荷做简谐振动时,不难设想,空间将交替出现电场线在不同方向的弯折区域,这些区域由近及远的传播,形成简谐波.

电子通过介质时与其中的粒子碰撞而加速或减速,在这种碰撞过程中产生的辐射称为**韧致辐射**. 最早观察到的 X 射线就是高速电子进入原子并到达原子核附近被核强烈加速而产生的. 韧致辐射不限于 X 射线,可以遍及整个电磁波谱的各个波长范围. 外层空间中的巨大云块处于完全电离状态,成为由自由电子和自由离子构成的等离子体,自由电子与自由离子的碰撞会发出无线电波和微波,用射电望远镜可以接收到这种信号. 对于相对论性粒子,韧致辐射是碰撞过程中能量损失的主要方式.

在电子感应加速器或回旋加速器中,做圆周运动具有加速度的带电粒子产生的辐射称为**回旋辐射**或**同步辐射**. 这种辐射造成的能量损失降低了加速器的效率. 但同步辐射具有辐射功率大,电磁波频率范围宽且连续可调,辐射强度分布在很小的锥角内有很高的准直性等优点,有许多重要应用. 专门产生不同频率同步辐射的装置也称为光子工厂.

此外,金属中的自由电子做简谐振动可以产生无线电波,如广播、电视的无线电辐射、原子和原子核的辐射也是由其中电荷的加速引起的.

§8.3.4 电磁波谱

1887年赫兹实验首次用电磁振荡的方法产生了电磁波，并证明电磁波与光波性质相同.此后，随着科学的发展和技术的进步，许多实验进一步证明，无线电波、可见光、红外线、紫外线、X射线、γ射线等都是电磁波，只是频率或波长不同而已.但由于各频段电磁波的产生方法和探测方法颇为不同，特征和应用又有明显差异，故分频段命名，以示区别.按照真空中的波长或频率的顺序，把各种电磁波排列起来，构成了电磁波的大家庭——**电磁波谱**，如图8.15所示.因电磁波的波长或频率范围很广，图中采用对数标度.

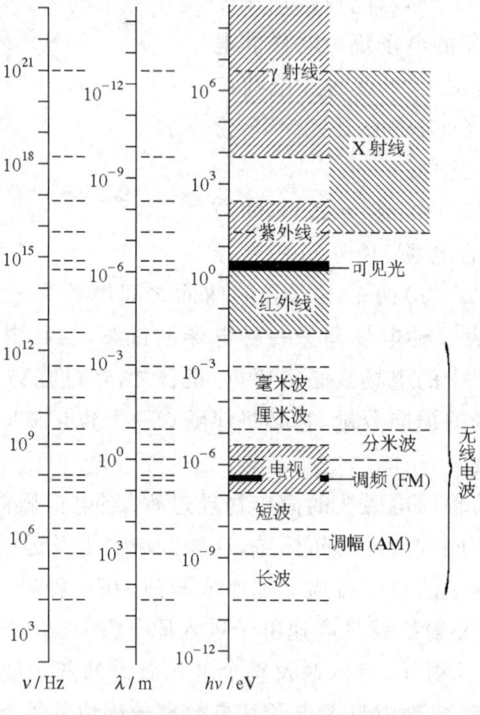

图8.15 电磁波谱

由电磁振荡电路产生电磁振荡再经天线发射的电磁波称为无线电波，实际使用的无线电波的波长范围从几km到几mm.其中波长几km到50 m的中波以及波长50 m到10 m的短波用于无线电广播和通信，波长10 m到1 cm甚至1 mm以下的超短波或微波用于调频无线电广播、电视、雷达、导航.近年来还将波长扩展到几km、几万米，用于跨越海洋的长距离通信和导航.

由原子、分子激发而产生的电磁波称为光波.光波波长从十分之几mm到5 nm(1 nm$=10^{-9}$ m)，其中波长约在760～400 nm的一段能引起人眼的视觉，称为可见光，波长大于760 nm的称为红外线，波长小于400 nm的称为紫外线.红外线有显著的热效应，除可烘烤物体外，还用于遥感、夜视，成为军事和科研上的有效手段.紫外线有明显的荧光效应、化学效应和生理作用,例如可用于杀菌.

X 射线可用高速电子流轰击金属靶得到,它是由原子中的内层电子发射的,波长约 $10\sim10^{-3}$ nm. X 射线有很强的穿透力,并能使照相底片感光和使荧光屏发光,医学上用于透视,工业上用于探伤,科研上用于分析晶体结构.

γ 射线是从天然放射性物质的原子核中发出的,也可由人工核反应产生,或来自宇宙线,波长为 0.01 nm 或更短. γ 射线的穿透力更强,用于肿瘤治疗、金属探伤、核结构研究等方面.

随着近代科学技术的发展,各种电磁波的波长或频率范围不断扩大,部分已有所重叠.

§8.4 几点说明

1. 电磁场是客观存在的物质.

实物粒子和场是物质存在的两种不同的基本形式,粒子具有集中性,场在一定的空间范围内连续分布具有弥散性. 实物粒子之间的各种相互作用都是通过相关场的传递实现的,电磁场是电磁作用的媒介物和传递者.

带电粒子在周围空间产生电场,运动带电粒子在周围空间产生磁场,不仅如此,变化电场和变化磁场相互激发,电磁场是具有内在联系的统一体. 电磁场对实物的作用引起感应、极化、磁化、导电,改变了实物的电磁性质,产生了附加的电磁场,使空间的电磁场重新分布,电磁场和实物是相互影响相互制约的. 电磁场的运动变化遵循麦克斯韦方程组,以电磁场为载体,以电磁场的内在联系为传播机制,变化电磁场在空间以波动形式传播,形成电磁波. 电磁波可以脱离电磁振源单独存在,电磁波的传播伴随着能量和动量的传播,电磁波可以和实物粒子交换能量和动量,电磁波和实物粒子可以相互转化(例如,近代研究表明,高能正、负电子对撞后湮没成两个 γ 光子),等等. 所有这些毋庸置疑地证明,电磁场是客观存在的物质,从此,物质的概念得到了拓展.

正如爱因斯坦指出,"实在概念的这一变革是物理学自牛顿以来的一次最深刻和最富有成效的变革."

2. 经典电磁理论的完整体系.

麦克斯韦电磁场理论是物理学中继牛顿力学之后最伟大的成就,法拉第和麦克斯韦被誉为 19 世纪最伟大的物理学家. 麦克斯韦电磁场方程、介质电磁性质方程以及洛伦兹力公式分别描绘了电磁场运动变化的规律、介质的电磁性质以及电磁作用的规律,三者结合,构成了经典电磁理论的完整体系.

3. 电磁场理论广泛、深远的影响.

电磁波的研究导致无线电通信、广播、电视、电脑、手机的诞生和发展,从根本上说,电磁波作为信息的载体,迎来了当今的信息时代. 物质电磁性质的研究加深了对物质错综复杂的微观电磁结构的认识,对推动材料科学的发展起了重要作用. 带电粒子和电磁场相互影响相互制约的探讨,深入到物理学的许多领域,诞生了等离子体物理、磁流体力学等许多充满活力的新兴边缘交叉学科，推动了天体物理、空间物理以及受控热核反应等的研究.光波是电磁波的一个频段，光现象与电磁现象的统一，把光学纳入了电磁理论的范畴之中，从此波动光学实现了从唯象理论到电磁波理论的飞跃，进入了高速发展的新时期.诸如此类，难以尽述.

总之，电磁场理论不仅对物理学、其他自然科学以及技术科学，而且对物质生产和社会发展都产生了极其深远而广泛的影响，基础研究的威力得到了淋漓尽致的发挥.

4. 电磁场理论与相对论、光子论.

一个物理理论在取得巨大成功的同时，往往还会引发出一些深刻的矛盾或问题，促使人们认真地审核它的基础，寻找解决办法，这正是孕育新理论的契机，也是理解新旧理论继承发展关系以及旧理论适用范围的关键.

例如，物理学乃至自然科学的第一个理论体系——牛顿力学诞生之初，无论日月星辰的运行、潮汐的涨落、物体的运动以及海王星的预言等等都得到了完满的解释和成功，令人叹为观止.然而，马赫与众不同，他对作为牛顿力学基础的绝对时空观提出了深刻的批评.马赫认为，任何事物、任何物理量，只有通过彼此的比较、相互的联系才能认识和理解，因此，孤傲地凌驾在一切之上与世无涉的"绝对时空观"是不能接受的.

无独有偶，正当电磁场理论预言的电磁波得到实验证实、异彩纷呈之时，也同样出现了一些难以回答的疑问.例如，若在惯性系Ⅰ中有一静止的点光源，则它向四周发出的光都以 c 传播，各向同性.若惯性系Ⅱ相对Ⅰ以 $\boldsymbol{v}$ 运动，根据绝对时空观伽利略变换的速度公式，该点光源向四周发出的光应以 $(\boldsymbol{v}+\boldsymbol{c})$ 传播，因各 $\boldsymbol{c}$ 方向不同，故各 $(\boldsymbol{v}+\boldsymbol{c})$ 的大小不同，即在Ⅱ中光传播各向异性，与相对性原理矛盾.例如，把一发光球从静止加速到与 c 可相比拟的高速 v，根据伽利略变换的速度公式，光速将从 c 增大为 $(c+v)$，于是远处的观察者将先看到加速后的球，后看到加速初的球，后发先至，因果颠倒，违背因果律.例如，少年时代的爱因斯坦就曾思考过这样一个问题："如果我以光速 c 追随光线运动，我应当看到这样一条光线，就好像一个在空中振荡而停止不前的电磁场.可是不论是根据经验，还是按照麦克斯韦方程，看来都不会发生这样的事情."总之，以上三例表明，电磁场理论、伽利略变换、相对性原理三者之间存在着不可调和的矛盾.面对这一悖论，经过长时间的思考，爱因斯坦指出："直到最后，我终于醒悟到时间(指绝对时间，引者注)是可疑的."1905 年，爱因斯坦以相对性原理和光速不变原理为基础，摒弃了牛顿的绝对时空观，把时空和物质的运动相联系，用洛伦兹变换取代伽利略变换，建立了狭义相对论，以上种种疑问统统迎刃而解.与此同时，c 从真空中的光速，上升为真空中一切电磁波的传播速度，再上升为一切物质和信息传播速度的上限，成为标志宇宙特征的一个基本物理常数.

另外，19 世纪末 20 世纪初发现的光电效应(金属在光照射下发出电子)以及 1923 年发现的康普顿效应(X 射线经物质的散射)的种种实验现象用电磁波理论均无法解释.1905 年爱因斯坦提出光是光子流，成功地解释了光电效应，后经发展又成功地解释了康普顿效应.从此，人们认识到光既是电磁波又是光子流.后来，又发现实物粒子也具有波动性，波粒二象性成为微观世界普遍存在的共性.麦克斯韦的电磁场理论是量子电动力学的经典极限.

伟大的物理学家，不仅能够出色地解决各种重大问题，而且善于深入地考察整个物理学大厦赖以支撑的基础,作出关键性的突破.牛顿、麦克斯韦、爱因斯坦就是为数不多的杰出代表.

本章小结

本章的主要内容是麦克斯韦电磁场方程组和电磁波.

电磁场方程组是以对静电场、恒定磁场的研究为基础,着眼于电磁场之间的联系,经过推广和增补,建立的描绘电磁场运动变化规律的方程组.

电磁波是电磁场方程最重要的预言,赫兹的实验为它提供了证明.

电磁场方程组、介质电磁性质方程和洛伦兹力公式构成了完整的经典电磁理论体系.

基本公式

麦克斯韦电磁场方程组(积分形式,微分形式,边界条件)

$$\begin{cases}\oiint \boldsymbol{D}\cdot \mathrm{d}\boldsymbol{S}=q_0,\\ \oint \boldsymbol{E}\cdot \mathrm{d}\boldsymbol{l}=-\iint \dfrac{\partial \boldsymbol{B}}{\partial t}\cdot \mathrm{d}\boldsymbol{S},\\ \oiint \boldsymbol{B}\cdot \mathrm{d}\boldsymbol{S}=0,\\ \oint \boldsymbol{H}\cdot \mathrm{d}\boldsymbol{l}=I_0+\iint \dfrac{\partial \boldsymbol{D}}{\partial t}\cdot \mathrm{d}\boldsymbol{S},\end{cases}\quad \begin{cases}\nabla\cdot \boldsymbol{D}=\rho_0,\\ \nabla\times \boldsymbol{E}=-\dfrac{\partial \boldsymbol{B}}{\partial t},\\ \nabla\cdot \boldsymbol{B}=0,\\ \nabla\times \boldsymbol{H}=\boldsymbol{j}_0+\dfrac{\partial \boldsymbol{D}}{\partial t},\end{cases}\quad \begin{cases}D_{1\mathrm{n}}=D_{2\mathrm{n}},\\ E_{1\mathrm{t}}=E_{2\mathrm{t}},\\ B_{1\mathrm{n}}=B_{2\mathrm{n}},\\ H_{1\mathrm{t}}=H_{2\mathrm{t}}.\end{cases}$$

介质电磁性质(极化、磁化、导电)方程(只适用于线性各向同性介质)

$$\begin{cases}\boldsymbol{D}=\varepsilon_0\varepsilon_{\mathrm{r}}\boldsymbol{E},\\ \boldsymbol{B}=\mu_0\mu_{\mathrm{r}}\boldsymbol{H},\\ \boldsymbol{j}_0=\sigma\boldsymbol{E}.\end{cases}$$

洛伦兹力公式

$$\boldsymbol{F}=q\boldsymbol{E}+q\boldsymbol{v}\times\boldsymbol{B},$$

式中 $\boldsymbol{E}$ 是总电场,即自由电荷 q_0、极化电荷 q' 以及变化磁场 $\dfrac{\partial \boldsymbol{B}}{\partial t}$ 三者产生的电场之和;$\boldsymbol{B}$ 是总磁场,即传导电流 I_0、磁化电流 I_{M}、极化电流 I_{p} 以及变化电场 $\dfrac{\partial \boldsymbol{E}}{\partial t}$ 四者产生的电场之和.式中 $I_{\mathrm{D}}=\iint \dfrac{\partial \boldsymbol{D}}{\partial t}\cdot \mathrm{d}\boldsymbol{S}=\varepsilon_0\iint \dfrac{\partial \boldsymbol{E}}{\partial t}\cdot \mathrm{d}\boldsymbol{S}+\iint \dfrac{\partial \boldsymbol{P}}{\partial t}\cdot \mathrm{d}\boldsymbol{S}=\varepsilon_0\iint \dfrac{\partial \boldsymbol{E}}{\partial t}\cdot \mathrm{d}\boldsymbol{S}+I_{\mathrm{p}}$,$I_{\mathrm{D}}$ 称为位移电流.

电磁波(包括光波)在真空或介质中的传播速度 c,v 为

$$c=\frac{1}{\sqrt{\varepsilon_0\mu_0}},\quad v=\frac{1}{\sqrt{\varepsilon_0\mu_0\varepsilon_{\mathrm{r}}\mu_{\mathrm{r}}}}.$$

介质的折射率 n 与 $\varepsilon_{\mathrm{r}},\mu_{\mathrm{r}}$ 的关系为

$$n=\frac{c}{v}=\sqrt{\varepsilon_r\mu_r}.$$

电磁波的能流密度矢量(坡印亭矢量)$\boldsymbol{S}$,电磁波的动量密度 $\boldsymbol{g}$ 为

$$\boldsymbol{S}=\boldsymbol{E}\times\boldsymbol{H},$$

$$\boldsymbol{g}=\frac{1}{c^2}\boldsymbol{S}=\frac{1}{c^2}(\boldsymbol{E}\times\boldsymbol{H}).$$

习 题

8.1 一平行板电容器的两极板都是半径为 10 cm 的圆导体片,在充电时,其中电场强度的变化率为 $\frac{\mathrm{d}E}{\mathrm{d}t}=1.0\times10^{12}$ V/(m·s).(1) 试求两极板间的位移电流;(2) 试求极板边缘处的磁感应强度.

8.2 加于圆形平行板电容器的交变电场为 $E(t)=E_0\sin\omega t$,设电荷在电容器极板上均匀分布,且边缘效应可忽略.(1) 试求电容器中的位移电流密度表达式;(2) 若 $E_0=720$ V/m,$\omega=10^5\pi$,试求经过 $t=2.1\times10^{-5}$ s,距电容器极板中心连线为 $r=1.0$ cm 处的磁感应强度的大小.

8.3 如图为两个等量异号电荷组成的系统,它在空间形成静电场的电场分布如图所示,当用导线连接这两个异号电荷,使之放电,导线上会产生焦耳热.试定性说明这部分能量从哪里来?并在图上画出能量传递途径.

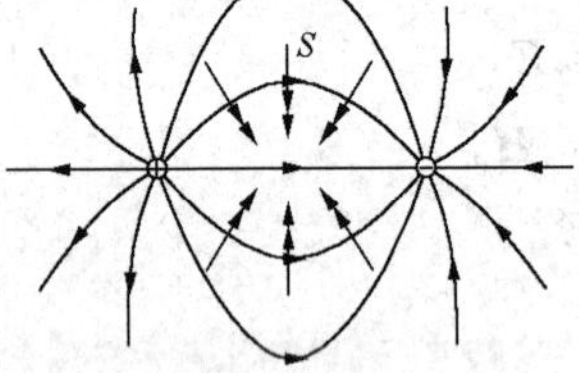

习题 8.3

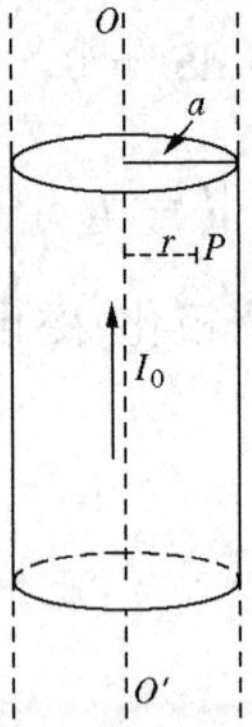

习题 8.4

8.4 如图为一无限长的圆柱形导体,其半径为 a,电阻率为 ρ,载有均分分布的电流 I_0.试求:(1) 导体内与轴线相距为 r 的 P 点的 $\boldsymbol{E}$ 和 $\boldsymbol{H}$ 的大小和方向;(2) P 点的能流密度(坡印亭矢量)$\boldsymbol{S}$ 的大小和方向;(3) 计算长为 L,半径为 r 的导体圆柱体内消耗的能量,说明能量从何而来.

8.5 平行板电容器两极板间充满弱导电的均匀介质,当它充电后,断开电源,电荷便经过介质渐渐漏掉.略去边缘效应,试求漏电时两极板间的磁场.

第九章　匀速运动点电荷的电场与磁场①

物理规律在各惯性系中具有相同的形式称为协变性.关于麦克斯韦电磁场理论是否具有协变性的思考和讨论孕育了爱因斯坦狭义相对论的诞生,而狭义相对论的建立又极大地加深了对电磁场理论的理解和认识.在本书最后一章中,我们首先介绍狭义相对论的基本概念和主要结论,不加推导地给出相关公式,然后据此并结合电磁学的基本实验事实和定律,导出匀速运动点电荷的电场和磁场.这将使本课程关于电场和磁场的公式,终于突破了静止和恒定条件的束缚,不再限于库仑定律和毕萨定律.最后,给出电磁场的相对论变换,它充分体现了电场和磁场的内在统一性和不可分割性,电场和磁场属于同一个实体——电磁场.

§9.1　狭义相对论的基本概念,主要结论和相关公式

1865年建立的麦克斯韦电磁场方程得出,真空中电磁波(包括光波)的传播速度为 $c=1/\sqrt{\varepsilon_0\mu_0}=3\times10^8$ m/s.如果这一结论对惯性系 S 成立,即在 S 系中电磁波沿各方向的传播速度为 $\boldsymbol{c}$,则根据伽利略变换得出的速度变换公式,在相对于 S 系以 $\boldsymbol{v}$ 运动的另一惯性系 S' 中,电磁波沿各方向的传播速度应为$(\boldsymbol{c}+\boldsymbol{v})$,即在 S' 系中电磁波沿各方向的传播速度将有所不同.于是惯性系 S 就成了具有特殊含义的、绝对静止的"绝对惯性系".1881年和1887年迈克耳孙-莫雷实验用光的干涉的方法测量地球相对于绝对惯性系 S 的运动速度,结果为零.这个结果是不能接受的,因为接受它就意味着回到中世纪神学所主张的地球是宇宙的中心,万物都围绕地球旋转的荒谬结论.由此可见,伽利略变换、相对性原理和麦克斯韦电磁场理论三者存在着深刻的不和谐.

爱因斯坦认为,伽利略变换及其赖以建立的绝对时空观是导致上述矛盾的原因,应该予以修正,代之以与相对性原理和麦克斯韦电磁场理论和谐一致的新的时空变换.为此,爱因斯坦提出了狭义相对论的两条基本原理,建立了新的时空观和时空变换关系.

1. 相对性原理:物理定律在一切惯性系中都取相同形式.

2. 光速不变原理:光在真空中的传播速度 c 是一个普适恒量,与光源的速度无关.

根据以上两条原理,爱因斯坦导出了洛伦兹变换,用以取代伽利略变换.洛伦兹变换是同一事件(如两个粒子发生碰撞)在不同惯性系中的时空坐标变换关系式,在狭义相对论中具有基础地位.设两个惯性系 S 系和 S' 系,它们相应的笛卡儿坐标轴彼此平行,S' 系相对于 S 系的速度为 v、沿 x 方向,且当 $t=t'=0$ 时,S' 系和 S 系的坐标原点相重合,则对于 S' 系和 S 系,同一事件时空坐标的洛伦兹变换为

① 参看,贾起民,郑永令,陈暨耀,《电磁学》(第二版),第六章匀速运动电荷的电场与磁场,高等教育出版社,2001年.

$$x' = \frac{x - vt}{\sqrt{1 - \frac{v^2}{c^2}}}, \quad y' = y, \quad z' = z, \quad t' = \frac{t - \frac{v}{c^2}x}{\sqrt{1 - \frac{v^2}{c^2}}}; \tag{9.1a}$$

逆变换为

$$x = \frac{x' + vt'}{\sqrt{1 - \frac{v^2}{c^2}}}, \quad y = y', \quad z = z', \quad t = \frac{t' + \frac{v}{c^2}x'}{\sqrt{1 - \frac{v^2}{c^2}}}. \tag{9.1b}$$

洛伦兹变换是狭义相对论中最基本的关系式,它表明时间和空间具有不可分割的联系.洛伦兹变换指出,v 不可能大于 c,否则式中的分母为虚数,没有意义,因此,真空光速 c 是一个绝对量,是一切物质运动速度的极限,也是一切实在的物理作用传递速度的极限.当 $v \ll c$ 时,洛伦兹变换退化为伽利略变换,经典力学是相对论力学的低速近似.

狭义相对论不仅可以解释经典物理所能解释的全部现象,还提出了许多新的观点,可以解释一些经典物理无法解释的新现象,并预言不少新的效应.

同时性的相对性是狭义相对论中的一个关键性概念,往往容易引起疑惑或误解.如果在某个惯性系看来,异地发生的两个事件是同时的,那么在相对于这一惯性系运动的其他惯性系看来就不再是同时的.因此,在狭义相对论中,同时性概念不再具有绝对的意义,它同惯性系有关,只有相对的意义.不仅如此,在不同惯性系看来,两个异地事件的时间顺序还可能颠倒;但是具有因果联系的两个事件的时间顺序不会发生颠倒.

长度收缩.一根沿其长度方向运动、速度为 v 的杆子的长度 l,比它静止时的长度 l_0 要短些,即

$$l = l_0 \sqrt{1 - \frac{v^2}{c^2}}. \tag{9.2}$$

长度收缩只有在速度较大、可与光速 c 相比拟时,才需要考虑.

时间膨胀.运动时钟的指针"行走"速率比钟静止时的速率要慢些.设静止时钟"行走"的时间为 Δt,则以速度 v 运动的时钟"行走"的时间为

$$\Delta t' = \Delta t \sqrt{1 - \frac{v^2}{c^2}}. \tag{9.3}$$

$\Delta t' < \Delta t$,表明运动的时钟变慢,时间膨胀了.

在狭义相对论中,长度收缩和时间膨胀都不是某种物质过程,而是时空的性质.一切涉及长度的空间尺度都因运动而收缩,一切涉及时间的过程(如分子的振动、粒子的寿命、生命过程等等)都因运动而膨胀,而且收缩和膨胀都是相对的.

速度变换公式.两个相应坐标轴彼此平行的惯性系 S 和 S',S' 系相对于 S 系的速度 v 沿 x 方向,物体在这两个惯性系中的速度变换公式为

$$u_x' = \frac{u_x - v}{1 - \frac{v}{c^2}u_x}, \quad u_y' = \frac{u_y\sqrt{1 - \frac{v^2}{c^2}}}{1 - \frac{v}{c^2}u_x}, \quad u_z' = \frac{u_z\sqrt{1 - \frac{v^2}{c^2}}}{1 - \frac{v}{c^2}u_x}, \tag{9.4}$$

式中(u_x, u_y, u_z)和(u_x', u_y', u_z')分别是物体在 S 系和S'系的速度. 由此式,可得出在某惯性系中的光速 c,变换到另一惯性系中,光速仍为 c,不可能得到超过光速 c 的速度. 当 $u_x \ll c$ 和 $v \ll c$ 时,相对论的速度变换公式退化为伽利略速度变换公式.

质速关系. 与经典力学不同,物体的质量不再是与其运动状态无关的量,它依赖于物体的运动速度 u,为

$$m = \frac{m_0}{\sqrt{1 - \frac{u^2}{c^2}}}, \tag{9.5}$$

式中 m_0 为物体的静止质量. 当物体的速度趋近于光速 c 时,物体的质量趋于无穷大.

质能关系. 狭义相对论最重要的预言之一是物体的能量 E 与质量 m 的关系为

$$E = mc^2, \tag{9.6}$$

与物体静止质量 m_0 相联系的能量 $E_0 = m_0c^2$ 称为物体的静止能量或固有能量. 质能关系是原子能应用的重要理论依据之一.

能量动量关系. 狭义相对论中以速度 $\boldsymbol{u}$ 运动的粒子的动量为

$$\boldsymbol{p} = m\boldsymbol{u} = \frac{m_0}{\sqrt{1 - \frac{v^2}{c^2}}}\boldsymbol{u}. \tag{9.7}$$

能量与动量的关系为

$$E^2 = c^2p^2 + m_0^2c^4. \tag{9.8}$$

在狭义相对论中,牛顿定律 $\boldsymbol{F} = m\boldsymbol{a}$ 不再成立,它在洛伦兹变换下不能保持形式不变,它不满足相对性原理,取代它的力学规律是

$$\boldsymbol{F} = \frac{\mathrm{d}\boldsymbol{p}}{\mathrm{d}t} = \frac{\mathrm{d}}{\mathrm{d}t}(m\boldsymbol{u}), \tag{9.9a}$$

式中 $\boldsymbol{u}$ 是粒子的速度,m 是粒子的质量,$\boldsymbol{p}$ 是粒子的动量. 在 S'系中则有

$$\boldsymbol{F}' = \frac{\mathrm{d}}{\mathrm{d}t}(m'\boldsymbol{u}'). \tag{9.9b}$$

由此可得出狭义相对论中力的变换公式为

$$F_x' = \frac{F_x - \left(\frac{v}{c^2}\right)\boldsymbol{F}\cdot\boldsymbol{u}}{1 - \frac{vu_x}{c^2}}, \quad F_y' = \frac{F_y\sqrt{1 - \frac{v^2}{c^2}}}{1 - \frac{vu_x}{c^2}}, \quad F_z' = \frac{F_z\sqrt{1 - \frac{v^2}{c^2}}}{1 - \frac{vu_x}{c^2}}; \tag{9.10a}$$

其逆变换为

$$F_x=\frac{F'_x+\dfrac{v}{c^2}\boldsymbol{F}'\cdot\boldsymbol{u}'}{1+\dfrac{vu'_x}{c^2}},\quad F_y=\frac{F'_y\sqrt{1-\dfrac{v^2}{c^2}}}{1+\dfrac{vu'_x}{c^2}},\quad F_z=\frac{F'_z\sqrt{1-\dfrac{v^2}{c^2}}}{1+\dfrac{vu'_x}{c^2}},\tag{9.10b}$$

式中 $\boldsymbol{u},\boldsymbol{u}'$分别是粒子相对于 S 系和 S'系的速度，v 为 S'系相对于 S 系的速度.

在狭义相对论中，动量守恒定律、能量守恒定律仍然成立，能量守恒定律中包含了质量守恒.

§9.2　匀速运动点电荷的电场

§9.2.1　狭义相对论与电磁学

狭义相对论从相对性原理和光速不变原理出发，以洛伦兹变换取代伽利略变换，使经典力学在物体速度接近光速时完全失效，与此同时确立了与绝对时空观截然不同的相对论时空观.

然而，电磁学的基本方程——麦克斯韦电磁场方程和洛伦兹力公式，在洛伦兹变换下其形式保持不变，即具有协变性，它们是狭义相对论的电磁规律，所以，电磁学与狭义相对论是和谐一致的. 不仅如此，狭义相对论使我们得以从新的观点认识电磁现象，进一步揭示电现象与磁现象的相互联系和转化.

本章只研究匀速运动点电荷的电场与磁场，当一点电荷相对某一惯性系作匀速直线运动时，它将显示出电和磁两种效应，但变换到另一惯性系，该电荷可能是静止的，它只显示出单纯的电效应. 这表明此类电现象与磁现象之间的差别与惯性系的选择有关，只具有相对的意义. 但是，如果电荷作加速运动，则与之相联系的电磁现象就不能通过参考系的变化使之变成单纯的电现象，因为不可能通过惯性系的变换把加速运动的电荷变成静止的电荷. 然而，有一点可以肯定，即在不同惯性系观测与电荷的加速运动相联系的电磁现象，其结果仍与相对论的基本原理一致.

在用狭义相对论说明电现象、磁现象以及其间的联系时，除了相关的概念和结论外，还必须把以下实验事实作为我们的出发点和根据.

第一，电荷的相对论不变性，即一个体系内部的总电量不因其中带电体的运动而改变. 换言之，对于从一个参考系到另一个参考系的变换来说，电量是个不变量. 例如，氢原子是严格电中性的，20 世纪 60 年代报道的实验结果为，其中电子电量与质子电量(绝对值)几乎完全相同，两者的差别小于 $10^{-20}|e|$，但电子与质子的运动状态显著不同，电子的速率约为$(0.01\sim0.02)c$，质子的速率则小得多. 例如，铯原子内 K 壳层电子的速率为 $0.4c$，质子和中子的速率为$(0.2\sim0.3)c$，但运动状态的不同并未使原子和分子的电中性产生可观测的偏离. 例如，任何物体在加热和冷却时，电子速度比带正电的原子核的速度更易受到影响，但电中性物体总是能精确地保持宏观上的电中性.

第二，相对于给定惯性系都处于静止状态的电荷之间的相互作用力服从库仑定律，即

$\boldsymbol{F}_E=\frac{1}{4\pi\varepsilon_0}\frac{qq_0}{r^2}\hat{\boldsymbol{r}}=q_0\boldsymbol{E}$，其中 $\boldsymbol{E}$ 是静止源电荷 q 产生的静电场的场强，这是静止源电荷 q 对静止检测电荷 q_0 的作用力的规律，是实验结果. 应该指出，这一结果也适用于静止源电荷 q 产生的电场对运动检测电荷 q_0 的作用，它并不包括在库仑定律之中，只能看作是实验事实.

第三，磁场 $\boldsymbol{B}$ 对以 $\boldsymbol{u}$ 运动的点电荷 q_0 的作用力为 $\boldsymbol{F}_B=q_0\boldsymbol{u}\times\boldsymbol{B}$，此即洛伦兹力公式，也是实验规律.

§9.2.2 匀速运动点电荷对静止检测点电荷的作用力

怎样导出匀速运动点电荷(源电荷) q 对静止检测点电荷 q_0 的作用力公式，即怎样导出匀速运动点电荷 q 的场强公式呢？如上所述，运动的源电荷 q 对静止的检测电荷 q_0 的作用力，与源电荷的运动有关，不遵守库仑定律. 但若源电荷 q 在 S 系中作匀速直线运动，则可选择另一惯性系 S'系，使源电荷 q 在 S'系中静止，检测电荷 q_0 在 S'系中运动，于是在 S'系中可用库仑定律计算静止的源电荷 q 对运动的检测电荷 q_0 的作用力. 然后，利用狭义相对论的力的变换公式，从 S'系变换到 S 系，便可得出在 S 系中匀速运动的源电荷 q 对静止的检测电荷 q_0 的作用力 $\boldsymbol{F}$，再由 $\boldsymbol{F}=q_0\boldsymbol{E}$ 得出匀速运动点电荷 q 的场强 $\boldsymbol{E}$ 的公式. 下面，由简到繁，先讨论简单的情形，再加以推广.

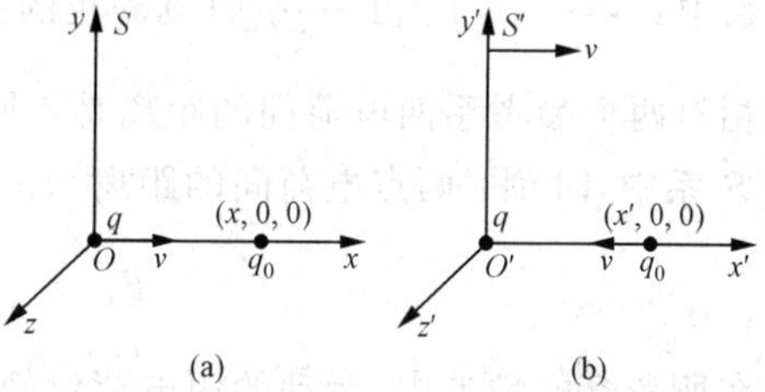

图 9.1 在 S 系中，位于原点 O 的以 v 运动的源电荷 q 与位于 x 轴上的静止的检测电荷 q_0，转换到 S' 系，则为静止于原点 O' 的源电荷 q 与位于 x' 轴上的以 v 运动的检测电荷 q_0

第一种简单情形. 如图 9.1，设在 S 系中，源电荷 q 以恒定速度 v 沿 x 轴运动，$t=0$ 时经原点，即 q 的时空坐标 (x,y,z,t) 为 q：$(0,0,0,0)$. 设在 S 系中，检测电荷 q_0 静止，位于 x 轴上，即 q_0：$(x,0,0,0)$. 取 S'系，S'系相对 S 系以速度 v 沿 x 轴运动，在 S'系中，q 静止，q_0 运动. 由洛伦兹变换 (9.1a) 式，得出 q 与 q_0 在 S' 系中的时空坐标 (x',y',z',t') 为

$$q:(0,0,0,0),$$

$$q_0:\left(x'=\frac{x}{\sqrt{1-\frac{v^2}{c^2}}},y'=0,z'=0,t'=-\frac{\frac{v}{c^2}x}{\sqrt{1-\frac{v^2}{c^2}}}\right).$$

若在 S'系中，q 与 q_0 相距 r'，则由库仑定律，静止的源电荷 q 对运动的检测电荷 q_0 的作用力为

$$F'=\frac{1}{4\pi\varepsilon_0}\frac{qq_0}{r'^2}.$$

相对于 S 系，q 经坐标原点和 q_0 位于 $x=x$ 都发生在 $t=0$ 时刻，属于同时发生的两件事，故 q 与 q_0 之间的距离为 $r=x$. 相对于 S'系，q 位于原点发生在 $t'=0$ 时刻，而 q_0 经过 $x'=x$ 发生在时刻

$$t' = \frac{-vx/c^2}{\sqrt{1-\frac{v^2}{c^2}}},$$

因此两事件并非同时发生. 但因 q 在 S' 系静止，不仅在 $t'=0$ 时刻且在任何其它时刻均位于原点，故在 S' 系中，在 $t'=-\frac{vx}{c^2}\Big/\sqrt{1-\frac{v^2}{c^2}}$ 时刻，q 与 q_0 的距离为 $r'=x'$，q 对 q_0 的作用力为

$$F'_x = \frac{1}{4\pi\varepsilon_0}\frac{qq_0}{x'^2}, \quad F'_y = 0, \quad F'_z = 0.$$

现在，根据狭义相对论的力的变换公式(9.10b)式，把 S' 系中的作用力变换到 S 系，因 $F'_y=0, F'_z=0$，检测电荷 q_0 在 S' 系中的速度 $u'_x=-v, u'_y=0, u'_z=0$，得

$$F_x = F'_x = \frac{1}{4\pi\varepsilon_0}\frac{qq_0}{x'^2}, \quad F_y = F'_y = 0, \quad F_z = F'_z = 0.$$

在此简单情形中，在 S 系中 $t=0$ 时刻运动的源电荷 q 对静止的检测电荷 q_0 的作用力，与在 S' 系中 $t'=-\frac{vx}{c^2}\Big/\sqrt{1-\frac{v^2}{c^2}}$ 时刻静止的源电荷 q 对运动的检测电荷 q_0 的作用力是相等的，但相对两个参考系两电荷间的距离是不同的. 在 S 系中，时刻 $t=0$ 两点电荷的距离为 x，而在 S' 系中，时刻 t' 两点电荷间的距离为 x'，$x'>x$，把 x' 换成 x，在 S 系内 q 对 q_0 的作用力为

$$F_x = \frac{1}{4\pi\varepsilon_0}\frac{qq_0}{x^2}\left(1-\frac{v^2}{c^2}\right), \tag{9.11}$$

即在所考察的情形中，运动的源电荷对静止的检测电荷的作用力小于静止的源电荷对检测电荷的作用力，运动的源电荷对检测电荷的作用力不服从库仑定律，不论源电荷是向着检测电荷运动还是背离检测电荷运动，(9.11)式都成立.

第二种简单情形. 如图 9.2，源电荷 q 仍以速度 v 相对 S 系沿 x 轴运动，在 $t=0$ 时刻经过原点. 但检测电荷 q_0 静止在 y 轴上，其空间坐标为 $(0,y,0)$，在 S 系中，q 与 q_0 的时空坐标分别为 q：$(0,0,0,0)$ 和 q_0：$(0,y,0,0)$. 取 S' 系跟随源电荷 q 一起运动，故相对 S' 系，源电荷 q 是静止的，检测电荷 q_0 是运动的，它们的时空坐标分别为 q：$(0,0,0,0)$ 和 q_0：$(0,y',0,0)$，其中 $y'=y$. 在 S' 系中，静止的源电荷 q 对运动的检测电荷 q_0 的作用力可由库仑定律求得，为

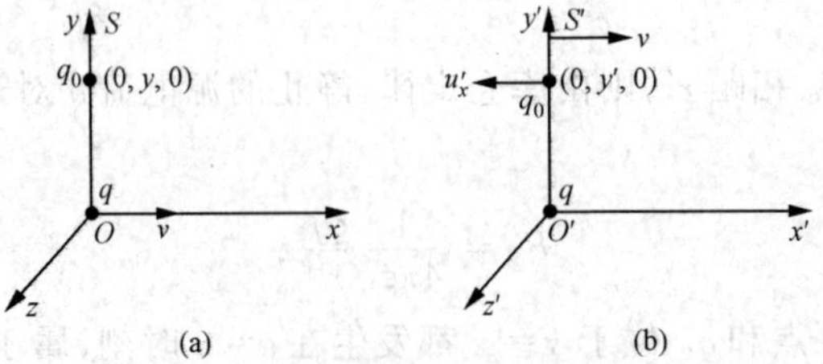

图 9.2　在 S 系中，位于原点 O 的以 v 运动的源电荷 q 与位于 y 轴上的静止的检测电荷 q_0，转换到 S' 系则为位于原点 O 的静止的源电荷 q 与位于 y' 轴上的运动的检测电荷 q_0

$$F'_x = 0, \quad F'_y = \frac{1}{4\pi\varepsilon_0}\frac{qq_0}{y'^2}, \quad F'_z = 0.$$

根据狭义相对论的力的变换公式(9.10b)式，把 S' 系中的作用力变换到 S 系，因 $F'_x=0$，$F'_z=0$，检测电荷 q_0 在 S' 系的运动速度 $u'_x=-v$，$u'_y=0$，$u'_z=0$，得

$$F_x = 0, \quad F_y = \frac{\sqrt{1-\frac{v^2}{c^2}}}{1-\frac{v^2}{c^2}}F'_y = \frac{1}{4\pi\varepsilon_0}\frac{qq_0}{y'^2}\frac{1}{\sqrt{1-\frac{v^2}{c^2}}}, \quad F_z = 0.$$

由于 $y'=y$，在 S 系内运动的源电荷 q 对静止的检测电荷 q_0 的作用力为

$$F_y = \frac{1}{4\pi\varepsilon_0}\frac{qq_0}{y^2}\frac{1}{\sqrt{1-\frac{v^2}{c^2}}}. \quad (9.12)$$

上式表明，当源电荷 q 以速度 v 沿 x 轴运动时，静止在 y 轴上的检测电荷 q_0 受到的作用力大于源电荷 q 静止时所受到的作用力.

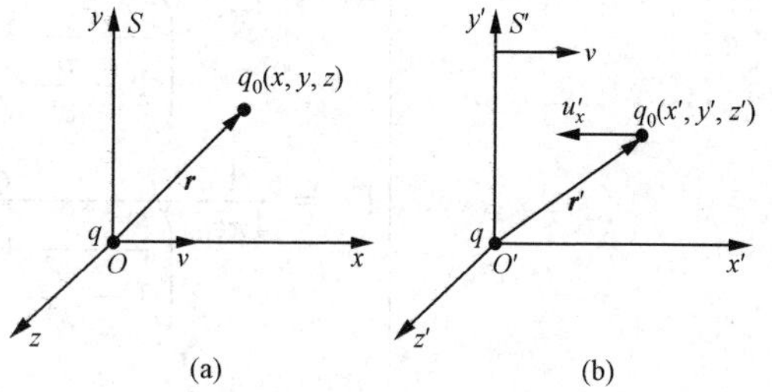

图 9.3 在 S 系中，位于原点 O 的以 v 运动的源电荷 q 与位于任意位置的静止的检测电荷 q_0，转换到 S' 系，则为位于原点的静止的源电荷 q 与位于任意位置的运动的检测电荷 q_0

一般情形. 如图 9.3，源电荷 q 以速度 v 相对 S 系沿 x 轴运动，检测电荷 q_0 静止在空间任一点，其空间坐标为(x,y,z). 根据洛伦兹变换(9.1a)式，在 S' 系中 q 和 q_0 的时空坐标分别为

$$q:\ x'=0, \quad y'=0, \quad z'=0, \quad t'=0,$$

$$q_0:\ x'=\frac{x}{\sqrt{1-\frac{v^2}{c^2}}}, \quad y'=y, \quad z'=z, \quad t'=-\frac{vx}{c^2}\Big/\sqrt{1-\frac{v^2}{c^2}}.$$

在 S' 系中，静止的源电荷 q 在 $t'=-\frac{vx}{c^2}\Big/\sqrt{1-\frac{v^2}{c^2}}$ 时刻对运动的检测电荷 q_0 的作用力可由库仑定律求得，它的三个分量分别为

$$F'_x = \frac{1}{4\pi\varepsilon_0}\frac{qq_0}{r'^3}x', \quad F'_y = \frac{1}{4\pi\varepsilon_0}\frac{qq_0}{r'^3}y', \quad F'_z = \frac{1}{4\pi\varepsilon_0}\frac{qq_0}{r'^3}z',$$

式中

$$\boldsymbol{r}' = x'\boldsymbol{i} + y'\boldsymbol{j} + z'\boldsymbol{k}.$$

由力的变换公式(9.10b)式，注意到检测电荷 q_0 在 S' 系的运动速度 $u'_x=-v$，$u'_y=0$，$u'_z=0$，有

$$\begin{cases} F_x = F'_x = \dfrac{1}{4\pi\varepsilon_0}\dfrac{qq_0}{r'^3}x', \\ F_y = \dfrac{1}{\sqrt{1-\dfrac{v^2}{c^2}}}F'_y = \dfrac{1}{4\pi\varepsilon_0}\dfrac{qq_0}{r'^3}\dfrac{y'}{\sqrt{1-\dfrac{v^2}{c^2}}}, \\ F_z = \dfrac{1}{\sqrt{1-\dfrac{v^2}{c^2}}}F'_z = \dfrac{1}{4\pi\varepsilon_0}\dfrac{qq_0}{r'^3}\dfrac{z'}{\sqrt{1-\dfrac{v^2}{c^2}}}. \end{cases}$$

把以上各式中的 S' 系中的坐标换成 S 系中的坐标,得

$$\begin{cases} F_x = \dfrac{1}{4\pi\varepsilon_0}\dfrac{qq_0}{\left(\dfrac{x^2}{1-\dfrac{v^2}{c^2}}+y^2+z^2\right)^{3/2}}\dfrac{x}{\sqrt{1-\dfrac{v^2}{c^2}}}, \\ F_y = \dfrac{1}{4\pi\varepsilon_0}\dfrac{qq_0}{\left(\dfrac{x^2}{1-\dfrac{v^2}{c^2}}+y^2+z^2\right)^{3/2}}\dfrac{y}{\sqrt{1-\dfrac{v^2}{c^2}}}, \\ F_z = \dfrac{1}{4\pi\varepsilon_0}\dfrac{qq_0}{\left(\dfrac{x^2}{1-\dfrac{v^2}{c^2}}+y^2+z^2\right)^{3/2}}\dfrac{z}{\sqrt{1-\dfrac{v^2}{c^2}}}; \end{cases} \tag{9.13a}$$

写成矢量形式,为

$$\boldsymbol{F} = \frac{1}{4\pi\varepsilon_0}\frac{qq_0\boldsymbol{r}}{\left(\dfrac{x^2}{1-\dfrac{v^2}{c^2}}+y^2+z^2\right)^{3/2}\sqrt{1-\dfrac{v^2}{c^2}}}. \tag{9.13b}$$

这就是以 $\boldsymbol{v}$ 匀速运动的源电荷 q 对在任意位置 $\boldsymbol{r}(x,y,z)$ 处的静止检测电荷 q_0 的作用力表达式,$\boldsymbol{r}$ 是由 q 指向 q_0 的径矢.显然,它与库仑定律不同,但作用力的方向仍沿该时刻源电荷 q 与检测电荷 q_0 的连线.若源电荷 q 的运动速度 v 比光速 c 小得多,即 $\left(1-\dfrac{v^2}{c^2}\right)\approx 1$,则上式便过渡到库仑定律.

§9.2.3 匀速运动点电荷的电场

由(9.13b)式,因 $\boldsymbol{F}_E=q_0\boldsymbol{E}$,故以速度 $\boldsymbol{v}$ 匀速运动的源电荷 q 在任意位置 $\boldsymbol{r}(x,y,z)$ 处的场强 $\boldsymbol{E}$ 为

$$\boldsymbol{E} = \frac{1}{4\pi\varepsilon_0}\frac{q}{\left(\dfrac{x^2}{1-v^2/c^2}+y^2+z^2\right)^{3/2}}\frac{\boldsymbol{r}}{\sqrt{1-\dfrac{v^2}{c^2}}}. \tag{9.14a}$$

为了比较清楚地看出匀速运动点电荷的电场在空间分布的特点,把上式改换成另一种形式.因

$$\frac{x^2}{1-\frac{v^2}{c^2}}+y^2+z^2=\frac{x^2+y^2+z^2-(y^2+z^2)\frac{v^2}{c^2}}{1-\frac{v^2}{c^2}}=r^2\frac{1-\frac{y^2+z^2}{r^2}\frac{v^2}{c^2}}{1-\frac{v^2}{c^2}},$$

代入，得

$$\boldsymbol{E}=\frac{1}{4\pi\varepsilon_0}\frac{q}{r^3}\frac{\left(1-\frac{v^2}{c^2}\right)}{\left(1-\frac{y^2+z^2}{r^2}\frac{v^2}{c^2}\right)^{3/2}}\boldsymbol{r}.$$

如图 9.4，考察点 $P(x,y,z)$ 与源点荷 q 相距为 $\boldsymbol{r}$，q 以 v 沿 x 轴匀速运动，用 θ 表示 $\boldsymbol{r}$ 与 $\boldsymbol{v}$ 的夹角，则有 $r\sin\theta=\sqrt{y^2+z^2}$，代入上式，得

$$\boldsymbol{E}=\frac{1}{4\pi\varepsilon_0}\frac{\left(1-\frac{v^2}{c^2}\right)}{r^3\left(1-\frac{v^2}{c^2}\sin^2\theta\right)^{3/2}}q\boldsymbol{r},\tag{9.14b}$$

上式表明，在匀速运动点电荷 q 产生的电场中，各点的场强方向均沿以 q 为中心的径向方向，各点的场强大小与 θ 有关，并非各向同性. 当 r 一定时，在电荷运动的方向即 $\boldsymbol{v}$ 的方向，$\theta=0$，场强最小；在垂直于电荷运动的方向，$\theta=\frac{\pi}{2}$，场强最大. 所以，匀速运动点电荷的电场线并非球对称，沿着运动方向，电场线分布比较稀疏，垂直运动方向，电场线分布比较密集，如图 9.5 所示.

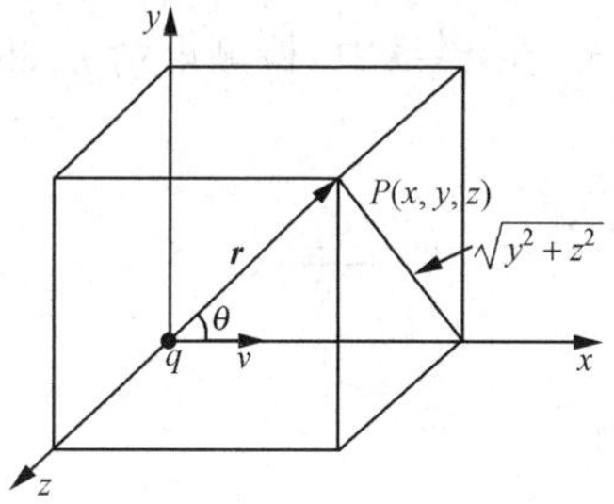

图 9.4　$\sqrt{y^2+z^2}$ 与 r 的关系

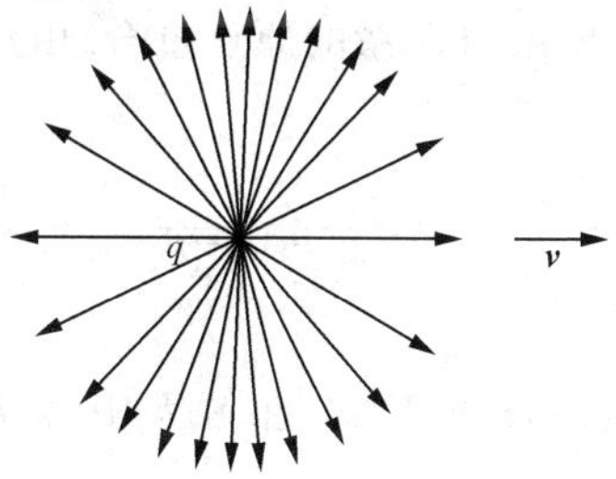

图 9.5　匀速运动点电荷的电场的电场线

§9.3　匀速运动点电荷的磁场

§9.3.1　两运动点电荷之间的作用力

当源电荷(点电荷)与检测电荷(点电荷)都运动时，两点电荷之间既有电力作用又有磁力作用，比较复杂. 但若源电荷在 S 系中以 $\boldsymbol{v}$ 作匀速直线运动，则总能找到另一个惯性系 S' 系，使源电荷在 S' 系中静止，于是不管检测电荷在 S' 系中如何运动，都可以在 S' 系中用库仑定律求出静止的源电荷对运动的检测电荷的作用力. 然后，利用狭义相对论的力的变换公

式，从 S' 系变换到 S 系，便可得出在 S 系中以 $\boldsymbol{v}$ 匀速运动的源电荷对以 $\boldsymbol{u}$ 运动的检测电荷的作用力 $\boldsymbol{F}$. 以上做法与§9.2.2类似. 然而，不难设想，与§9.2.2有所不同，$\boldsymbol{F}$ 的表达式应由两部分组成，其中一部分与检测电荷 q_0 的速度 $\boldsymbol{u}$ 无关，它对应于以 $\boldsymbol{v}$ 匀速运动的源电荷 q 作用于运动的检测电荷 q_0 的电场力 $\boldsymbol{F}_E$；另一部分与检测电荷 q_0 的速度 $\boldsymbol{u}$ 有关，它对应于以 $\boldsymbol{v}$ 匀速运动的源电荷 q 作用于以 $\boldsymbol{u}$ 运动的检测电荷 q_0 的磁场力 $\boldsymbol{F}_B$. 由 $\boldsymbol{F}_E=q_0\boldsymbol{E}$，可得出以 $\boldsymbol{v}$ 匀速运动的源电荷 q 产生的电场的场强 $\boldsymbol{E}$ 的公式，此应即为(9.14b)式. 再由洛伦兹力公式 $\boldsymbol{F}_B=q_0\boldsymbol{u}\times\boldsymbol{B}$，可得出以 $\boldsymbol{v}$ 匀速运动的源电荷 q 产生的磁场的磁感应强度 $\boldsymbol{B}$ 的公式，这就是本节的主要结果.

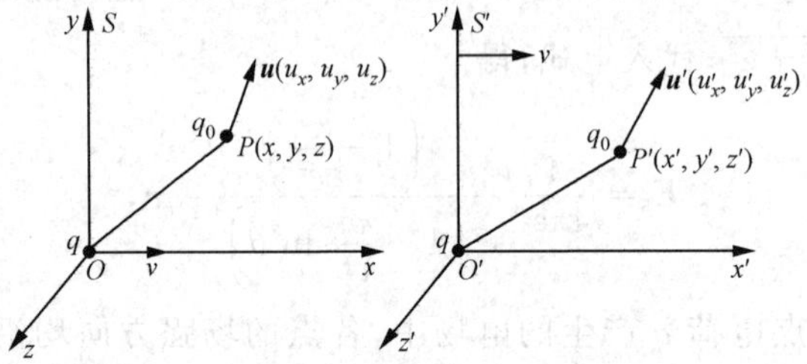

图 9.6 在 S 系中位于原点 O 的以 v 运动的源电荷 q 和位于 P 点的以 u 运动的检测电荷 q_0，在 S' 系中则为静止在原点 O' 的源电荷 q 和位于相应位置的运动的检测电荷 q_0

如图 9.6，设在 S 系中，源电荷 q 沿 x 轴以速度 v 匀速运动，$t=0$ 时刻经过坐标原点，检测电荷 q_0 以速度 $\boldsymbol{u}$ 运动，$t=0$ 时刻位于 $P(x,y,z)$ 点. 设在 S' 系中，源电荷 q 静止，在 $t=t'=0$ 时刻，S' 系与 S 系的原点重合. 由洛伦兹变换(9.1a)式，在 S' 系中，检测电荷 q_0 的时空坐标为

$$x'=\frac{x}{\sqrt{1-\frac{v^2}{c^2}}},\quad y'=y,\quad z'=z,\quad t'=-\frac{vx/c^2}{\sqrt{1-\frac{v^2}{c^2}}}.$$

由速度变换公式(9.4)式，在 S' 系中，检测电荷 q_0 的速度为

$$u'_x=\frac{u_x-v}{1-\frac{vu_x}{c^2}},\quad u'_y=\frac{u_y\sqrt{1-\frac{v^2}{c^2}}}{1-\frac{vu_x}{c^2}},\quad u'_z=\frac{u_z\sqrt{1-\frac{v^2}{c^2}}}{1-\frac{vu_x}{c^2}}.$$

由库仑定律，在时刻 $t'=-\frac{vx}{c^2}\Big/\sqrt{1-\frac{v^2}{c^2}}$，静止的源电荷 q 对运动的检测电荷 q_0 的作用力为

$$\boldsymbol{F}'=\frac{1}{4\pi\varepsilon_0}\frac{qq_0}{r'^3}\boldsymbol{r}',$$

式中 $\boldsymbol{r}'$ 为此时刻由源电荷 q 指向检测电荷 q_0 的径矢，即

$$\boldsymbol{r}'=x'\boldsymbol{i}+y'\boldsymbol{j}+z'\boldsymbol{k}.$$

$\boldsymbol{F}'$ 的三个分量为

$$F_x' = \frac{1}{4\pi\varepsilon_0}\frac{qq_0}{r'^3}x',\quad F_y' = \frac{1}{4\pi\varepsilon_0}\frac{qq_0}{r'^3}y',\quad F_z' = \frac{1}{4\pi\varepsilon_0}\frac{qq_0}{r'^3}z'.$$

由力的变换公式(9.10b)式，从 S'系变换到 S 系，在 $t=0$ 时刻，源电荷 q 对检测电荷 q_0 的作用力为

$$F_x = \frac{F_x' + \frac{v}{c^2}\boldsymbol{u}'\cdot\boldsymbol{F}'}{1+\frac{vu_x'}{c^2}} = F_x' + \frac{\frac{v}{c^2}(u_y'F_y' + u_z'F_z')}{1+\frac{vu_x'}{c^2}} = \frac{1}{4\pi\varepsilon_0}\frac{qq_0}{r'^3}\left\{x' + \frac{\frac{v}{c^2}(y'u_y' + z'u_z')}{1+\frac{vu_x'}{c^2}}\right\}.$$

把式中相对 S'系的坐标和速度变换成相对 S 系的坐标和速度，并利用

$$r' = \sqrt{x'^2+y'^2+z'^2} = \sqrt{x^2+y^2+z^2}\,\frac{\sqrt{1-\frac{v^2}{c^2}\sin^2\theta}}{\sqrt{1-\frac{v^2}{c^2}}} = \frac{r\sqrt{1-\frac{v^2}{c^2}\sin^2\theta}}{\sqrt{1-\frac{v^2}{c^2}}},$$

$$r\sin\theta = \sqrt{y^2+z^2},$$

其中 r 为 S 系中源电荷 q 与检测电荷 q_0 的距离，θ 为 $\boldsymbol{r}$ 方向与 $\boldsymbol{v}$ 方向的夹角，即 $r\sin\theta=\sqrt{y^2+z^2}$，见图 9.4，得

$$F_x = \frac{1}{4\pi\varepsilon_0}\frac{qq_0}{r^3}\frac{\left(1-\frac{v^2}{c^2}\right)}{\left(1-\frac{v^2}{c^2}\sin^2\theta\right)^{3/2}}\left[x + \frac{v}{c^2}(yu_y + zu_z)\right].$$

类似的运算得到

$$F_y = \frac{1}{4\pi\varepsilon_0}\frac{qq_0}{r^3}\frac{\left(1-\frac{v^2}{c^2}\right)}{\left(1-\frac{v^2}{c^2}\sin^2\theta\right)^{3/2}}y\left(1-\frac{vu_x}{c^2}\right),$$

$$F_z = \frac{1}{4\pi\varepsilon_0}\frac{qq_0}{r^3}\frac{\left(1-\frac{v^2}{c^2}\right)}{\left(1-\frac{v^2}{c^2}\sin^2\theta\right)^{3/2}}z\left(1-\frac{vu_x}{c^2}\right).$$

合力为

$$\boldsymbol{F} = F_x\boldsymbol{i} + F_y\boldsymbol{j} + F_z\boldsymbol{k} = \frac{1}{4\pi\varepsilon_0}\frac{qq_0}{r^3}\frac{\left(1-\frac{v^2}{c^2}\right)}{\left(1-\frac{v^2}{c^2}\sin^2\theta\right)^{3/2}}\left\{\boldsymbol{r} + \frac{v}{c^2}[(yu_y+zu_z)\boldsymbol{i} - u_xy\boldsymbol{j} - u_xz\boldsymbol{k}]\right\}.$$

这就是在 S 系中以 $\boldsymbol{v}$ 匀速运动的源电荷 q 对以 $\boldsymbol{u}$ 运动的检测电荷 q_0 的作用力 $\boldsymbol{F}$. 可以看出，$\boldsymbol{F}$ 由两部分组成，其中一部分与检测电荷 q_0 的速度 $\boldsymbol{u}$ 无关，方向沿 $\boldsymbol{r}$，它对应于以 $\boldsymbol{v}$ 匀速运动的源电荷 q 作用于检测电荷 q_0 的电场力 $\boldsymbol{F}_E$，即

$$\boldsymbol{F}_E = \frac{1}{4\pi\varepsilon_0}\frac{qq_0}{r^3}\frac{\left(1-\frac{v^2}{c^2}\right)}{\left(1-\frac{v^2}{c^2}\sin^2\theta\right)^{3/2}}\boldsymbol{r}.$$

正如所料,此即(9.14b)式.

另一部分与检测电荷 q_0 的速度 $\boldsymbol{u}$ 有关,它对应于以 $\boldsymbol{v}$ 运动的源电荷 q 作用于以 $\boldsymbol{u}$ 运动的检测电荷 q_0 的磁场力 $\boldsymbol{F}_B$,即

$$\boldsymbol{F}_B=\frac{1}{4\pi\varepsilon_0}\frac{qq_0}{r^3}\frac{\left(1-\frac{v^2}{c^2}\right)}{\left(1-\frac{v^2}{c^2}\sin^2\theta\right)^{3/2}}\left[\frac{v}{c^2}(yu_y+zu_z)\boldsymbol{i}-u_xy\boldsymbol{j}-u_xz\boldsymbol{k}\right]$$

$$=\frac{1}{4\pi\varepsilon_0}\frac{qq_0}{r^3}\frac{\left(1-\frac{v^2}{c^2}\right)}{\left(1-\frac{v^2}{c^2}\sin^2\theta\right)^{3/2}}\left[\frac{1}{c^2}\boldsymbol{u}\times(\boldsymbol{v}\times\boldsymbol{r})\right]. \tag{9.15}$$

§9.3.2 匀速运动点电荷的磁场

磁场 $\boldsymbol{B}$ 对以 $\boldsymbol{u}$ 运动的电荷 q_0 的作用力——洛伦兹力为

$$\boldsymbol{F}_B=q_0\boldsymbol{u}\times\boldsymbol{B},$$

与(9.15)式比较,即可得出以 $\boldsymbol{v}$ 匀速运动的点电荷 q 产生的磁场的磁感应强度 $\boldsymbol{B}$ 为

$$\boldsymbol{B}=\frac{1}{4\pi\varepsilon_0}\frac{1}{r^3c^2}\frac{\left(1-\frac{v^2}{c^2}\right)}{\left(1-\frac{v^2}{c^2}\sin^2\theta\right)^{3/2}}(q\boldsymbol{v}\times\boldsymbol{r}).$$

把真空光速 $c=1/\sqrt{\varepsilon_0\mu_0}$ 代入,得

$$\boldsymbol{B}=\frac{\mu_0}{4\pi}\frac{\left(1-\frac{v^2}{c^2}\right)}{r^3\left(1-\frac{v^2}{c^2}\sin^2\theta\right)^{3/2}}(q\boldsymbol{v}\times\boldsymbol{r}). \tag{9.16}$$

当 $\frac{v}{c}\to 0$ 时,(9.16)式与毕奥-萨伐尔定律(4.1)式的结果一致(以 $q\boldsymbol{v}$ 取代 $I\mathrm{d}\boldsymbol{l}$). 把(9.16)式与(9.14b)式比较,得出运动电荷产生的电场 $\boldsymbol{E}$ 与磁场 $\boldsymbol{B}$ 之间的关系为

$$\boldsymbol{B}=\frac{\boldsymbol{v}}{c^2}\times\boldsymbol{E}. \tag{9.17}$$

上式表明,磁感应强度 $\boldsymbol{B}$ 既垂直于点电荷运动的速度 $\boldsymbol{v}$,又垂直于它产生的电场的电场强度 $\boldsymbol{E}$. 运动点电荷的电场线是从源电荷出发的沿径向的直线,磁感应线是位于垂直于源电荷运动方向的平面内的同心圆,如图 9.7 所示.

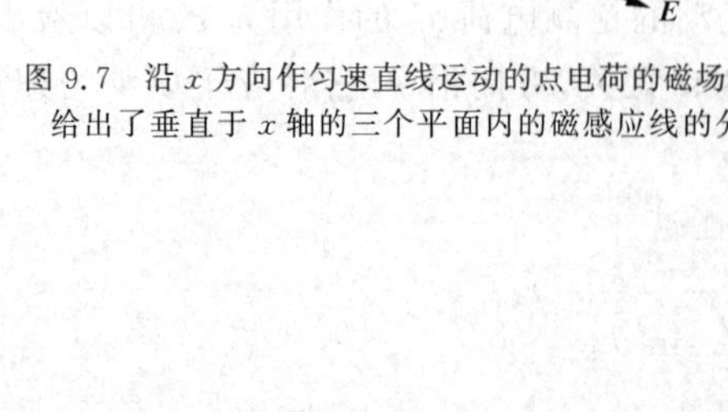

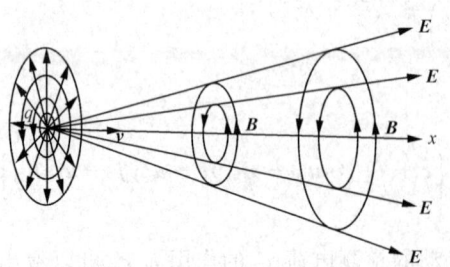

图 9.7 沿 x 方向作匀速直线运动的点电荷的磁场,图中给出了垂直于 x 轴的三个平面内的磁感应线的分布

§9.4　电场与磁场的相对论变换

根据狭义相对论以及电磁学的基本实验事实,可以证明,若惯性系 S'系相对于惯性系 S 系以速度 v 沿 x 轴运动,若在 S 系中、在(x,y,z)点、在 t 时刻的电场和磁场为(E_x,E_y,E_z)和(B_x,B_y,B_z),若在 S'系中、在(x',y',z')点、在 t'时刻的电场和磁场为(E'_x,E'_y,E'_z)和(B'_x,B'_y,B'_z),则把 S 系和 S'系中的电磁场联系起来的电磁场的相对论变换公式为

$$\begin{cases} E'_x = E_x, \quad E'_y = \dfrac{E_y - vB_z}{\sqrt{1-\dfrac{v^2}{c^2}}}, \quad E'_z = \dfrac{E_z + vB_y}{\sqrt{1-\dfrac{v^2}{c^2}}}, \\ B'_x = B_x, \quad B'_y = \dfrac{B_y + \dfrac{vE_z}{c^2}}{\sqrt{1-\dfrac{v^2}{c^2}}}, \quad B'_z = \dfrac{B_z - \dfrac{vE_y}{c^2}}{\sqrt{1-\dfrac{v^2}{c^2}}}; \end{cases} \tag{9.18a}$$

其逆变换是

$$\begin{cases} E_x = E'_x, \quad E_y = \dfrac{E'_y + vB'_z}{\sqrt{1-\dfrac{v^2}{c^2}}}, \quad E_z = \dfrac{E'_z - vB'_y}{\sqrt{1-\dfrac{v^2}{c^2}}}, \\ B_x = B'_x, \quad B_y = \dfrac{B'_y - \dfrac{vE'_z}{c^2}}{\sqrt{1-\dfrac{v^2}{c^2}}}, \quad B_z = \dfrac{B'_z + \dfrac{vE'_y}{c^2}}{\sqrt{1-\dfrac{v^2}{c^2}}}, \end{cases} \tag{9.18b}$$

式中时空坐标(x,y,z,t)与(x',y',z',t')由洛伦兹变换相联系.

电磁场的相对论变换,给出了两个不同惯性系之间电场与磁场的变换关系.(9.18)式表明,这种变换是交叉变换,即 S'系中的电场既与 S 系中的电场有关,也与 S 系中的磁场有关;S'系中的磁场既与 S 系中的磁场有关,也与 S 系中的电场有关,从而充分体现了电场与磁场的内在统一性和不可分割性,电场与磁场属于同一个实体——电磁场.在某一惯性系可以把电磁场分解为某种电场和磁场,在另一惯性系中又可以把它分解为另一种电场和磁场,甚至只有电场或只有磁场,曾经因变换引起的种种令人困惑不解的现象和问题终于得到了解释.

本 章 小 结

电磁学的基本方程——麦克斯韦电磁场方程和洛伦兹力公式,在洛伦兹变换下其形式不变,即具有协变性,电磁学和狭义相对论是和谐一致的.

根据电荷的相对论不变性、库仑定律和洛伦兹力公式以及狭义相对论的基本公式,导出以 v 沿 x 轴匀速运动的点电荷 q 在相距 $\boldsymbol{r}(x,y,z)$处的电场强度 $\boldsymbol{E}$ 和磁感应强度 $\boldsymbol{B}$ 为

$$\boldsymbol{E}=\frac{1}{4\pi\varepsilon_0}\frac{\left(1-\frac{v^2}{c^2}\right)}{r^3\left(1-\frac{v^2}{c^2}\sin^2\theta\right)^{3/2}}q\boldsymbol{r},$$

$$\boldsymbol{B}=\frac{\mu_0}{4\pi}\frac{\left(1-\frac{v^2}{c^2}\right)}{r^3\left(1-\frac{v^2}{c^2}\sin^2\theta\right)^{3/2}}q\boldsymbol{v}\times\boldsymbol{r},$$

式中 θ 是 $\boldsymbol{r}$ 与 $\boldsymbol{v}$ 的夹角，$r\sin\theta=\sqrt{y^2+z^2}$. $\boldsymbol{E}$ 和 $\boldsymbol{B}$ 的关系为

$$\boldsymbol{B}=\frac{\boldsymbol{v}}{c^2}\times\boldsymbol{E}.$$

电磁场的相对论变换公式为

$$\begin{cases}E'_x=E_x,\quad E'_y=\dfrac{E_y-vB_z}{\sqrt{1-\dfrac{v^2}{c^2}}},\quad E'_z=\dfrac{E_z+vB_y}{\sqrt{1-\dfrac{v^2}{c^2}}},\\[2ex] B'_x=B_x,\quad B'_y=\dfrac{B_y+vE_z/c^2}{\sqrt{1-\dfrac{v^2}{c^2}}},\quad B'_z=\dfrac{B_z-vE_y/c^2}{\sqrt{1-\dfrac{v^2}{c^2}}};\end{cases}$$

其逆变换为

$$\begin{cases}E_x=E'_x,\quad E_y=\dfrac{E'_y+vB'_z}{\sqrt{1-\dfrac{v^2}{c^2}}},\quad E_z=\dfrac{E'_z-vB'_y}{\sqrt{1-\dfrac{v^2}{c^2}}},\\[2ex] B_x=B'_x,\quad B_y=\dfrac{B'_y-vE'_z/c^2}{\sqrt{1-\dfrac{v^2}{c^2}}},\quad B_z=\dfrac{B'_z+vB'_y/c^2}{\sqrt{1-\dfrac{v^2}{c^2}}},\end{cases}$$

式中(E_x,E_y,E_z)和(B_x,B_y,B_z)是 S 系中(x,y,z,t)的电场和磁场，(E'_x,E'_y,E'_z)和(B'_x,B'_y,B'_z)是 S' 系中(x',y',z',t')的电场和磁场，S' 系相对 S 系以 v 沿 x 轴运动，时空坐标(x,y,z,t)和(x',y',z',t')经洛伦兹变换相联系.

附　录

附录一　电磁学单位制

单位制，基本单位和导出单位

物理量的测量包括：使用的单位和所得的数值. 两者缺一不可. 所谓单位就是人为规定的计量标准，把它与被测物理量比较所得倍数就是该物理量的数值. 由于各物理量之间存在着规律性的联系，无需为每个物理量独立地规定单位. 通常，选定几个物理量作为基本量，为每个基本量规定一个单位——称为基本单位，再由基本单位按照规定的顺序和物理公式导出所有其他物理量的单位——称为导出单位. 由选定的基本单位以及它们的导出单位构成的计量体系称为单位制.

国际单位制(SI)

国际单位制(SI)是国际计量大会推荐给全世界的统一单位制. 国际单位制是我国法定计量单位的基础，一切属于国际单位制的单位都是我国的法定计量单位.

SI 的基本单位见附表 1；包括 SI 辅助单位在内具有专门名称的 SI 导出单位见附表 2；用于构成倍数单位(十进倍数单位与分数单位)的 SI 词头见附表 3，词头不得单独使用.

附表 1　SI 基本单位

量的名称	单位名称	单位符号
长度	米	m
质量	千克(公斤)	kg
时间	秒	s
电流	安[培]	A
热力学温度	开[尔文]	K
物质的量	摩[尔]	mol
发光强度	坎[德拉]	cd

注：

1. 圆括号中的名称，是它前面的名称的同义词，下同.
2. 无方括号的量的名称与单位名称均为全称. 方括号中的字，在不致引起混淆、误解的情况下，可以省略. 去掉方括号中的字即为其名称的简称，下同.
3. 本标准所称的符号，除特殊指明外，均指我国法定计量单位中所规定的符号以及国际符号，下同.
4. 人民生活和贸易中，质量习惯称为重量.

附表 2 包括 SI 辅助单位在内的具有专门名称的 SI 导出单位

量的名称	SI 导出单位		
	名 称	符 号	用 SI 基本单位和导出单位表示
[平面]角	弧 度	rad	1 rad=1 m/m=1
立体角	球面度	sr	1 sr=1 m^2/m^2=1
频率	赫[兹]	Hz	1 Hz=1 s^{-1}
力	牛[顿]	N	1 N=1 kg·m/s^2
压力，压强，应力	帕[斯卡]	Pa	1 Pa=1 N/m^2
能[量]，功，热量	焦[耳]	J	1 J=1 N·m
功率，辐[射能]通量	瓦[特]	W	1 W=1 J/s
电荷[量]	库[仑]	C	1 C=1 A·s
电压，电动势，电位(电势)	伏[特]	V	1 V=1 W/A
电容	法[拉]	F	1 F=1 C/V
电阻	欧[姆]	Ω	1 Ω=1 V/A
电导	西[门子]	S	1 S=1 Ω^{-1}
磁通[量]	韦[伯]	Wb	1 Wb=1 V·s
磁通[量]密度，磁感应强度	特[斯拉]	T	1 T=1 Wb/m^2
电感	亨[利]	H	1 H=1 Wb/A
摄氏温度	摄氏度	℃	1 ℃=1 K
光通量	流[明]	lm	1 lm=1 cd·sr
[光]照度	勒[克斯]	lx	1 lx=1 lm/m^2

附表 3 SI 词头

因 数	词头名称		符 号
	英 文	中 文	
10^{24}	yotta	尧[它]	Y
10^{21}	zetta	泽[它]	Z
10^{18}	exa	艾[可萨]	E
10^{15}	peta	拍[它]	P
10^{12}	tera	太[拉]	T
10^{9}	giga	吉[咖]	G
10^{6}	mega	兆	M
10^{3}	kilo	千	k
10^{2}	hecto	百	h
10^{1}	deca	十	da
10^{-1}	deci	分	d
10^{-2}	centi	厘	c
10^{-3}	milli	毫	m
10^{-6}	micro	微	μ
10^{-9}	nano	纳[诺]	n
10^{-12}	pico	皮[可]	p
10^{-15}	femto	飞[母托]	f
10^{-18}	atto	阿[托]	a
10^{-21}	zepto	仄[普托]	z
10^{-24}	yocto	幺[科托]	y

量纲

反映某物理量与基本量之间幂次关系的公式称为该物理量的**量纲式**.

在一个单位制中,基本量选定之后,其他物理量都可以通过一定的物理关系与基本量相联系.例如在电磁学的 MKSA(即 SI)单位制中,基本量是长度 L、质量 M、时间 T 和电流 I,如果用 L,M,T,I 表示相应的量纲,那么任一物理量 Q 的量纲式为

$$[Q]=\mathrm{L}^p\mathrm{M}^q\mathrm{T}^r\mathrm{I}^s,$$

式中 p,q,r,s 称为该物理量 Q 对相应基本量的**量纲指数**.例如,电量的量纲式为 $[q]=\mathrm{TI}$,磁感应强度的量纲式为 $[B]=\mathrm{MT^{-2}I^{-1}}$,等等.

在一个表达式中,等号两边的量纲应相同,在加减运算式中的每一项应有相同的量纲,此即所谓量纲法则,可用作检验公式是否有错的手段.

同一个物理量在不同单位制中有时会具有不同的量纲,应该注意.

附表 4 给出常用电磁学量的符号和量纲.

附表 4　国际单位制(SI)中常用电磁学量的定义式,单位符号及量纲

名称	符号	定义式	单位符号	中文符号	量纲
电量	q	$q=It$	C	库	TI
电场强度	E	$E=\dfrac{F}{q_0}$	V/m	伏/米	$\mathrm{LMT^{-3}I^{-1}}$
电位移	D	$\oiint \boldsymbol{D}\cdot\mathrm{d}\boldsymbol{S}=q_0$	$\mathrm{C/m^2}$	库/米²	$\mathrm{L^{-2}TI}$
电势	U	$U=\dfrac{A}{q}$	V	伏	$\mathrm{L^2MT^{-3}I^{-1}}$
电容	C	$C=\dfrac{q}{U}$	F	法	$\mathrm{L^{-2}M^{-1}T^4I^2}$
真空介电常量	ε_0	$F=\dfrac{1}{4\pi\varepsilon_0}\dfrac{q_1q_2}{r^2}$	F/m	法/米	$\mathrm{L^{-3}M^{-1}T^4I^2}$
电阻	R	$R=\dfrac{U}{I}$	Ω	欧	$\mathrm{L^2MT^{-3}I^{-2}}$
电阻率	ρ	$R=\int\rho\dfrac{\mathrm{d}l}{S}$	Ω·m	欧·米	$\mathrm{L^3MT^{-3}I^2}$
磁通量	Φ_m	$\mathscr{E}=-N\dfrac{\mathrm{d}\Phi_\mathrm{m}}{\mathrm{d}t}$	Wb	韦	$\mathrm{L^2MT^{-2}I^{-1}}$
磁感应强度	B	$B=\dfrac{\Phi_\mathrm{m}}{S}$	T	特	$\mathrm{MT^{-2}I^{-1}}$
载流环路的磁矩	p_m	$p_\mathrm{m}=IS$	$\mathrm{A\cdot m^2}$	安·米²	$\mathrm{L^2I}$
磁场强度	H	$\oint\boldsymbol{H}\cdot\mathrm{d}\boldsymbol{l}=I_0$	A/m	安/米	$\mathrm{L^{-1}I}$
电感	L	$L=\dfrac{N\Phi_\mathrm{m}}{I}$	H	亨	$\mathrm{L^2MT^{-2}I^{-2}}$
真空磁导率	μ_0	$F=\dfrac{\mu_0 lI^2}{2\pi a}$	H/m	亨/米	$\mathrm{LMT^{-2}I^{-2}}$

附录二 矢量分析

矢量代数公式

$$\left.\begin{array}{ll}
\text{加法} & \boldsymbol{A}+\boldsymbol{B}=\boldsymbol{B}+\boldsymbol{A} \\
 & \boldsymbol{A}+(\boldsymbol{B}+\boldsymbol{C})=(\boldsymbol{A}+\boldsymbol{B})+\boldsymbol{C} \\
\text{点乘(标积)} & \boldsymbol{A}\cdot\boldsymbol{B}=\boldsymbol{B}\cdot\boldsymbol{A} \\
 & \boldsymbol{A}\cdot(\boldsymbol{B}+\boldsymbol{C})=\boldsymbol{A}\cdot\boldsymbol{B}+\boldsymbol{A}\cdot\boldsymbol{C} \\
\text{叉乘(矢积)} & \boldsymbol{A}\times\boldsymbol{B}=-\boldsymbol{B}\times\boldsymbol{A} \\
 & \boldsymbol{A}\times(\boldsymbol{B}+\boldsymbol{C})=\boldsymbol{A}\times\boldsymbol{B}+\boldsymbol{A}\times\boldsymbol{C} \\
\text{三矢量混合积} & \boldsymbol{A}\cdot(\boldsymbol{B}\times\boldsymbol{C})=\boldsymbol{B}\cdot(\boldsymbol{C}\times\boldsymbol{A})=\boldsymbol{C}\cdot(\boldsymbol{A}\times\boldsymbol{B}) \\
\text{三矢量矢积} & \boldsymbol{A}\times(\boldsymbol{B}\times\boldsymbol{C})=(\boldsymbol{A}\cdot\boldsymbol{C})\boldsymbol{B}-(\boldsymbol{A}\cdot\boldsymbol{B})\boldsymbol{C}
\end{array}\right\} \quad ①$$

标量场和矢量场

物理量在一定空间范围的分布构成“场”，按物理量是标量或矢量区分为标量场 $\Phi(x,y,z)$ 或矢量场 $\boldsymbol{A}(x,y,z)$. 标量场例如温度场、气压场、电势场等，可用等值面图示，它是 $\Phi(x,y,z)=$ 常数的轨迹，如等温面、等气压面、等势面等. 矢量场例如流速场、电场、磁场等，可用场线图示，它是有方向的曲线，其上每一点的切线方向为该点场矢量 $\boldsymbol{A}$ 的方向，如流线、电场线、磁感应线等.

标量场的梯度

标量场 $\Phi(x,y,z)$ 在 P 点沿任意方向 $\boldsymbol{l}$ 的变化率 $\dfrac{\partial\Phi}{\partial l}$ 称为它在 P 点沿 $\boldsymbol{l}$ 的方向微商. 标量场在同一点沿不同方向的变化率一般是不同的，可以证明，Φ 沿等值面法线方向 $\boldsymbol{n}$ 的方向微商 $\dfrac{\partial\Phi}{\partial n}$ 是各方向微商中最大的. 矢量 $\dfrac{\partial\Phi}{\partial n}\boldsymbol{n}$（$\boldsymbol{n}$ 为单位矢量）称为标量场 Φ 的梯度，也可表为 $\nabla\Phi$ 或 $\mathrm{grad}\,\Phi$. 显然，梯度也是空间坐标的函数，因此标量场的梯度是个矢量场. 例如，电势 U（标量场）与电场强度 $\boldsymbol{E}$（矢量场）的关系为 $\boldsymbol{E}=-\nabla U$，它表明，场强的大小等于等势面法线方向的方向微商，场强的方向与等势面垂直并指向电势减少的方向.

矢量场的通量和散度　高斯定理

矢量场 $\boldsymbol{A}$ 沿曲面 S 的积分 $\iint\limits_{(S)}\boldsymbol{A}\cdot\mathrm{d}\boldsymbol{S}$ 称为通量，其中 $\mathrm{d}\boldsymbol{S}$ 的方向为面元的法线方向，若 S 为闭合曲面，应将 $\iint\limits_{(S)}$ 改为 $\oint\!\!\!\oint\limits_{(S)}$. 矢量场 $\boldsymbol{A}$ 在 P 点的散度 $\nabla\cdot\boldsymbol{A}$ 或 $\mathrm{div}\boldsymbol{A}$ 定义为

$$\nabla \cdot \boldsymbol{A} = \lim_{\Delta V \to 0} \frac{1}{\Delta V} \oiint_{(S)} \boldsymbol{A} \cdot \mathrm{d}\boldsymbol{S},$$

式中 ΔV 是闭合曲面 S 包围的体积. 矢量场的散度是标量场.

矢量场的高斯定理：矢量场 $\boldsymbol{A}$ 通过任意闭合曲面 S 的通量，等于该矢量场的散度在 S 所包围体积 V 内的积分，即

$$\oiint_{(S)} \boldsymbol{A} \cdot \mathrm{d}\boldsymbol{S} = \iiint_{(V)} \nabla \cdot \boldsymbol{A} \mathrm{d}V. \qquad ②$$

高斯定理是矢量场论的重要公式之一，利用它可以把面积分化为体积分，或反之将体积分化为面积分. 例如，利用②式，可由电场或磁场高斯定理的积分形式给出其微分形式.

矢量场的环量和旋度　斯托克斯定理

矢量场 $\boldsymbol{A}$ 沿闭合回路 L 的线积分 $\oint_{(L)} \boldsymbol{A} \cdot \mathrm{d}\boldsymbol{l}$ 称为环量，其中 $\mathrm{d}\boldsymbol{l}$ 的方向为线元的切线方向，顺着回路的走向. 矢量场 $\boldsymbol{A}$ 在 P 点的旋度 $\nabla \times \boldsymbol{A}$ 在 $\boldsymbol{n}$ 上的投影定义为

$$(\nabla \times \boldsymbol{A})_n = \lim_{\Delta S \to 0} \frac{1}{\Delta S} \oint_{(L)} \boldsymbol{A} \cdot \mathrm{d}\boldsymbol{l},$$

式中 ΔS 是闭合回路 L 包围的面积，$\boldsymbol{n}$ 是 ΔS 的右旋单位法线矢量(即 $\boldsymbol{n}$ 与回路的走向符合右手法则). $\nabla \times \boldsymbol{A}$ 也可表为 $\mathrm{curl}\boldsymbol{A}$ 或 $\mathrm{rot}\boldsymbol{A}$. 矢量场的旋度也是矢量场.

矢量场的斯托克斯定理：矢量场 $\boldsymbol{A}$ 在任意闭合回路 L 上的环量，等于该矢量场的旋度在以 L 为边界的曲面 S 上的积分，即

$$\oint_{(L)} \boldsymbol{A} \cdot \mathrm{d}\boldsymbol{l} = \iint_{(S)} (\nabla \times \boldsymbol{A}) \cdot \mathrm{d}\boldsymbol{S}. \qquad ③$$

斯托克斯定理是矢量场论的又一重要定理，利用它可以把线积分化为面积分，或反之把面积分化为线积分. 例如，利用③式，可由电场或磁场环路定理的积分形式给出其微分形式.

应该指出，矢量场的高斯定理和斯托克斯定理是数学定理，只要求矢量场连续可微，与具体的物理内容无关. 电场、磁场的高斯定理或环路定理则是物理规律，只在一定的物理条件下才成立. 两者切勿混淆.

∇ 算符及相关公式

∇ 称为劈形算符或纳布拉算符，∇ 是一个矢量微分算符，既是矢量又具有微分运算的功能. $\nabla^2 = \nabla \cdot \nabla$ 称为拉普拉斯算符. ∇, ∇^2, $\nabla \Phi$, $\nabla \cdot \boldsymbol{A}$, $\nabla \times \boldsymbol{A}$ 在直角坐标系中的表达式如④式；相关运算公式如⑤式.

$$\begin{cases} \nabla = \boldsymbol{i}\dfrac{\partial}{\partial x} + \boldsymbol{j}\dfrac{\partial}{\partial y} + \boldsymbol{k}\dfrac{\partial}{\partial z}, \\ \nabla^2 = \nabla \cdot \nabla = \dfrac{\partial^2}{\partial x^2} + \dfrac{\partial^2}{\partial y^2} + \dfrac{\partial^2}{\partial z^2}, \\ \nabla \Phi = \dfrac{\partial \Phi}{\partial x}\boldsymbol{i} + \dfrac{\partial \Phi}{\partial y}\boldsymbol{j} + \dfrac{\partial \Phi}{\partial z}\boldsymbol{k}, \\ \nabla \cdot \boldsymbol{A} = \dfrac{\partial A_x}{\partial x} + \dfrac{\partial A_y}{\partial y} + \dfrac{\partial A_z}{\partial z}, \\ \nabla \times \boldsymbol{A} = \left(\dfrac{\partial A_z}{\partial y} - \dfrac{\partial A_y}{\partial z}\right)\boldsymbol{i} + \left(\dfrac{\partial A_x}{\partial z} - \dfrac{\partial A_z}{\partial x}\right)\boldsymbol{j} \\ \qquad\quad + \left(\dfrac{\partial A_y}{\partial x} - \dfrac{\partial A_x}{\partial y}\right)\boldsymbol{k}. \end{cases} \tag{④}$$

$$\begin{cases} \nabla(\Phi\Psi) = \Phi \nabla \Psi + \Psi \nabla \Phi, \\ \nabla \cdot (\Phi \boldsymbol{A}) = \boldsymbol{A} \cdot \nabla \Phi + \Phi \nabla \cdot \boldsymbol{A}, \\ \nabla \times (\Phi \boldsymbol{A}) = \nabla \Phi \times \boldsymbol{A} + \Phi \nabla \times \boldsymbol{A}, \\ \nabla(\boldsymbol{A} \cdot \boldsymbol{B}) = (\boldsymbol{A} \cdot \nabla)\boldsymbol{B} + (\boldsymbol{B} \cdot \nabla)\boldsymbol{A} + \boldsymbol{A} \times (\nabla \times \boldsymbol{B}) \\ \qquad\qquad + \boldsymbol{B} \times (\nabla \times \boldsymbol{A}), \\ \nabla \cdot (\boldsymbol{A} \times \boldsymbol{B}) = \boldsymbol{B} \cdot (\nabla \times \boldsymbol{A}) - \boldsymbol{A} \cdot (\nabla \times \boldsymbol{B}), \\ \nabla \times (\boldsymbol{A} \times \boldsymbol{B}) = \boldsymbol{A} \nabla \cdot \boldsymbol{B} - \boldsymbol{B} \nabla \cdot \boldsymbol{A} + (\boldsymbol{B} \cdot \nabla)\boldsymbol{A} - (\boldsymbol{A} \cdot \nabla)\boldsymbol{B}, \\ \nabla \times \nabla \times \boldsymbol{A} = \nabla(\nabla \cdot \boldsymbol{A}) - \nabla^2 \boldsymbol{A}, \\ \nabla \times \nabla \Phi = 0, \\ \nabla \cdot (\nabla \times \boldsymbol{A}) = 0. \end{cases} \tag{⑤}$$

矢量场的分类

散度为零的矢量场称为无散场或无源场；散度不为零的矢量场称为有散场或有源场. 因 $\nabla \cdot (\nabla \times \boldsymbol{A}) = 0$，故 $(\nabla \times \boldsymbol{A})$ 为无散场，即任何无散场可表为另一矢量场的旋度. 例如，磁场 $\boldsymbol{B}$ 无散，$\nabla \cdot \boldsymbol{B} = 0$，可表为 $\boldsymbol{B} = \nabla \times \boldsymbol{A}$，$\boldsymbol{A}$ 称为磁矢势.

旋度为零的矢量场称为无旋场；旋度不为零的矢量场称为有旋场. 因 $\nabla \times \nabla \Phi = 0$，故 $\boldsymbol{A} = \nabla \Phi$ 为无旋场，即任何无旋场 $\boldsymbol{A}$ 可表为标量场 Φ 的梯度，Φ 称为 $\boldsymbol{A}$ 的势（或位）函数. 无旋场又称势（或位）场. 例如，静电场 $\boldsymbol{E}$ 无旋，$\nabla \times \boldsymbol{E} = 0$，可表为 $\boldsymbol{E} = -\nabla U$，$U$ 为电势，静电场是势场.

散度与旋度均为零的矢量场称为谐和场. 谐和场也是势场. 由 $\nabla \cdot \boldsymbol{A} = 0$，$\nabla \times \boldsymbol{A} = 0$ 及 $\boldsymbol{A} = \nabla \Phi$，得

$$\nabla \cdot \nabla \Phi = \nabla^2 \Phi = 0, \tag{⑥}$$

⑥式是谐和场的势函数满足的拉普拉斯方程.

既有旋又有散的矢量场 $\boldsymbol{A}$ 可分解为无旋场(势场)$\boldsymbol{A}_{势}$ 与无散场(有旋场)$\boldsymbol{A}_{旋}$ 之和,即

$$\boldsymbol{A}=\boldsymbol{A}_{势}+\boldsymbol{A}_{旋}. \quad ⑦$$

例如,非恒定情形的电场包括电荷产生的电场(有散场即势场)与变化磁场产生的涡旋电场(有旋场)两部分,为有旋有散场.

习题答案

第一章

1.1 (1) $F=7.64\times10^2$ N;(2) $a=1.14\times10^{29}$ m/s^2.

1.2 距点电荷 q 为$(\sqrt{2}-1)l$处.

1.3 $l=0.46$ m,$N=1.96\times10^{-3}$ N.

1.4 (1) $F=\dfrac{qQ}{2\pi\varepsilon_0}\dfrac{x}{\left(\dfrac{l^2}{4}+x^2\right)^{3/2}}$;

(2) 若 q 与 Q 同号,Q 受斥力,Q 沿两电荷连线的中垂线背离中点 O 方向作变加速直线运动;若 q 与 Q 异号,Q 受指向 O 点的引力,Q 沿中垂线作往复振动(非简谐振动),若 $x\ll l$,则 $F\propto x$,Q 将沿中垂线围绕 O 点作简谐振动,振幅为 x.

1.5 $E_r=\dfrac{1}{4\pi\varepsilon_0}\cdot\dfrac{2p\cos\theta}{r^3}$, $E_\theta=\dfrac{1}{4\pi\varepsilon_0}\cdot\dfrac{p\sin\theta}{r^3}$.

1.6 $\boldsymbol{p}\,/\!/\,QO$: $\boldsymbol{F}=-\dfrac{2Q\boldsymbol{p}}{4\pi\varepsilon_0 r^3}$,$\boldsymbol{L}=0$;

$\boldsymbol{p}\perp QO$: $\boldsymbol{F}=\dfrac{Q\boldsymbol{p}}{4\pi\varepsilon_0 r^3}$,$\boldsymbol{L}=\dfrac{Q}{4\pi\varepsilon_0}\dfrac{\boldsymbol{r}\times\boldsymbol{p}}{r^3}$,其中,$\boldsymbol{r}$ 为从 Q 到偶极子中心的矢径.

1.7 略.

1.8 (1) $E_p=\dfrac{A}{4\pi\varepsilon_0}\left(\dfrac{L}{b}+\ln\dfrac{b}{L+b}\right)$;

(2) $E_p=\dfrac{AL}{4\pi\varepsilon_0}$.

1.9 (1) $\boldsymbol{E}=\dfrac{\sigma}{2\varepsilon_0}\left(\dfrac{1}{|x|}-\dfrac{1}{\sqrt{R^2+x^2}}\right)\boldsymbol{x}$;

(2) σ 不变:$R\to0$,$E\to0$,或 $R\to\infty$,$E\to\dfrac{\sigma}{2\varepsilon_0}$;

(3) Q 不变:$R\to0$,$E=\dfrac{Q}{4\pi\varepsilon_0 x^2}$,或 $R\to\infty$,$E\to0$.

1.10 $E=\dfrac{\sigma}{4\varepsilon_0}$.

1.11 $\boldsymbol{E}=-\dfrac{\sigma_0}{2\varepsilon_0}\boldsymbol{i}$.

1.12 $E_p=\dfrac{\sigma r}{2\varepsilon_0\sqrt{R^2+r^2}}$.

1.13 $A=\dfrac{Q}{2\pi a^2}$.

1.14 $E=\dfrac{1}{4\pi\varepsilon_0}\left(\dfrac{2}{a_0^2}+\dfrac{2}{a_0 r}+\dfrac{1}{r^2}\right)q_e e^{-2r/a_0}$.

1.15 (1) $r<R_1$：$E=0$；(2) $R_1<r<R_2$：$E=\dfrac{R_1\sigma}{\varepsilon_0 r}$ (3) $r>R_2$：$E=\dfrac{\sigma}{\varepsilon_0 r}(R_1-R_2)$.

1.16 $\boldsymbol{E}=\dfrac{\rho}{2\varepsilon_0}\boldsymbol{a}$.

1.17 两平面之间：$E=\dfrac{\sigma}{\varepsilon_0}$；两平面之外：$E=0$.

1.18 平板内：$E=\dfrac{\rho}{\varepsilon_0}x$，$x$ 为场点到平板中央面的垂直距离；

平板外：$E=\dfrac{\rho}{2\varepsilon_0}d$.

1.19 (1) $A_{\widehat{CDE}}=\dfrac{q}{6\pi\varepsilon_0 l}$；(2) $A_{E\infty}=\dfrac{q}{6\pi\varepsilon_0 l}$.

1.20 略.

1.21 $U=\dfrac{Q}{2\pi R^2\varepsilon_0}(\sqrt{R^2+x^2}-|x|)$.

1.22 $U(r)=\dfrac{\lambda_1}{2\pi\varepsilon_0}\ln\dfrac{r}{R_1}$，$R_1<r<R_2$.

1.23 $U=\dfrac{1}{2\varepsilon_0}\left(\sigma_1 R_1+\dfrac{\sigma_2 R_2^2}{r}\right)$，$R_2<r<R_1$；$U=\dfrac{\sigma_1 R_1+\sigma_2 R_2}{2\varepsilon_0}$，$r<R_2$.

1.24 13.6 eV，2.18×10^{-18} J.

1.25 $U_{\mathrm{P}}=\dfrac{\eta}{4\pi\varepsilon_0}\ln\dfrac{(x+a)^2+y^2}{(x-a)^2+y^2}$.

1.26 (1) $U_r=\dfrac{q}{4\pi\varepsilon_0 l}\ln\dfrac{l+\sqrt{l^2+r^2}}{r}$，$E_r=\dfrac{q}{4\pi\varepsilon_0 r\sqrt{r^2+l^2}}$；

(2) $U_r=\dfrac{q}{8\pi\varepsilon_0 l}\ln\left|\dfrac{r+l}{r-l}\right|$ $(|r|>l)$，

$$E_r=\frac{\pm q}{4\pi\varepsilon_0(r^2-l^2)}\begin{pmatrix}+\text{号：}r>l\\ -\text{号：}r<-l\end{pmatrix};$$

(3) $U_r=\dfrac{q}{8\pi\varepsilon_0 l}\ln\dfrac{2l+\sqrt{r^2+4l^2}}{r}$，$E_r=\dfrac{q}{4\pi\varepsilon_0 r\sqrt{r^2+4l^2}}$.

1.27 $T=\pi\sqrt{\dfrac{2\sqrt{2}\pi\varepsilon_0 ma^3}{Qq}}$.

1.28 $E_0=0$.

1.29 $\boldsymbol{E}_{\mathrm{p}}=(0,E_y,0)=\left(0,\dfrac{\lambda_0 R^3}{\pi\varepsilon_0 r^3},0\right)$.

1.30 $E_0=\dfrac{\lambda}{2\pi\varepsilon_0 R}$.

1.31 $\lambda(\varphi)=\dfrac{Q}{4R}\sin\varphi$.

1.32 $x=0$，$x=\pm L\sqrt{1-\dfrac{4\varepsilon_0 P_0 A^2}{Q^2}}$.

第 二 章

2.1 略.

2.2 (1) $q_B=-1.0\times10^{-7}$ C, $q_C=-2.0\times10^{-7}$ C；

(2) $U_A=2.3\times10^3$ V.

2.3 (1) $R_1<r<R_2$：$U=120$ V；(2) $r<R_1$：$U=300$ V；(3) 不变.

2.4 (1) $q_{内}=-q, q_{外}=q, U_{壳}=\dfrac{q}{4\pi\varepsilon_0 R_3}$；(2) $q_{内}=-q, q_{外}=0, U_{壳}=0$；

(3) $q_{内}=-\dfrac{qR_1R_2}{R_1R_2+R_2R_3-R_1R_3}, U_{内}=0, U_{壳}=-\dfrac{q(R_2-R_1)}{4\pi\varepsilon_0(R_1R_2+R_2R_3-R_1R_3)}$.

2.5 $R_1<r<R_2$：$U=U_2+(U_1-U_2)\ln\dfrac{R_1}{r}$.

2.6 $C=\dfrac{\varepsilon_0 S}{2}\left(\dfrac{1}{d-t}+\dfrac{1}{d}\right)$.

2.7 (1) $U_{14}=\dfrac{Q}{4\pi\varepsilon_0}\left(\dfrac{1}{R_1}-\dfrac{1}{R_2}+\dfrac{1}{R_3}-\dfrac{1}{R_4}\right)$；(2) $C=\dfrac{4\pi\varepsilon_0}{\dfrac{1}{R_1}-\dfrac{1}{R_2}+\dfrac{1}{R_3}-\dfrac{1}{R_4}}$.

2.8 (1) $C=2\pi\varepsilon_0 l\dfrac{\ln(c/a)}{\ln(b/a)\ln(c/b)}$；(2) $C=4.4\times10^{-10}$ F $=4.4\times10^2$ pF.

2.9 先将 2 μF 和 8 μF 的电容并联，再与 10 μF 的电容串联.

2.10 略.

2.11 $\sigma'=\varepsilon_0 E_0\cos\theta\left(1-\dfrac{1}{\varepsilon_r}\right)$.

2.12 (1) $E=\dfrac{U}{\varepsilon_r d+(1-\varepsilon_r)t}$, $P=\dfrac{\varepsilon_0(\varepsilon_r-1)U}{\varepsilon_r d+(1-\varepsilon_r)t}$, $D=\dfrac{\varepsilon_0\varepsilon_r U}{\varepsilon_r d+(1-\varepsilon_r)t}$；

(2) 极板上的电量 $Q=\dfrac{\varepsilon_0\varepsilon_r US}{\varepsilon_r d+(1-\varepsilon_r)t}$；

(3) 空气间隙中 $E=\dfrac{\varepsilon_r U}{\varepsilon_r d+(1-\varepsilon_r)t}$；

(4) 电容 $C=\dfrac{Q}{U}=\dfrac{\varepsilon_0\varepsilon_r S}{\varepsilon_r d+(1-\varepsilon_r)t}$.

2.13 (1) $r<R$：$D=0, E=0$；

$R<r<a$：$D=\dfrac{Q}{4\pi r^2}$, $E=\dfrac{Q}{4\pi\varepsilon_0 r^2}$；

$a<r<b$：$D=\dfrac{Q}{4\pi r^2}$, $E=\dfrac{Q}{4\pi\varepsilon_0\varepsilon_r r^2}$；

$r>b$：$D=\dfrac{Q}{4\pi r^2}$, $E=\dfrac{Q}{4\pi\varepsilon_0 r^2}$.

(2) 介质内：$P=\dfrac{Q}{4\pi r^2}\dfrac{\varepsilon_r-1}{\varepsilon_r}$,

$\sigma'|_{r=a}=-\dfrac{(\varepsilon_r-1)Q}{4\pi\varepsilon_r a^2}$, $\sigma'|_{r=b}=\dfrac{(\varepsilon_r-1)Q}{4\pi\varepsilon_r b^2}$.

(3) $\rho e'=0$.

2.14 (1) 介质内：$D=\dfrac{\lambda}{2\pi r}$, $E=\dfrac{\lambda}{2\pi\varepsilon_0\varepsilon_r r}$, $P=\dfrac{(\varepsilon_r-1)\lambda}{2\pi\varepsilon_r r}$；(2) $\Delta U=\dfrac{\lambda}{2\pi\varepsilon_0\varepsilon_r}\ln\dfrac{R_2}{R_1}$；

(3) $\sigma'|_{r=R_1}=-\dfrac{(\varepsilon_r-1)\lambda}{2\pi\varepsilon_r R_1}$, $\sigma'|_{r=R_2}=\dfrac{(\varepsilon_r-1)\lambda}{2\pi\varepsilon_r R_2}$；(4) $C=\dfrac{2\pi\varepsilon_0\varepsilon_r L}{\ln(R_2/R_1)}$, $\dfrac{C}{C_0}=\varepsilon_r$.

2.15 (1) 内层介质(油纸)先被击穿；(2) $U_{max}=4.5\times10^4$ V.

2.16 $W_e=\frac{e^2}{4\pi\varepsilon_0 a}\left(12+\frac{12}{\sqrt{2}}+\frac{4}{\sqrt{3}}-\frac{32}{\sqrt{3}}\right)=\frac{0.344e^2}{\varepsilon_0 a}$.

2.17 $\Delta W=\frac{Q^2}{8\pi\varepsilon_0 R}\left(\frac{1}{2^{2/3}}-1\right)$.

2.18 (1) $W=7.9\times10^2$ MeV；(2) $\delta W=2.9\times10^2$ MeV；(3) $\Delta W=\frac{m}{\mu}N_A\delta W=7.4\times10^{26}$ MeV.

2.19 (1) $\Delta W=\frac{dQ^2}{2\varepsilon_0 S}$；(2) $A=\Delta W=\frac{dQ^2}{2\varepsilon_0 S}$.

2.20 (1) $W=\frac{Q^2}{4\pi\varepsilon_0\varepsilon_r L}\ln\frac{b}{a}$；(2) 略.

2.21 (1) $E_1=E_2=\frac{U_0}{d}=E_0$，$D_1=\varepsilon_0\varepsilon_r\frac{U_0}{d}$，$D_2=\varepsilon_0\frac{U_0}{d}$，$\sigma_1=\varepsilon_0\varepsilon_r\frac{U_0}{d}$，$\sigma_2=\varepsilon_0\frac{U_0}{d}$；

(2) $\Delta W=\frac{\varepsilon_0(\varepsilon_r-1)SU_0^2}{4d}$；(3) $A_{电源}=\frac{\varepsilon_0(\varepsilon_r-1)SU_0^2}{2d}$.

2.22 $U=x\sqrt{\frac{2mg}{\varepsilon_0 S}}$.

2.23 $a=\frac{g}{3}$.

2.24 $v_0=n\pi R\sqrt{\frac{2g}{h}},n=1,2,\cdots;C_x=\frac{4n^2\pi^3\varepsilon_0 R^2 Lmg}{(hVQ-2n^2\pi^2 Rdmg)}$，$n=1,2,\cdots$.

2.25 $\Delta U_{max}=E_{击穿}\cdot\frac{R_{外}}{4}=2.5\times10^5$ V.

2.26 $x=\frac{2}{9}(\sqrt{10}-1)d$.

第 三 章

3.1 (1) $E_1=\frac{I}{\sigma_1 S},E_2=\frac{I}{\sigma_2 S}$；(2) $U_{AB}=\frac{Id_1}{\sigma_1 S},U_{BC}=\frac{Id_2}{\sigma_2 S}$；

(3) $\sigma_A=\frac{\varepsilon_0 I}{\sigma_1 S},\sigma_B=\frac{\varepsilon_0 I}{S}\left(\frac{1}{\sigma_2}-\frac{1}{\sigma_1}\right),\sigma_C=-\frac{\varepsilon_0 I}{\sigma_2 S}$.

3.2 (1) $R=\int_0^l\frac{dx}{\sigma(x)S(x)}$；(2) $R=\frac{l}{\pi\sigma ab}$.

3.3 (1) $R=2.0\times10^{-4}$ Ω；(2) $I=5.0\times10^2$ A；(3) $j=1.4\times10^6$ A/m²；(4) $E=2.5\times10^{-2}$ V/m；

(5) $P=50$ W；(6) $W=1.8\times10^5$ J；(7) $\bar{u}=1.05\times10^{-4}$ m/s.

3.4 (1) 114 Ω；(2) 11 Ω.

3.5 $R_{AB}=\frac{5}{6}$ Ω.

3.6 (1) $I_3=0.81$ A；(2) $R_2=25$ Ω.

3.7 (1) $I_1=3.0$ A, $I_2=0$；(2) $R_3=2.0$ Ω.

3.8 $U_{AB}=-1.5$ V.

3.9 $I_1=2.0$ A, $I_2=3.0$ A, $I_3=1.0$ A.

3.10 (1) $I_1=\frac{3}{7}$ A$=0.43$ A；(2) $P=\frac{12}{49}$ W$=0.24$ W；(3) $P_{供}=\frac{38}{49}$ W$=0.78$ W.

3.11 $x=20$ km.

3.12 $R_{AB}=\frac{15}{8}R$.

3.13 当 $I_{min}=I_0$ 时，$\eta_{max}=0.75$；

当 $\eta\geqslant 0.6$ 时，$R=R_1+R_2=8.57\ \Omega$，$I_{max}\leqslant 2.81$ A.

3.14 $\mathscr{E}=\left(\frac{\mathscr{E}_1}{r_1}+\frac{\mathscr{E}_2}{r_2}\right)\Big/\left(\frac{1}{r_1}+\frac{1}{r_2}\right)$，$r=1\Big/\left(\frac{1}{r_1}+\frac{1}{r_2}\right)$.

第 四 章

4.1 4×10^5 T.

4.2 $B_A=0$，$B_B=10^{-4}$ T，方向水平向左.

4.3 0.

4.4 略.

4.5 $B_0=\frac{\mu_0 I}{4a}$.

4.6 $B_P=3.2\times10^{-5}$ T.

4.7 $B_0=\frac{\mu_0 IN}{3R}\quad\left(取\ n=\frac{N}{R}\right)$.

4.8 (1) 12.5 T；(2) $\frac{e}{2m_e}$.

4.9 (1) $B=\frac{\mu_0\sigma\omega}{2}\left[\frac{R^2+2x^2}{\sqrt{R^2+x^2}}-2x\right]$；(2) $\boldsymbol{p}_m=\frac{1}{4}\pi\sigma R^4\boldsymbol{\omega}$.

4.10 略.

4.11 (1) $r<a$：$B_1=0$；(2) $a<r<b$：$B_2=\frac{\mu_0 I(r^2-a^2)}{2\pi r(b^2-a^2)}$；(3) $r>b$：$B_3=\frac{\mu_0 I}{2\pi r}$.

4.12 $0<r<r_1$：$B_1=\frac{\mu_0 Ir}{2\pi r_1^2}$；$r_1<r<r_2$：$B_2=\frac{\mu_0 I}{2\pi r}$；

$r_2<r<r_3$：$B_3=\frac{\mu_0 I(r_3^2-r^2)}{2\pi r(r_3^2-r_2^2)}$；$r>r_3$：$B_4=0$.

4.13 (1) $B=\frac{\mu_0 NI}{2\pi r}$；(2) 略.

4.14 $B=\frac{\mu_0 i}{2}$.

4.15 (1) 0.35 A；(2) 当 $I>\frac{mg}{lB}$ 时，导线向上运动.

4.16 $B=\frac{2\rho Sg}{I}\tan\alpha=9.4\times10^{-3}$ T.

4.17 (1) $F=1.28\times10^{-3}$ N；(2) 略.

4.18 7.9×10^{-2} N·m，方向向上.

4.19 $I=\frac{Mg\sin\theta}{2NlB\sin(\theta+\varphi)}$.

4.20 (1) 0.50 N/mm^2；(2) 不会熔断.

4.21 (1) $B=0.48$ T；(2) $n=100$ 周.

4.22 (1) 略；(2) $q/m=4.4\times10^6$ (C/kg)；(3) $x=24$ cm.

4.23 (1) $U_{AA'}=-2.2\times10^{-5}$ V；(2) 无影响.

4.24 $B=\frac{\mu_0 I}{2\pi R}$,$\boldsymbol{B}$ 方向沿 $-x$ 轴.

4.25 $B_{\text{I}}=B_{\text{IV}}=\frac{mv}{2eH}$,$\boldsymbol{B}_{\text{I}}$ 与 $\boldsymbol{B}_{\text{IV}}$ 反向；

$B_{\text{II}}=B_{\text{III}}=\frac{mv}{eH}$,$\boldsymbol{B}_{\text{II}}$ 与 $\boldsymbol{B}_{\text{III}}$ 反向.

4.26 若 $S\neq\frac{2n\pi m^2 g}{q^2B^2}$,$n=1,2,\cdots$,则 $v_0=\frac{mg}{qB}$；

若 $S=\frac{2n\pi m^2 g}{q^2B^2}$,$n=1,2,\cdots$,则 v_0 取任何值均可经过 b 点.

4.27 $q=\frac{m\sqrt{2gh}}{lB}=3.83$ 库仑.

4.28 $T=\frac{R\omega}{2\pi}(QB+m\omega)$.

第 五 章

5.1 $B_1=\mu_0 M,B_2=B_3=0,B_4=B_5=B_6=B_7=\mu_0 M/2$；
$H_1=H_2=H_3=0,H_4=H_7=M/2,H_5=H_6=-M/2$.

5.2 $B_1=B_2=B_3=\mu_0 M,H_1=M,H_2=H_3=0$.

5.3 (1) $r<R_1$：$H=\frac{Ir}{2\pi R_1^2},B=\frac{\mu_0 Ir}{2\pi R_1^2}$；

$R_2>r>R_1$：$H=\frac{I}{2\pi r},B=\frac{\mu_0\mu_r I}{2\pi r}$；

$r>R_2$：$H=\frac{1}{2\pi r},B=\frac{\mu_0 I}{2\pi r}$.

(2) $r=R_1$：$i'=\frac{(\mu_r-1)I}{2\pi R_1}$；$r=R_2$：$i'=-\frac{(\mu_r-1)I}{2\pi R_2}$.

5.4 略.

5.5 (1) $B=2.0\times10^{-2}$ T；(2) $H=32$ A/m；
(3) $M=1.59\times10^4$ A/m；(4) $\chi_m=497,\mu_r=498$.

5.6 (1) $H=2.0\times10^3$ A/m；(2) $M=7.94\times10^5$ A/m；(3) $\mu_r=398$.

5.7 $I\geqslant0.40$ A.

5.8 5′36″;89°53′.

第 六 章

6.1 $\mathscr{E}=1.5$ V;方向 A—B—C—D—A.

6.2 $\mathscr{E}(t)=6.6\cos(100\pi t)$V.

6.3 (1) $\Phi=\frac{\mu_0 I_0 l}{2\pi}\ln\frac{b}{a}\sin\omega t$；(2) $\mathscr{E}=-\frac{\mu I_0 l\omega}{2\pi}\ln\frac{b}{a}\cos\omega t$.

6.4 (1) $\Phi=\frac{\pi\mu_0 IR^2r^2}{2(R^2+x^2)^{3/2}}$；(2) $\mathscr{E}=\frac{3\pi\mu_0 IR^2r^2xv}{2(R^2+x^2)^{5/2}}$.

6.5 $E_1=5.0\times10^{-4}$ V/m,$E_2=1.25\times10^{-3}$ V/m,$E_3=2.5\times10^{-3}$ V/m,$E_4=1.25\times10^{-3}$ V/m.

6.6 $\overline{W}=4.3\times10^{2}$ eV；$N=2.3\times10^{5}$ 周；$L=1.2\times10^{3}$ km.

6.7 $U_{DA}=\mathscr{E}_{AD}=\dfrac{3\sqrt{3}+\pi}{12}kR^{2}$.

6.8 $L_0=7.4\times10^{4}$ H；$L=3.7$ H.

6.9 $M=6.28\times10^{-6}$ H；$\mathscr{E}=3.14\times10^{4}$ V.

6.10 $L_1=0.90$ H，$L_2=0.40$ H，$M=0.30$ H.

6.11 $w_{\mathrm{m}}=1.75\times10^{5}\ \mathrm{J/m^3}$.

6.12 略.

6.13 (1) $0\leqslant r\leqslant a$：$w_{\mathrm{m1}}=\dfrac{\mu_0 I^2 r^2}{8\pi^2 a^4}$；$a<r<b$：$w_{\mathrm{m2}}=\dfrac{\mu_0 I^2}{8\pi^2 r^2}$；

$b<r<c$：$w_{\mathrm{m3}}=\dfrac{\mu_0 I^2(c^2-r^2)^2}{8\pi^2 r^2(c^2-b^2)^2}$；$r>c$：$w_{\mathrm{m4}}=0$.

(2) $W_{\mathrm{m}}=1.72\times10^{-5}$ J/m.

6.14 (1) $L=\dfrac{\mu_0}{\pi}\ln\dfrac{d-a}{a}$；(2) $A=\dfrac{\mu_0 I^2}{2\pi}\ln 2$，正功；(3) $\Delta W=\dfrac{\mu_0 I^2}{2\pi}\ln 2$.

系统储能增加，原因是移动导线时，产生感应电动势，使导线中电流减少，为维持电流 I 不变，电源需克服感应电动势做功，为系统补充能量，电源所做总功为 $A_{电源}=\dfrac{\mu_0 I^2}{\pi}\ln 2=A+\Delta W$.

6.15 (1) $\left.\dfrac{\mathrm{d}i}{\mathrm{d}t}\right|_{t=0}=4.0$ A/s；(2) $\left.\dfrac{\mathrm{d}i}{\mathrm{d}t}\right|_{t=0.2\,\mathrm{s}}=2.7$ A/s；(3) $\dfrac{\mathrm{d}i}{\mathrm{d}t}=2.0$ A/s.

6.16 (1) $U_{AB}=\dfrac{R_0\mathscr{E}}{R+R_0}\left[1-\mathrm{e}^{-\frac{R+R_0}{L}t}\right]$，$U_{BC}=\dfrac{\mathscr{E}}{R+R_0}\left[R+R_0\mathrm{e}^{-\frac{R+R_0}{L}t}\right]$；

(2) $U_{BC}=18$ V，$U_{AB}=2.0$ V；(3) $I_{K_1}=0.33$ A，$e\rightarrow f$.

6.17 (1) $\dfrac{\mathrm{d}q}{\mathrm{d}t}=9.55\times10^{-7}$ C/s；(2) 1.08×10^{-6} J/s；(3) 2.74×10^{-6} W；(4) 3.82×10^{-6} W.

6.18 $\bar{I}_1=\dfrac{\overline{\mathscr{E}}_1}{R}=\dfrac{\sqrt{3}a^2B}{2RT}$，$\bar{I}_2=\dfrac{\overline{\mathscr{E}}_2}{R}=\dfrac{\sqrt{3}a^2B}{6RT}$.

6.19 $T=\dfrac{2\pi B^2}{3RF}r_0^3$.

6.20 $W=8.0\times10^{-3}$ J.

6.21 伏特计读数为零.

第 七 章

7.1 $U_{10}=U_{20}=311$ V，$U_1=U_2=220$ V，$f_1=f_2=50$ Hz，$T_1=T_2=0.02$ s；

$\varphi_1=-2\pi/3$，$\varphi_2=-4\pi/3$，$\Delta\varphi=\varphi_1-\varphi_2=2\pi/3$，$u_1$ 超前 u_2.

7.2 (1) $U_C=60$ V，$U_R=80$ V；(2) $\varphi=\varphi_u-\varphi_i=-36°52'$.

7.3 (1) $U=37$ V；(2) $\varphi=\varphi_u-\varphi_i=-\dfrac{\pi}{8}=-22.5°$.

7.4 (1) $\Delta\varphi=\varphi_{i2}-\varphi_{i1}=3\pi/4$；(2) $\Delta\varphi=\varphi_U-\varphi_{U_C}=\pi/4$.

7.5 $i_3=56\cos(\omega t+88°45')$ A.

7.6 (1) $\widetilde{Z}_1=3-j$，$\widetilde{Z}_2=1+2j$，$Z=1.7\,\Omega$，$\varphi=30°58'$，电感性；

(2) $I_1=0.63$ A，$\varphi_1=48°26'$，$I_2=0.89$ A，$\varphi_2=-33°26'$，$I=1.17$ A，$\varphi=-58'$.

7.7 $f=50\ \text{Hz}$.

7.8 $R_1C_1=R_2C_2$.

7.9 $r_x=\frac{R_1}{R_2}R, L_x=\frac{R_1}{R_2}L$.

7.10 $C_x=0.205\ \mu\text{F}, r_x=4.88\ \Omega$.

7.11 (1) $f=113\ \text{Hz}, I=0.733\ \text{A}, V_1=220\ \text{V}, V_2=V_3=130\ \text{V}, V_4=0, V=220\ \text{V}$；

(2) $I=0.502\ \text{A}, V_1=151\ \text{V}, V_2=39.4\ \text{V}, V_3=200\ \text{V}, V_4=160\ \text{V}, V=220\ \text{V}$；

(3) $P_{谐振}=161\ \text{W}, P_{市电}=75.6\ \text{W}$.

7.12 $N_1=275$ 盏，$N_1=440$ 盏.

7.13 (1) $C=181\ \mu\text{F}, P=917\ \text{W}$；(2) $C=157\ \mu\text{F}$ 或 $73.8\ \mu\text{F}, P=330\ \text{W}$；(3) 略.

7.14 (1) $\bar{P}_1=313\ \text{W}, \bar{P}_2=154\ \text{W}$；(2) $r=19.6\ \Omega$.

7.15 (1) $\bar{P}_1=97\ \text{W}, \bar{P}_2=105\ \text{W}$；(2) $r=21.7\ \Omega$.

7.16 (1) $I_l=22\ \text{A}, \bar{P}=8.7\ \text{kW}$；(2) $I_l'=66\ \text{A}, \bar{P}'=26\ \text{kW}$.

7.17 LC 串联再与 R 并联，$R=1000\ \Omega, C=2.6\times10^{-5}\ \text{F}, L=0.96\times10^{-3}\ \text{H}$.

7.18 $R_1=450\ \Omega, L_1=4500\ \text{mH}$.

7.19 $Z_{AB}=\frac{\sqrt{13}}{3}R, I_2=\sqrt{\frac{5}{26}\frac{U_0}{R}}$.

7.20 (1) $\text{d}W=3NiblB_0\omega\cos\theta\text{d}t=\text{d}W'$；

(2) $\mathscr{E}=iR+L\frac{\text{d}i}{\text{d}t}, i=I_0\cos(\omega t+\varphi), I_0=\frac{\mathscr{E}}{\sqrt{R^2+\omega^2L^2}}, \varphi=-\arctan\frac{\omega L}{R}$.

第 八 章

8.1 (1) $I_\text{D}=0.28\ \text{A}$；(2) $B_R=5.6\times10^{-7}\ \text{T}$.

8.2 (1) $j_\text{D}=\varepsilon_0E_0\omega\cos\omega t$；(2) $B_\text{r}=1.26\times10^{-11}\ \text{T}$.

8.3 由周围各处的能流密度方向决定能量的流向，能量来自周围的电磁场.

8.4 (1) $E=\frac{\rho I_0}{\pi a^2}$，$\boldsymbol{E}$ 方向与电流相同；$H=\frac{I_0 r}{2\pi a^2}$，$\boldsymbol{H}$ 方向与电流成右手螺旋关系.

(2) $S=\frac{\rho I_0^2 r}{2\pi^2a^4}$，垂直指向轴线 OO'.

(3) $W_{耗}=S\cdot2\pi Lrt$，$W_{耗}$ 等于 t 时间间隔内从圆柱侧面流入的能量，能量来自圆柱周围的电磁场.

8.5 两极板间磁场为零.

参考书目

1. 赵凯华，陈熙谋. 电磁学(第二版)上下册. 北京：高等教育出版社，1986.
2. 赵凯华，陈熙谋. 电磁学(新概念物理教程). 北京：高等教育出版社，2003.
3. 贾起民，郑永令，陈暨耀. 电磁学(第二版). 北京：高等教育出版社，2001.
4. 胡友秋，程福臻，叶邦角. 电磁学与电动力学(上册). 北京：科学出版社，2008.
5. 陈秉乾，王稼军. 大学物理通用教程·电磁学(第二版). 北京：北京大学出版社，2012.
6. 陈秉乾，舒幼生，胡望雨. 电磁学专题研究. 北京：高等教育出版社，2001.
7. 舒幼生，胡望雨，陈秉乾. 物理学难题集萃(增订本). 北京：高等教育出版社，1999.
8. Whittaker E T. A History of the Theories of Aether and Electricity, The Classical Theories. Thomas Nelson and Sons Ltd., Edinburgh, 1951.
9. 钱临照，许良英. 世界著名科学家传记，物理学家，Ⅰ，Ⅱ，Ⅲ，Ⅳ，Ⅴ. 北京：科学出版社，1999.
10. 程福臻，陈秉乾. 对于电磁学有重大贡献的科学家传略汇编. 中国科学技术大学，2009.
11. 陈熙谋，胡望雨，舒幼生，陈秉乾. 物理教学的理论思考(论文集). 北京：北京教育出版社，1997.